DEUTSCHE EISENBAHNFAHRZEUGE

VON 1838 BIS HEUTE

HERAUSGEGEBEN VON RALF ROMAN ROSSBERG

DEUTSCHE EISENBAHNFAHRZEUGE

VON 1838 BIS HEUTE

HERAUSGEGEBEN VON RALF ROMAN ROSSBERG

VDI VERLAG

Abbildungen auf dem Schutzumschlag vorn:
Zwei Triebfahrzeuge – die Dampflokomotive „Saxonia" und der Intercity Experimental – markieren die Zeitspanne von fünfzehn Jahrzehnten deutscher Eisenbahnfahrzeuge.

Photo der „Saxonia": Erhard Hehl, Tiefenbronn.

Abbildung auf dem Schutzumschlag hinten:
Moderne Züge fahren sehr schnell, 250 km/h und mehr. Eine wesentliche Voraussetzung hierfür bildet die Konstruktion der Laufwerke. Für einen sicheren, stabilen Lauf der Triebdrehgestelle – das Bild zeigt das Drehgestell der dieselelektrischen Lokomotive „Henschel BBC DE 2500 UmAn" als Erprobungsträger zum ICE – ist hier der Antrieb mit Scheibenbremse zu einer kompakten Baueinheit zusammengefaßt. Sie ist mit ihrer Hauptmasse im Lokomotivkasten abgestützt und quer pendelnd abgedämpft.

Vorsatzseiten
Vorn: *Dampflokwerkstatt des heutigen Ausbesserungswerkes Limburg, 1912.*
Hinten: *Wagenwerkstätte um die Jahrhundertwende.*

CIP-Kurztitelaufnahme der Deutschen Bibliothek

Deutsche Eisenbahnfahrzeuge von 1838 [achtzehnhundertachtunddreissig] bis heute / hrsg. von Ralf Roman Rossberg. – Düsseldorf : VDI-Verl., 1988
ISBN 3-18-400758-8

NE: Rossberg, Ralf Roman [Hrsg.]

Lektorat: Konrad Lanz
Gestaltung: Margot Bremer
Graphische Darstellungen: Martin Schulz, Ingrid Klömpgen, Peter Strack, Peter Lübke
Umschlaggestaltung: Bernd Dicken
Lithographie: Wittemann + Küppers, Frankfurt am Main
Satz und Druck: Johannes Weisbecker, Frankfurt am Main

Printed in Germany

ISBN 3-18-400758-8

Zum Geleit

Technik hat auf kaum einem Gebiet derartige Ausstrahlung wie bei der Eisenbahn. Nicht nur die Atmosphäre des Bahnhofs nimmt jeden gefangen, der den ankommenden und abfahrenden Zügen gegenübersteht. Auch in der Landschaft halten alle inne, wenn ein Intercity vorüberrollt. Und obwohl Eisenbahnfahrzeuge stets nur für ihren Verwendungszweck entwickelt und gebaut wurden, so geht von ihnen – die Dampflokomotive läßt das besonders deutlich werden – doch eine ganz eigene Faszination aus.
Neben der äußeren Erscheinung der Lokomotiven und Wagen erweist sich ihre Entwicklungsgeschichte als nicht minder faszinierend. Schon die „Saxonia" als erste nicht in England gekaufte, sondern im eigenen Land entwickelte Lokomotive markiert einen bedeutenden Schritt im deutschen Eisenbahn-Fahrzeugbau; denn zum ersten Mal wurden hier Ideen zur Verbesserung des Vorhandenen entwickelt und verwirklicht. Dieses Streben nach Verbesserung dauert seit nunmehr 150 Jahren an und wird nicht aufhören, so lange Züge fahren.
Besonders drei Zielsetzungen haben in der gesamten Eisenbahngeschichte die Entwicklung vorangebracht: das Streben nach höherer Geschwindigkeit und höherer Leistungsfähigkeit, der Wettbewerb zwischen Dampf, flüssigem Kraftstoff und Strom, und nicht zuletzt die Suche nach immer noch wirtschaftlicheren Lösungen. Nach außen hin erwiesen sich die Versuche mit hohen Geschwindigkeiten stets als besonders publikumswirksam, wenngleich sie stets nur dazu dienten, die Technik für weit weniger hohe Geschwindigkeiten im planmäßigen Verkehr zu erproben.
Die deutsche Eisenbahngeschichte hat in dieser Hinsicht gleich mehrere herausragende Ereignisse aufzuweisen: Zunächst die Schnellfahrten mit elektrischen Triebwagen an einer dreipoligen Oberleitung auf der Militäreisenbahn Marienfelde – Zossen bei Berlin im Jahr 1903, wobei bereits über 210 km/h erreicht wurden. Diesen Weltrekord stellte erst 1931 mit einem Benzin-Benzol-Motor der propellergetriebene Schienenzeppelin von Franz Kruckenberg ein, als er auf der Strecke Hamburg – Berlin 230 km/h erreichte. Auf derselben Strecke gelang 1936 auch mit Dampf der Sprung über die Zweihundert-Kilometer-Marke. Einen weiteren Meilenstein bildeten die ersten fahrplanmäßigen Schnellfahrten mit 200 km/h zwischen München und Augsburg 1965.
Schon 1930 stand in der Unternehmenszeitschrift „Die Reichsbahn": „In dem Wettbewerb ... mit Kraftwagen und Flugzeug wird immer wieder betont, daß die Schienenbahn zu höheren Fahrgeschwindigkeiten kommen muß, wenn sie, auf lange Sicht gesehen, die Wünsche des eiligen Reisenden befriedigen will ..." Diese Erkenntnis hat noch heute nach fast sechzig Jahren uneingeschränkt Gültigkeit. Wie sich jedoch die Dimensionen verschoben haben, zeigen die Rekordgeschwindigkeiten um 200 km/h bei den Versuchsfahrten in den dreißiger Jahren und die Fahrt des ICE am 1. Mai 1988, bei der 406,9 km/h erreicht wurden. Auch die Geschwindigkeit der planmäßigen Züge wird sich von damals 120 bis 160 km/h auf künftig 250 bis 300 km/h nahezu verdoppeln, wenn Anfang der neunziger Jahre die Intercity-Express-Züge und die Neubaustrecken zur Verfügung stehen.
Der Wettbewerb mit Straße und Luftfahrt stand auch im Hintergrund des Kräftemessens zwischen den Traktionsarten der Eisenbahn. Nachdem sich der „Fliegende Hamburger" und mit ihm der Dieselantrieb in den dreißiger Jahren die Spitzenposition des schnellen Reiseverkehrs in Deutschland gesichert hatte, fühlten sich die Dampflokomotivkonstrukteure aufs Äußerste herausgefordert. Die Rekordfahrt mit der stromlinienverkleideten 05 002 zwischen Hamburg und Berlin im Jahr 1936 ließ die Anstrengungen sichtbar werden, auch mit der klassischen Antriebsmaschine von Lokomotiven vergleichbare Leistungen zu erreichen. Der elektrische Betrieb, dem heute die entscheidende Bedeutung für den Hochgeschwindigkeitsverkehr zukommt, blieb dabei bis in die sechziger Jahre bescheiden im Hintergrund. Gleichwohl wurden die technischen Grundlagen für die Elektrifizierung schon um die Jahrhundertwende geschaffen und zunächst auf den drei Inseln in Süddeutschland, Mitteldeutschland und Schlesien erprobt; darauf baute nach dem Zwei-

Dampflokomotiven

Die Entwicklung der Dampflokomotive in Deutschland begann – abgesehen von zwei fehlgeschlagenen Versuchen zwischen 1816 und 1818 – mit der „Saxonia" für die 1839 eröffnete erste deutsche Fernbahn von Leipzig nach Dresden. Und noch heute ist das Zeitalter der Dampflok nicht endgültig zu Ende: Vor Sonderzügen und auf Museumsbahnen stehen immer noch Lokomotiven unter Dampf, im östlichen Teil Deutschlands bis Anfang 1988 sogar noch im planmäßigen Dienst.

Die in Deutschland gebauten Dampflokomotiven lassen sich nach Regelbauarten mit oft sehr großen Stückzahlen und Sonderbauarten mit meist nur geringer Zahl unterscheiden. Die Sonderbauarten wurden teils von der Industrie neu entwickelt und gebaut, teils von den Bahnen unter Verwendung von Lokomotiven der Regelbauart zu Versuchszwecken selbst hergestellt. Manche Sonderkonstruktion war von nur einer Lokomotive repräsentiert.

Der Begriff „Regelbauart" wird heute oft benutzt, doch seine Definition ist schwierig. Hier sind darunter die erfolgreichen Konstruktionsformen verstanden, die sich ab der zweiten Hälfte des vorigen Jahrhunderts allgemein durchsetzten. Die Lokomotiven waren zunächst Naßdampflokomotiven. 1898 wurden die ersten Heißdampflokomotiven gebaut; der im Kessel erzeugte Naßdampf wurde dabei in einem Röhrenüberhitzer auf Temperaturen über dem Siedepunkt gebracht. Beim Heißdampf waren die Verluste durch Abkühlung im Zylinder viel geringer; dadurch konnte der wärmetechnische Wirkungsgrad der Lokomotive erheblich verbessert werden. Vielfäl-

Die „Saxonia" (Modell; Deutsches Museum München).

1

tig waren die Bestrebungen, die Regeldampflokomotive mit mehr oder weniger großen Änderungen im Detail ständig weiterzuentwickeln. Darüber hinaus hat es nicht an Versuchen gefehlt, durch neue Konstruktionen vor allem von Kessel, Antrieb und Fahrwerk die Betriebseigenschaften und den Wirkungsgrad der Dampflokomotive zu verbessern. Solche Sonderbauarten konnten sich aber im Betrieb nur selten über längere Zeit halten. Die Lokomotiven lassen sich nicht immer eindeutig der – verbesserten – Regelbauart oder den Sonderbauarten zuordnen.

Technik aus England

Als die Maschinenbaugesellschaft Übigau bei Dresden 1838 die „Saxonia" baute, repräsentierte diese erste für den Zugdienst brauchbare deutsche Lokomotive gewissermaßen schon die spätere „Regelbauart". Konstruktiv lehnte sich die „Saxonia" eng an die englischen Vorbilder an.
Die erste in Deutschland eingesetzte Lokomotive „Adler" war 1835 bekanntlich aus England gekommen und trug ebenfalls bereits viele Merkmale

Zeitgenössische Zeichnungen der ersten betriebstüchtigen deutschen Lokomotive; . . .

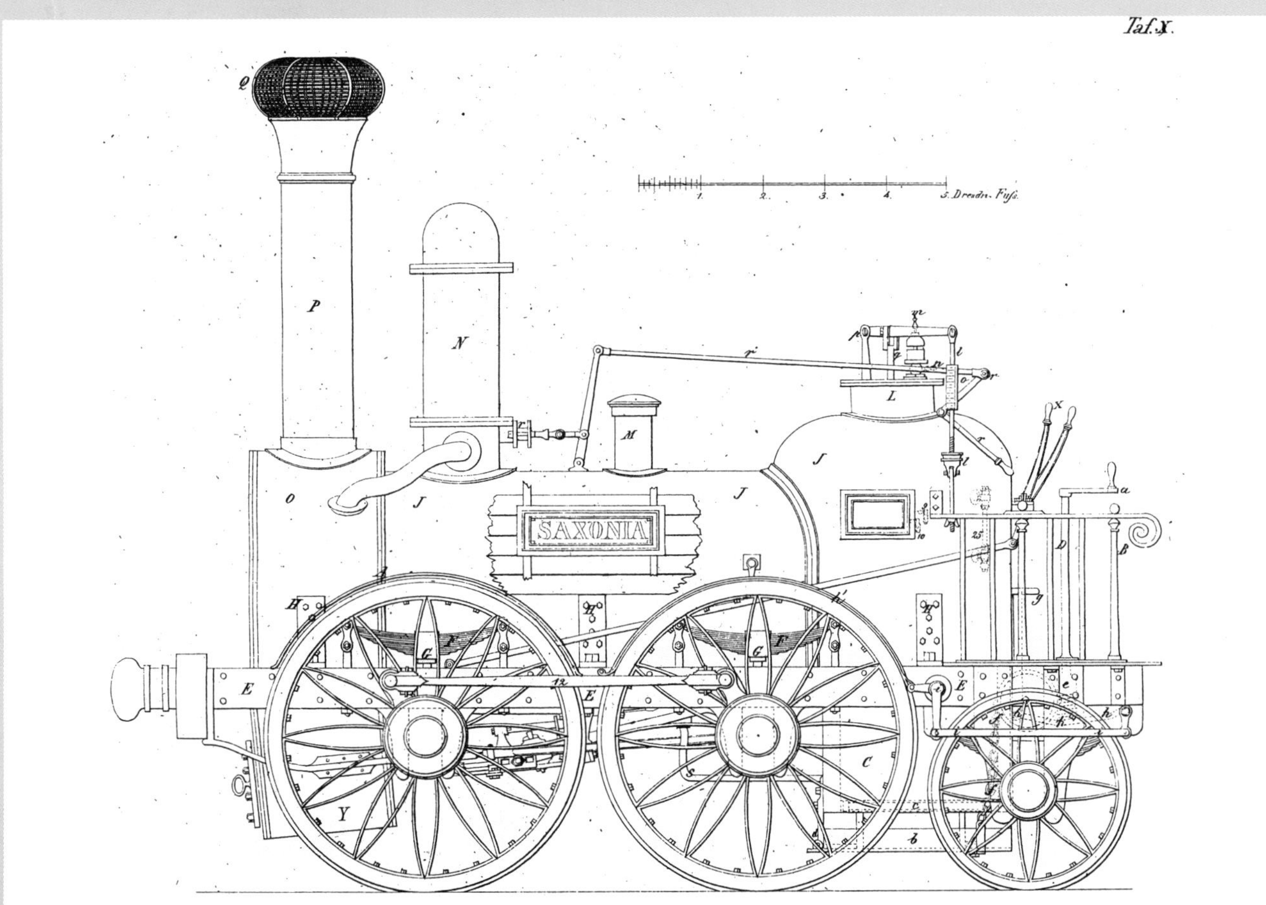

... auf dem Längsschnitt aus dem Jahr 1839 „ist das dritte Rad absichtlich weggelassen worden".

dieser „Regelbauart": waagerechter, von Siederöhren durchzogener Langkessel; hinten liegender Stehkessel mit Feuerbüchse, die durch Stehbolzen miteinander verbunden waren; Dampfdom für die Dampfentnahme; Rauchkammer mit Schornstein und Blasrohr zur Feueranfachung durch den Abdampf; waagerecht liegende Zylinder; Kurbeln der beiden Maschinen um neunzig Grad versetzt; fest auf den Achswellen sitzende Räder mit konischen Radreifen, wobei der Treibradsatz spurkranzlos ausgeführt war; Unterbringung der Betriebsvorräte Koks und Wasser in einem besonderen Tender.

Konstruktiv nicht befriedigend gelöst waren der Rahmen mit seinen Verbindungen, insbesondere mit dem Kessel, die Lagerung der Antriebsteile und die Steuerung der Dampfmaschine.

Gegenüber dem „Adler" wies die „Saxonia" vor allem folgende Änderungen auf: Kupplung der beiden vorderen Radsätze; Rahmen zwischen den Rädern liegend; Stehkessel halbrund mit halbkugelförmiger Decke; beweglicher Rost; Funkenfänger auf dem Schornstein.

Mit der schnellen Ausbreitung des Eisenbahnnetzes ergab sich großer Bedarf an Lokomotiven. Auch in Deutschland entstanden zahlreiche Fabriken – oft nur für kurze Zeit –, die zunächst in Anlehnung an englische und amerikanische Vorbilder bauten. Bald entwickelten sie jedoch auch eigene Gedanken, wobei die Maschinenmeister der zahlreichen Bahnverwaltungen ein gewichtiges Wort mitsprachen. So ergaben sich ungezählte Ausführungsformen, auch wenn die Grundgedanken übereinstimmten. Die Stückzahlen der verschiedenen Gattungen waren oft gering. Nur von wenigen der in Deutschland bis Anfang der zweiten Hälfte des vorigen Jahrhunderts gebauten Typen sind mehr als hundert Lokomotiven beschafft worden. Größere Serien wurden erst nach der Einführung der preußischen „Normalien" 1877 gebaut.

Von der „Saxonia" des Jahres 1838 bis zu den letzten in Dienst gestellten Dampflokomotiven – bei der Bundesbahn 23 105 im Dezember 1959, bei der Reichsbahn der DDR 50 4088 im Dezember 1960 – hat sich im Lokomotivbau eine große Wandlung vollzogen. Viele Typen mit zahlreichen Varianten sind für die verschiedenen deutschen Bahnen gebaut worden. Und dennoch lassen sich bei allen Gattungen und Baureihen, die sich unter den harten Anforderungen des Betriebes bewährt haben und die in großen Stückzahlen gebaut wurden, immer dieselben Grundelemente finden. Die Dampflokomotive der Regelbauart war eine technische Meisterleistung, die von vielen hervorragenden Ingenieuren gestaltet und entwickelt wurde.

Meilensteine in der Lokomotiventwicklung zwischen 1853 und 1928:
– Schnellzuglokomotive Bauart Crampton der Pfälzischen Eisenbahnen (Mitte),
– Schnellzuglokomotive Gattung S 3/6 für Bayern (rechts) und
– Reichsbahn-Einheits-Schnellzuglokomotive Baureihe 01 (links).

Preußische Normal-Güterzuglokomotive (C n2), Gattung G 3, aus dem Jahr 1884 und von der Bundesbahn 1950 modernisierte Güterzuglokomotive Baureihe 45 (1'E1' h3).

Hauptbauteile der Dampflokomotive

Eine Dampflokomotive läßt sich in folgende Hauptgruppen einteilen: Kessel zur Dampferzeugung mit allen zum Betrieb notwendigen Ausrüstungsteilen; Fahrgestell bestehend aus Rahmen und Laufwerk; Dampfmaschine mit Triebwerk und Steuerung für die Dampfverteilung; sonstige Einrichtungen wie Führerhaus oder Bremse; Tender oder Vorratsbehälter für Brennstoff und Wasser.
Die konstruktive Entwicklung der einzelnen Baugruppen verlief teils unabhängig voneinander, teils in gegenseitiger Abhängigkeit. Schließlich wurde die technische Durchbildung einer Lokomotive bestimmt durch steigende Anforderungen hinsichtlich Anhängelasten, Geschwindigkeit, befahrbarer Steigungen und Kurvenläufigkeit.
Das Umgrenzungsprofil und die vom Oberbau her zulässige Radsatzlast bildeten dabei immer wieder wesentliche Randbedingungen für die Arbeit des Lokomotivkonstrukteurs. Die Fahrzeugumgrenzung ließ sich im Laufe der Zeit nur verhältnismäßig gering verändern. Die zulässige Radsatzlast stieg von 13 Tonnen (1858) schließlich auf in der Regel 20 bis 21 Tonnen.
Während die Lokomotiven anfangs universell eingesetzt waren, wurden sie später immer mehr für einen ganz speziellen Verwendungszweck gestaltet. Der Bau von Universal-Lokomotiven für hohe Beanspruchungen erwies sich als unmöglich.

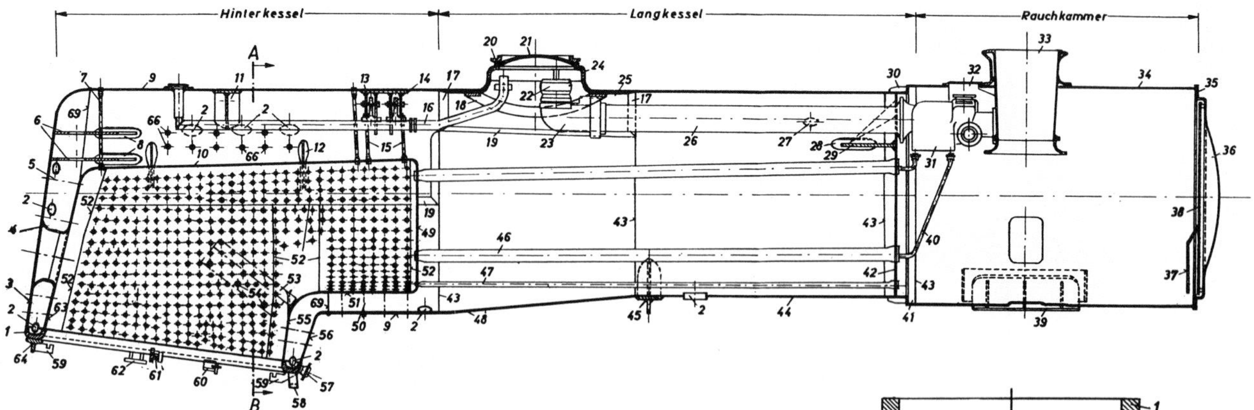

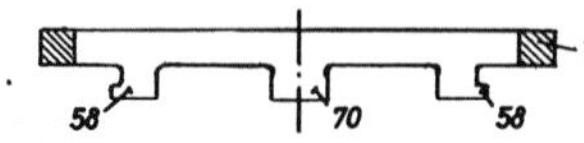

Bodenring, genietet

Schnitt A-B

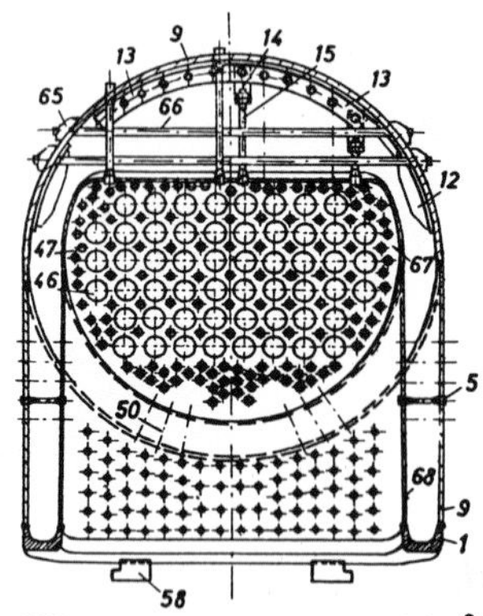

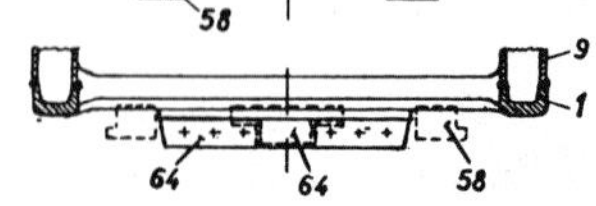

Bodenring, geschweißt
(nach hinten gesehen)

Teil-Nr.	nach Teilnummern geordnet	Teil-Nr.	nach Teilnummern geordnet
1	Bodenring	35	Rauchkammerstirnwand
2	Waschluke	36	Rauchkammertür
3	Stehkesselrückwand	37	Brandblech an Rauchkammertür (Schonerblech)
4	Feuerloch	38	Schutzblech an Rauchkammertür
5	Wandstehbolzen	39	Rauchkammerträger
6	Blechanker, hinten	40	Überhitzereinheiten
7	Deckenstehbolzen	41	Rauchkammerwinkelring
8	Befestigungsplatte für Blechanker, hinten	42	Rauchkammerrohrwand
9	Stehkesselmantel	43	Rundschweißnaht
10	Feuerbüchsdecke	44	Kesselschuß, vorn
11	Kesselversteifung, innen	45	Befestigungsstück (Befestigungswinkel) für Pendelblech
12	Kesselverstärkung, innen	46	Rauchrohr
13	Träger für Hängeeisen	47	Heizrohr
14	Hängeeisen	48	Kesselschuß, hinten
15	Deckenstehbolzen, beweglich aufgehängt	49	Feuerbüchsrohrwand
16	Dampfentnahmerohr	50	Gelenkstehbolzen
17	Rundschweißnaht mit Blechabschrägung	51	Verbrennungskammermantel
18	Domverstärkungsring	52	Feuerbüchsschweißnähte
19	Längsschweißnaht mit Blechabschrägung	53	Feuerschirm
20	Druckring	54	Feuerschirmträgerbolzen
21	Domdeckel	55	Feuerbüchsvorderwand
22	Hilfsabsperrventil	56	Stehkesselvorderwand
23	Reglerknierohr	57	Stutzen für Kesselabschlammventil
24	Domoberteil	58	Stehkesselstütze
25	Domunterteil	59	Rostbalkenträger
26	Reglerrohr	60	Lager für Rostbalkenträger vor dem Kipprost
27	Speiseventilstutzen	61	Bodenring-Queranker mit Rostbalkenträger h. d. Kipprost
28	Befestigungsplatte für Blechanker, vorn	62	Untersatz für Lager zum Rostbalkenträger
29	Blechanker, vorn	63	Feuerbüchsrückwand
30	Rauchkammerwinkelstütze	64	Befestigungsstück für Pendelblech oder Schlingerstück
31	Dampfsammelkasten mit Mehrfach-Ventilregler	65	Untersatz für Queranker
32	Abdeckblech	66	Queranker
33	Schornstein	67	Rohrspiegel der Feuerbüchse
34	Rauchkammermantel	68	Feuerbüchsseitenwand
		69	Stehkessel-Schweißnähte
		70	Schlingerstück

Für die wichtigsten Baugruppen der Lokomotive wurden schon in den zwanziger Jahren Normtafeln für eine einheitliche Benennung der Teile aufgestellt. Solche Darstellungen fanden auch Aufnahme in die Instandhaltungsvorschriften. Die 1959 herausgegebene Kesselzeichnung zeigt einen modernen geschweißten Kessel der Baureihe 23 mit Verbrennungskammer.

Dampflokomotiven der Regelbauart sind nicht nur für die Normalspur von 1 435 mm gebaut worden, sondern auch für Schmalspur mit den häufigsten Spurweiten 1 000, 750 und 600 mm, sowie in Baden bis 1854 für Breitspur 1 600 mm.

Kessel

Ein Lokomotivkessel besteht aus drei Hauptteilen: Hinterkessel aus äußerem Stehkessel und innerer Feuerbüchse; Langkessel mit Röhren, in denen die Rauchgase von der Feuerbüchse zur Rauchkammer ziehen; Rauchkammer mit Schornstein.

Die einzelnen Kesselbleche wurden überwiegend durch Nietung miteinander verbunden, wobei anfangs durchweg überlappt genietet wurde. Später setzte sich insbesondere für die Längsnähte Laschennietung durch. Moderne Kessel sind vollständig geschweißt; diese Fertigungstechnik bedingte eine Reihe von konstruktiven Änderungen an vielen Einzelteilen.

Das Erscheinungsbild einer Dampflokomotive wird entscheidend durch die Höhenlage des Kessels geprägt: Aus der Befürchtung heraus, die Lokomotive könnte unter Umständen umkippen, wurde der Kessel früher so tief wie möglich gelegt. Die Notwendigkeit, mehrere Radsätze mit größerem Durchmesser vorzusehen, und der zunehmende Kesseldurchmesser drückten die Kesselachse nach oben. Dabei zeigte sich, daß die Laufeigenschaften der Lokomotive bei höherer Kessellage besser wurden.

Dampflokomotiven

Die Entwicklung der Dampflokomotive in Deutschland begann – abgesehen von zwei fehlgeschlagenen Versuchen zwischen 1816 und 1818 – mit der „Saxonia" für die 1839 eröffnete erste deutsche Fernbahn von Leipzig nach Dresden. Und noch heute ist das Zeitalter der Dampflok nicht endgültig zu Ende: Vor Sonderzügen und auf Museumsbahnen stehen immer noch Lokomotiven unter Dampf, im östlichen Teil Deutschlands bis Anfang 1988 sogar noch im planmäßigen Dienst.

Die in Deutschland gebauten Dampflokomotiven lassen sich nach Regelbauarten mit oft sehr großen Stückzahlen und Sonderbauarten mit meist nur geringer Zahl unterscheiden. Die Sonderbauarten wurden teils von der Industrie neu entwickelt und gebaut, teils von den Bahnen unter Verwendung von Lokomotiven der Regelbauart zu Versuchszwecken selbst hergestellt. Manche Sonderkonstruktion war von nur einer Lokomotive repräsentiert.

Der Begriff „Regelbauart" wird heute oft benutzt, doch seine Definition ist schwierig. Hier sind darunter die erfolgreichen Konstruktionsformen verstanden, die sich ab der zweiten Hälfte des vorigen Jahrhunderts allgemein durchsetzten. Die Lokomotiven waren zunächst Naßdampflokomotiven. 1898 wurden die ersten Heißdampflokomotiven gebaut; der im Kessel erzeugte Naßdampf wurde dabei in einem Röhrenüberhitzer auf Temperaturen über dem Siedepunkt gebracht. Beim Heißdampf waren die Verluste durch Abkühlung im Zylinder viel geringer; dadurch konnte der wärmetechnische Wirkungsgrad der Lokomotive erheblich verbessert werden. Vielfäl-

Die „Saxonia" (Modell; Deutsches Museum München).

Inhalt

ten Weltkrieg die Elektrifizierung von über elftausend der insgesamt rund 28 000 Kilometer des Bundesbahnnetzes auf, und auch die Reichsbahn der DDR hat das 1912 gewählte und mit den europäischen Nachbarn vereinbarte Einphasenwechselstromsystem beibehalten. Während die dortige Gesellschaftsordnung dem Schienenverkehr eine Schlüsselfunktion im Transportwesen zugewiesen hat, steht die Bundesbahn im harten Wettbewerb auf einem freien Verkehrsmarkt. Dort wie hier stellt die elektrische Traktion heute die Transporttechnik mit der höchsten Leistungsfähigkeit dar.

Schließlich haben sich die Eisenbahningenieure schon immer vom Streben nach Wirtschaftlichkeit leiten lassen. Nichts läßt das deutlicher werden als die ständige Verbesserung der Dampflokomotive, ihre Entwicklung vom Naßdampf zum Heißdampf, von der einfachen zur doppelten Dampfdehnung samt den unzähligen Versuchen, durch neue Konstruktionen und Zusatzausrüstung den Wirkungsgrad zu steigern. Schon zu Zeiten, als die Eisenbahn noch weitgehend im Schutz eines Transportmonopols stand, ließen die Bayerischen Staatseisenbahnen eine Dampflokomotive mit automatisierter Rostbeschickung entwickeln, um bei einfachen Betriebsverhältnissen den Heizer einsparen und damit die Personalkosten wesentlich reduzieren zu können. Der Traktionswechsel von Dampf zu Diesel und Strom gründete seine hohe Wirtschaftlichkeit ebenfalls zu einem wesentlichen Teil auf die Einsparung des zweiten Mannes im Führerstand.

Neue Eisenbahntechnik gerät heute in der Bundesrepublik immer ins Spannungsfeld zwischen Machbarem und wirtschaftlich Vertretbarem. Maßgebend bleibt immer der Markt. Die frühere Orientierung der Personenwagen wie der Güterwagen an eigenen betrieblichen Belangen der Bahn wird mehr und mehr abgelöst durch Marktforschung und Fahrgastbefragung im Personen- und die Forderungen der Wirtschaft nach Spezialwagen im Güterverkehr.

Freilich verhilft auch die allgemeine technische Entwicklung der Bahn immer wieder zu neuen Problemlösungen. So hat die Leistungselektronik dem Drehstromasynchronmotor den Weg zum Fahrmotor geebnet, glasfaserverstärkte Kunststoffe dringen bis in die Laufwerke der schnellen Reisezugwagen vor, und die moderne Kommunikationstechnik wird auch die Fahrgäste in der Bahn an den neuen Medien Anteil haben lassen.

Die Entwicklung der Eisenbahnfahrzeugtechnik in Deutschland von 1838 bis heute vor dem Hintergrund der unterschiedlichen technischen und wirtschaftlichen Einflüsse will dieses Buch einer breiten Leserschaft darstellen und nahebringen.

Herausgeber und Verlag

Zum Geleit

Technik hat auf kaum einem Gebiet derartige Ausstrahlung wie bei der Eisenbahn. Nicht nur die Atmosphäre des Bahnhofs nimmt jeden gefangen, der den ankommenden und abfahrenden Zügen gegenübersteht. Auch in der Landschaft halten alle inne, wenn ein Intercity vorüberrollt. Und obwohl Eisenbahnfahrzeuge stets nur für ihren Verwendungszweck entwickelt und gebaut wurden, so geht von ihnen – die Dampflokomotive läßt das besonders deutlich werden – doch eine ganz eigene Faszination aus.

Neben der äußeren Erscheinung der Lokomotiven und Wagen erweist sich ihre Entwicklungsgeschichte als nicht minder faszinierend. Schon die „Saxonia" als erste nicht in England gekaufte, sondern im eigenen Land entwickelte Lokomotive markiert einen bedeutenden Schritt im deutschen Eisenbahn-Fahrzeugbau; denn zum ersten Mal wurden hier Ideen zur Verbesserung des Vorhandenen entwickelt und verwirklicht. Dieses Streben nach Verbesserung dauert seit nunmehr 150 Jahren an und wird nicht aufhören, so lange Züge fahren.

Besonders drei Zielsetzungen haben in der gesamten Eisenbahngeschichte die Entwicklung vorangebracht: das Streben nach höherer Geschwindigkeit und höherer Leistungsfähigkeit, der Wettbewerb zwischen Dampf, flüssigem Kraftstoff und Strom, und nicht zuletzt die Suche nach immer noch wirtschaftlicheren Lösungen. Nach außen hin erwiesen sich die Versuche mit hohen Geschwindigkeiten stets als besonders publikumswirksam, wenngleich sie stets nur dazu dienten, die Technik für weit weniger hohe Geschwindigkeiten im planmäßigen Verkehr zu erproben.

Die deutsche Eisenbahngeschichte hat in dieser Hinsicht gleich mehrere herausragende Ereignisse aufzuweisen: Zunächst die Schnellfahrten mit elektrischen Triebwagen an einer dreipoligen Oberleitung auf der Militäreisenbahn Marienfelde – Zossen bei Berlin im Jahr 1903, wobei bereits über 210 km/h erreicht wurden. Diesen Weltrekord stellte erst 1931 mit einem Benzin-Benzol-Motor der propellergetriebene Schienenzeppelin von Franz Kruckenberg ein, als er auf der Strecke Hamburg – Berlin 230 km/h erreichte. Auf derselben Strecke gelang 1936 auch mit Dampf der Sprung über die Zweihundert-Kilometer-Marke. Einen weiteren Meilenstein bildeten die ersten fahrplanmäßigen Schnellfahrten mit 200 km/h zwischen München und Augsburg 1965.

Schon 1930 stand in der Unternehmenszeitschrift „Die Reichsbahn": „In dem Wettbewerb ... mit Kraftwagen und Flugzeug wird immer wieder betont, daß die Schienenbahn zu höheren Fahrgeschwindigkeiten kommen muß, wenn sie, auf lange Sicht gesehen, die Wünsche des eiligen Reisenden befriedigen will ..." Diese Erkenntnis hat noch heute nach fast sechzig Jahren uneingeschränkt Gültigkeit. Wie sich jedoch die Dimensionen verschoben haben, zeigen die Rekordgeschwindigkeiten um 200 km/h bei den Versuchsfahrten in den dreißiger Jahren und die Fahrt des ICE am 1. Mai 1988, bei der 406,9 km/h erreicht wurden. Auch die Geschwindigkeit der planmäßigen Züge wird sich von damals 120 bis 160 km/h auf künftig 250 bis 300 km/h nahezu verdoppeln, wenn Anfang der neunziger Jahre die Intercity-Express-Züge und die Neubaustrecken zur Verfügung stehen.

Der Wettbewerb mit Straße und Luftfahrt stand auch im Hintergrund des Kräftemessens zwischen den Traktionsarten der Eisenbahn. Nachdem sich der „Fliegende Hamburger" und mit ihm der Dieselantrieb in den dreißiger Jahren die Spitzenposition des schnellen Reiseverkehrs in Deutschland gesichert hatte, fühlten sich die Dampflokomotivkonstrukteure aufs Äußerste herausgefordert. Die Rekordfahrt mit der stromlinienverkleideten 05 002 zwischen Hamburg und Berlin im Jahr 1936 ließ die Anstrengungen sichtbar werden, auch mit der klassischen Antriebsmaschine von Lokomotiven vergleichbare Leistungen zu erreichen. Der elektrische Betrieb, dem heute die entscheidende Bedeutung für den Hochgeschwindigkeitsverkehr zukommt, blieb dabei bis in die sechziger Jahre bescheiden im Hintergrund. Gleichwohl wurden die technischen Grundlagen für die Elektrifizierung schon um die Jahrhundertwende geschaffen und zunächst auf den drei Inseln in Süddeutschland, Mitteldeutschland und Schlesien erprobt; darauf baute nach dem Zwei-

Genieteter Kessel auf einem Blechrahmen für die preußische Personenzuglokomotive der Gattung P 8.

Geschweißter Hinterkessel für die Güterzuglokomotive der Baureihe 45. Die Schweißnähte sind hervorgehoben; deutlich erkennbar sind die Kappen für die Gelenkstehbolzen.

Der Hinterkessel

An der Feuerbüchse, die das Feuer enthält, findet die stärkste Dampferzeugung statt. Bei der Wärmeübertragung spielt der Strahlungsanteil die wesentliche Rolle, deshalb wird von Strahlungsheizfläche oder direkter Heizfläche gesprochen; sie wird von den Wandflächen der Feuerbüchse gebildet. Die anfangs

Lokomotive mit der Radsatzanordnung 1A1 für die Berlin-Anhaltische Eisenbahn mit Rundkuppel-Stehkessel und schrägen Zylindern, Baujahr 1844.

aus Kupfer, erst in den letzten Jahrzehnten des Dampflokomotivbaus aus Stahl hergestellte Feuerbüchse wird gegen die Seitenflächen des Stehkessels durch Stehbolzen verankert. Sie waren ursprünglich in Stehkessel und Feuerbüchse eingeschraubt und vernietet, in modernen Kesseln sind sie gewindelos mit Spiel eingeschweißt. In bruchgefährdeten Zonen werden Gelenkstehbolzen verwendet. Feuerbüchse und Stehkessel sind außerdem unten durch den Bodenring und an der Hinterseite durch den Feuerlochring miteinander verbunden. Besondere Schwierigkeiten ergaben sich lange Zeit mit der Verankerung der Feuerbüchsdecke am Oberteil des Stehkessels.

Sehr vielfältig war dessen Form: Der Grundriß zeigte meist ein Rechteck, zeitweise auch einen Halbkreis. Beim Stehkesseloberteil dauerte es am längsten, bis sich einige wenige Bauformen allgemein durchsetzten: eine halbzylindrische Decke, die gegenüber dem Langkessel leicht erhöht war, in der Regel aber in gleicher Form durchlief wie bei der Bauart Crampton, oder auch eine ebene Decke wie bei der Bauart Belpaire.

Mit zunehmender Leistungsfähigkeit des Kessels stieg auch dessen Durchmesser. Die Anordnung der Räder und des Rahmens behinderten die Breitenentwicklung des Stehkessels, der deshalb im unteren Teil oft mehr oder weniger stark eingezogen werden mußte; dies war bei einer Erneuerung der Feuerbüchse ungünstig.

Das Bestreben, den Anteil der hochwirksamen Strahlungsheizfläche an der Gesamtheizfläche zu verbessern, führte zum Einbau einer Verbrennungskam-

Güterzuglokomotive (1'E h3), Gattung G 12, mit ebener Stehkesseldecke, Bauart Belpaire.

Bayerische Lokalbahn-Tenderlokomotive der Gattung PtL 2/2 mit halbselbsttätiger Schüttfeuerung. Die Verkleidung des Führerhauses ist abgenommen; bemerkenswert der bei Dampflokomotiven selten ausgeführte Antrieb über Blindwelle.

mer, einer Verlängerung der Feuerbüchse in den Langkessel hinein mit entsprechender Verkürzung der Rohre. Kessel mit Verbrennungskammern wurden in Deutschland – von einer Ausnahme abgesehen – erst ab 1950 gebaut.
Den unteren Abschluß der Feuerbüchse bildet der Rost. Unter dem Hinterkessel befindet sich der Aschkasten mit Luftklappen. Im allgemeinen wurde der Rost schwach nach vorn geneigt. Um die zurückbleibende Schlacke vom Rost entfernen zu können, mußten früher einzelne Roststäbe mit einer Zange herausgehoben werden. Später wurde ein Teil des Rostes kippbar ausgebildet. Als Brennmaterial diente anfangs Koks, ab den sechziger Jahren des vorigen Jahrhunderts im allgemeinen Steinkohle. In einigen Regionen wie Oldenburg, Westfalen oder Bayern wurde auch Torf verfeuert; wegen des niedrigen Heizwerts war die Torffeuerung jedoch nur bei geringen Leistungen brauchbar.
Die Feuerbüchse und ihre Verankerung erwiesen sich als empfindlichstes Kesselteil. Bei dessen Herstellung und Instandhaltung ergaben sich lange Zeit große Probleme. Daher wurden zahlreiche Versuche unternommen, den Stehkessel anders zu gestalten. Feuerbüchsen aus Wellrohren bewährten sich jedoch ebenso wenig wie die Brotankessel, bei denen ein System von Wasserrohren den Stehkessel bildet.

Besondere Feuerungen

Bei großen Rostflächen ist es für den Heizer schwer, die erforderlichen Kohlenmengen zuzuführen. Daher ließ die Bundesbahn bei je fünf Lokomotiven der Baureihen 44 und 45 eine Stoker-Feuerung einbauen: Eine Förderschnecke im Tender brachte die Kohle auf eine Verteilerplatte unter der Feuertür; von dort wurde sie mit Dampfstrahlen auf den Rost verteilt. Zuvor hatten schon 1906 die Bayerischen Staatseisenbahnen die Lokalbahntenderlokomotiven der Gattung PtL 2/2 mit einer mechanischen halbselbsttätigen Schüttfeuerung ausrüsten lassen; damit war bei einfachen Betriebsverhältnissen Ein-Mann-Bedienung der Lokomotive möglich.
Die wirtschaftlichen Verhältnisse nach dem Ersten Weltkrieg hatten infolge der hohen Reparationen im Montanbereich zu empfindlichen Engpässen geführt. Den Höhepunkt erreichte diese Entwicklung mit der Ruhrbesetzung im Jahre 1923, nachdem die Reparationskommission festgestellt hatte, daß

Schnittdarstellung einer mit STUG-Kohlenstaubfeuerung ausgerüsteten Güterzuglokomotive der preußischen Gattung G 12.

Deutschland seinen Verpflichtungen in der Lieferung von Kohle nicht vollständig nachgekommen sei. Damals kam der Nutzung heimischer Energiequellen geringerer Qualität besondere Bedeutung zu. Anknüpfend an Versuche, die schon früher in den USA und in Schweden mit staubförmigen Brennstoffen stattgefunden hatten, nahmen Anfang der zwanziger Jahre in Deutschland die Studiengesellschaft für Kohlenstaubfeuerung auf Lokomotiven, kurz STUG, und die AEG die Entwicklung von Verbrennungsanlagen staubförmiger Brennstoffe auf. Der Hauptunterschied zwischen den beiden Feuerungssystemen lag in der Brennerbauart: Während die STUG-Feuerung mit einem trichterförmigen, zentral unter der Feuerbüchsrückwand liegenden Brausenbrenner arbeitete, wählte die AEG zwei seitlich in der Feuerbüchse angeordnete Schlitzbrenner.

Im Jahre 1926 erteilte die Reichsbahn der AEG den Auftrag, die beiden Güterzuglokomotiven 56 2906

Bezeichnung der Radsatz-Anordnung

Im Laufe der Entwicklung der Lokomotiven wurde es notwendig, die Zahl und die Anordnung der Radsätze in einfacher Weise darzustellen. Die vom Verein Deutscher Eisenbahnverwaltungen 1908 vorgeschlagene Bezeichnungsweise wird – mit zwischenzeitlichen Änderungen und Ergänzungen – in Mitteleuropa allgemein verwendet.
Es werden bezeichnet:

- die Zahl der Laufradsätze durch arabische Ziffern;
- angetriebene (gekuppelte) Radsätze durch große lateinische Buchstaben (A = ein Treibsatz, B = zwei gekuppelte Radsätze usw.); sind die Treibradsätze nicht miteinander gekuppelt, wird dem entsprechenden Buchstaben eine kleine Null beigefügt;
- die Anordnung der Radsätze durch die Folge der Ziffern und Buchstaben;
- vom Hauptrahmen unabhängige Radsätze durch einen Beistrich (bei mehreren Zeichen durch eine Klammer);
- Doppel-Lokomotiven durch das Zeichen + zwischen der Angabe der Radsatzanordnung für die beiden Teile.

Zu der Darstellung der Radsatzanordnung sind weitere Zusatzbezeichnungen festgelegt worden, die sich aber außer bei Dampflokomotiven nicht allgemein durchgesetzt haben.

Bei Dampflokomotiven wird nach der Angabe der Radsatzanordnung vermerkt:

- die Dampfart (h = Heißdampf, n = Naßdampf),
- die Zahl der Zylinder,
- die Art der Dampfdehnung (ohne Zeichen = einfache Dampfdehnung, v = Verbundwirkung).

Bei Tendern folgt nach der Angabe der Radsatzanordnung der Buchstabe T und das Fassungsvermögen des Wasserkastens in m^3.

Beispiele:

2'C1' h2	Lokomotive mit zwei Laufradsätzen vorn (in einem Drehgestell), drei gekuppelten Radsätzen und einem beweglichen Laufradsatz hinten; Heißdampf, zwei Zylinder, einfache Dampfdehnung
1'Do1' h8	Lokomotive mit vier einzeln angetriebenen Radsätzen und je einem beweglichen Laufradsatz vorn und hinten; Heißdampf, insgesamt 8 Zylinder mit einfacher Dampfdehnung
B'B n4v	Lokomotive mit zwei gekuppelten Radsätzen in einem Triebdrehgestell und zwei gekuppelten Radsätzen im Hauptrahmen (Bauform Mallet); Naßdampf, Vierzylinder-Verbundausführung

Kohlenstaub-Stromlinien-Schnellzuglokomotive 05 003 mit vornliegendem Führerstand.

und 56 2907 (ehemalige preußische G 8^2) mit Kohlenstaubfeuerung auszurüsten. Die Tender dieser Maschinen erhielten einen zylinderförmigen Kohlenstaubbunker mit je zwei Förderschnecken für Fahr- und Standbetrieb, einen Förderluft-Turboventilator und ein Kühlwassersystem für die Brenner. Die Lokomotiven bewährten sich im Betrieb so gut, daß die Reichsbahn 1929 vier weitere Maschinen, die 56 2130 und 56 2801 (G 8^2), sowie die 58 1416 und 58 1894 (G 12), auf AEG-Kohlenstaubfeuerung umbauen ließ. Bei Henschel wurden während des gleichen Zeitraumes die Lokomotiven 58 1353, 58 1677, 58 1722 und 58 1794 auf das STUG-Feuersystem umgerüstet. Bei diesen Maschinen besaßen die Tender trichterförmige Bunker mit Austragung über zwei Haupt- und eine Hilfsschnecke. Letztere war für Reservefeuer vorgesehen, wurde aber bereits bei der zweiten Bauserie nicht mehr eingebaut.

Die ungewöhnlichste Kohlenstaublokomotive war die 1937 von Borsig abgelieferte Stromlinienlokomotive 05 003 (2'C2' h3) mit Stirnführerstand, vornliegender Feuerbüchse und AEG-Feuerung. Diese Lokomotive war für die Verfeuerung von Steinkohlenstaub gebaut. Wegen der langen und mit zahlreichen Richtungsänderungen verlaufenden Förderwege sowie der unzureichenden Staubaustragung blieb die Feuerleistung auch nach späteren Änderungen noch derart unzureichend, daß die Lokomotive 1944 in die Regelausführung mit Kohlefeuerung umgebaut wurde.

Wendler-Kohlenstaub-Schnellzuglokomotive 17 1042 der Reichsbahn in der DDR mit dreiachsigem Kohlenstaubwagen im August 1953 vor einem planmäßigen Zug.

Nach 1945 war die Reichsbahn in der DDR in hohem Maß auf Braunkohle angewiesen. Deren niedriger Heizwert führte zur Fortsetzung der Versuche mit Staubfeuerung. Die bisherigen Konstruktionen eigneten sich nicht, weil dafür sehr feiner und trockener Staub nötig war, der jedoch nicht zur Verfügung stand. So entwickelte Hans Wendler ein neues System mit pneumatischer Austragung. Dabei ist der Feuerraum dicht von der Außenluft abgeschlossen, die zur Verbrennung erforderliche Luft wird durch den Abdampf der Maschine oder einen Hilfsbläser über die beiden Brenner angesaugt. Durch Drehschieber wird dem Luftstrom die erforderliche Kohlenstaubmenge beigemischt. Insgesamt wurden 130 Lokomotiven, hauptsächlich der Baureihen 17^{10} (S 10^{1}), 44, 52 und 58 (G 12) auf Kohlenstaubfeuerung der Bauart Wendler umgebaut.

Versuche, die Verdampfungsleistung des Kessels kurzzeitig durch eine Ölzusatzfeuerung zu erhöhen, blieben wegen der unterschiedlichen Verbrennungsverhältnisse bei Kohle und Öl ohne Erfolg.

Erst in der Schlußphase des Dampfbetriebes in Deutschland wurde die Ölhauptfeuerung eingeführt: Vorgewärmtes schweres Heizöl fließt dabei an der Brennermündung auf einen Dampffächer, der das Öl fein zerstäubt. Zur ersten Zündung wird eine Lunte benutzt. Der Einbau der Ölfeuerung machte nur wenige Änderungen am Kessel erforderlich: Die Feuerbüchse wurde mit Schamotte ausgemauert, Rost und Aschkasten entfielen; statt der Feuertür wurde ein Sekundär-Luftkanal angebaut.

Während bei einer kohlegefeuerten Lokomotive wegen der Schlackenbildung die verbrannte Kohlemenge je Quadratmeter Rostfläche bestimmte Werte nicht übersteigen kann, besteht eine solche Begrenzung bei der Ölfeuerung nicht. Damit ausgerüstete Lokomotiven eignen sich daher besonders für durchgehenden Einsatz über größere Entfernungen. Auch wechselnden Belastungen können sie schneller folgen als kohlegefeuerte Lokomotiven. Bei der Bundesbahn wurden 113, bei der Reichsbahn der DDR 239 Lokomotiven mit Ölhauptfeuerung ausgerüstet.

Langkessel

Der Langkessel machte die wenigsten Veränderungen durch. Er besteht meist aus mehreren, fast immer kreisrunden Schüssen, die ineinander geschoben sind. Der Langkessel enthält die Siede- oder Heizröhren, die hinten in der Vorderwand der Feuerbüchse und vorn in der Rauchkammerrohrwand befestigt sind. Früher wurden sie eingewalzt, zuletzt eingeschweißt. Die Fläche der Rohre bildet die Berührungs- oder indirekte Heizfläche. Der große Wasserraum eines solchen Siederöhrenkessels bewirkt gute Anpassungsfähigkeit der Dampferzeugung an schwankende Belastungen. Auf den Langkessel wurde üblicherweise ein Dampfdom aufgesetzt, in dem der Dampf entnommen wird. Dies soll wegen der Gefahr des Wasserüberreißens möglichst

Einheits-Güterzuglokomotive Baureihe 44, bei der Bundesbahn mit Ölfeuerung ausgerüstet.

weit entfernt vom Bereich der stärksten Verdampfung, also vom Stehkesssel, geschehen.

Rauchkammer

Die Rauchkammern der frühen Lokomotiven waren nur klein. Als bei der Verbundlokomotive das Verbinderrohr zwischen Hochdruck- und Niederdruckzylinder durch die Rauchkammer geführt werden mußte, zwangen die Platzverhältnisse zu einer Vergrößerung. Dabei stellte sich heraus, daß die größere „amerikanische" Rauchkammer – ein Begriff, der später nicht mehr verwendet wurde – auch bessere Verhältnisse für die Feuerführung ergab.
Mittig unter dem auf der Rauchkammer angebrachten Schornstein befindet sich das Blasrohr, aus dem der Abdampf der Zylinder ausströmt und so – abhängig von der Belastung der Lokomotive – das Feuer anfacht. Um den Funkenflug aus dem Schornstein zu vermindern, wurden Funkenfänger in einer großen Bauartenvielfalt eingebaut. Durchgesetzt hat sich ein kegelförmiger Maschendrahtkorb zwischen Blasrohr und Schornstein. Der Schornstein war zunächst zylindrisch ausgeführt, bis Versuche zeigten, daß eine kegelförmige Gestaltung bessere Saugzugverhältnisse ergibt. Bei hochliegendem Kessel blieb nur wenig Platz für Aufbauten, insbesondere für den Schornstein, der deshalb zum Teil nach unten in die Rauchkammer hinein verlegt werden mußte. Die Reichsbahn der DDR hat in den Jahren 1966 bis 1969 insgesamt 551 Lokomotiven verschiedener Baureihen mit dem Giesl-Ejektor ausgerüstet, einem nach seinem Konstrukteur benannten Flachschornstein mit Mehrfach-Düsen-Blasrohr.

Heißdampf

Bis weit in die siebziger Jahre des vorigen Jahrhunderts war der Dampf nach dem Verfahren der „einfachen Aggregatzustandsänderung" erzeugt worden. Dabei gelangte er nicht rein als Gas in die Zylinder, sondern führte als „Sattdampf" auch Wasser, Partikel seiner Ursprungsflüssigkeit, mit sich. Sattdampf und Flüssigkeitsteilchen zusammen bildeten den „Naßdampf". Die Einfachheit dieses Verfahrens in thermischer und übertragungstechnischer Hinsicht ließ in den Anfängen des Eisenbahnwesens die wirtschaftlichen und leistungsmindernden Nachteile noch in den Hintergrund treten. Um Leistungsfähigkeit und Wirtschaftlichkeit der Lokomotiven zu steigern, wurde aber später Heißdampf statt des Naßdampfs verwendet. Im Röhrensystem des Überhitzers wird dafür dem Naßdampf auf seinem Weg vom Dampfraum des Kessels zu den Zylindern zusätzlich Wärme zugeführt.
Der Kessel einer Heißdampflokomotive unterscheidet sich von dem einer Naßdampflokomotive nur durch den Einbau des Überhitzers, von dem zwei Bauarten größere Verbreitung fanden: Der Rauchkammer- und der Rauchrohrüberhitzer. In beiden Fällen wird der Dampf wie üblich im Dampfdom entnommen. Der Rauchkammerüberhitzer besteht aus mehreren Reihen von Rohren, die – der Wandung entsprechend gebogen – in der Rauchkammer in einem besonderen Kasten untergebracht sind. Die Rauchgase zur Beheizung dieses Überhitzers durchziehen den Langkessel in einem größeren Flammrohr. Ab 1906 wurde nur noch der Rauchröhrenüberhitzer verwendet. Der Langkessel hat hier im oberen Teil einige Reihen größerer Rauchrohre statt der

Lokomotiven mit Rauchkammerüberhitzer sind äußerlich an den Wulsten neben dem Schornstein zu erkennen. Hier eine Maschine der preußischen Gattung S 4, gebaut von Borsig 1905.

Heizrohre. In jedem Rauchrohr befindet sich ein Überhitzerelement. Alle anderen Bauarten von Überhitzern oder Dampftrocknern konnten sich nicht durchsetzen.
Die Preußischen Staatseisenbahnen beschafften 1898 die ersten beiden Heißdampf-Versuchslokomotiven mit einem Flammrohrüberhitzer: die „131 Cassel" der Gattung P4[1] (2'B h2) lieferte Henschel, die zweite, „74 Hannover" der Gattung S3 (2'B h2) wurde von der Stettiner Maschinenbau A.G. Vulcan gebaut. Nach der Einführung des Rauchröhrenüberhitzers wurde die Heißdampflokomotive zur Regelbauart des 20. Jahrhunderts.
Die norddeutschen Bahnen bevorzugten überwiegend die einfache Dampfdehnung, die süddeutschen dagegen kombinierten Heißdampf und Verbundwirkung.

Kesselabmessungen

Immer wieder Gegenstand umfangreicher Untersuchungen waren die Hauptabmessungen des Kessels und das Verhältnis verschiedener Daten zueinander. Daraus ergaben sich zwangsläufig bei grundsätzlich gleicher Bauweise eine ganze Reihe von unterschiedlichen Ausführungsformen. Für folgende Lokomotiven gibt die Tabelle einige charakteristische Daten an:

Kessel der beschriebenen Regelbauart sind mit einem Betriebsdruck bis 25 kg/cm² gebaut worden. Kessel mit höherem Druck als 16 kg/cm² waren jedoch selten; sie wurden meist aus Sonderstählen hergestellt, die sich aber als nicht alterungsbeständig erwiesen und deren zulässiger Druck daher überwiegend wieder herabgesetzt werden mußte.

Zusatzeinrichtungen am Kessel

Zum Betrieb eines Dampfkessels sind einige Einrichtungen notwendig oder vorgeschrieben: Sicherheitsventile, Anzeige des Kesseldrucks, Wasserstandsanzeigevorrichtungen, Kesselspeiseeinrichtungen und Dampfregler. Sie müssen bis auf Anzeige und Regler aus Sicherheitsgründen doppelt vorhanden sein.
Diese Einrichtungen mit Ausnahme der Kesseldruckanzeige waren schon an den ersten Lokomotiven vorhanden. Konstruktiv haben sie sich im Laufe der Zeit erheblich verändert. Die ersten Sicherheitsventile waren gewichtsbelastet, bald setzte sich aber das federbelastete Ventil mit dem Hochhubventil als letzter Bauform durch. Mit entsprechender Gestaltung wurde erreicht, daß die Ventile beim Ansprechen sofort den vollen Querschnitt freigeben und beim Absinken des Kesseldrucks sehr schnell wieder vollständig schließen. Die Kesseldruckanzeige war

	Gattung Baureihe	Radsatz-anordnung	Baujahr
„Saxonia"		B1	1837
preußische Personenzuglokomotive	P 2	1B	1878
preußische Schnellzuglokomotive	S 6	2'B	1906
Reichsbahn-Einheits-Schnellzuglokomotive (mit 6,8-m-Kessel)	01	2'C1'	1930
Bundesbahn-Schnellzuglokomotive	10	2'C1'	1957

			Saxonia	P 2	S 6	01	10
Kesseldruck	p	kg/cm²	4,2	10,0	12,0	16,0	18,0
Rostfläche	R	m²	0,6	1,8	2,3	4,3	4,0
Heizflächen							
Feuerbüchse	H_{Fb}	m²	3	6,5	12,1	16,9	22,0
Rohre	H_R	m²	24	85,3	124,9	230,2	194,4
Verdampfung	H_V	m²	27	91,8	137,0	247,1	216,4
Überhitzer	$H_ü$	m²	–	–	40,3	85,0	105,7
Dampferzeugung	D	t/h	0,7	2,7	6,8	14,0	16,2
Verhältniszahlen							
$H_v : R$			48	51	60	57	54
$H_R : H_{Fb}$			8	13,1	10,3	13,6	8,8
$H_v : H_ü$			–	–	3,4	2,9	2,0
$D : H_v$		kg/m²h	26	30	50	57	75

zunächst mit dem Sicherheitsventil verbunden, bis allgemein das Manometer eingeführt wurde. Als Anzeigevorrichtungen für den Wasserstand dienen Probierhähne und Wasserstandsgläser; der niedrigste Wasserstand liegt im allgemeinen 100 mm über dem höchsten Punkt der Feuerbüchsdecke.
Zum Ergänzen des Wassers im Kessel dienten anfangs Kolbenpumpen, die von einem Radsatz angetrieben wurden und demzufolge nur während der Fahrt arbeiten konnten. Daher kommt auch die Bezeichnung „Fahrpumpe". Bei längeren Aufenthalten mußte deswegen die Lokomotive vom Zug abgekuppelt und auf einem besonderen „Wassergleis" hin- und hergefahren werden, bis die notwendige Wassermenge in den Kessel gepumpt war.

Hinter dem Treibradsatz der Crampton-Lokomotive ist die „Fahrpumpe" zu erkennen.

Der Oberflächenvorwärmer war bei den Einheitslokomotiven quer in der Rauchkammer vor dem Schornstein eingebaut. Die Kesselspeiseventile sind hier oben am Kessel angeordnet. Davor befinden sich Lichtmaschine für die Beleuchtung und Druckluftläutewerk. Auf dem Zylinder ist ein Druckausgleicher zur Verbesserung der Laufeigenschaften aufgesetzt.

Dieses umständliche Verfahren entfiel mit der Einführung der Dampfstrahlpumpe, die saugend oder nichtsaugend ausgeführt sein kann; entsprechend ergibt sich die Lage im Führerhaus oben am Kessel oder unterhalb des Führerhauses.

Schon um 1850 versuchte man, die im Abdampf enthaltene Wärme teilweise zur Vorwärmung des Kesselspeisewassers zu verwenden. Die ersten Vorwärmer waren Kondensationseinrichtungen im Tender: Ein Teil des Abdampfes wurde in Röhren durch das Tenderwasser geleitet. Das Wasser erwärmte sich dabei oft so stark, daß die saugenden Dampfstrahlpumpen nicht mehr arbeiteten; diese Bauart wurde deshalb wieder aufgegeben. Große Verbreitung fand etwa von der Jahrhundertwende an der Oberflächenvorwärmer: Eine Kolbenpumpe drückt das Speisewasser durch ein Röhrenbündel, das vom Abdampf umspült wird. Letzte Bauform waren die Mischvorwärmer: Abdampf wird in einem Mischkasten in das Kesselspeisewasser geleitet, das heiße Wasser von einer Kolben- oder Turbopumpe in den Kessel gefördert. Alle Vorwärmertypen sind in zahlreichen Bauformen verwendet worden. Auch die Anordnung auf der Lokomotive war sehr verschieden.

Um die Wärme der Rauchgase noch soweit wie möglich zur Vorwärmung des Speisewassers zu nutzen, beschaffte die Bundesbahn einige Lokomotiven mit Franco-Crosti-Rauchgasvorwärmer. Der unter dem üblichen Kessel angeordnete Vorwärmer stand unter Kesseldruck, dadurch war eine Vorwärmung auf über 100 Grad Celsius möglich. Der Schornstein für den Regelbetrieb mußte dabei seitlich vom Kessel vor dem Führerhaus angeordnet werden.

Für die Regelung der Dampfzufuhr zur Maschine wurden zunächst Flachschieberregler im Dampfdom eingebaut. Bei höherem Kesseldruck und steigendem Dampfverbrauch war jedoch ihr Bewegungswiderstand zu hoch. Daher wurden sie durch Ventilregler abgelöst. Bei Heißdampflokomotiven strömt der Dampf üblicherweise erst durch den Regler, dann durch den Überhitzer. Eine Reihe von Lokomotiven erhielt Heißdampfregler, die nach dem Überhitzer angeordnet und mit einem oder mehreren Ventilen versehen waren.

Beim Betrieb eines Lokomotivkessels ist Qualmbildung infolge unvollkommener Verbrennung nicht zu vermeiden, was zu Belästigungen der Umgebung führte. Daher wurden zahlreiche Einrichtungen zur Verminderung der Qualmbildung, sogenannte Rauchverzehreinrichtungen, erprobt. Übrig blieben davon schließlich nur ein Feuerschirm unterhalb der Rohrwand, durch den die Rauchgase zu einem bestimmten Mindestweg in der Feuerbüchse gezwungen werden, und die Oberluftzuführung durch Kanäle, die seitlich der Feuertür angeordnet sind.

Bei modernen Kesseln erwiesen sich weitere Einrichtungen zur störungsfreien Betriebsführung als notwendig. Dazu gehörten druckluftbetätigte Ab-

Die auf Franco-Crosti-Vorwärmer umgebauten Lokomotiven der Baureihe 50 bewährten sich nicht, da die Korrosionsprobleme auf der Rauchgasseite in den Vorwärmern nicht beherrscht werden konnten.

Schnittdarstellung einer von Henschel gebauten Gilli-Hochdruck-Dampfspeicherlokomotive, Radsatzfolge C.

schlammeinrichtungen, Rußbläser zum Sauberhalten der Rohre und bei Heißdampflokomotiven auch Dampftemperaturanzeiger.

Dampfspeicherlokomotiven

Das Prinzip der feuerlosen Dampfspeicherlokomotive beruht auf der Fähigkeit des Kesselwassers, bei Druckanstieg große Wärmemengen aufzunehmen. Diese Energie wird als hochgespannter Dampf einem ortsfesten Dampferzeuger entnommen und nach Erwärmen des Kesselwassers auf Sättigungstemperatur unter Senkung des Betriebsdrucks in den Zylindern verarbeitet. Maßgebend für den Einsatz einer Dampfspeicherlokomotive ist der Energievorrat, der sich nach der mit fallendem Druck frei werdenden Dampfmenge richtet. Wegen ihres nur begrenzten Fahrbereiches findet diese wirtschaftliche und in der Instandhaltung günstige Bauart vorwiegend auf Industriebahnen Verwendung. Da von der feuerlosen Dampfspeicherlokomotive keinerlei Explosionsgefahr ausgeht, ist sie besonders in Werken der chemischen Industrie zu finden.

Eine Weiterentwicklung stellt die Gilli-Hochdruck-Dampfspeicherlokomotive dar, die bei 40 bis 140 kg/cm^2 erheblich mehr Wärmeenergie speichern kann als die mit 10 bis 20 kg/cm^2 arbeitenden Niederdruckmaschinen. Bei rund 100 kg/cm^2 Ausgangsdruck besitzt die Hochdruckspeicherlokomotive etwa das doppelte Speichervermögen einer Niederdrucklokomotive und dank ihres niedrigen spezifischen Dampfverbrauches einen rund dreifach größeren Fahrbereich.

Das hohe Arbeitsvermögen der Hochdruck-Dampfspeicherlokomotive läßt sie nicht nur die üblichen Rangieraufgaben in Werksbahnhöfen erfüllen, sondern darüber hinaus auch bestimmte Verkehrsleistungen auf Anschlußbahnen und im schweren Verschiebedienst übernehmen, die bis dahin den gefeuerten Dampflokomotiven oder Diesellokomotiven vorbehalten waren.

Fahrgestell

Die Radsätze sind in dem Rahmen gelagert, der auch den Kessel trägt.

Rahmen

Die ersten Lokomotiven hatten komplizierte Rahmenbauformen, die im Betrieb viele Schwierigkeiten verursachten. Der Kräfteverlauf war anfangs nicht richtig erkannt worden. Das galt besonders, solange die Zylinder noch an der Rauchkammer und nicht – wie später grundsätzlich ausgeführt – am Rahmen befestigt waren. Die Rahmen neuerer Bauform bestehen aus zwei mehrfach quer miteinander verbundenen Wangen. Vordere Verbindung ist die Kopfschwelle oder Pufferbohle mit Kupplungen und Puffern als Zug- und Stoßeinrichtungen, die der allgemeinen Entwicklung entsprechend angebaut wurden. Es folgt der Rauchkammerträger, an dem Kessel und Rahmen fest miteinander verbunden sind. Weitere Querverbindungen dienen zum Teil auch der Abstützung des Kessels, dessen Längsaus-

Diese Schnellzuglokomotive für die Braunschweigische Eisenbahn aus dem Jahr 1862 hatte einen doppelten Gabelrahmen: Die Laufradsätze waren außen, der Treibradsatz innen gelagert. Die Zylinder lagen innen.

dehnung infolge des Wärmeeinflusses nach hinten möglich sein muß. Die Stehkesselträger sind so konstruiert, daß trotz dieser Beweglichkeit Verschiebungen des Kessels senkrecht oder quer ausgeschlossen sind.

Von der Bauweise her lassen sich drei Rahmentypen unterscheiden: Gabelrahmen, Blech- oder Plattenrahmen sowie Barrenrahmen.

Beim Gabelrahmen sind die Rahmenwangen eigentlich nur Balken, an denen die Achshalter – ähnlich wie heute noch bei Güterwagen – angebracht sind. Diese Bauform wurde wegen der unzureichenden Eignung zur Übertragung größerer Zugkräfte bald verlassen und durch den Blechrahmen ersetzt. Hier bestehen die Rahmenwangen aus bis zu 30 mm dicken, verhältnismäßig hohen Blechplatten, an denen die Achslagerführungen befestigt sind; die Rahmenbleche reichen über die Radsatzmitten nach unten. Blechrahmen wurden überwiegend genietet, erst zuletzt sind vollständig geschweißte Blechrahmen gebaut worden. Oft, insbesondere bei Tenderlokomotiven, wurde der Blechrahmen als Wasserkasten ausgebildet. Beim Barrenrahmen sind die Wangen viel niedriger als beim Blechrahmen, dafür sind sie bis etwa 100 mm dick, die Querverbindungen durchweg mit den Wangen verschraubt. Ein Vorteil des Barrenrahmens ist insbesondere die bessere Zugänglichkeit von innen liegenden Triebwerken. Diese Rahmenbauart ist zuerst nach amerikanischen Vorbildern im Jahre 1903 von Maffei bei den Schnellzuglokomotiven Gattung S 3/5 (2'C) für die Bayerischen Staatseisenbahnen verwendet worden.

Je nach Lage der Rahmenwangen zu den Rädern unterscheidet man Innen- oder Außenrahmen. Die meisten Lokomotiven sind mit innenliegenden Rahmen gebaut worden; in Süddeutschland hielt sich der außenliegende Rahmen am längsten.

In Süddeutschland wurde lange Zeit der außenliegende Blechrahmen verwendet, hier bei einer 1875 gebauten Güterzuglokomotive Gattung C III der Bayerischen Staatseisenbahnen.

Preußische Personenzuglokomotive der Gattung P 6 mit kräftigem Blechrahmen bei verhältnismäßig hoher Kessellage.

Der Barrenrahmen erwies sich als besonders vorteilhaft bei Lokomotiven mit Innentriebwerken: Vierzylinder-Verbundlokomotive (1'C1') Gattung IVg der Badischen Staatseisenbahnen mit Clench-Dampftrockner.

Radsätze

Anzahl, Durchmesser und Anordnung der Radsätze werden durch den vorgesehenen Verwendungszweck der Lokomotive bestimmt. Die zulässige mittlere Kolbengeschwindigkeit ist aus technischen Gründen begrenzt, demzufolge auch die Drehzahl der angetriebenen Radsätze. Bei Lokomotiven mit großer Höchstgeschwindigkeit mußte daher ein großer Raddurchmesser gewählt werden, was jedoch geringere Zugkräfte zur Folge hat. Bei Schnellzuglokomotiven liegt der Treibraddurchmesser zwischen etwa 1 800 und 2 300 mm, bei Personenzuglokomotiven zwischen 1 500 und 1 750 mm. Güterzuglokomotiven, bei denen es in erster Linie auf hohe Zugkräfte ankommt, haben Treibraddurchmesser zwischen 1 250 und 1 400 mm. Die mögliche Anhängelast einer Lokomotive hängt auch vom Reibungsgewicht, der auf die angetriebenen Radsätze entfallenden Belastung, ab. Um hohe Zugkräfte zu erreichen, haben deshalb Güterzuglokomotiven mehr angetriebene Radsätze als Personenzug- und Schnellzuglokomotiven. Damit auch bei einer größeren Zahl von Radsätzen die Befahrbarkeit der kleinsten vorhandenen Krümmungshalbmesser von etwa 140 Metern gewährleistet ist, wurden einzelne Kuppelradsätze seitenverschiebbar ausgeführt oder die Spurkränze geschwächt. Zahlreiche Versuche, auf andere Weise guten Kurvenlauf zu erreichen, blieben ohne dauerhaften Erfolg.

Bei vielen Lokomotiven waren aus verschiedenen Gründen auch nicht angetriebene Radsätze mit kleinerem Durchmesser – Laufradsätze – nötig. Einmal wurde das Gewicht des abgefederten Teils der Lokomotive so groß, daß die zulässige Belastung der gekuppelten Radsätze überschritten worden wäre. Die Laufradsätze trugen also Lasten, die von den gekuppelten Radsätzen nicht mehr aufgenommen

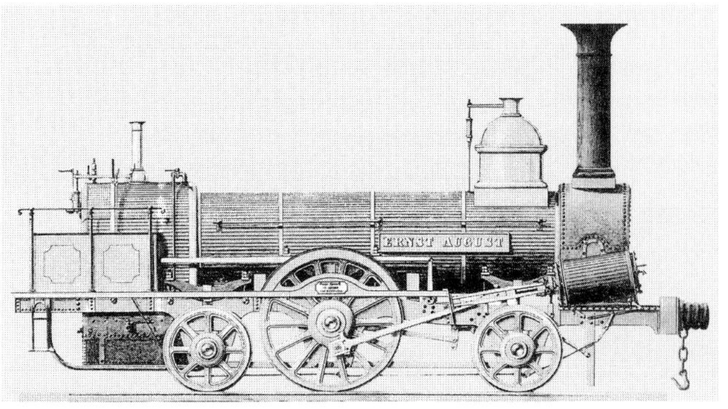

Lokomotive (1A1) der Hannoverschen Staatseisenbahnen mit überhängenden Zylindern und nicht unterstütztem Stehkessel; sogenannte long-boiler-Bauart.

werden konnten. Diese Funktion übernahmen sie auch bei großer Länge des Kessels, wenn sonst die Überhänge vorn und hinten zu groß geworden wären: Je größer diese Überhänge, desto schlechter sind die Laufeigenschaften einer Lokomotive, wodurch wiederum die Höchstgeschwindigkeit begrenzt wird. Zum anderen zeigte die Erfahrung, daß beim führenden Radsatz ein bestimmter Durchmesser wegen der Entgleisungssicherheit nicht überschritten werden darf; hier übernimmt der vordere Laufradsatz Führungsfunktionen.
Aus lauftechnischen Gründen muß der Laufradsatz bei größeren Lokomotiven gegenüber dem Hauptrahmen beweglich sein. Hauptsächlich verwendete Bauformen waren die Bisselachse, die Adamsachse, das Krauss-Helmholtz-Gestell und das Drehgestell. Bei der Bisselachse ist der Laufradsatz in einem Lenkgestell gelagert, das um einen am Rahmen befestigten Drehzapfen nach beiden Seiten ausschwenken kann. Der Laufradsatz der Adamsachse wird in kreisbogenförmigen Führungen am Rahmen um einen ideellen Drehpunkt geschwenkt. Im Krauss-Helmholtz-Gestell sind eine Bisselachse mit einem über den Drehzapfen nach hinten verlängerten Lenkgestell und ein seitlich verschiebbarer Kuppelradsatz derart verbunden, daß beide Radsätze in Krümmungen die Führung der Lokomotive übernehmen können. Das Drehgestell enthält zwei, vereinzelt auch mehr Laufradsätze in einem besonderen Rahmen, der sich um einen am Hauptrahmen angebrachten Drehzapfen drehen und dazu seitliche Bewegungen ausführen kann. Alle diese Anordnungen von Laufradsätzen haben in der Regel federnde Rückstelleinrichtungen in die Mittellage.
Erkenntnisse über die Zusammenhänge zwischen Führung im Gleis, Laufruhe und konstruktiver Gestaltung des Laufwerkes wurden nur langsam gewonnen. Infolgedessen gab es zahlreiche Fehlentwicklungen. Zu den aus heutiger Sicht unzweckmäßigen Konstruktionen gehört die „long-boiler"-Bauart mit einem im Verhältnis zum Gesamtradstand sehr langen Kessel. Die Zylinder hängen vorn, der Stehkessel ragt hinten über. Nach einigen Entgleisungen wurde 1853 in Preußen die Verwendung solcher Lokomotiven für schnellfahrende Züge verboten. Lauftechnisch viel günstiger waren die Crampton-Lokomotiven mit der Radsatzanordnung 2A. Die Treibachse lag hinter dem Stehkessel; auffallend war die sehr niedrige Lage des Kessels.
Alle Radsätze sind gegenüber dem Rahmen gefedert; die Blatttragfedern können über oder unter den Lagerkästen angeordnet sein. Mehrere Federn sind durch Ausgleichhebel miteinander verbunden. Je

Schnellzuglokomotive der Bauart Crampton für die Pfälzischen Eisenbahnen, gebaut von Maffei 1853.

Personenzuglokomotive (1B) Gattung IVc der Badischen Staatseisenbahnen von 1879 mit Außenrahmen und innenliegender Steuerung.

nach Zahl der so gebildeten Stützgruppen ergibt sich eine Drei-,Vier- oder Sechspunktabstützung. Durch Umstecken der Ausgleichhebel-Lagerbolzen konnte bei den Lokomotiven der Baureihen 41, 45 und 23 die Kuppelradsatzlast verändert und damit die Verwendbarkeit der Lokomotiven erweitert werden.
Die Radsätze liefen überwiegend in Gleitlagern. Nach ersten Versuchen der Reichsbahn in den dreißiger Jahren ließ später die Bundesbahn einige Lokomotiven mit Wälzlagern für Lauf- und Kuppelradsätze bauen. Solche Lager sind bei einigen Lokomotiven auch in Triebwerk und Steuerung zu finden.

Radsatzanordnung

Die häufigsten in Deutschland ausgeführten Radsatzanordnungen waren bei

Schnellzuglokomotiven	1 B, 2'B, 2'C und 2'C1',
Personenzuglokomotiven	1 B und 2'C,
Güterzuglokomotiven	C, D, E und 1'E.

Die Radsatzanordnung 1 B hat sehr früh in Deutschland Eingang gefunden für Universal-, Reise- und Güterzuglokomotiven und ist bis Anfang der achtziger Jahre beschafft worden. Die 2'B-Lokomotive findet sich zwar schon 1847 in Württemberg, große Verbreitung fand sie zunächst aber nicht. Erst von 1890 ab ist diese Radsatzanordnung von fast allen deutschen Staatsbahnen in großem Umfang verwendet worden. Noch bis 1913 wurde die preußische S 6 als schwerste deutsche 2'B-Lokomotive beschafft. Die erste deutsche 2'C-Lokomotive kam 1894 auf der Schwarzwaldbahn zum Einsatz (badische Gattung IVe). Die Badischen Staatseisenbahnen waren auch die erste deutsche Verwaltung, die 1907 mit der Gattung IVf Lokomotiven der Radsatzfolge 2'C1'

Schnellzuglokomotive (2'B h2) der preußischen Staatseisenbahnen, Gattung S 6. Diese Lokomotiven waren die letzten in Deutschland und die schwersten des Festlands mit der Radsatzanordnung 2'B.

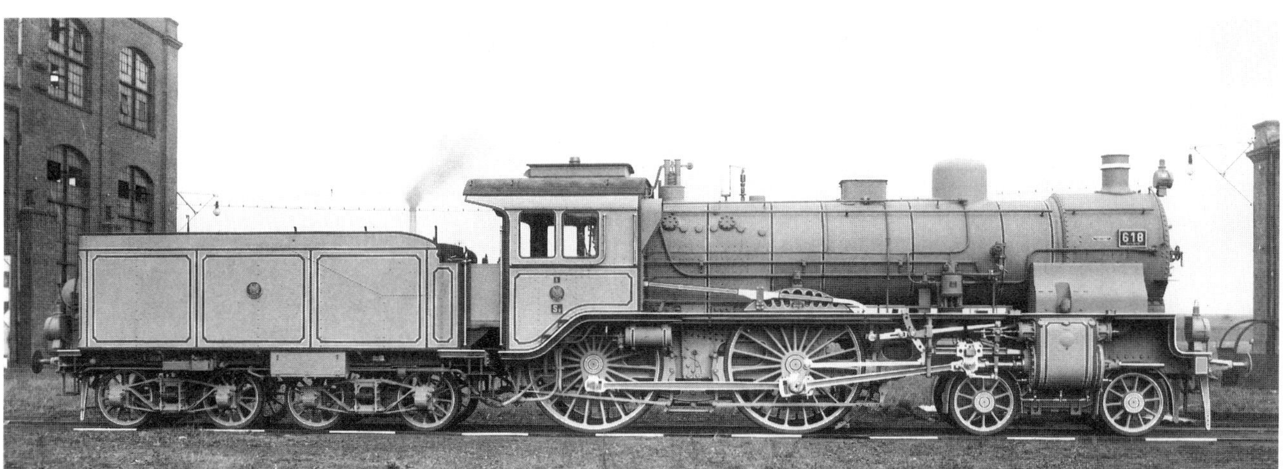

beschaffte. Merkwürdigerweise hat es keine preußischen 2'C1'-Lokomotiven gegeben.
An der Vermehrung der Zahl von gekuppelten Radsätzen lassen sich deutlich die steigenden Anforderungen im Güterverkehr verfolgen. Die erste deutsche C, 1843 für die Strecke Vienenburg–Bad Harzburg der Braunschweigischen Staatseisenbahnen beschafft, kam aus England. Schon 1846 wurde in Baden die erste in Deutschland gebaute C als Breitspurlok eingesetzt. Noch 1905 erschien in Preußen eine neue C-Lokomotive (G 4^3). Die erste D-Lokomotive lief 1869 bei der hessischen Ludwigsbahn, die erste E – mit festen Radsätzen – als Tenderlokomotive 1905 in Preußen (T 16). Und schließlich kam 1905 die erste 1'E-Lokomotive bei den Reichseisenbahnen Elsaß-Lothringen (G 11) zum Einsatz, der dann Tausende von Lokomotiven in dieser Radsatzanordnung folgten:

		Gattung Baureihe	Stückzahl
1905–1906	Reichseisenbahnen	G 11	47
1915–1917	Preußen, Reichseisenbahnen, Sachsen	G 12^1	53
1917–1924	Preußen, Sachsen, Baden, Württemberg, Reichseisenbahnen	G 12	1488
1927–1928	Deutsche Reichsbahn	43	35
1926–1949	Deutsche Reichsbahn	44	1761
1935	Lübeck-Büchener Eisenbahn		2
1838–1944	Deutsche Reichsbahn	50	3136
1942–1949	Deutsche Reichsbahn	52	6105
1943–1945	Deutsche Reichsbahn	52 Kondens	78
1944–1949	Deutsche Reichsbahn	42	859
1956–1960	Deutsche Reichsbahn (DDR)	50^{40}	88
			13652

Die Elsässische Maschinenbau-Gesellschaft Grafenstaden lieferte 1902/03 Schnellzuglokomotiven (2'C n4v) der Reihe A 17 an die Reichseisenbahnen Elsaß–Lothringen.

Schnellzuglokomotive (2'C1' h4v), Gattung IV h der Badischen Staatseisenbahnen, gebaut 1918 bis 1920. Die Kolbenschieber für die innen liegenden Hochdruck- und für die außen liegenden Niederdruckzylinder waren jeweils hintereinander in einer Achse angeordnet. Der Treibraddurchmesser betrug 2100 Millimeter wie bei der preußischen S 6.

Güterzuglokomotive (C n2) der Bergisch-Märkischen Eisenbahn, gebaut 1873 von der Berliner Maschinenbau AG, vormals L. Schwartzkopff. Ähnliche Lokomotiven gab es in großer Zahl bei verschiedenen deutschen Bahnverwaltungen.

Als die Leistungsfähigkeit der Dreikuppler nicht mehr ausreichte, ließen die Preußischen Staatseisenbahnen 1893 die ersten vierfach gekuppelten Güterzuglokomotiven der späteren Gattung G 7^1 bauen. Ab 1895 folgte die Lokomotive als spätere Gattung G 7^2 auch in Zweizylinder-Verbundausführung.

Güterzuglokomotive (E h2), Gattung G 10 der Preußischen Staatseisenbahnen, erstmals gebaut 1910.

Güterzuglokomotive (1'E n4v) Reihe C 33 spätere Gattung G 11, der Reichseisenbahnen Elsaß–Lothringen, geliefert von der Elsässischen Maschinenbau-Gesellschaft Grafenstaden. Die dort entwickelten Lokomotiven lehnten sich vielfach an französische Vorbilder an und erhielten dadurch ihr unverwechselbares Aussehen.

Die schwerste deutsche Güterzuglokomotive war die Baureihe 45 der Reichsbahn mit der Radsatzanordnung 1'E1'.

Der einzige deutsche Sechskuppler: Güterzuglokomotive Klasse K der Württembergischen Staatseisenbahnen, bei der Reichsbahn Baureihe 59.

Für den schweren Verschiebedienst im Ruhrgebiet, aber auch für den Güterverkehr auf der Berliner Ringbahn entstand 1883 die Tenderlokomotive (C n2) der späteren Gattung T 7.

Lokomotiven mit sechs gekuppelten Radsätzen sind in Deutschland nur von den Württembergischen Staatseisenbahnen beschafft worden: 44 Güterzuglokomotiven Klasse K (1'F h4v), gebaut 1917 bis 1924.
Bei Tenderlokomotiven ist eine Aussage über die am häufigsten gebauten Radsatzanordnungen schwierig, weil die große Zahl der Lokomotiven für Privat- und Industriebahnen in dieser Hinsicht noch nie untersucht wurde. Die Radsatzanordnung C dürfte aber alle anderen an Stückzahl übersteigen. Bei den deutschen Staatseisenbahnen kam eigenartigerweise die für Tenderlokomotiven vom Grundatz her nicht besonders zweckmäßige unsymmetrische Anordnung 1'C am häufigsten vor, gefolgt von C, 1'D1', E und 1'C1'. Alle anderen Anordnungen erreichten diese Häufigkeit nicht, sie wurden in weniger als 1000 Stück gebaut.

1923 wurden die letzten Lokomotiven der badischen Gattung VIc mit der Radsatzanordnung 1'C1' gebaut.

Die sächsischen Personenzugtenderlokomotiven (CC h4v) der Gattung XV HT V, Baujahr 1916, waren keine Gelenklokomotiven: Um guten Kurvenlauf zu erreichen, wurden die beiden Endradsätze nach Bauart Klien-Lindner schwenkbar ausgeführt.

Die Tenderlokomotiven (1'C h2) Gattung T 12 der Preußischen Staatseisenbahnen wurden für den Berliner Vorortverkehr entwickelt.

Lokomotiven mit der Radsatzanordnung 1'D1' gab es auch auf Schmalspurbahnen: Hier eine von Henschel 1930 gebaute Lokomotive der Kleinbahn Casekow-Penkun-Oder, Spurweite 750 Millimeter.

Die preußische Güterzugtenderlokomotive (E h2) Gattung T 16[1] wurde von 1913 bis 1922 beschafft.

Gelenklokomotiven

Mit dem Anwachsen des Eisenbahnverkehrs stiegen auch die Anforderungen an die Lokomotiven. Der Stand der Technik vor der Jahrhundertwende begrenzte ihre Leistungsfähigkeit, weil mangels geeigneter Fahrwerkkonstruktionen höchstens vier Radsätze in einem Hauptrahmen untergebracht werden konnten, zur Verteilung des erforderlichen Reibungsgewichts also eine höhere Zahl von Kuppelradsätzen nicht zur Verfügung stand. Aber selbst vier Kuppelradsätze stellten die Lokomotivbauer wegen des langen festen Radstands oft vor kaum lösbare Probleme, weil diese Lokomotiven Gleisbogen mit geringem Radius nicht befahren konnten. Lange Zeit wurden daher die schweren Züge entweder in Doppeltraktion oder mit Doppellokomotiven gefahren. Doch schon beim Semmering-Wettbewerb im Jahr 1851 zeichnete sich die Entwicklung der Gelenklokomotive ab; bei den teilnehmenden Maschinen „Seraing" und „Wiener Neustadt" war erstmals das Prinzip des geteilten Trieb- und Fahrwerks verwirklicht worden.
Zur bekanntesten und weltweit verbreitetsten Gelenkbauart entwickelte sich die von Anatole Mallet in Verbindung mit seinem Verbundsystem in den frühen achtziger Jahren zum Patent angemeldete zweiteilige Lokomotive. Eine Triebwerksgruppe war dabei im Hauptrahmen, eine weitere in einem beweglich an den Hauptrahmen angelenkten Drehgestell angeordnet.
Während der neunziger Jahre des vorigen Jahrhunderts beschafften einige der großen deutschen Länderbahnen versuchsweise Schlepptender-Güterzuglokomotiven der Bauart Mallet (B'B n4v). Die meisten Lokomotiven dieser Gelenkbauart wurden aber für Schmalspurstrecken geliefert. Die letzte und wohl bedeutendste deutsche Mallet-Bauart war die 1913/14 und 1922/23 von Maffei für die Bayerischen Staatseisenbahnen gebaute Gattung Gt 2x4/4 (D'D h4v); diese Tenderlokomotiven zählten seinerzeit zu den größten und stärksten Europas.
Verschiedene Varianten der Gelenkbauart erprobten auch die Sächsischen Staatseisenbahnen auf ihren außergewöhnlich krümmungsreichen Normal- und Schmalspurstrecken. Hartmann lieferte 1902 drei Tenderlokomotiven (B'B' n4v) für 1000-mm-Spurweite nach dem System Fairlie, die einzigen dieser Bauart in Deutschland. Kennzeichnend war für sie der auf zwei Triebgestellen ruhende Doppelkessel.
Weit größere Bedeutung erlangte in Sachsen die Bauart Meyer, eine dem Mallet-Typ ähnliche Ausführung, jedoch mit zwei Triebdrehgestellen und unterschiedlicher Zylinderanordnung: Für ihr 750-mm-Schmalspurnetz beschafften die Sächsischen Staatseisenbahnen von 1892 bis 1911 Tenderlokomotiven der Gattung IV K (B'B' n4v) sowie von 1890 bis 1914 Tenderlokomotiven Gattung I TV (B'B' n4v) in Normalspur.
Die Preußischen Staatseisenbahnen wiederum stellten zwischen 1896 und 1905 vier- und fünffach gekuppelte Tenderlokomotiven Bauart Hagans (Gat-

Gelenklokomotiven der Bauart Mallet wurden vorwiegend als Tenderlokomotiven ausgeführt. Die ersten der bayerischen Gattung BB II lieferte Maffei im Jahr 1899.

tungen T 13 und T 15) in Dienst. Es waren teilgelenkige Maschinen, bei denen beide Triebwerke von nur einer Zylindergruppe angetrieben wurden. Eine ähnliche Ausführung war auch die Bauart Köchy, von der aber 1900 nur eine Probemaschine gebaut wurde. Beide Konstruktionen verloren mit Einführung des seitenverschiebbaren Radsatzes ihre Bedeutung.

Zahnradlokomotiven

Reibungsbetrieb war bei Vollbahnen bis maximal sechzig Promille Steigung einigermaßen problemlos möglich, bei größeren Steigungen reichte dagegen das Reibungsgewicht der Lokomotiven meistens nicht mehr aus, um noch hinreichend Anhängelast befördern zu können. Daher mußte eine zusätzliche formschlüssige Kraftübertragung hinzutreten oder die Reibungskraft ganz ersetzen.
Bereits in der Frühgeschichte der Eisenbahn finden sich erste Ansätze der späteren Zahnradlokomotiven, so in England bei der von Blenkinsop 1811 gebauten Lokomotive. Aber erst Niklaus Riggenbach und Roman Abt führten mit der in Gleismitte liegenden Zahnstange betriebssichere Systeme ein, die weltweite Verbreitung fanden. Zwei Arten von Zahnradlokomotiven entstanden: reine Zahnradmaschinen ohne Reibungstriebwerk und kombinierte Maschinen mit Reibungs- und Zahnradtriebwerk. Bei den reinen Zahnradlokomotiven arbeitete die Dampfmaschine über ein Zahnradvorgelege unmittelbar auf die Zahnstange, die Lokomotivräder übernahmen lediglich Lauf- und Führungsaufgaben; diese Bauform kam hauptsächlich bei Bergbahnen vor. Die kombinierte Maschine fuhr dagegen wie eine Reibungslokomotive, das Zahnradtriebwerk wurde zugeschaltet, wenn es erforderlich war.
Eine Reihe von Zahnradstrecken konnte noch auf Reibungsbetrieb mit leistungsfähigen Tenderlokomotiven umgestellt werden. Heute sind in Deutschland keine Zahnraddampflokomotiven mehr im Einsatz.

Dampfmaschine

Der weitaus größte Teil der Dampflokomotiven ist mit zwei Zylindern und einfacher Dampfdehnung gebaut worden. Bei diesen „Zwillingslokomotiven" sind die beiden Zylinder allgemein außen am Rahmen angebracht; die englische Bauform mit innenliegenden Zylindern ist in Deutschland lediglich in geringem Umfang ausgeführt und ab den siebziger Jahren des vorigen Jahrhunderts durchweg verlassen worden. Mit wenigen Ausnahmen liegen die Zylinderachsen waagerecht. Schräg wurden sie nur dann angeordnet, wenn bei einem großen Zylinderdurchmesser und bei kleinen Rädern die zulässige Fahrzeugumgrenzung überschritten worden wäre.

Verbundwirkung

Einen wesentlichen Fortschritt in der Weiterentwicklung der Dampflokomotive bedeutete die Einführung des Verbundsystems. Die größten Wärmeverluste im Zylinder treten durch Kondensation des Dampfes an den kälteren Zylinderwänden auf. Die Höhe der Energieverluste ist proportional zum Druckgefälle. Diese Erkenntnisse wurden erstmals 1876 durch Unterteilung des Temperatur- und Druckgefälles in zwei Expansionsstufen praktisch umgesetzt. Die Wärmeverluste sanken damit beträchtlich, der spezifische Dampfverbrauch ging deutlich zurück.
1880 sind in Deutschland die ersten Verbundloko-

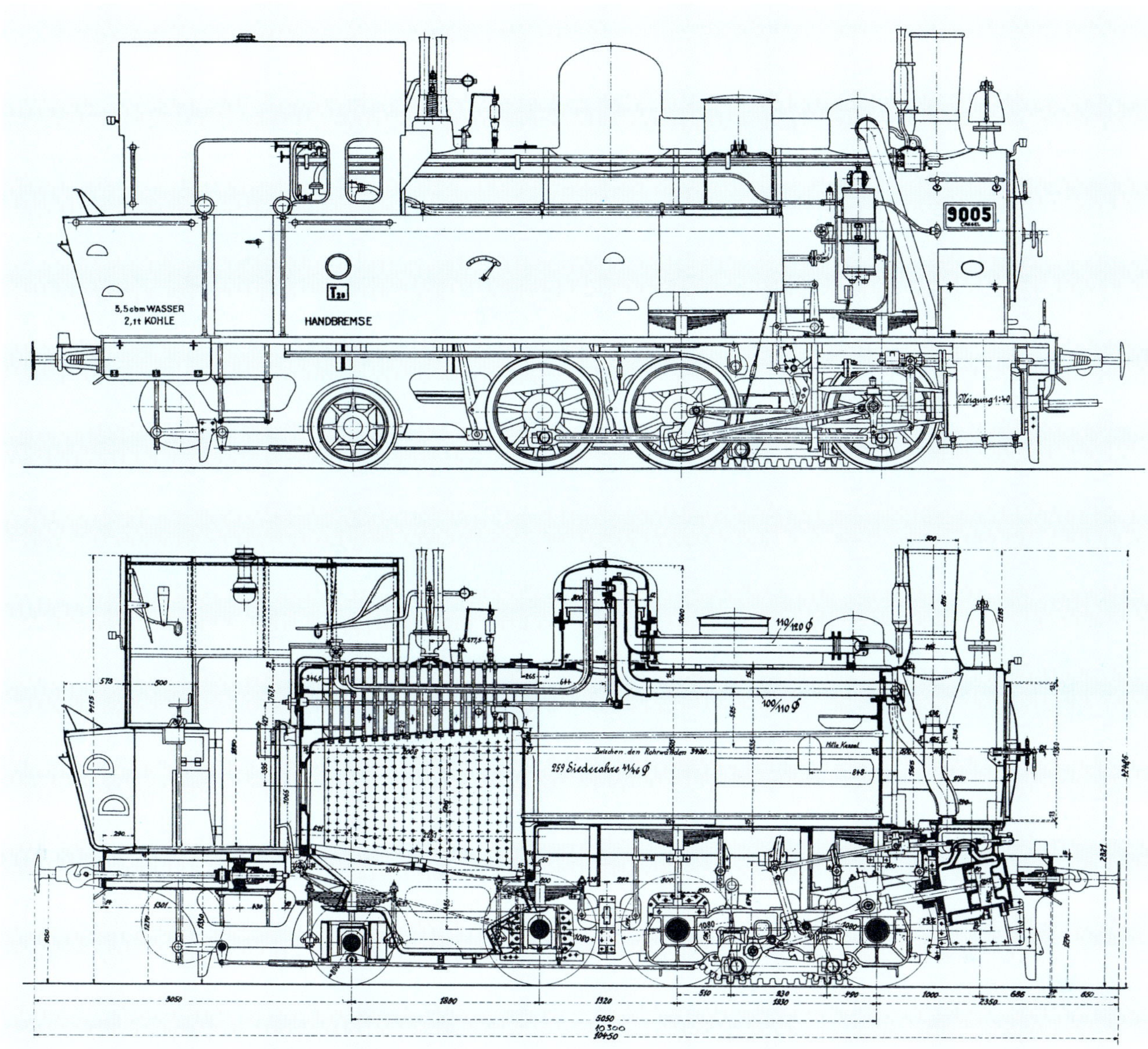

Längsansicht und Längsschnitt der Zahnradlokomotive Gattung T 26 der Preußischen Staatseisenbahnen.

Zwischen 1898 und 1904 wurden für die Pfälzischen Eisenbahnen noch zwölf Schnellzuglokomotiven mit Innentriebwerk gebaut. Sie waren die ersten deutschen Lokomotiven mit der Radsatzanordnung 2'B1'.

motiven in Dienst gestellt worden; die Königliche Eisenbahn-Direktion Hannover ließ bei Schichau in Elbing zwei 1A-Tenderlokomotiven mit Verbundwirkung bauen. Vergleichsfahrten ergaben einen um rund 16 Prozent geringeren Dampfverbrauch gegenüber Lokomotiven gleicher Gattung mit einfacher Dampfdehnung. 1881 baute dann Schichau eine C-Güterzuglokomotive der Marienburg-Mlawkaer Eisenbahn auf Verbundwirkung um. Schließlich lieferte Henschel 1882 zwei C-Güterzuglokomotiven mit Verbundwirkung; sie entsprachen bis auf die sich aus der Verbundanordnung zwangsläufig ergebenden Änderungen weitgehend den normalen preußischen C-Lokomotiven.
In den folgenden Jahren sind Verbundlokomotiven mit zwei Zylindern in großer Zahl gebaut worden. Der kleinere Hochdruckzylinder wurde rechts, der Niederdruckzylinder links angeordnet. Zahlreiche Zweizylinder-Verbundlokomotiven sind nicht ohne weiteres als solche zu erkennen, weil der Hochdruckzylinder eine Verkleidung mit gleichen Abmessungen wie der Niederdruckzylinder erhielt.

Mehrzylinder-Lokomotiven

Steigende Leistungsanforderungen führten zur Dreizylinderlokomotive; sie wies auch geringere Zugkraftschwankungen während einer Radumdrehung und damit ein besseres Anfahrvermögen auf. Der dritte Zylinder war zunächst mit dem Rauchkammerträger als ein Gußkörper hergestellt. Dessen hohe Beanspruchung führte zu häufigen Rissen im Zylinderblock; Abhilfe schuf die Trennung von Zylinder und Rauchkammerträger. Die Achse des Mittelzylinders liegt meist leicht schräg, damit die Treibstange die notwendige Bewegungsfreiheit erhält.
Die ersten Dreizylinderlokomotiven in Deutschland waren 1892 bei den Württembergischen Staatseisenbahnen in Betrieb genommen worden. Es handelte sich um fünf Güterzuglokomotiven Klasse G (E n3v) und zehn Personenzuglokomotiven Klasse E (1'B1' n3v), die jeweils drei gleiche Zylinder hatten und sowohl in Verbund- als auch in Drillingswirkung – alle drei Zylinder mit einstufiger Expansion des Dampfes – betrieben werden konnten. Zwischen 1902 und 1911 beschafften die Preußischen Staatseisenbahnen einige Drillings- und Dreizylinder-Verbundlokomotiven, die sich jedoch nicht bewährten. Bemerkenswert sind zwei 1904 aufgrund eines vom Verein Deutscher Maschineningenieure ausgeschriebenen Wettbewerbes für „Lokomotiven zur Beförderung von Zügen mit großer Geschwindigkeit" von Henschel gebaute Schnellzuglokomotiven der Bauart Kuhn-Wittfeld (2'B2' n3v), spätere Gattung S 9 der Preußischen Staatseisenbahnen. Erste „Serien"-Drillingslok war die ab 1914 beschaffte preußische S 10^2, dann folgten 1915 und 1917 die

Die Zweizylinder-Verbund-Personenzuglokomotiven (1B) Gattung P 3^2 der Preußischen Staatseisenbahnen wurden ab 1884 beschafft. Das Verbinderrohr zum Niederdruckzylinder war parallel zum Einströmrohr über den Kessel geführt.

Die preußischen 2'C-Schnellzuglokomotiven wurden mit unterschiedlichen Triebwerken gebaut: Dreizylinder, Vierzylinder mit einfacher Dampfdehnung, Vierzylinder-Verbund. Die Lokomotiven mit der Radsatzanordnung 2'C h3 erhielten die Gattungsbezeichnung S 10^2.

Güterzuglokomotiven G 12^1 und G 12 (1'E h3). Meist gebaute deutsche Drillingslokomotive war die Reichsbahn-Baureihe 44.
Lokomotiven der Regelbauart sind wegen der Forderung nach immer höheren Maschinenleistungen auch mit vier Zylindern gebaut worden und zwar mit einfacher Dampfdehnung als Vierlingslok und mit doppelter als Vierzylinder-Verbundlok. Während Vierlingslokomotiven selten waren, ist die Vierzylinder-Verbundausführung in großem Umfang gebaut worden. Dabei kamen sowohl innen- als auch außenliegende Hochdruckzylinder vor.
Im Jahre 1894 stellten die Preußischen Staatseisenbahnen als erste deutsche Vierzylinder-Verbundlokomotive eine nach französischem Vorbild von Grafenstaden gebaute Schnellzuglokomotive (2'B) bei der Eisenbahndirektion Berlin in Dienst. Nach Versuchen mit Mallet-Maschinen (B'B n4v) im Jahr 1900 wurde das Vierzylinder-Verbundsystem dann bei den Schnellzuglokomotiven der Gattung S 5^1 (2'B n4v) der Hanomag angewandt. Alle vier Zylinder lagen in einer Ebene unter der Rauchkammer und wirkten gemeinsam auf die erste Kuppelachse. Ihre ausgezeichneten Betriebsergebnisse führten

Zunächst als S 8, später als S 10, wurden die ersten beiden Vierlings-Schnellzuglokomotiven der Preußischen Staatseisenbahnen von 1910 geführt. Insgesamt zweihundert Lokomotiven dieser Bauform wurden beschafft.

Erste deutsche Naßdampf-Vierzylinder-Verbundlokomotive war die als Einzelstück 1894 von den Preußischen Staatseisenbahnen in Dienst gestellte Schnellzuglokomotive (2'B) Nummer 37 Berlin.

bereits 1902 zur Einführung der Schnellzuglokomotive S 7 (2'B1' n4v), deren Triebwerk sich weitgehend an die S 5[1] anlehnte. Trotz der guten Ergebnisse beschränkte sich Preußen auf relativ wenige Vierzylinder-Verbundbauarten. In Süddeutschland wurden sie dagegen während der nächsten Jahrzehnte zum Markenzeichen deutschen Lokomotivbaus.

Die Bayerischen Staatseisenbahnen beschafften ihre ersten Vierzylinder-Verbund-Maschinen Gattung CV mit der Radsatzanordnung 2'C von 1896 bis 1901. Etwa zur selben Zeit lieferte Krauss je zwei 1'D-Güterzuglokomotiven mit Sondermann-Triebwerk an die Bayerischen Staatseisenbahnen und an die Pfälzische Eisenbahn. Bei dieser Bauart der Verbundmaschine umgab der Niederdruckteil die Hochdruckseite kreisförmig, beide Zylinder wurden von einem gemeinsamen Flachschieber angesteuert. Obwohl die Sondermann-Lokomotiven gegenüber den damaligen Zwillingsbauarten leistungsfähiger und sparsamer waren, wurden sie schon bald in die Normalausführung umgebaut, weil die zweistufigen Kolben auf die Dauer nicht ausreichend dicht gehal-

Bayerische Vierzylinder-Verbund-Schnellzuglokomotive (2'C) Gattung S 3/5 in Naßdampf-Ausführung. Lokomotiven dieser Bauart wurden zwischen 1903 und 1907 in Dienst gestellt.

Einheits-Schnellzuglokomotive (2'C1 h4v) Baureihe 02 der Reichsbahn.

Mitteldruck-Güterzuglokomotive (1'E h4v) Baureihe 44 der Reichsbahn.

ten werden konnten. Danach fanden die Bayerischen Staatseisenbahnen wieder zur Regelausführung der Vierzylinder-Verbundlokomotive zurück. Die Badischen Staatseisenbahnen setzten die Reihe der süddeutschen Vierzylinder-Verbundlokomotiven mit den Gattungen IVe und IId fort. Württemberg beschränkte die Vierzylinder-Verbundbauweise auf die Personenzuglokomotiven der Gattung D, die von 1898 bis 1905 von Esslingen für die Strecke Bretten–Stuttgart–Ulm gebaut wurden.
Während die Sächsischen Staatseisenbahnen zwischen 1900 und 1903 die Schnellzuglokomotiven Gattung XV (2'B1') bezogen und dann von der Naßdampf- zur Heißdampfbauart überwechselten, schlossen die Preußischen Staatseisenbahnen die Entwicklung der Vierzylinder-Verbundmaschine mit den von 1908 bis 1910 in Dienst gestellten Schnellzuglokomotiven der Gattung S 9 (2'B1') ab. Obwohl sie zu den leistungsfähigsten Dampflokomotiven jener Zeit zählten, war ihre Entwicklung bereits durch die Einführung des Heißdampfes überholt.
Die Heißdampf-Vierzylinder-Verbundlokomotiven stellen in technischer Hinsicht den Höhepunkt in der Entwicklung der Regelbauarten dar. Auf deutschen Bahnen waren zwischen 1905 und 1933 – ohne nachträgliche Umbauten – insgesamt 1 154 Lokomotiven dieser Bauart in Betrieb.
Die letzten deutschen Vierzylinder-Verbundlokomotiven waren 1933 die beiden Mitteldruck-Güterzuglokomotiven 44 011 und 012 (1'E).

Kraftübertragung

Die Antriebskraft wird vom Kolben über die Kolbenstange, den Kreuzkopf – anfangs mit oberer und unterer Führung, später nur einschienig – und die Treibstange auf die Räder übertragen. Knickgefahr bei langer Treibstange einerseits und größere Ungleichförmigkeit der Kraftübertragung andererseits begrenzten die Treibstangenlänge nach oben und unten. Daher hängt es von der Gesamtanordnung der Lokomotive ab, welcher Radsatz angetrieben wird. Bei Zweizylinderlokomotiven eilt die rechte Kurbel der linken bei Vorwärtsfahrt um 90 Grad voraus. Bei Drei- und Vierzylinderlokomotiven ist zwischen Ein- und Zweiachsantrieb zu unterscheiden, je nachdem, ob die inneren Triebwerke auf

Meistgebaute deutsche Heißdampf-Vierzylinder-Verbundlokomotiven

Verwaltung	Gattung	Radsatzanordnung	Baujahre	Anzahl	Reichsbahn-Baureihe
Preußen	S 10^1	2'C	1911–1914	237	17^{10-12}
Bayern	G4/5H	1'D	1916–1919	230	56^{8-11}
Bayern	S 3/6	2'C1'	1908–1930	159	18^{4-5}
Bayern	G 5/5	E	1911–1924	95	57^5
Bayern	P 3/5H	2'C	1921	80	38^4
Württemberg	K	1'F	1917–1924	44	59^0
Sachsen	XII HV	2'C	1908–1914	42	17^7
Württemberg	C	2'C1'	1909–1921	41	18^1
Baden	IVf	2'C1'	1907–1913	35	18^2

Die Oldenburgischen Staatseisenbahnen verwendeten bei einigen Lokomotivgattungen eine Lentz-Ventilsteuerung; hier eine Güterzuglokomotive mit der Radsatzanordnung D n2v.

den gleichen Radsatz wie die äußeren arbeiten oder auf einen anderen. Die Radsatzwelle für die Innentriebwerke muß gekröpft sein. Bei Dreizylinderlokomotiven sind die Kurbeln in der Reihenfolge rechts-links-mittig um 120 Grad versetzt, bei Vierzylinder-Verbundlokomotiven die Kurbeln der Hochdruckzylinder wieder um 90 Grad gegeneinander, die der Niederdruckzylinder um 180 Grad gegenüber denen der zugehörigen Hochdruckzylinder. Antrieb desselben Radsatzes durch Hochdruck- und Niederdruckzylinder wird als Bauart „von Borries" bezeichnet; bei der Bauart „de Glehn" arbeiten die Innenzylinder auf den vorderen, die Außenzylinder auf den zweiten der gekuppelten Radsätze.

Steuerung

Bei der Steuerung der Dampfmaschine werden die Bauteile zur unmittelbaren Regelung der Dampfzufuhr zum Zylinder als innere, die Antriebe dazu als äußere Steuerung bezeichnet. Meist geschieht die Dampfzufuhr zum Zylinder durch Schieber. Sie waren früher als Flach- oder Muschelschieber ausgebildet, die hohen Instandhaltungsaufwand erforderten. Abgelöst wurden sie durch Kolbenschieber. Druckausgleich- und Luftsaugventile sorgten für eine Verminderung des Widerstandes beim Leerlauf der Lokomotive. Als moderne Konstruktionen wurden stattdessen Druckausgleich-Kolbenschieber verwendet, die selbsttätig arbeiten. Ventile sind in Deutschland zur Regelung der Dampfzufuhr nur selten verwendet worden, weil sich Verschleiß hier nachteilig auf die Steuerungspunkte, wie etwa das Ende der Einströmung, auswirkt. Ebensowenig hat sich die Gleichstrom-Dampfmaschine mit Steuerung des Dampfauslasses durch den Kolben selbst durchsetzen können.

Bei den ersten Lokomotiven wurde die Expansionsfähigkeit des Dampfes nicht ausgenutzt: Bei dieser Volldrucksteuerung strömte praktisch während des gesamten Kolbenhubs Dampf in die Zylinder ein. Schon früh entstanden zahlreiche Steuerungsbauarten, die veränderliche Füllung ermöglichten; die konstruktive Durchbildung der einzelnen Steuerungselemente und die Ableitung der Schieberbewegung waren jedoch unterschiedlich. Weite Verbreitung fanden die vom Grundgedanken her ähnlichen Steuerungen von Stephenson, Gooch und Allan, die durch eine Schwinge und zwei Exzenter gekennzeichnet sind. 1883 wurde erstmals die Heusinger-Steuerung angewandt. Bei ihr treibt eine Kurbel die Schwinge an; die Schieberbewegung wird außer über die Schwinge auch vom Kreuzkopf her gesteuert. Erste Lokomotiven mit Heusinger-Steuerung waren die zehn von Henschel gebauten Maschinen der

Allan-Steuerung an einer Tenderlokomotive.

Bei Mehrzylinder-Lokomotiven wurde der Steuerungsantrieb für die Innenschieber unterschiedlich ausgeführt. Bei der preußischen P 10 lag die Schwingenkurbel außen.

Triebwerk einer Schnellzuglokomotive Baureihe 03^{10} mit Heusinger-Steuerung. Treib- und Kuppelstangen haben Rollenlager.

späteren Gattung T 0 für die preußische Eisenbahn-Direktion Hannover.

Die Steuerung kann innerhalb oder außerhalb des Rahmens angeordnet sein. Die außenliegende Anordnung hat sich durchgesetzt. Bei Drei- und Vierzylinderlokomotiven kann für die inneren Zylinder eine getrennte Steuerung vorhanden sein, oder es wird deren Schieberbewegung durch Hebel und Wellen von der außenliegenden Steuerung für die Außenzylinder abgeleitet.

Zweizylinder-Verbundlokomotiven können nicht anfahren, wenn der Hochdruckkolben im Totpunkt steht. Solche Lokomotiven mußten deshalb eine besondere Anfahrvorrichtung erhalten, mit der Frischdampf in den Niederdruckzylinder geleitet werden kann. Solche Einrichtungen wirkten vielfach selbsttätig, das heißt, nach dem Anfahren wurde ohne Zutun des Lokomotivführers die Frischdampfzufuhr zum Niederdruckzylinder abgesperrt. Da die so ausgerüsteten Lokomotiven im Anfahren träge waren, wurden Wechseleinrichtungen vorgesehen, mit deren Hilfe der Lokomotivführer Zwillings- oder Verbundwirkung wählen konnte. Zur Erleichterung des Anfahrens wurden auch Vierzylinder-Verbundlokomotiven mit solchen Einrichtungen ausgerüstet.

Diese 1900 von Krauss gebaute Zweizylinder-Verbund-Schnellzuglokomotive hatte einen Hilfstreibradsatz, der zwischen den Drehgestellradsätzen im Hauptrahmen gelagert war.

Hilfsantriebe

Die Kuppelräder der Lokomotive arbeiten unter der Last, die sich auf die Schienen abstützt, wie ein Reibradgetriebe. Das maximale Drehmoment wird der Maschine im Augenblick des Anfahrens abverlangt, da der Zug in diesem Stadium der Reibungszugkraft den größten Widerstand entgegensetzt.
Richard von Helmholtz entwickelte Mitte der neunziger Jahre im Hinblick auf die Schwierigkeiten beim Anfahren einen abschaltbaren Vorspannradsatz, der von einer Hilfsdampfmaschine angetrieben und durch dampfbetätigte Zylinder auf die Schienen gedrückt wurde, um dadurch die Gesamtreibungskraft zu erhöhen. Im Jahr 1895 führte Krauss erstmals eine Schnellzuglokomotive der Gattung AA1 (2'aA1 n2v) für die Bayerischen Staatseisenbahnen mit Vorspannachse aus. Die Maschine erzielte zwar wesentlich bessere Verbrauchsergebnisse als die Schnellzuglokomotiven der Gattung B XI (2'B n2v), war aber in der Instandhaltung sehr aufwendig. Nach einem Betriebsunfall wurde die Lokomotive 1907 umgebaut und der Gattung P 2/4 zugeordnet (2'B h2).
Krauss stellte auf der Pariser Weltausstellung 1900 eine Schnellzuglokomotive mit Vorspannachse und Yarrow-Ausgleichsgewichten aus. Wegen des dringenden Bedarfs an leistungsfähigen Schnellzuglokomotiven kaufte sie die Pfälzische Eisenbahn und stellte sie im März 1901 als Gattung $P3^{II}$ in Dienst. Aber auch hier führten die hohen Instandhaltungskosten des vielteiligen Triebwerks schon 1902 zu ihrem Umbau in Normalausführung (2'B 1').
Bekanntester Lokomotiv-Hilfsantrieb war der 1919 von der New York Central Railway eingeführte Booster, eine selbsttätig ein- und ausschaltbare Hilfsmaschine für Lokomotivlauf- und Tenderradsätze. Der Booster gehörte nicht zur konstruktiven Grundeinheit der Lokomotive, sondern bildete eine eigenständige Baugruppe, die lediglich vom Kessel mitgespeist wurde. Die Anwendung des Booster-Hilfsantriebes beschränkte sich fast ausschließlich auf den amerikanischen Kontinent, in Europa konnte er kaum Fuß fassen. Eine von wenigen Ausnahmen war die 1936 von Grafenstaden für die Eisenbahnen Elsaß-Lothringens gebaute Güterzuglokomotive der Gattung G 16 (1'Ea 1').

Sonderkonstruktionen

Die Dampflokomotive erreichte schon früh einen Entwicklungsstand, mit dem sie über Jahrzehnte den Betriebsbedingungen ohne Änderung ihres technischen Grundkonzepts genügte. Besondere Einsatzverhältnisse, neue Technologien, das Streben nach höherer Wirtschaftlichkeit und nicht zuletzt die allgemeinen Betriebserfahrungen haben die Konstrukteure immer wieder veranlaßt, durch Verbesserungen, Anwendung anderer Übertragungssysteme in Thermik und Kinematik sowie durch spezielle Neukonstruktionen den vielfältigen Anforderungen an die Lokomotiven gerecht zu werden.
Von den drei bekannten Triebfahrzeugsystemen hat die Dampflokomotive die größte Vielfalt unterschiedlicher Sonderkonstruktionen hervorgebracht. Natürlich gab es in der langen Chronik auch ausgefallene Konstruktionen, die aber mit ihrer Einmaligkeit eher den Kuriositäten zuzuschreiben und damit für die allgemeine Weiterentwicklung der Dampflokomotive kaum von Bedeutung gewesen sind. Eine Reihe von Sonderbauarten entstand dagegen vor dem Hintergrund größerer Wirtschaftlichkeit oder optimaler Betriebsanpassung.

Hochdrucklokomotiven

Schon 1885 wurde die Idee geboren, hochgespannten Dampf von 60 bis 100 kg/cm² bei Dampfmaschinen anzuwenden. Aber erst, als 1907 das Problem hoher Dampfüberhitzung als gelöst betrachtet werden konnte, nahm die Entwicklung konkrete Formen an. Inzwischen war erkannt, daß nur höchste Frischdampfüberhitzung in Verbindung mit hoher Zwischenüberhitzung die Vorteile des Hochdruckdampfs optimal wirksam werden ließ.
Physikalisch betrachtet bedeutete die Erweiterung des Wärmegefälles nach oben eine mit steigendem Druck wesentlich geringere spezifische Erhöhung des Wärmeaufwands zur Dampferzeugung. Anhand zahlreicher Versuche wies die 1910 gegründete Schmidtsche Heißdampf-Gesellschaft die Richtigkeit der Theorie nach.
Anfang 1925 entwickelten Henschel und die Schmidtsche Heißdampf-Gesellschaft für die Reichsbahn eine Hochdrucklokomotive nach dem Zweidruckverfahren. Hierbei wurde im Hochdruckkessel Dampf von 60 kg/cm² und über vierhundert Grad erzeugt. Der im Hochdruckteil expandierte Dampf erfuhr anschließend durch Zusatz von hochüberhitztem Niederdruckdampf eine Zwischenüberhitzung, ehe er in die Niederdruckzylinder weitergeleitet wurde, hier Arbeit leistete und dann in üblicher Weise durch das Blasrohr und den Schornstein ins Freie entwich. Der Niederdruckkessel entsprach einem normalen, von den Verbrennungsgasen direkt beheizten Feuerrohrdampferzeuger. Der Hochdruckkessel bestand dagegen aus einem Hochdruckbehälter zur Aufnahme des Speisewassers und zur Erzeugung hochgespannten Dampfes von 60 kg/cm sowie einem Wasserrohrsystem zum mittelbaren Beheizen des Hochdruckkessels. Die Wasserrohre, die gleichzeitig die Feuerbüchswände bildeten, erzeugten einen Kreislauf für den als Wärmeträger dienenden Naßdampf. Das Heizwasser nahm beim Aufsteigen in den Wasserrohren Wärme auf, durchströmte in Dampfform die Verdampfer, gab hierbei seinen Wärmeüberschuß an das Hochdruckkesselwasser ab

Erste Hochdrucklokomotive der Welt war die durch Umbau einer preußischen S 10^2 im Jahr 1925 von Henschel fertiggestellte H 17 206 der Reichsbahn.

und floß schließlich als Kondensat durch Fallrohre den Wasserkammern wieder zu.
Durch Umbau einer Schnellzuglokomotive der Gattung S 10^2 (2'C h3) konnte bereits im Spätsommer des Jahres 1925 die H 17 206 als erste Hochdrucklokomotive der Welt an die Reichsbahn abgeliefert werden. Die vom Lokomotiv-Versuchsamt Grunewald durchgeführten Meßfahrten ergaben eine Dampfersparnis von über 25 Prozent gegenüber der Gattung S 10^2 bei fast 37prozentiger Leistungssteigerung oder einen um rund acht Prozent geringeren Brennstoffverbrauch gegenüber der Regelbauart. Trotz dieser zunächst sehr ermutigenden Ergebnisse konnte sich die Hochdrucklokomotive nicht durchsetzen. Materialermüdungen und mechanische Schäden am Kessel- und Rohrsystem führten zur frühzeitigen Ausmusterung der H 17 206 im Jahre 1936.
Im Jahre 1926 erteilte die Reichsbahn der Berliner Maschinenbau A.G. vorm. L. Schwartzkopff den Auftrag zum Bau einer Dreizylinder-Hochdruck-Schnellzuglokomotive (2'C1') des Systems Löffler, womit sie ein weiteres Hochdruckverfahren auf seine Betriebsfähigkeit erproben wollte. Es handelte sich hierbei um ein Dampfumwälzverfahren mit mittelbarer Dampferzeugung. Der in einer indirekt beheizten Verdampfertrommel durch Zufuhr hochüberhitzten Dampfes erzeugte Naßdampf mit 120 kg/m^2 Betriebsdruck strömte nach Passieren eines direkt befeuerten Überhitzers zu etwa zwei Drittel in die Verdampfertrommel zurück, wo seine

Die Reichsbahn in der DDR stellte als letzte Hochdrucklokomotive die H 45 024, Bauart La Mont, in Dienst.

Als wenig erfolgreich erwies sich die Hochdrucklokomotive H 02 1001 des Systems Löffler, die hier am 31. August 1931 in Magdeburg Hbf vor einem Meßzug zu sehen ist.

Überhitzungswärme zur Dampferzeugung genutzt wurde, während das restliche Drittel in den beiden Hochdruckzylindern expandierte. Der Abdampf schlug sich in einem Wärmetauscher nieder, das Kondensat floß durch einen Hochdruckvorwärmer wieder in die Verdampfertrommel zurück. Im Wärmetauscher wurde ferner niedergespannter Dampf von etwa 15 kg/cm^2 erzeugt, der im Niederdruckzylinder bis auf atmosphärischen Druck entspannte und anschließend durch das Blasrohr und den Schornstein ausgestoßen wurde. Das komplizierte System der 1928 fertiggestellten Lokomotive zeigte jedoch bei den folgenden Versuchen so viele Mängel, daß die als H 02 1001 bezeichnete Lokomotive von der Reichsbahn nicht abgenommen wurde.
Infolge der Fehlschläge mit den erwähnten Hochdruckmaschinen untersuchte die Reichsbahn ab 1932 die Verwendung des Stephensonschen Röhrenkessels für einen Betriebsdruck von 25 kg/cm^2. Die Versuche wurden mit je zwei Lokomotiven der Einheitsbaureihen 04, 24 und 44 sowie der ehemals preußischen Gattung S 10^2 (Baureihe 17^2) durchgeführt, erbrachten aber mangels hochbelastbarer, temperatur- und alterungsbeständiger Kesselstähle auch in diesem Mitteldruckbereich nicht den erhofften Durchbruch.
Einen letzten Versuch unternahm die Reichsbahn der DDR nach 1945 in Verbindung mit der Kohlenstaubfeuerung des Systems Lowa, indem sie die Güterzuglokomotive 45 024 (1'E1') mit einem Zwangsumlaufkessel, Bauart La Mont, und einem Kondenstender ausrüstete. Es handelte sich hier um ein mit 42 kg/cm^2 betriebenes Dampfumwälzverfahren mit unmittelbarer Dampferzeugung, bei dem das für den Arbeitsprozeß benötigte Speisewasser aus dem im Kondenstender niedergeschlagenen Abdampf der Zylinder zurückgewonnen, vorgewärmt und durch einen Verdampfer mit nachgeschaltetem Überhitzer als hochgespannter Dampf in den Hochdruckzylinder geleitet wurde. Von hier gelangte der Dampf in die beiden Niederdruckzylinder und kehrte nach Restexpansion zum Kondenstender zurück. Aber auch dieses Projekt scheiterte an den Unzulänglichkeiten des Systems und mangelhafter thermischer Auslegung der verschiedenen Heizflächen.

Dampfmotorlokomotiven

Als die Reichsbahn mit der Baureihe 05 die Grenzen der Höchstgeschwindigkeit für Kolbenlokomotiven konventioneller Bauart erreicht hatte, lieferte Henschel 1941 die Stromlinien-Schnellfahrlokomotive 19 1001 (1'Do 1') als erste deutsche Dampfmotorlokomotive. Jeder der vier Treibradsätze wurde von einem einseitig außenliegenden V-förmigen Zweizylinder-Dampfmotor direkt angetrieben. Da die Drehzahlen von Motor und Treibradsatz gleich waren, konnten die Treibräder mit 1 250 mm Durchmesser für eine Höchstgeschwindigkeit von 175 km/h bemerkenswert klein gehalten werden. Der Vorteil dieses Antriebes lag vor allem im günstigeren Massenausgleich. Gedacht war die 19 1001 für den leichten Fernschnellzugdienst. Kriegsbedingt konnte sie nicht dem vorgesehenen Verwendungszweck entsprechend erprobt werden. Trotzdem kam die

Stromlinien-Schnellzuglokomotive mit Einzelachsantrieb, Betriebsnummer 19 1001 der Reichsbahn, 1941 von Henschel geliefert; seitliche Verkleidung abgenommen; Ausführung mit ursprünglich schrägen Drehmomentstützen.

neuartige Lokomotive zeitweise im normalen Schnellzugdienst zum Einsatz. Nach 1945 wurde sie zu Studienzwecken in die USA gebracht, dort aber 1952 verschrottet.
In Anlehnung an die Entwicklung der 19 1001 erwog seinerzeit auch die Lübeck-Büchener Eisenbahn (LBE), ihren 1936 eingeführten Schnellverkehr durch Einsatz einer leistungsfähigeren Tenderlokomotive mit Einzelachsantrieb noch attraktiver zu gestalten. Das in Zusammenarbeit mit Henschel entwickelte Projekt zeigte eine Stromlinien-Schnellfahrlokomotive (1'Co2' h6), wofür der Umbau einer zur Hauptuntersuchung anstehenden Personenzuglokomotive der LBE-Gattung G 6 (1'C h2) vorgesehen war. Nach Übernahme der LBE durch die Reichsbahn im Jahr 1938 ging auch die Verantwortlichkeit für dieses Projekt an die Reichsbahn über. Der begonnene Umbau der Lokomotive wurde damit nicht zu Ende geführt.

Turbinenlokomotiven

Die Vorteile der Dampfturbine gegenüber der Kolbenmaschine lagen einmal in ihrem geringeren spezifischen Dampfverbrauch insbesondere bei Anwendung der Unterdruck-Kondensation, wodurch das Druck- und Wärmegefälle wesentlich vergrößert werden konnten, zum anderen in einem äußerst günstigen Übertragungswirkungsgrad bei mechanischer Kraftübertragung durch Getriebe, Blindwelle, Treib- und Kuppelstangen.
Die Entwicklung von Dampfturbinenlokomotiven begann in Deutschland mit der 1924 von Krupp gebauten Schnellzuglokomotive T 18 1001 (2'C 1'). Grundlage dieser Bauart war das System Zoelly, bei dem die Turbine und der Kondensator auf der Lokomotive, die Rückkühlanlage dagegen auf dem Tender untergebracht waren. Die auf zahlreichen Versuchsfahrten aufgetretenen Mängel führten in der ersten Erprobungszeit zu mehreren Umbauten. Im endgültigen Betriebszustand erwies sich die Maschine der Regelbauart überlegen. Mit der T 18 1001 wurden die niedrigsten absoluten Verbrauchswerte erzielt, die je bei einer Dampflokomotive gemessen wurden. Die T 18 1001 wurde vollwertig im Dienstplan der beim Bw Hamm beheimateten Baureihe 01 eingesetzt und fuhr alle Züge, die der Umlaufplan enthielt. Im Jahre 1940 wurde die Maschine im Bahnhof Hamm durch Bomben schwer beschädigt und bei einem weiteren Angriff vollends zerstört. Zwei in Anlehnung an die T 18 1001 von der Reichsbahn 1938 bei Krupp in Auftrag gegebene Dampfturbinen-Stromlinienlokomotiven der Baureihe T 09 (1'D 2') wurden nach Kriegsausbruch nicht mehr gebaut.
Weniger erfolgreich als die T 18 1001 erwies sich die von Maffei gebaute und 1929 an die Reichsbahn gelieferte Turbinenlokomotive T 18 1002 (2'C 1'). Die Konstruktion dieser Maschine zeigte ebenfalls die Grundzüge des Zoelly-Systems. Sie sollte ursprünglich in der Leistung den bayrischen Schnellzuglokomotiven der Gattung S 3/6 angeglichen werden, entsprach dann aber mit 20 Tonnen Radsatzlast den Einheitslokomotiven der Baureihe 01 (2'C 1'). Auch bei dieser Maschine erwies sich eine Reihe von

Krupp-Dampfturbinenlokomotive T 18 1001 nach ersten Änderungen Ende 1924.

Umbauten als nötig, um sie betriebs- und einsatztauglich zu machen. Nach Abschluß der Versuche beim Reichsbahn-Versuchsamt Grunewald wurde sie in München stationiert und von hier mit wechselndem Erfolg im D- und Eilzugverkehr eingesetzt. Im Jahre 1943 wurde auch die T 18 1002 kriegsbeschädigt abgestellt und noch im selben Jahr ausgemustert.
Als Übergangslösung zwischen Kolben- und Turbinenlokomotive entwickelte Henschel einen Abdampf-Turbinentriebtender, der in Verbindung mit einer Kolbenlokomotive das adiabatische Wärmegefälle um etwa 50 Prozent erweiterte, wodurch höhere Zughakenleistung bei gleichem Brennstoffverbrauch erzielt wurde. Den ersten und einzigen Triebtender dieser Bauart lieferte Henschel 1929 in Verbindung mit einer entsprechend umgerüsteten Lokomotive der Baureihe 38^{10} (ehemals P 8). Die gesamte Einheit erhielt die Betriebsnummer T 38 3255. Nach einigen Umbauten kam sie zum Bahnbetriebswerk Kassel, wo sie im Dienstplan mit Lokomotiven der Gattung P 8 im Reisezug- und im leichten Schnellgüterverkehr eingesetzt wurde. Nach anfangs guten Betriebsergebnissen häuften sich im Lauf der Zeit die Ausfälle durch Störungen am Turbinen-Antriebssystem. Auch nahm die Leistung durch wachsende Spalt- und Ventilationsverluste stark ab, so daß kaum noch ein Unterschied zur gewöhnlichen Bauart bestand. Da Aufarbeitung und Instandsetzung zu kostspielig erschienen, wurde der Turbinentriebtender 1937 ausgemustert.

Ausrüstungen

Bei einer Dampflokomotive können zahlreiche weitere Einrichtungen vorhanden sein.

Die Lokomotiven der Anfangszeit hatten eine allseits offene Bedienungsplattform. Zum Schutz des Lokomotivpersonals vor Witterungseinflüssen wurde ein Windschirm auf dem Stehkessel angebracht, aus dem sich später das Führerhaus entwickelte. Die Anordnung von Fenstern, Türen und Lüftungseinrichtungen war ebenso unterschiedlich wie deren Größe. Nach hinten war das Führerhaus meist offen, schmale Holz- oder Stahlwände an den Seiten boten außer Vorhängen etwas Schutz bei Rückwärtsfahrt. Die Kriegslokomotiven der Baureihe 52 erhielten erstmals ein vollständig geschlossenes Führerhaus.
Der Abdampf der Lokomotive kann bei ungünstigen Verhältnissen die Streckensicht des Lokomotivpersonals beeinträchtigen, was um so kritischer wird, je schneller die Lokomotive fährt. Nach vielen früheren erfolglosen Versuchen brachte die Reichsbahn in den zwanziger Jahren Windleitbleche neben der Rauchkammer bei Schnellzug- und Personenzuglokomotiven an. Von den Einheitslokomotivbaureihen erhielten alle Schlepptenderlokomotiven große Windleitbleche. Der Materialmangel in der Kriegszeit zwang zu Einsparungen. Ein Wegfall der Windleitbleche war betrieblich nicht tragbar; daher entstanden die schmalen Bleche der Bauart Witte, mit denen nachträglich auch ältere Lokomotiven ausgerüstet wurden. Tenderlokomotiven bekamen nur vereinzelt Windleitbleche.
Der Luftwiderstand einer Dampflokomotive ist infolge der „zerklüfteten" Oberfläche verhältnismäßig hoch. Schon zur Länderbahnzeit begannen Bemühungen, durch kegelförmige Durchbildung der Rauchkammertür oder „Windschneiden" am Führerhaus den Widerstand zu verringern. Henschel lieferte 1904 für die Preußischen Staatseisenbahnen eine stromlinienverkleidete Schnellzuglokomotive der Gattung S 9 (2'B2' n3v); sie war die einzige derart

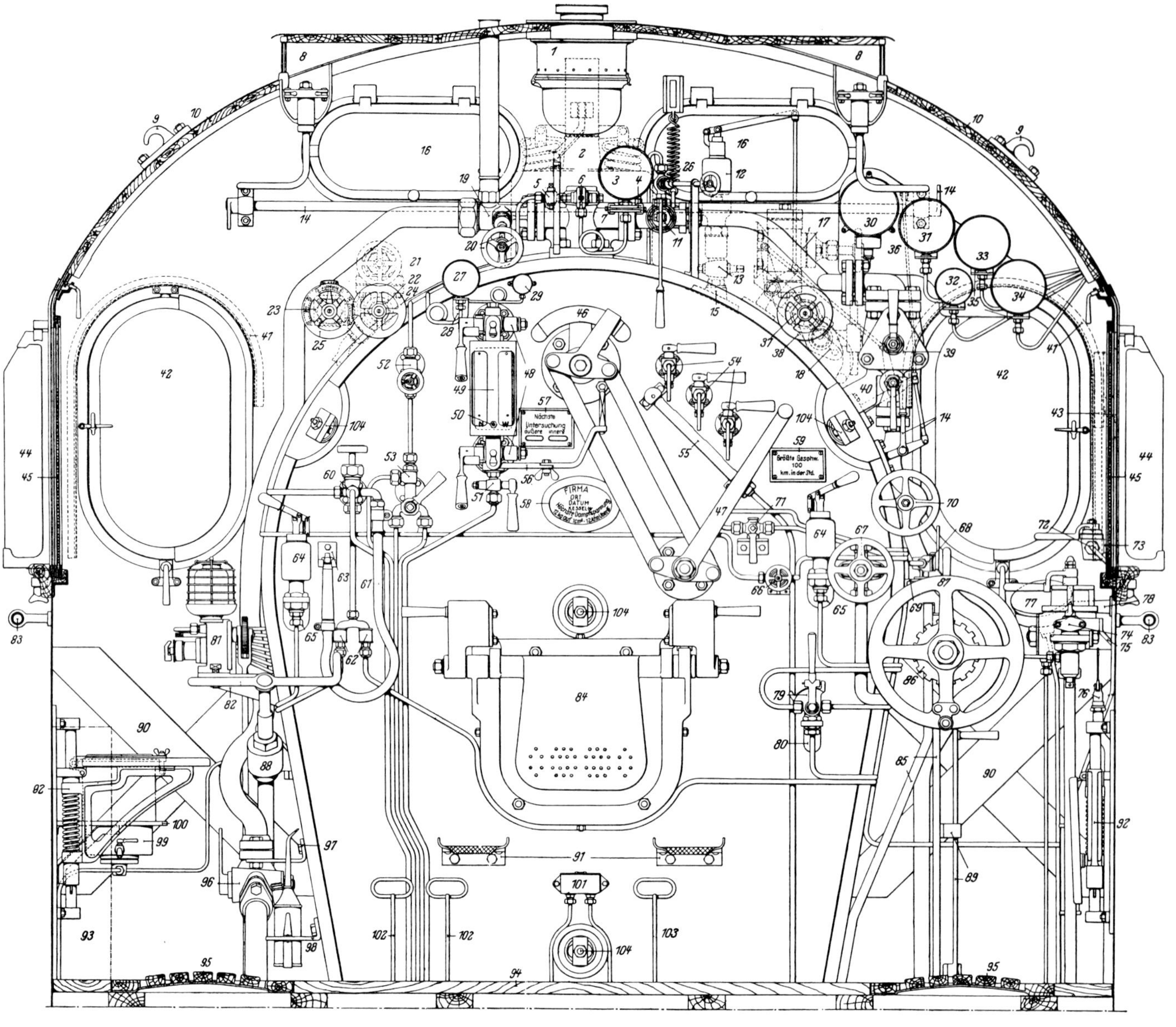

Ausrüstung des Führerhauses.

1 Führerhauslaterne
2 Sicherheitsventil
3 Kesseldruckmesser
4 Halter für Kesseldruckmesser
5 Druckmesserhahn
6 Eichdruckmesserhahn
7 Dampfentnahmestutzen
8 Lüftungsaufsatz
9 Haken zum Abheben des Führerhauses
10 Holzbedachung
11 Strahlpumpendampfventil
12 Dampfpfeife
13 Dampfpfeifenhahn
14 Pfeifenzug
15 Untersatz zur Dampfpfeife
16 Klappfenster in der Führerhausvorderwand
17 Kesselspeiseventil
18 Feuerlöschstutzen
19 Dampfheizventil
20 Zug zur Dampfheizeinrichtung
21 Absperrventil zur Speisepumpe
22 Dampfventil zur Speisepumpe
23 Dampfventil zum Hilfsbläser
24 Zug zum Speisepumpendampfventil
25 Hilfsbläserzug
26 Dampfventil zur Koch- und Wärmeeinrichtung
27 Heizdruckmesser
28 Halter für Heizdruckmesser
29 Vorwärmerdruckmesser
30 Fernthermometer
31 Ferndruckmesser
32 Druckmesser für Bremsluftbehälter
33 Druckmesser für Bremsleitung
34 Druckmesser für Bremszylinder
35 Halter zum Bremsdruckmesser
36 Halter für Druckmesser
37 Luftpumpendampfventil
38 Zug zum Luftpumpendampfventil
39 Strahlpumpe
40 Halter zur Strahlpumpe
41 Fensterschirm
42 Drehfenster in der Führerhausvorderwand
43 Fahrplanrahmen
44 Seitliches Schutzfenster
45 Schiebefenster in der Führerhausseitenwand
46 Reglerstopfbuchse
47 Reglerhandhebel
48 Wasserstandsanzeiger
49 Wasserstandsschutz
50 Wasserstandsmarke
51 Wasserstandsablaßhahn
52 Dampfventil zur Radreifenspritze
53 Strahlpumpe zur Radreifenspritze
54 Prüfhahn
55 Fangrohr
56 Laternenstütze zum Wasserstandsanzeiger
57 Untersuchungsschild
58 Kesselschild
59 Geschwindigkeitsschild
60 Ventil für Aschkasten-, Rauchkammer- und Kohlenspritze
61 Kohlenspritzschlauch
62 Rückschlagventil für Rauchkammer- und Aschkastenspritze
63 Halter für Kohlenspritzschlauch
64 Handschmierpumpe
65 Halter zur Handschmierpumpe
66 Dampfventil zum Läutewerk
67 Ventil zur Gegendruckbremse
68 Anstellhahn für Druckausgleicher
69 Halter zum Anstellhahn für Druckausgleicher
70 Handrad zum Drosselventil für Gegendruckbremse
71 Dreiweghahn zum Preßzylinder
72 Zusatzbremshahn
73 Halter für Zusatzbremshahn
74 Führerbremsventil
75 Halter zum Führerbremsventil
76 Auslöseventil
77 Geschwindigkeitsmesser
78 Halter zum Geschwindigkeitsmesser
79 Hahn zum Sandstreuer
80 Halter zum Hahn für Sandstreuer
81 Schmierpumpe
82 Träger zur Schmierpumpe
83 Handstangenstütze
84 Feuertür
85 Steuerbock und Halter
86 Steuerschraube und Teile
87 Steuerrad
88 Spindelbock zum Kipprost
89 Führungsbock und Handhebel zum Zylinderventilzug
90 Holzversteifung der Führerhauswände
91 Tritte an der Stehkesselrückwand
92 Sitze
93 Werkzeugkasten im Führerhaus
94 Führerhausbodenbelag
95 Federnde Fußunterlage im Führerhaus
96 Dreiweghahn zur Dampfheizeinrichtung
97 Halter für Dreiweghahn
98 Halter für Ölflaschen
99 Teile zur Koch- und Wärmeeinrichtung
100 Halter zur Koch- und Wärmeeinrichtung
101 Schmiergefäß
102 Aschkastenzüge
103 Aschkastenbodenklappenzug
104 Waschluken mit Pilz

Lokomotiv-Normblatt für das Führerhaus; die dargestellten Einrichtungen waren nicht an allen Lokomotiven vorhanden.

Große Windleitbleche an der Personenzuglokomotive Baureihe 23 der Reichsbahn. Die 1940 gebaute Lokomotive (1'C1' h2) war als Ersatz für die noch in großer Zahl vorhandenen Länderbahnlokomotiven, vor allem die preußische P 8, gedacht.

Tenderlokomotiven hatten nur selten Windleitbleche; diese Lokomotive der Baureihe 85 (1'E1' h3) wurde mit Witte-Windleitblechen ausgerüstet.

Die bayerische Schnellzuglokomotive der Gattung S 2/6 (2'B2' h4v) war windschnittig gestaltet.

windschlüpfig gestaltete Lokomotive dieser Zeit. Der Führerstand lag vor der Rauchkammer, der Heizerstand hinten an der gewohnten Stelle. Die ganze Lokomotive war mit Ausnahme des Triebwerks mit einem kastenförmigen Aufbau versehen. Die steigenden Geschwindigkeiten in den dreißiger Jahren veranlaßten die Reichsbahn, zwischen 1935 und 1941 insgesamt 124 Schnellzuglokomotiven mit Höchstgeschwindigkeiten von 140 km/h und mehr in Dienst zu stellen, die stromlinienförmig verkleidet waren. Drei Stromlinien-Tenderlokomotiven beschaffte in den Jahren 1936/37 die Lübeck-Büchener Eisenbahn, die auch fünf vorhandene Lokomotiven der preußischen Gattung T 12 entsprechend umbauen ließ. Die Verkleidung brachte zwar leistungsmäßig einen beachtlichen Gewinn, machte verschiedene Einrichtungen jedoch schwerer zugänglich und führte zu erhöhten Instandhaltungskosten. Da sich gesamtwirtschaftlich keine Vorteile ergaben, wurde die Verkleidung bereits während des Krieges teilweise und danach vollständig entfernt.

Dampflokomotiven bedürfen an vielen Stellen regelmäßiger Schmierung. Anfangs wurde jede einzelne Schmierstelle mit einem besonderen Schmiergefäß versehen, das vom Lokomotivpersonal – auch bei Unterwegsaufenthalten – nachgefüllt werden mußte. Um den Zeitaufwand dafür zu vermindern, wurden mit Dampf oder mechanisch vom Laufwerk betätigte zentrale Schmiereinrichtungen entwickelt.

Zur Verminderung des Spurkranzverschleisses fanden Spurkranznäßeinrichtungen oder Spurkranzschmiereinrichtungen Verwendung.

Bei ungünstigem Schienenzustand durch Laubfall oder Nebel kann eine Lokomotive „schleudern". Zur Verbesserung des Haftwertes zwischen Rad und Schiene wurden schon früh Sandstreueinrichtungen eingebaut, die von Hand, später mit Dampf oder schließlich mit Druckluft betätigt wurden. Die Sandkästen wurden domartig auf dem Langkessel oder kastenförmig seitlich am Umlaufblech angebracht.

Unentbehrlich war die Dampfpfeife. Sie diente anfangs unter anderem bei den handgebremsten Zügen zur Verständigung zwischen Lokomotiv- und Zugpersonal während der Fahrt. Die Pfeife mußte daher sehr laut sein. Um die Lärmbelästigung zu verringern, wurde für Signale in Bahnhöfen eine Zweitonpfeife mit unterschiedlicher Lautstärke der Töne eingeführt.

Neben der Dampfpfeife diente ein Läutewerk zum Geben der Warnsignale an den auf Nebenstrecken zahlreichen unbeschrankten Bahnübergängen. Die Läutewerke wurden mit Dampf, später mit Druckluft, nur selten von Hand betätigt.

Bei Nachtfahrten muß die Lokomotive Lichtsignale führen, außerdem ist eine Beleuchtung der wichtigsten Instrumente wie Wasserstandsanzeiger und Kesseldruckmesser auf dem Führerstand erforderlich. Zunächst wurden für die Zugspitzensignale Einzellampen verwendet, die anfangs Rüböl, später Petroleum verbrannten. Darauf folgte eine zentrale Versorgung der Leuchtquellen mit Ölgas, das meist in einem Behälter auf dem Tender gespeichert wurde. In den dreißiger Jahren kam dann die elektrische Beleuchtung auf; die Stromerzeugung übernimmt

dabei eine Lichtmaschine, die von einer Dampfturbine angetrieben wird.
Die Geschwindigkeit der Lokomotive konnte früher vom Lokomotivführer nur mit Hilfe der Taschenuhr und bekannter Entfernungen wie Schienenlänge oder Abstand der Telegrafenmaste ermittelt werden. Dieses Verfahren wurde mit zunehmender Geschwindigkeit untragbar. Doch waren lange Versuche erforderlich, bis schließlich nach der Jahrhundertwende brauchbare Geschwindigkeitsmesser angebaut werden konnten.
Mit Einführung der durchgehenden Dampfheizung in den Zügen mußten auf den Lokomotiven Anschlüsse und Regeleinrichtungen dafür geschaffen werden.
Die Entwicklung der Bremstechnik hatte ebenfalls erhebliche Auswirkungen auf die Lokomotiveinrichtungen. Als die Züge noch handgebremst fuhren, war lediglich auf dem Tender eine Spindel- oder Wurfhebelhandbremse vorhanden; die Lokomotive selbst war ungebremst. Tenderlokomotiven wurden wie Tender ausgerüstet. Viele Lokomotiven erhielten eine Gegendampfbremse, deren Wirkung jedoch gering war; die Einrichtung wurde später für das Befahren langer Gefällestrecken zur Gegendruckbremse weiterentwickelt. Eine Reihe von Lokomotivgattungen erhielt eine Klotzbremse mit Betätigung des Bremsgestänges durch einen Dampfzylinder. Auch eine auf die Schienen wirkende Schlittenbremse mit Krafterzeugung durch einen Dampfzylinder wurde verwendet. Als durchgehende Seilzugbremsen, Bauart Heberlein, eingeführt wurden, war auf der Lokomotive die Bremshaspel angeordnet. Erst die Einführung der durchgehenden, selbsttätigen Druckluftbremse brachte die Lösung aller Bremsprobleme. Die erforderliche Druckluft wird auf der Lokomotive durch eine ein- oder zweistufige Dampfkolbenpumpe erzeugt. Zunächst wurden nur die angetriebenen Räder, später auch die Laufräder ein- oder beidseitig gebremst. Beim Tender war vielfach eine von den Vorräten und damit von der Last abhängige Abbremsung üblich.
Zur Erhöhung der Betriebssicherheit wurden in den dreißiger Jahren zunächst die Schnellzuglokomotiven, nach dem Kriege fast alle Lokomotiven mit induktiver Zugsicherung (Indusi) ausgerüstet, die das richtige Verhalten des Lokomotivführers gegenüber den Signalen überwacht. Den erforderlichen Strom liefert ein an die Lichtmaschine angeflanschter Generator. Da eine Zwangsbremsung bei geöffnetem Regler, also unter Zugkraft der Lokomotive, nicht zu kürzesten Bremswegen führt, wurde in den letzten Jahren eine selbsttätige Reglerschließeinrichtung hinzugefügt.
Im Vorortverkehr großer Städte bedeutete der mit jedem Fahrtrichtungswechsel notwendigerweise ver-

Stromlinien-Schnellzuglokomotive Baureihe 05 der Reichsbahn. Die Lokomotive 05 002 stellte am 11. Mai 1936 mit 200,4 km/h den deutschen Geschwindigkeitsrekord für Dampflokomotiven auf.

bundene Lokomotivwechsel auch eine schlechte Ausnutzung der Lokomotiven. Viele wurden deshalb nach 1945 mit der Wendezugsteuerung ausgerüstet; die meisten gehörten zu den Baureihen 38 (P 8) und 78 (T 18), einige zu den Reihen 23, 65 und 66. Die Lokomotive blieb dabei an einem Ende des Zuges und zog oder schob ihn abwechselnd. Beim Schieben befand sich ein Lokführer auf dem Steuerwagen vorn am Zug; mit einem Befehlsgerät gab er Kommandos an einen zweiten Lokführer auf der Lokomotive, der Regler und Steuerung bedienen und zugleich die Aufgaben des Heizers übernehmen mußte. Gebremst wurde der Zug unmittelbar vom Steuerwagen aus.

Den ersten Wendezugbetrieb mit Dampflokomotiven hatte schon 1936 die Lübeck-Büchener Eisenbahn eingeführt; hier war sogar eine Fernsteuerung des Reglers möglich.

Bezeichnung der Dampflokomotiven

Anfangs trugen die Lokomotiven Namen oder Nummern, die in der Reihenfolge der Beschaffungen vergeben wurden. Dies war bei Privatbahnen bis zuletzt üblich. Bei den großen Ländereisenbahnen erwies sich diese Bezeichnungsweise für die betriebliche Disposition als nicht ausreichend. Es wurden daher Gruppen-, Gattungs- oder Reihenbezeichnungen eingeführt (bei mehreren Verwaltungen geändert), die allerdings die Bauform der Lokomotive nicht immer eindeutig kennzeichneten. Den einzelnen Gattungen wurden meist bestimmte Betriebsnummernreihen zugeordnet. Die großen deutschen Ländereisenbahnen verwendeten vor der Übernahme durch das Reich (1920) folgende Gattungsbezeichnungen:

Preußen

Hauptgattungen S = Schnellzuglokomotive, P = Personenzuglokomotive, G = Güterzuglokomotive, T = Tenderlokomotive.

Unterteilung durch arabische Zahlen, wobei Lokomotiven mittlerer Leistung die Zahl 3 bekamen. Schwächere reihte man davor ein, stärkere dahinter. Ab S 4, P 6, G 6 und T 8 (bis T 20) bezeichnete man die Heißdampflokomotiven mit geraden Zahlen. Bauartunterschiede wurden durch Hochzahlen gekennzeichnet (z. B. G 8^1).

Bayern

Hauptgruppen S, P, G wie Preußen, weiter Pt = Personenzugtenderlokomotive, Gt = Güterzugtenderlokomotive, R = Rangierlokomotive. Ergänzung durch Buchstaben (L = Lokalbahn, H = Heißdampf, N = Naßdampf, z = Zahnrad, s = Schmalspur). Außerdem wurde das Verhältnis von gekuppelten zu insgesamt vorhandenen Radsätzen in Bruchform angegeben (z. B. PtL 3/4).

Sachsen

Hauptgattungen I bis XVIII und XX. Reisezuglokomotiven hatten gerade Zahlen, alle anderen ungerade. Jede Zahl charakterisierte eine bestimmte Radsatzanordnung. Zusätzliche Unterscheidungsmerkmale: T = Tenderlokomotive, H = Heißdampf, V = Verbund, M = Schmalspur 1 000 mm, K = Schmalspur 750 mm (z. B. Vi K).

Württemberg

Hauptgattungen A bis E = Reisezuglokomotiven, F bis K = Güterzuglokomotiven, T = Tenderlokomotiven; Ergänzung z.T. durch arabische Zahlen. Weitere Zusatzbezeichnungen: c = Verbund (Compound), h = Heißdampf, n = Nebenbahn, z = Zahnrad, s = Schmalspur 1 000 mm, ss = Schmalspur 750 mm, d = duplex (Mallet), z. B. Tssd.

Baden

Hauptgruppen I bis VIII = Schlepptender- und Tenderlokomotiven, IX = Zahnradlokomotiven, X = Rangierlokomotiven. Unterteilung durch ergänzende Buchstaben a bis h in der Reihenfolge der Beschaffungen. Kennzeichnung der Lieferung durch Hochzahl, z. B. $VIIa^{17}$.

Die *Deutsche Reichsbahn-Gesellschaft* führte 1925 Baureihenbezeichnungen ein:

01 bis 19	Schnellzuglokomotive
20 bis 39	Personenzuglokomotive
40 bis 59	Güterzuglokomotive
60 bis 79	Schnellzug- und Personenzugtenderlokomotive
80 bis 96	Güterzugtenderlokomotive
97	Zahnradlokomotive
98	Lokalbahnlokomotive
99	Schmalspurlokomotive

Der Baureihenbezeichnung folgte mit einem Zwischenraum eine drei- oder vierstellige Ordnungsnummer. Bei Weglassen der beiden letzten Ziffern der Ordnungsnummer konnten die verbleibenden Ziffern als Hochzahl der Baureihenbezeichnung zur Kennzeichnung von Bauartunterschieden hinzugefügt werden, z. B. 01^{10}.

1968 änderte die *Bundesbahn* bei Einführung der elektronischen Datenverarbeitung für die Erfassung der Betriebsleistungen die Bezeichnung: Der bisherigen Baureihennummer wurde in der Regel eine Null vorgesetzt; z. B. 23 wurde 023. Ausnahme: 01^{10} wurde 011. Bei der noch in größerer Stückzahl vorhandenen Baureihe 50 wurde die 1. Stelle der vierstelligen Ordnungsnummer in die Baureihenbezeichnung einbezogen: 050, 051, 052 und 053 sind also Lokomotiven der gleichen Bauform. Abweichende Baureihenbezeichnungen erhielten die Lokomotiven mit Ölfeuerung: 01^{10} Öl = 012, 41 Öl = 842, 44 Öl = 043. Ordnungsnummern immer dreistellig.

Bei der *Reichsbahn in der DDR* blieb 1970 die bisherige zweistellige Baureihennummer bestehen, ausgenommen Baureihen mit den ersten Ziffern 1 und 2 (18, 19, 22, 23 und 24 wurden 02, 04, 39, 35 und 37). Die Ordnungsnummern vierstellig, wobei die erste Ziffer die Feuerungsart bezeichnet: 0 = Ölfeuerung, 1 bis 8 = Rostfeuerung, 9 = Kohlenstaubfeuerung.

Vierachsige Tender wurden überwiegend mit zwei Drehgestellen ausgeführt. In Preußen waren Fachwerk-Rahmen-Drehgestelle üblich, wie beispielsweise bei der Gattung P 10, während andere Bahnen meist Plattenrahmen-Drehgestelle verwendeten.

Zur besseren Verständigung aller Beteiligten beim Rangieren sind auch zahlreiche Dampflokomotiven mit Rangierfunk ausgerüstet worden. Zugbahnfunk erhielten dagegen 1985 nur die betriebsfähigen Museumsdampflokomotiven der Bundesbahn.

Tender und Vorratsbehälter

Eine Dampflokomotive muß für den Betrieb die notwendigen Vorräte an Brennstoff und Wasser mitführen. Dafür wurde meist ein besonderer, mit der eigentlichen Lokomotive kurzgekuppelter Wagen, der Tender, herangezogen. Der Wasserverbrauch beträgt etwa das Siebenfache des Kohlenverbrauchs. Das Fassungsvermögen der Tender steht aber nicht in diesem Verhältnis, vielmehr ist der Wasservorrat durchweg kleiner; denn Wasser läßt sich im Gegensatz zur Kohle auch während eines kurzen Aufenthalts aus einem Wasserkran ohne Probleme nachfassen. Mit der Zunahme der Lokomotivleistung stieg auch der Brennstoffverbrauch. Gleichzeitig mußten die Lokomotiven längere Strekken vor dem Zug zurücklegen. Infolgedessen war auch ein größeres Fassungsvermögen der Tender notwendig. Wegen der begrenzten zulässigen Radsatzlasten mußten die anfangs zweiachsigen Tender mit immer mehr Radsätzen versehen werden.

Entwicklungsschritte bei Tendern

Baujahr	Radsatz-anordnung	Wasser m^3	Kohle t	Verhältnis Vorräte zu Eigengewicht	
1877	3	10,5	4	1,04	preußische Normalien
1910	3	16,5	7	1,12	preußische Bauart
1935	3	17,0	6	1,22	Reichsbahn-Bauart, geschweißt
1911	2'2'	21,5	7	1,24	preußische Bauart
1928	2'2'	32,0	10	1,25	Reichsbahn-Bauart
1937	2'3	38,0	10	1,45	geschweißt
1942	2'2'	30,0	10	2,14	Wannentender, geschweißt

Konstruktiv boten die ersten Tender keine Besonderheiten. Das Untergestell war dem eines Wagens sehr ähnlich, der Wasserkasten hufeisenförmig ausgebildet, den Koks- oder Kohlevorrat umgebend. Je länger der Tender, desto mehr Schwierigkeiten bereitete diese Anordnung dem Heizer, da er die Kohlen aus einer im Lauf der Fahrt immer größeren Entfernung auf den Rost befördern mußte. Um 1860 entstand daher der kastenförmige Tender, bei dem die Kohle auf einer schrägen Wasserkastendecke lag. Auf dieser Schräge rutschte ein großer Teil der Kohle von selbst nach vorn zum Entnahmeblech. Besondere Kohlennachschubeinrichtungen fanden in Deutschland keine größere Anwendung.

Ständiges Bestreben war, das Eigengewicht des Tenders zu vermindern, um damit die mögliche Anhängelast der Lokomotive zu vergrößern. Große Fortschritte brachte der Übergang von der Niet- zur Schweißkonstruktion etwa ab 1935. Schließlich entstand der wannenförmige Tender der Kriegslokomotiven.

Bei zwei- und dreiachsigen Tendern wurde zunächst ein Untergestell verwendet, das weitgehend der Güterwagenkonstruktion entsprach. Aus einer Versteifung der Achslagerführungen gegeneinander entstand ein durchlaufender Rahmen. Vierachsige Steifrahmentender sind nur wenig gebaut worden, stattdessen setzte sich die Anordnung mit zwei Drehgestellen durch. Bauformen und Federung änderten sich mit steigendem Gesamtgewicht.

Lauftechnisch führten die Tender hinter der Lokomotive anfangs ein gewisses Eigenleben. Erst im Laufe der Zeit wurde klar, daß der Tender durch eine Kupplung mit Vorspannung und durch entsprechende Gestaltung der Stoßpuffer zum Dämpfen der Schlingerbewegungen der Lokomotive beizutragen vermag. Von der Konstruktion her kann eine Lokomotive mit Tender voraus im allgemeinen mit Höchstgeschwindigkeit fahren; zugelassen wurde dies aber nur bei Lokomotiven, bei denen das Führerhaus nach hinten geschlossen war, wie bei der Baureihe 52, oder bei entsprechend hohen Vorderwänden des Tenders wie bei der Baureihe 50.

Die Verwendung eines anderen Brennstoffes als Koks oder Kohle hatte ebenfalls Einfluß auf die Gestaltung des Tenders. Bei Lokomotiven mit Ölhauptfeuerung wurde ein beheizter Ölbehälter auf dem Wasserkasten angebracht, Kohlenstaubfeuerung erforderte geschlossene Ausführung des Brennstoffbehälters. Die früher in einigen Gegenden verwendete Torffeuerung machte wegen der Empfindlichkeit des Brennstoffes gegen Feuchtigkeit und wegen des geringen spezifischen Gewichtes den Bau sehr großräumiger Tender, sogenannter Torfmunitionswagen, erforderlich.

Um das Mitführen eines Gepäckwagens im Güterzug zu sparen, rüstete die Bundesbahn rund 730 Tender von Lokomotiven der Baureihe 50 mit einer Zugführerkabine aus.

Kondenstender

Kondensationseinrichtungen bei Kolbendampflokomotiven dienten vornehmlich der Speisewasserrückgewinnung, die besonders in wasserarmen Gebieten den Aktionsradius der Lokomotiven vergrößerte. Bei der mit atmosphärischem Gegendruck arbeitenden Kondensation entwich der Abdampf aus den Zylindern nicht mehr durch die Saugzuganlage ins Freie, sondern wurde der auf dem Tender eingebauten Kondensationseinrichtung zugeführt, dort niederge-

In Oldenburg und Bayern wurde in größerem Umfang Torf als Brennstoff verwendet. Wegen der Nässeempfindlichkeit mußten geschlossene Tender gebaut werden. Bei dieser oldenburgischen Lokomotive ist bemerkenswert, daß sowohl Lok- als auch Tenderrahmen als Wasserkästen ausgebildet sind.

Kriegslokomotive Baureihe 52 mit Wannentender.

schlagen und als Speisewasser erneut in den Kessel geleitet. Innerhalb dieses Kreislaufs mußten nur noch die Verluste ergänzt werden; sie betrugen lediglich fünf bis zehn Prozent der Verbrauchsmenge herkömmlicher Lokomotiven gleicher Leistung. Der Energiebedarf der Kondensanlage konnte durch die im Abdampf noch enthaltene Restenergie gedeckt werden, so daß die Lokomotivleistung keine Einbuße erlitt. Die Kesselspeisung mit fast reinem Kondensat wirkte sich außerdem sehr positiv auf den Kesselwirkungsgrad und die Instandhaltungskosten des Kessels aus. Sehr charakteristisch für diese Kondensbauart waren sowohl das seitlich des Langkessels geführte Abdampfrohr als auch das in der Rauchkammer der Lokomotive angeordnete Saugzuggebläse.

Die Reichsbahn gab 1941 bei Henschel Güterzuglokomotiven der Baureihe 52 (1'E h2) mit Kondenseinrichtung für den Einsatz in den wasserarmen besetzten Gebieten Rußlands in Auftrag. Die zunächst fünfachsigen Kondenstender gewährleisteten mit ihrem Wasserinhalt von 16 Kubikmetern einen Aktionsradius der Lokomotiven von rund tausend Kilometern. Mit einem Gesamtradsatzstand von mehr als 23 Metern konnten sie jedoch selbst auf den größten vorhandenen Drehscheiben nicht mehr gedreht werden. Deshalb wurden auch vierachsige Tender mit einem Fassungsvermögen von 13,5 Kubikmeter Wasser beschafft. Insgesamt baute die Industrie für die Reichsbahn 178 Kriegs-Kondenslokomotiven. Auf den Strecken der Bundesbahn kamen ihre Vorteile aber nicht zur Geltung.

Kriegslokomotive der Baureihe 52 mit fünfachsigem Kondenstender. Zahlreiche Einrichtungen sind gegen Frosteinwirkung verkleidet.

Tenderlokomotiven

Vorräte lassen sich auch auf der Lokomotive selbst unterbringen, allerdings in geringerem Umfang. Solche „Tenderlokomotiven", die vorwärts und rückwärts mit gleicher Geschwindigkeit fahren können, entstanden für den Nahverkehr, um die Lokomotive nicht in kurzen Zeitabständen drehen zu müssen; für Gebirgsstrecken, um das Tendergewicht zu sparen; für den Verschiebedienst, um die Streckensicht bei Rückwärtsfahrt zu verbessern.

In Deutschland wurden Tenderlokomotiven zunächst nur wenig verwendet. Die erste entstand 1850 für die Taunusbahn. Größere Verbreitung fanden sie erst mit dem Bau der Nebenbahnen in den achtziger Jahren. Der Anteil der Tenderlokomotive am gesamten Lokomotivbestand betrug 1881 rund sechs Prozent, später rund ein Drittel.

Die Wasserkästen waren meist seitlich vom Kessel angeordnet, manchmal auch noch hinter dem Führerhaus unter dem Kohlenbehälter. Außerdem wurde – zuerst von der Lokomotivfabrik Krauss in München

Für den Nebenbahndienst beschafften die preußischen Staatseisenbahnen von 1900 an über zweitausend Lokomotiven der Gattung T 9³ mit Krauss-Helmholtz-Gestell.

Die 1912 entstandene Personenzug-Tenderlokomotive Gattung T 18 der Preußischen Staatseisenbahnen war mit ihrer Höchstgeschwindigkeit von 100 km/h auch für den leichten Schnellzugdienst auf kürzeren Strecken geeignet.

Für die meist kurzen Lokalbahnstrecken mit geringem Verkehrsaufkommen reichten zweiachsige Tenderlokomotiven lange aus – wie die von 1880 bis 1894 mit wenig Änderungen gebaute bayerische Gattung D VI.

Die Reichsbahn-Einheitslokomotiven der Baureihe 86 waren für den leichten Güterzug- und schweren Personenzugdienst auf Nebenbahnen bestimmt.

Tenderlokomotiven für den schweren Rangier- und Güterzugdienst auf kurzen Strecken wurden fünffach gekuppelt. Die 1913 gebaute Lokomotive Gattung XI HT der Sächsischen Staatseisenbahnen hat eine flache Stehkesseldecke Bauart Belpaire.

Für den schweren Steilstreckendienst im Harz lieferte Borsig 1920 an die Halberstadt-Blankenburger Eisenbahn diese schweren Tenderlokomotiven (1'E1' h2) der „Tierklasse". Mit ihnen war es möglich, den Zahnradbetrieb auf $60\,^{0}/_{00}$ *Steigung zu ersetzen. Es waren die ersten Tenderlokomotiven mit einem Barrenrahmen.*

– der Blechrahmen als Wasserkasten gestaltet. Nachteilig bei der üblichen Anordnung war, daß sich das Reibungsgewicht der Lokomotive mit Abnahme des Wasservorrats verminderte. Bei kleinen Lokomotiven war die Kohle in einem Kasten auf der Heizerseite vor dem Führerhaus untergebracht. Die ursprünglich genieteten Vorratsbehälter wurden ab Mitte der dreißiger Jahre meist in Schweißausführung hergestellt.

Vorräte der meist gebauten deutschen Tenderlokomotiven

Gattung/ Baureihe	erstes Baujahr	Radsatz-anordnung	Wasser m^3	Kohle t
preußische T 3	1882	C	4	1
preußische T 9^3	1901	1'C	7	2
preußische T 16^1	1914	E	8	3
Reichsbahn 86	1928	1'D1'	9	4

Vereinheitlichung

Die Ausweitung des Eisenbahnnetzes in den ersten Jahrzehnten nach 1835 führte zur Gründung zahlreicher Bahngesellschaften, die immer wieder neue Lokomotiven in einer Zeit beschaffen mußten, in der die konstruktive Entwicklung der einzelnen Teile rasche Fortschritte machte. Für Beschaffung und Instandhaltung war dies sehr ungünstig. Schon früh versuchten deshalb einzelne Bahnen, gewisse Normen einzuführen; allerdings darf dieser Begriff nicht streng in der heutigen Bedeutung verstanden werden. Trotzdem ergab sich ein äußerst uneinheitlicher Lokomotivpark, als in Preußen ab 1879 die meisten Privatbahnen verstaatlicht wurden. Aber schon 1878 waren für neue Beschaffungen „Normalien", ab 1896 Musterzeichnungen genannt, aufgestellt. Sie legten bereits die Hauptabmessungen und viele Einzelheiten fest. Die Ausführung verschiedener Ausrüstungen der Lokomotiven wie Kesselspeiseeinrichtung, Funkenfänger oder Anfahrvorrichtung der Verbundlokomotiven war in das Ermessen der Eigentumsdirektion gestellt. Auf diese Weise entstanden bei den Preußisch-Hessischen Staatseisenbahnen weitgehend einheitliche Lokomotiven in Stückzahlen, wie sie später nur noch selten beschafft wurden. Von der Stückzahl her haben die Lokomotiven anderer Länderbahnverwaltungen in der deutschen Eisenbahngeschichte keine große Rolle gespielt, auch wenn von ihnen manche Impulse für die technische Entwicklung ausgegangen sind. Die Bayerischen Staatseisenbahnen, die zweitgrößten deutschen Ländereisenbahnen, haben in der Zeit ihres Bestehens (1844 – 1920) insgesamt nicht mehr Lokomotiven beschafft als die Preußisch-Hessischen Staatseisenbahnen von einer einzigen Gattung (G 8^1 und P 8).

Probleme wie in Preußen gab es bei den anderen

1878 entstanden die Normalien für die Betriebsmittel der Preußischen Staatseisenbahnen. Zu den ersten Gattungen gehörte die Güterzuglokomotive G 3 mit der Radsatzanordnung C n2. Sie wurde die meist gebaute deutsche Lokomotivgattung des vorigen Jahrhunderts. Der Tender faßte zwölf Kubikmeter Wasser; die dreiachsige Bauform war in Preußen weit verbreitet.

Nach den preußischen Nebenbahn-Normalien wurde ab 1881 die bekannte Tenderlokomotive Gattung T 3 mit der Radsatzanordnung C beschafft.

Meist gebaute deutsche Länderbahnlokomotive war die preußische Gattung G 8^1.

Die ab 1906 gebaute preußische P 8 war bis gegen Ende des Dampfbetriebs bei der Bundesbahn eingesetzt.

Ländereisenbahnen nicht. Privatbahnen wurden dort nur in geringem Umfang verstaatlicht; bemerkenswert sind lediglich das Entstehen der Staatseisenbahnen in Sachsen und die Übernahme der Ostbahn durch die Staatsbahnen in Bayern. Die meisten Ländereisenbahnen hatten zudem einen Hauptlieferanten, der auch das Aussehen des Lokomotivparks prägte:

Land	Hauptlieferanten der Lokomotiven
– Bayern	J. A. Maffei, München Krauss, München
– Sachsen	Sächsische Maschinenfabrik vorm. Hartmann, Chemnitz
– Württemberg	Maschinenfabrik Eßlingen
– Baden	Maschinenbau-Gesellschaft Karlsruhe
– Oldenburg	Hannoversche Maschinenbau A. G. vorm. G. Egestorff, Hannover
– Elsaß-Lothringen	Elsässische Maschinenbau-Gesellschaft Grafenstaden

Normungsversuche auf Firmenebene gab es schon vor der Aufstellung der preußischen Normalien. Der „Eisenbahnkönig" Henry B. Strousberg baute zahlreiche Bahnen, zum Teil auf eigene Rechnung. Zwischen 1868 und 1871 gehörte zu seinem Konzern auch die spätere Lokomotivfabrik Hanomag. Sie lieferte damals Einheitstypen nach eigenen Normen in größeren Stückzahlen für die Strousberg-Bahnen. In Stettin wurde 1892 die Eisenbahnbau- und Betriebsgesellschaft Lenz & Co., später Berlin, gegründet. Sie baute und betrieb zahlreiche Kleinbahnen als eine der größten Unternehmungen dieser Art. Schon 1897 stellte Lenz einen Gattungsplan für Lokomotiven in den Spurweiten 1435, 1000, 750 und 600 mm auf. Hauptlieferer dieser Lenz-Lokomotiven war Vulcan in Stettin. Nach dem Ersten Weltkrieg arbeitete der Engere Lokomotiv-Normen-Ausschuß (ELNA) an einer Normung von Privatbahn-Lokomotiven. Die Federführung hatte die Hanomag in Hannover. Zwischen 1922 und 1946 wurden von verschiedenen Herstellern insgesamt 214 Lokomotiven in fünf verschiedenen Typen gebaut. Äußerlich gab es zwar manche Abweichungen von den Grundentwürfen, aber die wesentlichen Verschleißteile wie Kesselausrüstung, Triebwerksteile oder Radsätze entsprachen den ELNA-Normen. An den drei Beispielen lassen sich die immer intensiveren Normungsbestrebungen verfolgen. Trotz der Typisierung von Bauarten und Einzelteilen ließen sich verschiedene Verschleißteile zunächst

Als typisch bayerisch erkennbar: die Schnellzuglokomotive (2'B1' n4v) Gattung S 2/5 aus dem Jahr 1904.

Die Personenzuglokomotive Gattung P 10 (1'D1' h3) zeigte viele Merkmale, die mit denen der Güterzuglokomotive Gattung G 10 (1'E h3) übereinstimmten.

Markante Einheitslokomotiven: Schnellzuglokomotive Baureihe 02 (2'C1' h4v) . . .

Die Lokomotive der Bauart ELNA 6 mit der Nummer 184 wurde erst 1946 von Henschel gebaut.

nicht ohne Nacharbeit tauschen, weil für die Abmessungen keine Herstellungs- und Aufarbeitungstoleranzen festgelegt waren.
Während des Ersten Weltkriegs machte sich die Vielfalt beim Militäreisenbahnbetrieb besonders nachteilig bemerkbar. Die meisten deutschen Ländereisenbahnen entschlossen sich daher, für den schweren Güterzugdienst nur noch eine Bauart zu beschaffen, die preußische Lokomotiv-Gattung G 12 (1'E h3). Mit ihr erschienen 1917 in Preußen auch neue Bauteile wie Barrenrahmen und Belpaire-Stehkessel.
Höhepunkt der Vereinheitlichung war das Einheits-Lokomotivprogramm der Deutschen Reichsbahn-Gesellschaft. Nach dem Übergang der Ländereisenbahnen auf das Deutsche Reich am 1. April 1920 mußte auch über die künftige Beschaffung des Lokomotivparks entschieden werden: Weiterbau

. . . und die Güterzuglokomotive Baureihe 44 (1'E h3).

Besonders weitgehend stimmten die Personenzugtenderlokomotive Baureihe 64 (1'C1' h2) und die Personenzuglokomotive Baureihe 24 (1'C h2) überein.

bewährter Länderbahntypen oder Neuentwicklung. Die Länderbahntypen waren zum Teil schon älter, entsprachen also nicht voll den erwarteten steigenden Anforderungen hinsichtlich Geschwindigkeit und Leistung; ihre Konstruktionen waren außerdem nicht nach einheitlichen Grundsätzen durchgebildet, was Nachteile bei Bau und Instandhaltung mit sich gebracht hätte. Daher kam es zur Neuentwicklung. Zahlreiche Baureihen eines Typenplans wurden nach folgenden Grundsätzen gebaut:

Kriegslokomotive Baureihe 52, die meistgebaute deutsche Lokomotive mit dem besonders leichten Wannentender.

Letzte deutsche Schnellzuglokomotivgattung war die Baureihe 10 der Bundesbahn, nur zwei Stück wurden davon gebaut.

Lokomotiven der Baureihe 41 wurden außer mit Neubaukessel auch mit Ölfeuerung ausgerüstet.

Konsequente und weitgehende Normung der Einzelteile und ganzer Baugruppen, wobei möglichst viele Teile bei mehreren Baureihen verwendet werden konnten; Anwendung des Austauschbaus, also Tolerierung der Maße zusammengehöriger Teile, so daß ein Austausch in der Regel ohne Anpaß- und Nacharbeit möglich war; Verwendung des Barrenrahmens; mit wenigen Ausnahmen Durchbildung als Zweizylinder-Zwillings-Heißdampflokomotive mit Heusinger-Steuerung; Kessel mit großer Rostfläche bei günstigem Verhältnis zwischen Länge und Breite sowie mit günstigem Verhältnis von indirekter zu direkter Heizfläche.

Während des Zweiten Weltkriegs wurde die Konstruktion vereinfacht und „entfeinert“, ohne daß die Grundsätze der Normung und des Austauschbaus aufgegeben wurden.

Von der Bundesbahn sind die Baugrundsätze der Einheitslokomotiven fortentwickelt worden. Merkmale der letzten Dampflokomotivbaureihen waren unter anderem weitgehende Anwendung der Schweißung beim Kessel, Betonung der Strahlungsheizfläche zum Teil mit Einbau einer Verbrennungskammer sowie vollständig geschweißter Blechrahmen.

Wegen des Strukturwandels in der Zugförderung wurden von der Bundesbahn jedoch nur 168 Lokomotiven in fünf Baureihen nach diesen Grundsätzen beschafft:

Baureihe	Radsatzanordnung	Anzahl
10	2'C1' h3	2
23	1'C1' h2	105
65	1'D2' h2	18
66	1'C2' h2	2
82	E h2	41

Bei der Reichsbahn in der DDR galten ähnliche Grundsätze wie bei der Bundesbahn. An neuen Lokomotiven wurden beschafft:

Baureihe	Radsatzanordnung	Anzahl	
23^{10}	1'C1' h2	113	
25	1'D h2	2	
50^{40}	1'E h2	88	
65^{10}	1'D2' h2	88	
83^{10}	1'D2' h2	27	
99^{23}	1'E1' h2	17	1000-mm-Spur
99^{77}	1'E1' h2	24	750-mm-Spur

Sowohl bei der Bundesbahn als auch bei der Reichsbahn in der DDR wurden Lokomotiven älterer Baureihen mit Ersatzkesseln nach neuen Baugrundsätzen versehen.

Die Reichsbahn in der DDR modernisierte eine größere Zahl von Einheitslokomotiven der Baureihe 01; die Lokomotiven erhielten die neue Bezeichnung 01^5.

Romantik der Dampflokomotive: Baureihe 89 in einem Hüttenwerk.

Dieseltraktion

Diesellokomotiven

Mit der Erfindung des Gasmotors durch den Franzosen Jean Joseph Étienne Lenoir 1861 begann die Entwicklung der Verbrennungskraftmaschine. Nikolaus Otto schuf daraus 1876 den Viertaktmotor mit Verdichtung. Aber erst der Bau des schnellaufenden Vergasermotors durch Gottlieb Daimler, Karl Benz und Wilhelm Maybach führte zu einem auch für Schienenfahrzeuge geeigneten Motor. Den Abschluß dieser Entwicklung bildete der am 28. Februar 1892 patentierte „rationelle Wärmemotor" von Rudolf Diesel, aus dem 1897 der nach ihm benannte Dieselmotor hervorging.
Der heute übliche Begriff „Diesellokomotive" reicht in der historischen Betrachtung jedoch nicht aus, um die Entwicklung zu beschreiben. Anfangs wurden Verbrennungsmotoren, die mit Petroleum, Benzin oder Benzol betrieben wurden, verwendet; außerdem waren auch andere Begriffe wie „Thermolokomotive" oder „Öllokomotive" üblich. Heute hat sich der Begriff „Diesellokomotive" allgemein eingebürgert, nachdem als Leistungserzeuger überwiegend Dieselmotoren eingebaut werden.
Bei der Motorlokomotive wird, ähnlich wie bei der Dampflokomotive, die Leistung aus mitgeführtem Kraftstoff auf dem Fahrzeug erzeugt. Dazu dient in der Regel eine Kolbenkraftmaschine. Die Motorlokomotive ist – wie die Dampflokomotive – von äußerer Energiezufuhr unabhängig, also autonom.

Vor- und Nachteile

Diese Lokomotivbauart versprach und bietet noch heute eine Reihe von Vorteilen. Im Vordergrund stehen der bessere thermische Wirkungsgrad des Verbrennungsmotors (33 bis 40 Prozent) gegenüber dem der Dampfmaschine und damit geringerer Kraftstoffverbrauch und wirtschaftlicher Betrieb. Der Gesamtwirkungsgrad einer modernen Diesellokomotive beträgt etwa 28 Prozent gegenüber höchstens zehn Prozent bei der Dampflokomotive. Vorteilhaft sind auch die ständige Betriebsbereitschaft und die einfache Bedienung; für den Einsatz ist keine zeitraubende Vorbereitung wie das Vorheizen der Dampflokomotive erforderlich. Die größere Leistungsdichte führt zu geringeren Abmessungen bei vergleichbarer Leistung und niedrigerem Gewicht.
Als Nachteil steht demgegenüber, daß der Verbrennungsmotor nicht unter Last anlaufen kann, weil der Verbrennungsprozeß erst bei einer Mindestdrehzahl des Motors selbständig abläuft. Damit benötigt er besondere Einrichtungen zum Anlassen und Anlaufen, außerdem auch zum Fahrtrichtungswechsel, da er normalerweise nur eine Drehrichtung aufweist und sich nicht ohne weiteres umsteuern läßt. Auf Lokomotiven, die im Reisezugdienst eingesetzt werden, sind besondere Zugheizanlagen erforderlich.
Zur Leistungserzeugung auf Motorlokomotiven kommen der Ottomotor als Benzin-Verbrennungsmotor für kleinere und kleinste Leistungen und Rangierlokomotiven, der Dieselmotor als mit Schweröl betriebener Verbrennungsmotor für Rangier- und Streckenlokomotiven großer Leistung sowie die mit flüssigem Kraftstoff betriebene Gasturbine infrage. Sie ist in Deutschland nur vorübergehend und nur als Zusatzantrieb oder „Booster" zur kurzzeitigen Leistungssteigerung der Lokomotive neben der Kolbenkraftmaschine verwendet worden.
Erste Versuche im Bau von Motorlokomotiven wurden ab 1880 unternommen. Das Hauptproblem bildete die Leistungsübertragung zwischen dem Motor als Leistungserzeuger und dem Fahrzeugantrieb.

Zugkraftkennlinie

Im Eisenbahnbetrieb interessiert neben der installierten Leistung einer Lokomotive vor allem die verfügbare Zugkraft in Abhängigkeit von der Geschwindigkeit. Im Zugkraft/Geschwindigkeits-Diagramm, kurz FV-Diagramm, gibt die Zugkraftkennlinie an, welche Zugkraft am Radumfang zwischen Stillstand und

2

Diesellokomotive vor einem Personenzug auf winterlicher Strecke bei Murnau in Oberbayern.

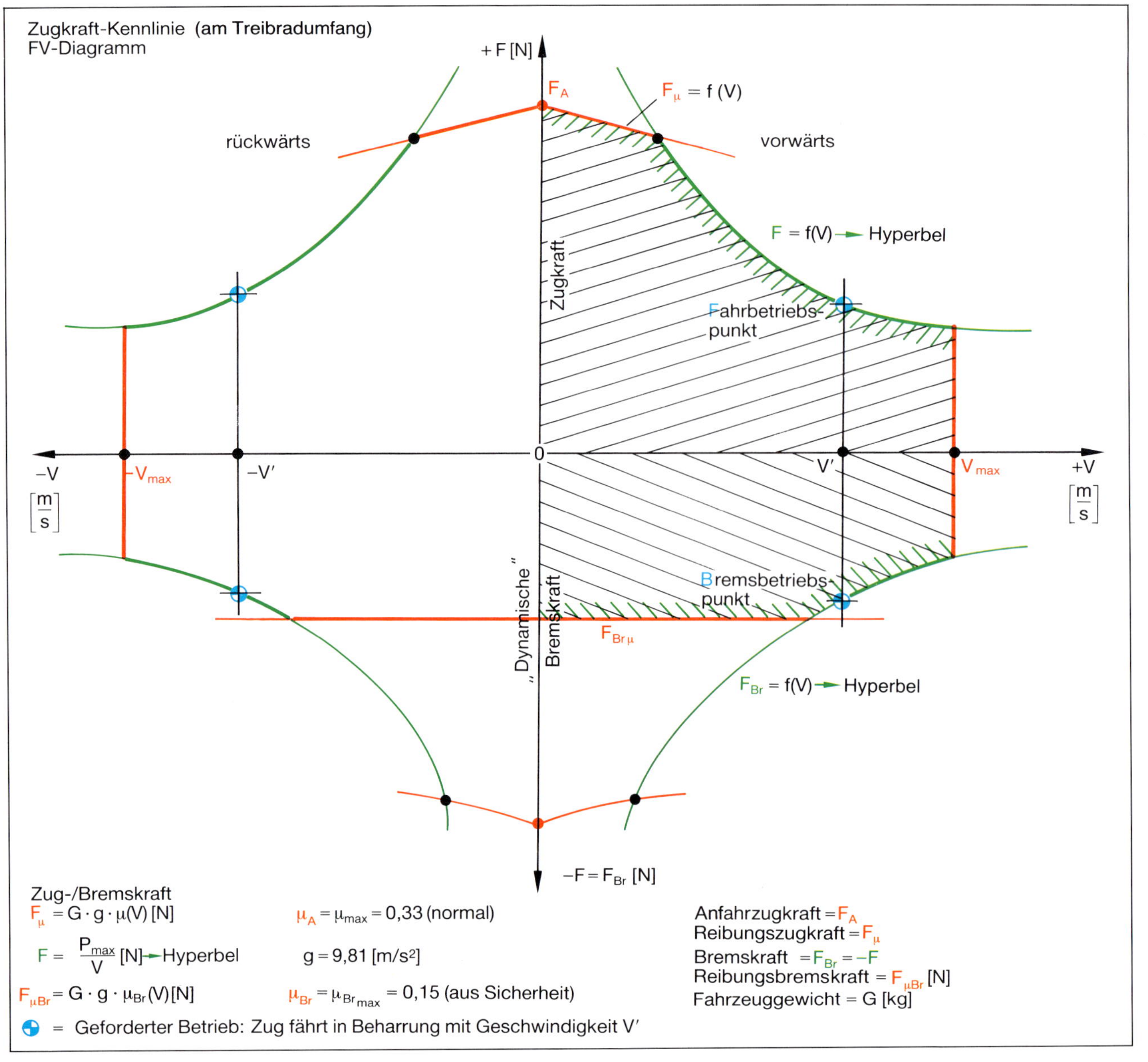

Das Zugkraft-/ oder Bremskraft/Geschwindigkeitsdiagramm (FV-Diagramm) zeigt, welche Zug- oder Bremskraft am Radumfang zwischen Stillstand und Höchstgeschwindigkeit zur Verfügung steht.

Höchstgeschwindigkeit zur Verfügung steht. Bei konstanter Leistung der Lokomotive nimmt ihre Zugkraft mit steigender Geschwindigkeit stetig ab; als ideale Zugkraftkennlinie entsteht damit eine Hyperbel, die einerseits von der Anfahr- und Reibungszugkraft, andererseits von der Höchstgeschwindigkeit der Lokomotive begrenzt wird.
Dem Konstrukteur stellt sich die Aufgabe, die reale Zugkraftkennlinie der Lokomotive möglichst eng an die ideale anzunähern. Das bedeutet Anpassung des Leistungserzeugers an die vom Betrieb geforderten Fahrzeugeigenschaften. Befriedigend zu erreichen ist dies nur indirekt durch Zwischenschaltung einer Leistungsübertragung oder Transmission zwischen Motor und Antrieb. Die – anfangs versuchte – direkte Leistungsübertragung mit unmittelbarer Verbindung von Treibrädern und Motor über dessen Kolbentriebwerk führte zu ganz erheblichen Anfahr-, Steuerungs- und Regelungsproblemen. Deshalb ist der „Direktantrieb", nachdem die Versuchslokomotiven stets unbefriedigendes Betriebsverhalten zeigten, nicht weiter verfolgt worden.

Hauptbauteile

Motorlokomotiven bestehen aus drei Hauptgruppen: Verbrennungsmotor mit Hilfsanlagen wie Kühler, Pumpen und Filter als Energiequelle oder Anlage zur Leistungserzeugung; Leistungsübertragung als Energieumwandler und damit als Mittler zwischen Leistungserzeuger und Antrieb; fahrzeug- und lokomotivtechnischer oder mechanischer Teil mit Laufwerk und Tragwerk sowie Antrieb der Treibradsätze.

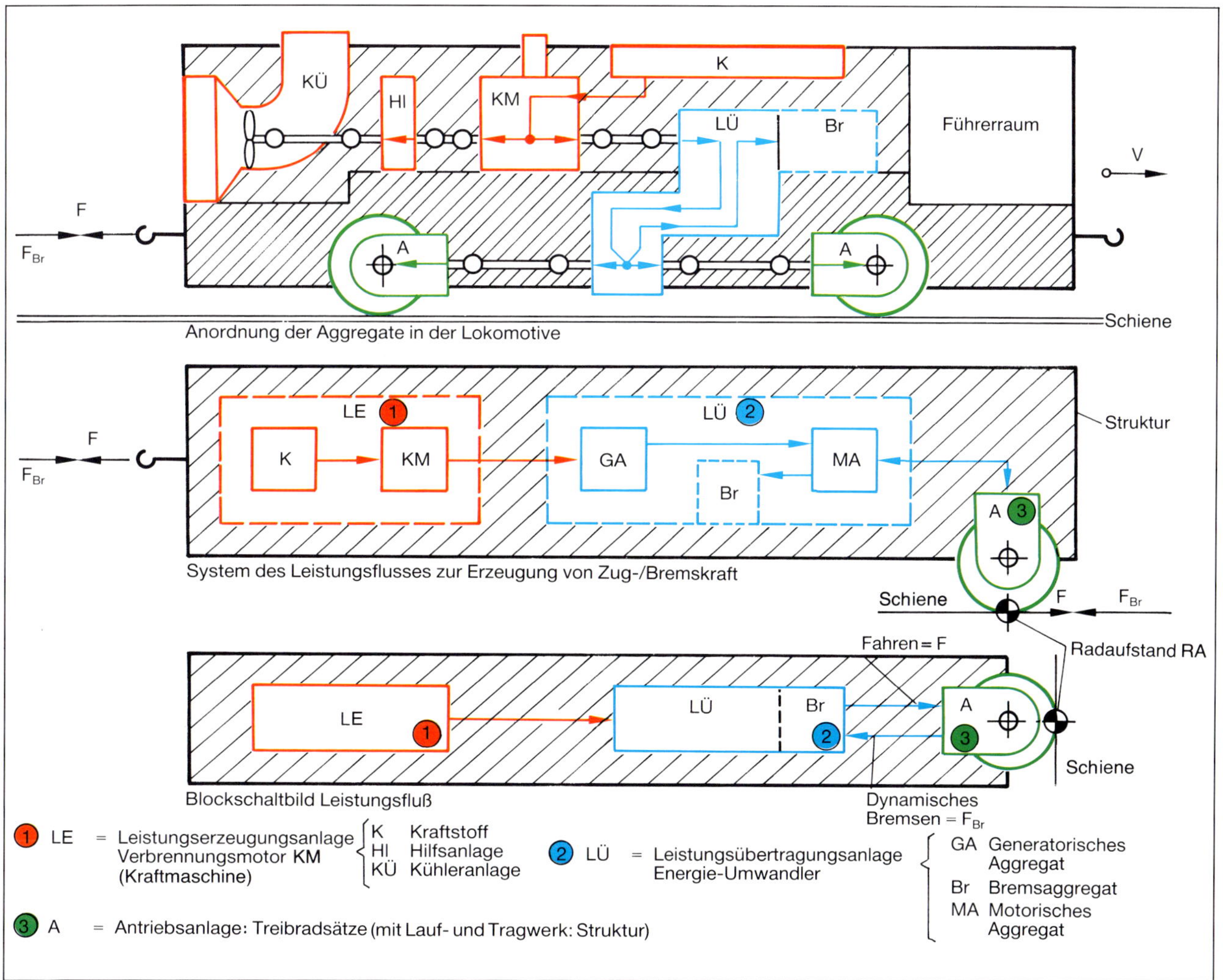

Motorlokomotiven bestehen im wesentlichen aus drei Hauptgruppen: Leistungserzeuger als Kraftmaschine – zum Beispiel Dieselmotor –, Leistungsübertragung und Antrieb.

In dieser Reihenfolge wird die Leistung erzeugt, übertragen und in Zugkraft umgesetzt; in diesem Sinn wird deshalb auch vom „leistungsführenden Strang" gesprochen. Alle Hauptteile müssen zur Erfüllung ihrer spezifischen Aufgaben möglichst gut aufeinander abgestimmt sein.

Leistungserzeugung

Verbrennungsmotoren als Leistungserzeuger für Triebfahrzeuge haben besondere Anforderungen zu erfüllen. Elastisches Drehzahlverhalten im gesamten Betriebsbereich bedeutet niedrige Leerlaufdrehzahl in bezug auf die Nenndrehzahl als obere Drehzahlgrenze. Je nach Art der Leistungsübertragung muß eine geeignete Motorregelung möglich sein: „Füllungsregelung" führt bei eingestellter Kraftstoffmenge und freier Drehzahl zu einem vorgegebenen Drehmoment, „Drehzahlregelung" bei freiem Drehmoment und geregelter Kraftstoffmenge zu konstanter Drehzahl. Füllungsregelung ist vor allem bei mechanischer Leistungsübertragung notwendig. Drehzahlregelung wird sowohl bei hydraulischer als auch bei elektrischer Leistungsübertragung angewandt.
Dieselmotoren unterscheiden sich stark in Nenndrehzahl, Taktzahl, Hubraum, Lade- und Kühlverfahren.
Zur Leistungserzeugungsanlage gehören neben dem Verbrennungsmotor die Kühleranlage zur Ableitung der Verlustwärme sowie Hilfsbetriebe wie Bremsluftpresser, Bordnetzgenerator und Kühlerlüfter, die ebenfalls vom Verbrennungsmotor angetrieben werden müssen. Die Kühleranlage beeinflußt wegen ihres Raumbedarfs die Lokomotivausführung wesentlich.

Leistungsübertragung

Drehmoment und Drehzahl des Verbrennungsmotors als Leistungserzeuger werden mit der Leistungsübertragung dem Antrieb so angepaßt, daß an den

Treibrädern die nach dem FV-Diagramm vorgegebene Zugkraftkennlinie entsteht.
Mechanische Leistungsübertragung, von Deutz 1899 bei der ersten Normalspur-Motorlokomotive angewandt, benutzte Zahnradwechselgetriebe mit Geschwindigkeitsstufen durch Gänge, wodurch sich eine gestufte Zugkraftkennlinie ergab.
Bei der pneumatischen Leistungsübertragung erzeugt eine Kolbenpumpe Druckluft oder ein anderes Druckgas, das einem über das Triebwerk direkt mit den Treibrädern verbundenen Kolbenmotor zugeführt wird. Diese Lösung findet sich in der 1927 von der Maschinenfabrik Eßlingen und der M.A.N. gebauten Druckluftdiesellokomotive V 120 für die Reichsbahn.
Die hydraulische Leistungsübertragung durch Flüssigkeitsgetriebe arbeitete ursprünglich mit Wasser oder Glyzerin als Übertragungsflüssigkeit; heute wird Spezialöl verwendet. Bei der hydrostatischen Leistungsübertragung werden Zugkraft und Geschwindigkeit durch Änderung von Verdrängungsvolumen und Flüssigkeitsdruck von „Verdränger-Maschinen" – Kolbenpumpe und -motor – verändert. Erstmals arbeitete damit das Lentz-Getriebe 1921. Die hydrodynamische Leistungsübertragung benutzt Kreiselpumpen, also rotierende Maschinen, in direkter Kombination mit einer Turbine; der geschlossene Flüssigkeitslauf wirkt durch die Flüssigkeitsbeschleunigung in der Pumpe mit anschließender Verzögerung in der Turbine als Drehmomentwandler oder Drehmomentkupplung; die Zugkraftkennlinie der Lokomotive entspricht der von Wandler beziehungsweise Kupplung. Auf diesem Prinzip beruhte erstmals das Voith-Turboge-

Grundsätzliche Anordnung der Leistungsübertragung als konduktives Aggregat zwischen Kraftmaschine und Antrieb.

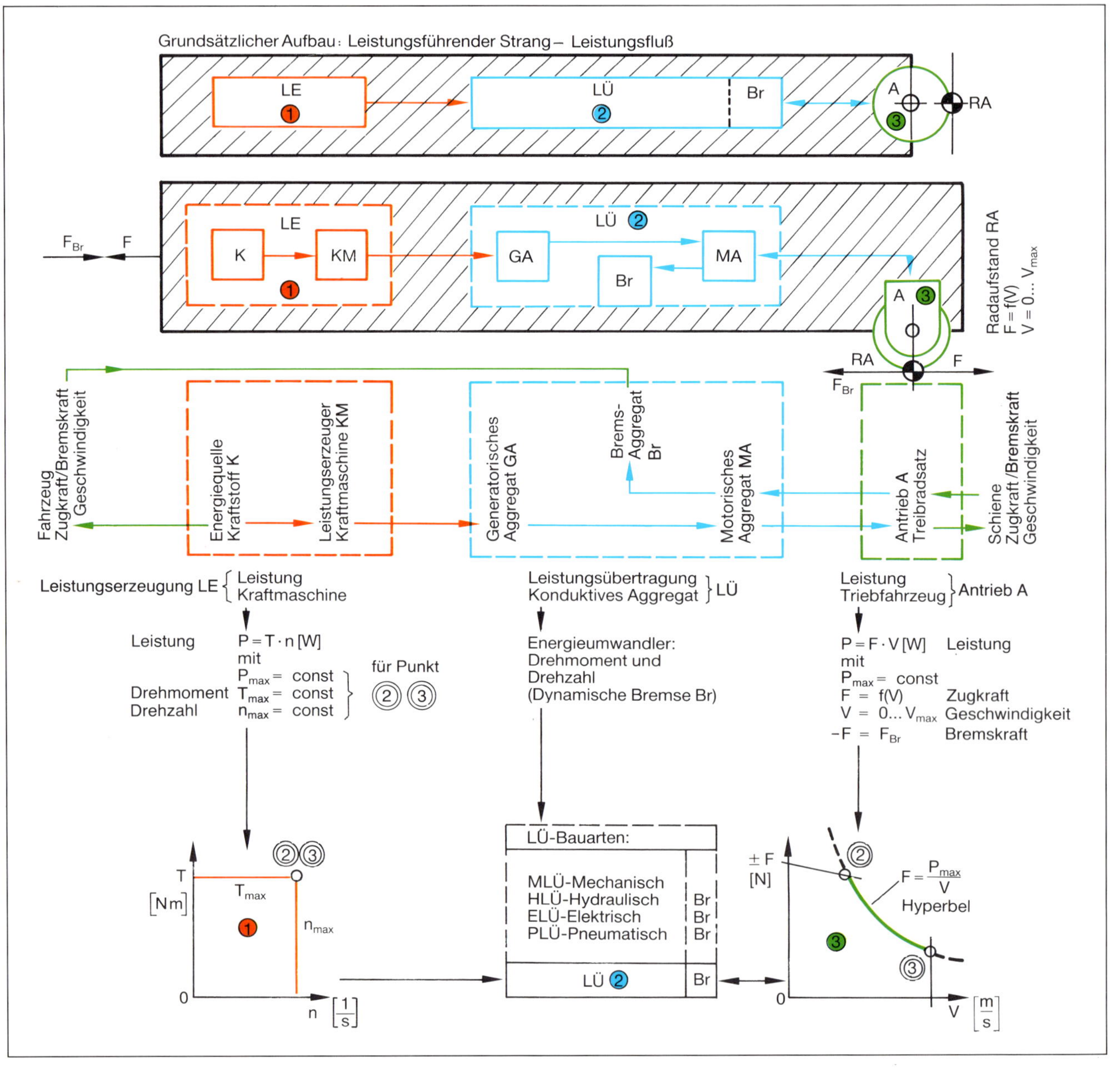

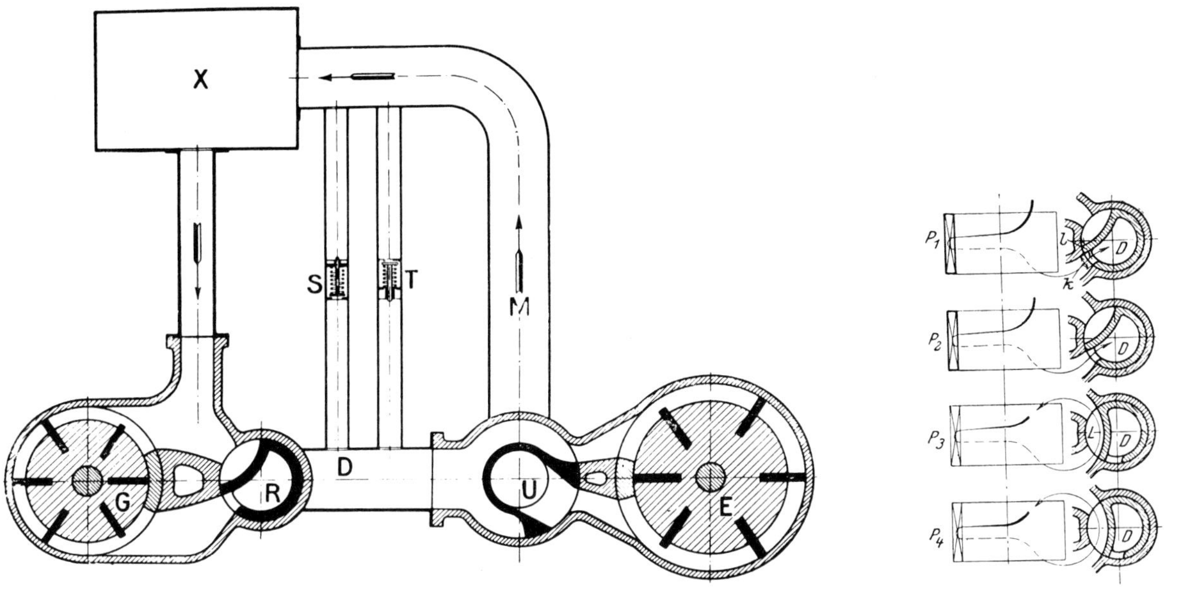

Schema der hydrostatischen Leistungsübertragung, Bauart Lentz, mit Steuerschieber nach Schuhmacher: G = Pumpe, E = Motor, R = Steuerschieber für Leerlauf, U = Steuerschieber für Drehrichtungsumkehr.

triebe von 1933; es wurde zunächst in einem Austro-Daimler-Triebwagen und einer Kleinlokomotive der Berliner Maschinenbau AG (BMAG), vormals Schwartzkopff, Leistungsgruppe II der Reichsbahn, eingesetzt.

Spätere Entwicklungen kombinierten die hydrodynamische Leistungsübertragung mit mechanischen Getrieben. Von Bedeutung waren besonders Wandler mit axial verschiebbarer Turbine als „Schaltwandler", kombiniert mit Zahnradstufengetriebe und Stufenschaltung durch Abweisklauenkupplung – Bauart Mekydro – sowie Wandler mit verstellbaren Pum-

Schema eines hydrodynamischen Drehmomentwandlers sowie einer hydrodynamischen Kupplung nebst Kennlinien. Anwendung in einem Turbogetriebe, Bauart Voith, von 1933 für eine Kleinlokomotive der Leistungsgruppe II.

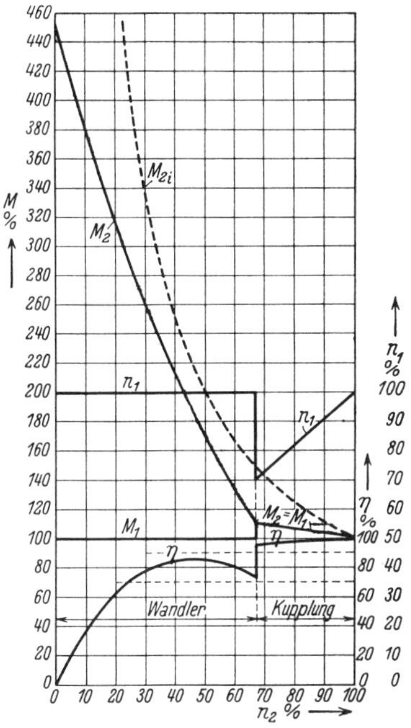

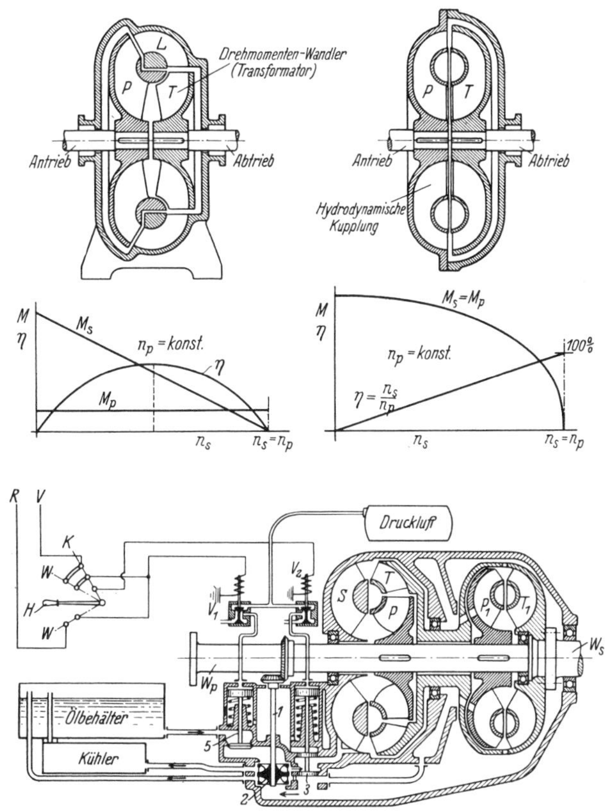

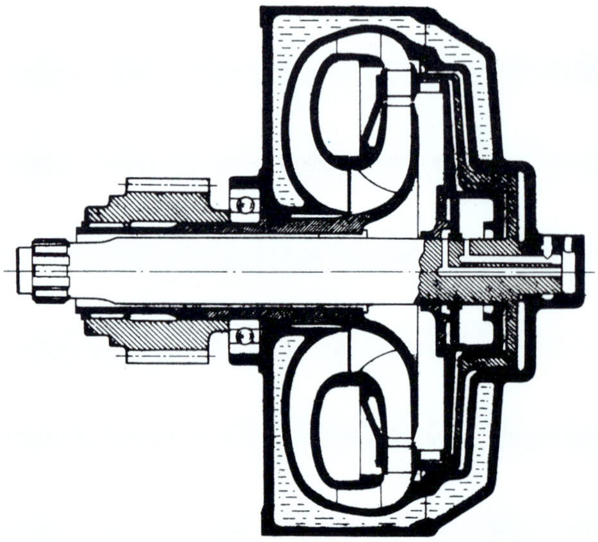

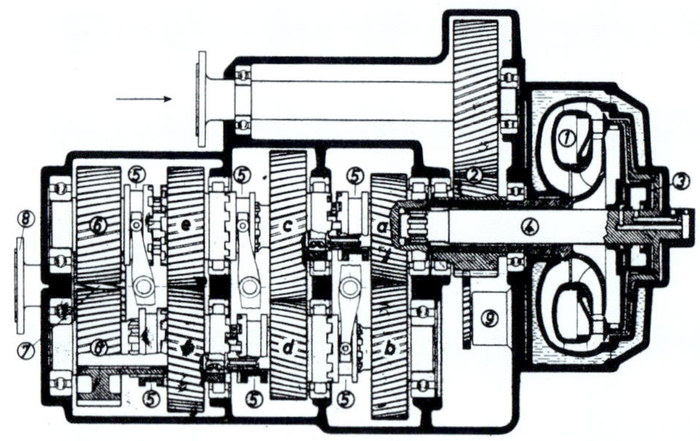

Turbogetriebe mit Schaltwandler und Zahnradstufengetriebe, Bauart Maybach-Mekydro: 1 = Schaltwandler, 3 = Ausrückbares Turbinenrad zur Synchronisation der Abweisklauenkupplungen der Zahnradgänge, 5 = Schaltmuffen als Abweisklauenkupplungen.

penschaufeln, kombiniert mit Zahnradstufengetriebe und Stufenschaltung durch Lamellenkupplung – Bauart Lysholm-Smith. Erste Ausführungen waren das 1938 in einem Güterschlepptriebwagen mit 600 PS von Christoph & Unmark, Baureihe VT 20.5 der Reichsbahn, erprobte Maybach-Mekydro-Getriebe und das Krupp-Lysholm-Smith-Strömungsgetriebe, das betrieblich brauchbar erstmals 1941 in eine für die Norwegische Staatsbahn (NSB) bestimmte Diesellokomotive mit 2 000 PS eingebaut wurde. Bei der elektrischen Leistungsübertragung erzeugt ein vom Verbrennungsmotor angetriebener Generator elektrische Energie, mit der die Fahrmotoren gespeist werden.

Erste betriebstüchtige 1200-PS-Diesellokomotive (Maschinenfabrik Eßlingen, 1924) für den Streckendienst der Eisenbahnen der UdSSR mit Gleichstromleistungsübertragung und erstmals angewandter BBC-Servo-Feldregelung des Generators zur Erzeugung der Zugkraftkennlinie.

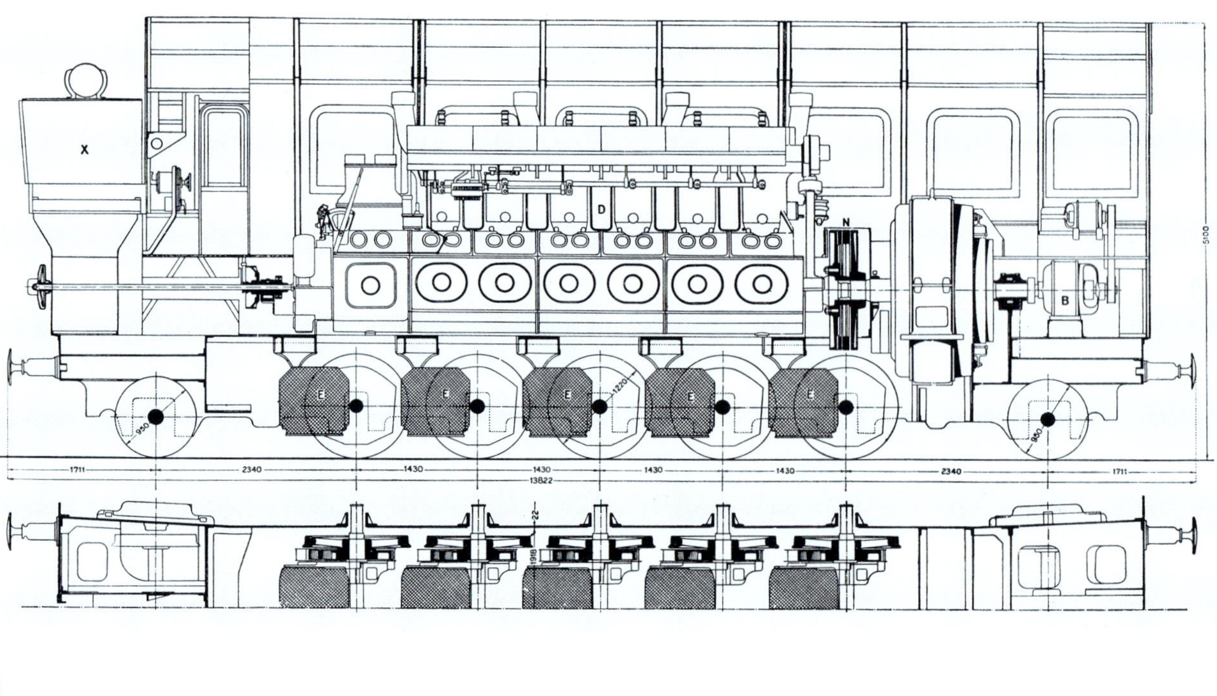

Gleichstrom wird entweder vom Generator unmittelbar oder von einem Drehstromgenerator über Gleichrichter erzeugt. Um die charakteristische Zugkraftkennlinie zu erhalten, können Magnetfeldwicklungen des Generators regelbar sein. Diese Regelungstechnik im Generator, die später weltweit Verbreitung fand, erhielt erstmals 1924 von BBC eine für die Sowjetunion bestimmte Diesellokomotive der Maschinenfabrik Eßlingen. Als elektrische Fahrmotoren werden Reihenschluß-Kommutatormotoren benutzt, die in Reihe oder parallel geschaltet und auch mit Magnetfeldschwächung betrieben werden können.
Durch die Leistungselektronik wurde schließlich um 1970 elektrische Leistungsübertragung mit Drehstrom möglich: Ein Synchrongenerator erzeugt Drehstrom konstanter Frequenz, der zunächst gleichgerichtet und dann von statischen Wechselrichtern mittels der Leistungselektronik in Drehstrom variabler Frequenz umgewandelt wird. Die stufenlos mögliche Frequenzänderung paßt die Eigenschaften der Drehstrom-Fahrmotoren den Erfordernissen des Bahnbetriebs an und ergibt die optimale Zugkraftkennlinie. Einige Entwicklungen auf diesem Gebiet versprechen für die zukünftige Zeit die zunehmende Anwendung der Drehstrom-Leistungsübertragung.
Weltweit waren 1987 etwa siebzig Prozent der Dieseltriebfahrzeuge mit elektrischer und etwa dreißig Prozent mit hydraulischer Leistungsübertragung ausgeführt.

Antrieb

Der Lokomotivantrieb hat die Drehbewegung des Leistungserzeugers oder der Leistungsübertragung in die Längsbewegung des Zuges und damit Drehmoment in Zugkraft umzusetzen.
Beim Einzelantrieb ist jeder Treibradsatz mit einer eigenen Antriebsmaschine, zum Beispiel einem elektrischen Fahrmotor, ausgerüstet, der Treibradsatz in seinem Antriebsverhalten unabhängig. Im Gegensatz dazu sind beim Gruppenantrieb Treibradsätze beispielsweise mit Kuppelstangen zu Gruppen vereinigt; sie werden von einer gemeinsamen Antriebsmaschine angetrieben und zeigen gemeinsames Antriebsverhalten.
Der Antrieb kann zur Erweiterung des Geschwindigkeitsbereiches mit einem Zahnradstufengetriebe ausgerüstet werden; es ist jedoch nur möglich, einen solchen Stufengang im Stillstand zu schalten.
Ist die Lokomotive mit dynamischer Gefälle-Bremse ausgerüstet, setzt der Antrieb die Bremskraft in ein Drehmoment um und leitet die Bremsenergie zur Leistungsübertragung zurück, wo sie als Wärme über die Kühleranlage an die Umgebungsluft abgegeben wird. Bei elektrischer Leistungsübertragung kann sie mit zur elektrischen Zugversorgung benutzt werden.

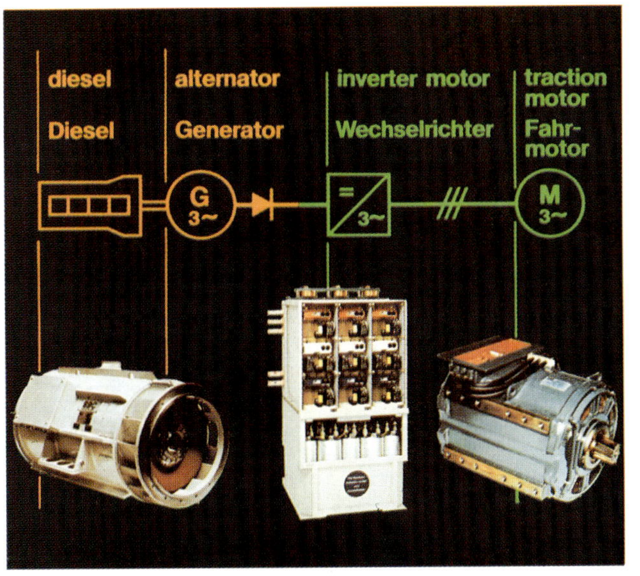

Schema der Drehstrom-Leistungsübertragung von BBC in einer Diesellokomotive: Gleichspannungszwischenkreis zwischen Generator und Wechselrichter, der die Asynchronfahrmotoren mit variabler Spannung und Frequenz versorgt; die variable Frequenz ist zur Drehzahl und damit zur Geschwindigkeit proportional.

Fahrtrichtungswechsel

Da der Verbrennungsmotor seine Drehrichtung nicht ändern kann, müssen zum Fahrtrichtungswechsel besondere „Reversier-Einrichtungen" vorgesehen werden. Dies ist entweder in der Leistungsübertragung oder im Antrieb möglich. Überwiegend lassen sich die Einrichtungen nur im Fahrzeugstillstand umsteuern; dies gilt sowohl für mechanische und hydrodynamische Getriebe, bei denen zum Einlegen der Gänge noch zusätzliche Schalthilfen notwendig sind, als auch für elektrische Leistungsübertragung mit Gleichstromfahrmotoren.
Betrieblich ist von hohem Nutzen, wenn zum Umsteuern kein Stillstand des Fahrzeuges notwendig ist. Dann kann durch Umkehr des Leistungsflusses Bremswirkung erzielt werden. Für die hydrodynamische Leistungsübertragung müssen Turbogetriebe in Doppelbauart als Brems-Reversiergetriebe ausgeführt sein. Bei elektrischer Leistungsübertragung bietet die Drehstromantriebstechnik die entsprechende Möglichkeit.

Die ersten Jahrzehnte

Motorlokomotiven wurden zunächst eingesetzt, wo nur geringe Leistungen gebraucht wurden, die Lokomotiven lange stillstanden und wenige ausgebildete Bediener verfügbar waren. Deshalb begann die Entwicklung zunächst mit Lokomotiven für schmalspurige Industrie- und Feldbahnen.

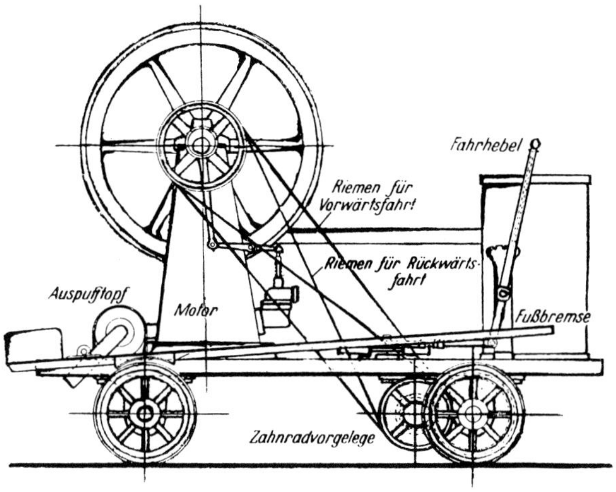

Das erste Schienenfahrzeug der Welt mit Verbrennungsmotor baute 1880 die Hanomag. Ein Benzinmotor mit zwei PS trieb die Lokomotive über Riemen und ein Zahnradvorgelege.

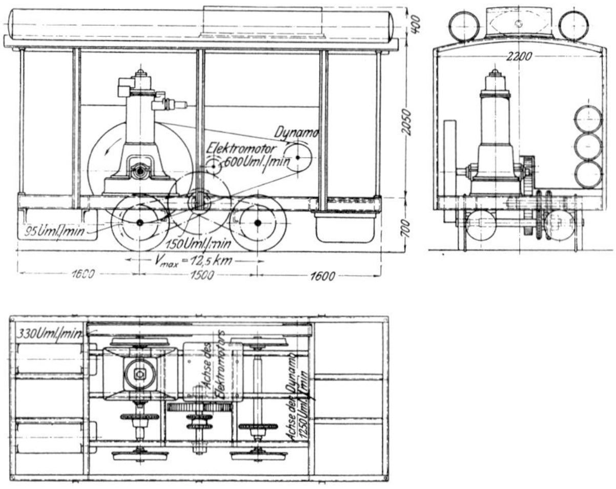

Erste Anwendung der elektrischen Leistungsübertragung 1895 in einer weiteren Petroleummotor-Lokomotive von Deutz: Der vom Generator erzeugte Strom treibt den elektrischen Fahrmotor an.

Bei Industrie- und Feldbahnen

Der Gedanke zu einer „Gaskraft-Lokomotive für Straßen- und Sekundärbahnen" wurde 1878 der Hanomag patentiert und 1880 als Fahrzeug mit zwei Radsätzen ausgeführt. Die Leistung eines stehenden Zweitakt-Benzinmotors von etwa zwei PS wurde in einfacher Weise über einrückbare Rutschkupplungen und Riementrieb mit Stirnvorgelege auf einen Treibradsatz übertragen. Zum Fahrtrichtungswechsel diente ein zweiter, gekreuzter Riementrieb.
Da dem Fahrzeug die Betriebstauglichkeit fehlte, stellte Hanomag die Arbeiten wieder ein. Doch waren andere Hersteller auf diese Anwendungsmöglichkeit von Verbrennungsmotoren aufmerksam geworden. Die Jahreszahlen schwanken hier und später, da vom Hersteller teils Bau, teils Indienststellung angegeben wurde. In jener Zeit erhielt der

Deutz baute 1892 diese Acht-PS-Petroleum-Lokomotive mit Riementrieb, Zahnradwendegetriebe und Gelenk-Kettenantrieb.

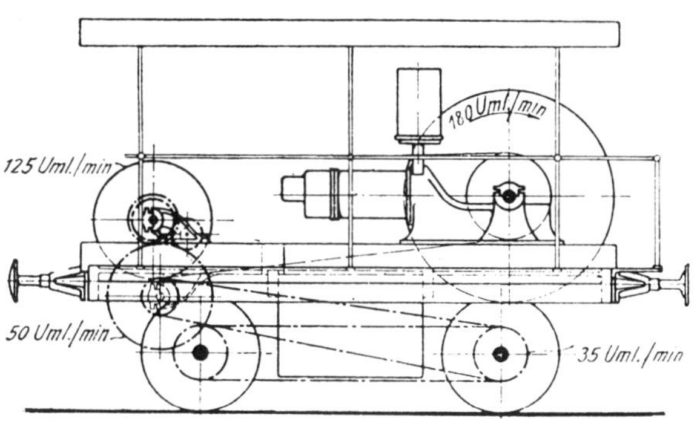

schnellaufende Vergasermotor für Fahrzeuge durch Gottlieb Daimler, Carl Benz und Wilhelm Maybach betriebsbrauchbare Form. Benz baute 1888 eine ähnliche Lokomotive wie die Hanomag, 1891 folgte von Daimler in Zusammenarbeit mit der Maschinenfabrik Eßlingen eine Schmalspurlokomotive von vier PS mit Zahnrad-Wechselgetriebe und Gelenkkettenantrieb der beiden Treibradsätze. Deutz baute 1892 eine Lokomotive mit einem Petroleum-Motor von acht PS, Riementrieb auf ein Zahnradwendegetriebe und Gelenkkettenantrieb auf einen Treibradsatz, der mit dem anderen ebenfalls mittels Gelenkkette gekuppelt war.
Da sich diese mechanische Leistungsübertragung noch als unvollkommen erwies, versuchte Deutz 1893 pneumatische Leistungsübertragung durch Gaskraft: Ein Petroleummotor von zwölf PS war mit einem Druckluft-Kolbenverdichter unmittelbar verbunden. Die Druckluft wurde in einem großen Behälter mit Wasserdampf vermischt und einem Druckluftmotor, der auf einen der beiden Radsätze wirkte, zugeleitet. Wegen des hohen Kraftstoffverbrauchs ließ die Wirtschaftlichkeit zu wünschen übrig.
Die elektrische Leistungsübertragung wurde in Deutschland 1895 ebenfalls von Deutz erstmals angewandt. Ein Petroleummotor von zwölf PS trieb mit Riemen einen Gleichstromgenerator an, der seine Leistung an einen Elektromotor abgab. Als Antrieb der beiden Treibradsätze dienten Gelenkketten. Auch diese Lokomotive wurde nicht weiterentwickelt, da sie zu störanfällig und zu aufwendig war.
In den folgenden Jahren trat Deutz mit kleinen Industrie-Motorlokomotiven auf, die mit Riementrieb, Zahnrädern und Kettenantrieb ausgerüstet

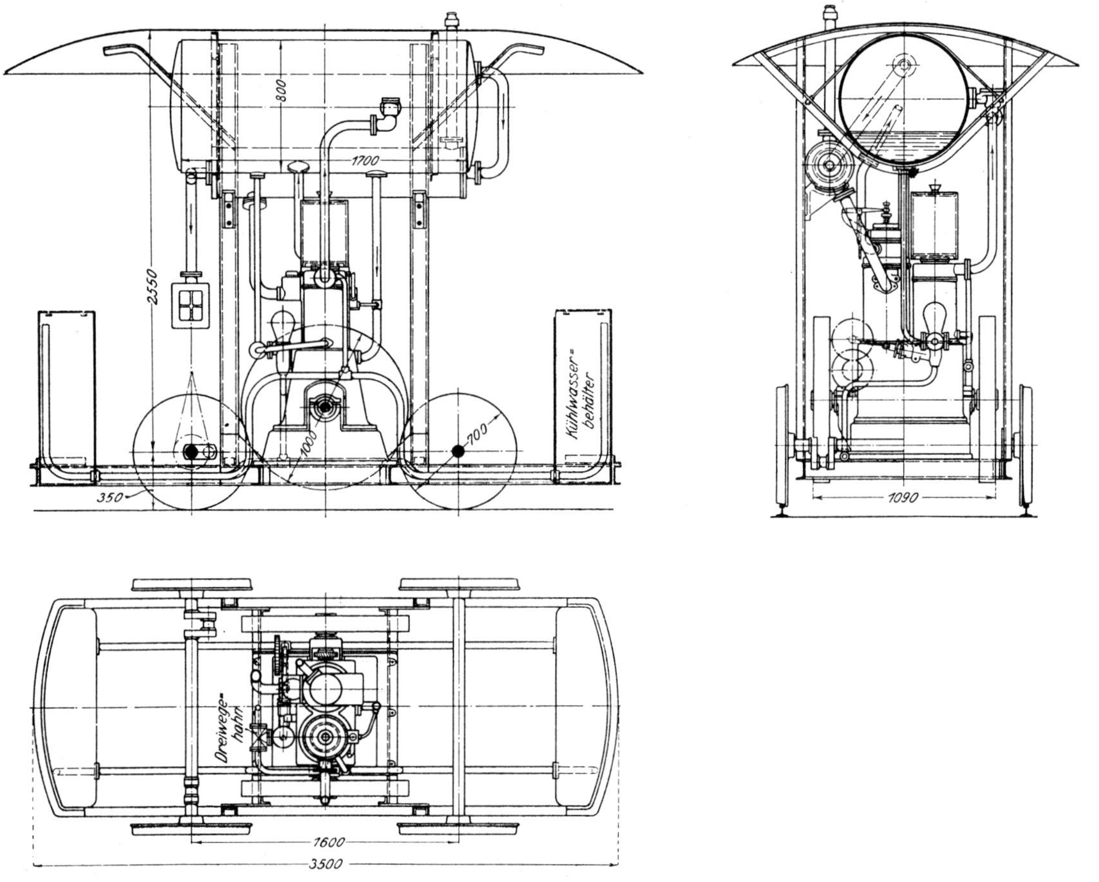

Bei der 1893 ebenfalls von Deutz gebauten Motorlokomotive mit acht PS wurde erstmals die pneumatische Leistungsübertragung angewandt: Ein Zwölf-PS-Petroleummotor erzeugte Druckluft, mit der ein Druckluftmotor angetrieben wurde.

Die früheren Motorlokomotiven waren durchweg auf Schmalspur erprobt worden; erst 1899 folgte – wiederum von Deutz – die erste normalspurige Motorlokomotive. Ihr Petroleummotor leistete vierzig PS, die über ein Zahnradstufengetriebe und Gelenk-Ketten übertragen wurden.

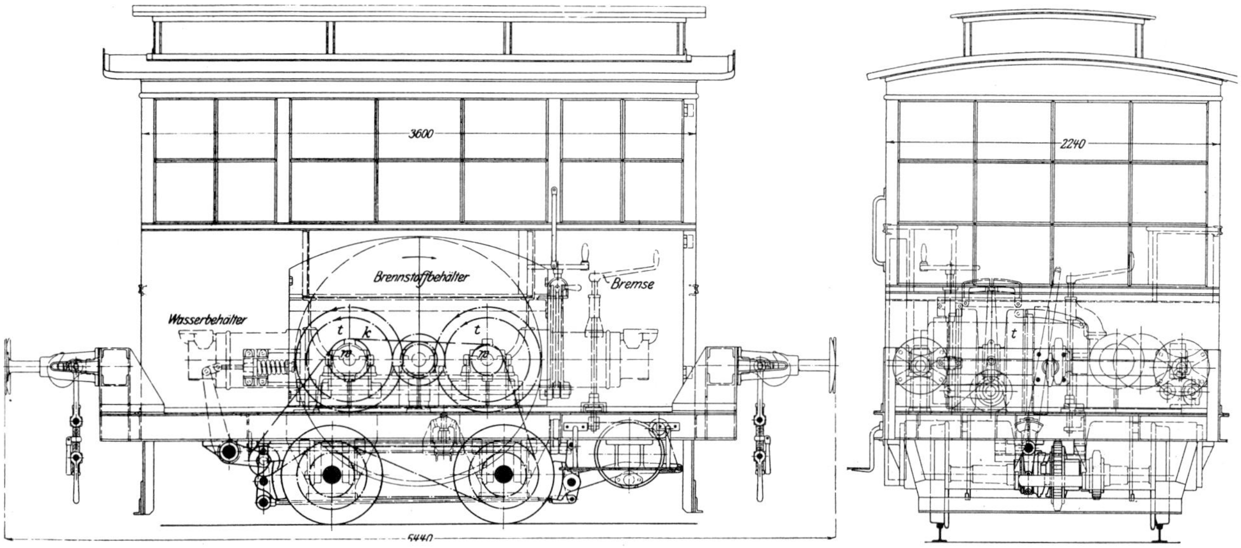

Historische Entwicklung der Industrie- und Feldbahn-Motorlokomotiven.

Herstellungszeit: 1880 – 1890 – 1900 – 1910 – 1920 – 1930 – 1940 – 1945

Hersteller	Jahr	Angaben
Hanomag	1878	Patent auf Motorlokomotive
	1880	Benzin 2 t, 2 PS A 1, Riemen } Versuch
Benz	1888	Benzin, keine Angaben
Daimler Eßlingen	1891	Benzin 2 t, 4 PS B, MLÜ GAK
Deutz	1892	Petroleum, 8 PS B, Riemen MLÜ GAK
	1893	Petroleum, 12 PS A 1, PLÜ — Versuch
	1895	Petroleum, 12 PS B, ELÜ GAK — Versuch
	1899 1. Normalsp.	Petroleum, 40 PS B, MLÜ GAK
	1912 1000.	Typenreihe 6 ... 50 PS, B, C
	1925 7000.	1. Diesel, 18/20 PS, Schmalsp./Normalsp.
Henschel	1933 Typenreihe DG	Diesel 4 t, 13, 26, 39 PS, MLÜ GAK/S

Leistungserzeuger LE	
Ottomotor (Vergaser)	Benzin, Benzol, Petroleum
Dieselmotor (Selbstzünder)	Schweröl
4-Takt-Arbeitsverfahren	4 t
2-Takt-Arbeitsverfahren	2 t
Leistung in	[PS]
Leistungsübertragung LÜ	
Mechanisch	MLÜ
Pneumatisch	PLÜ
Elektrisch (Gleichstrom)	ELÜ – EGLÜ
Hydrostatisch	HSLÜ
Hydrodynamisch	HDLÜ
Direkt (ohne LÜ)	D
Antrieb A der Treibradsätze	
Einzeln	EA oder Index „0"
Gruppen	GA
Kettenkupplung	K
Kuppelstangen	S
Radsatzfolge	
Laufradsätze	1, 2, 3 ...
Treibradsätze	A, B, C ...
Blindwelle innen	i
Blindwelle außen	a

waren, bis Deutz 1899 die erste Normalspur-Motorlokomotive mit mehrstufigem Zahnrad-Wechselgetriebe und Kettenantrieb baute. Bis 1912 hatte das Unternehmen bereits tausend und bis 1925 siebentausend Motorlokomotiven für Industrie- und Feldbahnen hergestellt. Dabei bot Deutz eine Typenreihe für Schmal- und Normalspur, gestuft von sechs bis fünfzig PS, an, wobei die Motorlokomotiven mit zwei oder drei Treibradsätzen gebaut werden konnten.

Henschel brachte 1933 ebenfalls eine Typenreihe von Motorlokomotiven für Industrie- und Feldbahnen mit Leistungen von 13, 26 und 39 PS auf den Markt; sie besaßen Zahnradstufengetriebe und Ketten- oder Kuppelstangen-Antrieb über eine Blindwelle. Auch andere Hersteller boten in dieser Zeit bereits Typenreihen an. Diese Lokomotiven wurden in großer Stückzahl gebaut, da sie einfach und betriebstüchtig waren. Auch bestand erheblicher Bedarf, besonders auf Großbaustellen, so daß die Motorlokomotive erstmals eine ernste Konkurrenz zu den Klein- und Feldbahn-Dampflokomotiven darstellte. Ab Mitte der fünfziger Jahre übernahm diese Aufgaben zunehmend der Lastkraftwagen, so daß der Bedarf heute sehr gering ist und sich auf Ausnahmen beschränkt.

Die erste Kleinlokomotive der Reichsbahn mit Vergasermotor kam 1930 von Schwartzkopff; sie leistete etwa vierzig PS.

Kleinlokomotiven

Eine besondere Gruppe von Motorlokomotiven bilden bis heute die Kleinlokomotiven als Zugmittel für den Rangierdienst auf Unterwegsbahnhöfen; wo die Rangierarbeit sonst von der Streckenlokomotive mit übernommen wird, müssen sie auch besonders wirtschaftlich sein. Deshalb sind anfangs ziemlich alle Möglichkeiten für eine brauchbare Bauart untersucht und größtenteils verwirklicht worden. Als schwierigstes Problem erwies sich immer wieder die Leistungsübertragung. Der technische Aufwand sollte

Historische Entwicklung der Kleinlokomotiven Leistungsgruppen I und II.

	DR	Lieferzeit und Lieferzeitanfang (1920 · 1930 · 1933 · 1940 · 1950 · 1960 · 1970 · 1980)			
Breuer	Kb 0016	1925	Benzol 4 t 24 PS B MLÜ GAK		Einheitsbauart Lg I E I Einheitsbauart Lg II E II
Deutz	Kö 4006 – 8	1930	40 PS	1933	E II
Schwartzkopff	Kö 4003 – 5	1930	Diesel 2 t 40 PS B MLÜ GAK	1933 Kbf 4736	E II Probe + E II 60 PS HDLÜ (Voith L33) GAK
Gmeinder	Kö 0013 – 15	1931	Diesel 4 t 25 PS Ba MLÜ GAKS	1934	E I
Jung	Kö 0003 – 5	1931	20 PS	1933 Köf 4737	E II Probe + E II 50 PS HSLÜ (Lauf-Thoma)
Windhoff	Kb 0009 – 12	1931	Benzol 4 t 25 PS B MLÜ GAK	1934	E II
Krauß-Maffei	Kö 4050 – 59	1931	65 PS	1933	E II
Henschel	Kbe 4088 – 97	1933	74 PS ELÜ GAK	1933	E II
O&K	Kb 0006 – 8	1933	20 PS	1933	E II
Eßlingen	Kö 0130 – 149			1934	E I 25 PS
			Erprobung Lg I 0003-16 Einheits 1934 0080 Probelok Einheits 1934, 0150 –		Probe Lg II 4000 – 4064 E 1933 4736, 4737 E 1933 4098 –

möglichst gering, die Konstruktion mußte betriebssicher sein. Die unterschiedlichsten Bauarten von Kleinlokomotiven zeigen dazu eindrucksvolle Lösungen.
Die Abläufe der Rangierarbeit auf Unterwegsbahnhöfen führten zu einem Anforderungskatalog für die Bauart: geringes Gewicht und geringe Leistung, einfache Bedienung, bewährte Maschine, zwei Treibradsätze. Außerdem muß die Kleinlokomotive ständig betriebsbereit und von nur einem Mann zu bedienen sein. Sie ist daher mit tiefliegendem, beidseitigem Bedienungsstand, seitlich tief angeordneten, langen Tritten für Rangierer, einfachsten Instrumenten und Bedienungseinrichtungen sowie selb-

Ab 1933 wurden Kleinlokomotiven der Leistungsgruppe I in Einheitsbauart hergestellt: a = Verbrennungsmotor, b = Zahnradwechselgetriebe mit drei Gängen und nachgeschaltetem Kegelrad-Wendegetriebe, i = Gelenk-Kettenantrieb.

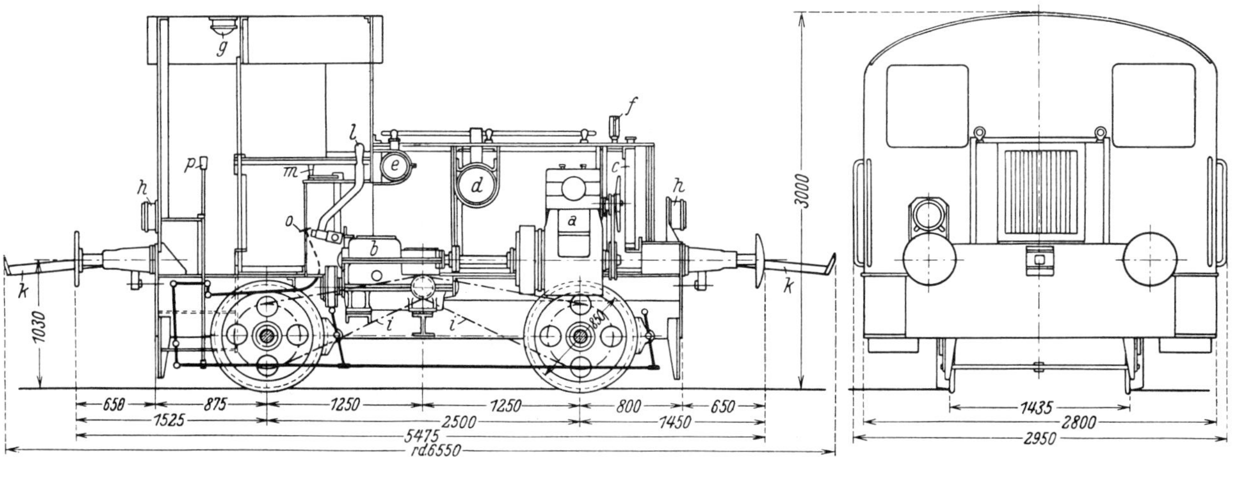

ständiger, einfacher Kupplung vorn und hinten auszurüsten. Deshalb mußte ihre Bauart von den bisherigen Industrie- und Rangierlokomotiven abweichen. Zur Kennzeichnung legte die Reichsbahn 1931 fest:
- Leistungsgruppe I: 20 bis 30 PS,
- Leistungsgruppe II: 50 bis 75 PS.

Daneben gab es „Lokomotore", die sich das notwendige Reibungsgewicht durch geringes Anheben des angekuppelten Wagens unter der Pufferbohle verschafften. Diese Lokomotore wurden ab 1924 von Breuer in Frankfurt (Main) hergestellt; sie entsprachen nicht den Anforderungen, die an eine Kleinlokomotive gestellt wurden, gaben aber Anregungen für andere Ausführungen.
Ausgangspunkt der Entwicklung war eine Kleinlokomotive mit 30 PS, die Schwartzkopff 1927 für die Niederländischen Eisenbahnen (NS) gebaut hatte. An die Reichsbahn lieferte Schwartzkopff 1930 die ersten dieser Kleinlokomotiven mit 42/40 PS in überarbeiteter Form. Weitere Kleinlokomotiven ähnlicher Leistung ließ die Reichsbahn zur Erprobung von Deutz, Windhoff und Ilsenburg bauen, wobei den Herstellern die konstruktive Ausführung weitgehend überlassen blieb, um Erfahrungen zu gewinnen und damit später zu Einheitsbauarten zu kommen.
Für kleinere Leistungen mit 20 bis 25 PS lieferten Jung, Gmeinder, Orenstein & Koppel und Windhoff ebenfalls zur Erprobung Kleinlokomotiven der Leistungsgruppe I.
Nachdem Erfahrungen vorlagen, wurden 1931 für die Leistungsgruppe II und 1933 für Leistungsgruppe I Vorserien beschafft. Lieferungen der Einheitsbauart folgten ab 1933/34. Dabei wurden die Leistungsgruppen neu eingeteilt:
- Leistungsgruppe I: bis 39 PS,
- Leistungsgruppe II: von 40 bis 149 PS.

Den gestiegenen betrieblichen Anforderungen entsprechend kam 1959 die Leistungsgruppe III ab 150 PS hinzu. Diese Lokomotive wurde mit geschlossenem, heizbarem und etwas erhöhtem Endführerhaus ausgeführt.
Als Leistungserzeugungsanlage dienten Ottomotoren mit Benzin oder Benzol als Kraftstoff vornehmlich für Leistungsgruppe I, Dieselmotoren mit Schweröl vornehmlich für die Leistungsgruppen II und III. Eine Sonderbauart bildeten die Kleinlokomotiven mit elektrischem Speicher durch Batterien, auch kombiniert mit einem Verbrennungsmotor-Generatoraggregat zum Aufladen der Batterien.
Die Lübeck-Büchener-Eisenbahn setzte 1935 in einer Kleinlokomotive Bauart Henschel-Doble mit 120 PS einen Schnelldampferzeuger mit Dampfmotor in Form einer Kapseldampfmaschine ein.
Die Leistungsübertragung war mechanisch, hydraulisch und elektrisch möglich. Zur mechanischen Leistungsübertragung wurden sowohl Schaltgetriebe mit Unterbrechung des Leistungsflusses beim Wechseln der Gangstufen durch Klauenkupplungen – vornehmlich für Leistungsgruppe I –, als auch Lastschaltgetriebe ohne nennenswerte Verminderung des Leistungsflusses beim Wechseln der Gangstufen mittels Federband- oder Lamellenkupplungen oder Reibrollengetriebe in der Bauart „Zadow" eingesetzt.
Hydostatische Leistungsübertragung mit Verdrängerpumpe und Verdrängermotor benutzte das „Lauf-Thoma-Getriebe", hydrodynamische Leistungsübertragung mit Turbogetriebe die Bauart Voith in der Ausführung als Wandler mit und ohne hydraulische

Aufbau der Lastschaltgetriebe mit Lamellenkupplungen für Kleinlokomotiven der Einheitsbauart: Leistungsgruppe I mit drei Gängen (links) und Leistungsgruppe II mit vier Gängen. Der Wendegang zur Fahrtrichtungsänderung ist nicht dargestellt.

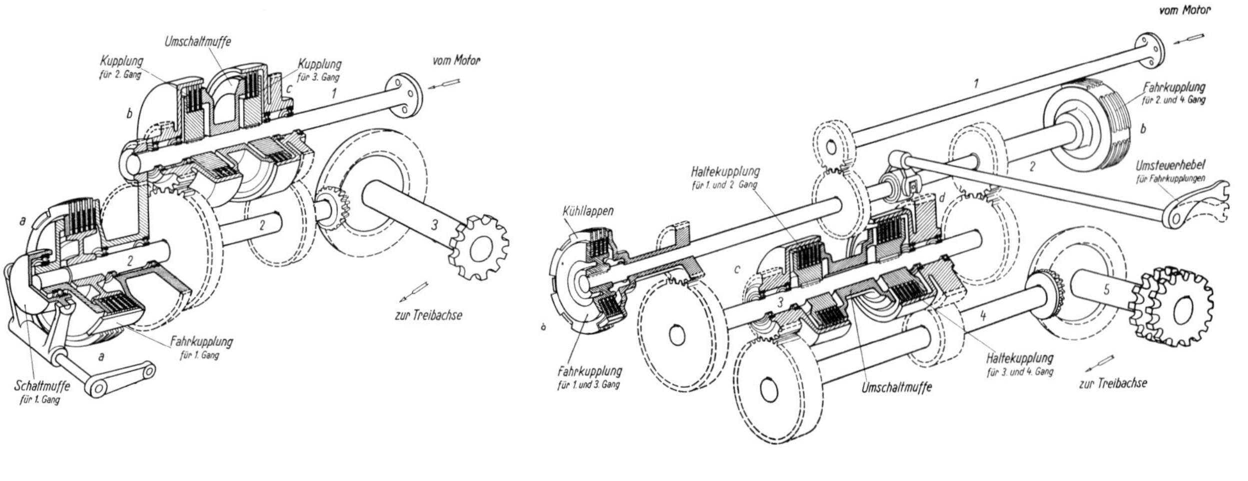

Baureihennummern der Kleinlokomotiven der Bundesbahn	
nach 1968	vor 1968
Brennkraftkleinlok	
Kö I	
311	3
Köf II	
321	16, 17
322	18, 19
323	20, 21
329	40
Köf III	
331	30
332	31, 32, 34, 35
333	36
Akkukleinlok	
381	Ka (SSW, AEG)
382	Ka (Garbe-Lahmeyer)

Kupplung, vornehmlich für die Leistungsgruppen II und III.
Die elektrische Leistungsübertragung mit Gleichstromgenerator, Schalteinrichtung, elektrischem Fahrmotor und Kettenantrieb teilweise kombiniert mit Akkumulator, fand sich vornehmlich bei der Leistungsgruppe II.
Für kurze Fahrzeuge wie Kleinlokomotiven mit zwei Treibradsätzen kam nur der Gruppenantrieb infrage, um das Reibungsgewicht zur Zugkrafterzeugung bei kleinen Geschwindigkeiten voll auszunutzen. Angewandt wurden dafür Kuppelstangen im Parallelkurbeltrieb mit oder ohne Blindwelle, die Gall'sche Gelenkgliederrollenkette über Verteilergetriebe als besonders einfacher, vom Motorrad bekannter Antrieb, und der Gelenkwellenantrieb mit Radsatzgetrieben, einstufig über Kegelräder für Leistungsgruppe III.
Die Kleinlokomotiven erfüllten ihre Aufgaben gut und bewährten sich. Allerdings stammten die Motoren trotz der Einheitsbauarten von vielen Herstellern, was sich weniger günstig auswirkte. Die Lastschaltgetriebe mit drei Gängen für Leistungsgruppe I und mit vier Gängen für Leistungsgruppe II zeigten gutes Betriebsverhalten. Das gewählte Turbogetriebe von Voith, hier erstmalig in Lokomotiven angewandt, wurde ein voller Erfolg. Der zwar einfache Kettenantrieb unterlag wegen seiner offenen Bauart teilweise starkem Verschleiß.
Der Bedarf an Kleinlokomotiven stieg besonders nach 1945. Deshalb wurden Lokomotiven der Leistungsgruppe II mit Turbogetriebe zuerst 1948 bei Deutz nachgebaut, später kamen weitere Hersteller hinzu. Da die Aufgaben stiegen, entwickelte Gmeinder 1949 eine leistungsstarke Kleinlokomotive mit 240 PS als Leistungsgruppe III. Die ersten Lokomotiven erhielten Voith-Turbogetriebe und Kettenantrieb. Spätere Lieferungen wurden nur noch mit

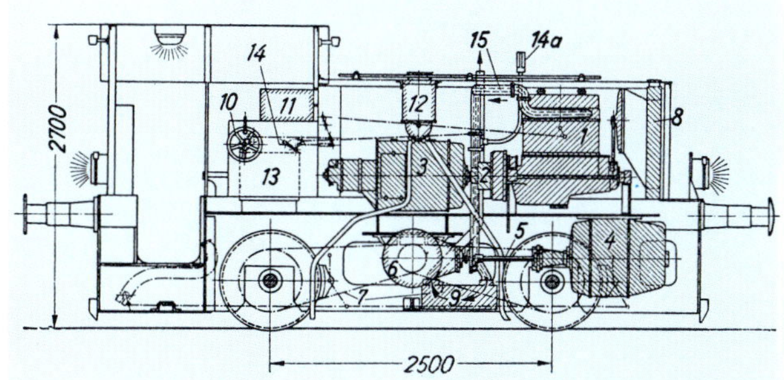

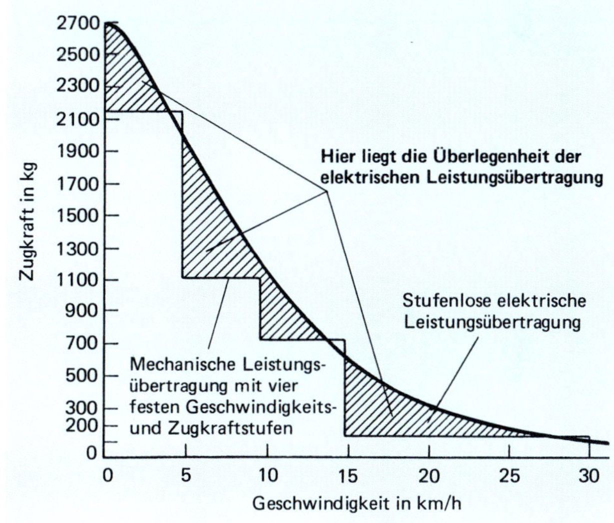

Elektrische Leistungsübertragung in einer Kleinlokomotive der Leistungsgruppe II von Henschel 1936: 1 = Dieselmotor, 3 = Generator, 4 = Fahrmotor, 6 = Kegelradabtrieb, 7 = Gelenk-Kettenantrieb.

Gelenkwellenantrieb gebaut. Die Kleinlokomotiven der Leistungsgruppe III sind heute vielfach auch außerhalb des Bahnhofsbereichs vor Nahgüterzügen oder Arbeitszügen eingesetzt.
Veränderten Betriebsbedingungen und dem technischen Fortschritt paßten sich auch die älteren Kleinlokomotiven an: ihre Höchstgeschwindigkeit wurde auf 45 km/h angehoben, für leichten Streckendienst eine Druckluftbremse eingebaut. Durch Tausch und Umbau sollten Motoren und Getriebe vereinheitlicht werden. Ab 1970 erhielten auch die Kleinlokomotiven geschlossene Führerhäuser.

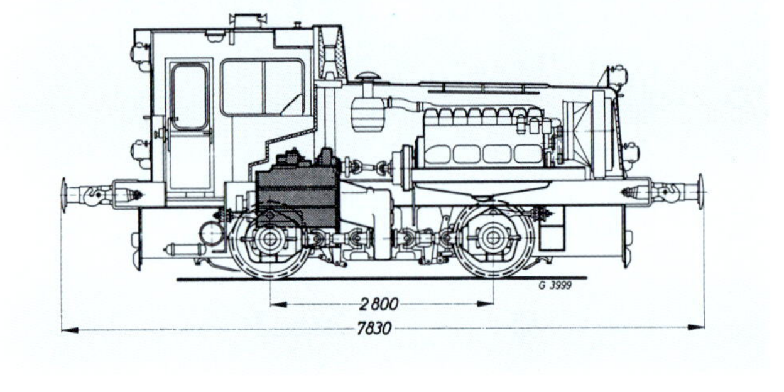

Die Kleinlokomotiven der Leistungsgruppe III mit Turbogetriebe von Voith und Gelenkwellenantrieb sind bei der Bundesbahn nach wie vor unentbehrlich.

Schließlich gab es bei der Bundesbahn Kleinstdiesellokomotiven, deren 22 PS Leistung und deren Bauart für die Rangierarbeit zum Beispiel in Bahnbetriebswerken ausreichten. Sie wurden 1953 und 1958 von Schoema geliefert.

Auf dem Weg zu größerer Leistung

Rudolf Diesel hatte 1892 sein Patent für den „Rationellen Wärmemotor" erhalten, die 1906 gegründete „Gesellschaft für Thermolokomotiven Diesel-Klose-Sulzer GmbH" 1912 die erste große Diesellokomotive für den Streckendienst (2'B2') entwickelt und gebaut. Sie war für die Preußischen Staatseisenbahnen bestimmt und wurde als Gattung VS bezeichnet. Ein umsteuerbarer Zweitaktdieselmotor von 1 200 PS war quer im Fahrzeug eingebaut; zweimal zwei Zylinder in Neunzig-Grad-V-Anordnung arbeiteten direkt auf eine Blindwelle zwischen zwei über Parallelkurbeltrieb verbundene Treibradsätze.

Zum Anfahren diente Druckluft von 50 kg/cm², die von einem 250-PS-Hilfsdieselmotor erzeugt wurde. Bei den Versuchen erwies sich als erheblicher Nachteil, daß die beim Entspannen der Druckluft entstehende Kälte die Zylinder des Fahrdiesels beim Anfahren stark abkühlte und damit die Zündwilligkeit des Motors herabsetzte. Die Zündung setzte erheblich später als vorausberechnet und dann mit starken Schlägen ein. Triebwerksschäden waren die Folge. Die Zeitumstände zwangen 1914 zur Einstellung der Versuche.

Die „Motorlokomotiv-Verkaufsgesellschaft Baden" fertigte 1921 eine Normalspur-Rangierlokomotive mit einem Dreizylinder-Viertaktdieselmotor von 160 PS, einem hydrostatischen Getriebe Bauart Lentz und Antrieb der zwei Treibradsätze über Parallelkurbeltrieb mit Blindwelle. Beim Lentz-Getriebe hat jedoch die konstruktiv bedingte gestufte Veränderung des Verdrängervolumens der Pumpe auch eine gestufte Zugkraftkennlinie zur Folge, so daß sich die Zugkraft ebenfalls sprunghaft ändert.

Ähnliche Lokomotiven wurden in den folgenden Jahren gebaut und als V 16 001 bis 003 bei der Reichsbahn eingereiht. Dann entstand 1924 eine

Auf dem Weg zu größerer Leistung übernahmen die Preußischen Staatseisenbahnen 1912 die erste Motorlokomotive der Welt für den Streckendienst. Ihr Dieselmotor leistete 1200 PS und arbeitete über eine Blindwelle direkt auf zwei mittels Stangen gekuppelte Treibradsätze. Die Lokomotive war von der „Gesellschaft für Thermolokomotiven Diesel-Klose-Sulzer“ entwickelt worden; der lokomotivtechnische Teil kam von Borsig.

Diesellokomotive (1 B) mit 250 PS, Lentz-Getriebe und Kuppelstangenantrieb über Blindwellen.
Schwartzkopff entwickelte und baute ebenfalls 1924 Diesellokomotiven mit hydrostatischem Getriebe, Bauart Huwiler, das eine Weiterentwicklung des Lentz-Getriebes darstellte. Dabei ließ sich das Verdrängervolumen der Pumpe kontinuierlich verändern, so daß eine stetige Zugkraftkennlinie entstand. Zuerst wurde eine Diesellokomotive mit 230 PS und Kuppelstangenantrieb über Blindwelle für Personenzüge gebaut. Eine ähnliche mit 200 PS und zwei Treibradstäzen folgte. Die hydrostatischen Leistungsübertragungen erwiesen sich wegen des hohen Öldrucks und der Ölerhitzung als problematisch, so daß Schwartzkopff 1924 noch eine Diesel-

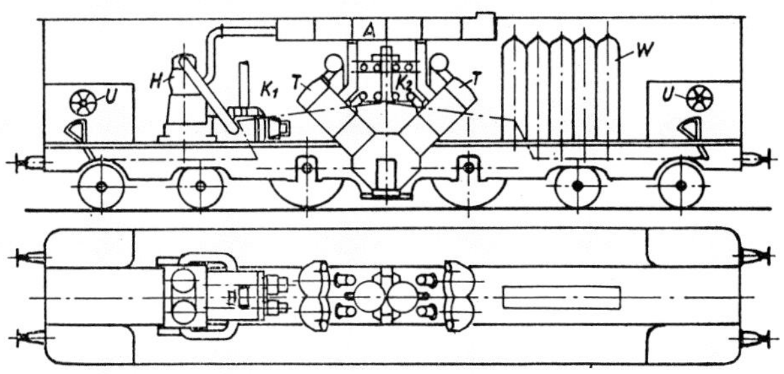

Anordnung der Maschinenanlagen: T = Hauptdieselmotor, H = Hilfsdieselmotor, K1 = Kompressor für den Druckluftspeicher W zum Anfahren. Zur Dieselmotorkühlung dienen Wasservorratsbehälter.

Die „Motorlokomotiv-Verkaufsgesellschaft Baden“ in Karlsruhe lieferte 1924 eine Diesellokomotive mit 250 PS, ausgerüstet mit Lentz-Getriebe und Kuppelstangenantrieb, an die Reichsbahn.

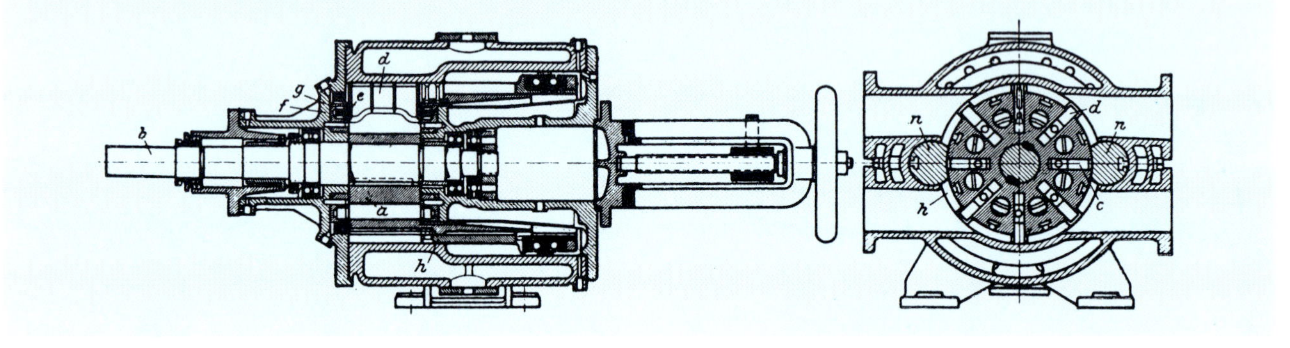

Schwartzkopff baute 1924 diese Diesellokomotive mit hydrostatischer Leistungsübertragung von Huwiler und Kuppelstangenantrieb. Unten die mit kontinuierlich veränderbarem Verdrängervolumen ausgebildete Pumpe.

Diese „Öllokomotive“ mit einem 400-PS-Dieselmotor, Lentzgetriebe und Kuppelstangenantrieb baute die „Öllokomotivgesellschaft Köln“ von Deutz und Henschel 1924.

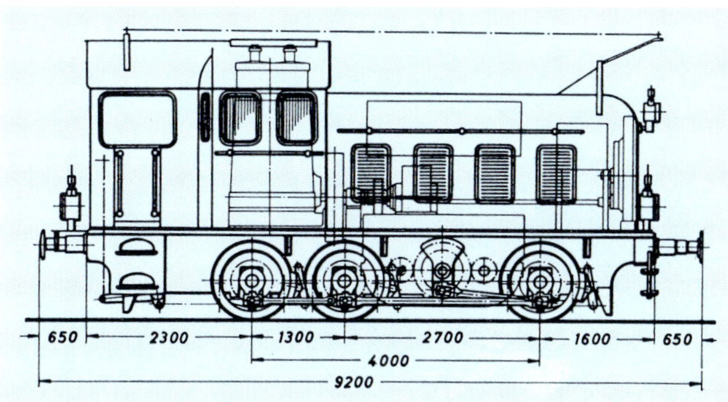

Erstmals mit Funkfernsteuerung, Bauart Lorenz, war diese 1925 von der Hanomag gebaute Lokomotive ausgerüstet. Die Leistung des Dieselmotors mit 120 PS wurde über ein hydrostatisches Getriebe der Bauart Lauf-Thoma und Kuppelstangen auf die Radsätze übertragen.

lokomotive mit 220 PS und pneumatischer Leistungsübertragung baute; ein Druckgasgemisch aus Dieselabgas und Luft wurde auf eine Kolbenmaschine geleitet, deren Triebwerk direkt auf die beiden Treibradsätze wirkte. Auch die „Öllokomotiv-Gesellschaft Köln“, zu der sich Henschel, Deutz und Lentz zusammengeschlossen hatten, baute 1924 eine Diesellokomotive mit 400 PS und hydrostatischer Leistungsübertragung, Bauart Lentz. Die drei Treibradsätze wurden mit Kuppelstangenantrieb über eine Blindwelle angetrieben.

Die Hanomag entwickelte und baute 1925 eine Rangierlokomotive mit 120 PS und einem Junkers-Gegenkolben-Dieselmotor, hydrostatischer Leistungsübertragung, Bauart Lauf-Thoma, und Kuppelstangenantrieb über Blindwelle. Als weitere Neuerung war bereits eine Anlage zur Funkfernsteuerung der Lokomotive, von Lorenz entwickelt, eingebaut.

Um diese Zeit stellte Linke-Hofmann drei unterschiedliche Diesellokomotiven mit Lentz-Getrieben und Kuppelstangenantrieb über Blindwelle her: eine Personenzuglokomotive (1'C) mit 440 PS und Zugheizkessel für die Reichsbahn (V 38 01), eine Industrielokomotive (D) mit 400 PS und eine Rangierlokomotive (B) mit 120 PS. Borsig lieferte 1925 eine weitere Rangierlokomotive ähnlicher Bauart.

Unter der Bezeichnung V 32 01, später V 120 001, entstand 1927 wiederum eine Diesellokomotive mit pneumatischer Leistungsübertragung (2'C2') für die

Ebenfalls 1925 lieferten die Linke-Hofmann-Werke eine Diesellokomotive mit 440 PS für den Streckendienst an die Reichsbahn ab, wo sie als Baureihe V 38 geführt wurde. Die Lokomotive hatte Lentzgetriebe und Kuppelstangenantrieb sowie erstmals einen Heizkessel für die Dampfheizung von Reisezügen.

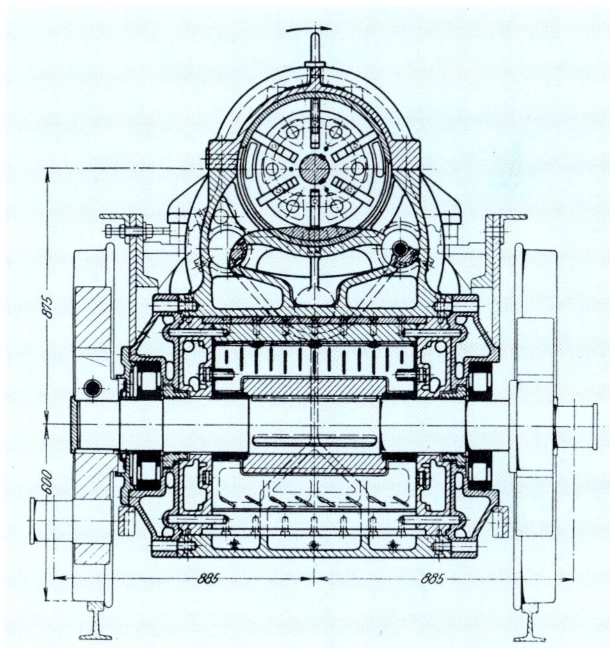

Getriebeblock mit hydrostatischer Pumpe und Motor der Bauart Lentz für Diesellokomotiven der Linke-Hofmann-Werke, darunter das gestufte FV-Diagramm dieser Lokomotiven.

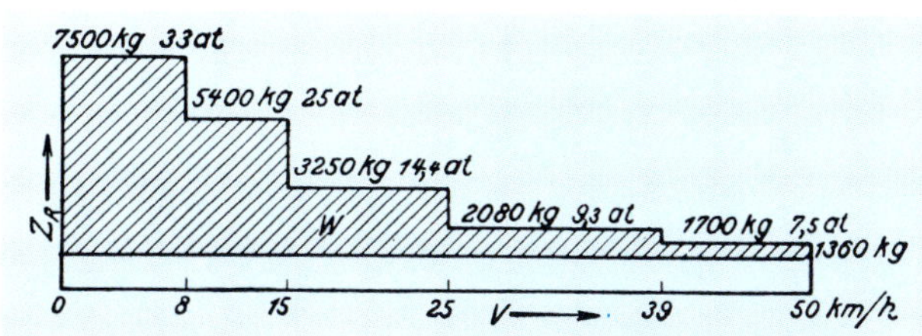

Reichsbahn. Ein Dieselmotor der M.A.N. mit 1 200 PS trieb einen zweistufigen Kolbenkompressor direkt an. Durch Wassereinspritzung während der Kompression wurde die Druckluftendtemperatur niedrig gehalten. Die Druckluft von 7 kg/cm^2 wurde

Historische Entwicklung der Rangier- und Strecken-Diesellokomotiven.

	Herstellungszeit 1880 — 1900 — 1910 — 1920 — 1930 — 1940 — 1945	
Gesellschaft für Thermolokomotiven Diesel-Klose-Sulzer/Borsig	1906 Gründung	KPEV VS
	1912	Diesel 2 t 1200 PS 2′ Bi 2′ Direkt
Motorlokomotiv-Verkaufs-gesellschaft Baden	1921 DR V 16 001...3	Diesel 4 t 160 PS Ba HSLÜ (Lentz) GAS
	1924 DR V 6 201	Diesel 4t 250 PS 1′ Bi HSLÜ (Lentz) GAS
Schwartzkopff	1924	Diesel 230 PS 1 Ba HSLÜ (Huwiler) GAS
	1924	Diesel 220 PS B PLÜ GAS
	1924	Diesel 200 PS Bi HSLÜ (Huwiler) GAS
Eßlingen	1924 DR V 120 001 bestellt	
	1927	Diesel 1200 PS 2′ C 2′ PLÜ GAS
Öllokomotivgesellschaft Köln: Henschel-Deutz-Lentz	1924	Diesel 400 PS Ca HSLÜ (Lentz) GAS
Hanomag	1925 Lorenz Rangierfunk	Diesel 24 Junkers Gegenkolben 120 PS Ci HSLÜ (Lauf-Thoma) GAS
Linke-Hofmann	1925 DR V 38 01	Diesel 400 PS 1′ Ca (440 PS) mit Zugheizkessel HSLÜ (Lentz) GAS
		Diesel 400 PS Da, Kohlenbahn HSLÜ (Lentz) GAS
		Diesel 120 PS Ba HSLÜ (Lentz) GAS
Borsig	1925 Kohlevergasung	Sauggasmotor Bi
Deutz	1930	Diesel 2 t 1200/1450 PS 2′ B 2′ Direkt
Henschel SSW / AFA	1933 V 16 004 DR	Hybrid: Diesel/Akku 75 PS Co GLÜ EA
	1935 Typenreihe DE SSW	Diesel 110, 150, 220 Bo, Co GLÜ EA
Krauß-Maffei	1935 DR V 140 001	Diesel 1400 PS 1′ Ca 1′ HDLÜ (Voith JJg2M) GAS
Heereswaffenamt Deutz	1936 (V 16 100)	Diesel 165 PS Bi MLÜ GAS
	1940 (V 22 100)	Diesel 235 PS Ca MLÜ GAS
	1936 (V 22 001 – 11/15 – 19)	Diesel 200 PS Bi HDLÜ (?) GAS
Heereswaffenamt Deutsche Werke	1938 (V 36 310)	Diesel 360 PS Ca MLÜ GAS
	(V 36 311 – 15/17 – 18)	Diesel 360 PS Ci MLÜ GAS
Heereswaffenamt BMAG	1937/1938	Diesel 4 t 240 PS/360 PS Bi Ci HDLÜ (Voith L37) GAS
	Typisierte DH-Loks in größerer Zahl gebaut 1939	Diesel 4 t 550 PS Da HDLÜ (Voith L37y) GAS
Heereswaffenamt Krupp	1939	Diesel 4 t 2 × 940P PS Do + Do GLÜ (SSW) EA

Pneumatische Leistungsübertragung erprobte die Reichsbahn mit der 1927 von der M.A.N. und der Maschinenfabrik Eßlingen gebauten Lokomotive der Baureihe V 120 im Streckendienst.

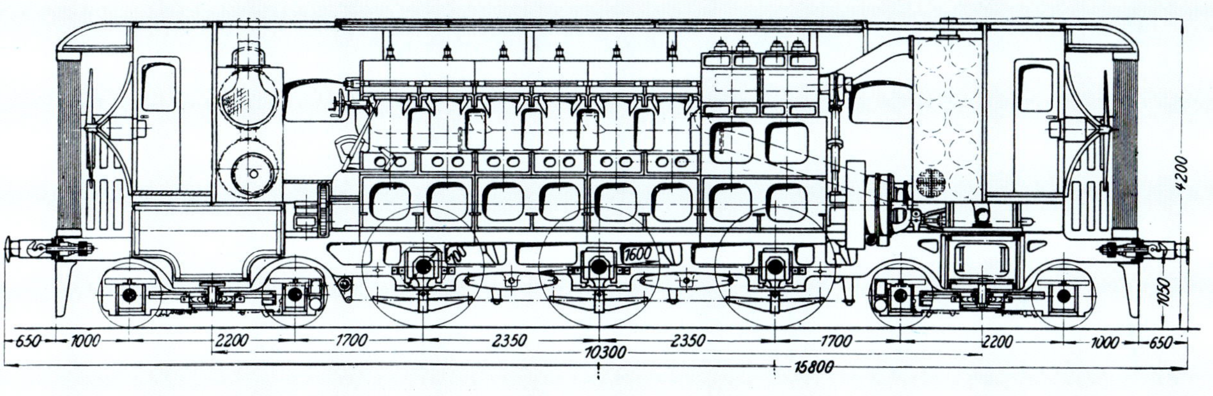

Anordnung der Maschinenanlagen in der V 120: Der 1200-PS-Dieselmotor mit Kompressor zur Erzeugung der Druckluft ist als Baueinheit in einem Maschinengestell zusammengefaßt. Zur Kühlung sind an beiden Enden der Lokomotive Stirnkühler angeordnet.

über einen von Motorabgasen beheizten Wärmetauscher auf etwa 350 Grad Celsius erhitzt und zu einer Kolbenmaschine mit direktem Triebwerk auf drei Treibradsätze geleitet. Das heiße Dampf-Druckluftgemisch vermied Schmierölexplosionen und Zylindervereisung während der Expansion.

Einen letzten Versuch mit einem Direktantrieb unternahm Deutz 1930: drei doppeltwirkende Zweitakt-Dieselzylinder, davon zwei außerhalb und einer innerhalb des Lokomotivrahmens in waagerechter Lage angeordnet, waren über das Triebwerk unmittelbar mit den zwei Treibradsätzen verbunden. Diese Lokomotive hatte die Radsatzanordnung 2'B2'. Die Leistung betrug im Saugbetrieb 1 200 PS und konnte durch Aufladung auf 1 450 PS gesteigert werden. Zum Anfahren erzeugte ein Hilfsdieselmotor mit 150 PS mittels eines Zweizylinderkompressors Druckluft von 50 kg/cm^2. Beim Eintritt der Druckluft in die Zylinder des Hauptdieselmotors wurde zusätzlich Kraftstoff eingespritzt, der sich an Glühkerzen entzündete und so Abkühlung verhinderte. 1938 wurde ein weiterer Hilfsdiesel mit 130 PS eingebaut, dessen Gebläse Spülluft für den mit Einlaßschlitzen versehenen Hauptdiesel lieferte. Mit dieser relativ aufwendigen Lokomotive ließ sich immerhin befriedigender Betrieb auch vor Personenzügen durchführen. Hier verhinderten 1939 die Zeitumstände eine Weiterentwicklung.

Im allgemeinen hatten sich alle diese Diesellokomotiven nicht bewährt, die hydrostatischen Getriebe wegen zu hoher Öldrücke und -temperaturen und der damit verbundenen Leckverluste, die pneumatische Leistungsübertragung mit Druckluft wegen zu geringer Zugkraftabgabe beim erzeugten Zylinder-

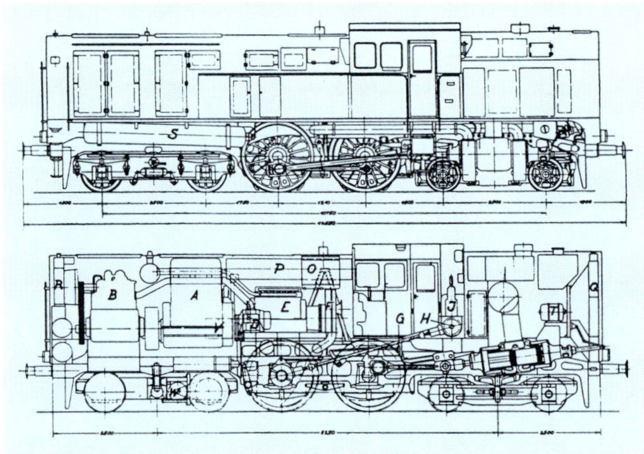

Dieselmotor-Direktantrieb versuchte Deutz 1930 mit einer 1450-PS-Lokomotive: Drei waagerecht liegende doppeltwirkende Zweitakt-Dieselzylinder dienten als Hauptantrieb, wobei der mittlere Zylinder auf den ersten Treibradsatz, die beiden äußeren auf den zweiten wirkten. A = Hilfsdieselmotor, B = Drucklufterzeuger, S = Druckluftbehälter, Q = Stirnkühler.

Als erste Diesellokomotive mit hydrodynamischer Leistungsübertragung baute Krauss-Maffei 1935 die V 140 für die Reichsbahn. Die Leistung des 1400-PS-Dieselmotors wurde über das von Voith entwickelte Turbogetriebe und Kuppelstangen auf die Radsätze übertragen.

eintrittsdruck von 7 kg/cm^2. Die besonders im Ausland angewandte elektrische Leistungsübertragung eignete sich gut, war jedoch aufwendig und schwer.

Henschel stellte deshalb 1935 in Zusammenarbeit mit den Siemens-Schuckert-Werken eine Typenreihe dieselelektrischer Lokomotiven mit 110, 150 und 220 PS her, deren zwei oder drei Treibradsätze von Tatzlagermotoren angetrieben wurden. Diese Lokomotiven bewährten sich.

Schon 1933 war eine Lokomotive mit drei Tatzlagermotoren, Akkumulator und 75 PS Auflade-Dieselgenerator als V 16 004 an die Reichsbahn geliefert worden.

Ende der zwanziger Jahre standen hydraulische Strömungsmaschinen als Drehmomentwandler, sogenannter Föttinger-Transformator, und daraus abgeleitete hydraulische Kupplungen zum Bau einer hydrodynamischen Leistungsübertragung zur Verfügung, die Voith nach Patenten Föttingers von 1905

Für Diesel- und Batteriebetrieb bauten Henschel und Siemens 1933 diese dieselelektrische Zweikraft-Lokomotive, Baureihe V 16, für die Reichsbahn. Der Dieselmotor mit 75 PS war mit einem Gleichstromgenerator gekuppelt, der die elektrischen Tatzlager-Fahrmotoren oder die mitgeführte Batterie mit elektrischer Energie versorgte.

entwickelt hatte. Dabei wurden Wandler mit und ohne hydraulische Kupplung mit Zahnradstufengetrieben kombiniert, wobei durch „Füllen" oder „Entleeren" der hydraulischen Kreisläufe die Zahnradstufen ohne Leistungsunterbrechung geschaltet wurden. Diese Kombinationsturbogetriebe waren einfach und funktionstüchtig, so daß sie sich für den Eisenbahnbetrieb gut eigneten. Bei Schiffsdampfturbinen hatte Föttinger erstmals Drehmomentwandler für Vorwärts- und Rückwärtsfahrt angewandt, die jeweils durch „Füllen" oder „Entleeren" des Übertragungsöls wirksam wurden.

Die erste Anwendung zum Schalten des Zahnradstufengetriebes unter Verwendung von Drehmomentwandler und hydraulischer Kupplung verwirklichte Austro-Daimler mit Voith 1933 für Triebwagen. Die Triebwagenbau AG, Berlin, baute 1934 einen Dieseltriebwagen mit 280 PS, die Berliner Maschinenbau AG (BMAG), vormals Schwarzkopff, schon 1933 eine Kleinlokomotive der Leistungsgruppe II mit 60 PS. Über diese Fahrzeuge fand das Turbogetriebe Anwendung bei größeren Lokomotiven.

Krauss-Maffei entwickelte und baute 1935 in Zusammenarbeit mit der M.A.N., BBC und Voith eine dieselhydraulische Streckenlokomotive (1'C1') mit 1 400 PS für die Reichsbahn als V 16 101, später V 140 001. Ein Viertakt-Dieselmotor übertrug seine Leistung über das Voith-Turbogetriebe mit einem Wandler und zwei Kupplungen auf das angebaute Blindwellen-Wendegetriebe. Über Parallelkurbeltrieb wurden die drei Treibradsätze angetrieben. Gelenkwellen für hohe Drehmomente standen damals noch nicht zur Verfügung. Diese Lokomotive bewährte sich gut und stand bis 1953 auch bei der Bundesbahn noch im Einsatz.

Dieselmechanische 360-PS-Lokomotive mit Kuppelstangenantrieb. Die später als Baureihe V 36[3] bezeichnete Lokomotive hatte bereits Mittenführerhaus und niedrige Vorbauten.

Wehrmachtslokomotiven

Da die Wehrmacht für ihre Zwecke ebenfalls Diesellokomotiven unterschiedlicher Leistung und Radsatzfolge benötigte, trieb auch das Heereswaffenamt die Entwicklung voran. Verschiedene Überlegungen führten zunächst zur mechanischen Leistungsübertragung mit Lastschalt-Zahnradstufengetrieben. Dieselmechanische Lokomotiven wurden 1936 von Deutz mit 165 PS und zwei Treibradsätzen (später V 16 100 von Reichsbahn und Bundesbahn), 1938 von DWK mit 360 PS und drei Treibradsätzen (später V 36 300 von Reichsbahn und Bundesbahn) sowie 1940 von Deutz mit 235 PS und drei Treibradsätzen (später V 22 100) gebaut. Alle diese Lokomotiven besaßten Kuppelstangenantrieb über Blindwellen. Dabei erhielt die V 36 310 ein Führerhaus in der

Die Wehrmacht betrieb für ihre Zwecke ebenfalls Diesellokomotiventwicklung. Aus der Wehrmachtstype WR 200 B 14 mit 200 PS und hydrodynamischer Leistungsübertragung ging die spätere Reichsbahn-Baureihe V 20 hervor.

Zum Betreiben und Verfahren des schweren, auf zwei parallelen Gleisen laufenden Eisenbahngeschützes „Dora" lieferte Krupp 1941 die beiden ersten dieselelektrischen Doppellokomotiven D 311, die später bei der Bundesbahn als Baureihe V 188 (288) noch lange im Einsatz standen. Die Dieselmotoren beider Hälften leisteten je 940 PS. Die elektrische Ausrüstung stammte von Siemens.

Mitte und kurzen Radsatzstand mit außerhalb angeordneter Blindwelle.
Eine Typenreihe Diesellokomotiven mit hydrodynamischer Leistungsübertragung, Bauart Voith, wurde Mitte der dreißiger Jahre von der Entwicklungsgemeinschaft Gmeinder, DWK, Schwartzkopff und Deutz aufgestellt. Die Wahl fiel nicht zuletzt deshalb auf Turbogetriebe, weil dafür keine „Sparstoffe" wie Kupfer oder Messing nötig waren.
Entwickelt und gebaut wurden die drei Gattungen WR 200 B 14, WR 360 C 14, WR 550 D 14. Dabei bedeuten WR Wehrmacht und Reichsbahn, die dreistellige Zahl Leistung in PS, der Buchstabe B, C oder D die Radsatzfolge und 14 die Radsatzlast in Tonnen. Diese Lokomotiven bewährten sich sehr gut und wurden später als V 20/V 36 von Reichsbahn und Bundesbahn übernommen; Lokomotiven mit 550 PS waren nach 1945 nicht mehr vorhanden.
Außerdem wurden schmalspurige Heeresfeldbahn-Diesellokomotiven entwickelt und gebaut, die ebenfalls mit Voith-Getriebe und Kuppelstangenantrieb über Blindwelle ausgerüstet waren. Diese Lokomotiven der Typen HF 130/200 C oder D hatten 5,5 t und 4,25 t Radsatzlast.
Zum Verschieben großer Eisenbahngeschütze forderte die Wehrmacht eine leistungsstarke Diesellokomotive, die auch elektrische Energie für den Betrieb des Geschützes abgeben sollte. Dies ermöglichte die hier gewählte elektrische Leistungsübertragung. Die Doppellokomotiven mit zweimal vier Treibradsätzen wurden von Krupp gebaut und mit Sechszylinder-M.A.N.-Dieselmotoren von je 940 PS sowie Generatoren und Tatzlagerfahrmotoren von Siemens ausgerüstet. Von diesen Doppellokomotiven der späteren Baureihe V 188 (288) waren sechs Stück für drei Geschütze in Auftrag gegeben; drei davon fanden sich nach 1945 in Westdeutschland, zwei wurden aufgearbeitet und waren bei der Bundesbahn bis 1971 im Einsatz.
Auf diesem umfassenden Erfahrungsgut mit dieselhydraulischen Lokomotiven und weniger eingehenden Erfahrungen mit der dieselelektrischen Leistungsübertragung baute der deutsche Diesellokomotivbau nach 1947 auf.

Der Weg in die Gegenwart

Nach 1945 lagen für Diesellokomotiven umfangreiche Erfahrungen nur bei Kleinlokomotiven der Leistungsgruppe I und II, vornehmlich mit mechanischer und hydraulischer Leitungsübertragung vor. Außerdem konnten die Erfahrungen mit den typisierten dieselhydraulischen Lokomotiven der Wehrmacht ausgewertet werden. Kennzeichnend für den damaligen Stand waren Einrahmenfahrzeuge mittlerer Leistung mit mittelschnell-laufendem Dieselmotor von 900 Umdrehungen/Minute, mit hydrodynamischer Leistungsübertragung Bauart Voith, Nachschaltgetriebe für Geschwindigkeitsstufen- und Fahrtrichtungswechsel – beides nur im Stillstand schaltbar –, Blindwelle und Antrieb der Treibradsätze mit Parallelkurbeltrieb durch Kuppelstangen.

Rangier- und Schmalspurlokomotiven

Da Ende der vierziger Jahre leistungsfähige Diesellokomotiven für den Rangier- und Nebenbahndienst fehlten, wurde 1947 zunächst die Wehrmachtstype WR 360 C 14 durch die MaK nachgebaut. Bei Reichsbahn und Bundesbahn erhielten diese Lokomotiven die Baureihen-Bezeichnung V 36[4]. Nachdem Kraftstoff- und Luftvorräte vergrößert und das Turbogetriebe überarbeitet worden waren, lieferte die MaK 1950 diese Lokomotive zur Laufverbesserung mit einem längeren Radsatzstand von 4,40 statt 3,95 Meter.
Für den Nebenbahndienst erhielten einige ältere Lokomotiven der Baureihe V 36 eine auf dem Führerhausdach aufgesetzte Vollsichtkanzel, so daß der Lokomotivführer erhöht stand und nach vorn wie nach hinten bessere Streckensicht erhielt.
Mit Vorrang wurden Mitte der fünfziger Jahre Entwicklung und Bau einer leistungsfähigen Rangierlokomotive durch die Arbeitsgemeinschaft V 60 betrieben, der alle namhaften deutschen Lokomotivfabriken angehörten. Wegen der Dringlichkeit sollte das technische Risiko klein gehalten werden, so daß auf Basis der Baureihe V 36 weiterentwickelt und eine Lokomotive mit folgenden Grundmerkmalen konzipiert wurde: Einrahmenfahrzeug mit drei Treibradsätzen, schnell-laufendem Dieselmotor mit Aufladung und einer Drehzahl von 1 500 Umdrehungen/Minute, Turbogetriebe mit Nachschaltblind-

Auf dem Weg in die Gegenwart leisteten die Wehrmachtslokomotiven wertvolle Dienste. Die Bundesbahn erteilte 1950 ihren ersten Lokomotivauftrag nach 1945 über einen verbesserten Nachbau der Wehrmachtstype WR 360 C 14. Die Lokomotiven wurden von der MaK gebaut und als Baureihe $V\ 36^4$ *eingesetzt.*

wellengetriebe, das Stufen- und Wendegang enthält, sowie Antrieb der drei Treibradsätze mit Parallelkurbeltrieb durch Kuppelstangen. Ferner sollte die Baureihe V 60 ein erhöhtes Führerhaus etwa in der Mitte und schmale, niedrige Maschinenraum-Vorbauhauben erhalten, um gute Sichtverhältnisse auf Strecke und Puffer zu gewährleisten.

Ein großer Teil der Lokomotiven wurde mit 53 Tonnen, später Baureihe 261, statt zunächst 49 Tonnen ausgeführt (Baureihe 260). Mehrere Lokomotiven der Baureihe V 60 erhielten Funkfernsteuerung oder Einrichtungen für Doppeltraktion.

Die MaK nutzte 1956 die vorhandene Konstruktion einer leichten Rangier- und Streckenlokomotive für Industrie- und Anschlußbahnen zum Bau der Bundesbahn-Baureihe V 65 (265). Es entstand ein Einrahmenfahrzeug mit vier Treibradsätzen und Baldwin-Beugniot-Laufwerksanordnung für höhere Fahrgeschwindigkeiten mit mittelschnell-laufendem Dieselmotor, Turbogetriebe mit Nachschaltblindwellengetriebe, das den Wendegang enthält, und Antrieb der Treibradsätze mit Parallelkurbeltrieb über Blindwelle. Ursprünglich waren die Lokomotiven zur Zugheizung mit einem Abgasdampfheizkessel, Bauart MaK, ausgerüstet, der von den Dieselmotorabgasen durchströmt wurde und einen Zusatzölbrenner besaß.

Anfang der sechziger Jahre ergab sich Bedarf für eine leistungsfähigere Rangierlokomotive mit vier Treibradsätzen, um auch längere und schwere Züge über Ablaufberge drücken zu können. Wegen besserer Laufeigenschaften bei engen Gleisbögen und bei höherer Geschwindigkeit wurde diese Lokomotive, Baureihe V 90 (290/291), als Drehgestellfahrzeug

Baureihennummern der Diesellokomotiven der Bundesbahn

nach 1968	vor 1968 V
201	ME 1500 dieselel.
202	DE 2000/2500 dieselel.
211	100^{10}
212	100^{20}
213[1])	100^{20}
216	160
217	162
218	164
219	169
220	200^{0}
221	200^{1}
230	300
232	320
236	36
245	45
251	51
252	52
253	53^{8}
260[2])	60
261[3])	60
265	65
270	20
280	80
288	188
290	90
291	90^{9}
299	29

[1]) Steilstreckenlok [2]) mit 48 oder 50 t [3]) mit 54 t

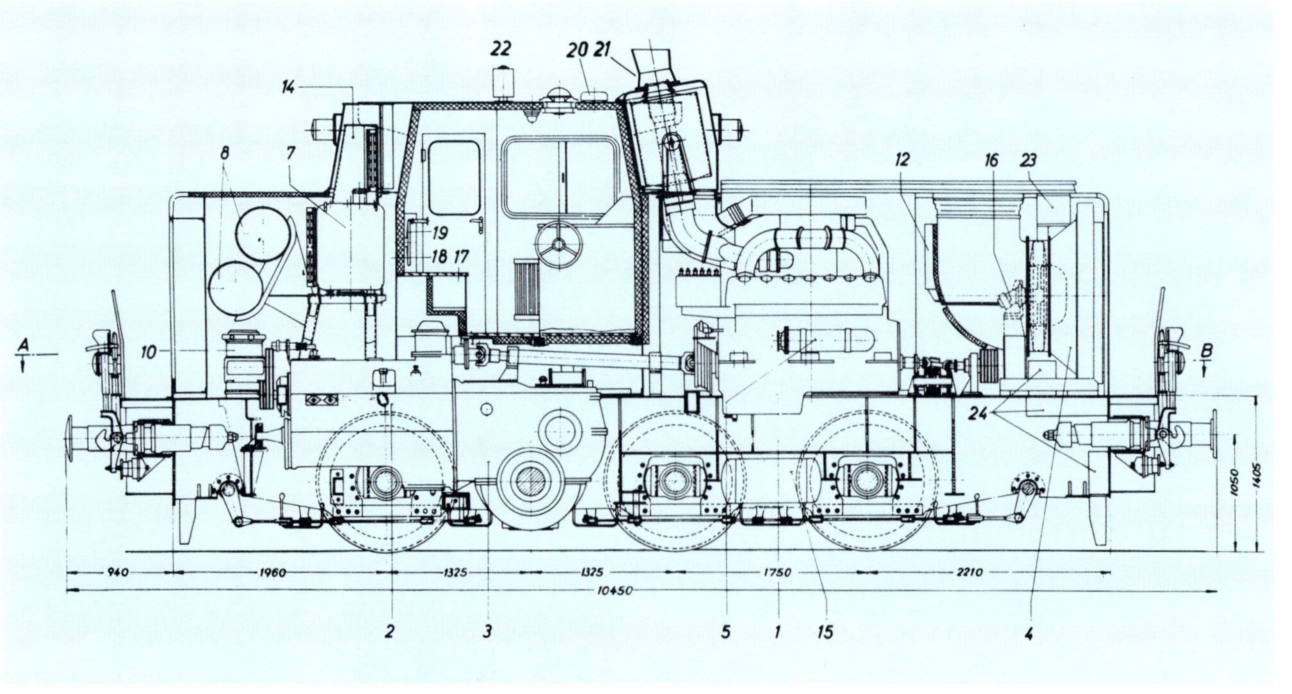

Eine der ersten nach 1945 neu entwickelten Diesellokomotiven war die Baureihe V 60, eine dreiachsige Rangierlokomotive mit hydrodynamischer Leistungsübertragung und Kuppelstangenantrieb. In der ersten Serienausführung leistete sie 650 PS. Unten das (ZV-) FV-Diagramm.

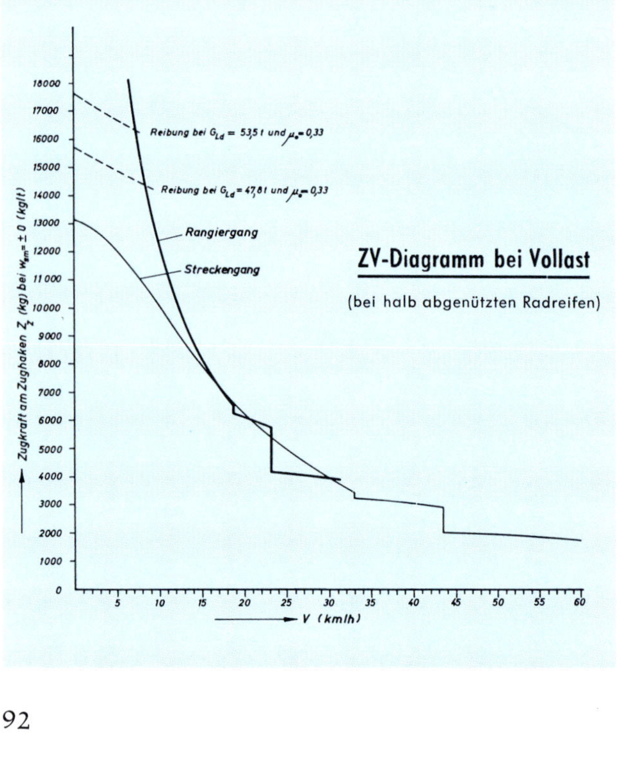

konzipiert. Sie erhielt einen schnell- oder mittelschnell-laufenden Dieselmotor mit Aufladung, Turbogetriebe mit Wendegang und Gelenkwellenantrieb in Tandem-Anordnung der zweistufigen Radsatzgetriebe. Die Entwicklung lag bei der MaK, die 1964 auch die ersten Lokomotiven dieser Baureihe lieferte.

Für die meterspurigen Schmalspurbahnen wurde die Diesellokomotiv-Baureihe V 29^9 (299) von der Bauart dieselhydraulischer Kleinlokomotiven mit Kettenantrieb abgeleitet, um den technischen Aufwand und so die Betriebskosten niedrig zu halten. Die Lokomotive bestand aus zwei kurzgekuppelten, mit je zwei Treibradsätzen versehenen Fahrzeugteilen, wobei jeder mit einer Maschinenanlage von 145 PS ausgerüstet war. Ein in der Mitte auf beiden Fahrzeughälften aufgelagertes, erhöht angeordnetes Führerhaus gewährleistete gute Streckensicht über die niedrigen Maschinen-Vorbauhauben. Die Lokomotive wurde von Jung entwickelt und 1952 geliefert.

Für die ebenfalls meterspurige Schmalspurbahn auf der Insel Wangerooge baute Gmeinder dieselhydraulische Lokomotiven mit 130 PS Leistung und Kuppelstangenantrieb der drei Treibradsätze über Blindwelle, Baureihe V 11. Sie stammten aus einer bewährten Typenreihe von Heeresfeldbahnlokomotiven und wurden 1952 und 1957 geliefert.

Die Streckenlokomotiven für Schmalspur 750 mm und 1 000 mm, Baureihe V 51 und V 52 (251, 252)

Die MaK baute 1965 mit gleicher Leistung für die Bundesbahn die ebenfalls dieselhydraulischen Lokomotiven der Reihe V 65 mit Baldwin-Beugniot-Laufwerken.

Für den schweren Rangierdienst beschaffte die Bundesbahn dieselhydraulische Drehgestell-Lokomotiven der Baureihe V 90 mit 900 PS und Tandem-Gelenkwellenantrieb.

Auch auf den Schmalspurstrecken lösten Diesellokomotiven die Dampftraktion ab: dieselhydraulische Schmalspur-Gelenklokomotive mit 2 × 145 PS, Baureihe V 29⁹ der Bundesbahn, gebaut von Jung in Jungenthal 1952.

Dieselhydraulische Schmalspur-Drehgestell-Lokomotive mit Twin-Disc-Drehmomentwandler und Gelenkwellenantrieb, Baureihen V 51 und V 52 der Bundesbahn, Leistung 2 × 270 PS, gebaut 1964 von Gmeinder nach Lizenz MaK.

wurden von einer Industrielokomotive abgeleitet. Sie war 1958 für die Alsen'schen Zementwerke in Itzehoe von der MaK mit zwei Drehgestellen und vier Treibradsätzen hergestellt worden.
Zur Leistungsübertragung dienen Drehmomentwandler der Bauart Twin Disc von Clark (USA), die mit Kraftstoff als Übertragungsflüssigkeit betrieben werden. Der hydraulische Kreislauf des Wandlers ist ständig mit Flüssigkeit gefüllt. Zur Unterbrechung des Leistungsflusses wird eine mechanische Einscheibenkupplung benutzt.
Zwei nebeneinanderliegende Dieselmotoren von je

Diesellokomotiven für Rangier- und Streckendienst der Deutschen Bundesbahn.

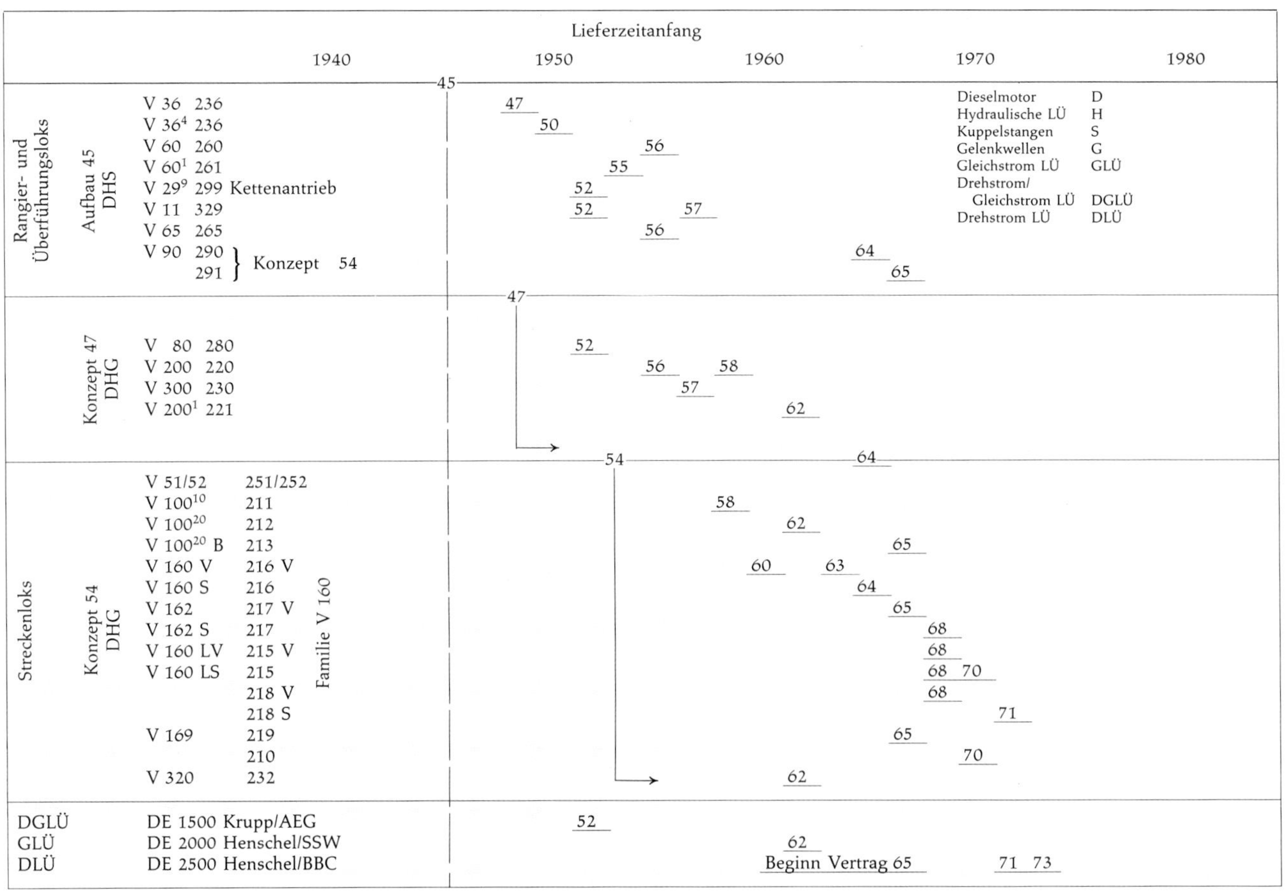

270 PS, an die unmittelbar je ein Twin-Disc-Getriebe geflanscht ist, geben ihre Leistung auf ein gemeinsames Sammel- und Verteilergetriebe ab. Dieses Getriebe enthält den Geschwindigkeitsstufen- und -wendegang. Über Gelenkwellen werden zunächst die äußeren Stirnradvorgelege-Radsatzgetriebe und dann die inneren Radsatzgetriebe eines jeden Drehgestells angetrieben. Die Lokomotive hat etwa in der Mitte ein Führerhaus, das gute Sicht über die schmalen und niedrigen Vorbauten erlaubt. Im hinteren Vorbau ist ein 22-PS-Hilfsdiesel zum Antrieb des elektrischen Zugheizgenerators eingebaut. Diese Lokomotiven wurden 1964 von Gmeinder in Lizenz der MaK gebaut.

Erste Streckenlokomotiven

Überlegungen zur Entwicklung von Diesellokomotiven für den Streckendienst hatten bei Bundesbahn und Industrie 1947 wieder eingesetzt. Die Arbeiten bauten auf den Erfahrungen und Untersuchungen besonders mit den Schnelltriebwagen der dreißiger Jahre auf.
Wegen der gewünschten Leistungsdichte – geringem Gewicht bei relativ hoher Leistung – kamen nur schnellaufende Dieselmotoren in Betracht. Daraus ergab sich das Grundkonzept der Diesellokomotivgeneration bei der Bundesbahn mit schnellaufenden Dieselmotoren mit 1 500 Umdrehungen/Minute und Aufladung als Leistungserzeuger, Turbogetriebe mit Wendegang Bauart Voith als hydrodynamische oder Bauart Mekydro als hydrodynamisch-mechanische Leistungsübertragung, sowie Gruppenantrieb der Treibradsätze über Gelenkwellen und Radsatzgetriebe.
Da die Lokomotiven für den Reisezugdienst bestimmt waren, mußten Anlagen und Einrichtungen zur Zugheizung vorgesehen werden. Zur Erzeugung des Heizdampfs wurden ölgefeuerte Heizkessel in liegender oder stehender Bauart installiert.
Die zum Vergleich herangezogenen Diesellokomotiven amerikanischer Bauart der US-Army und eines Demostrators von General Motors mit elektrischer Gleichstromleistungsübertragung überzeugten im Streckennetz der Bundesbahn wegen zu hohem Gewicht bei relativ geringer Leistung nicht.
Um gute lauf- und traktionstechnische Eigenschaften zu erzielen, die Beanspruchung des Oberbaus trotz höherer Zug- und Bremskräfte aber gering zu halten, kamen für die Streckenlokomotiven nur durch Drehgestelle geführte Fahrzeuge infrage. Dieselmotor und Turbogetriebe sowie Verteilergetriebe wurden, um die Drehgestelle mit zwei Treibradsätzen möglichst leicht und einfach zu halten, im Lokomotivkasten angeordnet.
Damit traten jedoch mit dem Gelenkwellenantrieb der Radsatzgetriebe Probleme auf: Erreicht werden sollten gleichmäßige Verteilung der Leistung auf alle Radsatzgetriebe der Treibradsätze in den Drehgestellen, Dauerfestigkeit des Gelenkwellenantriebs unter Berücksichtigung der Zusatzbeanspruchung bei Bogenfahrt infolge des von der Kinematik bestimmten Kardanfehlers und dabei nur begrenzte Beanspruchung des Kraftschlusses zwischen Treibrad und Schiene, um die Zug- und Bremskraftübertragung nicht zu mindern. Gelöst wurde die gleichmäßige Leistungsverteilung dadurch, daß alle Radsatzgetriebe mit gleichen Wellen- und Gelenkwellenlängen mit dem Abtrieb am Turbogetriebe oder dem Verteilergetriebe verbunden, also nicht mehrere Radsatzgetriebe hintereinander geschaltet wurden. Um die unabgefederten Radsatzgetriebe leicht zu halten, wurden sie als einstufige Kegelradgetriebe ausgeführt. Berücksichtigt werden mußte ferner noch der Einfluß der Anordnung der Drehmomentstütze des Radsatzgetriebes und der Federung der Drehmomentstütze am Drehgestellrahmen.
Der für die Betriebstüchtigkeit der Lokomotive entscheidende Antriebsstrang, der aus Turbogetriebe, Verteilergetriebe, Gelenkwellen, Radsatzgetriebe und Abstützungen besteht, wurde so ausgelegt, daß

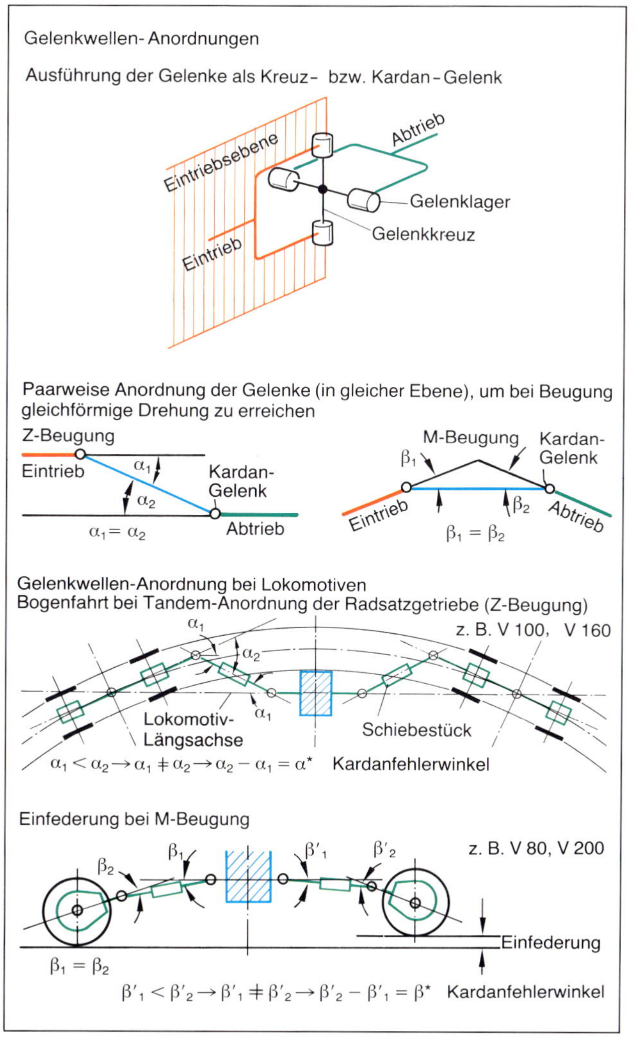

Gelenkwellen-Anordnungen im Lokomotivbau: Beugungsgesetze und Kardanfehlerwinkel.

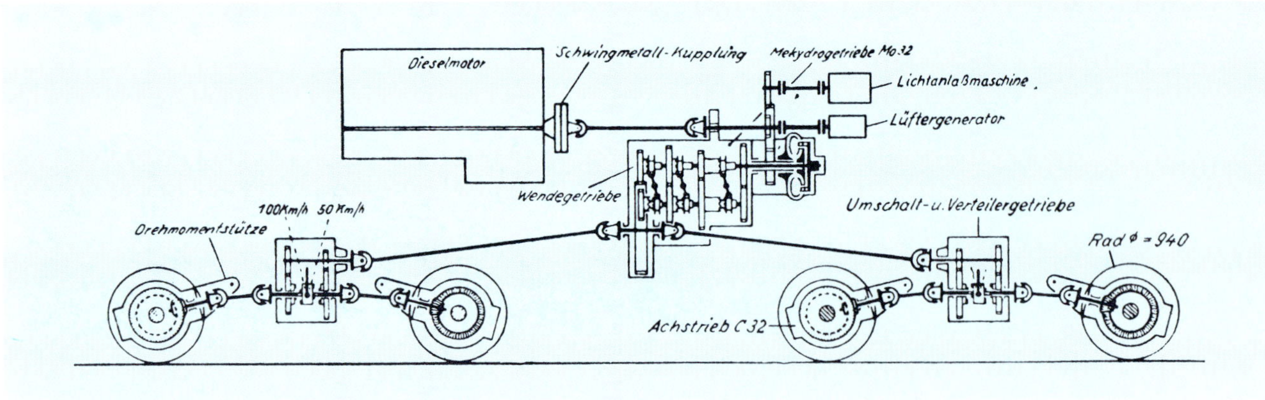

„Leistungsführender Strang" mit Maybach-Mekydro-Getriebe und Anordnung der Gelenkwellen in der Diesellokomotiv-Baureihe V 80 (280) der Bundesbahn.

sich durch Torsion und Federungen bis zum Treibradumfang überall gleiche elastische Längen ergeben. Damit verteilen sich Drehmomente und Leistung nahezu gleichmäßig auf die Treibradsätze. Entwicklung und Konstruktion wurden in bewährter Weise als Gemeinschaftsarbeit der deutschen Lokomotivfabriken durchgeführt.

Zunächst entstand eine leichte Streckenlokomotive, Baureihe V 80 (280), mit nur einem Dieselmotor und einem Turbogetriebe. Entsprechend den dargelegten Konstruktionsgrundsätzen mußte sie zum Gelenkwellenantrieb zwei zusätzliche Verteilergetriebe erhalten. Sie sind in Drehgestellmitte angeordnet und erhielten zur Erweiterung des Verwendungsbereiches der Lokomotive eine im Stillstand schaltbare Geschwindigkeitsstufe. Der Antrieb wurde damit relativ aufwendig. Die wiegenlosen Innenrahmendrehgestelle mit zwei Treibradsätzen übertragen längs die Zug- und Bremskräfte über Mitnehmer auf den Lokomotivkasten, quer sind sie über Lenker mit Hebeln angelenkt und bei Bogenfahrt geführt. Der selbsttragende Lokomotivkasten trägt in der Mitte den Führerraum mit Vollsichtkanzel, die über die Maschinenraum-Vorbauten ragt. Im vorderen Vorbau befindet sich der Dieselmotor, im hinteren ein liegender Heizdampfkessel. Die Lokomotive ist mit Vielfachsteuerung für Doppeltraktion und Wendezüge ausgerüstet. Ursprünglich war die Dieselmotorleistung 800 PS oder 1 000 PS; später wurde sie auf 1 100 PS angehoben. Die Baureihe V 80 wurde

Die erste Strecken-Diesellokomotive nit hydraulischer Leistungsübertragung war die Baureihe V 80 (280) der Bundesbahn. Hier wurde der Gelenkwellenantrieb erstmals in einer Lokomotive hoher Leistung angewandt.

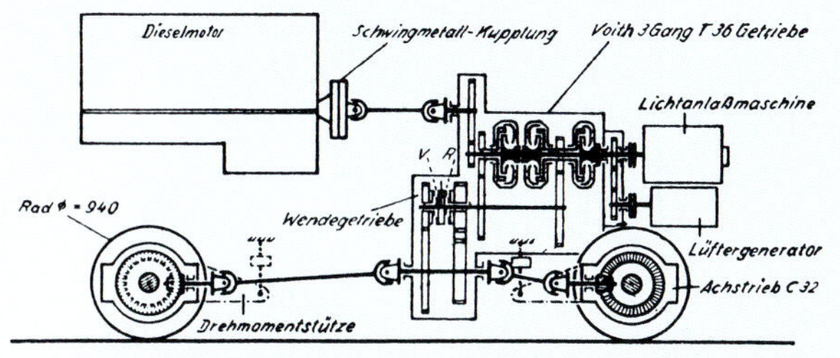

1952 von der MaK und Krauss-Maffei gebaut. Sie hat sich im leichten Streckendienst gut bewährt.

Für die mit zwei unabhängigen Leistungserzeugungsanlagen ausgerüstete Baureihe V 200 ergab sich im Gegensatz zur V 80 ein besonders einfacher Gelenkwellenantrieb, weil das Turbogetriebe mit seinem Verteilergetriebe jeweils in die Drehgestellmitte hineinragt und die Antriebsstränge damit sehr kurz werden. Allerdings führt der bei Bogenfahrt und bei Einfederung zwischen Treibradsatz und Drehgestell sowie Drehgestell und Brücke auftretende Kardanfehler zu Grenzbelastungen im Gelenkwellenantrieb. Dennoch hat sich die Konstruktion gut bewährt.
Die Drehgestellbauart stimmt mit der Baureihe V 80

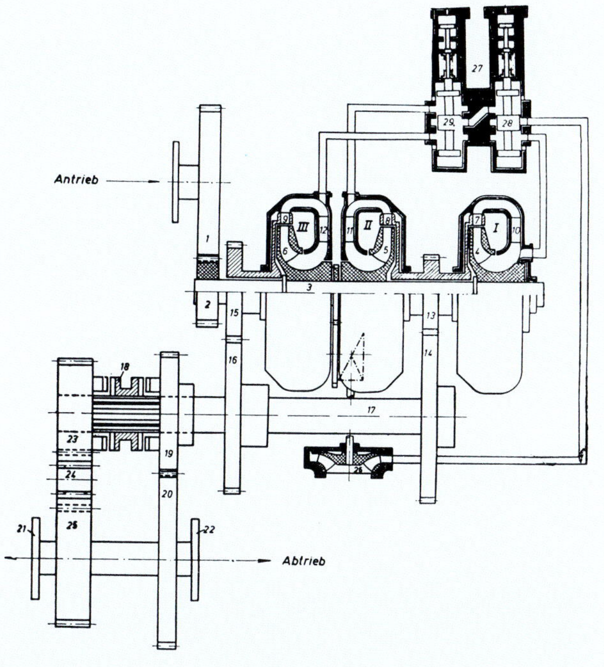

Anordnung des Turbogetriebes und der Gelenkwellen in der Diesellokomotiv-Baureihe V 200 (220). Das Voith-Getriebe enthält drei Drehmomentwandler, wobei die Gänge durch Füllen und Entleeren der hydraulischen Kreisläufe mit Öl geschaltet werden.

Zwei Maschinenanlagen mit je 1 350 PS erhielt die Baureihe V 200[1] (221) der Bundesbahn; in der Mitte der Lokomotive befindet sich der ölgefeuerte Schnelldampferzeuger.

überein. Der selbsttragende Lokomotivkasten besitzt Führerräume an beiden Enden. In der Mitte ist der stehende Heizdampfkessel angeordnet, zwischen ihm und den Führerräumen jeweils ein Dieselmotor mit 1 100 PS. Krauss-Maffei lieferte 1953 die Vorserie, während am Serienbau 1956 und 1958 auch die MaK beteiligt wurde.

Danach folgte 1962 als verbesserte Weiterentwicklung die V 200^1 mit erhöhter Leistung von zweimal 1 350 PS. Das Mehrgewicht der beiden Maschinenanlagen konnte durch einen leichteren Schnelldampferzeuger, Lizenz Vapor Heating von Hagenuk, ausgeglichen werden. Die Baureihe V 200^1 wurde von Krauss-Maffei entwickelt und gebaut.

Im Zusammenhang mit einem Auslandsauftrag der Jugoslawischen Staatsbahnen entwickelte und baute Krauss-Maffei 1957 eine Variante mit zwei dreiachsigen Triebdrehgestellen und höherer Leistung von zweimal 1 425 PS. Eine Lokomotive dieser Bauart wurde später als V 300 (230) von der Bundesbahn übernommen. Die drei Radsatzgetriebe erhielten zur notwendigen Hintereinanderschaltung eine Stirnradvorlegestufe, die Kegelradstufe trieb wie bisher unmittelbar den Radsatz an. Im Drehgestell war zusätzlich ein Verteilergetriebe angeordnet, das die Radsatzgetriebe über Gelenkwellen antrieb.

Das Turbogetriebe am Dieselmotor und das Verteilergetriebe im Drehgestell waren so über eine Gelenkwelle verbunden, daß bei Drehgestellauslenkungen kein nennenswerter Kardanfehler auftrat und Zusatzbeanspruchungen vermieden wurden.

Trotz der drei Treibradsätze lehnte sich die Drehgestellbauart eng an die der Baureihen V 80 und V 200 an, insbesondere bezüglich der Zug- und Bremskraftübertragung sowie der Queranlenkung. Auch sonst ähnelte der Gesamtaufbau der Baureihe V 200^1. Damit war diese Bauart in entwicklungstechnischer Hinsicht abgeschlossen.

Grundkonzept 1954

Mit V 80 und V 200 war technisches Neuland beschritten worden. Die anfänglichen Ausfälle hatten ihre Ursache nicht im Grundsätzlichen. Durch Verbesserungen ließen sich die Schwachstellen rasch beseitigen, so daß sich die Lokomotiven im Betrieb sehr gut bewährten.

Für eine neue Generation dieselhydraulischer Lokomotiven wurde jedoch nach deutlicher Vereinfachung – besonders des Gelenkwellenantriebes bei nur einem Turbogetriebe – gesucht. Zur systematischen Untersuchung über die Leistungsverteilung bei Gelenkwellenantrieben mit hintereinander angeordneten Radsatzgetrieben sowie über den Einfluß des Kardanfehlers bei Bogenfahrt und Fahrzeugfederbewegungen bot sich eine von Henschel entwickelte und gebaute Diesellokomotive an, die während der Versuchsfahrten 1955 vorübergehend als Baureihe V 88 der Bundesbahn bezeichnet war. Neben diesen Versuchsfahrten wurden theoretische Untersuchungen durchgeführt und Verfahren erarbeitet, mit denen der Kardanfehler und die daraus resultierenden zusätzlichen Beanspruchungen ermittelt werden konnten. Beim Verhältnis Lokomotivgewicht zu Zuggewicht von etwa 1 : 10 bis über 1 : 20 müssen

Henschel baute 1954 eine dieselhydraulische Lokomotive mit Gelenkwellenantrieb ohne Kardanfehler; diese Lokomotiven liefen zeitweise als Baureihe V 88 bei der Bundesbahn.

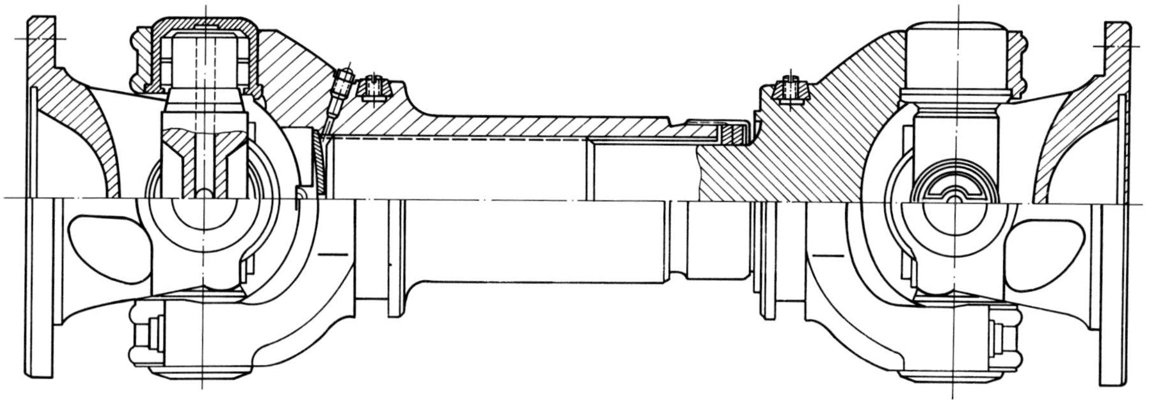

Gelenkwelle mit Kardangelenk und Schiebestück für große Drehmomente bei Lokomotiven.

die Gelenkwellen relativ große Drehmomente übertragen.
Schon bei den Berechnungen stellte sich heraus, daß ein Kardangelenk in der vorliegenden Ausführung wegen ungünstiger Dimensionierung keine ausreichende Lebensdauer haben konnte. Praktische Untersuchungen bestätigten dies. Konstruktive Verbesserungen am Kardangelenk führten zu Kurzrollenlagern statt Nadellagern in den Gelenklagern und zu bausteifen Gelenkgabeln zur Erhöhung der Tragfähigkeit. Auch das Schiebestück zum Längenausgleich zwischen den Kardangelenken wurde so verbessert, daß die Schiebekräfte klein blieben. Dem Einfluß ungünstigen Zahneingriffs infolge von Biegekräften auf die Radsatzwelle wurde durch Verwendung zweistufiger Radsatzgetriebe mit Stirnradstufe auf der Radsatzwelle und Kegelradstufe im schnellen Eintrieb begegnet.
Die Abweichung von einer gleichmäßigen Leistungsverteilung bei zwei hintereinander angeordneten baugleichen Radsatzgetrieben, der sogenannten Tandem-Anordnung, bleibt durch konstruktive

Für Nebenbahn- und leichten Hauptbahndienst wurde die Baureihe V 100 (211/212) mit einem 1 100-PS-Dieselmotor und hydrodynamischer Leistungsübertragung in großer Zahl gebaut.

Maßnahmen gering, so daß einem Verteilergetriebe zweimal zwei Radsatzgetriebe zugeordnet werden können.

Damit war der Bau von dieselhydraulischen Lokomotiven hoher Leistung mit Gelenkwellenantrieb bei gleichzeitiger Steigerung von Betriebstüchtigkeit und Lebensdauer frei.

Für die Zugheizung wurde der Dampferzeuger zunächst beibehalten, bis hinreichend leistungsstarke Dieselmotoren zur Verfügung standen, um damit auch einen Generator für die elektrische Heizung betreiben zu können.

Die mit nur einem Dieselmotor von 1 100 PS ausgerüstete Drehgestell-Lokomotive Baureihe V 100 (211) sollte möglichst kurz und dabei leicht sein. Die wiegenlosen Drehgestelle mit zwei Treibradsätzen haben einen aus dickwandigen Rohren geschweißten Rahmen, wobei die Zug- und Bremskräfte sowie die Seitenkräfte über einen segmentförmig aufgelösten Drehkranz auf den Brückenrahmen übertragen werden. Ein in der Mitte überhöht angeordnetes Führerhaus und schmale niedrige Maschinenraumvorbauten gestatten gute Rundum- und Puffersicht. Im vorderen Vorbau ist die Maschinenanlage untergebracht, im hinteren der Dampferzeuger. Die Baureihe V 100 wurde von der MaK entwickelt und 1958 gebaut; als Weiterentwicklung folgte 1962 die V 100^{20} (212) mit auf 1 350 PS erhöhter Dieselmotorleistung bei sonst im wesentlichen unveränderter Ausführung.

Für den Einsatz auf Steilstrecken erhielt das Voith-Turbogetriebe eine hydrodynamische Doppelkupplungsbremse, deren Bremswärme über einen zweiten Getriebeölwärmetauscher an die Kühleranlage abgegeben wird. Damit kann der Zug mit der dynamischen Bremse verschleißarm gebremst werden. Damit ausgerüstete Lokomotiven wurden 1965 geliefert.

Die Familie der V 160

Für den Hauptstreckendienst vor Reise- und Güterzügen wurden Drehgestell-Lokomotiven mit Endführerräumen und selbsttragendem Lokomotivkasten konzipiert. So entstanden die Baureihe V 160 (B'B') mit einem Dieselmotor von ursprünglich 1 600 PS, später 1 800 PS und schließlich 1 900 PS, Turbogetriebe mit Wendegang und integriertem Verteilergetriebe als Stufengang sowie die V 320 (C'C') mit zwei Dieselmotoren gleicher Bauart wie bei der V 160, Turbogetriebe mit Wendegang und separatem Verteilergetriebe als Stufengang. Die Maschinenanlagen sollten weitgehend vereinheitlicht werden.

Nach eingehenden Untersuchungen über den Gelenkwellenantrieb erhielten die V 160 je Drehgestell zwei Radsatzgetriebe, die vom Turbogetriebe über Gelenkwellen angetrieben werden, die V 320 separate Verteilergetriebe in jedem Drehgestell, von denen eins und zwei der Radsatzgetriebe ebenfalls über Gelenkwellen angetrieben werden. Die später noch erheblich gesteigerten Leistungen wurden von diesen Gelenkwellenantrieben betriebssicher übertragen.

Die V 160 entwickelte Krupp, die V 320 Henschel. Währenddessen zeichnete sich größerer Bedarf an der V 160 ab. Ihr wurde deshalb unter Verzicht auf weitgehende Vereinheitlichungen Vorrang eingeräumt.

Die Lokomotive erhielt wiegenlose Kastenrahmen-Drehgestelle mit Radsatzlenkerführungen und Tiefanlenkung über Drehzapfen am Lokomotivkasten. Zur Zugheizung wurde ein Dampferzeuger eingebaut. Die ersten V 160 der Vorserie lieferte 1960 Krupp, die restlichen 1962 Henschel. Ab der letzten Vorserienlokomotive erhielt die V 160 eine veränderte Stirnpartie entsprechend der V 320. Die Serienlieferungen begannen 1964 durch Krupp und die MaK. Gegenüber der Vorserie wurden hauptsächlich Geräuschdämmungsmaßnahmen durch Schalldämpfer und elastische Aggregatelagerungen getroffen.

Mit einem Dieselgeneratoraggregat von 500 PS zur elektrischen Zugheizung folgte 1965 die Bauserie V 162 (217). Über einen zusätzlichen Einspeisewandler am Turbogetriebe läßt sich diese Leistung außerhalb der Heizperiode zusätzlich für die Traktion nutzen. Die Lokomotiven wurden von Krupp mit Generatoren von AEG, BBC und Siemens geliefert; weitere folgten 1968 wiederum von Krupp, wobei das überarbeitete Turbogetriebe eine Erhöhung der Geschwindigkeit auf 130 km/h gestattete.

In der als Baureihe 215 bezeichneten Variante wurde 1968 die Dieselmotorleistung zunächst auf 1 900 PS angehoben. Einige dieser Lokomotiven erhielten eine hydrodynamische Doppelkupplungsbremse mit etwa 3 500 PS Bremsleistung am Turbogetriebe und 140 km/h Höchstgeschwindigkeit. Für die Zugheizung wurde wiederum der Dampferzeuger vorgesehen, bis 1970 die leistungsgesteigerte 215 mit einem Dieselmotor von 2 500 PS folgte. Deren Weiterbau wurde jedoch zugunsten der Baureihe 218 aufgegeben. Ihr lagen die inzwischen gesammelten Erfahrungen mit der elektrischen Zugheizung zugrunde. Der Dieselmotor mit ebenfalls 2 500 PS treibt bei der 218 über das Turbogetriebe den elektrischen Zugheizgenerator an, so daß kein getrennter Motor für die Zugheizung mehr nötig ist.

Um die 500 PS auszugleichen, die der Traktion durch die Zugheizung verloren gehen, entwickelte und baute Deutz 1965 als Baureihe 219 eine weitere Variante, bei der dem Dieselmotor mit 2 150 PS eine Zweiwellen-Gasturbine, Bauart General Electric, mit 900 PS parallel über einen Einspeisewandler am Turbogetriebe mit hydrodynamischer Bremse zugeschaltet werden konnte. Dafür wurde die Industrieversion einer Hubschrauber-Gasturbine verwendet. Sie arbeitete als Booster und sollte möglichst nur im günstigen Vollastbereich laufen, während zur Regelung der Zugkraft die Leistungsabgabe des Diesel-

Mit 1 900 PS eignete sich die Diesellokomotiv-Baureihe V 160 auch für die Beförderung schwererer Züge auf nicht elektrifizierten Strecken. Aus den erstmals 1960 von Krupp gebauten Lokomotiven der Vorserie entwickelte sich eine ganze Lokomotivfamilie.

Die mit zwei Maschinenanlagen von insgesamt 4 000 PS stärkste Diesellokomotive der Bundesbahn, Baureihe V 320 (232), verlor ihr Einsatzfeld schon während der Erprobung durch die Elektrifizierung des gesamten Hauptstreckennetzes: Die Beförderung schwerer und schneller Züge übernahmen elektrische Lokomotiven. Die V 320 001 war 1962 von Henschel gebaut worden.

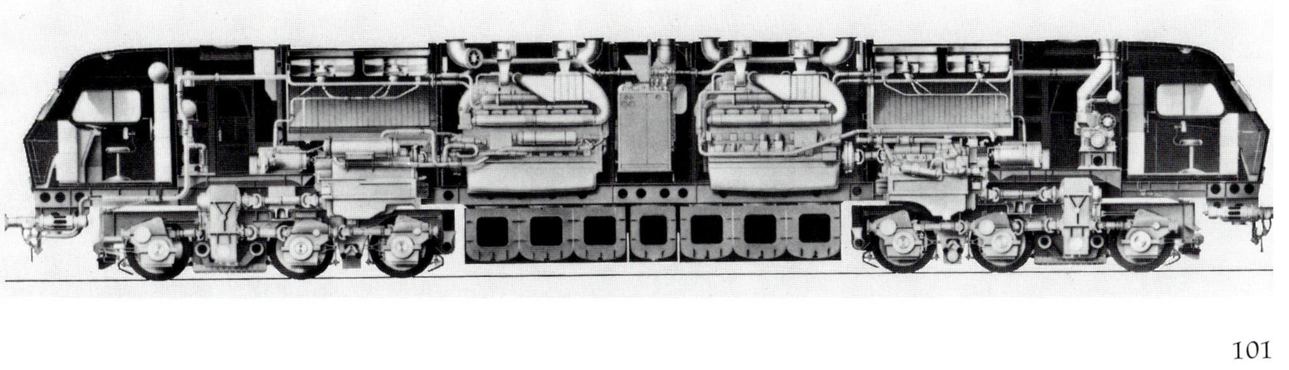

Aus der Lokomotivfamilie V 160: die mit 2 800 PS Dieselmotorleistung versehene Serienausführung der Baureihe 164 (218) als Abschluß dieser Lokomotiventwicklung.

motors verändert wurde. Mängel an der Regelungs- und Steuerungsanlage für die Gasturbine erforderten jedoch grundsätzliche Änderungen, so daß es zunächst bei einer Lokomotive blieb.
Als Weiterentwicklung folgte die Baureihe 210 mit einem Dieselmotor von 2 500 PS und einer Gasturbine, Bauart Arco Lycoming, die von Deutz in Lizenz hergestellt wurde und 1 200 PS leistete. Um diese Leistungserhöhung auszuschöpfen, wurde die Höchstgeschwindigkeit der Lokomotive auf 160 km/h angehoben. Die Drehgestelle mit Radsatzführungen über scheitelförmige Gummischichtfedern und Kurzstangenanlenkung lieferte die MaK, die Lokomotiven selbst wurden 1970 von Krupp hergestellt.

Um auf den Dampfheizkessel verzichten und die Züge elektrisch heizen zu können, erprobte die Bundesbahn in der 1965 von Deutz gebauten Lokomotive V 169 001 (219 001-5) neben dem Dieselmotor mit 2 150 PS erstmals auch eine Gasturbine mit 900 PS Zusatzleistung. Die daraus weiterentwickelte Baureihe 210 erhielt außer einem 2 500-PS-Dieselmotor eine Gasturbine mit 1 200 PS. Das Bild zeigt die erste dieser Lokomotiven vor einem Meßzug im Altmühltal bei Eichstätt.

Alle Erfahrungen mit den zur V 160-Familie gehörenden Lokomotiven 215, 216, 217, 219 und 210 wurden bei der Serienausführung der Baureihe 218 berücksichtigt. Mit elektrischer Zugheizung, hydrodynamischer Doppelkupplungsbremse am Turbogetriebe und 140 km/h Höchstgeschwindigkeit stellen sie die modernste Bauart einer einmotorigen dieselhydraulischen Streckenlokomotive für Reise- und Güterzüge dar. Die Lieferung begann ab 1971.
Während die Baureihen V 100 und V 160 zügig verwirklicht wurden und von Anfang an zum Erfolg führten, verzögerte sich die Entwicklung der V 320 (232) erheblich. Inzwischen war der Bedarf an derart leistungsstarken Lokomotiven bei der Bundesbahn durch die elektrische Traktion abgedeckt. Trotzdem wurde 1962 eine Lokomotive dieser Baureihe von Henschel geliefert. Sie war ausgerüstet mit zwei Dieselmotoren von 1 900 PS, später 2 000 PS, einem Hilfsdiesel von 18 PS für die Bordversorgung und mit einem Dampferzeuger zur Zugheizung. Die beiden dreiachsigen Triebdrehgestelle waren über Drehzapfen mit dem Lokomotivkasten verbunden, wobei die Radsatzlenkerführungen denen der V160 entsprachen. Das im Drehgestell angeordnete Verteilergetriebe wurde über eine Gelenkwelle vom Turbogetriebe angetrieben; bei Bogenfahrt oder durch Federbewegungen des Drehgestells trat kein Kardanfehler auf. Damit wurden die Beanspruchungen des Antriebs bei dieser leistungsstarken Lokomotive in Grenzen gehalten. Die V 320 war für 160 km/h ausgelegt und erreichte auf Probefahrten 180 km/h. Damit stellte sie die größte, leistungsstärkste und schnellste dieselhydraulische Lokomotive nach der Typenreihe des Grundkonzeptes von 1954 dar.

Dieselelektrische Lokomotiven

Die Bundesbahn wählte für ihre Neubauprogramme von 1947 und 1950 hydrodynamische Leistungsübertragung hauptsächlich wegen deren geringen Gewichts bei hoher Leistungsdichte. Die Industrie bemühte sich jedoch, gleiche Leistungsdichte auch mit dieselelektrischer Leistungsübertragung zu erreichen. Ansätze hierzu boten wiederum schnellaufende Aggregate, insbesondere elektrische Maschinen, später die Steuerungs- und Regelungselektronik, schließlich die Leistungselektronik. Zunächst wurden Streckenlokomotiven entwickelt und gebaut. Erst 1980 fand diese Technik auch auf die kleineren Leistungen der Rangierlokomotiven Anwendung, weil die relativ hohen Herstellungskosten zuvor keine wirtschaftliche Lösung erlaubten.

Gleichstrom-Leistungsübertragung

Die AEG und Krupp begannen 1952 in Gemeinschaftsarbeit eine dieselelektrische Lokomotive mit schnellaufendem Dieselmotor von 1 400 PS bei

Elektrische Leistungsübertragung mit hochtourigem Drehstromgenerator, Gleichrichtern und Gleichstromfahrmotoren erprobte AEG in der 1952 von Krupp gebauten Lokomotive DE 1500 mit 1 400 PS Dieselmotorleistung.

1 500 Umdrehungen/Minute zu entwickeln und zu bauen. Über ein Planetenradgetriebe wurde ein Drehstromgenerator mit 6 000 Umdrehungen/Minute angetrieben, der Drehstrom in statischen Gleichrichtern in Gleichstrom für die Fahrmotoren umgewandelt. Später trat an die Stelle des ursprünglichen Generators ein mit dem Dieselmotor und seiner Drehzahl unmittelbar gekuppelter Drehstromgenerator. Diese Lokomotive, Typ DE 1500, wurde als Drehgestellfahrzeug mit je zwei Treibradsätzen und Tatzlager-Gleichstromfahrmotoren konzipiert.

Die Zielvorstellungen hinsichtlich des Gewichts wurden erreicht. Die Drehstrom-Gleichstrom-Leistungsübertragung mit dem unmittelbar angetriebenen Generator zeigte auch bei wechselndem Betrieb gute Ergebnisse.
Siemens und Henschel entwickelten 1962 in enger Zusammenarbeit ebenfalls eine dieselelektrische Lokomotive, Typ DE 2000, mit 2 400 PS unter Verwendung schnellaufender Aggregate mit reiner Gleichstrom-Leistungsübertragung. Auch diese Lokomotive war als Drehgestellfahrzeug mit zwei

Mit Siemens-Transdyn-Feldregelung wurde der Gleichstromgenerator in der 1962 von Henschel gebauten DE 2000 leistungsabhängig geregelt. Die Dieselmotorleistung betrug bereits 2 400 PS.

Treibradsätzen je Drehgestell und Tatzlagerantrieb konstruiert. Erstmals kamen hier für Regelung und Steuerung die Erkenntnisse der Elektronik zur Anwendung: Der Hauptdieselmotor für die Traktion wurde über eine simultane Steuerung mittels der Siemens-Transdyn-Feldregelung in Verbindung mit der Generatorerregung leistungsabhängig gesteuert. Für das Bordnetz stand ein Hilfsdieselmotor mit Konstantspannungs-Drehstromgenerator zur Verfügung; er war auch mit einer Hydrostatikpumpe zum Antrieb der Fahrmotorlüfter ausgerüstet.
Die anfänglich aus Gewichtsgründen an der Grenzleistung arbeitenden Fahrmotoren mußten später durch größere ersetzt werden. Danach wies die Lokomotive trotz des verhältnismäßig hohen Aufwands für Steuerung und Hilfsdiesel gutes Betriebsverhalten auf.

Drehstrom-Leistungsübertragung

Anfang der sechziger Jahre bestand Aussicht, Elektronik auch zur Leistungsübertragung auf Lokomotiven wirtschaftlich einzusetzen, so daß als Fahrmotor endlich die einfachste elektrische Antriebsmaschine, der asynchrone Drehstrommotor, verwendet werden konnte. Seine Drehzahl und damit die Geschwindigkeit der Lokomotive ist proportional zur Speisefrequenz. Die für ein zeitgemäßes Triebfahrzeug unabdingbare Voraussetzung kontinuierlicher Geschwindigkeitsregelung läßt sich erfüllen, nachdem bei dieser Technik die Frequenz, die dem Fahrmotor mit dem Drehstrom zugeführt wird, kontinuierlich geregelt werden kann. Der Dieselmotor als Leistungserzeuger ist mit einem Generator gekuppelt, der zunächst Drehstrom konstanter Frequenz in den Eingangskreis liefert. Über Gleichrichter und einen Gleichspannungs- oder Gleichstromzwischenkreis wird ein Wechselrichter gespeist, der Drehstrom variabler Frequenz liefert und die Asynchronfahrmotoren mittels der Leistungselektronik in ihrer Drehzahl führt.
Je nach Wechselrichterverfahren erhält der Zwischenkreis Gleichspannung oder Gleichstrom. BBC benutzt einen Zwischenkreis mit konstanter Spannung, der aus ungesteuerter Gleichrichterbrücke und Pulswechselrichter gebildet wird. Siemens und AEG verwenden auch einen Zwischenkreis mit konstantem Strom, der aus gesteuerter Gleichrichterbrücke und selbstlöschendem Phasenfolgewechselrichter besteht.
Da die Asynchronfahrmotoren nur wenige, die statischen Gleich- und Wechselrichter keinerlei Verschleißteile aufweisen, ist diese Leistungsübertragung weitgehend verschleißfrei und erfüllt die Forderung nach Wartungsfreiheit. Die Drehstrom-Leistungsübertragung bietet darüber hinaus weitere Vorteile. Steile Fahrmotorkennlinien, also große Zugkraftänderung bei geringer Geschwindigkeitsänderung, ermöglichen beste Reibwertausnutzung; gleiche Speisefrequenz der Fahrmotoren verbindet die Treibradsätze durch „elektrische Kupplung", die

Die erste Diesellokomotive mit betriebstüchtiger Drehstrom-Leistungsübertragung der Welt war die „Henschel BBC DE 2500" aus dem Jahr 1971 mit 2 500 PS Dieselmotorleistung. Später wurden zwei weitere Lokomotiven gebaut.

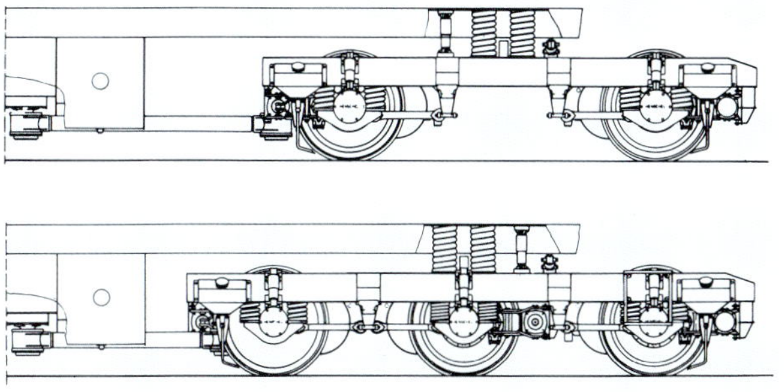

Henschel-Flexifloat-Drehgestelle der DE 2500 wurden in zwei- und dreiachsiger Ausführung hergestellt und gewährleisteten außer guten Laufeigenschaften die Übertragung hoher Zug- und Bremskräfte.

wie ein Gruppenantrieb wirkt, so daß die Schleuderneigung sehr gering bleibt; Dauergeschwindigkeit, Dauerzugkraft oder Dauerbremskraft beginnen bereits im Stand; Umkehr von Zug- in Bremskraft erfordert keinen Fahrzeugstillstand. Als Nachteile stehen die anspruchsvolleren Instandhaltungsarbeiten, die Kenntnisse über Elektronik voraussetzen, und die Anschaffungskosten gegenüber.
In Anbetracht der neuen Möglichkeiten entwickelten Henschel und BBC 1965 gemeinsam ein neues Universallokomotivsystem unter der Bezeichnung Henschel BBC DE 2500. Zunächst wurden Diesellokomotiven mit 2 500 PS Leistung gebaut.
Fahrzeugtechnisch flossen die Erkenntnisse aus Lauftechnik, Kraftschluß zwischen Rad und Schiene sowie Kraftverlauf in Tragwerken ein. Daraus entstand das Henschel-Flexifloat-Drehgestell, das sich durch gute Laufeigenschaften sowie gute Zug- und Bremskraftabgabe auszeichnet und sowohl für große Zugkräfte von Güterzügen als auch für hohe Geschwindigkeiten von Schnellzügen eignet.
Elektrotechnisch arbeitete der Wechselrichter zum Speisen der Fahrmotoren nach dem BBC-Unterschwingungsverfahren, bei dem durch bestimmte rhythmische Schaltfolgen rechteckförmige, variable Spannungsblöcke erzeugt werden, die im Mittelwert eine sinusförmige Schwingung der Spannung und damit der Frequenz ergeben.
Nach diesem Konzept entstand 1971 zunächst als erste der Welt mit betriebstüchtiger Drehstrom-Leistungsübertragung eine Diesellokomotive mit sechs Treibradsätzen. Dann folgten 1973 zwei weitere Diesellokomotiven mit vier und sechs Treibradsätzen. Diese Lokomotiven standen als Baureihe 202 jahrelang zur Erprobung im planmäßigen Dienst bei der Bundesbahn.
Um nachzuweisen, daß sich die Drehstromantriebstechnik auch für elektrische Triebfahrzeuge eignet, wurde 1973 die erste Diesellokomotive DE 2500 mit einem Steuerwagen der Bundesbahn gekuppelt, um dieses Gespann wie eine aus der Oberleitung gespeiste elektrische Lokomotive einsetzen zu können. Der

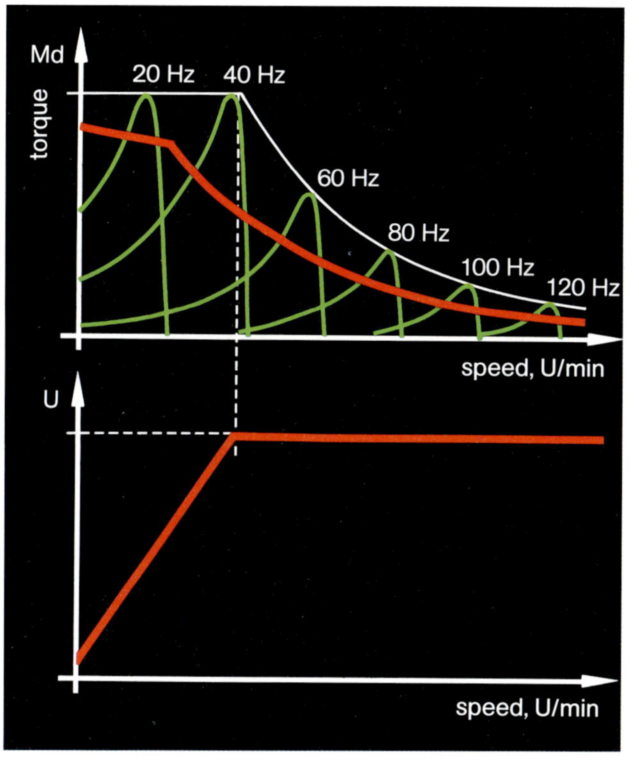

Arbeitsweise des BBC-Unterschwingungsverfahrens, bei dem mit rhythmischen Schaltfolgen aus Gleichstrom ein Drehstrom variabler Frequenz und Spannung erzeugt wird.

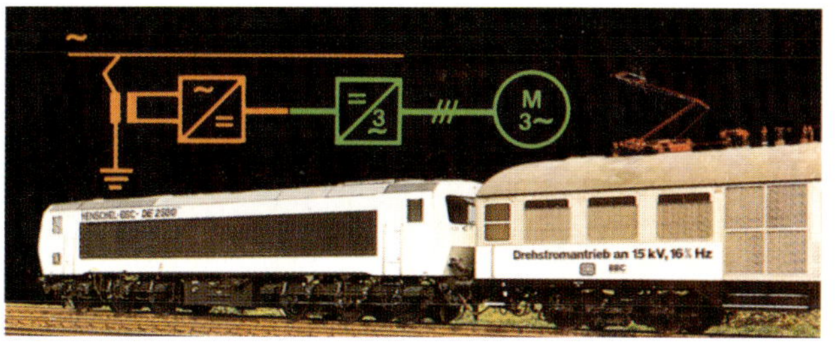

Die erste DE 2500 als elektrische Lokomotive, 1973. Der mit der Lokomotive über Kabel verbundene Steuerwagen der Bundesbahn entnimmt die elektrische Leistung aus der Einphasen-Wechselstrom-Oberleitung von 15 000 V und 16⅔ Hertz.

Ein weiterer Versuch mit der ersten DE 2500: Einspeisung der elektrischen Leistung aus der 1500-Volt-Gleichstrom-Oberleitung im Bahnnetz der Niederländischen Eisenbahnen, 1977.

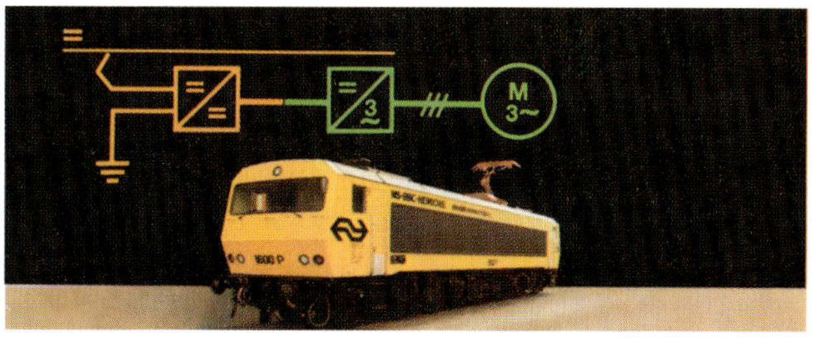

Schnellste Diesellokomotive der Welt wurde die zweite der drei dieselelektrischen Drehstromlokomotiven „Henschel BBC DE 2500 UmAn": Sie erreichte bei Versuchsfahrten mit strömungsgünstigem Vorbau 250 km/h. Erprobt wurden mit dieser Lokomotive Drehgestelle mit umkoppelbaren Antriebsmassen – UmAn. Je nach Geschwindigkeitsbereich ließen sich die Antriebsmassen, die aus Fahrmotor, Getriebe und Scheibenbremse bestehen, während der Fahrt mit dem Drehgestell oder mit dem Lokomotivkasten quer verbinden und damit über den gesamten Geschwindigkeitsbereich optimale Laufeigenschaften erzielen.

Steuerwagen erhielt dazu Stromabnehmer und Transformator als Eingangskreis, aus dem die elektrische Leistung dem Gleichrichter zugeführt wurde. Um die Rückwirkungen der elektrischen Aggregate der Lokomotive auf das Oberleitungsnetz zu minimieren, wurde ein sogenannter Vier-Quadranten-Steller als geregelter Gleichrichter benutzt. Er speiste den Zwischenkreis der Lokomotive über eine Kabelverbindung.

Die erste Lokomotive erfuhr 1977 einen weiteren Umbau, um die Leistung einer Oberleitung mit 1 500 Volt Gleichspannung entnehmen zu können. Dabei bildete das Netz bereits den Eingangskreis, ein Ein-Quadranten-Steller brachte die Netzspannung auf die im Gleichspannungszwischenkreis benötigte Höhe. Da bei diesem Versuch nur ein einziger, leistungsstarker Fahrmotor von 1,4 Megawatt in die Lokomotive eingebaut war, wurde am Fahrzeug auch der Kraftschluß zwischen Rad und Schiene durch Versuche nachgeprüft.

Mit der zweiten Diesellokomotive und auf 2 750 PS gesteigerter Leistung fanden Geschwindigkeitsversuche statt. Dazu wurden Drehgestelle verwendet, die mit Antriebs- und Bremseinheiten, das heißt abgefederten Fahrmotoren und Getrieben, ausgerüstet waren. Diese Einheiten hingen vertikal mit zwei Drittel ihrer Masse am Lokomotivkasten, zu einem Drittel am Drehgestell; horizontal konnten sie als umkoppelbare Antriebsmassen – UmAn – mit dem Drehgestell oder dem Lokomotivkasten verbunden werden. Die Lokomotive DE 2500 UmAn erreichte bei sehr guten Laufeigenschaften im Streckenfahrversuch 250 km/h und auf dem Rollprüfstand in München-Freimann 310 km/h. Sie war damit die schnellste Diesellokomotive der Welt. Seit 1987 ist sie im Berliner Museum für Verkehr und Technik zu sehen; die erste der drei Lokomotiven DE 2500 steht seit 1985 im Henschel-Werkmuseum in Kassel.

Aufgrund der ausgezeichneten Ergebnisse wurden die Drehgestell- und die Abtriebsbauart auch für die Triebköpfe des ICE verwendet. Die Grundlagen zur Anwendung dieser Techniken auf breiter Basis waren also auf dem Gebiet der Lauftechnik wie der Leistungselektronik vom Diesellokomotivbau ausgegangen. Die Drehstrom-Leistungsübertragung wird heute nicht nur bei Lokomotiven und Triebwagen sondern auch bei der Magnetfahrtechnik eingesetzt.

Industrie- und Privatbahnlokomotiven

Auch Industrie- und Privatbahnen im In- und Ausland benötigten nach 1945 dringend Motorlokomotiven, um die überalterten und leistungsschwachen Dampflokomotiven zu ersetzen. Damit bot sich Gelegenheit, ein Standard-Diesellokomotivprogramm aufzustellen und eine Typenreihe unter Anwendung des Baukastenprinzips zu entwickeln. Der Gedanke lag nahe, weil schon 1938 ähnliche Überlegungen zur Typenreihe der Wehrmachtsdiesellokomotiven geführt hatten. Hinzu kam, daß sich für Lokomotivfabriken, die über Dieselmotoren oder Getriebe eigener Herstellung verfügten, dafür zusätzliche Absatzmöglichkeiten boten.

Anfangs wurden die dieselhydraulischen Lokomotiven der Wehrmacht weiterentwickelt, modernisiert

und mit einem erhöht angeordneten Endführerhaus ausgerüstet, das Sicht über den schmalen Maschinenraumvorbau gewährte. Später konnte das Führerhaus in die Mitte verlegt werden, nachdem die Maschinenanlagen durch schnellaufende Dieselmotoren raumsparender gestaltet und die Vorbauten damit auch niedriger gehalten werden konnten.
Diese Lokomotiven waren in Abhängigkeit von Leistung und Gewicht mit zwei, drei oder vier Treibradsätzen ausgerüstet. Für kleine Leistungen mit zwei Treibradsätzen wurde der Kettenantrieb gewählt. Mittlere und große Leistungen erhielten Antrieb mit Kuppelstangen über Blindwelle als Parallelkurbeltrieb. Das Laufwerk mit vier Treibradsätzen war häufig mit Baldwin-Beugniot-Gestellen ausgerüstet, bei denen jeweils zwei Radsätze über einen waagerechten Hebel lauftechnisch zusammengefaßt sind. Damit wurden Bogenlauf und Laufeigenschaften wesentlich verbessert. Von Ende der fünfziger Jahre an fand auch der Gelenkwellenantrieb über Radsatzgetriebe Anwendung.
Jede Lokomotivfabrik stellte ihr eigenes Standard-Lokomotivprogramm auf. Die Industrie- und Privatbahnlokomotiven waren deshalb für ihren Hersteller charakteristisch, es entwickelte sich eine Art Hausstil der einzelnen Lokomotivfabriken. Aus wirtschaftlichen Überlegungen wurden diese Lokomotiven ohne festen Kundenauftrag in Serie gebaut, um bei Bedarf schnell ab Lager liefern zu können. Geeignete Dieselmotoren unterschiedlicher Leistung und Drehzahl standen zur Verfügung. Als Leistungsübertragung wurde die bewährte Hydrodynamik vornehmlich mit Turbogetriebe Bauart Voith gewählt. Krupp benutzte den Lysholm-Smith-Drehmomentwandler: verstellbare Pumpenschaufeln gestatten damit dauernde Füllung des hydraulischen Kreislaufes; das nachgeordnete Zahnradstufengetriebe wird mittels Lamellenkupplungen geschaltet. Die Leistungsstufen hielten sich eng an die typisierten Wehrmachtsdiesellokomotiven, hingen jedoch stark von den verfügbaren Motoren und Getrieben ab. Bei 160 PS beginnend folgten die Stufen etwa einer geometrischen Reihe mit jeweils dem Anderthalbfachen des nächstniedrigeren Wertes.
So ergaben sich für die Dieselmotorleistung rund 160/240 PS bei der unteren, 360/550/800 PS bei der mittleren und 1 200 PS bei der oberen Leistungsklasse.
Auch Zwischenstufen von 120, 200 und 1 000 PS waren üblich. Diese Leistungsstufen wurden angestrebt, ließen sich jedoch nur annähernd einhalten.
Anfangs wurden die Lokomotiven, bedingt auch durch den Kuppelstangenantrieb, als Einrahmenfahrzeuge ausgeführt. Als dann der Gelenkwellenantrieb zur Verfügung stand, wurden vier Treibradsätze in zwei Drehgestellen angeordnet. Für Sonderfälle erhielten leistungsstarke Lokomotiven zwei Drehgestelle mit drei Treibradsätzen. Hergestellt wurden derartige Diesellokomotiven von:
Jung (bis 1981),

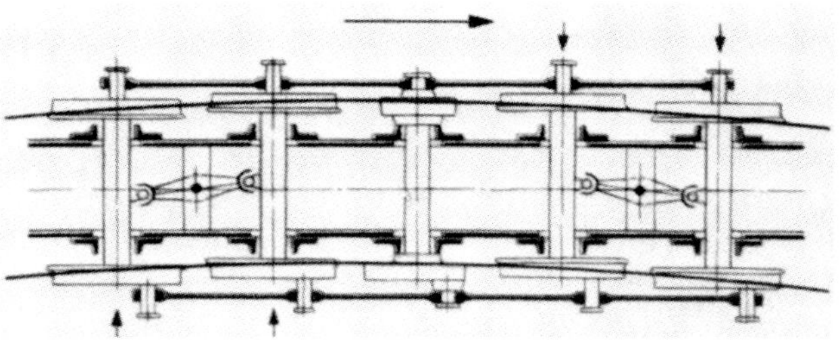

Einrahmenlaufwerk mit vier Radsätzen, die paarweise durch waagerechte, zweiarmige Hebel als Baldwin-Beugniot-Gestelle zusammengefaßt sind. Damit werden gute Laufeigenschaften, besonders während der Bogenfahrt, erreicht.

Kaelble-Gmeinder,
Klöckner-Humboldt-Deutz (bis 1969, von Henschel übernommen),
Krauss-Maffei,
Krupp (bis 1962, in anderer Bauart von der MaK fortgeführt),
Krupp-MaK,
Linke-Hofmann-Busch (bis 1973),
Maschinenfabrik Eßlingen (bis 1961, von Henschel zum Teil übernommen),
Orenstein & Koppel (bis 1981),
Thyssen Henschel.
Nachdem sich die Drehstrom-Leistungsübertragung bei den Streckenlokomotiven bewährt hatte und Weiterentwicklungen an Steuerungs-, Regelungs- und Leistungselektronik zu wesentlichen Vereinfachungen führten, konnte diese Leistungsübertragung auch für Industrie- und Privatbahnlokomotiven angewandt werden. Die Lokomotiven mit elektrischer Leistungsübertragung bauen im Fahrzeugteil auf den Erfahrungen auf, die mit den standardisierten dieselhydraulischen Lokomotiven gesammelt worden waren.
Zusätzlich wurde eine Vereinheitlichung von Bauteilen oder Baugruppen der Diesellokomotiven mit hydraulischer und Drehstrom-Leistungsübertragung angestrebt. Damit wurde die Fertigung wirtschaftlicher, die Ersatzteilhaltung vereinfacht. Wesentlich ist auch, daß sich die Lokomotiven unterschiedlicher Leistung und Bauart weitgehend gleich bedienen lassen.
Die Leistungsstufung orientierte sich ebenfalls an den dieselhydraulischen Lokomotiven und an den verfügbaren Aggregaten wie Dieselmotor, Generator oder Wechselrichter. Für kleine Leistungen scheidet die Drehstromübertragung wegen des technischen Aufwands aus wirtschaftlichen Gründen noch aus.
Als Dieselmotorleistungen ergeben sich damit:
500 (680), 800 (1 090) und 1 200 (1 600) kW (PS).
Für die Industrie- und Privatbahnlokomotiven steht die Drehstrom-Leistungsübertragung sowohl mit konstanter Zwischenkreisspannung als auch mit konstantem Zwischenkreisstrom zur Verfügung. Als Antrieb ist ausnahmslos der Tatzlagerfahrmotor in

der Bauart als Asynchron-Drehstrommotor vorgesehen.
Die Lokomotiven werden fahrzeugtechnisch als Einrahmenbauart mit drei Treibradsätzen, für größere Leistungen als Drehgestellbauart mit vier Treibradsätzen ausgebildet.
Hersteller dieser Lokomotiven sind:
Kaelble-Gmeinder,
Krauss-Maffei,
Krupp-MaK,
Thyssen Henschel.

Bauarten der Lokomotivfabriken

Jung entwickelte 1950 die mittlere Leistungsklasse dieselhydraulischer Lokomotiven der Wehrmacht weiter und modernisierte sie erheblich. Von 1970 bis zur Aufgabe des Lokomotivbaus 1981 baute Jung auch Industrielokomotiven der oberen Leistungsklasse als Drehgestellfahrzeuge.
Kaelble-Gmeinder stellte Ende der vierziger Jahre zunächst zweiachsige dieselhydraulische Lokomotiven der unteren Leistungsklasse her, die sich an die Kleinlokomotive Leistungsgruppe II der Bundesbahn anlehnten und auch für Schmalspur gebaut wurden. Für den mittleren Leistungsbereich kamen 1957 dieselhydraulische Industrielokomotiven als Einrahmen- und später auch als Drehgestell-Fahrzeuge hinzu. Industrielokomotiven mit Drehstrom-Leistungsübertragung stehen in Einrahmenbauweise seit 1981, mit Drehgestellen seit 1982 zur Verfügung. Der Drehgestell-Lokomotive lag ein für die Stuttgarter Straßenbahn entwickeltes Arbeitsfahrzeug mit Gelenkwellen-Einzelradsatzantrieb über Längsmotoren in Sonderbauart zugrunde, das in sogenannter Hybridausführung sowohl aus einem Dieselgeneratoraggregat als auch aus der Oberleitung mit 750 Volt Gleichspannung gespeist werden konnte. Eine ähnliche Zweikraftlokomotive, jedoch mit Tatzlagerantrieb und Einspeisung durch die Stromschiene mit 800 Volt Gleichspannung erhält die Berliner S-Bahn.
Klöckner-Humboldt-Deutz verwendete Dieselmotoren eigener Herstellung für die anfangs dieselhydraulischen Lokomotiven der Wehrmacht. 1955 folgte eine Typenreihe von Standard-Drehgestell-Lokomotiven der oberen Leistungsklasse. Durch Verdoppelung der Maschinenanlage konnte die Leistung weiter erhöht werden, so daß sich der für Industrielokomotiven außergewöhnliche Bereich der Streckenlokomotiven erreichen ließ. Die drehzapfenlosen Drehgestelle waren mit zwei oder drei Treibradsätzen ausgeführt und zunächst längs über waagerecht angeordnete Stangen mit Hebel am Brückenrahmen angelenkt, während quer gummigefederte Führungen vorgesehen waren. Später wurde ein Kegelrollendrehkranz aus Gummi angewandt, mit dem eine tiefe, nahe Schienenoberkante liegende Zug- und Bremskraftübertragung erreicht wird. Dieser ideelle Drehzapfen führt auch zu gleichmäßiger Verteilung der Radsatzlasten. Der Gummi-Kegelrollendrehkranz wurde jedoch zugunsten der Stangen-Hebelanlenkung wieder verlassen, da sich die Gummiteile als nicht dauerfest erwiesen.
Die Drehgestelle mit zwei Treibradsätzen erhielten in der Mitte ein Verteilergetriebe, von dem die Kegelrad-Radsatzgetriebe über Gelenkwellen ange-

Dieselhydraulische Drehgestell-Lokomotive, 980 PS, mit Tandem-Gelenkwellenantrieb: Jung, 1970.

Dieselhydraulische Lokomotive, 500 PS, mit Gelenkwellenantrieb: Kaelble-Gmeinder, 1959.

Zweikraft-Drehgestell-Lokomotive von Kaelble-Gmeinder mit Drehstromleistungsübertragung von Siemens für die Stuttgarter Straßenbahn, 1982. Die Leistung kann entweder von einem Dieselgeneratoraggregat erzeugt oder aus der Oberleitung bezogen werden.

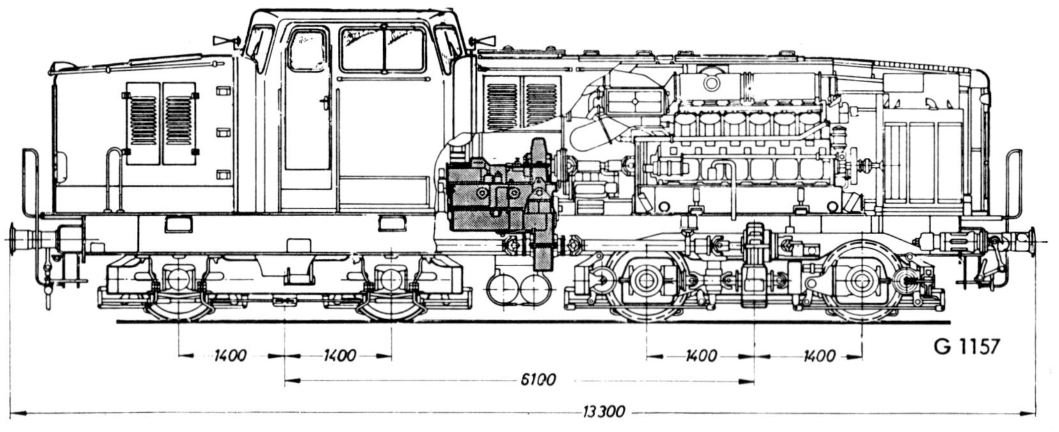

Dieselhydraulische Lokomotive, 1 200 PS, mit Gelenkwellenantrieb über Hohlwellenverteilergetriebe im Drehgestell: Klöckner-Humboldt-Deutz, 1962.

trieben wurden. Der Eintrieb des Verteilergetriebes war als Hohlwelle ausgebildet, in der die Eintriebsgelenkwelle konzentrisch und symmetrisch zur vertikalen Drehgestelldrehachse angeordnet war, um bei Bogenfahrt oder Federbewegungen des Fahrzeugs keinen Kradanfehler zu erzeugen. Bei Drehgestellen mit drei Treibradsätzen diente das mittlere Radsatzgetriebe auch als Verteilergetriebe und erhielt einen Hohlwelleneintrieb, durch den die Eintriebsgelenkwelle konzentrisch und symmetrisch angeordnet war. Da dieses spezielle Radsatzgetriebe aufwendig und schwer ausfiel, mußten die Radkörper über Gummifedern zusätzlich gegenüber den Laufkränzen abgefedert werden.

Aufgrund der Betriebserfahrungen konnte der Gelenkwellenantrieb über die Hohlwelle vereinfacht werden, indem die Eintriebsgelenkwelle direkt am Getriebe angebaut wurde, da sich der geringe Kardanfehler – wie auch bei den Bundesbahnlokomotiven – nicht nachteilig auswirkte. Auch die Einrahmen-Lokomotiven mit zwei oder drei Treibradsätzen erhielten einen Gelenkwellenantrieb: Verteilergetriebe zwischen beiden Treibradsätzen zweiachsiger Lokomotiven oder Verteiler-Radsatzgetriebe auf dem mittleren Radsatz bei drei Treibradsätzen.
Deutz baute die Standardlokomotive sowohl mit Mittenführerhaus und Vorbauten als auch mit Lokomotivkasten und Endführerräumen.

Dieselhydraulische Lokomotive, 2 × 1 000 PS, mit zwei dreiachsigen Drehgestellen, zwei Maschinenanlagen und Gelenkwellenantrieb über Hohlwellenverteiler-Radsatzgetriebe des mittleren Radsatzes: Klöckner-Humboldt-Deutz, 1962.

Dieselhydraulische Drehgestell-Lokomotive, 1 175 PS, mit Tandem-Gelenkwellenantrieb: Krauss-Maffei, 1977.

Dieselhydraulische Zweikraftlokomotive mit Leistungserzeugung entweder durch einen Dieselmotor mit 275 PS oder aus der Oberleitung durch einen Elektromotor mit 500 Kilowatt; Leistungsübertragung über ein Voith-Turbogetriebe und Gelenkwellen: Krauss-Maffei, 1965.

Die von Krauss-Maffei 1982 entwickelten Diesellokomotiven für Industriebahnen werden als Einrahmen- oder Drehgestell-Lokomotiven sowie dieselelektrisch mit Drehstromleistungsübertragung oder dieselhydraulisch mit hydrodynamischer Leistungsübertragung gebaut.

Krauss-Maffei lieferte ab 1949 zunächst eine weiterentwickelte Kleinlokomotive der Leistungsgruppe II. Dann folgte 1950 eine Typenreihe der mittleren Leistungsklasse. Bei der Überarbeitung 1967 erhielten die Standardlokomotiven Gummikegelfederung mit Führung der Treibradsätze sowie ein Mittenführerhaus. Die Drehgestell-Lokomotive wurde mit einem in den Brückenrahmen intergrierten Kraftstofftank ausgeführt. Im Jahr 1982 stellte Krauss-Maffei eine Typenreihe von Industrielokomotiven nach einem neuartigen Baukastenprinzip vor. Dabei sind die fahrzeugtechnischen Strukturen skelettartig ausgeführt; Auf- und Anbauten ergeben durch ihre besondere Ausführung die notwendigen Versteifungen. Diese Lokomotiven sind sowohl mit hydrodynamischer als auch mit Drehstrom-Leistungsübertragung sowie als Einrahmen- und als Drehgestellfahrzeuge lieferbar. Ferner baute Krauss-Maffei eine Zweikraftlokomotive mit Turbogetriebe und Gelenkwellenantrieb der drei Treibradsätze, bei der die Leistung wahlweise vom Dieselmotor oder von einem über die Oberleitung gespeisten Elektromotor erzeugt werden kann.

Krupp ging bei der Entwicklung von Industrielokomotiven eigene Wege durch Ausrüstung mit Krupp-Turbogetrieben und Drehmomentwandler in Bauart Lysholm-Smith mit zwei über Lamellenkupplung schaltbaren Zahnradstufen. Die Einrahmenfahrzeuge mit zwei, drei oder vier Treibradsätzen erhielten bei kleiner Leistung Kettenantrieb, bei größerer und mehreren Radsätzen Kuppelstangenantrieb über Blindwelle. Als Drehgestellfahrzeug war die Lokomotive symmetrisch mit zwei Maschinenanlagen ausgerüstet; die beiden Treibradsätze jedes Drehgestells erhielten ihre Leistung von je einem Dieselmotor mit Turbogetriebe über Gelenkwellen und Radsatzgetriebe, wobei die beiden Turbogetriebe als Getriebeblock in Lokomotivmitte angeordnet waren. Die letzten Industrielokomotiven lieferte Krupp 1962. Die zum Konzern gehörende MaK setzt jedoch den Industrie-Lokomotivbau mit einem eigenen Fertigungsprogramm fort.

Die *Krupp-MaK* lieferte 1950 eine verbesserte dieselhydraulische Wehrmachtlokomotive mit 360 PS als V 36^4 an die Bundesbahn. Zwei Jahre später wurde eine Typenreihe unter Berücksichtigung des mittelschnell-laufenden MaK-Dieselmotors entworfen.

Bei der Type mit vier Treibradsätzen wurden erstmals bei Diesellokomotiven jeweils zwei Radsätze zu einem Baldwin-Beugniot-Gestell zusammengefaßt. Damit konnten gute Laufeigenschaften bis 100 km/h und guter Bogenlauf erreicht werden. Die Blindwelle zwischen beiden Gestellen stabilisierte über den Kurbelzapfen die Kuppelstangen des Parallelkurbeltriebes der vier Treibradsätze. Diese Bauart wurde später auch mit 1 200 PS Dieselmotorleistung gebaut. Bei den ersten Industrielokomotiven mit Gelenkwellenantrieb übernahmen zunächst einseitig angeordnete Federblattlenker die Radsatzführung. Aus den Baureihen V 100 und V 90 für die Bundesbahn entwickelte die MaK 1964 auch Industrielokomotiven für ein Standardprogramm. Als 1980 für diesen Anwendungs- und Leistungsbereich die Drehstrom-Leistungsübertragung zur Verfügung stand, wurde sie einer neuen Typenreihe von Industrielokomotiven zugrunde gelegt. Kurz vorher war aber auch die Entwicklung der Lokomotiven mit hydrodynamischer Leistungsübertragung weiterge-

Dieselhydraulische Drehgestell-Lokomotive, 2 × 440 PS, mit zwei Maschinenanlagen, Krupp-Lysholm-Smith-Doppelturbogetriebe und Gelenkwellenantrieb: Krupp, 1956.

Dieselelektrische Drehgestell-Lokomotive, 1 800 PS, mit Drehstrom-Leistungsübertragung von BBC: Krupp-MaK, 1987.

Dieselhydraulische Drehgestell-Lokomotive, 1 200 PS, mit Tandem-Gelenkwellenantrieb: Linke-Hofmann-Busch, 1966.

Dieselhydraulische Lokomotive, 950 PS, mit Baldwin-Beugniot-Laufwerk: Maschinenfabrik Eßlingen, 1956.

gangen, zumal inzwischen günstigere Turbogetriebe zur Verfügung standen.
Mit dem Übergang auf schnellaufende Dieselmotoren ließen sich Vereinheitlichungen auf breiter Basis durchführen, so daß heute Industrielokomotiven nach dem Baukastenprinzip mit hydrodynamischer und mit Drehstrom-Leistungsübertragung als Einrahmenfahrzeug mit drei oder als Drehgestellfahrzeug mit vier Treibradsätzen lieferbar sind.
Linke-Hofmann-Busch entwickelte 1958 eine Typenreihe dieselhydraulischer Industrielokomotiven der unteren und mittleren Leistungsklasse. Diese Typenreihe wurde 1969 durch eine Drehgestell-Lokomotive mit vier Treibradsätzen erweitert.
Die *Maschinenfabrik Eßlingen* begann 1950 mit der Lieferung dieselhydraulischer Lokomotiven der unteren und später auch der mittleren Leistungsklasse. Hervorzuheben ist die aus der Kleinlokomotive Leistungsgruppe III der Bundesbahn entwickelte, besonders zweckmäßige und übersichtliche dieselhydraulische Lokomotive mit zwei Treibradsätzen. An das Endführerhaus schlossen sich niedrige Maschinenraum-Vorbauhauben an. Die Lokomotive wurde durch Gelenkwellen über Kegelrad-Radsatzgetriebe angetrieben.
Orenstein & Koppel nahm nach Verlust der Werke in Potsdam-Babelsberg und Nordhausen den Bau von Diesellokomotiven 1948 im Werk Dortmund wieder auf. Zunächst wurden dieselhydraulische Lokomotiven der unteren Leistungsklasse von 20 bis 240 PS mit eigenen Dieselmotoren ausgerüstet, die für den jeweiligen Betriebseinsatz besonders ausgelegt waren. Diese Lokomotiven standen auch für Schmalspur zur Verfügung.
Eine Typenreihe von Industrielokomotiven nach dem Baukastenprinzip mit besonderen Radsatzeinheiten und Gelenkwellenantrieb erschien 1962. Diese Einheiten bestanden aus einem nichtselbsthemmenden, mehrgängigen Cavex-Schneckenradgetriebe, vereinigten Getriebe- und Radsatzlagern, stoßelastischen Parallelogramm-Radsatzlenkerführungen, die gleichzeitig als Drehmomentstütze wirkten, Scheibenbremse und Schichtgummifedern zur Gewichtsaufnahme. Damit wurden Lokomotiven mit

Dieselhydraulische Lokomotive, 320 PS, mit Gelenkwellenantrieb über Radsatzgetriebeeinheiten: Orenstein & Koppel, 1962.

Dieselhydraulische Lokomotive, 720 PS, mit Tandem-Gelenkwellenantrieb und Funkfernsteuerung: Orenstein & Koppel, 1975.

zwei, drei und vier Treibradsätzen in Normal- oder Schmalspur ausgerüstet. Bei der Bauart mit vier Treibradsätzen waren je zwei zu einer Art Baldwin-Beugniot-Gestell zusammengefaßt, um die Laufeigenschaften zu verbessern und guten Bogenlauf zu erreichen. Später wurde die Radsatzeinheit mit Kegel-Stirnradverzahnung ausgeführt, bis 1970 Radsätze mit Außenlager und Radsatzgetriebe ebenfalls in Bauart Kegelrad/Stirnrad für Standardlokomotiven mit drei oder vier Treibradsätzen hergestellt wurden. Ende der siebziger Jahre entwickelte Orenstein & Koppel im Hinblick auf die vor allem von der Montanindustrie gewünschte Einführung der Drehstrom-Leistungsübertragung noch eine schwere Industrielokomotive mit 500 Kilowatt, Radsatzfolge C, Endführerkabinen und Funkfernsteuerung, bevor

Dieselhydraulische Lokomotive, 775 PS, mit Gelenkwellenantrieb: Thyssen-Henschel, 1980.

1981 auch hier der Lokomotivbau endgültig eingestellt wurde.
Thyssen Henschel beteiligte sich maßgebend an der Entwicklung von Gelenkwellenantrieben; 1954 wurde eine Drehgestell-Versuchslokomotive gebaut, bei der die Gelenkwellen zum Antrieb der Treibradsätze im Drehgestell so angeordnet waren, daß die Gelenkwellenkinematik bei Bogenfahrt oder Federbewegungen des Fahrzeugs weitgehend unbeeinträchtigt blieb, also kein Kardanfehler auftrat. Theoretische Untersuchungen ergänzten die Versuchsergebnisse, die zu Berechnungsverfahren ausgearbeitet wurden.
Ab 1954 standen auch eigene schnellaufende Dieselmotoren zur Verfügung. Um den letzten Erkenntnissen leichter Wartung und Instandhaltung sowie wirtschaftlicher Fertigung noch besser zu genügen, wurden diese Lokomotiven mit hydrodynamischer Leistungsübertragung 1972 überarbeitet. Äußerlich ist dies an den sachlichen Konturen von Führerhaus und Vorbauten erkennbar.
Schon 1976 wurden schwere Drehgestell-Lokomotiven mit Drehstrom-Leistungsübertragung in Hybrid- oder Zweikraftausführung mit Dieselaggregat und Einspeisung über die Gleichstromfahrleitung mit 600 Volt an Eisenbahn und Häfen in Dortmund geliefert. Standardisierte Industrielokomotiven mit Drehstrom-Leistungsübertragung entwickelte Thyssen Henschel 1982 mit 500 Kilowatt als Einrahmen- und mit 800 Kilowatt als Drehgestellfahrzeug.
Sowohl bei den dieselelektrischen als auch bei den dieselhydraulischen Lokomotiven der letzten Generation sind die lauftechnischen Erkenntnisse aus den Henschel-Flexifloat-Drehgestellen eingeflossen, wodurch beim Einrahmenfahrzeug die Geschwindigkeit für Überführungsfahrten auf 100 km/h erhöht werden konnte.

Sonderbauarten

Für den Einsatz in chemischen Betrieben wie Raffinerien oder Anlagen zur Erzeugung von Gasen werden dieselhydraulische Lokomotiven mit Einrichtungen zur Vermeidung oder Verminderung der Explosionsgefahr zündfähiger Gase ausgeführt. Hierzu dürfen je nach Gefahrenklasse die Oberflächentemperaturen der Aggregate wie Dieselmotor oder Getriebe bestimmte Grenzwerte – etwa 160 Grad Celsius – nicht übersteigen. Auch muß das Abgas hoch ausgestoßen werden und dazu abgekühlt sein. Dies erfordert gekühlte Oberflächen und

Dieselelektrische Zweikraftlokomotive mit Dieselgeneratoraggregat mit 660 PS oder Speisung aus der Oberleitung mit 600 Volt, 1 360 PS, Drehstromleistungsübertragung von BBC, für den Gemeinschaftsbetrieb Eisenbahn und Häfen, Dortmund: Thyssen-Henschel, 1977.

Dieselelektrische Lokomotive, 680 PS, mit Drehstromleistungsübertragung von BBC: Thyssen-Henschel, 1984.

einen Abgaskühler, der die Austrittstemperatur der Abgase entweder naß durch eine Wasservorlage oder – besser – trocken durch einen wassergekühlten Rohrwärmetauscher vermindert. Im gefährdeten Gebiet darf keine Bremsluft verdichtet und gespeichert werden. Die elektrische Anlage muß in explosionsgeschützter Bauart ausgeführt sein. Derartige Lokomotiven mit „Ex-Schutz" lieferten für den unteren und mittleren Leistungsbereich fast alle Hersteller von Industrielokomotiven.

Diesellokomotiven in der DDR

Bei der Reichsbahn in der DDR verliefen Mitte der fünfziger Jahre Entwicklung, Konstruktion und Bau von Diesellokomotiven wegen des gleichen Erfahrungsguts aus vorhandenen Fahrzeugen ähnlich wie bei der Bundesbahn. Allerdings war die Ausgangslage schwieriger, weil eine Zulieferindustrie für Dieselmotoren, Kühlanlagen, Turbogetriebe und andere Teile erst aufgebaut werden mußte. Da die Entwicklung später einsetzte als in der Bundesrepublik, konnte sie sich von den Wehrmachtsbauarten von vornherein lösen.
Zunächst wurde für Neubaulokomotiven eine Typenreihe mit schnellaufenden Dieselmotoren, hydrodynamischer Leistungsübertragung sowie standardisierten Baugruppen und Aggregaten aufgestellt. Diese Typenreihe bestand aus vier Grundbau-

Die erste 1958 in der DDR neu entwickelte Diesellokomotive leistete 150 PS; spätere Lieferungen erhielten 180, ab 1970 schließlich 220 PS; diese zunächst als V 23 bezeichnete Lokomotiv-Baureihe ist als 102.1 noch heute vielfach im Einsatz.

Die Rangierlokomotive V 60 der Reichsbahn in der DDR erhielt vier zur Verbesserung der Laufeigenschaften in Baldwin-Beugniot-Gestellen zusammengefaßte Treibradsätze; damit konnte die Radsatzlast auf nur 15 Tonnen begrenzt werden. Die Lokomotiv-Baureihe wurde erstmals 1959, in verbesserter Ausführung später jedoch lange weitergebaut.

Die V 100 der Reichsbahn in der DDR wurde für den leichten Streckendienst entwickelt, um auch auf Nebenbahnen die Dampflokomotiven mehr und mehr durch zeitgemäße Triebfahrzeuge ersetzen zu können. Hier zieht die erste Lokomotive dieser Reihe, die V 100 001 (110 001-5) einen Getreideganzzug durch Waren an der Müritz.

arten: Zwei Baureihen geringer Leistung für den Rangierdienst als Einrahmenfahrzeuge mit Kuppelstangenantrieb über Blindwellengetriebe, schmalen Maschinenraumaufbauten und einem Führerhaus sowie je einer Baureihe mittlerer und hoher Leistung für den Streckendienst mit zwei Drehgestellen und Gelenkwellenantrieb mit Radsatzgetrieben. Die Lokomotive mittlerer Leistung besitzt schmale Maschinenraumaufbauten und Mittenführerhaus, die leistungsstärksten zwei Maschinenanlagen und einen selbsttragenden Lokomotivkasten mit Endführerräumen.

Für Industriebahnen war bereits vom Lokomotivbau „Karl Marx" (LKM) in Babelsberg 1956 eine einfache Rangierlokomotive mit zwei Treibradsätzen und Endführerhaus für verschiedene Spurweiten entwickelt worden. Aus dieser Bauart wurde für die Typenreihe der Reichsbahn die erste Neubau-Diesellokomotive mit 150 PS Leistung als Baureihe V 15 (101) entwickelt und ab 1958 geliefert. Spätere Lieferungen erhielten 180 PS Leistung (102) und verbesserte Turbogetriebe. Mit 220 PS fand die Entwicklung 1970 als Baureihe V 23 (102.1) ihren Abschluß.

Bei nur 15 Tonnen Radsatzlast besitzt die 600-PS-Rangierlokomotive V 60 (106/105) vier Treibradsätze, die zur Verbesserung der Laufeigenschaften jeweils in zwei Baldwin-Beugniot-Gestellen zusammengefaßt sind. Die erste Lokomotive wurde 1959 in Babelsberg gebaut und ab 1961 mehrfach nachgeliefert. Die überarbeitete Serienproduktion wurde 1964 vom Lokomotivbau Elektrotechnische Werke „Hans Beimler" (LEW) in Hennigsdorf aufgenommen.

Die leichte Streckenlokomotive V 100 (110/112/114/111) mit schmalen Vorbauhauben, unter denen sich die Maschinenanlage und die Zugheizkesselanlage

Baureihennummern der Diesellokomotiven der Reichsbahn in der DDR

nach 1970	vor 1970
100 0	Kö I
100 1–7	Kö II [1])
100 8–9	Kö II[2])
101 0	V 15 10
101 1–3	V 15 20–23
102 0	V 23 0
102 1	V 23 1
103	V 36
106	V 60 10
107	V 75
110	V 100
118 0	V 180
118 1	V 180 1
118 2–4	V 180 2–4
120	V 200

[1]) dieselmechanisch
[2]) dieselhydraulisch

Ähnlichkeit mit der V 200 der Bundesbahn hatte auch die V 180 der Reichsbahn in der DDR, die später die Baureihenbezeichnung 188 erhielt. Zwei Maschinenanlagen machten sie mit zusammen 1 800, später bis zu 3 000 PS, zur leistungsstärksten vierachsigen Diesellokomotive aus landeseigener Fertigung. Das Bild zeigt die 118 244-3 vor einem Personenzug in Großkorbetha.

befinden, wurde von LKM und LEW entwickelt und 1964 in Hennigsdorf erstmals mit 900 PS Leistung gebaut.

Die Radsatzgetriebe sind mehrstufig ausgeführt: eine Stirnradstufe auf der Radsatzwelle, wobei die vorgeschaltete Kegelradstufe über eine Eintriebs-Stirnradstufe der beiden inneren Radsätze von der Gelenkwelle angetrieben wird. Der damit mögliche versetzte Gelenkwellenstrang erlaubt die Anlenkung des Außenkastenrahmen-Drehgestelles in einfacher Weise mittels Drehzapfen am Brückenrahmen.

Die Lokomotive wurde von LEW auch mehrfach weiterentwickelt. Als Baureihe 112 leistet sie 1 200 PS und als Baureihe 114 schließlich 1 500 PS. Als Güterzug- und Rangierlokomotive Baureihe 111 wurde sie 1982 mit 1 000 PS Leistung und ohne Zugheizkesselanlage mit 15,5 Tonnen Radsatzlast geliefert; damit kann sie auch auf Strecken mit leichtem Oberbau eingesetzt werden. Eine weitere Variante, die Baureihe 110.9, erhielt einen Antriebsflansch (400 PS), von dem aus Maschinen zum Grabenräumen auf einem geschobenen Waggon angetrieben werden können. Dabei wird die Lokomotive über eine zusätzliche hydrostatische Leistungsübertragung durch das erste Radsatzgetriebe angetrieben und kann damit sehr geringe Vorschubgeschwindigkeit erzielen. Der Hydrostatikmotor ist zu diesem Zweck auf einem Zwischenlager angeordnet, das Lokomotive und Waggon kippsicher verbindet.

Die leistungsfähige Streckenlokomotive der Baureihe V 180 (118) mit zwei Maschinenanlagen von zunächst je 900 PS und Zugheizkesselanlage wurde von LKM in Babelsberg 1960 fertiggestellt. Die Gesamtkonzeption ist ähnlich wie bei der Baureihe V 200 der Bundesbahn. Im wesentlichen unterscheidet sie sich jedoch in der Drehgestellbauart: Außenkastenrahmen mit Radsatzführungen durch Gummischichtfedern und Anlenkung über einen parallel verschiebbaren Hebelrahmen am Drehgestell mit

Federblattlenker am Brückenrahmen, wodurch ein ideeller Drehpunkt erzeugt wird. Im Gelenkwellenantrieb werden zweistufige Radsatzgetriebe verwendet.
Versuchsweise erhielten zwei Lokomotiven Stirnfronten aus glasfaserverstärktem Kunststoff mit vorgezogenem Dachteil zur Erzeugung blendfreier Stirnfenster.
Die Leistung wurde 1965 auf je 1 000 PS gesteigert (Baureihe V 180.1, später 118.1). Umgebaute, verbesserte und in ihrer Leistung weiter gesteigerte Lokomotiven wurden als Baureihe 118.5 eingereiht. Um der Forderung der Reichsbahn nach einer leistungsfähigen Lokomotive für Nebenstrecken mit nur etwa 15 Tonnen Radsatzlast nachzukommen, leitete LKM aus der Baureihe V 180 mit vier Treibradsätzen (V 180.2/V 180.3, später 118.2/118.3) eine Lokomotive mit sechs Treibradsätzen ab. Die erste mit zweimal 1 200 PS stellte LKM 1964 her, die Serienlieferung begann 1966. Das Drehgestell mit drei Treibradsätzen ist über Federblätter an einem Drehzapfen des Brückenrahmens angelenkt. Der Gelenkwellenantrieb wurde so ausgebildet, daß bei Bogenfahrt an der Gelenkwelle zwischen Turbogetriebe und mittlerem Radsatzgetriebe fast kein Kardanfehler entsteht, während er an der Gelenkwelle zum ersten Radsatzgetriebe in zulässigen Grenzen bleibt.
Abgeschlossen wurde die Entwicklung mit der Baureihe 118.8, die eine Gesamtleistung von 3 000 PS aufweist.
Die Reichsbahn in der DDR betreibt auch heute noch Netze mit 750 und 1 000 mm Spurweite. Als einfachste Diesellokomotiven wurden dafür abgeänderte Bau- oder Grubenlokomotiven mit geringer Leistung mit Ketten- oder Kuppelstangenantrieb und mechanischem Getriebe eingesetzt. Auch fanden aufgearbeitete ehemalige Heeresfeldbahnlokomotiven mit 105 PS Leistung, Kuppelstangenantrieb über Blindwelle und Turbogetriebe Verwendung. Sie werden als Schmalspur-Kleindiesellokomotiven bezeichnet.
LKM baute 1960 eine Schmalspur-Diesellokomotive, Baureihe V 36.4, die aus zwei kurzgekuppelten Teilen von je 180 PS Leistung mit je zwei Treibradsätzen und Kuppelstangenantrieb über Blindwelle mit Turbogetriebe bestand. Das Führerhaus liegt in der Mitte zwischen beiden Fahrzeughälften und gestattet gute Sicht über die niedrigen Vorbauten. Die Lokomotive ist durch Verdoppelung aus der Baureihe V 15 abgeleitet; wegen zu hoher Radsatzlast von 9,2 Tonnen konnte sie nicht freizügig eingesetzt werden und wurde später zerlegt.
Eine weitere Schmalspurlokomotive, Baureihe V 30 (199.3), mit 330 PS Leistung, drei Treibradsätzen, Kuppelstangenantrieb über Blindwelle und Turbogetriebe wurde von der Reichsbahn 1969 aus einer von LKM 1967 für die Indonesische Staatsbahn gelieferten Serie erworben und umgebaut.

Resümee

Die Entwicklungen der deutschen Lokomotivindustrie haben, wie aus den Ausführungen deutlich wurde, zum Bau von betriebstüchtigen und wirtschaftlichen Diesellokomotiven geführt. Dies ermöglichte zahlreiche Lieferungen eines weltweiten Exports von Diesellokomotiven in Vergangenheit und Gegenwart.

Dieselhydraulische 2 × 180-PS-Drehgestell-Lokomotive mit sechs Treibradsätzen, Baureihe V 180.3 (118.3), von LKM, 1969.

Dieseltriebwagen

Bevor Verbrennungsmotoren im Lokomotivbau Verwendung fanden, dienten sie als Leistungserzeuger für Triebwagen.
Gottlieb Daimler und die Maschinenfabrik Eßlingen bauten und erprobten den ersten brauchbaren Verbrennungstriebwagen mit einer Leistung von 12 PS ab 1887 bei den Württembergischen Staatseisenbahnen.
Ab 1909 wurden bei den Staatsbahnen Preußens und Sachsens Triebwagen mit Benzolmotor in Dienst gestellt. Die ersten Triebwagen mit Dieselmotoren kamen 1914 bei den Sächsischen Staatseisenbahnen zum Einsatz. Alle Ideen, Pläne und Versuche unterbrach der Erste Weltkrieg.
Die Deutsche Reichsbahn übernahm nach 1920 von den Länderbahnen 22 Diesel- und Benzoltriebwagen. Ein auch für die Triebwagenentwicklung wichtiges Ereignis war die eisenbahntechnische Tagung

Gottlieb Daimler und die Maschinenfabrik Eßlingen bauten 1887 den ersten brauchbaren Verbrennungstriebwagen.

Zahlreiche Triebwagen unterschiedlicher Bauart gingen nach 1920 von den Länderbahnen an die Deutsche Reichsbahn über. Dieser zweiachsige Triebwagen „718 Regensburg" erhielt später die Bezeichnung VT 133 001 und blieb als Museumsfahrzeug bis heute erhalten.

Die Wirtschaftlichkeit der Triebwagen mit Verbrennungsmotor führte in den dreißiger Jahren zu rasch wachsender Verbreitung auch vierachsiger Dieseltriebwagen, wie hier im Schwarzwald.

des VDI 1924 in Berlin, verbunden mit einer großen Fahrzeugausstellung im Rangierbahnhof Seddin. Dort wurden mehrere von der deutschen Industrie gebaute Triebwagen mit Benzolmotoren und ein Triebwagen mit Dieselmotor gezeigt. Einer der Triebwagen hatte bereits ein hydrodynamisches Getriebe. Die folgenden Jahre dienten vorwiegend zur Erprobung und zum Sammeln von Betriebserfahrungen mit diesen Triebwagen.
Die Leistungsübertragung zwischen Verbrennungsmotor und Radsatz übernahmen auch hier – wie bei den Lokomotiven – mechanische oder hydraulische Getriebe sowie die Umwandlung der Motorleistung in elektrische Energie bei elektrischem Antrieb.
Die technischen und wirtschaftlichen Erfolge des Verbrennungstriebwageneinsatzes führten zu rasch steigendem Bedarf, und die Industrie lieferte bis 1939 in mehreren Bauprogrammen zahlreiche Triebwagen an die Reichsbahn.

Schnelltriebwagen

Die im Oktober 1924 von den Flugzeugingenieuren Franz Kruckenberg und Curt Stedefeld gegründete Gesellschaft für Verkehrstechnik entwickelte völlig neue Vorstellungen für Triebwagen: Steigerung der Geschwindigkeit auf 200 bis 300 km/h mit leichten, stromlinienförmigen Fahrzeugen. Diese Idee wurde zwar anfangs nur von der Gesellschaft verfolgt, später aber von der Reichsbahn und den Waggonbaufirmen übernommen.

Schienenzeppelin

Um zu beweisen, daß auf normalen Gleisen eine wesentliche Geschwindigkeitserhöhung möglich ist, entschlossen sich die beiden Ingenieure, einen Propellertriebwagen zu bauen. Zur Durchführung der Bau- und Fahrversuche gründeten sie 1928 die Flugbahn GmbH. Dort entstand innerhalb eines Jahres ein Propellertriebwagen, der alsbald wegen seiner Parallelen zum Luftschiff als „Schienenzeppelin" berühmt werden sollte. Entsprechend den Versuchszielen war das Fahrzeug stromlinienförmig ausgebildet, um geringen Luftwiderstand und damit hohe Geschwindigkeit zu erreichen. Luftfahrzeugmäßiger Leichtbau verringerte die Fahrzeugmasse. So war der 25,8 Meter lange Triebwagen als Rohrkonstruktion unter Verwendung von Stahl-, Leichtmetall- und Sperrholzbauteilen ausgeführt und wog nur 18,5 Tonnen entsprechend einem Metergewicht von 0,71 t/m.

Der Kruckenberg-Schienenzeppelin bei Versuchsfahrten auf der Strecke Hannover–Burgwedel. Die Ähnlichkeit mit einem Luftschiff kommt nicht nur im Propellerantrieb zum Ausdruck.

Durch die Wahl des Antriebs, der aus einem BMW-Flugmotor mit angeflanschtem Propeller bestand, war das Laufwerk nicht mit Antriebselementen belastet und entsprechend leicht. Das gesamte Gewicht konnte deshalb auf zwei Radsätzen untergebracht werden. Die Einzelradsätze wurden durch parallele, deichselartige Lenker so geführt, daß sie unabhängig von der Querbewegung ihre senkrechte Stellung zur Fahrzeuglängsachse beibehielten. Erstmals waren Magnetschienenbremsen eingebaut, um bei hohen Fahrgeschwindigkeiten den Bremsweg einhalten zu können. Damit konnte der Schienenzeppelin aus einer Geschwindigkeit von 160 km/h bei einem Signalabstand von 700 Meter sicher anhalten.

Im Herbst 1930 begannen die Fahrversuche im Raum Hannover. Schon kurz darauf wurden 180 km/h erreicht. Die weitere Erprobung des Fahrzeuges auf Reichsbahngleisen stieß jedoch auf erheblichen Widerstand. Erst nachdem in England eine Versicherung bereit war, das Risiko abzudecken, ließ die Reichsbahn eine Fahrt auf der Strecke Hamburg – Berlin zu.

Am 21. Juni 1931 wurde nach starken Sicherheitsvorkehrungen – so war der übrige Betrieb eingestellt – die 257 Kilometer lange Strecke von Hamburg-Bergedorf bis Berlin-Spandau in 98 Minuten zurückgelegt. Dabei stellte der Triebwagen zwischen Karstädt und Wittenberge mit 230 km/h einen neuen Geschwindigkeitsweltrekord auf. Anschließend ging der Schienenzeppelin auf Deutschlandfahrt.

Trotz guter Ergebnisse konnte der Propellerantrieb nicht überzeugen, da er sich erst ab 200 km/h wirtschaftlich einsetzen läßt, im Reichsbahnnetz aber nur 160 km/h als wirtschaftliche Höchstgeschwindigkeit angesehen wurden. Die Flugbahngesellschaft entwarf daher einen zweiteiligen Dieseltriebwagen

Extremer Leichtbau reduzierte die Fahrzeugmasse des Schienenzeppelins auf ein Minimum, um mit geringer Antriebsleistung hohe Geschwindigkeit erreichen zu können. Auch die Innenausstattung vermittelt mit ihren Rohrkonstruktionen spartanische Einfachheit.

Einzelachslaufwerk des Schienenzeppelins mit Gummikugeln zur Verringerung des Ausdrehwiderstands (oben) sowie den Traversen für die Magnetschienenbremse und den Lenkern (unten).

mit Flüssigkeitsgetriebe. Aus Geldmangel konnte dieses Projekt jedoch nicht realisiert werden.
Mit finanzieller Unterstützung der Reichsbahn wurde stattdessen der Propellertriebwagen im Jahre 1932 mit einem zweiachsigen Drehgestell und einem darin untergebrachten Flüssigkeitsgetriebe nach Professor Herrmann Föttinger ausgerüstet. Der Föttingerwandler war dabei um die Treibradsätze herumgebaut. Für Vor- und Rückwärtsfahrt wurde jeweils nur der Wandler eines Radsatzes benutzt. Die Probefahrten des jetzt dreiachsigen Fahrzeuges bis zu 180 km/h bestätigten die Erwartungen, die in das hydrodynamische Getriebe gesetzt wurden.

Der „Fliegende Hamburger"

Die zunehmende Konkurrenz des innerdeutschen Straßen- und Luftverkehrs veranlaßte die Reichsbahn, aufbauend auf den Kruckenbergschen Ideen, einen Fernschnellverkehr auf den Hauptstrecken zu planen. Im Februar 1931 wurde dafür zunächst ein zweiteiliger Triebwagen bei der Waggon- und Maschinenbau AG, Görlitz (WUMAG), bestellt.
Äußerlich war dieser Triebwagen durch die abgerundeten Wagenkastenenden, die abgeflachten Dachkappen und die tief heruntergezogenen Blechschürzen gekennzeichnet. Diese Form war nach entsprechenden Windkanalversuchen beim Luftschiffbau in Friedrichshafen festgelegt worden. Um den Luftwiderstand gering zu halten, wurden alle vorstehenden Teile vermieden. Die Einstiegtüren waren deshalb als Schiebetüren ausgebildet, die Einstiegtritte bei geschlossenen Türen hochgeklappt. Ein zweiter Faltenbalg stellte eine umrißgleiche Verbindung zwischen den beiden Wagenkästen her. Auch der Verzicht auf Puffer und Kupplung diente der Senkung des Luftwiderstands.
Das weitgehend geschweißte, in Leichtbaukonstruktion ausgeführte Fahrzeug stützte sich auf ein gemeinsames Mitteldrehgestell der Bauart Jakobs und auf zwei Enddrehgestelle ab. Die Fahrgastgroßräume mit der Sitzteilung 3 + 1 waren dem Einsatzbereich entsprechend komfortabel ausgestattet. Der Sitzkomfort der Dreierbank wurde jedoch bald als unzureichend empfunden, so daß bei den nachfolgenden Fahrzeugen auf die Anordnung 2 + 1 übergegangen wurde. Im Mittelteil war ein barähnlicher Erfrischungsraum vorhanden. Die Farbgebung in Lila und Creme, entsprechend den Wagen des Rheingoldzuges, gaben dem Triebwagen auch optisch eine besondere Note.
Die dieselelektrische Maschinenanlage mit zwei Dieselgeneratorsätzen und zwei elektrischen Fahrmotoren wurde auf die drei Drehgestelle verteilt. Dabei war das Jakobs-Drehgestell als Triebdrehgestell ausgebildet, die beiden Enddrehgestelle trugen die Dieselgeneratorsätze.
Besonderes Augenmerk wurde auf die Sicherheitseinrichtungen gelegt. Der Triebwagen erhielt induktive Zugbeeinflussung und eine besondere Bremsausrüstung. Der in den Bremszylindern erzeugte Druck wurde nicht durch gußeiserne Bremsklötze auf die Radreifen übertragen, sondern durch Bremsbacken mit Reibbelägen auf Bremstrommeln. Zu-

Mit dem „Fliegenden Hamburger" begann 1933 der Schnellverkehr mit Dieseltriebwagen der Reichsbahn. Auch mit seiner ungewöhnlichen Farbgebung in Lila und Creme lenkte er – hier im Sachsenwald – alle Blicke auf sich.

sätzlich war eine Magnetschienenbremse vorhanden. Bei Einsatz beider Bremsen konnte der Triebwagen aus 160 km/h auf achthundert Meter zum Halten gebracht werden.

Im Sommer 1932 wurden die ersten Probefahrten mit nur einer Maschinenanlage vorgenommen, Anfang Oktober war das Fahrzeug nach Einbau der zweiten Maschinenanlage endgültig fertiggestellt. Noch im Dezember unternahm der Triebwagen weitere Probe- und Pressefahrten auf der zukünftigen Einsatzstrecke Berlin–Hamburg mit Geschwindigkeiten bis 165 km/h, die ihn unter dem Namen „Fliegender Hamburger" weltbekannt machten.

Am 15. Mai 1933 nahm der Schnelltriebwagen den planmäßigen Verkehr auf. Der Fahrplan war dabei für eine Geschwindigkeit von 150 km/h ausgelegt,

Der „Fliegende Hamburger" durchfährt Siemensstadt auf dem Weg von Berlin nach Hamburg.

Blick in den Führerraum des „Fliegenden Hamburgers".

die zum Einholen von Verspätungen auf 160 km/h gesteigert werden konnte. Die 287 Kilometer lange Strecke wurde in 138 Minuten zurückgelegt. Dies entsprach einer Reisegeschwindigkeit von 125 km/h, gegenüber der Durchschnittsreisegeschwindigkeit der damaligen Schnellzüge von 60 bis 80 km/h. Damit war der „Fliegende Hamburger" der schnellste Zug der Welt.

Die Triebwagenverbindung erwies sich als so erfolgreich, daß die Plätze für Wochen im voraus ausgebucht waren. Bereits Mitte 1933 bestellte deshalb die Reichsbahn vier weitere Schnelltriebwagen, die dann als Bauart Hamburg bezeichnet wurden. Zur Vergrößerung des Platzangebotes war von Anfang an der Einsatz zweier gekuppelter Doppeltriebwagen vorgesehen. Sie erhielten deshalb selbsttätige Scharfenbergkupplung und eine Vielfachsteuerung, die das Fahren der gekuppelten Einheiten vom vorderen Führerstand aus ermöglichte.

Äußerlich unterschieden sich die Triebwagen durch eine fertigungstechnisch günstigere Kopfform. Sie ermöglichte auch eine günstigere Ausgestaltung des Führerraums und verbesserte die Sichtverhältnisse für den Lokomotivführer. Diese Kopfform wurde im Grundsatz für alle weiteren Schnelltriebwagen und die schnellfahrenden elektrischen Triebfahrzeuge wie ET 11, E 18 und E 19 verwendet.

Mit diesen Triebwagen begann die Reichsbahn den Aufbau eines Schnelltriebwagennetzes. Von allen deutschen Großstädten sollte Berlin in einer Tagesreise erreichbar, die Rückkehr also nach angemessenem Aufenthalt am gleichen Tag möglich sein. Außerdem wurde eine Verbindung Köln–Hamburg geschaffen. Auf der Strecke Köln–Berlin waren ständig zwei gekuppelte Doppeltriebwagen, zwischen Köln und Duisburg sogar drei gekuppelte Einheiten eingesetzt. Die Reisegeschwindigkeit zwischen Hamm und Berlin betrug dabei 132 km/h, ein bis heute nicht wieder erreichter Wert. Auch die Verbindung Berlin–Nürnberg wurde mit zwei Doppeltriebwagen bedient, die in Nürnberg getrennt wurden und nach München und Stuttgart weiterfuhren. Trotz des schwierigen Streckenprofils mit der zwölf Kilometer langen Steilrampe über den Thüringerwald wurde auch in dieser Relation eine Reisegeschwindigkeit von über 100 km/h erzielt.

Der Erfolg des Schnelltriebwagens ließ schon bald weitere, zunächst ebenfalls zweiteilige folgen, die als Bauart Hamburg bezeichnet wurden. Sie erhielten automatische Mittelpufferkupplung der Bauart Scharfenberg und Vielfachsteuerung, um zwei gekuppelte Einheiten von einem Führerraum aus bedienen zu können.

Maschinendrehgestell des Schnelltriebwagens Bauart Hamburg mit Dieselmotor (links) und Generator (Mitte). Der zweiteilige Zug wurde vorn und hinten von je einem derartigen Maschinendrehgestell getragen; das gemeinsame Jakobs-Drehgestell in der Mitte enthielt die elektrischen Fahrmotoren.

Bauart Leipzig, Köln, Berlin und München

Für den weiteren Ausbau des Schnelltriebwagennetzes ließ die Reichsbahn 1935 dreiteilige und später auch vierteilige Triebwagen entwickeln. Die dreiteiligen Züge der Bauart Leipzig entsprachen im Prinzip der Bauart Hamburg, jedoch mit zwei Jakobs- und zwei Enddrehgestellen sowie hydrodynamischer Leistungsübertragung. Erstmals wurde auch die 3. Klasse angeboten. Die Sitzteilung war hier 4 + 0 bei offenem Seitengang. Außer einer Küche mit Anrichte waren ein Post- und ein Gepäckraum vorhanden.

Eine Luftheizung sorgte im Sommer auch für Frischluftzufuhr. Die Dieselmotorleistung wurde mit Hilfe eines durch die Abgase angetriebenen Aufladegebläses um 190 PS erhöht. Da das Fahrzeuggewicht nur um zwanzig Prozent anstieg, war eine größere Leistungsreserve vorhanden.
Um Gewicht zu sparen, wurde die Leistung in zwei Zügen erstmals hydrodynamisch mit einem Zweiwandler-Getriebe übertragen. Durch die Ausrüstung von zwei weiteren Zügen mit der bewährten elektrischen Leistungsübertragung erhielt die Reichsbahn einwandfreie Vergleichsmöglichkeiten. Bei der hydrodynamischen Version war die gesamte Antriebs-

Dreiteiliger Dieselschnelltriebzug, Bauart Leipzig.

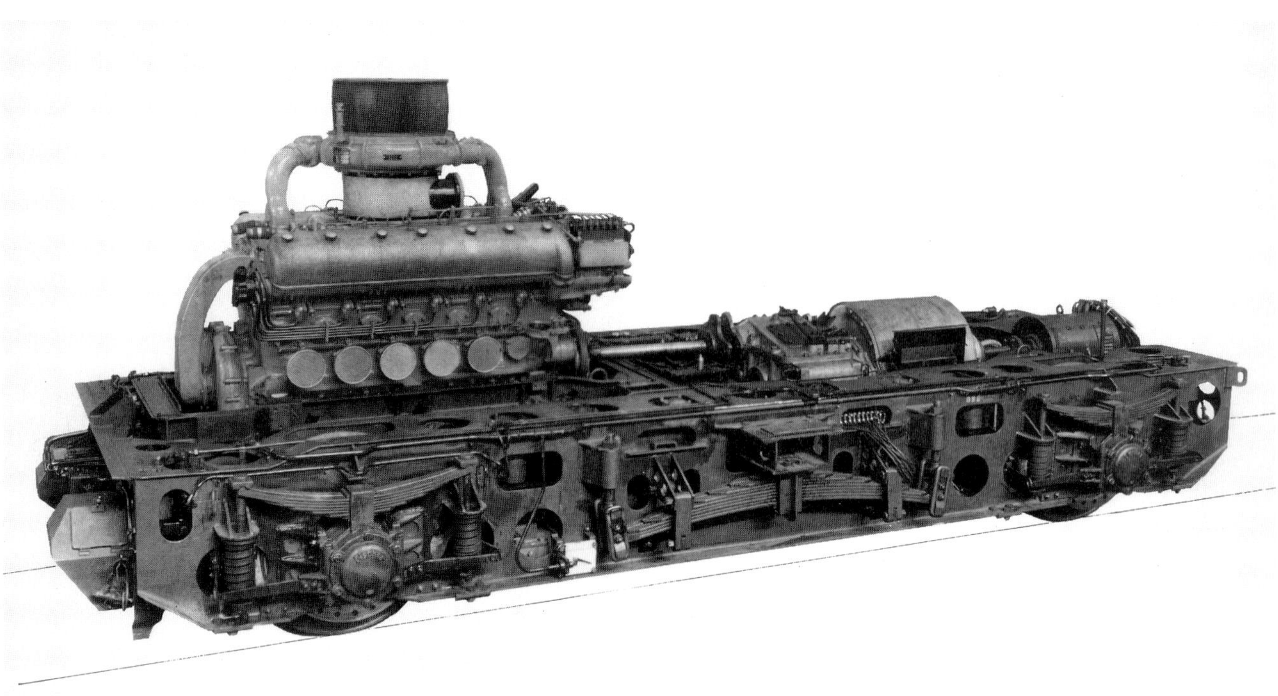

In zwei Zügen der Bauart Leipzig wurde die Leistung erstmals hydraulisch übertragen: Aus dem Maschinendrehgestell ragt der Dieselmotor heraus, davor ist das hydraulische Voith-Getriebe zu erkennen. Hierbei ist eine vollständige Antriebsanlage im Maschinendrehgestell vereinigt.

Abteil 2. Klasse im Schnelltriebwagen Bauart Leipzig.

Dieselschnelltriebwagennetz der Reichsbahn 1939.

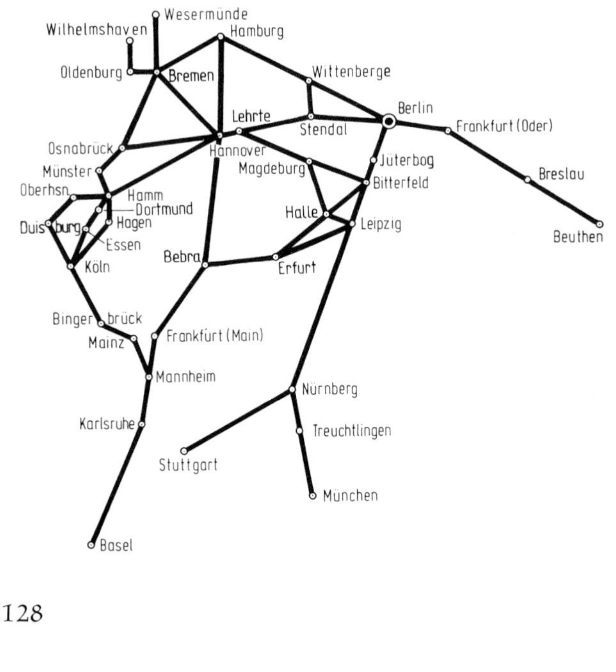

anlage in den beiden Enddrehgestellen untergebracht, bei der elektrischen waren die vier Fahrmotoren in den beiden Jakobs-Drehgestellen eingebaut.
Am 17. Februar 1936 erreichte ein Triebwagen der Bauart Leipzig bei einer Versuchsfahrt auf der Strecke Berlin–Hamburg 205 km/h. Im Sommer 1936 nahmen die Schnelltriebwagen den fahrplanmäßigen Dienst Berlin–Breslau–Beuthen auf. Die Reisegeschwindigkeit betrug auf der 508 Kilometer langen Strecke 117 km/h. Der geplante Einsatz auf der Strecke Berlin–Königsberg ließ sich nicht verwirklichen, da mit Polen kein Einvernehmen hergestellt werden konnte.
Die kürzeren Fahrzeiten konnten allein die Attraktivität des Schnelltriebwagennetzes auf Dauer nicht sicherstellen. Die Fahrgastgroßräume und der stark eingeschränkte Speisewagenservice führten im Gegenteil zu Fahrgastbeschwerden. Da gleichzeitig das Verkehrsaufkommen stark anstieg, bestellte die Reichsbahn neue dreiteilige dieselelektrische Triebzüge der Bauart Köln. Sie knüpften an die Bauart Leipzig an, doch wurde zur Vergrößerung des Platzangebotes der Wagenkasten verlängert. Deshalb mußten die Jakobs-Drehgestelle des Mittelwagens durch Einzeldrehgestelle ersetzt werden. Für die Fahrgäste wurden Einzelabteile eingerichtet, nur der Speiseraum blieb Großraum.
Parallel zur Bauart Köln war ein Alternativentwurf für einen vierteiligen Triebwagenzug Bauart Berlin

Speiseraum im Schnelltriebwagen Bauart Köln.

vorgelegt und verwirklicht worden. In einem besonderen Maschinenwagen wurde ein langsamlaufender Dieselmotor eingebaut; die drei weiteren Wagen standen den Reisenden zur Verfügung. Es handelte sich also eigentlich um einen Dreiwagenzug mit einer Speziallokomotive, nach heutiger Terminologie mit einem Triebkopf. Zwei Triebwagenzüge der Bauart Berlin wurden 1938 an die Reichsbahn übergeben und sollten einen Vergleich zwischen schnelllaufenden und langsamlaufenden Dieselmotoren in bezug auf Robustheit und Unterhaltungskosten ermöglichen. Allerdings reichte die Einsatzzeit dazu nicht aus.

Mit dem Betriebseinsatz der Bauart Köln erreichte das Schnelltriebwagennetz der Reichsbahn im August 1938 mit über 13 000 Kilometer seine größte Ausdehnung. Dieses Netz war in der ganzen Welt einmalig. Die Laufleistungen der eingesetzten Triebwagen betrugen 38,9 Millionen Kilometer im Jahr. Die weiteren Ausbauplanungen und die Beschaffung neuer vierteiliger Triebzüge der Bauart München wurden durch die Zeitumstände beendet.

Bauart Kruckenberg

Bereits 1931 hatte Kruckenbergs Flugbahngesellschaft Pläne für einen dreiteiligen Dieseltriebwagen ausgearbeitet. Aber erst 1934 wurde der Auftrag erteilt. Drei Hauptmerkmale kennzeichneten den mit vielen konstruktiven Neuerungen ausgestatteten dieselhydraulischen Triebwagen: Leichtbauweise und neue Form, drehzapfenlose Drehgestelle für gute Laufeigenschaften sowie neuartige Anordnung der Maschinenanlage.

Wegen zahlreicher Bauartänderungen verließ der Kruckenberg-Schnelltriebwagen erst im Januar 1938 die Werkhallen. Die Anordnung der Drehgestelle und die Motorleistung entsprachen der Bauart Leipzig. Erstmals waren die Fenster des Triebwagens nicht zu öffnen. Deshalb wurde ebenfalls zum erstenmal eine Klimaanlage zur Heizung und Belüftung der Fahrgasträume eingebaut. Der konsequente

Dieselschnelltriebwagen Bauart Kruckenberg.

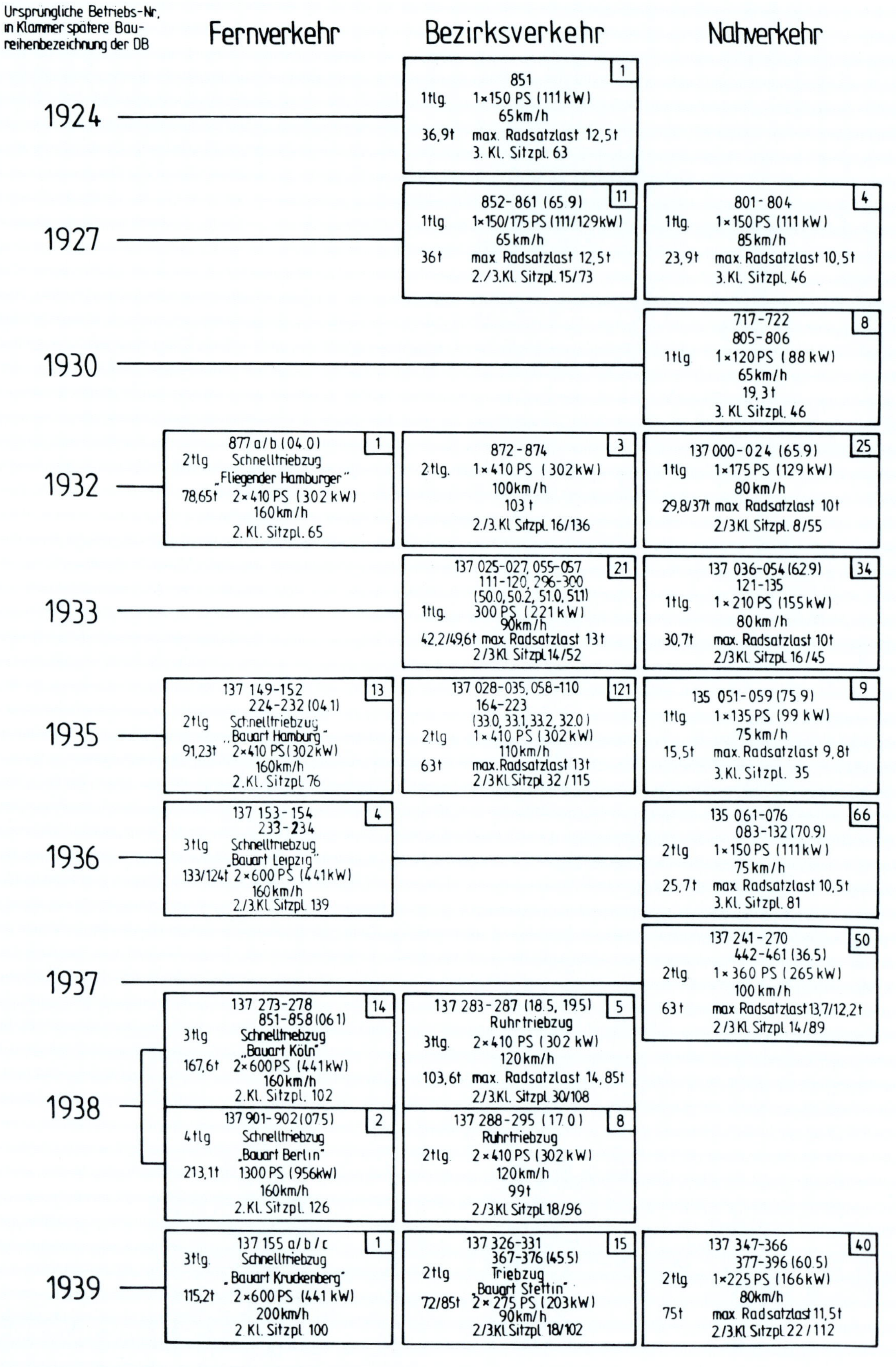

Entwicklung der Dieseltriebwagen für die Reichsbahn zwischen 1924 und 1939.
Angegeben sind jeweils die Stückzahl der bis 31. 12. 1939 gelieferten Fahrzeuge, das Fahrzeuggewicht mit vollen Vorräten, unbesetzt/voll besetzt, teilweise die höchste Radsatzlast bei voll besetztem Fahrzeug.

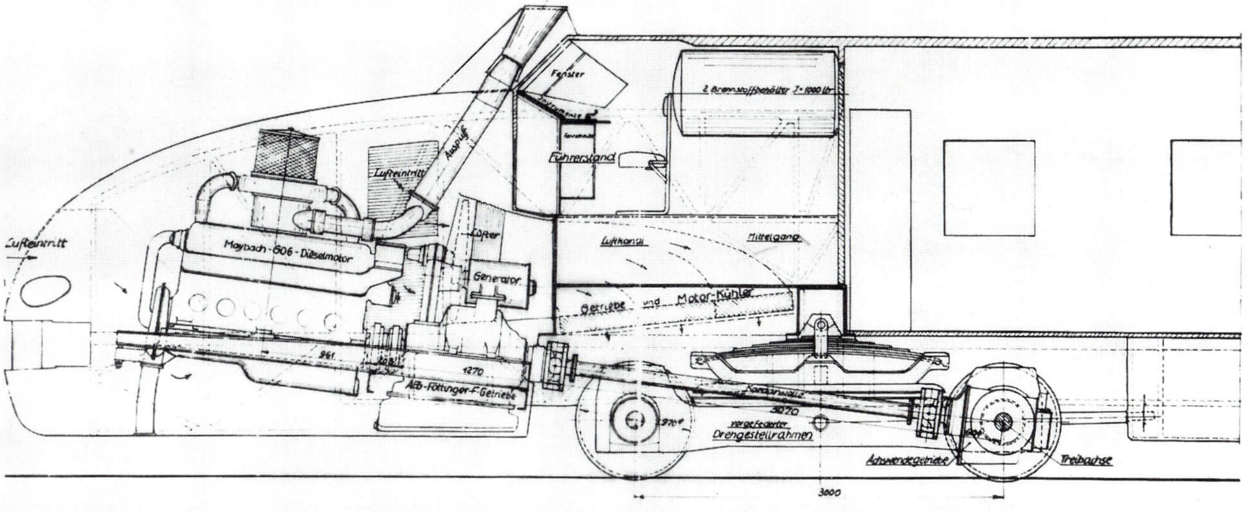

Im Kruckenberg-Schnelltriebwagen waren der Dieselmotor und das angeflanschte hydraulische Getriebe erstmals im Fahrzeugaufbau gelagert; damit wurde das Drehgestell nur mit dem Radsatzgetriebe und einem Teil der Gelenkwelle belastet.

Leichtbau führte zur bisher geringsten spezifischen Zugmasse von 1,65 t/m gegenüber der Bauart Leipzig mit 2,36 t/m. Die Reichsbahn hatte für den Einsatz die klassische Strecke Berlin – Hamburg vorgesehen. Kurz zuvor brach jedoch eine Treibradsatzwelle. Erst nach einem Jahr konnte eine neue Versuchsfahrt angesetzt werden. Dabei erreichte der Zug 215 km/h und zeigte ungewöhnlich gute Laufeigenschaften. Der Kriegsausbruch 1939 verhinderte jedoch den planmäßigen Einsatz.
Zahlreiche Ideen des Kruckenberg-Schnelltriebwagens wurden jedoch nach 1945 wieder aufgegriffen und in den Gliedertriebzügen und den TEE-Zügen verwirklicht.

Neubeginn nach 1945

Nach den Erfolgen der Schnelltriebwagen in den dreißiger Jahren bestand mit dem wirtschaftlichen Aufschwung nach 1950 wieder wachsendes Interesse an schnellen Verbindungen zwischen den Großstädten. Sowohl die Bundesbahn im westlichen Teil als auch die Reichsbahn im östlichen Teil Deutschlands bedienten sich anfangs der früheren Schnelltriebwagen. Wegen der hohen Instandhaltungs- und Betriebskosten rückten jedoch sehr bald Neuentwicklungen in den Vordergrund.

Fernverkehrstriebzug VT 08

Der Fernverkehrstriebzug VT 08 (613), der ab Februar 1952 bei der Bundesbahn zum Einsatz kam, wurde von der M.A.N. in Nürnberg entwickelt und knüpfte eng an die bewährten Schnelltriebwagen an. Wesentliche Fortschritte wurden durch größere Antriebsleistung, mehr Fahrkomfort, bessere Laufeigenschaften, größere Geräuschdämpfung und moderne Bauweise der Wagenkästen erzielt. Die Maschinenanlage bestand aus nur einem Dieselmotor. Waren in den Schnelltriebwagen der dreißiger Jahre nur versuchsweise hydrodynamische Getriebe eingebaut, so konnten deren Vorteile nun genutzt werden. Die gesamte Maschinenanlage wurde in einem Maschinentriebdrehgestell untergebracht.
Die Kopfenden des Triebzuges waren stromlinienförmig ausgebildet. Erstmals wurden die Außentüren als Schwenkschiebetüren ausgeführt. Die Schiebetüren zwischen den einzelnen Wagen öffneten sich ebenfalls zum erstenmal bei Betätigung des Handgriffs und wurden mit Zeitverzögerung automatisch wieder geschlossen. Die Triebzüge hatten elektrisch betätigte Druckluftbremse; die Brems-

Baureihennummern der Dieseltriebwagen der DB (ohne Schienenomnibusse und Bahndiensttriebwagen)

nach 1968	vor 1968 VT
601	11
608	08
612	12.5
613	12.6
624	23, 24
633	33
645	45
660	60
692	92

Die Schnelltriebwagen-Baureihe VT 08 knüpfte nach dem Zweiten Weltkrieg an die Entwicklung der dreißiger Jahre an.

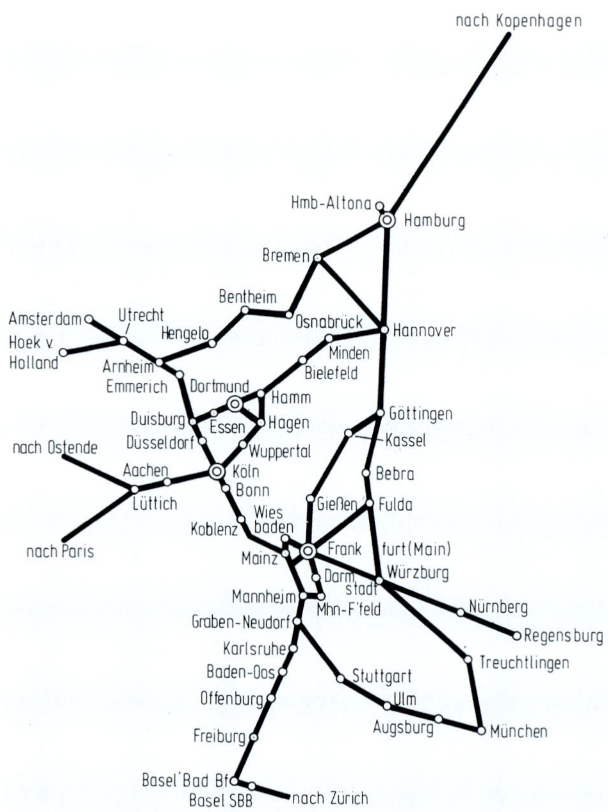

Dieselschnelltriebwagennetz der Bundesbahn im Sommer 1959.

kräfte wurden über Wellenbremsscheiben und Magnetschienenbremsen übertragen.
Mit diesen Triebzügen baute die Bundesbahn die ersten Fernzugverbindungen auf, die dann zum F-Zugnetz erweitert wurden. Die Züge fuhren dabei bis Paris, Kopenhagen, Zürich und in die Niederlande.

„Komet" und „Senator"

Auf der Verkehrsausstellung 1953 in München wurden der von Linke-Hofmann-Busch in Salzgitter entwickelte siebenteilige Tagesreisezug „Senator" und der achtteilige Schlafwagenzug „Komet" vorgestellt. Beide waren Leichtmetallkonstruktionen mit einem Metergewicht von 1,21 t/m, hatten geringe Fahrzeughöhe und zeigten in vieler Hinsicht die Handschrift des noch immer aktiven Franz Kruckenberg. Beide Triebwagenzüge waren voll klimatisiert. Da die Wagen nur 12 Meter lang waren, konnten sie um dreißig Zentimeter breiter gebaut werden. Durch die hervorragende Geräuschdämmung und den für damalige Verhältnisse außergewöhnlichen Komfort fanden die Triebzüge bei den Reisenden großen Anklang.
Während der Schlafwagenzug mit den schon bewährten Jakobs-Drehgestellen ausgerüstet war, erhielt der Tagesreisezug probeweise Einachslaufwerke, die theoretisch zu erheblichen Einsparungen bei den Instandhaltungskosten führen sollten. Gute Laufeigenschaften ließen sich indessen mit diesen Laufwerken über längere Zeitabschnitte nur mit hohem Instandhaltungsaufwand erreichen, die Ursachen sind bis heute nicht völlig geklärt, so daß diese Konstruktion in Deutschland wieder verlassen wurde.
Ab Mai 1954 liefen beide Züge im planmäßigen Dienst. Der Nachtzug unternahm einige aufsehenerregende Fernfahrten nach Griechenland, einmal mit Bundespräsident Professor Theodor Heuss. Innerhalb kurzer Zeit häuften sich jedoch die technischen Schwierigkeiten, zumal beide Fahrzeuge „Einzelgänger" waren, so daß im Dezember 1956 der Tagesreisezug und im Oktober 1957 auch der Schlafwagenzug aus dem Verkehr gezogen und ausgemustert wurden.

Trans-Europ-Expreß

Mitte der fünfziger Jahre vereinbarten die Belgischen, Französischen, Niederländischen und Luxemburgischen Eisenbahnen, die Italienischen Staatsbahnen, die Schweizerischen Bundesbahnen und die Deutsche Bundesbahn einen Reisezugschnellverkehr zwischen den großen westeuropäischen Verkehrszentren. Dafür beschafften die Bahnen neue, höchsten Ansprüchen entsprechende Züge, die als Trans-Europ-Expreß (TEE) eingesetzt wurden.

Leichtmetall-Gliedertriebzug „Senator".

Dem Entwurf der deutschen Dieseltriebzüge, Baureihe VT 11 (601) durch die M.A.N. in Nürnberg, Wegmann in Kassel und Linke-Hofmann-Busch in Salzgitter lagen ebenfalls die Erfahrungen mit den Verbrennungstriebwagen seit 1933 zugrunde. Von den Gliedertriebzügen wurden die Höhen- und Breitenmaße, die Klimaanlage und die Verwendung von Leichtmetall übernommen. Bei der Unterbringung der Maschinenanlage in Triebköpfen an beiden Zugenden stand der Schnelltriebwagen Bauart Kruckenberg Pate. Aus dem VT 08 wurden die Übergangstüren, die umrißgleiche Verbindung der Wagen, die Geräuschisolierung und die Stabilisierung der Drehgestelle zur Laufgüteverbesserung übernommen. Jeder Wagen hatte zwei Drehgestelle,

Innenausstattung und Wagenübergang im „Senator".

Einachslaufwerk im „Senator" mit den Federbeinen und Pendeln zur Aufhängung des anschließenden Wagenkastens, rechts und links unten die Achslenker zur radialen Einstellung der Radsätze.

Trans-Europ-Expreß-Dieseltriebzug VT 11 (601) als TEE „Mediolanum" bei der Einfahrt in den Münchner Hauptbahnhof.

Großraumwagen im TEE-Triebzug.

die mit Scheiben- und Magnetschienenbremse ausgerüstet waren. Die Verwendung von Bauteilen und Maschinenelementen, die sich im Betrieb bereits langjährig bewährt hatten, erübrigte nicht nur den Bau von Prototypen sondern vermied auch Fehlschläge im Betrieb.
Durch Verwendung von Edelhölzern und hochwertigen Textilien wurde gediegene Raumausstattung erreicht. Neben den konventionellen Abteilwagen kamen auch Großraumwagen mit drehbaren Liegesitzen in der Anordnung 2 + 1 zum Einsatz.
Der TEE-Verkehr wurde im Sommerfahrplan 1957 aufgenommen. Die eleganten Züge erregten mit ihrem charakteristischen stromlinienförmigen Kopf, dem hoch aufgesetzten Führerraum und der in Form und Farbe geschlossenen Wirkung überall Aufsehen und fanden bei den Reisenden schnell den erwarteten Anklang.
Die störungsfreie Laufleistung bei dem zwölfjährigen Einsatz im TEE-Verkehr betrug im Durchschnitt 1,4 Millionen Kilometer/Fahrzeug. Als durch die fortschreitende Elektrifizierung der Diesel-TEE-Verkehr zu Ende ging, fanden die Züge noch jahrelang Verwendung im innerdeutschen IC-Netz. Seit Einführung der 2. Klasse in diesem Verkehr werden sie im Turnusverkehr der Reiseunternehmen eingesetzt.

Dieselschnelltriebwagen der DDR

Auch der ständig wachsende Reiseverkehr bei der Reichsbahn in der DDR und mit den benachbarten Staaten verlangte bessere, komfortablere und schnellere Verkehrsverbindungen. Die Reichsbahn bestellte beim VEB Waggonbau, Görlitz, einen neuen Triebzug, der auf der Leipziger Frühjahrsmesse 1963 vorgestellt wurde. Er bildete eine konsequente Weiterentwicklung der Schnelltriebwagen aus den dreißiger Jahren. Die Grundeinheit war ein vierteiliger Triebzug, der durch weitere Mittelwagen verlängert werden konnte. Die windschnittige, weit vorgezogene Kopfform, ähnlich dem Kruckenberg-Schnell-

Baureihennummern der Dieseltriebwagen der Reichsbahn der DDR nach 1970	vor 1970
171 0	VT 2.09[1])
171 8	VB 2.07
172 0–2	VT 2.09[2])
172 6–7	VS 2.08
173 0	VT 4.12
175 0–5	VT 18.16
181 0–5	VT 12.14[3])
182	VT 137[4])
183 0 u 2	VT 137[5])
183 2	VT 137[6])
184 0	VT 137[7])
185 0 u 2	VT 137[8])
186 0 u 2	VT 135
187 0	VT 133[9])
187 1	VT 137[9])
188 0–2	VT sonstige
190 8	VB 140
191 8	VB 141
195 6	VS 145
197 8	VB 147
199 8	VB[9])

[1]) ohne Vielfachsteuerung,
[2]) mit Vielfachsteuerung,
[3]) Bauart Ganz,
[4]) Bauart Köln,
[5]) Bauart Hamburg,
[6]) Bauart Leipzig,
[7]) Bauart Ruhr,
[8]) 410 PS-Einheiten,
[9]) Schmalspur

Die Reichsbahn der DDR setzte als VT 18 (175) dem TEE der Bundesbahn ähnliche Dieseltriebzüge ein, die auch im internationalen Verkehr nach Schweden und durch die Tschechoslowakei nach Österreich eingesetzt wurden. Hier der „Vindobona" bei Wien.

triebwagen, und der hoch angeordnete Führerraum bestimmten die äußere Form. Die Maschinenanlage mit 2 × 900 PS (2 × 660 kW) war in zwei Maschinendrehgestellen untergebracht. Zur Leistungsübertragung diente ein hydraulisches Dreiwandlergetriebe. Die Höchstgeschwindigkeit betrug 160 km/h.
Die Züge wurden von der Reichsbahn im Binnenverkehr wie im internationalen Verkehr über Prag nach Wien als „Vindobona" und nach Skandinavien als „Neptun" eingesetzt. Wegen des begrenzten Platzangebots mußten die Fahrzeuge bei zunehmendem Reiseverkehr lokomotivbespannten Zügen weichen.

Nah- und Regionalverkehr

Schon Anfang der dreißiger Jahre hatten sich Neuerungen aus dem Omnibusbau auch auf die Schienenfahrzeugtechnik auszuwirken begonnen. Henschel zeigte die ersten „Schienenomnibusse" 1931 auf der Internationalen Automobil-Ausstellung in Berlin. Vor allem auf Neben- und Privatbahnen fanden in den dreißiger Jahren die vom Omnibusbau geprägten Triebwagen Verbreitung.
Nach 1945 konnte der Nahverkehr der Bundesbahn auf die Dauer von Zügen mit Dampflokomotiven nicht weitergeführt werden. Der Fahrzeugpark dieser Nebenbahnpersonenzüge war völlig überaltert, und die Ausstattung entsprach keineswegs den wachsenden Ansprüchen. Zudem war wegen des hohen Personalaufwands kein wirtschaftlicher Betrieb möglich.

Der Schienenbus

Die damaligen Überlegungen zielten auf leichte, vom Straßenbus abgeleitete Dieseltriebwagen ab. Sie wurden – anknüpfend an Entwürfe aus den frühen dreißiger Jahren – von der Waggonfabrik Uerdingen entwickelt und als VT 95 (795) in einmotoriger und als VT 98 (798) in zweimotoriger Ausführung gebaut. Die ersten Fahrzeuge kamen 1951 zur Bundesbahn. Durch Übernahme von Bauteilen aus der Großserienherstellung des Kraftfahrzeugbaus wurde ein kostengünstiges Fahrzeug geschaffen. Der Wagenkasten hatte Leichtmetallbeblechung. Das Untergestell aus Stahl stützte sich über Schraubenfedern auf den Maschinentragrahmen, in dem die gesamte Maschinenanlage untergebracht war, und weiter über Blattfedern auf die Radsätze ab. Der Dieselmotor und das mechanische Sechsganglastschaltgetriebe mit Lamellenkupplung waren Serienteile aus dem Kraftfahrzeugbau. Die Laufeigenschaften der Schienenomnibusse konnten später durch Einbau

Schienenbus der Bauart Wismar aus den dreißiger Jahren.

Anfang der fünfziger Jahre gewann ein Schienenbuskonzept neue Bedeutung: Der wachsende Wettbewerb mit der Straße zwang zu mehr Komfort auch auf der Schiene; die anspruchslosen Schienenbusse lösten außerdem die kostspielige Dampftraktion ab und trugen damit entscheidend zur Rationalisierung des Nebenbahnbetriebs bei. Für die ersten Schienenbusse wurden, den Erfordernissen der Zeit entsprechend, noch Anhänger für Fahrräder und Gepäck gebaut.

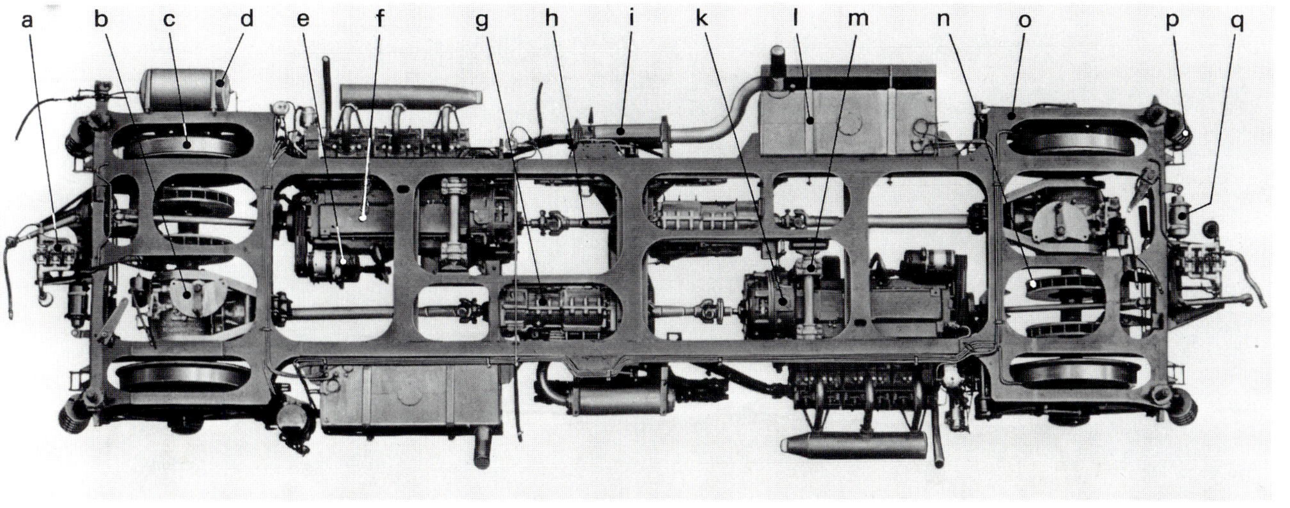

Der Schienenbus stellte ein einfaches, aber durchweg mit fortschrittlicher Technik ausgestattetes Fahrzeug dar. Die in großer Zahl gebaute verstärkte Ausführung, Baureihe VT 98 (798), war mit zwei Dieselmotoren ausgerüstet; daneben mußten Flüssigkeitsgetriebe, Kühlanlagen, Lichtmaschinen und Hilfsbetriebe auf dem kurzen Untergestell Platz finden.
a = Luftpresser, b = Radsatzwendegetriebe, c = Radsatz, d = Druckluftbehälter, e = Lichtmaschine, f = Dieselmotor, g = Schaltgetriebe, h = Kardanwelle, i = Schalldämpfer, k = hydraulische Kupplung, l = Kraftstoffbehälter, m = Motoraufhängung, n = Bremsscheibe, o = Laufgestellrahmen, p = Wagenkastenaufhängung, q = Bremszylinder.

von Luftfedern anstelle der Schraubenfedern noch erheblich verbessert werden.
Für Steilstrecken wurde eine Variante des Schienenbusses als VT 97.9 (797) mit zusätzlichem Zahnradantrieb gebaut.

Nach Auslieferung der letzten Serie waren bei der Bundesbahn rund 2 200 Trieb-, Steuer- und Beiwagen der Baureihen 795 und 798 im Einsatz. Die Erfolge des Schienenbuskonzeptes führten zu zahlreichen Lieferungen an Bahnen im In- und Ausland.

Baureihennummern der Bahndiensttriebwagen und Schienenomnibusse der DB

nach 1968	vor 1968 VT
Bahndiensttriebwagen	
701 702	132
703	135
711	142
712	143
713	145
714	140
715	152
721	151
722	150
723	161
724	162
Schienenomnibusse	
790[1])	401
795	95^{91}
797	97
798	98^{9}

[1]) Schienen-Straßen-Omnibus mit Omnibus-Bauartnummer 401

Baureihennummern der Steuerwagen, Beiwagen und Mittelwagen zu Dieseltriebwagen einschließlich Schienenomnibusse der DB

nach 1968	vor 1968
901	VM 11.51
901	VM 11.52
901	VM 11.53
901	VM 11.54
908	VM 08.5
912	VM 12.5
912	VS 12.5
913	VM 12.6
913	VS 12.6
924	VM 24.6
924	VM 23.5
924	VM 24.5
941	VB 141
945	VS 145
947	VB 147
995	VB 142
997	VB 97
997	VS 97
998	VB 98
998	VS 98

Der Schienenbus VT98 (798), meistgebauter Dieseltriebwagen der Bundesbahn, mit Steuerwagen VS98 (998).

So liefen Schienenomnibusse nicht nur bei den nichtbundeseigenen Eisenbahnen in der Bundesrepublik Deutschland, sondern auch in Jugoslawien, Italien, Luxemburg, Österreich, Spanien und Mexiko. Sogar die von der Bundesbahn ausgemusterten Fahrzeuge wurden teilweise bis nach Uruguay verkauft und sind heute noch dort im Einsatz.
Die Reichsbahn der DDR beschaffte nach einer Nullserie ab 1962 Verbrennungs-Leichttriebwagen, die mit den Schienenomnibussen vergleichbar sind.

Die Reichsbahn der DDR beschaffte aus gleichen Überlegungen wie die Bundesbahn diese Schienenbusse mit ihrem charakteristischen Äußeren.

Dieseltriebzüge für den Regionalverkehr

Für den Regionalverkehr über größere Entfernungen war die Geschwindigkeit der Schienenomnibusse zu gering, der Komfort nicht ausreichend. Da die älteren Verbrennungstriebwagen den wachsenden Ansprüchen ebenfalls nicht genügten, wurde 1960 der dreiteilige VT24.5 (624), bestehend aus zwei Triebwagen und einem nicht motorisierten Mittelwagen, gebaut. Stahlleichtbau und verbesserte Schweißtechnik, neuartige Isolierstoffe und größere Funktionssicherheit der elektrischen Anlage führten zu robusten Fahrzeugen, die zwar in den Hauptparametern aus den älteren Schnelltriebwagen abgeleitet, jedoch kaum noch mit ihnen zu vergleichen waren.
Am deutlichsten war der Fortschritt in der Gestaltung der Laufwerke. Die Verringerung des Radsatzstandes und die Lenker zur Führung der Radsätze verbesserten die Laufgüte und verlängerten die Untersuchungsintervalle. Um die Vorteile der Luftfeder, einer Entwicklung von Continental in Hannover und der M.A.N. in Nürnberg, auch in Drehgestellfahrzeugen zu erproben, wurden im Rahmen einer Versuchsreihe zwölf Züge mit Luftfedern als Sekundärfeder ausgerüstet (634). Das wesentliche Element der Luftfeder ist der „Thorus-Gummibalg", der nicht nur die senkrechte Federung, sondern auch die horizontalen Bewegungen des Drehgestells gegenüber dem Wagenkasten einschließlich der Rückstellung übernimmt. Durch die konstante Federungsfrequenz im leeren wie im beladenen Zustand, die Niveausteuerung, die Körperschalldämmung und die Entkopplung zwischen Wagenkasten und Drehgestell bietet die Luftfeder hohen Komfort.

Dreiteiliger Regionaltriebzug der Baureihe VT24.5 (624).

Die Dieseltriebzüge 614, die Anfang der siebziger Jahre als Nachbauten der Reihe 624 bei gleichzeitiger Verbesserung der Innenausstattung und des äußeren Erscheinungsbildes gebaut wurden, waren deshalb mit Luftfederdrehgestellen ausgerüstet. Zum modernen Design dieser Triebzüge trug auch der Flachwinkeleinstieg bei, der dem Reisenden erstmals mit einem Treppenwinkel von weniger als 45 Grad ein „Aufwärtsgehen" statt des „Einsteigens" ermöglicht.

Aus der Baureihe 624 ging später der Dieseltriebzug 614 für den Regionalverkehr hervor.

Neue Nahverkehrszüge

Die Nutzungszeit der Schienenomnibusse war Ende der sechziger Jahre abgelaufen. Deshalb begannen schon zu diesem Zeitpunkt Überlegungen für ein Nachfolgefahrzeug, das in Leistungsangebot und Komfort deutlich über dem bisherigen Niveau liegen sollte. Das neue Fahrzeug sollte den Schienenomnibus ersetzen, ohne die Betriebsrechnung der von ihm bedienten Strecken zu erhöhen.
Anfang der siebziger Jahre entstanden entsprechend diesen Vorgaben die einteiligen Dieseltriebwagen der Reihe 627.0 und die zweiteiligen 628.0. Diese Fahrzeuge bewährten sich im anschließenden Betriebseinsatz sehr gut. Verkehrspolitische Überlegungen führten im Jahre 1981 zum Bau vereinfachter Fahrzeuge 627.1 und 628.1, wobei im zweiteiligen Zug die Maschinenanlage in einem Fahrzeug unterflur konzentriert wurde. Die aus der anschließenden Betriebserprobung, zusätzlichen Versuchen und einer Marktbefragung gewonnenen Erkenntnisse flossen schließlich in den Serientriebzug 628.2 ein. Wie beim Schienenomnibus stammt sein Dieselmotor aus dem Kraftfahrzeugbau. Zahlreiche bewährte Teile sind von Straßenbahn und Omnibus abgeleitet.
Für den speziellen Einsatzbereich der Fahrzeuge wurde ein leichtes, kurzes Luftfederdrehgestell entwickelt. Bei nahezu allen bisher gebauten Drehgestellen wurde ein starrer Kastenrahmen mit hoher Diagonalsteifigkeit und Verwindungskonstanten verwendet. In den neuen Drehgestellen ist der im Grundriß H-förmige Rahmen dagegen verwindungsweich. Zur Primärfederung genügt fast ausschließlich die Verwindung des Rahmens. Dieses Drehgestell bildet die einfachste Form eines Laufwerks mit günstigem Laufverhalten.

Nachfolger für den nicht mehr zeitgemäßen Schienenbus konnten sich nur schwer durchsetzen; denn ihre Beschaffung für den stark defizitären Personennahverkehr in der Fläche setzte eine politische Entscheidung voraus.
Der ersten Variante 628.0 (oben) folgte die vereinfachte Baureihe 628.1 (unten). Daneben wurden einteilige Triebwagen der Baureihe 627 erprobt.

Die mit den Vorserien 628.0 und 628.1 gewonnenen Erfahrungen flossen schließlich in die Konstruktion der Serienfahrzeuge 628.2 ein. Sie stellen einen Kompromiß dar zwischen attraktivem Angebot für den Fahrgast und wirtschaftlicher Lösung für die Bahn. So enthielt der neue Zug im Gegensatz zu seinen Vorgängern auch ein Abteil 1. Klasse; dafür blieb es bei nur einer Antriebsanlage, die sich in der Erprobung als hinreichend zuverlässig erwiesen hat. Die Innenaufnahme zeigt den Fahrgastgroßraum der Baureihe 628.2.

Erstmals in einem Dieseltriebzug für den Nahverkehr bietet eine Druckbelüftung gezielte Frischluftzufuhr. Dazu dient ein Deckenkanal beiderseits des Mittenleuchtenbandes. Dachlüfter ermöglichen eine entsprechende Führung der Abluft.
Der neue Triebzug ist, ähnlich wie andere Nahverkehrsfahrzeuge, für Einmannbedienung konzipiert. Alle dafür nötigen Einrichtungen wie Zahltisch für den Fahrkartenverkauf, Außenspiegel, seitenabhängige Türbedienung und Entwerter sind vorhanden. Zunächst ist die Beschaffung von 150 Fahrzeugen geplant. Die ersten davon kamen im Sommerfahrplan 1987 im nördlichen Bundesland Schleswig-Holstein zum Einsatz.

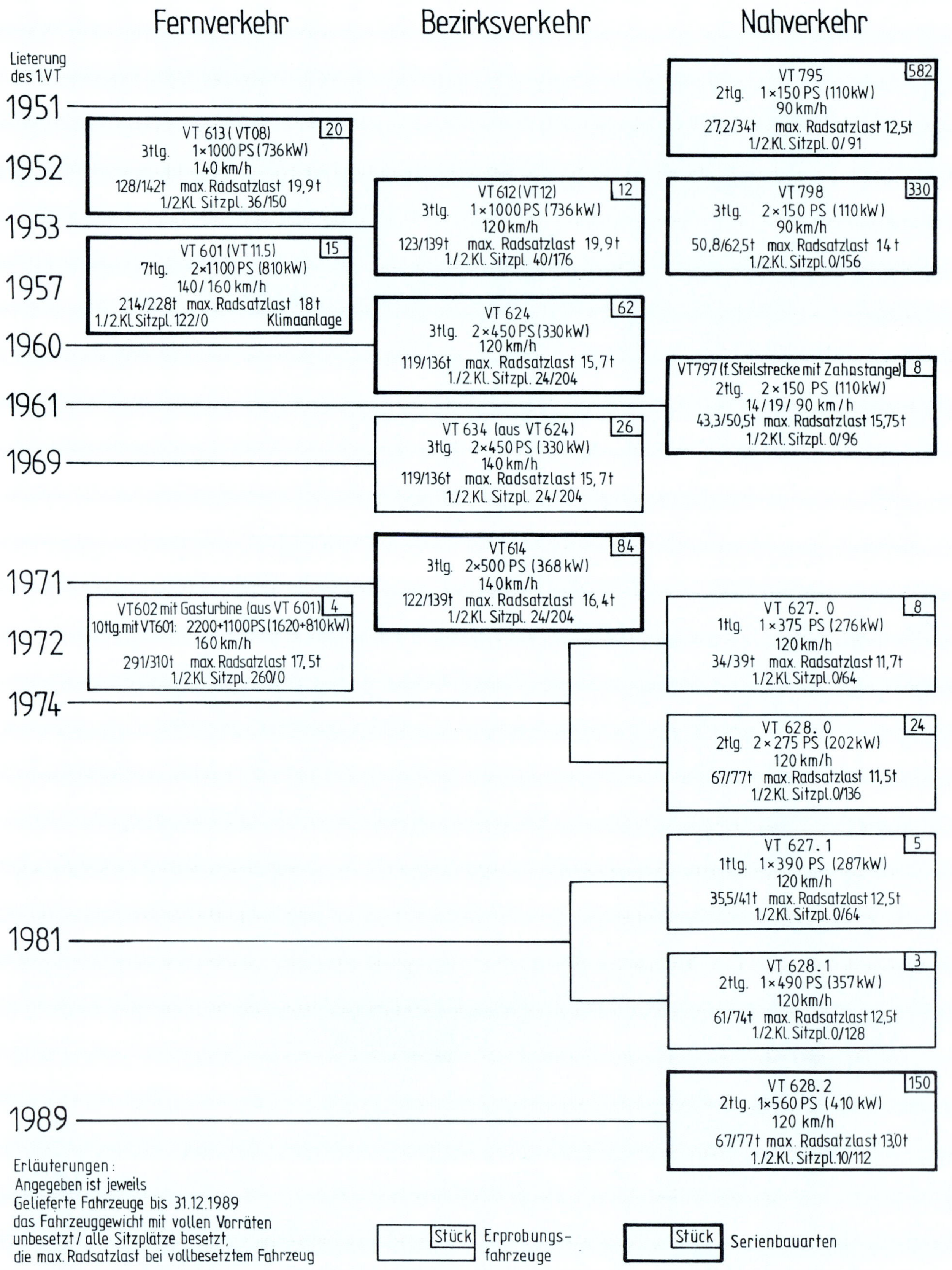

Dieseltriebwagen-Entwicklung bei der Bundesbahn von 1951 bis 1989.

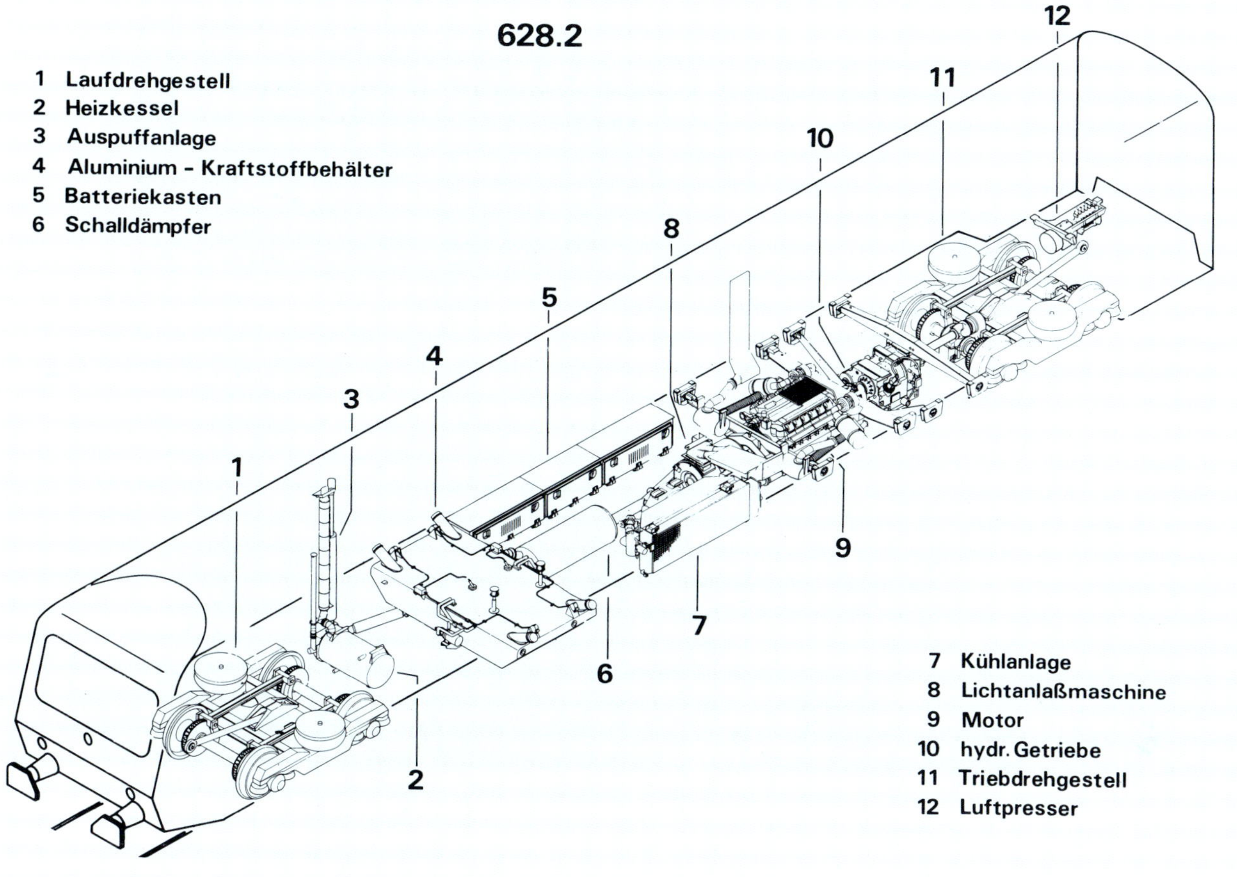

Hauptbaugruppen des Nahverkehrstriebzugs 628.2. Triebwagen und Steuerwagen verfügen außerdem über Druckluftscheibenbremsen mit mikroprozessorgesteuertem Gleitschutzregler und eine zusätzliche Magnetschienenbremse.

Die Drehgestelle des 628.2 sind verwindungsweich; die Drehgestellrahmen übernehmen – wie die Prüfstandaufnahme eindrucksvoll erkennen läßt – die Primärfederung.

Kennzeichnung der Triebfahrzeuge

Das heute gültige System zur Kennzeichnung der Triebfahrzeuge wurde bei der Bundesbahn am 1. Januar 1968 eingeführt. Die erste Stelle der Baureihennummer bezeichnet die Fahrzeugart.

Es bedeuten:

0 Dampflokomotiven
1 Elektrische Lokomotiven
2 Brennkraftlokomotiven
3 Kleinlokomotiven aller Antriebsarten
4 Elektrische Triebwagen (ohne Akkutriebwagen)
5 Akkutriebwagen
6 Brennkrafttriebwagen (ohne Schienenomnibusse und Bahndiensttriebwagen)
7 Schienenomnibusse und Bahndiensttriebwagen
8 Steuer-, Bei- und Mittelwagen zu elektrischen Triebwagen
9 Steuer-, Bei- und Mittelwagen zu Brennkrafttriebwagen

Die zweite und dritte Stelle geben, soweit möglich, die frühere Baureihenbezeichnung wieder.

Besondere Zehnergruppen bilden innerhalb des Nummernplanes:

Elektrische Mehrsystemlokomotiven (18, also zum Beispiel 181)
Kleinlokomotiven der Leistungsgruppe I (31)
Kleinlokomotiven der Leistungsgruppe II (32)
Kleinlokomotiven der Leistungsgruppe III (33)
Akkukleinlokomotiven (38)
Stromschienentriebwagen (47)
Schienenomnibusse (79)
Bahndiensttriebwagen (70, 71, 72)

Bei Triebzügen bleiben Trieb-, Steuer-, Bei- und Mittelwagen in der Zusammengehörigkeit erkennbar. Bei den zusammengehörigen Fahrzeugen sind die 2. und 3. Stelle gleich: ET 25 = 425, ES 25 = 825, EM 25 = 825.

Die vierte, fünfte und sechste Stelle bilden die Ordnungsnummer.

Als siebente Stelle schließt sich an die Fahrzeugnummer eine aus den vorhergehenden sechs Stellen errechenbare Kontrollziffer an, die von der Triebfahrzeugnummer durch einen Bindestrich getrennt ist. Sie dient der elektronischen Datenverarbeitung und wird folgendermaßen errechnet:

Von rechts aus werden die ungeraden Ziffern mit 2 und die geraden mit 1 multipliziert. Die Ziffern, die sich dabei ergeben, werden zur Quersumme aufaddiert. Diejenige Zahl, die zur Ergänzung der Quersumme auf volle Zehner erforderlich ist, bildet die Kontrollziffer. Endet die Quersumme bereits auf 0, ist auch die Kontrollziffer 0.

Beispiel:

bisher	E 40 147
neu	140 147
Multiplikationsfaktoren	121 212
Multiplikationsprodukte	180 245
Quersumme	1+8+0+2+4+5 = 20
Kontrollziffer	0
neue Kennzeichnung	140 147-0

Dieseltriebfahrzeuge, Gegenwart und Zukunft

Für die Zugförderung im nicht elektrifizierten Streckennetz steht der Bundesbahn heute ein Typenprogramm an Diesellokomotiven zur Verfügung, das im wesentlichen durch vier Baureihen für den Streckendienst, zwei für den Rangierdienst und zwei Baureihen von Kleinlokomotiven gekennzeichnet ist. Hierbei handelt es sich, abgesehen von den Lokomotiven der Baureihe 221, um Triebfahrzeuge mit nur einem Dieselmotor. Alle Lokomotiven arbeiten mit hydrodynamischen Getrieben, die ihre Bewährung und Eignung in jahrelangem harten Betriebseinsatz nachgewiesen haben. Zusätzlich besitzen die meisten Baureihen mechanische Vorschaltgetriebe, die den Einsatz der Fahrzeuge sowohl im Reisezug- als auch im Güterzugdienst ermöglichen. Die Lokomotiven der Baureihen 217 und 218 können die Heizung und weitere Verbraucher in Reisezugwagen mit elektrischer Energie versorgen.

Bei der Neu- und Weiterentwicklung der Fahrzeuge wurde konsequent das Ziel verfolgt, die Einbauverhältnisse und Anschlußmaße so zu vereinheitlichen, daß sowohl Hauptbauteile wie Motoren, Getriebe, Kühlanlagen und Drehgestell, als auch die als Tauschteile bezeichneten kleineren Komponenten einer Triebfahrzeugreihe problemlos von Fahrzeug zu Fahrzeug getauscht werden können. Hierbei ist es sogar gelungen, wesentliche Bauteile wie den Dieselmotor zwischen verschiedenen Lokomotivbaureihen tauschbar zu machen. Damit lassen sich zum einen die Investitionskosten, zum anderen die Ersatzteilvorhaltung und die Instandhaltungskosten senken.

Mit der Lieferung der letzten Lokomotiven der Baureihe 291 im August 1978 und der Baureihe 218 im Juni 1979 verfügt die Bundesbahn zur Zeit über einen Park an Diesellokomotiven, mit dem die Anforderungen der Zugförderung und des Rangierdienstes abgedeckt sind.

Neben der Einführung der Doppeltraktionssteuerung bei den Streckenlokomotiven, mit der zwei Lokomotiven von einem Mann bedient werden können, wurden im Rahmen der Rationalisierung des Rangierdienstes auch frühzeitig Überlegungen angestellt, die Wirtschaftlichkeit auf dem Sektor der Fahrsteuerung von Rangierlokomotiven zu verbessern. Dies führte dazu, daß die Befehle für Fahrt, Bremsen und Fahrtrichtungsänderung auch über Funk von einem Mitarbeiter außerhalb der Lokomotive auf das Fahrzeug übertragen werden können. Vom Einsatzgebiet her werden zwei Systeme unterschieden: Funkfernsteuerung von Abdrücklokomotiven mit Steuerung durch den Bergmeister oder einen

Ablaufsteuerrechner und Funkfernsteuerung von Zugbildungslokomotiven.
Mit funkferngesteuerten Rangierlokomotiven wurde eine deutliche Beschleunigung der Arbeiten am Ablaufberg erreicht. Seit 1977 sind solche Lokomotiven planmäßig in fünf großen Rangierbahnhöfen im Einsatz.
Bei den funkferngesteuerten Zugbildungslokomotiven werden Befehle an das Fahrzeug nicht mehr durch einen ortsfesten Sender übertragen, sondern mittels eines tragbaren Bediengerätes, das der Lokomotivrangierführer, wie der in diesem Bereich eingesetzte Mitarbeiter genannt wird, an einer Tragevorrichtung mit sich führt. Dadurch wird es möglich, eine Rangierabteilung stets von der Spitze aus zu fahren, auch wenn sich die Lokomotive am anderen Ende der Wagengruppe befindet. Nach den bisherigen Ergebnissen ist davon auszugehen, daß in den nächsten Jahren zwischen dreihundert und vierhundert vorhandene Lokomotiven mit Funkfernsteuerung ausgerüstet werden.
Im Bereich der Dieseltriebwagen gelang es schon sehr früh, die gesamte Maschinenanlage unter Flur, also unter den nutzbaren Räumen für Reisende und Fracht, anzuordnen. Mit relativ kleinen Motoren wurde das Unterflurantriebsprinzip bereits Anfang der fünfziger Jahre bei den zweiachsigen Schienenomnibussen der Baureihe 795/798 für den Nahverkehr angewandt. Mit leistungsstärkeren Maschinenanlagen folgten dann 1962 für den Bezirks- und Nahverkehr die Triebwagen der Baureihe 624/634 und die auf dieser Basis weiterentwickelten Fahrzeuge der Baureihe 614. Lediglich bei den für den Schnellverkehr konzipierten Triebwagen der Baureihen 612/613 und 601 war die Unterfluranordnung der Maschinenanlage wegen der erforderlichen großen Motorleistung nicht möglich.
Die Dieseltriebwagen übernahmen bei der Bundesbahn vielfach auch eine Vorreiterrolle bei der erfolgreichen Erprobung neuer Bauteile und Komponenten, die inzwischen bewährter Stand der Technik geworden sind. Dazu zählen die Scheibenbremse, die Luftfederung, der Gummitunnelübergang zwischen zwei Personenfahrzeugen und die Schwenkschiebetür.
Die Entwicklung von Dieseltriebfahrzeugen für die Bundesbahn erreichte mit den für den Nahverkehr bestimmten Leichttriebwagen der Baureihen 627 und 628.0 ihren vorläufigen Abschluß. Mitte der siebziger Jahre hatten erste Untersuchungen über das neue Fahrzeugkonzept zur Ablösung der Schienenomnibusse begonnen. Später ergab sich dafür ein Anforderungsprofil, das den Einsatz der künftigen Fahrzeuge sowohl im Nebenbahnbetrieb als auch im Zubringerverkehr auf Hauptbahnen vorsah. Der Forderung nach minimalen Vorhaltungskosten entsprechend, wurde deshalb der Triebzug 628.1/928.1 entwickelt. Aufgrund des Fortschrittes im Dieselmotorbau konnte hier ein Unterflurmotor mit 357 kW Leistung realisiert werden. Damit war der Übergang vom Doppeltriebwagen zur Triebwagen/Steuerwagen-Konfiguration möglich geworden. Eine weitere Vorgabe für den neuen Triebzug war die Realisierung der Einmannbedienung als Voraussetzung für eine nennenswerte Senkung der Zugfahrtkosten. Mit abermals erhöhter Leistung von 410 kW sowie betrieblich und verkehrlich begründeten Änderungen kommen nun aus einer ersten Serie 150 Triebzüge 628.2/928.2 mit modernem Innen- und Außendesign zum Einsatz. Mit der höheren Motorleistung entspricht dieser zweiteilige Triebzug mit einem Motor in seiner betrieblichen Leistungsfähigkeit nunmehr der des dreiteiligen Triebzuges 614/914/614 mit zwei Maschinenanlagen.

Triebfahrzeugbestand der Deutschen Bundesbahn (ohne Kleinlokomotiven und Bahndienstfahrzeuge).

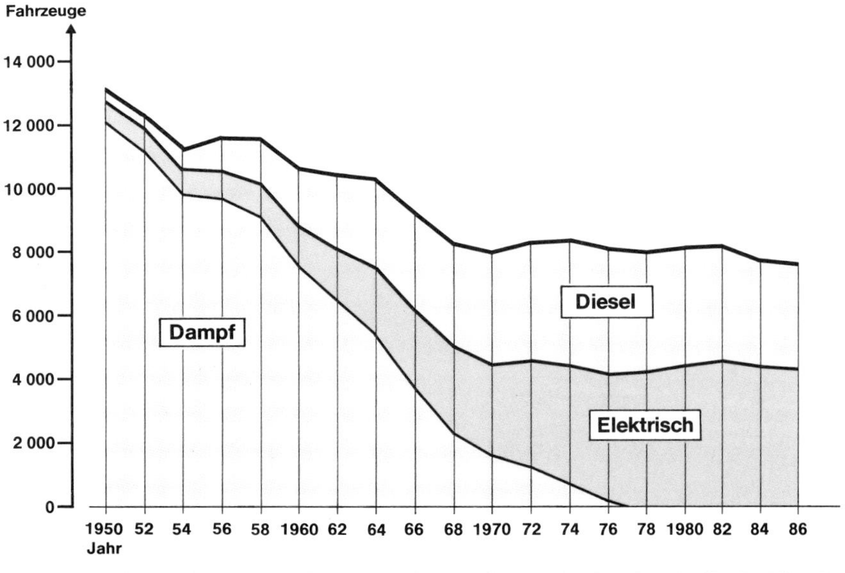

Elektrische Traktion

Elektrische Lokomotiven

Schon bald nachdem Alessandro Volta 1800 durch die Konstruktion der nach ihm benannten „Voltaschen Säule" eine Möglichkeit gefunden hatte, elektrischen Strom andauernd fließen zu lassen, begannen erfindungsreiche Köpfe über die Nutzbarkeit dieser „neuen wunderbaren Kraft" nachzudenken.

Als die physiologischen, chemischen und thermischen Wirkungen des elektrischen Stromes erkannt waren und Hans Christian Oerstedt auch die Kraftwirkung entdeckt hatte, schufen Männer wie Michael Faraday, Joseph Henry, Moritz Hermann von Jacobi oder Hippolyte Pixii die experimentellen und physikalischen Grundlagen für die ersten „elektromagnetischen Triebmaschinen". Bald darauf folgten Entwürfe, Versuche und Patente, den elektrischen Strom zum Antrieb von Fahrzeugen und zur Beförderung von Personen oder Lasten zu verwenden.

Als erste elektrische Lokomotive der Welt gilt heute die kleine, von Werner Siemens 1879 auf der Berliner Gewerbeausstellung vorgeführte Maschine. Sie steht im Deutschen Museum in München.

Der aus Fischbach in Nassau stammende Johann Phillip Wagner zeigte 1840 in Frankfurt (Main) auf einer hölzernen Rundbahn ein kleines elektromagnetisch angetriebenes Fahrzeug von der Größe eines Handwagens. Wagner hatte bereits den nach ihm benannten „Wagnerschen Hammer" erfunden. Nach diesem Prinzip arbeitete auch der elektromagnetische Antrieb des Fahrzeugs. Es wog rund zwanzig Kilogramm und zog den Wagen mit dreißig Kilogramm Nutzlast bis zu drei Stunden lang. Daraufhin wurden Wagner vom Deutschen Bund 1841 hunderttausend Gulden für den Bau einer großen, durch elektromagnetische Kraft angetriebenen Lokomotive geboten. Eine solche Lokomotive wurde von Wagner auch gebaut, doch sie funktionierte nicht.

Auch der Mechaniker Erich Stöhrer in Leipzig experimentierte 1841 mit einem elektromagnetisch angetriebenen Schienenfahrzeug. Trotz allen Ansporns, den der Preis des Deutschen Bundes bedeutet hatte, gelang es nicht, eine brauchbare elektrische Lokomotive herzustellen.

Im Ausland beschränkten sich die Arbeiten bis zur Mitte des neunzehnten Jahrhunderts ebenfalls auf Versuche zur Anwendung des Elektromagnetismus als Triebkraft. Viele der elektromagnetisch angetriebenen Wagen und Lokomotiven hatten nur die Größe heutiger Spielzeugmodelle. Leitgedanke aller Experimente und Versuche war, die Dampfmaschine durch elektromagnetische Maschinen zu ersetzen. Zur Erzeugung des elektrischen Stromes standen jedoch nur galvanische Elemente zur Verfügung. Alle Versuche, größere elektrisch angetriebene Lokomotiven zu bauen, scheiterten deshalb an den Schwierigkeiten bei der Versorgung der Fahrzeuge mit den erforderlichen starken Strömen und am Gewicht der Batterien.

3

Elektrodynamische Stromerzeugung

Werner Siemens erkannte etwa gleichzeitig mit anderen wie Charles Wheatstone 1866 das „dynamoelektrische Prinzip", wonach der remanente Magnetismus im Eisen der Feldspulen zur Selbsterregung einer elektrischen Maschine genügt. Siemens baute eine auf diesem Prinzip beruhende Dynamomaschine und trat – vorgetragen durch Professor Gustav Magnus in Berlin – am 17. Januar 1867 als erster mit einer „eindeutig formulierten" Abhandlung an die Öffentlichkeit.
Durch das dynamoelektrische Prinzip wurde in der Folgezeit nicht nur die Grundlage geschaffen, Stromquellen von zuvor unbekannter Leistungsfähigkeit herzustellen, sondern Werner Siemens erkannte als Naturwissenschaftler und Unternehmer von vornherein die umwälzende Bedeutung der

Von Mai bis September 1879 beförderte die erste elektrische Lokomotive mit drei sechssitzigen Wagen 86 398 Personen auf dem 300-Meter-Rundkurs der Gewerbeausstellung in Berlin.

Stromerzeugung durch Dynamomaschinen und ihre künftigen Möglichkeiten; durch sein Berliner Unternehmen wertete er sie praktisch aus.
In den folgenden Jahren wurde die Dynamomaschine durch die Ringankerwicklung nach Antonio Pacinotti, durch Zénobe Gramme in Paris und Friedrich von Hefner-Alteneck bei Siemens & Halske so weit verbessert, daß elektrische Energie hoher Leistung erzeugt, auf größere Entfernung übertragen und durch Elektromotoren in mechanische Bewegungskräfte umgewandelt werden konnte. Damit wurde ein neuer Abschnitt in der Entwicklung elektrischer Bahnen eingeleitet.
Eine Anfrage von Carl Westphal, der als Eisenbahndirektor im Senftenberger Braunkohlenbergbau tätig war und sich für eine elektrische Kraftübertragung interessierte, gab zusammen mit der Idee von Werner Siemens, dafür eine elektrische Grubenlokomotive zu bauen, 1877 den Impuls für die erste mit Starkstrom betriebene elektrische Lokomotive der Welt.
Auf der Berliner Gewerbeausstellung 1879 führte sie Werner Siemens im Betrieb vor. Nur wenige erkannten damals die Bedeutung dieser kleinen Maschine und ihrer drei Wagen für die Weiterentwicklung der elektrischen Eisenbahn. So schrieb die Zeitschrift „Technik" in ihrer Nummer 9 von 1880: „... Als ausgeführtes Beispiel der Umwandlung von mechanischer Kraft in Elektrizität und zurück in mechanische Kraft war die elektrische Eisenbahn interessant, wenn wir auch sonst vorderhand noch keinen weittragenden Nutzen erkennen können ..." Und doch ist der 31. Mai 1879, der Eröffnungstag der Gewerbeausstellung in Berlin, als Geburtstag der elektrischen Lokomotive in die Geschichte der Technik eingegangen und weltweit anerkannt worden.
Während der Ausstellung beim Lehrter Bahnhof im Stadtteil Moabit beförderte die Lokomotive mit den drei Wagen bis zum 30. September 86 398 Personen auf einem dreihundert Meter langen Gleisrondell im Ausstellungsgelände. Die Höchstgeschwindigkeit lag bei 7 km/h. Der elektrische Strom wurde der Lokomotive von 2,2 Kilowatt Leistung mit einer Spannung von 150 Volt über ein zwischen den Schienen isoliert liegendes, hochkant gestelltes Flacheisen zugeführt. Zur Stromrückleitung dienten die Schienen des Gleises.
In Amerika arbeiteten Stephen D. Field und Thomas Alva Edison etwa zur gleichen Zeit an elektrischen Bahnen, die mit Dynamomaschinen betrieben wurden. Field meldete 1880 ein Patent an, das die Verwendung eines ortsfesten Dynamos als Stromerzeu-

Die Entwicklung nahm dann den Umweg über Straßenbahnen, die sich schon mit einfachen Mitteln elektrisch betreiben ließen. Die erste Linie der Welt fuhr seit 16. Mai 1881 im Berliner Vorort Groß-Lichterfelde. Die elektrische Energie wurde dem Fahrzeug noch über die Schienen zugeführt.

Erstmals bergauf fuhr die am 1. Mai 1882 ebenfalls in Berlin eröffnete elektrische Straßenbahn von Charlottenburg zum Spandauer Bock; die Steigung betrug dreißig Promille.

ger zum Inhalt hatte, dessen Strom ein Fahrzeug durch einen „Empfangsdynamo" in Bewegung setzen sollte. Im selben Jahr meldete auch Edison ein Patent auf eine elektrische Bahn an. Der daraus entstehende Patentstreit mit Field, in dem auch Werner Siemens seine Rechte geltend machte, wurde 1884 durch das amerikanische Patentamt zugunsten von Field gegen Edison und – unberechtigterweise – auch gegen Siemens entschieden.

Elektrische Straßenbahnen

Die kleine elektrische Ausstellungsbahn von Siemens in Berlin, die bald auch auf Ausstellungen in Brüssel, London, Kopenhagen und Moskau vorgeführt wurde, löste Anfragen aus aller Welt nach Anlage- und Betriebskosten von elektrischen Bahnen aus. Sie veranlaßten Siemens & Halske, sich näher mit dem Projekt einer „elektrischen Eisenbahn für Personenbeförderung auf Säulen ca. 12 Fuß hoch" durch die Straßen Berlins zu befassen. Dieser Plan scheiterte jedoch am Einspruch der Hausbesitzer entlang der geplanten Strecke. Auch weitere Vorschläge von Siemens über den Bau verschiedener anderer Linien in Berlin wurden abgelehnt. Das Kgl. Polizei-Präsidium sprach immerhin die Hoffnung aus, „. . . daß es der Fa. Siemens & Halske gelingen möge, anderswo in der Umgebung von Berlin passendere Örtlichkeiten für die Errichtung einer elektrischen Bahn ausfindig zu machen."
Ende 1880 bot sich Gelegenheit dazu in Groß-Lichterfelde bei Berlin, weil dort Bedarf nach einer Verbindung zwischen der Haupt-Kadetten-Anstalt und dem Bahnhof der Anhaltischen Bahn bestand. So wurde am 16. Mai 1881 als erste, dem öffentlichen Verkehr dienende elektrische Bahn in Groß-Lichterfelde eine auf eigenem Bahnkörper angelegte, 2,45 Kilometer lange Strecke dem Betrieb übergeben. Die Stromzuführung zum Motor übernahmen die beiden isoliert verlegten Fahrschienen mit einer Spannung von 180 Volt über die isolierten Radreifen. Der Motor leistete 7,4 Kilowatt und verlieh dem Fahrzeug mit 26 Plätzen eine Geschwindigkeit von 40 km/h. Alle Baukosten mußte Siemens & Halske selbst tragen. Dafür diente die elektrische Bahn in Groß-Lichterfelde dem Unternehmen vor allem als Versuchs- und Erprobungsbahn. Sie sollte maßgebende Kreise von der Durchführbarkeit eines elektrischen Bahnbetriebes überzeugen, aber auch Erkenntnisse und praktische Erfahrungen für die Konstruktion und den Bau elektrischer Bahnen liefern.
Eine weitere elektrische Straßenbahn baute Siemens am Spandauer Berg in Berlin; sie wurde am 1. Mai 1882 eröffnet, führte von Charlottenburg zum Ausflugslokal „Spandauer Bock" und mußte dabei eine Steigung von dreißig Promille überwinden. Mit

Die elektrische Straßenbahn in Groß-Lichterfelde wurde 1890 erweitert und mit einer Oberleitung ausgerüstet, der Wagen trägt erstmals einen Bügelstromabnehmer.

dieser Bahn konnten weitere Versuche durchgeführt und Erfahrungen bezüglich Motorauslegung, Schalteinrichtungen und oberirdischer Stromzuführung gesammelt werden. Sie kamen vor allem der geplanten elektrischen Bahn von Wien nach Vorderbrühl zugute, die Siemens am 22. Oktober 1883 eröffnete. Ihr folgte die Straßenbahn von Sachsenhausen nach Offenbach, die ebenfalls von Siemens & Halske gebaut wurde und am 10. Oktober 1884 in Betrieb ging.

Auch in anderen Ländern Europas waren 1884 schon mehrere elektrische Bahnen in Betrieb. Die technische und kommerzielle Durchführbarkeit des elektrischen Betriebes war damit nachgewiesen. Darüber hinaus wurde immer wieder zu belegen versucht, daß der Betrieb elektrischer Bahnen weniger Kosten verursachte als die damals in den Städten üblichen Pferdebahnen.

Zur Stromzuführung hatte sich die Oberleitung eindeutig als beste Lösung erwiesen. Aber gerade dieser Umstand ließ die Entwicklung elektrischer Bahnen in Deutschland bis 1891, also über mehrere Jahre hinweg, zum Stillstand kommen. Die öffentliche Meinung und die Stadtbehörden verboten den Bau der damals relativ schweren Oberleitungen aus Schlitzrohren in den Straßen, weil sie das Stadtbild störten.

Ohne Vorurteile ging dagegen Amerika an die weitere Entwicklung. Die große Ausdehnung der Städte und Industriebezirke in den USA sowie der schlechte Zustand der Straßen ergaben rasch ein praktisches Bedürfnis nach schnellen Verkehrsmitteln mit geringen Betriebskosten. Ästhetische Vorbehalte gegenüber Oberleitungen gab es in Amerika nicht. Die leichte Beschaffung von Kapital, die einfache Konzessionserteilung zum Bau und die technischen Arbeiten von Leo Daft, Charles J. van Depoele, Frank-Julia Sprague, Joseph Henry oder Sidney Howe Short, führten in der Folge zur schnellen Entwicklung und Ausdehnung der elektrischen Bahnen in Amerika.

In Europa folgten noch einige Versuche mit unterirdischen Stromzuführungen. Am 30. Juli 1889 wurde damit durch Siemens & Halske die Budapester Straßenbahn eröffnet. Unter Walter Reichel ging Siemens ab 1887 auf der elektrischen Bahn zwischen Anhalter Bahnhof und Kadettenanstalt in Groß-Lichterfelde, die 1890 um 1,4 Kilometer verlängert wurde, erstmals zur Stromzuführung mit Fahrdraht und Schleifbügel über. Daraus entwickelte Reichel 1889 den Bügelstromabnehmer, aus dem später der noch heute verwendete Scherenstromabnehmer entstand.

Um 1888 war die erste Phase der Entwicklung elektrischer Bahnen abgeschlossen und der Beweis erbracht, daß die Beförderung von Personen und Lasten auf kürzeren Strecken mit elektrisch angetriebenen Fahrzeugen schnell und kostengünstig durchführbar ist. Die ersten „Kinderkrankheiten" waren überwunden. Nun begann ein Abschnitt der Fort- und Weiterentwicklung sowohl bei den Oberleitungen und Stromabnehmern, als auch in der Konstruktion der Motoren, Antriebe und Schalteinrichtungen.

Die am 19. April 1883 in Europa gegründete „Deutsche Edison-Gesellschaft für angewandte Elektricität" (DEG), die 1887 in die „Allgemeine Elektricitäts-Gesellschaft" (AEG) umgewandelt wurde, kaufte die amerikanischen Sprague-Patente, um sie in Deutschland auszuwerten. Da die Besitzer der Pferde- und Dampfeisenbahnen dem elektrischen Betrieb verständlicherweise ablehnend gegenüberstanden, mußten die Herstellerunternehmen ihre elektrischen Straßenbahnen selbst finanzieren.

Zu diesem Zweck übernahm die AEG 1890 die „Deutsche Straßen- und Lokalbahn AG" und schloß mit der Stadt Halle (Saale) und dem bisherigen Pächter, der „Stadtbahn Halle", einen Vertrag, nach dem sie die Linien dieser Bahn auf elektrischen Betrieb umbauen konnte. Schon 1891 wurde der elektrische Straßenbahnbetrieb in Halle aufgenommen. Der große Erfolg dieser Bahn führte dazu, daß bald weitere Städte dem Beispiel folgten.

In rascher Entwicklung wurden nun ab 1891 auch in Deutschland elektrische Straßenbahnen gebaut, die sehr schnell die damals in den größeren Städten für den öffentlichen Verkehr vorhandenen Pferdestraßenbahnen ersetzten. Die Spannung ging zunächst bis etwa 300 Volt, die Motorleistungen lagen zwischen 9 und 15 Kilowatt. Der Gleichstrom wurde den Fahrzeugen bei den AEG-Bahnen durch Rollenstromabnehmer (Trolley), bei den Siemens & Halske-Bahnen durch Bügelstromabnehmer zugeführt.

Fortschritt bei Grubenbahnen

Während immer mehr elektrische Straßenbahnen mit Motorwagen gebaut wurden, fanden elektrische Lokomotiven anfangs nur ein kleines Anwendungsgebiet. Um 1880 wurden in Deutschland wie in Amerika die ersten elektrischen Lokomotiven als Gruben- und Materialtransportlokomotiven in Betrieb genommen.

Schon die erste elektrische Lokomotive von 1879 war als Grubenlokomotive für ein Kohlebergwerk in Senftenberg bestimmt gewesen, dann aber nicht abgenommen worden. Der Erfolg der Ausstellungsbahn führte jedoch zu zahlreichen Anfragen, darunter der Zeche Anhalt des Königlich Sächsischen Steinkohlenbergwerks in Zaukeroda und der Hohenzollerngrube bei Beuthen in Oberschlesien. Verschiedene Grubenlokomotiven wurden daraufhin in der Bahnwerkstatt von Siemens & Halske entwickelt und gebaut. Als erste wurde Anfang 1882 eine Grubenlokomotive an das Steinkohlenbergwerk Zaukeroda geliefert und im August die erste Probefahrt durchgeführt. Bei dieser Bahn war die Energiezuführung durch zwei isoliert an der Decke des Stollens befestigte T-Eisen gelöst worden, auf denen

Erste elektrische Grubenlokomotive im Salzbergwerk Neu-Staßfurt mit Stromabnahme durch Kontaktschlitten, 1883.

Kontaktschlitten von der Lokomotive nachgeschleppt wurden. Die Lokomotivleistung betrug 3,7 Kilowatt, die Speisespannung 90 Volt. Bei 1,5 Tonnen Eigengewicht zog die Lokomotive bis zu zwanbeladene Kohlenhunde von je 725 Kilogramm Gewicht mit einer Geschwindigkeit von 12 km/h durch die Stollen. 1883 wurden weitere Grubenlokomotiven für das Salzbergwerk Neu-Stassfurt und für das Steinkohlenbergwerk Cons. Paulus-Hohenzollern bei Beuthen in Oberschlesien geliefert.

Die erste elektrische Bahn in Bayern erhielt 1883 ein Sägewerk in Brannenburg bei Rosenheim von Schuckert & Co, Nürnberg. Dieses Unternehmen war 1873 als Handwerksbetrieb von Johann Sigmund Schuckert gegründet worden und befaßte sich vorwiegend mit der Herstellung von Dynamomaschinen und Stromversorgungszentralen. Später wurde der Betrieb Teil der Siemens-Schuckertwerke. Bei der elektrischen Bahn des Sägewerks wurde für die kleine Lokomotive zum ersten Mal ein Stromabneh-

Elektrische Materialtransportbahn in einem Sägewerk bei Brannenburg in Oberbayern, 1883.

Die Preußischen Staatseisenbahnen beschafften 1894 für ihre Hauptwerkstätte Potsdam und 1898 für die Hauptwerkstätte Gleiwitz (rechts) elektrische Werklokomotiven für 220, später 330 Volt Gleichspannung von der AEG.

mer verwendet, dessen Rollen samt Schleiffedern von unten gegen eine doppelpolige, aus Profileisen hergestellte Oberleitung drückten und die Gleichspannung abnahmen. Dieser Vorläufer des „Trolley-Kontaktes" mit Rollen blieb jedoch zunächst unbeachtet.

Zwischen 1884 und 1890 bauten verschiedene Unternehmen in Deutschland elektrische Materialtransport- und Grubenlokomotiven, die sich für dieses Anwendungsgebiet durchsetzten. Im Laufe der Jahre, vor allem nach der Jahrhundertwende, entstanden unzählige elektrische Lokomotiven kleiner und großer Leistung für Unter- wie Übertageeinsatz auf Gruben, Hütten und bei anderen Industriebetrieben. Diese Bahnen wurden mit Gleichstrom, später auch mit Wechselstrom betrieben. Die Ausrüstung von Lokomotiven mit Akkumulatoren gestattete fahrdrahtunabhängigen Betrieb. Die meisten dieser Lokomotiven wurden für Schmalspur von 450, 500, 600, 700, 750, 900 und 1 000 mm sowie für Normalspur 1 435 mm gebaut. Heute stehen elektrische Grubenlokomotiven mit modernster Technik zur Verfügung.

Elektrische Vollbahnen in Deutschland

Die ersten normalspurigen Eisenbahnen mit öffentlichem Verkehr, als Vollbahnen bezeichnet, wurden mit Gleichstrom elektrifiziert.

Am 3. Dezember 1895 ging als erste elektrische Vollbahn in Deutschland die 4,2 Kilometer lange Privatbahn Meckenbeuren–Tettnang in Betrieb. Sie fuhr mit 650 Volt Gleichspannung und wurde von zwei zweiachsigen Motorwagen befahren. Jeder der beiden Triebwagenradsätze wurde durch einen Tatzlagermotor mit 18 Kilowatt Leistung angetrieben. Die Höchstgeschwindigkeit lag bei 30 km/h.

Um zu klären, ob und unter welchen Bedingungen der elektrische Betrieb mit Vorteil den Dampfbetrieb auf Vorortbahnen zu ersetzen vermochte, entschlossen sich die Preußischen Staatseisenbahnen zu einem praktischen Versuch. Vom 1. August 1900 an wurde auf der Wannseebahn in dem 11,8 Kilometer langen Abschnitt zwischen Potsdamer Bahnhof und Zehlendorf von Siemens & Halske ein elektrischer Versuchszug mit 650 Volt Gleichspannung eingesetzt, der im Wechsel mit den Dampfzügen verkehrte. Der erste und letzte des aus zehn Wagen bestehenden, 230 Tonnen schweren Zuges waren als Triebwagen ausgeführt. Beide Triebwagen verband ein Starkstromkabel, so daß auch deren Steuerung vom jeweils vorderen Führerstand aus möglich wurde. Die Gleichspannung von 650 Volt wurde den Triebfahrzeugen durch eine dritte, seitlich neben dem Gleis angeordnete Stromschiene zugeführt. Jeder Triebwagen war mit drei Motoren von je 73,5 Kilowatt Leistung ausgerüstet. Als genügend Erfahrungen vorlagen, wurde der Versuch am 1. Juli 1902 beendet. Er hatte zwar den Beweis erbracht, daß elektrischer Betrieb mit schweren Zügen auf Vorortstrecken möglich ist, doch waren die Schalt- und Steuereinrichtungen dem harten Betrieb noch nicht gewachsen, da sie zu leistungsschwach und in starker Anlehnung an Straßenbahnsteuerungen gebaut waren.

Die Preußischen Staatseisenbahnen entschlossen sich daher auf Anraten der Union Elektricitäts-Gesellschaft (UEG), die 1903 von der Allgemeinen Elektricitäts-Gesellschaft (AEG) übernommen wurde und amerikanische Technik in Europa vertrieb, noch die in Amerika viel verwendete „Zugsteuerung" zu erproben, mit der gleichzeitig mehrere Triebwagen eines Zuges mit Hilfe von Schützen und Verbindungskabeln von einer Stelle aus gesteuert werden können. Diese Steuerung wurde erstmals von Sprague auf der New Yorker Hochbahn angewendet und hatte sich dort gut bewährt.

In Preußen wurde für den Versuch die 9,3 Kilometer lange zweigleisige Vorortstrecke von Berlin-Potsdamer Bahnhof nach Groß-Lichterfelde-Ost als Gleichstrombahn elektrisch ausgebaut und am 8. Juli 1903 dem öffentlichen Verkehr übergeben. Damit war die

Erste normalspurige elektrische Eisenbahn mit öffentlichem Verkehr in Deutschland, 1895 zwischen Meckenbeuren und Tettnang in Württemberg.

erste Eisenbahnstrecke in Deutschland von Dampfbetrieb auf elektrischen Betrieb umgestellt. Die Gleichspannung von 550 bis 600 Volt wurde dem Triebwagenzug durch eine dritte Schiene neben dem Gleis zugeführt. Die Züge bestanden aus drei Triebwagen und zwei Beiwagen; jeder Triebwagen war mit zwei Motoren ausgerüstet, die zusammen eine Stundenleistung von 174 Kilowatt entwickelten.

Vom Gleichstrom zum Drehstrom

Bis Anfang der neunziger Jahre des vorigen Jahrhunderts wurden die elektrischen Bahnen mit Gleichstrom betrieben. Er genügte für den innerstädtischen Verkehr wie für Werk- und Grubenbahnen. Während sich bei Straßenbahnen 500 bis 600 Volt Gleichspannung und 25 km/h Fahrgeschwindigkeit gut bewährt und allgemein durchgesetzt hatten, reichte die Spannung für schwere Züge und größere Entfernungen nicht aus. Mit höheren Spannungen, die zur wirtschaftlichen Übertragung der elektrischen Energie nötig gewesen wären, konnten aber die damaligen Gleichstrommotoren nicht betrieben werden, da sie für mehr als 600 Volt und wegen der Kommutierungsschwierigkeiten auch für Leistungen von mehr als 50 Kilowatt nicht gebaut werden konnten.
Einen Ausweg versprach der Wechselstrom, der durch Transformation leicht auf höhere oder niedrigere Spannung gebracht werden kann. Die elektrotechnische Ausstellung in Frankfurt (Main) 1891 brachte die erste 175 Kilometer lange Drehstromübertragung von Lauffen am Neckar nach Frankfurt und die ersten Drehstrommotoren von Michael von Dolivo-Dobrowolski und Friedrich August Haselwander. Dolivo-Dobrowolski hatte 1889 bei der Union Elektricitäts-Gesellschaft in Berlin den ersten brauchbaren Drehstrommotor mit einer Leistung von

KAISERLICHES PATENTAMT.

AUSGEGEBEN DEN 19. APRIL 1890.

PATENTSCHRIFT

— № 51083 —

KLASSE 21: ELEKTRISCHE APPARATE.

ALLGEMEINE ELEKTRICITÄTS-GESELLSCHAFT IN BERLIN.

Anker für Wechselstrommotoren.

Patentirt im Deutschen Reiche vom 8. März 1889 ab.

Die vorliegende Erfindung ist eine Verbesserung der zunächst von Professor Ferraris in Turin vorgeschlagenen Anordnung zur Erzielung kreisender Bewegung mittelst Wechselströme. Nach Ferraris (s. u. A. Industries, 1888, vom 18. Mai, auch Dingler's Journal) schaltet man zwei oder mehrere unter gewissem Winkel stehende magnetisirende Spulengruppen derart, dafs sie einerseits von Wechselströmen verschiedener Phase, wie sie z. B. aus einer Wechselstrommaschine mit versetzten Ankerspulen herrühren, durchflossen werden, und andererseits so, dafs das wirksame magnetische Feld in bestimmter Drehrichtung sich fortbewegt; bringt man in dieses kreisende magnetische Feld einen leitenden Körper, z. B. einen Kupfercylinder, so geräth dieser infolge der Wechselwirkung des magnetischen Feldes und der in dem Leiter inducirten Foucaultschen Ströme in Drehung. Es kann aber ein nach dieser Art gebauter Elektromotor keinen hohen Wirkungsgrad haben, obwohl den Foucault-Strömen eine gut leitende Bahn vorliegt, weil die Stärke des magnetischen Feldes nur gering sein wird; bei Verwendung eines Eisenkörpers dagegen ist zwar das magnetische Feld stark; indessen tritt hier der Uebelstand auf, dafs die elektrischen Ströme vom Eisen viel schlechter geleitet werden als vom Kupfer und daher den Foucault'schen Strömen ein zu grofser Widerstand geboten wird.

Im Folgenden soll eine Anordnung beschrieben werden, welche die erwähnten Uebelstände beseitigen soll. Selbstredend kann man die Wirkung der magnetisirenden Spulen verstärken, wenn man sie mit Eisenkernen versieht; die Hauptsache ist jedoch der Körper, in welchem die Foucault-Ströme inducirt werden, und der hier als Anker bezeichnet werden soll. Der Anker soll im wesentlichen aus Eisen hergestellt werden, jedoch soll seine Masse von Kupferadern durchzogen werden, welche sämmtlich mit einander, und zwar an beiden Enden mittelst Kupferplatten oder Ringe oder dergleichen in Verbindung gebracht werden. Die Fig. 1 und 2 zeigen einen solchen Anker in Form eines auf der Welle befestigten Eisencylinders *a*; dieser Cylinder ist an vielen Stellen parallel der Achse durchbohrt, und in die so gebildeten Durchbohrungen sind Kupferstangen *c* eingelegt. An beiden Endflächen des Cylinders sind Kupferscheiben *b* angebracht, welche sämmtliche Enden der Stangen *c* elektrisch gut leitend verbinden. Bringt man solch einen Anker in das magnetische Feld, so wird durch die Eisenmasse die Feldstärke vergröfsert; gleichzeitig aber können in den Kupferadern kräftige Foucault-Ströme kreisen, welche die magnetische Trägheit des Ankers vergröfsern und somit seine Mitnahme durch das Feld begünstigen.

Diese Anordnung, obwohl die günstigste, läfst sich jedoch durch andere verwandte mit mehr oder weniger Erfolg ersetzen. So z. B. brauchen die Kupferstäbe nicht ganz und gar in die Eisenmasse eingelegt zu werden, sondern können in Nuthen, welche längs des Cylindermantels verlaufen, eingebettet werden

9,4 Kilowatt gebaut. Er zeigte bereits gute Ergebnisse, lief einwandfrei hoch und arbeitete fast geräuschlos. Als „Anker für Wechselstrommotoren" erhielt der Motor am 8. April 1889 das Deutsche Reichs-Patent 51 083.

Gegenüber Gleichstrommotoren, die damals noch ohne Wendepole ausgeführt wurden und deshalb großem Verschleiß an Kommutator und Bürsten unterlagen, zeichnete sich der Drehstrommotor durch einfachen konstruktiven Aufbau ohne den komplizierten Kommutierungsapparat, geringe Baugröße und geringes Gewicht, hohe Betriebssicherheit, große Wartungsfreundlichkeit, hohe Spannungsfestigkeit, starkes Anfahrmoment und Möglichkeiten zur Nutzbremsung aus.

Der Drehstrom-Asynchronmotor mit Käfigläufer versprach auch der ideale Bahnmotor zu werden. Er ist robust und wartungsarm, weil er nur aus wenigen elektrisch und mechanisch homogenen Teilen besteht. Durch den berührungslosen Energieübergang zwischen Ständer- und Läuferkreis entfallen die Drehzahl- und Leistungsgrenzen von Kommutatormotoren. Mit Drehstrommotoren im Bahnbetrieb war die Möglichkeit gegeben, höhere Spannungen anzuwenden, die Energie mit geringen Verlusten über größere Entfernungen zu übertragen und höhere Leistungen in den Fahrzeugen zu installieren.

Im Juli 1892 begannen auf dem Fabrikhof des Charlottenburger Werks von Siemens & Halske in Berlin die ersten Versuche mit Drehstrom für Bahnzwecke. Der Drehstrom wurde einem Versuchsfahrzeug durch zwei Fahrdrähte über dem Gleis und durch die Fahrschienen mit einer Spannung von 500 bis 600 Volt zugeführt. Das Versuchsfahrzeug, das bis zu 25 km/h erreichte, bestand aus dem Untergestell eines gewöhnlichen Straßenbahnwagens ohne Wagenkasten. Das Fahrgestell enthielt einen Drehstrommotor, den ersten Drehstrombahnmotor der Welt, der über ein Schneckengetriebe eine Achse antrieb. Der Drehstrommotor war in gekapselter Bauart ausgeführt und leistete 17,4 Kilowatt bei 1 400 Umdrehungen in der Minute. Das Versuchsfahrzeug wurde von Siemens & Halske 1893 auch auf der Weltausstellung in Chicago gezeigt. Die Versuchsfahrten in Charlottenburg bildeten einen weiteren Meilenstein in der Entwicklung der elektrischen Bahnen.

Aufbauend darauf unternahm Siemens & Halske in den Jahren 1897 bis 1900 in Berlin weitere Versuche mit hochgespanntem Drehstrom. Da Spannungen bis 10 000 Volt auf einer Vollbahnstrecke zunächst nicht benutzt werden konnten, fanden die Versuche anfangs auf einem werkeigenen, 1,8 Kilometer langen Streckenabschnitt in Groß-Lichterfelde statt. Die Frequenz lag entsprechend der damals üblichen Netzfrequenz bei 45 Hertz. Ab Sommer 1898 wurden die Versuche mit Drehstrom von 750 Volt, 2 000 Volt und 10 000 Volt auf dem Siemensgelände an der Teltower Straße in Berlin fortgesetzt. Dazu diente ein Versuchsfahrzeug mit Holzkastenaufbau, dem Untergestell eines gewöhnlichen zweiachsigen Plattformwagens sowie zwei darin eingebauten Drehstrommotoren. Im Herbst 1899 wurde das Fahrzeug umgebaut und erhielt einen eisernen Aufbau, der Platz für Transformatoren bot, um weitere Versuche mit Spannungen bis 10 000 Volt durchführen zu können. Im Frühjahr 1900 folgten Probefahrten, bei denen die Motoren nach Auswechseln des Stators direkt mit 2 000 Volt gespeist wurden. Die Erkenntnisse aus diesen Versuchen zeigten, daß die zum Betrieb einer elektrischen Vollbahnlokomotive notwendige Energie den Fahrmotoren ohne Schwierigkeiten mit Hochspannung entweder unmittelbar

Drehstrom-Versuchsfahrzeug von Siemens aus dem Jahr 1898 im ursprünglichen Zustand mit Holzaufbau . . .

. . . und ein Jahr später mit einem Aufbau aus Metall und Transformatoren für die Versuche mit Hochspannung.

Drehstromlokomotive für die Schnellbahnversuche zwischen Marienfelde und Zossen bei Berlin, 1902.

mit 750 Volt bis 2 000 Volt oder über Transformatoren bis zu 10 000 Volt zugeführt werden konnte.
Die seit 1897 von Siemens & Halske durchgeführten Versuche mit Drehstromfahrzeugen gaben den Anstoß zur Gründung der „Studiengesellschaft für elektrische Schnellbahnen" (StES) durch zehn führende Unternehmen der deutschen Elektro- und Maschinenbauindustrie, die Deutsche Bank und die preußischen Staatseisenbahnen am 10. Oktober 1899. Als Versuchsstrecke wurde die Militäreisenbahn Marienfelde–Zossen bei Berlin gewählt. Die geplanten Schnellfahrten sollten in erster Linie zur Erprobung der bautechnischen Ausrüstung für hohe Geschwindigkeiten und zum Studium der Bedingungen des elektrischen Schnellbahnbetriebes allgemein dienen.
Mit einer vierachsigen Drehstromlokomotive, Radsatzanordnung (1A) (A1), die von Siemens & Halske 1901 gebaut wurde, begannen am 17. Juni 1902 die ersten Fahrversuche auf der 27 Kilometer langen Strecke Marienfelde–Zossen. Die Lokomotive war mit vier direkt mit 10 000 Volt Drehstrom von 50 Hertz gespeisten Tatzlagermotoren von je 300 Kilowatt Leistung bei 885 Umdrehungen in der Minute ausgerüstet. Das Fahrzeug wog vierzig Tonnen und erreichte eine Höchstgeschwindigkeit von 150 km/h.
In den Jahren 1902 bis 1903 wurden dann die weltweit beachteten Schnellfahrversuche durch die StES mit Drehstrom-Schnelltriebwagen durchgeführt. Sie stammten von van der Zypen & Charlier in Deutz; je einer war von der AEG und von Siemens & Halske elektrisch ausgerüstet worden. Bei den Versuchsfahrten am 6. Oktober 1903 erreichte der Wagen von Siemens & Halske zum ersten Mal die angestrebte Geschwindigkeit von 200 km/h, am 23. Oktober 206,7 km/h. Am 27. Oktober 1903 steigerte der Triebwagen der AEG die Geschwindigkeit auf 210,2 km/h, wobei die Frequenz des Drehstroms gegenüber der Fahrt am 23. Oktober um zwei Prozent erhöht worden war. Diese Geschwindigkeits-Weltrekorde bedeuteten für die damalige Zeit eine beachtliche Leistung, da bis dahin nur wenig über das Verhalten von Rad und Schiene bei derart hohen Geschwindigkeiten bekannt war.
Der Erfolg konnte allerdings nicht über die Problematik des Drehstromantriebs hinwegtäuschen: Drehstromfahrleitungen erwiesen sich als aufwendig, vor allem eignete sich aber der Drehstrom-Asynchronmotor wegen seiner starren Drehzahlkennlinie bei Speisung mit einer festen Frequenz noch nicht für den Bahnbetrieb. Deshalb wurden die Versuche von deutschen Bahnen nicht weitergeführt.

Die beiden Versuchstriebwagen, die 1903 über 210 km/h erreichten. Beim AEG-Wagen waren die drei Stromabnehmer hintereinander, beim Siemens-Wagen auf einer gemeinsamen Säule übereinander angeordnet.

Erst in neuester Zeit ergaben sich durch Speisung mit variabler Frequenz neue Möglichkeiten, den Drehstrom-Asynchronmotor endlich doch als Traktionsmotor im Bahnbetrieb einzusetzen.

Einphasen-Wechselstrom

Daß Gleichstrom-Reihenschlußmotoren auch mit Wechselstrom betrieben werden können, war schon lange bekannt. In den achtziger Jahren des vorigen Jahrhunderts liefen Versuche in zahlreichen Ländern. Fast gleichzeitig mit Entwicklungen im Ausland kam 1902 als „kompensierter Repulsionsmotor" der Einphasenkommutatormotor von Günter Winter und Friedrich Eichberg bei der UEG in Berlin zur Erprobung. Nachdem damals von der Drehstromtechnik im Bahnbetrieb aufgrund der Versuchsergebnisse keine praktische und wirtschaftliche Lösung zu erwarten war, wandte sich das Interesse der Preußischen Staatseisenbahnen dem elektrischen Betrieb mit Einphasenwechselstrom zu. Als die UEG im Januar 1903 einen Einphasenwechselstrommotor mit 75 Kilowatt Leistung für den Bahnbetrieb nach den Patenten von Winter und Eichberg vorstellte, entschloß sich das preußische Eisenbahnministerium zu einem Versuch mit dem neuen Einphasenwechselstromsystem. Dafür wurde die 4,1 Kilometer lange Berliner Vorortstrecke Niederschöneweide–Johannistal–Spindlersfeld für 6000 Volt und 25 Hertz elektrifiziert. Schon am 14. August 1903 fand die erste Probefahrt mit einem Triebwagen statt. Diese Versuchsstrecke stellte die erste Einphasenwechselstrombahn der Welt dar; sie wurde im öffentlichen Verkehr von Juli 1904 bis Oktober 1905 betrieben, zuvor hatten nur Versuchsfahrten stattgefunden.

Die elektrischen Triebwagen wurden von der UEG gebaut. Der Zug mit einem Dienstgewicht von 155 Tonnen bestand aus zwei Triebwagen und drei zwischengestellten Beiwagen. Jeder Triebwagen hatte zwei Einphasenkommutatormotoren mit je 73,5 Kilowatt Leistung, Tatzlagerantrieb und Vielfachsteuerung.

Der Versuchsbetrieb brachte Erkenntnisse vor allem über die Einphasenwechselstrommotoren im Bahnbetrieb, über die Fahrleitungsanlagen sowie die Stromabnehmer für höhere Spannungen und Geschwindigkeiten. Die verhältnismäßig guten Betriebsergebnisse mit diesem System, das die Grundlage zur weiteren Entwicklung der elektrischen Zugförderung in Deutschland bildete, führten zu Versuchen mit Einphasenwechselstrom auf breiterer Basis im elektrischen Vollbahnbetrieb. Ende 1904 fiel die Entscheidung, den elektrischen Betrieb auf den Hamburger Vorortstrecken Ohlsdorf–Altona–Blankenese nach diesem System einzuführen.

Die 26,6 Kilometer lange Strecke der Hamburger Vorortbahn wurde mit 6300 Volt Fahrleitungsspannung und 25 Hertz elektrifiziert. Der Umbau auf

Drehstrom-Fahrleitung und -Stromabnehmer auf der Versuchsstrecke zwischen Marienfelde und Zossen, 1903.

Versuchszug für Einphasenwechselstrom auf der Berliner Vorortstrecke Niederschöneweide – Spindlersfeld, 1903.

1907 auf dem Versuchsring bei Oranienburg: Einphasen-Wechselstromlokomotive der AEG, die später auf der Hamburger Hafenbahn eingesetzt wurde, darunter Lokomotive für die Alpenbahngesellschaft Bern – Lötschberg – Simplon in der Schweiz.

Lokomotiven der Lokalbahn AG München auf der Strecke Murnau – Oberammergau; die LAG 1 steht heute im Deutschen Museum in München, die E 69 03 ist noch immer betriebsfähig.

elektrischen Betrieb begann 1905; ab 1. Oktober 1907 fuhren elektrische Triebwagenzüge im Wechsel mit den Dampfzügen; am 29. Januar 1909 wurde der Wechselstrombetrieb auf der gesamten Strecke aufgenommen.
Eine erste elektrische Lokomotive mit Winter-Eichberg-Motoren für 260 Kilowatt Stundenleistung bauten die AEG und Vulcan. Mit dieser Lokomotive unternahmen die Preußischen Staatseisenbahnen einen vollautomatischen Probebetrieb auf ihrer Versuchsanlage bei Oranienburg; diese rund 1,5 Kilometer lange Strecke in Form eines Ovals diente sonst vor allem Dauerversuchen am Oberbau.
Der Einphasenwechselstrom wurde der Lokomotive auf der Ringbahn mit einer Spannung von 6 000 Volt und 25 Hertz über ein Unterwerk zugeführt und von dort auch geregelt. Die Lokomotive fuhr ohne Personal täglich bis zu zwanzig Stunden lang. Sie wurde von Ende 1907 bis 1910 mit bestem Erfolg eingesetzt und erreichte Monatslaufleistungen bis zu zehntausend Kilometern.
Die vierachsige Lokomotive, die später mit der Bezeichnung EV 1/2 von den Preußischen Staatseisenbahnen übernommen wurde, hatte die Radsatzanordnung (A1)+(Bo), ein Dienstgewicht von 59,5 Tonnen und Tatzlagerantrieb. Sie erreichte eine Geschwindigkeit von 50 km/h. Die Motorspannung konnte von 150 bis 750 Volt verändert werden; dazu diente hier erstmals eine Schützensteuerung mit Kontroller im Führerstand.

Verminderte Frequenz

Schon Anfang 1904 wurde der Gedanke verfolgt, beim Einphasen-Reihenschlußmotor in der Wendezone des Stroms ein gegen den Ankerstrom phasenverschobenes magnetisches Feld zu erzeugen, das bei laufendem Motor eine elektromotorische Kraft der Bewegung induziert, um die bei der Stromwendung – und bei Wechselstrom auch durch Transformation – auftretenden elektromotorischen Kräfte zu unterdrücken.
In Deutschland legte dazu Rudolf Richter bei den Siemens-Schuckertwerken den Wendepol über einen Widerstand an eine Hilfsspannung und kompensierte so die transformatorische elektromotorische Kraft im wesentlichen Betriebsbereich. Damit war dieser Einphasen-Reihenschlußmotor dem Winter-Eichberg-Motor überlegen. Die Siemens-Schuckertwerke bauten daraufhin 1904/05 die ersten Vollbahnlokomotiven in Deutschland mit Einphasen-Reihenschlußmotoren und phasenverschobenem Wendefeld. Im Zusammenhang damit wurde die Netzfrequenz auf 15, 16 und schließlich 16 2/3 Hertz reduziert, um die induzierten elektromotorischen Kräfte auch auf diese Weise zu vermindern.
Die am 5. April 1900 in Betrieb genommene Lokalbahn Murnau – Oberammergau mit einer Länge von 23,6 Kilometer, ursprünglich für Betrieb mit Drehstrom von 800 Volt und 50 Hertz vorgesehen, wurde 1904 von Siemens mit dem neuen Einphasenwechselstromsystem elektrifiziert. Am 1. Januar 1905 begann der planmäßige elektrische Betrieb mit 15 Hertz und 5 000 Volt Fahrdrahtspannung. Damit hatte die Localbahn A. G. München (LAG) den ersten Einphasenwechselstrom-Bahnbetrieb mit niedriger Frequenz in Deutschland eingeführt. Er wurde richtungweisend und ausschlaggebend für die weitere Entwicklung des elektrischen Zugbetriebs in Deutschland. Eingesetzt waren zunächst vier dreiachsige elektrische Triebwagen mit einer Stundenleistung von 147,1 Kilowatt. Am 19. Februar 1906 kam eine zweiachsige Lokomotive mit der Radsatzanordnung Bo' und der Bezeichnung LAG 1 hinzu. Sie war als erste deutsche Einphasenwechselstromlokomo-

tive von den Siemens-Schuckertwerken und der Katharinenhütte in Rohrbach an der Saar gebaut worden. Zwei parallel geschaltete Einphasen-Reihenschlußmotoren mit phasenverschobenem Wendefeld in Tatzlagerausführung leisteten zusammen 162 Kilowatt. Die Höchstgeschwindigkeit der mit einer Schützensteuerung ausgerüsteten Lokomotive betrug 40 km/h, das Dienstgewicht 20 Tonnen. Die LAG 1 steht heute im Deutschen Museum in München.

Am 7. April 1908 veröffentlichte das Starkstromreferat des Bayerischen Verkehrsministeriums unter Hans Gleichmann eine Denkschrift über „Die Einführung des elektrischen Betriebes auf den bayerischen Staatseisenbahnen". Sie kam zu dem Ergebnis, daß die Vorteile des Wechselstroms niedriger Frequenz dessen Nachteile überwiegen. Die einpolige Oberleitung, der in weiten Grenzen regelbare Motor sowie die einfache Fernübertragung der elektrischen Energie genügten allen Bedingungen des Haupt-

Elektrische Personenzuglokomotive EP 3/5, Nummer 20 002, später E 62 02, der Bayerischen Staatseisenbahnen für die Mittenwaldbahn, 1913.

Elektrische Güterzuglokomotive EG 4 × 1/1, Nummer 20 202, später E 73 02; an dieser und einer weiteren Lokomotive erprobten die Bayerischen Staatseisenbahnen bereits frühzeitig den Einzelachsantrieb mit Tatzlagerfahrmotoren.

Elektrische Lokomotive A 1 der Badischen Staatseisenbahnen und eine der neun Lokomotiven A 2, später Reihe E 61.

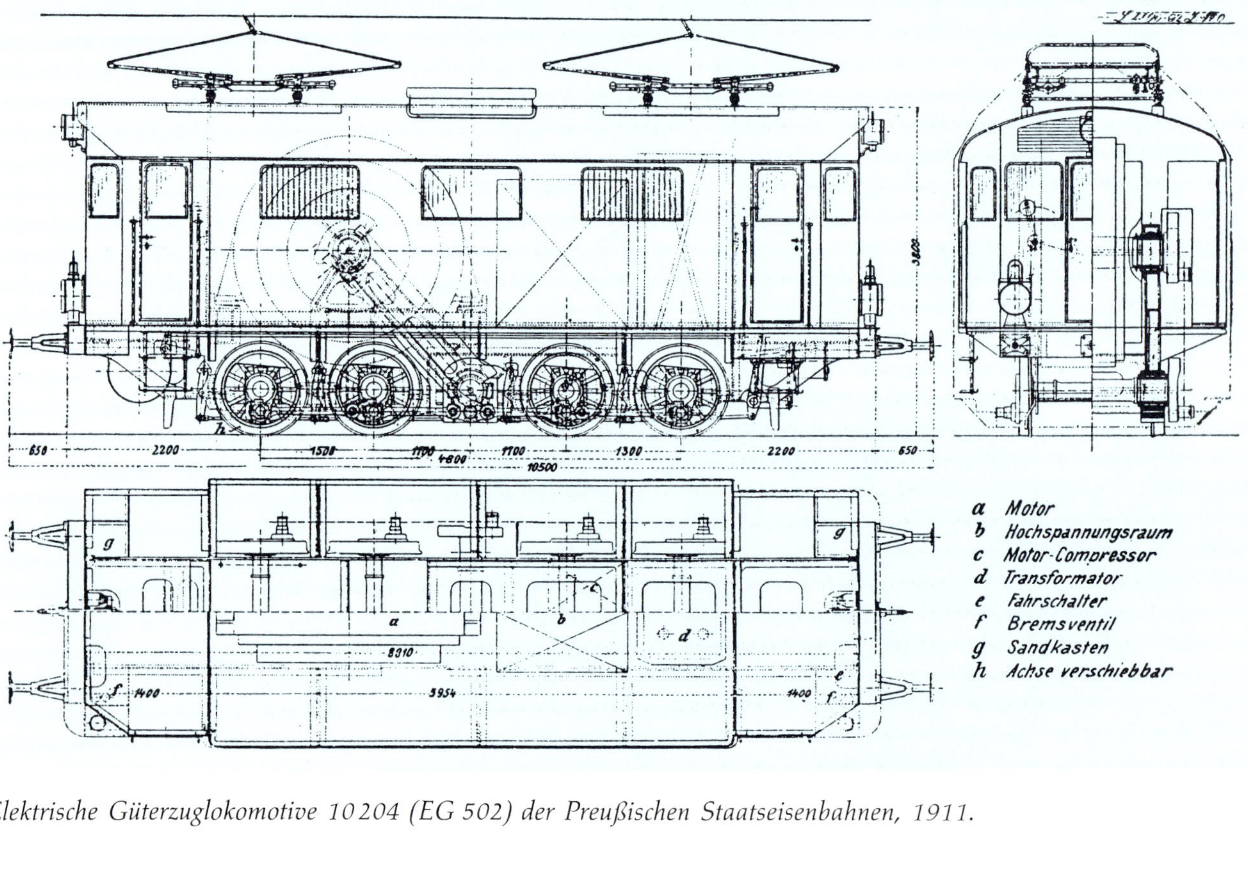

Elektrische Güterzuglokomotive 10204 (EG 502) der Preußischen Staatseisenbahnen, 1911.

bahnbetriebes am besten. In der Denkschrift wurden diese Zusammenhänge zum ersten Mal von einer Staatseisenbahnverwaltung in Deutschland öffentlich dargelegt. Daraufhin bewilligte der bayerische Landtag am 8. Mai 1908 die Mittel für die Elektrifizierung der ersten bayerischen Vollbahnstrekken Mittenwald–Garmisch-Partenkirchen–Griesen (–Reutte in Tirol) und (Salzburg–) Freilassing–Berchtesgaden.

Die österreichischen Staatseisenbahnen nahmen im

Juli 1907 den Bau der Karwendelbahn von Innsbruck bis zur Grenze bei Scharnitz in Angriff, nachdem mit den Bayerischen Staatseisenbahnen die Fortführung über Garmisch-Partenkirchen und Griesen bis Reutte in Tirol vereinbart worden war. Am 28. Oktober 1912 fuhr auf der bayerischen Strecke Mittenwald – Garmisch der erste elektrische Zug, der von einer österreichischen Lokomotive der Reihe 1060 (1'C) gezogen wurde. Die von den Bayerischen Staatseisenbahnen Mitte 1911 bestellten fünf Lokomotiven waren noch nicht fertig. Am 28. Mai 1913 folgte die Betriebsaufnahme auf der Strecke Garmisch – Griesen – Reutte mit den ersten bayerischen Lokomotiven der Reihe EP 3/5 (1'C1'), nach 1918 EP 1 und später Reihe E 62. Sie erreichten 710 Kilowatt Stundenleistung bei 40 km/h mit einem Reihenschlußmotor mit doppeltem Kommutator. Die Höchstgeschwindigkeit betrug 60 km/h, das Dienstgewicht 72,5 Tonnen.

Im Herbst 1912 bestellten die Bayerischen Staatseisenbahnen mehrere Lokomotiven für die Strecke Freilassing – Berchtesgaden: acht elektrische Personenzuglokomotiven EP 3/6, später EP 3 und $E\,36^1$ (1'C2') sowie EP 4 und $E\,36^2$ (1'C2'), zwei Güterzuglokomotiven EG 4 × 1/1, später EG 1 und Reihe E 73 (Bo'Bo'), sowie zwei weitere Güterzuglokomotiven EG 2 × 2/2, Reihe E 70 (B'B').

Auf der badischen Wiesen- und Wehratalbahn wurde am 13. September 1913 der elektrische Zugbetrieb mit 10 kV und 15 Hertz aufgenommen. Später wurden die Spannung auf 15 kV, die Frequenz auf 16 ⅔ Hertz angehoben. Neben der 1910 gebauten Lok A1, die bereits 1924 wieder ausgemustert wurde, standen neun Lokomotiven der Reihe A2 (1'C1'), bei der Reichsbahn E 61, zur Verfügung. Die beiden Motoren wurden bei diesen Lokomotiven in der Mitte angeordnet und arbeiteten über Stangen auf eine gemeinsame Blindwelle. Ihre Stundenleistung betrug 750 Kilowatt bei 43 km/h.

In Preußen folgte auf die verschiedenen Versuche und Probebetriebe mit Einphasenwechselstrom in Berlin und Hamburg Ende 1908 auch der erste Versuch auf Fernbahnen. Gewählt wurde dafür die Strecke Dessau – Bitterfeld in Mitteldeutschland. Am 20. April 1909 fand unter Leitung von Gustav Wittfeld eine abschließende Besprechung im Ministerium für öffentliche Arbeiten in Berlin statt, an der Vertreter der AEG, der Siemens-Schuckertwerke und der Felten & Guilleaume-Lahmeyerwerke AG teilnahmen. Dabei wurden die Erfahrungen mit dem elektrischen Betrieb zusammengefaßt und Grundsätze für die weitere technische Entwicklung festgelegt. Auch hier fiel die Wahl auf einphasigen Wechselstrom mit einer Frequenz von 15 Hertz und eine Oberleitungsspannung von 10 000 Volt bei 50 000 Volt Speiseleitungsspannung. In den Lokomotiven sollte die Spannung durch einen Transformator in Sparschaltung und Induktionsregler für die Drehzahlsteuerung der Einphasen-Reihenschlußmotoren entsprechend herabgesetzt werden.

Antrieb

Der Antrieb elektrischer Lokomotiven überträgt die Leistung von den Fahrmotoren auf die Schienen. Zahnradvorgelege für große Leistungen und höhere Geschwindigkeiten standen anfangs noch nicht zur Verfügung. Schlechter Wirkungsgrad, mangelhafte Festigkeit und Betriebssicherheit sowie hoher Zahnverschleiß ließen Zahnradvorgelege in Lokomotivantrieben vorerst ungeeignet erscheinen. Nur für langsam laufende Lokomotiven wurde Einzelachsantrieb mit Tatzlagermotoren und Zahnradübersetzungen in der gleichen Anordnung wie bei Straßenbahnen verwendet, ansonsten jedoch von den Dampflokomotiven der bekannte und bewährte Antrieb mit Stangen übernommen.

Der Tatzlagerantrieb ist eine der ältesten und verbreitetsten Antriebsarten elektrischer Triebfahrzeuge. Er wurde für die Straßenbahn entwickelt. Der Motor liegt bei diesem Antrieb parallel zur Achse, auf die er sich auf der einen Seite mit zwei angegos-

Steilstangenantrieb der preußischen ES 1, 1911.

Drehgestell der E 71 mit Fahrmotor und Stangenantrieb.

Schrägstangenantrieb der E 52.

Federtopfantrieb der E 18.

Schrägstangenantrieb mit schwach geneigter Kuppelstange der E 75.

Tatzlagerfahrmotoren im Drehgestell einer elektrischen Lokomotive der Baureihe E 44 (144).

Stangenantrieb der E 71.

Tatzlagerfahrmotor.

senen Tatzlagern abstützt, während er auf der anderen Seite unter Zwischenschaltung von Federn am Rahmen oder am Drehgestell hängt. Auf der Welle des Treibradsatzes ist neben dem Radkörper ein großes Vorgelegezahnrad aufgebracht, in welches das Motorritzel eingreift. Der Tatzlagerantrieb ist einfach und damit billig auszuführen; die Tatzlager gewährleisten gleichbleibenden Mittenabstand der beiden Zahnräder. Dem steht als Nachteil die Geräuschentwicklung gegenüber, vor allem aber das große, etwa zur Hälfte ungefederte Gewicht des Motors, das auf der Treibachse ruht und wegen der Auswirkungen auf den Oberbau die Geschwindigkeit begrenzt. Auch die tiefe Schwerpunktlage hat Nachteile.

Bei den Stangenantrieben, die heute noch in einigen Museumslokomotiven vorkommen, werden die durch Kuppelstangen verbundenen Radsätze vom Motor oder den Motoren unmittelbar, meist jedoch über Blindwellen angetrieben. Durch die Zahl der Motoren, die Ausbildung der Treibradsätze, Verwendung von Gleitführungen oder Vorgelegen ergaben sich für den Stangenantrieb zahlreiche Kombinationsmöglichkeiten.

Die für den direkten Stangenantrieb notwendigen Motordrehzahlen ergaben anfangs sehr große Motorabmessungen. Das bedeutete Zusammenfassung der Lokomotivleistung in einem einzigen großen Motor und entsprechend hohe Lagerung im Lokomotivrahmen. So enthielten die ersten, 1909 gebauten elektrischen Vollbahnlokomotiven nur einen hochgelagerten Zentralmotor. Alle Versuchslokomotiven für die Strecke Dessau – Bitterfeld wurden nach diesem Prinzip bestellt. So hatte zum Beispiel der Motor in den 1925 gebauten Lokomotiven der Reihe E06 bei 2780 Kilowatt Stundenleistung einen Gesamtdurchmesser von 3,5 Metern und einen Läuferdurchmesser von 2,8 Metern; er gehörte damit zu den größten Bahnmotoren der Welt.

Zu Konstruktion und Bau der ersten elektrischen Lokomotiven wurden alle deutschen Elektrounternehmen mit Erfahrungen im Bau von Bahnmotoren herangezogen.

Am 28. Juli 1909 verabschiedete der preußische Landtag ein Eisenbahnanleihegesetz. Durch die Bewilligung der Mittel für die Elektrifizierung der Strecke Dessau – Bitterfeld wurde 1909 auch in Preußen der Grundstein für den elektrischen Vollbahnbetrieb gelegt. Die zunächst gewählte Frequenz von 15 Hertz mußte jedoch bald wieder verlassen werden, weil inzwischen auch die Frequenz des Landesnetzes von 45 auf 50 Hertz erhöht worden und die Bahnfrequenz von 15 Hertz damit nicht mehr ganzzahlig darin enthalten war. Deshalb wurde ein Drittel von 50, nämlich 16 2/3 Hertz, gewählt, um Bahnstrom mit Synchronumformern bei einem Polpaarzahlverhältnis von 3:1 ohne weiteres auch aus dem 50 Hertz-Landesnetz beziehen zu können.

Dieser Schritt und die spätere Vereinbarung über die Ausführung elektrischer Zugförderung im Jahr 1912 bedeuteten das Ende des Winter-Eichberg-Motors und des seit der Jahrhundertwende andauernden Suchens der deutschen Länderbahnen nach dem für die elektrische Vollbahnzugförderung am besten geeigneten Stromsystem.

Am 21. August 1909 bestellten die Preußischen Staatseisenbahnen zwölf elektrische Lokomotiven. Dabei handelte es sich um drei Schnellzuglokomotiven 10501 bis 503, später ES 1 bis ES 3 (2'B1'), fünf Güterzuglokomotiven 10204 bis 208, später EG 502 bis 506 (D), eine Güterzuglokomotive EG 501, später EP 201, und eine Schnellzuglokomotive 10504, später ES 4 (beide 1'D1'), sowie zwei Schnellzug- und Personenzuglokomotiven (1'C1'), von denen jedoch nur eine als ES 5 gebaut wurde.

Im Januar 1911 fand die erste Probefahrt auf der Strecke Dessau – Bitterfeld statt, am 10. Februar 1911 wurde der planmäßige elektrische Zugbetrieb aufgenommen. Dabei wurden acht verschiedene von den zwölf im Jahre 1909 bestellten elektrischen Lokomotiven, die ersten deutschen Schnell-, Personen- und Güterzuglokomotiven, erprobt, um die günstigste Bauform zu finden. Beteiligt waren die drei preußischen Schnellzuglokomotiven 10501 bis 503, die Güterzuglokomotiven 10204 bis 208, sowie die badische Lok A1.

Die Antriebsleistung wurde bei allen diesen Lokomotiven vom zentralen, hoch liegenden Motor über Steilstangen, Blindwellen und Kuppelstangen auf die Treibräder übertragen. Die Motoren und die Steuerung waren dagegen unterschiedlich ausgeführt. Verwendet wurden Reihenschlußmotoren, Winter-Eichberg-Motoren und Repulsionsmotoren mit Bürstenverschiebung. Zur Steuerung wurde von der Schützensteuerung, der Schützensteuerung mit Drehtransformator und von der Bürstenverschiebung Gebrauch gemacht. Der Probebetrieb zeigte, daß einer Elektrifizierung der ganzen 154 Kilometer langen Strecke Magdeburg – Halle – Leipzig nichts mehr im Wege stand.

Am 30. Juni 1911 beschloß der preußische Landtag durch Gesetz, außer den mitteldeutschen Strecken auch die Bergstrecke Lauban – Königszelt in Schlesien zu elektrifizieren. Damit sollte der elektrische Vollbahnbetrieb auch bei größeren Steigungen und harten klimatischen Bedingungen erprobt werden. Er konnte sich damit in Deutschland endgültig durchsetzen.

Die damaligen Ländereisenbahnen mit elektrischem Betrieb, die Preußischen, Bayerischen und Badischen Staatseisenbahnen, erarbeiteten 1912 ein „Übereinkommen betreffend die Ausführung elektrischer Zugförderung", das bis 1913 alle beteiligten Bahnen unterzeichneten. Damit wurde Einphasenwechselstrom mit 15000 Volt / 16 2/3 Hertz für die künftige Elektrifizierung festgelegt. Durch diesen Beschluß der drei Ländereisenbahnen waren die Voraussetzungen geschaffen, die in Deutschland an verschiedenen Stellen entstehenden elektrischen Strecken

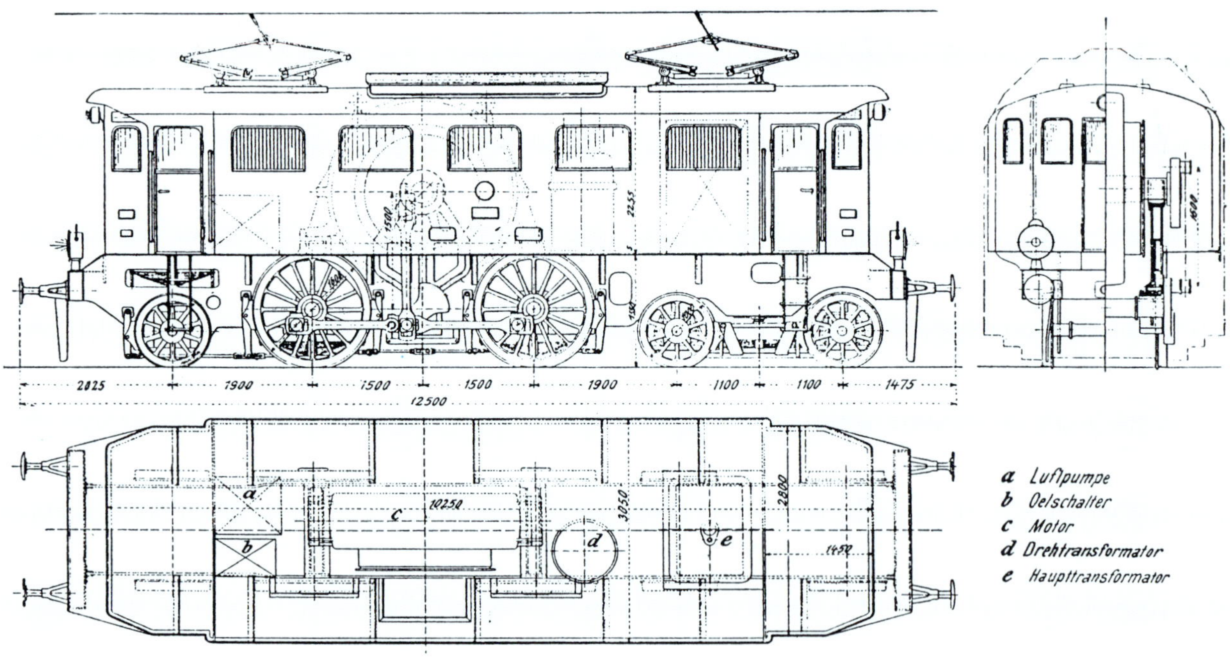

Preußische Schnellzuglokomotive 10501 auf der Strecke Dessau–Bitterfeld; schon 1911 erreichte sie hier mit einem Sonderzug, in dem der preußische Landtag und Minister von Breitenbach mitfuhren, 135 km/h. Im Deutschen Museum in München wurde sie im Zweiten Weltkrieg zerstört.

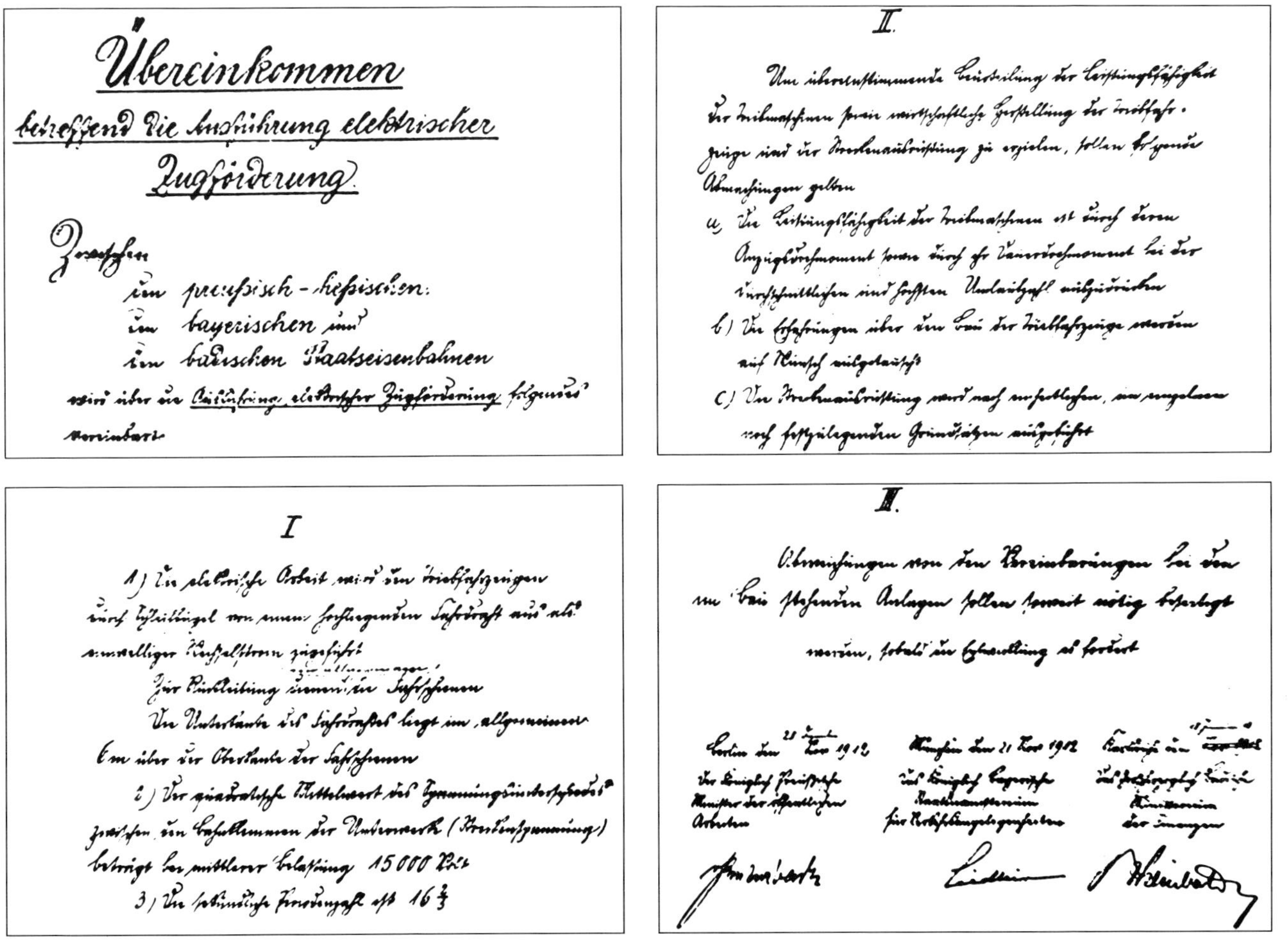
Übereinkommen betreffend die Ausführung elektrischer Zugförderung.

Zwischen den preußisch-hessischen, den bayerischen und den badischen Staatseisenbahnen wird über die Ausführung elektrischer Zugförderung folgendes vereinbart

I

1) Die elektrische Arbeit wird den Triebfahrzeugen durch Schleifbügel von einem hochliegenden Fahrdraht aus als einwelliger Wechselstrom zugeführt.

Zur Rückleitung dienen die Fahrschienen.

Die Unterkante des Fahrdrahtes liegt im allgemeinen 6 m über der Oberkante der Fahrschienen.

2) Der quadratische Mittelwert der Spannungsunterschiede zwischen den Anschlußklemmen der Unterwerke (Fahrleitungsspannung) beträgt bei mittlerer Belastung 15 000 Volt.

3) Die sekundliche Periodenzahl ist 16 2/3

II.

Um übereinstimmende Beurteilung der Leistungsfähigkeit der Triebmaschinen sowie wirtschaftliche Herstellung der Triebfahrzeuge und der Streckenausrüstung zu erzielen, sollen folgende Abmachungen gelten

a) Die Leistungsfähigkeit der Triebmaschinen ist durch deren Anzugsdrehmoment sowie durch ihr Dauerdrehmoment bei der ... und höchsten Umlaufzahl auszudrücken

b) Die Erfahrungen über den Bau der Triebfahrzeuge werden auf Wunsch mitgeteilt

c) Die Streckenausrüstung wird nach ..., ... nach feststehenden Grundsätzen ausgeführt

III.

Abweichungen von den Vereinbarungen bei den im Bau stehenden Anlagen sollen soweit nötig beseitigt werden, sobald die Behandlung es fordert

Berlin den 21 Nov 1912
Der Königlich Preußische Minister der öffentlichen Arbeiten

München den 21 Nov 1912
Kgl. Bayerisches Staatsministerium für Verkehrsangelegenheiten

Karlsruhe den ...
Großherzoglich Badisches Ministerium der Finanzen

Übereinkommen über die Elektrifizierung mit 15 000 Volt und 16 2/3 Hertz aus dem Jahr 1912.

Zur Kühlung teilweise offen ausgeführt: elektrische Schnellzuglokomotive ES 5 der Preußischen Staatseisenbahnen, 1914.

später zu einem einheitlichen Netz zusammenwachsen zu lassen.
Im Juni 1914 wurde der elektrische Zugbetrieb auf der 34,2 Kilometer langen Strecke Bitterfeld–Leipzig aufgenommen und schon zwei Monate später, am 1. August 1914, infolge des Ersten Weltkriegs wieder eingestellt. Für die Entwicklung der elektrischen Zugförderung in Deutschland bedeutete dies einen Rückschlag von mehreren Jahren. Kurz vor der Betriebseinstellung wurde noch eine der 1912 für Schlesien bestellten Lokomotiven, die ES 5 (1'C1'), in Dienst genommen und später auf der Strecke Magdeburg–Halle–Leipzig eingesetzt. Sie hatte eine Stundenleistung von 1 325 Kilowatt bei 85 km/h und eine Höchstgeschwindigkeit von 110 km/h sowie ein Dienstgewicht von 84,9 Tonnen. Wegen der Kühlung von Transformator und Motor wurde sie offen geliefert; Seitenteile und Teile des Daches wurden weggelassen, obwohl schon motorisch angetriebene Doppellüfter zur Kühlung von Fahrmotor und Haupttransformator verfügbar waren. Wegen der Witterungseinflüsse auf die elektrischen Einrichtungen wurden später keine offenen Lokomotiven mehr gebaut. Bis zur Indienststellung der Lokomotivgattung E 71 waren die elektrischen Lokomotiven mit einem großen, hochliegenden, langsam laufenden Zentralmotor und direktem Stangenantrieb mit oder ohne Blindwelle ausgerüstet. Mit der Reihe E 71 wurde ein weiterer Entwicklungsschritt vollzogen: Anstelle des großen Zentralmotors wurden zwei kleinere Motoren mit höherer Drehzahl und Übertragung des Drehmoments über Zahnradvorgelege mit Kulisse auf die Kuppelstangen eingebaut.
Am 1. April 1920, ein Jahr vor dem von Artikel 171 der Reichsverfassung vorgesehenen Zeitpunkt, wurden die acht deutschen Ländereisenbahnen in Reichseigentum übergeführt. Die vier elektrisch betriebenen Streckennetze in Mitteldeutschland, Schlesien, Bayern und Baden kamen dadurch unter einheitliche Leitung. Für den elektrischen Zugbetrieb in Deutschland ergaben sich nun neue Voraussetzungen, wie gemeinsame Planung, Koordinierung der einzelnen Bahnen und Lokomotivbauarten. Insgesamt waren Ende des Jahres 1920 bei der neuen Deutschen Reichsbahn 92 elektrische Lokomotiven im Einsatz. Zunächst wurden bereits bestellte Länderbahnbauarten abgeliefert, so daß sich der Bestand bis Ende 1923 auf 113 elektrische Lokomotiven erhöhte.
Bemerkenswert waren besonders die schweren Güterzuglokomotiven EG 571, später E 92 (Co + Co), die 1923 nach Schlesien gingen. Ihre Stundenleistung betrug 850 Kilowatt, die Höchstgeschwindigkeit 60 km/h und das Dienstgewicht 114 Tonnen. Die Lokomotiven bestanden aus zwei kurzgekuppelten Hälften und hatten elektromagnetische Schützensteuerung. Erstmals wurde hier bei einer schweren Güterzuglokomotive der Tatzlagerantrieb verwendet und damit bewiesen, daß der Einzelachsantrieb bei elektrischen Lokomotiven unbedenklich verwendet werden kann, ohne Schleudern der Radsätze oder Schäden am Oberbau befürchten zu müssen.
Eine Weiterentwicklung der Steuerung brachten die Personenzuglokomotiven EP 247 bis 252, später E 50 (2'D1'). Sie besaßen ein handbetätigtes Nockenschaltwerk mit Feinsteller und 15 Dauerfahrstufen; zwischen zwei Dauerfahrstufen konnten noch mehrere Zwischenfahrstufen eingestellt werden. Die Erfahrungen mit dieser Steuerung bildeten die Grundlage für die spätere Feinreglersteuerung, die bei der Reichsbahn als Einheitssteuerung erstmals 1927 in der Baureihe E 75 eingeführt wurde.
Die für Süddeutschland bestellten Personenzuglokomotiven EP 20 006 bis 034, später E 32 (1'C1'), erhielten eine neuartige Laufwerkanordnung: Ein Laufradsatz war mit dem folgenden Treibradsatz in einem Helmholtz-Drehgestell vereinigt, die andere in einem Bisselgestell geführt. Die Treibradsätze wie

Elektrische Personenzuglokomotive EP 251 der Preußischen Staatseisenbahnen, später E 50 51.

Elektrische Lokomotive E 71; die Bundesbahn-Lokomotive der Reihe 151 dahinter bietet einen Größenvergleich.

auch die Drehzapfen und Deichseln waren in einem durchgehenden Rahmen gelagert, der auch die beiden Fahrmotoren von je 495 Kilowatt Stundenleistung in einer Gruppe vereinigte.

Erstes Typenprogramm

Um die Vielzahl von rund zwanzig verschiedenen Bauarten aus der Anfangszeit des elektrischen Betriebes von 1910 bis 1922 einzuschränken und auch beim Bau elektrischer Lokomotiven eine einheitliche Linie zu finden, wurde 1922 durch das Reichsbahn-Zentralamt Berlin und die Gruppenverwaltung Bayern in München ein erstes Ellok-Typenprogramm mit sieben Grundbauarten – den Baureihen E06, E16, E32, E52, E77, E79 und E91 – ausgearbeitet. In diesem Typenprogramm waren noch preußische und bayerische Konstruktionen enthalten, wie die Baureihen E06 und E79. Nach

Übersicht über die elektrischen Wechselstromlokomotiven am 1. Januar 1924.

Bahnnetz	Im Betrieb			Im Bau			Beschaffung vorbereitet			Gesamtsumme an Lokomotiven	Spannung und Frequenz
	Gattung	Achsfolge	Zahl der Lokomotiven	Gattung	Achsfolge	Zahl der Lokomotiven	Gattung	Achsfolge	Zahl der Lokomotiven		
Halle–Leipzig–Magdeburg	ES EG	1 C 1 B–B	11 27	ES EG	2 C 2 1 B–B 1	5 12	ES EG	2 C 2 1 B–B 1	2 13		15 kV $16^2/_3$ Per s^{-1}
Zusammen ...			38			17			15	70	
Schlesische Gebirgsbahnen	EP " " " EG " "	1 C 1 2 D 1 2 D 1 2 B+B 1 B+B+B C+C AAA+AAA	7 5 3 2 12 10 1	EP " " EG "	B–B 2 D 1 2 D 1 AAA+AAA C–C	7 7 3 8 14	EG	1 C+C 1	6		
Zusammen ...			40			39			6	85	
Altona-Hafenbahn	EV "	AA+AA AA–AA	1 1				EV	AA–AA	1		3 kV 25 Per s^{-1}
Zusammen ...			2						1	3	
Strecken in Bayern	EP " " EG " "	1 C 1 1 C 2 1 C 2 AA–AA B–B D	5 4 4 2 2 2	ES EP " EG " "	1 AAAA 1 2 BB 2 1 C 1 1 B–B 1 2 D 1 C–C	10 35 19 25 2 16	EP EG "	1 C 1 1 B–B 1 C–C	10 6 4		15 kV $16^2/_3$ Per s^{-1}
Zusammen ...			19			107			20	146	
Wiesental- und Wehratalbahn (Baden)	ES EP EG	2 B 1 1 C 1 D	1 9 5								15 kV 15 Per s^{-1}
Zusammen ...			15							15	
Gesamtsumme			114			163			42	319	

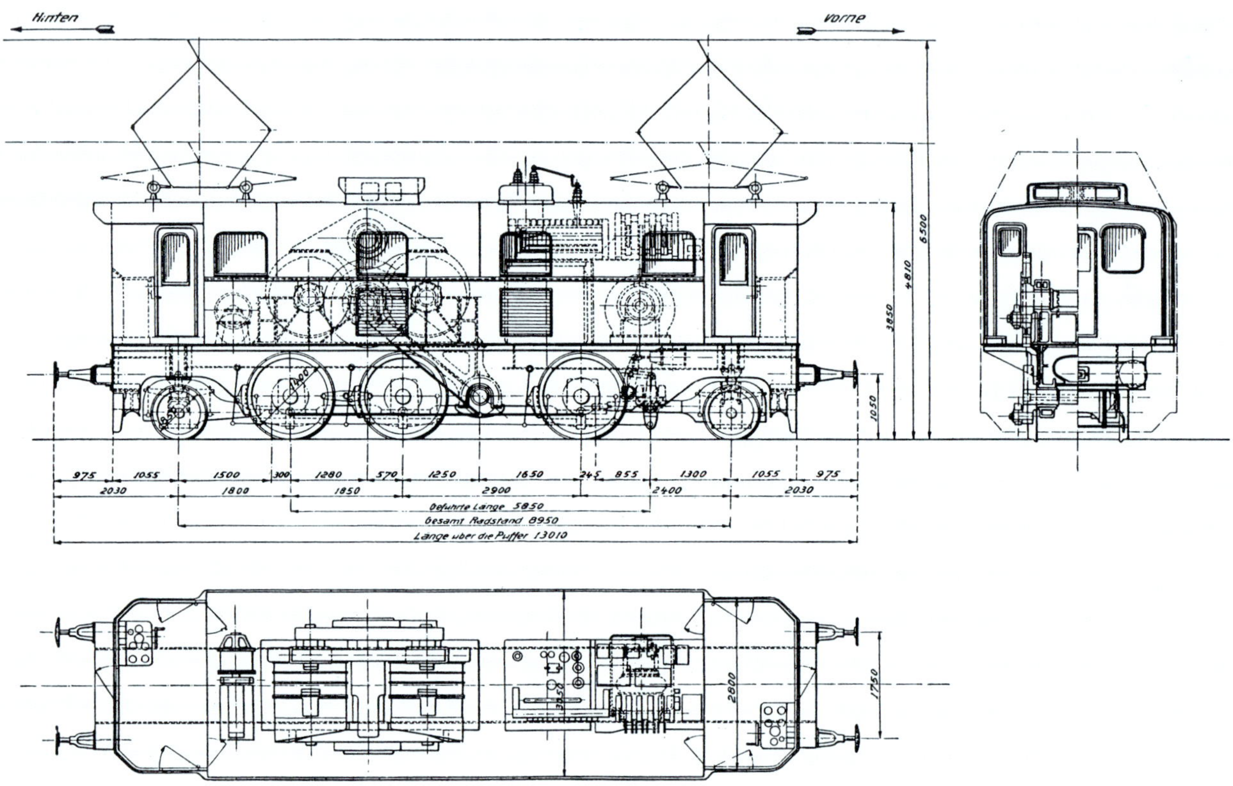

Elektrische Personenzuglokomotive EP 2, später E 32, für die süddeutschen Strecken.

diesem Plan sollten jedoch möglichst viele Bauteile wie Hauptschalter, Stromabnehmer, Luftpresser, Teile der Druckluftausrüstung, Meßinstrumente oder Kleinschalter einheitlich für alle Loktypen ausgeführt werden.
Für die zur Elektrifizierung vorgesehenen Strecken in Bayern sowie für die Erweiterung der bereits elektrisch betriebenen Streckennetze in Mitteldeutschland und Schlesien wurden 1922 insgesamt

Elektrische Lokomotiven aus dem Ersten Typenprogramm von 1922: Baureihe E 52, ursprünglich EP 5, im historischen Bestand der Bundesbahn erhalten, und E 91 noch während des Einsatzes in Witten.

In der Baureihe E 75 wurde 1927 erstmals die Feinreglersteuerung als Einheitssteuerung eingeführt.

Elektrische Schnellzuglokomotive ES 1, später E 16, mit Buchli-Antrieb, für die bayerischen Strecken.

138 elektrische Lokomotiven im Wert von rund 1,5 Milliarden Mark nach einem von Wilhelm Wechmann ausgearbeiteten Programm bestellt.
Anfang 1924 erweiterte die Reichsbahn ihre Bestellung aus diesem ersten Typenprogramm von 1922 um weitere 35 Lokomotiven. Die ersten Güterzuglokomotiven EG 5, später E 91, kamen 1925 nach Süddeutschland. Sie erreichten zwar nur eine Höchstgeschwindigkeit von 55 km/h, mit den in jeder Lokhälfte angeordneten Doppelmotoren jedoch eine hohe Stundenleistung von 2 200 Kilowatt bei 39 km/h; ihr Dienstgewicht betrug 123,7 Tonnen. Die Doppelmotoren trieben wie bei der E 52 eine jeweils in der Gestellmitte gelagerte Vorgelegewelle an.
Die ebenfalls für die bayerischen Strecken bestimmten Personenzuglokomotiven der Gattung EP 5, später E 52 (2'BB2'), wurden ohne vorhergehende Versuche oder Erprobungen gebaut. Um die geforderte Leistung ohne Risiko zu erreichen, wurden je zwei Motoren, wie sie von der AEG und den Siemens-Schuckertwerken nach Schweden geliefert worden waren und sich dort gut bewährt hatten, zu einem Zwillingsmotor mit gemeinsamer Vorgelegewelle zusammengefaßt. Sie trieben über einen einfachen Parallelkurbeltrieb und eine Blindwelle je zwei gekuppelte Achsen. Die Stundenleistung betrug so 2 200 Kilowatt bei 65,5 km/h, die Höchstgeschwindigkeit 90 km/h und das Dienstgewicht 140 Tonnen. Die Lokomotiven der Baureihe E 52 waren damit die schwersten elektrischen Lokomotiven, die in Deutschland je gebaut wurden; sie blieben noch bis 1976 in Betrieb. Außerdem stellte die Baureihe E 52 neben der alten E 50 mit 17,2 Meter die längste Einrahmenlokomotive der Reichsbahn dar.

Probelokomotiven mit Einzelachsantrieb

Ab 1925 richtete die Reichsbahn ihr Augenmerk stärker auf den Einzelachsantrieb elektrischer Lokomotiven.
Die guten Erfahrungen mit dem von BBC in der Schweiz entwickelten Einzelachsantrieb System Buchli gaben auch in Deutschland den Anstoß für die Konstruktion von Schnellzuglokomotiven mit Einzelachsantrieb. Fünf Probelokomotiven wurden vorgesehen:

E 18 01[1)]	(1'Bo) (Bo 1')	Borsig, Siemens
E 16 101	1'DO 1'	Borsig, Siemens
E 21 01	2'DO1'[2)]	AEG
E 21 02	2'DO1'[3)]	AEG
E 21 51	2'DO1'	Linke-Hofmann, Bergmann

[1)] ab 1934: E 15 01
[2)] mit Bisselgestell
[3)] mit Helmholtzgestell

Als erste wurde 1926 die E 21 01 in Mitteldeutschland und Schlesien erprobt. Als Antrieb diente erstmals der von Walter Kleinow bei der AEG weiterentwickelte Westinghouseantrieb, der „Kleinow-Federtopfantrieb"; er bewährte sich sehr gut und wurde später für die Einheits-Schnellzuglokomotiven E 04, E 17, E 18 und E 19 übernommen.

Eine der Versuchslokomotiven mit Einzelachsantrieb: E 21 01.

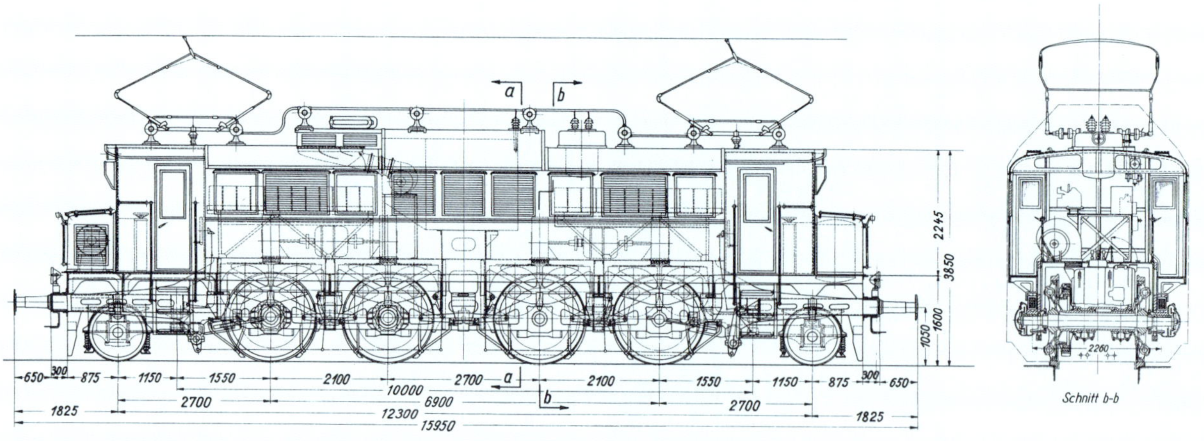

Elektrische Schnellzuglokomotive E 17 mit Einzelachsantrieb.

Die Baureihe E 04 ging 1933 aus der E 17 hervor, die ihrerseits die Versuchsergebnisse aus den Jahren 1927 und 1928 berücksichtigte. Die Lokomotiven wurden mit dem AEG-Federtopfantrieb ausgerüstet.

Das große ungefederte Gewicht und der tiefe Schwerpunkt des Tatzlagerantriebs lassen sich vermeiden, wenn das große Zahnrad nicht unmittelbar auf der Radsatzwelle sitzt, sondern auf einer besonderen, im Rahmen gefedert gelagerten Welle oder Achse. Dann muß aber zwischen Zahnrad und Treibradsatz ein elastisches, also allseits bewegliches Kupplungsglied eingefügt werden, das unabhängig von Stellung und Federbewegung des Radsatzes immer richtigen, stoßfreien Zahneingriff gewährleistet. Bei dem zuerst von Westinghouse gebauten Antrieb war deshalb die Welle des Treibradsatzes zwischen den Rädern von einer Hohlwelle umgeben und das große Zahnrad darauf befestigt. In einem Vieleck fest angebrachte Federn verbanden beide Wellen. Diese Übertragungsfedern waren mit einem Ende am Treibrad befestigt, das andere Ende wurde an der Hohlwelle von Klauen gehalten, die zwischen die Radspeichen hinausragten. In etwas abgewandelter Form baute diesen Antrieb auch Sécheron. Die feste Einspannung führte jedoch auch zu Brüchen der Federn.

Walter Kleinow verbesserte diese Antriebe bei der AEG, indem er die Federn nicht fest einspannte, sondern in Federtöpfen unterbrachte. Beim AEG-Kleinow-Federtopfantrieb trägt die Hohlwelle auf beiden Seiten je sechs angeschraubte Ausleger, die zwischen den Speichen der Treibräder hindurchgreifen und in einem zweiteiligen Gehäuse je zwei Federtöpfe tragen. Sie gleiten in einem Führungsring und werden von der Schraubenfeder gegen gehärtete, leichte auswechselbare Gleitplatten an den Speichen gedrückt.

Die wenig später von der AEG gelieferte zweite Probelokomotive E 21 02 mit gleichem Antrieb, gleicher Leistung und gleichem Gewicht wie die E 21 01 erhielt anstelle des Bisselgestells ein Krauss-Helmholtz-Lenkgestell, Bauart AEG-Kleinow, womit die Laufeigenschaften der Lokomotiven im ganzen Geschwindigkeitsbereich noch erheblich verbessert werden konnten.

Die Betriebserfahrungen mit diesen beiden Versuchslokomotiven erwiesen eindeutig die Brauchbarkeit des Federtopfantriebs und die Überlegenheit des Helmholtz-Drehgestells über das Bisselgestell. Diese Erkenntnisse bestimmten im großen und ganzen die Konstruktion des mechanischen Teils der neuen Generation von Schnellzuglokomotiven der Reichsbahn.

Die Probelokomotiven E 1 01 (später E 15 01) und E 21 51 gingen 1927 in Betrieb. Die E 18 01 besaß zwei durch eine Mittelkupplung verbundene 1'Bo-Gestelle mit Bisselachsen. Die Siemens-Schuckertwerke versuchten mit dieser Lokomotive und der 1928 gelieferten E 16 101 die Eignung des Tatzlagerantriebs auch bei Leistungen über 500 Kilowatt und Geschwindigkeiten bis 110 km/h für Schnellzuglokomotiven nachzuweisen. Die Laufeigenschaften der Lokomotiven befriedigten jedoch nicht, vor allem machten sich bei Geschwindigkeiten über 80 km/h starke Stoßbeanspruchungen von Fahrmotor und Oberbau bemerkbar. Die E 21 51, eine für die damalige Zeit formschöne Lokomotive, hatte Bisselgestelle und einen noch leistungsfähigeren Einzelachsantrieb als die AEG-Lokomotiven. Anfangs befriedigte er jedoch nicht, was zur Entscheidung der Reichsbahn für den AEG-Federtopfantrieb beitrug.

Als letzte der Probelokomotiven wurde 1928 die von Borsig und den Siemens-Schuckertwerken gebaute E 16 01 (1'Do1') in Dienst gestellt. Sie war als Einrahmenlokomotive mit vier festen, durch je einen Tatzlagermotor angetriebenen Radsätzen und Bisselgestellen an beiden Enden konstruiert, erreichte eine Stundenleistung von 2 800 Kilowatt, eine Höchstgeschwindigkeit von 120 km/h und hatte 106,6 Tonnen Dienstgewicht. Die Laufeigenschaften befriedigten bei höheren Geschwindigkeiten und in Kurven nicht.

Mit dem vielfältigen Versuchsprogramm war die Reichsbahn ausländischem Beispiel gefolgt. Die deutsche Industrie sollte damit die Möglichkeit erhalten, von amerikanischen und schweizerischen Vorbildern unabhängige Antriebe und Bauteile zu entwickeln. Das Ergebnis der Versuche aus den Jahren 1927 und 1928 waren Konstruktion und Bau der Lokomotiven E 17 mit AEG-Federtopfantrieb, aus der 1933 die Baureihe E 04 (1'Co1'), 1934 die Baureihe E 18, und 1938 die E 19, beide mit Radsatzanordnung 1'Do1', hervorgingen.

In Bayern waren 1927 die ersten Schnellzuglokomotiven ES 1, später E 16 (1'Do1'), in Betrieb genommen worden. Je fünf davon waren mit zweiachsigen Buchligestellen und mit Helmholtz-Drehgestellen ausgerüstet; die Helmholtz-Drehgestelle bewährten sich besser, so daß sie in alle Lokomotiven der Reihe E 16 eingebaut wurden. Der einseitige Buchliantrieb bewährte sich ebenfalls und trug dazu bei, daß die Reichsbahn nun zum Einzelachsantrieb überging. Mit Indienststellung der Reihe E 06 fand die Anwendung des Stangenantriebs bei Schnellzuglokomotiven in Deutschland endgültig ihren Abschluß.

1929 wurde die Baureihe E 17 in Dienst gestellt. Die Lokomotiven besaßen einen starren Rahmen mit seitenverschiebbaren Radsätzen. Die Laufradsätze waren mit dem benachbarten Treibradsatz als Krauss-Helmholtz-Gestell, Bauart AEG-Kleinow, ausgeführt. Die Doppelmotoren entsprachen dem Westinghouse-Vorbild, der bei den beiden Probelokomotiven bewährte AEG-Federtopfantrieb wurde beibehalten. Die Stundenleistung der Lokomotive betrug 2 800 Kilowatt bei 89,5 km/h, die Höchstgeschwindigkeit 120 km/h, das Dienstgewicht 11,7 Tonnen.

Zweites Typenprogramm

Die Erfahrungen mit dem Tatzlagerantrieb im schweren Güterzugdienst, vor allem mit der Baureihe E 95, führten zu Versuchen mit diesem Antrieb bei vier-

Die 1927 gebaute schwere Güterzuglokomotive E 95 erhielt Tatzlagerantrieb, der nun ebenfalls unter harten Bedingungen erprobt wurde, wie hier vor einem Güterzug im Bahnhof Rothenbach zwischen Ruhbank und Hirschberg im Riesengebirge.

achsigen Lokomotiven unter Ausnutzung des Dienstgewichts von achtzig Tonnen. Hinzu kam, daß die deutsche Industrie in der Weltwirtschaftskrise Ende der zwanziger Jahre den Anschluß an die fortschreitende technische Entwicklung zu erhalten suchte und deshalb auf eigenes Risiko Probelokomotiven baute. Damit entstanden die E 44 001 bei den Siemens-Schuckertwerken und in Wismar, die E 44 101 von Maffei und Schwartzkopff sowie die E 44 201 bei den Bergmann-Elektrizitäts-Werken und Schwartzkopff. Aus diesen 1930/31 gebauten Drehgestell-Lokomotiven mit Einzelachsantrieb, Radsatzanordnung Bo'Bo', ging die Baureihe E 44 hervor, die sich als besonders erfolgreich erwies.

Nach Versuchsfahrten auf bayerischen und schlesischen Strecken bestellte die Reichsbahn 1931 entsprechend der am besten bewährten Versuchslokomotive E 44 001 bei den Siemens-Schuckertwerken und Henschel zwanzig Serienlokomotiven der Reihe E 44 für die Strecke Augsburg – Ulm – Stuttgart.

Die zweiachsigen geschweißten Drehgestelle waren durch eine dreieckförmige Kupplung in Zughakenhöhe miteinander verbunden, so daß die Zug- und Stoßkräfte unter Ausschaltung des geschweißten Brückenrahmens übertragen werden konnten. Die Lokomotiven besaßen Tatzlagerantrieb und eine Radsatzlast-Ausgleichvorrichtung. Die Stundenleistung betrug 2 200 Kilowatt bei 76 km/h, das Dienstgewicht 78 Tonnen und die Höchstgeschwindigkeit 90 km/h. Als Steuerung wurde die Feinreglersteuerung mit Nockenschaltwerk verwendet. Bis 1962 wurden von dieser Baureihe 187 Lokomotiven beschafft.

Nachdem die Probelokomotiven E 44 gezeigt hatten, daß mit geschweißten Drehgestellen und Hauptrahmen sowie Tatzlagerantrieb beträchtliche Gewichts- und Kosteneinsparungen im Lokomotivbau möglich waren, baute die AEG sechsachsige Güterzuglokomotiven, Reihe E 93 (Co'Co'). Ihre Stundenleistung betrug 2 502 Kilowatt bei 57 km/h, die Höchstgeschwindigkeit 65 und 70 km/h, das Dienstgewicht 118 Tonnen.

Als später für den steigenden Güterverkehr Lokomotiven benötigt wurden, die größere Lasten auf Steilrampen mit höherer Geschwindigkeit befördern konnten, ging aus der Baureihe E 93 die leistungsstärkere E 94 als schwere Güterzuglokomotive hervor. Sie wurde ab 1940 in Dienst gestellt. Die bewährte Grundkonstruktion mit der Radsatzanordnung Co'Co' und dem Tatzlagerantrieb war beibehalten, der elektrische Teil dagegen bedeutend verbessert, so daß rund dreißig Prozent höhere Leistung bei einer von 70 auf 90 km/h gesteigerten Höchstgeschwindigkeit erreicht werden konnten. Die Stundenleistung stieg auf 3 300 Kilowatt bei 68 km/h und einem Dienstgewicht von 118,5 Tonnen. Bis Ende

Probelokomotiven aus dem Jahr 1930: E 44 001 von den Siemens-Schuckertwerken, von der Bundesbahn im historischen Bestand erhalten, und E 44 201 von den Bergmann-Elektricitäts-Werken. Aufgrund der guten Erfahrungen mit den Probelokomotiven bestellte die Reichsbahn schon 1931 die ersten Serienlokomotiven der Reihe E 44, später 144, die sich ausgezeichnet bewährten und bis in die achtziger Jahre im Einsatz blieben, wie hier (Bild unten) in Nürnberg.

1944 wurden 136 Lokomotiven der Baureihe E 94 in Dienst gestellt. Nach 1945 folgten noch weitere 43 Lokomotiven dieser Baureihe.

Für den leichten Schnellzugdienst auf den mitteldeutschen Flachlandstrecken war als Weiterentwicklung der E 17 noch die Baureihe E 04 (1'Co1') mit einer Stundenleistung von 2 190 Kilowatt bei 84 oder 98 km/h und 90,5 Tonnen Dienstgewicht entstanden. Als Antrieb wurde wiederum der AEG-Federtopfantrieb verwendet. Die Baureihe E 04 bildete einen weiteren Meilenstein in der Entwicklung elektrischer Schnellzuglokomotiven in Deutschland. Eine der für 130 km/h ausgelegten Lokomotiven, die E 04 09, erreichte auf einer Versuchsfahrt am 28. Juni 1933 mit 309 Tonnen Anhängelast auf der Strecke München – Stuttgart eine Dauergeschwindigkeit von 145 km/h und eine Höchstgeschwindigkeit von 151,5 km/h.

Für den schweren Schnellzugdienst und die inzwischen gestiegenen Geschwindigkeitsanforderungen entstand 1935 aufgrund der guten Betriebsergebnisse mit der Baureihe E 04 die verstärkte Schnellzuglokomotive E 18 (1'Do1'). Sie sollte Schnellzüge von 700 Tonnen mit einer Geschwindigkeit von 150 km/h befördern können. Die E 18 erhielt erstmals einen vollkommen geschweißten starren Rahmen. Vorn und hinten wurde je ein Laufradsatz in einem AEG-Krauss-Helmholtz-Lenkgestell angeordnet, als Antrieb wiederum der AEG-Federtopfantrieb verwendet. Die Stundenleistung betrug 3 040 Kilowatt bei 117 km/h, die Höchstgeschwindigkeit 150 km/h, das Dienstgewicht 108,5 Tonnen. Den elektrischen wie den mechanischen Teil entwickelte und baute die AEG. Am 17. Juni 1935 erreichte die E 18 01 auf einer Probefahrt zwischen München und Stuttgart 165 km/h.

E 93 01

Schwere Güterzuglokomotive E 94 001; Lokomotiven dieser Baureihe waren noch 1988 im Einsatz.

Elektrische Schnellzuglokomotive E 18 01; auch diese Baureihe war noch in den achtziger Jahren planmäßig eingesetzt. Die E 18 08 gehört im ursprünglich grauen Anstrich zum historischen Bestand der Bundesbahn.

Schließlich erwies sich der Tatzlagerantrieb auch für schwere Güterzuglokomotiven als geeignet. Zunächst wurde die Baureihe 93 damit ausgerüstet: Aufachsen eines Triebgestells (links oben), Aufsetzen des Lokomotivkastens auf die Triebgestelle (links Mitte) und die erste fertige Lokomotive dieser Baureihe, E 93 01.

Übersicht über die elektrischen Lokomotiven am 15. Februar 1934

1	2	3	4	5	6	7		8	9	10	11	12		13			14		15		16	17	18
Lfd Nr:	Gattung	Stamm Nr:	Ordnungs-Nr:	Lochkarten-Nr:	Achsfolge:	Lieferer des elektr. Teiles:	Lieferer des mechan. Teiles:	Anzahl:	Beschaffungsstelle:	Zugeteilt Rbd:	Beschaffungs-Jahr:	Transf. Luft	Transf. Öl	für Zugart: S	P	G	Rahmen		Antrieb		Leistgs Ziffer:	Bemerkungen	Lfd Nr:
Wechselstromlokomotiven:																							
1			01-10					10		Halle	1932		●	●			●			●	3,0		1
2	04	04	11-19	040		AEG	AEG	9	Münch.	München	1933		●	●			●			●	3,0		2
3			20-21		1Co1			2		München	1934		●	●			●			●	3,0		3
4	05	05	01-02	050		SSW	Henschel	2		Halle	1932		●	●			●			●			4
5	05¹		103	051				1			1932		●	●			●			●			5
6	06		01-05	060				5	RZE		1921		●	●			●		●		2,3		6
7	06	06	06-07		2C2	BEW	BMAG	2		Halle	1924	●		●			●		●		2,3		7
8	06¹		08-12	061				5			1928	●		●			●		●		2,3		8
9	15	15	01	150	1Bo-Bo1	SSW	Borsig	1		Halle	1926		●	●				●		●	3,2		9
10	16		01-17	160				17		München	1923		●	●			●			●	2,8		10
11	16¹	16	18-19	161		BBC	Krauß	2	Münch.	München	1930		●	●			●			●	2,8		11
12			20-21		1Do1			2		München	1931		●	●			●			●	2,8		12
13	16⁵		101	165		SSW	Borsig	1	RZE	Halle	1924	●		●			●			●	3,2		13
14			01-16					16		München	1927	●		●			●			●	3,2		14
15	17	17	101-120	170		*Wasseg	AEG	20	Münch.	Brl 8, Stg 12	1927	●		●			●			●	3,2	*17 113-15 AEG	15
16			121-122					2		Breslau	1927	●		●			●			●	3,2	*17 116-22 SSW	16
17	18	18	01-02	180		AEG	AEG	2		München	1934			●			●			●			17
18	21	21	01-02	210		AEG	AEG	2		Breslau	1924	●		●			●			●	3,2		18
19	21⁵		51	215	2Do1	BEW	LHB	1	RZE	Breslau	1926	●		●			●			●	3,2		19
20	32	32	06-34	320	1C1	BBC	Maffei	29		München	1924		●		●		●		●		2,1		20
21	36	36	01-04	360	1C2	SSW	Krauß	4	Münch.	München	1913		●		●		●		●		1,9		21
22	36²		21-24	362		MSW	Krauß	4		München	1912		●		●		●		●		1,9		22
23	42¹	42	13-14	421	B-B	MSW	BMAG	2	RZE	Breslau	1923		●		●			●	●		2,2		23
24	42²		15-19	422		AEG	AEG	5		Breslau	1923		●		●			●	●		2,2		24
25			001	449		SSW	SSW	1		München	1931		●		●			●		●	3,2		25
26	44		002-21	440		SSW	Henschel	20		Stg 12, Mü 8	1931		●		●			●		●	3,2		26
27			022-039	440		SSW	Krauß-M.	18	Münch.	Stg 2, Mü 16	1933		●		●			●		●	3,2		27
28		44	101	447	Bo-Bo	MSW	BMAG	1		München	1930		●		●			●		●	3,2		28
29	44¹		102-105	441		AEG	BMAG	4		München	1931		●		●			●		●	3,2		29
30			106-109			AEG	AEG	4		München	1933		●		●			●		●	3,2		30
31	44²		201	448		BEW	BMAG	1	RZE	München	1931	●			●			●		●	3,2		31
32	50³	50	36-46	503		BEW	LHB	11		Breslau	1921	●			●		●		●		2,9		32
33	50⁴		47-49, 51, 52	504	2D1	MSW	BMAG	5	RZE	Hannover	1923/24		●		●		●		●		2,9	50 47-49 (1923) 51-52 (1924)	33
34	52	52	01-35	520	2BB2	Wasseg	Maffei	35		München	1924		●		●		●		●		2,9		34
35			01-07			AEG		7	Münch.	München	1925		●			●	●		●		2,1		35
36	60	60	08-12	600	1C	AEG	AEG	5		München	1931		●			●	●		●		2,1		36
37			13-14			SSW		2		München	1932		●			●	●		●		2,1		37
38	61	61	03	610		SSW	Maffei	1	Karlsr.	Karlsruhe	1910		●			●	●		●		1,5		38
39	62	62	01-05	620	1C1	MSW		5		München	1911		●			●	●		●		1,4		39
40	63	63	01-04	630	C	AEG	AEG	4	Münch.	Stuttgart	1934					●	●		●				40
41	70	70	08	700	D	MSW	BMAG	1		München	1912	●				●	●		●		2,0		41
42	70²		21, 22	702	B-B	BBC	Krauß	2		München	1919	●				●		●	●		2,0		42
43	71¹	71	*11-36	711		AEG	AEG	21	Halle	Hl 7, Hn 2, Klr 12	1913/20		●			●		●	●		2,2	*außer 12, 15, 21, 23, 27.	43
44	73	73	01-02	730		BEW	Krauß	2	Münch.	München	1912		●			●		●		●	2,0		44
45	73²·³		05, 06	732, 733	Bo-Bo	MSW	BMAG	2		Altona	1921/24		●			●		●		●	3,0		45
46			01-12			BMS	Maffei	12		München	1926		●			●	●		●		2,9		46
47	75	75	51-61	750	1BB1	*BMS	LHB	11	RZE	Hl 5, Han 6	*1926/28		●			●	●		●		2,9	*56-59 BEW, 60-61 MSW; *56-60 (1926), 61 (28)	47
48			62-69				BMAG	8		Halle	1929/31		●			●	●		●		2,9		48
49	77	77	01-31	770	1B-B1	BMS	Krauß	31		München	1922		●			●		●	●		2,9		49
50			51-75				BMAG, LHB	25		Halle	1923		●			●		●	●		2,9		50
51	79	79	01-02	790	2D1	Pöge	Maffei	2		München	1921		●			●	●		●		3,0		51
52	80	80	01-05	800	A1A-A1A	SSW		5	Münch.	München	1929		●			●		●		●	2,6		52
53	90⁵	90	51-60	905	C+C	BBC	*Humboldt	10	Bresl.	Breslau	1919	●				●		●	●		3,4	*57-60 LHW, 58-59 Beuchelt	53
54	91		01-80	910			Krauß	20	Münch.	Stg 12, Mü 8	1923		●			●		●	●		4,1		54
55			81-94		C-C	Wasseg	AEG	14		Stg 4, Brl 10	1923		●			●		●	●		4,1		55
56	91⁹	91	95-106	919				12	RZE	Breslau	1927		●			●		●	●		4,1		56
57	91³		38-49	913	B+B+B	SSW	LHB	12	Bresl.	Breslau	1914		●			●		●	●		3,3		57
58	92⁷	92	71-79	927	Co+Co			9		Breslau	1921		●			●		●		●	3,4		58
59	93	93	01-02	930	Co-Co	AEG	AEG	2	RZE	Stuttgart	1931		●			●		●		●			59
60	95	95	01-06	950	1Co+Co1	Wasseg		6		Breslau	1925		●			●		●		●	4,5		60
61																							61
62																							62
63			01		Bo-Bo	AEG		1	Münch.		1934							●		●		Umrichterlok. 50 Hz.	63
64	244	244	11		Bo-Bo	BBC		1	" "		1934							●		●		" "	64
65			21		Bo-Bo	SSW		1	" "		1934							●		●		" "	65
66			31		Bo-Bo		Krupp	1	" "		1934							●		●		" "	66
Gleichstromlokomotiven:																							
68	170	170	01	001	Bo-Bo	SSW	Borsig	1	Münch.	München	1912					●	●			●	1,2		68
69	178	178	01	002	1Bo+Bo1	SSW	LHB	1	RZE	Berlin	1926				●			●		●			69
70	IME		1-2	999	B-B	SSW	Hartmann	2	Dresd.	Dresden	1916					●		●	●		1,2	1m Spurweite	70
71																							71
72																							72
73																							73

Für den Schnellverkehr auf der zur Elektrifizierung vorgesehenen Verbindung München–Berlin war die Baureihe E 19 bestimmt. Sie war für 175 km/h bemessen, erreichte aber auf Versuchsfahrten 225 km/h. Vier Lokomotiven wurden gebaut, konnten jedoch nach 1945 nur auf dem süddeutschen Teilstück eingesetzt werden.

Als Weiterentwicklung der E 18 wurden 1939/40 vier Schnellzuglokomotiven E 19 gebaut, zwei von der AEG, zwei von Siemens und Henschel. Sie sollten Fernschnellzüge auf der Strecke München–Berlin mit hoher Geschwindigkeit befördern. Angestrebt waren eine Stundenleistung von 3 700 Kilowatt und eine Höchstgeschwindigkeit von 180 km/h, im Versuchseinsatz 225 km/h. Beide Konstruktionen unterschieden sich im wesentlichen nur durch die Bauart der Fahrmotoren und der Steuerung. Mit den Lokomotiven sollte zunächst das Verhalten von Oberleitung und Stromabnehmern sowie vor allem die Haftung zwischen Rad und Schiene beim Fahren und beim Bremsen in höheren Geschwindigkeitsbereichen untersucht werden.

Versuche mit Industriefrequenz

Mitte der dreißiger Jahre unternahm die Reichsbahn Versuche mit der Industriefrequenz von 50 Hertz. Als Versuchsstrecken wurden der westliche Teil der Höllentalbahn von Freiburg bis Neustadt (Schwarzwald) sowie die in Titisee abzweigende Dreiseenbahn nach Seebrugg elektrifiziert. Als Fahrleitungsspannung wurde wegen der bei 50 Hertz höheren induktiven Verluste 20 000 Volt gewählt. Der Strom wurde der Oberleitung aus der badischen Landesstromversorgung über Transformatoren in Scott-Schaltung zugeführt. Vier Lokomotiven mit der Radsatzanordnung Bo'Bo' wurden von der AEG, von BBC, den Siemens-Schuckertwerken und Garbe-Lahmeyer elektrisch ausgerüstet und als E 244 01, E 244 11, E 244 21 und E 244 31 in Dienst gestellt. Die Konstruktion des Fahrzeugteils entsprach weitgehend der E 44. Im Juni 1936 wurde der elektrische Betrieb auf der Höllentalbahn mit den vier Probelokomotiven aufgenommen.

Die E 244 01 und 11 besaßen Gleichstrom-Reihenschlußmotoren, denen über einen gittergesteuerten Quecksilberdampfgleichrichter Wellenstrom zugeführt wurde. Die Reihenschlußmotoren der E 244 21 wurden über eine Nockenschaltersteuerung mit Feinsteller direkt mit 50 Hertz gespeist. Bemerkenswert war die elektrische Ausführung der E 244 31 mit Phasenspaltermotoren. Jeder der vier Treibradsätze wurde von zwei Motoren angetrieben, und zwar von einem sechspoligen kompensierten asynchronen Einphasenmotor mit gleichstromerregtem Zwischenläufer und von einem vierpoligen Drehstrom-Schleifringläufermotor. Obwohl die Asynchronmotoren in der Ausnutzung des Reibungswertes den Reihenschlußmotoren überlegen waren, konnte sich diese Umformerlokomotive damals nicht durchsetzen, da die weitere Entwicklung des Einphasen-Reihenschlußmotors und der Gleichrichter wesentlich erfolgreicher verlief.

Die Versuche wurden nach 1945 von der französischen Besatzungsmacht fortgesetzt. Im Zusammenhang damit entstand noch eine weitere Lokomotive,

Betrieb mit Industriefrequenz auf der versuchsweise mit 25 000 Volt / 50 Hertz elektrifizierten Höllentalbahn im Schwarzwald und auf der angrenzenden Dreiseenbahn Titisee – Seebrugg, hier mit E 244 21.

die E 244 22, mit vier Tandemmotoren zur direkten Speisung mit 50 Hertz. Auch ein Triebwagen, E 255 01, wurde zu den Versuchen herangezogen. Die Ergebnisse führten zur Einführung des 50 Hertz-Betriebs in Frankreich trotz eines bereits bestehenden umfangreichen Gleichstromnetzes. Da sich die Bundesbahn nach eingehenden Überlegungen für eine Beibehaltung ihres Stromsystems mit 15 000 Volt / 16 ⅔ Hertz entschieden hatte, wurden die beiden Versuchsstrecken auf dieses System umgebaut, als die Elektrifizierung der Rheinstrecke Karlsruhe – Basel 1960 Freiburg berührte.

Die Südwestdeutschen Eisenbahnen der französischen Zone bauten im Bahnbetriebswerk Basel mit elektrischer Ausrüstung der AEG noch 1950 als weitere Versuchslokomotive für den Betrieb mit 50 Hertz die E 244 22.

Entwicklungssprung nach 1945

Von den 746 elektrischen Lokomotiven, die – ohne 225 österreichische – Anfang 1945 zum Triebfahrzeugbestand der Reichsbahn gehörten, blieben nach der Teilung Deutschlands im Gebiet der westlichen Alliierten 456 elektrische Lokomotiven für 15 000 Volt / 16 2/3 Hertz zurück (Stand 31. 12. 1945). Davon waren lediglich 231, also gerade die Hälfte, betriebsfähig. Außerdem setzte sich der Bestand aus zwanzig verschiedenen Gattungen zusammen.

Der wirtschaftliche Aufschwung nach der Währungsreform am 21. Juni 1948 ließ die Elektrifizierung stark belasteter Strecken und die Beschaffung neuer elektrischer Lokomotiven geboten erscheinen. Dabei stellte sich die Frage, ob bewährte Lokomotivgattungen wie die E 18, E 19, E 44 und E 94 nachgebaut oder neue entwickelt werden sollten. Die Entscheidung fiel zugunsten einer Neuentwicklung, die alle im Ausland während des Krieges erreichten Fortschritte berücksichtigen sollte.

Zunächst war an eine vierachsige Lokomotive, Baureihe E 46, mit der Radsatzanordnung Bo'Bo' gedacht, die sich als Universallokomotive sowohl für den Schnellzugdienst als auch für den Güterzugdienst und in Doppeltraktion selbst für schwerste Güterzüge eignen sollte. Schon 1949 vergab die Bundesbahn an fünf Lokomotivfabriken und Unternehmen der Elektrotechnik einen entsprechenden Entwicklungsauftrag; die einzelnen Hersteller sollten unabhängig voneinander Entwürfe für diese Lokomotive erarbeiten. Ende 1950 bestellte die Bundesbahn fünf Probelokomotiven, jetzt als Baureihe E 10 bezeichnet.

Vielfältige Unterschiede bestanden sowohl im mechanischen als auch im elektrischen Teil. Einheitlich betrug die Höchstgeschwindigkeit 130 km/h, die Nennleistung etwa 3 200 Kilowatt. Bei Gewichten von 82 bis 84 Tonnen hatten die Lokomotiven eine Gesamtlänge von rund 16 Metern. Sämtliche Brükken- und Drehgestellrahmen waren als Kastenkonstruktionen geschweißt. Als Antriebe wurden der Alsthom-, Scheiben-, Gummiringfeder- und Sécheron-Antrieb verwendet. Verschiedene Hoch- und Niederspannungssteuerungen und Steuerungsbetätigungen sowie elektrische Schalteinrichtungen und Apparate waren in den Probelokomotiven eingebaut.

Die E 10 001 erhielt eine Niederspannungssteuerung mit Feinregler und Wandernockenschaltwerk sowie Alsthom-Antrieb. Dabei wird das Drehmoment vom gefederten Großrad der Hohlwelle durch ein Gelenkviereck an jeder Treibradaußenseite, gebildet aus einer Lenkerstütze und vier daran befestigten Lenkerstangen, auf die Treibräder übertragen. Drehgestelle und Brückenrahmen wurden aus Blechen und Hohlprofilen zusammengeschweißt; der Lokomotivkasten bestand aus Hutprofilen, die zusammen mit den Verkleidungsblechen eine selbsttragende Konstruktion bildeten. Statt der Drehzapfen wurden

Drei der fünf Vorauslokomotiven nach dem Zweiten Weltkrieg.

in Gummikonen gelagerte Pendelstützen eingebaut. Die Radsätze liefen in Pendelrollenlagern und waren beiderseits durch zwei Achslenker geführt.

In der E 10 002 wurde eine Hochspannungssteuerung, bestehend aus einem Stufenwähler mit 28 Fahrstufen und zwei Lastschaltern, erprobt, ferner der Scheibenantrieb, ein Kardanantrieb mit auf zwei Scheiben befestigten Mitnehmern. Diese Scheiben hatten durch elastische Verformung die senkrechte

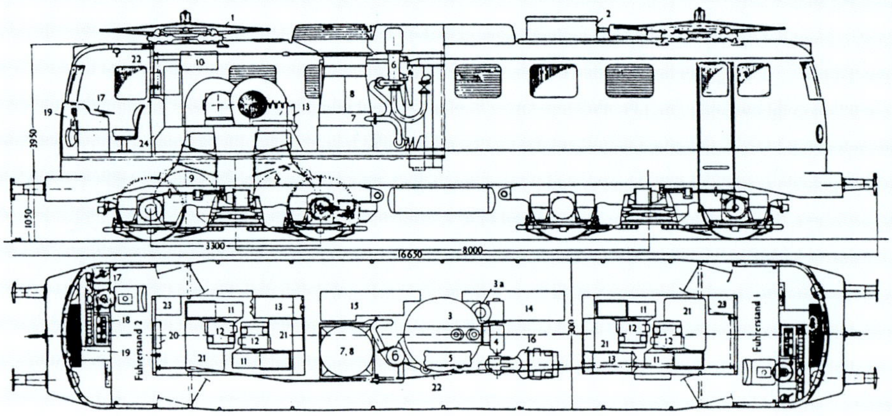

1 = Stromabnehmer
2 = Druckluftschnellschalter
3 = Transformator
3a = Überspannungsableiter
4 = Stufenschalter
5 = Überschaltwiderstand
6 = Ölpumpe mit Antriebsmotor
7 = Ölkühler
8 = Lüfter für Ölkühler
9 = Fahrmotoren
10 = Wendepolwiderstände für Fahrmotoren
11 = Lüfter für Fahrmotoren
12 = Antriebsmotor für Fahrmotorlüfter
13 = Richtungswender
14 = Apparategerüst I
15 = Apparategerüst II
16 = Luftpumpe mit Motor
17 = Fahrschalter
18 = Führertisch mit Kleinschaltern und Meßinstrumenten
19 = Führerstandsheizung
20 = Lichtschalttafel
21 = Kollektorklappen
22 = Handantrieb für Stufenschalter
23 = Kochnische
24 = Klappbett

Vorauslokomotive E 10 002.

Bewegung zwischen Treibradsatz und Fahrmotor aufzunehmen; eine durch die hohle Motorwelle geführte Kardanwelle übernahm die erforderliche Drehmomentfederung. Der mechanische Teil entsprach der E 10 001, die Zugkraft wurde jedoch über Drehzapfen übertragen.
Bei der Niederspannungssteuerung der E 10 003

Gummiringfederantrieb, zur Erprobung eingebaut in die E 44 038.

waren die vier Fahrmotoren zu zwei Gruppen zusammengefaßt, die wechselweise und gegenläufig entlang 18 Transformatoranzapfungen geschaltet waren. Damit ergaben sich in Verbindung mit einem Ausgleichstransformator 33 Fahrstufen, die mit Stufenschaltern angewählt und mit Lastschaltern geschaltet wurden. Der erstmals in der E 44 038 erprobte und dann in der E 10 003 eingebaute Siemens-Gummiringfederantrieb wurde später in allen Einheitslokomotiven der Bundesbahn eingesetzt. Der Motor ist dabei auf der einen Seite unter Zwischenschaltung von Gummisilentblöcken im gefederten Drehgestellrahmen aufgehängt, auf der anderen Seite stützt er sich auf eine Hohlwelle, die mit allseitigem Spiel die Welle des Treibradsatzes umschließt. Beide Enden der Hohlwelle tragen einen Flansch für das Vorgelegezahnrad; jeder Flansch hat sechs Arme, die zwischen Aussparungen des Treibrads hindurchgreifen und daran über Gummiringfedern befestigt sind. Das Drehmoment wird damit weich und elastisch übertragen; die Drehelastizität der Gummisegmente dämpft auch Zugkraftstöße.
Die Lokomotiven E 10 004 und E 10 005 waren gleich. Ihr Sécheron-Lamellenantrieb ähnelte dem Scheibenantrieb der E 10 002, mit der sie auch in der Hochspannungssteuerung übereinstimmten. Der mechanische Teil entsprach dem der E 10 003.

Einzelachsantriebe elektrischer Lokomotiven; Tatzlagermotor (links), Federtopfantrieb (Mitte) und Gummiringfederantrieb.

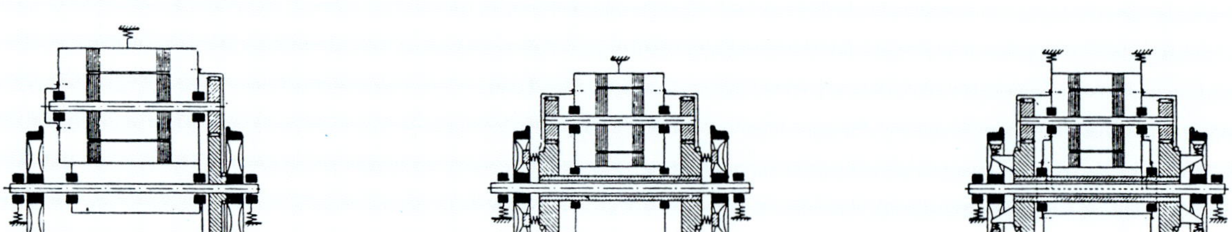

Lokomotiven des dritten Typenprogramms vom 27. Juni 1956 bis 7. November 1984

Baureihe	Gesamtstückzahl	Mechanischer Teil			Elektrischer Teil		
		Krauss-Maffei	Krupp	Thyssen-Henschel	AEG	BBC	Siemens
103^0	4	–	–	*4*	–	–	*4*
103^1	145	29	54	*62*	42	23	*80*
110^0	5	*1*	*1*	*3*	*3*	*1*	*1*
110^1	379	*305*	41	33	41	17	*321*
111	227	*94*	52	81	64	66	*97*
112	31	*31*	–	–	–	–	*31*
139	31	*31*	–	–	–	–	*31*
140	848	*207*	356	285	386	213	*249*
141	451	–	29	*422*	59	*378*	14
150	194	24	*170*	–	*170*	–	24
151	170	50	*73*	47	*73*	43	54
181^0	4	–	*4*	–	*4*	–	–
181^2	25	–	*25*	–	*25*	–	–
182	3	*1*	*1*	*1*	*1*	*1*	*1*
184	5	–	*5*	–	*3*	*2*	–
	2522	773	811	938	871	744	907

Kursiv = Konstruktionsfirma

Nach Auswertung aller Versuchs- und Meßergebnisse wurde der Gedanke an eine Universallokomotive aufgegeben, die Bundesbahn entschloß sich zu einem weiteren, dem dritten Typenprogramm. Es umfaßte zunächst vier Baureihen: die Schnellzuglokomotive E 10, die Güterzuglokomotive E 40, die Personenzuglokomotive E 41 mit Radsatzanordnung Bo'Bo' sowie die schwere Güterzuglokomotive E 50 mit Radsatzanordnung Co'Co'.

Baureihe		Nennleistung		Höchstgeschwindigkeit	Dienstgewicht
1950	ab 1967	kW	bei km/h	km/h	t
E 10	110	3,7	120,0	150	85,0
E 40	140	3,7	87,5	110	85,0
E 41	141	2,4	97,8	120	66,4
E 50	150	4,5	80,0	100	128,0

Brückenrahmen und Kastenaufbau als selbsttragende zusammenhängend verschweißte Konstruktion, aus Blechen kastenförmig zusammengeschweißte Drehgestelle, Gummiringfederantrieb und weitgehend einheitliche mechanische und elektrische Bauteile kennzeichneten die neue Lokomotivgeneration.

Bei diesen Baureihen wurde angestrebt, standardisierte Bauteile zu verwenden. So unterscheiden sich beispielsweise die Baureihen E 10 und E 40 nur durch unterschiedliche Getriebe und somit durch unterschiedliche Höchstgeschwindigkeit und Zugkraft.

Die nach dem Zweiten Weltkrieg beschafften Lokomotiven des dritten Typenprogramms, die heute noch zuverlässig ihren Dienst tun, verfügen, dem damaligen Stand der Technik entsprechend, über eine Amplitudensteuerung. Hierbei wird mit Hilfe eines Schaltwerks und eines mit Stufenanzapfungen versehenen Transformators die weitgehend konstante Oberleitungsspannung von 15 000 Volt und 16 2/3 Hertz an den Klemmen der Einphasen-Wechselstromfahrmotoren zwischen 0 und rund 600 Volt verändert und damit Zugkraft und Geschwindigkeit gesteuert. Mit Ausnahme der Baureihen E 40 (140) und E 41 (141) besitzen sämtliche Lokomotiven eine elektrische Widerstandsbremse.

Durch die Standardisierung nicht leistungsabhängiger Bauteile gelang es, rund 35 Prozent der Ausrüstung einheitlich für alle Baureihen zu beschaffen. Von 1956 bis 1973 wurden 1 938 Lokomotiven nach diesem Typenprogramm in Dienst gestellt; damit war der weltweit umfangreichste Beschaffungsplan für elektrische Lokomotiven zunächst erfüllt.

Schnellzuglokomotive E 10 (110) aus der Serie.

Die Baureihe E 40 (140) entsprach der E 10, ihre Getriebe waren jedoch für den Güterzugdienst niedriger übersetzt.

Für den leichten Personenzugdienst wurde die Baureihe E 41 (141) in das dritte Typenprogramm aufgenommen.

DB-Baureihennummern der elektrischen Lokomotiven nach 1968	vor 1968 E
103	03
104	04
110	10
112	10^{12}
116	16
117	17
118	18
119	19
132	32
139	40^{11}
140	40
141	41
144	44
145	44^{11}
150	50
152	52
160	60
163	63
169	69
175	75
181	310
182	320
183	344
184	410
191	91
193	93
194	94

Zwischenzeitlich mußte das Programm gestiegenen Betriebsanforderungen angepaßt und für besondere betriebliche Aufgaben erweitert werden.

Für Fernschnellzüge wurde aus der Baureihe E 10 (110) durch Änderung der Getriebeübersetzung, der Drehgestelle und der Kopfform die für 160 km/h geeignete Baureihe E 10^{12} (112) abgeleitet; davon wurden 31 Lokomotiven beschafft.

Nach Umstellung der Höllentalbahn auf 15 kV / 16 2/3 Hertz erhielten für diese Steilstrecke 30 Lokomotiven der Baureihe E 40 eine zusätzliche elektrische Widerstandsbremse und die Baureihenbezeichnung E 40^{11} (139).

Der Ausbau des Autobahnnetzes drängte die Bundesbahn zu höheren Geschwindigkeiten auch auf der Schiene. Ende der sechziger Jahre wurde ein neues Betriebsprogramm beschlossen, das für alle Zugarten eine Geschwindigkeitssteigerung vorsah. Hiernach sollten künftig alle IC- und TEE-Züge mit 200 km/h, Schnellzüge mit 160 km/h sowie Schnellgüterzüge mit 120 km/h Höchstgeschwindigkeit befördert werden. Die Entwicklung der Lokomotiven der Baureihe E 03 (103) für 200 km/h, der Güterzuglokomotive Baureihe 151 für 120 km/h und der Baureihe 111 für 160 km/h war damit erforderlich. Auch hierbei handelt es sich um amplitudengesteuerte Triebfahrzeuge.

Die sechsachsige E 50 (150) war für den schweren Güterzugdienst bestimmt.

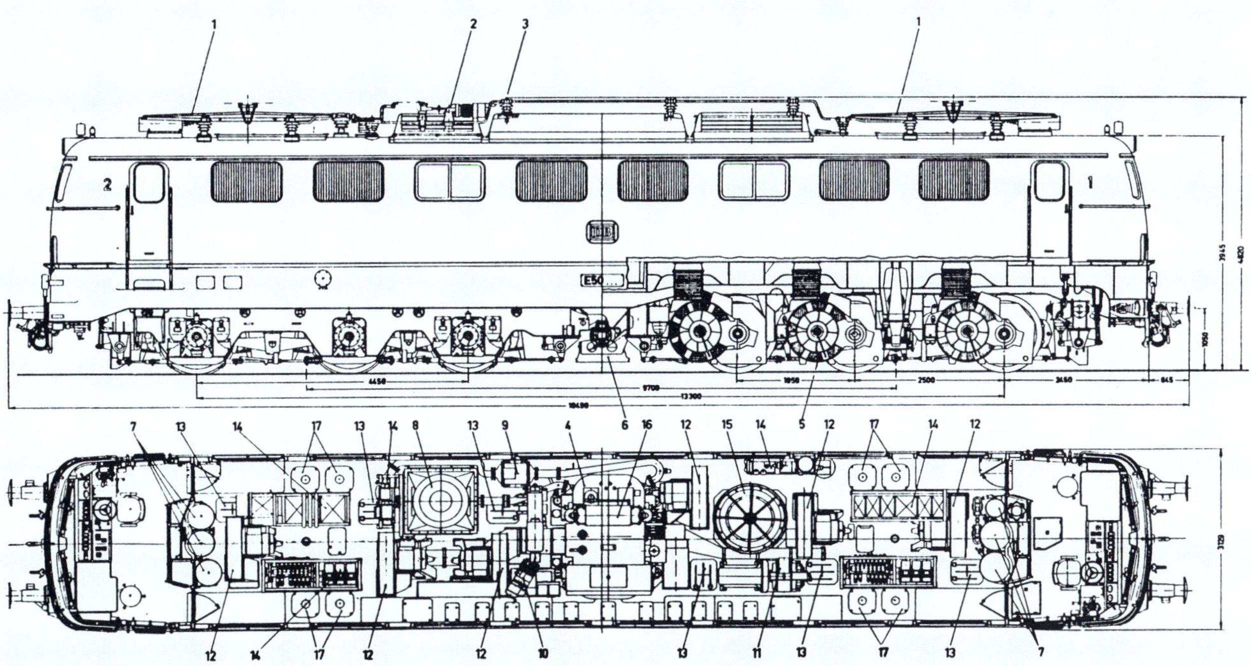

Seitenansicht und Grundriß der E 50 mit Angabe der Apparateteile und Abmessungen

1 Stromabnehmer
2 Hauptschalter
3 Durchführungs-Stromwandler
4 Transformator mit Schaltwerk
5 Fahrmotor
6 Indusi
7 Luftbehälter
8 Ölkühler
9 Ölpumpe
10 Schaltwerkantrieb
11 Luftpresser
12 Lüfter für Fahrmotor
13 Kommutatorklappe
14 Gerüste für Schalt- und Druckluftgeräte
15 Bremswiderstand
16 Überschaltwiderstand
17 Seitliche Abstützung

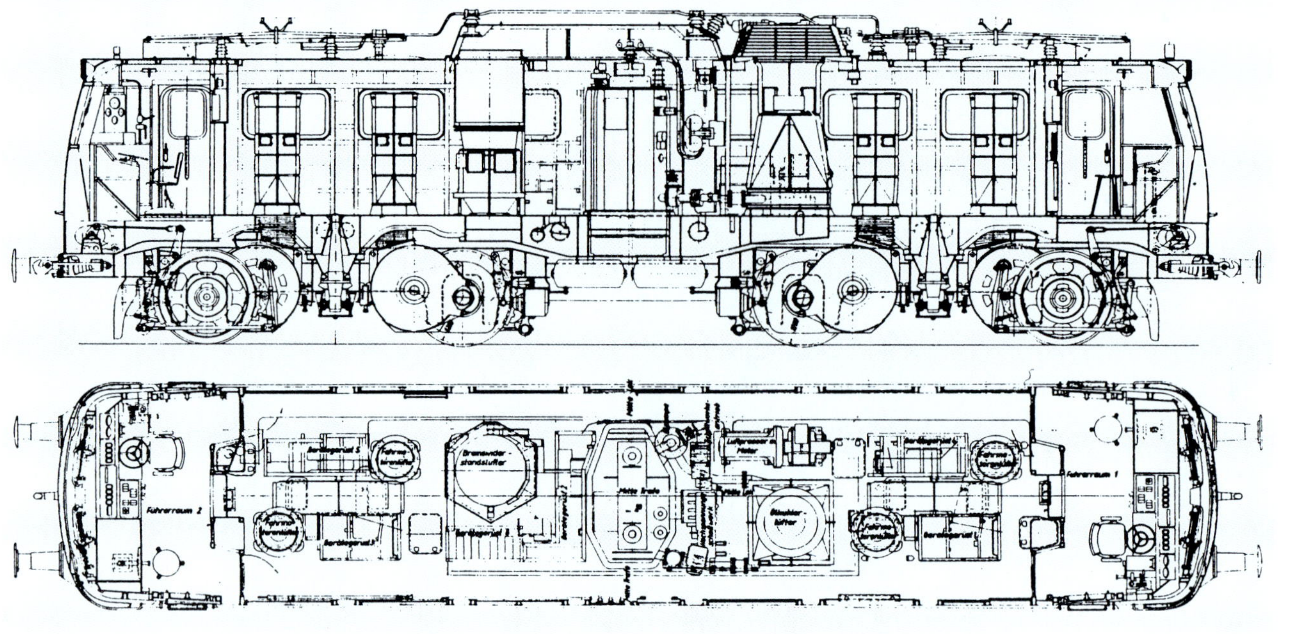

Einheitslokomotive E 10 und E 40 (110 und 140) der Bundesbahn, unten Längs- und Querschnitt durch Radsatz, Drehgestell, Fahrmotor und Antrieb.

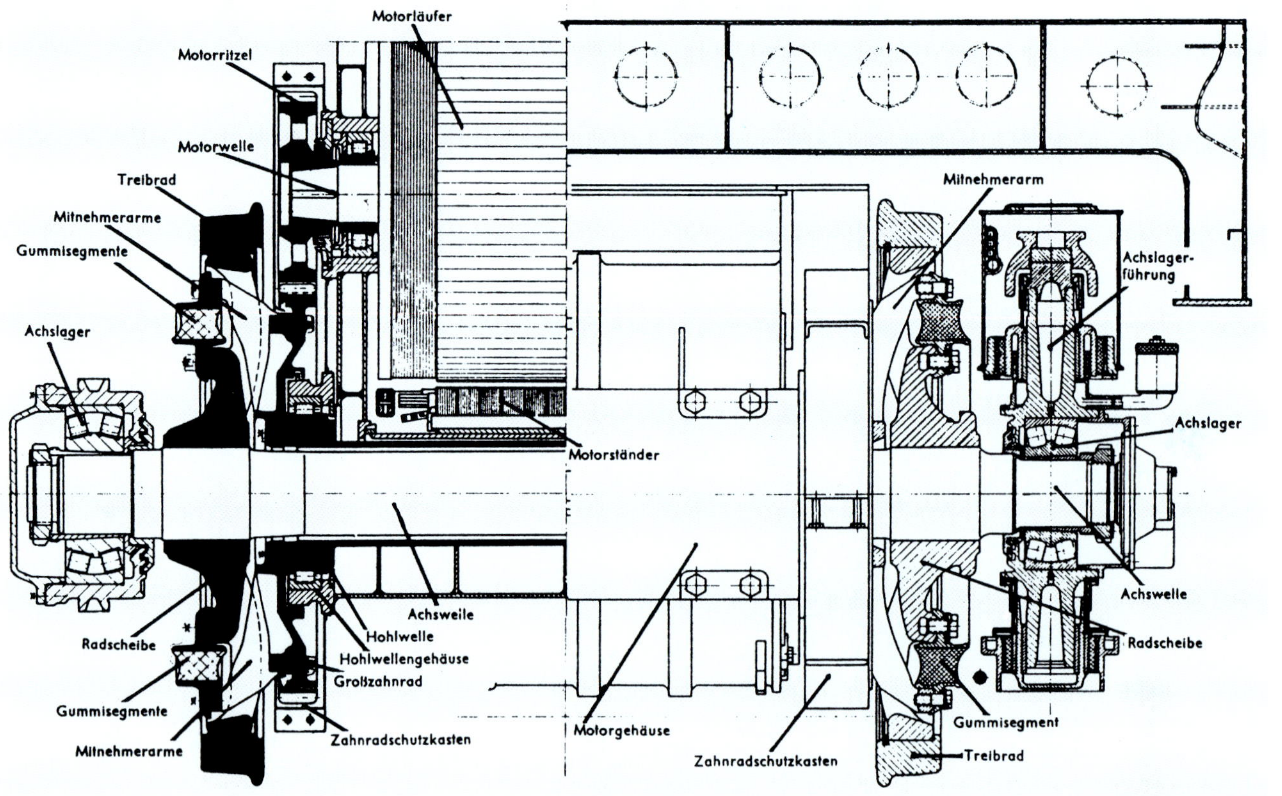

Diese zweite Generation des dritten Typenprogramms lehnte sich eng an die bewährten Baureihen an. Leitlinien der Weiterentwicklung bildeten vor allem lauftechnische Verbesserungen, ein ergonomisch gestalteter Führerraum und die direkte Kühlluftzufuhr durch besondere Kanäle in Dach und Seitenwänden.

So wurden 1961 Vorschläge und Entwürfe für eine elektrische Lokomotive mit 200 km/h Höchstgeschwindigkeit, der Radsatzanordnung Co'Co' und 18 Tonnen Radsatzlast eingeholt. Die Entwürfe von Henschel für den Fahrzeugteil und von Siemens für die elektrische Ausrüstung führten schon 1962 zu einem Entwicklungsvertrag für eine solche Schnell-

Studie für eine weiterentwickelte Einheitslokomotive mit höherer Geschwindigkeit (Baureihe 111).

Mit der Lokomotive E 10 299 begannen 1963 die Versuchsfahrten mit 200 km/h.

fahrlokomotive Baureihe E 03 (103), mit 6 000 Kilowatt Dauerleistung; 1963 wurden fünf Lokomotiven bestellt und 1965 geliefert.

Die Konstruktion stellte in vieler Hinsicht einen Vorstoß auf technisches Neuland dar, besonders hinsichtlich des vorgesehenen planmäßigen Einsatzes der Lokomotiven im Geschwindigkeitsbereich bis 200 km/h. Als Antriebssysteme wurden der Verzweigerantrieb und der Gummiringfederkardanantrieb versuchsweise eingebaut. Bei diesen Antrieben ist der Fahrmotor auf Höhe der Radsatzwelle im Drehgestellrahmen eingebaut und überträgt das Drehmoment über eine Hohlwelle und einen elastischen Kardanantrieb auf den Radsatz. Die Verbindung zwischen dem großen Vorgelegezahnrad und der hohlen Kardanwelle übernehmen eine zentrische Gelenkhebelkupplung auf der einen und sechs Gummisegmente auf der anderen Seite.

Beim Lokomotivkasten mußte eine drastische Gewichtseinsparung gegenüber den bisherigen Konstruktionen erreicht werden, um trotz der begrenzten Radsatzlast möglichst hohe elektrische Leistung installieren zu können. Als tragender Teil wurde daher ein aus Stahlblechen geschweißter Brückenträ-

Für den Einsatz im Trans-Europ-Expreß-Verkehr wurden Lokomotiven der Reihe E 10 mit höherer Getriebeübersetzung gebaut und als Reihe E 10^{12} (112) eingesetzt.

Erste elektrische Schnellzuglokomotive für 200 km/h, E 03 001.

Die 100. Schnellzuglokomotive der Baureihe 103 bei der Ablieferung in München-Freimann.

Die Forderung nach höherer Geschwindigkeit erfüllten auf der Grundlage bewährter Technik weiterentwickelte Lokomotiven: Die Baureihe 111 entstand aus der 110, die 151 aus der 150.

ger verwendet. Auch die Flexicoilfederung sowie Zylinderrollenlager und Achslagerführungen mit Lemniskatenanlenkung wurden erstmals eingesetzt. Mit der E 03 (103), Radsatzlast später 19 Tonnen, erreichte die klassische elektrische Lokomotive in konventioneller 16 2/3 Hertz-Technik ihre Grenzen. Während die erste elektrische Schnellzuglokomotive von 1911, die ES 1, ein Leistungsgewicht von 99,5 kg/kW aufwies, war es bei der E 18 von 1935 bereits auf 35,7 kg/kW und bei der E 10 von 1956 auf 23,2 kg/kW gesunken. Bei der E 03, die 1965 gebaut wurde, konnte ein Leistungsgewicht von 16,1 kg/kW erreicht werden. In diesen Zahlen drückt sich der Fortschritt im Bau elektrischer Lokomotiven in Deutschland seit 1911 besonders eindrucksvoll aus.

Von 1970 bis Mitte 1974 wurden insgesamt 145 Serienlokomotiven der Reihe 103 an die Bundesbahn ausgeliefert. Mit einer Dauerleistung von 7 440 Kilowatt und einer Zehn-Minuten-Leistung von 10 400 Kilowatt ist die 103 auch heute noch die leistungsstärkste elektrische Lokomotive der Bundesbahn.

Entwicklung des spezifischen Leistungsgewichtes (kg/kW) bei den elektrischen Lokomotiven 1910 bis 1987.

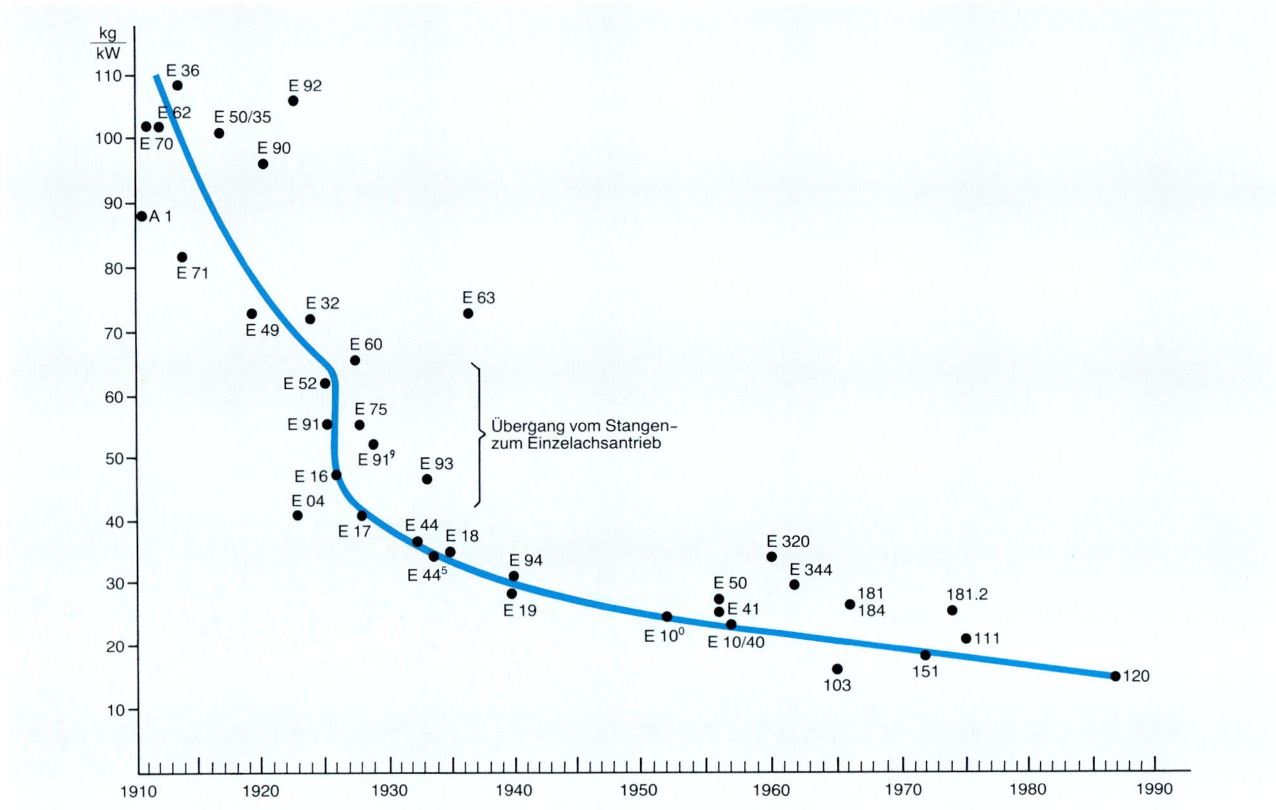

Entwicklung der installierten Nennleistung (kW) bei elektrischen Lokomotiven von 1910 bis 1987 (drei bis vier Treibradsätze).

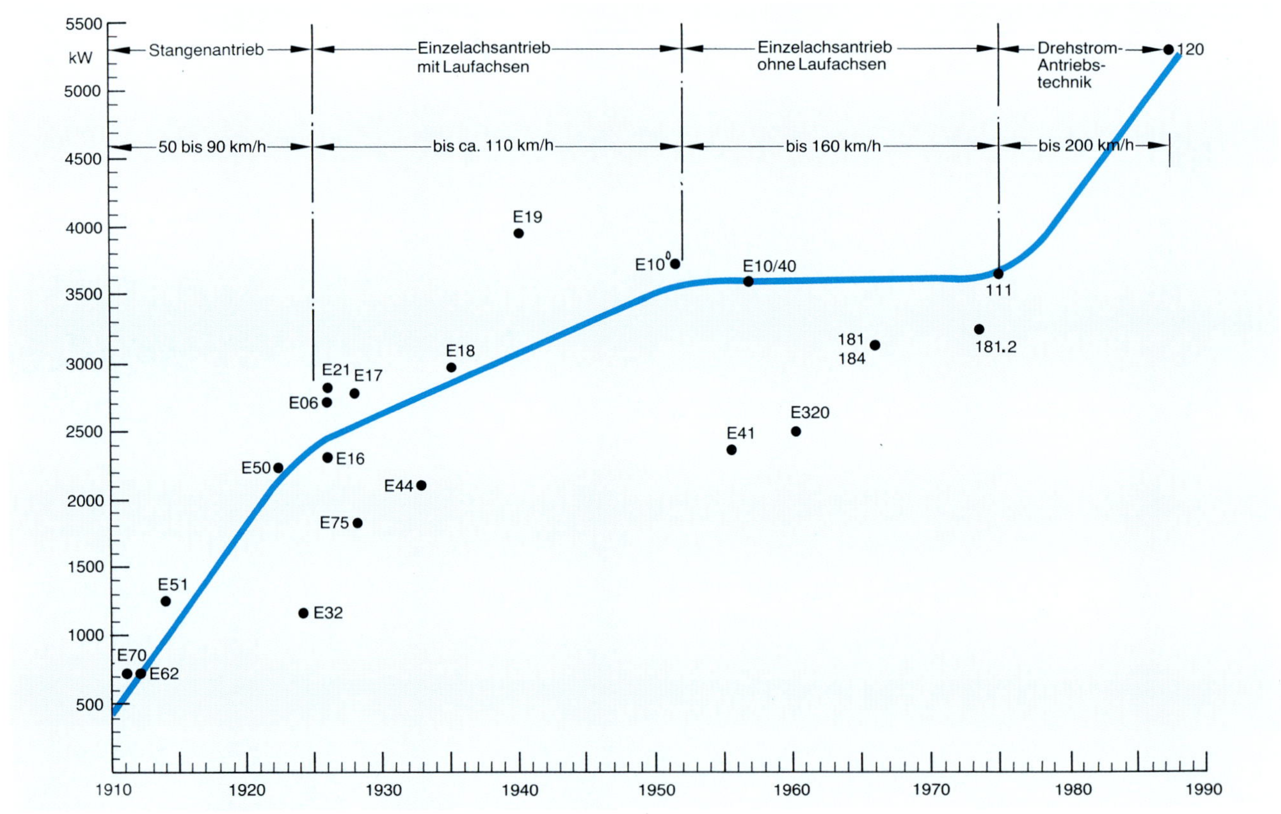

Entwicklung des spezifischen Leistungsgewichtes (kg/kW) bei den Motoren der elektrischen Lokomotiven von 1910 bis 1987.

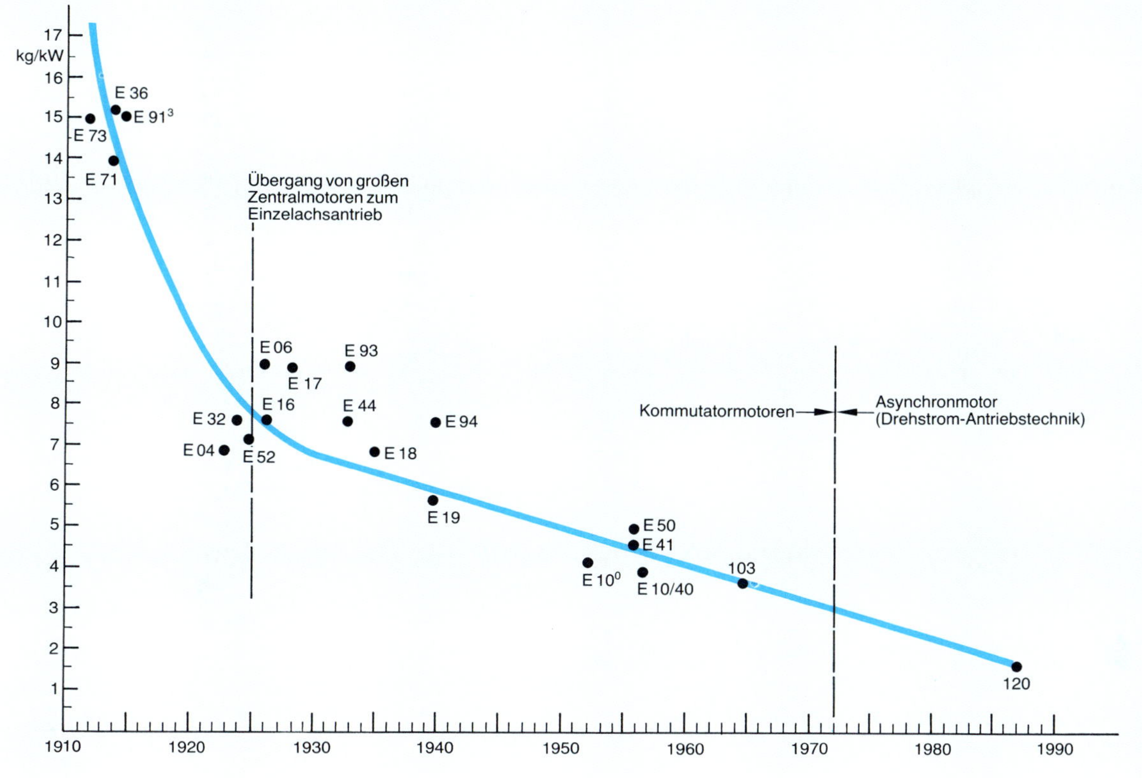

Entwicklung des spezifischen Leistungsgewichtes (kg/kVA) der Lokomotivtransformatoren elektrischer Lokomotiven von 1910 bis 1987.

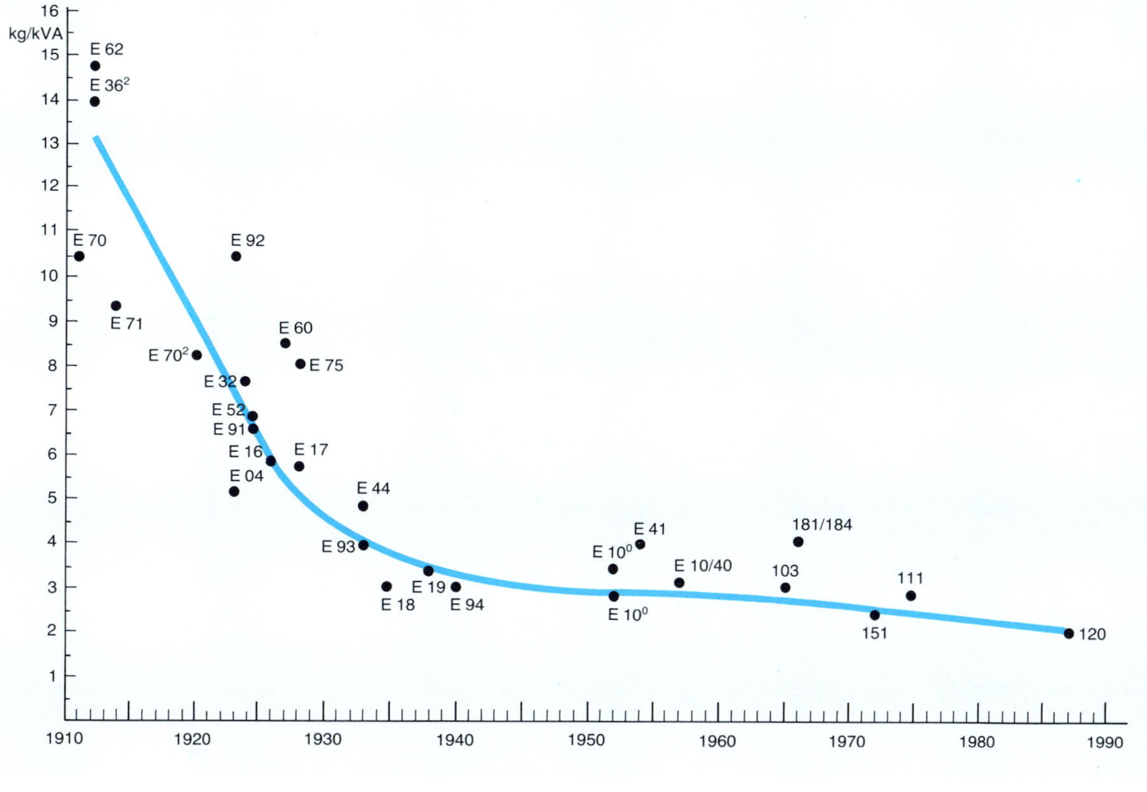

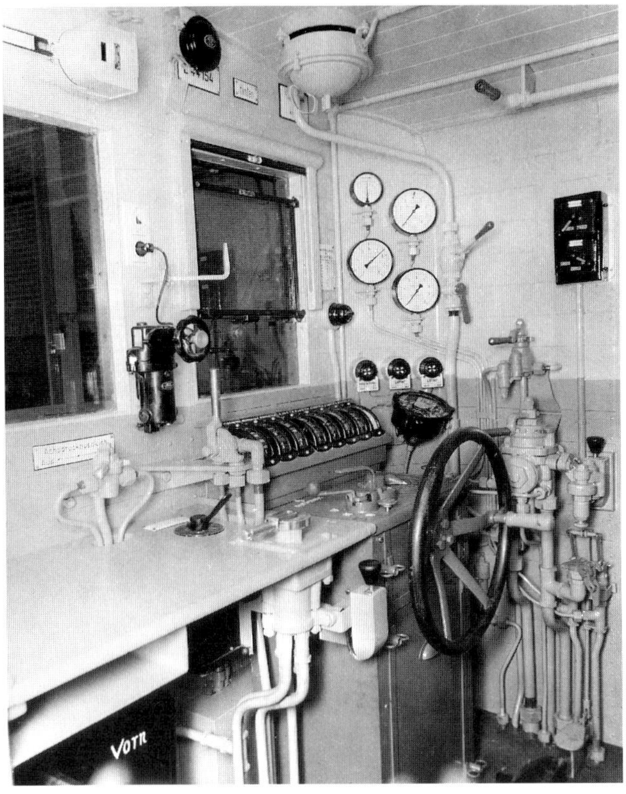

Führerstand der Einheitslok E 44 und ergonomisch gestalteter Führerraum in einer neuzeitlichen elektrischen Lokomotive der Bundesbahn.

Für Schnellfahrversuche bis 250 km/h wurde die 103 118-6 mit einem höher übersetzten Getriebe ausgerüstet.

Die netzunabhängige elektrische Bremse und eine selbsttätige Loksteuerung über einen im Gleis verlegten Linienleiter ermöglichen einen sicheren Zugbetrieb mit 200 km/h Höchstgeschwindigkeit. Die Fahrzeuge bilden heute das Rückgrat des IC-Verkehrs.
Die Lokomotive 103 118-6 erreichte zwischen Gütersloh und Neubeckum in Westfalen am 12. September 1973 eine Geschwindigkeit von 252,9 km/h. Damit wurde in Deutschland der seit 1903 bestehende Rekord für elektrische Triebfahrzeuge von 210,2 km/h gebrochen.
Für den schweren Güterzugdienst ging 1971 aus der Baureihe 150 die 151 mit einer Höchstgeschwindigkeit von 120 km/h hervor. Ihre Nennleistung beträgt 6 370 Kilowatt bei einem Dienstgewicht von 118 Tonnen. Wegen des damals vordringlichen Bedarfs an Güterzuglokomotiven mußte bei der Baureihe 151 auf eine vollständige Neuentwicklung verzichtet werden. Die Konstruktion dieser Fahrzeuge stützt sich in erheblichem Umfang auf erprobte Elemente und Komponenten der bewährten Baureihen.
Aus der Baureihe 110 entstand die 111, Radsatzanordnung ebenfalls Bo'Bo', die ab 1974 in Dienst gestellt wurde. Die Lokomotiven verfügen über 3 500 Kilowatt Nennleistung, erreichen 160 km/h Höchstgeschwindigkeit und haben 83 Tonnen Dienstgewicht. Neu entwickelt wurde das Laufwerk, um auch bei der höheren zulässigen Geschwindigkeit von 160 km/h die auf das Gleis einwirkenden Kräfte zu begrenzen. Erstmals wurde bei dieser Baureihe der nach den neuesten Erkenntnissen der Ergonomie und der Arbeitsmedizin gestaltete Führertisch in ein Serientriebfahrzeug eingebaut. Im November 1984 übernahm die Bundesbahn mit der 111 227-5 die 2 522. und gleichzeitig letzte elektrische Lokomotive mit Kommutator-Antriebsmotoren. Sie bildete den Abschluß des erweiterten dritten Typenprogramms und zugleich eines der größten Fahrzeugbeschaffungsprogramme in der Geschichte der elektrischen Zugförderung.
Die Baureihen 111 und 151 wurden jedoch mit gleichen Fahrmotoren wie die Baureihen 110, 112, 139 und 140 ausgerüstet, so daß bei der Bundesbahn 7 220 gleiche Fahrmotoren vorhanden waren; Instandhaltung und Reparatur ließen sich damit überaus rationell gestalten.
Für den grenzüberschreitenden Verkehr mit Frankreich wurden 1959 drei Zweisystemlokomotiven der Baureihe E 320 (182) für die beiden Wechselspannungssysteme 15 000 Volt / 16 ⅔ Hertz und 25 000 Volt / 50 Hertz in Gleichrichtertechnik in Betrieb genommen. Durch die Leistungselektronik konnten Anfang der sechziger Jahre zunächst statische Gleichrichter mit kontinuierlicher Veränderung der Spannung und bald darauf statische Umrichter entwickelt werden, die eine beliebige und kontinuierliche Änderung von Spannung und Frequenz erlaubten. Damit war das mechanisch arbeitende

„Europa-Lokomotive" für alle vier in Europa vorwiegend benutzten Stromsysteme.

Geschwindigkeitsrekorde deutscher Triebfahrzeuge			
Datum	Lokomotive	Strecke	Höchstgeschwindigkeit
27. 10. 1903	Drehstromtriebwagen	Marienfelde – Zossen	210,2
21. 06. 1931	Propellertriebwagen	Hamburg – Berlin	230,0
11. 05. 1935	Dampflok 05 002	Hamburg – Berlin	200,2
28. 03. 1933	E 04 09	München – Stuttgart	151,5
18. 06. 1935	E 18 01	München – Stuttgart	167,0
1939	E 19 01		200,0
21. 10. 1963	E 10 299	Bamberg – Forchheim	200,0
12. 09. 1973	103 118-6	Gütersloh – Neubeckum	252,9
17. 10. 1984	120 001-3	Augsburg – Donauwörth	265,0
14. 06. 1985	103 003-0	Gütersloh – Neubeckum	283,0
17. 11. 1986	ICE	Burgsinn – Hohe Wart	345,0
01. 05. 1988	ICE	Fulda – Würzburg	406,9

Schaltwerk verlassen und mit Hilfe der Leistungselektronik die Anschnittsteuerung mit halbgesteuerten Brücken realisiert. Die Zahl der verschleißbehafteten beweglichen Teile zur Zugkraft- und Geschwindigkeitssteuerung konnte nennenswert reduziert werden. Nachteilig war der schlechtere Leistungsfaktor und die damit verbundene Rückwirkung auf das Bahnstromnetz durch die Belastung mit Blindstrom. Die anschnittgesteuerten Lokomotiven stellen jedoch einen wichtigen Markstein in der Anwendung der Leistungselektronik in Triebfahrzeugen dar.

Die neue Gleichrichtertechnik mit Thyristoren wurde 1965 zunächst in vier Zweisystemlokomotiven der Baureihe E 310 (181.0 und 181.1) und fünf Viersystemlokomotiven der Baureihe E 410 (184.0 und 184.1) mit einer Stundenleistung von 3 200 Kilowatt erprobt. Allen war die Radsatzanordnung Bo'Bo' gemeinsam. Ihre Höchstgeschwindigkeit betrug 150 km/h, das Dienstgewicht 84 Tonnen.

Die Viersystemlokomotiven waren zusätzlich für die Zugförderung auch im belgischen und niederländischen Netz mit Gleichspannungen von 3 000 und 1 500 Volt vorgesehen, erreichten jedoch die für einen betriebsmäßigen Einsatz erforderliche Zuverlässigkeit nicht und wurden inzwischen ausgemustert oder in Zweisystemfahrzeuge umgebaut.

Unter Berücksichtigung der gesammelten Erfahrungen beschaffte die Bundesbahn dann 25 Zweisystemlokomotiven, Baureihe 181.2, für den grenzüberschreitenden Verkehr mit Frankreich und Luxemburg. Bei gleicher Nennleistung von 3 200 Kilowatt und auf 82,5 Tonnen vermindertem Dienstgewicht konnte die Höchstgeschwindigkeit auf 160 km/h gesteigert werden. Die Lokomotiven der Baureihe 181 sind auch heute noch zur Beschleunigung des grenzüberschreitenden Verkehrs zwischen dem französischen, luxemburgischen und deutschen Netz im Einsatz.

Drehstrom-Antriebstechnik

Die Entwicklung der Halbleitertechnik eröffnete dem kommutatorlosen und damit weitgehend verschleiß- und wartungsfreien Drehstrom-Asynchronmotor Anfang der sechziger Jahre neue Möglichkei-

Eine der ersten Zweisystemlokomotiven der Baureihe E 320 (182) für den Verkehr mit Frankreich.

Erste Viersystemlokomotive der Baureihe E 410 (184); auf dem Dach sind vier Stromabnehmer für die vier Systeme angeordnet.

Versuchszug zur Erprobung der Drehstromantriebstechnik unter der Oberleitung mit 15 000 Volt und 16 2/3 Hertz: Zur Zuführung der Energie war ein Steuerwagen mit Stromabnehmer und Transformator ausgerüstet, die dieselelektrische Lokomotive wurde von dort aus über eine Kabelverbindung gespeist.

Zweisystemlokomotive 181.2 für den Einsatz nach Luxemburg und Frankreich.

ten im Bahnbetrieb. Jetzt konnten statische Umrichter gebaut werden, deren Abmessungen, Gewicht und Preis für den Lokomotivbau in Betracht kamen; durch die beliebige und stufenlos mögliche Veränderung von Frequenz und Spannung wurde auch eine brauchbare Regelung von Geschwindigkeit und Zugkraft möglich.
Bei diesen Triebfahrzeugen wird die elektrische Energie aus dem Oberleitungsnetz 15 000 Volt/16 2/3 Hertz über die Sekundärwicklung des Transformators und über einen Vierquadrantensteller einem Gleichspannungszwischenkreis mit konstanter Spannung zugeführt. Die zur Traktion erforderliche Energie fließt über dreiphasige Pulswechselrichter den Drehstromfahrmotoren zu. Durch Veränderung von Spannung und Frequenz an den Klemmen der Fahrmotoren werden Geschwindigkeit und Zugkraft geregelt.
Die ersten Überlegungen, diese Technik für Traktionszwecke einzusetzen, führten zunächst zu Entwicklung und Bau dieselelektrischer Lokomotiven mit Asynchron-Fahrmotoren durch BBC und Henschel. Nach Laborversuchen folgte die Erprobung in einem mit Stromabnehmer und Transformator ausgerüsteten Steuerwagen. Weitere Laboruntersuchungen an einem Motor hoher Leistung schlossen sich an, bevor die Bundesbahn 1977 fünf Drehstromlokomotiven, Baureihe 120, mit der Radsatzanordnung Bo'Bo' beschaffte. Die Lokomotiven wurden von Krauss-Maffei, Henschel und Krupp gebaut, von BBC elektrisch ausgerüstet und 1979 an die Bundesbahn geliefert. Die AEG erwarb von der Bundesbahn die ausgemusterte ehemalige Zweifrequenzlokomotive E 320 01 (182 001-8) und rüstete sie zur Erprobung einer technischen Variante als Drehstrom-Erprobungsträger aus.
Um den für die Asynchron-Fahrmotoren erforderlichen nicht pulsierenden Drehstrom mit stufenlos

Prüfstandversuche mit einem Drehstrom-Asynchronfahrmotor von 1,4 Megawatt Leistung gingen der Beschaffung der ersten Lokomotiven voraus.

Kommutatorfahrmotor der Lokomotivbaureihe 111 (rechts), Gewicht 3,9 Tonnen, Leistung 1,05 Megawatt, neben dem kleineren Drehstromfahrmotor der Baureihe 120, Gewicht nur 2,3 Tonnen, Leistung jedoch 1,4 Megawatt.

Zur Erprobung beschaffte die Bundesbahn zunächst fünf Drehstromlokomotiven der Baureihe 120. Sie mußten sich vor Intercity-Zügen bei 200 km/h ebenso bewähren wie vor schweren Güterzügen.

Erste Lokomotive der Baureihe 120.

Die ehemalige Zweifrequenzlokomotive 182 001-8 diente nach ihrer Ausmusterung der AEG als Erprobungsfahrzeug für Drehstromantriebstechnik.

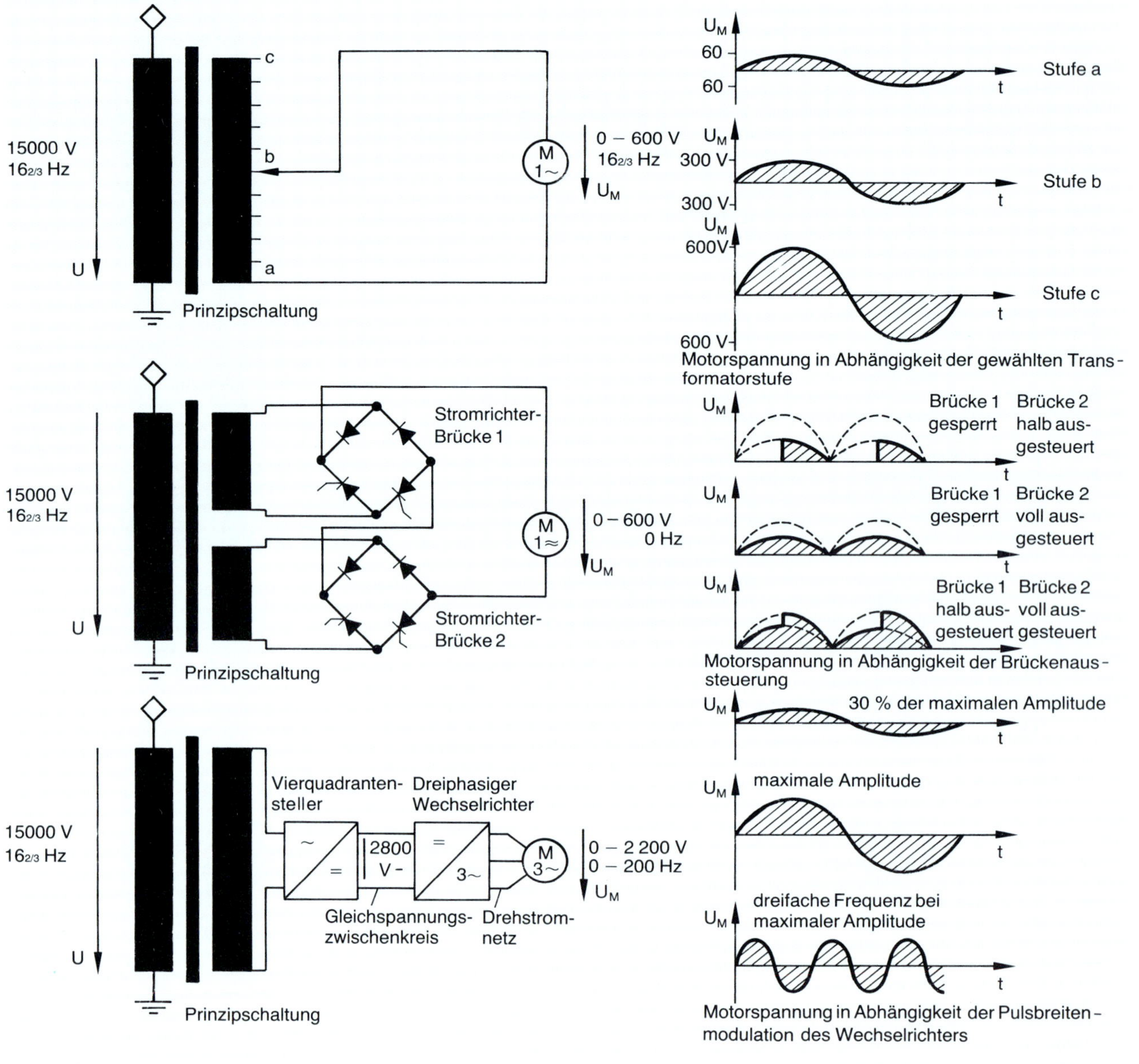

Amplitudensteuerung, Thyristor-Anschnittsteuerung und Drehstrom-Leistungsübertragung elektrischer Lokomotiven.

veränderbarer Frequenz und Spannung zu erzeugen, wird der aus der Oberleitung entnommene Einphasenwechselstrom 16 2/3 Hertz über den Haupttransformator dem Vierquadrantensteller zugeführt, der als getakteter Gleichrichter die Energie in einen Gleichspannungszwischenkreis einspeist; der nachgeschaltete Pulswechselrichter erzeugt dann den erforderlichen Drehstrom mit variabler Frequenz und Spannung.

Durch Umkehrung des Energieflusses entsteht Bremskraft. Die Fahrmotoren arbeiten dann als Asynchron-Generatoren, die mit der kinetischen Energie des Zuges angetrieben werden und elektrische Energie über die Wechselrichterphasen dem Gleichspannungszwischenkreis zuführen; sie fließt über den Vierquadrantensteller, der im Bremsbetrieb als gesteuerter Wechselrichter Wirkleistung an den Haupttransformator liefert, ins Oberleitungsnetz zurück.

Ein Hohlwellenkardanantrieb mit getriebeseitig in Gummi kugelig gelagerten Lenkern überträgt die Leistung von den Fahrmotoren auf die Räder. Da der Asynchronmotor ein gleichmäßiges Drehmoment abgibt, ist radseitig keine torsionselastische Gummiringfeder mehr nötig. Statt dessen sind Spherilastic-Lager eingebaut, die das Drehmoment über Zapfen auf das Rad übertragen; diese Zapfen sind in Bohrungen der antriebsseitigen Monobloc-Radscheibe eingepreßt und verschraubt. Um die erforderliche axiale Federsteifigkeit zu erreichen, sind die je sechs Lenker auf An- und Abtriebsseite der Hohlwelle gegensinnig angeordnet.

Neue Wege mußten auch im mechanischen Teil gegangen werden; da sein Gewicht insgesamt 37 Tonnen nicht überschreiten durfte, war extremer Leichtbau ohne Beeinträchtigung der Festigkeit notwendig. So bestehen die Seitenwände des Maschinenraums nicht mehr aus Eisenprofilen mit aufgeschweißten Blechen in Kastenbauform, sondern aus „Höckerplatten": Das innen liegende Blech wird dabei durch maschinelles Tiefziehen mit einem Raster von Kegelstümpfen versehen und das äußere Blech mit Punktschweißung aufgebracht.
Ein mehrjähriger Versuchs- und Probebetrieb bestätigte, daß mit Drehstrom-Antriebstechnik von der gleichen Lokomotive sowohl schwere Güterzüge als auch schnelle Reisezüge gezogen werden können. Alle bisher für die unterschiedlichen Traktionsaufgaben erforderlichen Typen lassen sich damit durch nur eine Baureihe ersetzen, die gegenwärtig vorhandenen 2630 elektrischen Lokomotiven nach und nach durch nur etwa zweitausend der Baureihe 120 ablösen. Anfang 1987 wurde die 120 103-7 als erste einer Serie von zunächst sechzig Stück an die Bundesbahn übergeben. Die Serienlokomotiven der Baureihe 120 erreichen bei einem Dienstgewicht von 84 Tonnen eine Nennleistung von 5 600 Kilowatt und eine Höchstgeschwindigkeit von 200 km/h. Je nach Getriebeübersetzung wird eine größte Anfahrzugkraft von 340 oder 290 Kilonewton erreicht; sie kann jeweils bis zu zehn Minuten lang genutzt werden.

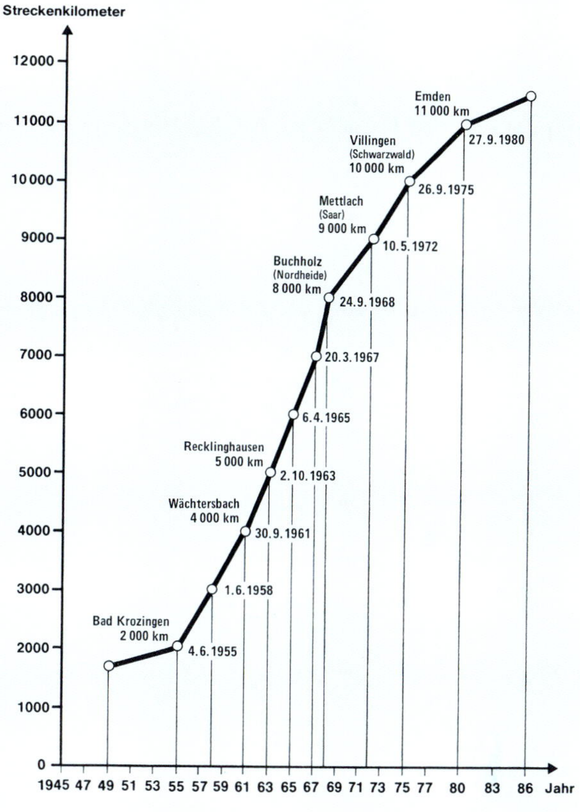

Entwicklung der elektrifizierten Strecken bei der Deutschen Bundesbahn bis zum Jahr 1986.

Schnittbild der Lokomotivbaureihe 120.

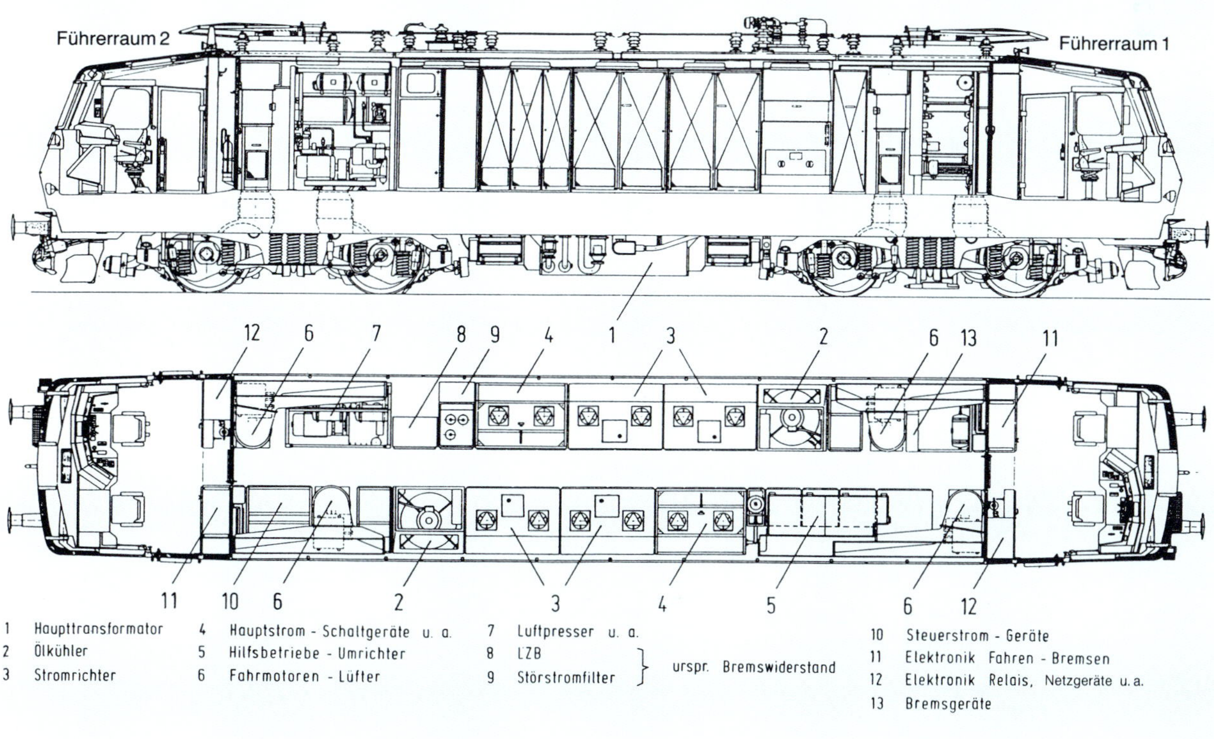

„Höckerplatte" zur Gewichtsersparnis beim Fahrzeugteil der Baureihe 120.

Serienlokomotive der Baureihe 120 in der neuen Farbgebung.

Elektrische Lokomotiven der Reichsbahn in der DDR

Nach 1945 mußte der elektrische Zugbetrieb in der DDR zunächst vollkommen eingestellt werden; die ortsfesten Anlagen wurden ebenso wie die Lokomotiven als Reparationsleistung in Anspruch genommen und in die Sowjetunion abtransportiert. Erst zehn Jahre nach Kriegsende konnte der elektrische Betrieb mit zurückgegebenen Lokomotiven der Vorkriegsbauarten wieder aufgenommen werden. Besonders die neueren wie E 04, E 44 und E 94 wurden eingesetzt. Erst Anfang der sechziger Jahre konnte der VEB Lokomotivbau in Hennigsdorf bei Berlin elektrische Lokomotiven für die Reichsbahn neu entwickeln: Zunächst die vierachsige Drehgestelllokomotive E 11, später 211, für 120 km/h; seit 1963 die weitgehend gleiche, jedoch mit geänderter Getriebeübersetzung versehene Personenzug- und Güterzuglokomotive E 42, die spätere 242, für 100 km/h.

Auch die Reichsbahn in der DDR beschaffte zunächst Lokomotiven zur Erprobung: E 11 001 und E 11 002; sie standen Anfang 1961 zur Verfügung und dienten vor allem zur Erprobung verschiedener Antriebe. Gewählt wurde schließlich ein Tatzantrieb mit doppelseitigem Vorgelege. Haupt- und Drehgestellrahmen bestehen aus verschweißten Hohlprofilen. Der Lokomotivaufbau bildet eine selbsttragende Leichtbaukonstruktion aus Stahl, die mit dem Haupt-

Die rasche Ausdehnung des elektrifizierten Streckennetzes in der DDR läßt auch den Bedarf an elektrischen Lokomotiven ständig weiter steigen. Gedeckt wird er durch die in großer Zahl gebaute Reihe 243. Hier die 243 335-7 auf der Frühjahrsmesse 1988 in Leipzig.

rahmen verschweißt ist. Für die verschiedenen Lieferungen der Serie mußten zum Teil unterschiedliche Bauteile verwendet werden, so daß – besonders bei den Drehgestellen – kein freizügiger Tausch möglich war. Die Reichsbahn hat jedoch im Rahmen der planmäßigen Instandhaltung die Unterschiede nach Möglichkeit ausgeglichen und die Bauart damit vereinheitlicht. Auch wurden bei der Serienfertigung Erfahrungen aus dem Betrieb berücksichtigt, was zu Verbesserungen besonders der Federung, aber auch bei den Antrieben führte.
Ursprünglich schrieb die Reichsbahn der DDR für ihre elektrischen Lokomotiven traditionsgemäß dunkelgrünen Anstrich vor. Später wurde er auf Bordeauxrot umgestellt, die Drehgestelle sind hellgrau.
Im Jahr 1974 folgte eine sechsachsige Lokomotive, Baureihe 250. Als wesentliche Neuerungen enthielt sie ein Thyristor-Hochspannungsschaltwerk, weitere elektronische Steuerungen für die Hilfsbetriebe, eine neu entwickelte Fahrsteuerung, eine entsprechend der Bremskraft des Zuges geregelte elektrische Bremse sowie statt des ungefederten Tatzlagerantriebs der vorangegangenen Bauarten einen Kegelringfederantrieb mit elastischer Drehmomentübertragung zwischen Fahrmotoren und Radsätzen. Diese leistungsstarken Lokomotiven waren vor allem für den schweren Güterzugdienst, aber auch

Baureihennummern der elektrischen Lokomotiven in der DDR

nach 1970		vor 1970
204		E 04
211		E 11
218		E 18
242		E 42
244		E 44
251		E 25¹)
254		E 94
255		E 95
Elektrische Triebwagen		
275	0–8	ET 165²)
275	9	ET 165 8²)
276		ET 166²)
277		ET 167²)
278		ET 168, 169, 170²)
278	1	Gerätezüge
278	1	SSG-Züge
278	2	ET 170
279	0	ET/EB 188³)
279	2	ET 188⁴)
285	0 u 2	ET 25⁵)

1) Rübelandbahn 25 kV/50 Hz
2) S-Bahn Berlin
3) Müncheberg – Buckow
4) Lichtenhain – Cursdorf
5) Wechselstromtriebwagen

für den Einsatz vor Reisezügen auf steigungsreichen Strecken im mitteldeutschen Hügelland bestimmt.
Anfang der achtziger Jahre erhielt die Reichsbahn der DDR unter der Bezeichnung 212 001-2 eine neu entwickelte elektrische Schnellzuglokomotive, die für 160 km/h Höchstgeschwindigkeit bemessen war. Im Hinblick auf die zunehmend ins nördliche und östliche Flachland ausgedehnte Elektrifizierung des Streckennetzes war diese Lokomotive als Erprobungsträger einer neuen Triebfahrzeuggeneration wieder vierachsig ausgelegt. In unkonventioneller Farbgebung – weiß mit rot und schwarz – war die Lokomotive 1982 auf der Leipziger Frühjahrsmesse ausgestellt.
Noch während der Erprobung fiel die Entscheidung zur Serienbeschaffung einer Güterzugvariante dieser Lokomotive mit nur 120 km/h Höchstgeschwindigkeit und entsprechend höherer Zugkraft. Die Probelokomotive 212 001-2 erhielt Getriebe mit geänderter Übersetzung und die neue Nummer 243 001-2. Nach kurzer Testzeit begann die Serienbeschaffung der Baureihe 243.
Auf den Frühjahrsmessen in Leipzig waren 1985 die 243 033-8, 1986 die 243 119-5, 1987 die 243 223-5 und 1988 bereits die 243 335-7 zu sehen; die steigenden Produktionszahlen lassen sich daran erkennen. Am 30. März 1988 lieferte der VEB Lokomotivbau in Hennigsdorf als 1 000. insgesamt für die Reichsbahn der DDR gebaute Lokomotive die 243 325-8 ab. In den nächsten Jahren sollen die Fertigungszahlen über hundert jährlich hinausgehen.
Anfang der sechziger Jahre bestand die Absicht, ähnlich wie in Frankreich, den nördlichen Teil des Netzes nicht mehr mit dem ursprünglichen System, hier mit Wechselstrom 16 ⅔ Hertz bei 15 000 Volt, sondern mit der Industriefrequenz von 50 Hertz bei 25 000 Volt zu elektrifizieren. In der Nähe des Herstellerwerks wurde der Abschnitt Hennigsdorf–Wustermark mit diesem System ausgerüstet und als Versuchsstrecke für die vom VEB Lokomotivbau Hennigsdorf entwickelten und gebauten Gleichrichterlokomotiven der Baureihe E 251 (251) benutzt. Diese Lokomotiven erhielten Siliziumgleichrichterbrücken, die aus dem Lokomotivtransformator gespeist werden und welligen Gleichstrom für die Fahrmotoren abgeben. Mit 50 Hertz elektrifiziert wurde jedoch nur die Rübelandbahn im Harz, auf der die Lokomotiven noch heute im schweren Güterzugdienst eingesetzt sind. Eine Schnellzugvariante für dieses Stromsystem wurde ebenfalls entwickelt,

Für den grenzüberschreitenden Verkehr mit der Tschechoslowakei und Polen beschafft die Reichsbahn der DDR Zweisystemlokomotiven für 3 000 Volt Gleichspannung und 15 000 Volt/16 ⅔ Hertz Wechselstrom von Škoda.

eine Lokomotive zur Erprobung gebaut und als E 211 001 eingesetzt; auch diese für 160 km/h ausgelegte Lokomotive ging jedoch nicht in Serie; der zunächst ins Auge gefaßte Export in Länder mit 50-Hertz-Betrieb schied aufgrund der Arbeitsteilung im Rat für gegenseitige Wirtschaftshilfe (RGW) ebenfalls aus.

Für den grenzüberschreitenden Verkehr auf der nunmehr durchgehend elektrifizierten Magistrale (Berlin–) Dresden–Prag werden Zweisystemlokomotiven für 3 000 Volt Gleichspannung auf dem tschechoslowakischen und 15 000 Volt/16 2/3 Hertz Wechselspannung auf dem deutschen Teil der Strecke eingesetzt. Diese Lokomotiven werden bei Škoda in Pilsen (Tschechoslowakei) gebaut. Sie entsprechen im wesentlichen den innerhalb der Tschechoslowakei eingesetzten Zweisystemlokomotiven für 3 000 Volt Gleichspannung und 25 000 Volt/50 Hertz Wechselspannung. Dabei handelt es sich um vierachsige Gleichstromlokomotiven mit Reihenschluß-Kommutatormotoren, die in konventioneller Weise in Reihen-Parallelschaltung sowie mit Feldschwächung betrieben werden und mit Vorwiderständen anfahren. Im Wechselstromnetz werden die Fahrmotoren aus einem Transformator mit festem Übersetzungsverhältnis über eine nachgeschaltete ölgekühlte Gleichrichterbrücke und eine Glättungsdrossel gespeist. Die beiden Fahrmotoren eines Drehgestells sind dauernd in Reihe geschaltet und brauchen damit nur für 1 500 Volt isoliert zu sein. Sie wurden für die Speisung mit pulsierendem Strom ausgelegt. Die Leistung wird feinstufig durch Druckluftschütze mit einem Hilfsschaltwerk gesteuert. Die Lokomotiven leisten 3 080 Kilowatt und erreichen 120 km/h Höchstgeschwindigkeit. Bei der Reichsbahn in der DDR belegen sie die Nummernreihe 230; weitere Zweisystemlokomotiven sollen beschafft werden, wenn demnächst auch das polnische Netz mit dem der DDR verbunden wird. Einen Teil der elektrischen Ausrüstung liefert die Industrie der DDR zu.

Auch in der DDR werden die elektrischen Lokomotiven der Zukunft mit Drehstromantriebstechnik ausgerüstet sein. Zur Erprobung der neuen Technik wird zunächst eine elektrische Rangierlokomotive im Leistungsbereich von 1 000 Kilowatt mit Drehstromantriebstechnik ausgerüstet; die Lokomotive ist auch für den leichten Streckendienst vorgesehen und soll die Baureihenbezeichnung 208 erhalten. Ziel der Entwicklung ist jedoch eine mit der Bundesbahn-Baureihe 120 vergleichbare, leistungsstarke Lokomotive im Leistungsbereich von 5 000 Kilowatt; dafür ist die Baureihenbezeichnung 255 vorgesehen. Zur Erprobung der Drehstromantriebstechnik wird die Lokomotive 243 001-5 herangezogen, die bereits als Prototyp der letzten Entwicklungslinie gedient hatte. Die statischen Umrichter, die den Einphasenwechselstrom aus der Fahrleitung über einen Gleichspannungszwischenkreis in Drehstrom für die Fahrmotoren umwandeln, sollen während der Erprobung in einem mit der Lokomotive gekuppelten Reisezugwagen untergebracht werden. Als Fahrmotoren wird die Reichsbahn der DDR – wie die Deutsche Bundesbahn – Asynchronmotoren benutzen; sie schlägt damit eine andere Entwicklungslinie ein als die Sowjetischen Staatsbahnen und die Französischen Eisenbahnen, die beide Synchronmotoren verwenden.

Elektrische Triebwagen

Die Entwicklung elektrischer Fahrzeuge konzentrierte sich nach der ersten elektrischen Lokomotive von Werner Siemens aus dem Jahr 1879 zunächst auf Straßenbahnen und Triebwagen. Sie vereinigten Fahrgastraum und Antriebsausrüstung in einem Fahrzeug. An Lokomotiven war zunächst nicht zu denken, weil die Motorleistung zu gering war. Da zunächst auch keine umfangreichen elektrifizierten Streckennetze zur Verfügung standen, begann die Entwicklung unter örtlich gegebenen Einsatzbedingungen; Entwicklung und Bau von Fahrzeugen des Bezirks- und Fernverkehrs folgten erst später.

Elektrische Triebwagen der Anfangsjahre, beide im Eigentum der Lokalbahn AG München: Gleichstromtriebwagen für die Strecke Meckenbeuren–Tettnang, 1899, und Wechselstromtriebwagen für die Strecke Murnau–Oberammergau, 1900.

Triebwagen für S-Bahnen

Die ersten in größerer Zahl gebauten elektrischen Triebwagen waren für den städtischen Nahschnellverkehr bestimmt.

Hamburger Wechselstromtriebwagen

Nach dem erfolgreichen Probebetrieb mit niederfrequentem einphasigen Wechselstrom höherer Spannung auf der Strecke Niederschöneweide–Spindlersfeld im Jahr 1903 elektrifizierten die Preußischen Staatseisenbahnen die Hamburger Stadt- und Vorortbahn mit Einphasen-Wechselstrom von 6 kV Spannung und 25 Hertz, um die Eignung dieses Systems für ein größeres zusammenhängendes Netz weiter zu studieren. Zunächst wurden sechzig Doppeltriebwagen der Gattung ET 2 bestellt, die ab Januar 1908 den vollen elektrischen Betrieb auf der Strecke Blankenese–Ohlsdorf übernahmen, nachdem schon ab 1905 Versuchsfahrten auf der Strecke Niederschöneweide–Spindlersfeld, ab 1907 in nächtlichen Betriebspausen auch in Hamburg statt-

Versuchstriebwagen für den Probebetrieb mit niederfrequentem Wechselstrom auf der Strecke Niederschöneweide–Spindlersfeld.

„Viertelzug" auf der Hamburger Stadt- und Vorortbahn für Wechselstrom 6 000 Volt/25 Hertz, Baujahr 1905.

fanden. Der erste Wagen hatte noch elektrische Bremse; die Serienwagen wurden ausschließlich mit Druckluftbremse geliefert.
Der Fahrzeugteil der neuen Doppeltriebwagen lehnte sich an die Abteilwagenbauart preußischer Reisezugwagen in der Bauform von 1904 mit stärker gewölbtem Tonnendach und flacherem Oberlichtaufsatz an. Das stählerne Untergestell stützte sich auf zweiachsige Enddrehgestelle der preußischen Regelbauart sowie eine freie Lenkachse am Kurzkuppelende. Die hölzernen Wagenkästen mit äußerer Stahlblechverkleidung waren in sieben Abteile mit je einer nach außen aufschlagenden Drehtür unterteilt. Eine weitere Drehtür führte in den Führerstand am Fahrzeugende, der mit Fahrschalter und Handbremsrad ausgerüstet war.
Fünfzig Doppelwagen waren mit 2. und 3. Klasse geliefert worden; sie enthielten 44 Sitzplätze in der 2. und 84 in der 3. Klasse. Die zehn 3.-Klasse-Wagen boten Plätze für 153 Fahrgäste, davon fünf im nicht besetzten Führerraum. Mit Ausschöpfung aller Stehplätze konnte eine Einheit in den Hauptverkehrszeiten 250 Fahrgäste befördern, der aus vier Doppeleinheiten bestehende Vollzug somit tausend Reisende.
Die Doppelwagen hatten an den äußeren Wagenenden die Regel-Zug- und Stoßeinrichtung mit Stangenpuffern, Schraubenkupplung und Sicherheitskupplung, ferner die elektrischen Steuerleitungen sowie die Schlauchkupplung in Hochlage für die einlösige Knorr-Druckluftbremse; sie bremste die Drehgestellradsätze doppelseitig ab.
Die elektrische Ausrüstung war unterschiedlich. Die 54 von der AEG ausgerüsteten Triebwagen hatten drei eigenbelüftete Winter-Eichberg-Motoren mit Stahlgußgehäuse zu je 115 PS Stundenleistung in den Drehgestellen eingebaut, Radsatzanordnung Bo'1 + 1 (1A). Auf dem Fahrzeugteil mit zweimotorigem Drehgestell waren vier AEG-Bügelstromabnehmer mit Aluminium-Schleifleisten aufgebaut, die durch Druckluftzylinder angehoben wurden.
Die sechs von Siemens-Schuckert ausgerüsteten Triebwagen hatten zwei kompensierte Einphasen-Reihenschlußmotoren von je 150 PS Leistung, Radsatzanordnung Bo'1 + 1 2', und zwei Siemens-Scherenstromabnehmer. Trotz unterschiedlicher Ausrüstung konnten beide Triebwagenbauarten im Zugverband fahren, wobei 50 km/h als Höchstgeschwindigkeit den Fahrplänen zugrunde lag. Alle Triebwagen hatten eine vierstufige, später sechsstufige elektromagnetische Schützensteuerung mit Kurbel-Fahr-

Hamburger Wechselstrom-S-Bahnwagen aus dem Jahr 1908; der Wagen läßt deutlich seine Verwandtschaft mit den preußischen Abteilwagen erkennen.

Ganzstahl-Doppeltriebwagen der Hamburger Wechselstrom-Bahn mit dem endgültig eingeführten Tonnendach ohne Oberlichtaufsatz und mit Jakobs-Drehgestell.

schalter zur Versorgung der Fahrmotoren mit Spannungen zwischen 150 und 750 Volt.
Der Haupttransformator mit 200 kVA Dauerleistung war als ölgekühlter Transformator mit waagerechten Kühlrohren ausgebildet. Steuer- und Heizspannung wurden einer 300-V-Anzapfung des Haupttransformators entnommen, wobei Heizbetrieb nur bei Nullstellung des Fahrschalters möglich war.
Der Luftverdichter für die Druckluftbremse, Beleuchtung und Heizung sowie die Zugspitzenbeleuchtung wurden elektrisch gespeist. Lediglich die Oberwagenlaternen für das Zugschlußsignal hatten aus Sicherheitsgründen Petroleumbrenner.
Die Umstellung auf elektrischen Betrieb führte bei der Stadt- und Vorortbahn zu erheblichem Verkehrszuwachs, so daß zwischen 1909 und 1913 weitere achtzig Doppelwagen geliefert wurden. Sie wiesen durchweg nur noch ein zweimotoriges Drehgestell auf, wobei die von der AEG ausgerüsteten Wagen einen verbesserten Winter-Eichberg-Motor, die Siemens-Wagen den Reihenschlußmotor der ersten Serie erhielten.
Mit Ausnahme eines von der Breslauer Actien-Gesellschaft für Eisenbahn-Wagenbau gelieferten Tonnendach-Versuchswagens wurde das Laternendach der ersten Serie übernommen. Die Sitzplatzzahl stieg auf 130, davon 36 in der damaligen 2. Klasse.
Nach dem Ende des Ersten Weltkrieges wurde das S-Bahnnetz in Hamburg erweitert, ab März 1924 die Ohlsdorfer Strecke bis Poppenbüttel verlängert. Die Reichsbahn beschaffte dafür Ganzstahl-Doppeltriebwagen mit Jakobs-Drehgestell. Das Tonnendach ohne Oberlichtaufsatz wurde jetzt endgültig eingeführt.
Alle Triebwagen erhielten den inzwischen bewährten Wechselstrom-Reihenschlußmotor mit 200 PS Stundenleistung, der über eine ungefederte Zahnradübertragung die Treibradsätze des vorlaufenden Drehgestells antrieb (Radsatzanordnung Bo'2'2').
Der ölgekühlte Haupttransformator mit 240 kVA Stundenleistung speiste die Fahrmotoren unter Zwischenschaltung einer sechsstufigen elektromagnetischen Schützensteuerung, die durch einen Fahrschalter angesteuert wurde.
Der Triebwagen enthielt im a-Teil über dem Motordrehgestell fünf Abteile 3. Klasse, einen Gepäckraum und einen Dienstraum für Führer und Zugbegleiter, im b-Teil vier Abteile 2., zwei Abteile 3. Klasse und einen Dienstraum.
Die ersten Triebwagen wurden noch mit zwei Doppelschleifbügeln ausgeliefert; später wurden Scherenstromabnehmer aufgebaut und die bis dahin verwendeten Aluminium- durch Kohleschleifleisten ersetzt.
Die am besten erhaltenen Triebwagen aus der Zeit vor dem Ersten Weltkrieg wurden in den Jahren 1923 bis 1925 modernisiert, Reihenschlußmotoren der Neubau-Doppelwagen und die sechsstufige Schüt-

zensteuerung eingebaut, so daß alle Wagen gemeinsam gefahren werden konnten. Schließlich wurde noch in den Jahren 1928/29 bei allen Triebwagen, auch den Neubauwagen, die selbsttätige Scharfenbergkupplung eingeführt, die auch die Bremsleitungen und die Bügelluftleitung zur Steuerung der Stromabnehmer mitkuppelte.
Insgesamt wurden 197 Doppelwagen für die Hamburger Stadtbahn beschafft. Nach dem Zweiten Weltkrieg waren davon noch neunzig vorhanden. Erst mit der völligen Umstellung der Hamburger S-Bahn auf Gleichstrombetrieb endete im Mai 1955 der Einsatz dieser Wechselstromtriebwagen.

Münchner Vororttriebwagen

Für die nach dem Ersten Weltkrieg elektrifizierten Vorortstrecken um München stellte die Reichsbahn ab 1926 vierachsige Wechselstromtriebwagen für 15 000 Volt / 16 2/3 Hertz in Dienst, von denen die ersten vier von der Waggonfabrik Fuchs in Heidelberg aus bayerischen Dampftriebwagen hergestellt wurden. Insgesamt beschaffte die Reichsbahn 36 dieser Triebwagen, die ab 1940 als ET 85 bezeichnet wurden und als erste frühe Vorläufer der Münchner S-Bahn-Züge gelten können. Die schweren genieteten Fahrzeuge liefen mit vierachsigen Steuerwagen und zwischengestellten Beiwagen bayerischer Bauart. Die elektrische Ausrüstung war weitgehend oberhalb des Fußbodens eingebaut; der ölgekühlte Haupttransformator, die Fahrmotorlüfter und der Ölhauptschalter konnten durch ein abschraubbares Dachsegment nach oben ausgebaut werden. Die robusten Triebwagen blieben Jahrzehnte im Einsatz; der letzte wurde bei der Bundesbahn erst 1977 ausgemustert. Ein Triebzug ist im Museumsbestand der Bundesbahn erhalten geblieben.

Berliner Stadtbahnwagen

Nach dem Beschluß zur Umstellung der Berliner Stadt-, Ring- und Vorortbahnen auf elektrischen Betrieb mit 800 Volt Gleichspannung wurden ab 1922 zunächst Versuchszüge gebaut. Fünf davon waren aus Einzelwagen gebildet, der sechste als Gliederzug mit Jakobs-Drehgestellen ausgeführt.
Als erste Serienbauart wurden 1924 siebzehn Halbzüge der späteren Baureihe ET/EB 169 geliefert, die jeweils aus zwei vierachsigen Triebwagen und drei zweiachsigen Beiwagen bestanden. Fünfzig weitere Züge folgten 1925; sie waren erstmals als reine Drehgestellwagen gebaut und bildeten den Vorläufer der S-Bahnzüge. Gebildet wurden sie jeweils aus einem Triebwagen und einem Steuerwagen; bis zu vier dieser „Viertelzüge“ konnten von einem Führerstand aus gefahren werden. Sie waren durch die auf das Dach aufgesetzten Wendler-Luftsauger zur Fahrgastraumentlüftung gekennzeichnet.
Für das große Elektrifizierungsprogramm ab 1928 wurden weitere Züge bestellt. Nach der Lieferung und Erprobung von vier Viertelzügen ab Anfang 1928 erhielt die Reichsbahn bis 1931 weitere 634 Triebwagen, 461 Steuerwagen und 173 Beiwagen, die später als ET/EB/ES 165 bezeichnet wurden. Diese „Stadtbahnwagen“ bildeten den Kern des Wagenparks der Berliner S-Bahn. Sie wurden nach

Halbzug der Berliner S-Bahn um 1928 für Gleichstrom 800 Volt.

Instandgesetzter Viertelzug der Reihe ET 165 aus dem Jahr 1928.
Die zwischen 1926 und 1931 gelieferten S-Bahnzüge der Baureihe ET/EB/ES 165 prägen noch heute das Bild des Berliner S-Bahnverkehrs. Als 1984 die S-Bahn im Westteil der Stadt in die Regie der Berliner Verkehrsbetriebe (BVG) überging, übergab ihr die Reichsbahn der DDR 12 Viertelzüge aus je einem Triebwagen und einem Beiwagen. Die fast sechzig Jahre alten Fahrzeuge wurden von Grund auf erneuert und sind heute wieder eingesetzt.

einheitlichen Zeichnungen von fast allen deutschen Waggonbauanstalten geliefert und anschließend im eigens dafür gebauten Reichsbahn-Ausbesserungswerk Niederschöneweide in Betrieb gesetzt. Erstmals waren die Doppelschiebetüren mit einer Druckluftschließeinrichtung vom Führerstand aus bedienbar, so daß die Aufenthaltszeiten auf den Stationen gekürzt werden konnten.
Im Jahr 1932 wurden für den Einsatz auf der Wannseebahn weitere Viertelzüge geliefert, die sich nur geringfügig durch den elektrischen Antrieb des Nockenschaltwerks und die glatte Außenhaut durch Senknietung von der Hauptlieferung unterschieden.
Der Fahrzeugteil des Stadtbahnwagens ist in Ganzstahlbauweise mit dem Ziel größter Gewichtseinsparung ausgeführt, um den Energieverbrauch beim häufigen Anfahren so gering wie möglich zu halten. Die Leermasse des Triebwagens konnte dadurch von früher 45,4 Tonnen auf 37,8 Tonnen, die des zugehörigen Steuerwagens von 33,9 Tonnen auf 27,0 Tonnen gesenkt werden. Erstmals wurden die Züge mit selbsttätiger Scharfenbergkupplung ausgeliefert, die auch die Druckluftleitungen, nicht jedoch die elektrischen Steuerleitungen mitkuppelte.
Die zweiachsigen Drehgestellte mit rollengelagerten Radsätzen waren dreifach gefedert, zusätzlich zwischen Wagenkasten und Wiege Gummiplatten zur Geräuschdämmung eingelegt.

In diesen Zügen hat sich die „Holzklasse" bis heute erhalten.

Bei der Ablieferung trugen die Stadtbahnwagen folgenden Farbanstrich:

Dach		Aluminium	
Fensterband	2. Klasse	hellblau	(RAL 6004)
	3. Klasse	beige	(RAL 8000)
Seitenwand		bordeauxrot	(RAL 3005)
Untergestell		schwarz	(RAL 9005)
Absetzstreifen		schwarz	(RAL 9005)

Die Sitzteilung in den Fahrgasträumen aller Wagen

Olympiazug der Berliner S-Bahn im Jahr 1936.

war 2 + 2 beiderseits eines offenen Mittelgangs. Insgesamt bot jeder Viertelzug im Lieferzustand zwischen 112 und 127 Sitzplätze und 190 bis 165 Stehplätze. Die Fahrgasträume waren elektrisch beleuchtet und geheizt; zur Speisung unmittelbar aus der Stromschiene wurden Glühlampen und Heizwiderstände in Reihe geschaltet. Erstmals beugte eine batteriegespeiste Notbeleuchtung bei Ausfall der Stromschienenspannung einer Panik unter den Fahrgästen vor.

Die Einkammer-Knorr-Druckluftbremse war elektrisch gesteuert; die Bremsluft lieferte ein elektrisch angetriebener Knorr-Luftverdichter.

Die vier eigenbelüfteten Gleichstromfahrmotoren jedes Triebwagens kamen zu gleichen Teilen von der AEG und den Siemens-Schuckertwerken. Die vierpoligen Reihenschlußmotoren mit Wendepolen waren als Tatzlagermotoren ausgeführt, die ihr Drehmoment über einseitige Stirnradpaare auf den Treibradsatz übertrugen. Der rollengelagerte Anker trug das Lüfterrad. Beide Motoren eines Drehgestells waren dauernd in Reihe geschaltet; beim Anfahren wurden beide Motorgruppen eines Triebwagens in Reihen-/Parallelschaltung betrieben. Die Anfahrwiderstände für die Fahrmotoren waren unterflur unterhalb des Wagenfußbodens aufgehängt.

Ein elektropneumatisches Nockenschaltwerk mit automatischem Fortschaltrelais wurde durch Drükken des Fahrschalterknopfes in Gang gesetzt und beschleunigte den Triebwagen ohne weiteres Zutun des Triebwagenführers. Zwei Anfahrbeschleunigungen von 0,3 und 0,5 m/s^2 sowie eine Rangierstellung ließen sich einstellen.

Der Stromabnehmer konnte die seitliche Stromschiene von unten, an exponierten Stellen wie auf Brücken aber auch von der Seite bestreichen. Jeder Viertelzug ist auf der 800-Volt-Schiene gekuppelt, während der Vollzug nur durch die 12polige Steuerleitung verbunden ist.

Versuchsweise war 1926 ein Vollzug in Leichtmetallbauweise bestellt worden, der 1931 von Wegmann und Linke-Hofmann-Busch geliefert wurde. Während der Viertelzug in Stahl leer etwa 65 Tonnen wog, kam der Wegmann-Viertelzug mit 57,4 Tonnen, der Viertelzug von Linke-Hofmann-Busch mit 60,4 Tonnen aus. Das Untergestell war bei beiden Varianten aus Stahl (St 37) gefertigt, der Wagenkasten aus „Lautal", einer Aluminium-Kupfer-Silizium-Legierung. Beim Wegmann-Wagen bestanden auch wesentliche Teile der Innenausstattung aus Leichtmetall; Linke-Hofmann-Busch verwendete überwiegend Holz.

Ab 1935 wurden neue S-Bahn-Züge mit abgerundeter Stirnseite für den Einsatz auf der Wannseebahn mit 120 km/h und für den Olympiaverkehr mit 80 km/h Höchstgeschwindigkeit in Dienst gestellt. Wagenkästen und Drehgestelle dieser Züge waren geschweißt, der Drehgestellradsatzstand wurde um 100 mm auf 2600 mm vergrößert, um die verstärkte Klotzbremse unterbringen zu können.

Als im Zusammenhang mit dem Ausbau der Berliner S-Bahn weitere Züge beschafft wurden, erhielten sie über der Scharfenbergkupplung erstmals auch eine selbsttätige elektrische Kabelkupplung.

Die folgenden Züge der Berliner S-Bahn erhielten zur automatischen Scharfenbergkupplung erstmals auch eine elektrische Kabelkupplung.

Erster Gleichstrom-S-Bahnzug für Hamburg. Auch die Züge dieser Baureihe ET 171, heute 471, aus den Jahren ab 1939 sind noch immer unentbehrlich.

Hamburger Gleichstromtriebwagen

Der ab 1937 geplante großzügige Ausbau der Hamburger S-Bahn, der auch Tunnelstrecken vorsah, führte zur Einführung eines kleineren Lichtraumprofiles und zwang zum Verzicht auf die Oberleitung. Die nach Berliner Vorbild ins Auge gefaßte seitliche, auf dem Boden montierte Stromschiene kam jedoch für die hohe Wechselspannung von 15 000 Volt nicht in Frage. Die Reichsbahn plante daher für das Hamburger Netz einen neuen S-Bahntriebzug, der als dreiteiliger Halbzug für 1 200 Volt Gleichspannung mit Stromschienenspeisung entworfen wurde. Die neuen Züge der Baureihe ET 171 wurden ab April 1940 auf dem Streckenabschnitt Ohlsdorf–Poppenbüttel eingesetzt. Sie sind großenteils noch heute unentbehrlich.

Jeder Wagen läuft auf zwei zweiachsigen Drehgestellen mit rollengelagerten Radsätzen. Untergestell und Wagenkasten sind aus Blechen und Profilen vollständig geschweißt. Die Bodenwanne bildet einen Teil der tragenden Struktur. Die Endwagen verfügen über drei Großräume der heutigen 2., der antriebslose Mittelwagen über zwei Großräume 1. Klasse. Einschließlich der Stehplätze bietet jeder Halbzug 530 Plätze, der Vollzug somit gut tausend. In der Hauptverkehrszeit können somit bei einer Zugfolge von zwei Minuten etwa 30 000 Fahrgäste je Richtung befördert werden. Wie bei der Berliner S-Bahn enthält jede Wagenseite vier elektropneumatisch betätigte Doppelschiebetüren. Die Einzelwagen sind untereinander kurzgekuppelt; zwei Halbzüge können durch die automatische Scharfenbergkupplung mit elektrischer Kabelkupplung zum Vollzug verbunden werden.

Die Wagen werden mit Warmluft geheizt, im Sommer mit derselben Anlage belüftet.

Jeder Halbzug wird von acht Tatzlagerfahrmotoren angetrieben, die ihr Drehmoment über einseitige ungefederte Zahntriebe auf die Radsätze übertragen. Auf beiden Seiten des Halbzugs sind vier Stromabnehmer vorhanden; sie bestreichen die Stromschiene seitlich statt von unten. Die Stromschienen müssen daher an Weichen nicht wie bei der Berliner S-Bahn unterbrochen werden.

Die beiden Fahrmotoren eines Drehgestells sind

Abteil 2. Klasse mit Polstersitzen im Beiwagen.

Führerraum des ET 171 bei Ablieferung 1939.

Hamburger S-Bahnzüge ET 171 und ET 170 (links).

ständig in Reihe geschaltet. Beim Anfahren werden die vier Motorgruppen des Halbzugs in Reihen-/Parallelschaltung betrieben. Das zwanzigstufige Nockenschaltwerk hat elektromagnetischen Antrieb. Das Aufschalten übernimmt ein automatisches Fortschaltrelais mit Maximalstrombegrenzung. Gegenüber den schon dreißig Jahre alten Wechselstromzügen ließ sich die Fahrzeit um zwanzig Prozent verkürzen; die Höchstgeschwindigkeit von 80 km/h ist nach 80 Sekunden erreicht.

Neben der elektrisch gesteuerten Knorr-Einkammer-Druckluftbremse ist eine kombinierte elektrische Widerstands-/Nutzbremse vorhanden, die bei Stromaufnahmefähigkeit des Netzes Energie zurückspeist, andernfalls auf Bremswiderstände arbeitet. Die mechanische Bremse ist als Klotzbremse ausgeführt. Zwei Triebwagen erhielten 1952 zunächst versuchsweise Scheibenbremsen.

Die von den Breslauer Linke-Hofmann-Werken entwickelten Triebwagen wurden ab Oktober 1939 ausgeliefert, wenig später erhielten sie nach dem neuen Nummernplan von 1940 die Baureihenbezeichnung ET 171; seit 1968 ist sie in 471 geändert.

Zur Aufnahme des S-Bahn-Verkehrs auf der Strecke Blankenese – Wedel im Mai 1954 wurden 21 neue Triebwagen der Reihe ET 171 und 1958 nochmals fünf nachgeliefert. Sie waren durchweg mit scheibengebremsten Drehgestellen in Schweißkonstruktion ausgerüstet.

Die Triebwagen wurden bereits ab Werk zweifarbig geliefert; die genauen RAL-Farbtöne sind nicht bekannt. Nach dem Kriege liefen die Wagen bei der Bundesbahn in dunkelblauem Anstrich (RAL 5008) mit gelbem Fensterband (RAL 1001) im Mittelwagen zur Kennzeichnung der 2., ab 1956 der 1. Klasse.

Die spätere Erweiterung des Hamburger S-Bahn-Netzes führte zur Neubeschaffung weiterentwickelter Züge der Baureihe ET 170 für 100 km/h Höchstgeschwindigkeit. Das Halbzugkonzept blieb im Grundsatz unverändert; insgesamt wurden bis 1970 fünfundvierzig Züge geliefert. Im Zusammenhang mit dem Ersatz der mechanischen Fahrsperren durch die Induktive Zugsicherung (Indusi) wurde ein Teil der Züge bereits ab Werk mit eingebauter Indusi geliefert. Beide Systeme dienen zur automatischen Bremsung beim Überfahren eines Haltsignals. Die Drehgestelle entsprechen der Bauart München – Kassel.

Auch diese Züge haben Warmluftheizung, die im Sommerbetrieb die Frischluftzufuhr übernimmt. Erstmals wurden Leuchtstofflampen eingebaut, die aus einem Einankerumformer gespeist werden.

Für die 1975 in Betrieb genommene City-Linie lieferten Linke-Hofmann-Busch und Messerschmitt-Bölkow-Blohm insgesamt dreißig ebenfalls dreiteilige Triebzüge in Aluminiumbauweise mit luftgefederten Drehgestellen und Antrieb aller Radsätze, um die Vierzig-Promille-Steigungen der innerstädtischen Tunnelstrecke mit ausreichender Beschleuni-

S-Bahnzug der Baureihe 472 auf der Oberhafenbrücke in Hamburg.

gung befahren zu können. Das Drehmoment wird einseitig mit gefederten Großrädern übertragen. Statt der Taschenschiebetüren wurden erstmals Schwenkschiebetüren, statt der Nutzbremse eine reine Gleichstrom-Widerstandsbremse eingebaut. Die als 472/473 eingereihten Triebzüge fallen durch ihre kantige Frontgestaltung auf. Der gesamte Zug ist einheitlich ozeanblau-beige gestrichen, die 1. Klasse im Mittelwagen kennzeichnet der gelbe Streifen über den Fenstern.
Eine zweite Bauserie von 32 Triebzügen wurde ab 1982 ausgeliefert, um den steigenden Fahrzeugbedarf für die S-Bahn nach Harburg und Neugraben zu decken. Die Kurzkuppelenden dieser Züge weisen große Fenster auf, um zur Erhöhung der Sicherheit für die Fahrgäste Durchsicht durch den ganzen Halbzug zu ermöglichen.
Ab 1990 sollen nach Plänen der Bundesbahn die seit 1940 eingesetzten S-Bahnzüge der Baureihe 471 von Triebwagen einer neuen Baureihe 475 mit Drehstromantriebstechnik abgelöst werden.

Elektrischer Ruhrschnellverkehr

Als 1957 der elektrische Zugbetrieb zwischen Düsseldorf und Hamm (Westfalen) aufgenommen wurde, stand dafür ein neu entwickelter „Hochleistungstriebwagen", Baureihe ET30 – später 430 – einsatzbereit. Er setzte in der Triebwagenentwicklung neue

Große Fenster zwischen den Wagen und der damit mögliche Durchblick sollen zur Sicherheit der Fahrgäste beitragen.

Maßstäbe: Mit 1760 Kilowatt Stundenleistung erreichte er innerhalb von nur 48 Sekunden seine Höchstgeschwindigkeit von 120 km/h. Der Anfahrvorgang lief mit maximal möglicher Beschleunigung automatisch ab. Bis zu vier dreiteilige Einheiten konnten in Vielfachsteuerung vom vorderen Führerraum aus gefahren werden. Die Triebwagen waren mit automatischer Kupplung der Bauart Scharfenberg ausgerüstet.
Wagenbaulich ähnelten sie den Dieseltriebwagen

Entwicklung der elektrischen Triebwagen bei der Deutschen Bundesbahn.

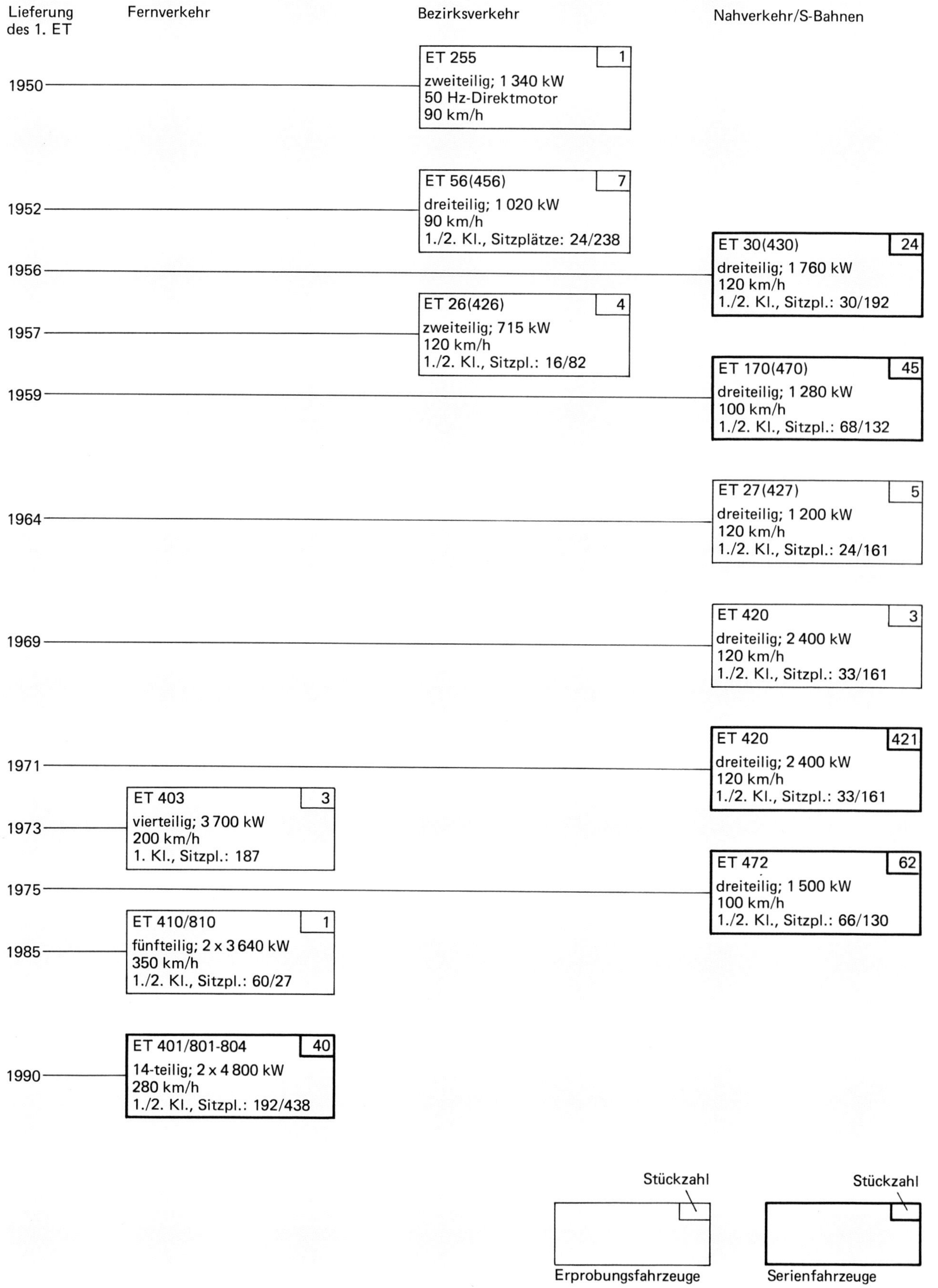

Die elektrischen Regionaltriebzüge der Baureihe ET 30, später 430, für den Ruhrschnellverkehr zeichneten sich durch hohes Beschleunigungsvermögen aus, um kurze Fahrzeiten zu erzielen.

VT 08 und VT 12 sowie den elektrischen Triebwagen ET 56, von denen sie sich jedoch durch die charakteristischen elektropneumatisch betätigten Drehfalttüren unterschieden. Für einen raschen Fahrgastwechsel hatte der ET 30 auf jeder Seite der dreiteiligen Einheit vierzehn derartige Türen erhalten.
Als die elektrischen Triebzüge nach Eröffnung der S-Bahn für den Ruhrschnellverkehr nicht mehr gebraucht wurden, kamen sie von Ende 1969 an sogar im Fernverkehr zum Einsatz, so als Dt „Westfalenland" zwischen Bielefeld und Frankfurt (Main).
Ebenfalls für den Nahschnellverkehr waren die 1964 in Dienst gestellten elektrischen Triebzüge ET 27, später 427, bestimmt. Sie zeichneten sich durch besonders niedrige Fußbodenhöhe von nur 90,5 Zentimeter über Schienenoberkante aus; auch dadurch sollte der Fahrgastwechsel beschleunigt

Baureihennummern der elektrischen Triebwagen der DB (ohne Akkutriebwagen)

nach 1968	vor 1968
Oberleitungstriebwagen	
	ET
420	20
425	25
426	26
427	27
430	30
432	32
445	45
455	55
456	56
465	65
485	85
490	90
491	91
Stromschienentriebwagen	
	ET
470	170
471	171

Baureihennummern der Steuerwagen, Beiwagen und Mittelwagen elektrischer Triebwagen der DB (ohne Akkutriebwagen)

nach 1968	vor 1968
820	EM 20
825	EM 25
825	ES 25
825	ES 26
827	EM 27
830	EM 30
832	EM 32
832	ES 32
855	EM 55
855	ES 55
856	EM 56
865	EM 65
865	ES 65
870	EM 170
871	EM 171
885	EB 85
885	ES 85

Ebenfalls für den Nahschnellverkehr war der elektrische Triebzug ET 27, später 427, bestimmt; er gilt als Vorläufer des Olympia-Triebwagenzugs von 1972.

werden. Die Antriebsleistung war auf die acht Radsätze der beiden Endwagen verteilt. Fünf dreiteilige Züge wurden beschafft und vorwiegend im Stuttgarter Nahverkehr eingesetzt. Die dabei gesammelten Erfahrungen flossen bald in die Entwicklung des Olympia-Triebwagenzugs 420 ein.

S-Bahntriebwagen 420/421

Die 1969 fertiggestellten drei Voraus-Triebzüge der Baureihe 420/421 repräsentieren die erste Neuentwicklung der Bundesbahn für den S-Bahnverkehr. Diese Vorauszüge dienten vornehmlich der Erprobung für die Serie, die ab 1972 anläßlich der zu den Olympischen Spielen vorgesehenen Eröffnung des Münchner S-Bahnnetzes zur Verfügung stehen mußte. Später wurden Züge der Baureihe 420 in Frankfurt (Main), in Stuttgart, vorübergehend auch im Ruhrgebiet eingesetzt. Die drei Vorauszüge wurden in kieselgrauer Grundfarbe zunächst mit blauem, rotem und orangefarbigem Fensterband geliefert. Bei einer Publikumsbefragung in den geplanten Einsatzgebieten entschieden sich die Münchner für blaue, die Frankfurter für rote und die Düsseldorfer für orangefarbige Seitenwandstreifen. Künftig werden alle S-Bahnzüge einheitlich kieselgrau und orange gestrichen.
Die dreiteiligen Triebwagen bestehen aus den Endwagen der Nummernreihe 420 mit und den Mittelwagen 421 ohne Führerraum. Die drei Einzelwagen sind untereinander kurzgekuppelt, an den Frontseiten der Einheit Scharfenbergkupplungen mit elektrischen Kabelkupplungen vorhanden.
Bei den allradgetriebenen Triebwagen 420/421 wurden sowohl wagenbaulich wie elektrisch neue Wege beschritten. Die wie in Hamburg dreiteilige Grundeinheit kann bei 210 Meter Bahnsteiglänge, wie sie die neuen S-Bahnen vorsehen, in Dreifachkombination als Langzug gefahren werden; die Regeleinheit bildet der Vollzug als Doppeleinheit mit sechs Wagen.
In geräumigen Abteilen werden 33 gepolsterte Plätze 1. und 161 Plätze 2. Klasse angeboten. Spätere Bauserien enthalten nur noch ein 1. Klasse-Abteil mit 17 Plätzen. In München wurde die 1. Klasse – zunächst ohne Änderung von Ausstattung und Anschriften der Wagen – bald nach Aufnahme des S-Bahnverkehrs abgeschafft, die Stoffpolsterung jedoch erst bei späteren Instandhaltungsarbeiten aus den ehemaligen 1. Klasse-Abteilen entfernt.
Die erste Bauserie umfaßte 120 Triebzüge für den Einsatz in München. Während die Endwagen in Stahlleichtbauweise hergestellt wurden, entwickelte Messerschmitt-Bölkow-Blohm die Mitteltriebwagen, Baureihe 421, in Aluminium-Differentialbauweise. Von der zweiten Bauserie an wurden auch die Endwagen in Aluminium gefertigt; gegenüber den Stahlwagen konnte der Aluminiumwagen um fünf Tonnen leichter gebaut werden, so daß sich das Gewicht je Triebzug um zehn Tonnen verringern ließ. Der dritte Vorauszug enthielt einen von der M.A.N. entwickelten Mittelwagen in Stahlbauweise.
Die luftgefederten M.A.N.-Drehgestelle mit Niveauregelung und lenkergeführten Radsätzen bieten hohen Fahrkomfort und ausreichende Schalldämmung. Neben der elektropneumatischen Schließeinrichtung für die Doppel-Taschenschiebetüren ist auch eine elektropneumatische Öffnungshilfe vor-

Der erstmals zu den Olympischen Sommerspielen 1972 im Münchner S-Bahnnetz eingesetzte Triebzug 420 fährt heute auch im Rhein-Main-Gebiet und im mittleren Neckarraum um Stuttgart.

gesehen. Die Schiebetüren zeigten bei niedrigen Außentemperaturen und Flugschnee erhebliche Probleme. Bei der siebenten Bauserie wurden daher Schwenkschiebetüren vorgesehen.
Als Betriebsbremse dient eine fremderregte elektrische Widerstandsbremse, die im unteren Geschwindigkeitsbereich durch die elektrisch gesteuerte Druckluftscheibenbremse ergänzt wird. An jedem Radsatz ist nur eine Radscheibe scheibengebremst. Da dies nicht für jeden künftigen Einsatzfall ausreichen würde, stattete man die Fahrzeuge der siebenten Bauserie mit zwei Radbremsscheiben je Radsatz aus.
Der Triebzug 420/421 war das erste bei der Bundesbahn eingesetzt Schienenfahrzeug in Mischstromtechnik mit Thyristor-Anschnittsteuerung, und nach dem Berliner Stadtbahnwagen der meistgebaute deutsche Triebwagen. Die Anschnittsteuerung – aufgeteilt in zwei gleiche Anlagen für je sechs Fahrmotoren – mit zwei unsymmetrisch halbgesteuerten Stromrichterbrücken in Folgeschaltung erlaubt die stufenlose Regelung der Motorspannung und den Einsatz von kleinen gewichtsgünstigen Mischstrommotoren für oberwellenhaltigen Gleichstrom, die insbesondere beim Anfahren den Kommutator geringer beanspruchen als beim wechselstromgespeisten Reihenschlußmotor.
Der vierpolige Mischstrommotor mit Reihenschluß- und Fremderregerwicklung ist voll geblecht. Der obere Drehzahlbereich wird bei voll ausgesteuerter Brücke mit Feldschwächung durchfahren, so daß der Blindleistungsbedarf in Grenzen gehalten werden kann. Der 1310 Kilogramm schwere Motor überträgt sein Drehmoment über eine einseitige Zahnradübertragung mit Großradfederung auf den Radsatz; der Motor stützt sich über Tatzlager ungefedert auf die Radsatzwelle ab.
Die beiden Haupttransformatoren sind in den Endwagen unterhalb des Wagenfußbodens eingebaut. Der 5050 Kilogramm schwere ölgekühlte Transformator hat neben zwei Sekundärwicklungen für die Ankerstromrichter weitere Wicklungen für Hilfsbetriebe und Heizung.
Zur Wagenheizung wird die in den Bremswiderständen anfallende Warmluft genutzt; zur Ergänzung kann mit Strom aus dem Netz geheizt werden.
Die elektrische Dachausrüstung ist auf dem Mitteltriebwagen aufgebaut. Die mit einer Dachleitung verbundenen Einholmstromabnehmer speisen über Druckluftschnellschalter und bewegliche 15-kV-Leitungen die Oberspannungswicklungen der beiden Haupttransformatoren in den Endwagen.

Triebwagen für den Fernverkehr

Die Erweiterung des elektrischen Streckennetzes in Süddeutschland und Schlesien ließ die Einsatzmöglichkeiten elektrischer Triebfahrzeuge zunehmend wachsen. Für einen beschleunigen Personenverkehr beschaffte die Reichsbahn ab Mitte der dreißiger Jahre zwei- und dreiteilige Einheitstriebwagen, später als ET 25 und ET 31 bezeichnet.
Im Schnellzugverkehr wurden 120 km/h, im Eilzugverkehr 90 km/h gefahren, wobei die zweiteiligen Fahrzeuge einen Steuerwagen mitführen konnten. Erstmals war bei diesen Fahrzeugen der Haupttransformator nicht zentrisch im Untergestell aufgehängt, sondern ragte so in den Freiraum des Triebdrehgestells, daß dessen Bogenläufigkeit nicht beeinträch-

Zwei- und dreiteilige Einheitstriebwagen der Baureihen ET 25 und ET 31 beschaffte die Reichsbahn Mitte der dreißiger Jahre zur Beschleunigung des Personenzug-Verkehrs auf den elektrifizierten Strecken.

tigt war. Durch diese Verschiebung des Angriffspunktes der Transformatorlast genügte ein leichterer Hauptlangträger; außerdem erhöhte sich die Reibungslast des angetriebenen Drehgestells, so daß ausreichende Beschleunigungszugkräfte zur Verfügung standen. So beschleunigte beispielsweise der Doppeltriebwagen ET 25 in achtzig Sekunden auf 120 km/h.

Aussichtstriebwagen

Für Erlebnisreisen über die landschaftlich reizvollen Strecken Süddeutschlands setzte die Reichsbahn ab Frühjahr 1936 zwei Aussichtstriebwagen ein, die bald wegen ihrer Bauweise mit weitgehend verglasten Seiten- und Dachflächen als „Gläserner Zug" bekannt wurden. Einer der beiden Triebwagen, elT 1999, ab 1940 in ET 91 02 umbenannt, wurde im Krieg zerstört, der andere – elT 1998, ET 91 01 und heute 491 001-4 – ist noch immer von München aus im Einsatz.

Da die Triebwagen nur einzeln eingesetzt wurden, erhielten sie nur leichte Stoßpuffer und einen verdeckt eingebauten Abschlepphaken. Besondere Anforderungen an die Konstruktion stellte der tiefliegende Einstiegraum mit der Toilette in der Wagenmitte; die rechnerisch mit 150 Tonnen vorgegebenen Druckkräfte müssen um diesen Ausschnitt herum übertragen werden.
Statt der ursprünglichen beiden Scherenstromabnehmer fährt der „Gläserne Zug" heute mit einem Scherenstromabnehmer und einem Einholmstromabnehmer, dessen Wippe sich leicht gegen eine schmalere für das Netz der Schweizer Bahnen austauschen läßt.
Der Anstrich des „Gläsernen Zugs" wich fast immer von den allgemeinen Regelungen ab. Anfangs lief er in Blau, ab 1953 in Purpur und Elfenbein (RAL 3004 und 1001); vor den Olympischen Spielen erhielt er 1971 einen hellen, olympiablauen Anstrich, bei der letzten Hauptuntersuchung 1986 wurde er, der ursprünglichen Farbgebung ähnlich, wieder enzianblau und elfenbein gestrichen.

Einer der beiden Aussichtstriebwagen, die 1936 für Fahrten über die elektrifizierten Strecken in den bayerischen Alpen gebaut worden waren, ist noch heute – als ältestes Triebfahrzeug der Bundesbahn – im Einsatz. Die bis ins Dach hochgezogene Verglasung gewährt auch von den mittleren Plätzen aus gute Sicht auf die Gipfel. Als „Gläserner Zug" ist dieser Triebwagen ein Begriff.

Fernschnelltriebwagen

Der Erfolg der zweiteiligen Dieselschnelltriebwagen veranlaßte die Reichsbahn, die Entwicklung für einen Doppeltriebwagen mit elektrischem Antrieb einzuleiten, der auf dem wachsenden elektrifizierten Streckennetz mit seinen künftig möglichen langen Verbindungen wie München–Berlin und Leipzig–Breslau eingesetzt werden sollte. In den Jahren 1935 bis 1937 wurden von der Maschinenfabrik Eßlingen und der M.A.N. drei Schnelltriebwagen der späteren Baureihe ET 11 für 160 km/h Höchstgeschwindigkeit geliefert.

Sie führten nur die damalige 2. Klasse. Insgesamt standen 77 Sitzplätze in offenen Fahrgastgroßräumen mit Mittelgang zur Verfügung. Wände und Decken waren mit Edelhölzern furniert, in die Stirnwände der Großräume deutsche Städtebilder als Holzintarsien eingelegt. Im Wagen a war neben dem Gepäckraum mit äußerer Ladetür eine Anrichte mit Küche vorhanden, die von der Mitropa bewirtschaftet wurde. Zwei Toiletten befanden sich im Wagen b unmittelbar am Kurzkuppelende.

Im allgemeinen Aufbau lehnten sich die Triebwagen an den zweiteiligen Einheitswechselstromtriebwagen ET 25 an, waren im übrigen aber Versuchsfahrzeuge, bei denen die Reichsbahn den Firmen weitgehend freie Hand ließ. So wurden drei verschiedene Antriebe zur Erprobung eingebaut, darunter auch der Tatzlagerantrieb. Dieser einfache und robuste Antrieb war schon vorher mehrfach ohne Erfolg in Schnellzuglokomotiven eingebaut worden; das Problem der Massenkräfte ließ sich dort bei höheren Geschwindigkeiten nicht beherrschen. Bei den kleineren und leichteren Schnelltriebwagenmotoren schienen bessere Voraussetzungen gegeben, so daß die Siemens-Schuckertwerke erneut einen Versuch wagten.

Das zweiteilige Fahrzeug war weitgehend aus Abkantblechen und Profilen geschweißt. Die Kopfpartie entsprach der im Göttinger Windkanal optimierten Form wie an den Dieselschnelltriebwagen und den elektrischen Lokomotiven E 18 und E 19. Türen und Fenster lagen nahezu bündig in der Außenhaut; die Wagenunterseite war mit einer durchgehenden Bodenwanne abgedeckt.

Die Drehgestelle entsprachen in ihrem grundsätzlichen Aufbau der Ausführung in den Einheitstriebwagen. Am Kurzkuppelende waren zwei Laufdrehgestelle mit 3 000 mm Radsatzstand und Görlitzer Federung angeordnet. Die beiden Triebdrehgestelle mit 3 600 mm Radsatzstand lagen an den Fahrzeug-

Der ET 11, von dem zwischen 1935 und 1937 drei zweiteilige Züge gebaut wurden, markiert den Beginn von Versuchen, auch elektrische Triebwagen für den Fernschnellverkehr zu schaffen. In den fünfziger Jahren setzte die Bundesbahn die Züge zunächst zwischen München und Berchtesgaden, später nach Nürnberg und Stuttgart, zuletzt als FD „Münchner Kindl" zwischen Frankfurt (Main) und München ein. Die Aufnahme zeigt zwei gekuppelte Einheiten im Münchner Hauptbahnhof.

Fahrgastraum der früheren 2. Klasse im Ursprungszustand mit Decken und Wänden aus Edelholz, Intarsien an den Stirnwänden, gepolsterten Sitzbänken und Kurbelfenstern

enden; ihre Wiegenblattfedern waren hochgezogen, um den Einbauraum für den in das Drehgestell ragenden Haupttransformator freizuhalten. Abweichend erhielt einer der Triebwagen auf 3700 mm verlängerten Radsatzstand im Triebdrehgestell.
Längslenker führten die überwiegend rollengelagerten Radsätze, tiefliegende Zug-/Druckstangen ohne Drehzapfen übertrugen Zug- und Bremskräfte zwischen Drehgestell und Wagenkasten. Die beiden Wagen waren durch eine Kurzkupplung sowie eine zusätzliche Dämpfungseinrichtung im Dachbereich verbunden. Am Zug befanden sich vorn und hinten je zwei Stoßpuffer und ein einfacher Abschlepphaken.
Die bei 160 km/h geforderte höhere Bremsverzögerung gewährleisteten eine Trommelbremse der Bauart Hipk oder Hikss, bei einem Zug Klotzbremse in Verbindung mit der Magnetschienenbremse Bauart Jores-Müller. Als Feststellbremse diente eine Druckölhandbremse. Die Frontscheiben bestanden aus Sekurit-Sicherheitsglas; die Scheibenwischer am Führer- und Beimannfenster wurden elektrisch angetrieben. Innenlaufende Leichtmetallschiebetüren schlossen die Einstiege ab.
Die ET 11 wurden zunächst beim Bahnbetriebswerk München Hbf beheimatet und auf der Strecke nach Ulm–Stuttgart eingesetzt, soweit nicht Versuchs- und Sonderfahrten stattfanden.
Beide Wagen enthielten unabhängige elektrische Antriebsanlagen, die nur durch die Verbindungsleitung der beiden Stromabnehmer gekuppelt waren. Von dieser Verbindungsleitung führte je eine 15-kV-Leitung über eine Hochspannungssicherung zur Primärwicklung der 2960 kg schweren selbstgekühlten Haupttransformatoren. Sie hingen am Untergestell und ragten in das Triebdrehgestell hinein. Die beiden zehn- oder achtpoligen eigenbelüfteten Reihenschlußmotoren wurden über ein elektromagnetisch oder elektromotorisch angetriebenes Niederspannungs-Nockenschaltwerk mit zwölf Fahrstufen gespeist. Die Fahrmotoren jedes Triebdrehgestells waren dauernd in Reihe geschaltet; ihre Anker rollengelagert. Das Nockenschaltwerk lief selbsttätig ohne Zutun des Triebfahrzeugführers nach einer vorher eingestellten Fortschaltstromkurve hoch, so daß der Zug optimal beschleunigte.
Die Drehmomentübertragung war bei allen drei Triebwagen unterschiedlich. BBC wählte den von der Lokomotive E 16 her bekannten Buchli-Antrieb, der für den relativ kleinen Raddurchmesser modifiziert werden mußte. Motor, Getriebe und Zahnradschutzkästen wogen insgesamt etwa drei Tonnen. Nach dem Kriege wurde der Buchli-Antrieb durch einen Tatzlagerantrieb ersetzt. Siemens baute den einfachen Tatzlagermotor mit gefedertem Großrad ein, der sich in diesem Anwendungsfall auch bewährte. Der gesamte Antrieb, bestehend aus Motor, Getriebe und Zahnradschutzkasten, lag mit etwa 2400 Kilo-

gramm unter allen drei Triebwagen am günstigsten und kam mit dem kleinsten Treibraddurchmesser aus. Die AEG entschied sich für den Kleinow-Federtopfantrieb, der in den Schnellzuglokomotiven E04, E17 und E18 bereits gut eingeführt war. Einschließlich Getriebe, Zahnradschutzkasten und Hohlwelle wog dieser Antrieb etwa 2850 Kilogramm.

Die Fahrgasträume waren elektrisch durch „Leuchtbalken" statt der bisher üblichen Einzellampen beleuchtet. Lichtmaschinen oder Gleichrichter speisten die Glühlampen mit 24 V Gleichspannung. Zusätzlich war eine Pufferbatterie mit 190 Ah Kapazität vorhanden.

Die Schnelltriebwagen verfügten über eine Luftheizung mit elektrischen Heizregistern. Im Sommer diente das Luftumwälzungssystem der Frischluftzufuhr. Die Heizregister konnten je nach Außentemperatur an eine 800- oder 1000-V-Anzapfung des Transformators gelegt werden. Bei null Grad Außentemperatur erforderte jedes Teilfahrzeug eine Heizleistung von 45 Kilowatt. Die Heizung im ET 11 01 war eine reine Frischluftheizung, in den übrigen Triebwagen war teilweise Umluftbetrieb möglich.

Die Druckluftbremse und die mit Druckluft arbeitenden Hilfsbetriebe versorgte ein elektrisch angetriebener Luftverdichter im Wagen a, der 55 m^3/h förderte.

Die BBC-Sicherheitsfahrschaltung sorgte bei Dienstunfähigkeit des Fahrzeugführers für die Abschaltung der Fahrmotoren und löste gleichzeitig die Schnellbremse aus.

Um Züge kuppeln und von einem Führerraum aus bedienen zu können, erhielten die ursprünglich als Einzeltriebwagen eingesetzten ET 11 nach dem Krieg Vielfachsteuerung sowie Regel-Zug- und Stoßeinrichtung.

Die Bundesbahn setzte die drei Triebwagen zunächst im Schnellverkehr München – Berchtesgaden, später nach Nürnberg und Stuttgart ein. Nach der vollständigen Elektrifizierung der Strecke München – Frankfurt (Main) liefen sie zeitweise als FD „Münchner Kindl". Im Mai 1959 endete auch dieser Einsatz und die Züge wurden bald darauf abgestellt. Einer davon, der ET 11 01, diente seit 1964 der Bundesbahn-Versuchsanstalt München als Meßtriebwagen. Die Deutsche Gesellschaft für Eisenbahngeschichte erwarb das Fahrzeug 1977 und brachte es, soweit möglich, wieder in den Lieferzustand des Jahres 1935.

Schnelltriebwagen für den Intercity-Verkehr

Für Verbindungen mit geringerer Nachfrage im 1971 eingeführten Intercity-System beschaffte die Bundesbahn drei vierteilige elektrische Triebwagen, Baureihe 403/404. Der Antrieb aller Radsätze gewährleistete die geforderte hohe Beschleunigungs- und Bremsfähigkeit; so sollte durch rasches Wiederbeschleunigen die aus Wettbewerbsgründen verlangte hohe Reisegeschwindigkeit auch im bestehenden Netz mit häufig erforderlichem Geschwindigkeitswechsel erreicht werden.

Die nach TEE-Maßstäben gebauten klimatisierten 1. Klasse-Züge bestehen aus vier autarken Einheiten, die sich durch Scharfenbergkupplungen rasch trennen und kuppeln lassen, so daß auch zweiteilige oder vier- und mehrteilige Einheiten gefahren werden können. Auch für die 15-kV-Dachleitung ist eine selbsttätige Kupplung vorhanden.

Beim Fahrzeugteil wurden erstmals Aluminium-Strangpreßprofile in großem Umfang eingesetzt. Die

Anfang der siebziger Jahre erhielt die Bundesbahn – wiederum drei – elektrische Schnelltriebwagen der Baureihe 403 für 200 km/h. Die Triebzüge waren für den Intercity-Verkehr damals nur mit 1. Klasse ausgestattet.

Wagenkästen stützen sich auf luftgefederte M.A.N.-Drehgestelle ab, die denen des S-Bahnzugs 420 ähneln. Die Laufwerksabstützung sah eine gleisbogenabhängige Wagenkastenneigung vor, um Gleisbogen schneller durchfahren und die auftretende höhere Fliehkraft im Zug ausgleichen zu können. Bei maximal vier Grad Neigungswinkel sollte die Einrichtung noch ohne Stromabnehmernachführung auskommen. Allerdings mußten die Seitenwände oben um zwei Grad nach innen gezogen werden, was an den Fahrzeugen deutlich sichtbar ist. Im praktischen Betrieb wurde die Gleisbogenabhängige Wagenkastensteuerung an diesen Zügen jedoch nicht erprobt.
Während die Mittelwagen als Großraumwagen eingerichtet sind, davon einer mit Speiseraum, enthalten die Endwagen je acht Abteile.
Die Einstiege sind mit einer Schwenkstufe ausgerüstet, um bequemes Ein- und Aussteigen sowohl an 760 mm als auch an nur halb so hohen Bahnsteigen zu ermöglichen.
Die elektrische Ausrüstung ist weitgehend in Bodenwannen unterhalb des Fußbodens untergebracht. Sie ähnelt ebenfalls der des S-Bahnzugs 420: Thyristor-Anschnittsteuerung und Mischstrommotoren, Hauptschalter und Transformator sind in jedem Einzelwagen vorhanden. Auch die Fahrmotoren sind weitgehend baugleich, haben jedoch geänderte Anschlußmaße zum Anbau des einseitig wirkenden gefederten Gummiringkardanantriebs.
Oberhalb des Fußbodens – im Bereich der Führerräume der Endwagen – sind nur die Schaltgerüste für die Anschnittsteuerung, die Sicherheitseinrichtungen sowie für Linienzugbeeinflussung und automatische Fahr- und Bremssteuerung untergebracht.

Die Mischstromfahrmotoren der Schnelltriebwagen Baureihe 403, abgeleitet vom Fahrmotor der S-Bahnzüge 420, erreichen 240 Kilowatt Stundenleistung. Ein einseitiger Gummiringkardanantrieb überträgt die Leistung von den Fahrmotoren auf die Radsätze.

Zur Gewichtsersparnis wurden die Wagenkästen der Triebwagenbaureihe 403 erstmals aus Aluminium-Strangpreßprofilen hergestellt.

Alle Wagen des Triebzugs 403 werden angetrieben, um die geforderte hohe Leistung zu erzielen. Neben der Zug- und Druckkupplung sowie der Kupplung für die Steuerleitungen mußte deshalb auch eine selbsttätige Kupplung für die 15 000-Volt-Dachleitung zwischen den mit Stromabnehmern ausgerüsteten Endwagen 403 und den Mittelwagen 404 eingebaut werden.

Abteil 1. Klasse in der Ursprungsausführung des Triebzugs.

An Farbgebung und Design des Flugzeugs DC 10 orientierte Innenausstattung der Züge der Baureihe 403 für ihren Einsatz als Airport-Express der Lufthansa.

Die Schnelltriebwagen werden betriebsmäßig durch eine fahrdrahtabhängige elektrische Widerstandsbremse gebremst, die im unteren Geschwindigkeitsbereich durch eine elektropneumatisch gesteuerte Druckluft-Scheibenbremse mit Stahlguß-Radbremsscheiben ergänzt wird. Die Einhaltung der vorgeschriebenen Bremswege von höchstens 900 Meter aus 160 km/h stellt die Magnetschienenbremse sicher.

Der planmäßige Einsatz begann im Herbst 1974 als IC „Albrecht Dürer“ oder „Hermes“ zwischen München und Bremen, wobei in knapp fünfzehn Stunden

Aus zwei Einheiten gebildeter Triebzug als Lufthansa Airport-Express auf der linken Rheinstrecke bei Oberwesel.

Fahrzeit von einem Zug täglich 1514 Kilometer zurückgelegt wurden.
Die Fahrzeuge mit Antrieb aller Radsätze erwiesen sich als teuer in Beschaffung und Unterhaltung: Jedes Einzelfahrzeug war ein Triebwagen mit vollständiger elektrischer Ausrüstung, der Speisewagen galt als teuerster der Bundesbahn. Die Einführung des IC-Systems mit 2. Klasse im Jahr 1979 bedeutete das Ende für den planmäßigen Einsatz dieser Züge, da ein Umbau wegen des geringen Platzangebotes nicht sinnvoll erschien. Von München, später von Hamm in Westfalen aus, wurden die attraktiven und komfortablen Schnelltriebwagen zunächst nur noch im Sonderverkehr eingesetzt. Seit März 1982 fahren sie mit überarbeiteter Inneneinrichtung und neuem Außenanstrich in Grau-Gelb-Blau als Lufthansa-Airport-Expreß zwischen Düsseldorf und Frankfurt. Hierfür wurden die Züge bei Linke-Hofmann-Busch in Salzgitter nach den Vorstellungen der Lufthansa umgebaut. Jeder Einzelwagen erhielt eine kleine Kücheneinheit, von der aus die Reisenden versorgt werden. Die große Küche im Mitteltriebwagen wird nicht mehr benutzt. Insgesamt sind nach dem Umbau 165 Sitzplätze vorhanden.

Intercity Expreß

Anfang der neunziger Jahre wird die Bundesbahn auf ihren Neubaustrecken Hannover–Würzburg (324 km) und Mannheim–Stuttgart (99 km) den Hochgeschwindigkeitsverkehr mit neuen Triebzügen Intercity Expreß (ICE) aufnehmen. Die Fahrzeiten zwischen Nord und Süd werden sich dabei um etwa zwei Stunden verkürzen. Voraussichtlich 1995 wird als dritte Neubaustrecke die Verbindung Karlsruhe–Rastatt–Basel betriebsbereit sein, so daß auch zwischen Hamburg und Basel über lange Streckenabschnitte deutlich schneller als heute gefahren werden kann.
Auf den Neubau- und Ausbaustrecken mit längeren Abschnitten für gleichbleibend hohe Geschwindigkeit versprechen „Triebkopfzüge“ die Aufgaben des Personenschnellverkehrs besser zu erfüllen. Die Konzentration der Maschinenanlage in zwei „Triebköpfen“ und dazwischen eingereihte, nicht angetriebene Mittelwagen führen bis etwa 300 km/h und – je nach Komfortangebot – einer Kapazität für vierhundert bis fünfhundert Fahrgäste zum optimalen Hochgeschwindigkeitsfahrzeug, das in Beschaffung und Instandhaltung günstiger abschneidet als ein vergleichbarer, auf allen Radsätzen getriebener Zug. Sollen jedoch mehr Fahrgäste bei zwei Triebköpfen gefahren werden, muß entweder der Komfort ähnlich der Economy-Class im Flugzeug drastisch beschnitten werden, um das Zuggewicht beizubehalten, oder bei gesteigertem Gewicht höhere Leistung installiert und damit höheres Triebkopfgewicht hingenommen werden. Fahrgastzahlen von mehr als etwa siebenhundert werden bei 300 km/h entweder Boosterfahrzeuge oder wieder Triebwagen erfordern, um das nötige Reibungsgewicht zu erreichen.
Die Kurzbezeichnung ICE leitet sich vom Vorläuferfahrzeug IC Experimental (ICE/V) ab; das Versuchs- und Demonstrationsfahrzeug war als Gemeinschaftsentwicklung von Industrie und Bundesbahn im November 1985 der Öffentlichkeit präsentiert worden.
Als Entwicklungsgrundlage galten folgende Einsatzforderungen: Versuchsfahrten bis zu 350 km/h auf besonders hergerichteten Versuchsstrecken, Demonstrationsfahrten im Netz der Bundesbahn mit Geschwindigkeiten bis zu 250 km/h.
Als optimale Zugkonfiguration wurde aus einer

Für den Hochgeschwindigkeitsverkehr über die Neubaustrecken entstehen Züge aus einem Triebkopf vorn und hinten und Zwischenwagen ohne Antrieb. Zur Erprobung der zahlreichen neu entwickelten Komponenten diente der Intercity Experimental, als ICE längst ein Begriff. Dieser Zug besteht ebenfalls aus den beiden Triebköpfen vorn und hinten sowie drei Zwischenwagen, darunter einem für Meßeinrichtungen; die beiden anderen dienen vorzugsweise zur Demonstration und Erprobung einer unkonventionellen Innenausstattung. Künftig wird das Kürzel ICE „Intercity Express“ bedeuten.

Vielzahl von Varianten mit Hilfe einer mehrstufigen Nutzwertanalyse der Triebkopfzug mit zwei vierachsigen Triebköpfen und nicht angetriebenen Mittelwagen gefunden. Finanzielle Restriktionen führten zunächst zum Bau eines insgesamt fünfteiligen Zuges mit drei Mittelwagen. Ein Mittelwagen wird als Meßwagen herangezogen; er ist mit der für die Versuche erforderlichen Meßausrüstung versehen. Der zweite Mittelwagen (Demonstrationswagen) enthält als Großraumwagen eine Innenausstattung 1. Klasse mit Garderobe und Gesellschaftsraum, der dritte Mittelwagen Großraumabteile 1. und 2. Klasse sowie einen Konferenzraum; dieser Wagen ist außerdem durch den zentralen Block für Service und Technik charakterisiert, der eine großzügigere Gestaltung der Eingangsräume an den Wagenenden ermöglichen soll.

Bemerkenswert ist, daß die meisten Innenausstattungsteile als vorgefertigte Module variabel angeordnet werden können. Dadurch läßt sich künftig auf veränderte Anforderungen des Marktes schnell reagieren. Die konstruktive Grundlage für diese Flexibilität der Wagengestaltung bildet ein Einheitswagenkasten mit gleicher Fenster- und Türanordnung, die sogenannte „Multiklassenzelle". Alle Fahrgasträume sind klimatisiert, wobei die Luft an der Decke zugfrei ausgeblasen wird. Der Fahrgast findet an den Fenstern individuell einstellbare Jalousetten; sein Sitz ist als Reise- und Ruhesitz ausgebildet.

Erstmals wurden im ICE/V erweiterte Informationssysteme für den Fahrgast demonstriert; sie konnten in einer Akzeptanzuntersuchung beurteilt werden; Hörfunkprogramme und touristische Informationen am Sitzplatz über Kopfhörer; zuginternes Kabeltextsystem für den Abruf von Zuglaufinformationen sowohl über eine sogenannte Info-Box im Vorraum wie auch von einigen ausgewählten Sitzplätzen der 1. Wagenklasse; münzfreies Telefonieren mit Wertkartenleser sowohl von der Info-Box wie von ausgewählten Plätzen der 1. Klasse, wobei die langen Neubaustrecken-Tunnel besondere funktechnische Maßnahmen für einwandfreie Sprechverbindung erfordern; Schaffner-Rufsystem von der Info-Box aus; der Schaffner kann den Ruf lokalisieren und mit dem Fahrgast von jedem Wagen aus Sprechkontakt aufnehmen; Video-Angebot im abgegrenzten Gesellschaftsraum.

Als Experimentalfahrzeug weist der ICE/V auch zahlreiche technische Neuerungen auf, die den Fahrgast nicht unmittelbar berühren, die jedoch den hohen Stand der deutschen Rad/Schiene-Forschung deutlich machen:

– Triebköpfe mit vier Asynchronfahrmotoren von je

Triebdrehgestell des ICE mit querelastisch angekoppelter Antriebsmasse, hauptsächlich Fahrmotor und Getriebe. Die gute lauftechnische Bewährung dieses Drehgestells führt zur Übernahme in den Serienzug IC-Express.

Stahlgefedertes Laufdrehgestell eines ICE-Zwischenwagens mit doppelter Reibungsdrehdämpfung und Wirbelstrombremse. Auch dieses Drehgestell wird in grundsätzlich gleicher Bauart für die Serienwagen des IC-Express übernommen.

910 Kilowatt, Drehstrom-Leistungsübertragung und Mikrocomputersteuerung, deren wesentliche Komponenten mit der Serienlokomotive 120[1] übereinstimmen. Die Antriebsleistung beider Triebköpfe des IC Experimental beträgt zusammen 7 280 Kilowatt.

- Triebdrehgestelle mit weitgehender Entkopplung von Radsatz und Fahrzeugmasse zur Verminderung der Gleisbeanspruchung durch eine besondere Aufhängung der Fahrmotoren in Wagenkasten und Drehgestell. Die bisherigen Versuchsfahrten haben die gute Eignung dieses Laufwerks für den Schnellverkehr bewiesen.
- Erstmals für ein Hochgeschwindigkeitsfahrzeug das unterhaltungsarme Verschleißprofil der Räder, das sich bei der Bundesbahn schon bis 200 km/h im Intercity-Verkehr mit hohen Laufleistungen bewährt hat. Theoretische Untersuchungen und Laufversuche bis 385 km/h am Rollprüfstand in München haben die Einsatzmöglichkeit dieses Profils bestätigt.
- Bremskombination aus mechanischer Scheibenbremse, generatorischer Bremse und einer auf die Schiene wirkenden berührungsfreien linearen Wirbelstrombremse. Das Zusammenwirken der drei Bremsen wird durch Mikrorechner gesteuert.
- Erstmals Verwendung von Lichtwellenleitern für die Datenübertragung und für die Steuerung innerhalb des Zugverbands.

Zur Absicherung der Entwicklung des Serienzuges hat der ICE/V seit Ende 1985 in einer Vielzahl von Versuchs- und Demonstrationsfahrten zahlreiche Meßdaten und Informationen geliefert. Als größte Geschwindigkeit wurden zunächst 345 km/h auf dem Abschnitt Burgsinn–Hohe Wart der Neubaustrecke Hannover–Würzburg am 17. November 1986 erreicht. Am 1. Mai 1988 stellte der Zug mit 406,9 km/h einen neuen Weltrekord auf.

Die Entwicklung des Serienzuges IC Expreß begann 1985. Dessen Triebköpfe folgen weitgehend dem Konzept des ICE/V. Wesentliche Änderungen sind:

- Höhere Dauerleistung von 2x4 800 Kilowatt, um das Zugförderungsprogramm mit bis zu vierzehn Mittelwagen und 250 km/h erfüllen zu können.
- Vergrößerung des Führerraumes und Überarbeitung der Kopfform, ohne die guten aerodynamischen und insbesondere akustischen Qualitäten des ICE/V aufzugeben. Messungen hatten gezeigt, daß der ICE/V bei 290 km/h nicht lauter ist als ein Lokomotivzug bei 200 km/h.
- Verzicht auf die 15-kV-Leitung zwischen den Triebköpfen, da bei der vorgesehenen Einsatzge-

Hochgeschwindigkeitsstromabnehmer auf dem ICE, mit dem Ziel geringster Bauhöhe entwickelt.

schwindigkeit und Zuglänge die Stromabnehmer beider Triebköpfe am Fahrdraht laufen können.

- Zweiter Stromabnehmer mit schmalerem Schleifstück für den Einsatz in der Schweiz.
- Zwei statt drei Bremsscheiben im ansonsten unveränderten Triebdrehgestell.
- Geringe Vergrößerung der Dachscheitelhöhe von 3 820 auf 3 840 mm unter Beibehaltung der übrigen Abmessungen.

Bei den Mittelwagen wird das Konzept des Aluminiumwagens mit Großstrangpreßprofilen und charakteristischem durchlaufenden Fensterband übernommen. Die Wagenhöhe wird auf 3 840 mm angehoben, die Länge über Puffer wächst auf 26,4 Meter, die Fahrzeugbreite von 2 930 mm auf 3 020 mm. Die größere Breite führt nochmals zu mehr Komfort, überschreitet allerdings die UIC-Fahrzeugbegrenzung, so daß der ICE nicht freizügig einsetzbar ist. Dies bedeutet jedoch keine gravierende Einschränkung für den auf das mitteleuropäische Bahnstromsystem von 15 kV, 16 2/3 Hertz zugeschnittenen Zug: Österreich und die Schweiz haben dem Einsatz des ICE auf ihren Magistralen zugestimmt.

Die Innenraumgestaltung für die Wagen beruht ebenfalls auf modularem Aufbau und sieht in jedem Wagen Abteil- und Großraumbereiche vor. Raucher- und Nichtraucherwagen sind strikt getrennt.

Die Druckfestigkeit der Wagen erfordert im Hinblick auf den hohen Tunnelanteil der Neubaustrecken besondere Vorkehrungen. Einstiegtüren, Übergänge, Toiletten und Klimaanlage sind so zu gestalten, daß keine unangenehmen Druckänderungen im Fahrgastraum spürbar sind.

Beim jetzigen Entwicklungsstand kann davon ausgegangen werden, daß die Betriebserprobung der ersten vollständigen Züge Anfang 1990 beginnen wird.

Die neuen Züge demonstrieren auch in eindrucksvoller Weise den hohen Leistungsstand der deutschen Eisenbahnindustrie.

Der ICE auf der Maintalbrücke bei Gemünden im ersten, vorab für Versuchsfahrten benutzten Streckenabschnitt Burgsinn – Hohe Wart der Neubaustrecke Hannover – Würzburg, auf der er den Weltrekord fuhr.

Akkumulatortriebwagen

Anlaß für den Bau von Akkumulatortriebwagen war der Gedanke, die angenehmen und günstigen Eigenschaften rein elektrischer Fahrzeuge auch auf solchen Strecken zu nutzen, für die eine Elektrifizierung aus wirtschaftlichen Gründen nicht in Betracht kam.
In Preußen lautete die Bezeichnung „Speichertriebwagen“, die Abkürzung jedoch „AT“ – für Akkumulatortriebwagen. Diesen Begriff führte erst die Reichsbahn ein, die Bundesbahn kürzte dann mit ETA ab: Elektrische Triebwagen mit Akkumulatoren. Obwohl immer von den Batterien und ihrer zentralen Bedeutung für diese Fahrzeuge gesprochen wurde, war die Bezeichnung „Batterietriebwagen“ nie üblich.
In mehreren Städten wurden Straßenbahnen mit Akkumulatoren erprobt und eingeführt, zum Teil im Mischbetrieb mit Oberleitung und Akkumulator. Um die Jahrhundertwende gab es solche Betriebe in Hagen, Hannover, Dresden, Berlin und Frankfurt (Main). Dauerhafte Erfolge stellten sich jedoch nicht ein; Leistungsfähigkeit und Betriebssicherheit der Akkumulatoren waren zu jener Zeit noch zu gering.
Positive Ergebnisse erzielten dagegen die Pfälzischen Eisenbahnen 1896 in einem Versuchsbetrieb mit schmalspurigen Triebwagen auf der Strecke Ludwigshafen – Mundenheim sowie ab 1897 auf den Vollbahnstrecken Ludwigshafen – Neustadt und Ludwigshafen – Worms. Zunächst kamen umgebaute Personenwagen zum Einsatz. 1900 wurden dann zwei vierachsige und zwei dreiachsige Abteilwagen neu beschafft; zwei Jahre später folgten noch einmal zwei vierachsige Wagen. Die Bleibatterien waren unter den aufklappbaren Sitzbänken untergebracht. Diese Versuchsfahrzeuge bewährten sich so gut, daß einige bis 1936 im Einsatz blieben.
Bedarf an Triebwagen ergab sich an vielen Stellen des großen Netzes der Preußisch-Hessischen Staatseisenbahnen. Auch in Preußen entstanden die ersten Akkumulatortriebwagen durch Umbau von Personenwagen; 1907 wurden fünf dreiachsige Fahrzeuge in Mainz in Betrieb genommen. Auch hier fanden die Batterien unter den aufklappbaren Sitzbänken Platz. Während diese Fahrzeuge Reihenschlußmotoren hatten, bekam ein im gleichen Jahr im Bezirk Saarbrücken in Dienst gestellter vierachsiger Neubautriebwagen Nebenschlußmotoren. Durch Stromrück-

Die Pfälzischen Eisenbahnen setzten bereits vor der Jahrhundertwende mit Erfolg einen „Accumulatorwagen für Vollbahnen“ ein. Die Zeichnung ist auf den 4. August 1897 datiert. Die Triebwagen wurden von Ludwigshafen aus nach Neustadt und Worms eingesetzt, waren aus Personenwagen gebaut und hatten nur einen Führerstand.

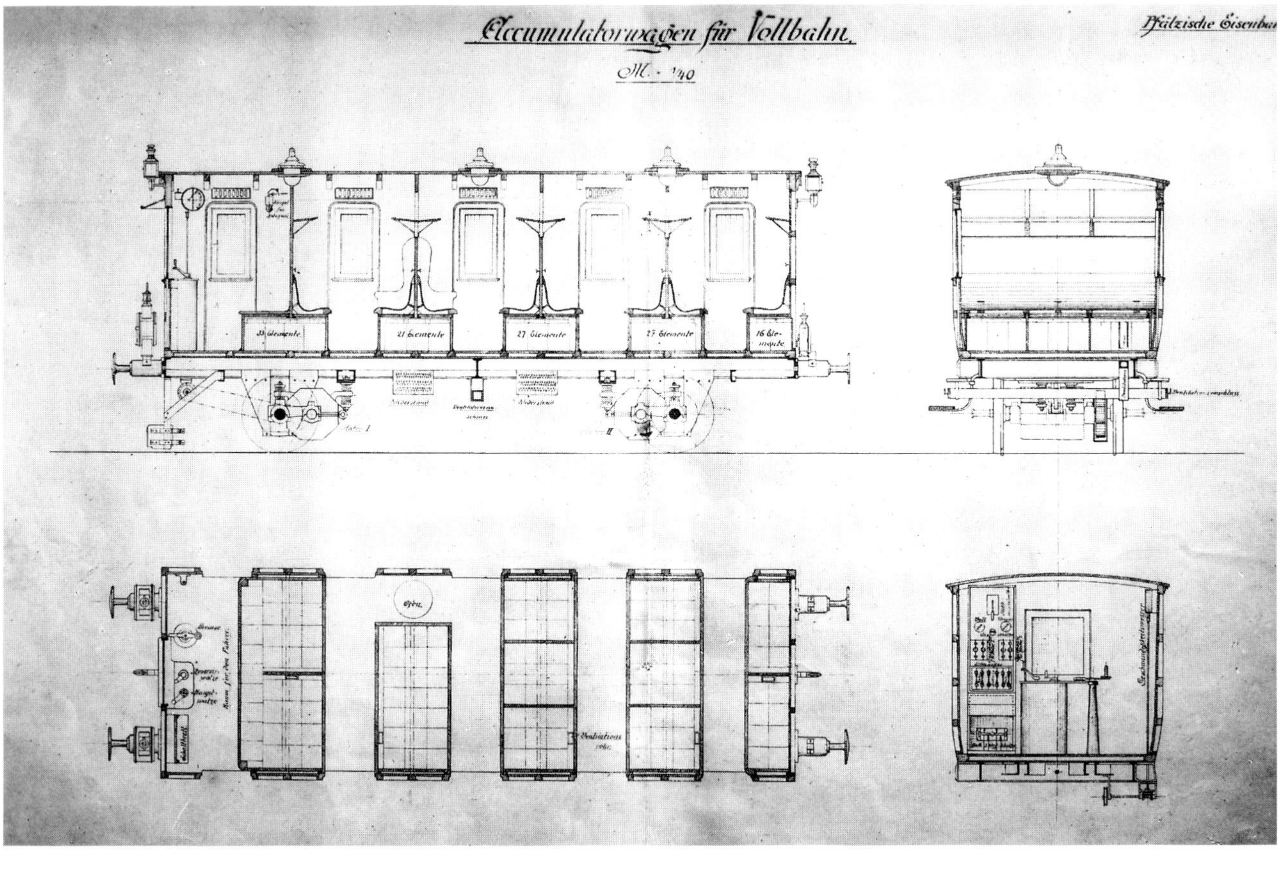

gewinnung beim Bremsen sollte auch der Aktionsradius mit einer Batterieladung erweitert werden; die Einrichtungen waren jedoch zu kompliziert.

Fahrzeuge

Aufbauend auf den Erfahrungen mit den Probefahrzeugen und nach den Anregungen von Gustav Wittfeld im Preußischen Ministerium für Öffentliche Arbeiten entwickelte die Breslauer Actien-Gesellschaft für Eisenbahn-Wagenbau und Maschinen-Bau-Anstalt Breslau, später Linke-Hofmann, einen neuen Akkumulatortriebwagen, der als „Wittfeld-Triebwagen" weit bekannt geworden ist. Zwischen 1908 und 1914 wurden davon insgesamt 170 Stück gebaut. Diese Fahrzeuge waren rund zwanzig Jahre lang praktisch die einzigen wirklich betriebstüchtigen Triebwagen. Um das Fassungsvermögen für Fahrgäste und Gepäck zu vergrößern, wurden

Die Preußisch-Hessischen Staatseisenbahnen setzten als erste Akkutriebwagen in großem Umfang ein: Zwischen 1908 und 1914 wurden für schwachen Verkehr auf Haupt- und Nebenbahnen 170 Stück beschafft. Die ersten 57 hatten unter dem schweren Batterievorbau nur einen Laufradsatz; später wurde aufgrund der Erfahrungen ein zweiter Radsatz hinzugefügt. Zum Laden der Batterien mußten die Deckel über dem Vorbau aufgeklappt werden.

Preußischer Akkutriebwagen der Serienausführung.

Nach dem Zweiten Weltkrieg durchliefen die alten preußischen Akkutriebwagen ein Modernisierungsprogramm und blieben als Baureihe ETA 177 bei der Bundesbahn noch viele Jahre im Einsatz.

1913/14 acht dreiteilige kurzgekuppelte Triebzüge gebaut.
Wagenbaulich wiesen die Wittfeld-Akkumulatortriebwagen nur wenig Besonderheiten gegenüber den Reisezugwagen ihrer Zeit auf. Sie bestanden aus zwei kurzgekuppelten Wagen einfacher Bauart mit großen halbhohen Vorbauten, in denen die Batterien untergebracht waren. Die stählernen Untergestelle trugen hölzerne Aufbauten. Ursprünglich besaß jeder Einzelwagen zwei Radsätze; der unter dem Batterievorbau angeordnete war jedoch so stark belastet, daß ein zweiter Lenkradsatz dicht daneben hinzugefügt werden mußte. Ein Drehgestell wäre zu schwer gewesen. Die Radsätze am Kurzkuppelende wurden angetrieben. Bereits 1910 sind einige Triebwagen versuchsweise mit Wälzlagern ausgerüstet worden. Bei den dreiteiligen Triebzügen glichen die Endwagen denen der zweiteiligen Ausführung, jedoch fehlten die Fahrmotoren, die nun im Mittelwagen untergebracht waren.
Die Antriebs- und Steuereinrichtungen der Akkumulatortriebwagen waren konventionell, die Fahrmotoren mit wenigen Ausnahmen als Reihenschlußmotoren in Tatzlagerbauweise ausgeführt. Die Fahrmotorspannung wurde durch Starkstromfahrschalter oder eine Schützensteuerung über Widerstände und Reihen/Parallel-Schaltung der Motoren mit Feldschwächung geregelt.
Bei der Reichsbahn blieben die alten Wittfeld-Triebwagen im Einsatz, lediglich kleine Verbesserungen wurden vorgenommen. Im Jahr 1925 ließ die Reichsbahn neue Akkumulatortriebwagen entwickeln.
Die Reichsbahn-Triebwagen bestanden wie die älteren preußischen Triebwagen aus je zwei kurzgekuppelten dreiachsigen Wagen, wobei jedoch die Radsätze jedes Wagens in gleichen Abständen angeordnet waren. Auf das stählerne Untergestell war ein stählernes Kastengerippe aufgesetzt, die Batterie wurde überwiegend unter dem Wagenkasten untergebracht. Die elektrische Ausrüstung entsprach der des Wittfeldwagens. Nach Beschaffung von achtzehn Triebwagen dieser Bauart trat im Jahr 1928 eine längere Entwicklungspause ein.
Die Vorteile der Akkumulatortriebwagen in betrieblicher und wirtschaftlicher Hinsicht waren für die spätere Bundesbahn Anlaß, die im Zweiten Weltkrieg zum großen Teil schwer beschädigten alten Triebwagen in den allgemeinen Wiederaufbau der Eisenbahnen einzubeziehen. Bei dieser Gelegenheit wurde ein Teil der Triebwagen modernisiert.
Die modernisierten preußischen Triebwagen, Baureihe ETA 177, bekamen ein Nockenschaltwerk mit Drehmagnetantrieb; die Steuerung war für selbsttätige Anfahrt eingerichtet und hatte eine Zwangsfortschalteinrichtung für schwierige Anfahrten. Mehrere Triebwagen konnten von einem Führerstand gesteuert werden.
Parallel zur Aufarbeitung der alten Triebwagen leitete die Bundesbahn eine Neuentwicklung ein. Ein breit gefächertes Betriebsprogramm wartete auf die von 1952 bis 1954 gelieferten acht Triebwagen der Baureihe ETA 176, denen später noch passende Steuerwagen folgten. Das Bestreben, preiswertere Fahrzeuge zu bekommen, führte bei einigen Abstrichen an den Anforderungen zur Entwicklung des ETA 150, von dem in mehreren Bauartvarianten zwischen 1954 und 1965 insgesamt 232 Stück gebaut wurden. Dazu kamen 216 Steuerwagen.
Diese Fahrzeuge wurden in geschweißter Stahlleichtbauweise mit Drehgestellen der Bauart München-Kassel ausgeführt. Die Batterien sind hier in Trögen unter dem Wagenfußboden angeordnet.

In das Entwicklungsprogramm für neue Fahrzeuge nahm die Bundesbahn den umweltfreundlichen elektrischen Batterietriebwagen auf. Im Sommer 1953 unternahm der erste neu gebaute Akkutriebwagen ETA 176 001 eine Probefahrt über die Strecke München – Bayrischzell entlang dem Schliersee.

Als vierachsiger Akkutriebwagen wurde der ETA 150 entwickelt und in größerer Zahl gebaut. Häufig wird er mit Steuerwagen eingesetzt.

Baureihennummern der Akkutriebwagen und Steuerwagen der DB nach 1968	vor 1968
	ETA
515	150
517	176
	ESA
815	150
817	176
Akkukleinlok	
381	Ka (SSW, AEG)
382	Ka (Garbe-Lahmeyer)

Alle Neubautriebwagen erhielten ein feinstufiges Schaltwerk, dessen Antriebsmotor so gesteuert wird, daß der Fahrmotorstrom während der Anfahrt etwa gleich bleibt. Auch sie sind mit einer Zugsteuerungseinrichtung ausgerüstet. Nutzbremsung wurde nur in einem Triebwagen ETA 176 erprobt.

Die Akkumulatortriebwagen sind vielseitig einsetzbar. Zwei Anwendungsgebiete blieben ihnen jedoch verschlossen: Einmal der echte Nahschnellverkehr, bei dem großes Platzangebot und hohes Beschleunigungsvermögen gefordert werden und zum anderen der Fernschnellverkehr mit hohen spezifischen Fahrleistungen. Bei deutschen Privatbahnen sind Akkumulatortriebwagen nur vereinzelt eingesetzt worden.

Auch Lokomotiven mit Batterieantrieb gab es bei den Preußisch-Hessischen Staatseisenbahnen in geringer Stückzahl und mit niedriger Leistung für den Rangierdienst in Werkstätten und Lägern. Die Reichsbahn ließ in den Jahren zwischen 1930 und 1935 insgesamt 46 Akkumulator-Kleinlokomotiven bauen, die sich im Fahrzeugteil überwiegend an die Einheits-Kleinlokomotive mit Verbrennungsmotor anlehnten. Weitere zwei Akkumulator-Kleinlokomotiven beschaffte die Deutsche Bundesbahn im Jahre 1954.

Die Reichsbahn in der DDR benutzt batteriegetriebene „Schleppfahrzeuge" EL 16 aus dem VEB Lokomotivbau Hennigsdorf vor allem in Betriebswerken zum Verschieben von Fahrzeugen, die mit eigener Kraft nicht bewegt werden können.

Elektrische Lokomotiven mit Energieversorgung aus Batterien wurden, allerdings nur in geringem Umfang, schon von den Preußisch-Hessischen Staatseisenbahnen, später von der Reichsbahn und schließlich von der Bundesbahn beschafft. Äußerlich unterschieden sie sich kaum von den Kleinlokomotiven mit Verbrennungsmotor.

Die Batterie

Sehr wesentlich für den Einsatz von Akkumulatortriebwagen war und ist die Entwicklung geeigneter Batterien. Sie müssen zahlreichen Anforderungen gerecht werden: ausreichendes Leistungsvermögen mit einer Ladung für das vorgesehene Betriebsprogramm, Unempfindlichkeit gegen Belastungsspitzen des Fahrbetriebs, Widerstandsfähigkeit gegen mechanische Erschütterungen, geringes spezifisches Gewicht sowie betriebswirtschaftlich vertretbare Beschaffungs-, Betriebs- und Instandhaltungskosten.
Diesen Bedingungen – mit Ausnahme des Gewichtes – entsprach bisher nur die Bleibatterie, die deswegen in alle Serienfahrzeuge eingebaut worden ist. Konstruktion und Fertigung der Einzelteile wurden im Laufe der Zeit immer wieder verbessert. Wesentlichen Einfluß auf die technischen Daten hatte der Wandel in der Bauweise der Platten: Großoberflächenplatte – Gittermasseplatte – Röhrchenplatte.
Bei der ersten Bauserie der Wittfeld-Triebwagen konnten mit einer Batterieladung einhundert Kilometer zurückgelegt werden. Ab 1923 standen verbesserte Batterien zur Verfügung, die einen Fahrbereich von dreihundert Kilometern ermöglichten. Das spezifische Gewicht ging dabei von über 130 auf rund 80 kg/kWh bei dreistündiger Entladedauer zurück. Nach dem Zweiten Weltkrieg kamen bei den Umbau-Triebwagen Batterien mit weniger als 70 kg/kWh zum Einsatz. Die neuesten Batterien der Baureihe ETA 150 erreichen einen Wert unter 40 kg/kWh.
Ein Versuch der Preußisch-Hessischen Staatseisenbahnen mit Edisonbatterien – vernickelter Stahl in Kalilauge – brachte zwar eine Gewichtsersparnis von rund 25 Prozent gegenüber den damaligen Bleibatterien; wegen der höheren Beschaffungskosten und des geringeren Wirkungsgrads konnte sich die Edisonbatterie jedoch nicht durchsetzen.

Sind Akkumulatortriebwagen noch zeitgemäß?

Der Fahrbereich der Akkumulatortriebwagen ist heute auch bei Verwendung der Bleibatterie so groß, daß einschneidende Behinderungen in der Verwendbarkeit nicht mehr gegeben sind. Die Praxis hat sich auf die Eigenarten der Akkumulatortriebwagen einstellen können. Durch Zwischenladungen war es möglich, bei günstiger Fahrplangestaltung auch tägliche Fahrleistungen über den Fahrbereich mit einer Batterieladung hinaus zu erzielen.
Bei der immer weiter fortschreitenden Elektrifizie-

Scheinbar naheliegend, doch bisher ohne nachhaltigen Erfolg: elektrische Lokomotiven für Netz- und Batteriebetrieb. Die Reichsbahn setzte schon 1929 fünf solcher Lokomotiven, Baureihe E 80, ein; auf einer davon wurde erstmals ein Siliziumgleichrichter erprobt.

Neue Batterien eröffnen neue Möglichkeiten: Bei nur einem Viertel an Gewicht und halbem Volumen erreichen Natrium-Schwefel-Batterien etwa gleiche Kapazität wie die herkömmlichen Bleibatterien, die in den letzten Akkutriebwagen der Bundesbahn eingesetzt sind. Versuche mit den neuen von ABB entwickelten Batterien unternahmen als erste die Verkehrsbetriebe Karlsruhe (Albtalbahn).

rung des Bundesbahnnetzes schien ein Triebwagen wirtschaftlich einsetzbar zu sein, der einerseits seine Antriebsenergie aus der Fahrleitung bezieht, andererseits auf den anschließenden, nicht elektrifizierten Strecken als Akkumulatortriebwagen weiterfahren kann. Die Batterien sollten in erster Linie bei der Fahrt unter dem Fahrdraht aufgeladen werden. Dieser „Hybrid-Triebwagen" ist aber aus verkehrspolitischen Gründen über das Entwurfsstadium nicht hinausgekommen; beim Entwicklungsstand der Halbleitertechnik wären beim Bau keine besonderen Probleme zu erwarten gewesen. Ob die neue Hochenergie-Batterie auf Natrium-Schwefel-Basis neue Impulse für den Bau solcher Fahrzeuge geben wird, bleibt abzuwarten. Versuche dazu sind im Rahmen eines Forschungsvorhabens in Karlsruhe gelaufen. Der Grundgedanke des „Hybrid-Fahrzeuges" ist nicht neu: Bereits 1929 ließ die Reichsbahn für den Rangierdienst in München fünf elektrische Lokomotiven, Baureihe E 80, mit Batterien entwickeln. Der aus der Fahrleitung entnommene, im Transformator abgespannte Wechselstrom wurde über Quecksilberdampf-Gleichrichter geführt. Der so erzeugte Gleichstrom diente zum Fahren und zum Laden der Batterie, aus der die Fahrmotoren auf Gleisen ohne Fahrleitung gespeist wurden. Der damals hohe bauliche Aufwand machte die weitere Beschaffung solcher Lokomotiven unwirtschaftlich. Auf einer dieser Lokomotiven wurde übrigens im Jahr 1957 erstmalig in der Welt ein Silizium-Gleichrichter erprobt.

Elektrische Triebfahrzeuge, Gegenwart und Zukunft

Mit der Drehstromantriebstechnik und der damit verknüpften modernen Leit- und Regelungstechnik können im elektrischen Betrieb künftig vierachsige Lokomotiven, Baureihe 120, die Anforderungen erfüllen, für die bisher sechsachsige Lokomotiven, wie die Baureihe 103 für den Intercity-Verkehr und die Baureihe 151 für den schweren Güterzugdienst, nötig waren. Somit wird es möglich sein, das gesamte mit lokomotivbespannten Zügen im elektrifizierten Netz zu fahrende Betriebsprogramm mit der Baureihe 120 durchzuführen. Diese Lokomotive gilt damit zu Recht als Universallokomotive. Weiterhin zeichnet sich diese Lokomotive durch verschleißarme Bauteile und wegen der elektrischen Nutzbremse durch verminderten Energieverbrauch aus. Insgesamt wird eine deutliche Absenkung der Vorhaltungs- und damit auch der Zugförderungskosten erreicht. 1987 begann die Auslieferung einer ersten Serie von 60 Lokomotiven der Baureihe 120.

Die weitere Entwicklung der Drehstromlokomotiven wird durch den Einsatz von frei programmierbaren Mikroprozessoren im Bereich der Leittechnik und die Nutzung ihrer Möglichkeiten zur Störungsdiagnose gekennzeichnet sein.

Im Bereich der Leistungselektronik, also in den Traktionsstromrichtern der Drehstromleistungsübertragung, wird künftig der abschaltbare Gate-turn-off-Thyristor (GTO) als maßgebendes Bauelement generell zur Anwendung kommen. Diese Thyristoren sind ein wichtiger Meilenstein auf dem Weg zu kompakten, übersichtlichen und preiswerten Stromrichterbauarten.

Parallel zur Entwicklung elektrischer Lokomotiven wurde von der Bundesbahn stets auch die Weiterentwicklung der elektrischen Triebwagen verfolgt. Für den Nahverkehr wurden Ende der sechziger Jahre die Baureihen 420/421 entwickelt und beschafft. Die dreiteiligen Triebzüge bewältigen heute den S-Bahn-Verkehr in den Ballungsräumen Frankfurt, München und Stuttgart. Bei diesen Fahrzeugen kamen neue Technologien wie Thyristor-Anschnittsteuerung, Luftfederung der Drehgestelle und Aluminiumbauweise zur Anwendung. Technisch stellten diese Triebwagen auch die Basis der Schnelltriebwagen 403/404 dar, die mit einer Höchstgeschwindigkeit von 200 km/h bei hohen Beschleunigungen dazu dienen sollten, die Reisezeiten für den hochwertigen Fernverkehr auf bestehenden Strecken zu kürzen. Mit der Einführung der zweiten Klasse im IC-System änderten sich allerdings die Voraussetzungen für den Einsatz dieser Züge. Ein Serienbau unterblieb. Sie sind jedoch noch heute in einem Sonderverkehr für die Deutsche Lufthansa erfolgreich im Einsatz.

Für den Schnellverkehr der neunziger Jahre entwikkelt die Bundesbahn zur Zeit neue Hochgeschwindigkeitszüge. Ein konzeptioneller Vorläufer, der Intercity Experimental, Baureihe 410/810, wird seit Mitte 1985 erprobt. Im Versuchsbetrieb erreichte er 1988 eine Geschwindigkeit von 406,9 km/h.

Die Triebzüge der Serie, welche die Baureihennummer 401/801 erhalten werden, sollen ab 1991 nach Fertigstellung der Ausbau- und Neubaustrecken auf den Linien Hamburg – Frankfurt – Stuttgart – München und Hamburg – Würzburg – München als Intercity Expreß-Züge mit Geschwindigkeiten bis zu 250 km/h eingesetzt werden. Zwischen den beiden Triebköpfen der Baureihe 401 lassen sich bis zu 14 komfortable Mittelwagen 1. und 2. Klasse der Baureihe 801 einstellen. Für diese Züge wird die in der Baureihe 120 und im ICE erprobte Drehstromantriebstechnik übernommen, die Basis für ein technisch-wirtschaftlich optimales Antriebskonzept.

ET 420 im Betrieb der S-Bahn München.

Bahnstromversorgung

Zu Beginn der Bahnelektrifizierung wurde von „Kraftzentralen" gesprochen. Sie versorgten die Oberleitung direkt mit der vom Generator erzeugten Spannung ohne jede Umformung. Erst nach Einrichtung von Fernübertragungen mit einem Spannungsniveau über der Maschinenspannung wurde der Begriff „Kraftwerk" geprägt. Zur Speisung der Oberleitung und zur Steuerung der nötigen Schaltvorgänge mußten nun Umspannwerke, bei der Bahn als Unterwerke bezeichnet, zwischengeschaltet werden.

Die Standorte der Kraftwerke waren anfangs immer so gewählt, daß der Rohstoff – die Primärenergie – zur Erzeugung der elektrischen Energie möglichst keines Transports bedurfte. So entstanden die Kraftwerke für die größeren deutschen Elektrifizierungsprojekte in Bayern, Baden, Mitteldeutschland und Schlesien in unmittelbarer Nähe von Braunkohle- oder Steinkohlelagerstätten sowie von geeigneten Wasserkräften.

Das Hauptproblem der elektrischen Energieerzeugung und damit auch der Bahnelektrifizierung war und ist, daß sich diese Energieform kaum speichern läßt. Der Strom muß in dem Augenblick erzeugt und geliefert werden, in dem ihn der Verbraucher abnimmt. Die Stromverbraucher wirken also unmittelbar auf das Netz und bestimmen damit die Höhe der nötigen Stromerzeugung. Deshalb sind die Energieversorgungsunternehmen stets bemüht, zur wirtschaftlichen Ausnutzung der Kraftwerke eine möglichst gleichmäßige Belastung zu erzielen. Belastungsschwankungen bedeuten zu Schwachlastzeiten immer zu hohe installierte Leistung und folglich schlechten Wirkungsgrad.

Harmonie von Umwelt und Technik: Das filigrane Netz der Oberleitungen stört ebenso wenig wie das dynamische Band der Gleise.

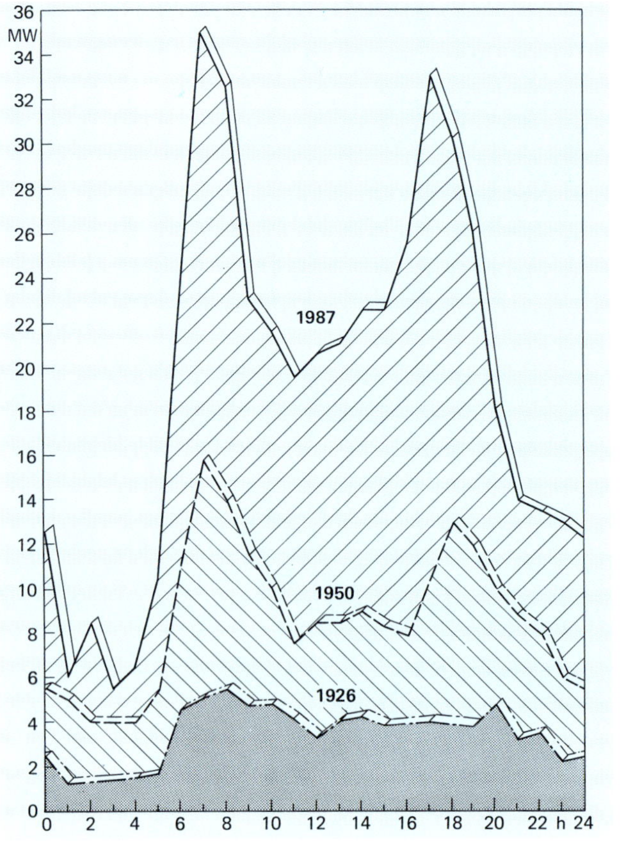

Lokomotiven, Triebwagen und sonstige Verbraucher wie Zugvorheizanlagen und Weichenheizungen belasten unmittelbar das Netz; die installierte Leistung muß daher auch für Spitzenbelastungen ausreichen, wie sie an jedem durchschnittlichen Werktag früh und nachmittags auftreten. Das Diagramm zeigt die in Anspruch genommene Leistung des Unterwerks München-Pasing am gleichen Durchschnittstag der Jahre 1926, 1950 und 1987.

Nun stellte der Bahnbetrieb vor allem zu Beginn der Elektrifizierung alles andere als eine gleichmäßige Belastung dar; denn der Fahrplan der Züge auf den wenigen Strecken bedeutete im wesentlichen starke Energienachfrage morgens und abends; tagsüber und nachts konnten der Güterzugverkehr und günstige Fahrplangestaltung nur einen geringen Ausgleich bewirken. Die stark schwankende Belastung der Maschinen durch den Bahnbetrieb ließ sich nur durch Zusammenschluß größerer Netzteile und mehrerer Kraftwerke verbessern, weil sich dann die Fahr- und damit die Belastungsvorgänge statistisch besser verteilen. Der erste Verbundbetrieb mehrerer Bahngeneratoren verschiedener Werke wurde 1924 in Bayern versuchsweise mit dem Walchenseewerk und den Wasserkraftanlagen an der mittleren Isar aufgenommen. Die Kupplung brachte jedoch, wie bereits aus dem Landesnetzverbund bekannt war, zusätzlich zu den starken Lastschwankungen des Bahnbetriebes Schwierigkeiten maschineller Art durch Drehzahlschwankungen sowie auf der elektrischen Seite durch Frequenz- und Spannungsschwankungen.

Die Größe der Frequenzschwankungen bei Laständerungen hing von Konstruktion und Empfindlichkeit der Turbinenregler sowie von den Schwungmassen der Maschinen ab. Um Belastungsspitzen zu beherrschen, erhielten die Maschinen große Schwungmassen.

Schwieriger als die Frequenzschwankungen waren die Spannungsschwankungen beherrschbar. Dies gelang bei den trägen Maschinen mit ihren für damalige Verhältnisse hohen Leistungen, kleinen Drehzahlen und somit großen Erregerzeitkonstanten durch Über-, Unter- und Gegenerregung im schnellen Wechsel. Die Spannungsregler verschiedener Kraftwerke wurden durch die dazwischen liegenden Netzreaktanzen entkoppelt; bei parallel arbeitenden Maschinen desselben Werkes gelang dies durch den Blockbetrieb mit dem Maschinentransformator ebenfalls gut.

Da die Belastungsschwankungen mit teilweise erheblichen Spitzen durch den Bahnbetrieb nicht nur Regelungsprobleme mit sich brachten, sondern auch das Leistungsdargebot beeinflußten, erwiesen sich Speicheranlagen als zwingend notwendig. In größeren zusammengeschlossenen Netzen eignen sich dazu Wasserkraftanlagen besonders gut, bei allein arbeitenden Dampfkraftwerken wurden, wie in Altona und Mittelsteine, Dampfspeicher installiert. Die Erfahrungen aus dem Zusammenschluß der bayerischen Wasserkraftwerke, die als Gemeinschaftswerke mit der öffentlichen Landesversorgung betrieben wurden und werden, waren in bezug auf die wirtschaftliche Auslastung der Werke durch weitgehenden Belastungsausgleich so positiv, daß darin die richtungweisende Lösung für künftige Anlagen gesehen wurde.

Gegen Ende der dreißiger Jahre arbeiteten die verschiedensten Bahnstromquellen – Wärmekraftwerke, Speicherwasser- und Laufwasserkraftwerke, Netzkupplungs-Umformer und -Umrichter – auf das Hochspannungsnetz der Bahn, so daß die Reichsbahn, dem Beispiel der öffentlichen Energieversorgung folgend, ab 1942 zur sicheren und wirtschaftlichen Bahnstromversorgung ebenfalls einen „Lastverteiler" einsetzte. Diese Stelle hatte dafür Sorge zu tragen, daß die Energieerzeuger den Anforderungen des Bahnbetriebs entsprechend wirtschaftlich eingesetzt und unter Berücksichtigung des Gesamtenergiebedarfes optimal ausgelastet wurden. Die Lastverteilung oblag zu dieser Zeit einer „elektrischen Oberbetriebsleitung" mit vier ihr unterstellten „elektrischen Betriebsleitungen". Da die Lastverteilung im Bahnstromnetz wegen vieler Augenblickseinflüsse wie Sonderzüge, Fahrbehinderungen oder Zugverspätungen nicht so gut vorhersehbar ist wie im öffentlichen Netz, verwendete die Reichsbahn immer häufiger Fernwirkanlagen. Die Entwicklung begann mit Fernmeßeinrichtungen, die aber sehr bald durch Fernsteuereinrichtungen ergänzt wurden, mit deren

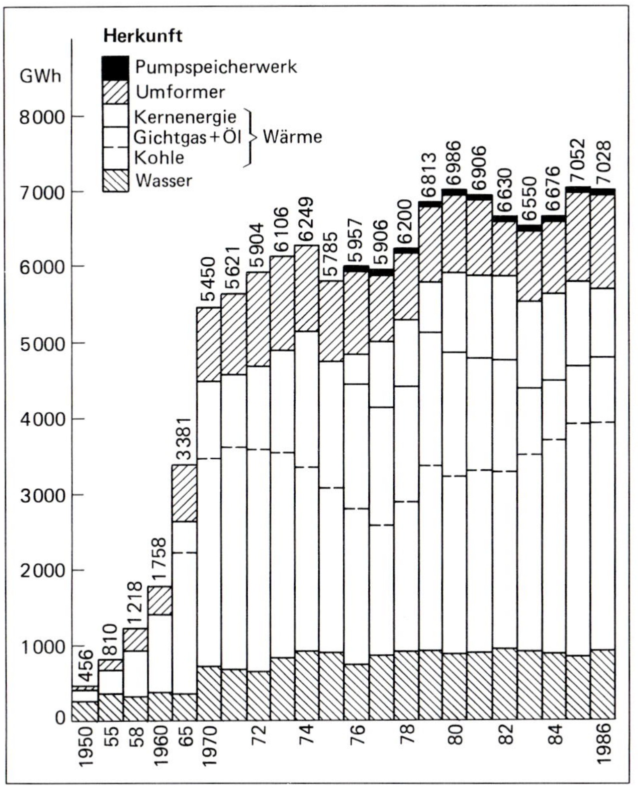

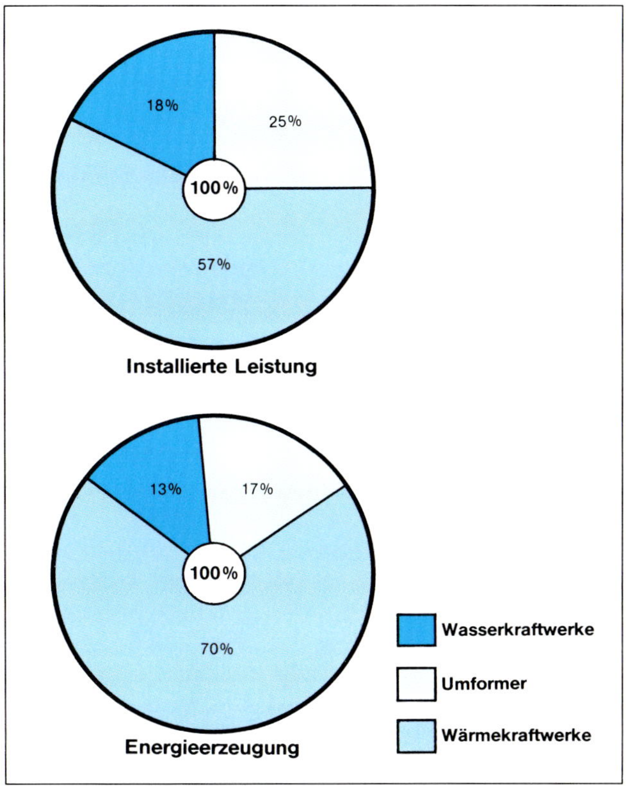

Entwicklung des Energieverbrauchs für den elektrischen Zugbetrieb der Bundesbahn mit 16⅔ Hertz, aufgeteilt nach Herkunft.

Installierte Leistung in Megawatt und erzeugte Arbeit in Megawattstunden (1987) im Bahnstromnetz der Bundesbahn, aufgeteilt nach Herkunft.

Die zentrale Netzleitstelle der Bundesbahn in Frankfurt (Main) muß dafür Sorge tragen, daß zu jedem Zeitpunkt – gemäß den bestehenden Lieferverträgen – die preisgünstigsten Stromquellen genutzt werden. Von hier aus wird der Einsatz der Kraftwerke gesteuert.

Hilfe der Energiefluß an bestimmten Netzpunkten den jeweiligen Erfordernissen entsprechend gesteuert werden konnte. Ziel der Bestrebungen war der direkte Zugriff des Lastverteilers auf die Regelcharakteristik der Maschinensätze.
Da die gesamte verfügbare Maschinenleistung für den Spitzenverkehr notwendig, für den normalen Betrieb jedoch überdimensioniert ist, kann die zentrale Netzleitstelle – seit 1963 in Frankfurt (Main) – alle Möglichkeiten für einen wirtschaftlichen Einsatz der Anlagen unter Berücksichtigung unterschiedlicher Erzeugungskosten und Leitungsverluste ausnutzen. Die dafür notwendige Voraussetzung, ein freizügig einsetzbares Hochspannungsnetz, steht zur Verfügung. Heute betreibt die Bundesbahn in eigenen oder in Gemeinschaftswerken 65 Maschinenanlagen mit insgesamt 1 795 Megawatt installierter Leistung. Sie erzeugen jährlich etwa 7 300 GWh Bahnstromenergie, die mit Hilfe des 5 380 Kilometer langen 110-kV-Bahnstromleitungsnetzes über 112 Unterwerke in die Oberleitung der 11 500 Kilometer elektrifizierten Strecken eingespeist wird. Erzeugt wird diese Energie zu rund 70 Prozent aus Dampf, 13 Prozent aus Wasserkraft und 17 Prozent aus Drehstrom des Landesnetzes in Umformerwerken. Das Verhältnis der installierten Leistungen in Kraftwerken, Unterwerken und Triebfahrzeugen beträgt bei der Bundesbahn 1:1,3:6.

Bahnstromerzeugung

Die Anforderungen des Bahnbetriebs hatten nach Versuchen mit Gleichstrom und Drehstrom um die Jahrhundertwende zur Erprobung und später zur Einführung von Einphasenwechselstrom geführt. Deshalb zwangen technische Schwierigkeiten mit den Fahrmotoren zur Verminderung der Frequenz von 50 Hertz im Landesnetz auf $16\frac{2}{3}$ Hertz im Bahnnetz. Damit mußten eigene Bahnstrommaschinen als Energieerzeuger sowie ein eigenes Bahnstromleitungsnetz zur Energieübertragung und -verteilung errichtet werden.
Gegenüber Drehstromgeneratoren sind die Bahnstrommaschinen wegen ihrer geringeren Drehzahl durch große Abmessungen und wegen der entsprechend hohen Fliehkräfte durch starke mechanische Beanspruchung der rotierenden Teile gekennzeichnet; elektrisch unterscheiden sie sich vor allem durch die große Polteilung, durch die große Eisenlänge infolge der niedrigen Frequenz und durch die zur Einphasenstromerzeugung nötige starke Dämpferwicklung im Rotor.
Je nach Eignung werden die Kraftwerke zur Deckung der ständig bestehenden Grundlast oder der nur zeitweise auftretenden Belastungsspitzen eingesetzt. Die langsamen Lastschwankungen, die von Tages- und Jahreszeiten sowie Maschinenrevisionen abhängen, werden überwiegend von Dampfkraftwerken, den „Mittellastwerken", ausgefahren, während kurzzeitige Spitzen von den Spitzenlast- oder „Regelwerken" gedeckt werden müssen.

Dampfkraftwerke

Die Entwicklung der Einphasen-Bahnturbogruppen begann mit Leistungen bis 6 Megawatt, begrenzt durch die Turbinenbauart bei direkter Kupplung der Turbine mit dem Generator. Sie steigerte sich nach

Wegen ihrer geringen Drehzahl sind Bahnstrommaschinen wesentlich größer als Drehstrommaschinen vergleichbarer Leistung; die entsprechend hohen Fliehkräfte bedeuten starke Beanspruchung der rotierenden Teile. Für den Stator sind – im Bild links erkennbar – besondere Federungssysteme nötig. Dieser Bahnstromgenerator leistete 10 MVA. Heute erreichen Maschinen etwa gleicher Baugröße mit 110 MVA mehr als das Zehnfache.

Der Bahnstromverbrauch unterliegt über die Woche hin starken Schwankungen, zeigt dabei aber einen charakteristischen Verlauf: ausgeprägte Spitzen dienstags bis freitags, für den Pumpbetrieb genutzten Stromüberschuß am Wochenende.

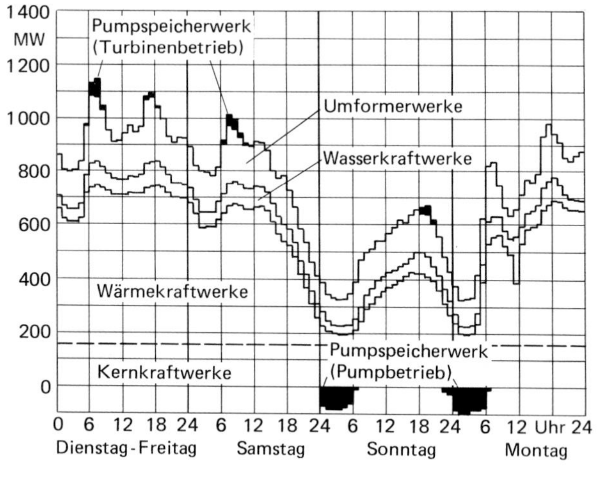

Montage des Bahnturbogenerators im Block 1 des Gemeinschaftskernkraftwerks Neckar.

dem Ersten Weltkrieg auf 10 Megawatt durch Zwischenschaltung von Getrieben und erreichte einen vorläufigen Abschluß mit 12 Megawatt zu Beginn des Zweiten Weltkrieges.

Als erstes Bahndampfkraftwerk in Deutschland wurde das Kraftwerk Altona 1906 zur Versorgung der Hamburger Stadt- und Vorortbahn Blankenese - Poppenbüttel mit Wechselstrom 6,3 kV/25 Hertz in Betrieb genommen. Zunächst lieferten drei Turbogeneratoren ähnlich dem Lauffener Fünfzig-Hertz-Wechselstromgenerator je 1,25 Megawatt Leistung; 1912 wurden zwei mit je 4 Megawatt und 1923 ein weiterer mit 8 Megawatt zusätzlich installiert. Den Dampf erzeugten zunächst vier Wasserkammer-Schrägrohrkessel, später sechs Steilrohrkessel. Das Werk hatte insgesamt 5 220 Quadratmeter Heizfläche. Alle Kessel waren an eine Dampfsammelschiene mit 15 bar Druck und 350 Grad Celsius angeschlossen und wurden mit westfälischer Nußsteinkohle befeuert.

Wegen der noch geringen Erfahrungen mit der Wechselstromfernübertragung mußte das Kraftwerk zunächst direkt in die Oberleitung einspeisen und deshalb am Belastungsschwerpunkt errichtet werden. So konnte für die Dampfkondensation kein Kühlwasser aus der Elbe oder einem Seitenkanal entnommen, sondern mußte zunächst eine Rückkühlanlage mit drei Kühltürmen in Holzbauweise für insgesamt 1 200 Kubikmeter Wasser je Stunde errichtet werden. Mit Erhöhung der Maschinenleistung wurde ein weiterer Kühlturm in Stahlbetonausführung mit 2 500 Kubikmeter je Stunde aufgestellt. Die direkte Kopplung des Kraftwerkes mit den Oberleitungsanlagen führte zu sehr ungünstigen Auslastungsverhältnissen aufgrund der stoßweisen Leistungsabnahme. Deshalb wurde mit dem 8-Megawatt-Maschinensatz auch ein Dampfspeicher installiert; er konnte in Schwachlastzeiten Dampf aufnehmen, mit 15 bar speichern und in den Starklastzeiten – zweimal täglich – wieder abgeben. Damit sank der Kohleverbrauch, ein Kessel mit 600 Quadratmeter Heizfläche konnte eingespart werden.

Kraftwerk Muldenstein in Mitteldeutschland, Ansicht und Maschinenhaus, etwa 1912.

Zur Versorgung der mitteldeutschen Strecken wurde das Werk Muldenstein bei Bitterfeld an der Mulde am Rande eines großen Braunkohlentagebaureviers errichtet. Zur Prozeßkühlung wurde das Wasser der Mulde verwendet. Fünf Turbogeneratoren mit je 3,3 Megawatt Leistung lieferten ab 1911 bei tausend Umdrehungen in der Minute Bahnstrom mit 3,3 kV/16 2/3 Hertz, der für den Energieferntransport auf 60 kV hochtransformiert wurde. Dazu standen elf Transformatoren 3,3/60 kV mit je 7 MVA zur Verfügung. Je zwei Transformatoren waren aus regelungstechnischen Gründen mit einem Maschinensatz elektrisch in einem Block zusammengefaßt, alle Schaltungen erfolgten auf der 60-kV-Seite. Zum Schutz gegen Überspannungen waren den Transformatoren auf der Hochspannungsseite Drosselspulen und Hörnerblitzableiter mit Wasserwiderständen vorgeschaltet, denen Ölleistungsschalter und Trennschalter sowie ein Doppelsammelschienensystem folgten. Zur Dampferzeugung dienten zwanzig Steilrohrkessel mit je 300 m^2 Heizfläche, die je zu zweit in einem Block aufgestellt waren und über Treppenroste befeuert wurden.

In der Nähe einer Steinkohlengrube bei Glatz an der Steine wurde zur Versorgung der schlesischen Gebirgsbahnen das Kraftwerk Mittelsteine errichtet. An der Finanzierung beteiligten sich AEG und Siemens mit eigenem Kapital. Das Kühlwasser lieferte die Steine. Zum Befeuern der Kessel wurde Abfallsteinkohle mit einem Heizwert von nur 25 400 kJ/kg verwendet.

Die Bahnstromenergie mit 16 2/3 Hertz lieferten ursprünglich vier Turbogeneratoren mit 1 000 Umdrehungen in der Minute und je 4 Megawatt; die abgegebenen 3,1 kV wurden zur Fernübertragung auf 80 kV hochgespannt. Bei der Erweiterung des Werkes 1925 kam noch eine 8-Megawatt-Einheit hinzu. Mit jedem Generator war ein 5-MVA-Transformator 3,1/80 kV im Block zusammengeschaltet. Zur Dampferzeugung (16 bar, 350 Grad Celsius) dienten zehn Kessel mit je 450 Quadratmeter Heizfläche. Nach dem Ersten Weltkrieg wurde ein Kessel versuchsweise mit einer Kaskadenrost-Feuerung ausgestattet, die eine zwanzigprozentige Steigerung der Kesselleistung erbrachte. Zur besseren Auslastung der Kessel erhielt das Werk ebenso wie das in Altona einen Dampfspeicher.

In Erweiterung des bestehenden Dampfkraftwerks Münster der Städtischen Elektrizitätswerke Stuttgart wurde dort im Zusammenhang mit der Elektrifizierung der Stuttgarter Vorortbahnen Anfang 1933 mit einer Einphasen-Turbogruppe die Bahnstromerzeugung aufgenommen. Der Generator mit 6,6 Megawatt Leistung gab 6,6 kV/16 2/3 Hertz ab. Der Leistungsfaktor cos φ wurde anfangs zu 0,7 gewählt, um durch hohe Blindleistungserzeugung die beim Leistungstransport über das ausgedehnte 110-kV-Bahnstromleitungsnetz entstehenden Verluste zu verringern. Heute wird wegen günstigerer Dimensionierungsverhältnisse für die Einphasen-Turbo-

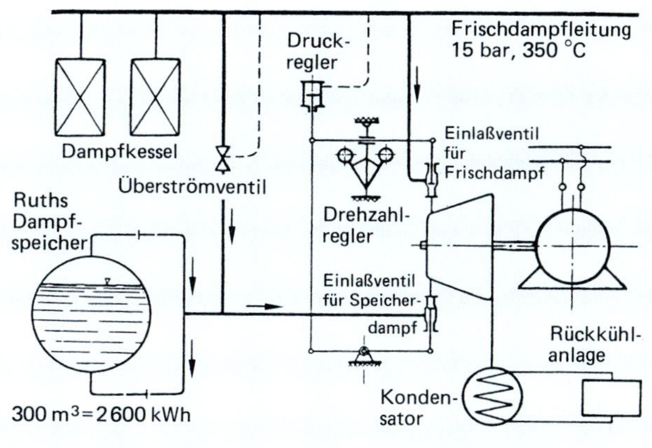

Ruths-Dampfspeicher und AEG-Hochdruck-Speicherturbine in den Bahnkraftwerken Altona und Mittelsteine.

generatoren ein cos φ von 0,8 oder 0,85 gewählt, während die Frequenzumformergruppen mit einem cos φ von 0,7 oder 0,75 betrieben werden.

In Oberbayern ging 1951 das bahneigene Kraftwerk Penzberg, dessen Errichtung bereits 1942 begonnen hatte, zunächst mit einem Turbosatz von 12 Megawatt in Betrieb, dem 1952 ein zweiter mit gleicher Leistung folgte. Das Werk stand auf dem Gelände eines Pechkohlebergbaues. Zur Prozeßkühlung diente Wasser aus der Loisach. Die drei Dampfkessel (70 bar, 500 Grad Celsius) wurden mit Ballastbrennstoffen befeuert, die bei der Kohlenaufbereitung anfielen. Wegen Unrentabilität der Zeche mußte auch das Kraftwerk 1971 geschlossen werden.

Voraussetzung, den Wirkungsgrad zu verbessern, waren Maschinensätze mit höherer Leistung. Dabei waren gegenüber Drehstrommaschinen vier Eigenarten der Bahnstromgeneratoren zu berücksichtigen: Mit der Leistungserhöhung vergrößern sich die elektrisch notwendigen Abmessungen im Verhältnis 1:4,5, da die Ausnutzung des Volumens der Einphasenmaschine wegen der nur zweisträngigen Bewicklungsmöglichkeiten um den Faktor 3 kleiner ist, andererseits der Eisenquerschnitt wegen der um zwei Drittel kleineren Frequenz etwa verdreifacht werden muß. Durch diese Dimensionen und die Magnetfelder der Einphasenmaschinen sind hohe Verluste zu beherrschen; eine Dämpferwicklung im Rotor zur Verminderung des gegenläufigen Magnetfeldes bedarf besonderer konstruktiver Ausbildung. Die Minimierung der Schwingungen, die durch die doppeltfrequenten Drehmomente im Nennbetrieb und durch das Kurzschlußdrehmoment entstehen, erfordert eine Federung zwischen Statorgehäuse und Fundament.

Im März 1956 wurde im Gemeinschaftskraftwerk Aschaffenburg der erste von zwei 25-Megawatt-Turbosätzen (80 bar, 525 Grad Celsius) in Betrieb genommen. Der Wirkungsgrad war gegenüber den Maschinensätzen von Muldenstein, Stuttgart oder

Großkraftwerk Mannheim.

Penzberg um etwa sieben Prozent besser. Noch 1956 folgte die Inbetriebnahme einer 25-Megawatt-Maschine im Kraftwerk Stuttgart-Münster, 1957 kamen je eine 25-Megawatt-Einheit in Düsseldorf-Lausward und in Aschaffenburg dazu. Dann wurde 1957 ein 18-Megawatt-Versuchsmaschinensatz im Großkraftwerk Mannheim mit Flüssigkeitskupplung zur Leistungsregelung zwischen Drehstrom- und Bahnstrom-Turbogenerator in Betrieb genommen, eine Bauart, die sich wegen ihrer aufwendigen mechanischen Einrichtungen nicht durchsetzte. Die weitere Entwicklung führte über einen 34-Megawatt-Satz in Düsseldorf, zwei 40-Megawatt-Sätze in Mannheim und 50-Megawatt-Sätze in Aschaffenburg, Datteln und Bremen.

Einen gewissen Abschluß fand die Leistungssteigerung mit dem 110-Megawatt-Block, der zuerst 1969 in Datteln am nördlichen Rand des Ruhrgebiets zum Einsatz kam. Mit nur einem Zweizugkessel mit Zwischenüberhitzung werden hier etwa 325 Tonnen Dampf je Stunde (180 bar, 530 Grad Celsius) erzeugt. Da sich beim Betrieb der 50-Megawatt-Blöcke gezeigt hatte, daß die Getriebe bei dieser Leistung die Grenze der Darstellbarkeit überschritten hatten, mußten für den 110-Megawatt-Block neue Wege beschritten werden: Das Getriebe wurde zwischen Hoch- und Mitteldruckteil der Turbine angeordnet und war infolge dessen nur für 35 Megawatt auszulegen. Der Mittel- und Niederdruckteil bauten allerdings wegen der durch den Generator vorgegebenen Drehzahl von 1000 Umdrehungen in der Minute erheblich größer. Andererseits besteht der Vorteil, daß die Anlage bei Ausfall des Getriebes noch mit 75 Megawatt weiterbetrieben werden kann.

Durch den Übergang von der Luft- zur Wasserstoffkühlung mit drei bar Druck wurde der Generator nur geringfügig größer als beim 50-Megawatt-Satz. Ein weiteres Problem stellte die Kupplung zwischen Niederdruckturbine und Generator dar, die wegen der großen Masse der Turbine bei Generatorkurzschluß mit einem Mehrfachen des Nennmomentes beansprucht wird. Hier wurde erstmals eine elastische Torsionswelle von 8,8 Meter Länge eingesetzt, die raumsparend in einer Hohlbohrung des Niederdruckläufers untergebracht wurde. Der gesamte Turbosatz wiegt rund 1100 Tonnen. Diese Bauart wurde auch in Bremen eingesetzt. Eine Weiterentwicklung stellt der 110-Megawatt-Turbosatz in Mannheim dar, der allerdings aufgrund veränderter Dampfwerte – Versorgung durch eine 19-bar-Sammelschiene – nur mit Mittel- und Niederdruckturbine auszustatten war; das Getriebe konnte damit entfallen. Der letzte von vier 110-Megawatt-Turbosätzen wurde 1984 im Kraftwerk Lünen bei Dortmund in Betrieb genommen.

Wasserkraftwerke

In den Wasserkraftwerken wird die potentielle Energie gestauten Wassers durch Umwandlung in kinetische Energie zur Erzeugung elektrischer Arbeit genutzt. Maßgebend für die Auslegung eines Wasserkraftwerkes sind daher in erster Linie Fallhöhe und Wassermenge. Durch Ausbau kann das Wasserdargebot eines größeren Einzugsgebiets erfaßt werden. Wasserkraftwerke zeichnen sich durch besondere Sauberkeit aus, sind jederzeit kurzfristig einsatzbereit und benötigen wenig Personal. Ihr Nachteil ist allerdings, daß sich der Umfang des jährlichen Energiedargebotes dem Einfluß des Menschen entzieht; es wird durch „trockene" oder „nasse" Jahre, also durch die Natur bestimmt.

Als erstes wurde 1904 das schon bestehende Kraftwerk Kammerl für die Lokalbahn Murnau – Oberammergau mit drei von Spiralturbinen angetriebenen Einphasengeneratoren ausgerüstet; sie leisteten je 280 Kilowatt und speisten die Oberleitung direkt mit 5 000 Volt/16 Hertz. Dieses älteste Werk besteht noch heute und trägt dank des nahezu konstanten Wasserdargebots der Ammer mit einem Megawatt Leistung zur Deckung der Grundlast im Bahnstromnetz der Bundesbahn bei.

In der Frühzeit des elektrischen Bahnbetriebs entstanden 1907/08 ferner das Kraftwerk Gartenau mit zweimal 300 Kilowatt zur Versorgung der Bahn Schellenberg-Berchtesgaden-Königssee mit Gleichstrom, zwischen 1910 und 1913 das Saalachkraftwerk Bad Reichenhall mit zweimal 1,6 Megawatt, für den elektrischen Betrieb der Strecke Salzburg – Bad Reichenhall – Berchtesgaden mit 16 2/3 Hertz, und von 1908 bis 1912 das Rheinkraftwerk Wyhlen-Augst für die Wiesen- und Wehratalbahn südlich des Schwarzwalds. In größeren Dimensionen wird Bahnstromenergie aus Wasserkräften jedoch erst seit 1924 mit Inbetriebnahme des Walchenseewerkes und der Kraftwerke an der mittleren Isar erzeugt.

Das Walchensee-Kraftwerk nutzt die etwa zweihundert Meter Höhenunterschied zwischen Walchensee und Kochelsee zur Erzeugung elektrischer Energie, wovon zwei Drittel ins öffentliche Netz fließen und das restliche Drittel der Bahnstromversorgung dient.

Das Walchenseewerk

Der Gedanke, den Höhenunterschied von etwa zweihundert Metern zwischen Walchensee und Kochelsee in Bayern zur „Kraftgewinnung" auszunutzen, wurde erstmals schon 1897 durch ein Münchner Ingenieurbüro geäußert. Der bayerische Landtag bewilligte 1910 das Geld, der Bau – schließlich durch Oskar von Miller verwirklicht – verschob sich jedoch bis nach dem Ersten Weltkrieg. Die Energieerzeugung begann im Dezember 1924.
Die mittlere verfügbare Jahresarbeit beträgt bei einem Speicherinhalt von 78 Millionen Kubikmetern 180 Gigawattstunden. Davon stehen sechzig für die Bahnstromerzeugung und einhundertzwanzig für das öffentliche Netz zur Verfügung. Die Dimensionierung wurde so gewählt, daß im Winter noch dauernd 12,3 Kubikmeter Wasser in der Sekunde verfügbar bleiben, was nur durch Erweiterung des Einzugsgebiets mit Überleitung von Wasser aus der Isar in den Walchensee möglich wurde.
Das Einlaufbauwerk zum Stollen zwischen Walchensee und Wasserschloß befindet sich am Südhang des Kesselbergs bei Urfeld. Dieser Stollen mit 4,8 Meter Durchmesser kann 64 Kubikmeter Wasser in der Sekunde mit einer Geschwindigkeit von 3,5 Metern in der Sekunde führen. Vom Wasserschloß, Fassungsvermögen 10 000 Kubikmeter, führen sechs Druckrohrleitungen mit 2,25 Meter Innendurchmesser zum „Apparatehaus" mit den Absperreinrichtungen der Druckrohre. Vier Rohrleitungen dienen der Drehstrom- und zwei der Bahnstromerzeugung.
Die Bahngeneratoren werden von Zwillings-Freistrahlturbinen mit 250 Umdrehungen in der Minute angetrieben und waren so ausgelegt, daß sie bei 6,0 bis 6,9 kV je 8 Megawatt Dauerleistung abgaben. Sie waren über Kabel direkt mit je einem Transformator 6,9/122,5 kV zusammengeschaltet. Die kurzschlußsicher ausgeführten Transformatoren speisten über

Um die Leistungsfähigkeit des Walchensee-Kraftwerks zu erhöhen, wurde sein Wassereinzugsgebiet durch mehrere Überleitungen aus benachbarten Tälern erweitert, die Energieausbeute durch zusätzliche kleinere Kraftwerke an den Zuläufen gesteigert.

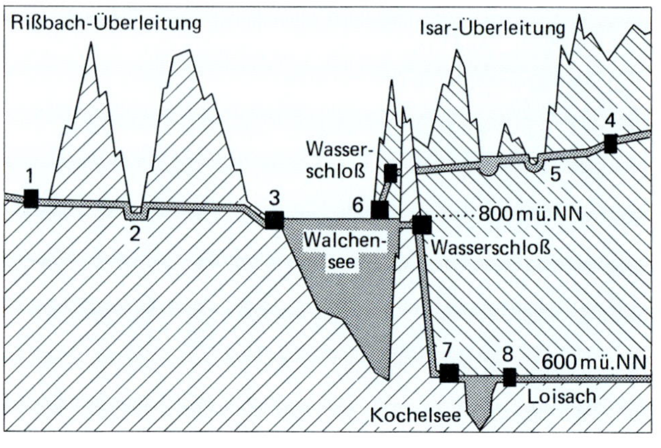

Ölleistungsschalter und Trennschalter ein 110-kV-Doppelsammelschienensystem. In den Jahren 1956 bis 1962 erhielten die Generatoren neue Ständerwicklungen. Durch verbesserte Isolation konnte der Kupferquerschnitt bei gleichen Nutabmessungen so vergrößert werden, daß sich die Leistung auf 8,4 Megawatt (Bauart BBC) und 9 Megawatt (Bauart Siemens) erhöhte. Das Werk wird zur Spitzenlastdekkung verwendet.

Mittlere Isar

Die Großwasserkraftwerke der „Mittleren Isar A.-G." (MIAG) erzeugen wie das Walchenseekraftwerk Bahnstrom 16 2/3 Hertz und Drehstrom 50 Hertz. Sie nahmen Mitte 1925 den Probebetrieb mit zwei Stufen bei Eitting und Aufkirchen auf. Das Gefälle der Isar zwischen München und Moosburg beträgt auf 51,35 Kilometer Flußlänge im Mittel 88 Meter und wird in vier Stufen ausgenutzt. Für die Bahnstromerzeugung werden nur die drei Stufen mit dem größeren Gefälle verwendet.

Kraftwerk	mittleres Gefälle m
Finsing	11,0
Aufkirchen	26,4
Eitting	25,3
Pfrombach	21,1

Das Wehr mit dem Einlaufbauwerk der ersten Stufe befindet sich in Oberföhring nördlich von München. Der Kanal führt bis zu 125 Kubikmeter in der Sekunde. In den Kraftwerken Aufkirchen und Eitting stehen die Wellen der Maschinensätze senkrecht. Bei notwendigen Demontagen kann nicht nur das Turbinenlaufrad, sondern auch der ganze Turbinenleitapparat durch den Ständer des Generators hindurchgezogen werden. Die Francis-Spiralturbinen der Bahn- und Drehstromsätze sind baugleich für eine Drehzahl von 166 2/3 Umdrehungen in der Minute bei 42 m^3/s Wasser ausgeführt. Die Belastung des Spurlagers beträgt rund 220 Tonnen. Die Bahngeneratoren dieser Werke leisten 8,4 Megawatt und geben 6,6 kV ab. Im Kraftwerk Pfrombach sind ein Drehstrom- und ein Bahnstromgenerator von 8,4 Megawatt mit acht Turbinen auf einem gemeinsamen horizontalen Wellenstrang kuppelbar so angeordnet, daß Drehstrom und Bahnstrom gleichzeitig oder wahlweise erzeugt werden können. Außerdem kann die Einphasenmaschine mit einer Drehstromasynchronmaschine gekuppelt auch als Netzkupplungsumformer eingesetzt werden, um Bahnstrom mit Drehstrom aus dem Landesnetz zu erzeugen. Die Maschinensätze bilden alle mit je einem Transformator einen Block. Die Werke an der mittleren Isar werden überwiegend zur Grundlastdeckung eingesetzt.

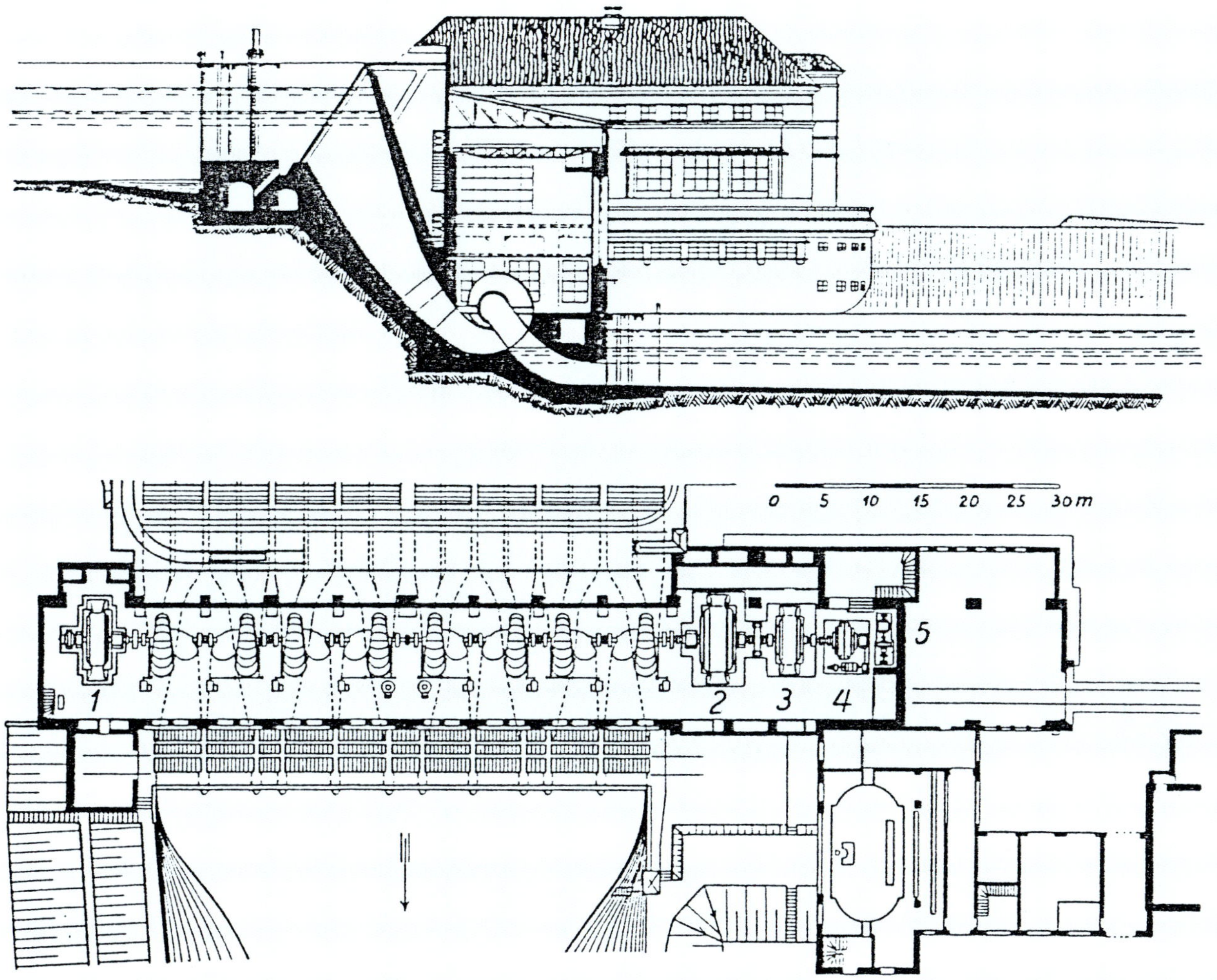

Das Kraftwerk Pfrombach an der mittleren Isar kann Drehstrom für das Landesnetz und Bahnstrom durch eine sinnreiche Anordnung der Turbinen wahlweise, aber auch gleichzeitig erzeugen und außerdem Drehstrom in Bahnstrom umformen. Oben: Längsschnitt; unten: Maschinenordnung: 1 = Drehstromsynchrongenerator 17500 kVA, 50 Hertz, 2 = Einphasensynchronmaschine 20000 kVA, 16 2/3 Hertz, 3 = Drehstromasynchronmaschine 17500 kVA, 50 Hertz, 4 = Haupterregermaschine (mit der Hauptwelle gekuppelt) sowie Hilfserregermaschine (über zwei Kegelradgetriebe von der Hauptwelle angetrieben), 5 = Ersatzerreger- und Anlaßaggregat.

Mittlere Donau

Von der mittleren Donau bezieht die Bundesbahn seit den sechziger Jahren Bahnstrom aus den vier Laufwasserkraftwerken Bertoldsheim, Bittenbrunn, Bergheim und Ingolstadt. Die drei oberen Werke fahren Schwellbetrieb, arbeiten also in Intervallen, zwischen denen wieder Wasser in den Speicher fließen muß, während das Werk Ingolstadt im Laufbetrieb und damit kontinuierlich Strom erzeugen kann. Alle vier dienen als Spitzenlastwerke, um den Bedarf während des Berufsverkehrs morgens von sechs bis acht Uhr und abends von siebzehn bis neunzehn Uhr decken zu können. Die Zwischenzeit reicht aus, um die Speicher mit rund 2,2 Millionen Kubikmeter Wasser wieder zu füllen. Die einzelnen Staustufen sind für einen maximalen Wasserdurchfluß von 500 Kubikmetern je Sekunde ausgelegt, das langjährige Mittel des Durchflusses beträgt 300 Kubikmeter je Sekunde. Für den Betrieb gründeten die Rhein-Main-Donau AG und die Bundesbahn als Betriebsgesellschaft die Donau-Wasserkraft-AG. Nach insgesamt sechsjähriger Bauzeit wurde als letzes 1971 das Werk Ingolstadt in Betrieb genommen. Alle verfügen über drei Maschinensätze mit je 7 Megawatt. Sie bestehen aus einer Kaplanturbine, einem vertikalen Einphasengenerator und einem aufgesetzten Drehstromhilfsgenerator.

Kraftwerk Bergheim an der mittleren Donau.

Pumpspeicherwerk Langenprozelten

Seit 1976 betreibt die Donau-Wasserkraft AG für die Bundesbahn auch ein 150-Megawatt-Pumpspeicherwerk bei Langenprozelten im Spessart. Es deckt Belastungsspitzen im Bahnstromnetz, wobei Wasser aus dem Oberbecken durch das Kraftwerk ins Unterbecken fließt. Umgekehrt wird in verkehrsschwachen Zeiten Energie aus dem Bahnstromnetz benutzt, um das Wasser wieder nach oben zurückzupumpen. Das Oberbecken mit 1,5 Millionen Kubikmetern Fassungsvermögen liegt auf der Sohlhöhe, das Unterbecken mit 1,8 Millionen Kubikmetern dreihundert Meter tiefer im Sindersbachtal. Für den Betrieb werden 1,4 Millionen Kubikmeter ausgenutzt. Die Becken sind durch einen gepanzerten Triebwasserstollen miteinander verbunden. Installiert sind zwei vertikale Maschinensätze aus je einer Pumpenturbine, einer Anfahrturbine und einem Einphasengenerator mit 75 Megawatt.

Kernkraftwerke

Aus Kernenergie wird Bahnstrom für die Bundesbahn nur im Gemeinschaftskernkraftwerk Neckar in Neckarwestheim bei Heilbronn erzeugt. Dieses Kraftwerk setzt die Bundesbahn zur Grundlastdeckung ein. Der 1976 in Betrieb genommene Druckwasserreaktor (vgl. Bild S. 254) leistet 2 500 MW, womit 855 MW elektrische Leistung in einem Drehstrom- und einem Bahnstromturbosatz erzeugt werden. Beide können gemeinsam, aber auch einzeln mit dem Reaktor betrieben werden. Das Kühlwasser wird dem Neckar entnommen und entweder direkt oder über Zellenkühltürme zurückgeleitet.

Wesentlichstes Merkmal der Dampferzeugung mit dem Druckwasserreaktor ist die vollständige Trennung von Primär- und Sekundärkreislauf. Das erhitzte, stark radioaktive Kühlmittel des Primärkreislaufes durchströmt lediglich drei Wärmetauscher, mit deren Hilfe der Dampf-Speisewasser-Kreislauf (Sekundärkreislauf) der Turbinen auf 204 Grad Celsius bei 56 bar erhitzt wird.

Im Reaktordruckbehälter befindet sich der Reaktorkern mit seinen 177 je drei Meter langen Brennelementen, von denen jedes aus 205 Brennstäben und zwanzig Steuerstabführungsrohren zur Aufnahme der beweglichen Absorberfinger besteht. Alle Aggregate des Primärkreislaufes sind einschließlich Reaktor und Brennelement-Lagerbecken innerhalb einer kugelförmigen, gasdicht verschweißten Sicherheitshülle von fünfzig Meter Durchmesser untergebracht, die das Innere des Reaktorgebäudes bildet. Sie ist umgeben von einer zylindrischen Betonschale mit kugelförmigem oberen Abschluß, der die charakteristische Bauwerkskontur entstehen läßt.

Vom Sekundärkreislauf wird der Drehstromturbosatz mit 697 Megawatt Leistung und 3 000 Umdrehungen in der Minute sowie der Bahnstromturbosatz mit 158 Megawatt und 1 000 Umdrehungen in der Minute gespeist. Der Bahnturbosatz stellt eine Wei-

Pumpspeicherwerk Langenprozelten im Spessart mit dem Unterbecken und der Freiluftschaltanlage.

Schnitt durch das Pumpspeicherwerk Langenprozelten.

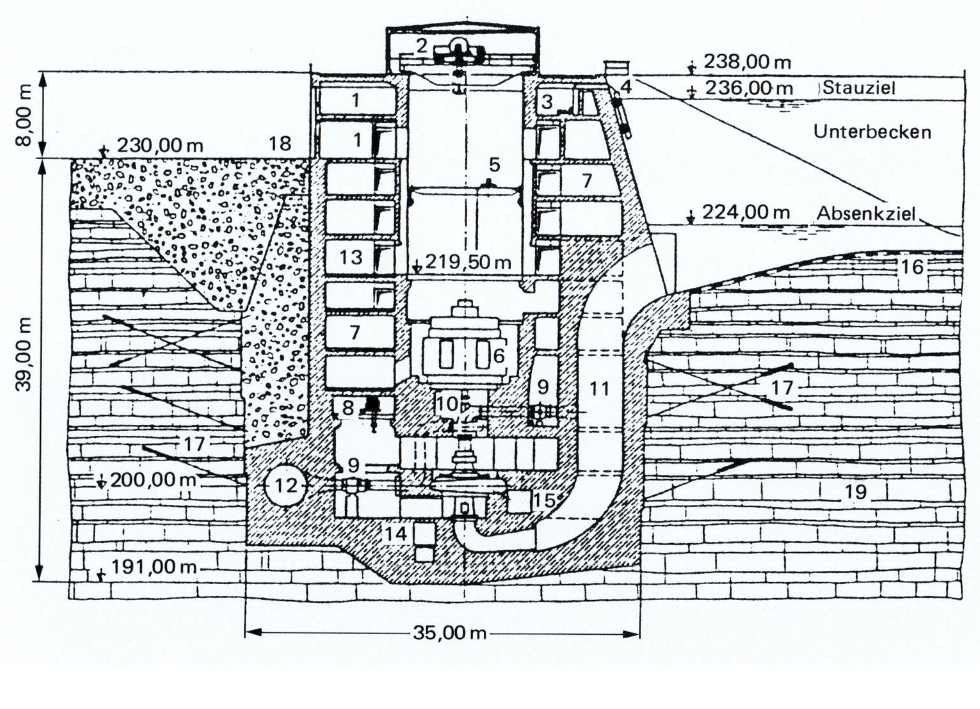

1 Betriebsräume
2 Maschinenhauskran
3 Schützantrieb
4 Saugschlauchschütz
5 Hilfskran
6 Synchronmaschine
7 Schaltanlagen
8 Kugelschieberkran
9 Kugelschieber
10 Anwurfturbine
11 Saugschlauch
12 Verteilleitung
13 Warte
14 Lenzkanal
15 Pumpenturbine
16 Asphaltbetondichtung
17 Vorgespannte Felsanker zur Baugrubensicherung
18 Vorplatz
19 Sandstein

In einen stillgelegten Steinbruch schmiegt sich das Gemeinschaftskernkraftwerk Neckar bei Neckarwestheim.

Bahnstromturbosatz im Gemeinschaftskernkraftwerk Neckar.

terentwicklung der 110-Megawatt-Blöcke von Datteln, Mannheim und Bremen dar. Bei 34,5 Metern Länge wiegt er 2100 Tonnen und ist damit der größte jemals gebaute Einphasenturbosatz. Er besitzt kein Getriebe und keine Kupplung, sondern eine 8,8 Meter lange drehelastische Torsionswelle als Verbindung zwischen Niederdruckturbine und Synchrongenerator. Gemeinsam mit den Wasserstoffkühlern sowie der Federung zwischen Fundament und Stator ist der Generator von einem gasdichten Außengehäuse umgeben und mit dem 187,5-MVA-Maschinentransformator (15/110 kV) über gekapselte Generatorausleitungen verbunden.
Im Zuge der Erweiterung des Gemeinschaftskernkraftwerks Neckar um einen 1300-Megawatt-Drehstromturbosatz (Block II), an dem die Bundesbahn wiederum beteiligt ist, werden Frequenzumformer mit 140 Megawatt Einphasenleistung installiert. Vorgesehen sind zwei Netzkupplungsumformer mit je 70 Megawatt entsprechend ähnlichen Maschinensätzen im Umformerwerk Zürich-Seebach der Schweizerischen Bundesbahnen. Die Umformer in Neckarwestheim sollen Ende 1988 ans Netz gehen.

Umformerwerk Hamburg-Harburg, rechts die Drehstromasynchronmaschine, links die Bahnstromsynchronmaschine. Die früher nötigen Erregermaschinen sind durch Leistungselektronik ersetzt.

Umformerwerke

Als Regelkraftwerke, die durch schnelle Verfügbarkeit gekennzeichnet sind, standen der Bahn zu Beginn der Elektrifizierung nur das Walchenseewerk und mit Einschränkungen – weil erst die Bolzen der Turbinenwellenkupplung zu lösen waren – der Umformersatz des Kraftwerks Pfrombach zur Verfügung. Das Umformerwerk Basel in Baden war nur zur Versorgung der Versuchsstrecke im Wiesental bestimmt und 1912 in Betrieb genommen worden. Die Anlage versorgte dieses Inselnetz bis 1936.
Einen großen Sprung in der technischen Entwicklung rotierender Umformer bildete der 1932 von den Hamburgischen Elektricitäts-Werken (HEW) in Barmbek in Betrieb genommene Umformer 50-Hertz-Drehstrom/25-Hertz-Einphasenstrom zur Versorgung der Hamburger S-Bahn. Er konnte 6 Megawatt Einphasenleistung bei 6 kV abgeben. Im Gegensatz zum Baseler Umformerwerk speiste er nicht starr in ein Inselnetz ein, sondern stellte eine „gleitende", frequenzelastische Netzkupplung dar. Bei starrer Netzkupplung bleibt das Frequenzverhältnis 50:16 ⅔ = 3:1 stets unverändert, während bei frequenzelastischem Betrieb beide Netze unabhängig voneinander innerhalb eines Toleranzrahmens von der Nennfrequenz abweichen dürfen, zum Beispiel bei 50 Hertz um ein Prozent, bei 16 ⅔ Hertz um drei Prozent nach oben und unten.
Das Kernstück der Anlage bildeten wie in Basel der Drehstrom-Asynchronmotor und, auf einer gemeinsamen Grundplatte montiert und durch eine Kupplung verbunden, ein Einphasen-Synchrongenerator. 1934 wurde dann der erste mit starrer Frequenzumwandlung arbeitende Quecksilberdampf-Umrichter für 50-Hertz-Drehstrom/16 ⅔ Hertz-Wechselstrom mit 2,8 Megawatt Leistung im Umformerwerk Basel als Ersatz der rotierenden 15-Hertz-Umformer aus dem Jahre 1912 installiert. Das dabei angewandte Direktumrichterverfahren wurde durch die Erfindung der Gittersteuerung für Dampfentladungsgefäße anwendbar, die das Schalten der Stromrichter ermöglichte. Der Umrichter hatte einen Wirkungsgrad von 90 Prozent bei Nennleistung. Eine ähnliche Anlage mit 0,7 Megawatt wurde 1935 im Saalachkraftwerk Bad Reichenhall installiert; mit ihr konnte auch frequenzelastischer Netzkupplungs-Umrichterbetrieb gefahren werden.
Ende 1940 wurden dann im Umformerwerk Nürnberg zur Versorgung der Strecke nach Leipzig drei „gleitende" Netzkupplungsumformer mit je 5,25 Megawatt Einphasenleistung in Betrieb genommen. Sie bestehen – wie erstmals der Barmbeker Umformer – aus je einer läufergeregelten Drehstrom-Asynchronmaschine mit Hintermaschine und Frequenzwandler sowie einer Einphasen-Synchronmaschine mit Haupt- und Hilfserregermaschine, die alle auf einer Welle angeordnet sind. Der Wirkungsgrad der nach wie vor benutzten Umformersätze beträgt bei Nennleistung 91,9 Prozent.
Nach dem Zweiten Weltkrieg wurde der erste neue Umformersatz 1956 mit der Einheitsleistung von 25 Megawatt im Umformerwerk Karlsruhe in Betrieb genommen, gefolgt von weiteren Maschinensätzen gleicher Leistung in Köln, Marl, Borken, Lehrte, Saarbrücken, Karlsruhe und Neu-Ulm. Diese Maschinengröße hatte sich aus wirtschaftlicher und betrieblicher Sicht als optimal erwiesen. Bei den neueren, Anfang der siebziger Jahre in Betrieb genommenen Anlagen wurden die Maschinen für die Regelung durch statische Stromrichteranlagen

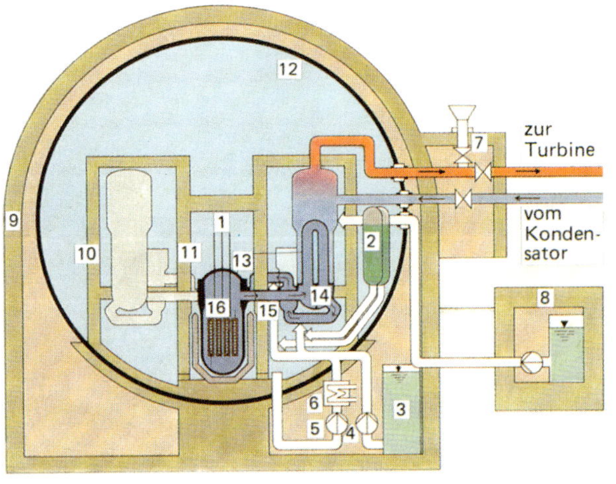

Schematischer Schnitt durch einen Druckwasserreaktor, wie er auch im Gemeinschaftskernkraftwerk Neckar benutzt wird; er verfügt über mehrere aktive Sicherheitssysteme und vier passive Barrieren gegen eine Freisetzung von Radioaktivität (zu S. 250).

ersetzt, so daß diese Maschinensätze nur noch aus Asynchron- und Synchronmaschine ohne rotierende Hilfsmaschinen bestehen.
Zur besseren Versorgung des norddeutschen Streckennetzes wurde das Umformerwerk Lehrte um einen Maschinensatz erweitert und in Hamburg-Harburg ein neues Werk errichtet. Die in Lehrte gegebenen Verhältnisse ließen nicht mehr als 35 Megawatt zu. Unter Ausschöpfung aller technischen Möglichkeiten neuzeitlichen Elektromaschinenbaus entstanden zwei Maschinensätze mit annähernd gleichen räumlichen Abmessungen wie bei den letzten 25-Megawatt-Sätzen. Die Regelungs- und Erregereinrichtungen wurden auch hier mit Stromrichtern ausgeführt. Die Maschinensätze gingen 1985 und 1986 in Betrieb.
Um die Bahnstromversorgung aufrechterhalten zu können, wenn Kraftwerke vorübergehend abgeschaltet werden müssen, stehen der Bundesbahn zwei fahrbare Umformerwerke mit je 6,25 Megawatt Leistung zur Verfügung. Eines davon stützt seit längerer Zeit die Bahnstromversorgung im Bereich des neuen Rangierbahnhofs Maschen bei Hamburg.
Das Bahnstromnetz wird von drei Schaltbefehlsstellen in Hannover, Köln und München überwacht und geschaltet; ihnen ist jeweils etwa ein Drittel des 110-kV-Netzes zugeordnet. Von hier aus werden auch Störungen eingegrenzt und Maßnahmen zu deren Behebung getroffen.

Vergleich der Schaltbilder bei Ersatz der Maschinenkaskade durch Leistungselektronik. Oben: Konventionelle Anordnung mit Maschinenkaskade; unten: Anordnung mit statischer Regelung und Erregung durch Leistungselektronik; FW Frequenzwandler, HM Hintermaschine.

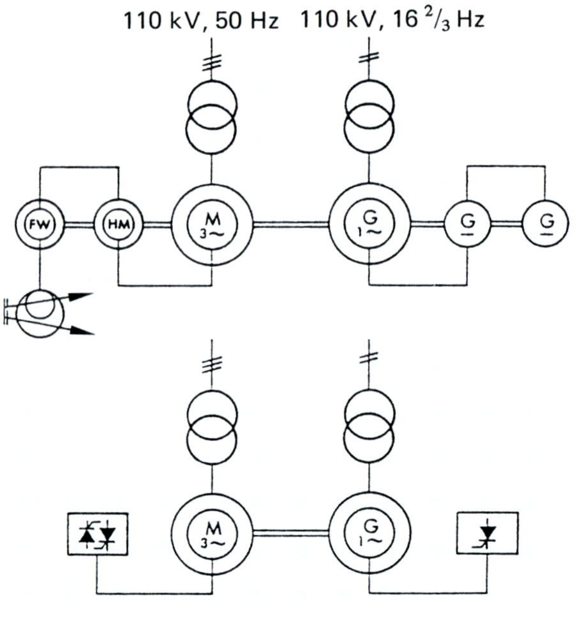

Transformieren und Schalten

Die Hochspannungs-Fernübertragung der elektrischen Energie von den Kraftwerken zum Oberleitungsnetz anstelle der direkten Einspeisung aus der „Kraftzentrale" erforderte Umspannstationen.

Unterwerke

Schon bei der ersten Betriebserprobung ausgedehnterer Streckennetze hatte es sich als zweckmäßig erwiesen, Strecken und Bahnhöfe in unterschiedliche Speiseeinheiten zu unterteilen. Da beim einphasigen Bahnbetrieb mit Energiezuführung über die Oberleitung und Rückführung durch die Fahrschienen jeder Erdschluß in einem Triebfahrzeug oder jeder Isolatorüberschlag an der Oberleitung bereits einen Netzkurzschluß darstellt, muß die Spannung in solchen Fällen wegen der Gefährdung von Personen und Anlagen schnellstmöglich selbsttätig abgeschaltet werden. Die hierfür eingesetzten Leistungsschalter müssen für Abschaltungen unter voller Last ausgelegt sein. Um die von den Störungen betroffenen Bereiche klein zu halten, wurden die Bahnhöfe und die anschließenden Strecken über eigene Leistungsschalter getrennt gespeist. An den Speisegrenzen der Unterwerke, die ausnahmslos auf freier Strecke gewählt wurden, sorgte eine besondere Oberleitungskonstruktion dafür, daß die Speisebezirke durch ferngesteuerte Trennschalter aufgetrennt werden konnten. Vor allem wegen dieser Kombination von Umspannstation und Schaltwerk wurde der Begriff „Unterwerk" für die Bahnstromversorgung geprägt.

Fahrbares Umformerwerk am Rangierbahnhof Maschen.

Große Bahnhöfe wurden schon früh mit zusätzlichen 15-kV-Schaltwerken, sogenannten Schaltposten, ausgerüstet, die vom zuständigen Unterwerk über Speiseleitungen versorgt werden und der getrennten Einspeisung mehrerer Bahnhofsabschnitte dienen. Da die Unterwerks-Abstände zunächst unwirtschaftlich klein gewählt worden waren, wurde erstmals das Unterwerk Ruhbank an der schlesischen Gebirgsbahn nach kurzem Betrieb in eine „Schaltstation" zurückgestuft.
Die Hauptkomponenten eines Wechselstromunterwerks bilden die Hauptumspanner und die Leistungsschalter für 110 kV und 15 kV. Sie werden wegen der viel häufiger als in der öffentlichen Versorgung auftretenden Kurzschlüsse und der niedrigen Frequenz neben den Trennschaltern, Kabeln und Stromschienen besonders stark beansprucht.

Schalter und Transformatoren

Verwendet wurden wie zum Schalten der Kraftwerksblöcke zunächst 110-kV-Ölleistungsschalter. Sie waren für 300 bis 600 MVA Abschaltleistung bemessen, wobei die Lichtbögen unter Öl gelöscht wurden. Da mit dem starken Ausbau des Oberleitungsnetzes ab 1950 bei Kurzschlüssen immer höhere Leistungen abgeschaltet werden mußten, wurden Ende der sechziger Jahre Hochleistungsbahnschalter mit einer Abschaltleistung bis 650 MVA nach dem im Drehstromnetz bereits eingeführten Druckluftschalterprinzip entwickelt. Sowohl zum Antrieb als auch zur Lichtbogenlöschung wird Druckluft von 15 beziehungsweise 30 bar benutzt. Der größte Teil aller Kurzschlüsse, die von Isolatorüberschlägen herrühren, wird damit bereits in der ersten Stromhalbwelle abgeschaltet. In den Jahren 1970 bis 1983 wurden diese Schalter in großen Stückzahlen eingebaut. Die 15-kV-Druckluft-Leistungsschalter wurden in den ab 1980 gebauten ortsfesten Anlagen mehr und mehr durch Vakuumleistungsschalter ersetzt. Sie benötigen auch für ihren Antrieb keine Druckluft mehr; stattdessen werden elektromotorisch aufgezogene Federkraftspeicher benutzt. Durch die im Vakuum extrem kurze Lichtbogenlöschstrecke haben die Schalter nur geringe Abmessungen. Außerdem wird kein Löschmittel mehr ausgestoßen.
Die Trennschalter sowohl auf der 110-kV- wie auf der 15-kV-Ebene wurden anfangs über Handräder von getrennten Räumen aus bedient. Heute stehen Trennschalter beider Spannungsebenen ebenso wie

110-kV-Leistungsschalter mit Löschung des Schaltlichtbogens durch Schwefelhexafluorid mit elektromotorischem statt des pneumatischen Antriebs zur Verfügung. Die Haupttransformatoren waren kurzschlußfest mit besonders verspanntem Eisenkern, verstärkter Spulenabstützung in Zweischenkelbauweise und mit Zwangsumlaufölkühlung für 115/17,25 kV Leerlaufspannung und zunächst auf 5 MVA ausgelegt. Bei der umfangreichen Elektrifizierung nach dem Zweiten Weltkrieg errichtete die Bundesbahn jährlich im Durchschnitt zehn Unterwerke mit neuen Wandertransformatoren von 10 MVA bei Eigen- und 15 MVA bei Fremdkühlung.
Zur Prüfung der Spannungsfestigkeit eines Abzweigs nach Beseitigung einer Störung wurde – zur Strombegrenzung über einen 1,5-Kiloohm-Prüfwiderstand – Spannung angelegt; die anschließende Strommessung zeigte an, ob der Kurzschluß noch vorhanden war oder nicht. Die Betätigung aller Leistungsschalter einschließlich des Prüfabzweiges erfolgte von einem zentralen Bedienungsraum, der Schaltwarte, aus. Auf mehrere Meter langen Schalttafeln waren in einem Blindschaltbild sämtliche Betätigungselemente sowie Schalterstellungsmelder und die Anzeigeinstrumente für jeden Abzweig angeordnet.

Die alten Unterwerke bedurften umfangreicher Räumlichkeiten, weil alle Transformatoren und Leistungsschaltgeräte aus Isolationsgründen innerhalb von Gebäuden untergebracht werden mußten. Damit entstand ein hoch aufragender Hochspannungsbau, um den sich die 15-kV-Ebene, die Werksversorgung und die Bedienungs- sowie Schutzeinrichtungsräume gruppierten. Aus wirtschaftlichen Gründen begann jedoch schon bei den bayerischen Unterwerken eine Aufteilung nach funktionalen Gesichtspunkten: Die Anlagen wurden auf getrennte Häuser aufgeteilt oder zumindest in niedrigerer und kompakterer Bauweise erstellt. Aufgrund guter Erfahrungen im Ausland ging auch die Reichsbahn bald dazu über, die Hochspannungsschaltanlagen mit entsprechend guter Isolation im Freien zu errichten, da diese Bauweise bei höheren Spannungen wirtschaftliche Vorteile bot. Als leistungsfähige und kleine Schalter zur Verfügung standen, ließ die Bundesbahn ein völlig neues Schaltanlagenkonzept erarbeiten. Damit entstand eine standardisierte Anlagenkonfiguration, bei der die Druckluftanlage und die 16 2/3-Hertz-Eigenversorgung entfielen, die Ortssteuerstellen der Schalter eingespart und die gesamte Schalterbetätigung auf einen Steuerschrank konzentriert wurden. Dadurch konnte das 15-kV-Gebäude erheblich kleiner gehalten und rationeller hergestellt

Heute werden die Unterwerke größtenteils von zentralen Schaltstellen aus ferngesteuert. Transformatoren und Hochspannungsschalter stehen im Freien, Gebäude sind kaum noch erforderlich: Unterwerk Wiesental an der Neubaustrecke Mannheim–Stuttgart.

werden. Die Standardisierung führte zu einer erheblichen Senkung der Investitions- und Instandhaltungskosten.

Fahrbare Unterwerke

Fahrbare Unterwerke ließ die Reichsbahn Anfang der dreißiger Jahre entwickeln, um bei der späteren Erweiterung des elektrischen Streckennetzes nicht durch vorhandene ortsfeste Anlagen gebunden zu sein. Die fahrbaren Unterwerke hatten außerdem die Aufgabe, als Ersatzeinheiten in ortsfesten Werken oder an sonstigen geeigneten Orten bei Bedarf ohne größere Auf- und Abbauarbeiten eingesetzt werden zu können.
Ein fahrbares Unterwerk benötigt einen Haupttransformator, einen 110-kV-Leistungsschalter, mindestens zwei 15-kV-Leistungsschalter, um zwei Streckenabschnitte unabhängig voneinander speisen zu können, außer der Steuermöglichkeit „vor Ort" auch eine Fernsteuermöglichkeit vom nächsten ortsfesten Unterwerk oder Schaltposten aus, sowie ohne größere Umbauten die Transportmöglichkeit mit 30 km/h. Die Ausrüstung wurde auf „Tiefgangwagen" mit zwei dreiachsigen Drehgestellen und Tragbrücke montiert. Die Haupttransformatoren der Wanderbauart waren die gleichen wie in ortsfesten Unterwerken. Nach dem Zweiten Weltkrieg konnte in Bayern die Stromversorgung für den elektrischen Zugbetrieb rasch wieder gewährleistet werden, nachdem hier sechs fahrbare Unterwerke zur Verfügung standen, die nicht oder nur geringfügig beschädigt waren. So wurden Ende 1945 bereits 70 Prozent des elektrifizierten rund 1100 Kilometer langen süddeutschen Streckennetzes wieder elektrisch betrieben.
Wegen der guten Erfahrungen mit fahrbaren Unterwerken bei der Streckenelektrifizierung von Süden nach Norden beschaffte die Bundesbahn in den sechziger Jahren sechs moderne mit einem neuen Wandertransformatortyp und Schaltgeräten höherer Abschaltleistungen bei kürzeren Schaltzeiten. Die Fernwirkeinrichtungen sind bis 100 km statt zuvor nur 15 Kilometer einsetzbar. Die 95 Tonnen schweren fahrbaren Unterwerke können mit 65 km/h befördert werden.
Mitte der siebziger Jahre zeigte sich, daß die verfügbaren fahrbaren Unterwerke wegen ihrer begrenzten Schaltleistung in hochbelasteten Netzteilen nicht mehr eingesetzt werden konnten. Deshalb wurden zwei Anlagen mit maximaler Transformator- und Schalterleistung in Auftrag gegeben und 1979 in Betrieb gesetzt. Der Transformator ist für 15 MVA ausgelegt, die 15-kV-Schalter für 40 kA und der 110-kV-Schalter für 32 kA Nennabschaltstrom. Diese fahrbaren Unterwerke wiegen rund 110 Tonnen und können mit 80 km/h laufen.
Heute werden zahlreiche Unterwerke ferngesteuert. Im Endausbau sollen die insgesamt rund 130 Unterwerke im Netz der Bundesbahn an dreizehn Zentralschaltstellen angeschlossen sein. Ihnen obliegen Überwachung und Steuerung aller Schaltanlagen in ihrem Bereich.

50-Hertz-Versuchsbetrieb

Für den Anfang 1936 aufgenommenen 50-Hertz-Einphasenwechselstrombetrieb auf der Höllental- und Dreiseenbahn im Schwarzwald wurde die Oberleitungsspannung wegen der gegenüber 16 2/3 Hertz höheren elektrischen Streckenverluste auf 20 statt auf 15 kV festgelegt. Das Unterwerk Titisee, das die Strecke versorgte, erhielt zur symmetrischen Belastung des Drehstromnetzes der öffentlichen Versorgung besondere Einphasentransformatoren in Scott-Schaltung. Hochspannungsseitig wurde das Unterwerk während des Versuchsbetriebes aus dem 110-kV-Netz des Badenwerkes über einen 18,5 km langen Abzweig mit einem Stromkreis „im Stich" gespeist.

Fahrbares Unterwerk zur vorübergehenden Versorgung von Streckenabschnitten während längerer Abschaltung oder vor Fertigstellung ortsfester Anlagen.

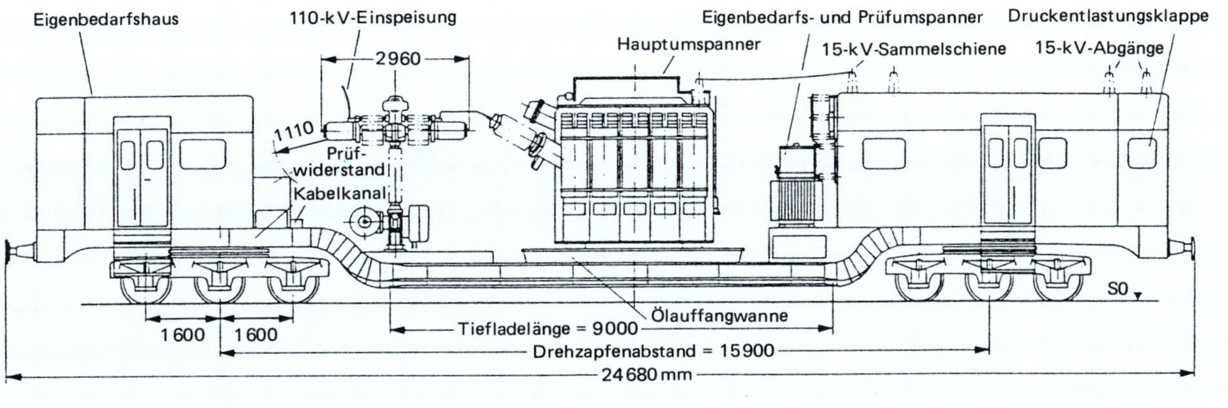

Verbund mit Österreich und der Schweiz

Die Bahnstromnetze Österreichs und der Schweiz sind mit dem deutschen Netz bei Freilassung und Mittenwald beziehungsweise in Haltingen bei Basel gekuppelt, um bei Bedarf elektrische Energie austauschen zu können. Die Netzkupplung mit den Österreichischen Bundesbahnen wurde bereits kurz nach dem Krieg ohne galvanische Trennung durch Transformatoren auf der 110-kV-Spannungsebene wieder aufgenommen, während die Verbindung zu den Schweizerischen Bundesbahnen seit 1957 zwei Transformatoren mit je 25 MVA 110/66 kV im Unterwerk Haltingen herstellen.

Blindstromkompensation

Durch den konzentrierten Einsatz der Phasenanschnittsteuerung in S-Bahn-Zügen, beginnend in München zur Olympiade 1972, stieg die induktive Blindstrombelastung des Oberleitungsnetzes um etwa 40 Prozent, der Scheinstrom um 12 Prozent. Versuche, den Blindleistungsbedarf möglichst nahe der Entstehungsstelle über die Stromrichtersteuerung der Triebfahrzeuge zu vermindern, scheiterten ebenso wie die Bemühungen, in den Fahrzeugen kapazitiv wirkende Kompensationseinrichtungen unterzubringen. So blieb nur eine Kompensation der Grundwellenverschiebung im Oberleitungsbereich, um wenigstens die Netztransformatoren in den Unterwerken und das Bahnstromnetz zu entlasten. Rotierende Phasenschieber schieden wegen der hohen Anlage- und Instandhaltungsaufwendungen aus. So wurden Kondensatorbatterien aus einer Reihenschaltung von verstellbarer Luftdrossel und Kondensatoren mit einer Leistung von 3,5 MVar aufgestellt. Für den mobilen Einsatz wurden aber auch zwei fahrbare Anlagen gebaut.

Energieübertragung

Das von der öffentlichen Versorgung abweichende Stromsystem der Bahn erfordert ein eigenes Leitungsnetz zur Energieübertragung zwischen den Energieerzeugern und den Speisepunkten der Oberleitung. Während der Strom dort durch den Fahrdraht zum Triebfahrzeug und durch die Schienen zum Unterwerk zurückfließt, müssen im Hochspannungsnetz Hin- und Rückleitung auf den Masten geführt werden. Bahnstromleitungsmaste tragen

Die Phasenanschnittsteuerung, wie sie bei der Bundesbahn vor allem in den S-Bahnzügen der Baureihe 420 angewandt wird, belastet das Oberleitungsnetz mit einem hohen induktiven Blindstromanteil. Um ihn von den Transformatoren und dem Bahnstromnetz fernzuhalten, wurden in einigen Unterwerken Kompensationsanlagen aus Kondensatoren und verstellbaren Luftdrosseln fest installiert.

Zwei fahrbare Kompensationsanlagen stehen zum vorübergehenden Einsatz bereit, um die Oberleitungsspannung bei starker Blindstrombelastung eines Bereichs stützen zu können.

Bahnstromleitungen sind an den jeweils zwei Leiterseilen erkennbar. Die 60-kV-Leitung in Schlesien trägt schwere Eislast. Die Bahnstromleitung Murnau – Kochel verläuft noch heute auf den Masten aus den zwanziger Jahren.

deshalb zwei, Drehstromleitungsmaste drei Seile je Stromkreis; darüber verläuft das Erdseil meist über die Mastspitzen.

Bahnstromleitungen

Dem Stand der Technik entsprechend wurden als Übertragungsspannung vor dem Ersten Weltkrieg zunächst 30 kV in Hamburg, dann 60 kV in Schlesien und 80 kV in Mitteldeutschland gewählt. Die erste 110-kV-Leitung entstand in Bayern bei der Verbindung des Walchenseewerks mit den Kraftwerken an der mittleren Isar. Ausgehend von dieser Leitung begann in Deutschland der Aufbau des bahneigenen Hochspannungsnetzes, für das sich der Begriff „Bahnstromnetz" durchgesetzt hat.
Ziel der Netzplanung war eine möglichst hohe Betriebssicherheit. Jedes wichtige Unterwerk wurde auf unabhängigen Gestängen mit Energie von zwei

Karte des Bahnstromnetzes der Bundesbahn 1988.

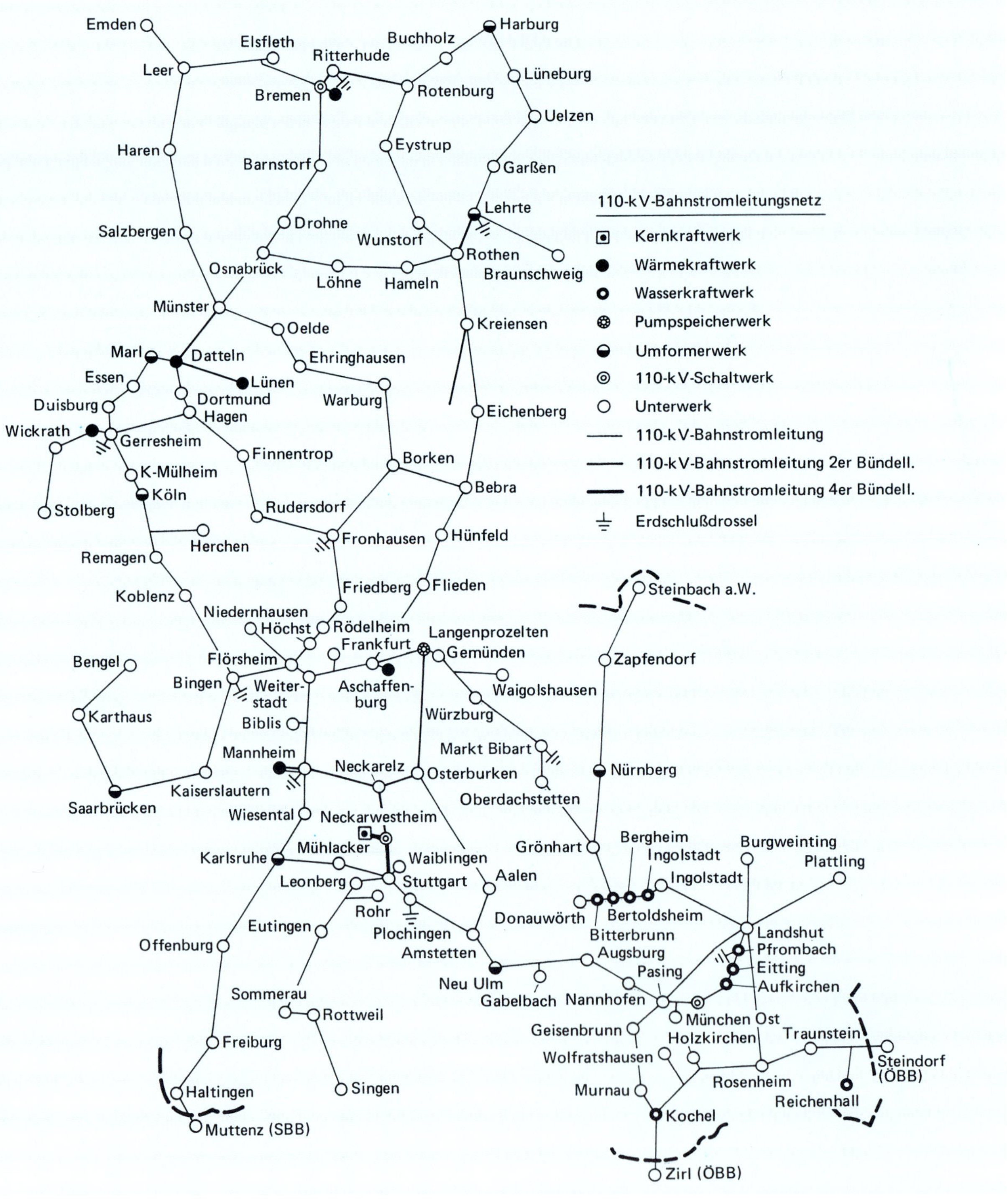

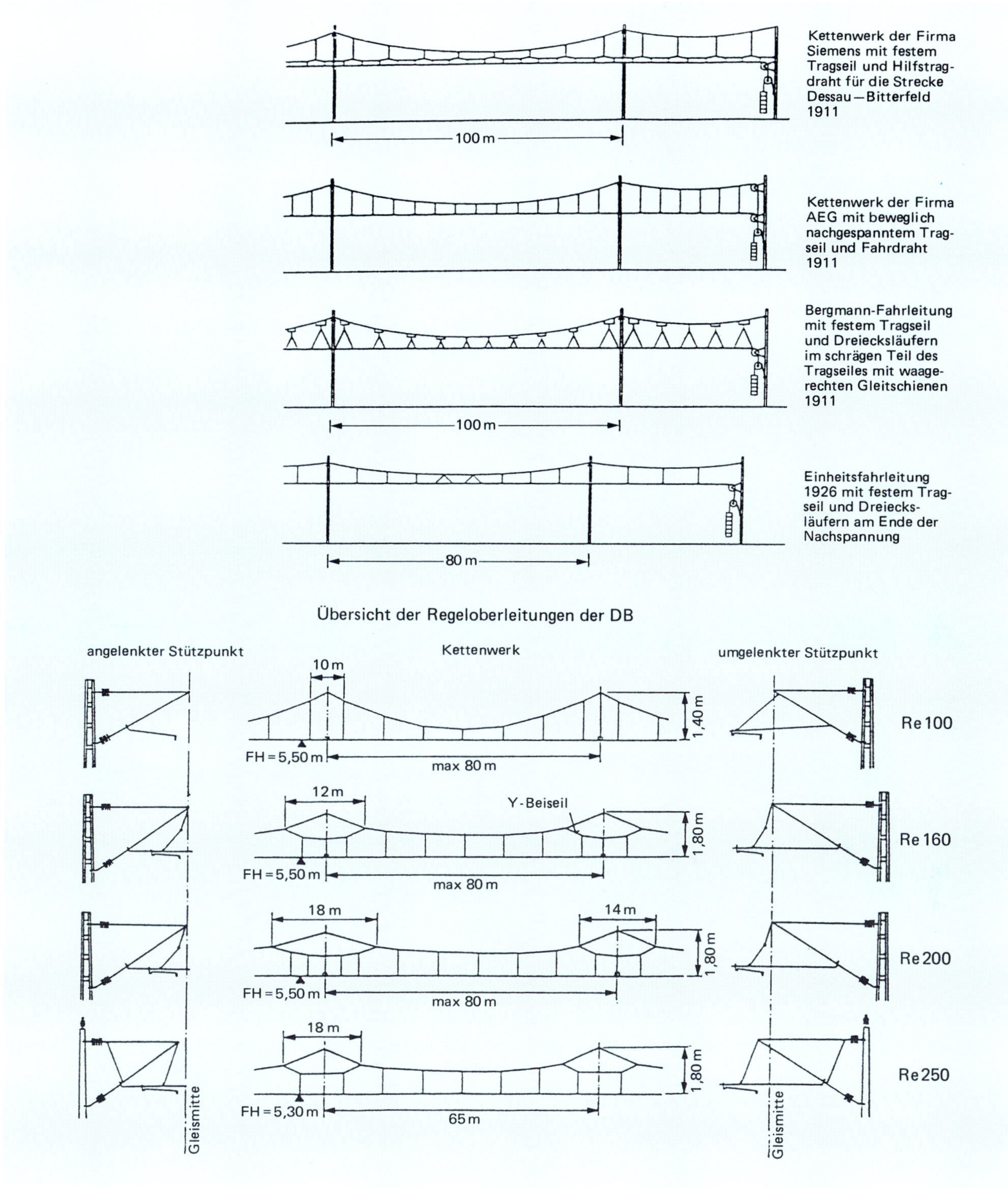

Entwicklung der Oberleitung von 1911 bis heute; FH = Fahrdrahthöhe.

verschiedenen Kraftwerken versorgt; die Kraftwerke gaben die Energie auch in mindestens zwei verschiedene Richtungen ab. Für die Bahnstromleitungen wurden vorwiegend Regeltragmaste mit 22 Meter Gesamthöhe, Abspann-, Winkel- und Endmaste mit 21 Meter Höhe verwendet. Anfang der dreißiger Jahre entstanden neue Mastbilder für die Bahnstromleitungen; beide Stromkreise hängen dabei auf der gleichen Ebene an einer Traverse. Um hohe Sicherheit zu gewährleisten, bevorzugte die Reichsbahn im Hinblick auf Eislast und auf Wind wegen der höheren Festigkeit und Bruchlast Kupfer- statt Aluminiumseile. Der Leiterquerschnitt betrug 90 mm². Als Erdseile wurden im allgemeinen Stahlseile mit 50 mm² Querschnitt verwendet. Heute sind im Bahnstromnetz Leiterquerschnitte von

Mastmontage mit einem Teleskopkran an der Bahnstromleitung zur Versorgung der Neubaustrecke Hannover–Würzburg.

$300/50\ mm^2$ Aluminium-Stahl und für Erdseile $40/32\ mm^2$ Aluminium-Stahl üblich.
Um Beeinflussungen von parallel geführten Drehstrom- und Bahnstromleitungen sowie von Fernmeldeleitungen auszuschließen, wurden alle Starkstromleitungen „ausgekreuzt", das heißt, die Leiterseile jedes Stromkreises in ihrer Position am Mast vertauscht. Zur Gründung der Tragmaste dienten in der Regel Roste aus imprägniertem Fichtenholz oder aus Stahlbetonschwellen; in säurehaltigen Moorböden wurden die Maste entweder auf Eichenholzschwellen oder, wo dies aus Festigkeitsgründen notwendig war, auf Pfählen gegründet. Nur für Abspannmaste und besondere Tragmaste waren Betonfundamente üblich.

Oberleitung

Erste spezielle Oberleitungsbauarten für Fernbahnen entwickelten die AEG, die Bergmann-Elektrizitäts-Werke und Siemens bereits um 1910. Sie unterschieden sich von den früher verwendeten Oberleitungen vor allem durch Mehrfachaufhängungen. Sie wurden eingeführt, um gleichmäßige Fahrdrahthöhe und somit besseren Stromabnehmerlauf zu gewährleisten. „Bügelspringen" bedeutet nicht nur erhöhten Verschleiß an Fahrdraht und Schleifleiste, sondern auch zusätzliche elektrische Belastung für den Triebfahrzeugtransformator.
Aufgrund der Erfahrungen mit diesen Oberleitungsbauarten besonders auf den schlesischen Gebirgsstrecken entwickelte die Reichsbahn gemeinsam mit der Industrie die „Einheitsfahrleitung", die auf dem Streckenabschnitt Lauban–Görlitz erstmals zum Einsatz kam. Sie bestand aus Fahrdraht, Tragseil und dazwischen in Abständen von 12 Metern angeordneten Hängern. Das Tragseil wurde fest eingespannt, der Fahrdraht dagegen elastisch aufgehängt: Über Umlenkrollen und Gewichte konnte er sich selbsttätig nachspannen und so Längenänderungen infolge Temperaturschwankungen ausgleichen.
Zur Verminderung der Windkräfte am Kettenwerk wurde für das Hartkupferprofil des Fahrdrahts ein kreisförmiger statt des ursprünglich ovalen Querschnitts gewählt und mit Befestigungsrillen für die Hängerklemmen versehen. Zu Beginn der Vollbahnelektrifizierung wurde allgemein Kupferfahrdraht verwendet. Versuche mit Eisenfahrdraht und Aluminiumtragseilen schlugen fehl. Das Tragseil bestand im allgemeinen aus verzinkt-verbleitem Stahlseil. Nur in der Nähe von Industrieanlagen, die aggressive Gase emittierten, und auf Bahnhöfen mit ständigem Dampflokomotivbetrieb wurde das Stahlseil durch ein Siliziumbronzeseil ersetzt.
Um gleichmäßige Abnutzung der Stromabnehmerschleifleisten zu erreichen, wurde der Fahrdraht nicht über der Gleisachse, sondern von Mast zu Mast mit ± 40 cm im „Zickzack" gespannt. Der Mastabstand betrug ursprünglich auf der geraden Strecke einhundert Meter. Diese Entfernung erwies sich jedoch bei den gewählten Zugspannungen für Fahrdraht und Tragseil als zu groß. Bei Sturm kam es häufig wegen des starken seitlichen Abtriebes der Oberleitung zu Stromabnehmerentgleisungen. Deshalb wurden bei großen Stützweiten Zwischenmaste erforderlich. Gleichzeitig wurde die Zugspannung des Fahrdrahts erhöht.
Die ersten Planungen für Vollbahnen sahen sowohl auf der zweigleisigen freien Strecke wie in Bahnhöfen Eisenjochkonstruktionen als Stützpunkte für die Oberleitung vor. Mit der Einheitsfahrleitung wurde auch diese Konstruktion verlassen, weil damit bei Unfällen vielfach auch die Nachbargleise in Mitleidenschaft gezogen wurden. Die zweigleisige freie Strecke erhielt deshalb ebenfalls Einzelstützpunkte derselben Bauart wie auf eingleisigen Strecken. In den Bahnhöfen und auf mehrgleisigen Streckenabschnitten blieb es vorerst bei der Jochkonstruktion zur Überspannung aller Gleise. Da die Joche in der Perspektive aber untereinander erschienen, wurde die Erkennbarkeit der Signale beeinträchtigt; deshalb erhielten die Bahnhöfe der Strecke Lauban–Görlitz versuchweise Querseilkonstruktionen, die auch geringeren Instandhaltungsaufwand erwarten ließen.
Anfangs wurden ausnahmslos Stahlgittermaste ein-

Bei schwierigem Umfeld – wie hier mitten im Bahnhofsbereich – werden heute selbst hohe Maste mit dem Hubschrauber eingeflogen.

gesetzt; sie ergaben eine leichte und durchsichtige Konstruktion, mußten aber etwa alle sieben Jahre gestrichen werden; versuchweise wurden deshalb auf der Strecke Lauban–Görlitz erstmals Schleuderbetonmaste sowohl auf der freien Strecke wie in Bahnhöfen aufgestellt.
Mit der zunehmenden Elektrifizierung der Hauptstrecken Anfang der dreißiger Jahre und dem Streben nach höherer Geschwindigkeit ergab sich die Notwendigkeit, die Einheitsfahrleitung weiterzuentwickeln. Ihre Grenzgeschwindigkeit lag bis dahin bei 120 km/h. Deshalb fanden 1933 auf der Strecke München–Ulm Schnellfahrversuche bis über 150 km/h statt, bei denen der Lauf des Stromabnehmers und die Güte der Stromabnahme eingehend beobachtet wurden. Wie sich zeigte, war vor allem

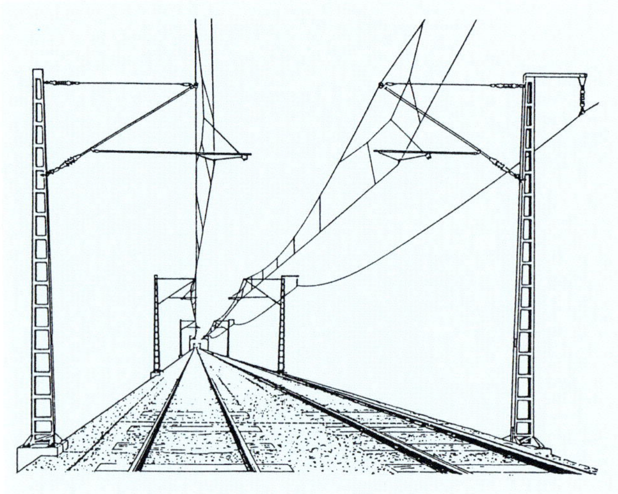

Neuzeitliche Oberleitung mit Stahlgittermasten und einer Speiseleitung (rechts außen).

Fahrdrahtquerschnitt, links vor, rechts nach 1910.

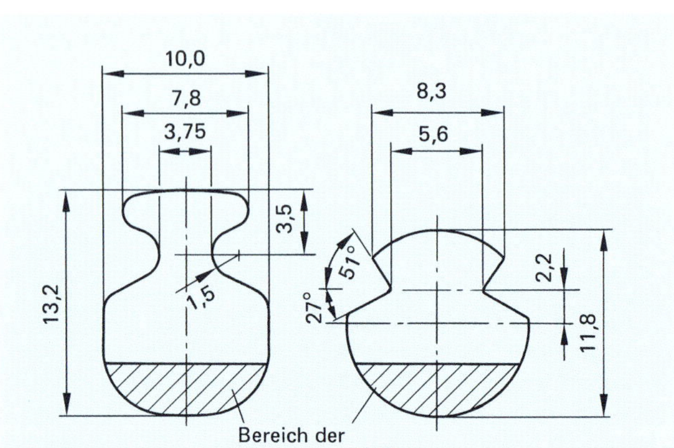

eine möglichst gleichmäßige Höhenlage des Fahrdrahtes ausschlaggebend.

Nach dem Zweiten Weltkrieg entwickelte die Bundesbahn die „Einheitsfahrleitung 1950", die eine sichere Stromabnahme bis 160 km/h gewährleistete. Als Fahrdraht wurde 100-mm^2-Kupfer-Rillendraht und als Tragseil 50-mm^2-Bronzeseil verwendet. Beide wurden mit je 10 Kilonewton zunächst gemeinsam, später getrennt nachgespannt.

Mit den weiter wachsenden Geschwindigkeiten der Züge stiegen auch die Anforderungen an die Oberleitung: Massepunkte, sogenannte harte Stellen, mußten vermindert, die Bautoleranzen verringert werden; außerdem mußte für gleichmäßigere Elastizität gesorgt und die Elastizität insgesamt herabgesetzt werden.

Die unter diesen Gesichtspunkten entwickelten Bauarten von Regeloberleitungen werden nach ihrer maximal zulässigen Stromabnehmer-Geschwindigkeit unterschieden in Re 75, Re 100, Re 160, Re 200 und Re 250.

Bei der Oberleitung für 250 km/h wurde der Querschnitt des Kupfer-Rillenfahrdrahts von 100 auf 120 mm^2, der des Bronzetragseils von 50 auf 70 mm^2 vergrößert, der Stützpunktabstand von 80 auf 65 Meter verringert, die Zugspannung im Fahrdraht von 100 auf 125 und im Tragseil von 200 auf 295 N/mm^2 erhöht. Die Regelfahrdrahthöhe beträgt nur noch 5,30 Meter statt 5,50 Meter und der Zickzack ± 30 cm statt ± 40 cm. All diese Maßnahmen führten zu etwa vierzig Prozent reduzierter Elastizi-

Oberleitungsmast aus Stahlbeton mit mehreren Speiseleitungen an einer Neubaustrecke.

tät und zusammen mit der Verminderung des Elastizitätsunterschieds zu gutem Kontaktverhalten zwischen Stromabnehmer und Fahrdraht.
Auf den Oberleitungsmasten werden vielfach auch besondere Speiseleitungen geführt, die alle 1 000 bis 1 200 Meter mit der Oberleitung verbunden sind, um die Spannung über den gesamten Speiseabschnitt möglichst nahe am Nennwert zu halten. Diese Verstärkungsleitungen erstrecken sich auf Neubauabschnitten vom Unterwerk aus etwa über ein Drittel der Entfernung zu den benachbarten Unterwerken. Der Unterwerksabstand beträgt hier etwa zwanzig Kilometer, die Länge der Verstärkungsleitungen sechs bis sieben Kilometer.

Stromrückleitung

Die Oberleitung stellt die sichtbare Komponente der elektrischen Bahnstrecke dar. Aber mit der Zuführung der Energie zum Zug sind noch nicht alle Probleme gelöst. Auch die Traktionsrückstromführung, die historisch bedingt zunächst allein durch die Fahrschienen erfolgte, bedurfte mit der Entwicklung zu höheren Geschwindigkeiten und damit höheren Strömen weiterer Betrachtungen. Sehr früh wurde erkannt, daß das Schotterbett des Gleisrostes nicht als Isolator anzusehen ist, so daß den Schienen, besonders bei großen Unterwerksabständen, immer das Erdreich als Rückleitungsweg elektrisch parallel geschaltet ist. Der Bahnstrom fließt damit auch in erdfühligen metallenen Kabelmänteln, Rohrleitungen oder Baustahlbewehrungen nahe der elektrischen Bahnstrecke. Hierdurch können unter Umständen gefährliche Potentiale entstehen. Die Bundesbahn bemüht sich deshalb, einen möglichst großen Anteil des Rückstromes durch „Vermaschung" der Gleise, parallel geführte Banderder oder besondere Rückleitungskabel an die Strecke zu binden. Dazu gehört auch, daß aus Potentialausgleichsgründen alle Metallteile innerhalb eines bestimmten Schutzraumes mit den Schienen verbunden werden müssen.

Fahrzeuge zur Instandhaltung der Oberleitung

Die elektrischen Anlagen auf der Strecke bedurften vor allem in den ersten Jahrzehnten intensiver Wartung, das heißt der vorbeugenden Prüfung aller Anlagenteile auf Verschleiß, da anfangs keinerlei Erfahrungen über die Lebensdauer der einzelnen Bauteile vorlagen. Für einen möglichst reibungslosen Betriebsablauf war außerdem die schnelle Beseitigung von Störungen geboten. Zur Überwachung der elektrischen Streckenausrüstungen wurden deshalb Fahrleitungsmeistereien eingerichtet. Sie mußten mit Arbeitsfahrzeugen ausgestattet werden, mit denen sich jeder Punkt des Kettenwerkes mit eigener Kraft erreichen ließ. Diese „Turmwagen" erhielten einen Mannschaftsraum mit allen für Wartung und Instandhaltung der Oberleitungsanlagen erforderlichen Werkzeugen, Vorrichtungen und Materialien. Auf dem Dach war eine Arbeitsbühne angeordnet, die nach beiden Seiten ausgeschwenkt werden konnte.
Bis Mitte der zwanziger Jahre dienten neben fahrbaren Leitern für diese Zwecke vorwiegend Güterwagen oder alte Personenwagen, zum Teil mit eigenem Antrieb. Die Reichsbahndirektion Stuttgart entwik-

Oberleitungs-Instandhaltungsfahrzeug 1925.

Noch heute sind auf der Schiene fahrbare Leitern unverzichtbar für den Oberleitungsbau.

Unverkennbar aus dem Schienenbus hervorgegangen: der zweiachsige Turmtriebwagen der Bundesbahn mit hydraulisch heb- und schwenkbarer Arbeitsbühne und ausfahrbarer Leiter, von der aus auch entlegene Stellen in den Quertragwerken erreichbar sind.

kelte 1934 für die Strecke nach München einen neuen selbstfahrenden „Fahrleitungsturmwagen", der selbst auf 10 Promille Steigung noch 60 km/h erreichte. Seine Höchstgeschwindigkeit betrug 75 km/h bei 24,6 Tonnen Fahrzeuggewicht. Als weiterentwickelte Varianten des Stuttgarter Fahrleitungsuntersuchungswagens entstand 1939 die Bauart München des Reichsbahn-Zentralamts mit benzin-elektrischem oder diesel-hydraulischem Antrieb. Den Vorkriegsmodellen der verschiedenen Turmwagen folgte nach dem Zweiten Weltkrieg der Turmtriebwagen nach, ein zweiachsiges, aus dem Schienenbus abgeleitetes Fahrzeug, das unterflur mit einem 100-PS-Dieselmotor hydraulisch angetrieben wird. Als wesentliche Neuerung ist eine hydraulisch heb- und schwenkbare Arbeitsbühne vorhanden, von der auch noch eine Leiter ausgefahren werden kann, um in Quertragwerken alle wichtigen Punkte erreichen zu können. Die Höchstgeschwindigkeit beträgt 65 km/h. Der Turmtriebwagen kann mit einem Trommelwagen zum Verlegen von Fahrdraht und Tragseil kombiniert werden.

Mit der Steigerung der Geschwindigkeiten, der dichteren Zugfolge und infolge Reduzierung der Instandhaltungsstützpunkte entstand Mitte der siebziger Jahre die Notwendigkeit, ein schnelleres Fahrzeug für die Oberleitungsinstandhaltung einzusetzen. Der Entwicklung lagen 140 km/h Höchstgeschwindigkeit, mit Anhängelast wie Trommelwagen 100 km/h auch in Steigungen bis 5 Promille, großer Werkstattraum mit hoher Tragfähigkeit, leistungsfähiges Bordnetz 230/400 Volt, gute Beleuchtung im und um das Fahrzeug sowie Hubeinrichtung mit 300 kg Tragfähigkeit zugrunde. Das erste dieser neuen Fahrzeuge ging 1978 in Betrieb. Es handelt sich um einen unterflur von zwei Dieselmotoren mit je 390 PS angetriebenen Turmtriebwagen mit hydraulischer Leistungsübertragung. Das vierachsige Drehgestellfahrzeug ist 23,4 Meter lang und hat 52 Tonnen Dienstgewicht. Damit konnten alle Anforderungen erfüllt werden. Vor allem die

Vierachsiger Turmtriebwagen für 140 km/h Höchstgeschwindigkeit. Seine ausziehbare Leiter reicht bei einem Winkel von 75 Grad bis zu 18 Meter hoch.

Der 1932 beschaffte Oberleitungsmeßwagen entstand damals durch Umbau eines ausrangierten Schnellzugwagens, blieb aber trotzdem bis Anfang der siebziger Jahre unentbehrlich.

Arbeitsbühne wurde erheblich verbessert. So können mit einer ausziehbaren Leiter 18 Meter Höhe über Schienenoberkante mit einem Aufrichtwinkel bis zu 75 Grad erreicht werden.

Meßwagen

Ein spezieller Oberleitungsmeßwagen war 1930 für Instandhaltungsstellen der Strecken München–Salzburg und München–Kufstein von Siemens entwickelt worden, um Isolationsfehler an Oberleitungen finden zu können. Er war mit eigener Spannungsquelle ausgerüstet; damit ließ sich die Meßspannung bis zur vollen Betriebsspannung des Systems steigern. Durch die räumliche Änderung von Magnetfeldern konnte der Mast mit der schadhaften Isolation „herausgemessen" werden.
Für die am 19. Oktober 1932 gegründete Elektrotechnische Versuchsanstalt in München beschaffte die Reichsbahn mehrere Meßwagen, darunter einen Oberleitungs- und einen Funkmeßwagen. Sie entstanden durch Umbau von Reisezugwagen und waren bremstechnisch für 140 km/h Höchstgeschwindigkeit geeignet. Der Oberleitungsmeßwagen erhielt im Dach eine Beobachtungskanzel, um den Stromabnehmerlauf verfolgen zu können. Mit diesem Wagen unternahm die Bundesbahn bis in die siebziger Jahre alle Untersuchungen im Zusammenhang mit der Weiterentwicklung von Oberleitung und Stromabnehmern für Geschwindigkeiten bis 200 km/h. Als sich die Notwendigkeit zu noch höheren Geschwindigkeiten abzeichnete, wurden neue Meßwagen für 300 km/h Höchstgeschwindigkeit und in Anlehnung an die Reisezugwagen mit 26,4 Meter Länge bei der Industrie in Auftrag gegeben. Als wichtigste Neuerungen erhielten sie einen voll klimatisierten Meßraum, eine Hochspannungsmeßzelle und einen Wendezugsteuerstand. Der neue Oberleitungsmeßwagen, der 1973 in Dienst gestellt wurde, erhielt wieder eine – diesmal größere – Beobachtungskanzel und 1980 ein von der Bundesbahn-Versuchsanstalt München entwickeltes Kontaktkraftmeßsystem; mit ihm war es erstmals mög-

Neuzeitlicher Oberleitungsmeßwagen der Bundesbahn.

lich, auch die bei Höchstgeschwindigkeit auftretenden dynamischen Kräfte unter 15 000 Volt Betriebsspannung und vollem Betriebsstrom aufzuzeichnen und zu analysieren.

Die Systemfrage

Um 1880 stand für elektrische Antriebe allgemein nur Gleichstrom zur Verfügung. Wechselstrom und Drehstrom begannen sich zunächst in den öffentlichen Netzen auszubreiten. Wegen der besonderen Betriebsbedingungen der Bahnen kam für sie eine unmittelbare Übernahme dieser Systeme jedoch nicht in Betracht.
Drehstrom schied wegen der erforderlichen mehrpoligen Energiezuführung und der zur festen Frequenz proportionalen festen Geschwindigkeit beim damaligen Stand der Technik aus.
In der bayerischen Denkschrift von 1907 empfahl Gleichmann Einphasenwechselstrom mit 15 000 Volt; für die Erfordernisse der Bahnmotoren sollte die Frequenz gegenüber den öffentlichen Netzen auf ein Drittel, von 50 also auf 16 2/3 Hertz, reduziert werden. Diesem Vorschlag schlossen sich 1912 Baden und Preußen an.
Nach dem Ersten Weltkrieg stellte sich im Hinblick auf Fortschritte bei der elektrischen Zugförderung mit Gleichstrom in den USA, in England und Frankreich die Systemfrage erneut. Für Gleichspannung sprachen die Neuentwicklung leistungsstarker Quecksilberdampfgleichrichter und die geringe Beeinflussung von Fernmeldeleitungen, dagegen jedoch die in kurzen Abständen erforderlichen Unterwerke und damit die zahlreichen Hochspannungsanschlüsse an das öffentliche Netz, höherer Aufwand an Nebenanlagen sowie die Gefahr elektrolytischer Korrosion an Schienen und benachbarten metallenen Leitern wie Rohren, Kabelarmierungen oder Betonstahlbewehrungen. Die Entscheidung fiel deshalb wieder zugunsten des bewährten Wechselstromsystems mit 15 000 Volt und 16 2/3 Hertz.
Besonders die positiven Ergebnisse bei Gleichspannung von 3 000 Volt in Italien wie bei Wechselspannung mit 25 000 Volt und der Industriefrequenz von 50 Hertz in Ungarn veranlaßten Wechmann 1941, ein „Gutachten über die Wahl des Stromsystems für die Elektrisierung von Fernbahnen" durch eine Expertengruppe der Reichsbahn erarbeiten zu lassen. Die eingehenden wissenschaftlichen Untersuchungen und Berechnungen ergaben gegenüber dem bestehenden System je nach Belastungsannahme bis zu 5,4 Prozent höhere Jahreskosten bei Einphasenwechselstrom mit 50 Hertz und bis zu 26,4 Prozent bei Gleichstrom.
Die mit der Entwicklung des Siliziumgleichrichters auf einfache Weise mögliche Umwandlung von Wechselstrom mit 50 Hertz in Gleichstrom auf dem Triebfahrzeug führte nach dem Zweiten Weltkrieg vor Beginn der Elektrifizierung von Süd- nach West- und Norddeutschland abermals zu einer sorgfältigen Prüfung der Systemfrage. Umfang und Zahl der vorhandenen Anlagen und Fahrzeuge, aber auch der schlechtere Wirkungsgrad bei Umrichtung der Stromart auf dem Fahrzeug und die zur Anpassung der Übertragungsverluste erforderliche Erhöhung der Oberleitungsspannung auf 25 000 Volt sprachen jedoch erneut für eine Beibehaltung des bestehenden Systems.
Im Zusammenhang mit dem Bau neuer Strecken hat die Bundesbahn wiederum untersuchen lassen, ob sich dort mit dem 50-Hertz-System und der Möglichkeit unmittelbaren Energiebezugs aus den öffentlichen Netzen womöglich wirtschaftliche Vorteile verbinden. Die Notwendigkeit zur Beschaffung von Zweifrequenzfahrzeugen und die Unmöglichkeit, die vorhandenen Triebfahrzeuge auf den Neubaustrecken zu verwenden, dürften indessen ein weiteres Mal für die unveränderte Beibehaltung der 1907 getroffenen Wahl sprechen.

Elektrische Bahnanlagen in der DDR

Auch im mitteldeutschen Netz wurden die Kriegszerstörungen 1945 zunächst nach Kräften behoben, so daß der elektrische Zugbetrieb auf einer Reihe von Abschnitten wieder aufgenommen werden konnte. Anfang April 1946 kam er jedoch endgültig zum Erliegen, nachdem Anlagen und Fahrzeuge von der Sowjetunion als Reparation in Anspruch genommen wurden. Im Zusammenhang mit einer ins Auge gefaßten erneuten Elektrifizierung entschied sich die Reichsbahn der DDR wiederum für Einphasenwechselstrom 15 000 Volt/16 2/3 Hertz. Sie wurde in dieser Systemwahl bestärkt, als 1952 ein großer Teil der Lokomotiven und Anlagenteile aus der UdSSR zurückkam und als Grundstock für den Neubeginn elektrischer Zugförderung mit dem früheren System dienen konnte.
Überlegungen hatten sowohl dem inzwischen anwendungsreifen System mit Industriefrequenz von 50 Hertz, als auch dem in Polen und der Tschechoslowakei benutzten Gleichstromsystem mit 3 000 Volt Oberleitungsspannung gegolten. Das 50-Hertz-System schied trotz bereits eingeleiteter Versuche aus, weil sich schon aus Berechnungen ergab, daß die Betriebskosten bei künftiger Elektrifizierung mit einem abweichenden System um etwa fünf Prozent höher liegen würden als bei Weiterführung mit 16 2/3 Hertz; zwar wären die Energiekosten um etwa zwei Prozent gesunken, doch der Aufwand für den Systemwechsel innerhalb des Netzes sowie für Änderungen der Signal- und Fernmeldeanlagen wäre weit darüber hinausgegangen.
Politischen Vorstellungen von einer Elektrifizierung mit dem Gleichstromsystem wie in den östlichen Nachbarländern folgte die Praxis nicht. Die Teilung

Im nördlichen Teil des elektrisch betriebenen Streckennetzes der DDR speist die Reichsbahn die aus dem Landesnetz mit 50 Hertz bezogene und in Bahnstrom 16⅔ Hertz umgeformte Energie unmittelbar in die Oberleitung ein. Dafür wurden fahrbare Synchron-Synchron-Umformer entwickelt, die nicht nur auf eigenem Laufwerk zum Einsatz gebracht, sondern bei Bedarf auch rasch ausgewechselt werden können. Hier einer dieser Umformer auf Überführungsfahrt in Dresden.

Deutschlands wurde damals auch in der DDR eher als vorübergehend betrachtet, so daß ein erneutes Zusammenwachsen mit dem süd- und westdeutschen Netz viel naheliegender erschien als der Anschluß an Strecken in Polen oder der Tschechoslowakei.

Für die Volkswirtschaft der DDR spielt der elektrische Bahnbetrieb aus zweierlei Gründen eine bedeutende Rolle. Einmal steht als heimischer Energieträger nur Braunkohle in hinreichender Menge zur Verfügung; sie eignet sich zur Verbrennung in Großfeuerungsanlagen wie in Kraftwerken und damit zur Stromerzeugung am besten, nur bedingt dagegen für den Dampflokomotivbetrieb. Andererseits liegen in der DDR über achtzig Prozent des Binnenverkehrs auf der Schiene, der Energieverbrauch der Eisenbahn spielt also eine wesentlich größere Rolle als in der Bundesrepublik Deutschland.

Dennoch ließ die DDR Jahrzehnte vergehen, bis sie ihre Eisenbahn in größerem Umfang auf elektrischen Betrieb umstellte. Statt dessen wurden in erheblicher Zahl Diesellokomotiven aus der Sowjetunion beschafft, um den noch unwirtschaftlicheren Dampfbetrieb einschränken zu können. So lag 1979 der Anteil der elektrischen Zugförderung an den Transportleistungen der Reichsbahn bei 17,8 Prozent, bei der Bundesbahn bei 83,1 Prozent. Auf die Dieseltraktion entfielen bei der Bundesbahn nur 16,9 Prozent, bei der Reichsbahn 72,4 Prozent. Untersuchungen ergaben außerdem, daß der Dieselbetrieb vor allem infolge des hohen Kraftstoffverbrauchs der Lokomotiven sowjetischer Bauart etwa das 2,8fache der elektrischen Traktion an Energie erforderte. Die starke Verteuerung des Dieselkraftstoffs während der Ölkrisen traf deshalb die Reichsbahn besonders hart.

Erst im Mai 1975 faßte man den Beschluß, die Elektrifizierung der Reichsbahn im Hinblick auf die Energiesituation mit allen Kräften voranzutreiben. Nach den Nord-Süd-Magistralen mit den Häfen an der Ostsee wurden auch die West-Ost-Strecken zu den Braunkohlevorkommen im Raum Cottbus in das Elektrifizierungsprogramm aufgenommen. Der internationalen Verbindung mit der Tschechoslowakei über Bad Schandau folgte später auch die mit Polen über Frankfurt (Oder).

Eine Säule der Bahnenergieversorgung im südlichen Teil des Netzes bildet noch heute das mit Braunkohle gefeuerte Dampfkraftwerk Muldenstein bei Bitterfeld. Daneben bezieht die Reichsbahn Strom aus dem Landesnetz über zwei zentrale Umformerwerke in Karl-Marx-Stadt und Dresden-Niedersedlitz. Wie bei der Bundesbahn wird die elektrische Energie über ein Bahnstromleitungsnetz mit 110000 Volt an die Speisepunkte herangeführt, dort in Unterwerken

auf 15 000 Volt transformiert und in die Oberleitung eingespeist. Der Lastverteiler der Reichsbahn befindet sich in Dresden-Niedersedlitz.
Mit fortschreitender Elektrifizierung nach Norden wurde jedoch, um auf das aufwendige Bahnstromleitungsnetz verzichten zu können, die Energieversorgung auf dezentrale Umformerwerke ausgerichtet. Sie verbinden das Landesnetz 50 Hertz etwa alle sechzig Kilometer direkt mit dem Oberleitungsnetz 16 ⅔ Hertz; der Speisebereich umfaßt nach beiden Richtungen je etwa dreißig Kilometer. Die Umformer müssen im Gegensatz zur zentralen Bahnenergieversorgung mit Zwischenschaltung des Übertragungsnetzes die vollen Lastschwankungen zwischen Leerlauf und gleichzeitiger Anfahrt mehrerer Züge unmittelbar auffangen; sie sind deshalb für hohe kurzzeitige Überlastbarkeit ausgelegt. Mit fahrbaren Umformern von je 10 MVA Leistung wurde eine für die Betriebsverhältnisse der Reichsbahn besonders günstige Lösung gefunden. Die vom VEM Sachsenwerk Dresden und seit 1987 in Lizenz auch vom Reichsbahnausbesserungswerk „Clara Zetkin" in Erfurt hergestellten Synchron-Synchron-Umformer sind in siebenachsige Schwertransportwagen eingebaut. Sie können damit problemlos befördert und bei Störungen in nur vier Stunden ausgewechselt werden. Mit 146 Tonnen Gesamtgewicht bei zwölf Metern Länge stellen sie die Fahrzeuge mit der größten Meterlast bei der Reichsbahn dar.
Der erste fahrbare Umformer wurde 1966 gebaut und zusammen mit dem zweiten in Muldenstein aufgestellt. Inzwischen sind über sechzig derartige Maschinen im Einsatz. Sie werden vom Sachsenwerk inzwischen in 5. Generation gebaut und wurden von Mal zu Mal verbessert. So beträgt die zulässige Höchstgeschwindigkeit heute 60 km/h gegenüber anfangs nur 30 km/h. Die kurzzeitige Überlastbarkeit stieg vom 1,4fachen auf den 1,7fachen Nennwert. Das Gesamtgewicht konnte demgegenüber von 146 auf heute nur noch 139,4 Tonnen reduziert werden, so daß die Radsatzlast 20 Tonnen nicht mehr übersteigt. Ab der 5. Generation wurde die Erregermaschine durch Leistungselektronik ersetzt.
Um den Materialbedarf und den Gesamtaufwand für die Elektrifizierung weniger stark beanspruchter Strecken und Gleise zu vermindern, entwickelte die Reichsbahn der DDR eine vereinfachte Oberleitung ohne Tragseil. Sie wurde auf der Strecke Glauchau–Gößnitz erstmals eingebaut und eignet sich bis zu 80 km/h. Der Fahrdraht wird nur an den Mastauslegern und an beiderseits schräg angesetzten Beiseilen aufgehängt. Der Verzicht auf das Tragseil soll rund 350 Kilogramm Kupferersparnis je Kilometer bewirken.

Montage eines Niederdruckläufers im Großkraftwerk Mannheim

Elektrifizierung, Gegenwart und Zukunft

Mit der Strecke Niedernhausen – Limburg erreichte das elektrische Streckennetz 1986 eine Länge von 11426 Kilometer und damit einen Anteil von 41,5 Prozent am Gesamtnetz. Heute erbringt die elektrische Traktion 86 Prozent der Förderleistungen und fast 90 Prozent der Verkehrsleistungen.

Aus Sicht der Bundesbahn ist die Elektrifizierung von Strecken des bestehenden Netzes deshalb weitgehend abgeschlossen; die Neubaustrecken werden selbstverständlich von vornherein für elektrische Traktion ausgebaut. Ob eines Tages weitere Strecken elektrifiziert werden, hängt vor allem von der Verkehrsentwicklung ab; die Wirtschaftlichkeit der Investitionen muß in jedem Einzelfall nachgewiesen werden. Wenn von anderer Seite, etwa von Bundesländern, die Umstellung einzelner Strecken auf elektrischen Betrieb gewünscht wird, müssen die erforderlichen Zuschüsse so kalkuliert werden, daß sich das Wirtschaftsergebnis der Bundesbahn verbessert.

Mit dem Anwachsen des elektrifizierten Streckennetzes und der wachsenden Zahl elektrischer Triebfahrzeuge war es notwendig, auch die Bahnstromerzeugerleistung dem steigenden Bedarf anzupassen. Während die frühere Reichsbahn nur bahneigene Kraftwerke betrieb, um sich den direkten Zugriff darauf und damit auf das „Herz der elektrischen Zugförderung" zu sichern, überließ die Bundesbahn die Energieerzeugung anderen, hierauf spezialisierten Partnern, nämlich den Energieversorgungsunternehmen.

Noch Anfang der fünfziger Jahre hatte die installierte Leistung der Wasserkraftwerke im süddeutschen Raum den größten Anteil. Mit der nach Norden fortschreitenden Elektrifizierung nahm der Anteil der Wärmekraftwerke überproportional zu; sie entstanden vorwiegend in den Verbrauchsschwerpunkten der elektrischen Zugförderung. Umformerwerke, in denen Drehstrom der öffentlichen Energieversorgung in Einphasen-Bahnstrom umgeformt wird, eignen sich wegen ihrer günstigen Regelcharakteristik zur kurzfristigen Bereitstellung des Spitzenbedarfs elektrischer Energie und ergänzen somit Wasser- und Wärmekraftwerke für die Grund- und Mittellast.

Heute sind 18 Prozent der Bahnstromleistung in Wasserkraftwerken, 57 Prozent in Wärmekraftwerken und 25 Prozent in Umformerwerken installiert. An der Bahnstromerzeugung waren 1986 Wasserkraftwerke zu 13 Prozent, Wärmekraftwerke zu 70 Prozent und Umformerwerke zu 17 Prozent beteiligt. Damit ist die Energiestruktur für die elektrische Zugförderung ausgewogen. Sie stützt sich aufgrund jahrzehntelanger vorausschauender Planung überwiegend auf die Primärenergieträger Kohle, Wasserkraft und Gichtgas aus Hüttenwerken. Durch Verwendung dieser im Inland verfügbaren Primärenergieträger ist die Energieversorgung der elektrischen Zugförderung weitgehend krisensicher; der krisenanfällige Energieträger Mineralöl spielt bei der Erzeugung von Bahnstrom kaum eine Rolle.

Anerkanntermaßen ist die elektrische Energie umweltfreundlich. Ihre Erzeugung in großen Maschinensätzen unterliegt ständigen Kontrollen, insbesondere auch hinsichtlich der Schadstoffemission aus den Umwandlungsprozessen von Primär- in Endenergie.

Die von den Kraftwerksgesellschaften erzeugte elektrische Energie wird über ein heute mehr als fünftausend Kilometer langes 110000-Volt-Bahnstromnetz auf 107 Unterwerke verteilt. Hier wird die Energie auf 15000 Volt transformiert und in die Oberleitung eingespeist. Durch die großflächige Energieversorgung im 110000-Volt-Bereich und die regionale Versorgung der Oberleitungen mit 15000 Volt ist es möglich, die beim Energietransport zwischen Kraftwerk und Triebfahrzeug entstehenden Stromwärmeverluste und damit die Übertragungskosten auf ein Minimum zu senken.

Die Energieübertragung zum Verbraucher, zum Triebfahrzeug, ist nur über die schleifende Berührung zwischen der fest installierten Oberleitung und der Schleifleiste des Stromabnehmers auf dem Triebfahrzeug möglich. Um den Strom ohne Unterbrechung und ohne Lichtbogen zu übertragen, darf der Kontakt zwischen Stromabnehmer und Oberleitung nicht unterbrochen werden. Die Bundesbahn hat verschiedene Oberleitungsbauarten entwickelt, die je nach zulässiger Höchstgeschwindigkeit ein Optimum darstellen. Neben den Regelbauarten Re 100 und Re 160 für zulässige Höchstgeschwindigkeiten von 100 bzw. 160 km/h steht für hohe Geschwindigkeiten bis 200 km/h die Bauart Re 200 zur Verfügung.

Aus den Erfahrungen mit diesen Oberleitungsbauarten wurde für Neubaustrecken die Oberleitungsregelbauart Re 250 entwickelt, um auch bei 250 km/h und den größeren dynamischen Beanspruchungen gleich gute Stromabnahme sicherzustellen wie bei der Regeloberleitung Re 200 und einer Geschwindigkeit von 200 km/h. Für die Neubaustrecken Hannover – Würzburg und Mannheim – Stuttgart werden 110-kV-Bahnstromleitungen mit je zwei Stromkreisen und Bündelleiterbeseilung gebaut; sie versorgen die im Abstand von etwa zwanzig Kilometer errichteten Unterwerke und hierüber die Oberleitungen.

Mit Inbetriebnahme der neuen Strecken entsteht, zum einen durch Verkehrsmehrung, zum anderen durch die Höchstgeschwindigkeit von 250 km/h ein Mehrbedarf an elektrischer Leistung und elektrischer Arbeit. Aus Gründen der Wirtschaftlichkeit, aber auch der Leistungsfähigkeit und Zuverlässigkeit des Betriebes auf den Neubaustrecken ergab sich die Notwendigkeit, die Energieversorgung und die hierzu erforderlichen Anlagen der neuen Strecken in das bestehende Bahnstromversorgungskonzept einzubinden. Zur Deckung des Energiebedarfes im nordöstlichen Bereich wurden zwei Netzkupplungsumformer zu je 35 MW/50 MVA in Lehrte und Hamburg–Harburg installiert. Der weitere Mehrbedarf wird vom künftigen Gemeinschaftskernkraftwerk Neckar II mit zwei Netzkupplungsumformern zu je 70 MW/82,35 MVA gedeckt.

Durch Neubaustrecken steigen die Anforderungen an die Bahnstromversorgung. Sie wird jedoch auch künftig in der Lage sein, die für den umweltfreundlichen und energiesparsamen elektrischen Zugbetrieb nötige Energie krisenfest auf der Basis heimischer Primärenergieträger bereitzustellen. Mit der elektrischen Traktion bietet die Bundesbahn dem Verkehrsmarkt ein zukunftsorientiertes und leistungsfähiges Verkehrsmittel.

Zugförderung, Gegenwart und Zukunft

Für jede Eisenbahn sind Kosten, Betriebstüchtigkeit, Verfügbarkeit und sparsamer Energieverbrauch, insgesamt also die Wirtschaftlichkeit des Triebfahrzeugeinsatzes, von ausschlaggebender Bedeutung für das Wirtschaftsergebnis des Unternehmens. Seit jeher ist es daher auch das Ziel der Bundesbahn, die betriebswirtschaftlichen Resultate der Zugförderung, wo immer es geht, zu verbessern. Nachdem die Dampflokomotive in technischer und physikalischer Sicht einen Stand erreicht hatte, der trotz intensiver Nutzung aller technischen Möglichkeiten nicht weiter verbessert werden konnte, setzte am Anfang der fünfziger Jahre bei der Bundesbahn ein Strukturwandel in der Zugförderung ein, der im Jahre 1977 mit der Ausmusterung der letzten Dampflokomotive endete.

Förderleistungsanteile der elektrischen und der Dieseltraktion.

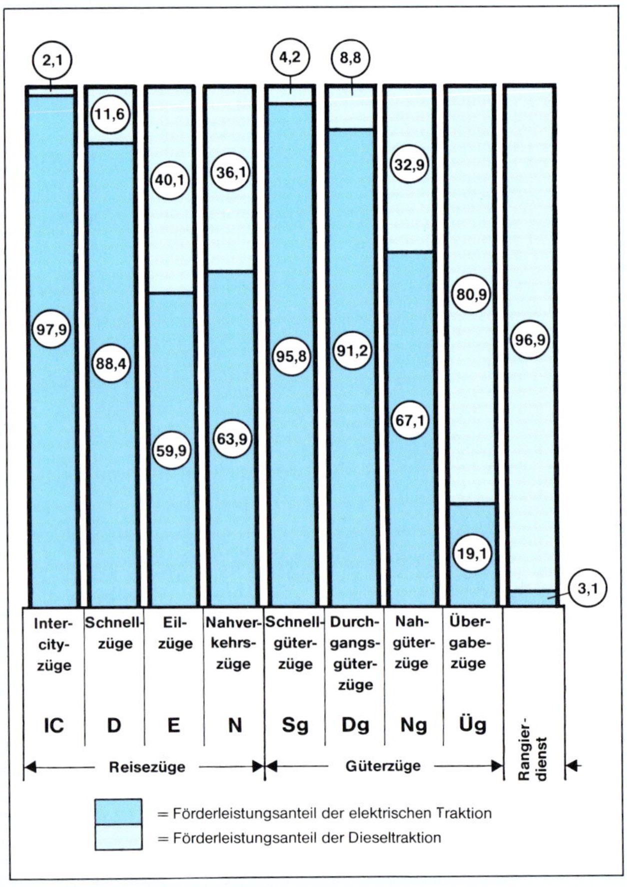

Die Aufgaben der Dampflokomotiven wurden sowohl von Brennkraft- als auch von elektrischen Triebfahrzeugen übernommen. Wegen der höheren spezifischen Laufleistungen von Diesel- und elektrischen Triebfahrzeugen konnte der Bestand an Triebfahrzeugen erheblich reduziert werden. Hierbei war 1977 der Bestand an Brennkraft- und elektrischen Lokomotiven zunächst noch nahezu gleich groß. In letzter Zeit nimmt der Anteil an Diesellokomotiven jedoch ab.

Die Elektrifizierung der hoch belasteten Hauptstrekken und der dadurch mögliche verstärkte Einsatz von elektrischen Triebfahrzeugen brachte betriebswirtschaftlich den größten Erfolg.

Weitere Kostensenkungen werden in diesem Traktionsbereich künftig durch den Einsatz von Lokomotiven mit Drehstromantriebstechnik erwartet. Neben geringeren Instandhaltungs- und Energiekosten zeichnen sie sich durch ihre universelle Einsetzbarkeit aus. Sie sind in der Lage, tagsüber schnelle IC-Züge und nachts schwere Güterzüge zu befördern. Die Stillstandszeiten der Lokomotiven können daher auf ein Minimum reduziert werden. Langfristig ist somit eine Reduzierung des elektrischen Triebfahrzeugparks bei gleichbleibenden Zugförderungsleistungen möglich.

Dieseltriebfahrzeuge übernahmen in Ergänzung zur elektrischen Traktion den Dienst auf Strecken und Netzteilen mit geringerem Gesamtverkehrsaufkommen, für die eine Elektrifizierung wirtschaftlich nicht zu rechtfertigen ist. Hierbei handelt es sich um schwächer belastete Nebenfernstrecken und den Nebenbahndienst, wo im Regelfall auch die Anhänge- und Zuglasten geringer sind als auf den elektrifizierten Strecken. Ein weiteres, fast ausschließlich der Dieseltraktion vorbehaltenes Einsatzgebiet ist der Rangierdienst. Die Dieseltraktion stellt somit im Interesse eines gesamtbetriebswirtschaftlichen Optimums eine notwendige und sinnvolle Ergänzung der

Die elektrische Lokomotive Baureihe 120 und der ICE verbinden Gegenwart und Zukunft der Zugförderung.

Zugförderung mit elektrischen Triebfahrzeugen auf Hauptstrecken dar.
Auf dem Sektor der Zugförderung von Reisezügen liegt der Einsatzschwerpunkt der Brennkrafttriebfahrzeuge bei den Eil- und Nahverkehrszügen, weil deren Anteil aufgrund der Verkehrsstruktur im nicht elektrifizierten Netz höher ist als auf elektrifizierten Strecken. In diesen Zuggattungsbereichen übernehmen Brennkrafttriebfahrzeuge mit Anteilen von bis zu vierzig Prozent die Aufgaben der Zugförderung.
Von der Struktur her vergleichbare Verhältnisse zeigt die Zugförderung von Güterzügen. Auch hier liegt der Einsatzschwerpunkt der Brennkrafttraktion im Nahbereich mit einem Anteil von fast einem Drittel bei den Nahgüterzügen. Die Bespannung der Übergabezüge und der Rangierdienst stellen sogar ein fast artreines Einsatzgebiet der Brennkrafttriebfahrzeuge dar. Im Rangierdienst werden nahezu sämtliche Leistungen durch Dieselrangier- und Kleinlokomotiven erbracht.
Bezogen auf die Transportleistung wird die immer noch zunehmende und dominierende Bedeutung der Zugförderung mit elektrischen Triebfahrzeugen deutlich. 1986 wurden 86 Prozent aller Beförderungsleistungen in Bruttotonnenkilometern von elektrischen Triebfahrzeugen erbracht, während auf die Dieseltriebfahrzeuge nur noch ein Leistungsanteil von knapp 14 Prozent entfiel.
Die Zukunft der beiden Traktionsarten wird in technischer Hinsicht von der nunmehr zur Anwendungsreife entwickelten Drehstromleistungsübertragung wesentlich mitbestimmt werden, denn es bietet sich die Möglichkeit, künftig bei elektrischen und Diesellokomotiven dieselbe Steuerungs- und Antriebstechnologie anzuwenden.
Für die Deutsche Bundesbahn als Betreiber eines großen Triebfahrzeugparkes zeichnet sich damit in Zukunft ab, daß sich elektrische und Diesellokomotiven im Steuerungs- und Kraftübertragungsteil technologisch weitgehend angleichen können mit der positiven Konsequenz, daß sich der Aufwand für Betriebsführung und Instandhaltung noch nennenswert reduzieren lassen wird.

Normung

Nationale Normung der Eisenbahnfahrzeuge

Der 1847 gegründete Verein Deutscher Eisenbahnverwaltungen stellte bereits 1850 „Grundzüge für die Gestaltung der Eisenbahnen Deutschlands" sowie „Einheitliche Vorschriften für den durchgehenden Verkehr auf den bestehenden Vereinsbahnen" auf, die 1865 zu den „Technischen Vereinbarungen des Vereins deutscher Eisenbahnverwaltungen über den Bau und die Betriebseinrichtungen der Eisenbahnen" weiterentwickelt wurden.

In diesen Vereinbarungen waren bereits die Grundnormen für Eisenbahnfahrzeuge und deren Komponenten festgelegt, so vor allem die Breiten- und Höhenmaße sowie Bauvorschriften für Räder, Tragfedern, Achsstände, Zug- und Stoßeinrichtungen, Bremsen und verschiedene Ausrüstungsteile von Lokomotiven und Wagen.

Eine umfassendere nationale Normung auf dem Gebiet der Schienenfahrzeuge begann allerdings erst 1918 mit der Gründung der vier Normungsgremien

- Allgemeiner Lokomotiv-Normen-Ausschuß (ALNA),
- Engerer Lokomotiv-Normen-Ausschuß (ELNA),
- Allgemeiner Waggon-Normen-Ausschuß (AWANA),
- Engerer Waggon-Normen-Ausschuß (EWANA),

die später zu den beiden Ausschüssen

- Lokomotiv-Normen-Ausschuß (LONA) und
- Waggon-Normen-Ausschuß (WANA)

im Deutschen Normen-Ausschuß (DNA) zusammengefaßt wurden. Seit 1958 führt der Normenausschuß Schienenfahrzeuge (FSF) im DIN Deutsches Institut für Normung e. V. die Tradition der 1918 begonnenen gemeinsamen Normungsarbeit von Schienenfahrzeug-Herstellern und -Betreibern weiter.

Organe des FSF, der seinen Sitz in Kassel hat, sind der Fördererkreis, der Beirat, dessen Vorsitzender, die Arbeitsausschüsse und der Geschäftsführer. Der Fördererkreis setzt sich aus Bahnen, darunter die Deutsche Bundesbahn, Verbänden, Vereinigungen und rund fünfzig Unternehmen der Lokomotiv-, Waggon- und Schienenfahrzeugzulieferindustrie zusammen.

Die eigentliche Normungsarbeit wird von den Arbeitsausschüssen sowie den sie unterstützenden Unterausschüssen und Arbeitskreisen geleistet und hat ihren Niederschlag in rund 170 DIN-Normen und DIN-Norm-Entwürfen gefunden. Neben der Erarbeitung neuer Schienenfahrzeugnormen ist es die ständige Aufgabe der genannten Arbeitsgremien des FSF, das umfangreiche Normenwerk für Schienenfahrzeuge dem jeweils neuesten Stand der Technik anzupassen.

Im Mittelpunkt der derzeitigen Normungsarbeiten stehen Grundnormen und Maschinenelemente, Zeichnungsrichtlinien und Benennungen, Werkstoff-, Brandschutz- und Bauteilnormen sowie Beanspruchungen und Sicherheiten im Schienenfahrzeugbau.

Internationale Normung der Eisenbahnfahrzeuge

Aufgrund der Spurgebundenheit der Fahrzeuge und der Möglichkeit, Züge zu bilden, stellt das System Eisenbahn an seine Technik die wichtige Grundanforderung, daß sowohl Fahrzeug und Fahrweg als auch die Fahrzeuge im Zugverband untereinander kompatibel sein müssen. Im Vergleich zu anderen Verkehrsmitteln bedarf es deshalb wesentlich umfangreicherer technischer Regeln, um das Zusammenwirken der einzelnen Systemkomponenten sicherzustellen. Ein grenzüberschreitender Einsatz der Eisenbahnfahrzeuge ist nur möglich, wenn alle beteiligten Bahnen diese Regeln gemeinsam abstimmen und beachten.

Schon 1887 kam es deshalb zu einer internationalen Regierungsvereinbarung, der „Technischen Einheit im Eisenbahnwesen" (TE), die verbindliche Bauvorschriften für den ungehinderten Grenzübergang der Eisenbahnfahrzeuge enthält und der alle kontinentaleuropäischen Staaten mit normalspurigem Netz beigetreten sind. Die TE hat nach wie vor Gültigkeit und wird zur Zeit überarbeitet. Sie enthält allerdings für die Kompatibilität nur Grundnormen, so für Spurweite, Fahrzeugbegrenzung, Achsstände, Radsätze, Tragfedern, Zug- und Stoßeinrichtungen, freizuhaltende Räume an den Wagenenden, Bremsen und verschiedene Ausrüstungsteile.

Die weitergehende Normung auf dem Gebiet der Eisenbahntechnik hat der 1922 gegründete Internationale Eisenbahnverband UIC (Union Internationale des Chemins de Fer) übernommen. Die Normung der Eisenbahnfahrzeuge liegt dort in den Händen des UIC-Ausschusses „Fahrzeuge und Zugförderung" (5. Ausschuß), der diese Aufgabe zum Teil gemeinsam mit den UIC-Ausschüssen „Betrieb" und „Bahnanlagen" wahrnimmt und dabei außerdem vom Forschungs- und Versuchsamt ORE (Office de Recherches et d'Essais) der UIC in Utrecht unterstützt wird.

Die Hauptlast der Normungsarbeiten tragen die Unterausschüsse und Arbeitsgruppen des 5. Ausschusses. Sie haben die Aufgabe, die in zahlreichen Merkblättern des UIC-Kodex niedergelegten Fahrzeugnormen laufend an den neuesten Stand der Technik anzupassen und zu ergänzen.

Zur Zeit enthält der UIC-Kodex rund 150 Merkblät-

ter mit technischen Lieferbedingungen und Abmessungsnormen für Eisenbahnfahrzeuge. Spezielle Bauvorschriften für Triebfahrzeuge sind in vierzig, für Reisezugwagen und Güterwagen in je fünfundzwanzig sowie für Fahrzeugkomponenten in dreißig UIC-Merkblättern festgelegt. Neben zahlreichen Merkblättern mit Grundnormen handelt es sich dabei auch um solche mit Vorschriften zur Austauschbarkeit von Bauteilen sowie mit einheitlichen Baumerkmalen für Reisezug- und Güterwagen, die sogenannten UIC-Einheitswagen.
Im Vordergrund der Normungsarbeiten des 5. Ausschusses stehen derzeit laufende Aktualisierungen bei den Technischen Lieferbedingungen und Abmessungsnormen, Untersuchungen zur Verbreiterung der Fahrzeugbegrenzung, die Vereinheitlichung einer Mehrsystemlokomotive sowie von Reisezugwagen-Drehgestellen mit nur geringer Gleisbeanspruchung, ferner Vorschriften für die Druckdichtigkeit von Reisezugwagen, ein neues Notbremssystem und die Anhebung der zulässigen Radsatzlasten und Geschwindigkeiten der Güterwagen. Von besonderer Bedeutung sind auch die Arbeiten des ORE zur gemeinsamen Entwicklung von Güterwagen, die inzwischen zu zahlreichen Bauarten moderner UIC-Standardgüterwagen geführt haben.

Reisezugwagen

Geschichte und Entwicklung

„Alle normalerweise in Reisezüge einstellbaren Wagen" gelten nach der Definition der Bundesbahn als Reisezugwagen. Sie werden in Personen-, Gepäck-, Post- und Dienstwagen eingeteilt. Bei den ganz oder überwiegend zur Fahrgastbeförderung bestimmten Personenwagen sind drei Grundtypen zu unterscheiden: Abteilwagen, Durchgangswagen mit Mittelgang und Durchgangswagen mit Seitengang. Nach dem Verwendungszweck werden die Personenwagen unterschieden nach Sitzwagen, Schlaf- und Liegewagen, Speisewagen, Salon- und Gesellschaftswagen sowie Zellenwagen zum Gefangenentransport, die jedoch heute nicht mehr in Gebrauch sind.

Postkutsche auf Schienen

Die Entwicklung der Personenwagen begann – naheliegend – mit Postkutschen auf Schienen. Für die

Die ersten Abteilwagen 1. Klasse, wie dieser der München-Augsburger Eisenbahn, 1838, entstanden aus nebeneinander gesetzten Postkutschenkästen auf hölzernem Untergestell.

ersten Personenwagen der meisten frühen Bahnen Deutschlands gab die schon 1832 eröffnete, 127 Kilometer lange Pferdebahn Budweis – Linz das Vorbild ab; ihre Kutschen hatten bereits Räder mit eisernem Spurkranz. Später wurde auch der Aufbau von Postfrachtkutschen mit dem Portalkran auf Flachwagen verladen. Equipagenbesitzer ließen ihr Gefährt sogar vollständig – freilich ohne Pferde – auf flachen Eisenbahnwagen transportieren und reisten so in den „eigenen vier Wänden". Dieses Verfahren bildete den frühesten Vorläufer des heutigen Autoreisezugs.

In den Wagen 3. Klasse, hier der Breslau-Freiburger Eisenbahn, 1842, waren die Fahrgäste schutzlos dem Wetter, aber auch Dampf und Rauch der Lokomotive ausgesetzt.

Grundtypen der Reisezugwagen

Der Abteilwagen 1. Klasse auf den frühen deutschen Bahnen, wie sie Nürnberg mit Fürth, Leipzig mit Dresden oder Berlin mit Potsdam verbanden, entstand aus nebeneinander gesetzten Postkutschenkästen auf hölzernem Untergestell; immerhin konnten die Reisenden hier durch Glasfenster blicken. Zwischen den halbhohen Seitenwänden des Wagens 2. Klasse boten nur Vorhänge leidlichen Wetterschutz für die acht Insassen eines Abteils von etwa 2,5 Meter Breite und 1,7 Meter Höhe. Über der 3. Klasse gab es vielfach nicht einmal ein Dach; hier waren die Menschen auf ihren harten Holzbänken schutzlos dem Wetter ebenso ausgeliefert wie Dampf und Rauch aus der Lokomotive.
Später waren Abteilwagen und Durchgangswagen mit Mittel- oder Seitengang charakteristisch für die Bahnen der einzelnen Länder.
Preußen benutzte überwiegend Abteilwagen. Der erste von 1878 zeigte sich mit nur einem Eingang etwas abweisend, aber seine Abteile waren winterfest und bequem eingerichtet. Typisch für sächsische Abteilwagen war die Handbremsplattform an einem Wagenende.
Württemberg bevorzugte den Wagen mit Großraum und Mittelgang zwischen offenen Einstiegsbühnen an beiden Wagenenden; er wurde zunächst Intercommunikationswagen, später Durchgangswagen genannt und hatte den amerikanischen Wagen mit dem Grundriß eines Mississippidampfers zum Vorbild. Diese Wagen, zwischen 1845 und 1860 in Württemberg gebaut, waren 14,2 Meter lang und liefen auf einfach gefederten Drehschemeln aus Holz mit nur 1 225 oder 1 455 mm Radsatzstand. Bis 1906, als die Bauart C 4 i erschien, änderte sich nur wenig. Als besonders gelungener und langlebiger Mittelgangwagen gilt der bayerische Dreiachser, der zwischen 1899 und 1921 praktisch unverändert beschafft wurde und hier das Bild der Personenzüge prägte.
Die Herkunft des Abteilwagens galt als englisch, die des Durchgangswagens als amerikanisch; beiden Typen stellte Edmund Heusinger von Waldegg 1870 einen Wagen mit Abteilen gegenüber, die jedoch nicht unmittelbar von außen, sondern von einem Seitengang aus zugänglich waren. Die hessische Ludwigsbahn setzte ihn 1873 als erste ein. Nachdem ab 1. Mai 1892 im D 32 Berlin–Hildesheim–Köln zum ersten Mal vierachsige Durchgangswagen liefen, setzte sich der „D-Zugwagen" allgemein durch. Die schon seit 1875 an preußischen Salonwagen angebauten Faltenbalgübergänge prägten nun auch das Erscheinungsbild des D-Zugs und trugen ihm die Bezeichnung „Harmonikazug" ein. In Bayern wurden 1894 dreiachsige D-Zugwagen beschafft, denen 1895 vierachsige folgten; sie behielten bis

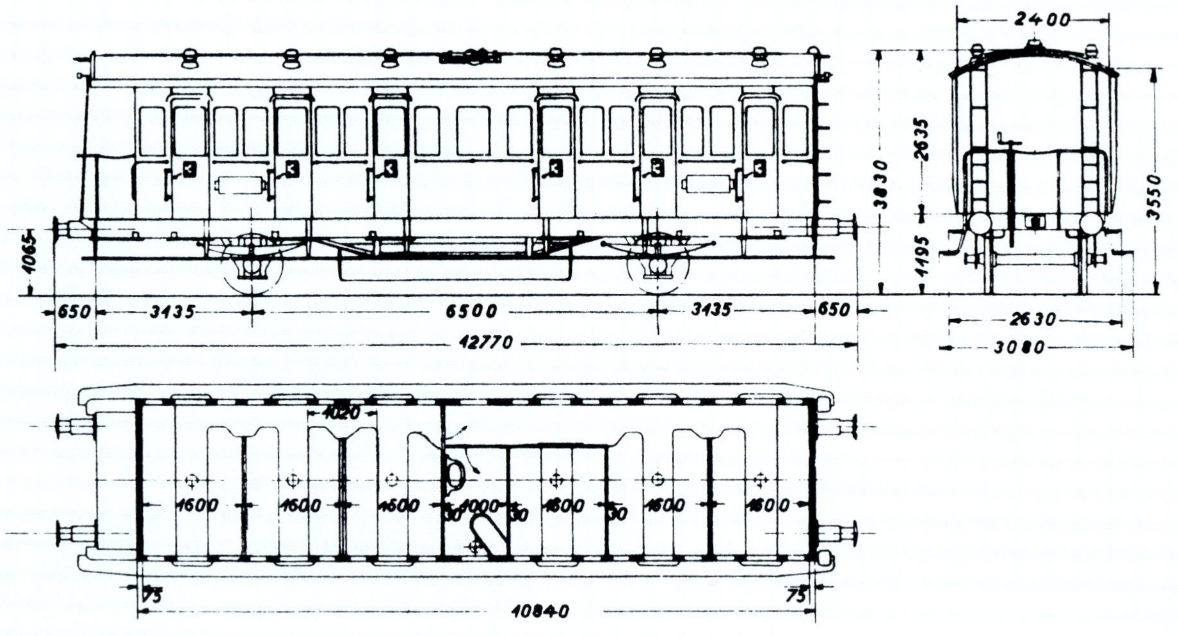

Bei den später aufkommenden Abteilwagen war das Untergestell aus Stahl, der Wagenkasten aus Holz. Für Sachsen typisch war die Handbremsplattform an einem Wagenende.

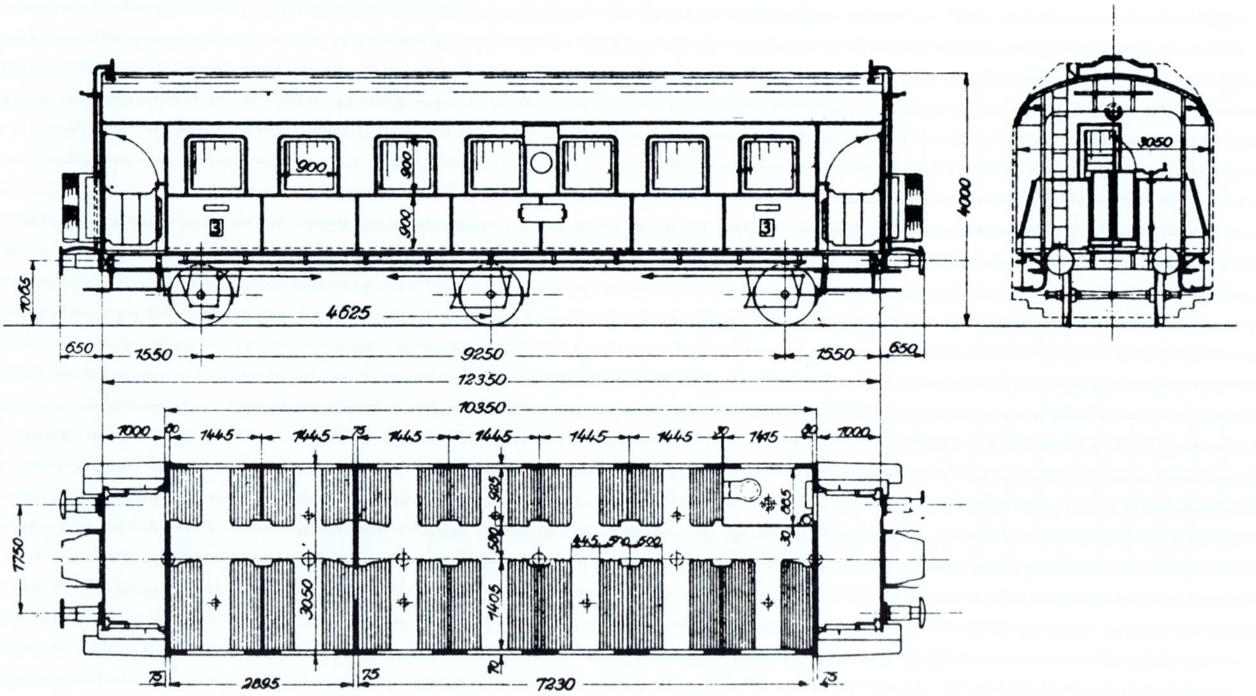

Als besonders gut gelungener Mittelgangwagen galt der bayerische Dreiachser, der nahezu unverändert zwischen 1899 und 1921 beschafft wurde.

1895 einen Oberlichtaufbau in der Längsachse des Daches.

Der Abteilwagen mußte so bemessen sein, daß die Trittbretter und eine womöglich offene Abteiltür nicht in das Lichtraumprofil benachbarter Gleise ragten; der Abteilwagen blieb damit auf 2,65 Meter Breite beschränkt, während der D-Zugwagen 3,00 Meter breit sein durfte.

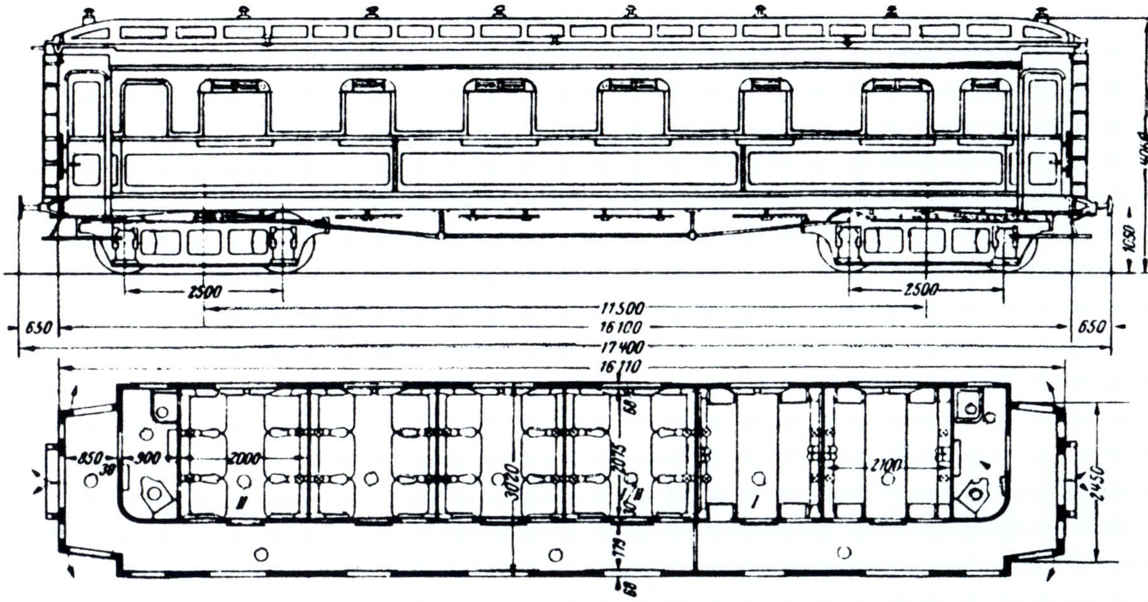

Im ersten deutschen D-Zug, dem D 32 Berlin–Hildesheim–Köln, liefen am 1. Mai 1892 diese vierachsigen Durchgangswagen, eben die „D-Zugwagen".

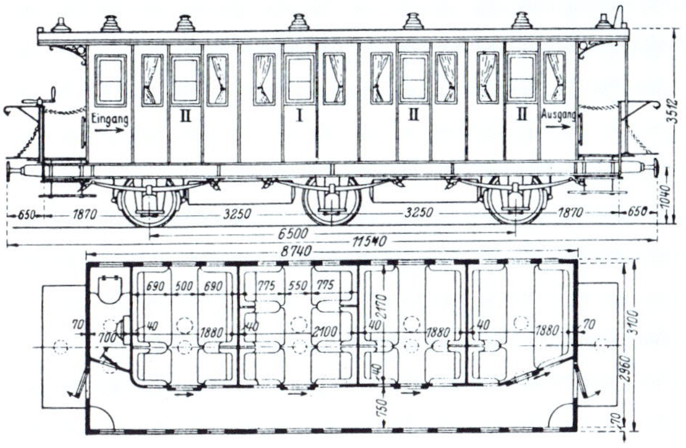

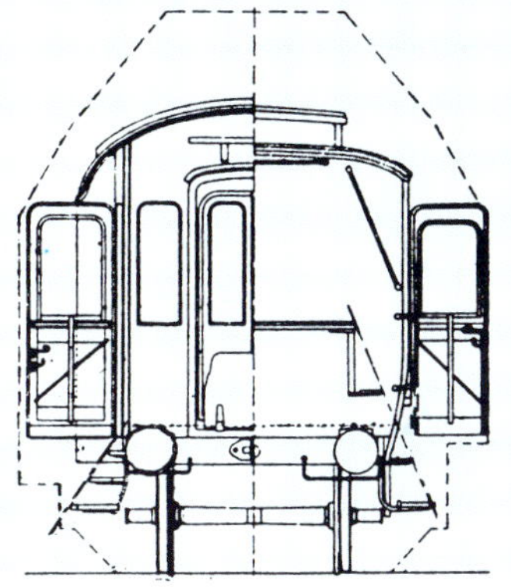

Abteilwagen mit Seitengang, Bauart Heusinger Waldegg, um 1875.

Vergleich der Wagenbreiten und der Trittbrett-Anordnung zwischen D-Zug- und Abteilwagen.

Sächsischer Abteilwagen, 1906.

Wagen der einzelnen Zugarten

Auch nach Zugarten fanden Abteilwagen, Durchgangswagen mit Mittel- oder mit Seitengang unterschiedliche Verwendung. Der Abteilwagen beispielsweise erwies sich mit seinen zahlreichen Einstiegtüren für den im Nahverkehr wünschenswerten raschen Fahrgastwechsel als besonders geeignet.

Auf der Berliner Stadt-, Ring- und Vorortbahn sowie bei der Hamburger S-Bahn waren bis zur Elektrifizierung mit Gleichstrom durchweg Abteilwagen eingesetzt. Um die Zuglänge zu verkürzen, wurden vielfach zwei Wagen kurzgekuppelt.

Im Stuttgarter Vorortverkehr liefen ähnliche kurzgekuppelte Einheiten, jedoch Durchgangswagen mit Mittelgang.

Auf Nebenbahnen fuhren überwiegend zwei- und dreiachsige Durchgangswagen. Die vierachsige Bauart Langenschwalbach bot zunächst den Gästen der Taunusbäder besonderen Komfort und guten Ausblick durch die zahlreichen Fenster. Diese beliebte Bauart eines Durchgangswagens mit Mittelgang wurde zwischen 1891 und 1923 auch für andere bevorzugte Gegenden beschafft. Auf den bayerischen Lokalbahnen liefen zahlreiche Bauarten zweiachsiger Wagen mit 8,8 bis 12,8 Meter Länge, offenen Bühnen an beiden Enden und dem zusätzlichen Gattungsbuchstaben L für Lokalbahn. Vielfach war ein Zugführerabteil, Gepäck- und Postraum integriert.

Für Personenzüge, die in der Regel auf allen Bahnhöfen hielten und heute als Nahverkehrszüge bezeichnet werden, wurden in Preußen, Mecklenburg und Oldenburg dreiachsige Wagen, in Württemberg und Baden dagegen zweiachsige bevorzugt. Nach dem Ersten Weltkrieg beschaffte die Reichsbahn bis 1930 als Ersatz für die nach dem Versailler Vertrag als Reparationsleistung abgegebenen Wagen zahlreiche Zweiachser mit Mittelgang und Ausstattung 2., 3. und 4. Klasse. Die Beschleunigten Personenzüge, die in den zwanziger Jahren Berlin mit Aachen, Beuthen (Oberschlesien) und in Nachtfahrten mit Königsberg, München und Frankfurt (Main) verbanden, wurden in der Regel aus diesen hart gefederten und wegen ihres vielfach dröhnenden Tonnendachs und Laufwerks „Donnerbüchsen" genannten Einheitswagen gebildet.

Die Abgrenzung zwischen Kurier- und Expreßzug, Eilzug, Schnellzug und D-Zug war zwischen 1850 und 1892 fließend. Gemäß Beschluß der internationalen Fahrplankonferenz von 1889 gelten als „Schnellzüge" Züge mit Extrazuschlag. Sie werden seit Mitte der neunziger Jahre vorwiegend aus vierachsigen Drehgestellwagen gebildet. Dem preußischen D-Zugwagen von 1892 folgten wenige Jahre später Wagen ähnlicher Bauart und Innenausstattung auch bei den übrigen deutschen Staatseisenbahnen. Die Reichsbahn beschaffte einheitliche Bauarten, ab 1922 den „Hecht"-Typ mit zugespitzten Wagenenden und darüber hochgezogenem Tonnendach, ab 1926 Wagen mit durchlaufendem Tonnendach und ab 1928 mit gekröpftem Einstiegsbereich an den Wagenenden.

Mit der Bauart 1926 gelang erstmals eine Art Baukastensystem. Fünf Abteilen 3. Klasse entsprachen der Länge von drei Abteilen 2. und einem Abteil 1. Klasse. In dem 20,4 Meter langen Wagenkasten konnten jedoch auch ausschließlich Abteile 1. Klasse

Die meisten Sitzplätze aller vergleichbaren Abteilwagen, nämlich 88, hatte dieser für den Ruhrschnellverkehr 1933 gebaute Wagen.

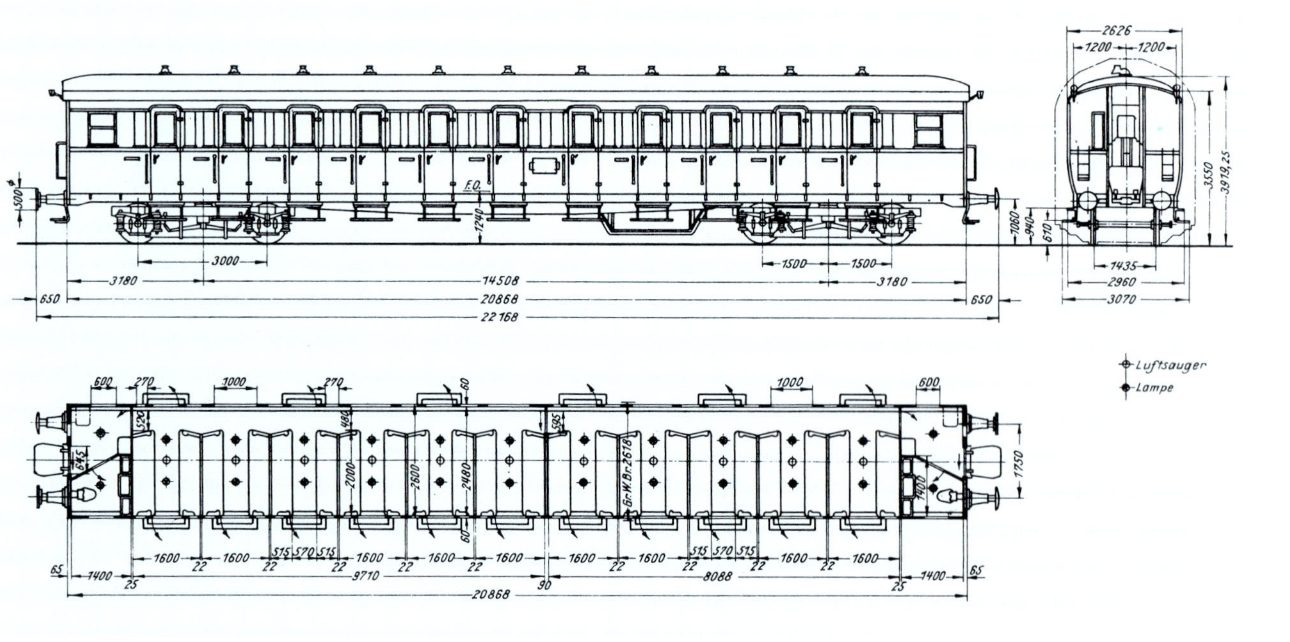

(A 4ü) oder 2. Klasse (B 4ü) untergebracht werden; solche Wagen wurden für die Hapag-Lloyd-Sonderzüge benötigt. Die Forderung nach mehr Bewegungsfreiheit auch in der 3. Klasse führte zur Verlängerung der Abteile von 1,6 auf 1,7 Meter; damit ging allerdings bei den Lieferungen von 1935 bis 1942 das System verloren. Dafür trat die äußere Gestaltung in den Vordergrund: Windschnittigkeit durch bündig in der Außenwand angeordnete Fenster, bis 150 mm vor die Pufferebene vorgezogene Wagenwände und seitliche Abdeckung der Armaturen zwischen den Drehgestellen durch sogenannte Schürzen. Diese „Schürzenwagen" wurden zwischen 1937 und 1942 gebaut. Die Schweißbauweise führte gegenüber der Bauart 1928 zu einer Gewichtseinsparung von rund 7,5 Tonnen.
Eilzüge konnten ursprünglich zuschlagfrei benutzt werden, wurden jedoch mit Abschaffung der 4. Klasse am 7. Oktober 1928 ebenfalls zuschlagpflichtig. Außer in Baden und Württemberg entstanden zwischen 1890 und 1919 speziell für Eilzüge vierachsige Abteilwagen 1. bis 3. Klasse; sie waren 17,23 bis 20,33 Meter lang und wogen 27 bis 40 Tonnen. Die Abteile 1. Klasse lagen, möglichst weit von den Drehgestellen entfernt, in der Wagenmitte.
Für den Ruhrschnellverkehr wurden 1933 nochmals Abteilwagen gebaut (C 4i-33e). Das „e" im Gattungszeichen stand für „englische Bauart". Mit 88 Sitzplätzen übertrafen diese Wagen alle vergleichbaren Abteilwagen.
Der von 1929 bis 1943 gebaute vierachsige Mittelgangwagen mit 86 Plätzen löste nach und nach die Abteilwagen in den Eilzügen ab. Beiderseits des Mittelgangs standen Holzbänke mit der Sitzanordnung 2 + 3 zur Verfügung; Einstiegräume mit zwei Türen nebeneinander beschleunigten den Fahrgastwechsel. In den Wagen 2. Klasse enthielt der Einstiegbereich auch eine Toilette, jedoch nur eine Tür; die Anordnung 1 + 3 bot mehr Raum je Sitzplatz. Ab 1935 folgten Eilzugwagen 2. Klasse mit Seitengang und geschlossenen Abteilen. Die zunächst offenen, nur durch Scherengitter gesicherten Übergänge wurden ab 1942 durch Faltenbälge geschützt.
Um die Jahrhundertwende entsprach der Außenanstrich der Personenwagen den Farben der Fahrkarten: 4. Klasse Grau, 3. Klasse Braun und 2. Klasse Grün; das Gelb der 1. Klasse wurde lediglich als Strich rings um die Abteile aufgebracht. Nach dem Ersten Weltkrieg erhielten alle Personenwagen einheitlichen Anstrich, bestehend aus Spachtel, Grund- und Deckfarbe sowie Lacküberzug oder gespritzter Nitrokombination in Dunkelgrün (RAL 6007).

Neuer Anfang nach 1945

Nach dem Zweiten Weltkrieg war der größte Teil der Wagen zerstört oder stark beschädigt, der Rest vollkommen heruntergewirtschaftet. Bei dem zerrütteten Zustand der Wirtschaft kam es in den ersten Nachkriegsjahren nur darauf an, die Reparatur des verbliebenen Fahrzeugparkes zu organisieren, um dem Transportbedürfnis der Bevölkerung wenigstens annähernd gerecht zu werden. Erst 1947 begannen Überlegungen zum Neuaufbau des Wagenparks. Ein Nachbau der Vorkriegsserien kam nicht in Frage, weil sie von Konzeption und Technik überholt waren. So fiel die Entscheidung zugunsten von Neuentwicklungen, die den gegebenen Transportbedürfnissen und dem neuesten Stand der Technik entsprechen sollten.

Erste „Einheitswagen" mit 22,4 Meter Länge

Durch einheitliche Gestaltung des Wagenkastens sollte nahezu jede benötigte Wagenvariante hergestellt, der einheitliche Wagenkasten in großen Stückzahlen und somit in rationeller Fertigung gebaut werden können.
Der Wagengrundriß baute auf einer einheitlichen Abteil- und Fensterteilung von 1900 mm auf. Mit neun Einheiten sowie zwei Toiletten und zwei Endeinstiegsräumen ergab sich eine Wagenlänge von 22,4 Meter. Die Abteile der damaligen 2. Klasse hatten sechs , die der 3. Klasse acht Sitzplätze. Für den Einsatz im Eilzugverkehr standen sich im Großraumwagen mit Mittelgang jeweils 2 + 2 Plätze gegenüber.
Der Eil- und Personenzugwagen 2./3. Klasse (BC 4i) hatte 24 Sitzplätze und vier Abteile der damaligen 2. Klasse sowie 38 Sitzplätze 3. Klasse in einem Großraumabteil. Im Fernverkehrswagen (BC 4ü) gab es auch in der 3. Klasse nur Abteile. Um den Komfort in der 2. Klasse zu erhöhen, wurden jeweils zwei Abteile zu einem zusammengefaßt. An dessen Querwänden waren dreisitzige Polsterbänke mit verstellbaren Einzelsitzen angeordnet; in der Mitte des Abteils standen außerdem vier bewegliche Sessel. Damit sollte der Sitzkomfort dem eines Abteils von 2300 mm Länge bei sechs Sitzplätzen je Abteil entsprechen.
In der Wagenkastenkonstruktion wurden zwei Bauweisen erprobt. Bei der einen bestanden das Untergestell und das Wagenkastengerippe aus Walzprofilen; die Blechhaut der Seitenwände und des Daches war nur Verkleidung und wurde zum Tragen kaum herangezogen. Dagegen bestand bei der anderen Bauweise das Kastengerippe aus gekanteten Profilen und einer mittragenden Blechverkleidung in voll geschweißter Ausführung. Das Gewicht der Wagen lag je nach Innenausstattung bei 27 bis 30 Tonnen. Ein Teil erhielt als Übergangsschutz zwischen den Wagen statt des Faltenbalgs bereits den Gummiwulst.
Um bei gleicher Wagenlänge das Sitzplatzangebot und damit die Beförderungskapazität wesentlich steigern zu können, wurde mit den Abmessungen des einstöckigen Wagens auch ein Doppelstockwagen entwickelt.

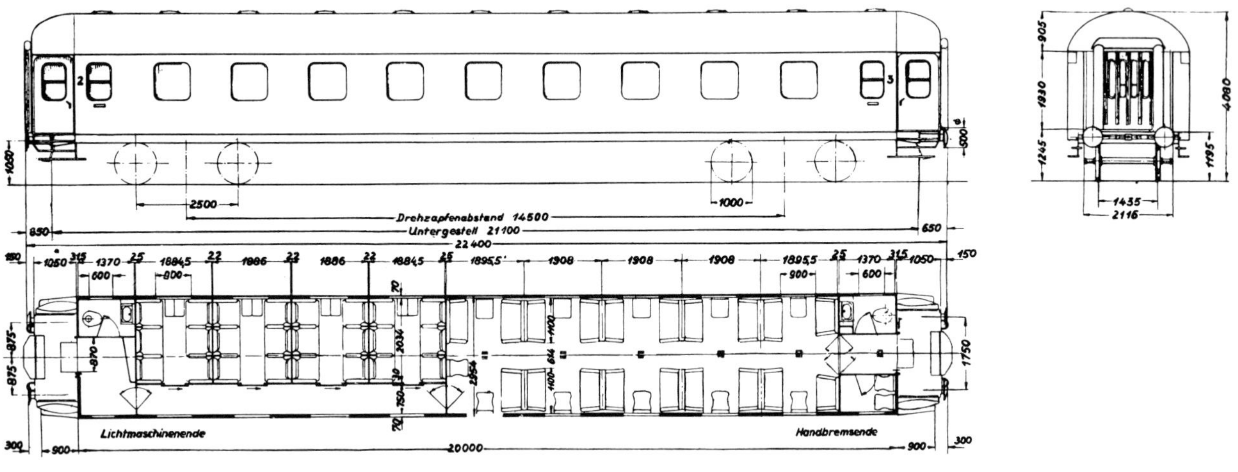

Nach 1947 sollte ein einheitlicher Wagenkasten eine rationelle Fertigung ermöglichen. Die Prototypwagen der Eil- und Personenzugwagen 2. und 3. Klasse hatten den gleichen Wagenkasten . . .

. . . wie der Fernreisewagen 2. und 3. Klasse.

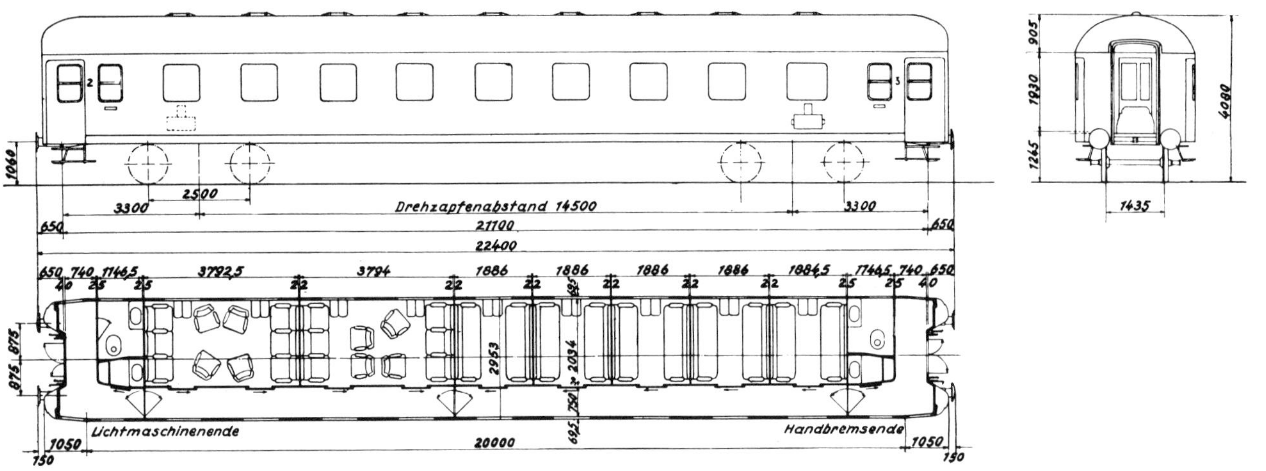

Doppelstockwagen

Im Nahverkehr bietet der Doppelstockwagen, besonders wenn nur kurze Bahnsteige zur Verfügung stehen, eine Möglichkeit zur Steigerung der Beförderungskapazität. Allerdings müssen die Reisenden beschränkte Platzverhältnisse und Treppen in Kauf nehmen. Die ersten Doppelstockwagen fuhren in Deutschland 1867 auf der Altona–Blankenser Eisenbahn und 1878 auf der Görlitzer Bahn zwischen Berlin und Grünau; auf der Berliner Ringbahn wurden sie zwischen Moabit und Schöneberg bis 1911 eingesetzt. Der Doppelstockwagen konnte sich jedoch nicht durchsetzen. Die Lübeck-Büchener Eisenbahn brachte 1936 eine neue Bauart zum Einsatz und bediente damit jahrzehntelang den Schnellverkehr zwischen Hamburg und Lübeck. Je zwei kurzgekuppelte, über ein Jakobs-Drehgestell verbundene Wagen mit stromlinienförmigen Stirnseiten und Führerräumen bildeten eine Einheit. Acht Einheiten wurden gebaut. Die geschweißte Leichtbaukonstruktion aus Stahl (St 52) stammte von Mauck und Linke-Hofmann. Von den beiden Führerräumen des Doppelwagens aus wurde die zugehörige Stromlinien-Tenderlok (1'B1') für 120 km/h je nach Fahrtrichtung ferngesteuert.

Für den freizügigen Einsatz ließ die Bundesbahn später die Führerstandeinrichtungen entfernen und dafür zusätzliche Sitzplätze einbauen. Ihre Zahl stieg damit von 282 auf 294, das Gewicht der leeren Einheit verminderte sich von 72,0 auf 71,7 Tonnen, das Gewicht je Sitzplatz (ohne Klappsitze) von 255 auf 244 kg. Eine der Lübeck-Büchener Doppelstockwageneinheiten ist erhalten geblieben und wird von den Lübecker Eisenbahnfreunden für Sonderfahrten einsatzbereit gehalten.

Von den Ende der vierziger Jahre neu entwickelten Doppelstockwagen wurden nur sechs gebaut, erhalten blieb keiner. Ihre Enden, die Einstiegräume und die Toiletten sowie die Fahrgasträume über den

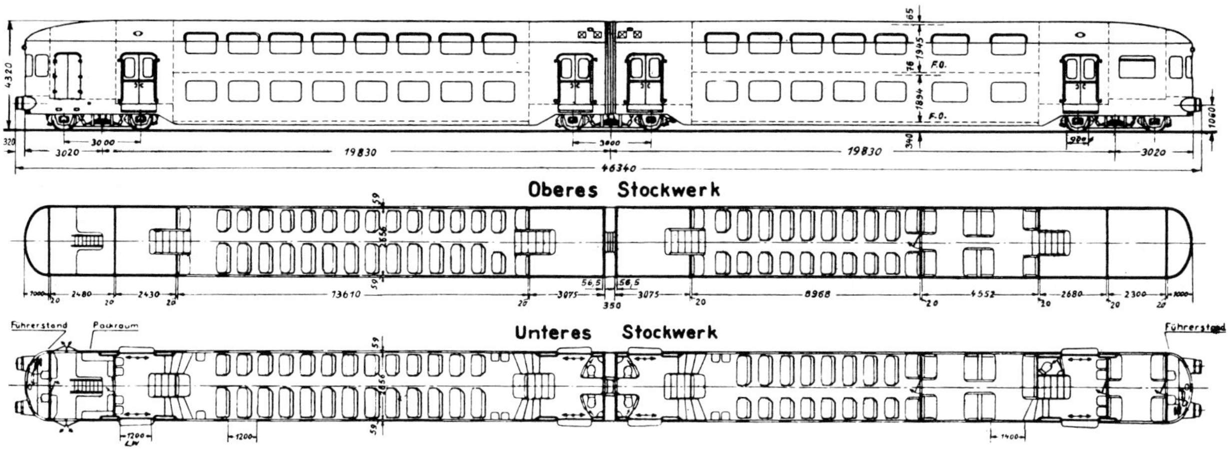

Höhere Beförderungskapazität im Nahverkehr boten Doppelstockwagen. Diese Doppelstockeinheit, von 1936 an jahrzehntelang von der Lübeck-Büchener Eisenbahn zwischen Hamburg und Lübeck eingesetzt, hatte 282 Sitzplätze.

Drehgestellen entsprachen voll den einstöckigen Wagen. Nur zwischen den Drehgestellen lagen zwei Stockwerke, in die vom einstöckigen Bereich fünf Stufen hinauf und drei hinabführten. Zum rascheren Fahrgastwechsel waren zusätzlich Mitteleinstiege mit außenhautbündigen, nach innen aufschlagenden Doppeltüren angeordnet. Die Stehhöhe im Unterdeck betrug 2,00 Meter, im Mittelgang des Oberdecks 2,09 Meter. Die Inneneinrichtung stimmte mit der in den einstöckigen Wagen überein. Ein Doppelstockwagen 3. Klasse enthielt 128 Sitzplätze in der Anordnung 2 + 2; auch hier waren für den Spitzenverkehr zusätzlich Klappsitze an den Längswänden angebracht. Im Wagen mit 2. und 3. Klasse standen 60 Sitzplätze 3. Klasse und – durchweg im Oberdeck – 40 Plätze 2. Klasse zur Verfügung. Die gegenüberliegenden Polstersitze der 2. Klasse ließen sich zu einer Liege ausziehen; zum Komfort gehörten ferner verstellbare Kopfbacken, Klapptische und Leselampen. Auch im Oberdeck konnten die Fenster zum Lüften geöffnet werden, wenn die dafür vorgesehenen statischen Lüfter nicht ausreichten. Zwei der Doppelstockwagen enthielten im Oberdeck einen Speiseraum mit 32 Plätzen und ein Buffet. Im Unterdeck darunter lagen Küche und Anrichte, die ein Speisenaufzug mit dem Oberdeck verband, sowie ein Gepäckraum. Diese sechs Doppelstockwagen wurden ab 1950 in zwei Zügen, bespannt mit Dampflokomotiven der Reihe 03, eingesetzt.

Umbauprogramm

Anfang der fünfziger Jahre waren im Nahverkehr außer dreißig Jahre alten zweiachsigen Wagen mit offenen Übergangs- und Einstiegbühnen mehr als siebentausend Zwei- und Dreiachser sowie einige Vierachser eingesetzt. Sie stammten größtenteils noch aus der Länderbahnzeit und hatten stählerne Untergestelle mit hölzernen Aufbauten. Die weitere Instandhaltung dieser Wagen war aus wirtschaftlichen Gründen, aber auch im Hinblick auf Kundendienst und Sicherheit nicht mehr zu vertreten. Da Mittel für ein großes Neubauprogramm fehlten, beschloß die Bundesbahn 1952, die stählernen Untergestelle und Profile der alten Wagen zu verwenden, sie mit einem neuen stählernen Wagenkasten und moderner Inneneinrichtung zu versehen und damit einen zeitgemäßen Stahlwagen zu schaffen.

Um die Untergestelle der am zahlreichsten vorhandenen dreiachsigen Wagen ohne große Änderungen verwenden zu können, wurde eine einheitliche Wagenlänge von 13,3 Meter festgelegt. Der Wagenkastenaufbau wurde als nicht mittragendes Element mit einem Gerippe aus Walzprofilen und Blechverkleidung in Schweißkonstruktion ausgeführt. Die offenen Einstiegbühnen der Ursprungswagen wurden überbaut und in den Wagenkasten integriert. Der Übergang zum Nachbarwagen erhielt zum Schutz gegen die äußeren Unbilden den U-förmigen Gummiwulst, der nun erstmals in großem Maßstab im Reisezugwagenbau eingesetzt wurde. Durch die kurze Bauweise – die Stirnwände zweier gekuppelter Wagen sind nur 300 mm voneinander entfernt – und die ebenen, breiten Übergangsbrücken aus Tränenblech entstand ein großzügiger Raumeindruck, der den Übergang von einem zum anderen Wagen fließend gestaltete. Um die Laufeigenschaften der dreiachsigen Lenkachswagen zu verbessern und 100 km/h Höchstgeschwindigkeit erreichen zu können, wurden jeweils zwei Wagen mit einer Kurzkupplung zu einem „Pärchen" verbunden. Damit brauchten an diesen Wagenenden keine Stirnwandtüren vorgesehen zu werden. Die Endpartien des „Pärchens" erhielten Rolläden als Abschlußtüren, die bei gekuppelten Wagen in geöffneter, hochgerollter Stellung verblieben. Die nach außen aufschlagenden

Alle Sitze des Wagens aus dem Umbauprogramm waren gepolstert, in der ersten Klasse mit Textil, in der zweiten Klasse mit Kunststoff bezogen.

Einstiegdrehtüren wurden zurückgesetzt, damit sie offen möglichst wenig aus dem Wagenbegrenzungsprofil hinausragten.
Das Leergewicht eines B3yg-Wagens betrug 18,0 Tonnen. Damit wurde ein erstaunlich geringes Platzgewicht von nur 290 kg/Sitzplatz erreicht. Alle Sitze waren gepolstert, in der 1. Klasse mit Textil, in der 2. Klasse mit einem strapazierfähigen Kunststoff.
Insgesamt wurden in den Ausbesserungswerken der Bundesbahn 4466 Wagen 2. Klasse (B3yg), 1075 mit 1. und 2. Klasse (AB3yg) sowie 657 Wagen 2. Klasse mit Gepäckraum (BPw3yg) gebaut, die bis Ende der siebziger Jahre das Bild der Nahverkehrszüge bestimmten.
Parallel zum Umbau zwei- und dreiachsiger Wagen begann Ende 1956 ein entsprechendes Programm für vierachsige Wagen (4yg). Unter Berücksichtigung der meisten anfallenden Altbauarten und rationeller Fertigung wurde die Wagenlänge auf 19,46 Meter festgelegt. Um möglichst viele Bauelemente vom Bauprogramm der 3yg-Wagen verwenden zu können, wurden so weit wie möglich übereinstimmende Teilabmessungen gewählt.
Im Hinblick auf raschen Fahrgastwechsel am Bahnsteig erhielten die Wagen zusätzlich zu den Endeinstiegen noch Mitteleinstiege mit Doppeltüren erstmals ohne Mittelsäule. Hohlgummiprofile in den Stirnflächen der Türen dichteten nicht nur zuverlässig, sondern boten – wiederum erstmals bei der Eisenbahn – auch einen Fingerklemmschutz.
Bei einer Länge von 19,46 Meter über Puffer konnten die Wagen außen nur noch 2990 mm, innen 2870 mm breit werden. Mit diesen Abmessungen war die Sitzanordnung 2 + 3 in der 2. und 2 + 2 in der 1. Klasse nicht mehr zumutbar. Sie mußte auf 2 + 2 beziehungsweise 2 + 1 reduziert werden. Dadurch wurde das Komfortangebot bei diesen Wagen erhöht, die Längenausnutzung gegenüber den 3yg-Wagen allerdings verschlechtert. Bei einem Leergewicht von 31,9 Tonnen betrug das spezifische Platzgewicht des 4yg-Wagens 443 kg/Platz.
Die Ursprungswagen hatten Drehgestelle verschiedener Bauarten. Um keine zu große Typenvielfalt entstehen zu lassen, wurden lediglich Drehgestelle der sogenannten amerikanischen Bauart und preußische Regeldrehgestelle wiederverwendet, darüber hinaus jedoch Drehgestelle der neu entwickelten Bauart Minden-Deutz „leicht" benutzt.

Nah- und Bezirksverkehr

Der Umbau von Vorkriegswagen lief Ende der fünfziger Jahre aus. Für den anhaltend großen Bedarf an Nahverkehrswagen sollte nun ein neues Fahrzeug geschaffen werden, das – bei hohem Sitzplatzangebot und besserem Komfort – im äußeren und inneren Erscheinungsbild modern sein sollte, außerdem aber auch leicht, um den Energieverbrauch beim häufigen Anfahren im Nahverkehr zu senken.

Das Umbauprogramm in den fünfziger Jahren brachte über 6000 zeitgemäße zwei-, drei- und vierachsige Wagen für den Nahverkehr, die auf den Untergestellen von Vorkriegswagen einen neuen stählernen Wagenkasten erhielten.

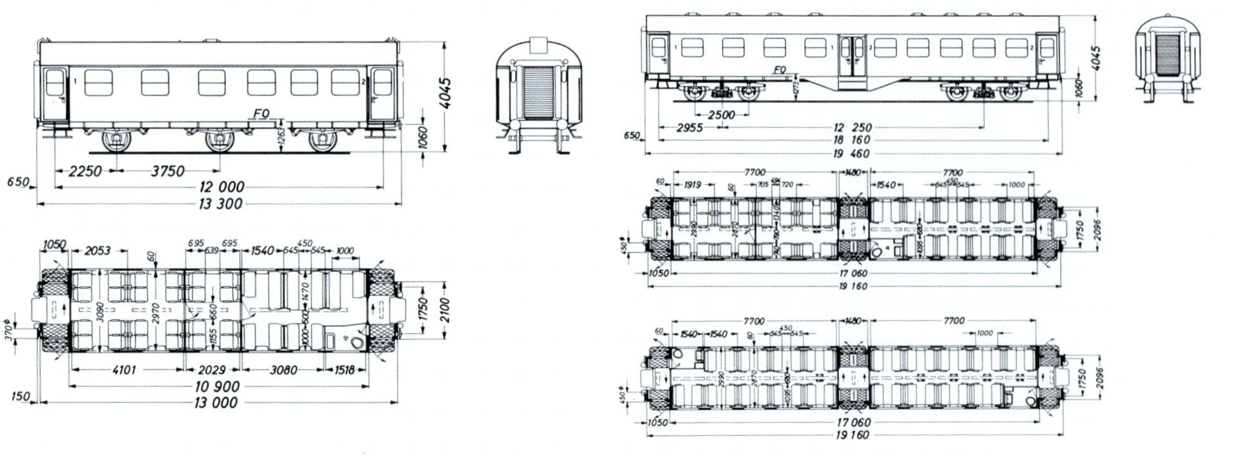

„Silberlinge"

So entwickelten Ende der fünfziger Jahre Bundesbahn und Industrie gemeinsam neue Nahverkehrswagen (B4n), die 1961 in Serie gingen. Sie bauten auf den einheitlichen Maßen des 26,4 Meter langen Wagens auf, paßten sich in der Grundrißgestaltung aber den speziellen Bedürfnissen des Nahverkehrs an. Äußeres Merkmal der noch heute weit verbreiteten Wagen sind die Außenflächen aus nichtrostendem Edelstahl; sie trugen den Wagen die populäre Bezeichnung „Silberlinge" ein. Für raschen Fahrgastwechsel wurden auf jeder Seite vier Einstiegtüren angeordnet. Der Wagen enthält sieben Abschnitte: Vorraum mit Übergang und Toilette, drei Sitzgruppen, Doppeleinstieg, sechs Sitzgruppen, Doppeleinstieg, drei Sitzgruppen, Vorraum mit Toilette und Übergang. Mit der Sitzanordnung 2 + 2 stehen in diesem Wagen somit insgesamt 96 Sitzplätze zur Verfügung, zu denen noch je zwei Klappsitze in den Vorräumen und zusammen etwa hundert Stehplätze hinzukommen. Im Spitzenverkehr faßt der Wagen also nahezu zweihundert Personen. Im Wagen mit 1. und 2. Klasse traten an die Stelle der sechs Sitzgruppen zwischen den Doppeleinstiegen fünf Abteile mit je sechs Plätzen und Seitengang.
Besonderes Geschick erforderte die Konstruktion der Einstiege, die von niedrigen Bahnsteigen mit 22 cm Höhe ebenso wie von hohen mit bis zu 90 cm gleichermaßen bequemes Ein- und Aussteigen ermöglichen sollten. Dafür wurde der Fußboden im Einstiegsbereich nur 1 100 mm hoch gelegt, während er an den Übergängen wegen der Kuppelbarkeit mit Wagen anderer Bauart auf 1 225 mm über Schienenoberkante liegen mußte; die Differenz wurde so geschickt auf fünf schiefe Ebenen ohne Schwellenstufen verteilt, daß sie sich beim Begehen des Wagens kaum bemerkbar machen. Die neu entwickelten Drehfalttüren ließen sich erstmals fernbedient von jedem Einstieg aus elektropneumatisch schließen.

Noch mehr Komfort für den Nahverkehr?

Nach fünfzehn Jahren erfolgreichen Einsatzes schienen die „Silberlinge" den Erfordernissen des Marktes nicht mehr zu entsprechen, eine neue Generation von Nahverkehrswagen sollte folgen. Die Industrie lieferte 1976 zwei Züge, insgesamt elf Wagen der Bauart -wnz. Die Grundrißeinteilung wurde im Prinzip übernommen. Durch Verminderung der mittleren Sitzgruppen von sechs auf fünf konnten der Sitzabstand, die Einstiegräume und die Toiletten vergrößert werden. Um die Fußbodenreinigung zu erleichtern, wurden die Sitze in diesen Wagen freitragend an der Wagenwand befestigt; die Vorteile wogen allerdings den höheren Aufwand dieser Konstruktion nicht auf. Die Zahl der Sitzplätze reduzierte sich von 96 auf 88. Einige Wagen erhielten statt der Sitzgruppen „Omnibusbestuhlung" mit hintereinander stehenden Sitzreihen. Im Wagen 1./2. Klasse wurden statt der fünf Abteile 1. Klasse 27 komfortable Sitze in der Anordnung 2 + 1 angeordnet; zwei Wagen erhielten die bewährten Abteile, jedoch nur vier statt bisher fünf. Damit entsprach der Komfort in den geräumigen Abteilen bereits dem Intercity-Standard. Für alle Wagengattungen – 2. Klasse und 1./2. Klasse sowie Wendezugsteuerwagen – konnte der gleiche Wagenkasten benutzt werden; beim Steuerwagen trat lediglich an die Stelle des Vorraums mit Toilette an einem Wagenende der Führerraum. Die Kopfpartie des Steuerwagens besteht aus einem Formteil aus glasfaserverstärktem Kunststoff mit einer dahinter verborgenen Rammschutzkonstruktion aus Stahl.
Durch Verwendung niedriger Drehgestelle gelang es, den Wagenfußboden weiter bis auf 1 000 mm über Schienenoberkante zu senken und durch eine ausklappbare untere Trittstufe die Einstiegverhältnisse abermals zu verbessern. Auch hier gelang es, die zwangsläufigen Höhenunterschiede der verschiedenen Wagenbereiche durch leicht geneigte Rampen, jedoch ohne Stufen zu überbrücken.
Eine Luftheizung, die im Sommer für Zwangsbelüftung der Fahrgasträume sorgte, steigerte den Komfort. Trotz der guten Resonanz beim Publikum wurden diese Wagen nicht in Serie gebaut, weil sie

Die heute noch weit verbreiteten Nahverkehrswagen („Silberlinge") gingen 1961 in Serie. Im Spitzenverkehr faßt der Wagen nahezu 200 Personen.

Die Industrie lieferte 1976 zwei recht komfortable Nahverkehrszüge, insgesamt 11 Wagen der Bauart -wnz (hier der Steuerwagen).

im Nahverkehr keinen hinreichend wirtschaftlichen Einsatz versprachen und weil bei dem ständigen Rückgang des Nahverkehrs die vorhandenen „Silberlinge" ausreichten.

Wagen für S-Bahnen

Für die S-Bahn im Ruhrgebiet erachtete die Bundesbahn Züge mit Lokomotivbespannung statt der zunächst auch dort eingesetzten elektrischen Triebwagen, Baureihe 420, als die wirtschaftlichere Lösung. Bei der polyzentrischen Siedlungsstruktur mit zahlreichen benachbarten Städten ergibt sich keine ausgeprägte Bündelung von Strecken und Verkehrsströmen, die Haltestellenabstände sind größer, die Fahrzeiten und die Zugfolgezeiten länger. Deshalb werden auch an den Komfort andere Forderungen gestellt. Für die Mitte der siebziger Jahre entwickelten S-Bahnwagen (Bauart x) wurden deshalb mehr Sitzplätze, bequemere Sitze, Übergänge von Wagen zu Wagen und Toiletten bei möglichst geringem Wagengewicht und 140 km/h Höchstgeschwindigkeit gefordert.
Gebaut wurden unter Verwendung eines einheitlichen Wagenkastens drei unterschiedliche Fahrzeuggattungen: nur 2. Klasse, 1./2. Klasse, sowie Wendezugsteuerwagen. Da auch diese S-Bahnzüge nur an

In dem Wagen 2. Klasse der Bauart -wnz wurden die Sitze freitragend an der Wagenwand befestigt, um die Fußbodenreinigung zu erleichtern.

Der Einstiegsbereich der Wagen Bauart -wnz, deren Fußboden nur 1 000 mm über Schienenoberkante liegt, mit ausklappbarer unterer Trittstufe.

Für die S-Bahn im Ruhrgebiet wurden die Wagen der Bauart x entwickelt. Wegen der dort längeren Fahrzeiten sollten sie mehr Komfort bieten als die Wagen anderer S-Bahnen.

hohen Bahnsteigen halten, führen die Einstiege ohne Stufen auf eine Fußbodenhöhe von 1,0 Meter. Jede Wagenseite enthält drei 1,3 Meter breite Einstiege mit Doppelschwenkschiebetüren. Die Fenster sind mit auresinbedampften Isolierscheiben fest verglast, der obere Teil läßt sich jedoch zur Lüftung in voller Breite schräg stellen. Die 1. Klasse liegt beiderseits eines etwas verkleinerten Einstiegsraums; dadurch konnten in jedem der beiden Räume vier Sitzgruppen mit je vier Plätzen und etwas größerer Beinfreiheit als in der 2. Klasse untergebracht werden. Am Steuerwagen ist die Stirnpartie dem sonst gleichen Wagenkasten vorgebaut; dies führt zu 25,3 gegenüber 24,5 Meter Länge der übrigen Wagen. Wegen der Lokomotivbespannung dieser S-Bahnzüge mußte die Pufferhöhe von Wagen und Lokomotiven übereinstimmen, so daß die Fußbodenebene zum Wagenende hin ansteigt; die gewählte Lösung mit geneigten Rampen hat sich jedoch gut bewährt. Die Wagen sind untereinander durch einen schall- und wettergeschützten Übergang verbunden.
Die Fahrzeuge wurden wegen des Betriebsenergie-Spareffekts aus Aluminium-Großstrangprofilen hergestellt. Die für diese S-Bahnwagen vorgesehenen luftgefederten Drehgestelle bieten einen ausgezeichneten Fahrkomfort.

Fahrgastraum 2. Klasse, S-Bahn Ruhrgebiet.

Fahrgastraum 1. Klasse, S-Bahn Ruhrgebiet.

Hauptdaten:

	Bx	ABx	Bxf
Gesamtgewicht /t/	27,3	28,0	30,7
Länge über Puffer /m/	24,5	24,5	25,3
Sitzplätze 2. Klasse	80	48	62
Sitzplätze 1. Klasse	–	32	–
Stehplätze	110	100	105

Fernverkehr

Die Währungsreform von 1948 veränderte die Verhältnisse im Personenverkehr grundlegend. Die Fahrgastzahlen im Schienenverkehr sanken schlagartig, die Konkurrenz des Personenkraftwagens und des Straßenomnibusses wurde offenkundig. Die Planungen für den Neubau der Eisenbahnwagen mußten sich auf diese Gegebenheiten einstellen.

Die Generation der 26,4 Meter langen Wagen

Zur flexibleren Anpassung an die Komfortbedürfnisse wurde auf den einheitlichen Abteil- und Fensterteiler verzichtet und für die 1. Klasse ein Teiler von rund 2,1 Meter, für die 2. Klasse von rund 1,7 Meter gewählt. Die Planung sah nun Wagen mit einheitlicher Länge von 26,4 Meter und einem Drehzapfenabstand von 19,0 Meter unter Verwendung des neu entwickelten Einheitsdrehgestells Minden-Deutz der Bundesbahn mit 2,5 Meter Radsatzstand vor.

Eilzugwagen

Auf der Grundlage dieser Merkmale begannen 1951 Planung und Bau von „Personenwagen für den innerdeutschen Städteschnell- und Städtenahverkehr". Die äußere Breite von 2825 mm wurde als voll

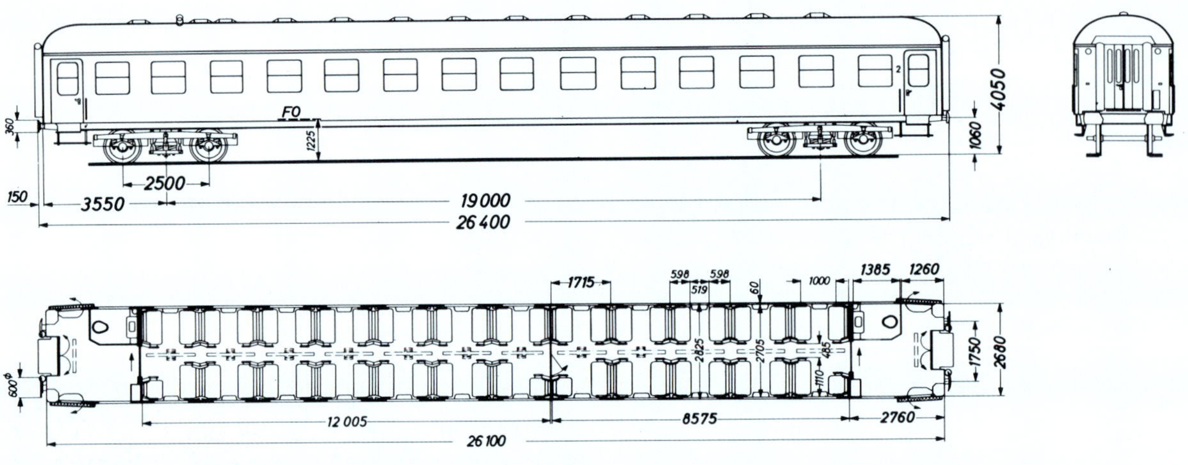

Um gegen die aufkommende Konkurrenz des Automobils besser gerüstet zu sein, wurde Anfang der fünfziger Jahre die Generation der 26,4 Meter langen Wagen in Dienst gestellt, und zwar als D-Zugwagen, der sich mit der Zeit zum europäischen Einheitswagen entwickelte (oben) . . .
. . . und als Eilzugwagen (unten).

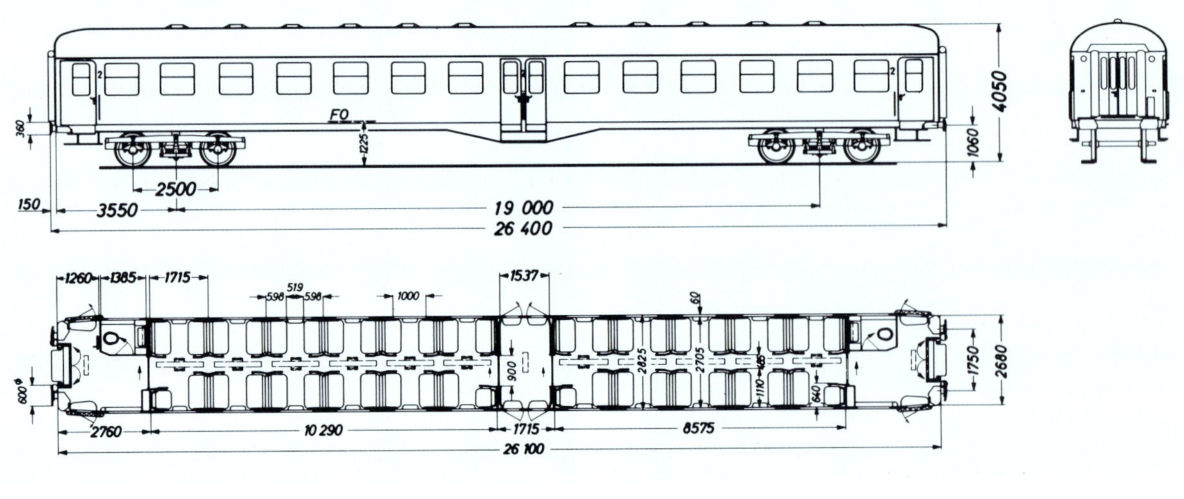

Mitteneinstieg des 26,4 Meter langen Eilzugwagens.

Fahrgastraum des Eilzugwagens.

ausreichend befunden, da vorerst nur Fahrzeuge mit Mittelgang vorgesehen waren. Die Höhe über Schienenoberkante betrug 4050 mm, um die Raumvorteile des Schienenfahrzeugs gegenüber Auto und Omnibus genügend zur Geltung zu bringen. Mit diesen von Dr.-Ing. Adolf Mielich erarbeiteten äußeren Abmessungen entstand ein Wagentyp, der sich mit der Zeit zum europäischen Einheitswagen entwikkelte.
Gebaut wurden nur Wagen mit Mitteneinstieg: 2. Klasse-Wagen (B4ymg, heute Byl), 1./2. Klasse-Wagen (AB4ymg, heute AByl) und Wendezugsteuerwagen mit und ohne Gepäckteil (BD4ymgf, heute BDylf).
Die Wagen haben einheitliche Aufbauten mit gleichen End- und Mitteneinstiegen. Die Einstiegtüren schlagen nach außen auf und sind als außenhautbündige Drehtüren ausgebildet. Die Einsteigtritte liegen deshalb zum Teil im Wageninnern. Sie werden abgedeckt bei den Endeinstiegen von fest, bei den Mitteleinstiegen von gelenkig an der Unterkante der Tür angebrachten Trittabdeckungen; sie sind damit an den etwas schmalen Mitteleinstiegen bei geöffneter Tür hochgeklappt und stören so beim Ein- und Aussteigen nicht.
In der 1. Klasse läßt sich die Neigung der Rückenlehne durch Vorziehen des Sitzes verstellen und zusammen mit dem gegenüberliegenden Sitz eine durchgehende Liegefläche schaffen.
Die Wagenübergänge erhielten einen neu entwickelten, breiten Übergang mit Gummiwulst; als Stirnwandtüren wurden Falttüren verwendet, die im Zug offen und in gefalteter Stellung arretiert sind. Die Wagen 1./2. Klasse enthalten zusätzlich ein kleines Zugführerabteil.

D-Zugwagen

Der 1951 konzipierte Eilzugwagen mit Mittelgang erwies sich im Fernverkehr gegenüber Auto und Omnibus als nicht genügend zugkräftig. Eine Umfrage ergab damals, daß über 75 Prozent der Befragten im Fernverkehr einen Abteilwagen dem Großraumwagen vorziehen. Die Hauptargumente dafür waren Geborgenheit im geschlossenen Raum, die Gemütlichkeit des Abteils und die Möglichkeit, im Seitengang auf und ab zu gehen. Da das internationale Übereinkommen über die Reisezugwagen (RIC) auch für den nationalen Fernverkehr Abteilwagen noch bindend vorschrieb, wurden 1953 neue D-Zugwagen entwickelt und anschließend in Serie gebaut. Ihre äußeren Abmessungen stimmen mit denen der Eilzugwagen überein. Selbst in den Teilabmessungen unterscheiden sie sich nur unwesentlich von den Eilzugwagen. Die Anzahl der Plätze im Abteil wurde für die 1. und 2. Klasse gleichermaßen auf sechs festgelegt. Dies war für die 2. Klasse ein Novum und ein Angebot, das neue Maßstäbe setzte und lange brauchte, um sich international durchzusetzen. Die Bundesbahn war schon damals überzeugt, daß sogar bei breiteren Abteilen als im 26,4 Meter langen Wagen acht Plätze im Abteil, vier nebeneinander, kein wettbewerbsfähiges Angebot darstellen.
Die Sitze in der 2. Klasse waren mit Kunstleder

Im 26,4 Meter langen D-Zugwagen erhielten sowohl die 1. (Bild) als auch die 2. Klasse ausziehbare Sitze. Ein weiteres Novum: Auch die 2. Klasse hatte je Abteil nur sechs Sitze.

Der Seitengang des D-Zugwagens ermöglichte mit seiner großzügigen Breite von 785 Millimeter auch das Anbringen von Klappsitzen.

bezogen; 1969 wurde im Neubau und ab 1979 auch bei der Instandhaltung auf Textilbezüge umgestellt. Beide Klassen erhielten ausziehbare Sitze, die voll ausgezogen jeweils mit dem gegenüberliegenden Sitz eine Liege bilden. Damit erhielten die D-Zugwagen ein entscheidendes Komfortmerkmal; sie liefen damals noch viel über Nacht, und Liegen während der Fahrt konnte weder der Omnibus noch das Auto bieten. Aber auch in Sitzposition bietet die Verstellbarkeit hohen Komfort; dazu tragen besonders die Kopfbacken und die – in der 1. Klasse verstellbaren – Nackenstützen bei. Die mittleren Armlehnen sind hochklappbar, so daß vor allem Kinder auch quer liegen können. Über jedem Sitz befindet sich in der 1. Klasse eine Leseleuchte; die 2. Klasse erhielt sie ab 1979 ebenfalls.
Vollkommen neu entwickelt wurden die Abteillängswände: Sie sind aus gezogenen Rohrprofilen mit stirnseitigen Nuten hergestellt. In die zu Rahmen zusammengesetzten Wand- und Türelemente sind im oberen Bereich Hartglasscheiben, im unteren Bereich Sperrholzplatten, später Schichtpreßstoffplatten, eingesetzt. Die Schiebetüren hängen oben an Kunststoffrollen und werden unten von einem auf der Türschwelle angeschraubten Stegprofil geführt. Mit dieser Bauweise entstand eine besonders leichte und robuste Konstruktion, die sich in drei Jahrzehnten Einsatz bestens bewährt hat.
Der Seitengang ist mit einer Breite von 785 mm großzügig dimensioniert, so daß auch Klappsitze an der Seitenwand angebracht werden konnten. In jedem Wagen 2. Klasse bieten zwanzig solcher Klappsitze im Spitzenverkehr zusätzliche Sitzgelegenheit. Oberhalb der Glasscheiben der Abteillängswände sind im Seitengang schmale Längsgepäckträger, ebenfalls aus Rohrprofilen, angebracht; sie dienen in der Hauptsache für lange Gepäckstücke wie Skier.
Die Wagen haben einheitliche Endeinstiege mit Einstiegtüren, die bis 1962 als nach außen aufschlagende Drehtüren, danach als Drehfalttüren gebaut wurden. Mit Rücksicht auf die damaligen internationalen Richtlinien erhielten die ersten Wagen noch Faltenbalgübergänge; bei den Serienwagen wurden sie durch Gummiwulstübergänge abgelöst.
An jedem Wagenende, vom Einstiegraum zugänglich, befindet sich eine Toilette. Erstmals wurde in diesen Wagen das Waschwasser in den 500 Liter-Behältern temperiert, was außer dem Komfort auch dem Frostschutz diente.
Die 1953 entwickelten Wagen wurden mit der Zeit zu einer D-Zugwagen-Familie mit gleichen Abmessungen und größtenteils auch gleichen Bauteilen erweitert.

Neue „Rheingold"-Wagen

Im „Rheingold"-Zug, den die Bundesbahn 1962 in Betrieb nahm, liefen neu entwickelte Wagen 1.

Die Abteile 1. Klasse eines „Rheingold"-Wagens boten mit je 2,322 Meter Länge einen ausgezeichneten Sitzkomfort.

Der Großraumwagen des „Rheingold"-Zuges, 1962, diente als Vorbild für den späteren TEE- und IC-Verkehr.

Klasse, Aussichtswagen mit Bar und Speisewagen. Auch sie bauten einheitlich auf dem 26,4 Meter langen D-Zugwagen auf. Einer Reisendenbefragung entsprechend waren sowohl Abteil- als auch Großraumwagen entwickelt und gebaut worden; sie sollten sich durch deutlich höheren Komfort, repräsentatives Aussehen, Klimaanlage und von 140 auf 160 km/h gesteigerte Geschwindigkeit auszeichnen. Dafür erhielt der Abteilwagen 1. Klasse (Av) neun Abteile mit je 2322 mm Länge. Mit dieser großzügigen Dimension ließ sich ausgezeichneter Sitzkomfort bei voll ausreichender Beinfreiheit bieten. Für guten Ausblick auf die durchfahrene Landschaft sorgten 1,4 Meter breite Fenster mit goldbedampften Isolierglasscheiben zur Verringerung der Wärmeeinstrahlung. Die Trennwände zum Seitengang und die Abteilschiebetüren erhielten Glasscheiben bis zum Fußboden, um den großzügigen Raumeindruck noch zu verstärken.

Als Einstiegtüren wurden elektropneumatisch schließbare Drehfalttüren verwendet. Die doppelflügeligen Stirnwandtüren am Übergang von Wagen zu Wagen erhielten eine pneumatische Öffnungshilfe und eine automatische Schließeinrichtung: Nach Betätigung des Türgriffs öffnen sich die Türen, nach einiger Zeit schließen sie sich ebenfalls selbsttätig durch eine vorgespannte Feder. Auf einen eigenen Waschraum wurde verzichtet, die Toilette dafür besonders großzügig dimensioniert und ausgestattet.

Der Großraumwagen 1. Klasse (Ap) ist als durchgehend offener Fahrgastraum gestaltet, der lediglich durch zwei aus Festigkeitsgründen notwendige sichelförmige Verbinder im Decken- und Seitenwandbereich unterbrochen wird. Jede Seitenwand enthält sechzehn Fenster von 900 mm lichter Breite, ebenfalls mit goldbedampften Isolierglasscheiben. Jedem Fenster ist entsprechend der Sitzanordnung 2 + 1 ein Zweier- oder ein Einzelplatz zugeordnet; alle Sitze können mit ihrer verstellbaren Rückenlehne bis in eine entspannende Ruhelage gebracht und entsprechend der Fahrtrichtung gedreht werden. Auf diese Weise lassen sich jeweils zwei Sitzreihen auch zu einer Gruppe mit gegenüberliegenden Sitzen drehen. Um den großzügigen Raumcharakter nicht zu stören, sind an den Seitenwänden oberhalb der Fenster durchlaufende Längsgepäckträger angeordnet; sie enthalten – von unten eingesetzt – ein Leuchtband mit Einzelleseleuchten.

Die Toilette der „Rheingold-Wagen" war in ihrer Ausgestaltung dem Komfort des Zuges angeglichen.

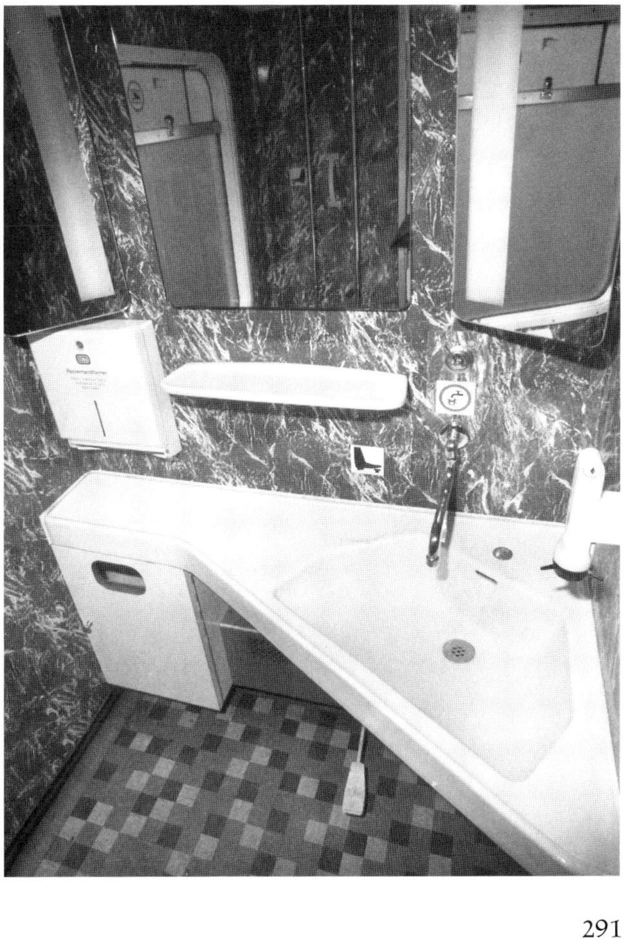

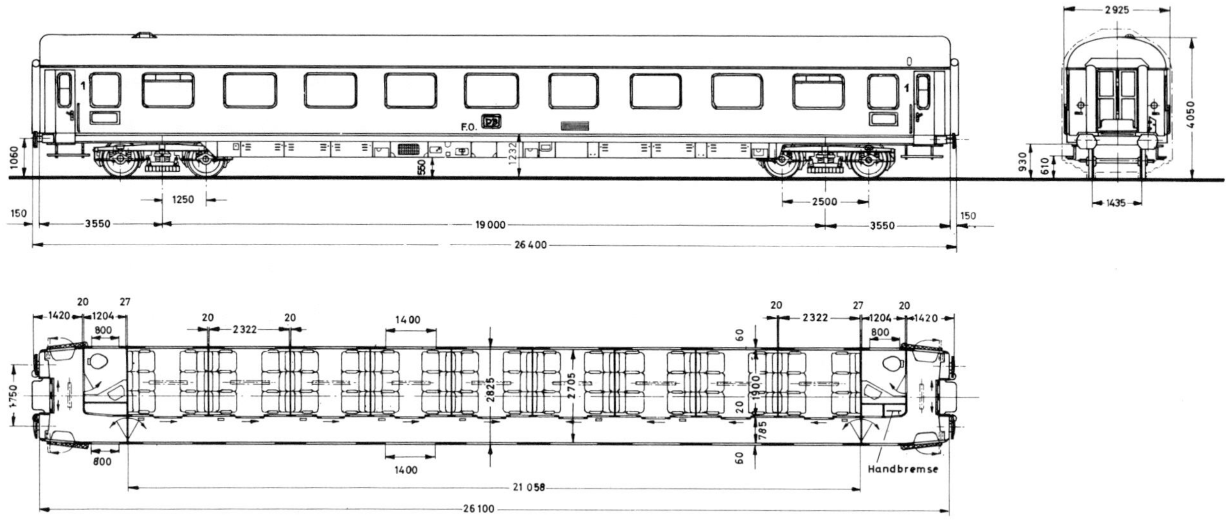
F.O.
Handbremse

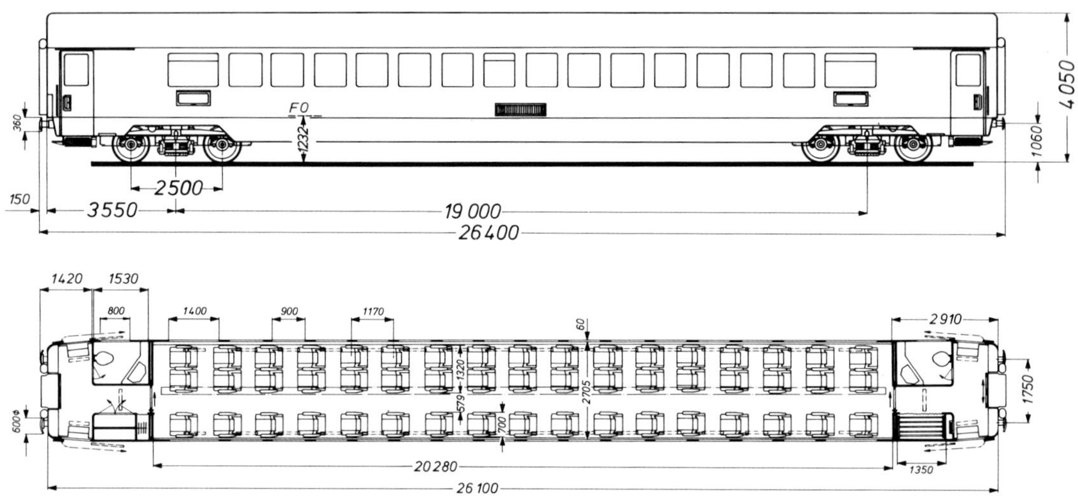
F.O.

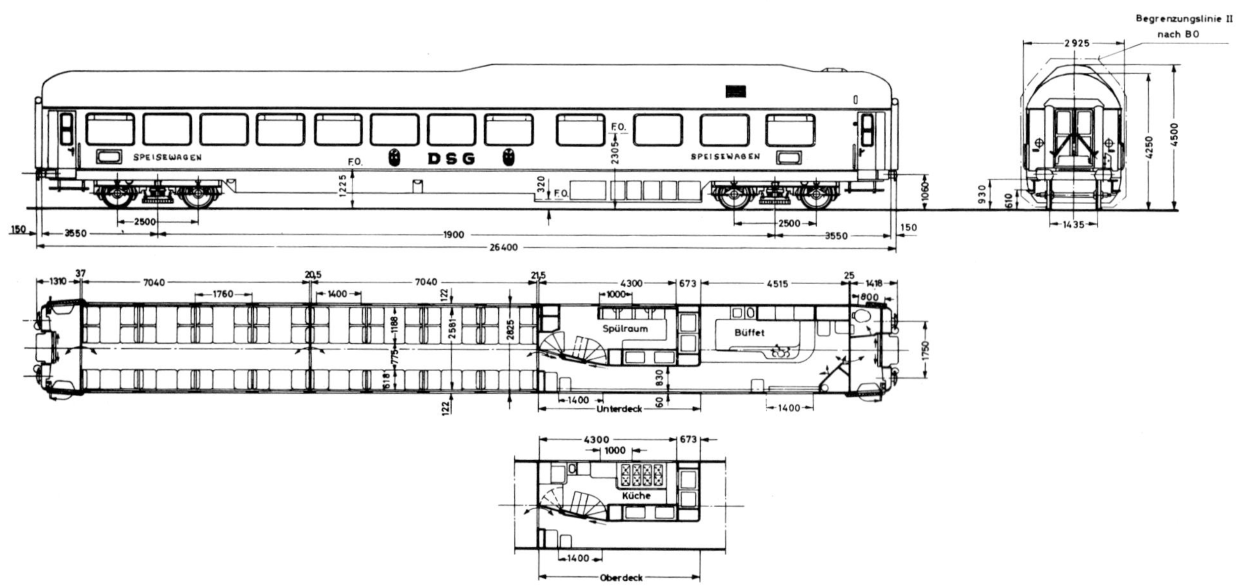
Begrenzungslinie II
nach BO
SPEISEWAGEN
DSG
SPEISEWAGEN
F.O.
Spülraum
Büffet
Unterdeck
Küche
Oberdeck

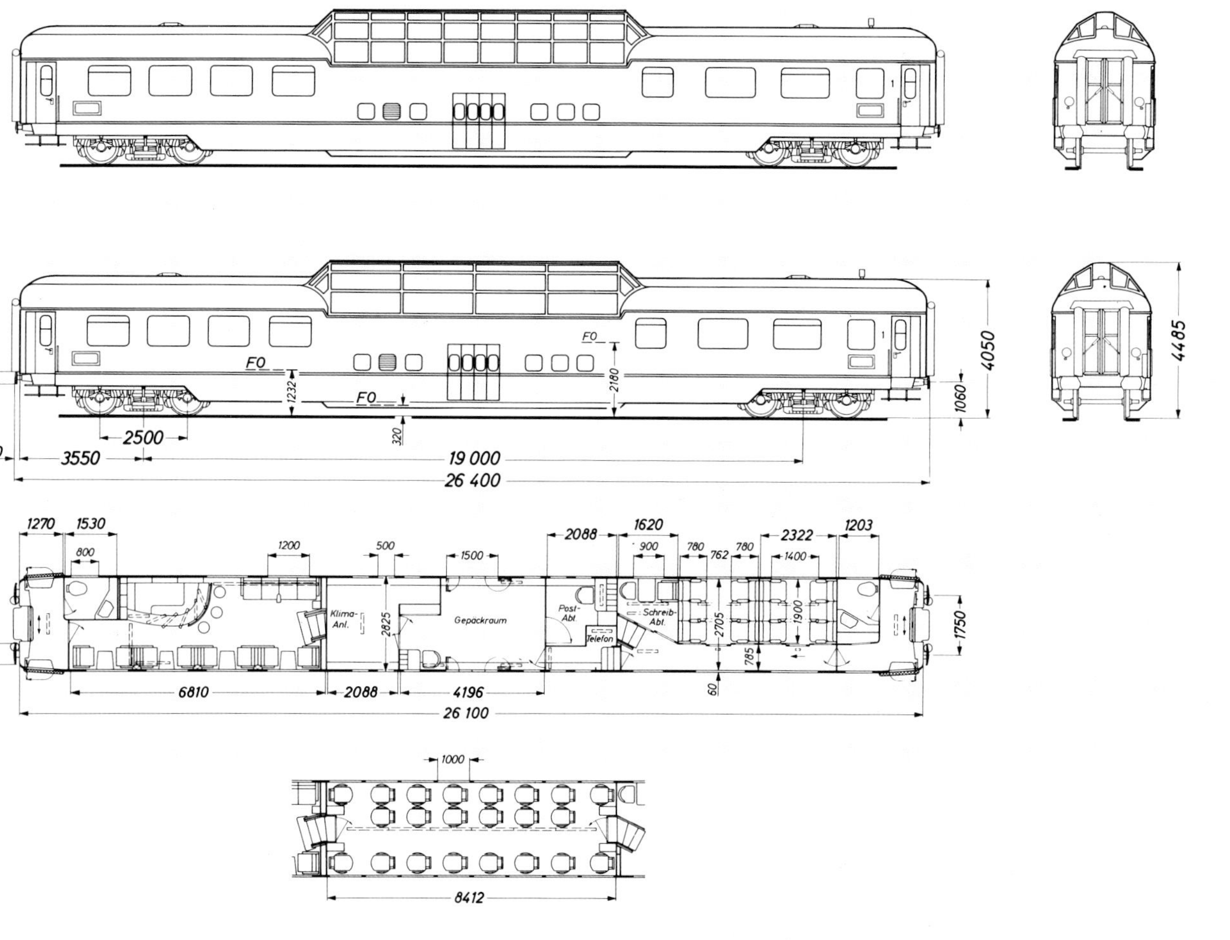

Diese Zeichnungen des Abteilwagens, des Großraumwagens, des Speisewagens und des Aussichtswagens machen die Exklusivität des „Rheingold"-Zuges deutlich.

Die ursprünglich für den „Rheingold" entwickelten Abteil- und Großraumwagen wurden später allgemein für den TEE- und IC-Verkehr in größerer Stückzahl nachgebaut und technisch verbessert. Schwenkschiebetüren traten an die Stelle der Drehfalttüren, die neue Fensterkonstruktion mit Gummiklemmprofilen wurde erstmals angewandt. Da die Gepäcknischen im Vorraum der Großraumwagen bei den Reisenden nur wenig Anklang fanden, wurden sie verkleinert, um Platz für eine zusätzliche Sitzreihe im Fahrgastraum zu gewinnen; der Wagen hat in dieser Ausführung (Ap 122) nun 51 statt 48 Sitzplätze. Außerdem wurde die Achse der Sitzgestelle von Mitte Fenster zur Mitte Fensterstiel verschoben; damit verbesserten sich die Sichtverhältnisse insbesondere von den Gangplätzen aus. In alle Großraumwagen 1. Klasse wurden 1979 in die Gepäcknische an einem Wagenende ein Zugmünztelefon eingebaut.

Die besondere Attraktion des „Rheingold"-Zuges bildete der im mittleren Teil doppelstöckige Aussichtswagen. Den 8,4 Meter langen Raum im Obergeschoß krönte eine verglaste Kuppel; von dort aus bot sich ein prächtiger Ausblick in die Landschaft. Insgesamt 22 Sitze in der Anordnung 2 + 1, jeder für sich drehbar, standen ohne Zuschlag zur Verfügung. Das Untergeschoß enthielt einen Raum für die Klimageräte, einen Gepäck- und Postraum mit Plätzen für das Zugbegleitpersonal sowie eine Telefonzelle mit Sprechmöglichkeit ins öffentliche Netz. Im einstöckigen Bereich befand sich eine Bar mit Theke, Barhockern und zwölf Sitzgelegenheiten. Die Wände waren – wie Sesselwangen und Tische – mit Palisanderholz verkleidet, die sichtbaren Teile der Bar mit Leder bezogen. Teppiche, Vorhänge, Sitzbezüge und die indirekte Beleuchtung schufen eine gediegene Atmosphäre.

Im Speisewagen wurde der Wirtschaftstrakt ebenfalls zweistöckig ausgeführt, um möglichst vielen Reisenden Platz zu bieten und trotzdem Vorhaltung und Zubereitung der Speisen nicht zu beschränken. Die Küche befand sich im Untergeschoß, der Spülraum darüber; ein Speisenaufzug verband Küche und Buffet.

Die verglaste Kuppel mit 22 Sitzen im Obergeschoß des Aussichtswagens war die besondere Attraktion des „Rheingold"-Zuges.

UIC-Einheitswagen

Anfang der fünfziger Jahre waren die UIC-Einheitswagen Typ X mit 26,4 Meter und Typ Y mit 24,5 Meter Länge konzipiert worden. Zwanzig Jahre später folgte ein neuer Abteilwagen, der schließlich als Typ Z vereinheitlicht wurde.

Die Bundesbahn entwickelte und baute danach 1970 bis 1972 einen Abteilwagen 2. Klasse (Bvmz 237) und einen 1./2. Klasse (ABvmz) in den üblichen Abmessungen mit 26,4 Meter Länge und mit Klimaanlage. Im Gegensatz zum bisherigen D-Zugwagen hatte der Wagen 2. Klasse nur elf Abteile mit der größeren Länge von 1883 mm. Der Wagen mit beiden Klassen enthielt vier Abteile 1. und sechs 2. Klasse. Wie in den IC-Wagen wurden die Fenster fest verglast, alle Abteil- und drei Seitengangfenster erhielten eine Klappe zur Notbelüftung; diese Fenster wurden – wie in den IC-Wagen – als Notausstiege ausgebildet.

Äußerlich fallen diese beiden Wagen durch ihre gesickten Seiten- und Dachflächen aus blankem, nichtrostenden Stahl auf, die durch eine neue Wagenkastenkonstruktion bedingt waren. Die Sitze wurden ergonomisch verbessert; die Sitzbezüge in der 1. und 2. Klasse lassen sich zum Reinigen oder Auswechseln leicht abnehmen; dies ist seit 1970 auch in allen anderen Reisezugwagen möglich. Erstmals besteht die WC-Zelle weitgehend aus glasfaserverstärkten Kunststoff-Formteilen. Wegen der Höchstgeschwindigkeit von 200 km/h war die Klimaanlage bei diesen Fahrzeugen nicht nur eine Frage des Komforts.

Eurofima-Wagen

Sechs europäische Bahnen, die Deutsche Bundesbahn, die Österreichischen und Schweizerischen Bundesbahnen, die Belgischen und Französischen Eisenbahnen sowie die Italienischen Staatsbahnen ließen 1972 gemeinsam Standard-Reisezugwagen bauen. Ausschreibung und Vergabe oblagen Eurofima, einer internationalen Gesellschaft zur Finanzierung von Eisenbahnmaterial. Deswegen wurden die Wagen als Eurofima-Wagen bekannt. Gebaut wurden zunächst zehn, später in der Serie fünfhundert Wagen; die europäischen Bahnen versprachen sich von der großen Serie Vorteile hinsichtlich der Beschaffungskosten. Die Gemeinschaftsbestellung mehrerer Bahnen zwang allerdings zur anteilmäßigen Beteiligung der nationalen Waggonindustrie in den einzelnen Ländern, was die Vorteile der großen Serie wieder zunichte machte. Den Zuschlag für Entwicklung und Bau der Eurofima-Wagen erhielt ein europäisches Firmenkonsortium mit Alsthom, Frankreich; La Brugeoise et Nivelles, Belgien; Fiat, Italien; Linke-Hofmann-Busch, Bundesrepublik Deutschland und – später – den Jenbacher Werken in Österreich. Die technische Federführung lag bei

1970 bis 1972 entstand bei der Bundesbahn dieser UIC-Einheitswagen, hier ein Wagen 1./2. Klasse, mit Klimaanlage für eine Höchstgeschwindigkeit von 200 km/h.

Linke-Hofmann-Busch in Salzgitter. Einheitlich erhielten diese Wagen Drehgestelle von Fiat, eine statische Energieversorgungsanlage von T.C.O. und die Klimaanlage von BBC sowie den UIC-Richtlinien entsprechend Lautsprechervollausrüstung, zentrale Türschließ- und Türblockiereinrichtung.
Die Bundesbahn bestellte jedoch nur Wagen 1. Klasse (Avmz 207), weil ein Wagen 2. Klasse mit nur 66 Sitzplätzen keine Wirtschaftlichkeit versprach.
Die Abmessungen der Eurofima-Wagen entsprechen dem UIC-Typ Z; zahlreiche Baumerkmale wurden von den beiden zuvor entwickelten deutschen D-Zugwagen übernommen. Für den Reisenden sichtbar war vor allem die Innenausstattung, wobei die neuen Farben von einer internationalen Designergruppe ausgewählt worden waren.

Großraumwagen 2. Klasse

Die Vorliebe der Reisenden für Abteil- oder Großraumwagen wandelte sich im Lauf der Jahre. Während früher eindeutig der Abteilwagen bevorzugt wurde, sprach sich Ende der siebziger Jahre schon

Beim 1972 von sechs europäischen Bahnen, darunter der Bundesbahn, gemeinsam bestellten Standard-Reisezugwagen (Eurofima) wurden zahlreiche Baumerkmale von deutschen D-Zugwagen übernommen.

Die Innenausstattung der Eurofima-Wagen erhielt eine neue Farbgebung; sie wurde, der Vielzahl der beteiligten Bahnverwaltungen entsprechend, von einer internationalen Designergruppe ausgewählt.

Da die Reisenden zunehmend Großraumwagen bevorzugten, beschaffte die Bundesbahn ab 1978 diesen Großraumwagen 2. Klasse des UIC-Typs Z.

die Hälfte der Fahrgäste für den Großraumwagen aus. Die UIC vereinheitlichte deshalb auch einen Großraumwagen 2. Klasse des Typs Z. Davon beschaffte die Bundesbahn 1978 zunächst vierzig Wagen (Bpmz 291), ab 1981 folgte die Serienausführung.

Bei der Konzeption dieses Wagens war versucht worden, auf dem vereinheitlichten Abteilwagen aufzubauen, um möglichst viele gleiche Bauelemente verwenden zu können. Vor allem die Fensterteilung blieb gleich, so daß die Wagenkästen in denselben Vorrichtungen gebaut werden konnten. Die Fensterbauart wurde vom Eurofima-Wagen übernommen, was auch die Vorratshaltung vereinfachte.

Der Fahrgastraum ist durch eine Glaszwischenwand in zwei ungleich große Räume aufgeteilt. Der kleinere Raucherraum enthält sieben Sitzreihen in der Anordnung 2 + 2, wobei sich in der Mitte zwei Reihen gegenüberstehen und mit einem festem Tisch eine Sitzgruppe bilden. Im Nichtraucherraum mit dreizehn Sitzreihen geht die Sitzrichtung ebenfalls von den Trennwänden aus, so daß auch hier etwa in der Mitte eine Sitzgruppe entsteht. Die Rückenlehnen sind stufenlos verstellbar, wobei sich in gewissen Grenzen mit größerer Rückenlehnenneigung auch die Neigung des Sitzes verändert. An der Rückseite der Lehnen befinden sich Klapptische für den Platz dahinter. Formteile aus glasfaserverstärktem Kunststoff bedecken die Längswände des Fahrgastraums jeweils für einen Fensterbereich. Dadurch konnte eine rationelle Großserienfertigung dieser Formteile erreicht werden, auch läßt sich später das innere Erscheinungsbild des Wagens leicht ändern. Leseleuchten sind in die Längsgepäckträger aus Kunststoff integriert; für größeres Gepäck stehen an beiden Enden der Fahrgasträume einsehbare Regale zur Verfügung.

Die Belüftung des Großraums erforderte schon wegen der hohen Geschwindigkeit von 200 km/h eine Klimaanlage.

Die Rückenlehnen im UIC-Wagen Typ Z sind stufenlos verstellbar, wobei sich auch etwas die Neigung des Sitzes verändert.

Insgesamt 108 Wagen dieser Bauart wurden in engem Einvernehmen mit Behindertenverbänden rollstuhlgerecht ausgestattet.

Variante 1. Klasse

Für die Intercity-Anschlußlinie Hannover–Bremen benötigte die Bundesbahn 1984 kurzfristig sieben weitere Großraumwagen 1. Klasse. Sie gingen aus dem Wagen 2. Klasse hervor, wobei die leichte Anpassungsfähigkeit dieses Wagens an neue Marktanforderungen auf die Probe gestellt werden konnte. Der Fahrgastraum erhielt 17 Sitzreihen in der Anordnung 2 + 1, also insgesamt 51 Sitzplätze. Auch die Sitze selbst wurden aus denen des Wagens 2. Klasse entwickelt, erhielten ebenfalls die Möglichkeit stufenloser Verstellung und können im Gegensatz zur 2. Klasse in die Fahrtrichtung gedreht werden. Der Boden wurde mit Teppich ausgelegt, die Farbgestaltung der in den übrigen Großraumwagen 1. Klasse angepaßt. Im Längsgepäckträger bilden die Leseleuchten wieder ein durchlaufendes Lichtband. An einem Wagenende steht eine Telefonkabine zur Verfügung. Mit diesen Änderungen entstand aus dem ursprünglich für die 2. Klasse entwickelten Konzept ein vollwertiger Großraumwagen 1. Klasse (Apmz 123).

Abteilwagen 2. Klasse

Da ein Teil der Reisenden – nach Umfragen etwa dreißig Prozent – Großraumwagen nach wie vor

Am Wagenende des Großraumwagens 1. Klasse befindet sich eine Telefonkabine.

108 Wagen der Bauart Z wurden rollstuhlgerecht ausgestattet.

Aus dem Großraumwagen 2. Klasse ging 1984 dieser Wagen 1. Klasse hervor. Hier lassen sich die Sitze in Fahrtrichtung drehen.

Etwa dreißig Prozent der Reisenden lehnen Großraumwagen ab. Für sie entwickelte die Bundesbahn 1985 bis 1988 den Abteilwagen 2. Klasse, der Abteile, jedoch auch einen Großraum, allerdings mit Abteilcharakter, enthält.

ablehnt, müssen für den Fernverkehr auch Abteilwagen oder zumindest Wagen mit ähnlichen Ausstattungsmerkmalen geboten werden. Der früher entwickelte klimatisierte Abteilwagen 2. Klasse ging nicht in Serie; statt dessen entwickelte die Bundesbahn Mitte der achtziger Jahre ein unkonventionelles Konzept besonders für die Inneneinrichtung. Ein Teil des Wagens enthält Abteile in der konventionellen Form, der übrige einen Großraum, dessen Sitzanordnung jedoch einen gewissen Abteilcharakter trägt.

Speisewagen

Jahrzehntelang sahen die Fahrpläne über die Mittagszeit Aufenthalte vor, während denen sich die Passagiere in der Bahnhofsrestauration verpflegen konnten. Später wurden, um die Reisezeit zu kürzen, nur noch vorbestellte Mahlzeiten in Körben ausgegeben. Endlich erschien 1880 im Schnellzug Berlin–Frankfurt (Main) der erste deutsche „Restaurant-Wagen". Ein dreiachsiger Wagen 3. Klasse der Berlin-Anhalter Eisenbahn war für diesen Zweck umgestaltet worden und lief zusammen mit einem eigenen Küchenwagen. Während sich die süddeutschen Bahnen vorwiegend der internationalen Gesellschaft und ihrer Wagen bedienten, übernahm in Preußen nach zwei Jahren einer der in ihrem Geschäft geschädigten Bahnhofswirte selbst den Speisewagendienst und ließ ab 1895 sogar eigene Wagen bauen, insgesamt 23. Andere Betreiber setzten später 84 weitere, vierachsige Speisewagen ein, darunter einige Halbspeisewagen (BBü speise), die außer Speiseraum und Küche auch zwei gewöhnliche Abteile 2. Klasse enthielten. Äußerlich hoben sich die Speisewagen durch ihre Teakholzverkleidung vom übrigen Wagenpark ab. Sie waren zwischen 18,29 und 20,5 Meter lang, wogen zwischen 32 und 36 Tonnen, und enthielten neben Küche und Anrichte 34 bis 42 Plätze. Einige sechsachsige Speisewagen mit 44 bis 55 Tonnen Gewicht wurden 1906 in Dienst gestellt. Den artenreichen Park privater Speisewagen übernahm ab 1917 die Mitropa und ersetzte ihn ab 1928 nach und nach durch Fahrzeuge in Ganzstahlkonstruktion. Die zwischen 1935 und 1939 gebauten, 23,5 Meter langen Speisewagen boten 42 Gästen Platz; die Schweißbauweise hatte auch hier das Gewicht je Sitzplatz deutlich reduziert.

Der 1928 im Wettbewerb mit dem französischen „Edelweiß" eingesetzte „Rheingold" Hoek van Holland–Köln–Basel führte auch zu einem Höhepunkt in der Speisewagenentwicklung. Sechs Unternehmen der Waggonindustrie bauten zunächst zwanzig „Rheingold"-Wagen und drei Gepäckwagen, 1929 weitere sechs Wagen. Der abweichende Anstrich in Violett, unterbrochen durch ein cremefarbenes Band

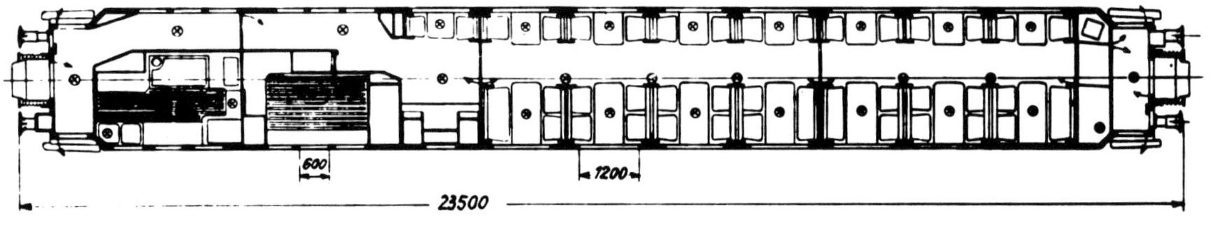

Der 1935 in Dienst gestellte Mitropa-Speisewagen, eine geschweißte Ganzstahlkonstruktion, bot 42 Gästen Platz.

1928 zeigte der „Rheingold"-Zug eine neue Innenraumgestaltung der Speisewagen, nämlich Doppel- und Einzelsitze.

Die Bundesbahn beschaffte 1964 Speisewagen mit 27,5 Meter Länge, die bei allen folgenden Bauarten beibehalten wurde.

in Höhe der Fenster, unterstrich den besonderen Charakter dieses Luxuszuges. Auch die Innenraumgestaltung mit Doppel- und Einzelsitzen trug völlig neue Züge. Entgegen dem bisherigen Konzept wurden Speisen und Getränke nicht in einem besonderen Raum, sondern am Platz serviert; eine Küche bediente zwei Wagen.

Mit den 26,4 Meter langen D-Zugwagen entstanden 1954 auch neue Speisewagen, zunächst mit Abteilen 1. Klasse neben Speiseraum und Küche, später sogenannte Buffetwagen mit 2. Klasse-Abteilen, Buffetraum und einer kleineren Küche. Diesen beiden Bauarten folgten die Speisewagen für den neuen „Rheingold" und die zunehmend lokomotivbespannten TEE-Züge. Die Bundesbahn beschaffte 1964 (WRümh-64, heute WRmh 132) und 1969 (WRmz 135) weitgehend übereinstimmende Speisewagen mit 42 Plätzen in der Sitzanordnung 2 + 1. Die Länge von 27,5 Metern wurde maßgebend für alle folgenden Bauarten. An einen kleinen Einstiegsraum mit Drehfalttüren schließt sich der Speiseraum an, dann folgen Buffet- und Speisenausgaberaum, Küche und Abwaschraum, am Wagenende eine Personaltoilette. Zur Bevorratung des Wirtschaftstrakts ist auf jeder Wagenseite eine Ladetür in der Bauweise der Schwenkschiebetüren eingebaut. Die Fenster der klimatisierten Speisewagen entsprechen denen der übrigen TEE-Wagen. Während 1964 noch Achsgeneratoren, Umformer in den Drehgestellen und Gasherde in der Küche eingebaut wurden, erhielt die folgende Serie durchweg Elektrogeräte; die Energie wird von der Lokomotive über die Zugsammelschiene geliefert und auf elektrifizierten Strecken der Oberleitung entnommen. Beide Wagenbauarten laufen auf Minden-Deutz-Drehgestellen mit Magnetschienenbremse und sind heute für 200 km/h geeignet.

Die zur Erweiterung des Platzangebots gebauten Barwagen (ARDmh 105 und ARDmz 106) sollten zusammen mit einem Speisewagen eingesetzt und von dort mit bedient werden; an den Barraum ähnlich wie im „Rheingold" schloß sich ein kleiner Speiseraum an. Die Wagen enthielten ferner einen Gepäck- und Zugbegleiterraum sowie vier Abteile 1. Klasse. Einer dieser Wagen wurde für den Einsatz im Fern-Expreß zu Cafeteria und „Kinderland" umgebaut.

Zur raschen Anpassung an unterschiedliche Nachfrage im Intercity-Verkehr entstanden Ende der siebziger Jahre Wagen (ARmz), die neben dem Küchentrakt und einem kleineren Speiseraum auch noch einen Raum mit vier Sitzgruppen 1. Klasse enthalten; unter den Fenstern verborgene Tische lassen sich bei Bedarf mit wenigen Handgriffen herausziehen, so daß auch in diesem Raum serviert werden kann.

Für den Turnusverkehr der Reiseveranstalter wurden 1965 Speisewagen (WRtüm-65, heute WRtmh 134) gebaut. Sie bieten in einem nicht klimatisierten Speiseraum 30 Gästen Platz und enthalten für längere Fahrtstrecken sehr große Vorratsräume.

Die Quick-Pick-Speisewagen mit Selbstbedienung (Angebotswand) entstanden 1978.

Selbstbedienung bestimmte das Konzept der 1978 für den D-Zugverkehr gebauten Quick-Pick-Speisewagen. Etwa in der Mitte befindet sich eine Angebotswand und an deren Ende die Kasse; daran schließt sich der klimatisierte Speiseraum mit 42 Plätzen und neuer Innengestaltung an. Die Küche ist

Der Küchenraum der Quick-Pick-Wagen.

mit Kühlschränken sowie Mikrowellenherden zum raschen Aufwärmen vorgefertigter Speisen ausgerüstet. Das Konzept sah die Verwendung von Einweggeschirr und -besteck vor, so daß Geschirrspülmaschinen fehlen. Seit 1979 der Stundentakt und die 2. Klasse im Intercity-System eingeführt wurden, laufen die Wagen großenteils in IC-Zügen. Zur Zeit werden 24 Wagen zu „druckertüchtigten" Speisewagen mit neuem Service-Konzept umgebaut.

Der sechsachsige „Kronprinzenwagen", 1905, der Hohenzollern ist heute noch einsatzfähig.

Salonwagen

Die „Rheingold"-Wagen, auch als Luxus-D-Zugwagen bezeichnet, müßten eigentlich den Salonwagen zugeordnet werden, wie sie gekrönte Häupter bis zu den zahlreichen deutschen Landesfürsten benutzten, aber auch wohlhabende Privatleute wie der Industrielle Alfred Krupp, in der Weimarer Republik Reichspräsident und Reichsverkehrsminister, später in großem Umfang die Machthaber des Dritten Reiches.

Die ersten deutschen Wagen, die eine Krone auf dem Dach trugen, liefen ab 1853 in Hannover und 1862 in Bayern. Bis heute einsatzfähig ist von den frühen Hofzugwagen nur der sechsachsige „Kronprinzenwagen" des preußischen Herrscherhauses aus dem Jahr 1905; nach wechselvollem Schicksal und längerem Aufenthalt auf dem Abstellgleis erwarb ihn ein Verlag und ließ ihn wieder instandsetzen.

Nach langer Pause wurden 1934 und 1935 je zwei

Die üppige Pracht des kaiserlichen Hofzuges des Hohenzollernschen Herrscherhauses kommt in diesem Bild zum Ausdruck.

Blick in den Speisewagen des kaiserlichen Hofzuges.

neue Salonwagen gebaut; bis 1944 stieg die Zahl neu gebauter Fahrzeuge dieser Kategorie auf fünfzig. Außer den eigentlichen Salonwagen zählten dazu als Dienstwagen der Reichsregierung auch Begleiterwagen, Schlaf- und Speisewagen, Badewagen, Aussichtswagen, Pressewagen, Gepäckwagen mit und ohne Dieselgeneratoranlage sowie Autotransportwagen. Pläne für weitere zehn Salonwagen blieben

In der DDR fahren zahlreiche Salon- und Dienstwagen neuerer Bauart.

Die neu gebauten Gesellschaftswagen der Bundesbahn für größere Gruppen von Reisenden sind klimatisiert und für 200 km/h ausgelegt.

unverwirklicht, statt dessen wurden D-Zugwagen, Mitropa-Wagen und Wagen der Internationalen Schlafwagengesellschaft umgerüstet.

Die Bundesregierung stellte 1974 einen Salonwagen nach heutigen Komfortmaßstäben neu in Dienst; der Wagen steht dem Bundeskanzler zur Verfügung, wird jedoch auch an Interessenten vermietet. Im übrigen ist ein Teil der Wagen aus den dreißiger Jahren modernisiert worden. In der DDR stehen der Regierung zahlreiche neue Salon- und Dienstwagen aus dem VEB Waggonbau Görlitz zur Verfügung.

Die Bundesbahn vermietet ihre Salonwagen auch für exklusive Reisen; mehr Platz für größere Gruppen bieten Gesellschaftswagen. In den siebziger Jahren ließ die Bundesbahn Halbspeisewagen und Buffetwagen zu Gesellschaftswagen umbauen; sie erhielten dabei einen besonderen Beschallungsraum für die Übertragung von Musik und Sprache sowie eine modernisierte Küche. Im Mittelpunkt steht jedoch der große Gesellschaftsraum mit Theke, der sich zum Tanzen oder mit Bestuhlung auch für Konferenzen oder andere gesellschaftliche Zwecke eignet.

Neu gebaut wurde zunächst ein Gesellschaftswagen (WGmh 824), dem einige Zeit später eine Serie von zehn weiteren (WGm 825) folgte. Diese Wagen sind klimatisiert und für 200 km/h ausgelegt; damit können sie selbst in IC-Zügen mitlaufen. Der Gesellschaftsraum beherrscht auch hier den Wagen; mit einer „Segeldecke", einer Sitzgruppe und der Theke ist er architektonisch besonders ansprechend gestaltet. Vom Akustikraum aus lassen sich auch Beleuchtungseffekte steuern, Dias oder Tonfilme vorführen. Mit entsprechender Möblierung läßt sich der Gesellschaftsraum auch als Speise-, Konferenz- oder Ausstellungsraum nutzen.

Der „Bromberger" Schlafwagen Nr. 01 der preußischen Kgl. Ostbahn, 1881, war der erste deutsche Schlafwagen.

Schlafwagen

In Deutschland gab es Schlafwagen seit Ende 1872; damals bediente die Internationale Schlafwagengesellschaft mit Sitz in Brüssel die Verbindungen Berlin–Ostende, Köln–Paris, München–Wien und – anläßlich der Wiener Weltausstellung 1873 – auch Paris–Wien. Zur Verfügung standen damals nur zweiachsige Schlafwagen, die nach Pullmanart mit längs angeordneten Vierbettabteilen ausgestattet waren. Danach folgten in Berlin gebaute Dreiachser, bevor der erste vierachsige Schlafwagen 1880 zwischen Berlin und Frankfurt (Main) eingesetzt wurde. In Preußen begannen 1878 Bau und Betrieb eigener Schlafwagen. Sie kamen in den achtziger Jahren von Berlin aus nach Köln, Eydtkuhnen, Oderberg und Frankfurt (Main) sowie zwischen Köln und Hamburg zum Einsatz. Dadurch verschwanden nach und nach die Schlafwagen der internationalen Gesellschaft; im Sommer 1914 betrieb sie nur noch 38 der insgesamt 95 Schlafwagenläufe über deutsche Strecken; 1918 übernahm auch sie die zwei Jahre zuvor gegründete Mitropa.

Hauptproblem des Schlafwagens blieb stets die möglichst günstige Ausnutzung des verfügbaren Raumes, ohne den Reisenden allzu spürbar einzuengen. Von Anfang an wurden deshalb im Schlafwagen Betten auch in einer zweiten Etage angeordnet.

Die deutsche Entwicklung von Schlafwagen begann mit dem „Bromberger", der nach dem Direktionssitz der Ostbahn benannt war und dem preußischen „Normalienwagen" von 1878 entsprach. Das Fahrzeug konnte zwei Reisende 1. Klasse und acht 2. Klasse aufnehmen. In der 1. Klasse stand bereits ein Waschbecken zur Verfügung. In den Jahren 1885 bis 1890 folgten Vierachser, meist mit offenen Plattformen, danach bis 1895 mit geschlossenen Vorräumen und Faltenbalgübergängen. Schlafwagen mit dreiachsigen Drehgestellen kamen von 1904 an zum Einsatz.

Anfangs wurde nach „Abtheilung mit Schlafeinrichtung" und „Kursabtheilen" mit einfachen Polsterbänken zum Ruhen auf kürzeren Strecken unterschieden. Diese Einteilung bestand auch noch in den kurz vor dem Ersten Weltkrieg gebauten sächsischen Schlafwagen mit vier Abteilen 1. Klasse in der Schlafabteilung sowie zwei Abteilen 2. und drei 3. Klasse.

„Halbabteile" mit nur einseitiger Anordnung der Betten enthielten die Schlafwagen der Baujahre 1897 bis 1911. Sie waren zwischen 19,44 und 20,41 Meter lang und wogen 42 bis 52 Tonnen. Die Enge im Abteil machte sich besonders am Waschbecken unangenehm bemerkbar, bis 1911 schräg gestellte Querwände Abhilfe schafften; allerdings mußten die Waschbecken dabei abwechselnd an der Außen- und der Gangseite angebracht werden. Diese Lösung galt jahrelang als vorteilhaft und wurde in den 23,5 Meter langen Schlafwagen der Baujahre 1928 bis 1939 mit elf Zweibettabteilen letztmals genutzt.

Der in Schweden erfolgreiche Schlafwagen 3. Klasse wurde 1921 erstmals auch in Deutschland gebaut. Obwohl er zur deutlichen Unterscheidung als „Liegewagen" bezeichnet wurde, enthielten seine Halbabteile nur jeweils drei Bettplätze entsprechend dem heutigen Touriste. Mit der Abteileinrichtung ließen sich für die Nachtfahrt in drei Etagen übereinander einfache Liegeplätze schaffen. Dazu dienten die Sitzbank als untere, die hochklappbare Rückenlehne als mittlere und die Gepäckablage als obere Liege. Einfache Matratzen und Keilkissen gehörten zur Ausstattung, Bettwäsche stand gegen Leihgebühr zur Verfügung. Waschgelegenheit boten außer den beiden Toiletten auch zwei besondere Waschräume an jedem Wagenende. Die Bauart 1937 (WLC 4ü), 23,5 Meter lang, enthielt 13 Dreibettabteile mit je einem eigenen Waschbecken.

Wer nicht gerade mit der Familie reist, wünscht sich ein Einbettabteil. Auch zur Erfüllung dieses Wunsches sind verschiedene Versuche unternommen worden. Wegmann in Kassel baute 1924 einen Schlafwagen mit neben- und übereinander liegenden Abteilen. Das Bett in der 1. Klasse lag längs am Fenster, das der 2. Klasse oben über dem Mittelgang, nur mit einer senkrechten Leiter erreichbar. Weitere Versuchsausführungen kamen noch 1940 und 1941 von Linke-Hofmann und von Wegmann; neben vier Zweibettabteilen enthielten sie ebenfalls ineinander verschachtelte Einbettabteile. Mit 26,0 Meter Länge übertrafen sie noch die 24,3 Meter langen Sonderschlafwagen für Regierungszüge, die 1937 gebaut worden waren.

Nach dem Zweiten Weltkrieg ließ zunächst das Reiseunternehmen Touropa eine ganz neue Art von Liegewagen bauen (Bcüm 53). Sie basierten auf den damals neu entwickelten D-Zugwagen, enthielten ebenfalls zwölf Abteile mit sechs Plätzen, die jedoch in der Nacht zu sechs Liegen, je drei übereinander, umgebaut werden konnten. Dabei diente die Sitzbank als unterste und die hochgeklappte Rückenlehne als mittlere Liege; die oberste hatte keine Doppelfunktion und war am Tag hochgeklappt. Diese grundsätzliche Anordnung der Liegen hat sich bei allen späteren Bauarten, auch in den neuen Schlafwagen, erhalten.

Ein Jahr nach der Touropa beschaffte die Bundesbahn auch selbst Liegewagen (Bcüm 54) in weitgehend übereinstimmender Bauart. Später entstanden noch Varianten mit mehr oder weniger abweichender Inneneinrichtung. Die UIC vereinheitlichte einen Liegewagen auf der Grundlage des Einheitswagens Typ X, der ab 1962 von der Bundesbahn gebaut wurde. Diese Wagen haben nur zehn entsprechend geräumigere Abteile, dafür aber drei Waschräume und zwei Toiletten. Als letzte bestellte die Bundesbahn 1967 eine Liegewagen-Bauart mit 27,5 Meter Länge. Alle Liegewagen wurden ohne Klimaanlage

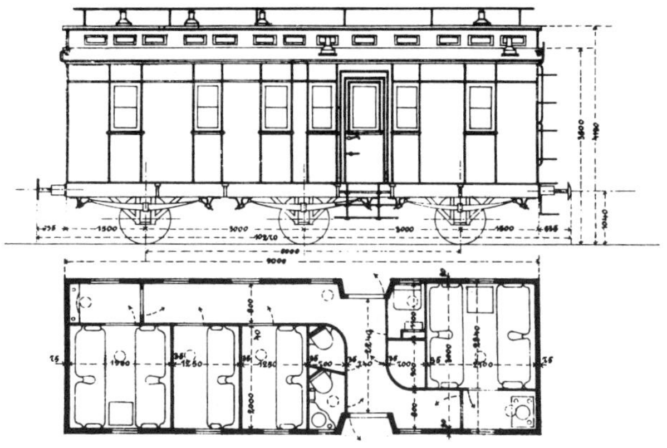

Preußischer Schlafwagen mit acht Halbabteilen 1./2. Klasse und „Kursabtheil", 1886.

Die ersten in Deutschland gebauten „Liegewagen" (ab 1921) hatten Halbabteile mit je drei Bettplätzen.

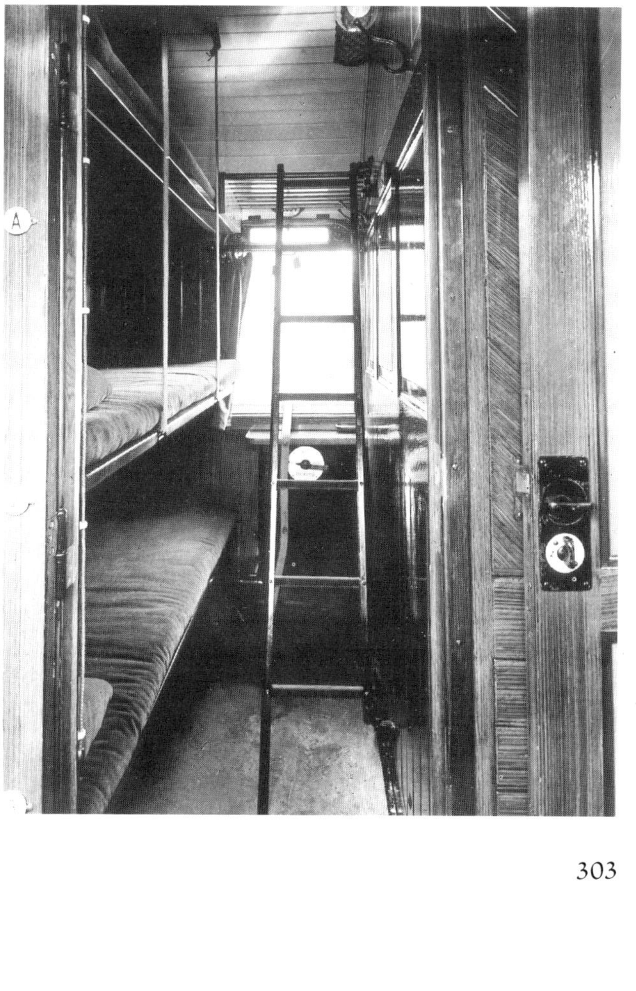

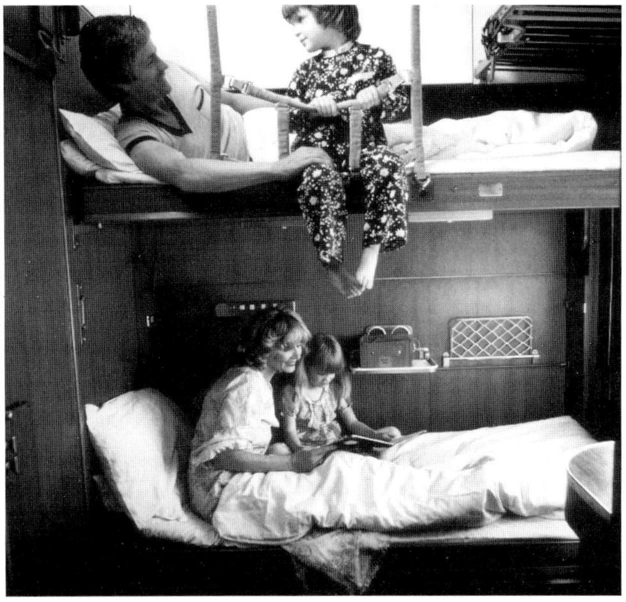

Schlafwagenabteil der DSG.

gebaut; die Belüftung stellt deshalb, besonders an warmen Sommertagen, ein Problem dar, das später durch Einbau neuer Belüftungsanlagen gelöst werden sollte.

Anspruchsvollere Übernachtungsmöglichkeit im Zug bietet nach wie vor der Schlafwagen. Für die DSG – Deutsche Service-Gesellschaft – baute die Waggonindustrie 1954 den Typ Universal mit der Standardlänge von 26,4 Metern. Die elf Abteile können durch Umklappen der Rückenlehne und einer dritten oberen Liege „im Handumdrehen" mit einem Bett, mit zwei oder drei Betten ausgestattet werden. In jedem der voll klimatisierten Abteile steht ein Waschbecken mit Warm- und Kaltwasser, ein Spiegelschrank und ein Nachtgeschirr zur Verfügung. Die Wagen enthalten außerdem an beiden Enden eine Toilette; zum Teil wurde in einen der Toilettenräume nachträglich noch eine Dusche eingebaut, um auch diesen sehr beliebten Komfort bieten zu können.

Aus internationaler Entwicklungsarbeit ging 1975 ein 26,4 Meter langer Schlafwagen mit 17 kleinen Abteilen hervor, die nur mit einem oder aber mit zwei Betten ausgestattet werden. Hier kann der Fahrgast das Zweibettabteil mit einem Fahrausweis 2. Klasse benutzen.

Mit fremden Menschen nachts einen Raum zu teilen, wird immer weniger gern akzeptiert. Deshalb streben die Bahnen nach Lösungen, die auch dem Reisenden 2. Klasse ein Einzelabteil bieten. Entwürfe mit einer doppelstöckigen Anordnung liegen bereits vor, konnten aber bisher aus finanziellen Gründen nicht verwirklicht werden. Außerdem stellen heute die immer kürzeren Reisezeiten bei Tag das Angebot Schlafwagendienst zumindest im Binnenverkehr der Deutschen Bundesbahn mehr und mehr grundsätzlich in Frage.

Dienstwagen

Bei langen Zügen reichte vielfach die Dampfheizung durch die Lokomotive nicht aus; sie durfte nicht mehr als zehn Prozent der Kesselleistung in Anspruch nehmen. Sonst mußten im Winter besondere Heizwagen eingestellt werden. Sie waren äußerlich der Reisezugwagenbauart weitgehend angepaßt und enthielten einen liegenden Kessel als Dampferzeuger sowie die nötigen Kohle- und Wasservorräte. Heizwagen blieben noch lange nach dem Zweiten Weltkrieg im Einsatz, um auf elektrifizierten Strekken Züge zu heizen, in denen noch ausschließlich mit Dampfheizung ausgerüstete Wagen liefen.

Ihrer früheren Bedeutung im Personenverkehr entsprechend mußte die Eisenbahn auch die gesicherte Beförderung von Häftlingen übernehmen. Dafür wurden besondere Zellenwagen vorgehalten, die nach regelmäßigen Plänen aus der Provinz zu Städten mit Haftanstalten verkehrten. Es gab drei- und vierachsige Zellenwagen. Im Vierachser, Baujahr 1936, lagen 24 Zellen beiderseits des Mittelgangs, davon 21 Einzelzellen mit 1,06 Meter Länge und 0,98 Meter Breite, entsprechend einer Fläche von rund einem Quadratmeter; drei Quadratmeter standen der Wachmannschaft zur Verfügung. In Bayern gab es in einer Reihe von Personenwagen zur Häftlingsbeförderung das „Schubabteil". Seit den sechziger Jahren haben entsprechend ausgestattete Busse der Polizei die Aufgaben dieser Eisenbahnwagen übernommen.

Gepäckwagen

Obwohl sich die Bahnen stets bemühten, auch die nur für dienstliche Zwecke in Reisezügen mitgeführten Wagen äußerlich dem Zugbild anzupassen, fielen die Gepäckwagen doch durch ihre Seitenwände mit nur wenigen Fenstern und breiten Schiebetüren sowie mit dem über das Dach hinaus erhöhten Zugführerplatz auf.

In erster Linie beförderten diese Wagen Gepäck, Expreßgut, Fahrräder und Motorräder, Kinderwagen und anderes Gut. Für Hunde waren in zahlreichen Gepäckwagen besondere „Abteile", kleine Ställe, und für lebende Fische fest eingebaute Fischwannen vorhanden.

Wie die Personenwagen entwickelten sich auch die Gepäckwagen vom Zwei- und Dreiachser zum vierachsigen Drehgestellwagen. Für Nebenbahnen wurden Zweiachser bis Anfang der dreißiger Jahre beschafft, zuletzt in geschweißter Bauweise.

Das Ladegewicht der Lenkachswagen lag zwischen vier und neun Tonnen, das der Drehgestellwagen zwischen acht und zehn Tonnen. Die Lenkachswagen waren zwischen 10,3 und 13,0 Meter lang und wogen 11,5 bis 20,2 Tonnen, die Vierachser hatten 14,8 bis 21,7 Meter Länge und zwischen 28,5 und 39 Tonnen Eigengewicht.

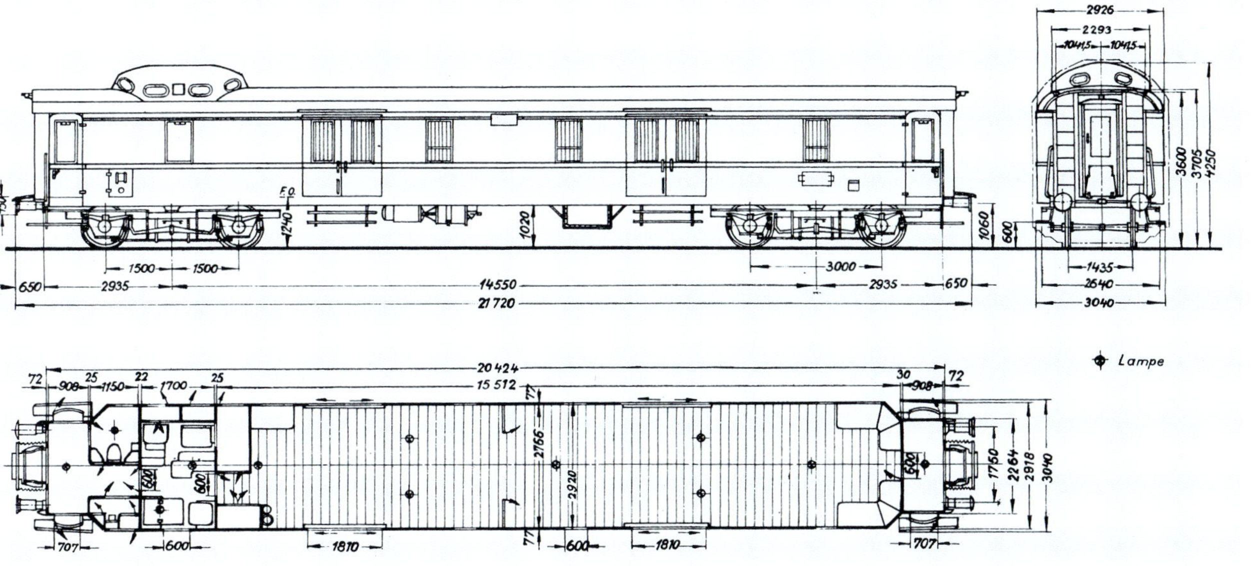

Vierachsiger D-Zug-Gepäckwagen in geschweißter Ausführung mit erhöhtem Zugführerplatz, 1939.

Der erhöhte Zugführerplatz bot durch den verglasten Dachaufbau Streckensicht über den Zug hinweg und ermöglichte die Beobachtung der Signale auch durch den Zugführer. Zur Ausrüstung dieses Platzes gehörte auch ein in die Hauptluftleitung eingeschaltetes Bremsventil, mit dessen Hilfe der Zugführer im Notfall den Zug „stellen" konnte. Ursprünglich lag das erhöhte Zugführerabteil bei den vierachsigen Wagen in der Mitte, ab 1903 am Wagenende wie bereits zuvor bei den kombinierten Wagen mit Gepäck- und Postteil; sie wurden bis 1934 beschafft, seit 1930 in Schweißbauweise. Auf Nebenbahnen waren auch Personenwagen mit Postabteil weit verbreitet.

Bahnpostwagen

Der erste Postwagen auf deutschen Schienen fuhr am 1. November 1841 von Berlin über Köthen –

Der zweiachsige württembergische Paket- und Briefpostwagen von 1878 beförderte bis zu fünf Tonnen Last.

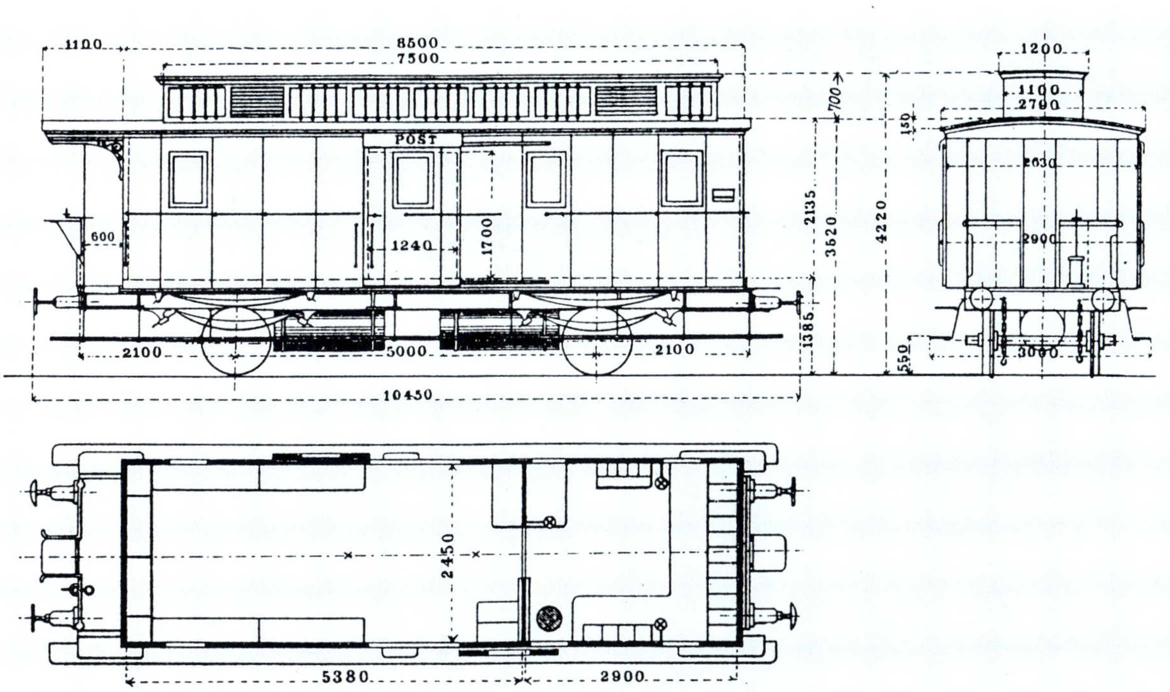

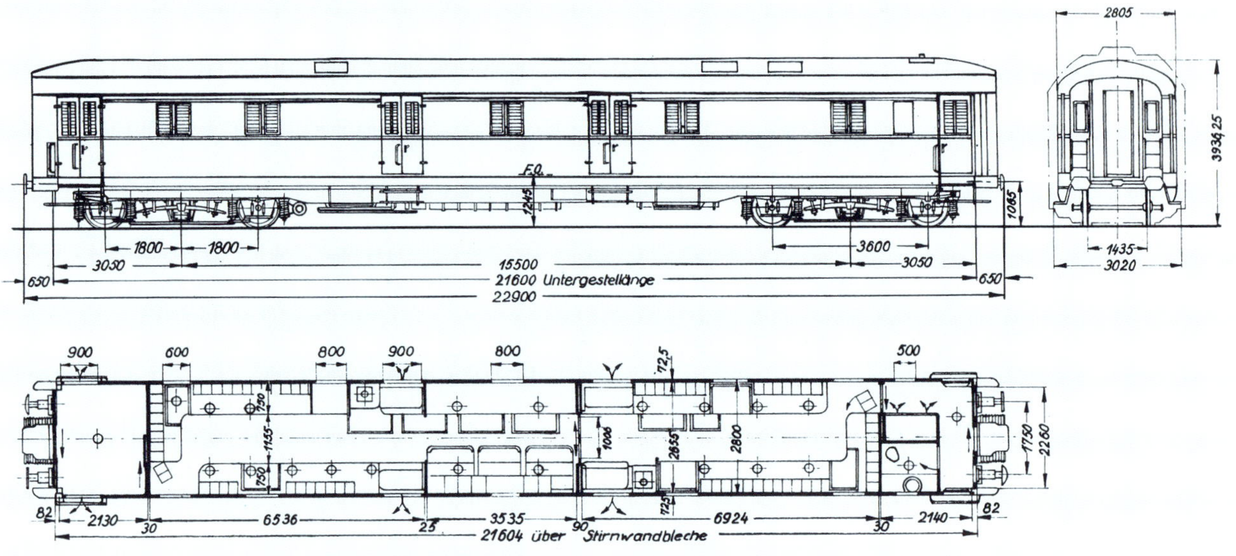

Dieser Bahnpostwagen, 1938, konnte zwanzig Tonnen Briefpost aufnehmen.

Halle nach Leipzig. Ursprünglich lag die Zuständigkeit für den Bau dieser Wagen ebenfalls bei den Bahnverwaltungen; erst 1936 übernahm die Reichspost Entwicklung und Konstruktion der Bahnpostwagen selbst. Bis 1944 kamen insgesamt 4410 zum Einsatz.

In Baden wurden Bahnpostwagen von 1848 bis 1871, in Württemberg von 1852 bis 1914 und in Bayern von 1849 bis 1930 gebaut. Der zweiachsige württembergische Bahnpostwagen von 1878 mit getrennter Federung für Achsbuchsen und Wagenkasten hatte einen hohen Oberlichtaufbau, weil während der Fahrt Briefe sortiert werden mußten. Die meisten Wagen beförderten Brief- und Paketpost gleichermaßen, manche waren jedoch auch nur mit Briefsortierfächern, andere nur mit Packbrettern für Pakete ausgestattet. Als 1936 das Laternendach dem Tonnendach weichen mußte, wurde für Tageslicht durch Teilverglasung des Daches gesorgt; der windschnittige Bahnpostwagen dieses Jahrgangs, in Stahlleichtbauweise hergestellt, war 22,9 Meter lang, wog 39,6 Tonnen und konnte zwanzig Tonnen Post befördern.

Wie die Gepäckwagen wurden Postwagen vorwiegend vorn oder hinten am Zug eingereiht. Damit sollten sie eine Schutzfunktion bei Unfällen übernehmen. In den Bahnpostwagen waren deshalb vorn und hinten normalerweise nicht mit Personen besetzte Räume angeordnet. Als Querversteifung der Brief- und Paketräume in Wagenmitte dienten stählerne Spriegel und Rundstangen, die ihrerseits an den Packstangenträgern längs des Dachansatzes befestigt waren; an den waagerechten Rundstangen konnten Briefbeutel angehängt werden.

In der DDR sind etliche Schmalspurbahnen mit weitgehend modernisierten Wagen in Betrieb. Zur Hundertjahrfeier der sächsischen Strecke Radebeul Ost–Radeburg fuhr 1984 dieser Sonderzug mit Wagen des Baujahrs 1907.

Schmalspurwagen

Überall in den deutschen Ländern bestanden Schmalspurbahnen zur Erschließung dünn besiedelter Gebiete vor allem im Norden und Osten, aber auch im Gebirge, wobei neben der verbreiteten Meterspur auch 900 mm in Mecklenburg, 750 mm in Sachsen und 600 mm Spurweite in den Provinzen Posen und Pommern üblich waren. Die Bundesbahn hat nach dem Zweiten Weltkrieg alle Schmalspurbahnen bis auf die vier Kilometer lange, meterspurige Inselbahn zwischen Wangerooge und dem Westanleger aufgegeben; dort waren noch Wagen oldenburgischer und württembergischer Herkunft im Einsatz, heute verkehren Umbauwagen von 1959 und 1964. Einige nichtbundeseigene Eisenbahnen mit Schmalspurstrecken richteten einen Museumsbetrieb ein und gaben damit historischen Wagen eine Heimstatt.

Noch vollständig in Betrieb sind zahlreiche Schmalspurbahnen in der DDR; sie erfüllen außer ihren Transportaufgaben auch einen kulturellen Auftrag als „Traditionsbahnen". Die früheren Länderbahnwagen sind allerdings auch dort weitgehend modernisiert.

Aus dem Reisezugwagenbau

Holz war in der Frühzeit des Wagenbaus der meist verwendete Baustoff. Das Untergestell der Wagen bildeten die mit den Kopfschwellen verzapften Langträger, auf die nach Stellmacherbauweise gezimmerte Fachwerkwagenkästen aufgesetzt wurden. Abgesehen von späterer Außenbeblechung der Stirn- und Seitenwände und Verwendung von Walzprofilen für die Langträger etwa seit 1860 fand der Stahlbau erstmals beim D-Zugwagen Anwendung, zunächst als Stahlarmierung der Pitchpine-Langträger, die durch ein Sprengwerk aus Stahlrohren unterstützt wurden. Die Seitenwand mit drei Millimeter Blechstärke bildete den Steg eines Längsträgers, die Brüstungsleiste den Ober- und der Langträger den Untergurt. Solange U-Profile für Langträger in der nötigen Länge nicht walzbar waren, wurden an Flacheisen beiderseits Winkeleisen angenietet. So entstand die viele Jahrzehnte übliche Mischbauweise mit stählernem Untergestell und hölzernem Kastengerippe.

Stahlbau setzt sich durch

Wachsendes Sicherheitsbedürfnis für Schnellzugwagen führte ab 1912 zum genieteten Stahlgerippe des Wagenkastens. Das Dach mit dem Oberlichtaufbau blieb zunächst noch ausgenommen, ab 1916 wurden auch stählerne Dachspriegel verwendet. Schließlich löste das in Sachsen und Süddeutschland längst übliche Tonnendach auch in Norddeutschland das „Laternendach" ab; es bot wirksame Lüftung auch bei geschlossenen Fenstern.
Die zweiachsigen Einheitswagen der Reichsbahn, von denen ab 1921 über fünftausend Stück gebaut wurden, waren – von anfänglichen Ausnahmen abgesehen – in Stahlbauweise hergestellt.
Mit der Schweißtechnik ließ sich das Gewicht der Wagen deutlich senken: Ein genieteter vierachsiger Eilzugwagen, Baujahr 1930, wog 36 Tonnen, die geschweißte Ausführung 1942 nur noch 26 Tonnen bei gleicher Platzzahl. Anfängliche Schwierigkeiten durch Schrumpfen und Verziehen behob die Stumpfstoßschweißtechnik. Schon vor dem Zweiten Weltkrieg entstanden damit erste geschweißte Leichtbauwagen für Nebenbahnen mit einem Gewicht je Sitzplatz von nur 257 kg gegenüber den ebenfalls leichtgebauten Wagen des Henschel-Wegmann-Zugs für den Schnellverkehr Berlin–Dresden mit 506 kg je Sitzplatz. Ein für Schnellzugwagen besonders günstiges Platz-Gewicht-Verhältnis wies der vierachsige D-Zugwagen Bauart Taschinger (C 4ü-38) mit nur 385 kg je Sitzplatz auf; sein Wagenkasten aus Stahl (St 37) war röhrenförmig auf dem Untergestell (St 52) aufgebaut; die gesickten Seitenwand- und Dachbleche hatten 2,0 und 1,5 mm, Fußboden- und Stirnwandbleche 1,25 und 2,0 mm Stärke. Damit konnten an seinem Rohbaukasten insgesamt vier Tonnen Gewicht eingespart werden – verglichen mit der Profilträgerbauart von 1936. Auch im Metergewicht führte dieser Wagen mit 1,3 Tonnen unter allen vergleichbaren Bauarten der damaligen Zeit.

D-Zugwagen mit genietetem Stahlgerippe des Wagenkastens gab es wegen des wachsenden Sicherheitsbedürfnisses ab 1912. In jenem Jahr wurde dieser Wagen der Preußisch-Hessischen Staatseisenbahnen gebaut.

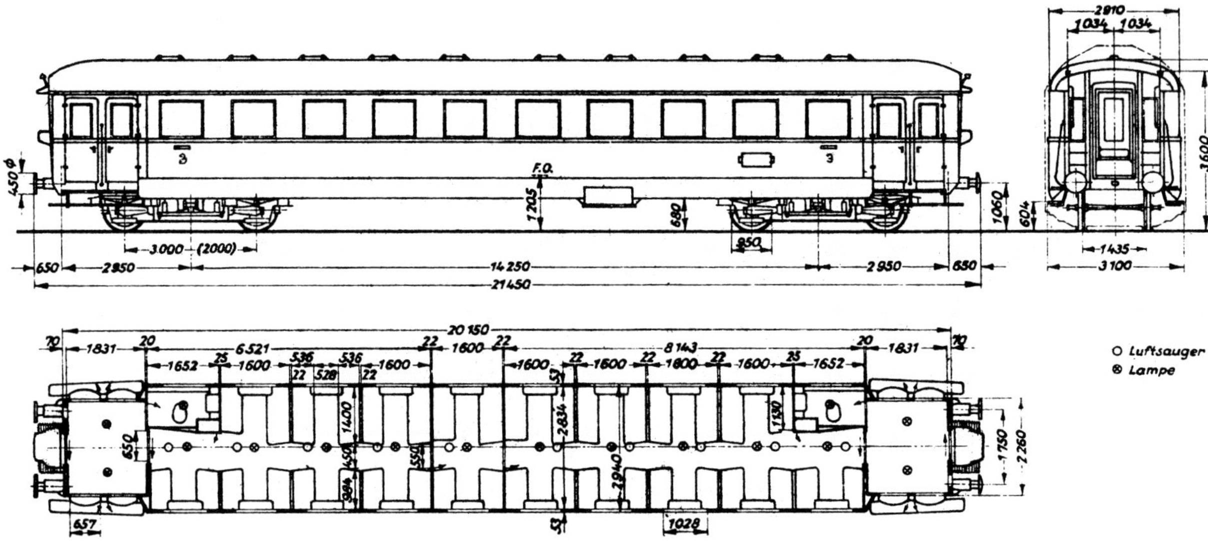

Dieser geschweißte Eilzugwagen, 1942, wog nur noch 26 Tonnen, sein genieteter Vorgänger von 1930 zehn Tonnen mehr.

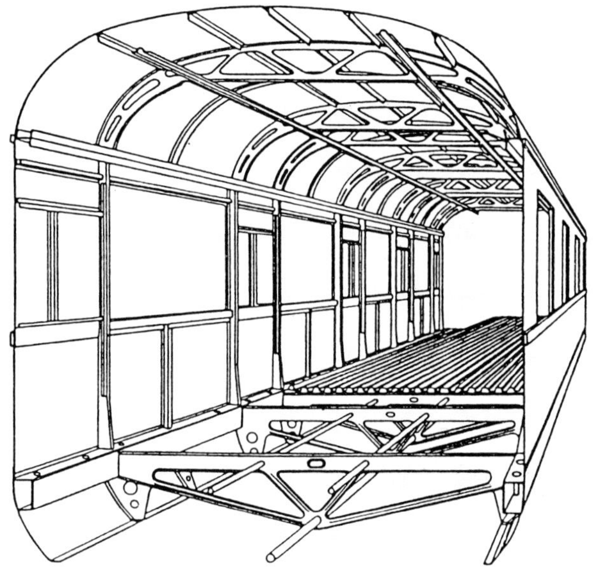

Das Stahlgerippe des Eilzugwagens in geschweißter Ausführung mit durchlaufenden Spanten (Querträger – Wandsäule – Dachspriegel).

Behelfsbau

Während des Zweiten Weltkriegs zwang zunehmender Stahl- und Arbeitskräftemangel zu Behelfslösungen. Einer Serie von Lazarettwagen ohne Einrichtung (C4yl-42) schloß sich der aus dem Güterwagen Glmghs-36 entwickelte Behelfswagen MCi an, von dem in den folgenden Jahren rund sechstausend Stück gebaut wurden. Die Bauart 1943 war nur mit einfachen Holzbänken längs oder quer ausgestattet. Auf noch verwendbare Drehgestelle ausgebrannter Wagen wurden ebenfalls behelfsmäßig neue Wagenkästen aufgesetzt; so entstanden rund hundert vierachsige Behelfswagen (MC4i-44), die mit ihren durch stählernes Rautenfachwerk verstärkten Holzwänden ein ungewohntes Bild boten. Immerhin enthielten sie entlang des Seitengangs neun Abteile mit je acht Sitzplätzen. Aus Bänken, Rückenlehnen und Gepäckablagen ließen sich sechs einfache Liegeplätze mit 1,9 Meter × 0,6 Meter Grundfläche herstellen, zwei weitere Liegemöglichkeiten je Abteil konnten am Gang und am Fenster geschaffen werden. Auch Waschwasser, elektrische Beleuchtung und Dampfheizung waren vorhanden. Wegen des Einsatzes in Fronturlauberzügen wurden diese Wagen als „Landserschlafwagen" bekannt.

Neue Konstruktionen – neue Werkstoffe

Die Wagenkästen der nach 1945 neu entwickelten Reisezugwagen bestehen aus Untergestell, Seitenwänden und Dach, die zusammengebaut eine mittragende Röhre bilden. Als Lastannahmen wurden zunächst 2000 Kilonewton Druckkraft auf die Seitenpuffer sowie das 1,3fache der maximal möglichen senkrechten Belastung zugrundegelegt. Später kamen durch UIC-Richtlinien noch weitere Forderungen hinzu: 400 Kilonewton in 350 mm über Pufferhöhe und je 300 Kilonewton in Höhe der Fensterbrüstung und des Obergurts. Aus dem geplanten Einbau der automatischen Mittelpufferkupplung resultierten Zusatzbelastungen, die ab 1969 berücksichtigt werden mußten. Schon bei den ersten Neuentwicklungen Anfang der fünfziger Jahre übernahmen die Endpartien der Wagen die Funktion von Verfor-

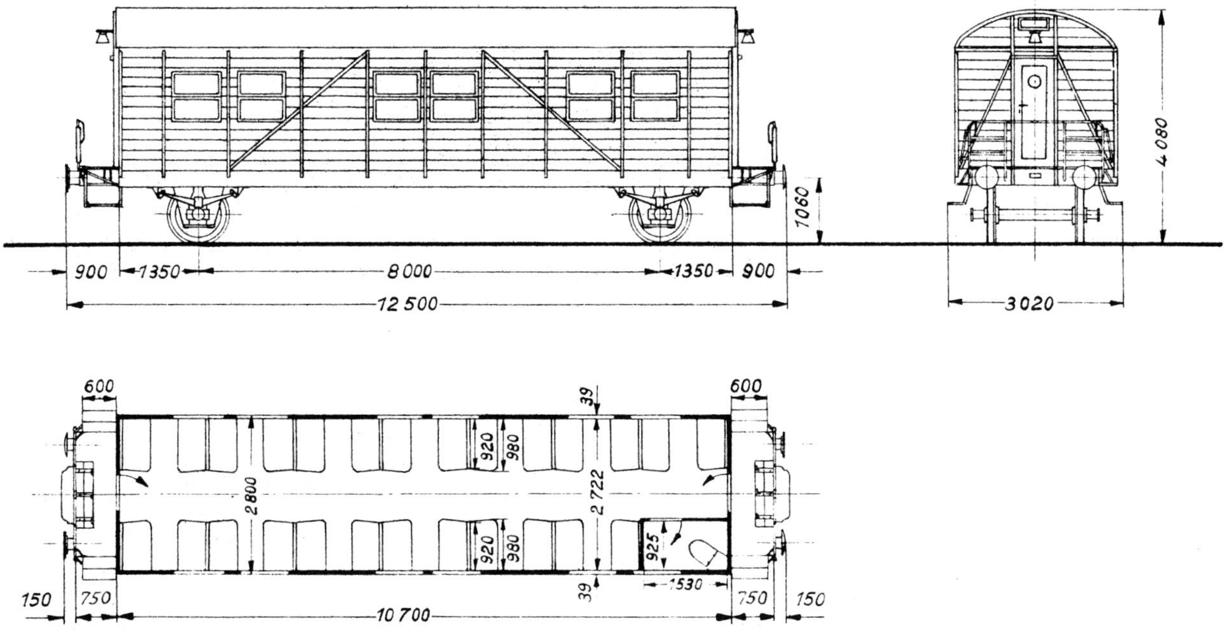

Aus einem gedeckten Güterwagen entstand während des Zweiten Weltkriegs dieser Personenzugwagen 3. Klasse.

mungsgliedern zur Energieaufnahme bei Aufprallunfällen; diese Wirkung ging zum Teil verloren, als die Kopfbereiche des Untergestells für die Mittelpufferkupplung erheblich versteift werden mußten. Vor allem äußerlich unterscheiden sich die 1959 entwickelten und noch heute eingesetzten Nahverkehrswagen mit dem Kennbuchstaben n von den bis dahin üblichen Konstruktionen: Um den Anstrich zu sparen, erhielten die Wagen Außenwände aus nichtrostendem Edelstahlblech. Die mattierte Oberfläche im Fensterbereich und darunter der Pfauenaugenschliff sollten lediglich für gefälliges Aussehen der Wagen sorgen. Später wurden aus Gründen des Korrosionsschutzes auch bei anderen Bauarten Teile ebenfalls aus nichtrostendem Chromstahl hergestellt.
Vor allem bei Nahverkehrswagen, die häufig beschleunigt und abgebremst werden, wirken sich Gewichtsverminderungen energie- und damit kostensparend aus. Die Verwendung von Leichtmetall lag deshalb auf der Hand. Erstmals befand sich unter den Mitte der siebziger Jahre zur Erprobung beschafften Nahverkehrswagen, Kennbuchstaben wnz, auch ein Wagen mit Leichtmetallkonstruktion. Gegenüber einem vergleichbaren Stahlwagen wog der Rohbauwagenkasten rund drei Tonnen weniger. Erstmals wurden dann die S-Bahnwendezugwagen, Kennbuchstabe x, für das Ruhrgebiet in Aluminium-Integralbauweise ausschließlich unter Verwendung von Großstrangpreßprofilen hergestellt. Diese Bauweise hat den Vorteil, daß fast nur längslaufende lange Schweißnähte nötig sind, die sich maschinell

Eine mittragende Röhre aus Untergestell, Seitenwänden und Dach bilden die Wagenkästen der nach 1945 entwickelten Reisezugwagen.

herstellen lassen; die Ersparnis an Fertigungsstunden ist so groß, daß die Mehrkosten des Werkstoffs Aluminium aufgewogen werden. In die Bodenplatten sind bereits Befestigungselemente zur Aufhängung der Aggregate unter dem Wagen und zur Befestigung des Fußbodens integriert. Im Betrieb hat sich gezeigt, daß bei den Leichtmetallwagen besonders auf die konstruktive Ausbildung der Schweißnähte und auf die Verhinderung von Korrosion zu achten ist.

Die künftige Entwicklung der Reisezugwagenkonstruktion wird von genaueren Berechnungsmethoden, neuen Werkstoffen und geänderten Lastkollektiven geprägt. So führt der Einsatz der Fahrzeuge im Hochgeschwindigkeitsverkehr auf Tunnelstrecken zu starken Druckbelastungen, wie sie bei den bisherigen Konstruktionen nicht berücksichtigt zu werden brauchten. Auch an die Druckdichtigkeit der Wagen werden hohe Anforderungen gestellt, die zum Teil neue Konstruktionen und Fertigungsverfahren erfordern.

Isolierung

Zum Schutz vor Korrosion und zum Entdröhnen der Blechkonstruktion werden die Wagenkästen nach dem Grundanstrich innen vollständig mit einem bituminösen Belag ausgespritzt. Der Wärme- und

Isolationsaufbau eines Reisezugwagens der Bundesbahn.

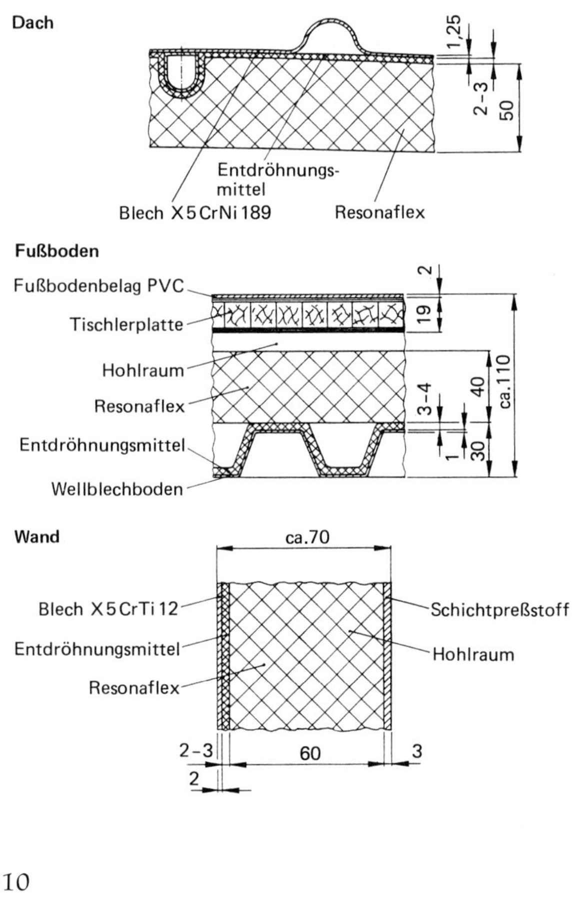

Schalldämmung dienen Isoliermatten; die Bundesbahn verwendet neuerdings Resonaflex-Matten aus gefalteten PVC-Folien, die keine Feuchtigkeit binden und eingedrungenes Wasser ablaufen lassen. Der Fußboden aus Tischlerplatten „schwimmt" auf Gummiklemmprofilen, die Körperschallübertragung verhindern.

Wagenübergänge

Der Übergang zwischen den D-Zugwagen wurde zum Schutz gegen Hinabfallen sowie vor Fahrtwind und Witterungseinflüssen bis Anfang der fünfziger Jahre mit Faltenbälgen umgeben, die an jedem Wagenende angebracht waren. Die ursprünglich aus Leder, später aus getränkter Leinwand gefertigten Faltenbälge trugen vorn Flacheisenrahmen und schmiegten sich im ungekuppelten Zustand dicht an die Stirnwand des Wagens. Zur Verbindung wurden die Bälge ausgezogen und die Rahmen miteinander verschraubt. Der Übergang konnte auf diese Weise vollständig umschlossen werden. Bei unten offenen Ausführungen dienten Lederstreifen zur Abdeckung der verbleibenden Öffnungen. Die Faltenbälge mußten von Hand gekuppelt werden, boten nur engen Durchgang und waren teuer in Beschaffung und Instandhaltung.

An ihre Stelle trat der Gummiwulstübergang nach Mielich mit rohrförmigen Gummiprofilen, die den Übergang u-formig umschließen. Sie dichten durch einfaches Gegeneinanderdrücken der gekuppelten Wagen. Seitliche Gummilappen decken die Spalte zwischen Übergangsblech und Stirnwandbereich ab. Der Gummiwulstübergang ist unübertroffen einfach und hat sich deshalb international durchgesetzt. Er bietet einen breiten, kurzen und bequemen Übergang von Wagen zu Wagen.

Im unteren Bereich des Übergangs muß der sogenannte Berner Raum zum gefahrlosen Kuppeln der Zugverbindung und der Bremsschläuche für den Rangierer frei bleiben. Dieser Raum ist aus Sicherheitsgründen international genau dimensioniert und für alle Wagen verbindlich vorgeschrieben. Auch der neue, „druckertüchtigte" Wagenübergang für den Hochgeschwindigkeitsverkehr auf Tunnelstrecken muß den Berner Raum berücksichtigen.

Einen solchen Übergang erhalten die neuen klimatisierten Abteilwagen 2. Klasse (Bvmz) sowie die entsprechend umgebauten IC-Wagen für den Einsatz auf den Neubaustrecken. Gummimembranen dichten dabei einen u-förmigen abgewinkelten Rahmen gegen den Wagenkasten ab. Die breite Stirnfläche dieses Rahmens bildet die Dichtfläche zum Gegenstück des Nachbarwagens. Nach dem Kuppeln der Wagen wird die am Rahmen befestigte Übergangsbrücke heruntergeklappt und dabei auch nach unten abgedichtet. Der „schwimmend" im Stirnwandausschnitt des Wagens gelagerte Übergang kann Querbewegungen nur innerhalb dieses Abschnitts folgen.

Der Gummiwulstübergang mit rohrförmigen Gummiprofilen, die durch Gegeneinanderdrücken der Wagen dichten, hat sich international durchgesetzt.

Für die Fahrzeuge im Hochgeschwindigkeitsverkehr auf Tunnelstrecken wurde dieser „druckertüchtigte“ Wagenübergang entwickelt.

In engen Gleisbögen legt sich der Rahmen an den Portalausschnitt des Wagens. Bei weiterem seitlichen Versatz gleiten die Stirnflächen der miteinander verbundenen Übergänge quer zueinander. Damit kann der Ausschnitt im Wagenkasten begrenzt bleiben, der druckertüchtigte Übergang in diesen Abmessungen auch zur Nachrüstung vorhandener Wagen verwendet werden.

Einstiegtüren

Außer der einfachen Drehtür älterer Wagen benutzt die Bundesbahn in neueren Reisezugwagen Drehfalttüren und Schwenkschiebetüren.
Drehfalttüren bestehen aus zwei gelenkig miteinander verbundenen Flügeln; der kleinere hängt mit Gelenken am Türrahmen, der größere an einer Kugelschiene über der Tür. Beim Öffnen schwenken der kleine Flügel und ein Teil des größeren ins Wageninnere; die offene Tür ragt dank dieser Kinematik höchstens 200 mm über die Wagenbegrenzungslinie hinaus. Die Drehfalttüren können elektropneumatisch und für den ganzen Zug von jedem Einstieg aus geschlossen werden. Ein dreigeteiltes Schloßsystem sichert die Tür. Bei Geschwindigkeiten über 5 km/h trennt ein Elektromagnet die innere Klinke vom Schloßsystem, so daß die Tür während der Fahrt von innen nicht geöffnet werden kann.

Drehfalttüren werden durch dieses dreiteilige Schloßsystem gesichert.

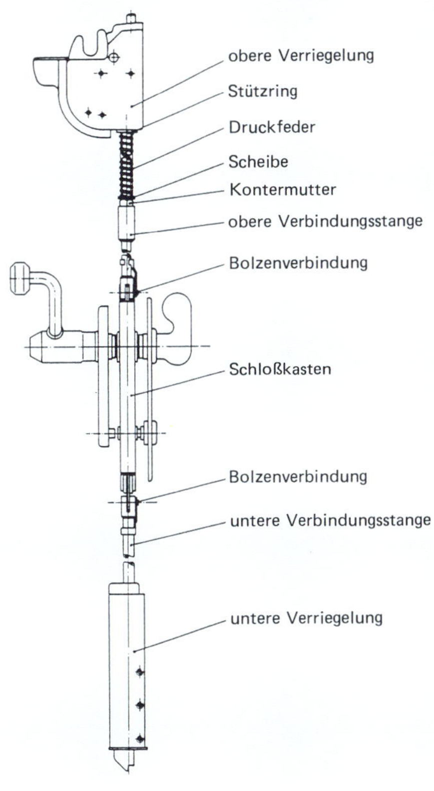

Von jedem Einsteig aus lassen sich alle in neueren Reisezugwagen eingebauten Drehfalttüren eines Zuges elektropneumatisch schließen.

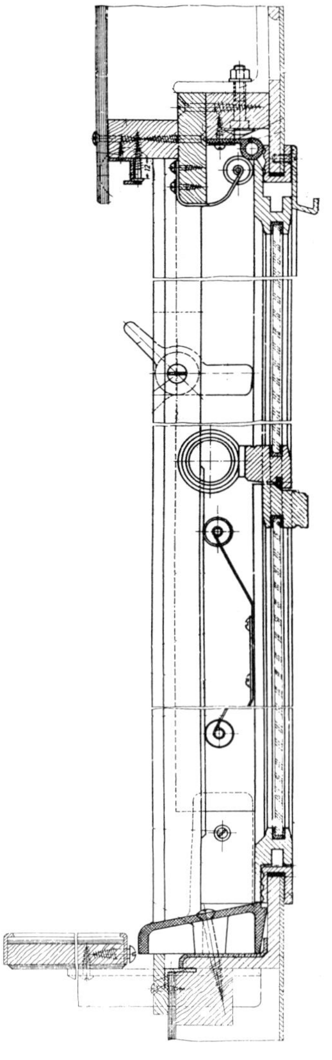

Schnitt durch ein Schiebefenster, sogenanntes Übersetzfenster, eines Eilzugwagens.

Die Schwenkschiebetür erfüllt diese Sicherheitsanforderungen gleichermaßen. Sie ist zusätzlich noch mit einer elektropneumatischen Öffnungshilfe ausgestattet. Zum Öffnen schwenkt die Tür zunächst leicht nach außen, bevor sie sich parallel zur Wagenwand verschiebt und den Einstieg freigibt. Künftig werden nur noch Schwenkschiebetüren mit innerer Führung eingebaut, da die äußeren Führungen bei Frost leicht vereisen. Auch für druckdichte Wagen wird eine solche Konstruktion benutzt; zum Öffnen und Schließen genügt ein Tastendruck.

Fenster

Bei früheren Eisenbahnwagen senkten sich die Fenster beim Öffnen in einen Schacht der Wagenwand. Diese Konstruktion ließ sich auf Dauer nur schwer dicht halten, die Schächte in der Seitenwand förderten die Korrosion.

Bei den nach 1945 gebauten Wagen wurden zunächst zweigeteilte Fenster eingesetzt: der untere Teil konnte fest eingebaut werden, der obere ließ sich öffnen und gab dabei auch einen hinreichend großen Notausstieg frei. Die erste Bauart des „Übersetzfensters" erforderte vor dem Herunterlassen der oberen Scheibe deren Ausrücken zum Wageninneren zu. Zwar lag das geschlossene Fenster bei dieser Konstruktion bündig in der Außenwand, doch verklemmte sich der bewegliche Rahmen leicht, so daß diese Fenster oft nur schwer zu öffnen waren. Später wurde eine durchgehende Führungsschiene außen vor der festen Scheibe angebracht, das bewegliche Fenster läßt sich damit leicht und mühelos nach unten schieben. Verwendet werden – bei den Nahverkehrswagen n nur in den Unterfenstern – Doppel-Isolierglasscheiben, um die Wärmedämmung zu verbessern und das Beschlagen der Fenster zu vermeiden.

In den Wagen mit Klimaanlage sind die Fenster fest verglast und damit nicht zu öffnen. Lediglich zur Notbelüftung bei Störung der Klimaanlage wurden in einem Teil der Scheiben Lüftungsklappen eingesetzt. Ursprünglich preßten Keile die Scheibe im Fensterrahmen gegen den Dichtungsgummi. Eine spätere Neukonstruktion kombinierte mit der Fensterdichtung auch die Notausstiegsfunktion.

In Reisezugwagen darf nach den UIC-Richtlinien nur „Sicherheitsglas" verwendet werden: entweder Hartglas oder Verbundglas. Hartglasscheiben lassen sich im Notfall mit einem Hammer zertrümmern; sie zerfallen dabei in „Krakelee", wobei jedoch auch Glasstaub entsteht, der Augenschäden hervorrufen kann. Der Sicherheitseffekt von Verbundglas beruht dagegen auf einer dünnen, zwischen zwei Scheiben unsichtbar eingeklebten Folie. Solche Scheiben lassen sich nicht zertrümmern, verhindern aber bei Unfällen, daß Reisende durch starke Querbeschleunigung durchs Fenster geschleudert werden. Deshalb verwendet die Bundesbahn in Außenfenstern nur noch Verbundglas. Weil es sich nicht zertrümmern läßt, sind besondere Notausstiege erforderlich. Bei der neuen Konstruktion der festverglasten Fenster wird ein Kunststoffrahmen mit Nieten am Außenblech befestigt; ein umlaufendes Gummiklemmprofil hält die von innen eingelegte Scheibe fest; im Notfall kann es an einem einvulkanisierten Griff herausgezogen werden. Damit die schwere Scheibe niemanden unter sich begraben kann, ist sie durch Drähte mit der Wagenwand verbunden: oben durch zwei kurze, unten durch einen längeren; damit bleibt die Scheibe, wenn sie sich aus dem Rahmen löst, im umgekippten Wagen schräg hängen und bietet so eine Ausstiegsmöglichkeit.
Diese Fenster genügen im Prinzip auch den Beanspruchungen des Hochgeschwindigkeitsverkehrs im Tunnel. Um die Durchbiegung der Fenster durch hohe Druckbelastungen zu vermindern, werden die äußeren Scheiben aus 8 Millimeter dickem Hartglas hergestellt, die inneren zum Schutz der Reisenden wie bisher aus Verbundglas.

Toiletten

Anfangs fehlten sanitäre Einrichtungen in Eisenbahnwagen völlig. Dann gab es Retiraden, den späteren Abort, nur in Gepäckwagen, wo sich die Reisenden hinbegeben mußten. Etwa seit 1860 wurden auch die Personenwagen damit ausgerüstet. Das Prinzip der Toiletten in den Zügen hat sich bis heute nicht verändert: durch ein Fallrohr werden die Abwässer unmittelbar auf das Gleis gespült. Obwohl diese einfache und billige Lösung in der heutigen, für Umweltprobleme sensibilisierten Gesellschaft zunehmend auf Ablehnung stößt, ist sie nicht nur aufgrund über hundertjähriger Erfahrung, sondern auch durch zahlreiche wissenschaftliche Untersuchungen vom hygienischen Standpunkt aus unbedenklich. Die Rückstände werden im Gleis so fein verteilt, daß sie durch die Ultraviolettstrahlung der Sonne und durch Bakterien umgehend abgebaut werden. Ästhetische Vorbehalte sprechen freilich gegen diese Art der Entsorgung.
Auch die immer höheren Geschwindigkeiten der Züge und die Notwendigkeit für druckdichte Wagen auf den Neubaustrecken zwingen zu anderen Lösungen.

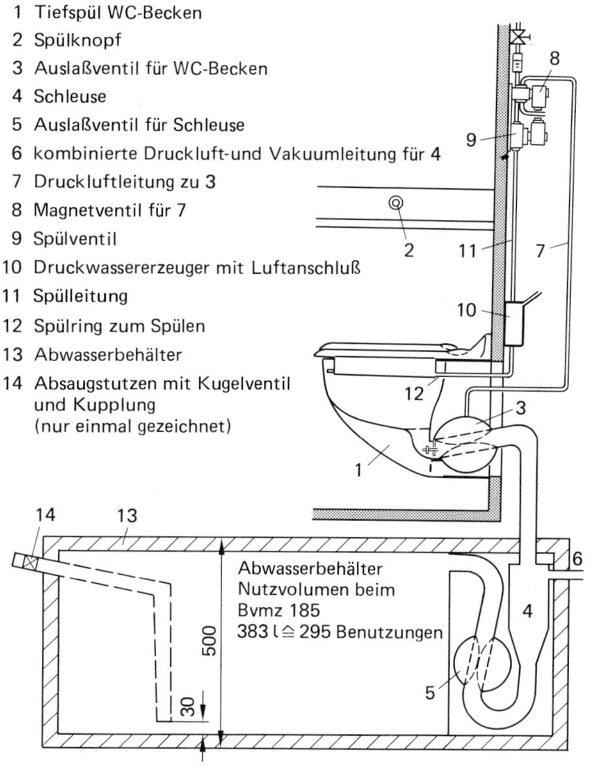

Für den Hochgeschwindigkeitsverkehr ist dieses Vakkum-WC entwickelt worden, ein geschlossenes System, dessen Abwasserbehälter ein Nutzvolumen von 383 Litern (für drei Tageseinsätze des Wagens) hat.

Dafür kommen nur geschlossene Toilettensysteme in Betracht, die jedoch im Eisenbahnbetrieb durchweg Probleme aufgeworfen haben. Für den Hochgeschwindigkeitsverkehr ist ein „geschlossenes WC" entwickelt worden, dessen Auffangbehälter wegen des Fassungsvermögens, aber auch aus bakteriologischen Gründen nach spätestens drei Tagen entleert werden muß. Dieser Rhythmus läßt sich zwar durch chemische Zusätze zum Spülwasser verlängern; die Bundesbahn hat jedoch wegen der damit verbundenen Umweltbelastung darauf verzichtet. Zwischen Toilettensitz und Auffangbehälter ist ein kleiner Zusatzbehälter eingebaut, in dem sich nach Drücken des Spülknopfs ein Vakuum aufbaut, das den Toiletteninhalt absaugt; er wird danach mit Druckluft in den Auffangbehälter befördert. Für Frostperioden muß dieser Behälter beheizbar sein. Auf zahlreichen Stationen ist die zum Entleeren der Behälter nötige Infrastruktur erst noch zu schaffen, woran das Ausmaß der Investitionen für das neue Toilettenkonzept deutlich wird.
In den bisherigen Reisezugwagen hat sich zwar nicht das System der Entsorgung, wohl aber die Ausstattung der Toiletten verändert. Neuzeitliche Wagen enthalten im Dachbereich Wasserbehälter mit 400 bis 500 Liter Fassungsvermögen; sie können von beiden Seiten aus befüllt werden. Die Toiletten sind

an das Heizsystem des Wagens angeschlossen. In den Intercity-Wagen steht wahlweise warmes oder kaltes Waschwasser zur Verfügung. Bis zu zwölf Stunden lang können die Wagen bei minus 10° Celsius ohne Gefahr des Einfrierens abgestellt bleiben. Bei längerem Stand muß entweder wieder geheizt oder das Wasser abgelassen werden. Geruch in den Toiletten wird durch die Gestaltung des Fallrohrs verhindert: der Fahrtwind erzeugt dort einen Unterdruck, der für ständige Entlüftung sorgt.

Laufwerke

Für die ersten, von der Postkutsche abgeleiteten Wagen genügten zwei Radsätze. Zur Steigerung des Fassungsvermögens konnte nur die Wagenlänge vergrößert werden; Breite und Höhe blieben auf das durch die Gleisabstände, durch Brücken und Tunnel bestimmte Profil begrenzt. Längere Wagen bedingten größeren Radsatzstand, der jedoch auch den Laufwiderstand des Wagens im Gleisbogen und den Verschleiß erhöht.
Um 1880 wurden „Lenkachsen" eingeführt, die sich durch Spiel in Achshaltern und Federgehängen im Gleisbogen radial einstellen. Vor allem bei den ersten Schnellzugwagen kam eine Mittelachse hinzu, die bis zur Jahrhundertwende den im Schnellzug üblichen Dreiachser kennzeichnet. Auch Nahverkehrs- und Nebenbahnwagen wurden bis 1921 mit drei Radsätzen gebaut, wobei bis zu 9,25 Meter Radsatzstand üblich waren.
Um bessere Laufeigenschaften im Gleisbogen zu erreichen, wurden lange Wagenkästen, amerikanischen Vorbildern folgend, auf zwei Drehgestellen mit je zwei oder drei Radsätzen gelagert. Als erster deutscher Drehgestellwagen gilt einer der Hofzugwagen des bayrischen Königs Ludwig II. Ab 1885 wurden die preußischen Schlafwagen mit Drehgestellen ausgerüstet.
Die Laufgüte des Regeldrehgestells von 2,50 Meter Radsatzstand beruht auf dreifacher Abfederung: Wiegenfederung durch querliegende Doppelelliptik-

Görlitzer Drehgestell, Bauart II schwer, 1924.

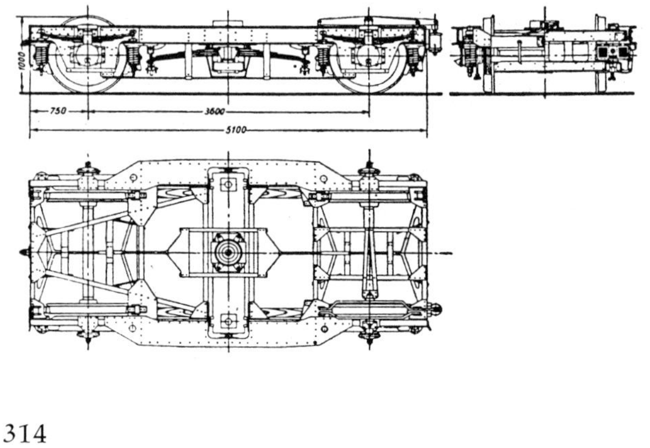

Blattfedern, durch Blatt- und Schraubenfederung der Radsätze. Beim amerikanischen Drehgestell entfällt die Radsatzfederung. Auf den Achsbuchsen ruhende „Schwanenhälse" übernehmen über je zwei Schraubenfedern die auf den Drehgestellrahmen ausgeübte Belastung, die über den gefederten Wiegebalken und Pendel übertragen wird.

Görlitzer Drehgestell

Anstelle teurer Preßblechrahmen wurden Drehgestellrahmen aus gängigen Profilen genietet. Die 1924 entwickelten Drehgestelle hießen nach ihrer Herkunft „Görlitzer Bauart". Die längs am Rahmen aufgehängten Blattfedern erforderten 3,60 Meter Radsatzstand bei den Bauarten II und III schwer, 3,00 Meter bei der Bauart Görlitz III leicht. Die Wiege mit Drehpfanne und Gleitstücken ruht auf den Wiegenfederbunden. Aus dem Görlitzer Drehgestell entwickelte sich in den dreißiger Jahren das Einheitsdrehgestell, das aber wegen des Kriegs nicht mehr allgemein eingeführt wurde. Besonderes Kennzeichen dieser Bauart waren die gummigelagerten Achslenker zur verschleißarmen Führung der Achslagergehäuse in Längsrichtung.

Minden-Deutz-Drehgestell

Die Generation der Görlitzer Drehgestelle wurde bei der Bundesbahn 1950 vom Minden-Deutz-Drehgestell abgelöst, das von Mielich beim Bundesbahn-Zentralamt Minden (Westfalen) zusammen mit Klöckner-Humboldt-Deutz in Köln – Deutz entwikkelt worden war. Entwicklungsziel war eine im Aufbau einfache, leichte Konstruktion ohne Verschleißteile, mit der außerdem bessere Laufeigenschaften erzielt werden sollten. Von dem immer wieder verbesserten Minden-Deutz-Drehgestell sind inzwischen über 70000 für Bahnen in aller Welt gebaut worden.
Die verschleißfreie Radsatzführung wurde durch Blattlenker erreicht. Die inneren sind fest, die äußeren über Winkelblätter elastisch mit dem Drehgestellrahmen verbunden. Statt der Blattfedern wurden für Primär- und Sekundärfederung die reibungslosen Schraubenfedern verwendet. Damit ergab sich eine wesentlich bessere senkrechte Laufgüte; die waagerechte Laufgüte konnte durch die Wiegenaufhängung, bei der sich die langen Wiegenpendel reibungsfrei auf Schneiden abstützen, ebenfalls verbessert werden. Die notwendige Dämpfung wurde bei der Primärfederung mit parallelgeschalteten hydraulischen Stoßdämpfern erreicht; in der Sekundärfederung waren die hydraulischen Dämpfer unter einem Winkel von 30 Grad angesetzt und dämpften so die senkrechten und die waagerechten Relativbewegungen. Der Wagenkasten stützt sich über eine Drehpfanne auf dem oberen Wiegenquerträger ab.

1950 wurden die Minden-Deutz-Drehgestelle für eine Höchstgeschwindigkeit von 120 km/h entwickelt; immer wieder verbessert, laufen sie heute mit über 200 km/h.

Seitliche einstellbare Gleitstücke sichern die stabile Lage des Wagenkastens ab. Für die leichteren Nahverkehrswagen wurden, um Resonanzschwingungen zu vermeiden, in der Primärstufe Gummifedern mit steilerer Charakteristik verwendet; dadurch entfielen hydraulische Dämpfer, das Drehgestell wurde einfacher.
Ursprünglich waren die Minden-Deutz-Drehgestelle für 120 km/h Höchstgeschwindigkeit entwickelt. Schrittweise gelang die Anpassung bis 200 km/h und sogar darüber hinaus mit einer gleisbogenabhängigen Steuerung und der damit verbundenen Vergrößerung des Wiegenquerspiels, mit konstruktiven Maßnahmen zur Minderung der Pendelschwingungen und der Wankbewegungen des Wagenkastens bis hin zum Übergang auf hydraulische Schlingerdämpfer.

Neue Laufwerke für hohe Geschwindigkeiten

Die Weiterentwicklung der Laufwerke für hohe Geschwindigkeiten bis über 300 km/h führte Anfang der achtziger Jahre zu einem neuen Drehgestell (MD 52) mit Doppellenkeranordnung, Scheibenbremsen und H-Rahmen. Damit beansprucht das Drehgestell weniger Platz unter dem Wagen. Die neue Bauart ergab bei Versuchsfahrten mit dem Großraumwagen 2. Klasse ausgezeichnete Ergebnisse bis 335 km/h. In modifizierter Form mit 2,80 Meter Radsatzstand läuft dieses Drehgestell auch unter den Zwischenwagen des Intercity Experimental und hat damit am 1. Mai 1988 406,9 km/h erreicht. Es soll mit 2,50 Meter Radsatzstand nun auch unter dem Serienzug Intercity Expreß und unter allen künftigen Reisezugwagen eingesetzt werden. Ein parallel dazu entwickeltes Laufdrehgestell (LD 730) erwies sich als aufwendiger bei der Instandhaltung und wurde deshalb nicht in Serie gebaut. Doch entstand auf seiner Grundlage eine weitere Bauart (LD 761) mit kleinen Rädern von nur 730/680 mm Laufkreisdurchmesser für die S-Bahnwagen im Ruhrgebiet. Dank der kleinen Räder konnte der Fußboden dieser Wagen auf einen Meter gesenkt und an die Bahnsteighöhe angepaßt werden. Die Luftfederung hält die Fußbodenhöhe selbst bei der hohen Fahrgastzuladung dieser Wagen konstant. Der kleine Raddurchmesser begrenzt allerdings auch

Das Drehgestell MD52, Anfang der achtziger Jahre für Geschwindigkeiten bis über 300 km/h entwickelt, erreichte 335 km/h. Modifiziert läuft es auch unter den Zwischenwagen des Intercity Experimental.

In Erprobung befindet sich dieses Drehgestell aus Faserverbundwerkstoff.

die Größe der Bremsscheiben, so daß diese Drehgestelle lauftechnisch zwar für 160, bremstechnisch aber nur für 140 km/h geeignet sind.
Geringeres Gewicht und geringere Körperschallübertragung auf den Wagenkasten verspricht ein Drehgestell aus Faserverbundwerkstoff, das Messerschmitt-Bölkow-Blohm entwickelt hat. Auf dem Prüfstand der Bundesbahn-Versuchsanstalt Minden hat ein solches Drehgestell zehn Millionen Lastannahmen ohne Anrisse und bleibende Verformungen ertragen. Versuchsweise laufen unter einem Großraumwagen 2. Klasse zwei Drehgestelle dieser Bauart. Allerdings sind ihre Herstellungskosten noch hoch.
Damit wird die Laufwerksentwicklung freilich noch nicht am Ende sein. Erprobt werden neue Konzeptionen, etwa Laufwerke mit Einzelrädern, aber auch schallgedämmte Räder und Radsätze mit elastischen Rädern.

Doppelstockwagen zählen zu den markantesten Erzeugnissen des DDR-Schienenfahrzeugbaus. Über fünftausend wurden seit 1950 gebaut, wobei die Entwicklung schon auf der Konstruktion der Doppelstockwagen für die Lübeck-Büchener Eisenbahn aus dem Jahr 1936 aufbauen konnte. Die neuesten Doppelstockwagen erhielten noch breitere Einstiegtüren für rascheren Fahrgastwechsel.

Reisezugwagen in der DDR

Nach dem Zweiten Weltkrieg lieferte der Schienenfahrzeugbau der DDR zunächst instandgesetzte Personenwagen der ehemaligen Länderbahnen an die Reichsbahn. Den Möglichkeiten entsprechend wurde ihr Fahrzeugpark später erweitert, so daß nach einer Phase von Rekonstruktion und Modernisierung des Altwagenbestands mehr und mehr auch neue Wagen zum Einsatz kamen. Auch dabei beeinflußten die außerordentlich hohen Exportleistungen Qualität und Eigenschaften der Fahrzeuge für die Reichsbahn positiv.
Zu den besonders bemerkenswerten Erzeugnissen des Schienenfahrzeugbaus der DDR zählen Doppelstockwagen. Bei begrenzter Bahnsteig- und damit Zuglänge kann damit die Platzkapazität deutlich gesteigert werden. Auch für die Entwicklung von Doppelstockwagen, die in der DDR 1950 begann, lagen bereits Erfahrungen aus der Vorkriegszeit vor: für die ehemalige Lübeck-Büchener Eisenbahn waren solche Wagen schon 1936 in Görlitz entwikkelt und gebaut worden; dort entstanden auch die ersten, 1952 an die Reichsbahn der DDR gelieferten Doppelstockwagen.
Die Weiterentwicklung führte unter Berücksichtigung konstruktiver Verbesserungen 1957 zum Bau von Doppelstockgliederzügen. Während bei der vorhergehenden Konstruktion nur 55 Prozent der Wagenlänge für Fahrgasträume genutzt worden war, stieg dieser Anteil jetzt auf achtzig Prozent. Gleichzeitig konnte das auf einen Sitzplatz bezogene Gewicht des Wagens um 104 Kilogramm gesenkt werden. Nach Vereinheitlichung der beiden Varianten im Jahr 1961 ließen sich je nach Bedarf kürzere oder längere Züge bilden; gleichzeitig wurden Instandhaltungs- und Reparaturarbeiten durch die Austauschbarkeit von Baugruppen wesentlich erleichtert. Ab 1970 konnten durch Einbau eines Steuerabteils in den Endwagen auch Wendezüge gebildet werden.
Ein neuer Doppelstock-Standardwagen für den Nah- und Berufsverkehr entstand 1971. Der Wagenkasten wurde aus Profilstahl und korrosionsträgen Blechen geschweißt. Als Laufwerke dienten zweiachsige Drehgestelle der Bauart Görlitz VI-DO mit Achs- und Wiegenschraubenfederung; eingebaut waren selbsttätige, indirekt wirkende Druckluft-Scheibenbremsen mit automatischer Lastabbremsung. Das Heizsystem des Wagens konnte mit Dampf oder elektrisch betrieben, das Luftheizaggregat im Sommer als Belüftungsanlage genutzt werden. Zwei Drehstrom-Klauenpol-Generatoren mit Achsendgetrieben versorgten über nachgeschaltete Gleichrichtersätze die elektrischen Verbraucher des Wagens; eine Batterie mit 2 × 375 Amperestunden Kapazität übernahm die Stromversorgung bei Stillstand. Der Wagen mit Umgrenzung nach Reichsbahn-Normen bot 64 Sitzplätze im Ober- und 43 im Unterstock, 15 weitere im Zwischenstock sowie insgesamt 216 Steh-

plätze. Lauftechnisch waren diese Wagen bereits für 140 km/h ausgelegt.
Seit Mitte der achtziger Jahre werden erneut weiterentwickelte Doppelstockwagen gebaut und vorwiegend im Nahschnellverkehr um Berlin eingesetzt. Sie entsprechen nun UIC-Normen und sind mit Knorr-Einheitsbremse ausgerüstet. Je nach Bauart stehen 120 bis 134 Sitz- und 210 Stehplätze zur Verfügung. In der Regel bilden jeweils vier Wagen einen Doppelstockzug, bei Bedarf können aber auch acht Wagen eingesetzt und damit rund tausend Plätze in einem Zug zur Verfügung gestellt werden. Das Eigengewicht des Wagens wurde mit rund 42 Tonnen gegenüber dem Vorgänger noch um zwei Tonnen verringert.
Insgesamt hat der VEB Waggonbau Görlitz bis 1988 rund viertausend Doppelstockwagen hergestellt.
Die ersten vierachsigen Durchgangswagen gewöhnlicher Bauart entstanden Mitte der fünfziger Jahre in Zusammenarbeit zwischen der Reichsbahn und dem VEB Waggonbau Bautzen. Zum Teil wurden achshalterlose Drehgestelle noch mit Gleitachslagern eingebaut. Die Fahrgasträume erhielten erstmals gepolsterte und mit Kunstleder überzogene Wendesitze. Bald folgten einige D-Zugwagen mit 23,5 Meter Länge, achshalterlosen Drehgestellen, nun mit Rollenachslagern, und einer Druckbelüftungsanlage. Im Rahmen eines umfangreichen Rekonstruktionsprogramms, das 1957 anlief, modernisierte das Reichsbahnausbesserungswerk „Einheit" in Leipzig vorhandene Wagen. Schließlich konnte die Reichsbahn der DDR 22 Prozent der Reisezugwagen der früheren Deutschen Reichsbahn in zeitgemäßem Zustand wieder übernehmen; 59 Prozent dieser Wagen waren beschädigt gewesen.
Der Neubau von D-Zugwagen für die Reichsbahn

Auch zukunftsorientierte Entwicklungen treibt die Industrie der DDR voran: so wurden klimatisierte Großraumwagen 1. und 2. Klasse (oben) sowie neue Schlafwagen entwickelt und in geringer Zahl auch gebaut und erprobt.

Innenansicht des klimatisierten Großraumwagens 2. Klasse.

der DDR begann 1962 mit 24,5 Meter langen Wagen vom Typ B nach OSShD und Y nach UIC. In den neuen Wagen kamen Drehfalttüren, Übersetzfenster, Drehgestelle der Bauart Görlitz V und Knorr-Einheitsbremsen zum Einsatz. Außerdem lief in den sechziger Jahren ein weiteres Modernisierungsprogramm, mit dem ältere D-Zugwagen den gestiegenen Anforderungen angepaßt wurden; dieses Programm lief 1967 aus. Zur Verbesserung des Reiseverkehrs beitragen konnte auch der 1969 vorgestellte Standard-Reisezugwagen mit Drehgestellen der Bauart Görlitz VI und Übersetzfenstern, die im geschlossenen Zustand eine Ebene bildeten.

Einen ersten Sitzwagen mit 26,4 Meter Länge erhielt die Reichsbahn 1975. Damals begann auch die Übertragung der im Kühlwagenbau bereits bewährten Großsektionsbauweise; einige in dieser Technik hergestellte Reisezugwagen gingen an die Reichsbahn zur Erprobung. Ab Herbst 1976 folgte die Fertigung von Abteilwagen mit 54 Sitzplätzen für die neuen Städte-Expreßzüge der Reichsbahn. Zur Ausrüstung gehörten Bremsen der Bauart Dako mit Gleitschutzeinrichtung, automatische Türschließeinrichtungen, Zweikanal-Luftheizung, warmes Waschwasser in den Toiletten und Leseleuchten über jedem Sitzplatz in beiden Wagenklassen. Das Eigengewicht dieser für 160 km/h geeigneten Wagen beträgt je nach Wagenklasse 38,5 oder 41 Tonnen.

Ihre modernsten Reisezugwagen setzt die Reichsbahn vor allem auf der Strecke Berlin – Dresden ein. Die Umgrenzung der 26,4 Meter langen, klimatisierten und für 200 km/h ausgelegten Großraumwagen entspricht UIC-Normen. Die bei der Stahlleichtbauweise verwendeten korrosionsträgen Außenbleche erhielten 0,2 bis 0,4 Prozent Kupferanteil. Die Sitze – in der 1. Klasse sechzig mit Sitzteilung 1 + 2, in der 2. Klasse achtzig mit 2 + 2 – sind flugzeugähnlich beiderseits eines Mittelgangs angeordnet. In den Toiletten wurden Wascheinheiten aus nichtrostendem Edelstahl verwendet. Die Außentüren schließen nach den UIC-Richtlinien automatisch, wenn die Geschwindigkeit 5 km/h erreicht hat. Die der Knorr-Einheitsbauart entsprechenden Bremsen berücksichtigen auch die Ausrüstung der Drehgestelle mit Magnetschienenbremsen, wenn die Wagen im Hochgeschwindigkeitsverkehr eingesetzt werden sollen.

Die leistungsstarken Produktionsbetriebe des Schienenfahrzeugbaus der DDR liefern für die Reichsbahn außer Sitzwagen auch eine ganze Reihe von Spezial-Reisezugwagen.

Dabei handelt es sich sowohl um Speisewagen und Buffetwagen als auch um Schlafwagen und Liegewagen. Das Angebot wird abgerundet durch Salonwagen und Sonderreisezugwagen sowie durch Gepäckwagen und Bahnpostwagen.

Licht und Luft, Heizen und Kühlen

Anfangs sorgten Kerzen für spärliche Beleuchtung und Öfen für die Heizung der Reisezugwagen. Erst Jahrzehnte später ließen sich vielfältige Aufgaben mit elektrischer Energie lösen. Die Entwicklung der Elektro- und Klimatechnik in Reisezugwagen spiegelt die Bemühungen wider, immer genügend Energie für die verschiedenartigen Verbraucher während der Fahrt, im Stillstand und bei der Vorbereitung für den Betriebseinsatz zur Verfügung zu stellen. Heute werden die Reisezugwagen fast nur noch mit elektrischer Energie versorgt. In jüngster Zeit sind jedoch zahlreiche zusätzliche Einrichtungen hinzugekommen: Magnetschienenbremse, Lautsprecheranlagen, Ein- und Ausschaltmöglichkeit für die Beleuchtung eines ganzen Zuges von jedem Wagen aus, Fernsteuereinrichtungen zum Schließen der Türen, Schließ- und Öffnungshilfen für Einstieg- und Übergangstüren sowie Türblockierung während der Fahrt. Künftig benötigen geschlossene Toilettensysteme umfangreiche elektrische Baugruppen zum Steuern und für den Frostschutz. Dabei treffen die Wagen im internationalen Verkehr auf vier verschiedene Spannungssysteme, für die sie ausgerüstet sein müssen. So entfällt heute schon etwa ein Drittel der Anschaffungskosten eines Reisezugwagens auf die elektro- und klimatechnischen Einrichtungen.

Beleuchten

„Des Königs Majestät halten es der Sicherheit und des Anstands wegen für wünschenswert, daß die Eisenbahnwagen während der nächtlichen Züge erleuchtet werden." Dieser Erlaß des preußischen Kabinetts vom 11. November 1844 führte zur allgemeinen Einführung der Personenwagenbeleuchtung in Deutschland. Sie begann mit Kerzen, die dann von Öl- und Petroleumlampen, von Gas- und schließlich elektrischer Beleuchtung abgelöst wurde.
Julius Pintsch rüstete Anfang der siebziger Jahre des 19. Jahrhunderts die ersten Wagen mit Ölgasbeleuchtung aus. Die Erfindung eines Regulators löste das Problem, aus dem Vorratsbehälter Gas immer in gleicher Menge ausströmen zu lassen und damit gleichbleibende Leuchtkraft zu gewährleisten. Die Erfindung des Glühstrumpfes erhöhte die Lichtausbeute des Gases wesentlich. Ab 1924 wurden nach einem Unfall Wagen mit Gasbeleuchtung im internationalen Verkehr nicht mehr zugelassen. Trotzdem war die Gasbeleuchtung in älteren Reisezugwagen noch nach dem Zweiten Weltkrieg bei der Bundesbahn anzutreffen. Kurz vor der Jahrhundertwende hatte die elektrische Beleuchtung den Wettbewerb mit dem Gaslicht aufgenommen, als Metalldrahtlampen die Kohlefadenlampen ablösten. Heute sind bei der Bundesbahn alle Reisezugwagen mit Leuchtstofflampen ausgestattet.

Schon seit 1844 sind die Eisenbahnabteile in Deutschland beleuchtet: anfangs mit Kerzen, später mit Öl- und Petroleumlampen, dann mit Gas- und schließlich mit elektrischem Licht. Die Glühlampenbeleuchtung in den Abteilen wurde später von Leuchtstofflampen mit wesentlich besserem Wirkungsgrad abgelöst.

Klimatechnik

Ursprünglich genügte allein Heizen, um Eisenbahnwagen leidlich komfortabel erscheinen zu lassen. Nach und nach wurde die Bedeutung des Lüftens erkannt. Erst in jüngster Zeit trat für warme Tage das Kühlen hinzu. Alle drei Funktionen faßt heute der Begriff „Klimatisierung" zusammen.

Heizen

Öfen mit Kohle oder Holz zu heizen, war umständlich, aufwendig und gewiß auch für die damalige Zeit unbefriedigend; den Dampf der Lokomotive auch zum Heizen zu nutzen, bedeutete deshalb einen großen Fortschritt.
Außer den eigentlichen Heizeinrichtungen in den Wagen mußte auch eine Dampfleitung durch den ganzen Zug geschaffen werden, um in allen Wagen genügend heißen Dampf abnehmen zu können. Freizügiger Einsatz der Wagen war nur möglich, wenn die Kupplungen der Hauptdampfleitung ein-

Jahrzehntelang von unzähligen Bahnreisenden bedient: der Heizungsschalter im Abteil zur Regelung der Dampfheizung.

heitlich gestaltet waren. In diesem Zwang zur Einheitlichkeit lag der Ursprung für die Normungsarbeiten der Bahnen intern und international.

Zunächst wurden direkte Heizeinrichtungen verwendet: Der Dampf strömt durch Rohre in den Fahrgasträumen und gibt dort seine Energie ab. Da heißer Staub unangenehmen Geruch verursacht, durfte die Oberflächentemperatur der Rohre nicht zu groß werden. Die Entwicklung reichte von der Hochdruckdampfheizung mit Oberflächentemperaturen bis 140 Grad Celsius über die Niederdruckheizung und Niederdruckumlaufheizung bis zur Niederdruckkondensatheizung als letzter Entwicklungsstufe der direkten Heizung.

Beim Übergang auf elektrische Traktion mußte analog zur Hauptdampfleitung zusätzlich eine elektrische Hauptheizleitung eingeführt werden. Die direkte Heizung mit elektrischen Heizkörpern in den Abteilen entsprach im Prinzip der Dampfheizung. Die Heizenergie ließ sich nur grob durch Ab- oder Zuschalten von zwei Heizkörpergruppen regeln.

Wegen der vier unterschiedlichen Oberleitungsspannungen der europäischen Bahnen waren auch unterschiedliche Heizspannungen zu berücksichtigen: 1 000 Volt bei Wechselspannung mit $16^{2}/_{3}$ Hertz und 1 500 Volt bei 50 Hertz, außerdem bei Gleichstrombahnen wie an der Oberleitung 1 500 oder 3 000 Volt unmittelbar. Für die drei Spannungsstufen 1 000, 1 500 und 3 000 Volt müssen sechs Heizkörper oder Heizkörpergruppen für je 500 Volt vorhanden sein, die sich je nach anstehender Spannung in Reihe oder parallel schalten lassen und jeweils fünf Hochspannungszuleitungen aus dem Schaltgerätekasten unter dem Wagen erfordern. Bei einem Wagen mit zehn Abteilen waren deshalb fünfzig Leitungen zu verlegen, um die Temperatur in jedem Abteil einzeln regeln zu können.

So führte der Weg zwangsläufig zum indirekten Heizen mit Wasser oder Luft als Energieträger. Wärmetauscher im Dach oder unterflur sorgen für den Energieaustausch. Während im Ausland vielfach Warmluftheizungen eingebaut wurden, bevorzugte die Bundesbahn die einfachere und robustere Warmwasserheizung mit statischer Lüftung.

Obwohl seit den siebziger Jahren keine Dampflokomotiven mehr eingesetzt werden, sind noch immer mehrere tausend Wagen mit Dampfheizung in Betrieb, weil Diesellokomotiven mit Dampferzeuger

Die Schaltgeräte werden in Kästen unter dem Wagen angeordnet und sind so von der Seite her gut zugänglich. Der Kastendeckel läßt sich nur bei Stellung „0" der Stelleinrichtung öffnen. Dabei wird dann gleichzeitig die Hochspannungssicherung gezogen, die an der Innenseite des Deckels angebracht ist; die sichtbare Trennstelle macht die Sicherheit auch erkennbar.

nicht wirtschaftlich auf elektrische Energieversorgung umgestellt werden können.

Lüften

Zunächst sorgten für die Lüftung der Wagen statische Dachlüfter. Sie sind nur während der Fahrt wirksam, und die durchströmende Luftmenge nimmt dabei mit der Geschwindigkeit zu. Luft zieht aber auch durch Undichtigkeiten in die Fahrgasträume: direkt an den Fenstern, indirekt an Türen und am Wagenkasten über Vorräume und Seitengänge. Bei niedrigen Außentemperaturen wird diese Luft nicht ausreichend erwärmt, Zonen mit wenig Behaglichkeit sind unvermeidbar.
Daran änderte sich auch mit der Warmwasserheizung nichts. Besserung brachte, allerdings erst nach jahrzehntelanger Entwicklung, die Luftheizung; sie setzt elektrisch angetriebene Ventilatoren voraus. Das Hauptproblem war dabei, die Energie für diese Ventilatoren zur Verfügung zu stellen. Da Achsgeneratoren nur während der Fahrt Energie liefern, muß sie während der Standzeiten den Batterien entnommen werden. Für das Ein- und Ausschalten der Lüftermotoren war das Personal verantwortlich; wurden sie nicht rechtzeitig oder überhaupt nicht abgeschaltet, waren die Batterien beim nächsten Betriebsbeginn leer, und die Wagen konnten nicht vorgeheizt werden. Eine Möglichkeit der Automatisierung und damit personalunabhängigen Schaltens bestand nicht.

Kühlen

Oft wird die Frage gestellt, ob in unseren Breiten eine Klimaanlage, also Kühlen in Eisenbahnwagen, überhaupt notwendig ist. Weil einerseits bei Fahrzeugen für hohe Geschwindigkeit die Fenster fest verschlossen und absolut dicht sein müssen, andererseits durch Sonneneinstrahlung und die Personen so viel Wärmeenergie in die Fahrgasträume gebracht wird, daß die Innentemperatur bis zu zehn Grad über die Außentemperatur ansteigt, muß schon ab zwölf Grad Celsius Außentemperatur Kühlen möglich sein, wenn die Raumtemperatur den als behaglich empfundenen Wert von 22 Grad Celsius nicht überschreiten soll.
Die Luft in die Fahrgasträume zu bringen, ist bei einer Klimaanlage noch problematischer als bei der Warmluftheizung, weil die kühle Luft schwerer, die warme zum Heizen leichter ist als die Raumluft. Die natürliche Strömungsrichtung der einen ist nach unten, die der anderen nach oben gerichtet. Luft zum Heizen sollte deshalb im unteren Bereich eintreten, die Luft zum Kühlen dagegen oben. Um mit einer Anlage beide Funktionen zu erfüllen, wurde ein System entwickelt, bei dem die Luft unterhalb der Fenster eingeblasen wird. Die Außenluftmenge ist

Außer den Leitungen für die Druckluftbremse laufen vor allem zahlreiche elektrische Leitungen unter dem Wagenboden entlang.

dabei mit rund 20 m^3/h für jeden Sitzplatz größer als in vielen stationären Räumen.
Bei Anlagen mit dem Energieträger Luft, die sich heute fast überall durchgesetzt haben, wird die Qualität der Temperaturregelung in den Fahrgasträumen, besonders in Abteilen, maßgeblich vom Luftkanalsystem eines Fahrzeugs bestimmt. Jede Person gibt etwa hundert Watt Wärmeenergie ab; je nach Besetzung schwankt damit die in ein Abteil eingebrachte Energiemenge zwischen null und sechshundert Watt. Jedes Abteil muß also eine Einrichtung zur Regelung der Energiezufuhr haben. Die einfachste technische Lösung, die Regelung der Luftmenge, scheidet aus, weil damit gerade bei voller Besetzung die wenigste Luft einströmen würde und ins leere Abteil die meiste.
Die Lösung wurde in Form der Zweikanalanlage oder der Einkanalanlage mit Nachheizung gefunden. Die beiden Kanäle des Zweikanalsystems führen Luft unterschiedlicher Temperatur in die Abteile; eine Mischeinrichtung entnimmt entsprechend der gewünschten Raumtemperatur Luft aus beiden Kanälen, wobei die einströmende Luftmenge etwa konstant bleibt. Beim Einkanalsystem wird die Luft mit einer Temperatur zugeführt, die nur den minimalen Wärmebedarf deckt; sie strömt jedoch über Heizkörper, die – im allgemeinen elektrisch – nachheizen. Dies setzt leistungsfähige Energieversorgungseinrichtungen voraus. Bei Wagen mit Ölbrenner, die Wasser als Energieträger bedingen, wird mit Warmwasser nachgeheizt.
Zur Temperaturerfassung dienten früher mechani-

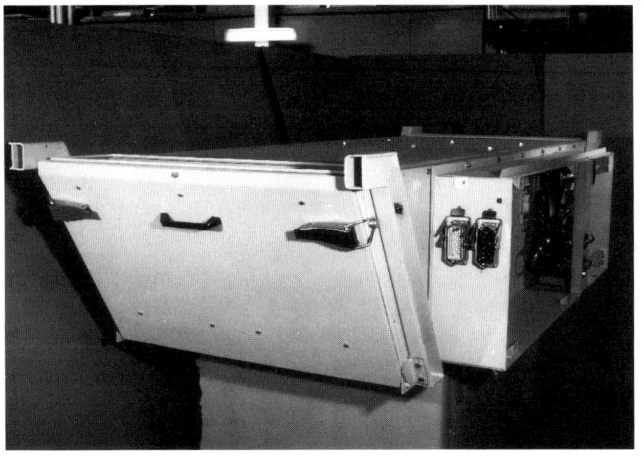

Das Herzstück der Klimaanlage in den Reisezugwagen der Bundesbahn: Luftbehandlungsgerät, hier in Einkanalausführung; unten: geöffnet, hier sind der Motor des Zuluftventilators und links der Anschlußkasten für die Kältemittelleitungen und -armaturen erkennbar.

sche Fühler mit großen Toleranzen und Verschleiß, so daß sich die Temperatur nur ungenau einstellen und regeln ließ. Heute können Halbleitertemperaturfühler mit nachgeschalteter elektronischer Auswertung Temperaturunterschiede von Zehntelgrad Celsius erfassen. Wesentlich für die Regelung ist auch, wo die Fühler angebracht werden; einerseits müssen sie gut von der Luft umströmt, andererseits so verdeckt sein, daß sie nicht versehentlich oder mutwillig beschädigt werden.
Die Verdichter zur Kälteerzeugung wurden anfangs von Motoren für 110 Volt Gleichspannung, gespeist aus den Achsgeneratoren, angetrieben, später von direkt an die Zugsammelschiene angeschlossene Hochspannungsmotoren. Heute kommen Halbhermetikverdichter mit Drehstrommotor zum Einsatz, dem über einen Drehrichter variable Spannung und Frequenz zugeführt werden, so daß die Kälteleistung über die Drehzahl geregelt werden kann und beim Anlaufen keine Stromspitzen in Höhe eines Mehrfachen des Nennstroms entstehen, wofür die Drehrichter ausgelegt sein müssen. Wegen der unterschiedlichen Spannungssysteme im internationalen Verkehr bleibt der Antrieb der Verdichter relativ aufwendig.

Energieversorgung

Der anfangs nur geringe Bedarf an elektrischer Energie in den Reisezugwagen wurde mit Batterien gedeckt, die an jedem Endbahnhof wieder aufgeladen werden mußten. Dann folgte der Wettlauf zwischen zentraler und dezentraler Energieversorgung: Dampfturbinen auf der Lokomotive oder Achsgeneratoren im Gepäckwagen lieferten Strom zentral für den ganzen Zug. Einige D-Züge erhielten zum Beleuchten der Wagen eine Durchgangsleitung für 65 Volt Gleichspannung. Gleichzeitig bot sich die Möglichkeit an, Verbraucher und Batterien eines jeden Wagens für sich von einem eigenen kleinen Generator mit Strom zu versorgen; weil dieses dezentrale System den freizügigen Einsatz der Wagen ermöglichte, wurde es damals allgemein eingeführt und bis heute beibehalten. Daneben hat sich jedoch eine erweiterte zentrale Energieversorgung durchgesetzt: Sie nutzt die elektrische Hauptheizleitung als Sammelschiene, über die alle Verbraucher mit Energie aus der Oberleitung versorgt werden. Damit ist auch die Versorgung der Kälteerzeuger und der Batterien mit den angeschlossenen Geräten jederzeit, also auch im Stand, möglich.
Ein neuzeitlicher Reisezugwagen benötigt etwa vierzig Kilowatt zum Heizen, fünfzehn zum Kühlen und drei bis vier für Beleuchten, Lüften und Steuern. International ist die Leistungsaufnahme eines Wagens auf 50 kVA begrenzt, so daß der Energiebedarf eines Zuges mit fünfzehn Wagen 800 kVA erreicht. Mit Rücksicht auf die niedrigste Übertragungsspannung von 1 000 Volt ist die Leitung somit für 800 Ampere zu bemessen.
Die Wechselspannungen auf der Zugsammelschiene können gebrauchsgerecht transformiert werden. Gleichspannungen bedürfen dazu aufwendiger und teurer Wechselrichter. Der Wagenpark der Bundesbahn ist deshalb etwa im Verhältnis 4:1 in Wagen für Ein- und Mehrspannungsbetrieb geteilt.
Im Wagen sind drei Gruppen von Verbrauchern zu unterscheiden: Hauptheizung, batteriegepufferte Verbraucher und Nebenverbraucher.
Für die Heizung genügt Reihen- oder Parallelschaltung der Heizstäbe entsprechend der Zugsammelschienenspannung; früher mußte dies von Hand geschehen, heute sind dafür selbsttätige Spannungswähleinrichtungen vorhanden.
Die batteriegepufferten Verbraucher wie Beleuchtung, Lüftung und alle Steuerungen wurden während der Fahrt von Achsgeneratoren, im Stand aus den Batterien versorgt: die Nennspannung beträgt im allgemeinen 24 Volt. Bei neueren Fahrzeugen

Zu Beginn der elektrischen Energieversorgung lieferten kleine Generatoren unter dem Wagenuntergestell während der Fahrt Strom zur Beleuchtung. Als Antrieb diente ein Riemen. Besonders im Winter waren diese Stromerzeuger harten Einsatzbedingungen unterworfen, wie das rechte Bild erkennen läßt. Deshalb wurden starre Antriebe entwickelt: zunächst über Gelenkwellen angetrieben (unten links), später unmittelbar an den Radsatz angeflanscht (unten rechts).

liefert an Stelle des Achsgenerators ein Batterieladegerät Energie, sobald die Zugsammelschiene Spannung führt. Damit lassen sich die elektrischen Einrichtungen auch im Stand problemlos versorgen sowie ein- und ausschalten. Rechnergesteuertes Vorheizen und Vorkühlen der Wagen in Abhängigkeit von der Außentemperatur wurde damit ebenfalls möglich.

Zu den Nebenverbrauchern zählen im wesentlichen die Brauchwasser- und die Vorraumheizung, neuerdings auch Händetrockner und die Heizung der Abwasserbehälter geschlossener Toilettensysteme. Um handelsübliche Geräte verwenden zu können, wird die Energie aus der Zugsammelschiene in 220 Volt Wechselspannung umgewandelt.

Ein Problem besteht in der Energieversorgung der Kälteerzeugungsanlage, die rund zehnmal so viel Energie verbraucht wie die Beleuchtung. Die ersten Entwicklungen mußten noch die Dampftraktion berücksichtigen. Die Wagen erhielten zwei Achsgeneratoren von rund 10 Kilowatt Leistung und als Energiespeicher Batterien für 220 Ah bei 110 Volt. Im Stand ließ sich die Anlage damit jedoch nur etwa eine halbe Stunde unter Vollast betreiben; für längeren Betrieb im Stand wurde deshalb eine Ortsnetz-

Heute werden die Geräte für die Energieversorgung der Reisezugwagen in einem kompakten Energieversorgungsblock zusammengefaßt. Er enthält den Hochspannungstransformator, das Batterieladegerät, den Drehrichter und die Niederspannungsverteilung.

Zum Ein- und Ausschalten der Beleuchtung und der klimatechnischen Einrichtungen sowie zum Anzeigen des Betriebszustands dient die dem Zugpersonal zugängliche Schalttafel; dahinter verbirgt sich ein Gewirr von Leitungen und elektrotechnischen Geräten. Das Bild zeigt die Schalttafel eines Nahverkehrswagens.

Stromabnehmer auf einem Speisewagen zur Energieversorgung aus der Oberleitung im Stillstand. Da während der Fahrt nur Stromabnehmer der Triebfahrzeuge an der Oberleitung anliegen dürfen, wird er selbsttätig eingezogen, sobald sich der Wagen in Bewegung setzt oder die Zugsammelschiene Spannung führt.

einspeisung von 220/380 Volt/50 Hertz, 32 Ampere, vorgesehen, an die jeder Wagen einzeln angeschlossen werden muß.

Jede der drei Verbrauchergruppen muß an die Energieversorgung besonders angepaßt werden; deshalb wird von einem dezentralen System gesprochen. Andere Bahnen benutzen zentrale Systeme mit einheitlicher Bordnetzspannung 220/380 Volt/50 Hertz, an die alle Verbraucher angeschlossen werden können; allerdings ist dabei keine so feinstufige Regelung der Kälteleistung wie über Drehrichter möglich.

Sonderfahrzeuge wie Schlaf- und Speisewagen müssen in der Energieversorgung autark sein, weil sie andere Vorbereitungszeiten benötigen und gelegentlich auch einzeln genutzt werden. Zur Wärmeerzeugung können sie zusätzlich mit einem Ölbrenner ausgerüstet sein, der allerdings klimatechnische Einrichtungen mit Wasser als Energieträger bedingt. Auch dafür muß bei längerem Stand elektrische Energie über einen Ortsnetzanschluß zugeführt werden. Da solche Anschlüsse mit dem hohen Anschlußwert von 20 kVA nur in geringem Umfang zur Verfügung stehen und die Herstellung der Kabelverbindung immer mit Problemen verbunden ist, erhielten die neueren Speisewagen Stromabnehmer. Sie können im Stand durch Knopfdruck an die

Oberleitung angelegt werden und senken sich selbsttätig nach der ersten Radumdrehung oder sobald die Zugsammelschiene wieder Spannung führt.

Elektronik: Neue Möglichkeiten, neue Erfordernisse

In neuzeitlichen Reisezugwagen sind zu Beleuchtung, Heizung, Lüftung und Kühlung zahlreiche weitere Einrichtungen hinzugekommen. Sie steigern Komfort und Zuverlässigkeit, beschleunigen den Betriebsablauf und tragen den hohen Geschwindigkeiten von morgen Rechnung. Dabei hat die Elektronik eine führende Rolle übernommen.

Diagnosesysteme

Elektronische Bauteile unterliegen keinem sichtbaren Verschleiß. Das bisher an mechanischen Elementen orientierte vorbeugende Instandhaltungskonzept muß deshalb auf Erkennen und Beseitigen sporadisch auftretender Fehler umgestellt werden. Defekte Bauteile eindeutig und schnell zu „diagnostizieren" wird damit zur zentralen Aufgabe. Da fehlerhafte elektronische Bauteile nicht ohne weiteres zu erkennen sind, wurden geeignete Hilfsmittel geschaffen. Die Regelungen und Steuerungen auf Mikrorechnerbasis werten dazu in erster Linie vorhandene Signale logisch aus und geben Meldungen auf die zwei- bis vierstelligen Anzeiger einer Diagnoseeinheit als Schnittstelle zwischen Mensch und Maschine. Die Mitarbeiter können den systematisch gegliederten Kodezahlen alle nötigen Informationen entnehmen. Das Zugbegleitpersonal benötigt nur allgemeine Aussagen über die Einsatzfähigkeit, das Instandhaltungspersonal dagegen möglichst zahlreiche und genaue Angaben über fehlerhafte Bauteile. So lassen sich bei einer Klimaanlage etwa hundert mögliche Fehler angeben; für das Zugpersonal werden sie zu nur acht Aussagen kombiniert. Auch etwa hundert Prozeßzustände lassen sich abfragen. Gegenüber den wenigen Fehleranzeigen älterer Anlagen in Form von Leuchtmeldern stellt diese umfassende Diagnose einen bisher nicht denkbaren Entwicklungsschritt dar. Die verschlüsselte Information durch Kodezahlen fand jedoch nicht die nötige Akzeptanz bei den Mitarbeitern, weil der Klartext Heften entnommen werden muß, die häufig abhanden kommen. Die rasche technische Entwicklung führte in neuesten Reisezugwagen, wirtschaftlich vertretbar, zu einem Bildschirm mit Klartextausgabe im Bedienfeld der Schalttafel. Die Kommunikation mit dem Bildschirm ist problemlos und auch fremdsprachig in einfacher Weise möglich.
Während jede Steuereinheit auf Mikrorechnerbasis mit Anzeigeelementen für die Kodezahlen ausgerüstet sein konnte, müssen die Signale für den nur einmal vorhandenen Bildschirm in einer Zentrale

Bediengruppe für Licht, Lautsprecher und Raumtemperatur über der Abteiltür eines neuzeitlichen Reisezugwagens.

zusammengeführt, ausgewertet und auf den Bildschirm übertragen werden. Diese Zentrale erhielt die Kurzbezeichnung ZEUS für „Zentraleinheit zum Überwachen und Steuern".
Für den Datenaustausch wurde im Bereich der Bundesbahn eine Busstruktur mit der international eingeführten Schnittstelle RS 485 genormt, die Fahrzeugbus genannt wird.

Bedienfeld der Schalttafel eines Reisezugwagens mit Bildschirm zur Anzeige von Betriebszuständen und von Fehlern bei Störungen.

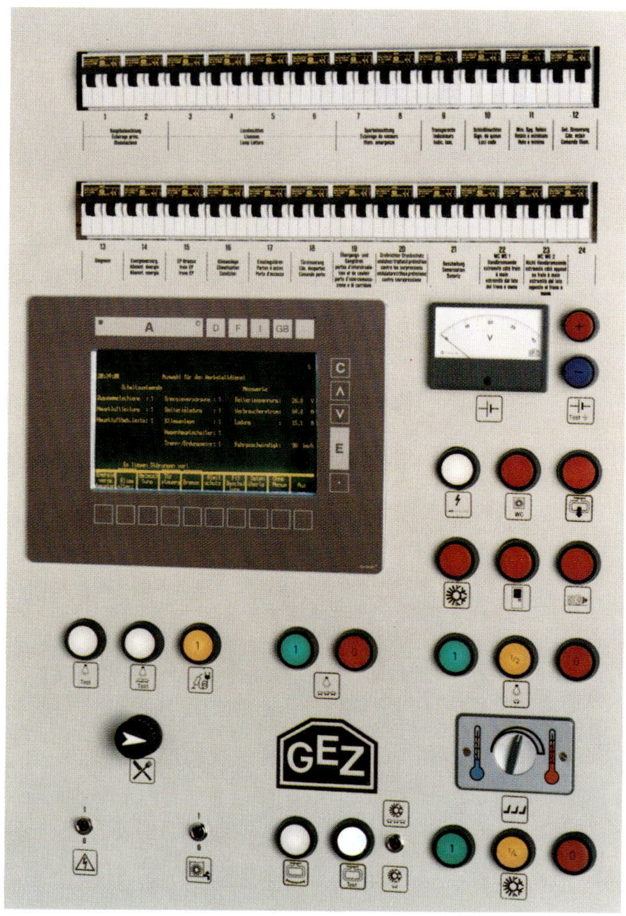

Normung

Wirtschaftliche Instandhaltung setzt einheitliche, in allen Wagenbauarten verwendbare Bauteile voraus. Da der Wettbewerb Einkauf bei mehreren Herstellern verlangt, müssen deren Bauteile frei tauschbar sein. Dies bedingt Normung nicht nur der Funktion, sondern auch der Abmessungen, der Befestigung, der elektrischen Anschlüsse und der Prüfbedingungen. Damit beschäftigen sich nationale und internationale Normungsgremien. Da ein großer Teil der Reisezugwagen international eingesetzt ist, gibt es im Grunde kaum noch Neuerungen ohne internationale Abstimmung. Betroffen sind davon alle Wagen, da sie im Binnenverkehr gemeinsam laufen.
So normt der Internationale Eisenbahn-Verband (UIC) das Bedienfeld der Schalttafel, damit das Zugpersonal auch in Wagen fremder Bahnen das gewohnte Bild antrifft. Entsprechend wird versucht, auch das Diagnosekonzept und die Mensch-Maschine-Schnittstelle zu normen, um kleine Fehler auch bei fremden Wagen schnell beheben zu können.

Störungen werden in modernen Reisezugwagen auf einem Bildschirm angezeigt, um die Suche nach Störungen zu beschleunigen und zu vereinfachen. Dazu mußte eine Zentrale entwickelt werden, in der die Signale zusammenlaufen und für den Bildschirm in Klartext umgesetzt werden. Diese „Zentraleinheit zum Überwachen und Steuern“ erhielt die Kurzbezeichnung ZEUS. Der Prinzipschaltplan zeigt die Zuordnung der Wagenkomponenten über den Fahrzeugbus und die Funktion von ZEUS als Mittler zum Zugbus.

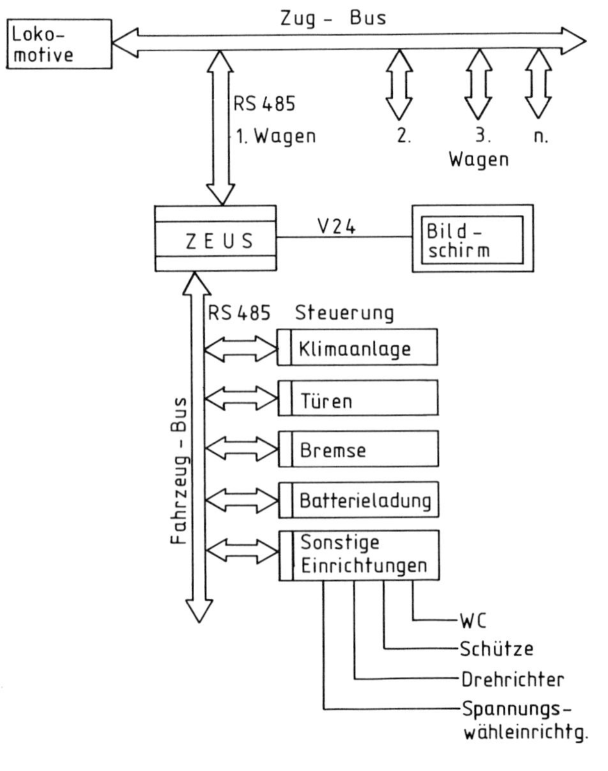

Eines der umfangreichsten Normungsvorhaben der UIC gilt der Informationsübertragung durch die Züge. Die zwölfadrige Lautsprecherleitung, über die fast alle Reisezugwagen verfügen, ist bereits seit 1958 genormt. Damit wurden die Adern 1 bis 8 dem Lautsprecherbetrieb sowie dem Sprechverkehr zwischen Zugpersonal und Lokomotivführer oder ortsfesten Dienststellen zugeordnet, die Adern 9 bis 12 den drei Befehlen „Türen schließen“, „Licht ein“ und „Licht aus“. Mit der neuzeitlichen Technik sind die Adern besser nutzbar. Damit ließe sich unter anderem rückmelden, wenn die Türen geschlossen sind, oder die Notbremse könnte situationsgerecht gesteuert, etwa im Tunnel unwirksam geschaltet werden. Auch die elektropneumatische Bremssteuerung und eine Wendezugsteuerung wären zu realisieren. Eine automatische, zentral gesteuerte Anzeige reservierter Plätze sowie zentrale Steuerbefehle für das Frostfreihalten des Brauchwassers und der geschlossenen Toilettensysteme werden den Betriebsablauf vereinfachen. Die Lösung setzt voraus, daß sich Fahrzeuge mit alter und neuer Technik nicht beeinflussen. Versuche mit einem Zug aus zwanzig Wagen haben entsprechende Möglichkeiten aufgezeigt.
Ähnlich wie bei der Bundesbahn die Normung des Fahrzeugbusses ist international der Zugbus zu normen. ZEUS wird dadurch auch zum Mittler zwischen Wagen und Lokomotive.

Schutz gegen Luftdruckstöße

Beim künftigen Schnellverkehr kann sich der Luftdruck besonders in Tunneln gewissermaßen schlagartig ändern, im Sekundenbereich bis zu mehreren tausend Pascal. Um die Auswirkungen von den Fahrgasträumen fernzuhalten, müssen die Wagen druckgeschützt ausgeführt werden. Die Klimaanlage braucht aber Ein- und Auslaßöffnungen für die Frischluftzufuhr. Diese Öffnungen könnten vorübergehend geschlossen werden, wenn die hohen Druckschwankungen nur selten oder kurzzeitig auftreten. Der Anteil der Tunnelabschnitte auf den Neubaustrecken der Bundesbahn beträgt aber zum Teil mehr als dreißig Prozent. So setzt die Frischluftversorgung dieser Wagen besondere konstruktive Lösungen voraus, um den bei 200 Pascal in der Sekunde liegenden Grenzwert für Druckschwankungen im Wageninneren einzuhalten. Eingehende Untersuchungen haben gezeigt, daß sich Ventilatoren mit steiler Kennlinie am besten als Drucksperre eignen; dazu wird im Frischluft- und im Fortluftkanal je ein Ventilator angeordnet. Die hohe Drehzahl von 3 700 Umdrehungen in der Minute erfordert guten Schallschutz. Der Energiebedarf eines Wagens steigt abermals um etwa sechs Kilowatt, und für die Lüftermotoren sind wiederum Drehrichter erforderlich. Damit verursacht der Druckschutz auch im Bereich der Klimatechnik nicht zu vernachlässigenden Aufwand.

Reisezugwagen, Gegenwart und Zukunft

Die moderne Gesellschaft ist auf allen Gebieten anspruchsvoller geworden. So muß auch einer komfortableren Gestaltung der Reisezugwagen zunehmend mehr Aufmerksamkeit gewidmet werden. Dies ist für die Bundesbahn mit beachtlichem finanziellem Aufwand verbunden: Ein neuzeitlicher Reisezugwagen kostet rund 1,5 Millionen Mark. Bei aller menschlicher Individualität: Der Wagenbauer muß sich bei der Gestaltung der Fahrzeuge möglichst weitgehend an durchschnittlichen Empfindungen und Wünschen orientieren. Auch die gestalterischen Fragen – ob Großraum- oder Abteilwagen – werden immer wieder kontrovers diskutiert. Immer stärker tritt jedoch bei der Realisierung aller Wünsche die Forderung nach Kostenbegrenzung in den Vordergrund. Kompromisse sind notwendig: Nicht alles, was wünschenswert wäre, ist bezahlbar.

Große Bedeutung haben gestalterische Fragen des Fahrgastraums gewonnen, besonders der Sitze und des Sitzabstands, der „Beinfreiheit". Das Produkt aus Einnahmen pro Sitzplatz und Sitzplatzzahl muß aus wirtschaftlichen Gründen in der 1. und 2. Klasse annähernd gleich sein; daraus ergibt sich, daß die Sitzplatzabmaße der 1. Klasse größer sein dürfen. Selbstverständlich müssen sie dem Reisenden durchschnittlicher Größe auch in der 2. Klasse noch genügend Sitzkomfort bieten.

Der Sitzplatz selbst wird bei den Fahrzeugneuentwicklungen nach ergonomischen Überlegungen gestaltet. In der Wissenschaft gibt es durchaus unterschiedliche Meinungen über den richtigen Weg, so daß ein intensiver Meinungsstreit abläuft. Insgesamt werden die Sitze, zu denen handgerechte klappbare Tischchen gehören, immer aufwendiger. Zweifellos muß sich aber die Fahrgastraumgestaltung der Wohnzimmergestaltung nähern, wenn das Angebot für einen möglichst großen Teil der vorhandenen und potentiellen Fahrgäste auch im Verhältnis zur Alternative Auto zugkräftig sein soll.

Besondere Aufmerksamkeit erfordern auch Be- und Entlüftung der Fahrzeuge, um möglichst für alle Reisenden behagliche Raumluft und Raumtemperatur zu bieten. Die Lösung dieses Problems zählt zu den technisch schwierigsten Aufgaben des Reisezugwagenbaus. Immerhin muß die Behaglichkeit bei Außentemperaturen zwischen minus 30° und plus 40° Celsius sichergestellt sein. Natürliche Be- und Entlüftung scheiden wegen der Geräusche und des Luftzugs oberhalb von 160 km/h aus; deswegen müssen Reisezugwagen des schnellen Verkehrs grundsätzlich klimatisiert werden.

Einen wesentlichen Beitrag zu besserem Komfort leistet die Lauftechnik. Der Reisezugwagen, ein auf der Fahrt zum Schwingen angeregtes „Massesystem", kann erst als richtig gestaltet gelten, wenn der Reisende auf jedem Platz im Fahrzeug nicht mehr durch Schwingungen und Stöße gestört wird; die

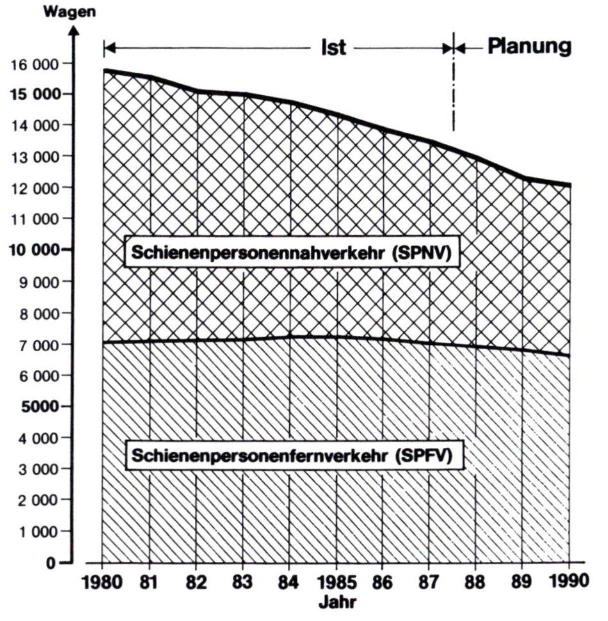

Entwicklung des Bestandes an Reisezugwagen der Deutschen Bundesbahn in den Jahren 1980 bis 1990.

hierzu nötige umfangreiche Abstimmung zwischen Wagenkasten und Laufwerk beginnt bereits bei der Konstruktion der Wagenzelle. Höhere Geschwindigkeiten erzwingen auch auf diesem Gebiet weitergehende Entwicklungen. Neueste Forschungsergebnisse über die Strukturdynamik der Wagenkästen lassen noch wesentliche Verbesserungen des Laufverhaltens – weitgehende Schwingungsfreiheit in allen Geschwindigkeitsbereichen – erwarten.

Der Anspruch, Hochgeschwindigkeits-Personenverkehrsmittel „druckdicht" zu bauen, beschäftigt nicht nur die Bundesbahn schon geraume Zeit. Da bei den bisherigen Wagenkonstruktionen darauf nicht geachtet zu werden brauchte, sind heute die Wagenkästen – teilweise absichtlich, zum Beispiel wegen des Abflusses von Reinigungswasser –, die Übergänge zwischen den Wagen, die Türen, die Toiletten und die Klimaanlagen absolut druckundicht, eben einfach „offen". Bei den geplanten Geschwindigkeiten von 250 km/h treten jedoch auf den Neubaustrecken der Bundesbahn in den Tunneln hohe Druckschwankungen auf. Diese Druckschwankungen vollziehen sich in Sekundenschnelle oder sogar in Bruchteilen von Sekunden und sind den Fahrgästen nicht zuzumuten. Deshalb muß der Druckanstieg in der absoluten Höhe reduziert und in seinem zeitlichen Verlauf gestreckt werden. Wenn heute der Einfachheit halber von „druckdichten" Fahrzeugen gesprochen wird, so ist aus vielerlei technischen Gründen nur eine relative Druckdichtheit zu erreichen, die jedoch auch ausreicht.

Die Bundesbahn entwickelt gegenwärtig völlig neue Angebotsstrukturen, wozu auch entsprechende Fahrzeuge gehören. Während für die Schnellbahnen der Ballungsgebiete und für den Nahverkehr im Einzugsgebiet der Städte Fahrzeuge vorhanden sind, wurden für bestimmte Relationen des Regionalverkehrs Dieseltriebwagen der Baureihe 628/928 neu entwickelt und für die City-Bahnen vorhandene Nahverkehrswagen modernisiert.
Für das Interregio-Netz, das nach und nach wesentliche Teile des alten D-Zug-Netzes ersetzen soll, werden überwiegend vorhandene D-Zugwagen modernisiert oder, soweit damit gebildete Züge Neubaustrecken befahren, in druckgeschützter Ausführung neu gebaut.
Neue Fahrzeuge in klimatisierter und druckgeschützter Ausführung werden die noch im Intercity-Verkehr eingesetzten Abteilwagen 2. Klasse ersetzen. Hierfür wurde ein Fahrzeug entwickelt, in dem eine Kombination von Abteilen und Großräumen zu finden ist. Die ersten sechzig Fahrzeuge dieses Typs sind seit Sommer 1988 im Einsatz.
Der Wagenbestand wird bis 1990 auf rund 12000 Wagen absinken, wobei die Nahverkehrswagen stärker betroffen sein werden als die Wagen für den Fernverkehr.
Anfang der neunziger Jahre wird das bisherige Intercity-System auf bestimmten Strecken durch ein Intercity-Expreß-System ersetzt oder ergänzt. Dafür werden Triebkopfzüge eingesetzt: Zwischen je einem Triebkopf vorn und hinten befinden sich zwölf Zwischenwagen. Sie werden 26,4 Meter lang und trotzdem – erstmals – über drei Meter breit sein; damit wird auch das Letztmögliche an Fahrzeugbreite gewonnen, um den Sitzplatzkomfort zu steigern. Auch sonst werden diese Fahrzeuge in Abteilen und Großräumen sowie im Servicebereich höchsten Komfort bieten.

Trans-Europ-Express und Intercity – ein Höhepunkt, wenngleich keineswegs der Endpunkt im 150jährigen Eisenbahnwagenbau.

Güterwagen

Geschichte und Entwicklung

Im Gegensatz zu den Lokomotiven wurden die ersten Eisenbahnwagen in Deutschland nicht aus England importiert, sondern von heimischen Unternehmen gebaut, vielfach von Handwerksbetrieben. Die ersten Güterwagen liefen auf zwei Radsätzen und faßten bei fünf bis sechs Tonnen Eigengewicht drei bis vier Tonnen Ladung. Im Lauf der Zeit stieg das Ladegewicht mit Verwendung verstärkter Radsätze und Tragfedern. Um 1850 erreichte die Tragfähigkeit der Güterwagen erstmals zehn Tonnen, eine für die nächsten vier Jahrzehnte kennzeichnende Größe; allerdings dauerte es noch bis 1880, ehe sie der deutsche Güterwagenpark großenteils erreicht hatte.

Mit Ausnahme von Laufwerk und Kupplung waren diese Wagen der ersten Generation ganz aus Holz gefertigt. Nachdem die Hüttenindustrie in größerem Umfang Formstahl anbieten konnte, fand er auch im Güterwagenbau Anwendung, vor allem bei den Untergestellen. Sie wurden zunächst in Mischbauweise hergestellt: nur die Langträger aus Formstahl, die übrigen Teile noch aus Holz. Aufgrund der Technischen Vereinbarungen bestanden die Untergestelle einheitlich aus den beiden Kopfstücken mit den Puffern und einer Reihe weiterer Querträger sowie aus den beiden Hauptlangträgern in der Wirkungslinie der Puffer und dazwischen zwei in der Regel schwächer bemessenen Mittellangträgern,

Die ersten Güterwagen, wie dieser Niederbordwagen der Pfälzischen Ludwigsbahn, 1846, waren – außer Laufwerk und Kupplung – ganz aus Holz gefertigt.

mit den Kopfstücken durch Schrägstreben verbunden, um auch die Mittellangträger zur Aufnahme der Pufferkräfte heranzuziehen und dem Untergestell Diagonalsteifigkeit zu verleihen.
Bald wurde Formstahl nicht nur für das Untergestell verwendet, sondern auch für das Kastengerippe; die Verwendung von Holz blieb auf Fußboden und Kastenbekleidung sowie auf das Dach gedeckter Wagen beschränkt; die Dachdecken bestanden in der Regel aus Segeltuch. Bei den Kastenbrettern gedeckter Wagen sorgten Nut und Spund für Abdichtung. Die Wagen in dieser Mischbauweise wogen bei 10 Tonnen Ladegewicht zwischen sechs und neun Tonnen, je nach Wagenlänge und offenem oder gedecktem Aufbau. Schon um 1860 gab es bei preußischen Privatbahnen auch Ganzstahlwagen.
Als der Deutsche Staatsbahnwagenverband nach 1909 sein Einigungswerk begann und für die künftigen Beschaffungen aller Mitgliedsbahnen ein einheitliches Typenprogramm schuf, dominierte der preußische Wagenpark. So lagen zehn der elf neuen Verbandsbauarten preußische Musterblätter zugrunde. Nur für den großräumigen gedeckten Wagen diente ein sächsischer Wagen als Vorbild.
Der Austauschbau zwischen 1920 und 1934 erhöhte die Wirtschaftlichkeit bei Bau und Instandhaltung der Güterwagen durch die Möglichkeit, alle zum Austausch geeigneten Teile ohne Nacharbeit gegeneinander zu tauschen. Die Austauschbauarten, die als erste Güterwagen der 1920 gegründeten Reichsbahn entstanden, lehnten sich eng an das vorangegangene Bauprogramm für die Verbandsgüterwagen und deren preußische Vorbilder an, von denen der deutsche Güterwagenpark noch immer geprägt war. Die Tragfähigkeit betrug nun nicht mehr ausnahmsweise, sondern in der Regel 15 Tonnen; die Reichsbahn änderte die Bedeutung des Nebengattungszeichens „m“ zur Kennzeichnung des Ladegewichts entsprechend.

	KPEV/DStBWV	DR
m	bis 15 t	20 t
mm	bis 20 t	über 20 t
w	unter 10 t	unter 15 t

Um 1860 liefen diese ersten Ganzstahlwagen für den Kohletransport bei der Niederschlesisch-Märkischen Eisenbahn in Preußen.

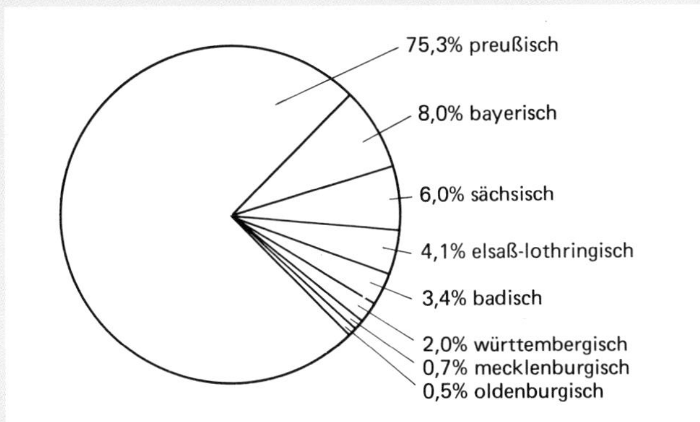

Anteile der Güterwagen der einzelnen Länderbahnen am Deutschen Staatsbahnwagenverband, 1910.

Zu den Grundsätzen des Austauschbaus gehörte die Vereinheitlichung der Hauptabmessungen auch von Wagen verschiedener Gattungen, um dafür gleiche Untergestelle verwenden zu können. So wurde die Ladelänge des gedeckten Wagens (G) etwas verkürzt und dem hochbordigen offenen Wagen (Om) angeglichen, umgekehrt die des Flachwagens (R) vergrößert, um sie auf die Maße des großräumigen gedeckten Wagens (Gl) zu bringen. Auch bei Spezialgüterwagen wurden nach Möglichkeit ähnliche Angleichungen vorgenommen.

Mitte der dreißiger Jahre vollzog sich im Güterwagenbau der Reichsbahn ein Entwicklungssprung, der durch Ersatz der Niet- durch Schweißverbindungen an Untergestell und Kastengerippe, die Anhebung des Regelladegewichts von 15 auf 20 Tonnen und der zulässigen Geschwindigkeit zweiachsiger gedeckter Wagen (Gs) und Rungenwagen (Rs) auf 90 km/h gekennzeichnet war.
Höheres Ladegewicht bei gleichzeitiger Senkung des Eigengewichts wurde vor allem durch Verwendung von Stahl höherer Festigkeit möglich.
Die frühen deutschen Güterwagen liefen, dem englischen Vorbild folgend, auf zwei Radsätzen. Nur die Württembergischen Staatseisenbahnen, die ihre erste Strecke 1845 in Betrieb nahmen, orientierten sich an amerikanischen Konstruktionen. Sie folgten darin dem Gutachten des in die Vereinigten Staaten entsandten Ingenieurs Ludwig Klein, der ihr erster Obermaschinenmeister wurde. So wurden die ersten württembergischen Güterwagen bereits mit vier Radsätzen, je zwei in einem Drehgestell zusammengefaßt, ausgeführt. Damit waren schon damals 10 Tonnen Ladegewicht möglich; als sich dies auch mit zweiachsigen Wagen verwirklichen ließ, paßten sich die württembergischen Güterwagen denen der übrigen Bahnen an. Bei Wagen mit zwei festen Radsätzen waren bis zu 4,0 Meter Radsatzstand zulässig, darüber hinaus mußten Lenkachsen verwendet werden. Heute beträgt der mit festen Radsätzen zulässige Radsatzstand höchstens 4,5 Meter und mindestens 4,0 Meter, für neue Wagen werden seit 1978 mindestens 6,0 Meter und damit Lenkachsen gefordert. Bei den Württembergischen Staatseisenbahnen fand ein Flachwagen mit dem beachtlichen Radsatzstand von 6,5 Metern weite Verbreitung. Zur Länderbahnzeit war der längste Güterwagen mit zwei Radsätzen ein Flachwagen der Preußischen Staatseisenbahnen mit 8,0 Meter Radsatzstand. Heute ist dies mit 9,0 Metern ein Schiebewandwagen der Bundesbahn.

Überkritisches Güterwagenlaufwerk mit Doppelschakengehänge.

Die Radsätze liefen ursprünglich in Gleitachslagern meist mit Polsterschmierung. Die Achslagerschalen wurden mit Lagermetall ausgegossen, einer Legierung, die einerseits die Reibung gering zu halten hatte und andererseits die Achsschenkel möglichst wenig angreifen durfte. Schon geringe Ungenauigkeiten oder mangelhafte Schmierung konnten jedoch zum Heißlaufen und damit zu folgenschweren Unfällen führen. Seit 1951 werden bei der Bundesbahn in neue Wagen nur noch Rollenachslager eingebaut, Wagen mit Gleitachslagern sind heute nicht mehr im Bestand.
Mit dem Ansteigen der zulässigen Höchstgeschwindigkeiten kam den Laufeigenschaften der Wagen immer größere Bedeutung zu. Der gewissermaßen in den Tragfedern hängende Wagenkasten stellt ein schwingungsfähiges System dar, das durch den Sinuslauf der Radsätze – bedingt durch das konische Profil der Radreifen und ihr Spurspiel im Gleis – angeregt wird. Wenn die vom Sinuslauf ausgehende Erregerfrequenz mit der Eigenfrequenz des Wagens in Querrichtung zusammenfällt, stellt sich Resonanz ein und führt zu unruhigem Wagenlauf.
Um bei der damals üblichen Höchstgeschwindigkeit der Güterwagen von 90 km/h ruhigen Wagenlauf zu gewährleisten, war in den dreißiger Jahren die „unterkritische Abstimmung" üblich: Die Eigenfrequenz der Wagen wurde hoch bemessen, so daß sie von der tiefen Erregerfrequenz bei Höchstgeschwindigkeit noch nicht erreicht wurde. Zu der erforderlichen niedrigen Erregerfrequenz trugen flache Laufkegel und starre Verbindung der Radsätze mit dem Wagenkasten durch kurze wirksame Pendellänge und Reibungsdämpfung in Querrichtung, steife Achshalter und kleines Querspiel bei. Die nötige hohe Eigenfrequenz verlangte im Verhältnis zum Radsatzstand nur kurzen Überhang, also Anordnung der Radsätze nahe den Wagenenden sowie verwindungsharte Wagenkästen, wenn nötig mit zusätzlichen Versteifungen. Dieses Konstruktionsprinzip erwies sich jedoch im Hinblick auf die Sicherheit gegen Entgleisen in überhöhten Gleisbögen als nicht empfehlenswert, außerdem waren mit unterkritischen Laufwerken höchstens 100 km/h möglich. So wurden später im Hinblick auf weiter steigende Geschwindigkeiten überkritische Laufwerke mit niedriger Eigen- bei hoher Erregerfrequenz entwikkelt. Damit soll der Resonanzbereich bei niedriger Geschwindigkeit durchfahren und der Wagenlauf bei steigender Geschwindigkeit immer ruhiger werden. Die Baumerkmale des überkritischen Laufwerks stehen denen des zuvor benutzten unterkritischen genau entgegen: Für hohe Erregerfrequenz steile Laufkegel, lockere Kupplung der Radsätze an den Wagenkasten, große wirksame Pendellänge, in Querrichtung federnde Radsatzhalter und großes Querspiel, und für niedrige Eigenfrequenz möglichst großen Überhang und verwindungsweiche Wagenkästen. Die Laufsicherheit unter dem Einfluß von Druckkräften begrenzte allerdings die Größe des

Überhangs; entsprechende Erkenntnisse brachte vor allem die Entwicklung der automatischen Mittelpufferkupplung.
Die Bundesbahn erprobte überkritische Laufwerke zunächst an einer Reihe in eigenen Werkstätten modernisierten offenen Wagen. Später wurde das überkritische Laufwerk für die UIC-Standardgüterwagen mit zwei Radsätzen eingeführt. Es hat seine Eignung bis zu 120 km/h unter Beweis gestellt. Allerdings wurde von einer allgemeinen Einführung dieser hohen Geschwindigkeit für Güterwagen bisher aus wirtschaftlichen Erwägungen abgesehen; denn die Bremse derartiger Wagen muß für automatische Lastabbremsung eingerichtet sein, und zur Instandhaltung sind Revisionsabstände von einem Jahr bis zu zwei gegenüber sonst vier bis sechs Jahren vorgeschrieben. Zur Stärkung ihrer Wettbewerbsfähigkeit wird die Bundesbahn jedoch in Zukunft für bestimmte eilbedürftige Transporte Güterwagen für derart hohe Geschwindigkeiten beschaffen müssen. Schon Ende der sechziger Jahre hatte sie damit begonnen, neue Güterwagen allgemein mit automatischer Lastabbremsung ausrüsten zu lassen, hat dann aber wieder davon Abstand genommen, als international keine Bereitschaft dafür zu erzielen war. Um den erhöhten Instandhaltungsaufwand zu vermeiden, sind die damals beschafften Wagen heute nicht mehr für 120 km/h zugelassen. Ausgenommen sind Wagen für Sonderzwecke wie Postbeförderung oder den kombinierten Schiene-Straße-Verkehr.
An jedem Kopfstück war früher rechts ein ebener, links ein gewölbter Puffer angebracht, um auch in Gleisbogen einwandfreie Übertragung der Druckkräfte zu gewährleisten. Die Zughaken an den beiden Wagenenden waren durch eine durchgehende Zugstange, diese ihrerseits in Wagenmitte federnd mit dem Untergestell verbunden. Damit wurde die Zugkraft der Lokomotive in den Wagen übergeleitet: vom Zughaken und der Zugstange auf das Untergestell und über Federung, Achshalter und Achslager auf die Radsätze. Später wurden auch geteilte Zugeinrichtungen gebaut, bei denen sich kurze Zugstangen federnd gegen das Kopfstück des Untergestells abstützen. Diese Bauform, zunächst hauptsächlich in Drehgestellwagen angewandt, wurde bei den für automatische Mittelpufferkupplung vorbereiteten Wagen zur Regelausführung.
Nach dem Zweiten Weltkrieg setzte sich der Güterwagenpark aus einer Vielzahl von Bauarten zusammen. Der Bogen spannte sich von den völlig überalterten Länder- und Verbandsbauarten bis zu den im Krieg gebauten Wagen, deren Konstruktionsmerkmale sich weniger an den Erfordernissen des Eisenbahnbetriebs als am Grundsatz äußerster Sparsamkeit in der Verwendung von Stahl orientierten. Auch der Zustand der Wagen war beklagenswert, da in den Kriegsjahren die Instandhaltung ebenfalls dem Sparsamkeitsgrundsatz unterworfen war, während die Beanspruchung des Materials weit über das friedensmäßige Maß hinausging, und da in den ersten Nachkriegsjahren nur beschränkte Mittel und Werkstattkapazitäten zur Behebung der Kriegsfolgen zur Verfügung standen. Von den rund 330 000 Güterwagen war noch 1949 etwa ein Fünftel nicht betriebsfähig. Der Erneuerung des Bestands waren auch deshalb Grenzen gesetzt, weil die Waggonindustrie ebenfalls von den Kriegsfolgen betroffen war. Dennoch wurden zwischen 1948 und 1952 rund 27 000 offene und 8 250 gedeckte Güterwagen neu beschafft. Daran hatten auch ausländische Waggonfabriken in Belgien, Italien und der Tschechoslowakei Anteil. Teils wurden vorhandene Zeichnungssätze der Reichsbahn zugrunde gelegt, teils ausländische Konstruktionen übernommen. Zum Teil mußte dabei nochmal auf die Nietbauweise zurückgegriffen werden. Ungewohnt war auch der Aufbau eines offenen Wagens ganz in Buckelblech.

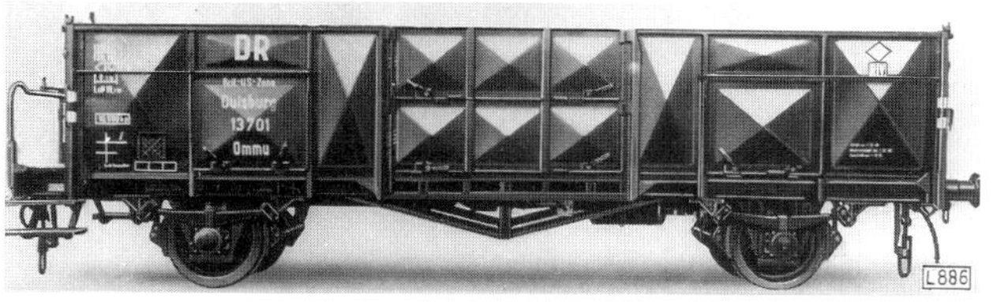

Zwischen 1948 und 1952 wurden rund 27 000 offene Güterwagen neu beschafft, darunter diese in der Tschechoslowakei ganz in Buckelblech gebauten Wagen.

In eigenen Werkstätten ließ die Bundesbahn eine Reihe offener Wagen modernisieren, wobei sich der technische Fortschritt bereits abzuzeichnen begann. So erhielten Wagen dieses Modernisierungsprogramms zur Erprobung erstmals überkritische Laufwerke und Rollenachslager.
Auch Wagen aus amerikanischen Heeresbeständen bereicherten in der Nachkriegszeit den Wagenpark der Bundesbahn. Die gedeckten Wagen waren abweichend von der europäischen Praxis nicht mit Holz, sondern mit Preßholzplatten bekleidet; diese Bauweise wurde später in abgewandelter Form richtungweisend für die gedeckten Güterwagen der Bundesbahn.
Mit der Beschaffung von Wagen veralteter Technik oder ausländischer Bauart konnte ein den Anforderungen der Zeit entsprechender Güterwagenpark nicht geschaffen werden, zumal die Anforderungen stiegen: Die Höchstgeschwindigkeit der Güterzüge sollte steigen, das Ladegewicht der Güterwagen größer werden, die Zusammensetzung der Wagen jeder Gattung möglichst homogen sein. Von technischer Seite kamen die Forderungen nach rationeller Fertigung und geringem Instandhaltungsaufwand hinzu.
Daraus leitete die Bundesbahn die wesentlichen Bauartmerkmale für ihre künftigen Güterwagen ab: Für höhere Geschwindigkeiten wurden überkritische Laufwerke vorgesehen, zur Vermeidung von Heißläufern und zur Senkung des Instandhaltungsauf-

Ab 1952 erhielten die Untergestelle für Güterwagen mit und ohne Handbremse gleiche Abmessungen; dies war durch die verschraubbaren Einheitsbremserstände möglich.

wands durchweg Rollenlager eingebaut; an die Stelle des Baustahls St 37 trat korrosionsbeständiger hochfester Stahl St 52 Cu, an die Stelle der Holzverschalung bei gedeckten Wagen eine Verkleidung mit kunstharzgetränkten Sperrholzplatten, bei offenen Wagen und Niederbordwagen mit Stahlblech, an die Stelle der bitumengetränkten Leinwanddecken auf den holzverschalten Dächern der gedeckten Wagen entweder Aluminiumbahnen entsprechend dem „Schweizer Dach" oder PVC-Dachdecken bei den Wagen, die von der Bundesbahn in eigenen Werkstätten umgebaut wurden; nach 1964 folgten Stahlblechdächer mit Spritzkorkisolierung auf der Innenseite. Verschleißarme Bremssteuerventile mit Einheitswirkung wurden allgemein eingeführt. Durch Verwendung vorschraubbarer Einheitsbremsstände erhielten die Untergestelle aller Wagen der Regelbauarten mit oder ohne Handbremse gleiche Abmessungen. Wo immer möglich wurden die Wagen nach den UIC-Richtlinien als Einheits- oder Standardwagen ausgeführt.
Die ersten offenen und gedeckten Regelgüterwagen mit diesen Baumerkmalen erhielt die Bundesbahn 1952 und 1953. Wegen der beschränkten Fertigungskapazitäten der Waggonindustrie und der begrenzten Mittel zur Finanzierung eines umfangreichen Beschaffungsprogramms, aber auch im Hinblick auf den hohen Wert, den die alten Wagen noch immer repräsentierten, führte die Bundesbahn zwischen 1954 und 1968 ein umfangreiches Umbauprogramm bei zweiachsigen Regelgüterwagen in den eigenen Ausbesserungswerken durch. Unter Verwendung der alten Länder- und Verbandsbauarten, die damit aus dem Bestand ausschieden, entstanden im Rahmen dieses Programms rund 127 000 moderne Regel- und Spezialwagen nach den neuen Baugrundsätzen der Bundesbahn. Wegen der stark unterschiedlichen Abmessungen des verwertbaren Materials wurden die alten Wagen zum großen Teil völlig zerlegt und die gewonnenen Formstähle durch Trennen und Zusammenschweißen auf die für neue Untergestelle und Kastengerippe nötigen Längen gebracht. Gelegentlich wurden jedoch die Untergestelle vor allem jüngerer Wagen einschließlich ihres unterkritischen Laufwerks wieder verwendet. Anfangs wechselten zum Teil sogar Radsätze mit Gleitlagern und andere noch verwendbare Teile alter Bauweise in die Umbauwagen. So entstanden in jeder Gattung wiederum verschiedene Bauarten, die sich auch mit dem Stand der Technik änderten. Die Forderung nach Berücksichtigung des UIC-Regelwerks stieß beim Umbauprogramm wegen der Wiederverwendung alter Stoffe ebenfalls an Grenzen.
Für die von der Industrie neu beschafften Wagen bestanden solche Zwänge nicht; die Anwendung der jeweils höchsten in Frage kommenden UIC-Normungsstufe galt als Grundsatz. Nur für einige wenige Gattungen von Regelgüterwagen gab es solche Normen nicht: für großräumige gedeckte Wagen in den fünfziger Jahren und sechsachsige Flachwagen für Militärtransporte.

Güterwagen – dem Verwendungszweck angepaßt

Seit den Anfangstagen der Eisenbahn werden zwei Arten von Güterwagen gebaut: Regelgüterwagen ohne besondere Einrichtungen zur Beförderung unterschiedlichster Güter, und Spezialgüterwagen mit besonderen Einrichtungen zur Beförderung bestimmter Güter.
Güterwagen werden im allgemeinen freizügig disponiert. Sie haben keinen „Heimatbahnhof". Für den freizügigen Einsatz sind die Regelgüterwagen besonders gut geeignet, weil sie für unterschiedliche Ladegüter und Verladetechniken verwendet werden können. Aus Wettbewerbsgründen kommen jedoch zunehmend Spezialgüterwagen mit Sondereinrichtung zur Mechanisierung des Ladegutumschlags oder zum Schutz des Ladeguts vor Transportschäden zum Einsatz. Sie haben zwar den Nachteil, daß sich in der Regel vor erneuter Beladung längere Leerläufe nicht vermeiden lassen; die Bundesbahn kann sich jedoch vielfach nur mit solchen Wagen am Markt behaupten. Zum Teil überläßt die Bundesbahn Vorhaltung und Einsatz von Spezialgüterwagen den Interessenten, die sie als Privatwagen einstellen können; an diesen Wagen ist neben der Wagennummer ein [P] angeschrieben. Zu den Privatgüterwagen zählen vor allem die Kesselwagen, die in erheblicher

Zahl benötigt werden; einige wenige Gesellschaften vermieten sie an die Bedarfsträger.
Zur Kennzeichnung der Wagen benutzten die Bahnen ursprünglich ein System aus Buchstaben: große „Gattungsbuchstaben", gefolgt von einem oder mehreren kleinen „Kennbuchstaben". Sie waren vielfach unter mnemotechnischen Gesichtspunkten gewählt: O = offene Wagen, G = gedeckte Wagen, V = Viehwagen, l = bestimmte Länge, s = schnell lauffähig. Im Hinblick auf grenzüberschreitende Einsatzfähigkeit der Güterwagen führten die europäischen Bahnen 1964 die einheitliche Buchstabenkennzeichnung, ergänzt durch eine Verschlüsselung der zwölfstelligen Wagennummer ein.

Deutsche Gattungszeichen für Güterwagen

Preußische Staatseisenbahnen – Deutscher Staatsbahnwagenverband

G	bedeckter Wagen
Gi	mit Endplattformen, für Personenverkehr geeignet
Gl	großräumiger (langer) Wagen (Ladefläche $\geqq$ 24 m^2)
N	= Gn
H	Holzwagen (einzeln)
Hr	mit eisernen Seitenrungen
Hs	mit Kuppelstangen
Hz	mit Zinken an Drehschemeln
K	Kalkwagen mit Deckklappen
O	offener Wagen (h > 0,4 m)
Oc	Kokswagen (1,9 m > h $\geqq$ 1,3 m)
Ok	kippfähig
Ot	mit Trichtern und Boden- oder Seitenklappen
O[u]	unbrauchbar für Militärfahrzeuge
V	bedeckter Viehwagen
Ve	mit 2 Böden (Etagen)
Vez	mit unterteilbarer Ladefläche (durch Zwischenwände)
Vf	für Luxuspferde
VO	offener Viehwagen (h $\geqq$ 1,9 m)
R	Rungenwagen (Ladelänge $\geqq$ 9,9 m)
S	Schienenwagen
Sl	langer Wagen (S: > 9 m; SS: > 12 m Ladelänge)
K	Klappdeckelwagen
Kt	Selbstentladewagen
O	offener Wagen (h > 0,4 m, kippfähig)
Ok	Kübelwagen
Op	nicht kippfähig
Ot	Selbstentladewagen (nicht kippfähig)
• Ou	nicht abbordbar (ungeeignet für Fahrzeuge)
• Ov	für Großvieh (früher VO)
Oz	für Erz
V	Verschlagwagen mit 2 Böden (früher Vez)
Vp	ohne unterteilbare Ladefläche (früher Ve)
Vg	Geflügelwagen (mit 4 Böden)
R	Rungenwagen (Ladelänge $\geqq$ 9,9 m, Seitenborde)
S	Plattformwagen (Ladelänge S 13 m – SS 15 m, Stahlrungen)
Sk	mit kürzerer Ladelänge
SSl	Ladelänge = 18 m
St	Tiefladewagen
X	Arbeitswagen
Xo	mit festen Wänden (h > 0,4 m)
Xt	mit Bodenklappen

• geändert bei DB
•• entfallen bei Einführung von s = Schnelläufer

Deutsche Reichsbahn

G	gedeckter Wagen
• Gk	Kühlwagen
• Gkk	Kühlmaschinenwagen
Gl	unverändert
Gll	Leig-Einheit
Gt	mit Stirnwandtüren
• Gv	für Großvieh (früher V, Vf)
H	Schemelwagen (mit Seitenrungen)
Ho	ohne Seitenrungen
•• Hs	unverändert

Deutsche Bundesbahn
(nur Änderungen und Ergänzungen)

G	
Gg	mit Bodenklappen
o Gk	mit Schiebedach (kranbar)
o Gl	Ladefläche $\geqq$ 26 m^2, Tonnendach
o Gv	Stallungswagen mit Begleiterabteil
K	
Kk	mit Schiebe- oder Schwenkdach (kranbar)
Kg	mit Schiebewänden (beladbar mit Gabelstaplern)
Kv	für Lebensmittel (Viktualien)

O	
Off Oi ○ Ou ○ Ov	für doppelbödige Autoverladung Muldenkipper Hubkipper Mittenselbstentlader
R	
Ro	ohne Rungen
S	
SSi SSy SSyl SSym	für Huckepackverkehr hohe Last auf kurzer Ladelänge (50 t/8,8 m) (50 t/ > 8,8 m) (80 t/11,2 m)
T	Kühlwagen („Thermoswagen") – früher Gk –
Tf Tg Tgg Tk Tn To Tv	nur für Seefische nur für Gefriergut nur für Trockeneis und Gefriergut kleiner Isolierwert, nicht für Gefriergut nicht für Gefriergut ohne Fleischhaken mit elektrischer Ventilation
BT	Behälter-Tragwagen
X	
Xl	Ladelänge > 8 m

○ geänderte Bedeutung

Anmerkung

Das Gattungszeichen wurde gebildet aus einem großen Buchstaben (Hauptgattungszeichen), wenn nötig ergänzt durch einen oder mehrere kleine Buchstaben (Nebengattungszeichen), z. B.: Gltmmehs, Ommu, OOtz, R, Rms

Verdoppelung des Hauptgattungszeichens

(z. B. OO, SS) bezeichnet Wagen mit 4 und mehr Radsätzen

Allgemeine Nebengattungszeichen

(vom Hauptgattungszeichen unabhängig)

in Preußen bis 1890

r Radsatzstand < 4 m
l Radsatzstand ≧ 4 m

Preußische Staatseisenbahnen / Deutscher Staatsbahnwagenverband

m 20 t > Ladegewicht ≧ 15 t (≧ 30 t bei vierachsigen Wagen)
mm Ladegewicht = 20 t
w Ladegewicht < 10 t
n mit Druckluftbremse

Deutsche Reichsbahn

m Ladegewicht = 20 t (> 35 t bei SS)
mm Ladegewicht > 20 t
w Ladegewicht < 15 t (< 30 t bei vierachsigen Wagen, < 35 t bei SS)
e mit elektr. Heizleitung
h mit Dampfheizleitung

● f Fährbootwagen (Verkehr nach Großbritannien)
r Umsetzwagen (sowjetische Breitspur)
● s Schnelläufer (bis 90 km/h)

Deutsche Bundesbahn
(nur Änderungen und Ergänzungen)

hh mit Dampfheizung
○ b Fährbootwagen (früher f)
○ s bis 100 km/h

● geändert bei DB
○ geänderte Bedeutung

Regelgüterwagen

Dazu zählten zunächst die offenen Wagen. Durch Hinzufügen oder Weglassen von Teilen entstanden die anderen Gattungen des Regelgüterwagens: gedeckte Wagen und Flachwagen, auch wenn einige davon zu ihrer Zeit als Spezialwagen galten, wie offene Wagen mit Stahlwänden für Kohle- oder gedeckte Großraumwagen für Hohlglastransporte. Die drei Grundformen – offene Wagen, gedeckte Wagen und Flachwagen – haben sich als Regelgüterwagen bis heute erhalten. Nur der klassische gedeckte Wagen ist vielfach von Spezialgüterwagen mit öffnungsfähigen Wänden oder öffnungsfähigem Dach abgelöst worden.

Offene Wagen

Am vielseitigsten verwendbar sind die offenen Wagen: sie bestehen aus einer Plattform, die von halbhohen Wänden – früher „Borde" genannt – begrenzt werden und in der Regel zur leichteren Be- und Entladung an den Längsseiten durch Drehtüren zugänglich sind. In diesen Wagen lassen sich sowohl Schüttgüter aller Art als auch schwere Einzelstücke befördern. Nässeempfindliches Gut kann mit Planen abgedeckt werden. Hochbordwagen sollten spezifisch leichten Schüttgütern hinreichenden Laderaum und damit ein angemessenes Ladegewicht sichern, weil sich der Tarif am Gewicht orientiert; besonders wichtig waren Hochbordwagen zur Beförderung von

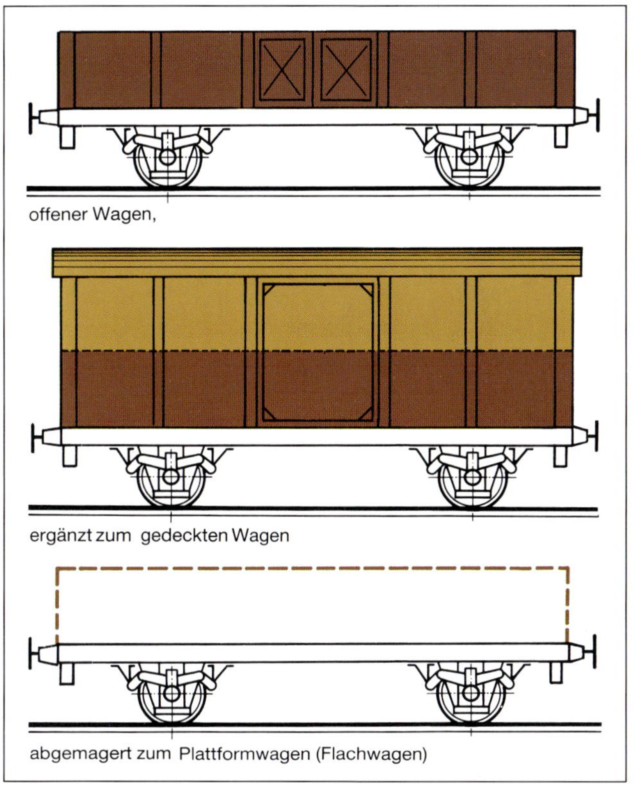

Grundformen des Regelgüterwagens.

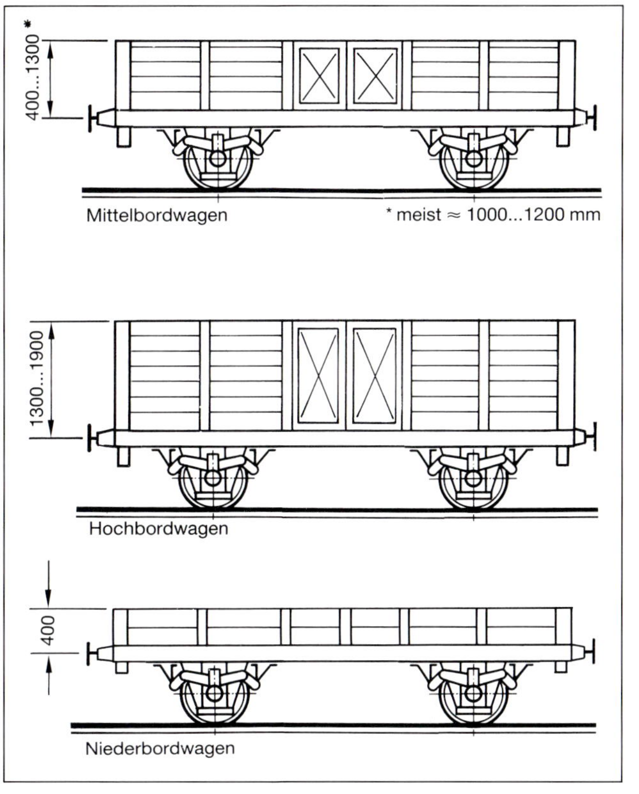

Varianten des offenen Wagens.

Koks gegenüber der spezifisch schwereren Kohle. Niederbordwagen zur Beförderung von Schotter, Kies, Sand und Schienen entsprachen vor allem den Anforderungen der Bahninstandhaltung; die Borde waren oft aushebbar, später auch klappbar ausgeführt. Stirnwandklappen, oben drehbar, unten mit Daumen- oder Kniewellenverschluß versehen, wurden bei den zweiachsigen offenen Wagen zur Regel; sie bildeten die Voraussetzung zum Entladen von Schüttgütern mit Wagenkippern, wie sie vor dem Ersten Weltkrieg zur Rationalisierung des Massenschüttgutverkehrs eingeführt wurden und beträchtliche Verbreitung fanden. Erst die in jüngster Zeit von der Bundesbahn beschafften offenen Drehgestellwagen der UIC-Standardbauart haben wieder feste Stirnwände, weil die Wagenkipper wegen deren Länge keine Drehgestellwagen aufnehmen können. Die Preußischen Staatseisenbahnen hielten offene Wagen dreier verschiedener Gattungen vor: allgemein verwendbare, Kohlewagen und Kokswagen. Alle waren mit Stirnwandklappen zur Entladung auf Wagenkippern ausgerüstet. Die allgemein verwendbaren Wagen hatten bei etwa 15 Kubikmeter Fassungsvermögen mittelhohe abnehmbare Bordwände, so daß sie auch zum Transport von Fahrzeugen und sperrigen Gütern verwendet werden konnten. Obwohl bei Beladung mit Kohle auch diese Wagen bis zum zulässigen Ladegewicht ausgelastet werden konnten, wurden besondere Wagen für den Kohleverkehr vorgehalten, weil der abnehmbare Aufbau der allgemein verwendbaren Wagen für den harten Einsatz nicht widerstandsfähig genug war und die

Stirnwandklappen, oben drehbar, ...
... unten mit Daumen- oder Kniewellenverschluß, den das Bild zeigt, wurden bei den zweiachsigen offenen Wagen zur Regel.

Die Stirnwandklappen ermöglichen das Entladen von Schüttgütern mit Wagenkippern, die schon vor der Jahrhundertwende eingeführt wurden.

Für den Kohleverkehr bewährte sich die Ganzstahlversion wegen des geringen Instandhaltungsaufwands besser als Wagen mit Bretterverschalung.

In den vierziger Jahren entstanden offene Wagen, die im Regelverkehr 24,5 Tonnen befördern konnten. Die Hauptlangträger ihres Untergestells lagen nicht mehr in der Fluchtlinie der Puffer, sondern außen.

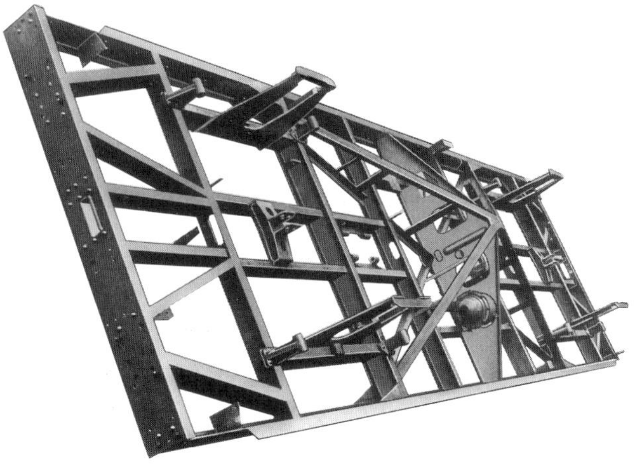

Kohlegruben wie die Umschlagstellen wegen ihrer begrenzten Gleislängen kürzere Wagen verlangten. So erhielt der Kohlewagen bis zu 2,2 Meter geringere Länge und dafür rund 30 Zentimeter höhere Borde; damit stand etwa ein gleich großer Laderaum zur Verfügung. Gegenüber dem Wagen mit Borden aus Holz bewährte sich die Ganzstahlversion wegen des geringeren Instandhaltungsaufwands besser. Für Koks stand im Hinblick auf dessen geringeres spezifisches Gewicht ein Hochbordwagen mit bis zu 33 Kubikmeter Fassungsvermögen zur Verfügung. Um das hohe Volumen auch im Kohleverkehr bieten zu können, stellten die Preußischen Staatseisenbahnen einige Versuchsbauarten in Dienst: Zweiachsige Hochbordwagen mit einem damals stark beachteten Ladegewicht von 20 Tonnen bei zunächst 26, später 33 Kubikmeter Fassungsvermögen. Ihnen folgte noch ein vierachsiger Drehgestellwagen mit 30 Tonnen Ladegewicht und etwa 37 Kubikmetern Fassungsvermögen, der jedoch nicht in Kippern entladen werden konnte und deshalb keine Verbreitung fand. Der Deutsche Staatsbahnwagenverband übernahm die drei preußischen Gattungen in sein Typenprogramm, jedoch nicht die Versuchsbauarten.

Unter den Austauschbauarten fehlte der klassische kurze Kohlewagen mit Wänden aus Stahl, weil die eben gegründete Reichsbahn mit ihren neuen Selbstentlade-Großgüterwagen dem Massengutverkehr mit Kohle völlig neue Möglichkeiten eröffnet hatte. Die beiden offenen Wagengattungen in Austauschbauart entsprachen in ihren Hauptabmessungen denen der Verbandsbauarten. In geschweißter Bauart wurde vor dem Zweiten Weltkrieg nur die aus dem Kokswagen hervorgegangene Version mit festen hohen Borden ausgeführt, teilweise mit einem Untergestell aus Hohlträgern.

In den ersten Kriegsjahren folgten Wagen mit höherem Ladegewicht; im Regelverkehr konnten damit 24,5, auf geeigneten Strecken 27,5 Tonnen befördert werden. Ihr Untergestell war wieder aus Formstahl hergestellt, wich aber deutlich von der überlieferten Bauform ab: Die Hauptlangträger lagen nicht mehr in der Fluchtlinie der Puffer, sondern ganz außen, die Krafteinleitung besorgten kurze Schrägstreben; infolgedessen saßen die Achshalter an kurzen, zwischen zwei Querträgern eingesetzten Hilfsträgern; die mittleren Langträger liefen nicht von Kopfstück zu Kopfstück durch. Der Handbremsstand war als offene Bühne ausgeführt. Neben einer mittelbordigen stand eine hochbordige Version zur Verfügung. Die Mittelbordwagen konnten abgebordet werden. Ihr Bühnengeländer war umlegbar, um Fahrzeuge über Stirnrampen laden zu können. Der Krieg erzwang bald die Rückkehr zu herkömmlichen Baugrundsätzen mit weiteren Vereinfachungen: Im Untergestell wurde das System aus Mittellangträgern und Diagonalstreben ersetzt durch lange Diagonalstreben, die von den Kopfstücken bis zur Wagenmitte reichten. Trotzdem konnte das Ladegewicht um zwei auf 26,5 Tonnen erhöht werden.

Die Bundesbahn beschaffte neu nur eine Gattung zweiachsiger offener Wagen (Omm 52). Von 1952 bis 1959 wurden fünfhundert Wagen als UIC-Einheitswagen der Bauart 2 geliefert. Den weiteren Bedarf deckten Wagen aus dem Umbauprogramm. Wegen seiner unkonventionellen Bauart hatte der neu entwickelte Wagen große Beachtung gefunden. Das Untergestell war in diagonalelastischer Bauweise mit Lang- und Querträgern aus Hohlprofilen und Kopfstücken aus abgekanteten Blechen hergestellt, womit eine schon vor dem Krieg von der Waggonfabrik Uerdingen begonnene Entwicklung aufgegriffen wurde. Das Untergestell vermochte im elastischen Bereich Arbeit in hohem Maß aufzunehmen, was die Instandhaltungskosten günstig beeinflußte. Der Kastenaufbau in selbsttragender Schalenbauweise aus zweifach leicht abgewinkelten Blechen und einem auf die Ecksäulen und Obergurte reduzierten Kastengerippe erfüllte dagegen diese Erwartung nicht, weil er vor allem im Schrottverkehr durch unzulässige Beladepraktiken oft so verformt wurde, daß die Ausbauchungen die zulässige Wagenbegrenzungslinie überschritten. Mit ihrer langen Lebensdauer machten sich diese Wagen dennoch bezahlt; sie wurden noch bis in die späten achtziger Jahre für den herbstlichen Zuckerrübenverkehr vorgehalten. Bei den entsprechenden Wagen des Umbauprogramms der Bundesbahn folgte die Bauart

Die offenen Wagen der geschweißten Bauart wurden in den dreißiger Jahren nur in dieser Version mit festen hohen Borden gebaut; sie liefen auch noch bei der Bundesbahn.

Die Mittelbordwagen der vierziger Jahre ließen sich wie ihre preußischen Vorgänger abborden; das Bühnengeländer war umlegbar.

Die Bundesbahn beschafft heute offene Wagen nur noch vierachsig nach UIC-Standard. Der Wagen für 20 Tonnen Radsatzlast hat 71,3 Kubikmeter Laderaum.

Die gedeckten Wagen der Preußischen Staatseisenbahnen konnten bei 46 Kubikmeter Laderaum mit 10 oder – wie dieser Wagen – mit 15 Tonnen beladen werden.

Der erste geschweißte gedeckte Güterwagen der Regelbauart hatte nur 15 Tonnen Ladegewicht, aber 1 Meter größere Ladelänge als die Verbands- und Austauschwagen.

von Untergestell und Kasten herkömmlichen Grundsätzen. Der Aufbau war damit widerstandsfähiger gegen seitliche Ausbauchungen, doch blieben auch bei diesen Wagen Probleme vor allem im Türbereich nicht aus: Besonders darum drehten sich die Verbesserungsbestrebungen der folgenden Zeit. Die von der UIC standardisierten vierachsigen Wagen sind mit ihrem durchgehenden Obergurt gegen seitliche Ausbauchungen sehr widerstandsfähig.

Seit die UIC den offenen Drehgestellwagen mit dem doppelten Laderaum des zweiachsigen Wagens standardisiert hat, beschafft die Bundesbahn nur noch vierachsige offene Wagen. Sie haben 12,8 Meter Ladelänge, 2,02 Meter hohe Borde, 71,3 m^3 Laderaum und 58 Tonnen Ladegewicht. Die Wagen (Eaos) erhielten keine Stirnwandklappen mehr, weil sie bei ihrer Länge nicht von Kippern entladen werden können. Für den Schrottverkehr erhalten die neuesten Bauarten Stahl- statt Holzböden. Die in diesem Fall längere Variante der UIC-Bauart 2 (Eanos) wurde im Hinblick auf die erhöhte Radsatzlast von 22,5 Tonnen auch bei der Bundesbahn eingeführt; diese Wagen tragen bei 14,5 Meter Ladelänge und 2,09 Meter hohen Borden 65,5 Tonnen und haben 82,5 m^3 Fassungsvermögen.

Statt dem früheren O tragen offene Wagen der Regelbauart heute den Gattungsbuchstaben E.

Gedeckte Wagen

Beim gedeckten Wagen, Gattungsbuchstabe G, sind die Wände nach oben hin verlängert und tragen ein Dach. Der damit entstehende geschlossene Kasten schützt das Gut gegen Regen und andere Unbilden der Witterung. Die seitlichen Ladeöffnungen sind schon bei den ältesten Bauarten durch Schiebetüren verschlossen; nur in Ausnahmefällen erhielten gedeckte Wagen auch Stirnwandtüren. Dagegen gehören Lade- und Lüftungseinrichtungen in den Seitenwänden neben den Schiebetüren schon seit dem vorigen Jahrhundert zur Ausrüstung gedeckter Wagen. Die Ladeöffnungen haben einen durch Klappe verschließbaren freien Querschnitt, durch den langes Gut wie Stabstahl eingeladen werden kann. Die Lüftungsöffnungen sind kiemenartig abgedeckt, der Luftdurchtritt ließ sich ursprünglich durch einen innenliegenden Langlochschieber, später von außen durch eine verstellbare Abdeckklappe regulieren. Auch die Türen selbst lassen sich zur Lüftung heranziehen: Die Verschlußhaken hatten früher zwei oder drei Finger, um die Türen auch in nicht ganz geschlossener Stellung festlegen zu können, heute sind Einfingerhaken und mehrere Rasten üblich. Diese Lüftungsmöglichkeiten zusammen mit Binderingen an den Innenwänden machten Spezialgüterwagen zur Beförderung von Großvieh überflüssig. Für Militärtransporte erhielten die Seitenwände etwa ab 1890 Halterungen, um Bretter waagerecht als Sitzgelegenheit und senkrecht als Rückenlehnen einhängen zu können; im Kaiserreich mußte eine Anschrift an jedem gedeckten Güterwagen angeben, wie viele Mann und wie viele Pferde im Militärverkehr damit befördert werden konnten.

Die beiden Bauformen gedeckter Wagen der Preußischen Staatseisenbahnen konnten bei 46 Kubikmeter Laderaum mit 10 oder 15 Tonnen ausgelastet werden. Die Sächsischen Staatseisenbahnen stellten 1905 großräumige gedeckte Wagen mit 78 Kubikmeter oder 70 Prozent mehr Laderaum für spezifisch leichte Güter, speziell Hohlglaswaren, in Dienst; dabei war die Ladefläche nur 34 Prozent größer, den Rest trug eine damals neue Dachform bei, die später bei der Reichsbahn zur Regel wurde und heute in ganz Europa verbreitet ist: das Tonnendach. Die Preußischen Staatseisenbahnen ließen später einen nur geringfügig kleineren Wagen weitgehend gleicher Ausführung bauen.

Für eilige Transporte hielten die Preußischen Staatseisenbahnen Wagen mit drei Radsätzen und Druckluftbremse bereit, wie sie damals für Wagen ohne Drehgestelle vorgeschrieben waren, wenn sie in schnellaufende Reisezüge eingestellt werden sollten. Mit der Vereinheitlichung und dem allgemeinen technischen Fortschritt waren stets Verbesserungen in Einzelheiten verbunden. So liefen die Schiebetüren der gedeckten Wagen ursprünglich auf Rollen, oben wurden sie nur einfach geführt und dabei gegen Herausfallen gesichert; mit Beginn des Aus-

tauschbaus wurden die Türen an Rollen mit Wälzlagern aufgehängt, die einfache Führung wechselte an die Türunterkante.
Der erste geschweißte Güterwagen der Regelbauart überhaupt war 1934 ein gedeckter Wagen (Ghs 31 „Oppeln") noch mit 15 Tonnen Ladegewicht, aber einem Meter größerer Ladelänge als Verbands- und Austauschbauwagen. Um in Zügen mit 90 km/h verkehren zu können, hatte er Reisezugwagenlaufwerke. Zwei Jahre später folgte ein Wagen mit gleichen Merkmalen, aber 20 Tonnen Ladegewicht. Daß die Entwicklung nicht immer vorwärts schreitet, zeigte der 1937 gebaute gedeckte Zwanzig-Tonnen-Wagen, der wieder die kürzeren Hauptabmessungen der früheren Verbands- und Austauschbauarten sowie das für die Epoche typische unterkritische Güterwagenlaufwerk statt des Personenwagenlaufwerks aufwies. Im Krieg wurde diese Bauart 1943 zugunsten einer Neukonstruktion mit rund 1,5 Tonnen geringerem Eigengewicht trotz 0,9 Meter größerer Ladelänge wieder verlassen; die Ausführung mit Handbremse erhielt statt des Bremserhauses eine offene Bühne. Der erste großräumige gedeckte Wagen geschweißter Bauart war 1936 mit gleichen Hauptabmessungen wie die entsprechenden Verbands- und Austauschbauwagen entstanden, kurz darauf folgte eine Variante mit zwei- oder vierflügeligen Stirnwandtüren. In der Kriegsbauart erhielten die Wagen zur Selbstentladung von Schüttgut Entladetrichter im Fußboden; die Trichterabdeckungen paßten als Vorsatzwände in die Schiebetüröffnungen. In geschweißter Ausführung wurden 1934 auch Drehgestellwagen mit vier Radsätzen zur Beförderung eilbedürftiger Güter in Reisezügen mit mehr als 100 km/h beschafft. Verwendet wurden Drehgestelle der Bauart Görlitz mit Wiege und 2,6 Meter Radsatzstand. Zwei Bauarten mit Drehgestellen folgten noch 1944 in Erwartung großräumiger Verkehre über weite Entfernungen; diese Kriegsbauarten hatten weit höhere Ladegewichte als zweiachsige Wagen. Dafür wurden Güterwagendrehgestelle in geschweißter Einheitsbauart mit 2,0 Meter Radsatzstand verwendet.
Das Umbauprogramm und die Neubeschaffungen der Bundesbahn paßten auch die gedeckten Wagen modernen Baugrundsätzen an. Von der UIC wurde zunächst nur die kürzere Bauart 2 mit 20 Tonnen Ladegewicht vereinheitlicht und standardisiert. Die lichte Breite der Türen nahm besonders im Hinblick auf Be- und Entladung mit Gabelstaplern immer wieder zu: von 1,55 Metern bei der Reichsbahn über 1,8 Meter bei den ersten bis zu 2,00 Metern bei den späteren Bauarten nach dem Regelwerk der UIC. Mit verstärkten Tragfedern konnten die kürzeren Wagen bis zu 24,5 Tonnen, später sogar bis 28 Tonnen ausgelastet werden. Für den Transport von Explosivstoffen wurde bei einer Bauart der Wagenboden gegen die Radsätze mit einem besonderen Funkenschutz abgedeckt, um eine Entzündung durch Funken von den Klotzbremsen auszuschließen.

Diese Variante des ersten großräumigen gedeckten Wagens geschweißter Bauart, 1937, hatte Stirnwandtüren.

Ab 1934 fuhren auch Drehgestellwagen mit vier Radsätzen zur Beförderung eilbedürftiger Güter in Reisezügen mit mehr als 100 km/h.

Bis 1966 beschaffte die Bundesbahn diese großräumigen gedeckten Wagen nach UIC mit 12,7 Meter Ladelänge, 2,5 Meter Türbreite und 26,5 Tonnen Lastgrenze. Die im Bild gezeigte Ganzstahl-Version blieb ein Versuch.

Mit großräumigen gedeckten Wagen beschäftigte sich die UIC zunächst nicht. Die Bundesbahn beschaffte zwischen 1953 und 1962 derartige Wagen mit 20, später 27,5 Tonnen Ladegewicht und einer gegenüber früher um 0,5 Meter längeren Ladefläche. Bei der späteren Vereinheitlichung durch die UIC kamen abermals 1,5 Meter Ladelänge hinzu; sie erreichte damit zusammen 12,7 Meter. Die Türbreite

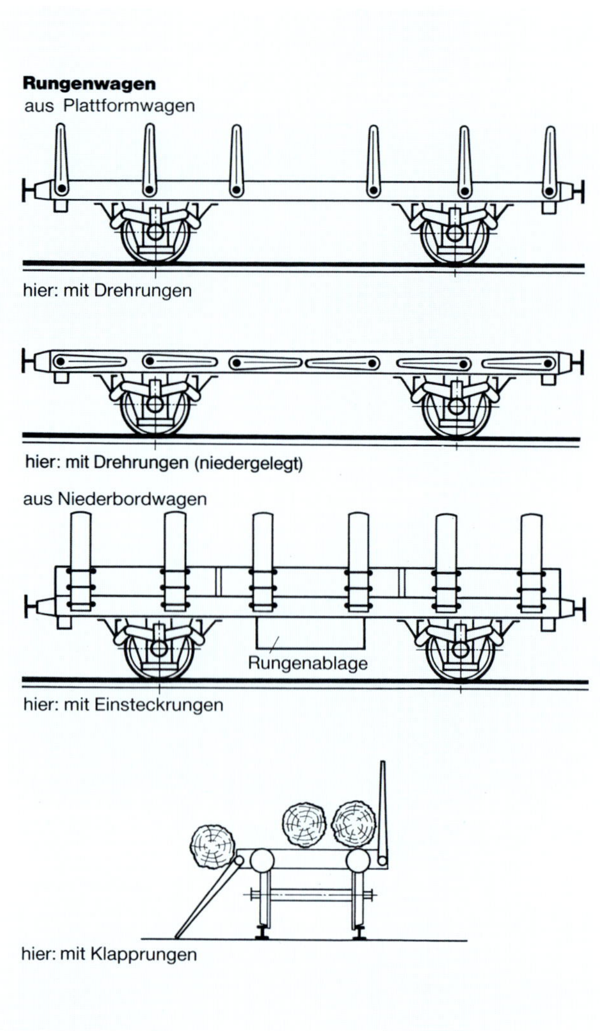

Varianten des Rungenwagens.

Abnehmbare Borde und Einsteckrungen aus Holz hatten preußische Niederbordwagen, die einem württembergischen Vorbild von 1885 entsprachen.

wuchs von 2,0 auf 2,5 Meter. Die Bundesbahn beschaffte solche Wagen mit 26,5 Tonnen Lastgrenze bis 1966.

Für die Wagendächer wurden verschiedene Bauarten erprobt; seit 1964 wird dafür nur noch Stahlblech mit einer Spritzkorkisolierung verwendet, nachdem Messungen ergeben hatten, daß damit gleich günstige Isolationswerte erzielt werden wie mit aufwendigeren Konstruktionen.

Wo Borde beim Laden stören, werden Plattformwagen ohne Wände benutzt; sie eignen sich allerdings nicht für Schüttgut. Der Verwendungsbereich der Plattformwagen wie der offenen Wagen mit niedrigen Borden läßt sich erweitern, wenn sie mit Rungen versehen werden. Dadurch wird das Herabfallen von Gütern wie Rund- oder Schnittholz, Stroh- oder Torfballen, Rohren, Schienen oder anderem Formstahl verhindert. In der Regel sind die Rungen nicht starr am Wagen befestigt, sondern als Einsteck-, Dreh- oder Klapprungen ausgebildet, so daß sie den Ladevorgang nicht behindern. Einsteckrungen können höher sein und enger gesetzt werden als Drehrungen, gehen aber als lose Wagenbestandteile trotz entsprechender Ablagen häufig verloren. Die Bundesbahn hat dennoch bei den zweiachsigen Plattformwagen selbst in der Ausführung als UIC-Standardwagen an Einsteckrungen festgehalten, weil beim Versand land- und forstwirtschaftlicher Güter ein starkes Kundenbedürfnis für lange Rungen besteht. Rungenwagen mit oder ohne Borde, Niederbordwagen ohne Rungen und Plattformwagen werden heute im internationalen Sprachgebrauch als Flachwagen bezeichnet. Schon nach den preußischen Normalien gab es neben zweiachsigen auch Drehgestell-Flachwagen.

Zweiachsige Flachwagen nach den preußischen Normalien waren Niederbordwagen mit abnehmbaren Borden und Einsteckrungen aus Holz an Längs- und Stirnseiten. Sie entsprachen württembergischem Vorbild; dort war um 1885 ein solcher Wagen mit 10,2 Meter Ladelänge eingesetzt worden, mit dem langes Stamm- und Schnittholz transportiert werden konnte. Später setzten die Preußischen Staatseisenbahnen Plattformwagen mit bis zu 13,0 Meter Ladelänge und Klapprungen ein, um die damals in 12 Meter Länge üblichen Schienen auf Wagen ohne Drehgestelle befördern zu können. Niederbord- und Plattformwagen wurden in die Verbandsbauart übernommen.

Die Flachwagen der Austauschbauart wie die ersten geschweißten Niederbordwagen, 1936 gebaut, unterschieden sich von den vorangegangenen Bauarten nur wenig. Das Ladegewicht der Plattformwagen stieg jedoch von 15 auf 20 Tonnen. Erst 1938 erreichten auch die Niederbord-Rungenwagen, nun in verwindungssteifer Ausführung, 20 Tonnen Ladegewicht. Bei Wagen mit Handbremse trat an die Stelle des Bremserhauses eine offene Bühne mit umlegbarem Geländer. Für hohe Fußbodenbelastung besonders durch Räderfahrzeuge mit 4,5 Tonnen Radlast wurde das Untergestell durch Zwischenlangträger und Verdoppelung der Diagonalstreben verstärkt. Um das Verladen von Straßenfahrzeugen zu erleichtern, wurden die aushebbaren Holzborde durch Stirn- und Seitenwandklappen aus Stahl ersetzt, die auch als Überladebrücken dienen konnten. Bei der Kriegsausführung des Jahres 1941 waren die Stirn-

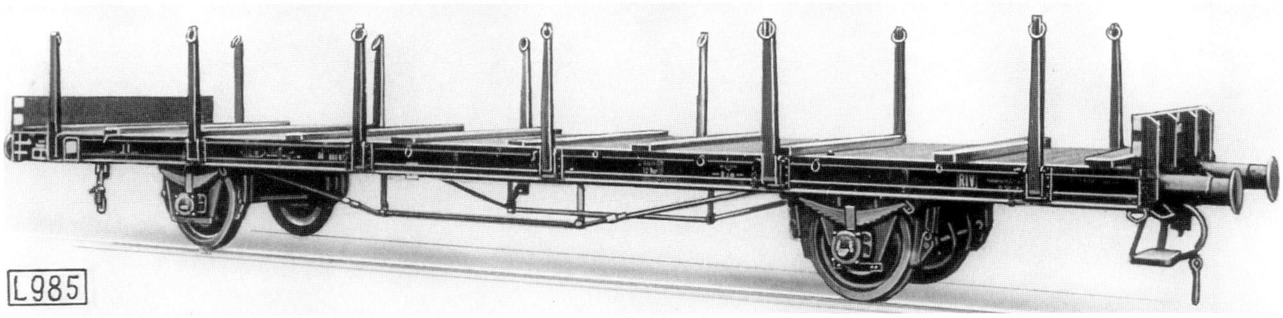

Diese preußischen Plattformwagen mit 13 Meter Ladelänge und Klapprungen für den Transport der damals 12 Meter langen Eisenbahnschienen wurden ab 1909 in die Verbandsbauart übernommen.

Nach 1937 entstand dieser geschweißte Plattformwagen mit einem Untergestell in Blechträgerbauweise.

Zwischen 1958 und 1966 wurde der Niederbord-Rungenwagen nach UIC-Standard mit 2,01 Meter hohen Einsteckrungen für die Bundesbahn in großer Zahl gebaut. Die Bremsbühnengeländer konnten zum Beladen mit Fahrzeugen abgesenkt und die Stirnwandklappen umgelegt werden.

und Seitenwandklappen von 40 auf 60 Zentimeter erhöht und so ausgebildet, daß bei Verwendung als Überladebrücken die Klappgelenke entlastet wurden; diese Wagen trugen bei geringfügig kürzerer Ladelänge 24,5 Tonnen.

Bei den Plattformwagen des Baujahrs 1937 waren die Klapprungen von 1,08 Meter bei der vorherigen Bauart um nahezu die Hälfte auf 1,60 Meter verlängert, um das Fassungsvermögen für relativ leichtes Gut wie Rohre zu vergrößern. Die folgende Bauart erhielt ein neu gestaltetes Untergestell in Blechträgerbauweise; die außenliegenden Hauptlangträger waren als gelochte Fischbauchträger gestaltet, die das Aussehen des Wagens prägten.

Die UIC standardisierte Ende der fünfziger Jahre den Niederbord-Rungenwagen mit Dreh- oder Einsteckrungen; die Bundesbahn entschied sich für die 2,01 Meter hohen Einsteckrungen. Die Lastgrenze liegt bei 27 Tonnen. Zwischen 1958 und 1966 kam dieser Wagen in großer Zahl zum Einsatz. Eine Variante wurde auch ohne Rungen gebaut. Diese neu beschafften UIC-Standardwagen unterschieden sich nur durch ihr Untergestell von den Umbauwagen, wie sie die Bundesbahn zwischen 1959 und 1965 fertigte. Heute erhalten zweiachsige Flachwagen der Regelbauarten den Gattungsbuchstaben K.

Drehgestell-Flachwagen dienen zur Beförderung noch längerer oder schwerer Lasten wie Schienen oder Brückenträger. Die Ladelängen der Plattformwagen mit Klapprungen nach den preußischen Normalien lagen zwischen 12 und 15 Metern, die Ladegewichte reichten von 20 bis zu 35 Tonnen. Ein Versuchswagen mit 18 Meter Ladelänge wurde zum Vorbild für die Verbandsbauart. Durch konstruktive Verbesserungen wurde das Ladegewicht beim Austauschbau auf 40 Tonnen gesteigert.

Drehgestell-Flachwagen wie dieser mecklenburgische, den preußischen Normalien entsprechende Plattformwagen mit Klapprungen konnten sehr lange Lasten – etwa Brückenträger – bis zu 35 Tonnen befördern.

Beim Austauschbau zwischen 1920 und 1934 wurde das Ladegewicht der Drehgestell-Flachwagen durch konstruktive Verbesserungen auf 40 Tonnen erhöht.

Für schwere Einzellasten eignen sich die Wagen mit 18 Meter Ladelänge nicht, weil sie wegen ihres großen Drehzapfenabstands keine konzentrierten Lasten wie Maschinen oder Fahrzeuge in Wagenmitte aufnehmen können. Dafür hielten die Preußischen Staatseisenbahnen sechsachsige Flachwagen mit zwei dreiachsigen Drehgestellen vor; ihr Ladegewicht betrug 45 Tonnen bei nur 13,0 Meter Ladelänge. Für die Wehrmacht wurden 1942 kurze Drehgestell-Flachwagen mit vier Radsätzen und 8,8 Meter Ladelänge für 50 Tonnen, und mit sechs Radsätzen und 11,2 Meter Ladelänge für 80 Tonnen Ladegewicht beschafft. Diese Wagen hatten weder Seiten- noch Stirnborde, aber Einsteckrungen aus Stahl, im Wagenboden eingelassene Zurringe, umlegbare Bremsbühnengeländer und lose Ladeschwellen, die quer oder längs in variablem Abstand auf der Ladefläche arretiert werden konnten. In Längsrichtung befestigt dienten sie zur Quersicherung der Ladung. Nach dem Krieg waren sie nur noch teilweise vorhanden, die restlichen wurden ausgebaut. Erst als ein Panzer von der vereisten Ladefläche eines solchen Flachwagens seitlich herunterrutschte, wurde die Quersicherung als unverzichtbar anerkannt; seither sind bei solchen Ladungen Zurrketten oder aufgenagelte Sicherungshölzer vorgeschrieben. Die einzige Bauart eines Drehgestell-Güterwagens aus dem Umbauprogramm war 1968 ebenfalls ein Flachwagen. Verwendet wurden dafür noch gut erhaltene Untergestelle einer US-Bauart. Alle diese Wagen erhielten fünf Paar Klapprungen und – wie die neu gebauten Drehgestell-Flachwagen – in Querrichtung geteilte, aus dem Boden herausklappbare Ladeschwellen. Ein Teil der Wagen wurde mit Stirnwandklappen ausgerüstet. Die Ladelänge dieser Umbauwagen betrug 12,85 Meter, die größte Lastgrenze 59,5 Tonnen. Der nach dem Zweiten Weltkrieg von der Bundesbahn beschaffte vierachsige Drehgestell-Flachwagen (SSlmas 53) erreichte bei 18,5 Meter Ladelänge eine größte Lastgrenze von 53,5 Tonnen; auch hier ließen sich Ladeschwellen aus dem Boden herausklappen. Dieser Wagen wurde zum UIC-Standardwagen erklärt; sein Drehgestell mit geschweißtem Blechrahmen war das erste UIC-Standarddrehgestell für Güterwagen.

Für militärische Zwecke entstand ein Wagen (Samms 710) mit dreiachsigen Drehgestellen, 15 Meter Ladelänge und 89 Tonnen Tragfähigkeit, der zwischen 1964 und 1977 gebaut wurde. Um ein Hochwippen des gegenüberliegenden Wagenendes beim stirnseitigen Auffahren von schwerem militärischem Gerät zu verhindern, befinden sich an jedem Wagenende zwei Stützböcke, die auf die Schienen abgesenkt werden können. Noch heute transportie-

ren diese Wagen auch Erzeugnisse der Stahlindustrie, wofür sie mit Ladeschwellen und Einsteckrungen aus Profilstahl ausgerüstet sind. Die Nachfolgebauart (Sas 709) aus dem Jahr 1977 erhielt bei gleicher Ladelänge ein neu entwickeltes Untergestell mit größerem Drehzapfenabstand und Drehgestelle mit verkürztem Radsatzstand wegen des damals vorgesehenen Einbaus der automatischen Kupplung. In ähnlicher Weise wurde auch der UIC-Standardwagen modifiziert; die Bundesbahn beschaffte ihn ab 1968 mit den geänderten Merkmalen zunächst als Einheitswagen; erst den ab 1976 gebauten Wagen liegt der neue Standardzeichnungssatz zugrunde.
Von den Einheitswagen erhielt eine Bauserie für den Kraftfahrzeugverkehr mit Westerland (Sylt) über den Hindenburgdamm keine Rungen, dafür klappbare Seitenborde und Notbremse wegen der Personenbeförderung in den Kraftfahrzeugen.
Auch den Standardwagen gibt es mit Seitenwandklappen, allerdings unter Beibehaltung der Drehrungen. Mit etwas niedrigerer Ladefläche trägt diese Bauart den Erfordernissen des Containerverkehrs Rechnung. Die Bundesbahn hat ab 1975 zwei Varianten mit Seitenwandklappen aus Stahl und aus Aluminium, neben den Wagen mit 18,5 Meter Ladelänge zwischen 1968 und 1978 aber auch Wagen mit nur 12,64 Meter Ladelänge mit und ohne Seitenwandklappen beschafft; diese Wagen waren Ende der sechziger Jahre ebenfalls von der UIC standardisiert worden.
Daß sich auch die Bauart von Regelgüterwagen an speziellen Forderungen von Verladern orientieren kann, zeigen die 1984 und 1987 gebauten kurzen Flachwagen mit dreiachsigen Drehgestellen und 22,5 Tonnen Radsatzlast, die nach den Bedürfnissen eines Unternehmens der Montanindustrie entwickelt wurden. Diese Wagen tragen 106 Tonnen; der profilierte Stahlboden der Serienausführung vermindert die Instandhaltungskosten angesichts der Beladung mit häufig noch warmen Brammen.
Drehgestell-Flachwagen der Regelbauart erhalten heute den Gattungsbuchstaben R, Sonderbauarten – nach UIC auch alle Wagen mit mehr als vier Radsätzen – den Gattungsbuchstaben S.

Die einzigen Drehgestellgüterwagen aus dem Umbauprogramm der Bundesbahn entstanden aus Flachwagen einer US-Bauart mit gut erhaltenen Untergestellen. Die Umbauwagen hatten ebenso wie die neu gebauten Drehgestellwagen . . .

. . . herausklappbare Ladeschwellen.

Diesen Drehgestell-Flachwagen beschaffte die Bundesbahn als modifizierten UIC-Standardwagen ab 1968.

Nach den Bedürfnissen eines Unternehmens der Montanindustrie wurden diese kurzen Flachwagen mit zwei dreiachsigen Drehgestellen gebaut; sie tragen 106 Tonnen.

Spezialgüterwagen

Obwohl zunächst an die Beschaffenheit der Güterwagen nur geringe Anforderungen gestellt wurden, hat es doch schon in den Anfangsjahren der Eisenbahn „Spezialgüterwagen“ gegeben. Während die Flachwagen zum Transport der Equipagen eher den späteren Regelbauarten zuzuordnen sind, besaßen die Wagen zur Beförderung der Pferde bereits speziell dafür bestimmte Ausrüstung. Viehwagen, heute vollkommen von gedeckten Güterwagen der Regelbauart abgelöst, bildeten damit die ersten Spezialgüterwagen auch der deutschen Eisenbahnen.
Seit die Möglichkeit besteht, Spezialgüterwagen

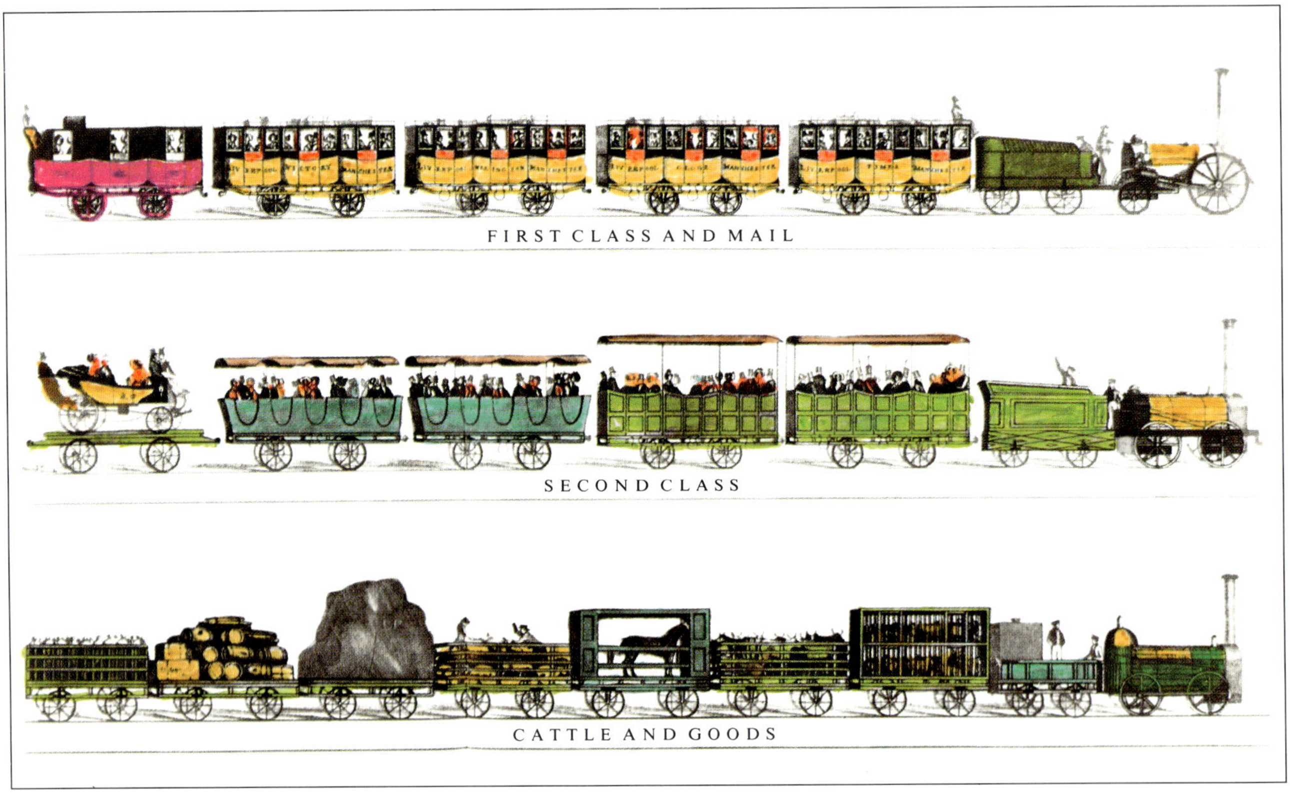

Viehwagen in drei verschiedenen Bauformen, wie sie diese Lithographie über die Liverpool & Manchester Railway um 1830 zeigt, waren auch die ersten Spezialgüterwagen der deutschen Eisenbahnen.

durch Privatunternehmen in den Wagenpark der Bahnen einzustellen, wurden bestimmte Gattungen nur noch zum Teil oder überhaupt nicht mehr als bahneigene Wagen beschafft. Zur Länderbahnzeit bildeten in Deutschland vor allem die Bierwagen mit Wärmeisolierung gegen Sonneneinstrahlung und die Bananenwagen mit Heizeinrichtung eine Domäne für Privatgüterwagen, aber auch schon Kesselwagen für Chemie- und Mineralölerzeugnisse, die heute den Hauptteil ausmachen.

Viehwagen

Die Preußischen Staatseisenbahnen verfügten über vier unterschiedliche Bauarten von Viehwagen: offene Wagen mit hohen Wänden (Gattung VO, später Ovw); gedeckte Wagen mit besonderen Lüftungseinrichtungen (Vn, später Gvwh); gedeckte Wagen zur Beförderung von Renn- und Reitpferden (Vnfw, später ebenfalls Gvwh) und gedeckte Wagen mit zwei Böden und Lattenwänden mit Luftspalten zur Beförderung von Kleinvieh. Außer in Preußen gab es nennenswerte Stückzahlen der Wagen ohne Dach auch in Bayern und in Oldenburg. Schon das Typenprogramm der Verbandsbauarten umfaßte diese Wagen wie auch die einfachen gedeckten Viehwagen nicht mehr, nachdem inzwischen die gedeckten Güterwagen der Regelbauart Lüftungsklappen und Binderinge enthielten und damit die für den Viehtransport erforderlichen Voraussetzungen erfüllten. Die Spezialgüterwagen zum Transport wertvoller Pferde besaßen drei Radsätze entsprechend den damaligen Vorschriften für die Einstellung von Güterwagen in schnellfahrende Reisezüge mit 80 km/h und mehr. Die Pferdeboxen hatte man in Längsrichtung zu beiden Seiten eines zentralen Begleiterabteils mit Schlafgelegenheit angeordnet. Die Pferdeboxen mit gepolsterten Wänden waren durch Seitenwandtüren, die Futterkrippen durch Wandklappen vom Begleiterraum aus zugänglich. Die Reichsbahn beschaffte diese Wagengattung in geschweißter Bauart vierachsig mit Drehgestellen. Beide Versionen blieben bis in die fünfziger Jahre im Einsatz.
Als langlebigste Gattung erwies sich indessen die gedeckte Ausführung mit zwei Böden für den Kleinviehtransport. Sie kam schon bei allen deutschen Länderbahnen vor und wurde in allen Epochen bis zur Reichsbahn gebaut; auch diese Wagen fanden sich nach dem Zweiten Weltkrieg noch im Bestand der Bundesbahn; zwischen 1960 und 1961 wurden sie im Rahmen der Umbauprogramme zerlegt, aber wiederum zu derartigen Viehwagen (Gattung Vlmms 63, später Hes 358) umgebaut. Inzwischen sind auch diese Wagen ausgemustert, weil sich die Kleinviehtransporte auf die Straße verlagert haben. Die Durchlüftung der Wagen konnte durch Klappen geregelt werden. Flügeltüren, mit denen sich der Laderaum zwischen den Böden in je drei „Verschlä-

Die langlebigste Gattung der Viehwagen war die gedeckte Ausführung mit zwei Böden für den Kleinviehtransport, hier ein Geflügelwagen mit Begleiterabteil aus der Zeit der Länderbahnen.

1960 entstand bei der Bundesbahn durch Umbau dieser Verschlagwagen. Heute finden Kleinviehtransporte auf der Straße statt.

ge" unterteilen ließ, gehörten anfangs nur bei einem Teil der Wagen mit dem Nebengattungszeichen z zur Ausrüstung, später setzten sie sich allgemein durch. Bei den längeren Umbauwagen der Bundesbahn konnten auf diese Weise sogar sechs Verschläge je Boden gebildet werden. In Wagen der Verbandsbauart mit dem Nebengattungszeichen g konnten zur Geflügelbeförderung zwei zusätzliche Böden eingelegt werden. Beim Transport spezifisch schwerer Tiere wie Schweine, Schafe oder Kälber mußten unzulässige Verlagerungen des Schwerpunkts ausgeschlossen werden; die zulässige Verteilung der Ladung auf die einzelnen Verschläge war deshalb an den Wagen angeschrieben. Zur Beladung enthielten die älteren Wagen in jeder Seitenwand zwei Schiebetüren übereinander, die letzten Wagen der Bundesbahn zweimal zwei. Nachdem die anderen Viehwagen ausgemustert oder in die Gattungen der offenen und gedeckten Wagen eingereiht worden waren, wandelte sich schon bei der Reichsbahn die Bedeutung des Gattungszeichens V von „Viehwagen" in „Verschlagwagen".

Kühlwagen

Kühlwagen dienen der Beförderung leicht verderblicher Lebensmittel unter Einhaltung vorgegebener Temperaturgrenzen. Schon die deutschen Länderbahnen beförderten Kühlgut wie Fleisch, Seefisch, Milch und Molkereierzeugnisse, Obst und Gemüse sowie Bier und Mineralwasser in speziell dafür vorgesehenen Wagen. In den dreißiger Jahren begann der Versand von Gefriergut, nach dem Zweiten Weltkrieg auch von Tiefgefriergut.
Das Hauptproblem beim Bau von Kühlwagen bildet die Wärmedämmung, die von der Konstruktion des Wagenaufbaus und den verwendeten Isolierstoffen abhängt. Als Kältespeicher dient noch heute hauptsächlich das kostengünstige Wassereis, daneben Trockeneis, gefrorene Kohlensäure. Kühlaggregate mit Dieselantrieb ermöglichen die unbegrenzte Einhaltung auch tiefer Temperaturen auf weiten Strekken.
Seefisch-Kühlwagen wurden von Anfang an ohne Eisbehälter gebaut; die Fische werden in loser Schüttung oder in Körben, vermischt mit Wassereisstükken, verladen. Wegen des intensiven Geruchs, der sich nicht mehr entfernen läßt, können einmal mit Fisch beladene Wagen nicht mehr freizügig zum Transport anderen Kühlguts verwendet werden.
Kühlwagen für Fleisch und Milch erhielten schon vor dem Ersten Weltkrieg Kältespeicher in Form von Wassereisbehältern. Da diese Wagen auf längeren Transportwegen unterwegs nachbeeist werden müssen, spielt die gute und gefahrlose Zugänglichkeit der Eisbehälter von außen eine wesentliche Rolle. Anfangs konnten sie nur vom Wageninneren aus befüllt werden, später durch Luken im Dach, in den Stirn- oder Seitenwänden. Unter der Oberleitung im wachsenden elektrifizierten Streckennetz waren Dachluken aus Sicherheitsgründen nicht mehr vertretbar. Beim Umbau nach 1945 erhielten zahlreiche Wagen im Dachsegment der Stirnwand eine kreisrunde Luke, die von einer über Leitern zugänglichen Ladebühne leicht erreichbar ist; diese Anordnung ist auch heute noch bei neuen Wagen üblich.
Um das Schmelzwasser ablaufen zu lassen, sind im Fußboden Abflüsse erforderlich.
Schließlich müssen konstruktive Maßnahmen für genügende Durchdringung des Ladeguts mit Kühlluft sorgen. Als nicht ausreichend hatte sich bei den Wagen mit Kältespeicher die natürliche Luftzirkulation erwiesen. Die Ende der zwanziger Jahre gebauten Wagen erhielten deshalb Luftdrücker in den Seitenwänden und einen Wendler-Luftsauger auf dem Dach. Damit konnte Außenluft durch den Eiskasten in den Laderaum und wieder ins Freie geleitet werden. Die Lüfter waren abstellbar. Bei den Reichsbahn-Einheitswagen saugten zur Luftumwäl-

zung vom Wind getriebene Flettner-Rotoren auf dem Dach mit ihrem Gegenstück im Wageninneren Luft aus dem Laderaum in einen Dachkanal und drückten sie von oben nach unten in die Eisbehälter; von dort trat sie gekühlt wieder in den Laderaum ein. Anstelle der sechs oder acht Flettner-Lüfter wurden in eine Reihe von Wagen zwei elektrische Lüfter eingebaut

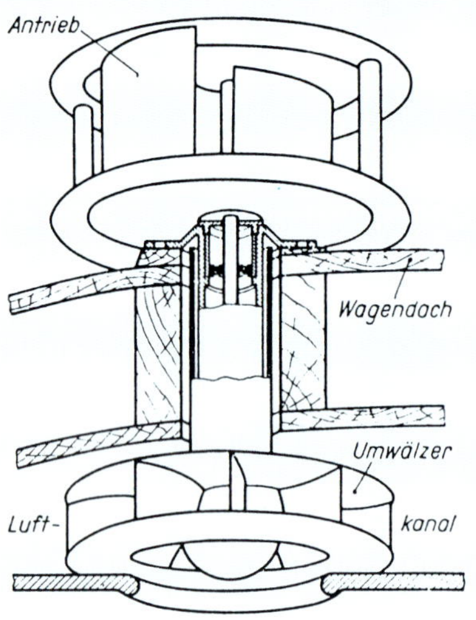

Luftumwälzer der Bauart Flettner.

und aus einer Batterie am Wagenuntergestell gespeist. Bei den Gefriergutwagen der Reichsbahn sorgten senkrechte Leisten auf den Innenwänden für ausreichende Luftzirkulation auch bei dicht gestapelter Ladung. Nach dem Krieg wurden, zunächst im Rahmen des Umbauprogramms, die Luftkanäle unter dem Dach so ausgebildet, daß sie gleichzeitig als Eisbehälter für den Trockeneisbetrieb dienen konnten. Mit einer Drosselklappe läßt sich die Luftzufuhr in drei Stufen regeln. Bei Universalkühlwagen, die wahlweise mit Wassereis und Trockeneis beschickt werden können, lassen sich die Trennwände für die Wassereisbunker gegen die Stirnwände schieben, so daß die nutzbare Ladefläche größer wird.
Eine Reihe von Gütern erfordert nicht nur Kühlung im Sommer, sondern auch Schutz vor Kälte im Winter. Bananen müssen während des Transports nachreifen und dürfen keinem Frost ausgesetzt sein. Schon zur Länderbahnzeit besaßen deshalb Wagen für Bier- und Bananentransporte feste oder lose Heizeinrichtungen zum Anschluß an die Dampfheizleitung des Zuges oder zum Betrieb mit Gas, Preßkohle oder Karbon-Natron-Kohle.
Weil Kühlwagen häufig in Personenzügen befördert wurden, erhielten sie Dampfheizleitungen und schon frühzeitig Druckluftbremseinrichtungen sowie die drei Radsätze, die damals bei Einsatz in

Flettner-Rotoren saugten schon bei den Reichsbahn-Einheitswagen Luft aus dem Laderaum in einen Dachkanal und drückten sie nach unten in die Wassereisbehälter, von wo sie gekühlt wieder in den Laderaum eintrat. Die Kühlwagen der Bundesbahn können wahlweise auch mit Trockeneis betrieben werden (Bild links unten: schwache Kühlung; Bild rechts unten: starke Kühlung). Dann dient der Dachkanal als Eisbehälter, die Trennwand des Wassereisbunkers wird gegen die Stirnwand geschoben.

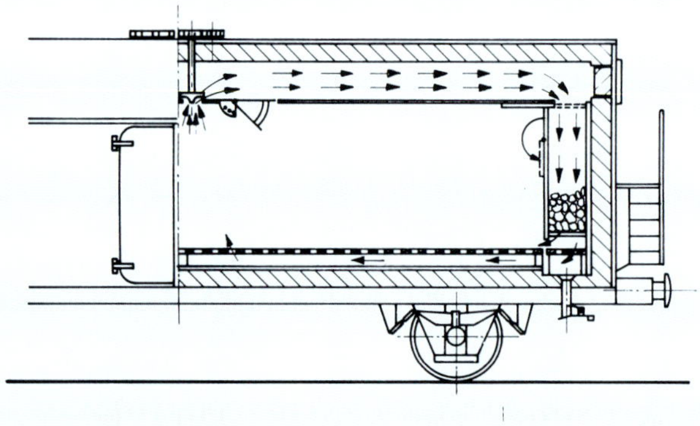

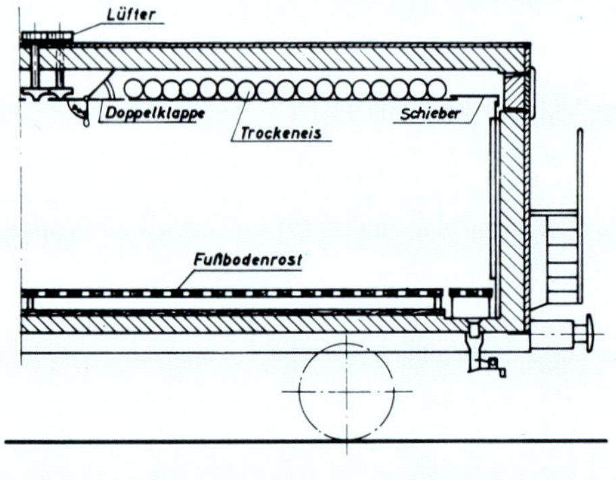

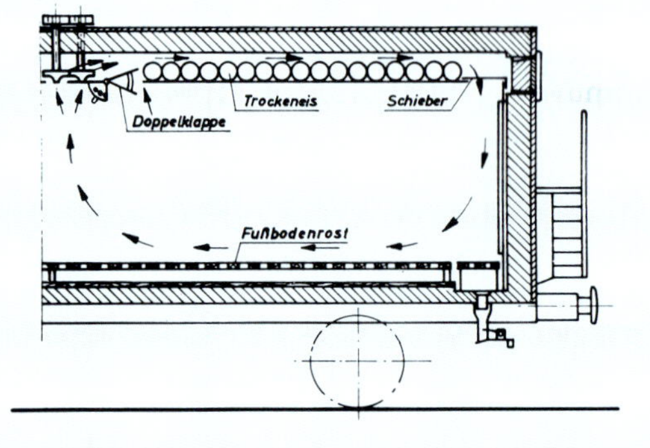

schnellfahrenden Personenzügen vorgeschrieben waren. In der Länderbahnzeit bis 1920 überwogen die als Privatwagen eingestellten Kühlwagen, besonders die Bierwagen der Brauereien und die Bananenwagen.
Die von der Reichsbahn eingeleiteten Versuche mit neuen Techniken wie Gefriergutwagen mit Trockeneiskühlung unterbrach der Zweite Weltkrieg. Heute müssen die Kühlwagen auch hinsichtlich Gewichtsauslastung beim Transport und rationeller Verfahren bei Be- und Entladung hohen Anforderungen gerecht werden; davon wurde die technische Gestaltung ebenfalls beeinflußt.
Kühlwagen trugen bei der Reichsbahn anfangs die Gattungsbezeichnung Gk, später den Hauptgattungsbuchstaben T. Heute werden sie einheitlich mit I gekennzeichnet.
Seit 1976 ist der grenzüberschreitende Kühlverkehr auf Schiene und Straße dem „Übereinkommen über die internationale Beförderung leicht verderblicher Lebensmittel und die Beförderungsmittel, die für die Beförderungen zu verwenden sind" (ATP) unterworfen.
Danach gelten folgende Klassen und Temperaturgrenzen:

Bezeichnung	Klasse	obere Temperaturgrenze (Grad Celcius) bei +30° Außentemperatur
Kühlgut	A	+ 7
Gefriergut	B	–10
Tiefgefriergut	C–F	–20

Bier-Transportwagen mit Heizungs- und Kühlvorrichtung aus der Länderbahnzeit.

Die von der Reichsbahn bis 1929 beschaffte Kühlwagenbauart Wismar war mit einer Wärmedämmschicht aus Torfoleum- oder Korkplatten versehen.

Die Beförderungsmittel können allein mit Wärmedämmung (I) oder zusätzlich mit Kältespeicher (R), Kältemaschine (F) oder Heizanlage (C) ausgerüstet sein. Blaue Buchstabenkennzeichnung auf weißem Grund läßt die entsprechenden Eigenschaften des Wagens erkennen, außerdem die Qualität der Wärmedämmung und das Temperaturniveau, das bei + 30 Grad Außentemperatur eingehalten werden kann. Die richtige Einstufung der Wagen ist durch wiederkehrende Prüfungen nachzuweisen.
Physikalisch dient als Maß für die Güte der Wärmedämmung der k-Wert; er gibt an, welche Wärmemenge, ausgedrückt in Joule, durch ein Wandsegment von einem Quadratmeter bei einem Grad Temperaturunterschied in einer Sekunde hindurchtritt. Je niedriger der k-Wert, desto besser die Wärmedämmung. Wagen mit normaler Wärmedämmung (N) müssen einen k-Wert von 0,70, mit verstärkter Wärmedämmung (R) von 0,40 W/m^2 °C einhalten.
Die Wärmedämmung der Länderbahn-Kühlwagen war nach heutigen Maßstäben bescheiden: weißer Außenanstrich, Dreh- statt der sonst üblichen Schiebetüren, doppelte oder sogar dreifache Holzverschalung des Kastens mit hohlen Zwischenräumen. Nur vereinzelt wurden diese Zwischenräume mit einfachen Wärmedämmstoffen wie Stroh, Schlackenwolle, Torf- oder Korkplatten ausgefüllt. Auf das eigentliche Dach war zuweilen noch ein „Schattendach" mit Abstandshaltern aufgesetzt. Als Kältespeicher stand lediglich Wassereis zur Verfügung. Vielfach wurden nur Eimer mit Eis in die Wagen eingehängt. Zum Teil konnte der Laderaum beiderseits der Seitenwandtüren durch je zwei längslaufende Zwischenwände oder durch Einlegen von Lattenrosten der Höhe nach unterteilt werden.
Die von der Reichsbahn kurz nach ihrer Gründung zwischen 1922 und 1929 beschaffte, von der Waggonfabrik Wismar entwickelte Kühlwagenbauart enthielt in Dach und Wänden eine 120, im Boden eine 100 Millimeter starke Wärmedämmschicht aus Torfoleum- oder Korkplatten. Damit wurde für damalige Verhältnisse gute Wärmedämmung erreicht. Der Boden und ein Teil der Wände waren mit verzinktem Blech beschlagen. Ungünstig war indessen das Verhältnis von 16,3 Tonnen Eigen- zu 15,0 Tonnen Ladegewicht infolge der schweren Dämmplatten. Die 1931 folgende modifizierte Bauart enthielt in den Wänden 90, in Dach und Boden 100 Millimeter Expansit-Korkschrot, gemischt aus großen und kleinen Kugeln, mit einem Gewicht von

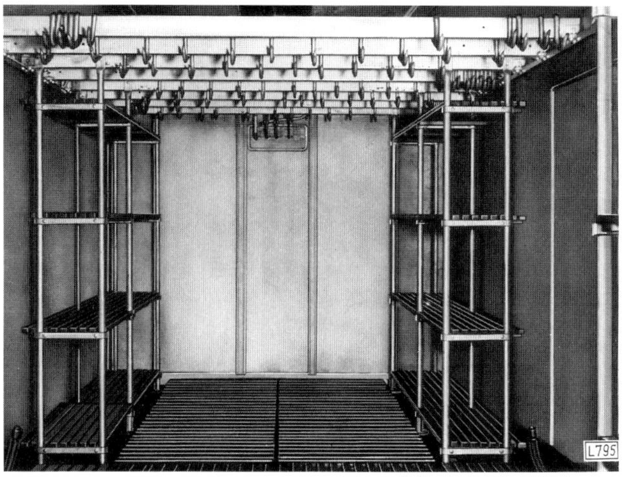

Der Einheits-Fleischkühlwagen, ab 1935, hatte 220 Fleischhaken sowie seitliche Regale.

Im Einheits-Seefischkühlwagen, ab 1935, konnten an zwei Dachhaken Trockeneisbehälter aufgehängt werden.

Anfang der vierziger Jahre wurde ein Kühlwagen für Gefriergut entwickelt. Beiderseits des Mittelraums lag eine geschlossene Kühlkammer.

35 Kilogramm je Kubikmeter. Damit ließ sich das Eigengewicht auf 14 Tonnen drücken und ein k-Wert von 0,52 W/m^2 °C erreichen. Schon vorher war in Bierwagen zur Minderung des Eigengewichts erstmals eine Alfol-Isolierung mit 60 Millimeter Schalungsabstand in Dach und Seitenwänden ausgeführt worden.

Die Reichsbahn berücksichtigte den technischen Fortschritt ebenso wie die inzwischen gewonnenen Erfahrungen. Untergestell und Kastengerippe der Einheitskühlwagen wurden geschweißt, die Eisladeluken in die Seitenwände gelegt. Zur Wärmedämmung diente Expansit-Korkschrot mit 120 Millimetern Dicke in den Wänden, mit 170 Millimetern im Dach und 100 Millimetern im Boden; dessen in Schiffsplankenmanier verlegte Innenschale bestand aus 50 Millimeter dickem, in heißem Leinöl getränkten Holz und mit Werg und Pech gedichteten Fugen. Für die im Krieg gebauten Kühlwagen stand Kork aus dem Ausland nicht mehr zur Verfügung, so daß heimische, zunächst noch nicht erprobte Isolierstoffe verwendet werden mußten: Isoflex-Platten aus Zellulose für den Fußboden und Iporka-Schaumstoff aus Kunstharz in Form von Platten oder Flocken in Dach und Wänden. Iporka erwies sich in der verwendeten Form als wenig geeignet, war stark hygroskopisch, zerkrümelte durch die Fahrerschütterungen und verdichtete sich im unteren Bereich, während oben Hohlräume entstanden, die den k-Wert verschlechterten und den Eisverbrauch rasch steigen ließen.

Einheitskühlwagen wurden ab 1935 in drei Bauarten hergestellt: als Fleischkühlwagen (Tn(e)hs 31) mit 220 Fleischhaken, seitlichen Regalen, herausnehmbaren Lattenrosten auf dem Boden zur Verbesserung der Luftführung und teilweise mit Dampfheizung; als Bierkühlwagen (Tno(e)hs 31) mit Wandverstärkung innen gegen Schäden durch rollende Fässer; als Seefischkühlwagen (Tnf(r)hs 32) ohne Eisbehälter, Eisladeluken und Zwangsluftumwälzung, mit Zinkblechbelag auf Boden und Wänden bis 1,5 Meter Höhe, mit drei statt zwei Schmelzwasserabläufen, mit zwei Dachhaken zum Aufhängen von Trockeneisbehältern und teilweise mit Dampfheizung. Als erste wurden für den Verkehr mit Großbritannien fährbootfähige Kühlwagen (Tbn(o)hs 30) in teilweise modifizierter Ausführung gebaut.

Ehe die weitere Kühlwagenentwicklung durch die Zeitumstände zum Erliegen kam, entstand Anfang der vierziger Jahre noch der Kühlwagen für Gefriergut. Dazu waren besonders gute Wärmedämmung und aus gefrorener Kohlensäure bestehendes Trockeneis mit –79 Grad Celsius erforderlich. Schon um 1935 waren damit Versuche unternommen worden. Da kein Schmelzwasser entsteht, hätte auch die Isolierung an den Nahtstellen von Wand und Boden nicht mehr durch eindringende Feuchtigkeit zerstört werden können. Aus wirtschaftlichen Gründen schied eine allgemeine Verwendung von Trockeneis jedoch aus. Um bei den Gefriergutwagen gute Wär-

Universalkühlwagen für Kühl- und Gefriergut mit Dacheisladeklappen, 1943 (Holzbauweise).

Heizöfen für Bananenwagen des Umbauprogramms der Bundesbahn, 1957.

Für die ersten Neubauten von Universalkühlwagen wählte die Bundesbahn eine Ganzmetallkonstruktion.

medämmung zu erzielen, wurde nicht nur die Dicke der Dämmschicht nahezu verdoppelt, sondern auch der Laderaum anders aufgeteilt: Beiderseits der wie üblich in der Mitte angeordneten Außentüren lag je eine geschlossene Kühlkammer, vom Mittelraum aus durch eine Innentür zugänglich. Damit konnte die warme Außenluft beim Öffnen der Außentüren nicht unmittelbar in die Kühlräume einfallen. Bei 300 Millimeter Gesamtwanddicke erreichte der k-Wert dieser Wagen den Wert 0,3 W/m^2 °C. Die Trockeneisbunker waren im Dachbereich jeder Kühlkammer untergebracht. Auch zum Transport des Trockeneises selbst wurden Spezialwagen gebaut; ihre Wände hatten eine Gesamtdicke von 583 Millimetern, über dem Mittelraum befand sich ein Deckeneisbunker, der durch eine Luke in der Dachschräge beschickt werden konnte.

Vom Gefriergutwagen bedurfte es nur noch eines kleinen Schritts zum Universalkühlwagen für Kühl- und Gefriergut, der für die Kühlwagenentwicklung der Bundesbahn nach dem Zweiten Weltkrieg richtungweisend wurde. Die quadratischen Eisladeluken in den Dachschrägen, schwer zugänglich und dicht zu halten, ersetzte die Bundesbahn durch Luken in den Stirnwänden. Im Krieg ließ die Reichsbahn auch Behelfskühlwagen aus Güterwagen der Regelbauart bauen.

Wirtschaftlichen Weiterbetrieb der Einheitskühlwagen aus der Reichsbahnzeit ermöglichte ein Umbauprogramm der Bundesbahn, das die Wagen an den damaligen Stand der Technik anpaßte. Heute sind sie ebenso verschwunden wie die neu beschafften Universalkühlwagen der ersten Generation und die von der Bundesbahn aus Güterwagen der Regelbauart hergestellten Wärmeschutzwagen für den Bananenverkehr.

Das Umbauprogramm der fünfziger Jahre konzentrierte sich auf Universalkühlwagen, Seefisch-Kühlwagen und Bananenwagen. Weil sich Iporka in der ursprünglichen Form nicht bewährt hatte, wurde es nun in Paketen mit wasserdichter Kunststoffumhüllung eingebaut. Ab Mitte der fünfziger Jahre gingen die Kühlwagen mit ungewohntem Erscheinungsbild aus dem Umbau hervor: Das Kastengerippe war nicht mehr sichtbar, es lag unter einer äußeren Verschalung mit waagerechten statt den früher senkrechten Fugen; bei dieser Bauweise kam erstmals Styropor für die Wärmedämmung zur Anwendung.

Styroporplatten von 100 Millimeter Dicke wurden auch in den 1957 und 1958 hergerichteten Bananenwagen verwendet; Holzfaserhartplatten bildeten die innere Wandverschalung und begrenzten den Laderaum in Höhe der Dachkante horizontal. Der Boden bestand aus längs verlegten Holzbohlen mit aufgesetzten Querrippen zur Belüftung der Ladung. Hinter den Schiebetüren wurde je eine wärmegedämmte Flügeltür und daneben eine Einrichtung zum Aufhängen eines Heizofens eingebaut.

Bei ihrer ersten neuen Generation von Universalkühlwagen wählte die Bundesbahn eine Ganzmetallkonstruktion; mit dem Verzicht auf Holz verband sich die Hoffnung, die Dichtungsprobleme zwischen Wand und Boden in den Griff zu bekommen. Die Außenschalung des Kastens bestand aus Stahlblech, die Innenschalung aus eloxiertem Aluminiumblech mit senkrecht gewellten Wänden. Dazwischen lagen statt 300 nur noch 250 Millimeter Wärmedämmung

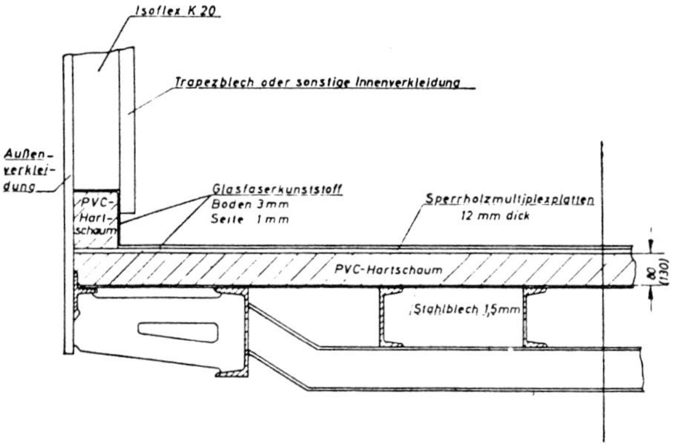

Querschnitt des Fußbodens in Sandwich-Bauweise in Kühlwagen der Bundesbahn.

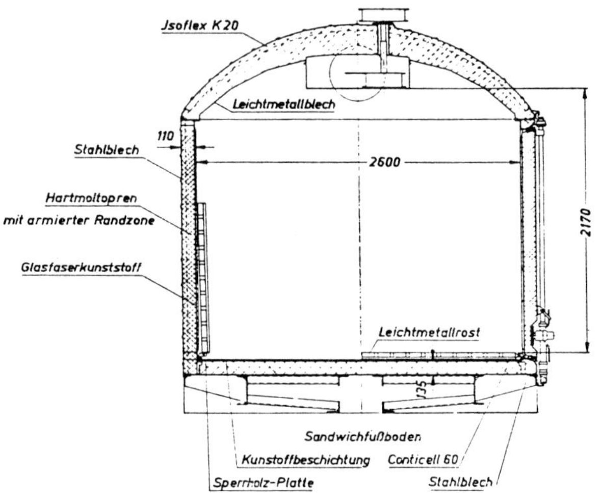

Querschnitt des Wagenkastens der Bundesbahn-Kühlwagen ab 1967.

mit höherem Isoflex-Anteil. Rund 80 Millimeter dicke Iporka-Pakete wurden beidseitig von Isoflex-Platten flankiert. Der Fußboden blieb ganz mit Isoflex gedämmt, zunächst mit 200, später mit 160 Millimeter Dicke. Der Boden wurde mit Stahlblechhohlprofilen, längs gefugt und mit Dichtmasse vergossen, abgedeckt. Darauf lagen Roste aus Leichtmetall, die zum Reinigen des Wagens gegen die Seitenwände hochgeklappt werden konnten. Dieser Boden konnte mit Gabelstaplern bis 1,2 Tonnen Raddruck befahren werden. Für die Beförderung von Fleisch standen 256 Haken zur Verfügung. Am neuen Wagen war ein k-Wert von 0,3 W/m^2 °C gemessen worden; er verschlechterte sich jedoch im Lauf der Jahre beträchtlich. Um den ursprünglichen Wert wieder zu erreichen, wurden neue, zunächst an Umbauwagen erprobte Techniken genutzt. Die Betriebserprobung von kunstharzgetränkten, auf Aluminiumfolie geklebten Glasfasermatten Isoflex K20 als Dämmstoff in Dach und Wänden hatte gezeigt, daß sich der einmal erzielte k-Wert im Betrieb kaum verschlechterte. Übernommen wurde auch die ebenfalls in den Umbauwagen bewährte Fußbodenkonstruktion in Sandwich-Bauweise aus PVC-Hartschaum, 130 Millimeter dick, eingeklebt zwischen einem Stahlblech auf der Unterseite und einer Sperrholz-Multiplexplatte auf der Oberseite. Damit entfielen die als Wärmebrücken wirkenden Querlager. Der Boden war mit glasfaserverstärktem Kunststoff belegt, der wannenartig bis an die Außenwand heranreichte. Die Betriebserprobung zeigte, daß damit auch keine Feuchtigkeit in die Isolierung eindringt.

Weitere technische Verbesserungen entstanden aus der Forderung nach Vergrößerung von Laderaum und Türweite zur Auslastung mit Gut auf Poolpaletten von 0,8 x 1,2 Metern und zum leichteren Befahren mit Gabelstaplern. Wiederum dienten umgebaute Wagen der Erprobung. Sie erhielten eine einteilige Schwenkschiebetür mit 2,7 Meter Breite und 1,9 Meter Höhe.

Die Ladebreite der umgebauten Wagen konnte durch weitere Fortschritte in der Technik der Wärmedämmung auf 2,55 Meter vergrößert werden: Die Wände wurden mit PUR-Hartschaum isoliert; damit verminderte sich die Dämmdicke auf 100 Millimeter, – ein Drittel gegenüber den ersten Gefriergutwagen. Der k-Wert wurde zu 0,31 W/m^2 °C bestimmt. In diesen Wagen fanden nun raumfüllend drei Paletten längs oder zwei quer Platz.

Beim Umbau gedeckter Wagen der Regelbauart zu Wärmeschutzwagen für Güter im Temperaturbereich über null Grad wurde, um die Ladebreite nicht einzuschränken, PUR-Hartschaum als Wärmedämmung von außen auf die vorhandenen Seitenwände aufgebracht und mit Stahlblech abgedeckt. Die Wagen erhielten Transportschutzeinrichtung „Daberkow" für palettiertes Gut, einige auch einen Trockeneiskanal als Kältespeicher.

Die an Umbauwagen erprobten neuen Türen und Wärmedämmtechniken – Sandwich-Bauweise mit PUR-Hartschaum für die Wände, PVC-Hartschaum für den Boden und Glasfasermatten K 20 im Dach – kamen bei der zweiten Kühlwagengeneration der Bundesbahn (Ibbhs) ab 1967 serienmäßig zur Anwendung. Die Außenhaut der Wände und des Dachs besteht aus waagerecht gesicktem Stahlblech, die Innenhaut der Wände aus senkrecht gewellten glasfaserverstärkten Kunststoffplatten, die innere Dachschale aus Aluminiumblech. Die Wagenlänge über Puffer stieg von 11,74 auf 14,02 Meter. Bei 2,60 Meter Ladebreite können bei Wassereisbetrieb 26, bei Trockeneisbetrieb 28 Poolpaletten geladen werden. Bei der letzten Bauart wurde die Türöffnung auf nun 2,05 Meter lichter Höhe abermals vergrößert, so daß Gabelstapler nun mit zwei übereinander gestapelten Paletten durchfahren können.

Der Universalkühlwagen der zweiten Generation erfüllt lediglich eine Anforderung nicht: die Einhal-

Die Außenhaut der heutigen Kühlwagen der Bundesbahn besteht aus waagerecht gesicktem Stahlblech, ...

tung enger Temperaturgrenzen im Bereich über null Grad für bestimmte Lebensmittel – Joghurt fünf, Bananen sechs bis zwölf Grad. Durch Einbau eines Coolventgeräts für thermostatgeregelte Trockeneiskühlung und Heizung läßt sich auch diese Möglichkeit auf verhältnismäßig kostengünstige Weise schaffen. Dabei wird der Trockeneiskanal isoliert. Ein Thermostat, der auf einen Solltemperaturwert zwischen minus zwanzig und plus fünfzehn Grad Celsius eingestellt werden kann, schaltet elektrische Lüfter zur Luftumwälzung zwischen Kühlraum und Eiskanal mit einer Temperaturtoleranz von einem Grad Celsius ein und aus. Den Strom für die Lüfter erzeugen während der Fahrt Achsgeneratoren, im Stillstand liefert ihn eine Pufferbatterie. Die Achsgeneratoren speisen auch die elektrischen Widerstandsheizkörper zur Wärmeerzeugung, über die der Luftstrom bei Heizbetrieb geführt wird. Versuche, unter Verwendung eines Flüssigkeitswärmespeichers auch Heizbetrieb im Stand zu ermöglichen, wurden abgebrochen.

Bananen, die gegenwärtig vierzig Prozent des Eisenbahn-Kühlverkehrs ausmachen, werden heute automatisch in Kartons verpackt und palettiert. Um die gleichen Gebindeabmessungen wie im Lastkraftwagenverkehr einhalten zu können, sind 2,23 Meter Türhöhe bei 2,20 Meter Ladehöhe auf 2,45 Meter Breite nötig. Die Tür reicht damit bis in die Dachschräge, was einen gekröpften Obergurt erfordert. Auch im Inneren sind Anpassungen erforderlich, damit der Laderaum die für raumfüllende Beladung mit Paletten nötige Länge von 13,2 Metern erreicht. Die Bundesbahn läßt gegenwärtig 468 Wagen entsprechend umbauen.

Maschinenkühlung gestattet Einhaltung eines Temperaturniveaus vom Plus- bis tief in den Minusbe-

... die Innenhaut der Wände aus senkrecht gewellten, glasfaserverstärkten Kunststoffplatten.

Coolventgerät für thermostatgeregelte Trockeneiskühlung und Heizung in einem Kühlwagen.

Achsgeneratoren erzeugen während der Fahrt den Strom für das Coolventgerät, . . .

. . . im Stillstand liefert ihn eine Pufferbatterie.

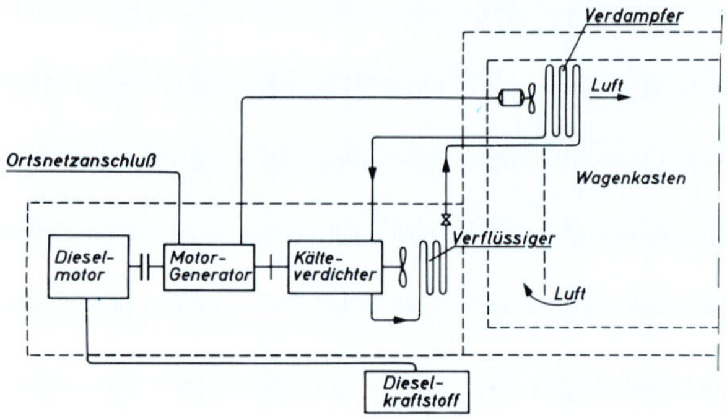

Schema des Kälteaggregats für Maschinenkühlwagen.

Umbaukühlwagen der Nachkriegsgeneration, eingerichtet für Maschinenkühlung mit Rucksackaggregat.

reich, völlig unabhängig von den Schwankungen der Umgebungstemperatur. Dafür bedarf das Aggregat während der Beförderung mit der Bahn eines besonderen Begleiters. Schon die Reichsbahn hatte einige Maschinenkühlwagen zur Erprobung in Dienst gestellt. Die Verdichter-Kältemaschine wurde von einem Dieselmotor angetrieben, das Ladegewicht der Wagen erreichte jedoch nur zehn statt sonst fünfzehn Tonnen. Die Bundesbahn nahm die Entwicklung nicht wieder auf, während ihre Tochtergesellschaft Transthermos Anfang der sechziger Jahre Drehgestell-Universalkühlwagen aus der Reichsbahnzeit erwarb und zu Maschinenkühlwagen umbauen ließ. Auch zweiachsige Universalkühlwagen der ersten Nachkriegsgeneration wurden als Privatwagen für Maschinenkühlung eingerichtet.
Bei der Reichsbahn in der DDR erlangten Maschinenkühlwagen größere Bedeutung. Dort gibt es auch Kühlzüge, deren Wagen von einem Maschinenwagen aus zentral temperiert werden.

Bassinwagen

Während Seefisch nur geschlachtet befördert wird, kommen die empfindlichen Süßwasserfische wie Karpfen, Schleie oder Aale vielfach lebend zum Verbraucher. So standen, bevor auch diese tiefgekühlt befördert wurden oder die Transporte auf die Straße abwanderten, bei der Eisenbahn Spezialgüterwagen für lebende Fische zur Verfügung. Sie wurden ausschließlich als Privatwagen eingesetzt.
Die Bassinwagen, in denen die lebenden Fische nicht Erschütterungen, Luftmangel oder zu hohen Temperaturen wie in Fässern oder Kübeln ausgesetzt sein sollten, entstanden um die Jahrhundertwende. Äußerlich ähnelten diese Wagen den Kühlwagen ihrer Epoche. Im Inneren befanden sich jedoch Wasserbehälter aus verzinktem Stahlblech zur Aufnahme der Fische. Die Behälter waren durch Schwallbleche unterteilt, um Hin- und Herschwappen des Wassers während der Fahrt zu verhindern. Um es mit Sauerstoff anzureichern und seine Temperatur im erforderlichen Bereich zwischen vier und neun Grad Celsius zu halten, wurde es mit einer Hochdruckkreiselpumpe ständig umgewälzt und mit scharfem Strahl in die Wasserbehälter geleitet. Schwach gewordene und zu Boden gesunkene Fische bekamen dort über gelochte Rohre oder Schläuche zusätzlich Druckluft zugeführt; sie wurde von einem Luftpresser erzeugt oder bei späteren Bauarten Stahlflaschen entnommen. Dachluftsauger oder Flettner-Lüfter sorgten in Verbindung mit Luftschlitzen in den Seitenwänden auch für reichliche Raumlufterneuerung. Zum Antrieb der Wasserpumpe und des Luftpressers diente ein Verbrennungsmotor; das Aggregat war in einem besonderen Abteil am Ende oder in der Mitte des Wagens untergebracht. Bei Ausfall des Motors konnte über einen Radsatz des Bassinwagens ein Notantrieb hergestellt werden.

Auch diese Wagen waren für die Beförderung in Reisezügen schon früh mit Druckluftbremse, Dampfheizleitung und den damals vorgeschriebenen drei Radsätzen ausgerüstet. Bei der Bundesbahn verkehrten solche Wagen noch bis Ende der siebziger Jahre.

Schiebewandwagen

Mit zunehmender Mechanisierung von Be- und Entladung durch Flurfördermittel stieg das Bedürfnis, statt gedeckter Wagen der Regelbauart mit ihren verhältnismäßig schmalen Schiebetüren auch Spezialwagen mit möglichst breiten Ladeöffnungen zu beschaffen. Statt Türen enthalten diese Wagen verschiebbare Seitenwände, so daß in geöffnetem Zustand nahezu die Hälfte der Ladefläche von der Seite her freiliegt und rationelles Laden mit Gabelstaplern sowohl von einer Rampe als auch von ebener Erde aus möglich ist.
Schiebewandwagen sind vielseitig einsetzbar und besonders für den Transport von Erzeugnissen der Investitions-, Gebrauchs- und Verbrauchsgüterindustrie gefragt. Die Wagen zeichnen sich neben der guten Zugänglichkeit ihres Laderaums auch durch die leichte Handhabung der Schiebewände aus: Sie können schon von einer Person geöffnet und geschlossen werden.
Die Bundesbahn beschaffte Schiebewandwagen mit festem Dach erstmals 1966 und hat seither den Wagenpark mit neueren Bauarten ständig modernisiert. Dabei spielte der Wettbewerb mit dem Straßengüterverkehr als „Motor" oft eine wesentliche Rolle. Als Ende der siebziger Jahre für leichte und volumi-

Bassinwagen für den Transport lebender Süßwasserfische, entstanden um die Jahrhundertwende, wie diese sächsische Bauart.

Schiebewandwagen, wie dieser zweiachsige Großraumwagen nach UIC-Vorschrift mit einer Länge von 15,5 Metern (Hbbillns), haben statt Türen verschiebbare Seitenwände.

In geöffnetem Zustand liegt nahezu die Hälfte der Ladefläche der Schiebewandwagen von der Seite her frei und ermöglicht so ein rationelles Laden mit Gabelstaplern.

nöse Ladegüter der „Jumbo-Lkw" mit 36 Stellplätzen für Pool-Flachpaletten und der Großraumlastzug mit 38 Paletten-Stellplätzen für Straßentransporte zur Verfügung standen, geriet die Bahn zunehmend unter Wettbewerbsdruck, weil die damals vorhandenen Schiebewandwagen mit maximal 14,22 Metern Länge höchstens 30 (Hbis-tt) oder 31 (Hbis-t) Paletten-Stellplätze boten. Ein mit neuen Lastkraftwagen wettbewerbsfähiger zweiachsiger Güterwagen mußte also wesentlich länger sein als die vorhandenen Schiebewandwagen.
Derart lange Wagen haben jedoch aus Gründen der Laufsicherheit bestimmte konstruktive Voraussetzungen bezüglich des Mindesteigengewichts, der Torsionssteifigkeit des Wagenkastens und der Radsatzhalterquersteifigkeit zu erfüllen. Erst als diese Baubedingungen für lange zweiachsige Güterwagen mit einer Länge zwischen 14,1 und 15,5 Metern in den Bauvorschriften des Internationalen Eisenbahn-Verbands (UIC) festgelegt und damit die Voraussetzungen für einen grenzüberschreitenden Einsatz der Wagen geschaffen waren, konnte mit Entwicklung und Bau eines 15,5 Meter langen zweiachsigen Schiebewandwagens begonnen werden. Zwei Varianten dieses modernen Wagens für 38 bis 40 Pool-Flachpaletten stehen seit 1987 zur Verfügung. Die Schiebewandwagen haben auch zur Lösung eines alten Problems beim Transport hochwertiger

Güterwagen - Antwort auf Herausforderungen des Marktes

Lange Zeit hat der einfache offene, gedeckte oder flache Güterwagen aufgrund des Transportmonopols der Bahn den Aufgaben im wesentlichen entsprochen. Nach dem Zweiten Weltkrieg änderte sich die Situation für die Eisenbahn nachhaltig, weil der Bund den konkurrierenden Verkehrsträgern Straßengüterverkehr und Binnenschiffahrt zu niedrigen Preisen die modernsten Fahrwege zur Verfügung stellte.
Das Deutsche Institut für Wirtschaftsforschung in Berlin ermittelte im Auftrag des Bundesverkehrsministeriums für das Jahr 1981 bei sechs Prozent Kapitalverzinsung folgende Wegekostendeckungsgrade im Güterverkehr:

Deutsche Bundesbahn	50,6 %,
Straßengüterfernverkehr	45,8 %,
Binnenschiffahrt	5,7 %.

Die Zahlen verdeutlichen die scharfe Wettbewerbssituation, besonders gegenüber der Binnenschiffahrt. Beförderungspflicht, Sozialtarife, betriebsfremde Lasten, die Kapitalstruktur

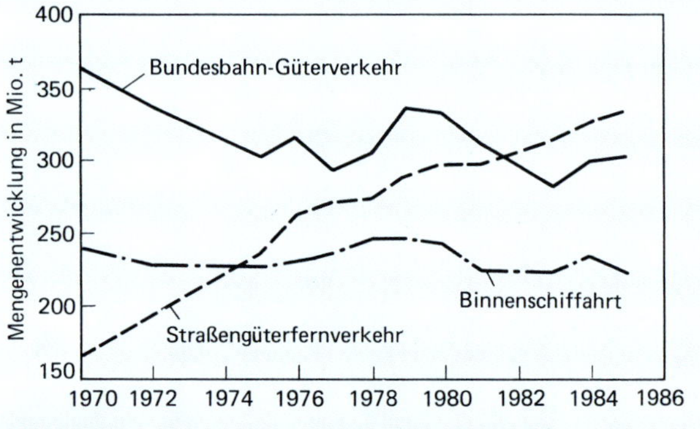

Mengenentwicklung im Güterverkehr in der Bundesrepublik Deutschland bei der Deutschen Bundesbahn, bei der Binnenschiffahrt und beim Straßen-Güterfernverkehr.

und mehrere weitere Faktoren belasten die Eisenbahn, deren Marktanteil ständig zurückgeht, während vor allem der Straßenverkehr stetig und steil zunimmt.
Diese Situation hat auch die Entwicklung der Güterwagen beeinflußt: Sie mußten sich immer stärker den wachsenden Anforderungen des Marktes und den Kundenwünschen anpassen. Der technische Strukturwandel vom einfachen Regelgüterwagen zum Spezialwagen umfaßte die Anpassung an das Ladegut, die Anpassung an die Umschlagtechnik und den Einbau von Einrichtungen zu Sicherung und Schonung des Ladeguts.
Anpassung an das Ladegut hieß vornehmlich Anpassung an dessen Gewicht und Volumen, um den Laderaum optimal nutzen zu können. Aber auch die Erfüllung bestimmter Transportbedingungen etwa durch Kälte- oder Wärmeschutz bedeutete eine solche Anpassung.
Technische Einrichtungen zur Mechanisierung des Umschlags und zum Schutz des Ladeguts vor Transportschäden mindern den Aufwand der verladenden Wirtschaft und steigern damit die Wettbewerbsfähigkeit des Güterwagens.
Die Bundesbahn verfügt Anfang der neunziger Jahre über rund 200000 Güterwagen. Der Anteil der Spezialgüterwagen liegt mit weiter steigender Tendenz bereits bei 42 Prozent. Rund 22 Prozent dieser Wagen laufen auf Drehgestellen und damit auf vier und mehr Radsätzen. Bei den etwa 50000 Privatgüterwagen beträgt der Anteil an Drehgestellwagen sogar 62 Prozent.
Zwar sind die Vorhaltungskosten für Spezial- und Drehgestellgüterwagen höher als für die einfachen Wagen der Regelbauarten und die Lenkachswagen. Die größere Ladekapazität der Drehgestellwagen gewährleistet jedoch in Verbindung mit der Spezialisierung eine etwa um den Faktor 1,5 bis 2 höhere Nutzung und Produktivität, so daß die spezifischen Vorhaltungskosten – auf die Transportleistung bezogen – niedriger sind. Die höheren Investitionen zahlen sich also aus.

Von den insgesamt 1900 neuen, 15,5 Meter langen Schiebewandwagen der Bundesbahn ist die Hälfte mit verriegelbaren Trennwänden ausgestattet.

1972 entstand für Opel dieser mit 25,27 Meter Länge und 195 Kubikmeter Laderaum längste und großräumigste Schiebewandwagen.

Güter mit der Eisenbahn beigetragen. Stöße in Längsrichtung, wie sie vor allem beim Rangieren immer wieder vorkamen, führten verhältnismäßig häufig zu Transportschäden, sofern keine besonderen Vorkehrungen getroffen waren. Mit den Schiebewandwagen wurden erstmals zur Wagenausrüstung gehörende Transportschutzeinrichtungen entwickelt und eingesetzt. Ältere Schiebewandwagen sowie Kühlwagen erhielten das System „Daberkow", bei dem verbleibender freier Raum zwischen der Ladung durch ein aufblasbares Luftpolsterkissen ausgefüllt und das Transportgut damit lückenlos festgelegt werden kann. Neuere Wagenbauarten sind mit verriegelbaren Trennwänden ausgerüstet; sie bestehen zum Teil aus Leichtmetall, zum Teil in Verbundbauweise aus Holz und Metall, hängen leicht verschiebbar an Laufschienen im Wagen und lassen sich mit Lochschienen oben und im Wagenboden durch Verriegelungszapfen festlegen. Damit wird eine Unterteilung des Laderaums in mehrere, den jeweiligen Erfordernissen entsprechende Kammern möglich.

Schiebewandwagen stehen je nach Anforderung mit oder ohne Transportschutzeinrichtungen zur Verfügung. Auch von den insgesamt 1900 neuen, 15,5 Meter langen Wagen ist die Hälfte mit verriegelbaren Trennwänden ausgerüstet.

Vierachsige Schiebewandwagen hat die Bundesbahn zunächst nicht beschafft, obwohl ein Drehgestellwagen 1971 von der UIC standardisiert wurde. Er nahm auf die seinerzeit erwartete Einführung der automatischen Mittelpufferkupplung Rücksicht und damit einige Einschränkungen bei der Auslastung mit Paletten in Kauf. Die Bundesbahn überließ daraufhin die Beschaffung großräumiger vierachsiger Schiebewandwagen den Privatwageneinstellern.

Nachdem die Kupplungsfrage auf unbestimmte Zeit vertagt worden war und darauf kaum noch Rücksicht genommen zu werden brauchte, konnte sich die Konstruktion wieder voll an den Erfordernissen der Verlader orientieren. So baute die Waggon-Union

Anfang der achtziger Jahre wurde dieser Wagen mit dreiteiliger Schiebewand für den Transport von Automobilkarosserien gebaut.

1972 für Opel die mit 25,27 Meter Länge und 195 Kubikmeter Laderaum längsten und großräumigsten Schiebewandwagen zum Transport von spezifisch leichten Autoteilen. Die Nutzlast von nur 25 Tonnen reicht für diesen Verwendungszweck aus. Dafür weist der Wagen die beachtliche Durchladehöhe von 3,355 Meter auf; um dies zu erreichen, wurde der Fußboden tiefer gelegt und auf kleine Räder mit nur 680 Millimeter Durchmesser zurückgegriffen, außerdem mußte die internationale Fahrzeugumgrenzung in der Höhe überschritten werden. Das feste Dach war zu einem schmalen Firstbalken zusammengeschrumpft. Diese Konstruktion wurde richtungweisend für weitere Bauarten. Von Linke-Hofmann-Busch und der DUEWAG Anfang der achtziger Jahre gebaute Wagen erreichten damit bei normaler Fußbodenhöhe 2,8 Meter Durchladehöhe; diese zum Teil an die Bundespost vermieteten Wagen enthalten 163 m^3 Laderaum; später folgte eine Version unter Inanspruchnahme der Fahrzeugumgrenzung II mit 3,1 Meter Durchladehöhe.

1987 beschaffte die Bundesbahn eigene Drehgestellschiebewandwagen (Habbi(ll)(n)s) mit Firstbalken und abgewinkelten Schiebewänden; der Wagen hat eine Gesamtlänge von 24,13 Metern. Das Bild zeigt den Wagentyp Habbills 346.

Bei diesen Wageneinheiten für die Volkswagen AG hat man aus Gewichtsgründen die Schiebewände durch aufrollbare Planen ersetzt; Dachschrägen und Borde sind ausschwenkbar.

Erst 1987 beschaffte die Bundesbahn auch eigene Drehgestellschiebewandwagen (Habbi(ll)(n)s) mit Firstbalken und abgewinkelten Schiebewänden. Ihre Gesamtlänge beträgt 24,13 Meter. Als großräumiges Mehrzweckfahrzeug ist der Wagen mit zweiteiligen Schiebewänden ausgerüstet und eignet sich damit besonders für seitliche Be- und Entladung mit Gabelstaplern. Geöffnet geben die Schiebewände auch bei diesem Wagen etwa die Hälfte der Ladefläche frei. Die Durchfahrhöhe durch die geöffneten Seitenwände beträgt 2,8 Meter. Als Transportschutzeinrichtung erhält die Hälfte der neuen Wagen zehn verriegelbare Trennwände, die übrigen 16 im Wagenboden versenkbare Verzurrösen und vier weitere an jeder Stirnwand.
Für den Verkehr mit Spanien lieferte Linke-Hofmann-Busch an Transwaggon Schiebewandwagen mit abnehmbarem Aufbau, so daß zum Übergang auf iberische Breitspur die Untergestelle gewechselt werden können. Diese Wagen bilden kurzgekuppelte Einheiten mit zweimal zwei Radsätzen. Ähnliche Einheiten mit festem Aufbau wurden für die Volkswagen AG gebaut, die abgewinkelten Schiebewände jedoch aus Gewichtsgründen durch ein dreiteiliges Wandsystem mit nach oben aufrollbaren Planen ersetzt; dabei schwenken gleichzeitig die Dachschrägen nach oben und die zur Ladungssicherung vorgesehenen niedrigen Borde nach unten in die Waagerechte.
Als neueste Entwicklung wurde 1983 auf der Hannover-Messe erstmals von der Waggon Union ein Spreizwandwagen vorgestellt. Sein Aufbau besteht aus zwei Hauben, die im geschlossenen Zustand in einer Flucht liegen, zum Öffnen angehoben und unten leicht auseinandergespreizt werden, so daß sie sich übereinander schieben lassen. Inzwischen hat Cargowaggon zwei- und vierachsige Wagen dieser Bauform beschafft, die vierachsigen sind als Fährbootwagen für den Verkehr mit Großbritannien geeignet.

Diese Schiebewandwagen wurden für den Verkehr mit Spanien mit abnehmbarem Aufbau geliefert, um zum Übergang auf iberische Breitspur die Untergestelle wechseln zu können.

Spreizwandwagen gibt es seit 1983; die Hauben werden zum Öffnen angehoben und, unten auseinandergespreizt, übereinander geschoben.

Wagen mit öffnungsfähigem Dach

Auch Güterwagen mit öffnungsfähigen Dächern gehören zu den neuzeitlichen Spezialwagen der Bundesbahn. Sie erleichtern neben der Beladung mit Schüttgut durch Schwerkraft vor allem Be- und Entladung schwerer Güter mit Hebezeugen.
Als erste Entwicklungsstufe können offene Wagen mit aushebbarem Firstbalken zum Auflegen einer Wagendecke angesehen werden. Der umfangreiche Kalkversand aus den Kalk- und Zementwerken von Dornap und Gruiten westlich von Elberfeld verlangte nach einem zuverlässigeren Witterungsschutz, der sich auch leichter handhaben ließ. So trat an die Stelle des aushebbaren ein fester Firstbalken, aus der Wagendecke wurden stählerne Klappen, aus dem offenen Wagen entstand noch vor der Jahrhundertwende der Klappdeckelwagen. Um den Laderaum dicht abzuschließen, reichten die Klappen an der Gelenkseite unter den Firstbalken; Trittstufen mit Handlauf an einer Stirnseite erleichterten das Besteigen des Wagens.
Der Gattungsbuchstabe K bedeutete bei den Preußischen Staatseisenbahnen Kalkwagen. Erst bei der Reichsbahn wandelte sich die Bedeutung in Klappdeckelwagen, nachdem die Wagen auch für andere nässeempfindliche Schüttgüter Verwendung fanden. Ihrem ursprünglichen Einsatzbezirk entsprechend gab die Reichsbahn diesen Wagen den Gattungsnamen „Elberfeld", später „Wuppertal".
Zur Länderbahnzeit lagen den Klappdeckelwagen die entsprechenden Kohlewagen mit Stahlaufbau zugrunde. Zunächst hatten sie beiderseits drei Klappdeckel, die fast über die gesamte Wagenlänge reichten. Später erhielten die Endfelder feste Dächer, so daß die Klappen nur noch sechzig Prozent der Wagenlänge ausmachten. In geschweißter Bauart

Mit dieser Klappdeckelbauart der Bundesbahn, 1949 in Dienst gestellt, mit fünf Klappen auf jeder Seite, endete die Epoche der Klappdeckelwagen.

Zur Länderbahnzeit hatten die Klappdeckelwagen beiderseits drei Klappen.

Beim Schwenkdachwagen läßt sich das Dach über eine der festen Seitenwände zur Seite schwenken.

wurden Klappdeckelwagen mit vier Klappen auf jeder Seite und etwa drei Viertel öffnungsfähiger Ladelänge hergestellt. Noch die Bundesbahn stellte 1949 Klappdeckelwagen in Dienst; der Wagenkasten entsprach diesmal dem offenen UIC-Einheitswagen; von fünf Klappen auf jeder Seite wurden etwa fünf Siebtel der Ladelänge freigegeben. Mit dieser Bauart endete die Epoche der Klappdeckelwagen.

Der nächste Entwicklungsschritt führte dann nach dem Zweiten Weltkrieg zum Wagen mit öffnungsfähigem Dach. Dabei ist zwischen Schiebedach-, Schwenkdach- und Rolldachwagen zu unterscheiden. Wagen mit öffnungsfähigem Dach sind heute durch den Gattungsbuchstaben T gekennzeichnet.

Beim Schiebedachwagen (Tms) lassen sich die beiden Dachhälften anheben und übereinander schieben. Damit wird etwa die Hälfte des Laderaums frei und zur Be- oder Entladung von oben zugänglich. Außerdem sind in den stählernen Seitenwänden Drehtüren vorhanden. Eine Variante dieser Bauart verfügt außerdem über Türen auch in den Stirnwänden, um Be- und Entladung auch von langen Gegenständen zu erleichtern. Die stabile Seiten- und Stirnwandkonstruktion hält auch der Belastung durch schweres Transportgut wie Schrott oder schwerem Stückgut stand; vielfach wird mit diesen Wagen Altpapier befördert. Aber auch Schüttgüter wie Sägespäne oder Ton werden damit transportiert; sie können von oben über Förderbänder, Kipper oder von hochgelegenen Rampen aus verladen werden und sind auf der Fahrt gegen Verwehen geschützt.

Eine weitere Bauart von Mehrzweckwagen (Tims) eignet sich besonders zur mechanischen Be- und Entladung mit Gabelstapler durch die Schiebewände, die im geöffneten Zustand wie bei den Schiebewandwagen etwa die Hälfte der Ladelänge freilegen, oder mittels Kran durch das öffnungsfähige Dach. Eine

Variante dieses Wagens (Tbis) wird als großräumiges Fahrzeug vorwiegend zur Beförderung nässeempfindlicher und voluminöser Güter eingesetzt. Die zweiteiligen Hubschiebedächer geben auch bei diesen Bauarten etwa die Hälfte des Laderaums zur Kranbeladung frei. Die Öffnungs- und Schließeinrichtungen befinden sich auf dem Dachfirst; bei einem Teil der Wagen lassen sich die Schiebedachteile jedoch mit einem Handrad an der Wagenstirnseite vom Boden aus bedienen.
Vielfach genügte die Öffnungsmöglichkeit von Dachhälften nicht, um Be- und Entladung sperriger Güter hinreichend zu erleichtern. Deshalb wurden auch Wagen entwickelt, deren Dach sich vollständig öffnen läßt und damit den gesamten Laderaum für den Kran zugänglich macht. Zu diesen Bauarten (Taems) zählen Schwenkdach- und Rolldachwagen.
Der Schwenkdachwagen hat feste Seitenwände; sein Dach läßt sich in voller Länge über eine dieser Wände zur Seite schwenken. Die Bedienung geschieht an der Stirnwand von der dem abgeschwenkten Dach gegenüberliegenden Wagenseite aus mit Handrädern oder maschinell mit einem an der Ladestelle bereitgehaltenen Elektromotor. Als Ladegut kommen hochwertige Stähle großer Länge, Antriebswellen, Maschinen und Maschinenteile, veredelte Bleche in Paketen oder Coils infrage; für Coiltransporte steht eine Variante mit passenden Ladegestellen zur Verfügung. Bei geöffnetem Schwenkdach beträgt die seitliche Ausladung bis zu 1995 Millimeter von Gleismitte aus; deshalb sind diese Wagen – von Ausnahmen abgesehen – nur im Gleisanschlußverkehr zugelassen. Um diese Einschränkung zu beseitigen, wurde für den freizügigen Einsatz der Rolldachwagen entwickelt. Sein wasserdichtes Textildach läßt sich in Längsrichtung des Wagens völlig zusammenschieben und gibt ebenfalls den gesamten Laderaum frei. Es kann von Hand oder mit Hilfe von Elektromotoren geöffnet und geschlossen werden. Die Vorrichtungen dazu befinden sich an einer Seitenwand in Stirnwandnähe. Auch von dieser Bauart ist ein Teil zum Transport nässeempfindlicher Blechrollen ausgerüstet.
Die neueste Entwicklung des Rolldachwagens (Tamns 893) führte zum vierachsigen Großraumgüterwagen mit Kunststoffrolldach; er befördert vorwiegend Schüttgüter, wie den bei der Rauchgasentschwefelung anfallenden Gips, aber auch schwere nässeempfindliche Güter, die mittels Kran ein- und ausgeladen werden müssen. Das wasserdichte Kunststoffrolldach wird beim Öffnen zu einer Stirnwand hin geschoben, wo es sich in einer Haltevorrichtung faltet und aufschichtet. Das Dach läßt sich von beiden Wagenseiten mittels Handrad leicht öffnen und schließen. Zum Schutz gegen Beschädigung durch Greifer sind die Obergurte des Wagens, in denen auch die Gleitführungen für das Kunststoffrolldach integriert sind, besonders stabil ausgeführt. Der Wagen ist außerdem von jeder Seite durch je eine breite Tür zugänglich.

Die Bedienung des Dachschwenkvorgangs geschieht an der Stirnwand von der dem abgeschwenkten Dach gegenüberliegenden Wagenseite aus mit Handrädern.

Das wasserdichte Textildach des Rolldachwagens läßt sich von Hand oder mittels Elektromotoren völlig zusammenschieben.

Seit 1984 beschafft die Bundesbahn Teleskophaubenwagen mit sechs Radsätzen für den Transport von sehr schweren, witterungsempfindlichen Blechrollen. Die vier Hauben lassen sich einseitig oder zu beiden Wagenenden hin verschieben.

Güterwagen mit Lademulden

Für Erzeugnisse der eisen- und stahlverarbeitenden Industrie, wie Brammen, Stahlblöcke, Blechrollen oder Rohre, stehen ebenfalls Wagen mit verbesserten Einrichtungen zur Ladungssicherung zur Verfügung. Sofern die Blechrollen, Coils, keines Witterungsschutzes bedürfen, stehen sechsachsige Flachwagen (Sahmms) zur Verfügung, die mit Lademuldengestellen, sogenannten Höckeraufbauten, ausgerüstet sind. Später kam eine Bauart hinzu, bei der die Lademulden in das Untergestell integriert sind. Für den Transport der stark nässeempfindlichen kaltgewalzten Coils wurden im Auftrag des Forschungs- und Versuchsamts (ORE) des internationalen Eisenbahn-Verbands vier- und sechsachsige Haubenwagen entwickelt und von der UIC standardisiert. Die Bundesbahn beschafft sie vierachsig seit 1978, sechsachsig seit 1984 serienmäßig. Die vierachsige Bauart (Shimms) hat feste Stirnwände, fünf im Untergestell eingebaute Lademulden und drei teleskopartig angeordnete Hauben, die im geschlossenen Zustand den gesamten Laderaum umgeben und vor Witterungseinflüssen schützen; zum Laden lassen sie sich jeweils zu einem der beiden Wagenenden hin so weit ineinanderschieben, daß zwei Drittel des Wagens freigelegt werden. Einfache Be- und Entladung ist damit von oben wie auch von der Seite möglich. Zwölf verstell- und arretierbare Festlegearme verhindern ein seitliches Verrutschen der Blechrollen in den Mulden. Die sechsachsige Bauart (Sahimms) wurde für den Transport nässeempfindlicher Blechrollen mit besonders hohem Stückgewicht entwikkelt; die Abdeckung besteht aus vier Hauben, die einseitig oder zu beiden Wagenenden hin verschoben werden können und dabei etwa die Hälfte des Wagens freilegen.

Röhrenwagen

Auch für die spezifisch leichteren, jedoch großvolumigen Rohre wurden Drehgestellwagen der Sonderbauart entwickelt und gebaut (Sps). Über ihre ursprüngliche Zweckbestimmung als Rohrtransportwagen hinaus dient diese Bauart auch der Beförderung von Stamm- und Schnittholz. An den Längsseiten des Wagens sind je acht besonders breite, fest mit dem Untergestell verbundene Rungen angebracht. Zur Verzurrung des Ladeguts befindet sich an jedem Rungenpaar eine leicht zu handhabende Niederbindeeinrichtung. Um das Ladegut zu schonen, sind die Spanngurte mit elastischem Werkstoff ummantelt. Die Gurtlänge und die Teilung der Raster sind so gewählt, daß auch Ladungen mit geringerer Höhe niedergebunden werden können.

Selbstentladewagen

Ursprünglich wurden auch Schüttgüter wie Kohle, Koks und Erz, Sand, Schotter und Schlacke, aber auch Getreide in offenen oder gedeckten Güterwagen der Regelbauart transportiert. Die Entladung erforderte harte Handarbeit mit der Schaufel. Selbst wenn die Personalkosten in der Zeit vor der Jahrhundertwende keinen so bedeutenden Kostenfaktor bildeten wie heute, schlugen sie im wachsenden Massengutverkehr doch immer stärker zu Buche. Außerdem nahm die manuelle Entladung viel Zeit in Anspruch, während der die Wagen ihrer eigentlichen Zweckbestimmung, dem Transport von Gütern, entzogen waren. Eine Mechanisierung des Entladevorgangs lag deshalb nahe. Den ersten Schritt bildete der Einsatz von Kränen, die zwar die Muskelkraft ersetzten, aber immer noch viel Zeit benötigten und außerdem oft die Wagen beschädigten. Später wurden Stirnkipper eingesetzt, die den gesamten Wagen an einem Ende anhoben, so daß die Ladung durch die klappbaren Stirnwände in Tiefbunker oder andere Beförderungsmittel wie Binnenschiffe abrutschte.

Erst später wurden Selbstentladeeinrichtungen in jedem Wagen und dafür geringerer Aufwand bei den ortsfesten Anlagen als die bessere Lösung erkannt. Dann jedoch entstanden Selbstentladewagen für Schüttgut in kaum überschaubarer Vielfalt. Gewisser Aufwand an ortsfesten Anlagen oder Einrichtungen läßt sich beim Betrieb dieser Wagen dennoch nicht vermeiden: Die Gleise müssen für schlagartige Entleerung aufgeständert und über Bunker geführt werden, die das Ladegut aufnehmen; bei dosierter Entladung sind womöglich Förderbänder zum Weitertransport oder am Wagen ansetzbare Auslaufrutschen nötig.

Nach der Wagenbauart werden Boden- und Seitenentlader unterschieden, wobei sich beide Systeme auch kombinieren lassen. Bei den Bodenentladern hat der Laderaum Trichterform; Entladung zur Seite ist mit ansetzbaren Auslaufrutschen, die an Ort und Stelle zur Verfügung stehen müssen, möglich. Zu den Seitenentladern zählen Trichterwagen, Flachbodenwagen und Sattelwagen.

Bei den Trichterwagen mit Seitenentladung liegt der trichterförmige Laderaum höher als bei den Bodenentleerern. Die Entladeöffnungen sitzen beidseitig in den Schrägen des Trichters über fest am Wagen angebauten Auslaufrutschen, sogenannten Schurren. Entladung ist einseitig oder beidseitig möglich; verstellbare Leitbleche in den Schurren ermöglichen auch Entladung zwischen die Schienen. Auf den als revolutionierend empfundenen Trichterwagen mit Seitenentladung erhielt Georg Talbot, Sohn des Firmengründers der Waggonfabrik Gustav Talbot & Co. in Aachen, 1891 das kaiserliche Patent Nr. 63132. Zweiachsige Wagen nach dem System Talbot wurden zwischen 1907 und 1940 in großer Anzahl und Vielfalt gebaut.

Drehgestellwagen der Sonderbauart Sps dienen über ihren ursprünglichen Zweck als Rohrtransportwagen hinaus auch der Beförderung von Stamm- und Schnittholz.

Erster Selbstentlader nach einem Patent Georg Talbots, 1894, ein Trichterwagen mit Seitenentladung.

Zweichachsige Wagen nach dem System Talbot wurden zwischen 1907 und 1940 in großer Vielfalt gebaut.

Die Flachbodenbauform entstand, um Selbstentladewagen auch wie offene Wagen der Regelbauart zur Beförderung von Einzellasten verwenden zu können. Zur Selbstentladung sind sie durchweg mit oben angelenkten Seitenwandklappen ausgerüstet; beim Öffnen wird gleichzeitig der Wagenboden ganz oder in Teilbereichen geneigt, so daß die Ladung abrutschen kann. Dafür wurden zahlreiche Konstruktionen entwickelt.

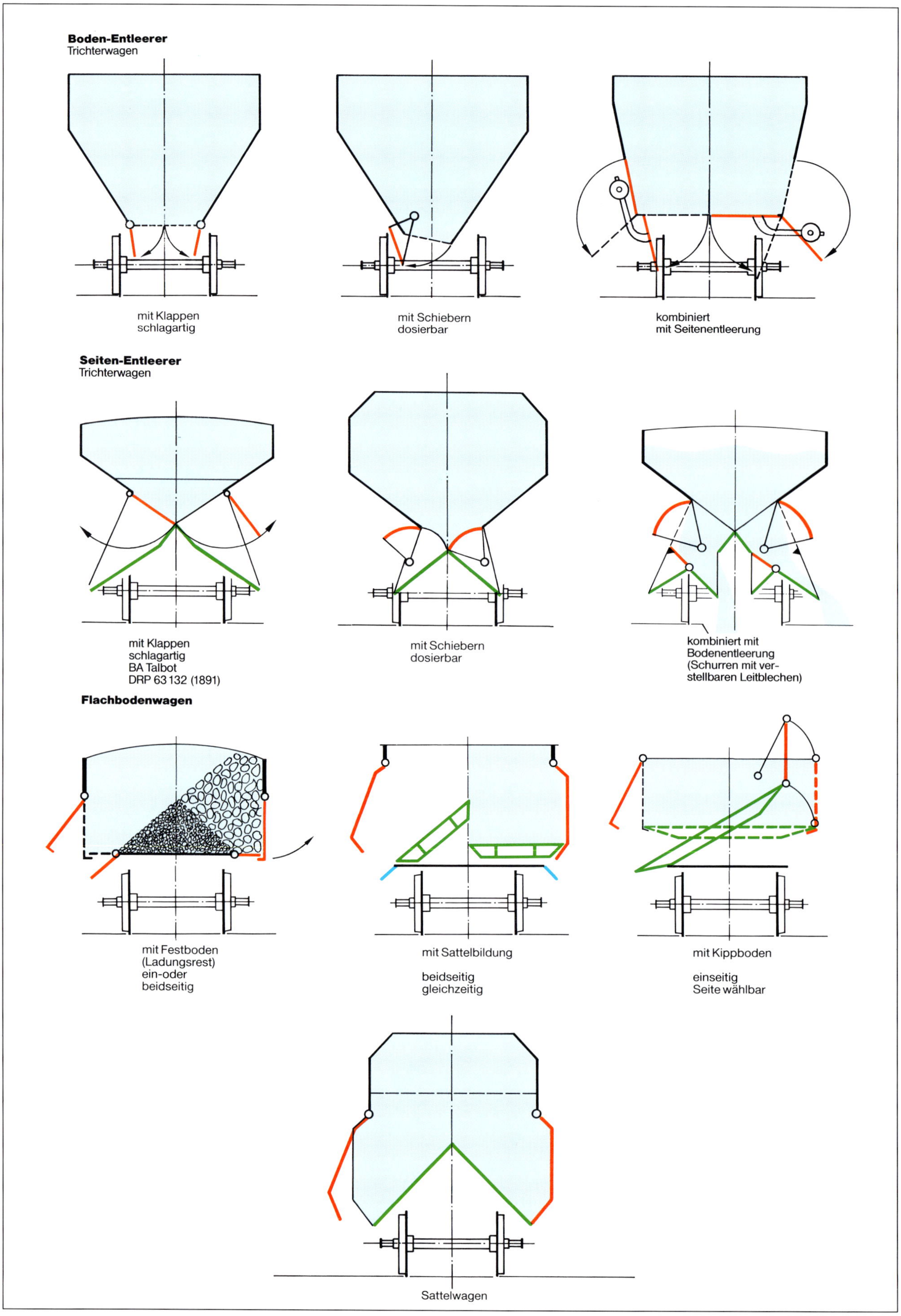
Boden-Entleerer
Trichterwagen
mit Klappen
schlagartig
mit Schiebern
dosierbar
kombiniert
mit Seitenentleerung
Seiten-Entleerer
Trichterwagen
mit Klappen
schlagartig
BA Talbot
DRP 63 132 (1891)
mit Schiebern
dosierbar
kombiniert mit
Bodenentleerung
(Schurren mit ver-
stellbaren Leitblechen)
Flachbodenwagen
mit Festboden
(Ladungsrest)
ein-oder
beidseitig
mit Sattelbildung
beidseitig
gleichzeitig
mit Kippboden
einseitig
Seite wählbar
Sattelwagen

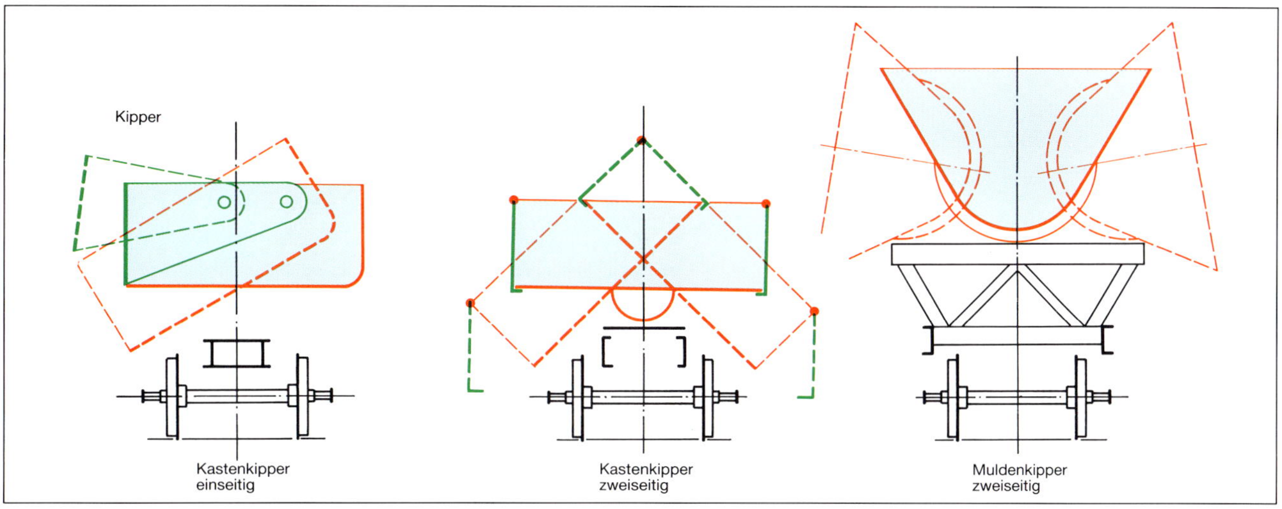

Grundbauarten der Selbstentladewagen.

In Sattelwagen sind über die gesamte Wagenlänge durchgehend geneigte Böden, die sogenannten Sättel, fest eingebaut. Eine anderweitige Verwendung als für Schüttguttransporte ist damit nicht möglich, auch läßt sich nicht der volle Wagenquerschnitt nutzen. Sattelwagen werden jedoch vielfach für spezifisch schwere Güter wie Kohle und Erz eingesetzt, bei denen die Auslastung eher vom Gewicht als vom Volumen bestimmt wird.

Bei Kasten- und Muldenkippern lassen sich zur Entladung die Wagenaufbauten ein- oder beidseitig kippen.

Schon 1868, vor der Reichsgründung, setzten die Pfälzischen Eisenbahnen 650 Trichterwagen mit Bodenentleerung, die älteste Form des Selbstentladewagens, zur Kohleabfuhr aus den Saargruben, insbesondere zum Rheinhafen Ludwigshafen ein. Die Wagen hatten fünf Tonnen Ladegewicht und 1,6 Meter Radsatzstand. Auch die Preußischen Staatseisenbahnen beförderten Saarkohle in Trichterwagen mit Bodenentleerung und zehn oder 12,5 Tonnen Ladegewicht, 15 Kubikmeter Fassungsvermögen und 2,8 Meter Radsatzstand, unter anderem zum Saarhafen Malstatt in Saarbrücken; dort gab es 25 Entladetrichter zwischen den Gleisen, über die auf Binnenschiffe umgeschlagen wurde. In den Duisburger Ruhrhäfen war bis 1880 von Hand entladen worden, bevor in erheblichem Umfang Stirnkippanlagen zum Einsatz kamen. Im mitteldeutschen Braunkohlenrevier liefen wiederum Trichterwagen. Die Sächsischen Staatseisenbahnen beförderten in solchen Wagen lehmhaltigen feuchten Sand als Spülversatz für den Steinkohlenbergbau. Einen Doppeltrichterwagen mit vierzig Kubikmeter Fassungsvermögen, Drehgestellen und senkrechten Seitenwänden, zwischen denen schräge Bodenbleche zwei Trichter bildeten, stellten 1906 die Bayerischen Staatseisenbahnen in Nürnberg aus; diese bis dahin größten Selbstentladewagen dienten der Beförderung von Dienstkohle; sie waren noch 1948 im Einsatz, während die preußischen und sächsischen Trichterwagen schon 1933 ausgemustert worden waren. Dennoch beschaffte auch die Reichsbahn noch wiederholt Trichterwagen mit Bodenentleerung.

Die universelle Verwendbarkeit der Flachbodenbauart hatte zu immer neuen Konstruktionen geführt. Die Sächsischen Staatseisenbahnen setzten solche Wagen seit 1904 außer ihren Trichterwagen ein. Auf

Eine der frühen Konstruktionen von Flachbodenentladern. Der Entladevorgang wurde beim Befahren einer Entladebrücke selbsttätig ausgelöst.

Zweiseitiger Kastenkipper, um 1930.

der Suche nach einer Lösung mit mehr Vor- und weniger Nachteilen schrieb der preußische Minister der öffentlichen Arbeiten 1907 einen Wettbewerb aus. Unter anderem sollte ein möglichst großer Teil der Ladung ohne manuelle Hilfe nach beiden Seiten zu entladen sein. Siebzehn Probewagen gingen ein, vier wurden als brauchbar erkannt, prämiiert und zum Ankauf zwecks Betriebserprobung empfohlen. Die beste Bewertung erhielt die Lösung der Waggonfabrik J. Goossens in Eschweiler bei Aachen mit 36 Prozent Selbstentladeanteil nach einer Seite, Schneckenantrieb der Klappen und damit dosierbare Entlademöglichkeit auch für das Beschottern von Gleisen. Krupp und Talbot gehörten ebenfalls zu den Preisträgern. Völlige Selbstentladung ermöglichte indessen nur die Konstruktion des Eisenbahnbauinspektors Ziehl in Gleiwitz mit mehreren Klappen, die sich bei Schüttgutverladung zu einem Sattel aufstellen ließen. Nennenswerten Einfluß auf die weitere Entwicklung der Selbstentladewagen hatte der Wettbewerb nicht.

Nach dem Ersten Weltkrieg schlug mit dem Aufschwung im Eisenbahnverkehr mit Massenschüttgütern die Geburtsstunde der in die Geschichte der Eisenbahntechnik eingegangenen Großgüterwagen. Mehr Ladegut sollte bei unveränderter Ladelänge der Wagen transportiert werden, um kostspielige Erweiterungen von Gleisen und Tiefbunkern zu vermeiden. Bevor die Serienfertigung der Großgüterwagen anlief, wurden zwischen 1924 und 1926 zweihundert Probewagen – je zwanzig von zehn verschiedenen Bauarten – zu zehn Versuchszügen mit gleichartigen Wagen zusammengestellt. Die Wagen wurden vierachsig ausgeführt. Alle beteiligten Hersteller griffen wiederum die Flachbodenentladung auf, einige lieferten dazu Varianten mit festem Sattel, zu deren Gunsten die Entscheidung in der Betriebserprobung fiel. Flachbodenwagen hätten wegen der beweglichen Teile höheren Beschaffungs- und Instandhaltungsaufwand verursacht. Um auch stark durchfeuchtetes oder gefrorenes Ladegut ohne Schwierigkeiten entladen zu können, sollte die Sattelneigung groß sein, zur möglichst günstigen Laderaumausnutzung dagegen gering; bei den Großgüterwagen betrug sie 45 bis 50 Grad, die Waggonfabrik Uerdingen baute einen geknickten Sattel mit oben 60, unten 45 Grad ein.

Flachboden-Selbstentlader, Bauart Goossens, 1907, mit geöffneten Bodenklappen.

Die Serienausführung der Reichsbahn-Großgüterwagen kennzeichneten vier Radsätze mit Rollenlagern, die Ausnutzung der größten auf deutschen Strecken zulässigen Fahrzeugbegrenzung II der Eisenbahn-Bau- und Betriebsordnung unter Verzicht auf internationalen Einsatz der Wagen, Ausführung als Sattelwagen mit Daumenwellenverschluß und Ausrüstung mit automatischer Scharfenberg-Kupplung für die Zug- und mit Seitenpuffern für die Druckkräfte. Besonders damit griff die Entwicklung ihrer Zeit weit voraus. An den Wagen der Vorserien war auch die amerikanische Willison-Kupplung erprobt worden. Die Entscheidung für den Serienbau fiel jedoch auf die seit 1907 von der Waggonfabrik Steinfurt in Königsberg entwickelte und zunächst bei Klein- und Straßenbahnen eingesetzte Scharfenberg-Kupplung. Bei den Großgüterwagen konnte die automatische Kupplung wegen des ausschließlichen Einsatzes in Ganzzügen problemlos erprobt werden; dabei wurde zum freizügigen Einsatz von Kokswagen auch eine Lösung gefunden, mit der die Scharfenberg-Kupplung nach unten abgeklappt und der Wagen mit der herkömmlichen Schraubenkupplung in andere Züge eingestellt werden konnte. Je nach Ladegut unterschieden sich die Serienwagen für Kohle, für Kohle und Sand zum Grubenversatz, für den spezifisch leichten Koks und das spezifisch schwere Erz sowie für Getreide, das trocken befördert werden muß. Der Großgüterwagen für Kohle faßte 75 Kubikmeter mit 57 Tonnen Ladegewicht bei 20 bis 21 Tonnen Eigengewicht; zur Beförderung der gleichen Menge Kohle wären drei gewöhnliche offene Wagen (Om) mit 33 Tonnen Eigengewicht oder zwei offene Wagen mit höherer Tragfähigkeit (Omm) und 19 Tonnen Eigengewicht, jedoch ohne Selbstentlademöglichkeit, nötig gewesen. Die Kokswagen faßten 90 Kubikmeter. Ein Teil von ihnen besaß Klappdeckel für die Beförderung von Elektrolytkoks. Für Getreide wurden gedeckte Trichterwagen mit Begrenzung I für freizügigen Einsatz auch im internationalen Verkehr gebaut; inwändige Leitbleche bildeten vier Trichter, die durch je eine Ladeluke befüllt werden konnten. Die Wagen faßten 78 Kubikmeter bei 54 Tonnen Ladegewicht. Die ersten Erzwagen wurden als Trichterwagen mit Seitenentleerung nach dem System Talbot gebaut; die letzte Bauserie war als Sattelwagen ausgeführt; wegen des hohen spezifischen Gewichts konnte beim Erzwagen mit Sattel der Aufbau oberhalb der Entladeklappen wegbleiben; damit blieben auch diese Wagen in der Begrenzung I und international verwendbar; ihr Fassungsvermögen betrug 56 Kubikmeter, das Ladegewicht je nach Bauvariante 55,5 bis 59,0 Tonnen.

Der Serienbau der Großgüterwagen begann 1927. Bis 1932 waren sie genietet, die vier Radsätze paarweise zusammengefaßt, aber als Lenkradsätze ausgebildet. Ab 1933 folgten geschweißte Wagen mit zunächst unverändertem Laufwerk. Erst ab 1939 traten an die Stelle der Lenkradsätze Drehgestelle. Gebaut wurden für die Reichsbahn nach den 200 Vorserienwagen 712 Wagen zwischen 1927 und 1932, weitere 87 zwischen 1933 und 1939. Dann folgten in den sechs Kriegsjahren bis 1945 noch 1 667 Großgüterwagen der verschiedenen Bauarten, weit mehr als in den sechzehn Friedensjahren zuvor. Weitere Großgüterwagen waren, zum Teil in abweichender Konstruktion, für Industrie- und Werkbahnen gebaut worden.

Die Bundesbahn ließ zunächst zwischen 1949 und 1950 aus nicht mehr benutzten fünfachsigen Tendern früherer Kondenslokomotiven Trichterwagen für Getreide herstellen, mit rund 14,2 Metern die längsten Großgüterwagen. Untergestell und Laufwerk mit einem zwei- und einem dreiachsigen Drehgestell wurden beibehalten. Bei nur 16 Tonnen Radsatzlast faßten diese Wagen 70 Kubikmeter und 49 Tonnen. Danach entwickelte die Bundesbahn den Sattelwagen weiter, wobei zunächst die internationale Fahrzeugbegrenzung eingehalten wurde.

Bei den vierachsigen offenen Sattelwagen (Fals) brachte die Anfang der achtziger Jahre eingeleitete Erneuerung des Wagenparks Vorteile hinsichtlich größerer Ladekapazität. Bei Ausnutzung der Streckenklasse D 4 sind 22,5 Tonnen statt zuvor 20,0 Tonnen Radsatzlast zulässig, gleichzeitig stieg die Lastgrenze der Wagen um bis zu zehn Tonnen, das Ladevolumen von 75 auf 85 Kubikmeter bei Begrenzungsprofil II für den Binnenverkehr. Zwar können die Wagen damit nicht uneingeschränkt grenzüberschreitend verkehren, sie sind jedoch ohnehin nur für feste Relationen im nationalen Montangüterbereich bestimmt.

Alle Wagen sind mit einem Daumenwellenverschluß ausgerüstet. Dieses System verschließt die Seitenklappen über ihre Länge gleichmäßig verteilt an fünf Punkten. Gegenüber dem Lenkerstangenverschluß, der die Klappen nur an ihren Enden verschließt, konnten die Klappen zugunsten höherer Nutzlast leichter ausgeführt werden. Lenkerstangenverschlüsse erfordern, um Durchbiegungen durch den Ladegutdruck und damit auch Rieselverlusten vorzubeugen, eine stabilere und damit auch schwerere Ausführung. Die Klappen werden bei den drei Wagenbauarten unterschiedlich betätigt: mechanisch, hydraulisch oder magnet-hydraulisch. Bei den mit Hydraulik ausgerüsteten Bauarten wird der Öldruck von einer Radsatzpumpe erzeugt und in einem Gasdruckbehälter gespeichert. Das Steuerventil für den hydraulischen Antrieb kann für Handbetätigung eingerichtet sein oder für Auslösung durch magnetische Schaltbefehle während der Vorbeifahrt des Wagens an ortsfesten Elektromagneten.

Sechsachsige offene Sattelwagen (Faals) wurden erstmals 1978 hauptsächlich für den schweren Erzverkehr in Zügen bis zu 5 400 Tonnen Gesamtlast beschafft. Da die herkömmliche Schraubenkupplung für die erforderlichen hohen Anfahrzugkräfte bis zu

Der Serienbau von Großgüterwagen mit festen Sattelböden und pendelnden Seitenklappen für die Reichsbahn begann 1927, hier ein Wagenzug für das Ladegut Kohle.

Die ersten Großgüterwagen für die Erzbeförderung waren Trichterwagen mit Seitenentleerung, System Talbot.

840 Kilonewton nicht ausgelegt ist, wurden die Wagen mit automatischer Mittelpufferkupplung ausgerüstet. Um die Bremsbedienung in diesen Zügen zu erleichtern und insbesondere die Lösezeiten der Bremse zu verkürzen, erhielten die Wagen zusätzlich zur Hauptluftleitung auch eine Hauptluftbehälterleitung; darüber werden die Vorratsluftbehälter der Wagen direkt gespeist und auf einem Druck von 5 bar gehalten.

Für den Transport von nässeempfindlichen Schüttgütern werden Wagen des gleichen Grundtyps mit Schwenkdächern (Tals) eingesetzt. Bei der neuesten Bauart sind Komponenten von Trichter- und Sattelwagen kombiniert. An einigen Wagen werden drei unterschiedliche Schutzmaßnahmen gegen stark korrosiv und abrasiv wirkende Schüttgüter untersucht: Polyurethan-Dickschichtanstrich und Lagerungen für Klappen und Daumenwellen aus nichtrostendem Stahl; Wagenkasten, Klappen und Dachschalen aus nichtrostendem Stahl; Mischbauweise

Vierachsiger Sattelwagen mit magnethydraulischer Klappenbetätigung.

Ab 1951 beschaffte die Bundesbahn 4 600 Muldenkipper, die heute noch, besonders für die Oberbauinstandhaltung, unverzichtbar sind.

mit Dickschichtanstrich und teilweise Einsatz nichtrostenden Stahls im Dachbereich, an den dichtenden Flächen der Klappen sowie den Lagern der Klappen und Daumenwellen. Je drei Wagen werden in mehrjährigem Betriebseinsatz erprobt, weil frühestens nach einer Revisionsperiode eine Bewertung des Korrosionsschutzes und eine Aussage zu den Auswirkungen auf die Instandhaltungskosten und die Verkehrstauglichkeit möglich ist.
Außer den Großraumgüterwagen mit festem Sattel beschaffte die Bundesbahn auch zweiachsige Selbstentladewagen bemerkenswerter Konstruktionen: zwei Varianten eines Muldenkippers, einen Hubkipper und einen Mittenselbstentladewagen.
Die zuvor eher den Feldbahnen vorbehaltenen Muldenkipper hatten sich zunächst bei der Westfälischen Landeseisenbahn bewährt. Ab 1951 beschaffte auch die Bundesbahn insgesamt 4 600 Stück; der Wagen gilt auch heute noch als unverzichtbar, besonders für die Oberbauinstandhaltung. Fünf nach beiden Seiten kippfähige Mulden lagern auf einem Stahlgerüst so hoch, daß sich das Ladegut aus den Mulden unmittelbar in Straßenfahrzeuge kippen läßt. Die Kinematik ist vorzüglich durchdacht: Nach Lösen einer Haltestange rollt die Mulde selbsttätig auf einer Abrollwiege in die Kippstellung und richtet sich nach Entleerung wieder auf. Die Bedienung erfordert allerdings wegen des hohen Schwerpunkts besondere Umsicht, damit die Standsicherheit des Wagens nicht gefährdet wird. Sein Fassungsvermögen von 22,3 Kubikmetern reichte für spezifisch schwere Güter wie Sand, Kies und Schotter aus, um das Ladegewicht von 25 Tonnen voll auszunutzen, nicht jedoch für Kohle. Eine modifizierte Bauart faßte in nur drei tief gelagerten Mulden mit 33,5 Kubikmetern fast ebenso viel wie ein offener Wagen der Regelbauart. Zur Entladung in Straßenfahrzeuge war jedoch eine hydraulische Kippeinrichtung und dafür in der Regel ein Stromanschluß erforderlich; notfalls ließ sich die Hydraulik auch mit einer Handpumpe betätigen. Die Entladung, nur Mulde für Mulde möglich, dauerte 20 Minuten.
Die mit dem Wettbewerb von 1907 verknüpfte Idee,

Hubkipper der Bundesbahn (Versuchswagen).

Selbstentladewagen bei Bedarf auch wie gewöhnliche offene Wagen zu benutzen, wurde mit den beiden anderen Gattungen nochmals verwirklicht. Beide beruhten ebenfalls auf hydraulischer Betätigung. Bei der einen, einem Hubkipper, saß der Wagenkasten auf einem Hubrahmen, der sich vor dem Kippen zur Entladung in Straßenfahrzeuge bis zu 1,6 Meter anheben, aber in jeder Höhe nach der einen oder anderen Seite kippen ließ. Bei der anderen Bauart bestand der Wagenaufbau aus einem festen Mittelteil mit den üblichen Türen und zwei bis 50 Grad neigbaren Außenteilen; von ihnen rutschte die Ladung dabei zur Mitte hin und durch einen Wölbschieber in Tiefbunker oder dosiert auf ein Förderband. Einige dieser Wagen sind noch im Einsatz. Der hydraulische Muldenkipper und der Hubkipper kamen dagegen über kleine Probeserien nicht hinaus.
In großer Zahl neu sowie aus offenen Regelgüterwagen umgebaut wurden Trichterwagen mit Seitenentleerung nach dem klassischen Vorbild von Talbot, nun jedoch mit Drehschiebern für dosierbare Entladung ausgerüstet. Ihr Fassungsvermögen wuchs während der Beschaffung zwischen 1955 und 1972 von 32 auf 40 Kubikmeter. Ein Teil der Wagen erhielt ein Schwenkdach zur Beförderung witterungsempfindlicher Güter. Heute stehen rund 15 000 offene Wagen (Fc) und 12 000 mit Schwenkdach (Td) zur Verfügung. Anfang der siebziger Jahre folgte eine Drehgestellversion mit 80 Kubikmeter Fassungsvermögen; nahezu 1 300 Wagen mit Schwenkdach (Tadg) wurden beschafft. Diese Wagenbauart

Einige dieser Mittenselbstentlader sind noch im Einsatz.

Besonders gut für den Transport von Salz eignet sich dieser Sattelwagen mit Schwenkdach in Edelstahlausführung.

Eine Nachkriegsentwicklung ist dieser Rundschieber-Seitenentlader mit Schwenkdach.

wird vorwiegend im Getreide- und Futtermittelverkehr, aber auch zum Transport von nässeempfindlichem Quarzsand eingesetzt.
Für den Transport von Getreide und Futtermitteln mußten ursprünglich nach dem damaligen Stand der

Oberflächenschutztechnik bei einem Teil der Wagen die Innenflächen des Laderaums mit einem besonderen Anstrich versehen werden; der zusätzliche Kennbuchstabe „g" im Gattungszeichen weist diese Wagen als für Getreide geeignet aus. Zum Ausgleich saisonaler Schwankungen ist ein weiterer Teil der Wagen so ausgerüstet, daß er – jeweils über einen längeren Zeitraum hinweg – nach gründlicher Reinigung für die Beförderung von Getreide und Futtermitteln oder für andere Transporte eingesetzt werden kann. Mit neueren Anstrichstoffen bedarf es der Unterscheidung in Abhängigkeit vom Oberflächenschutz nicht mehr; der heute für nässeempfindliche Schüttgüter verwendete korrosionsfeste Dickschichtanstrich ist lebensmittelecht.
Die im Salz- und Düngemittelverkehr eingesetzten Trichterwagen werden aufgrund der korrosiven und abrasiven Eigenschaften dieser Ladegüter extrem hoch beansprucht. An rund sechstausend Wagen, bei denen dieser Aufwand noch vertretbar schien, wurden zur Gewährleistung der Sauberkeit und der Rutscheigenschaften des Ladeguts, der Leichtgängigkeit der Bedienungseinrichtungen sowie der Dichtigkeit des Dachs und der Rundschieber besondere Korrosionsschutzmaßnahmen durchgeführt: widerstandsfähiger Dickschichtanstrich und Ausrüstung mit nichtrostendem Stahl im Bereich der Rundschieber und Rundschieberdichtungen. Damit ließ sich die Nutzungszeit der Wagen zum Teil um bis zu achtzehn Jahre verlängern. Rund die Hälfte der Wagen, bei der sich die Herrichtung nicht lohnt, werden durch eine neue Bauart ersetzt. Sie sollen 10 bis 12,5 Prozent größeren Laderaum und eine um 20 bis 24 Prozent höhere Lastgrenze erhalten. Fünfzehn Prototypen befinden sich zur Zeit in der Betriebserprobung.

Kübelwagen kamen um die Jahrhundertwende auf, vor allem für den Transport von Kohle und Koks mit Umschlag auf Binnenschiffe.

Etwa 70 Kübelwagen gehören heute zum Bestand der Bundesbahn.

Kübelwagen

Während bei den Schüttgutwagen Aufbau, Selbstentladeeinrichtung und Untergestell fest miteinander verbunden sind, trägt bei den Kübelwagen das Untergestell mehrere abnehmbare Kübel, die vom Kran über die Entladestelle gehoben und dort ebenfalls selbsttätig durch Schwerkraft entleert werden. Die Kübel bestehen aus zwei in Längsrichtung des Wagens geteilten Hälften, die oben gelenkig verbunden sind. Über den Gelenken sind zwei Last- und an den Außenflächen zwei Zughaken angebracht; wird der Kübel an den Lasthaken gehoben, bleibt er durch Schwerkrafteinfluß geschlossen. Beim Ziehen an den Zughaken öffnen sich beide Hälften des Kübels wie eine Baggerschaufel. An den Entladestellen sind dafür Krane mit einem Spezialgeschirr und zwei gekreuzten Traversen erforderlich. Das System war nach der Jahrhundertwende der Waggonfabrik Uerdingen patentiert worden.
Kübelwagen wurden vorwiegend von Zechen- und Hüttenbahnen im Ruhrgebiet zur Beförderung von Kohle und Koks mit anschließendem Umschlag aufs Binnenschiff benutzt. Die Köln-Bonner Eisenbahn stellte ab 1913 den Brikettverkehr aus dem rheinischen Braunkohlerevier an der Ville über die Querbahn zum 1901 in Betrieb genommenen Rheinhafen Wesseling auf Kübelwagen um; bis zu 530 solcher Fahrzeuge standen bei dieser Bahn zeitweise im Einsatz und erreichten Tagesleistungen bis 10 000 Tonnen. Noch heute verkehren dort 220 zweiachsige Wagen; sie tragen drei oder vier Kübel mit zusammen 15 oder 20 Tonnen Ladegewicht.
Auch zur Beförderung von Kalkstein wurden Kübelwagen eingesetzt, wobei die Kalkkübel zum Schutz gegen Nässe mit Klappdeckeln verschlossen waren. Sie wurden zum Teil als Privatwagen eingestellt. Die Preußischen Staatseisenbahnen besaßen jedoch bei der Eisenbahndirektion Elberfeld auch bahneigene Kalkkübelwagen.
Bei der Reichsbahn orientierte sich die Bauart der Kübelwagen an den Großgüterwagen. Nach zwei- und vierachsigen Versuchswagen für drei oder fünf

Preußischer Drehschemelwagen mit Steifkupplung zur Beförderung von Langholz.

Kohle- sowie zwei oder vier Kokskübel beschaffte die Reichsbahn zwischen 1934 und 1938 in zwei Serien 272 zweiachsige Kübelwagen; außerdem wurden sie nach wie vor auch für Zechen- und Hüttenwerksbahnen gebaut. Das Untergestell trägt keinen Boden; die Kübel stehen frei auf den innen abgeschrägten äußeren Langträgern; Nocken verhindern ein Verschieben der Kübel in Längsrichtung durch Rangierstöße. Die Bundesbahn beschaffte ebenfalls in zwei Lieferungen über 250 Kübelwagen, die sich nur geringfügig von den Wagen aus den dreißiger Jahren unterschieden. Noch 1988 gehören rund siebzig Kübelwagen zum Bestand der Bundesbahn, weitere sind als Privatwagen eingestellt.

Drehschemelwagen

In der Frühzeit der Eisenbahn konnte Langholz angesichts der sehr kurzen Güterwagen nur unter Zuhilfenahme von zwei Wagen befördert werden. Eine solche Ladung konnte Kurven jedoch nur entgleisungssicher durchfahren, wenn die Stämme auf beiden Wagen drehbar gelagert waren. So wurden für derartige Transporte etwa ab 1860 Wagen mit Drehschemel von den deutschen Länderbahnen vorgehalten, zuerst in Württemberg nach Einstellung der Neckarflößerei, bald auch in den übrigen waldreichen Verkehrsgebieten Süddeutschlands, aber auch in Preußen. Dort erhielten die Drehschemelwagen als Holzwagen das Hauptgattungszeichen H.

Der Drehschemel bestand aus einer Traverse, anfangs aus Holz, später aus Stahl, die mit einem Zapfen in einer im Wagenboden eingelassenen Drehpfanne geführt wurde. Die Gewichtskräfte der Ladung wurden durch Rollen an beiden Enden der Traverse auf eine ringförmige stählerne Lauffläche auf dem Wagenboden übertragen. An den Enden der Traverse angebrachte Rungen, die nach der Beladung durch eine Spannkette verbunden wurden, hielten die Ladung zusammen. Zur Beförderung gewöhnlicher Güter konnten die Drehschemel ausgehoben werden; bei Bedarf ließen sich auch niedrige Bordwände oder Seitenrungen aufstellen.

Bei Beförderung von Langholz wurden die beiden Drehschemelwagen je nach Länge von Wagen und Ladung entweder unmittelbar gekuppelt oder durch eine Steifkupplung, eine lange Kuppelstange aus Holz oder Stahl, verbunden. Bei sehr langen Ladungen mußte darauf verzichtet werden, die Wagen zu kuppeln; dann hatte die Ladung selbst alle Zug- und Druckkräfte zu übertragen. Um ein Abziehen der Ladung vom Wagen zu verhindern, mußte bei dieser Betriebsweise die Traverse mit Zinken versehen sein; außerdem durften solche Transporte nur am Schluß des Zuges laufen. Nach Einführung der Druckluftbremse standen zur Verbindung der Bremsschläuche beider Wagen besondere Langleitungen zur Verfügung. Da im Norden langes Holz selten aufgegeben wurde, beschränkten sich die Preußischen Staatseisenbahnen auf Drehschemelwagen mit 4,4 Meter Ladelänge, während in Süddeutschland sieben bis acht Meter üblich waren. Damit konnten mit einem direkt gekuppelten Wagenpaar 17 Meter lange Stämme befördert werden. Die Entwicklung dieser Spezialgüterwagen endete 1925 mit Drehschemelwagen in Austauschbauweise. Schon damals konnte Langholz auf Drehgestell-Flachwagen mit 18 Meter Ladelänge transportiert werden; reicht diese Länge ausnahmsweise nicht, kann mit überhängender Ladung und Schutzwagen gefahren werden. Die Bundesbahn hält heute nach Schweizer Vorbild lose Drehschemel vor, die bei Bedarf auf ein Paar Drehgestell-Flachwagen aufgesetzt werden können; damit lassen sich vor allem lange Fertigbetonträger und ähnliche Bauelemente befördern.

Doppelstock-Autotransportwagen

Mit der wachsenden Motorisierung nach dem Zweiten Weltkrieg nahmen auch die Transporte neuer Kraftfahrzeuge von den Fabriken zu Vertriebsstellen in den einzelnen Regionen und zu den Seehäfen ständig zu. Noch heute bedienen sich die Automobilhersteller für diese Transporte in großem Umfang der Eisenbahn, die dafür seit Mitte der fünfziger Jahre Doppelstock-Autotransportwagen einsetzt. Die Verladung in zwei Ebenen trägt dem Umstand Rechnung, daß Autos im Verhältnis zu Laderaum und Ladegewicht eines Güterwagens voluminös und leicht sind; die Doppelstockbeförderung bildete deshalb die Voraussetzung für marktgerechte Tarife.
Die Doppelstock-Autotransportwagen für den Industrieverkehr bilden überwiegend zweigliedrige Einheiten mit drei oder vier Radsätzen. Sie verfügen über stirnseitig absenkbare obere Ladeebenen zum Auf- und Abfahren der Kraftfahrzeuge, über festangelenkte Brücken zur Überfahrt von Einheit zu Einheit sowie über Radvorleger zum Sichern der verladenen Fahrzeuge. Ein großer Teil der Doppelstockwagen hatte in den achtziger Jahren bereits das Ende seiner Nutzungszeit erreicht und wurde ausgemustert. Ein Nachbau in der ursprünglichen Form kam nicht in Betracht, weil ihre konstruktiven Merkmale dem Stand der Technik nicht mehr entsprachen.
Für die Neuentwicklung (Laaeks) waren inzwischen zwei wichtige Voraussetzungen erfüllt: Der Internationale Eisenbahn-Verband hatte die verkehrlichen Merkmale derartiger Wagen vereinheitlicht und damit eine wirtschaftlichere Nutzung des Wagenparks durch gemeinsame Verwendung ausländischer und privater Wagen ermöglicht. Außerdem werden heute drei- und vierachsige Wagen tariflich gleich behandelt, während zuvor die Berechnung nach Achskilometern den vierachsigen Wagen benachteiligte.
Der nun entwickelte und in einer Serie von rund 1 400 Stück bereits beschaffte vierachsige Doppelstockwagen verspricht gegenüber der dreiachsigen Ausführung niedrigere Instandhaltungskosten, genügt den internationalen Bauvorschriften und bietet bei 27,0 Meter Länge höhere Ladekapazität. Mit 56 angelenkten Einschienen-Radvorlegern ist die Ladungssicherung von 14 Personenkraftwagen möglich.

Tiefladewagen

Für besonders große und schwere Güter sind Tiefladewagen nötig, die auch den Raum unterhalb der sonst üblichen Ladeflächenhöhe nutzen, um das „Lademaß“ einzuhalten, den Umriß, der nicht überschritten werden darf, damit die Ladung von nahe ans Gleis heranreichenden Bauwerken wie Brücken, Tunneln, Bahnsteigdächern oder Signalen den nötigen Abstand einhält und nicht mit entgegenkommenden Zügen zusammenstößt. Lademaßüberschreitungen, die in gewissen Grenzen möglich sind, erfordern stets besondere Vorkehrungen und vielfach betriebliche Auflagen wie Geschwindigkeits-

Der vierachsige Doppelstock-Autotransportwagen, eine Neuentwicklung, bietet Platz für 14 Personenkraftwagen.

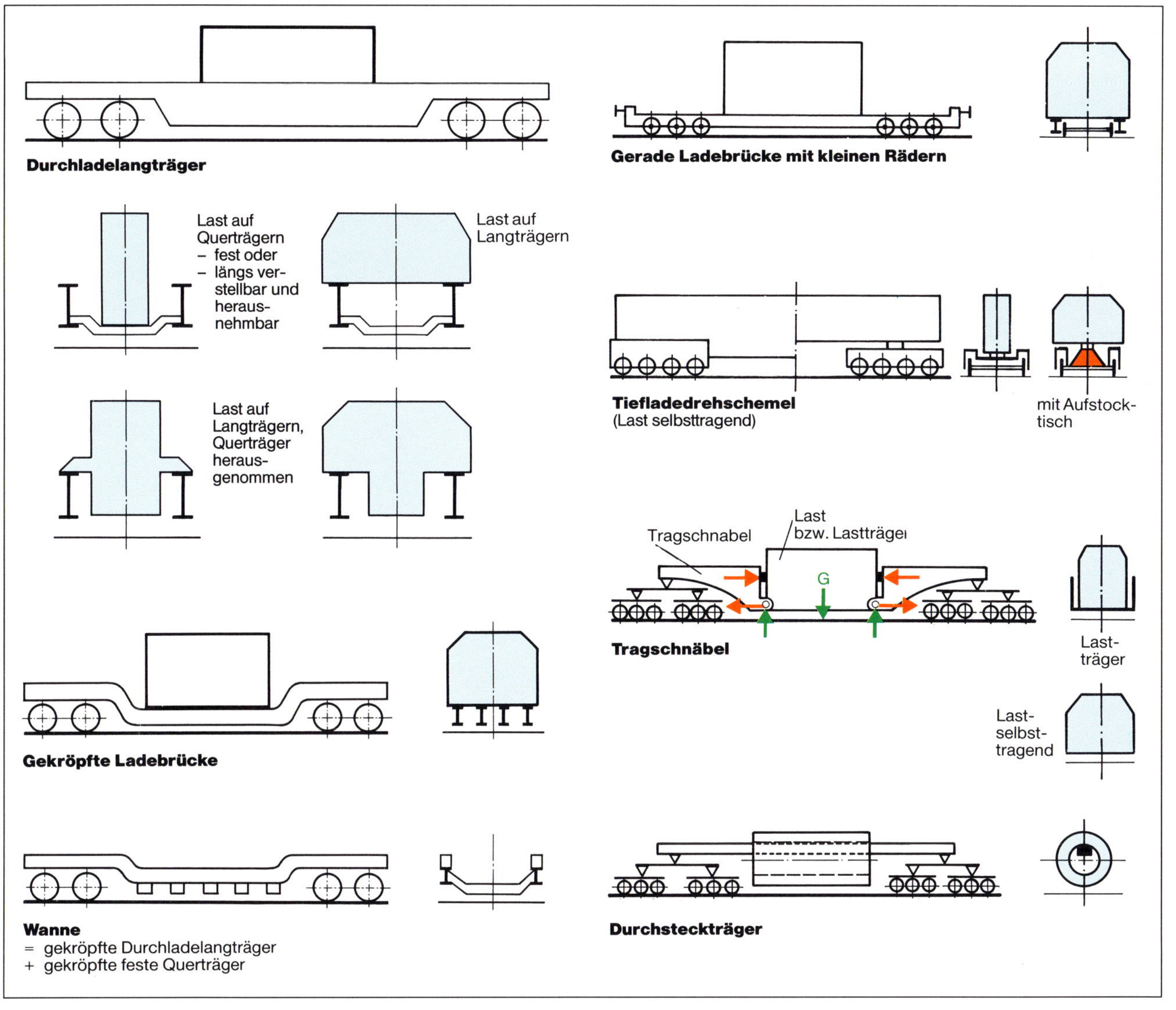

Systeme der Lastaufnahme bei Tiefladewagen.

beschränkung, Vorgabe eines genau festgelegten Transportwegs, Benutzungsverbot für bestimmte Bahnhofsgleise mit naher Bebauung oder Sperrung des Nachbargleises für Begegnungen. In außergewöhnlichen Fällen kann es nötig sein, Signale oder Bahnsteigdächer vorübergehend abzubauen, um den Schwertransport überhaupt zu ermöglichen. Sendungen mit Lademaßüberschreitung, kurz Lü-Sendungen, sind deshalb stets kostspieliger als gewöhnliche Frachten.

Spezialgüterwagen zur besonders tiefliegenden Lagerung sperriger Güter können Lademaßüberschreitungen vermeiden helfen oder sie so weit vermindern, daß der Transport überhaupt noch möglich ist. Solche Wagen heißen Tiefladewagen. Vielfach sind sie mit mehr als sechs Radsätzen ausgerüstet und können damit auch Güter befördern, deren Gewicht über die Lastgrenze der Drehgestell-Flachwagen hinausgeht. Grenzen setzt dabei jedoch die Belastbarkeit des Gleises, besonders auf Brücken, durch die dichte Folge schwer belasteter Radsätze. Auch derartige Transporte mit Schwerwagen unterliegen deshalb besonderen Auflagen, insbesondere Geschwindigkeitsbeschränkungen. Bis 1972 galten Wagen mit mehr als vier Radsätzen grundsätzlich als Schwerwagen; seither können an Wagen bis zu acht Radsätzen Lastgrenzen angeschrieben werden, bei deren Einhaltung die Wagen freizügig verkehren können; diesen Lastgrenzen liegen dann aber mit Rücksicht auf die Brücken verminderte Radsatzlasten zugrunde, mit denen die Tragfähigkeit des Wagens nicht voll ausgenutzt wird.

Im gleichen Verhältnis wie außergewöhnlich schwere oder große Einzelsendungen zur Gesamtzahl der Frachten steht auch die Zahl der Tiefladewagen zur Zahl der übrigen Güterwagen; von mancher Bauart sind nur Einzelfahrzeuge vorhanden. Überaus vielfältig sind jedoch die Bauarten; zwei wesentliche Kriterien sind die Zahl der Radsätze und die Art des Lastträgers.

Die Tiefladewagen der Preußischen Staatseisenbahnen hatten höchstens acht Radsätze, obwohl schon

Schwerlastwagen – für Geschützrohre, Wellen und Schiffsteile – mit 16 Radsätzen, 1890.

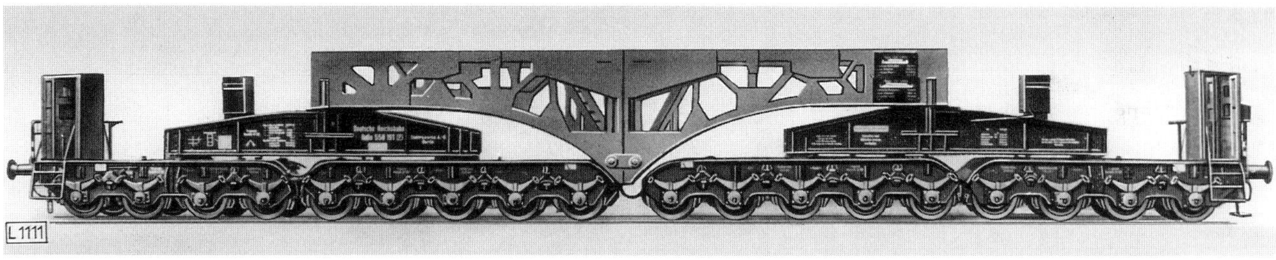

Während die Tiefladewagen der Reichsbahn höchstens 14 Radsätze hatten, ließen die Rheinisch-Westfälischen Elektrizitätswerke 1929 diese 18achsigen Wagen für den Transport von Transformatoren bauen.

damals Privatwagen mit der doppelten Anzahl eingesetzt waren, wie die legendären Geschützwagen von Krupp. Die Tiefladewagen der Reichsbahn erreichten bis zu vierzehn Radsätze; auch in dieser Periode wurden jedoch die bahneigenen Wagen von Privatwagen übertroffen: Die Rheinisch-Westfälischen Elektrizitätswerke und Preußen-Elektra ließen 18achsige Tiefladewagen für die Beförderung von Transformatoren bauen. Die Bundesbahn überflügelte erstmals 1970 mit einem 32achsigen Tiefladewagen die Privatwageneinsteller auf diesem Gebiet.

Nach dem System der Lastaufnahme sind Tiefladewagen mit Durchladelangträger, gekröpfter Ladebrücke, Wanne oder Tiefladedrehschemel sowie mit Tragschnäbeln oder Durchsteckträgern zu unterscheiden. Je nach Abmessungen und Gewicht der Ladung bietet die eine oder die andere Bauform Vorteile, insgesamt geht aber jede einen Kompromiß ein, zum Beispiel mehr oder weniger Ladehöhe bei weniger oder mehr Ladebreite. Der Tragschnabelwagen besteht aus zwei nahezu symmetrischen Teilen; die Last wird dazwischen an den Tragschnäbeln beider Wagenhälften eingehängt; mit diesem System kann die Ladung weitestgehend das Lademaß ausfüllen, außerdem erlaubt es den Umschlag zwischen dem Tiefladewagen und einem entsprechenden Schwerlaststraßenfahrzeug ohne Hebezeuge. Für Leerfahrten werden beide Hälften des Tragschnabelwagens direkt verbunden. Auf dem Laufwerk von Tragschnabelwagen lassen sich auch andere Lastträger wie Durchsteckträger aufbauen, mit denen große Hohlkörper befördert werden.

Außer für Erzeugnisse der Montanindustrie und des Schwermaschinenbaus werden Tiefladewagen auch für Tafelglas benötigt. Die Preußischen Staatseisenbahnen stellten 1885 und 1913 die ersten, nur zweiachsigen Tiefladewagen mit 20 Tonnen Ladegewicht für die Beförderung zylindrischer Güter großen Durchmessers wie Kabeltrommeln in Dienst. Später hatte der überwiegende Teil der zwischen 1891 und 1917 gebauten preußischen Tiefladewagen sechs Radsätze; bei 14 Meter Gesamtlänge betrug das Ladegewicht 45 bis 60, bei 18 bis 22 Meter Gesamtlänge 50 bis 54, zum Teil ebenfalls 60 Tonnen. Für Lasten mit bis zu 77 Tonnen verfügten die Preußischen Staatseisenbahnen seit 1905 auch über eine Reihe achtachsiger Tiefladewagen. Die Wagen hatten überwiegend Durchladelangträger, ab 1912 auch gekröpfte Ladebrücken. Vierachsige Wagen mit

Das „Paradestück" der Tiefladewagen der Bundesbahn: der 32achsige Uaai 839.

etwa 40 Tonnen Ladegewicht setzten zunächst die Badischen und Bayerischen Staatseisenbahnen ein, bevor sie während des Ersten Weltkriegs auch in Preußen eingeführt wurden. Die Reichsbahn ließ zunächst 1924 und auch später Wagen der preußischen Bauarten nachbauen und hielt sich auch mit ihren ersten neu entwickelten, jedoch noch genieteten Bauarten an die Länderbahnkriterien; eine Bauart mit sechs Radsätzen erreichte erstmals unter Ausnutzung von 20 Tonnen Radsatzlast eine Tragfähigkeit von 80 Tonnen. Mitte der dreißiger Jahre begann sich auch hier die Schweißtechnik durchzusetzen, wobei die Linke-Hofmann Werke in Breslau die einzelnen Bleche erstmals ohne die von den Nietverbindungen abgeleiteten Überlappungen stumpf gegeneinander schweißten. Diese technische Neuerung bewährte sich vom ersten Tiefladewagen an und revolutionierte später die Waggonbautechnik. Bis zum Ende des Zweiten Weltkriegs entstanden in geschweißter Bauart zahlreiche unterschiedliche Tiefladewagen mit vier bis 14 Radsätzen und einer Tragfähigkeit von 50 bis 200 Tonnen, teils mit Durchladelangträger, teils mit gekröpfter Ladebrükke. Bei den Wagen mit Durchladelangträgern waren die Querträger abnehmbar, bei einer Bauart auch in Längsrichtung verschieb- und feststellbar. Die Zug- und Stoßeinrichtungen der Wagen mit acht und mehr Radsätzen saßen nicht an der Wagenbrücke, sondern an den Drehgestellen; die Brücken dieser Wagen konnten bei Bedarf samt Ladung auf Straßenschwerlastfahrzeuge umgesetzt werden.

Die Deutsche Wehrmacht benutzte nicht nur die Tiefladewagen der Reichsbahn, sondern stellte auch zahlreiche eigene in deren Wagenpark ein. Bei der Bundesbahn stammte Anfang der fünfziger Jahre etwa ein Drittel der rund 110 Tiefladewagen aus den zwölf zwischen 1935 und 1944 entstandenen früheren Wehrmachtsbauarten. Gesamt- und Ladelänge dieser Wagen waren vier bis fünf Meter kürzer, die Tragfähigkeit vielfach fünf bis zehn Tonnen größer als bei den bahneigenen Wagen. Bei den von der Wehrmacht 1943 und 1944 beschafften mehr als vierachsigen Wagen für die Beförderung schwerer Kettenfahrzeuge waren Drehzapfen und Stützpunkte der Wagenbrücke versetzt, so daß sich kurze Drehzapfenabstände ergaben und die Last gleichmäßig auf alle Radsätze verteilt wurde. Die kurzen Drehzapfenabstände gewährleisteten geringe Seitenausschläge von Ladung und Ladebrücke im Gleisbogen und damit große Ladebreite. Die Drehzapfen griffen in nur zweiachsige Führungsdrehgestelle ein; der Rahmen der Stützradsätze konnte sich von den Führungsdrehgestellen und dem von ihnen ausgehenden Ausschlag der Wagenbrücke unabhängig im Gleisbogen einstellen. Die Bundesbahn ließ die für Panzerbeförderung konzipierten Wagen mit neuen Durchladelangträgern versehen, um sie für den Transport anderer Güter weiter nutzbringend verwenden zu können.

Heute verfügt die Bundesbahn über einen Park von rund 250 Tiefladewagen, um den differenzierten Marktanforderungen des Großraum- und Schwerlastverkehrs entsprechen zu können. Die Vielfalt reicht vom zweiachsigen Wagen mit durchgehender oder gekröpfter Tragbrücke für leichtere Güter bis hin zum 32achsigen Tragschnabelwagen für den Transport außergewöhnlich schwerer Ladungen bis zu 454 Tonnen. Neu entwickelt wurde für den Transport mittelschwerer Transformatoren und Maschinenteile ein achtachsiger Tiefladewagen (Uaais): Um bei möglichst geringer Wagenlänge optimale Ladelänge zu erreichen, sind die Kröpfungen der Brücke extrem steil und ohne große Ausrundungen ausgeführt. Der Wagen hat vierachsige Drehgestelle, die nach den Konstruktionsmerkmalen einer bewährten zweiachsigen Bauart hergestellt wurden. Die zuläs-

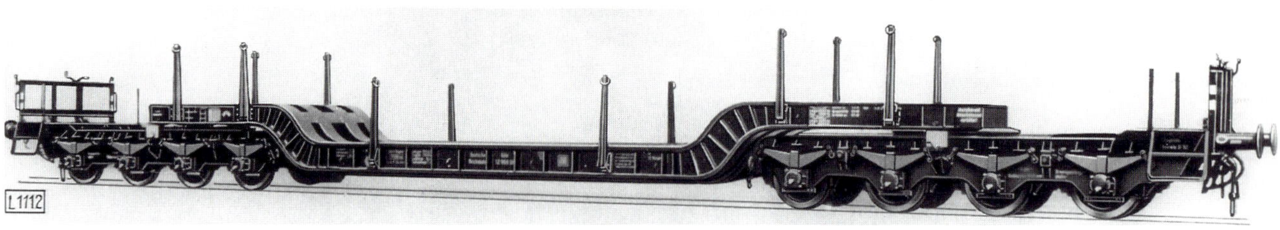

Bis 1945 entstanden in geschweißter Bauart Tiefladewagen mit vier bis 14 Radsätzen für 50 bis 200 Tonnen Tragfähigkeit, zum Teil – wie hier – mit gekröpfter Ladebrücke.

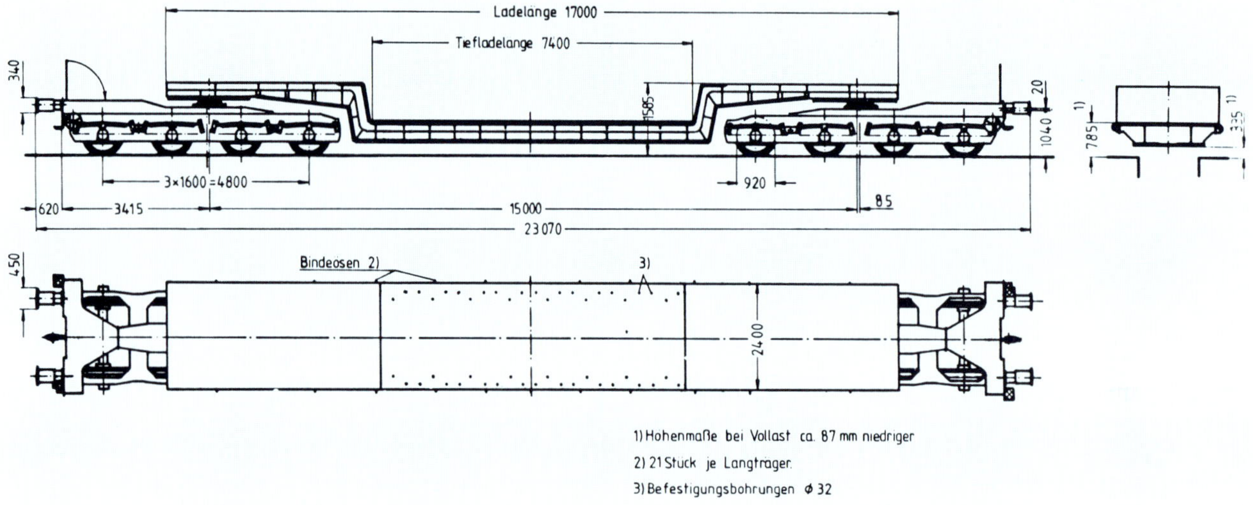

Für die Bundesbahn neu entwickelt wurde ein achtachsiger Tiefladewagen zum Transport mittelschwerer Transformatoren und Maschinenteile.

sige Radsatzlast von 22,0 Tonnen gestattet eine Zuladung von maximal 130 Tonnen.

Die 14achsigen Tiefladewagen (Uaai) werden durch eine neue Bauart mit sechzehn Radsätzen ersetzt, da ihre wirtschaftliche Nutzungszeit verstrichen ist. Der Instandhaltungsaufwand für diese Wagen ist wegen der siebenachsigen Drehgestelle sehr hoch; sie hatten zwar ein sehr günstiges Wageneigengewicht ermöglicht, sind jedoch den heutigen Anforderungen nicht mehr gewachsen. So können Gleisbögen mit weniger als 150 Metern nicht ohne Spurerweiterung durchfahren werden. Aufgrund der heutigen Erkenntnisse in der Laufwerkstechnik dürfen Drehgestelle mit mehr als fünf Radsätzen nicht mehr gebaut werden. Außerdem nehmen die Gewichte der Sendungen im Großraum- und Schwerlastverkehr ständig zu und liegen nennenswert über zweihundert Tonnen. Bei der Konstruktion der 16achsigen Nachfolgebauart dieser Tiefladewagen müssen deshalb wesentlich höhere Verkehrsanforderungen realisiert werden; hinzu kommen noch Forderungen nach Eignung für Drehschemeltransporte, zum Durchfahren enger Kurven bis hundert Meter Radius in Gleisanschlüssen und zum Umsetzen der Ladebrücke auf Straßenfahrgestelle. Wegen der Begrenzung der Zahl der Radsätze in einem Drehgestell sind bei diesem neuen Tiefladewagen vier Drehgestelle erforderlich; die Last von Ladegut und Brücke wird über Zwischenbrücken auf diese Drehgestelle verteilt. Die größere Länge der 16achsigen gegenüber den 14achsigen Wagen würde ohne besondere konstruktive Vorkehrungen zu Einschränkungen in der Breite beim Befahren von Gleisbögen führen; um diesen Nachteil zu vermeiden, wird bei der neuen Bauart das Prinzip der Innenführung der Ladebrücke angewendet: Die Drehverbindung zwischen Ladebrücke und Drehgestellkuppe ist zur Wagenmitte hin versetzt, deshalb muß die Abstützung für die Vertikallast (hier Rollwagen) seitlich verschiebbar sein.

Für spezifisch leichtes witterungsempfindliches Ladegut wurden zweiachsige gedeckte Tiefladewagen mit Rädern von nur 730 Millimeter Laufkreisdurchmesser entwickelt; der Wagenboden ist gekröpft, das Dach nutzt die Fahrzeugbegrenzung voll aus, so daß 163 Kubikmeter Laderaum erzielt werden. Grünzweig & Hartmann in Ludwigshafen stellte zur Beförderung von Mineralfaserdämmstoffen wie Glas- und Steinwolle 1964 solche Wagen bei der Bundesbahn als Privatwagen ein.

Kessel- und Staubbehälterwagen

Unter den Behälterwagen zur Beförderung flüssiger, gas- oder staubförmiger Güter hat der Kesselwagen die weiteste Verbreitung gefunden. Die heutige Form der Behälter, ein liegendes zylindrisches Gefäß, in der Regel aus Stahl, war nicht von Anfang an selbstverständlich; noch um die Jahrhundertwende baute Talbot „Zisternenwagen", deren Bauform eher an einen preußischen Klappdeckelwagen ohne Türen und mit dichtem Aufbau erinnert. Vor dem Ersten Weltkrieg erschienen Wagen mit annähernd rechteckigem Tankquerschnitt, der die verfügbare Fahrzeugbegrenzung besser ausnutzte, sich aber wegen der Nachteile in Herstellung und Festigkeit nicht durchsetzen konnte.

Auf den im französischen und russischen Sprachgebrauch noch heute üblichen Begriff Zisternenwagen ist der Gattungsbuchstabe Z zurückzuführen. Da die Buchstaben-Kennzeichnung nur für bahneigene Wagen vorgeschrieben ist, findet sich das Z in Deutschland nur an Wagen der Reichsbahn in der DDR; in der Bundesrepublik gehören Kesselwagen fast ausschließlich privaten Einstellern, großenteils Vermietgesellschaften. Von den rund 50 000 bei der Bundesbahn eingestellten Privatgüterwagen sind nahezu achtzig Prozent Kesselwagen.

Zahlreiche Produkte, die in Kesselwagen befördert werden, gehören zur Kategorie der gefährlichen Güter, für deren Transport besondere Vorschriften zum Schutz der Allgemeinheit zu beachten sind. Im grenzüberschreitenden Verkehr regelt diese Transporte die Ordnung für die internationale Eisenbahnbeförderung gefährlicher Güter (RID), im Binnenverkehr die Gefahrgut-Verordnung Eisenbahn (GGVE); beide stimmen in den wesentlichen Punkten überein. Diesen Regelwerken ist zu entnehmen, welche Stoffe zur Beförderung in Kesselwagen zugelassen sind und welche Anforderungen an deren Bau und Ausrüstung gestellt werden; seit 1. Oktober 1978 sind die Vorschriften für Bau und Betrieb von Kesselwagen für Gefahrgut in einem besonderen Anhang zusammengefaßt, gleichzeitig wurde für den Behälter der Begriff „Tank" eingeführt. Es werden auch flüssige Lebensmittel oder Futtermittel in entsprechend ausgestatteten Kesselwagen befördert, beispielsweise Wein und Milch oder Schlempe und Zuckermelasse. Um Fehldispositionen auszuschließen, muß die Art des Ladeguts auf der Anschriftentafel von Kesselwagen angeschrieben sein. Außerdem müssen alle Kesselwagen, die Gefahrgut befördern, auf beiden Längsseiten durch orangefarbene Tafeln mit zwei Nummern übereinander gekennzeichnet sein. Die obere Nummer gibt die Gefahr an, die vom Ladegut ausgehen kann, die untere bezeichnet das Ladegut selbst. Diese Nummern ermöglichen bei Unfällen oder in anderen kritischen Situationen die Identifizierung von Gefahr und Ladegut auch aus einiger Entfernung. Auf jeder Lokomotive und jedem Bahnhof der Bundesbahn

Zisternenwagen, 1896, ein Vorläufer der späteren Kesselwagen.

läßt sich nach diesen Nummern in der Betriebsunfallvorschrift ein spezielles Merkblatt als Wegweiser für rasches, sachgerechtes Handeln auffinden. Druckgaskesselwagen tragen einen orangefarbenen Längsstreifen um den Tank, um auf die besondere Berst- und Explosionsgefahr hinzuweisen und besondere Behandlung beim Rangieren zu ermöglichen. Von den rund 40 000 bei der Bundesbahn eingestellten Kesselwagen dienen über 38 000 dem Transport gefährlicher Güter, nur weniger als zweitausend für andere Güter. Von den Gefahrgutkesselwagen befördern 54 % Mineralölerzeugnisse, 28 % Chemikalien und 18 % Druckgas.

Kesselwagengattung	Art der Ladegüter
Mineralölkesselwagen	Rohöl Vergaserkraftstoff Dieselkraftstoff leichtes Heizöl schweres Heizöl Öle und Fette Teer und Bitumen Lösemittel
Chemiekesselwagen	ätzende Stoffe wie Säuren und Laugen entzündbare oder selbst- entzündliche Stoffe wie Schwefel, Phosphor, Alkyle oxydierende Stoffe wie Wasserstoffperoxyd giftige Stoffe radioaktive Stoffe
Druckgaskesselwagen	verflüssigte Gase wie Propan, Propylen, Butan, Butylen, Butadien, Ammoniak, Chlor unter Druck gelöste Gase wie Ammoniak tiefkalt verflüssigte Gase wie Edelgase, Kohlensäure, Wasserstoff und Sauerstoff, Äthan, Methan

Chemiekesselwagen, eingestellt bei der Preußischen Staatsbahn, 1904.

Wärmegedämmter Mineralölkesselwagen der Reichsbahnzeit mit zwei dreiachsigen Drehgestellen.

Bevor sich Mitte der dreißiger Jahre die Schweißtechnik durchsetzte, waren die Tanks aus mehreren Schüssen zusammengenietet.

Kesselwagen mit dreiteiligem Tank.

Während Mineralöl- und Chemiekesselwagen bis auf die Länderbahnen zurückgehen, entstanden die ersten Druckgaskesselwagen erst Anfang der vierziger Jahre; nennenswerte Bedeutung erlangten sie erst nach dem Zweiten Weltkrieg.

Untergestelle und Laufwerke der zunächst durchweg zweiachsigen Kesselwagen entsprachen denen der Regelgüterwagen. Zur Bewältigung des wachsenden Transportaufkommens von Flüssigkeiten entstanden auch großräumige Kesselwagen, zunächst mit vier Lenkradsätzen, später mit zwei- und sogar dreiachsigen Drehgestellen.

Der Tank liegt auf Sattelstützen und ist mit ihnen verschraubt oder durch Zugbänder gegen Längsverschiebungen und Abheben gesichert. Langlöcher an einer der beiden Sattelstützen ermöglichen den Ausgleich temperaturbedingter Längenänderungen, ohne daß der Tank verspannt wird. Bevor sich Mitte der dreißiger Jahre die Schweißtechnik durchsetzte, mußten die Tanks aus mehreren Schüssen zusammengenietet werden. Andererseits gab es Kesselwagen mit mehreren Tanks, später mit einem unterteilten Tank zur gleichzeitigen Beförderung unterschiedlicher Produkte in nur einem Wagen: äußerlich war dies nur an mehreren Domen zu erkennen. Anfang der vierziger Jahre wurden erstmals Kesselwagen ohne Untergestell und dafür mit selbsttragendem Tank gebaut. Überleitbleche übertrugen die Zug- und Stoßkräfte von den Pufferbohlen direkt in den Tank mit verstärktem Boden. Der tiefer angeordnete Tank ermöglichte eine Erhöhung seines Fassungsvermögens, so beim zweiachsigen Kesselwagen von etwa 20 auf 30 Kubikmeter. Weil besonders die vierachsigen Wagen im Bereich der Längskrafteinleitung zur Rißbildung neigten, setzte sich die selbsttragende Bauweise nicht durch.

Für die Beförderung von Chemikalien, gegen die Stahl nicht beständig ist, erhalten Stahltanks innere Schutzauskleidungen mit Blei-, Emaille-, Gummi- oder Keramikbelägen, oder der Tank muß aus anderen, beständigen Werkstoffen, wie Reinaluminium, V2A- oder V4A-Stahl, oder glasfaserverstärktem Kunststoff bestehen. Innenauskleidungen können kostspielige Instandhaltung erfordern. Reinaluminium, in den vierziger Jahren eingeführt, konnte sich nicht durchsetzten. Druckgaskesselwagen haben Tanks aus feinkörnigem Baustahl. Sie waren erstmals Ende der dreißiger Jahre gebaut worden; ihre Herstellung setzte große Öfen zum Spannungsarmglühen sowie Röntgeneinrichtungen zum Prüfen der Schweißnähte voraus.

Jeder Tank muß zur inneren Untersuchung mit einem Mannloch versehen sein, das in der Regel in Form eines Doms auf dem Scheitel des Kessels angeordnet und mit den Einrichtungen zum Füllen und Entleeren kombiniert ist. Bei Druckgaskesselwagen, sofern sie keine giftigen Stoffe befördern, liegt das Mannloch vorzugsweise im gewölbten Tankboden. Auf die früher in die Tanks eingesetzten Schwallbleche, die das Schwappen der Flüssigkeit

während der Fahrt dämpfen sollten, wurde verzichtet, nachdem Untersuchungen 1962 gezeigt hatten, daß sie Standsicherheit, Laufruhe und Bremsverhalten nicht nennenswert zu beeinflussen vermochten.
Für bestimmte, insbesondere für giftige und radioaktive Stoffe dürfen die Tanks keine unter dem Flüssigkeitsspiegel liegenden Öffnungen erhalten; diese Tanks müssen von oben entleert werden. Die Einrichtungen zum Entleeren befinden sich in der Regel bei Mineralölkesselwagen unten und bei Chemiekesselwagen oben; Druckgaskesselwagen werden von unten befüllt und entleert, mit Ausnahme von Wagen für Chlor, Schwefeldioxyd, Schwefelwasserstoff, Chlorkohlenoxyd und Methylmercaptan, für die Obenbefüllung und -entleerung vorgeschrieben ist. Eine Reihe von Chemiekesselwagen ist für beide Systeme eingerichtet. Sofern Gefahrgut in Tanks mit Untenentleerung befördert werden darf, müssen zwei hintereinander liegende, voneinander unabhängige Verschlüsse vorhanden sein. An allen neuen Mineralölkesselwagen, die bei der Bundesbahn eingestellt werden, müssen die Absperreinrichtungen vom Boden aus bedienbar sein; früher wurden sie vielfach von oben betätigt. Ungewolltes Öffnen durch Stöße oder Bedienungsfehler muß durch die Konstruktion der Absperreinrichtungen verhindert werden. Auch muß der innere Verschluß wirksam bleiben, falls der äußere beschädigt werden sollte. Mineralölkesselwagen sind außerdem auf dem Scheitel des Tanks mit einer Sicherungseinrichtung versehen, die Überdruckventil, einen Gaspendelstut-

Anfang der vierziger Jahre entwickelte Kesselwagen mit selbsttragendem Tank, ohne Untergestell, setzten sich nicht durch.

Bei der Bundesbahn eingestellter Druckgaskesselwagen, 80 Kubikmeter Fassungsvermögen, 1957.

Fährbootfähiger Drehgestellkesselwagen neuester Bauart, vorgestellt auf der Internationalen Verkehrsausstellung 1988 in Hamburg.

Um die Jahrhundertwende gab es diese Faßwagen mit Holzfässern für den Weintransport.

Topfwagen, wie dieser preußische von 1902, transportierten in irdenen Töpfen ätzende Flüssigkeiten.

Staubbehälterwagen der Reichsbahnära.

zen, eine Flammensperre und womöglich einen Anschluß für Druckentleerung vereinigt; der Gaspendelstutzen ermöglicht beim Entleeren des Kesselwagens in einen ortsfesten Tank die Überleitung des daraus verdrängten Gas-Luft-Gemischs in den Tank des Kesselwagens; diese Sicherheitsmaßnahme ist vor allem bei Tanks in geschlossenen Gebäuden von Bedeutung. Außerdem kann der Kesselwagen durch den Gaspendelstutzen auch befüllt und entleert werden, ohne den Domdeckel zu öffnen. Tanks mit Obenentleerung werden mit Druckluft oder Stickstoff entladen. In Druckgaskesselwagen besteht das Ladegut aus einem flüssigen und einem gasförmigen Anteil. Sie müssen deshalb mit zwei getrennten Füll- und Entleerungseinrichtungen für die Flüssig- wie für die Gasphase ausgerüstet sein.

Stoffe, die bei Umgebungstemperatur zähflüssig sind, bedürfen heizbarer Tanks, um die Entleerung zu ermöglichen oder zu beschleunigen. Derartige Heizeinrichtungen finden sich an Mineralölkesselwagen für schweres Heizöl, Teer oder Bitumen ebenso wie an Chemiekesselwagen zum Beispiel für Phosphor. Das Heizsystem besteht aus einem inneren oder äußeren Rohrsystem für Dampf oder Heißwasser, kann aber auch als Heizwanne ausgeführt sein, die den unteren Teil des Tanks umfaßt. Um die Abkühlung heiß, oder die Erwärmung gekühlt eingefüllter Stoffe zu verhindern, werden die Tanks wärmeisoliert; Wärmedämmung und Heizung können auch kombiniert sein. Vollständige Wärmedämmung ist vor allem bei Druckgaskesselwagen für tiefkalt verflüssigte Gase nötig. Vielfach genügt jedoch ein Sonnenschutzdach über dem Tank, um die Erwärmung durch Sonneneinstrahlung zu begrenzen.

Nahe verwandt mit den Kesselwagen waren die Faßwagen, bei denen anstelle des Tanks aus Metall mehrere Holzfässer auf dem Untergestell gelagert waren. Sie wurden vorwiegend zur Beförderung von Wein benutzt, bei den Württembergischen Eisenbahnen dagegen für Jauchetransporte. Zuweilen verbargen sich die Fässer auch hinter der Fassade gedeckter Güterwagen.

Topfwagen dienten der Beförderung besonders aggressiver Säuren und anderer ätzender Flüssigkeiten in irdenen Töpfen, bevor Spezialtanks mit Schutzauskleidung oder aus V2A-Stahl zur Verfügung standen. Auf der asphaltierten Ladefläche standen in der Regel zwölf Töpfe in zwei Reihen nebeneinander. Seitliche Bleirinnen entlang der Ladefläche hatten übergelaufene Säure aufzufangen.

Auch staubförmige Güter wie Kohlenstaub, Zement, Quarzmehl oder Granulat für die Kunststofferzeugung stellen besondere Anforderungen an das Beförderungsmittel: Einerseits muß das Ladegut zuverlässig gegen Witterungseinflüsse geschützt sein, andererseits darf während der Fahrt sowie beim Be- und Entladen keine Umweltverschmutzung eintreten. Um diese Forderungen zu erfüllen, sind Staubbehälterwagen meist für Schwerkraftbefüllung und Entleerung mit Druckluft eingerichtet. Sie wird von unten mit zwei bis drei bar Überdruck durch poröse Platten in den Behälter geleitet und fördert damit das Gut nicht nur durch die Entladeleitung, sondern lockert es auch auf, wenn es sich während der Fahrt festgerüttelt hat. Die ersten Staubbehälterwagen waren nach dem Ersten Weltkrieg entwickelt und als Privatwagen bei der Reichsbahn eingestellt worden. Sie trugen zwei, drei oder vier durchweg stehende Behälter. Die Zahl der Radsätze entsprach der Behälterzahl.

Fährbootwagen

In Großbritannien gilt eine kleinere Wagenbegrenzungslinie, als sie die Technische Einheit im Eisenbahnwesen (TE) für Wagen des internationalen Verkehrs auf dem Kontinent festlegt. Deshalb können die nach TE gebauten Güterwagen nicht auf Strecken der Britischen Eisenbahnen übergehen, obwohl die Spurweite übereinstimmt. Für den Verkehr zwischen dem Kontinent und Großbritannien werden besondere Wagen mit kleinerem Profil vorgehalten, seit 1924 die erste Eisenbahnfährlinie über den Ärmelkanal zwischen dem belgischen Zeebrügge und Harwich eingerichtet worden und damit durchgehender Verkehr möglich geworden war. Später kam eine weitere Fährverbindung zwischen dem französischen Dünkirchen und Dover hinzu; zwischen Zeebrügge und Harwich wurde der Eisenbahntrajektverkehr 1987 wieder eingestellt. Da der Weg nach Großbritannien bisher immer eine Fahrt mit der Fähre einschloß, wurden die Wagen als Fährbootwagen bezeichnet und mit einem eingerahmten Anker auf jeder Seitenwand gekennzeichnet.
Sie müssen nicht nur die britische Begrenzungslinie einhalten, sondern auch den übrigen technischen Unterschieden zwischen den Bahnnetzen auf dem

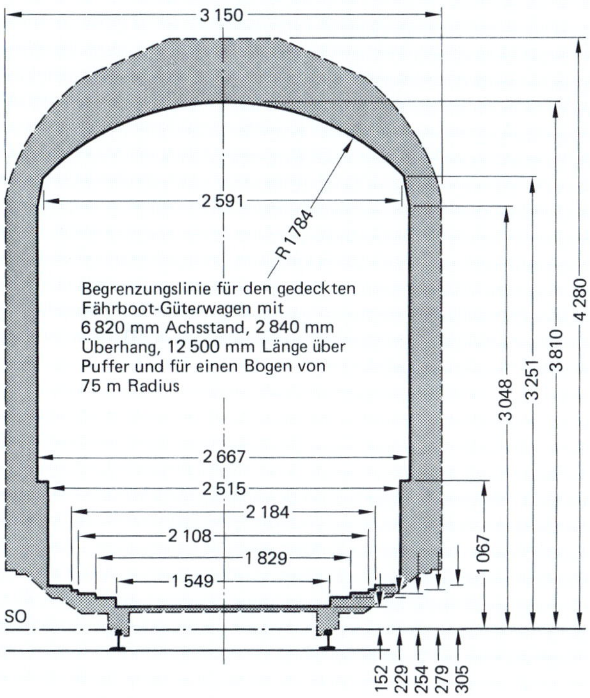

Die Britischen Eisenbahnen haben eine kleinere Wagenbegrenzungslinie als die Bahnen des Kontinents. So entstanden seit 1924 die „Fährbootwagen" für den Fährverkehr über den Ärmelkanal. Die gedeckten Fährbootwagen (Bild oben) hatten Doppelschiebetüren.

Ein fährbootfähiger Spezialwagen neuerer Bauart ist dieser „Hauben-Ferry" mit klappbarem Boden. Beim Aufklappen entstehen Ladegestelle für Blechrollen.

Kontinent und in Großbritannien Rechnung tragen. So benutzten die britischen Bahnen ursprünglich Saugluft-, die kontinentalen Druckluftbremsen; Fährbootwagen mußten deshalb mit beiden Bremssystemen ausgerüstet werden. Aus diesem Grund konnten auch normale britische Wagen nicht auf den Kontinent übergehen. Seit 1983 haben die Britischen Eisenbahnen ihren gesamten Fahrzeugpark auf Druckluftbremse umgestellt, so daß die doppelte Bremsausrüstung der Fährbootwagen heute nicht mehr nötig ist. Bis 1985 mußte auch die den britischen Güterwagen eigene, vom Boden aus bedienbare Handhebelbremse vorhanden sein; seither genügt für den Rangierdienst eine vom Boden aus bedienbare Spindelhandbremse. In jedem Fall müssen Fährbootwagen über Einrichtungen zur Verzurrung auf den Fährschiffen verfügen.

Die Reichsbahn beschaffte in den zwanziger Jahren gedeckte Wagen, Flachwagen und Kühlwagen für den Großbritannienverkehr, die Bundesbahn zunächst ebenfalls gedeckte Wagen und Flachwagen, später auch Wagen mit Hubschiebedach und Stirnwandtüren. Die Wagen tragen den speziellen Anforderungen dieser Verbindung Rechnung, orientieren sich sonst jedoch an den entsprechenden Bauarten des kontinentaleuropäischen Verkehrs.

Heute werden Fährbootwagen in großem Umfang auch von den großen privaten Vermietgesellschaften beschafft und eingesetzt. Zunächst überwogen in diesem Wagenpark die Mineralöl- und Druckgaskesselwagen. Heute bieten die VTG Vereinigte Tanklager und Transportmittel GmbH, Hamburg, und die EVA, Eisenbahn-Verkehrsmittel-AG, Düsseldorf, auch andere fährbootfähige Spezialwagen an, insbesondere großräumige Drehgestell-Schiebewand- und Spreizwandwagen und Wagen mit Quermulden und Teleskophauben zur Beförderung von Blechrollen, teilweise mit Bodenklappen zur Abdekkung der Mulden und Herstellung einer ebenen Ladefläche, um auch andere schwere Lasten befördern zu können.

Güterwagen in der DDR

Die Güterwagenproduktion in der DDR umfaßt über 115 Bauarten und Varianten, die großenteils für den Export nach Ost und West bestimmt sind. Doch auch die Reichsbahn der DDR gehört zu den Abnehmern, sowohl von Güterwagen der Regelbauarten als auch von Spezialgüterwagen wie Doppelstockwagen für den Kraftfahrzeugtransport, mehrachsigen Selbstentladewagen, Kesselwagen oder Containertragwagen, ferner Spezialfahrzeugen für den Gleisbau und anderen Bahndienstwagen.

Die erste Großserienfertigung von Güterwagen für die Reichsbahn begann 1952 mit sechsachsigen Flachwagen. Später bestimmten Spezialfahrzeuge mehr und mehr das Profil der Fertigung. So wurden Flachwageneinheiten zunächst noch mit 1,27 Meter Fußbodenhöhe hergestellt. Sie bestehen aus zwei kurzgekuppelten zweiachsigen Flachwagen. Die neueren Versionen entsprechen UIC-Umgrenzungen. Auf 39 Quadratmeter Ladefläche können bei 26 Tonnen Eigengewicht 54 Tonnen Nutzlast transportiert werden. Die Untergestelle der Wagen bestehen aus verschweißten Walzprofilen. Die Kurzkupplung zwischen den Einzelwagen überträgt bis zu 1471,5 Kilonewton Zugkraft. Zur Ausrüstung der Fahrzeuge gehört Knorr-Einheitsbremsausrüstung mit Umstellvorrichtung des Lastwechsels.

Anfang der achtziger Jahre stellte der VEB Waggonbau Niesky für Transwaggon Flachwageneinheiten mit tief gezogener Ladefläche, Gattung Laadks, mit UIC-Umgrenzung her, die bei der Reichsbahn eingestellt wurden. Die nutzbare Ladefläche beträgt 78 Quadratmeter, die Nutzlast 39 Tonnen bei nur 25 Tonnen Eigengewicht des Fahrzeugs. Die Untergestelle sind wiederum aus Stahlprofilen geschweißt. Die an die Reichsbahn gelieferten Einheiten zeichnen sich durch hohe Betriebssicherheit, wirksamen Oberflächenschutz und lange Lebensdauer aus. Die Wagen, die sich besonders zum Transport von Maschinen und großräumigen Fahrzeugen wie Mähdreschern eignen, gewährleisten internationale Austauschbarkeit von Baugruppen, so daß sie auch im internationalen Verkehr verwendbar sind.

Einen weiteren Schwerpunkt beim Bau von Güterwagen für die Reichsbahn bildeten offene und gedeckte Wagen. Der offene Wagen der Gatung Eas ist mit UIC-Umgrenzung in Ganzstahlbauweise unter Verwendung von Profilstählen hergestellt. Die Wagen bieten 75 Kubikmeter nutzbaren Laderaum bei 35,4 Quadratmeter Ladefläche und 58,5 Tonnen Tragfähigkeit. Sie sind so konstruiert, daß sich das Ladegut zum Schutz vor Witterungseinflüssen mit Planen abdecken läßt.

Auch von gedeckten Wagen wurden unterschiedliche Typen gebaut.

Weitgehend auf die Fertigung von Kühlwagen und Maschinenkühlzügen spezialisiert ist der VEB Waggonbau Dessau. Daß sich der Schienenfahrzeugbau der DDR auf diesem Gebiet zum größten Exporteur der Welt entwickeln konnte, spricht für Qualität und Zuverlässigkeit seiner Fahrzeuge. Auch die Reichsbahn der DDR konnte daraus Nutzen ziehen. Sie erhielt im Laufe der Zeit unterschiedliche Kühlfahrzeuge. Die ersten, die bald nach Kriegsende gebaut wurden, beruhten noch auf Natur- oder Trockeneiskühlung. Da die hiermit erreichbaren Kühltemperaturen keine längere Transportdauer erlauben, begannen schon Ende der vierziger Jahre die Arbeiten zur Entwicklung neuer Kühlzüge. Die von der Sowjetunion maßgeblich unterstützten Forschungsarbeiten führten 1951 zu einem 23teiligen Kühlzug mit Kühlaggregaten auf Ammoniak-Basis. Konstruktive Verbesserungen erlaubten schon Ende der fünfziger Jahre den Bau eines vierachsigen Maschinenkühlwagens, der sowohl einzeln als auch im Zugverband

Auch in der DDR gehören Doppelstockwagen für den Autotransport zum Fertigungsprogramm des Schienenfahrzeugbaus.

Chemiebehälterwagen aus dem VEB Waggonbau Niesky.

eingesetzt werden konnte. Er gewährleistete bei Außentemperaturen zwischen minus und plus 45 Grad Celsius Ladetemperaturen zwischen minus 18 und plus 12 Grad Celsius.

Eine Pionierrolle spielte der Kühlwagenbau bei der Entwicklung der Großsektionsbauweise, die neue Lösungen in Technologie und Konstruktion sowie die Einführung einer leistungsfähigeren Kühltechnik ermöglichte.

Die in den siebziger Jahren gebauten Kühlwagen waren dann technisch ausgereift, wesentlich leichter, anspruchsloser in der Wartung ihrer Kühltechnik und besonders wirtschaftlich durch die Großserie, in der sie produziert wurden.

Zu den neuesten Fahrzeugen zählt ein in Sandwich-Bauweise gefertigter vierachsiger Kühlwagen mit einem UIC-Standardlaufwerk, KE-Bremssystem und UIC-Umgrenzung. Auf 46 Quadratmeter Ladefläche stehen 92 Kubikmeter Laderaum zur Verfügung, das Ladegewicht beträgt 41 Tonnen. Für die Kühlung können bis zu 6,5 Tonnen Eis geladen werden.

Zu den bemerkenswertesten Erzeugnissen des DDR-Schienenfahrzeugbaus zählen die in Dessau hergestellten Kühlzüge mit einem Maschinen- und mehreren Kühlwagen. Ein leistungsfähiges Dieselaggregat erzeugt den Strom für die zentrale elektrische Energieversorgung zum Kühlen oder Heizen der Wagen. Hier ein Blick in den Dieselaggregatewagen eines Kühlzugs.

Kombinierter Verkehr

Mit dem kombinierten Verkehr suchen Schiene und Straße ihre spezifischen Vorteile zu verknüpfen: Ferntransport mit der Bahn, Verteilung in der Fläche mit dem Lastkraftwagen. Der Nachteil des – womöglich sogar mehrfachen – Wechsels von einem Verkehrssystem zum anderen tritt in den Hintergrund, da die Transportgefäße durchgehend verwendbar und die Umschlageinrichtungen so leistungsfähig sind, daß nur wenige Minuten zum Umsetzen der Container und Wechselbehälter nötig sind. Vorteilhaft wirkt sich aus, daß die transportierte Ware selbst nicht so aufwendig verpackt zu werden braucht wie zum konventionellen Versand.
Zu unterscheiden ist zwischen Container- und Hukkepackverkehr. Container, von denen – ähnlich wie bei den Güterwagen – neben Regelbauarten auch Spezialcontainer zur Verfügung stehen, sind für den Wechsel des Verkehrssystems vorgesehen, wobei neben Bahn- und Straßentransport auch der Verkehr zu Wasser eine wesentliche Rolle spielt. Im Huckepackverkehr werden dagegen Straßenfahrzeuge auf speziell dafür ausgerüsteten Eisenbahnwagen befördert.

Der Containerbahnhof verknüpft die Vorteile von Schiene und Straße: Vom Portalkran umgesetzt, wechseln die „großen Kisten", die sich auf beiden Verkehrswegen gleichermaßen befördern lassen, in wenigen Minuten ihr Transportmittel.

Containerverkehr

Ursprünglich stammt der Großcontainer von der amerikanischen Armee. Nach seiner Einführung in der Transportwirtschaft Mitte der sechziger Jahre waren in Europa bereits Behälter in Form rollbarer Klein- und Mittelcontainer im Einsatz. Noch heute haben Kleincontainer Bedeutung beim Transport kleiner Partien von Trockengut, während die Mittelcontainer – früher pa-Behälter – vom heutigen Großcontainer ab zwanzig Fuß mit spezialisierter Technik und durch veränderte logistische Rahmenbedingungen aus ihren ursprünglichen Einsatzgebieten verdrängt worden sind; lediglich im Schüttgutverkehr spielen sie noch eine größere Rolle. Klein- und Mittelcontainer bilden jedoch Vorstufen des heutigen Großcontainers.

Großcontainer

Dieser Begriff ist in einer Norm erfaßt, die wie der Container selbst aus Amerika kommt. In Fortschreibung dieser Festlegungen nach ISO – in der Bundesrepublik Deutschland entspricht ihr DIN 15 190 – gelten Behälter ab zehn Fuß als Großcontainer:

Gattung	Bruttogewicht t	Laderaum m³	Abmessungen in m Länge	außen Breite	außen Höhe	innen Breite	innen Höhe
10	10,0	14,0	2,990	2,435	2,435	2,315	2,180
20	20,0	30,0	6,055	2,435	2,435	2,310	2,180
30	25,0	48,7	9,125	2,435	2,435		
40	30,0	63,0	12,190	2,435	2,435	2,340	2,235

Im Zuge der fortschreitenden Entwicklung haben zwei entscheidende Änderungen diese Normen beeinflußt: Spezialcontainer in Anlehnung an die Baunormen und im westlichen Europa Binnencontainer mit gleichen Längen, jedoch abweichender Innenbreite von 2,440 Metern, um bessere Raumausnutzung bei Beladung mit Europaletten erreichen zu können. Für diese, ursprünglich von der Deutschen Bundesbahn zusammen mit ihrer Tochtergesellschaft Transfracht entwickelten Binnencontainer besteht heute ein Pool, dem die meisten europäischen Bahnen angehören und der eine freizügige Verwendung der Binnencontainer auch im internationalen Verkehr auf dem Kontinent ermöglicht. Der europäische Festlandcontainer ist vom Internationalen Eisenbahn-Verband (UIC) als Ladegefäß für den kontinentalen Verkehr zugelassen; er ist gleichwertig mit Wechselaufbauten von Lastkraftwagen, die ebenfalls im kombinierten Verkehr verwendet werden können, wenn sie das CSC-Zeichen, den Container Safety Code, tragen. Dagegen haben sich die Eisenbahnen der sozialistischen Staaten einheitlich auf die Verwendung der Zwanzig-Fuß-Container nach ISO geeinigt. Diese Beschränkung war leichter möglich, weil dort nicht parallel zu den Containern auch ein Lastwagen-Wechselbehältersystem eingeführt wurde. Sie bringt den Vorteil, daß alle eingesetzten Container auch die Voraussetzungen für den Seeverkehr erfüllen. Ökonomisch gesehen entsteht damit ein geschlossenes Transportsystem ohne Einschränkungen bei den Transportmitteln.

ISO-Container

Die mit der weltweiten Normung bezweckte Vereinheitlichung der Container ist durch die Spezialisierung wieder aufgeweicht worden. Die Masse der auf dem Transportmarkt eingesetzten Container nach ISO-Norm sind Standardbauarten, in der Regel die allseits geschlossenen Boxcontainer mit Stirnwandtüren und zwanzig oder vierzig Fuß Länge sowie einer Tasche für den Gabelstaplerumschlag. In beiden Längen stehen für schwere, witterungsunempfindliche Güter auch offene Container, Flats, zur Verfügung.
Im Verkehr zwischen Nordamerika und Westeuropa erlangten bald auch 35-Fuß-Container Bedeutung, so daß sich die Landverkehrsträger schon damals auf Sonderbauarten hinsichtlich Länge und Höhe einstellen mußten. Diese Notwendigkeit besteht nach wie vor; denn ähnlich wie bei den Güterwagen übt die Forderung nach anwendergerechten Lösungen Einfluß auch auf die Bauart der Container aus. So kommen neben den Boxen und Flats nach ISO vermehrt gutartbezogene Trockencontainer mit veränderten Außenmaßen in den Verkehr, in neuester

Boxcontainer nach ISO-Norm: Danach zählen Behälter ab zehn Fuß Länge als Großcontainer.

Die Masse der heute auf dem Transportmarkt eingesetzten Container nach ISO-Norm sind Standardbauarten, vorwiegend die allseits geschlossenen Boxcontainer mit Stirnwandtüren und zwanzig oder vierzig Fuß Länge.

Flats sind offene Container, die sich vor allem zum Transport schwerer, witterungsunempfindlicher Güter eignen. Auf diesem 40-Fuß-ISO-Flat läßt sich ein Bagger mühelos befördern.

Für sperrige Güter stehen „Open-top"-Container zur Verfügung, die von oben be- und entladen und gegen Witterungseinflüsse mit einer Plane abgedeckt werden können.

Für den Binnenverkehr stehen Großcontainer zur Verfügung, die von der ISO-Norm geringfügig abweichen: Bei gleicher Länge ermöglicht ihre größere Breite raumfüllende Beladung mit Normpaletten.

Der Faltwandcontainer läßt sich von der Seite her, auch mit Gabelstaplern, beladen, wie hier mit Getränkekisten einer Brauerei.

Zeit ein großräumiger Container mit 2,90 Meter entsprechen 9 1/2 Fuß Höhe bei vierzig Fuß Länge und sonst unveränderten Innenmaßen; obwohl diese Containerbauart bisher vor allem in den Relationen Fernost – Europa und Fernost – Amerika eingesetzt wird, ist sie für den weltweiten Einsatz bestimmt. Inzwischen zeichnet sich der 45-Fuß-Container im Überseeverkehr ab; er stellt die beteiligten Verkehrsträger vor neue Probleme.
Schon heute stehen Überseecontainer verschiedener Spezialbauarten zur Verfügung; Open-Top-Container mit Plane für sperrige Güter, die von oben be- oder entladen werden müssen, sowie Plattform-Container für Schwerguttransporte oder Half-Height-Container für die Eisen- und Stahlindustrie.

Binnencontainer

Gegenüber dem ISO-Container bietet der Binnencontainer bei gleicher Länge zusätzliche Ladefläche durch die größere Breite von innen 2,440 Meter. Außerdem enthalten die Boxcontainer dieser Bauart seitliche Türen. Die von Bundesbahn und Transfracht 1968 erstmals angebotenen Binnencontainer erfreuten sich großer Akzeptanz; das System wurde deshalb rasch weiterentwickelt, so daß heute die Anforderungen der Verlader mit den inzwischen zur Verfügung stehenden Typen weitgehend abgedeckt werden können:

Boxcontainer 20 Fuß	Htt 6
Boxcontainer 40 Fuß	Htt 12
Faltseitenwandcontainer 20 Fuß	Hg 6
Flat 20 Fuß	Hlo 6
Schüttgutcontainer 20 Fuß	Htt 6.483
Stützfußcontainer 7,15 Meter	Htg 7

Die neueste Entwicklung repräsentiert der Stützfußcontainer Htg 7. Alle früheren Großcontainer müssen beim Belader wie beim Empfänger auf dem Chassis des Zustellfahrzeugs verbleiben, sofern kein Umschlaggerät zum Absetzen und Aufnehmen zur Verfügung steht. Außerdem boten Wechselbehälter, vom Straßenfahrzeug abnehmbare Aufbauten, die ebenfalls im kombinierten Verkehr befördert werden, drei Palettenstellplätze mehr als die vergleichbaren Container. Der Stützfußcontainer Htg 7 vereinigt die Vorteile des Großcontainers bei nunmehr 17 statt 14 Palettenstellplätzen mit der Umschlagmobilität der Wechselbrücke, da sich dieser Container auch mit einem geeigneten Lastwagenchassis bewegen läßt. Die hierdurch gewonnene Flexibilität verhilft dem Containerverkehr ohne erhebliche Investitionen in Umschlaggeräte und besondere Chassis zu logistischer Einbindung in innerbetriebliche Materialflußsysteme von der Beschaffung über den Betriebsablauf bis zur Distribution. Auch das Ladegewicht des Htg 7 entspricht mit bis zu zwölf Tonnen weitgehend den Anforderungen.

Stützfußcontainer können „auf eigenen Beinen stehen" und damit auch in innerbetriebliche Materialflußsysteme gut eingebunden werden. Diese Container lassen sich auch mit einem geeigneten Lastwagenchassis bewegen.

Die Tendenz geht heute zu weiter spezialisierten Containern, um den Anforderungen der Verlader zu entsprechen. Für bestimmte Marktbereiche sind spezifische Lösungen zu erwarten, doch wird nach Möglichkeit eine mehrfache Verwendbarkeit angestrebt, etwa durch abdeckbare Coilmulden. Schon heute hält Transfracht einen Schüttgutcontainer vor, der nach Entfernen des Inlets wie ein Boxcontainer benutzt werden kann.

Im Eisenbahngüterverkehr bestehen besondere Chancen für den Einsatz von Großcontainern dort, wo der konventionelle Wagenladungsverkehr an seine Grenzen stößt; eine Marktuntersuchung ergab, daß von 165 Werken der mittelständischen weiterverarbeitenden Industrie lediglich 38 über einen Gleisanschluß verfügen. Als Ergänzung zu den vorhandenen Binnencontainern der Bundesbahn wird deshalb ein Container entwickelt, der einerseits zum Transport schwerer und kranbarer Güter geeignet ist, andererseits aber voll in das bestehende System des kombinierten Verkehrs integriert werden kann. Die Grundanforderungen sind in der Konstruktion nur äußerst schwer zu lösen: Belademöglichkeit von oben und wahlweise von beiden Seiten sowohl mit Kran als auch mit Gabelstapler; die notwendigen Vorbereitungsarbeiten für Ladevorgang und Transport muß eine Person allein durchführen können; lichte Weite mindestens 8,7 Meter; geringes Eigengewicht von höchstens fünf Tonnen, um das für einen Dreißig-Fuß-Container zulässige Gesamtgewicht von dreißig Tonnen bei Beladung mit zwei

Bei aller Spezialisierung sollen Container doch vielseitig nutzbar sein. Schüttgutcontainer mit den Einfüllöffnungen auf der Oberseite – hier auf einem Kippchassis – können heute nach Entfernen des Inlets wie einfache Boxcontainer verwendet werden.

Auch Flüssigkeiten werden in ständig steigendem Umfang mit Containern transportiert. Dieser Tankcontainer zählte zur ersten Generation in den Abmessungen der Binnencontainer. Auch für Trockengut und Gase können Tankcontainer eingesetzt werden.

Coils von je 12,5 Tonnen nicht zu überschreiten; Verwandlungsmöglichkeit von Coilmulden in einen ebenen Boden; Rungen zur Absicherung von schmalen Coils und Stabmaterial sowie Zurrösen zum Niederbinden des Ladeguts im Bereich der Coilmulden. Die Stirnwände können fest sein, doch dürfen im geschlossenen Zustand zwischen den Stirnwänden und der Abdeckung – Haube oder Planenverdeck – weder Feuchtigkeit noch Flugschnee eindringen. Drei Varianten wurden untersucht, die mit Schiebeverdeck war als erste serienreif.

Spezialcontainer

Tankcontainer stehen für Trockengut sowie für Flüssigkeit und Gase zur Verfügung. Besonders ausgeprägt ist dabei der Vorteil, den Großcontainer als Bestandteil der Transportkette und darüber hinaus im Vorfeld der Produktion zu verwenden. Damit sind Einsparungen bis hin zum Tanklager möglich. Zur Entladung von Trockengut können Kippchassis oder ortsfeste Saugeinrichtungen benutzt werden, um das Gut in Tief- oder Hochsilos zu verbringen. Tankbehälter müssen den Festigkeitsbestimmungen für das Transportgut entsprechen. Je nach Gefahrgutklasse sind die Innenwände besonders zu beschichten. Die Behälter der Tank- und Silocontainer sind nach ISO-Norm fest auf Rahmen montiert oder nach der Binnenbauart aufgebaut. Wegen der weltweiten Beschaffungslogistik kommt in diesem Bereich der ISO-Variante die größere Bedeutung zu, wenngleich dem Tankcontainer auch im Binnenverkehr als Alternative zu Festaufbauten beim Lkw-Transport gute Wachstumschancen eingeräumt werden.

Die heutige Technik erlaubt bei Tankcontainern mit zwanzig Fuß Länge und nur drei Tonnen Eigengewicht bis zu 28 Tonnen Zuladung. Die anfangs in größerer Zahl vorhandenen Dreißig-Fuß-Einheiten werden deshalb nicht weiter beschafft; lediglich für spezifisch leichte Schüttgüter besteht Bedarf nach diesen Containern. Ihre Behälter können auch mehrere Kammern enthalten, um verschiedenes Silogut gleichzeitig zu befördern.

Kühlbehälter werden zum Transport von Obst, Gemüse und anderem Gefriergut eingesetzt. Die Kühlung besorgt ein Diesel-Generator-Aggregat, ein Temperaturwächter regelt die erforderliche Kühlleistung. Für den Rohkaffeetransport in loser Schüttung dienen belüftete Container. Boxcontainer mit Polyurethan-geschäumten Innenwänden, sogenannte isolierte Container, befördern temperaturempfindliche Güter bis acht Grad Celsius.

Kühlcontainer wie isolierte Container werden heute nach der Sandwich-Bauweise hergestellt. Auf einem Stahlrahmen mit glasfaserverstärkter Außenhaut werden die Isolierplatten bündig verklebt. Die Ladebreite für Europaletten ist bei der Binnencontainer-Bauart auch hier gewährleistet. Kühlcontainer werden künftig im kombinierten Verkehr vermehrt zum Einsatz kommen.

Vermehrt werden künftig auch Kühlcontainer im kombinierten Verkehr zum Einsatz kommen, hier „Freshtainer" mit 20 Fuß Länge.

Umschlaganlagen

Die Schnittstelle des kombinierten Verkehrs bilden die Umschlaganlagen, bei denen der Verkehrsträgerwechsel vollzogen wird.
Im Seehafenterminal müssen die Container schnell gelöscht und geladen werden, um die Liegezeit der Schiffe im Hafen möglichst kurz zu halten. Kennzeichnend für den Seehafenumschlag sind die Schiffsüberladebrücken; die Umschlagzeit zwischen Schiff und Kai beträgt damit etwa drei Minuten je Container. Van-Carrier, gummibereifte Portalstapler, befördern die angelandeten Container zum Zwischenlager oder direkt zu bereitstehenden Eisenbahn- oder Lastkraftwagen.
Die Umschlagplätze im Binnenland werden größtenteils von der Bundesbahn betrieben und verfügen über Portalkrane mit bis zu sechzig Meter Stützweite. Zum schnellen und sicheren Fassen der Container und Wechselaufbauten dienen unterschiedliche Spreader; sie arbeiten automatisch, indem sie die Containerlänge erfassen und damit in die corner fittings, die Eckbeschläge der Container, greifen. Je nach Bauart werden feststehende oder mitfahrende Bedienungskabinen verwendet. Die Krananlage bildet das Herzstück des Terminals; von ihr werden Eisenbahngleise, Straßen und Abstellflächen bestri-

Containerterminal Bremerhaven mit zwei Schiffsüberladebrücken. Van-Carrier befördern die Container zwischen Schiff, Lagerplatz und Gleisanschluß.

In den Umschlagbahnhöfen der Bundesbahn wechseln die Container unmittelbar zwischen Schienen- und Straßenfahrzeug; leistungsfähige Portalkrane gewährleisten kurze Umschlagzeiten.

Wo sich stationäre Krananlagen nicht lohnen, bieten Seitenlader eine wirtschaftliche Alternative. Sie können den Container nicht nur mit dem eigenen Ladegerät aufnehmen und absetzen, sondern auch transportieren.

chen. Ergänzend sind häufig mobile Umschlaggeräte wie Seitenstapler, Seitenlader oder Frontlader eingesetzt, um Bedarfsspitzen zu bewältigen.
Eine Reihe von Umschlagplätzen, deren Aufkommen keinen Portalkran rechtfertigt, betreibt Transfracht selbst; für den Umschlag zwischen Schiene und Straße werden dort Seitenlader verwendet, die bei Bedarf den Container auch zum Kunden bringen und dort absetzen oder wieder aufnehmen können. Andere Bauarten mobiler Containerumschlaggeräte können wegen ihres hohen Gewichts nur im Terminal selbst eingesetzt werden. Mobile Umschlaggeräte sind nicht nur flexibel im Interesse wirtschaftlichen Handlings der Container einsetzbar, sondern auch bei ungünstigen Bodenverhältnissen und in geneigtem Gelände.

Güterwagen für den Großcontainerverkehr

Nach Festlegung des Internationalen Eisenbahn-Verbands (UIC) werden für den Containerverkehr zwei- und vierachsige Tragwagen mit Stoßdämpfung zum Einsatz im Einzelverkehr, sowie zwei- und vierachsige Tragwagen ohne Stoßdämpfung für Blockzüge, die zwischen Ausgangs- und Zielbahnhof geschlossen durchlaufen, unterschieden. Im Einzelverkehr sind Stoßdämpfersysteme wegen der Stöße beim Rangieren unverzichtbar. Sie dämpfen die Beschleunigungen beim Auflaufstoß und gewährleisten, daß dabei bis etwa 11 km/h die für das Ladegut maßgebliche Beschleunigung von 10 m/s^2 und bis etwa 15 km/h die Beanspruchungsgrenze für die Container von 20 m/s^2 nicht überschritten werden. Obwohl die stoßgedämpften Wagen rund zwanzig Prozent höhere Beschaffungskosten verursachen, mußte sich die Bundesbahn wegen ihrer Netzstruktur durchweg für stoßgedämpfte zwei- und vierachsige Wagen entscheiden.
Die Bundesbahn beschaffte erstmals 1970 zweiachsige Tragwagen (Lgjs 575) mit hydraulischen oder mechanischen Stoßdämpfern; deren Hub beträgt 760 oder 750 Millimeter. Auf diesen 14,8 Meter langen Wagen können zwei Zwanzig- oder ein Vierzig-Fuß-Container befördert werden. Gleichzeitig entstanden 17,1 Meter lange Wagen (Lgjs 571), die ebenfalls Großcontainer aufnehmen können, jedoch speziell zum Transport der 7,15 Meter langen Wechselbehälter bestimmt sind; wegen seiner außergewöhnlichen Länge und des großen Radsatzstands von zehn Metern kann dieser Wagen nicht freizügig im grenzüberschreitenden Verkehr eingesetzt werden. Die zweiachsigen Wagen bringen Nachteile bei Beladung und Zugbildung, außerdem entsprechen sie im Hinblick auf die internationalen Bauvorschriften nicht mehr dem Stand der Technik. Die Bundesbahn entschied sich deshalb bei der weiteren Beschaffung für den kurzen stoßgedämpften Drehgestellwagen der Bauart Sgjkkmmss 699, dessen verkehrliche Merkmale von der UIC vereinheitlicht wurden. Bei 16,94 Meter Gesamt- und 14,6 Meter Ladelänge können zwei 7,15 Meter lange Wechselbehälter oder zwei Zwanzig-Fuß-Container befördert werden. Die längere Wagenbauart Sgjs 712 mit 18,4 Meter Ladelänge bietet Platz für Container mit zusammen sechzig Fuß Länge, wobei drei Zwanzig- oder je ein Zwanzig- und Vierzig-Fuß-Container geladen werden können; auch dieser Wagen kann

UIC-Standard-Containertragwagen mit 60 Fuß Ladelänge, niedriger Ladeebene und Stoßdämpfung zum Schutz des Ladeguts, Bauart Sgjs 712.

Wechselaufbauten transportieren; entweder drei mit je sechs Meter oder zwei mit je 7,15 Meter Länge. Diese Wagenbauart wurde von der UIC standardisiert; sie zeichnet sich durch eine niedrige Ladefläche aus, die aufgrund der besonderen Konstruktion für die Stoßdämpfung möglich wurde.
Heute ist im Großcontainerverkehr eindeutig der Trend zu gutartspezifischen Ladeeinheiten feststellbar. Auf der Straße können Container bis 30,48 Tonnen auf geeigneten Chassis befördert werden. Die vorhandenen Drehgestelltragwagen mit 18,4 Meter Ladelänge haben für derart schwere Container keine hinreichende Tragfähigkeit; ihre Lastgrenze liegt bei 56 Tonnen. Container mit dreißig Tonnen können also auf diesen Wagen nur einzeln befördert werden. Auch für den Huckepackverkehr eignen sie sich über kurz oder lang nur noch bedingt; denn hier geht der Trend zu größeren Längen der Wechselbehälter: Verkürzte Lastwagenführerhäuser und eine neuartige Kurzkupplung zwischen Motorwagen und Anhänger ermöglichen die Verlängerung von 7,15 auf 7,90 Meter; solche Wechselaufbauten lassen sich dann auf den vorhandenen Wagen ebenfalls nur einzeln transportieren. Entwickelt wird deshalb ein vierachsiger Tragwagen mit 22,5 Tonnen zulässiger Radsatzlast, einer Lastgrenze von mindestens 62 Tonnen und 18,4 Meter Ladelänge. Diese Wagen sollen zwar in erster Linie in geschlossenen Zügen zwischen den Umschlagbahnhöfen eingesetzt werden, müssen sich jedoch auch für den gelegentlichen Einzelverkehr eignen; deshalb laufen Untersuchungen, ob statt des Langhubstoßdämpfers neuartige Hochleistungs-Langhubpuffer für Transportsicherheit und Ladungsschutz ausreichen. Zur Erprobung wurden zunächst einige Wagen beider Varianten gebaut.

Huckepackverkehr

Im Huckepackverkehr werden straßenspezifische Ladeeinheiten auf Eisenbahnwagen befördert: Wechselbehälter, Lastkraftwagen mit und ohne Anhänger, Sattelzüge aus Zugmaschine und Sattelanhänger sowie Sattelanhänger ohne Zugmaschine. Diese Straßenfahrzeuge werden entweder horizontal von einer Zugmaschine oder vertikal vom Kran auf die Schienenfahrzeuge umgeschlagen.
Für den Transport nicht kranbarer Sattelanhänger stehen seit 1969 die ersten Spezialgüterwagen des Huckepackverkehrs zur Verfügung: Wippenwagen, kurzgekuppelte Einheiten aus zwei vierachsigen Niederflurwagen der Bauarten Saads 703/704. Zur Be- und Entladung dienen fahrbare Schrägkopframpen, deren Kopfträger zuvor hydraulisch abgesenkt werden. Die Ladefläche selbst senkt sich nach Entriegeln

In diese Bauart von Huckepackwagen werden die Sattelanhänger mittels Greifzangen vom Kran eingehoben. Die zwischen den Drehgestellen abgesenkte Ladefläche bildet eine Tasche, die das Straßenfahrzeug während der Fahrt mit der Bahn sicher aufnimmt.

unter dem Gewicht der Sattelanhängerachsen einseitig wie eine Wippe ab und erreicht dadurch eine niedrige Aufstandshöhe des Sattelanhängers. Die Sattelplatte wird am entgegengesetzten Wagenende auf einem ausklappbaren Stützbock aufgesattelt und mit Ketten verzurrt, um die Standsicherheit zu gewährleisten. Die Wagen- und Rampenausrüstung machen den Umschlag mühsam und kostspielig.

Die Weiterentwicklung zielte deshalb darauf ab, den Umschlag zu vereinfachen und zu beschleunigen sowie die Vorhaltungskosten zu senken. Gebaut und erprobt wurden daraufhin zwei Niederflurwagen-Bauarten: mit zwei dreiachsigen Drehgestellen und mit zwei Doppelachslaufwerken. Zum Umschlag ist eine Spezialzugmaschine mit höhenverstellbarer Sattelplatte nötig, die den Sattelanhänger zusammen mit einem Stützbalken aufnimmt und über stirnseitig angesetzte Kopframpen auf den Niederflurwagen auffährt; der Stützbalken wird auf die Außenlangträger des Tragwagens abgesetzt und gegen Abheben gesichert. Beide Bauarten sind serienreif, bisher jedoch nicht in größerer Zahl beschafft worden; dies soll einer privaten Gesellschaft vorbehalten bleiben, deren Gründung beabsichtigt ist.

Für den Vertikalumschlag von Sattelanhängern mit dem Kran wurden Taschenwagen (Sdkms 707) entwickelt, die als Einheitswagen international laufen können und von der Bundesbahn seit 1972 in Serie beschafft wurden. Zwischen den Drehgestellen dieser Wagen liegt die Ladefläche tiefer und bildet eine Tasche, in die der Sattelanhänger vom Kran mittels Greifzangen abgesetzt wird. Zum Festlegen sind auf dem Wagenboden feste und verschiebbare Radvorleger angeordnet, am entgegengesetzten Ende wird die Sattelplatte auf einem längsverschiebbaren Stützbock gelagert. Der Huckepack-Taschenwagen zeichnet sich gegenüber dem Wippenwagen durch ein sehr günstiges Verhältnis von Nutzlast zu Totlast aus. Außerdem ermöglicht der Kranumschlag in Verbindung mit der leichten Bedienbarkeit des Wagens rationellen, schonenden und einfachen Wechsel des Verkehrsmittels. Der Wagen kann auch Container und Wechselaufbauten befördern.

Für die „Rollende Landstraße", den Transport von Lastzügen mit der Eisenbahn, stehen seit Ende der sechziger Jahre Niederflurwagen (Saadkmms 702) mit extrem kleinen Rädern und entsprechend niedriger Ladefläche zur Verfügung: Der Raddurchmesser schwankt je nach Abnutzung zwischen 355 und 335 Millimetern, die Ladefläche liegt nur 450 Millimeter über Schienenoberkante. Damit benötigen diese Wagen tiefliegende Zug- und Stoßeinrichtungen; nach der Beladung müssen an den Zug vorn und hinten besondere Schutzwagen mit tiefliegender am einen und normaler Zug- und Stoßeinrichtung am anderen Ende gekuppelt werden. Die Ladelänge von 13,54 Metern bedingt, daß für den Transport von zwei Lastzügen drei Wagen benötigt werden. Seit 1980 stehen nun achtachsige Niederflurwagen (Saadkms 690) zur Verfügung, die auf 18,6 Meter

Die „Rollende Landstraße" befördert Lastkraftwagen mit Anhänger und – in einem Liegewagen – auch die Fahrer. So lassen sich große Entfernungen oder der Weg über die Alpen bequem und sicher zurücklegen.

Ladelänge einen 18 Meter langen Lastzug allein befördern können. Sie erreichen mit ähnlich kleinen Rädern von 360 bis 335 Millimeter Durchmesser eine gleichermaßen niedrige Ladefläche. Obwohl damit auch hier tiefliegende Zug- und Stoßeinrichtungen nötig sind, bedarf es besonderer Schutzwagen nicht: Am Ende des Zuges lassen sich vielmehr nach der Be- und vor der Entladung von Hand Kopfstücke mit den normalen Zug- und Stoßeinrichtungen an den Niederflurwagen an- und wegschwenken. Auch Sattelanhänger können mit diesen Wagen befördert werden.

Die Steigerung des zulässigen Gesamtgewichts von Lastkraftwagen über derzeit 38 Tonnen hinaus auf zunächst 40 und eines Tages womöglich sogar 44 Tonnen erfordert auch eine wagentechnische Weiterentwicklung des Systems „Rollende Landstraße". In ersten Projektuntersuchungen hat die Bundesbahn achtachsige Niederflurwagen mit größerem Raddurchmesser und entsprechend höherer Ladeebene für den Einsatz im Flachland ins Auge gefaßt. Der Alpentransit hingegen erlaubt wegen der teilweise zu kleinen Tunnelquerschnitte diese Lösung nicht. Deswegen haben sich die am Alpentransit beteiligten Bahnen der Schweiz, Österreichs, Italiens und die Deutsche Bundesbahn unter Beibehaltung der niedrigen Ladefläche und der kleinen Raddurchmesser für eine zwölfachsige Wagenkonzeption in Form von Niederflurwagen mit drei vierachsigen Drehgestellen entschieden.

Bahndienstwagen

Zu den Wagen, die nur für dienstliche Zwecke bestimmt sind und nicht im öffentlichen Verkehr eingesetzt werden, zählen in erster Linie Bauzugwagen zur Unterbringung von Mitarbeitern bei Arbeiten auf der Strecke, jedoch auch Hilfszugwagen zur Beseitigung von Unfallfolgen sowie Meßwagen, die in erster Linie für technisch-wissenschaftliche Zwecke nötig sind. Aber auch die Kranwagen und die Schneeräumfahrzeuge zählen zu den Bahndienstwagen. Für die vielfältigen Anforderungen des Eisenbahnbetriebs sind darüber hinaus zahlreiche weitere Bahndienstwagen erforderlich.
Von Spezialwagen abgesehen, werden Bahndienstwagen vielfach aus Reisezug- oder Güterwagen, die für den öffentlichen Verkehr nicht mehr benötigt werden, in eigenen Werkstätten der Bahn hergestellt.

Bauzugwagen

Bei der Instandhaltung und Erneuerung der Gleise im gesamten Streckennetz entstehen Baustellen an ständig wechselnden Stellen. Die dort beschäftigten Mitarbeiter sind in Bauzügen untergebracht, die auf einem Bahnhof in der Nähe der Baustelle abgestellt werden. Ein solcher Bauzug besteht aus den verschiedensten Wagen: Wohn-Schlafwagen, Aufenthaltswagen, Wasch-Duschwagen, Werkstattwagen, Bürowagen, Küchenwagen und von Fall zu Fall nötigen Spezialwagen. Für diese Zwecke standen noch bei der Bundesbahn zahlreiche umgebaute Wagen der Länderbahn-, der Verbands- und der Kriegsbauarten im Einsatz. In mehreren Umbauprogrammen wurden bis 1983 die zwischen 1954 und 1958 in Dienst gestellten Nahverkehrswagen der Gattung 3yg zu einheitlichen und an heutigen Komfortansprüchen orientierten Bauzugwagen umgestaltet.
Die Wohn-Schlafwagen erhielten ab 1977 eine noch bessere Isolation, Rolläden vor den Fenstern, Ölofenheizung und eine umweltfreundliche Toilette. Beiderseits des Wagenmittelteils sind auf der einen Seite zwei Schlafräume, auf der anderen Küchen- und Wohntrakt untergebracht. Seit 1981 mußten dafür auch gedeckte Güterwagen umgebaut werden; konstruktive Veränderungen am Wagenboden, Umstellung der Federung und eine vollständige Neubeblechung des Wagenkastens führten jedoch auch hier zu einer optimalen Lösung.

Neben Personen- und Güterwagen für den kommerziellen Einsatz spielten schon in der Frühzeit der Eisenbahn Dienstwagen eine wesentliche Rolle, zumal früher weite Streckenabschnitte nur auf dem Schienenweg erreichbar waren. Die Aufnahme zeigt einen kippfähigen Arbeitswagen der Bayerischen Staatseisenbahnen aus dem Jahr 1902.

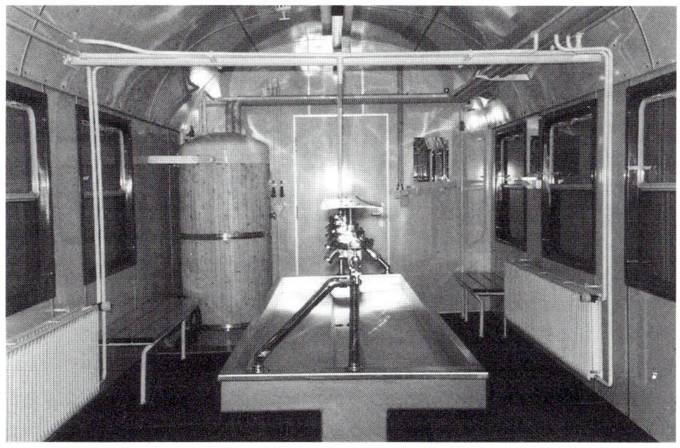

Noch heute sind zur Instandhaltung und Erneuerung der Gleise Bauzüge unverzichtbar. Sie bilden eine kleine Wohnstadt auf Rädern, die den Mitarbeitern während ihres Einsatzes an ständig wechselnden Baustellen Obdach bietet, aber auch die nötigen sanitären Einrichtungen mitführt, eine Küche sowie Büro und Werkstätten enthält. Der Wandel zwischen einst und heute wird deutlich beim Blick in den spartanisch eingerichteten Speiseraum mit Blechgeschirr und den neuzeitlich ausgestatteten Waschraum eines heutigen Bauzugwagens.

Aufenthaltswagen bestehen in der Regel aus zwei Räumen: einem größeren Fernsehraum und einem kleineren mit Buffet; damit soll sich die Freizeit individueller gestalten lassen.
Auf größeren Baustellen ist dem Bauzug mindestens ein vollständig eingerichteter Werkstattwagen mit den notwendigen Maschinen wie Dreh-, Bohr-, Schleif- und Hobelmaschine, Werkbänken, Regalen und Schränken zugeordnet; oft sind diese Wagen noch mit einem Wanddrehkran in Türnähe ausgerüstet. Der dreigeteilte Wohn-Werkstattwagen mit Schlafräumen hat dort seine Berechtigung, wo Arbeiten in geringerem Umfang von nur wenigen Mitarbeitern ausgeführt werden.
Weil die in den Wohn-Schlafwagen installierten Waschbecken und Duschen vielfach nicht ausreichen, laufen hauptsächlich in größeren Bauzügen besondere Wasch-Duschwagen mit; sie enthalten je nach Bedarf sechs bis acht Duschen, einen Waschbrunnen mit zehn Wasserhähnen, ein Fußwaschbecken und ein Desinfektionsgerät.
Küchen- und Küchenbeiwagen werden größeren Bauzügen beigestellt, wenn sie sich länger in unzumutbarer Entfernung von der nächstgelegenen stationären Verpflegungsmöglichkeit befinden. Der Küchenwagen selbst übernimmt die Funktion der Betriebsküche. Im Küchenbeiwagen werden die Vorräte, teilweise gekühlt und tiefgekühlt, mitgeführt.
Generatorwagen versorgen die Bauzüge mit elektrischer Energie, nachdem sie wegen ihres häufig wechselnden Standorts nur selten ans Netz angeschlossen werden können. Die in der Ausbesserungswerkstätte Offenburg zuletzt gebauten zwanzig Generatorwagen sind mit je zwei Diesel-Generator-Aggregaten von 2 x 40 Kilowatt ausgerüstet; mit den getroffenen Schallschutzmaßnahmen können die Richtwerte der TA Lärm mit 45 bis 50 dB(A) bei Nachtarbeit in bewohnten Gebieten eingehalten werden.

Hilfszuggerätewagen

Bei Entgleisungen oder schweren Unfällen werden die Hilfsmannschaften auch heute noch auf der Schiene an die Unfallstelle entsandt, weil viele Abschnitte der Strecken von der Straße aus nur schwer oder gar nicht zugänglich sind. Die zuständigen Betriebswerke halten ständig einen oder mehrere Hilfszuggerätewagen einsatzbereit. Die Einrichtungen dieser Wagen dienen in der Hauptsache dem Aufgleisen entgleister Fahrzeuge und dem raschen Freimachen der Gleise nach Unfällen.
Entsprechend ausgerüstete Gerätewagen waren bei den deutschen Eisenbahnen schon um die Mitte des 19. Jahrhunderts im Einsatz. So benutzten die Preußischen Staatseisenbahnen „Werkzeug- und Hülfswagen" zu Aufräumungsarbeiten. Auf dem Untergestell war ein handbetriebener Drehkran mit 1,8 Tonnen Tragkraft montiert, außerdem trug der Wagen einen Aufbau für die Mannschaft und die notwendi-

Für Aufräumungsarbeiten hielten die Preußischen Staatseisenbahnen „Werkzeug- und Hülfswagen" bereit, auf die teilweise auch leistungsfähige Säulendrehkrane montiert waren.

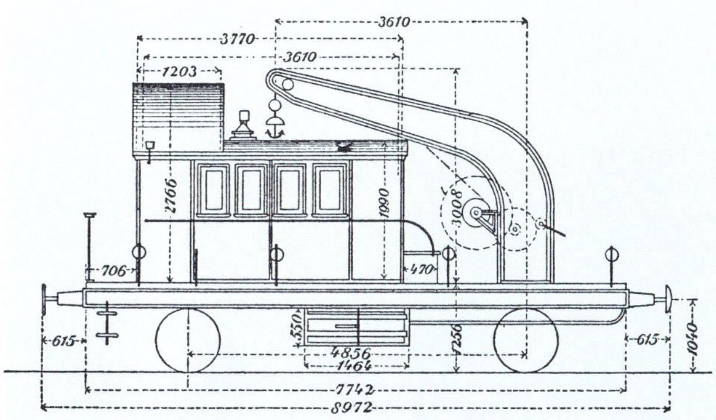

Der Bundesbahn stehen heute an den Brennpunkten des betrieblichen Geschehens Einheitshilfsgerätewagen zur Verfügung, die von einer stets bereitstehenden Lokomotive sofort zum Einsatz gebracht werden können.

gen Geräte; die für eine Aufgleisung nötigen Bohlen und Schwellen waren in einem Kasten unter dem Wagenboden untergebracht. Die Braunschweigischen Staatseisenbahnen richteten einen ausrangierten dreiachsigen Post- und Personenwagen als Hilfszugwagen her und teilten den Wagen in drei Räume für das Aufsichtspersonal, die Mannschaft sowie die Geräte und Werkzeuge ein; dazu zählten unter anderem verschiedene Winden, Ketten, Taue, Beile, Spitzhacken und Brechstangen. Nach der Jahrhundertwende gehörten zur Ausrüstung solcher Wagen auch bereits Sauerstoff und Azetylen zum Brennen und Schneiden sowie Dieselgeneratoren zur elektrischen Energieversorgung.

Zum Aufgleisen wurden seit 1928 hauptsächlich die schweren wasserhydraulischen Deutschlandgeräte benutzt. Anfang der sechziger Jahre wurden sie von den ölhydraulischen Lukas-Aufgleisgeräten aus Leichtmetall abgelöst.

Schon vor dem Zweiten Weltkrieg strebte die Reichsbahn eine einheitliche Ausführung der Gerätewagen an. Doch erst 1959 konnte der heutige Einheitshilfsgerätewagen verwirklicht werden.

Den Hilfszügen wurden früher Arztwagen beigestellt, die auch als fahrbare Operationssäle konzipiert waren. Derart weitgehende Versorgung von Verletzten an der Unfallstelle war jedoch schon damals selten. Seit Kraftfahrzeuge und Hubschrauber zum schnellen Transport in Krankenhäuser zur Verfügung stehen, konnte auf die Arztwagen verzichtet werden.

Meßwagen

Im „Handbuch für specielle Eisenbahn-Technik" beschreibt Edmund Heusinger von Waldegg 1875 einen Dynamometerwagen, mit dessen Hilfe Zugkraftmessungen am Tenderzughaken von Dampflokomotiven durchgeführt wurden. Bis zur Jahrhundertwende blieben Messungen auf die Ermittlung der Zugkraft und der Spannungsverhältnisse des Dampfes in den Zylindern mittels Indikator beschränkt. Dann steigerte sich jedoch das Bedürfnis nach weiteren Meß- und Versuchsergebnissen.

Durch Ministerialerlaß erhielt die Eisenbahndirektion Berlin der Preußischen Staatseisenbahnen 1901 die Weisung, aufgrund eines damals vom technischen Attaché in New York vorgelegten Berichts über amerikanische Meßwagen einen verbesserten Entwurf für einen fünfachsigen Wagen auszuarbeiten. Daraus entstand bei den Linke-Hofmann-Werken in Breslau 1905 der Lokomotivmeßwagen 1. Mit ihm konnten auch bereits Brems- und Oberbauuntersuchungen durchgeführt werden.

Der Meßwagen 2 wurde nicht bei der Industrie in Auftrag gegeben, sondern entstand aus einem nicht mehr benötigten sechsachsigen Gefolgewagen des kaiserlichen Hofzugs; dabei wurden auch Meßgeräte zur Prüfung von Motorlokomotiven und -triebwagen eingebaut. In Anlehnung an dieses Fahrzeug entstand zur Untersuchung elektrischer Lokomotiven ein weiterer Meßwagen.

Wenig später folgte der Meßwagen 3 zur Untersuchung von Fragen im Zusammenhang mit dem 1925 begonnenen Bau der Einheitsdampflokomotiven, mit den Sonderbauarten mit Turbinenantrieb, Hochdruckdampf und Kohlenstaubfeuerung, mit der neuen Methode der Leistungsmessung mit Hilfe von Bremslokomotiven und mit weiteren Neuentwicklungen. Die Hochgeschwindigkeitsfahrten mit der Dampflokomotivbaureihe 03 und den Schnellfahrlokomotiven der Reihe 05 fanden mit diesem Meßwagen statt.

Die Forderung nach stärkeren Bremsen und strömungstechnisch besseren Wagenenden führten zu den stählernen Meßwagen der Reichsbahn, die nicht nur der Untersuchung von Lokomotiven sondern auch neuer Bremsen und Wagen dienten. Erst 1939 folgte zur Untersuchung elektrischer Fahrzeuge ein Meßwagen für hohe Geschwindigkeiten in Stahlbauweise.

Zwischen 1973 und 1980 konnte die Bundesbahn ihre heutigen Einheitsmeßwagen beschaffen und ausrüsten; erst damit wurden die Meßwagen aus der Reichsbahnzeit verzichtbar. Die neuen Meßwagen der Bundesbahn sollten bis 300 km/h geeignet sein, über unabhängige Energieversorgung und modernste Meßtechnik verfügen. Bei gleicher Grundkonzeption werden die Meßwagen mit entsprechender Ausrüstung für die unterschiedlichsten Messungen eingesetzt. So lassen sich damit das Laufverhalten von Schienenfahrzeugen bis 200 km/h und mehr, das aerodynamische Verhalten bei Zugbegegnungen und Vorbeifahrt an Gebäuden, die Geräuschentwicklung, die Bremswirkung, Zugkraft und Leistung, die Wechselwirkungen mit dem Gleis oder das Verhalten von Oberleitung und Stromabnehmer bis 200 km/h und mehr untersuchen. Die Grundaus-

Um theoretische Überlegungen durch Meßergebnisse abzusichern, beschafften die Preußischen Staatseisenbahnen schon kurz nach der Jahrhundertwende ihren ersten Meßwagen. Ein weiterer entstand aus einem nicht mehr benötigten Wagen des kaiserlichen Hofzugs. Zwei Ansichten des Meßwagens für Streckenuntersuchung zur Reichsbahnzeit: Meßeinrichtung für Geschwindigkeit, Beschleunigung und andere mechanische Größen sowie Salon für den Meßtrupp.

Meßzug der Bundesbahn vor dem Einsatz.

Neuzeitliche Meßtechnik in einem der Einheitsmeßwagen der Bundesbahn.

rüstung dieser Wagen besteht aus einer digitalen Geschwindigkeits-, Weg- und Zeitmeßeinrichtung, einer Analogregistriermöglichkeit, Zug- und Druckkraft-Meßgeräten sowie einer Meß- und Meldeeinrichtung für die Radsatzlagertemperatur.
Im Intercity Experimental (ICE) werden die verschiedenen Meßgrößen für Brems-, Lauf- und Stromabnehmertechnik in den einzelnen Fahrzeugen dezentral erfaßt, zu einem digitalen Datensystem verdichtet und zu Verarbeitung und Speicherung an eine zentrale Meßanlage übertragen. Über Untersysteme gelangen je Sekunde 14000 Werte über einen

Vor erhebliche Schwierigkeiten stellen den Bahnbetrieb noch heute Schnee und Eis fast in jedem Winter. Auf dicht befahrenen Strecken können an die Lokomotiven angebaute Schneepflüge wesentlich dazu beitragen, die Gleise befahrbar zu halten. Diese auch heute noch verbreitete Lösung geht bereits weit ins vorige Jahrhundert zurück.

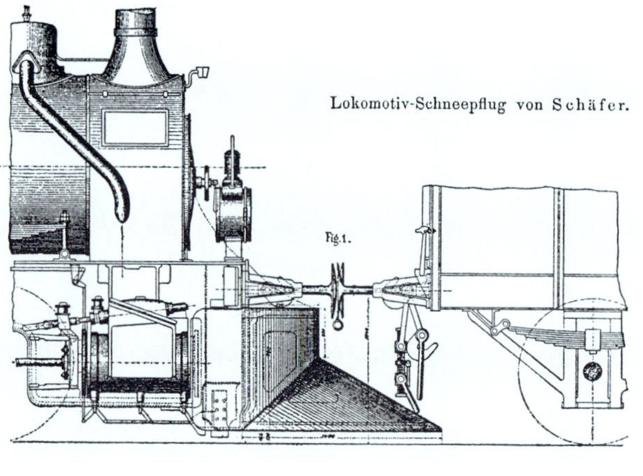

Mikroprozessor an die eigentliche Datenverarbeitung; zwanzig Meßgrößen können auf einem Zeilendrucker und zwei Monitoren während der Messung dargestellt werden. Eine Videokamera überwacht den Lauf des Stromabnehmers am Fahrdraht.

Gleismeßwagen

Während für die Überprüfung der Schienen auf innere Fehler, Anrisse und sonstige äußere Fehler ein dreiteiliger Dieseltriebzug von vornherein mit den entsprechenden Ultraschall-Meßeinrichtungen ausgerüstet wurde, baute die Bundesbahn für die regional eingesetzten Gleismeßtriebzüge Schienenbusse mit Anhänger entsprechend um. Sie überprüfen regelmäßig den Zustand der Gleise ihres Bezirks nach Richtung, Überhöhung, Verwindung, Spurweite und Längshöhe; ihre Meßgeschwindigkeit beträgt 80 km/h. Der zentral von der Bundesbahn-Versuchsanstalt Minden (Westfalen) eingesetzte Ultraschall-Schienenprüfzug übernimmt vielfach die Untersuchung der Schienen auch bei ausländischen Bahnen; seine Meßeinrichtung arbeitet nach der Impuls-Echomethode; die Ultraschall-Prüfköpfe, die exakt im Spurkanal geführt werden müssen, sind im Mittelwagen des Triebzugs untergebracht; seine Meßgeschwindigkeit beträgt 50 km/h.

Schneeräumer

Von Anfang an sahen sich die Eisenbahnen im Winter der Problematik von Schnee und Eis gegenüber und versuchten, die Schneeräumung mit der Hand durch geeignete Geräte und Maschinen zu ersetzten. So wurden zur Schneeräumung im Gleisbereich schon frühzeitig Schneepflüge an Lokomotiven, Tendern oder Wagen angebracht. Mit einem am Zughaken verschraubten Pflug, der sich unten gegen den Lokomotivrahmen abstützte, konnten Schneehöhen bis zu zwei Meter bewältigt werden. Die Zeitschrift des Hannoverschen Architekten- und Ingenieurvereins berichtet 1868 über einen verbesserten Schneepflug der Schleswigschen Bahnen: „. . . Dieser Schneepflug dringt mit seiner breiten vordern, mit Eisenblech armierten Schneide mit großer Leichtigkeit dicht über den Schienen in die Schneemasse ein, welche sich auf einer geneigten Ebene hinaufschiebt, dort durch einen obern vertikalen Keil zertheilt und auf die Seiten der Bahn geworfen wird. . . . Es wurden 3 schwere Lokomotiven hinter denselben gesetzt."
Auf zweigleisigen Strecken darf der Schnee nur nach einer Seite ausgeworfen werden, um nicht das Nachbargleis zu verschütten. Deshalb wurde hierfür der Scheitel des Räumers nach links versetzt; der Schnee wird damit zum größten Teil nach rechts neben die Gleise ausgeworfen. Dieses Räumprinzip hat sich bis heute bewährt.

Bis in die sechziger Jahre wurden vorwiegend ausrangierte Wagen, Tender, aber – wegen ihres hohen Gewichts – auch elektrische Lokomotiven zu Schneeräumern umgebaut. Henschel in Kassel lieferte zahlreiche Klima-Schneepflüge an die Bundesbahn; sie waren nach ihrem Konstrukteur benannt und aus Dampflokomotivtendern hergestellt: Von einem auf dem vorderen Tenderende aufgesetzten Führerstand aus können die Schneeleitbleche pneumatisch um eine senkrecht vorgebaute Welle geschwenkt werden. So kann das Fahrzeug auf eingleisigen Strecken als Keilpflug, auf zweigleisigen als Seitenräumer arbeiten. Ausfahrbare Zusatzbleche können die Räumbreite vergrößern. Ab Schienenoberkante ist der Pflug um etwa zwanzig Zentimeter in der Höhe verstellbar. Der Schnee zwischen den Schienen wird durch einen am Pflugende angebrachten, an Bahnübergängen heb- und senkbaren Innenräumer ausgeworfen. Die Klima-Schneepflüge besitzen keinen eigenen Antrieb, sondern werden von einer Lokomotive geschoben; sie liefert auch die nötige Druckluft zur Verstellung der Pflugscharen, die in vier Luftbehältern auf dem Schneepflug gespeichert wird.
Zuletzt beschaffte die Bundesbahn zwischen 1973 und 1974 insgesamt vierzehn neue Beilhack-Schneepflüge, ebenfalls ohne eigenen Antrieb. Die Räumbleche lassen sich auch hier zum Keilpflug oder zum Seitenräumer schwenken; ihre besondere

Der in Deutschland am weitesten verbreitete Bahnschneepflug geht auf Konstruktionen des österreichischen Eisenbahningenieurs Rudolf Klima zurück. Vielfach wurden Dampflokomotivtender oder wegen ihres hohen Gewichts auch ausrangierte elektrische Lokomotiven zu Klima-Schneepflügen umgebaut. Die Räumbleche der Pflugscharen lassen sich vom Führerstand aus pneumatisch verstellen.

Heute setzt die Bundesbahn neu entwickelte Schneepflüge ein, die von Beilhack in Rosenheim gebaut wurden.

Große Schneehöhen besonders bei Verwehungen lassen sich nur mit Schneeschleudern bewältigen. Diese Henschel-Dampfschneeschleuder aus den dreißiger Jahren zählte – besonders im Einsatz – zu den imposantesten Erscheinungen im Eisenbahnbetrieb.

Form bewirkt einen weiten Schneeauswurf. Die zwei seitlichen Erweiterungsflügel, die senkrecht und waagerecht in jede beliebige Zwischenlage gefahren werden können, eignen sich auch zum Heranziehen des Schnees in entgegengesetzter Fahrtrichtung.

Größere Schneehöhen können nur mit rotierenden Räumern bewältigt werden; sie erzielen auch größere Wurfweiten. Schon früh wurde deutlich, daß eine Schneeschleuder nur dann gut arbeitet, wenn der Schnee zuvor gelockert wird. An der ersten, 1884 von Orange Jull gebauten Schneeschleuder schnitt ein Messerrad den Schnee in dünne Scheiben, bevor er dem entgegengesetzt rotierenden Schleuderrad zugeführt wurde. Spätere Konstruktionen schaufelten den Schnee von oben nach unten auf ein Schaufelblech und von dort zum Schleuderrad oder lockerten ihn mit einem kegelförmigen Schraubenbohrer, der ihn gleichzeitig ins Schleuderrad förderte. Die Erkenntnis, daß der gelockerte Schnee möglichst gleich an der Drehbewegung des Schleuderrads teilnehmen und wegen der Verstopfungsgefahr zum Radumfang hin angeschoben werden muß, führte zur Vereinigung von Schneide- und Schleudervorrichtung.

Die 1892 von Henschel in Lizenz der amerikanischen Rotary Steam Shovel Co in Paterson NY für die Direktion Hannover der Preußischen Staatseisenbahnen gebaute Schneeschleuder berücksichtigte diese Erkenntnis, konnte den Schnee nach links oder rechts bis zu hundert Meter weit auswerfen und beseitigte Eis auf den Schienen und in den Spurrillen durch einen muschelförmigen Hobel. Das seitlich von einem Blechgehäuse umgebene Schleuderrad hatte einen Durchmesser von 2960 Millimetern und bestand aus zehn radial angebrachten, kegelförmigen und vorne offenen Blechtrichtern, deren Öffnungen beidseitig mit gelenkig angebrachten Messern bestückt waren. Durch die Flieh- und Schneeanpreßkraft sowie die gelenkige Verbindung stellte sich jeweils das mit der Schneide in Drehrichtung zeigende Messer auf, während das andere zurückgedrückt und damit unwirksam wurde. Zum Wechsel der Auswurfrichtung steuerte der Maschinenwärter die Dampfmaschine um. Vor Weichen und anderen Hindernissen ließ sich das Schleuderrad anheben.

Bei den Anfang der dreißiger Jahre entwickelten Schneeschleudern für die Reichsbahn wurde die liegende Zwillingsmaschine durch eine stehende Vierzylinder-Dampfmaschine mit einfacher Dampfdehnung ersetzt. Sie leistete 700 PS bei 550 Umdre-

Die Bundesbahn setzt heute dieselmotorisch angetriebene Schneeschleudern ein, die ebenfalls von Beilhack stammen.

Während die Dampfschneeschleudern zehn Radsätze benötigten, kommen die heutigen Schneeschleudern der Bundesbahn mit nur zwei Radsätzen aus. Ein Fahrantrieb war damals wie heute nicht vorgesehen, so daß stets eine Lokomotive schieben muß.

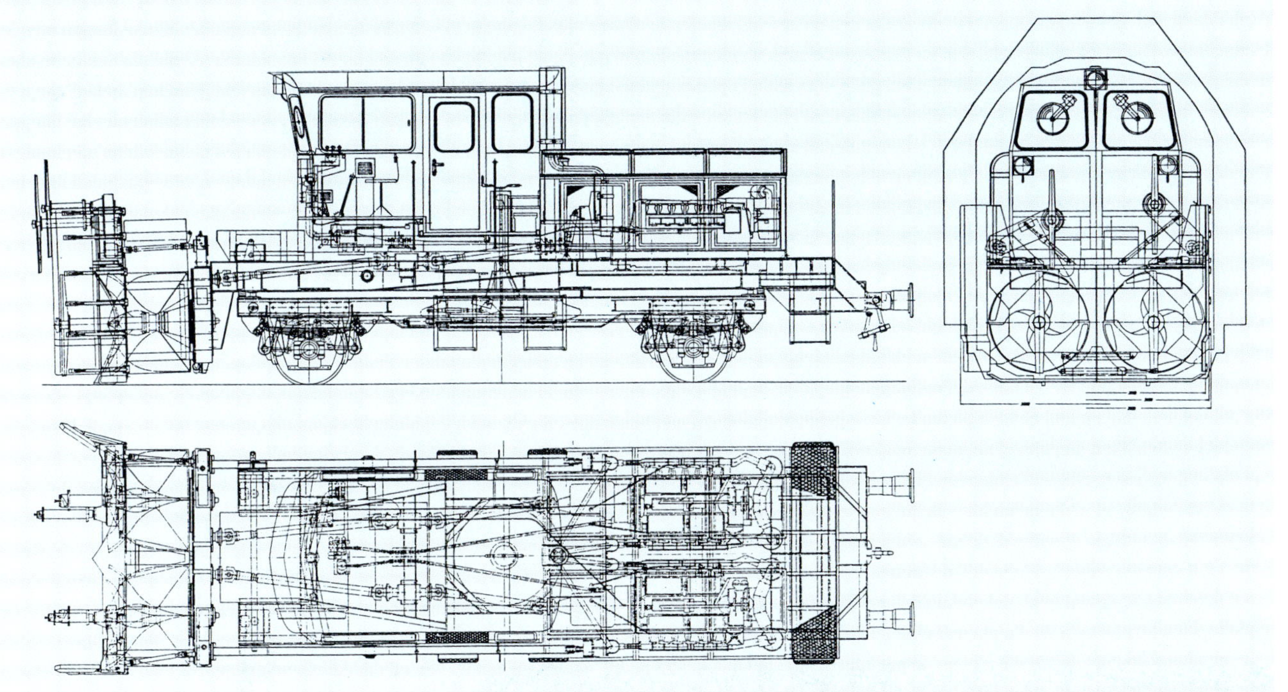

hungen in der Minute. Bis 1941 wurden die Henschel-Dampfschneeschleudern vier- und sechsachsig, danach nur noch sechsachsig gebaut, um auch Strecken mit geringer zulässiger Radsatzlast befahren zu können. Bei der Bundesbahn sind die Dampfschneeschleudern inzwischen ausgemustert. An ihre Stelle traten dieselmotorisch angetriebene Hochleistungsschneeschleudern, die ebenfalls von Beilhack neu beschafft wurden.
Sie sind mit zwei parallel angeordneten Schleuderrädern und vier Vorschneidpropellern ausgerüstet. Die gegeneinander laufenden Wurfschaufeln sind Hohlkörper in einer Wabenkonstruktion. Die Schaufeln sind so geschweift, daß sie den durch die Propeller vorgeschnittenen Schnee sanft erfassen und dann mit gleichmäßiger Beschleunigung tangential auswerfen. Dieses System bewältigt 15 Tonnen Schnee je PS in der Stunde; bei den eingebauten 600-PS-Motoren sind das 9 000 Tonnen. Selbst nasser oder hartgefrorener Schnee sind keine Hindernisse. Bei mehr als vier Meter Schneehöhe werden die oberen beiden parallel arbeitenden, aber in verschiedenen Ebenen einsetzbaren Vorschneidpropeller zugeschaltet. So läßt sich die Raumhöhe vergrößern, der Vorschubwiderstand senken und die inaktive Raumfläche verkleinern. Außerdem schützen die vorstehenden Rotoren das Räumfahrzeug: Trifft ein Propeller auf massiven Widerstand, warnt ein Lichtsignal den Fahrer. Mit diesen Schneeschleudern lassen sich Auswurfweiten von vierzig bis fünfzig Metern und 30 km/h Räumgeschwindigkeit erreichen. Zum Richtungswechsel läßt sich der gesamte Aufbau auf dem Untergestell drehen.

Kranwagen

Freizügig verwendbare Kranwagen werden bei Instandhaltung und Instandsetzung von Bahnanlagen, zum Umschlag schwerer Güter, aber auch zu Aufräumungsarbeiten an Unfallstellen eingesetzt. Daneben wurden besondere Kranwagen für Gleis- und Weichenbauarbeiten unter der elektrischen Oberleitung entwickelt und gebaut. Von den Anfangsjahren der Eisenbahn bis in die jüngste Zeit war eine Vielzahl unterschiedlicher Kranwagen mit unterschiedlichem Antrieb von der Muskelkraft über Dampf bis zum Dieselmotor mit mechanischer, elektrischer oder hydraulischer Leistungsübertragung und unterschiedlichen Tragfähigkeiten bis 90 Tonnen im Einsatz. Erst die Bundesbahn erreichte im Zusammenhang mit der Ausmusterung veralteter Krane eine weitgehende Vereinheitlichung. Dabei werden heute neben den Kranwagen der Regelbauart vielfach auch die kleineren Nebenfahrzeuge mit Kranaufbau eingesetzt.
Die Reichsbahn ließ zwischen 1927 und 1949 dampfbetriebene Kranwagen mit eigenem Fahrantrieb bauen, der jedoch nur zum Verfahren vor Ort benutzt wird; zur Überführung werden auch die Kranwagen in der Regel im Zugverband befördert. Diese Krane standen auch bei der Bundesbahn noch jahrelang im Einsatz. Mit zunehmender Elektrifizierung gab es mehr Arbeiten unter der Oberleitung. Dieser Aufgabe genügten zunächst dieselmechanische Kranwagen mit 25 Tonnen Tragkraft und gekröpftem Ausleger. Die Ende der fünfziger Jahre beschafften dieselhydraulischen Krane mit Teleskopausleger vermoch-

Modell eines Kranwagens der Bayerischen Staatseisenbahnen, Antrieb mit Muskelkraft.

ten bei sechs Meter Ausladung 40 Tonnen und bei elf Metern noch 18 Tonnen zu heben. Auf dieser Grundkonzeption bauten danach alle Konstruktionen mit Teleskopausleger auf. Aufgrund der Betriebserfahrungen wurde später die Tragkraft auf 45 Tonnen bei 6,6 Meter und 14 Tonnen bei 13,4 Meter Ausladung erhöht. Der geschweißte Unterwagen mit dem zentrisch darauf angeordneten drehbaren Kranteil läuft auf zwei dreiachsigen Drehgestellen. Rollenachslager, Federung und Druckluftbremse ermöglichen die Beförderung mit 100 km/h. Lastmomentbegrenzung und Hubendschaltung gewährleisten sicheres Arbeiten unter dem Fahrdraht. Ab 1976 beschaffte die Bundesbahn ihre drei größten Teleskopausleger-Kranwagen mit 75 Tonnen Tragkraft bei sieben Meter, und zwanzig Tonnen bei 15 Meter Ausladung. Das Eigengewicht von 120 Tonnen bei sechs Radsätzen ergab eine Radsatzlast von 20 Tonnen und reichte gerade noch aus, den Kran ohne zusätzlichen Gegengewichtswagen zu konstruieren.

Die drei größten, freizügig verwendbaren, achtachsigen Kranwagen der Bundesbahn, 1976 und 1977 in Dienst gestellt, heben 150 Tonnen bei acht Meter Ausladung. Sie lösten die Dampfkrane mit 90 Tonnen Tragfähigkeit aus den dreißiger Jahren ab. Ihre um 60 Tonnen höhere Tragfähigkeit trägt den höheren Einzellasten im Eisenbahnverkehr Rechnung. Außerdem erlaubt sie das Heben einer elektrischen Lokomotive oder eines neuzeitlichen 26,4 Meter langen Reisezugwagens. Die drei 150-Tonnen-Krane sind in Hannover, Essen und Würzburg stationiert; mit der Transportgeschwindigkeit von 100 km/h sind sie von hier aus in vertretbarer Zeit an jedem Einsatzort im Bundesgebiet. Der Kranwagenzug besteht außer dem Kranwagen selbst noch aus Seilwagen, Auslegerschutzwagen, Gegengewichtswagen, Werkstattgerätewagen und Wohn-Schlafwagen.

Diese Kranwagen heben bis zu 45 Tonnen; ihr Ausleger läßt sich teleskopartig ausfahren. Damit können sie auch unter der Oberleitung eingesetzt werden.

Auch die Entwicklung spezieller Kranwagen für den Gleis- und Weichenbau geht bereits weit ins 19. Jahrhundert zurück. Zwei voneinander unabhängige Hubwerke mit um 180 Grad versetzten Auslegern ermöglichten damals gleichzeitiges Aufnehmen der Schienen vom angehängten Transportwagen und auf der anderen Seite Verlegen der Schienen im

Schwere Dampfkrane aus den dreißiger Jahren im Einsatz beim Brückenbau.

Die größten Kranwagen der Bundesbahn heben bis zu 150 Tonnen. Insgesamt stehen drei dieser Giganten zur Verfügung, die bei Bedarf an den Einsatzort gefahren werden. Sie kommen überwiegend im Brückenbau und bei der Verladung extrem schwerer Einzellasten zum Einsatz.

vorbereiteten Schotterbett. Eine besonders einfache Konstruktion bildeten Gleisbauwagen mit drei aufgesetzten torartigen Rahmen, von denen in Längsrichtung zwei unterschiedlich lange Kranarme ausgingen. Damit konnten alte Gleisjoche – Gleisstücke aus Schienen und Schwellen – aufgenommen und am anderen Ende neue bis 15 Meter Länge abgesenkt werden. Zwischen 1929 und 1964 wurden nach diesem Prinzip drei- und vierachsige Gleisbaukranwagen mit Tragkräften bis zehn Tonnen gebaut, ab 1950 auch Kranwagen in herkömmlicher Bauart für Oberbau-, Brückenbau- und Gleisbettungsarbeiten. Wenig später folgte für die schweren und im Hinblick auf höhere Geschwindigkeiten auch längeren Weichen ein 32-Tonnen-Weichenkran mit Teleskopausleger entsprechend dem freizügig verwendbaren Kranwagen mit Teleskopausleger und 45 Tonnen Tragfähigkeit. Die neuesten Weichenbaukrane dieser Technik aus dem Jahr 1979 haben bis zu zwanzig Tonnen Tragfähigkeit bei nur acht Meter Länge und im Zugverband 100 km/h Höchstgeschwindigkeit.

Spezialkrane werden im Gleisbau benötigt, um ganze Gleisjoche mit Schienen und Schwellen anheben zu können.

Die Draisine, ein ausgesprochenes Eisenbahnfahrzeug, erinnert an den Forstmeister von Drais, den Erfinder des Fahrrads. Draisinen stehen dem für die Instandhaltung der Strecken verantwortlichen Überwachungspersonal, vor allem dem Bahnmeister, für seine Kontrollfahrten zur Verfügung. Anfangs mit Muskelkraft angetrieben, wurden die Annehmlichkeiten der Motorkraft bald auch hier genutzt. Leichte Konstruktion war nötig, um die Draisine auf freier Strecke aus dem Gleis heben zu können. Als komfortables Inspektionsfahrzeug galt der VW-Bus auf der Schiene.

Bei der maximalen Ausladung von 13 Metern beträgt die Tragkraft noch 11,7 Tonnen; damit können Gleisjoche von 18 Metern Länge unter der Oberleitung aufgenommen und ringsum geschwenkt werden. Der Oberwagen ruht hier nicht mehr direkt auf dem Unterwagen, sondern auf einem Verschieberahmen, der hydraulisch um 1,15 Meter in Längsrichtung verschoben werden kann, um optimale Arbeits- und Transportpositionen bei gleichmäßiger Belastung der Drehgestelle erreichen zu können.

Nebenfahrzeuge

Außer Lokomotiven und Wagen haben die Eisenbahnen schon in ihrer Anfangszeit besonders zur Instandhaltung und Überwachung der Bahnanlagen besondere Fahrzeuge eingesetzt. In der geschichtlichen Betrachtung könnte das Schienenfahrrad den Ausgangspunkt bilden, den heutigen Höhepunkt der Entwicklung dieser „Nebenfahrzeuge" der Schnellumbauzug, der mit modernsten Gleisbaumaschinen während der Fahrt ein erneuerungsbedürftiges Gleis aufnimmt und hinter sich ein völlig neues hinterläßt. Auch Zweiwegefahrzeuge, die heute zur wechselnden Verwendung auf Schiene und Straße benutzt werden, zählen zu den Nebenfahrzeugen.

Das Schienenfahrrad lief auf einer Schiene und stützte sich mit einer Stange und einem Stützrad auf der anderen Schiene ab; so konnten die mit der Bahnüberwachung beauftragten Beamten größere Strecken rascher und mit geringerer Anstrengung bewältigen. Unter Draisinen waren zunächst kleine, meist offene zweiachsige Fahrzeuge zum Transport von Werkzeugen und Geräten zu verstehen, die mit der Muskelkraft der mitfahrenden Arbeiter angetrieben werden mußten. Später wurde der Begriff auch auf die Gleiskraftwagen für Bahnmeister übertragen, in denen bis zu vier Personen Platz fanden. Schon 1851 war die später bei Draisinen allgemein übliche Vorrichtung zum Drehen, Ein- oder Aussetzen üblich. Um die Kosten gering zu halten, wurden einfach serienmäßige Kraftfahrzeuge mit Spurkranzradsätzen versehen.

Für den Baudienst entstanden Rottenfahrzeuge mit Ladefläche oder Arbeitsbühne und einem Führer-

Zu den verbreitetsten Baufahrzeugen auf der Schiene zählen die Rottenkraftwagen (Robel, München) mit Ladefläche oder Arbeitsbühne und Ladekran; in dem geräumigen Führerhaus kann auch die Arbeitsmannschaft mitfahren.

Als Nebenfahrzeuge haben die Gleisbaumaschinen in den vergangenen Jahrzehnten immer größere Bedeutung erlangt, nachdem auch bei Instandhaltung und Erneuerung des Oberbaus die Handarbeit immer mehr durch Maschinen abgelöst wurde. Hier eine Gleisstopf- und Nivelliermaschine von Plasser & Theurer.

haus, in dem auch einige Arbeiter mitfahren konnten. Die Bundesbahn setzt heute solche Fahrzeuge (Klv 54) mit zwei Radsätzen im gesamten Streckennetz ein. Die Höchstgeschwindigkeit beträgt 80 km/h. Im Führerhaus haben der Fahrer und sechs weitere Personen Platz; die über vier Meter lange Ladefläche trägt einen hydraulischen Ladekran. Das 15 Tonnen schwere Fahrzeug kann noch 12 Tonnen zuladen und 54 Tonnen Anhängelast befördern. Zu diesem Fahrzeug wurde ein Anhänger (Kla 06) und ein Kippanhänger (Kla 07) entwickelt, dessen Hydraulikanlage vom Motorfahrzeug oder mit einer Handpumpe betätigt werden kann.

Spezielle Fahrzeuge erwiesen sich auch zur Wartung der mit Propangas betriebenen Laternen mechanischer Vor- und Hauptsignale und insbesondere zum Auswechseln der leeren gegen volle Gasbehälter als erforderlich, da die Signalstandorte vielfach von der Straße aus nicht zugänglich sind. Die Wartungsfahrzeuge für diese Laternen bestehen aus zwei Rottenfahrzeugen des Vorgängermodells (Klv 53) und einem 15,6 Meter langen Wagenkasten, der sich beiderseits auf diesen Fahrzeugen abstützt.

Zur Instandhaltung der Gleise waren erste mechanische Stopfmaschinen schon in den dreißiger Jahren entwickelt worden. Sie hatten nur kurzen Radsatzstand und Arbeitsaggregate zwischen den Radsätzen. Nivelliert und gehoben werden mußte das Gleis noch manuell unmittelbar vor der Stopfmaschine. Ihr vorderer Radsatz belastete damit das noch unverdichtete Gleis. Als nach dem Zweiten Weltkrieg die Mechanisierung der Oberbauarbeiten in großem Maß begann, wurde zunächst dieser Mangel durch vorkragende Bauweise einer Stopfmaschine beseitigt, die Stopfaggregate wurden in einem Rahmen vor dem vorderen Radsatz angeordnet. Einen weiteren wesentlichen Schritt bedeutete 1960 die erste Nivellier-Stopfmaschine der Welt; sie konnte auch die Hebe- und Nivellierarbeiten selbsttätig ausführen. Die Gleisbaumaschinen wurden größer und übernahmen weitere Funktionen wie Richten und Verdichten. Für Weichen wurden sie mit seitenverschwenkbaren Arbeitsaggregaten und Bedienersitz in deren Nähe ausgerüstet. Mit der Duomatic-Stopfmaschine von 1965 konnten erstmals zwei Schwellen gleichzeitig gestopft werden. Seither wurden die Gleisbaumaschinen immer weiter verbessert und erhielten nahezu Regelfahrzeugcharakter. So können die Rahmen dieser Maschinen Zug- und Stoßkräfte von 2000 Kilonewton aufnehmen, verfügen an beiden Seiten über Kupplung und Puffer, sind mit den nötigen Brems- und Signaleinrichtungen ausgestattet, so daß sie nicht nur auf Überführungsfahrten im Zug sondern auch mit eigenem Antrieb 80 oder 100 km/h erreichen können. Bettungsreinigungsmaschinen haben die Aufgabe, verschmutzten Schotter der Gleisbettung aufzunehmen und den Abraum vom eigentlichen Schotter zu trennen, ihn also zu reinigen. Die beiden heute von Karlsruhe und Opladen aus eingesetzten modernen Maschinen hatten 1980 die Vorgängerbauarten aus den sechziger Jahren abgelöst. Wo große Schottermengen zu bewegen sind, setzt die Bundesbahn Schotterverteil- und Planiermaschinen mit integrierten Schottersilos ein. Seit 1968 dienen zur Erneuerung von Gleisen besonders auf den stark befahrenen Hauptstrecken, die sich nicht für längere Zeit sperren lassen, leistungsfähige Schnellumbauzüge. Sie nehmen im vorderen Teil das alte Gleis auf, reinigen und planieren das Schotterbett und verlegen neue Schienen und Schwellen, die auf dem hinteren

Zugteil mitgeführt werden. Beim Neubau der Strekken werden Umbaugeräte für Weichen und Gleise eingesetzt, mit deren Hilfe sich Gleisjoche von 180 Metern Länge und 110 Tonnen Gewicht bewegen lassen.

Zweiwegefahrzeuge

Wo Rangierlokomotiven oder ausschließlich auf der Schiene einsetzbare Nebenfahrzeuge nicht hinreichend ausgelastet sind, werden heute vielfach Zweiwegefahrzeuge eingesetzt. Sie können, sofern ihre Spur mit der Spurweite des Gleises übereinstimmt, auf der Straße wie auf der Schiene mit ihrer normalen Bereifung fahren. Die Spurführung im Gleis übernehmen Spurhalter mit Gelenkrollen, die wie Eisenbahnräder einen Spurkranz tragen. Die Lenkung wird bei Fahrt auf der Schiene gesperrt. Zum Übergang auf die Straße, die auf gepflasterten Ladegleisen, aber auch an jedem Bahnübergang möglich ist, werden die Spurhaltevorrichtungen hydraulisch gehoben. Das bekannteste Zweiwegefahrzeug ist der Unimog im Rangiereinsatz. Zum Abbremsen angehängter Wagen muß er mit Luftdruckbremse ausgerüstet sein; damit können bis zu zwölf Wagen oder 300 Tonnen Anhängelast mit 20 km/h noch in 5 Promille Steigung befördert werden.

Für den Einsatz als Hilfsgerätezug erhielt ein Unimog einen Sonderaufbau und Zweiwegeausrüstung, um Unfallstellen auf Schiene oder Straße erreichen zu können. Der 4,7 Meter lange Fahrzeugrahmen trägt eine Doppelkabine für einen fünfköpfigen Aufgleistrupp und im Kastenaufbau alle für einfachere Aufgleisungen nötigen Geräte und Werkzeuge. Dieser Unimog ist mit einem Dieselmotor von 66 Kilowatt Leistung ausgerüstet, an den ein Stromaggregat mit 8 kVA angeflanscht ist; damit können Scheinwerfer zur Beleuchtung der Arbeitsstelle gespeist werden.

Vor allem in Privatgleisanschlüssen werden Zweiwegefahrzeuge mit vielfältiger Sonderausrüstung eingesetzt.

Als Zweiweg-Fahrzeuge werden meist Straßenfahrzeuge wie der Unimog mit Spurführungseinrichtungen ausgestattet. Die Bundesbahn verwendet einen Zweiweg-Hilfsgerätezug mit Doppelkabine für fünf Personen zur schnellen Unfallhilfe bei Entgleisungen.

Güterwagen - Gegenwart und Zukunft

Der Güterwagen hat im Eisenbahnverkehr zwei Funktionen: Er ist Produktionsmittel und Angebotsbestandteil. Damit muß er einerseits den Anforderungen des Transportsystems Eisenbahn genügen und sein Ladegut sicher, zuverlässig, schnell und wirtschaftlich befördern. Andererseits bestimmen seine Ladekapazität und die Anpassung seiner Beschaffenheit an das jeweilige Ladegut und dessen Umschlag entscheidend auch die Wettbewerbsfähigkeit der Eisenbahn. Bei der Weiterentwicklung des Güterwagenparks stehen deshalb Sicherheit, Zuverlässigkeit und höhere Geschwindigkeit sowie größere Ladekapazität und damit gesteigerte Produktivität, rasche Anpassungsfähigkeit an die Markterfordernisse und Verminderung des Aufwands für die Vorhaltung der Güterwagen im Vordergrund.

Güterwagen sollen im gesamten normalspurigen Netz der europäischen Bahnen freizügig einsetzbar sein. Voraussetzung dafür sind technische Normen für den Bau und den Zustand der Wagen. Diese in jahrzehntelanger gemeinsamer Arbeit geschaffenen Grundlagen für den grenzüberschreitenden Einsatz der Güterwagen sind im UIC-Kodex, einer mehrbändigen Sammlung von UIC-Merkblättern, festgelegt, der vom Internationalen Eisenbahnverband (UIC) laufend weiterentwickelt wird. Eine solche starke internationale Bindung hat natürlich nicht nur Vorteile: Technische Neuerungen können von einer

Entwicklung des Anteils der Spezialgüterwagen am Gesamtbestand der Güterwagen.

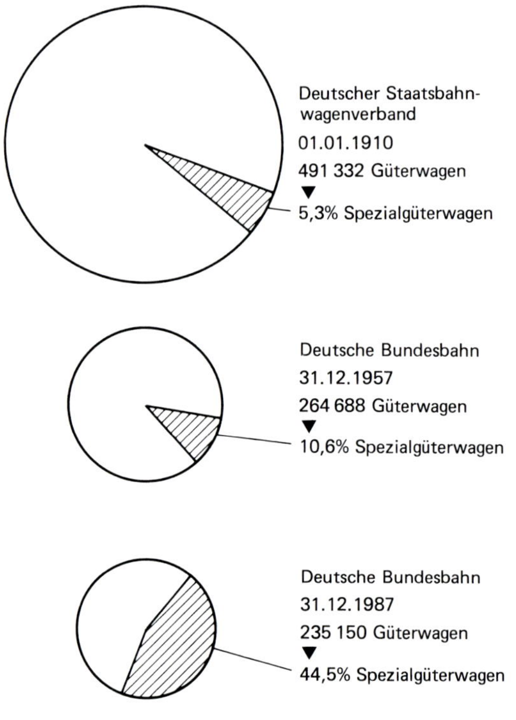

Bahn im grenzüberschreitenden Verkehr erst eingeführt werden, wenn sie international anerkannt und zugelassen sind. Güterwagen lassen sich deshalb nicht immer in der wünschenswert kurzen Zeit neuen Anforderungen des europäischen Marktes anpassen.

Durch Einsatz verschleißarmer Teile bei den für Sicherheit und Zuverlässigkeit besonders maßgebenden Komponenten Laufwerk, Bremse und Zug- und Stoßeinrichtung konnte die Frist zwischen zwei Revisionen international von ursprünglich vier auf heute sechs Jahre ausgedehnt und der Aufwand zur Instandhaltung der Wagen deutlich gesenkt werden; die Fortsetzung dieser Tendenz zeichnet sich ab.

Lauftechnisch sind heute sowohl die Einzelachslaufwerke der Güterwagen mit nur zwei Radsätzen als auch die Drehgestelle der vier- und mehrachsigen Wagen für 120 km/h geeignet. Von Bedeutung für die Höchstgeschwindigkeit ist jedoch auch die Leistungsfähigkeit der Bremse. Wegen der internationalen Freizügigkeit der Wagen herrscht hier immer noch die Klotzbremse vor, deren hauptsächliche Verschleißteile, die Bremsklötze, in ganz Europa problemlos getauscht werden können. Die Leistungsgrenze dieser Bremse ist jedoch für Güterwagen mit hohen Radsatzlasten bei 120 km/h erreicht, wenn nicht schon überschritten. Zur Zeit müssen die für den internationalen Verkehr zugelassenen Güterwagen mindestens mit 80 km/h fahren können, ab 1. Januar 1990 mit 90 km/h. Gegenwärtig wird untersucht, wie die Höchstgeschwindigkeit allgemein auf 100 und 120 km/h angehoben werden kann.

Zur Steigerung der Nutzlast wird auch in Zukunft der Güterwagenleichtbau eine wesentliche Rolle spielen. Unverkennbar ist außerdem der Trend zum vier- und mehrachsigen Drehgestellgüterwagen mit hoher Lastgrenze. Die zulässige Radsatzlast, die in erster Linie von der Beschaffenheit der Bahnanlagen abhängt, wurde erst 1984 im internationalen Verkehr von 20 auf 22,5 Tonnen angehoben; eine weitere Steigerung scheint in absehbarer Zukunft nicht möglich.

Seit 1965 werden alle neuen Güterwagen im Untergestell für den späteren Einbau einer automatischen Kupplung vorbereitet. Ein Termin zur allgemeinen Einführung läßt sich zwar nicht absehen, doch laufen bei der Bundesbahn zwischen den Nordseehäfen und Salzgitter sowie zwischen Duisburg und dem Saarland Erzzüge mit bis zu 5 400 Bruttotonnen, die bereits mit der automatischen Kupplung ausgerüstet sind. Mit ihr ließe sich die Nutzlast der Güterzüge noch erheblich steigern.

Die für den Laderaum der Güterwagen maßgebenden Parameter Fahrzeugbegrenzung, Höhe der Ladefläche über Schienenoberkante und Wagenlänge liegen international fest. Veränderungen sind nur in begrenztem Rahmen möglich. Die internatio-

nal entwickelten erweiterten Begrenzungslinien werden mittelfristig weniger für den Güterwagenbau als für lademaßüberschreitende Sendungen auf bestimmten Strecken eine Rolle spielen; die Höhe der Ladefläche wird von den international festgelegten Einbaumaßen für die Zug- und Stoßeinrichtung auf rund 1,2 Meter über Schienenoberkante fixiert und auch künftig nur in Ausnahmefällen durch Sonderkonstruktionen vermindert werden können; die Länge zweiachsiger Güterwagen wurde in den letzten Jahren auf 15,5 Meter, die der Drehgestellwagen auf 22 und ausnahmsweise auf 24 Meter erhöht, noch längere Fahrzeuge lassen sich nur in Gelenkbauweise realisieren.
Bei der Weiterentwicklung der Güterwagentechnik wird der Trend zur Spezialisierung anhalten, daneben wird die Einführung neuer Techniken im kombinierten Ladungsverkehr besondere Bedeutung gewinnen. So werden neue Gelenktragwagen für Wechselbehälter und eine „Rollende Landstraße" der Zukunft mit hoher Nutzlast entwickelt. Weitere Entwicklungsvorhaben sind Nachfolgewagen für die zweiachsigen offenen und gedeckten Güterwagen mit regelbarer Schwerkraftentladung und für die kurzen vierachsigen Schwerlastflachwagen.
Anfang 1988 umfaßte der Eigentumsbestand der Bundesbahn rund 235 000 Güterwagen, darunter je etwa 80 000 mit geschlossenem und mit offenem Kastenaufbau oder speziellem Aufbau für Schüttgüter, rund 55 000 ohne Kastenaufbau und rund 10 000 für den kombinierten Ladungsverkehr. Außerdem waren zu diesem Zeitpunkt rund 50 000 Privatgüterwagen bei der Bundesbahn eingestellt. Bis 1993 sollen rund 40 000 Wagen, deren Nutzungszeit abgelaufen ist, ausgemustert, dafür 10 000 moderne Wagen neu beschafft werden; der Bestand reduziert sich so auf rund 205 000 Wagen und wird damit der nötigen Kapazität angepaßt.

Dreiachsiger Siloauflieger bei der Verladung auf Container-Sattelwagen.

Zug- und Stoßeinrichtungen

Um Eisenbahnfahrzeuge in Zügen kuppeln zu können, müssen Einrichtungen zur Übertragung der Zug- und Druckkräfte vorhanden sein. Diese Zug- und Stoßeinrichtungen lassen sich grundsätzlich nach zwei Systemen unterscheiden: der Einpuffer- und der Zweipufferbauart. Bei der Einpufferbauart werden Zug- und Stoßkräfte in der Mitte des Kopfstücks in das Fahrzeuguntergestell eingeleitet, bei der Zweipufferbauart nur die Zugkräfte, die Druckkräfte dagegen über seitlich angeordnete Puffer.

Zweipufferbauart

Zur Übertragung der Zugkräfte dienten bei den ersten Eisenbahnfahrzeugen wie bei den Grubenhunten nur Ketten und Haken. Die Fahrzeuge waren lose miteinander gekuppelt, die nicht verstellbaren Kettenglieder der Zugeinrichtung gewöhnlich länger, als es der Abstand zwischen den Wagen erforderte. Wenn die Lokomotive bremste, stießen die Fahrzeuge hart aufeinander, Rucke und Zerrungen führten zu Brüchen der Kuppelketten. Zur Milderung heftiger Stöße wurden die Fahrzeuge mit dämpfenden Puffern ausgerüstet. Hierzu dienten zunächst mit Roßhaar gefüllte Lederpolster an den Köpfen der starren, über die Wagenenden hinausragenden Längsträger. Auch Puffer in Hülsenform mit Einlagen aus Kork, geflochtenen Strohzöpfen oder Roßhaaren waren üblich. Diese zur wirksamen Abfederung der Stöße ungeeigneten Einrichtungen wurden schon bald durch Puffer mit längsbeweglichen Pufferstangen und tellerförmigen Pufferköpfen ersetzt. Zur elastischen Übertragung der Stoßkräfte auf die Fahrzeuguntergestelle dienten Wickelfedern, Gummischeiben oder auch Blattfedern. Stangenpuffer mit Kegelfeder fanden bis zur Jahrhundertwende allgemeine Verbreitung. Zur Reduzierung der Kupplungsbrüche wurden auch die Zugeinrichtungen elastisch mit dem Fahrzeugrahmen verbunden und

Schon in der Frühzeit der Eisenbahn wurde versucht, die Zug- und Druckkräfte gefedert von Fahrzeug zu Fahrzeug überzuleiten. Um den Aufwand gering zu halten, mußten entsprechende Einrichtungen anfangs auf nur einer Wagenseite ausreichen, wie der Grundriß erkennen läßt.

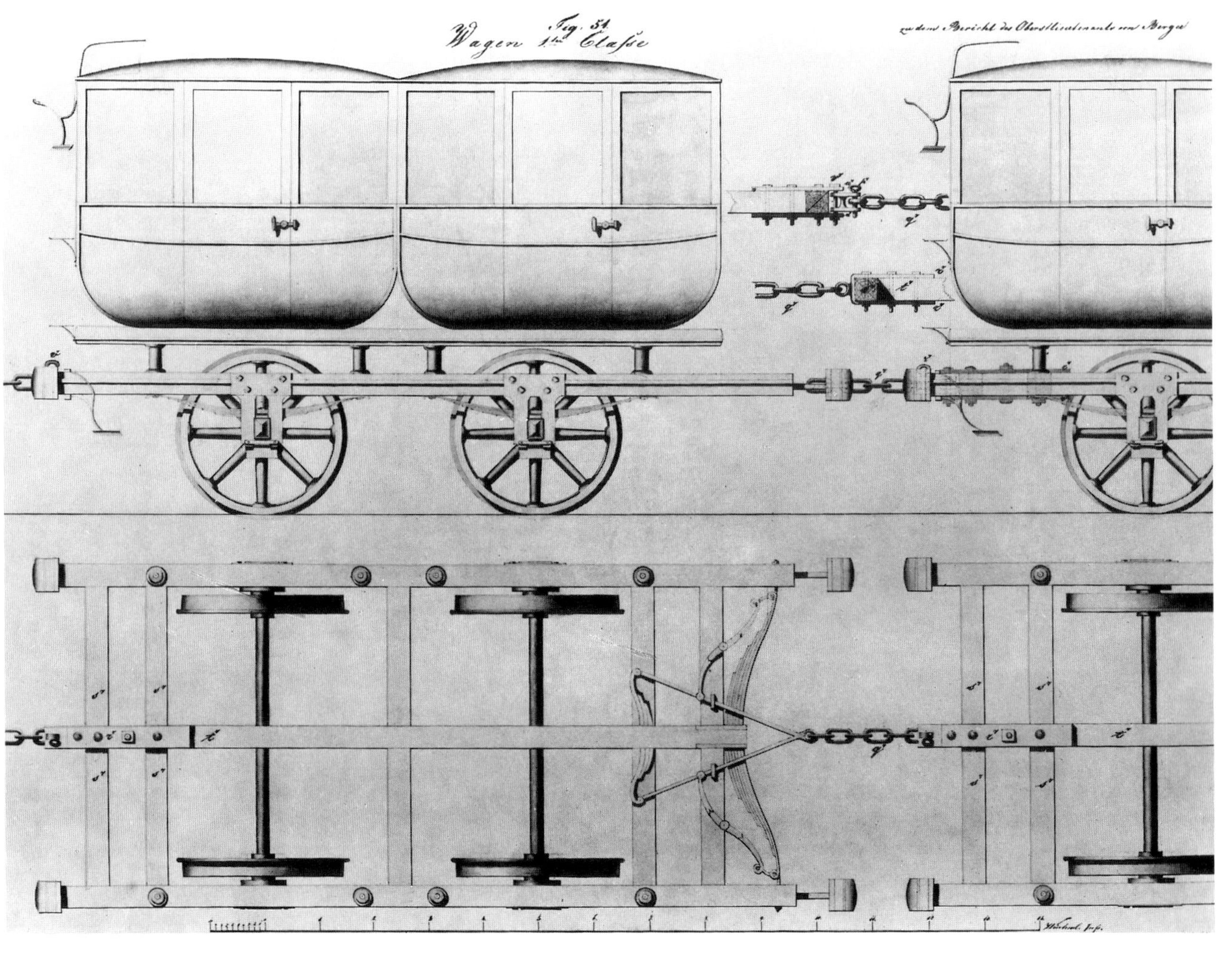

die Kuppelketten durch schraubbare, in ihrer Länge veränderliche Verbindungselemente ersetzt. Diese Schraubenkupplung war schon zwischen 1830 und 1840 in England zur Anwendung gekommen: Mit ihr lassen sich die Wagen Puffer an Puffer spielfrei verbinden.
Mit der Einführung der Schraubenkupplung und der Entwicklung brauchbarer Puffer war ein erster wichtiger Schritt vollzogen. Störend war jedoch die bei den einzelnen Bahnen unterschiedliche Anordnung der Stoßeinrichtungen am Kopfstück der Fahrzeuge. Sie erschwerte deren reibungslosen Übergang beim Zusammenwachsen der Eisenbahnnetze. Im Jahre 1850 legte deshalb der Verein Deutscher Eisenbahnverwaltungen die Höhe der Zug- und Stoßeinrichtungen über Schienenoberkante mit 940 bis 1 065 Millimeter und den Abstand der Seitenpuffer auf 1 750 Millimeter fest. Mit dieser richtungweisenden technischen Vereinbarung war bereits frühzeitig ein Kupplungssystem festgeschrieben, das sich bei den europäischen Bahnen bis auf den heutigen Tag erhalten und die Weiterentwicklung der Systemkomponente Zug- und Stoßeinrichtung entscheidend beeinflußt hat.

Stoßeinrichtungen

Im Lauf der Jahre wurden die Wagen immer schwerer und die Züge immer länger, so daß auch die Zug- und Stoßeinrichtungen diesen höheren Beanspruchungen gerecht werden mußten. Bald zeigte sich, daß die verhältnismäßig schwachen Pufferstangen der allgemein verwendeten Kegelfederpuffer bei exzentrischen Stößen häufig verbogen wurden. Aus diesem Grund traten in den zwanziger Jahren an die Stelle der Stangenpuffer wiederum Hülsenpuffer, wobei die Kegelfedern zunächst beibehalten wurden. Die nur geringe Arbeitsaufnahme und die hohe Schadhäufigkeit dieser Federn befriedigten jedoch nicht. Nach Ausrüstung der Wagen mit leistungsfähigen Bremsen traten wieder Zerrungen im Zug und als deren Folge vermehrt Zugtrennungen auf.
Bei umfangreichen Versuchen mit verschiedenen Federsystemen erwies sich die inzwischen erfundene Ringfeder als brauchbarste Lösung. Ihre Einführung Ende der zwanziger Jahre bedeutete einen beträchtlichen Fortschritt, da sie die Forderungen nach hoher Arbeitsaufnahme, geringer Endkraft und großer Dämpfung gleichermaßen erfüllte.
Im Laufe der folgenden Jahre wurde diese Feder ständig weiterentwickelt. Sie wird heute neben der Gummifeder bei vielen Bahnen als Pufferfeder verwendet. Nahezu der gesamte Fahrzeugpark der Bundesbahn ist mit Ringfederpuffern ausgerüstet. Sie können 32 Kilojoule Arbeit aufnehmen und erreichen 590 Kilonewton Endkraft. In geringem Maß werden für Seitenpuffer auch hydrodynamische und hydrostatische Federn mit mehr als 70 Kilojoule Arbeitsaufnahme verwendet. Infolge ihrer hohen

In Europa sind noch heute Schraubenkupplungen und Seitenpuffer als Zug- und Stoßeinrichtung allgemein in Benutzung. Ihre wesentlichen Abmessungen wurden bereits 1850 international festgelegt, um die Voraussetzung für einen freizügigen Übergang der Wagen zu schaffen.

Stangenpuffer mit Kegelfeder fanden bis zur Jahrhundertwende weite Verbreitung.

Heute ist nahezu der gesamte Wagenpark der Bundesbahn mit Ringfederpuffern ausgerüstet.

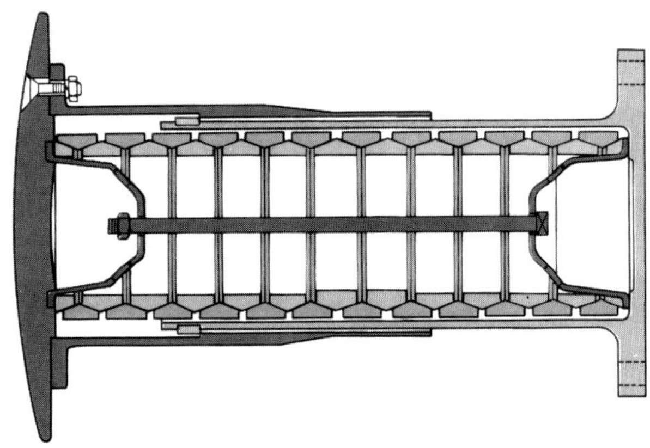

Während die Fahrzeuge der Regelspur an jedem Ende zwei Seitenpuffer tragen, wurde bei den europäischen Kleinbahnen die Einpufferbauart bevorzugt. Das Bild zeigt eine sächsische Schmalspurlokomotive mit Mittelpufferkupplung auf der Strecke Radebeul Ost – Radeburg. Die Mittelpufferkupplungen übertragen Zug- und Druckkräfte gleichermaßen.

Herstellungskosten haben sie bisher jedoch nur geringe Verbreitung gefunden.

Zugeinrichtungen

Mit der längenverstellbaren Schraubenkupplung war in Europa bereits frühzeitig ein Kupplungssystem eingeführt, dessen betriebliche Brauchbarkeit auch heute noch gegeben ist. Die im Lauf der Jahre an dieser Kupplung vorgenommenen Änderungen beschränkten sich somit im wesentlichen auf eine Erhöhung der übertragbaren Zugkräfte. Die heutige Schraubenkupplung mit 850 Kilonewton Bruchfestigkeit ermöglicht Zuggewichte bis etwa viertausend Tonnen.
Zur elastischen Übertragung der Zugkraft vom Zughaken auf das Fahrzeug haben sich zwei grundsätzliche Systeme herausgebildet: die durchgehende und die geteilte Zugeinrichtung. Bei der durchgehenden sind die Zughaken über Schalenmuffen mit der Zugstange verbunden, die durch das Fahrzeuguntergestell geführt ist und von der die Zugkräfte mit einer in Wagenmitte zwischengeschalteten Kegelfeder auf das Untergestell übertragen werden. Diese noch in größerer Zahl in ältere, insbesondere zweiachsige Güterwagen eingebaute Einrichtung wird bei neuen Fahrzeugen nicht mehr verwendet. Sie erhalten seit 1969 ausschließlich geteilte Zugeinrichtungen; dabei werden die Zugkräfte über Federapparate – in der Regel Gummi- oder Ringfedern – an den Enden der Fahrzeuge in das Untergestell eingeleitet.

Einpufferbauart

Bei den europäischen Kleinbahnen waren nichtselbsttätige Mittelpufferkupplungen weit verbreitet. Zum Kuppeln der Fahrzeuge wurden die Mittelpuffer unmittelbar über Bolzen und Laschen verbunden. Gebräuchlich waren aber auch unterhalb, oberhalb oder seitlich der Mittelpuffer angeordnete Haken und Ketten oder Schraubenkupplungen.

Automatische Mittelpufferkupplungen

Auf kaum einem Gebiet haben sich Erfinder so versucht, wie auf dem Gebiet der automatischen

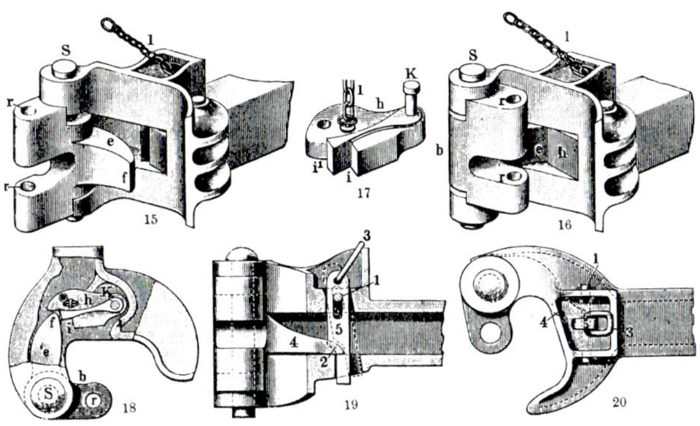

Automatische Kupplungen haben immer wieder den Erfindergeist herausgefordert. Die Entwicklung in Europa begann um die Jahrhundertwende und wurde vor allem durch amerikanische Konstruktionen beeinflußt. Meyers Konversationslexikon von 1905 erläuterte die Wirkungsweise von Gould- und Jenney-Kupplung.

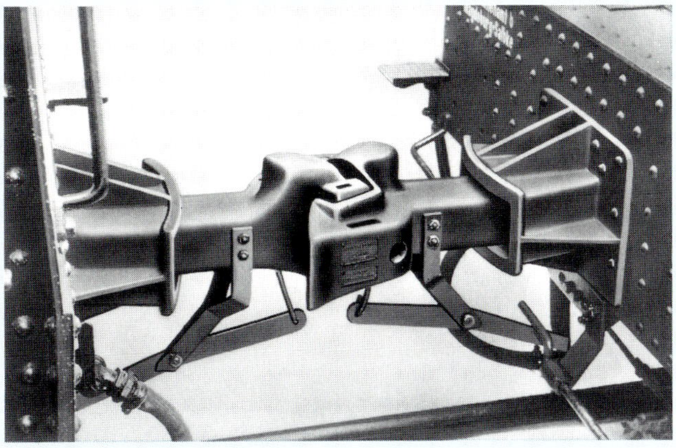

Schon Mitte der zwanziger Jahre rüstete die Reichsbahn Großgüterwagen mit Selbstentladeeinrichtung vor allem für Kohletransporte in Ganzzügen mit selbsttätiger Mittelpufferkupplung aus. Das Bild zeigt eine von Knorr gebaute Kupplung nach Willison an Großgüterwagen.

Kupplung. Ihre Entwicklung in Europa wurde vor allem durch die Janney- und die Willison-Kupplung beeinflußt, die beide aus Amerika stammen.
Die Janney-Kupplung wurde um die Jahrhundertwende in Amerika eingeführt, 1925 innerhalb weniger Tage auch bei den japanischen Eisenbahnen. Die zwischen 1935 und 1956 unter der Bezeichnung SA3 eingeführte Willison-Kupplung wird noch heute von den Sowjetischen Staatsbahnen benutzt.
Darüber hinaus fanden die Kompakt- und die Scharfenberg-Kupplung bereits früh bei Klein- und Stadtbahnen, in begrenztem Umfang aber auch bei Vollbahnen Anwendung.
Alle diese Bauarten sind Zug-Druck-Kupplungen. Sie übertragen Zug- und Stoßkräfte und vermögen daher auch die Seitenpuffer zu ersetzen. Bei der Janney- und der Willison-Kupplung, nichtstarren Klauenkupplungen, können sich beide Köpfe der verbundenen Kupplungen senkrecht gegeneinander verschieben.
Die Kompaktkupplung und die Scharfenberg-Kupplung als starre Kupplungen schließen durch ineinandergreifende Organe Bewegungen der Kupplungsköpfe gegeneinander aus und können deshalb auch Luft- und elektrische Leitungen selbsttätig mitkuppeln.
Bei den Kompaktkupplungen werden die Zugkräfte über bewegliche Verriegelungsbolzen, bei der Scharfenberg-Kupplung über bewegliche Kuppelösen und Herzstücke übertragen. Die Elektrokupplungen, die in ungekuppeltem Zustand zum Schutz der Kontakte abgedeckt sind, werden ebenso wie die Luftleitungen automatisch mitgekuppelt. Sie können wahlweise oberhalb, unterhalb oder seitlich der mechanischen Kupplung angeordnet sein. Diese Kupplungen kommen insbesondere für Fahrzeuge des Personenverkehrs wie S-Bahnen oder Schnelltriebwagen in Betracht, wenn häufiges Kuppeln erforderlich ist.

Willison-Kupplung, die in der Sowjetunion ab 1935 als Bauart SA3 eingeführt und auch in Deutschland erprobt wurde; ihre Wirkungsweise liegt der UIC-Kupplung zugrunde.

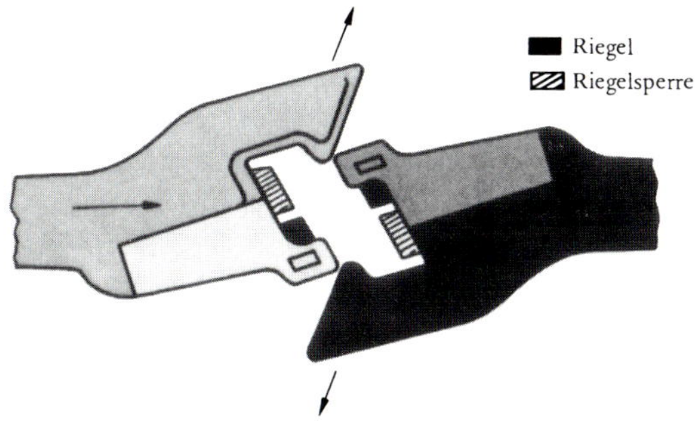

Auflaufen: Zentrierung der Kupplungsköpfe durch Gleiten auf den äußeren schrägen Flächen

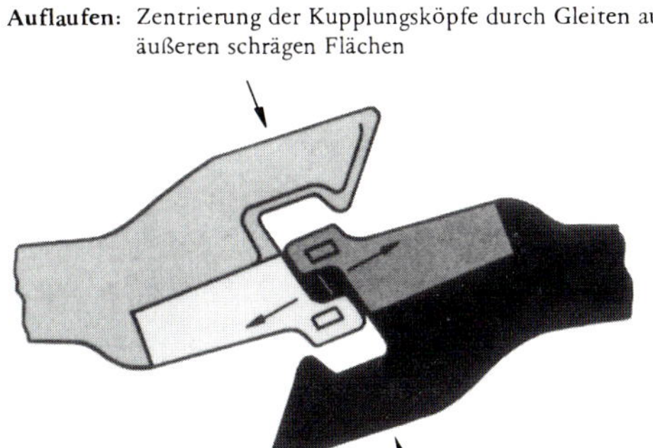

Eindringen: die Riegel drücken sich gegenseitig zurück

Verkuppelte Köpfe: die Riegel fallen wieder zurück und werden durch Einwirkung der Riegelsperre blockiert.

Kompaktkupplung der Bergischen Stahlindustrie.

Scharfenberg-Kupplung.

Automatische Kupplung für Europa

Die Bemühungen um eine automatische Kupplung in Europa reichen schon über ein Jahrhundert zurück. Bereits 1873 veranstaltete der Verein Deutscher Eisenbahnverwaltungen ein Preisausschreiben, das die Erfindung einer automatischen Kupplung zum Ziel hatte.

Bis zum Ausbruch des Ersten Weltkriegs gelang es jedoch nicht, betriebsbrauchbare und allgemein zufriedenstellende Lösungen zu entwickeln. Auch die in Amerika bereits eingeführte Janney-Kupplung wurde erprobt, schied jedoch wegen ihrer offenkundigen Mängel für eine europäische Lösung aus. Auch eine von den französischen Bahnen untersuchte Kompaktkupplung der Bauart Boirault konnte sich nicht durchsetzen. Ein Antrag des französischen Abgeordnetenhauses aus dem Jahre 1914 zur Einführung dieser Kupplung wurde von Regierung und Senat mit der Begründung abgelehnt, dies sei Sache aller Staaten, deren Eisenbahnnetze miteinander verbunden sind. Dieser Beschluß machte bereits deutlich, daß die Frage in Europa nur in internationaler Übereinstimmung zu lösen sein würde. Die weitere Entwicklung lief dann auch folgerichtig auf dieser Ebene weiter.

Etappen der automatischen Kupplung für Europa

1924 wird diese Frage auf Antrag des Internationalen Arbeitsamts in das Arbeitsprogramm der UIC aufgenommen.

1926 wird ein UIC-Sonderausschuß „Selbsttätige Kupplung" gebildet und mit der Klärung der technischen und wirtschaftlichen Durchführbarkeit sowie der Personalsicherheit beauftragt.

1936 kommen die Arbeiten zum Erliegen, als die UIC festgestellt hatte, daß die Einführung einer automatischen Kupplung vom wirtschaftlichen Standpunkt aus nicht gerechtfertigt sei.

1948 nimmt die UIC auf Veranlassung des Binnenverkehrsausschusses der Wirtschaftskommission für Europa (ECE) die Untersuchungen wieder auf, bestätigt aber 1950 das Prüfungsergebnis von 1936.

1956 beschließt die UIC aufgrund der inzwischen verbesserten Wirtschaftsverhältnisse in Europa, die Frage erneut zu untersuchen.

1960 werden vom Internationalen Forschungs- und Versuchsamt (ORE) der UIC über hundert Unternehmen aufgefordert, technische Vorschläge einzureichen. Von den vorgelegten Lösungen werden die brauchbarsten in Versuchen erprobt und zu einer Syntheselösung zusammengeführt.

1972 stimmt die Gemeinsame Gruppe UIC/OSShD den Einführungstermin für die automatische Kupplung ab. Als Beginn der Umstellung ist das Jahr 1981, als Abschluß 1985 vorgesehen. Ein von allen an der Einführung der automatischen Kupplung interessierten Bahnen getragener Beschluß zur Bestätigung des Einführungstermins kommt jedoch nicht zustande. Damit gerät die Frage der automatischen Kupplung für Europa in eine Sackgasse, in der sie sich noch heute befindet.

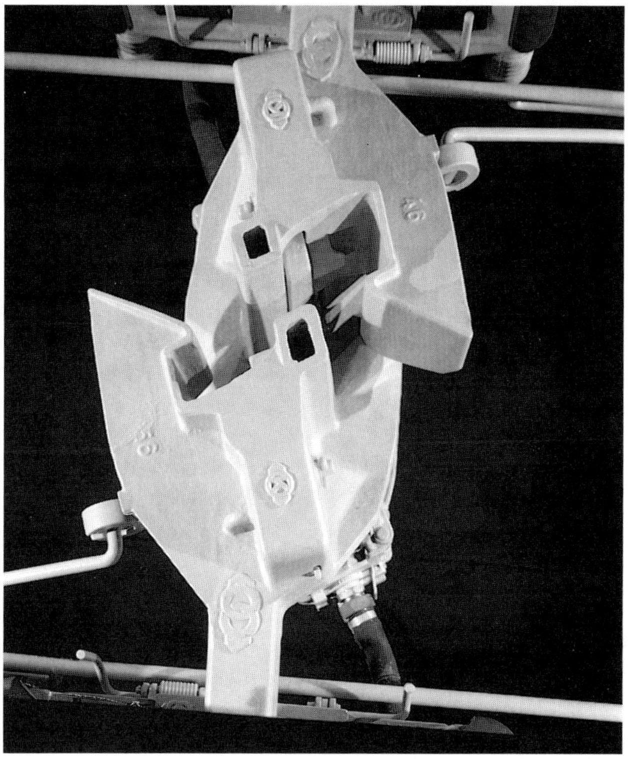

Automatische Mittelpufferkupplung Ak 69e des Internationalen Eisenbahn-Verbands (UIC).

Nach den notwendigen Anpassungsarbeiten an eine zur gleichen Zeit von der osteuropäischen Organisation für die Zusammenarbeit der Eisenbahnen (OSShD) entwickelte Kupplung stehen seit 1975 zwei kompatible betriebstüchtige automatische Kupplungen zur Verfügung, die das direkte Zusammenwirken auch mit der SA3-Kupplung der sowjetischen Eisenbahnen gestatten: auf westlicher Seite die

UIC-AK „69e“ und auf östlicher die OSShD-AK „Intermat“. Sie stellen eine Weiterentwicklung der Willison-Kupplung dar und unterscheiden sich untereinander lediglich in einigen konstruktiven Details.

Entsprechend ihrer Funktion sind die einzelnen Teile der automatischen Kupplung zu Baugruppen zusammengefaßt.

Der Kupplungskörper stellt die mechanische Verbindung zwischen zwei Fahrzeugen her. Unterhalb des Kupplungsprofils angeordnete „Starrmachungsorgane“ sperren zwei gekuppelte Kupplungskörper gegen vertikale Verschiebungen. Sie bilden zusammen mit dem Kupplungsprofil auch die Eingleitflächen, wenn mit Höhen- und Seitenversatz gekuppelt werden muß. Das im oberen Teil des Kupplungskopfes untergebrachte Riegelsystem hat die Aufgabe, das Profil zweier verbundener automatischer Kupplungen zu schließen und beim Entkuppeln zu öffnen. Die Arbeitsweise beruht auf dem Fallkeilprinzip; der Keil, der das Profil verschließt, fällt aufgrund seiner Schwerkraft in die verriegelte Stellung. Zum Trennen der Fahrzeuge muß dieser Keil über ein Betätigungsgestänge in eine entriegelte Stellung gebracht werden. Die im unteren Bereich des Kupplungskopfes angeordnete Leitungskupplung verbindet selbsttätig zwei Luftleitungen und elektrische Steuerleitungen; im ungekuppelten Zustand sind diese Leitungen abgedeckt und hinter das Kupplungskopfprofil zurückgezogen. Die nicht gekuppelten Kupplungskörper werden durch eine Abstützung getragen und in Mittellage festgehalten.

Die automatischen Kupplungen von UIC und OSShD werden bei mehreren Bahnen zum Transport von Erz oder Kohle in schweren Blockzügen bis zu 5 400 Tonnen Gewicht eingesetzt.

Die automatische Kupplung konnte zwar in Europa bisher nicht allgemein eingeführt werden, wird jedoch in Ganzzügen zum Transport von Erz und Kohle mit Erfolg eingesetzt. Nur damit sind Zuglasten von mehr als fünftausend Tonnen möglich. Die Fahrzeuge dieser Züge bleiben stets gekuppelt, bilden also einen geschlossenen, vom übrigen Fahrzeugpark unabhängigen Zugverband.

Bremsen

Bremsen ist nötig, aber lästig. Bremsen ist auch unwirtschaftlich und kann komfortmindernd sein. Auf jeden Fall ist Bremsen aber unabdingbar für jeden sicheren Verkehr, auch bei der Eisenbahn. In der Gründerzeit genügte es noch, die Lokomotive und diesen oder jenen Wagen zu bremsen. Mit zunehmender Geschwindigkeit zeigte sich jedoch, daß die Bewegungsenergie des Zuges nur zuverlässig und sicher umgewandelt werden kann, wenn möglichst viele Radsätze dazu beitragen.

Übertragung der Bremskraft

Alle Kraft kann beim rollenden Rad nur über den Kraftschluß zwischen Rad und Fahrbahn übertragen werden, der bei der Eisenbahn wegen der geringen Reibung zwischen dem stählernen Rad und der stählernen Schiene nur gering belastbar ist.
Die Haftwerte zwischen Rad und Schiene bilden die entscheidende Größe für die übertragbaren Bremskräfte, während die Bremsen selbst höhere Momente erzeugen können. Entscheidend sind dabei weniger die Verhältnisse bei trockenen und sauberen Schienen mit Haftwerten um 0,35 und mehr, sondern geringe Haftwerte um 0,07 bei beginnendem Regen und Staub auf den Schienen; bei Laubfall wurden sogar Werte um 0,003 festgestellt.
Wird ein Radsatz mit höherer Kraft gebremst, als sie sich unter den bestehenden Reibwertverhältnissen auf die Schiene übertragen läßt, blockiert der Radsatz und gleitet auf der Schiene; die dabei entstehenden Flachstellen können so stark sein, daß der Radsatz in der Werkstatt bearbeitet und das Fahrzeug dafür aus dem Betrieb gezogen werden muß.

Klotzbremse

Zur Übertragung der Bremskraft auf die Räder dienten ursprünglich wie bei Pferdewagen Holzbremsklötze, die über Spindel und Gestänge gegen die Lauffläche der Räder gedrückt wurden. Dieses Prinzip liegt den hauptsächlich benutzten Eisenbahnbremsen auch heute noch zugrunde. Für Güterzüge stellt die Klotzbremse wegen ihrer Einfachkeit nach wie vor die unbestritten günstigste Lösung dar. Bei Lokomotiven hält sie die Laufflächen der Räder rauh, was auch beim Anfahren und Beschleunigen nützlich ist.

Scheibenbremse

Für bremstechnische Höchstleistungen eignet sich die Klotzbremse nur bedingt, weil die Radwerkstoffe bereits durch Tragen und Führen so belastet sind, daß sie kaum ohne Beeinträchtigung auch noch Bremstemperaturspannungen standhalten können.
Als Hochleistungsbremse hat sich besonders für Reisezüge mit hohen Geschwindigkeiten die Scheibenbremse durchgesetzt. Damit lassen sich die Aufgaben von Rad und Bremse klar trennen, die Bremsmaterialien können bis zur Grenze ihrer mechanischen Festigkeit ausschließlich für die Bremsbeanspruchung genutzt werden.
Bei den extrem kleinen Raddurchmessern bis herab zu 335 Millimetern sind bei den Tiefladewagen für

Das Bremsvermögen von Schienenfahrzeugen hängt wesentlich von den Reibungsverhältnissen zwischen Rad und Schiene ab. Auf nassen und verschmutzten Schienen verlängert sich der Bremsweg wesentlich. Alle Bremsberechnungen müssen diese ungünstigen Werte berücksichtigen.

Kräfteverhältnis am gebremsten Rad.

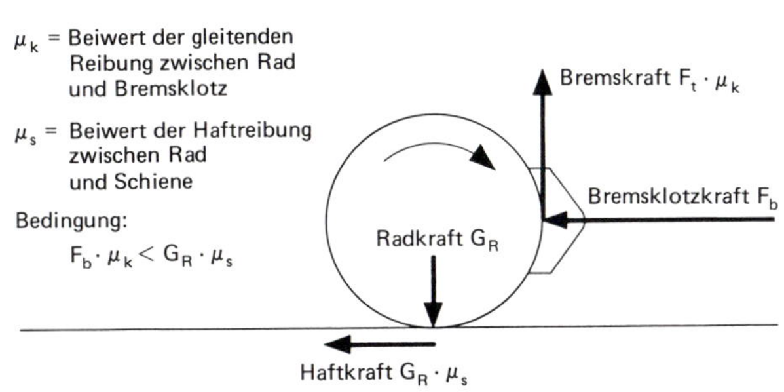

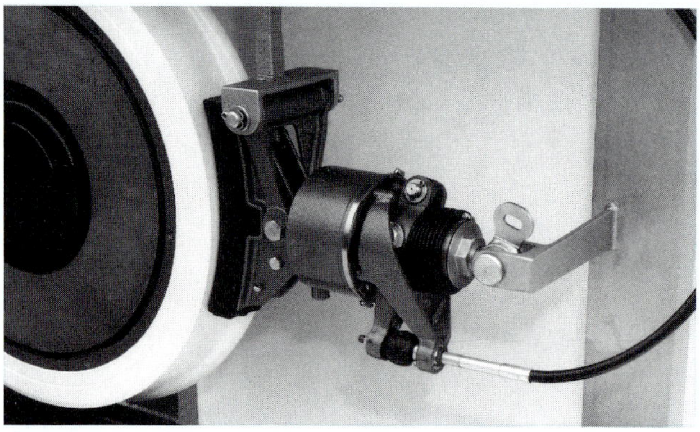

Zur Übertragung der Bremskraft auf die Räder dienten entsprechend dem Vorbild der Pferdefuhrwerke lange Zeit Klotzbremsen. Die Bremskraft wird auf die Lauffläche der Räder ausgeübt.

Bei schwierigen Einbauverhältnissen müssen jedoch Radbremsscheiben verwendet werden. Sie leiten die Kräfte statt in die Lauffläche seitlich auf das Rad.

Heute werden vielfach, besonders zur Übertragung hoher Bremskräfte, auf der Radsatzwelle besondere innenbelüftete Bremsscheiben angebracht. Damit lassen sich die Aufgaben von Rad und Bremse klar trennen, die Materialbeanspruchung kann bis zur Grenze der mechanischen Festigkeit ausschließlich von der Bremse genutzt werden.

die „Rollende Landstraße" keine Bremsscheiben möglich. Deshalb müssen hier die Radscheiben auch zum Bremsen benutzt werden. Die Räder haben bei Talfahrt über die Gotthard-Südrampe bis zu fünfzehn Kilowatt Bremsleistung aufzunehmen und in Wärme umzusetzen; dabei entstehen Lagertemperaturen bis 120 Grad Celsius, die sicher beherrscht werden müssen.

Haftwertunabhängige Bremsen

Eine Möglichkeit, die Bremse vom Kraftschluß zwischen Rad und Schiene loszulösen, bieten Bremsen, bei denen die Bremskraft direkt auf die Schienen ausgeübt wird.
Frühe Versuche mit Schienenbremsen an Lokomotiven benutzten mit Dampfdruck auf die Schienenoberfläche gedrückte Bremsschuhe; dadurch wurden jedoch die Räder entlastet, was Entgleisungsgefahr bedeutete.
Eine bessere und noch heute benutzte Lösung bildet die Magnetschienenbremse. Ihre Bremselemente werden von den Schienen elektromagnetisch angezogen, halten sich also gewissermaßen an den Schienen fest und bewirken damit eine Bremskraft; außerdem werden die Schienen gereinigt, die Haftwerte für die Radbremsen verbessert. Da die Magnetschienenbremse hohem Polschuhverschleiß unterliegt, wird sie nur zusätzlich bei Schnellbremsungen benutzt.
Neue Möglichkeiten bietet die lineare Wirbelstrombremse. Sie erzeugt Wirbelströme, die in den Schienen ein Gegenmagnetfeld hervorrufen und berührungslos Bremskräfte auf das Fahrzeug ausüben. Der Luftspalt zwischen Bremse und Schiene beeinträchtigt den Wirkungsgrad und erfordert hohen Energieeinsatz, der auch zu erheblicher Erwärmung der Schienen führt. Außerdem können die Streufelder Signalanlagen beeinflussen, so daß beim Einsatz der Wirbelstrombremse noch besondere Vorkehrungen nötig sind.

Dynamische Bremsen

Ursprünglich waren an Lokomotiven nur die Tenderradsätze mit Klotzbremsen ausgerüstet. Wachsende Geschwindigkeit und höheres Lokomotivgewicht führte zu Bremsen an den Treibradsätzen der Dampflokomotiven, später auch an den Laufradsätzen. Die Druckluftbremse ermöglichte an den Lokomotiven direkt wirkende und schnell regulierbare Klotzbremsen. Heutige Anforderungen verlangen Fahrzeuge, die sich im Zug selbst abbremsen. Bei den Lokomotiven können über 200 Prozent Abbremsung auftreten, das heißt, die Bremsklotzkraft je Rad ist mehr als doppelt so hoch wie die Radkraft. Dadurch werden die Radstähle bei Bremsung aus über 140 km/h außerordentlich belastet. Hohe ther-

Scheibenbremsen in den Triebköpfen des ICE-Versuchszugs: Jeder Radsatz trägt hier drei unbelüftete Bremsscheiben.

Bei den extrem kleinen Raddurchmessern der Huckepackwagen für die „Rollende Landstraße" lassen sich keine Bremsscheiben verwenden; hier müssen die Seitenflächen der Räder zum Bremsen benutzt werden.

Als haftwertunabhängig wurden schon in den dreißiger Jahren im Schnellverkehr zusätzliche Magnetschienenbremsen eingesetzt. Heute sind alle Wagen damit ausgerüstet, die mehr als 160 km/h laufen.

Die neueste Entwicklung haftwertunabhängiger Bremsen wurde im ICE erprobt: die Wirbelstrombremse. Sie wirkt völlig berührungs- und damit verschleißfrei. Im Bild sind die Magnete zu erkennen, die das zum Bremsen erzeugte Feld aufbauen.

Dynamische Bremsen wirken über den Lokomotivantrieb. Auf elektrischen Triebfahrzeugen werden die Fahrmotoren als Generatoren geschaltet, die von ihnen erzeugte elektrische Energie wird noch vielfach mit Bremswiderständen in Wärme umgewandelt. Das Bild zeigt einen Bremswiderstand der Lokomotivbaureihe 110 bei einem Überlastversuch auf dem Prüfstand.

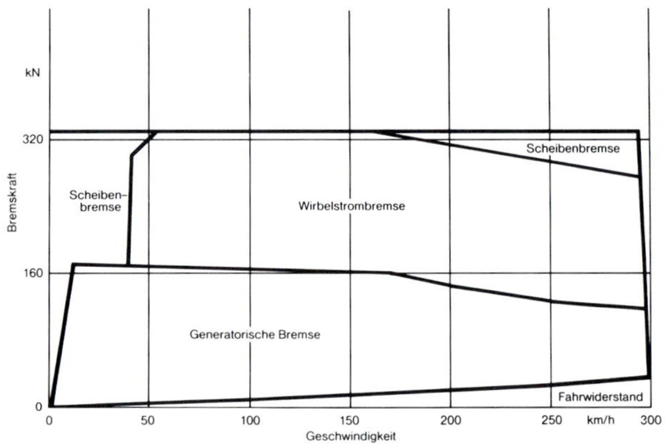

Zusammenwirken der drei Bremsen des ICE: Scheibenbremse, Wirbelstrombremse und generatorische Bremse. Die Kurve ergibt aus 300 km/h eine konstant geregelte Verzögerung von 1 m/s² bis zum Stillstand. Zugrunde gelegt sind 5‰ Gefälle.

mische Belastung tritt auch bei ständigem Bremsen im Gefälle ein. Aus Sicherheitsgründen müssen Lokomotiven auf Steilstrecken mit einer zweiten, unabhängigen Bremse ausgerüstet sein. Alle diese Gründe führten zur Entwicklung dynamischer Bremsen unter Benutzung des Lokomotivantriebs.

Bei Dampflokomotiven ließ sich der Dampfdruck gegen die vorwärts gerichtete Bewegung der Kolben in den Zylindern einsetzen; bekannt wurde die bis zum Ende der Dampflokomotiv-Ära und später noch im Versuchsbetrieb zu Leistungsmessungen an neuen Lokomotiven eingesetzte Riggenbach-Gegendruckbremse.

Die Fahrmotoren elektrischer Lokomotiven können auch generatorisch wirken. Die kinetische Energie des Zuges wird dann auf der Lokomotive in elektrische Energie und mit Bremswiderständen in Wärme umgewandelt. Die neuzeitliche Drehstromantriebstechnik bietet darüber hinaus die Möglichkeit, die elektrische Energie nicht nutzlos ins Freie abzugeben, sondern ohne nennenswerten Aufwand ins Netz zurückzuspeisen.

Bei Diesellokomotiven mit hydraulischer Leistungsübertragung ist ebenfalls dynamisches Bremsen möglich. An das Strömungsgetriebe wird die hydraulische Bremse angeflanscht; sie muß bei geringen Abmessungen hohe Leistung aufnehmen können. Auch dabei wird die kinetische Energie des Zuges in Wärme umgesetzt; zur Ölkühlung dienen die während des Bremsens nicht benutzten Getriebeölkühler. Für Serienlokomotiven der Bundesbahn wurden äußerst kompakte Doppelbremskupplungen bis 2000 PS entwickelt.

Durchgehende Bremsen

Die Problematik des Bremsens bei der Eisenbahn besteht nicht nur in Erzeugung und Übertragung der Bremskräfte und Nutzung der Reibung, sondern auch in der Anwendung eines sicheren Systems, mit dem die Bremsen möglichst aller Fahrzeuge des Zuges gleichzeitig, sicher und einfach aktiviert werden können. Anfangs mußte auf jedem mit Bremse ausgerüsteten Wagen ein Bremser mitfahren und auf Pfeifsignale der Lokomotive die Bremsen anziehen oder lösen. Dabei saßen die Bremser bei Wind und

Wetter auf offenen Böcken, bis um 1880 die Preußischen Staatseisenbahnen geschlossene Bremserhäuser an den Wagen einführten, die sich bald bei allen Bahnen durchsetzten.
Bis zur Jahrhundertwende wurden dann an Reisezügen zahlreiche verschiedene Bremsbauarten verwendet: Seil- und Kettenbremsen, Saugluft- oder Vakuumbremsen, Zweikammer- und Einkammer-Druckluftbremsen. Sie zeichneten sich trotz unterschiedlicher Technik alle gleichermaßen dadurch aus, daß die Bremsen sämtlicher Fahrzeuge des Zuges nun von zentraler Stelle aus angelegt und gelöst werden konnten.
Bei der Seilzugbremse lief über die Wagen hinweg ein an jeder Kuppelstelle trennbares, zunächst ungespanntes Seil. Zum Bremsen wickelte eine Trommel auf der Lokomotive das Seil auf und spannte es damit, so daß die Wagenbremsen direkt mechanisch betätigt oder eine selbsttätige Bremskrafterzeugung an den Wagen initiiert wurde. Diese Bremsen waren nicht selbsttätig, bei Seilriß oder Zugtrennung konnte keine Bremskraft mehr erzeugt werden. Die Regulierbarkeit war schlecht, die erreichbare Bremskraft hielt sich in bescheidenen Grenzen. Selbsttätigkeit der Seilzugbremse wurde mit der Bauart Heberlein erreicht; die Reichsbahn in der DDR benutzte sie auf einer Schmalspurbahn noch bis 1987. Bei der Heberleinbremse wurde das Seil zum Lösen gespannt. Zum Bremsen drückte ein Reibrad durch Gewichtskraft gegen die Radsatzwelle, wodurch zur Erzeugung der Bremskraft eine Zugkette aufgewikkelt wurde.
Erst die Luftbremse – mit Saugluft oder Druckluft – brachte Selbsttätigkeit: Bei der Zugtrennung bremsen beide Zugteile, womit die Betriebssicherheit außerordentlich gesteigert werden konnte. Beide Systeme erfordern eine durchgehende Luftleitung, auf der Lokomotive außerdem einen Druckerzeuger und ein Regelorgan.
Die Saugluftbremse ist entwicklungsgeschichtlich älter. Sie nutzte den atmosphärischen Druck. Unterdruck in der durchgehenden Bremsleitung löste die Bremse. Als Luftsauger diente ein Dampfstrahlejektor mit integriertem Dampfventil, Bremshandhebel und Vakuummeter. Der Bremshandhebel bediente einen Drehschieber mit den Stellungen „Bremse los", „Abschluß", „Fahrt", „Betriebsbremsen" nur mit dem Wagenzug und „Notbremsen" auch mit Lokomotive und Tender; eine Schnellbremsung konnte durch rasches Bewegen des Bremshandhebels in die Notbremsstellung erreicht werden, wobei in den Wagen zusätzliche Schnellbremsventile ansprachen.
Die Güterzüge, deren Höchstgeschwindigkeit anfangs 45 km/h nicht überstieg, fuhren zunächst weiterhin handgebremst, bis bald nach der Jahrhundertwende die inzwischen verfügbare Technik auch hier zu Fortschritten führte. Mehrere europäische Bahnen beschlossen 1903 die Einführung einer Luftbremse; dabei standen einander Saugluft- und Druckluftbremse zunächst hart gegenüber. Für die anschlie-

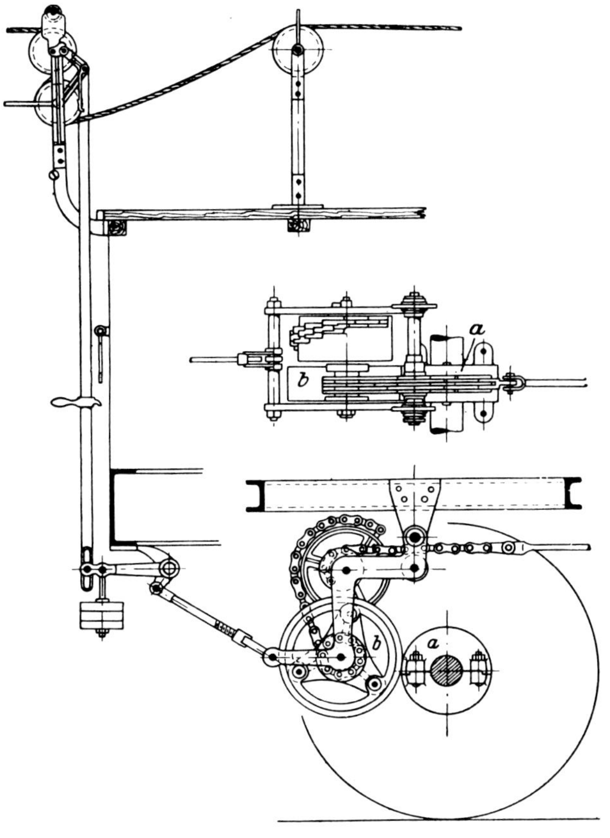

Eisenbahnbremsen müssen von zentraler Stelle – in der Regel von der Lokomotive aus – betätigt und im ganzen Zug möglichst unverzüglich wirksam werden können. Derartige „durchgehende" Bremsen wurden schon im vorigen Jahrhundert mit mechanischen Mitteln verwirklicht. Die Bauart Heberlein hielt sich besonders lange: in der DDR bis 1987.

ßenden Versuche wurden zahlreiche Bedingungen gestellt: 17 durch das „Rivaer Programm" des Vereins Deutscher Eisenbahn-Verwaltungen, 31 durch die Technische Einheit, die sich 1909 in die Untersuchungen einschaltete und die auch für den Bau der Luftbremse 25 Bedingungen formulierte.
Aus dem Wettbewerb um die internationale Einführung einer Luftbremse in Güterzügen ging schließlich die Druckluftbremse siegreich hervor: Dabei erzeugt ein Luftpresser auf der Lokomotive Druck bis zu 10 kg/cm². Durch das Führerbremsventil auf der Lokomotive wird die durchgehende Hauptluftleitung mit 5 kg/cm² druckerhaltend aufgefüllt. Die angeschlossenen Bremsen in den einzelnen Fahrzeugen des Zuges speichern diese Druckluft in Hilfsluftbehältern. Die zugehörigen Steuerventile stehen in Verbindung mit der Hauptluftleitung und können Verbindungen zum Hilfsluftbehälter, zum Bremszylinder und ins Freie herstellen. Zum Betriebsbremsen läßt sich der Druck in der Hauptluftleitung in mindestens sieben Stufen um 1,5 kg/cm² absenken, womit die maximale Bremskraft erreicht wird. Schon

Eine befriedigende Lösung brachten jedoch erst die Luftbremsen. Zu ihrer Erprobung wurden umfangreiche Versuche unternommen. Zwei eindrucksvolle Bilddokumente sind von Fahrten zur Erprobung der Kunze-Knorr-Bremse überliefert: Personenzug mit sechzig Achsen im Gefälle 1:43 auf der Strecke Freudenstadt – Alpirsbach im Schwarzwald 1916 und Güterzug mit 150 Achsen im Gefälle 1:30 zwischen Neuhaus am Rennsteig und Probstzella im Thüringer Wald.

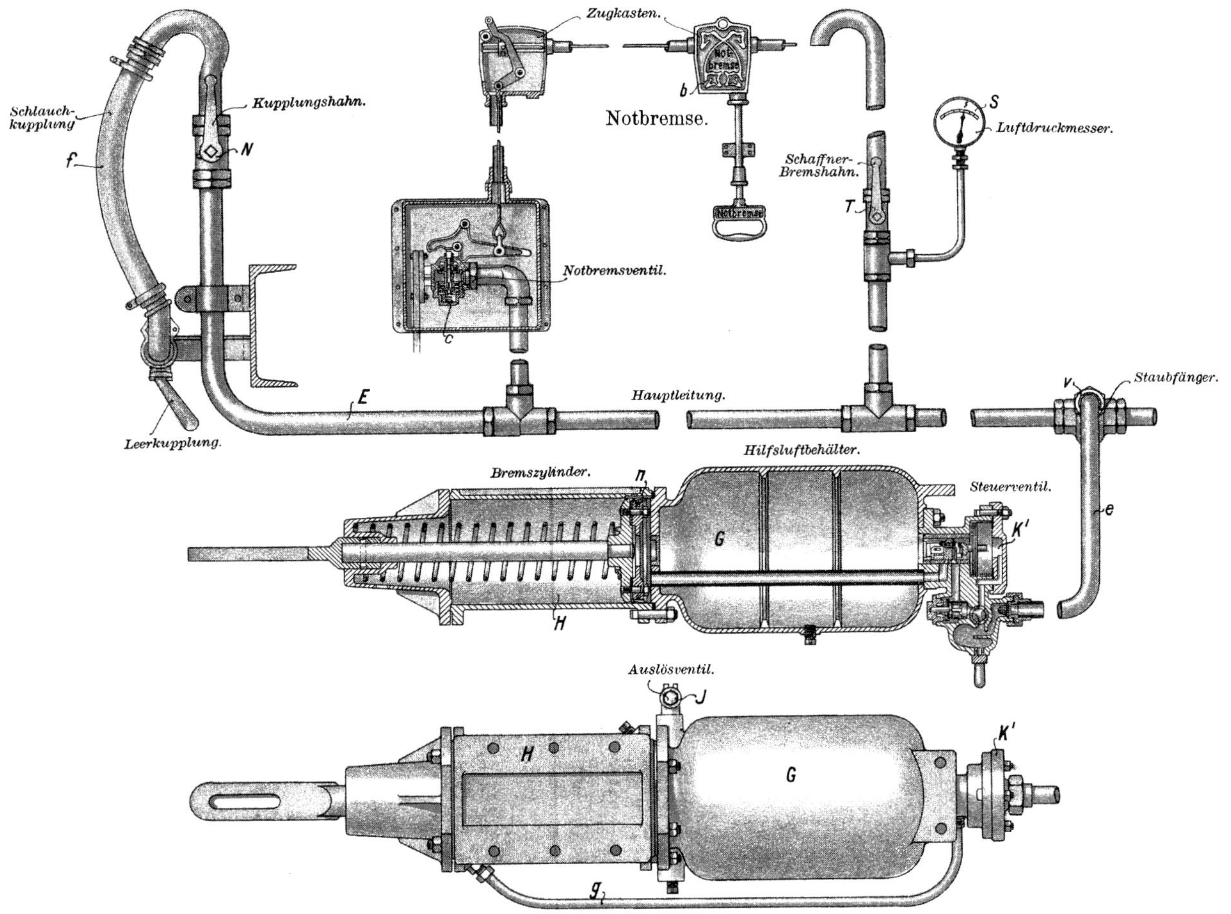

Anordnung der Geräte einer alten Knorr-Druckluftbremse.

Auch in neuester Zeit sind Bremsversuchsfahrten unverzichtbar: Vor der internationalen Zulassung der heute modernsten Bremsbauart, der KEd-Bremse, fanden Meßfahrten mit 700 Meter langen Zügen auf der Schwarzwaldbahn statt.

Führerbremsventil auf einer elektrischen Lokomotive der Baureihe 194 (E 94).

bei 0,3 kg/cm² Druckabsenkung in der Hauptluftleitung wechseln die Steuerventile von Füll- in Regelfunktion, Druckluft strömt in die Bremszylinder und läßt die Bremsen wirksam werden. Bei Schnellbremsungen, die vom Lokomotivführer, aber auch von den Reisenden durch Ziehen der Notbremse ausgelöst werden können, wird die Hauptluftleitung über einen Auslaß von mindestens 19 Millimetern Durchmesser direkt und schlagartig entlüftet. Dadurch wird erreicht, daß sich die Bremskraft in kürzestmöglicher Zeit bis zum Zugschluß entwickelt. Die Gradienten der Druckabsenkung bei Betriebs- und Schnellbremsung werden von den Bremsen erkannt und aktivieren besondere Steuerfunktionen. Der Druck in den Bremszylindern und damit die Bremskraft wird vom Druck in der Hauptluftleitung gesteuert und zwischen 0,6 und 3,8 kg/cm² aus dem gespeicherten Druck der Hilfsluftbehälter gebildet.
Dieses Umsteuern der Ventile und damit das Ansprechen der Bremse bildet den kritischen Punkt, von dem die Betriebssicherheit abhängt. Denn um Druck in langen Leitungen zu verändern, müssen Luftvolumina gegen Strömungswiderstände transportiert werden. Dazu ist Zeit erforderlich. Die Bremsen sprechen erst nach und nach bis zum Zugschluß an, gefährliche Längsreaktionen sind die Folge. Wegen der langen Absenkzeit wurde das Steuerventil bei Güterzugbremsen so gestaltet, daß sich der Bremszylinderdruck erst nach und nach, etwa in dreißig bis vierzig, heute in achtzehn bis dreißig Sekunden aufbaut. Die Kraftentwicklung an der Spitze des Zuges ist dadurch künstlich verzögert, um die Längskräfte gering zu halten. Bei Personenzugbremsen beträgt die Entwicklungszeit des Drucks nur drei bis fünf Sekunden, da diese Züge wesentlich leichter und kürzer sind als Güterzüge.
Jahrzehntelang war versucht worden, durch einen Druckimpuls gleichzeitiges Ansprechen aller Bremsen im Zug zu erreichen. Dieser vom Führerbremsventil auf der Lokomotive ausgehende Impuls sollte von den Bremsen erkannt und über Betriebsbremsbeschleuniger weitergegeben werden. Neuzeitliche Bremsen erreichen auf diese Weise immerhin 250 Meter je Sekunde Durchschlagsgeschwindigkeit, einen Wert nur wenig unterhalb der Schallgeschwindigkeit.
Das schnellwirkende amerikanische Westinghouse-Steuerventil wurde Vorbild für europäische Bahnen und mit gleichen Funktionen und ähnlichem Aussehen auch von Knorr gebaut. Die schnellwirkende Westinghouse-Bremse ließ jedoch wegen der fragwürdigen Wirkung des Bremsbeschleunigers im hinteren Zugteil erhebliche Zweifel aufkommen; sie wurde deshalb bei den deutschen Bahnen 1926 von der Kunze-Knorr-Bremse (KK) verdrängt; 1931 folgte die Hildebrand-Knorr-Bremse (HiK) und 1954 die Knorr-Einheitsbremse (KE). Als heute modernstes Steuerventil gilt die KEd-Bremse; sie ermöglicht das Lösen der Bremsen langer Güterzüge innerhalb von sechzig Sekunden. Diese Bremse wurde nach mehrjähriger Entwicklung und nach Versuchsfahrten mit siebenhundert Meter langen Güterzügen auf der Schwarzwaldbahn 1976 von der UIC zugelassen.

Bremsleistung in Prozenten

Anfangs beruhte die Nutzung der Reibung zum Bremsen allein auf Erfahrung. In der zweiten Hälfte des 19. Jahrhunderts begannen bei den Eisenbahnen systematische Untersuchungen unter sehr unterschiedlichen Gesichtspunkten und mit entsprechend unterschiedlichen Ergebnissen. Wichtig war die Erkenntnis, daß die übertragbare Bremskraft bei gleichem Fahrzeuggewicht stark vom Zustand der Schienen – trocken, naß oder schmierig – abhängt. Daß bei rollender Reibung höhere Kräfte übertragen werden können als bei gleitender, hatte schon die Erfahrung gelehrt. Den Eisenbahnen ging es im Kern aber darum, die Leistung der Bremsen eines Zuges als Prozentsatz seiner Masse darzustellen, wie dies noch heute geschieht.
Der entsprechende Wert sollte im Betrieb leicht verständlich und errechenbar sein. Dafür wurde ein besonderes Bewertungssystem mit den Begriffen „Bremsgewicht" und „Bremshundertstel" geschaffen.

Während das Zuggewicht durch Addition der einzelnen Wagengewichte leicht zu errechnen ist, läßt sich das „Bremsgewicht" als Größe für das Bremsvermögen nicht ohne weiteres ermitteln; denn die Bremsleistung eines Wagens hängt von verschiedenen bauartbedingten Einflußgrößen ab, außerdem ändert sich die Bremskraft geschwindigkeitsabhängig. Deshalb mußte diese Größe empirisch bestimmt werden. Dafür fanden Versuchsfahrten mit Einheits-Reisezug- oder Einheits-Güterwagen statt. Das Bremsgewicht dieser Einheitswagen wurde als dem Eigengewicht gleich definiert. Damit läßt sich das Bremsgewicht jedes anderen Wagens durch Vergleich seines Bremswegs mit dem eines Einheitswagens feststellen. Da an den Wagen heute mehrere Bremsstellungen möglich sind, müssen auch mehrere Bremsgewichte angeschrieben sein.
Da sich die Bremswirkung jedes Wagens bei gleichbleibender Bremskraft mit zunehmender Beladung vermindert, der Bremsweg also länger wird, ist für die Bremswirkung nicht der absolute Wert des Bremsgewichts, sondern sein Verhältnis zum Wagengewicht maßgebend. Somit errechnet sich die Bremswirkung eines Zuges aus der Summe aller Bremsgewichte der Fahrzeuge in der wirksamen Bremsstellung, dividiert durch das gesamte Zuggewicht, nach der Formel

$$\frac{\text{Gesamt-Bremsgewicht des Zuges}}{\text{Gesamt-Zuggewicht}} \cdot 100 = \text{Anzahl Bremshundertstel}$$

Diese Bremsprozente oder Bremshundertstel bilden die Grundlage für die bremsbetriebliche Zugfahrt.

Bremsversuche

Die technische Kommission des Vereins Deutscher Eisenbahn-Verwaltungen hatte 1886 erstmals eine Formel zur Berechnung der erforderlichen Bremsprozente oder Bremshundertstel aufgestellt. Preußen widersetzte sich jedoch vor allem wegen der finanziellen Tragweite und offener technischer Fragen, die anschließend im Rahmen der ersten bekannten Prüfstandversuche geklärt werden sollten. Sie fanden auf einer Radsatzdrehbank statt, wobei mit Simulation der Schiene die Verhältnisse zwischen Rad und Bremsklotz ebenso wie zwischen Rad und Schiene untersucht wurden. Schon damals war der Einfluß der Nässe bekannt; er floß in die Versuche ein. Die Reibwerttendenz läßt erkennen, daß bereits bei diesen Versuchen eiserne Bremsklötze verwendet wurden.
Heute lassen sich Reib- und Haftwertuntersuchungen dank neuzeitlicher Technik wesentlich genauer durchführen. Für Reibwertuntersuchungen zwischen Klotz und Rad bei Klotz-, oder zwischen Belag und Scheibe bei Scheibenbremsen stehen Schwungmassenprüfstände zur Verfügung, an die Originalräder oder -bremsen montiert werden können; sie lassen

Neuzeitliches Bremssteuerventil, Bauart Knorr KE.

KE-Steuerventil, eingebaut im S-Bahntriebzug 420.

sich bis zu höchsten Geschwindigkeiten betriebsnahen Belastungen unterwerfen.
Für Messungen auf der Strecke hat die Bundesbahn Meßradsätze entwickelt. Sie arbeiten nach dem Prinzip der Dehnungsmeßstreifenmessung und beruhen auf Durchbiegung und Torsion der Radsatzwelle. Ziel dieser Untersuchungen ist nicht nur die Erforschung des Haftwert-Schlupfgesetzes, sondern vor allem die Beeinflußbarkeit der Bremse durch Schlupfregelung. Die heute in alle schnellfahrenden Reisezugwagen eingebauten elektronischen Gleitschutzregler haben die Aufgabe, die Bremskraft in jeder Situation so zu bemessen, daß die Räder in geringen Schlupf gezwungen werden, der den Reibwert verbessert.

Werkstätten

Die „Saxonia" als erste in Deutschland gebaute Lokomotive entstand 1838 noch vor Eröffnung der Leipzig-Dresdener Eisenbahn bei einer Maschinenfabrik. Die ersten Wagen dagegen baute die Bahn selbst in eigener Wagenbauanstalt zu Leipzig. Für die Instandhaltung und vor allem zur Vorbereitung der Lokomotiven für den Einsatz bestanden Maschinengebäude und Schuppen in unmittelbarer Bahnhofsnähe. Die erste Eisenbahnwerkstätte auf deutschem Boden war schon 1835 für die Ludwigseisenbahn von Nürnberg nach Fürth erbaut worden. Das Maschinenhaus mit Werkstätte und der Wagenschuppen lagen auch hier beim Bahnhofsgebäude. Wartungs-, Inspektions- und Instandsetzungsarbeiten wurden anfangs noch von dem Engländer William Wilson, dem ersten Lokomotivführer in Deutschland, persönlich vorgenommen.
Auch bei den Eisenbahnen, die nun in rascher Folge entstanden, lagen die ortsfesten Anlagen, also Abstellanlagen und Werkstätten anfangs in aller Regel direkt bei den Bahnhöfen. Hier wurden die Dampflokomotiven, Personen- und Güterwagen in den Ruhepausen mit Betriebsstoffen wie Wasser, Kohle, Öl und Sand versehen, gewartet, gereinigt und ausgebessert. Hierzu waren in zunehmendem Maße maschinentechnische Fahrzeugbehandlungsanlagen erforderlich.
Zu ihnen gehörten Bekohlungs- und Besandungsanlagen, Wasserwerke und Wasserkrane, die den Lokomotiven die Betriebsstoffe zuführten. Entschlak-

Die ersten Eisenbahnwerkstätten lagen in unmittelbarer Nähe der Stationen. Dieses Modell aus dem Verkehrsmuseum Nürnberg zeigt Bahnhof und Werkstätte der Ludwigseisenbahn nach Fürth.

6

kungs- und Auswaschanlagen dienten neben Ausblasanlagen zur Reinigung der Lokomotiven. Achssenken im Lokomotivschuppen wurden zur Auswechslung schadhafter Radsätze eingesetzt, Drehscheiben zum Drehen der Lokomotiven mit Schlepptender in die Fahrtrichtung und zur Verteilung der Fahrzeuge auf die einzelnen Arbeitsstände in der Lokomotivhalle, meist Ring- oder Kreisschuppen. Bei rechteckigen Lokomotivhallen wurden die Fahrzeuge durch Schiebebühnen auf die Stände verteilt. Kleine Rechteckschuppen besaßen statt einer Schiebebühne zur Verteilung der Fahrzeuge eine Gleisharfe.

In Verbindung mit den Gleisanlagen und dem Lokomotivschuppen bildeten diese technischen Einrichtungen den Lokomotivbahnhof, unter Einschluß der zugehörigen Verwaltungsräume wurde eine solche Dienststelle als Bahnbetriebswerk bezeichnet. Bei einer Wagenwerkstätte mit Wagenhalle sprach man von einem Bahnbetriebswagenwerk. Beide lagen räumlich meist eng beisammen.

Nach der Zusammenfassung der Ländereisenbahnen zur Reichsbahn wurden in den zwanziger Jahren vom Reichsbahn-Zentralamt in Berlin Grundzüge für den Entwurf der Fahrzeugbehandlungsanlagen herausgegeben, in denen Richtlinien für den Bau und die Lage der Betriebswerke enthalten waren. Wenn diese Grundzüge auch durch die weitere Entwicklung teilweise überholt sind, so haben sie eine gewisse grundlegende Bedeutung doch durchaus behalten.

Obwohl bei der Standortwahl für die Werkstätten auf Anschlußmöglichkeiten an öffentliche Versorgungsnetze für Gas, Wasser und Strom geachtet wurde, ließ sich eine bisweilen aufwendige Eigenversorgung nicht vermeiden. Noch 1910 unterhielten die Badischen Staatseisenbahnen in ihrer Werkstätte Durlach dieses Elektrizitätswerk.

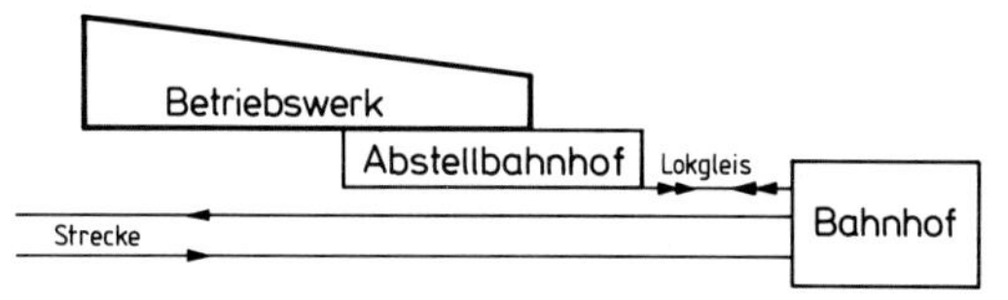

Betriebswerk für Personenzugdienst nahe Bahnhof und Abstellanlage.

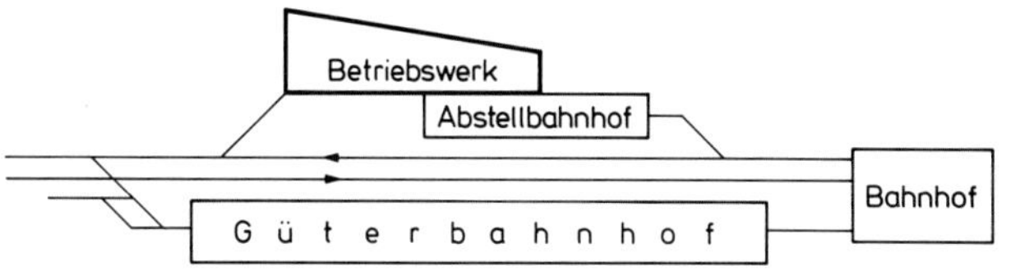

Gemeinsames Betriebswerk für Personen- und Güterbahnhof.

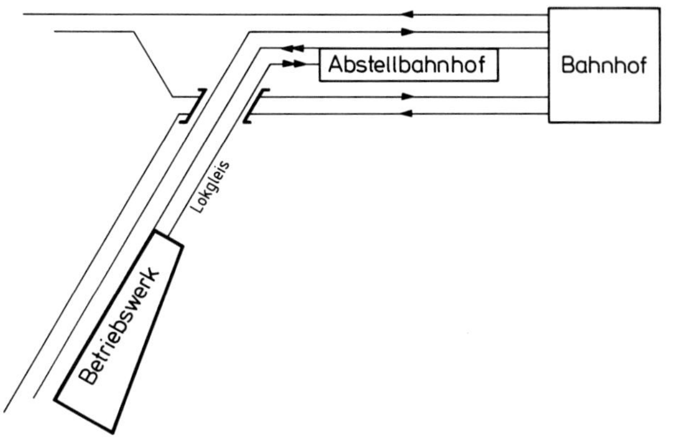

Betriebswerk, durch eigene Lokomotivgleise mit Bahnhof und Abstellanlage verbunden.

Betriebswerke befanden sich stets bei den Zugbildungsstationen und an den Knotenpunkten des Verkehrsnetzes. Waren bei längeren Strecken keine Knotenpunkte wie Kreuzungen oder Abzweige vorhanden, oder lagen diese Punkte ungünstig, so mußten Betriebswerke an der Strecke vorgesehen werden. Ihre Abstände waren nach technischen und wirtschaftlichen Gesichtspunkten zu ermitteln. Sie betrugen im Mittel 25 bis 50 Kilometer.

Bei der Wahl des Geländes für ein Betriebswerk waren in erster Linie die Boden- und Grundwasserverhältnisse zu berücksichtigen. Gleichzeitig war darauf zu achten, daß ein genügender Zusammenhang mit den übrigen Betriebsanlagen gewährleistet wurde. Erweiterungs- und gute Zufahrtmöglichkeit mit Straßenanschluß mußten gegeben sein, ebenso Anschlüsse an die öffentlichen Versorgungsnetze für Gas, Wasser und Strom. Die gewählte Lage sollte Kreuzungen der Hauptgleise und unnötige Fahrten der Lokomotiven ausschließen. Die Anordnung der einzelnen Anlagen zueinander mußte zweckmäßig sein, so daß die Arbeitsgänge an den Fahrzeugen in der günstigsten Reihenfolge nacheinander durchgeführt werden konnten. Betriebswerke für reinen Personenzugdienst wurden möglichst nahe den Bahnsteiggleisen angeordnet und mit den Abstellanlagen verbunden. Wo dies nicht möglich war, mußten die Bahnsteiggleise mit den Abstellanlagen durch besondere Lokomotivgleise verbunden werden, möglichst ohne andere Gleisanlagen zu kreuzen. Diese Forderung ergab oft Schwierigkeiten, die durch den Bau von Unterführungen gelöst werden mußten. Waren Personenbahnhöfe mit Güterbahnhöfen oder kleineren Rangierbahnhöfen verbunden, so wurde ein gemeinsames Betriebswerk an der Seite der Gesamtanlage vorgesehen, die den stärksten Zu- und Abfluß an Lokomotiven aufwies.

Mittlere und große Verschiebebahnhöfe erhielten stets ein eigenes Betriebswerk im Mittelteil des Rangierbahnhofs. Die Ablaufberge boten dabei eine günstige Gelegenheit, Unterführungen anzulegen und damit Kreuzungen zu vermeiden.

Betriebswerk am Rangierbahnhof mit Unterführungen im Bereich der Ablaufberge.

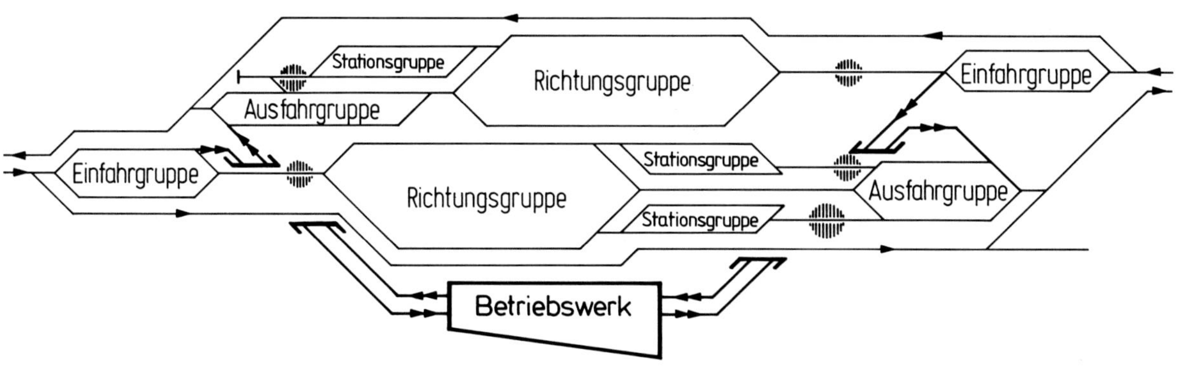

Preußische Lokomotivwerkstätte, zur Reparatur im Vordergrund die Dampflokomotive „Elsaß-Lothringen 2318".

Wagenabteilung der Zentralwerkstätte München Hauptbahnhof kurz nach der Jahrhundertwende.

Betriebswerk zur Dampflokzeit mit Rundschuppen um die Drehscheibe (Hamburg-Rothenburgsort).

Mit dem Anwachsen der Bahnen konnten die Instandhaltungs- und umfangreichere Instandsetzungsarbeiten nicht mehr in den Betriebswerkstätten ausgeführt werden, weil deren Lage im Zentrum meist keine Ausdehnung zuließ. So entstanden am Rand der Städte neue, leistungsfähigere Ausbesserungswerke für Instandhaltung und Reparatur, zum Teil getrennt für Lokomotiven und Wagen.

Betriebswerke für Dampflokomotiven

Grundsätzlich ist zwischen zwei Ausführungsformen von Betriebswerken zu unterscheiden: der Kopfform und der Durchgangsform. Die Kopfform ergibt sich, wenn das Gelände oder die Umgebung nicht zulassen, das Werk nach beiden Seiten anzuschließen. Die Gleisanlagen enden dann stumpf im Lokomotivschuppen oder an der Drehscheibe.
Das Betriebswerk in Durchgangsform ist von beiden Seiten zugänglich, die Lokomotiven können also von der einen Seite einfahren und das Werk auf der anderen Seite wieder verlassen. Diese vorteilhaftere Ausführung erleichtert den Betrieb besonders dadurch, daß Stauungen nicht so schnell auftreten oder leicht beseitigt werden können.
Umfang und Größe des Betriebswerks richteten sich nach der Anzahl der in 24 Stunden ein- und ausfahrenden Lokomotiven. Diese Zahl ergab sich aus den Streckenfahrplänen und den Lokomotivdienstplänen. Hieraus ließ sich dann der Kohlen- und Wasserverbrauch ermitteln, der als Grundlage für die Berechnung des Kohlenlagers, der Bekohlungs- und Entschlackungsanlagen sowie der Wasserversorgung diente. Die Anzahl der Arbeitsstände im Lokomotivschuppen sollte drei Viertel der planmäßig im Dienst stehenden Lokomotiven betragen oder so groß sein wie die größte Zahl der an Wochentagen ruhenden eigenen oder fremden Lokomotiven. Hinzu kamen Stände für das Auswaschen, für den eventuellen Radsatzwechsel und für größere Reparaturen. Im Freien waren ausreichend Abstellgleise vorzusehen.
Der Geländebedarf des Betriebswerkes war hauptsächlich von der Größe des Kohlenplatzes und des Lokomotivschuppens abhängig. Auch die Form des Schuppens spielte eine Rolle. Bei kleinen, untergeordneten Verhältnissen waren oft Rechteckschuppen mit Weichenzufahrt anzutreffen, während für Anlagen mittlerer Größe Ring- oder Rechteckschuppen und für große Anlagen meist rechteckige Hallen in Teleskopform in Betracht kamen. Waren die weiteren wichtigen Anlagen wie Entschlackung, Heiz- und Wasserwerk nach Leistung und Umfang festge-

legt, so zeichnete sich mit den Gleisanlagen der Umriß des Betriebswerkes bereits ab. Darin waren zur Vervollständigung Betriebsstofflager, Werkstätten, Übernachtungsgebäude, Aufenthalts- und Verwaltungsgebäude sowie die übrigen technischen Einrichtungen für Besanden, Auswaschen und sonstige Arbeiten einzufügen. Da beim Entwurf eines Betriebswerkes das Gelände meist schon festlag, war man auch an die Geländeform gebunden und mußte die technischen Anlagen so einordnen, daß die Arbeitsgänge in einer Richtung oder im Kreislauf durchgeführt werden konnten und keine Störung oder Hemmung durch gegenläufige Bewegungen eintrat. Der Kreislauf ermöglichte kürzeste Behandlungszeiten für die Lokomotiven. Als am zweckmäßigsten ergab sich folgende Reihenfolge der Arbeiten:

Zuerst wurde Kohle gefaßt, dann folgten Ausschlakken und Entaschen, und zwar räumlich und zeitlich getrennt. Nach dem Ausschlacken wurde Sand genommen. Wasser erhielt die Lokomotive in der Regel während der Entschlackung. Die Besandungseinrichtung wurde gelegentlich auch zwischen Bekohlungs- und Ausschlackanlage aufgestellt. Bei der üblichen Steinkohlenfeuerung erforderte das Ausschlacken unter normalen Verhältnissen dreißig bis fünfundvierzig Minuten, während die Bekohlung je nach Leistungsfähigkeit der Anlage fünf bis fünfzehn Minuten dauerte. Durchschnittlich war mit einem Verhältnis der Zeiten für Bekohlung und Entschlackung von 1:2 zu rechnen. Daher mußten doppelt so viele Ausschlack- wie Bekohlungsstände vorgesehen werden. Ausschlacken vor dem Bekohlen war wegen zu starker Abkühlung des Kessels nicht angeraten.

Die technischen Einrichtungen der Betriebswerke wurden von den Lokomotiven in unterschiedlichem Umfang benutzt. Die Auslastung der Anlagen schwankte daher und war unregelmäßig. Deswegen konnten feste Arbeitspläne nur in den seltensten Fällen aufgestellt werden. Um bei starkem Andrang Verstopfungen und Wartezeiten zu vermeiden, wurden die Gleise mit Abzweigungen versehen und je nach Bedarf die technischen Einrichtungen mehrfach nebeneinander angeordnet, um die Länge der Anlage in Grenzen zu halten.

Bekohlungsanlagen

Ursprünglich standen zur Bekohlung nur sehr einfache Hebezeuge zur Verfügung. Die Lasten waren zunächst noch gering. Mit zunehmendem Wachsen des Eisenbahnverkehrsnetzes wurden mit den größeren Verladegewichten, den größeren Lokomotivgewichten und den höheren Anforderungen hinsichtlich Geschwindigkeit und Betriebstüchtigkeit stärkere Hebezeuge gebraucht. Außer verschiedenen Kranbauformen zum Be- und Entladen der Wagen wurden Sonderbauarten zum Bekohlen der Lokomotiven und zum Heben der Eisenbahnfahrzeuge entwickelt.

Der Hauptteil der Massen, die beim Auffüllen der Betriebsvorräte sowie beim Entfernen der Schlacke, Asche und Rauchkammerlösche zu bewegen waren, entfiel mit etwa neunzig Prozent auf die Kohle. Daher war die Wirtschaftlichkeit des gesamten Werks in hohem Maß von der Art der Bekohlungsanlage abhängig, zumal bei größeren Anlagen die Bedienung der Ausschlack- und Besandungsanlage ebenfalls mit dem Bekohlungskran vorgenommen wurde.

Um beim Entwurf einer Bekohlungsanlage die wirtschaftlichste Bauart zu finden, wurde der Kohleverbrauch zugrunde gelegt, der sich aus den Betriebsplänen und den eingesetzten Lokomotivgattungen ergab. Schnellzuglokomotiven hatten eine Aufnahmefähigkeit von sieben bis zehn Tonnen, Personenzuglokomotiven von fünf bis acht Tonnen und Güterzuglokomotiven von fünf bis zehn Tonnen. Die Zahlen für Tenderlokomotiven lagen im Mittel bei zwei bis drei Tonnen. Die Durchschnittsladung verschiedener Lokomotivtypen wurde mehrfach mit zwei bis drei Tonnen je Fahrzeug festgestellt. Überschlägig konnte bei Steinkohle mit dem halben Fassungsvermögen des Tenders, bei Braunkohle mit drei Viertel bis vier Fünftel gerechnet werden. Aus diesen Zahlen ließ sich unter Berücksichtigung einer Reserve für vier bis sechs Wochen die Größe des Kohlenplatzes mit Haupt- und Reservebansen ermitteln. Er erhielt eine zwei bis drei Meter hohe Einfriedung aus alten Schienen oder Schwellen, besser noch aus Eisenbeton, wobei eine solche Wand zugleich als Auflager für Kranlaufschienen diente. Die Bansenbreite betrug mindestens sechs Meter.

Für kleine Anlagen mit einer Tagesleistung bis zu hundert Tonnen geschah die Bekohlung durch ortsfeste Drehkrane in Verbindung mit Kohlenwagen; sie konnten von Hand oder elektrisch betrieben werden. Die Umschlagkosten – Löhne, Instandhaltung, Verzinsung und Abschreibung – gestatteten ab einer Leistung von fünfzig Tonnen je Tag den Einsatz eines fahrbaren Greiferdrehkrans. Normalspurige Greiferdrehkrane hatten einen eingeschränkten Auslegerbereich und bedingten damit schmale Bansen; sie ließen sich jedoch unter guter Platzausnutzung bis in die Keile zwischen den Weichen hineinbauen, waren aber für große Kohlenlager nicht brauchbar, weil sich dann eine zu große Zahl an Bansen ergab.

Betriebs- und Reservekohlenlager wurden möglichst zu einer geschlossenen Anlage zusammengefaßt, und zwar unter Verwendung einer Kranbrücke mit Greiferdrehkran. Für kleinere Anlagen konnte ein Portaldrehkran über dem Kohlenwagengleis zwischen Bansen und Bekohlungsgleis zweckmäßig sein.

In der Regel wurden folgende Krananlagen für die Bekohlung verwendet:

Kranbezeichnung	Leistung Tonnen pro Tag	Anwendungsgebiet	Bemerkung
Feststehender Drehkran Handbetrieb	50	kleine unbedeutende Anlagen	alte bewährte Konstruktion
Feststehender Drehkran elektr. Antrieb	100	kleine bis mittlere Anlagen	Schwenken von Hand
Sturzbühnenanlage	50 bis 200	in Sonderfällen	bei entsprechendem Gelände
Fahrbarer Greiferdrehkran Normalspur	100 bis 200	mittlere und große Bw, für schmale Kohlenbansen	bewährte Konstruktion
Fahrbarer Greiferdrehkran Breitspur	150 bis 250	wie vor, für breitere Bansen	an Breitspurschiene gebunden
Portalkran	200 bis 400	große Anlagen	schmale Bansen
Kranbrücken	200 bis 1000	große Anlagen	breite Bansen

Die Bekohlungsanlagen mit Greiferdrehkranen, Portalkranen und Kranbrücken wurden meistens mit Hochbunkern versehen, aus denen die Kohle direkt in die darunter stehenden Tender geschüttet werden konnte. Die Bunker wurden feststehend oder fahrbar ausgebildet und in Eisenbeton oder als Stahlkonstruktion erstellt.

Ausschlackanlagen

Das Ausschlacken der Lokomotiven, das Entfernen der Rauchkammerlösche – aus dem Feuerraum über die Rauchrohre nach vorn in die Rauchkammer mitgerissene glühende und von Zeit zu Zeit durch ein Sprührohr abgelöschte Kohleteilchen – sowie das Wassernehmen geschahen gleichzeitig, ohne Verfahren der Lokomotive auf den Untersuchungsgruben. Bei den ersten Ausschlackanlagen wurde die Schlacke durch die Feuertür der Lokomotive entfernt, mit Blechkarren zum Schlackenwagen befördert und von Hand verladen. Später wurden mit einer besonderen Zange einige Stäbe aus dem Rost der Lokomotive herausgenommen, so daß sich die Schlacke durch diese Öffnung in den Aschkasten der Lokomotive stoßen ließ. Zuletzt waren die Dampflo-

Um den zur Ergänzung des Kohlevorrats nötigen Aufenthalt der zahlreichen Lokomotiven kurz zu halten, waren im Betriebswerk leistungsfähige Bekohlungsanlagen nötig; diese Anlage mit Greiferdrehkran und fahrbarem Bunker mit 50 Tonnen Fassungsvermögen errichtete die M.A.N. 1930 im Bahnbetriebswerk Nürnberg Hauptbahnhof.

komotiven schließlich mit einem Kipprost versehen, der vom Führerstand aus mit einer Spindel betätigt werden konnte. Er bedeutete eine Zeitersparnis bis zu dreißig Prozent.
Bei kleineren Betriebswerken bestand die Ausschlackanlage auch zuletzt noch lediglich aus einer Gleisgrube zum Auffangen der Schlacke aus dem Aschkasten. Kamen jedoch mehrere Lokomotiven kurz hintereinander zum Ausschlacken, so wurde der Arbeitsablauf gestört, es kam zu Wartezeiten. Daher wurden bei mittleren Anlagen in der Grube Schlackenkästen auf Gestellen abgesetzt. Gefüllte Kästen wurden vom Kran in den neben der Grube stehenden Schlackenwagen entleert.
Andere Ausschlackanlagen besaßen einen Schrägaufzug, dessen Förderkorb seitlich aus der Grube herausgezogen wurde und über eine Kurvenführung den Inhalt des Behälters in den Schlackenwagen kippte. Da die Schlackendämpfe schweflige Säure enthielten, mußten die Anlagen durch einen Schutzanstrich besonders gut gegen Korrosion geschützt werden. Zweckmäßig waren auch Anlagen, bei denen auf Schmalspurgleisen in der Grube eiserne, mit Wasser gefüllte Wagen liefen, die Schlacke aufnahmen und nach Befüllung zum Umschlag auf den Schlackenwagen ans Ende der Grube geschoben wurden.
Bei großen Ausschlackanlagen mit ausreichend Platz zwischen den Gleisen wurde die Schlacke mit Schurren oder Rutschen in seitlichen Öffnungen der Grubenmauer zu einem Schlackensumpf abgelassen. Mit dem Krangreifer, der auch zum Bekohlen diente, wurde die Schlacke aus dem Sumpf auf den Schlakkenwagen verladen.

Um bei ungünstigen Witterungsverhältnissen die Reibung zwischen Rädern und Schienen zu erhöhen, verfügen die Lokomotiven über Sandstreuer, deren Vorratsbehälter im Betriebswerk aus Besandungsanlagen aufgefüllt werden. In dieser Anlage des Betriebswerks München 1 gelangt der Sand aus dem Vorrats- in einen Hochbehälter und durch vier Fallrohre gleichzeitig in die Sandkästen der Lokomotive.

Besandungsanlagen

Zur Erhöhung des Reibungswiderstands zwischen Rad und Schiene benötigen die Lokomotiven Streusand, der durch besondere Vorrichtungen während des Anfahrens bei feuchtem Wetter, beim Befahren von Steilrampen und gelegentlich auch beim Bremsen auf die Schienen gestreut wird. Der Sand soll aus scharfkantigen kleinen Körnern bestehen; er muß trocken, lehm- und steinfrei sein, um die Sandrohre nicht zu verstopfen. Besandungsanlagen haben, da die Reibwertprobleme von der Traktionsart weitgehend unabhängig sind, über die Zeit der Dampflokomotiven hinaus bis heute ihre Bedeutung erhalten.
Der Sandverbrauch der Lokomotiven hängt von der Strecke, von der Jahreszeit und vom Wetter ab. Bei der Bemessung einer Besandungsanlage wird im Durchschnitt ein Verbrauch von 0,02 bis 0,03 Kubikmeter je Lokomotive und Tag zugrundegelegt. Zur Trocknung und Reinigung des Sandes gehört zu jeder Besandungsanlage eine Trocken- und eine Siebeinrichtung. Für den Naßsand ist ein Vorratsbehälter, für den getrockneten Sand ein Aufbewahrungsbehälter erforderlich. Der Roh- oder Naßsandbehälter wird in der Regel für sechs bis zwölf Kubikmeter bemessen.
Insgesamt sind drei Arten der Besandung zu unterscheiden: von Hand in kleineren Betriebswerken, mit Druckluft in mittleren und größeren Werken, sowie mit mechanischen Anlagen wie Becherwerken, elektrischen Aufzügen oder ähnlichen Einrichtungen.
In kleinen Betriebswerken wird der Naßsand auf Sieben gelagert und von den Rauchgasen eines Warmwasserbereiters oder eines Heizofens bestrichen; nach dem Abtrocknen rieselt er durch das Sieb in den Vorratsbehälter, aus dem er mit Eimern von Hand zu den Sandkästen der Lokomotiven gebracht wird. Mittlere und größere Betriebswerke besitzen Sandtrocknungsanlagen und Fördereinrichtungen, mit denen der Trockensand meist durch Druckluft in einen Hochbehälter gelangt; von dort kann er nach Öffnen eines Schiebers mittels Schwerkraft durch das Entnahmerohr direkt in die Sandkästen der Lokomotive eingefüllt werden. Bei der Besandung ragt das Entnahmerohr in das Lichtraumprofil; es muß nach dem Sandnehmen in die profilfreie Grundstellung zurückgeschwenkt werden.
Das Sandfassen dauert nur wenige Minuten und kann bei neuzeitlichen Anlagen vom Lokomotivfüh-

Für den hohen Wasserverbrauch der Dampflokomotiven bedurften große Betriebswerke eigener Wasserversorgungsanlagen. Die Wasserkrane als Zapfstellen an den Gleisen wurden meist aus Wassertürmen gespeist, die gelegentlich zu markanten Bauwerken ausgestaltet waren, wie in Hohenbudberg oder Berlin-Tempelhof. Der Hohenbudberger Wasserturm beherbergt heute ein Restaurant und einige Wohnungen.

rer allein durchgeführt werden. Diese Anlagen arbeiten vollautomatisch und liefern den aufbereiteten Sand über Druckluftleitungen zu den Zapfstellen. Der Luftverbrauch zum Fördern des trockenen Sandes schwankt zwischen zwei und fünfzehn Kubikmetern. Der Trockensandbehälter kann bis zu hundert Meter von der Trocknungsanlage entfernt sein; bis zu dieser Entfernung läßt sich der Sand mit Hilfe von Druckluft fördern.
Im Lokomotivschuppen sind Besandungsanlagen nicht zulässig. Damit soll verhindert werden, daß Sand in die Lager der abgestellten Lokomotiven gelangt, was womöglich Heißläufer verursacht.
Die Leistung einer Besandungsanlage hängt in der Hauptsache von der Trocknungsanlage, deren Leistung wiederum vom Wassergehalt, von der Luftfeuchtigkeit, der Temperatur und der Lagerung des Sandes ab. In der Dampflokomotivzeit wurde nach Möglichkeit die bei der Entschlackung anfallende Lösche zur Beheizung der Trockenöfen verwendet. Damit ließen sich in 24 Stunden bis zu zwei Kubikmeter Sand trocknen.

Wasserversorgung

Ihren Betriebswasservorrat deckten die Eisenbahnen zum größten Teil aus eigenen Anlagen, während sie Trinkwasser meist aus öffentlichen Versorgungsnetzen bezogen. Notanschlüsse der Betriebswerke an städtische Wassernetze waren vorgeschrieben. Das Betriebswasser wurde häufig aus Gewässern entnommen.
Wegen des begrenzten Fassungsvermögens der Tender mußte der Speisewasservorrat der Dampflokomotiven in verhältnismäßig kurzen Abständen ergänzt werden. Dies geschah in den Betriebswerken oder auf Bahnhöfen. Wasserversorgungsanlagen waren dort alle 25 bis 30 Kilometer vorhanden, auf Gebirgsstrecken in noch kürzeren Abständen.
Die mit einer Wasserkastenfüllung des Tenders durchfahrbaren Streckenlängen hingen von der Anhängelast der Lokomotive und vom Streckenwiderstand, also vor allem von den Steigungs- und Krümmungsverhältnissen der Strecke, ab.
Das geförderte Wasser wurde in Hochbehälter –

Wassertürme – gedrückt, von denen es den Wasserkranen und Zapfstellen durch Rohrleitungen zulief. Die Hochbehälter hatten den Vorteil hoher Betriebssicherheit, da sie bei Ausfall des Pumpwerks über eine Reserve verfügten, die etwa einem Tagesbedarf entsprach. Wichtige Betriebswerke besaßen trotzdem eine Reservepumpe und Notanschluß an ein öffentliches Netz. An sich hätten die Hochbehälter später durch unterirdische Großbehälter ersetzt werden können, bei denen das Wasser durch Druckluft in das Leitungsnetz gedrückt wird. Außer Platzersparnis bieten derartige Anlagen den Vorteil der Frostsicherheit und lassen sich mit wesentlich geringeren Baukosten erstellen. Dennoch konnten sie sich bei den Eisenbahnen nicht durchsetzen, obwohl sie gleiche Betriebssicherheit wie ein Hochbehälter aufweisen.

Entsprechend einer vom Reichsbahn-Zentralamt herausgegebenen Bauvorschrift waren Wasserkrane auf den Bahnhöfen an Hauptgleisen vorzusehen, auf Rangierbahnhöfen im Arbeitsbereich der Verschiebelokomotiven. Bei den Betriebswerken waren die Wasserkrane nahe der Ein- und Ausfahrt in der Nähe des Lokomotivschuppens und bei den Ausschlackanlagen aufzustellen.

Das Zuleitungsrohr zum Wasserkran mündete in eine gemauerte oder betonierte Grube, die mit Riffelblech abgedeckt und mit einer Entwässerung versehen war. Diese Grube nahm die Absperreinrichtung und den Windkessel auf; er war notwendig, um die Energie des strömenden Wassers bei Ventilschluß aufzuzehren. Dies ließ sich allerdings in gleicher Weise auch durch besondere Abschlußschieber erreichen.

An den Standrohren der Wasserkrane befand sich ein kleiner, mit Schamottesteinen ausgekleideter Ofen, dessen Heizgase zwischen dem eigentlichen Standrohr und der Umhüllung emporstiegen und so das Einfrieren verhinderten. Lokomotivwasserkrane der Regelbauart erhielten Rohre mit Nennweiten von zehn bis dreißig Zentimetern sowie einfache oder geteilte Ausleger.

Mit der Ventilspindel des Wasserkrans war eine selbsttätige Entleerungseinrichtung verbunden, die nach Abschluß der Rohrleitung das Wasser aus dem Standrohr ablaufen ließ.

Auswaschanlagen

Da das Wasser infolge seiner Lösefähigkeit auf seinem natürlichen Kreislauf Gase, Salze und organische Stoffe aufnimmt und diese gelösten und ungelösten Beimengungen die Brauchbarkeit des Wassers für die Dampferzeugung vor allem durch Kesselsteinbildung beeinträchtigten, mußten sie in Wasserreinigungs- und Enthärtungsanlagen ausgeschieden werden.

Versuche ergaben, daß Lokomotivkesselwasser bei einem Salzgehalt von 3,5 Gramm je Liter zu schäumen beginnt. Dadurch konnte ein Überreißen von Kesselwasser in die Zylinder eintreten und zu Zylinder- oder Triebwerkschäden führen. Kesselstein verursachte infolge seiner sehr niedrigen Wärmeleitfähigkeit nicht nur hohen Kohlemehrverbrauch, sondern konnte außerdem zur Überhitzung der Kesselbaustoffe und infolgedessen zu Rohrrissen und Ausbeulungen führen.

Wasserkran im Betriebswerk Hannover: Der Heizer füllt den Wasserkasten der Tenderlok auf.

Das Kesselspeisewasser für Lokomotiven wurde enthärtet, wenn dessen Härte zwölf Grad überstieg. Das enthärtete Wasser wies meist noch drei bis vier Grad Resthärte auf, die sich nur durch kostspielige Anlagen hätte beseitigen lassen. Deshalb wurden die Lokomotivkessel stattdessen regelmäßig ausgewaschen; je nach Härtegrad des Wassers geschah dies wöchentlich oder in Abständen bis zu drei Wochen und mehr. Mit dem Auswaschen sollten die Schlammablagerungen zwischen den Stehbolzen, den Heiz- und Rauchrohren sowie dem Bodenring herausgespült werden.

In den Auswaschanlagen wurde der Dampf der Lokomotive in einen mit Frischwasser gefüllten unterirdischen Behälter zwischen den Ständen oder nahe am Lokomotivschuppen geleitet. War der,

Drehscheiben, zur Dampflokzeit unverzichtbar auch zum Drehen der Lokomotiven in Fahrtrichtung, sind heute noch nötig, wenn die Abstellgleise im Betriebswerk ringförmig angeordnet sind, wie hier in Nürnberg.

Dampfdruck auf 0,1 bar gesunken, so wurde das heiße Kesselwasser in einen zweiten Behälter abgelassen und mit Frischwasser auf sechzig Grad Celsius abgekühlt. Aus diesem Behälter wurde es durch eine elektrische Kreiselpumpe in den Auswaschschlauch gedrückt. Nach dem Auswaschen wurde das Wasser aus dem ersten Behälter mit derselben Pumpe bei einer Temperatur von etwa 37 Grad Celsius dem Kessel als Füllwasser wieder zugeführt. Daneben waren noch einige ähnliche Verfahren üblich.
Die aus dem Lokomotivkessel entnommenen und in den Sammelbehältern aufgespeicherten Wärmemengen waren so beträchtlich, daß noch ein erheblicher Rest für Wasch- und Heizzwecke übrig blieb.

Drehscheiben

Sie sind bei Rund- und Kreisschuppen sowie bei größeren Rechteckschuppen erforderlich, um die Lokomotiven auf die einzelnen Stände verteilen zu können. Außerdem dienten sie zum Drehen der Schlepptenderlokomotiven in ihre Fahrtrichtung. Für kleine Betriebswerke oder Lokomotivschuppen in Rechteckform kann bei einfachen Verhältnissen ein Gleisdreieck oder eine Gleisschleife zum Wenden der Lokomotiven benutzt werden.
Für die zunehmend größeren Lokomotiven, die sich wegen des vorgegebenen Lichtraumprofils nur in der Länge entwickeln konnten, mußten schließlich Drehscheiben mit bis zu 26 Meter Länge und 350 Tonnen Tragfähigkeit entsprechend dem Gewicht von zwei siebenachsigen Tenderlokomotiven mit je 25 Tonnen Radsatzlast geschaffen werden. Die gleichen Abmessungen erhielten auch die Schiebebühnen, auf denen die Lokomotiven seitlich verschoben, in der Regel jedoch nicht gedreht werden können. Für Nebenbahnen waren Drehscheiben mit zwanzig Meter Durchmesser und zwanzig Tonnen Radsatzlast als Regelausführung vorgesehen.
Zu vorbeiführenden Gleisen muß die Drehscheibe mindestens 5,5 Meter Abstand haben, damit beim Drehen langer Lokomotiven Fahrzeuge auf diesen Gleisen nicht beschädigt werden können.
Ältere Drehscheiben mit sechzehn oder zwanzig Meter Durchmesser wurden durchweg starr mit durchlaufenden Hauptträgern gebaut. Zwischen den Hauptträgern ist in der Mitte der „Königsstuhl" angeordnet, der die gesamte Last der Scheibe und der Lokomotive zu tragen hat. Die Laufräder an den

Kopfenden dienen lediglich zur Abstützung der Drehscheibe beim Auf- und Herunterfahren der Lokomotiven. Dabei treten starke Stöße auf, weil die Scheibe nicht genügend fest unterstützt werden kann. Ein Nachteil der starren Drehscheibe besteht auch in der großen Trägerhöhe von 2,5 Metern, womit die Grube sehr tief wird und bei hohem Grundwasserstand nur noch mit beträchtlichem Abdichtungsaufwand ausgeführt werden kann. Die starke Belastung des Verriegelungszapfens, der je Gleis in eine Verriegelungstasche greift, um die Scheibe beim Befahren zuverlässig festzulegen, führte zu Verformungen und bei dem anfangs aus Segmenten zusammengesetzten Antriebszahnkranz zu Schwergängigkeit.
Diese Nachteile, die sich mit zunehmender Größe der Drehscheiben immer stärker bemerkbar machten, sollten zunächst durch konstruktive Verbesserungen und bei der Reichsbahn ab 1925 durch gewisse Vereinheitlichung beseitigt werden. Bis dahin war die Länge der Drehscheiben von zwölf über 14, 16, 18 bis zwanzig Meter gestiegen. Hand in Hand mit dieser Entwicklung ging die Umstellung vom ursprünglichen Handantrieb mit Drehbäumen, die in Hülsen eingesteckt wurden, zur Handwinde, zum Dampf- und schließlich um die Jahrhundertwende zum elektrischen Antrieb. Zusätzlich gab es Hilfsantriebe, wiederum von Hand oder mit Druckluft.
Schließlich wurden die Nachteile der starren Drehscheibe durch eine völlig neue Konstruktion, die Gelenkdrehscheibe, beseitigt. An die Stelle des durchlaufenden Trägers traten zwei in der Mitte gelenkig verbundene Träger auf je zwei Stützen. Dadurch ließen sich die Trägerhöhe und die Grubentiefe erheblich vermindern. Anstelle der bisher vier Laufräder wurden acht vorgesehen. Im Hinblick auf die inzwischen bis zu 26 Meter langen Lokomotiven begann 1939 die endgültige Normung von zwei Drehscheiben mit 23 und 26 Meter Durchmesser, die Ende 1941 abgeschlossen war.
Die Fahrbahn dieser Drehscheiben besteht aus durchgehenden Schienen des Profils S 49 mit einem Metergewicht von 49 Kilogramm. Zur Verminderung der Auffahrstöße sind im Anschluß an das Drehscheibengleis bewegliche Überbrückungsstöße angebracht, die zum Drehen der Scheibe angehoben werden und sich dann auf das Randauflager legen und die Auffahrstöße abfangen.
Der Laufkranz, auf dem sich die Enden der Drehscheibe abstützen, besteht ebenfalls aus Schienen S 49. Sie sind auf Holzschwellen verlegt, die als trockene Unterlage kleine Betonsockel erhalten. Besondere Sicherungen verhindern ein Wandern des Laufkranzes. Die Auffahrschienen sind ebenfalls mit Holzschwellen auf dem als Kranz ausgebildeten Betonfundament gelagert.
Motor, Getriebe und elektrische Ausrüstung zum Antrieb der Drehscheibe befinden sich in einem teilweise verglasten Schutzhaus aus Eisenfachwerk, alle Schalt- und Überwachungselemente sind in einem Schaltkasten zusammengefaßt. Die elektrische Energie wird dem Antriebsmotor über eine Schleifleitung und Stromabnehmer zugeführt. Bei Störungen des elektrischen Antriebs oder bei Stromausfall läßt sich die Drehscheibe mit einem Druckluftantrieb bewegen, der von den Lokomotiven gespeist werden kann.

Schiebebühnen

Um die Jahrhundertwende fanden sich Schiebebühnen auch auf Bahnhöfen als Umsetz- und Rangierhilfe, vor allem um die Lokomotiven angekommener Züge auf ein freies Nachbargleis umzusetzen und dort wegfahren zu können, während der Wagenzug noch am Bahnsteig stehenblieb. Seinerzeit kam es vor, daß ein- und ausfahrende Personenzüge ihren Weg über die Schiebebühne nehmen mußten.
Heute werden Schiebebühnen nur noch vor großen Rechteckschuppen und in Ausbesserungswerken, dort auch in den Hallen benutzt, um Lokomotiven oder Wagen auf die einzelnen Stände zu verteilen. Wo die Fahrzeuge auch gedreht werden mußten, wurden gelegentlich drehbare Schiebebühnen der Bauart Siemag verwendet; sie vereinigten in sich die Vorteile von Drehscheibe und Schiebebühne.
Je nach Verwendung werden die Schiebebühnen in Lokomotiv- und Wagenbühnen, nach ihrer Bauart in versenkte und unversenkte Schiebebühnen eingeteilt. Die versenkten benötigen Gruben, so daß die Zuführungsgleise unterbrochen und nur über die Schiebebühne befahrbar sind. Die unversenkten laufen auf gleicher Höhe wie die Gleise, die ohne Unterbrechung durchgehen; das Schiebebühnengleis führt über die Zuführungsgleise hinweg und muß deshalb an jeder Schiene unterbrochen werden; besondere Laufwerke an der Schiebebühne ermöglichen ein stoßfreies Befahren der Lücken.
Bei Portalschiebebühnen sind die Querträger nach oben mit mehreren Portalen verbunden, die das Lichtraumprofil umschließen; Längsträger verbin-

Mit Schiebebühnen lassen sich Schienenfahrzeuge zwischen parallelen Gleisen umsetzen.

den die einzelnen Portale, Diagonalstreben versteifen die Fachwerkkonstruktion.
Die genormten Schiebebühnen laufen heute auf vier Schienen und haben unterteilte Hauptträger. Der Antrieb arbeitet mit einer gemeinsamen Welle auf vier Laufräder, wobei auf beiden Seiten der Bühne je ein Rad in einer Schwinge angetrieben wird. Der Schiebebühnenantrieb ist in der Regel für 380 Volt Drehstrom ausgelegt. Die elektrische Energie wird, außer in Betriebswerken für elektrische Lokomotiven, über Schleifleitung und Stromabnehmer zugeführt.
Da neuzeitliche Betriebswerke für elektrische und für Diesellokomotiven in Rechteckform angelegt sind, stellen Schiebebühnen durchaus ein zeitgemäßes Betriebsmittel dar. Die heutigen Möglichkeiten der Steuerungstechnik haben zur Entwicklung lokführerbedienter Schiebebühnen geführt: Der ankommende oder aus dem Werk ausfahrende Lokomotivführer ruft von einem in Führerraumhöhe angebrachten Bedientableau die Bühne zu seinem Gleis; auf der Schiebebühne wählt er an einem weiteren Tableau das Ausfahrgleis. Bei Bühnengruben mit Oberleitung muß eine Verriegelung Beschädigungen durch einen versehentlich nicht gesenkten Stromabnehmer der Lokomotive ausschließen.

Zum Ausbauen der Radsätze mußte der Wagen früher mit dem Kran angehoben werden; der Radsatz blieb auf dem Gleis stehen und konnte weggerollt werden.

Heute erlauben unter dem Gleis eingebaute Achssenken Ausbau und Tausch von Radsätzen, ohne das Fahrzeug anheben zu müssen.

Achssenken

Treten im Betrieb Schäden wie Flachstellen oder lose Radreifen auf, so müssen die Radsätze ausgewechselt werden. Deshalb gehören Achssenken noch heute zur Standardausrüstung von Betriebswerken. Sie ermöglichen den Ausbau des Radsatzes nach unten, den Abtransport sowie Anlieferung und Einbau eines Tauschradsatzes.
Die Achssenke befindet sich in einer quer zu den Schuppen- oder Hallenständen angeordneten Grube mit Schienen, auf denen sich die Achssenke in der Regel zu zwei oder drei Gleisen verfahren läßt. Eine ebenfalls seitlich verschiebbare Brücke führt die Gleise über die Grube hinweg.
Die Lokomotive oder der Wagen fährt mit dem schadhaften Radsatz auf die Achssenke, die ihn nach dem Ausbau aufnimmt, absenkt und in der Grube bis zu einem Aushebestand verfährt; dort kann der Radsatz vom Kran herausgehoben und anschließend in die Bearbeitungswerkstatt gebracht werden. Der Einbau des Tauschradsatzes geschieht in umgekehrter Reihenfolge.
In den letzten Jahrzehnten des Dampfbetriebs mit immer schwereren Lokomotiven waren Achssenken mit elektrischem Vierspindelantrieb entwickelt worden, die bei einer Tragfähigkeit bis zu dreißig Tonnen Radsätze bis zu 2,2 Meter Durchmesser aufnehmen konnten. Der Antriebsmotor trieb über Stirn- und Kegelräder die Spindeln an; sie trugen eine Plattform oder einen Hubtisch, der die Räder des schadhaften Radsatzes unter den Spurkränzen faßte. Der Anpreßdruck war so hoch, daß sich selbst die schwersten Lokomotivradsätze gegen den Federdruck vom Gleis abheben ließen; die Lokomotive wurde danach mit Winden abgestützt, der Radsatz gelöst und abgesenkt.
Heute sind die Achssenken zum Teil durch Lokomotivhebeanlagen ersetzt. Dabei wird das Fahrzeug auf Gleisbrücken angehoben. Der vorher gelöste Radsatz bleibt am Boden und kann mit Hilfe eines zuvor untergesetzten Manipulators direkt zur Bearbeitung

Um den Aufenthalt der Diesellokomotiven im Betriebswerk möglichst kurz zu halten, sind die Arbeitsstände so ausgerüstet, daß alle Arbeiten zeitgleich in drei Ebenen – unter dem Fahrzeug von der Gleisgrube aus, seitlich in Höhe der Laufwerke und in Höhe der Maschinenanlage – ausgeführt werden können. Hier ein Blick in das Betriebswerk Osnabrück.

gebracht werden. In Werkstätten für Triebzüge können heute ganze Triebwagen mit Hebeanlagen angehoben werden, nicht nur zum Tausch von Radsätzen, Drehgestellen oder anderen unter dem Wagenboden eingebauten Aggregaten, sondern auch zur Durchführung von Instandhaltungsarbeiten in günstiger Arbeitsstellung.

Lokomotiv-Betriebswerke

Als der Dampflokomotivbetrieb ausgelaufen war, mußte eine Reihe von Betriebswerken auf die Instandhaltung von Diesel- und elektrischen Lokomotiven umgestellt werden. Dabei wurden die Hallen unter Beibehaltung von Grundriß, Arbeitsgleisen, Drehscheiben oder Schiebebühnen vielfach umgerüstet und an die neuen Aufgaben angepaßt. Die Arbeitsstände erhielten überwiegend seitliche Arbeitsgruben mit Beleuchtung und Anschlüssen für die nötigen Energien. Seitliche Arbeitsbühnen und Dachstände wurden so angeordnet, daß möglichst viele Instandhaltungsarbeiten gleichzeitig erledigt werden können.
Für den Tausch von Fahrmotoren an Diesellokomotiven wurden „Mutterbetriebswerke" entsprechend ausgerüstet; sie übernehmen größere Instandsetzungsarbeiten auch für benachbarte Betriebswerke, um zu vermeiden, daß die Lokomotiven zum Motortausch außerhalb der planmäßig dafür vorgesehenen Fristen das zum Teil weit entfernte Ausbesserungswerk anlaufen müssen.
Für Diesellokomotiven mußten auch Vorratslager für Kraftstoff und die zugehörigen Betankungsanlagen geschaffen werden. Dabei galt es, die strengen Auflagen des Gewässerschutzes einzuhalten. Da sowohl beim Tanken, als auch in den Werkstätten Mineralöl und Fette auf den Boden gelangen können, müssen sämtliche Wasserabläufe zur Kanalisation über Ölabscheider, die Abwässer aus den Lokomotivwaschanlagen zusätzlich über Neutralisationsanlagen geführt werden. Die Abgase bei Motorlauf in der Halle werden durch Absauganlagen beseitigt, um die gesetzlichen Bestimmungen über die maximal zulässige Arbeitsplatzkonzentration gesundheitsgefährdender Stoffe (MAK-Wert) einzuhalten.
Bei der Umrüstung von Betriebswerken auf Instandhaltung elektrischer Lokomotiven waren vor allem Maßnahmen zum Schutz des Werkstattpersonals vor den Gefahren des elektrischen Stroms durchzuführen. Da die Oberleitungen mit 15 000 Volt teilweise bis in die Werkstatthallen führen, mußten zum

Diesellokomotiven müssen wie Autos regelmäßig an die Tankstelle, wie hier im Betriebswerk München 1.

Saugkanäle führen die Abgase der Diesellokomotiven ab, wenn der Motor bei Instandhaltungsarbeiten in der Halle laufen muß. Dazu wird eine Absaughaube auf den Auspuffschacht der Lokomotive aufgesetzt; er folgt ihr auch, wenn sie zur Probe hin- und herbewegt wird.

Beispiel die Dacharbeitsbühnen zum Stromabnehmertausch durch Verriegelungen so abgesichert werden, daß sie nur im spannungsfreien Zustand der Oberleitung bestiegen werden können.
Bei elektrischen Lokomotiven lassen sich schadhafte Fahrmotoren verhältnismäßig leicht tauschen; deshalb sind die Betriebswerke für elektrische Lokomotiven mit Tauschmotoren ausgestattet.
Der inzwischen erheblich angewachsene Umfang elektronischer Steuerungs- und Regelungseinrichtungen in elektrischen Lokomotiven führte auch zu Teilwerkstätten für Wartung und Prüfung dieser Einrichtungen; ihre Instandhaltung wurde dagegen aus Rationalisierungsgründen auf wenige Stellen konzentriert.

Wagenbetriebswerke

Die 1939 erlassenen Richtlinien für Wagenbehandlungsanlagen gelten bis heute. Neben selbständigen oder anderen Werkstätten angegliederten Ausbesserungsstellen für Güterwagen sind zur Behandlung von Reisezugwagen zu unterscheiden:
- kleine Anlagen von untergeordneter Bedeutung auf Wendebahnhöfen und Unterwegsstationen, wo Züge nur einfach gereinigt und auf Betriebstüchtigkeit geprüft werden,
- mittlere Anlagen bei Zugbildungsstationen, die einem Betriebswerk als Untergruppe angegliedert sind, und
- große Betriebswagenwerke als selbständige Dienststellen bei größeren Zugbildungsstationen.

Außer der Reinigung müssen von den Betriebswagenwerken auch kleinere Ausbesserungsarbeiten sowie Bremsprüfungen vorgenommen werden. Für

Zur Außenreinigung werden die Züge durch automatische Waschanlagen gezogen, in denen sie – von Lichtschranken gesteuert – nach Einsprühen mit Wasser und saurem oder basischem Reinigungsmittel von rotierenden Bürsten gesäubert und anschließend mit klarem Wasser nachgewaschen werden.

Eine automatische Dosieranlage mischt dem Waschwasser genau die nötige Menge Reinigungsmittel bei. Die Abwässer aus den Waschanlagen werden vor Einleitung in die Kanalisation neutralisiert, wofür je nach Art des Reinigungsmittels Säure oder Lauge zugesetzt werden.

Zum Drehgestelltausch werden heute Lokomotiven und Triebwagen auf Hebeständen angehoben, wie hier S-Bahnzüge der Baureihe 420 im Ausbesserungswerk München-Freimann.

die Instandhaltungsarbeiten sind Teilwerkstätten wie Schlosserei, Schreinerei, Sattlerei und Elektrowerkstatt vorhanden, zum Waschen und Reinigen der Wagen Waschrinnen und Putzgerüste mit Anschlüssen für die flüssigen Reinigungsmittel.
Im Zuge der Rationalisierung erhielten die Betriebswagenwerke überwiegend automatisch arbeitende Reinigungsanlagen für Reisezugwagen und auch für die Triebfahrzeuge. Die in der Regel in den Arbeitsprozeß des Werkes eingebundenen Waschanlagen werden mit phosphorsauren oder mit Reinigern auf Laugenbasis betrieben. Mehrere Einsprüh- und Waschbürstenstände werden je nach Verschmutzungsgrad aktiviert, während der übrige Waschvorgang beim langsamen Durchfahren des Wagenzugs automatisch abläuft. Lichtschranken steuern die einzelnen Arbeitsvorgänge. Die Abwässer durchfließen Neutralisationsanlagen, bevor sie in die Kanalisation geleitet werden.
Die für den Schnellfahrbetrieb erforderlichen geschlossenen Toilettensysteme verlangen auch in den Betriebswerken zusätzliche Einrichtungen: Die in den Behältern der Wagen gesammelten Fäkalien müssen regelmäßig entsorgt werden. Dazu bedarf es besonderer maschinentechnischer Anlagen, um den Inhalt der Behälter abzusaugen.
Für die Vorheizung der Züge während der kalten Jahreszeit waren zu Zeiten der Dampftraktion große Heizwerke mit einem weiten Netz im Boden verlegter Dampfleitung vorzuhalten. Heute geschieht die Vorheizung elektrisch „aus der Steckdose", vielfach bereits mit rechnergesteuerter Minimierung der Energie während der Einsatzpause.
Die Batterien für die elektrische Energieversorgung der Wagen im Stillstand müssen ebenfalls von den Wagenwerken überprüft und womöglich nachgeladen werden.
Wo Radsätze und Drehgestelle getauscht werden sollen, sind in einem besonderen Gleis Achssenke und Hebestand erforderlich.

Ausbesserungswerke

Der wachsende Bestand an Lokomotiven, Personen- und Güterwagen hatte die ursprünglich kleinen Werkstätten zu immer größeren Zentralwerkstätten wachsen lassen, die auch sämtliche Instandhaltungs- und Instandsetzungsarbeiten durchzuführen hatten. So wurden in der zweiten Hälfte des vorigen Jahrhunderts, meist mangels weiterer Ausdehnungsmöglichkeiten in Bahnhofsnähe, aber auch zur Spezialisierung auf Fahrzeugarten, neue Hauptwerkstätten oder Ausbesserungswerke errichtet.
Die Eisenbahn-Bau- und Betriebsordnung schreibt den Eisenbahnen mit Gesetzeskraft vor, alle Schie-

nenfahrzeuge so zu unterhalten, daß die Betriebssicherheit stets gewährleistet ist. Dazu müssen sämtliche Teile, von denen die Betriebssicherheit abhängt, insbesondere Laufwerk, Bremse, Zug- und Stoßeinrichtungen, Signaleinrichtungen und – ehemals – die Dampfkessel der Lokomotiven spätestens bei Erreichen bestimmter Zeitfristen oder Laufkilometergrenzen untersucht und soweit erforderlich zerlegt werden. Zu diesen bahnamtlichen Untersuchungen müssen die Fahrzeuge aus dem Verkehr gezogen und dem zuständigen Ausbesserungswerk zugeführt werden. Aufgabe der planmäßigen Instandhaltung ist über diese gesetzlichen Auflagen hinaus, auch alle übrigen Bauteile des Fahrzeugs anläßlich der Untersuchung im Ausbesserungswerk in einen Zustand zu versetzen, der bis zur nächsten Untersuchung Schäden durch natürlichen Verschleiß möglichst ausschließt.

Demgegenüber haben die Ausbesserungsstellen des Betriebs die Aufgabe, die Fahrzeuge laufend zu pflegen und kleinere Reparaturen durchzuführen.

Außer den regelmäßigen Untersuchungen führt das Ausbesserungswerk in der Zwischenzeit unvorhersehbare und nur gelegentlich nötige Bedarfsausbesserungen durch, für die das Betriebswerk nicht eingerichtet ist. Ferner obliegt dem Ausbesserungswerk die Versorgung der Betriebswerke mit Werkstoffen, Ersatzstücken und vor allem mit aufgearbeiteten, einbaufertigen Tauschteilen. Diese Aufgabe ist für die heutigen Triebfahrzeuge mit elektrischem oder Dieselantrieb betrieblich sehr wichtig und für die Ausbesserungswerke sehr umfangreich geworden. In der Mehrzahl der Schadensfälle wird heute im Betriebswerk ein schadhaftes oder überholungsbedürftiges Großteil gegen ein einbaufertiges getauscht. Das ausgebaute Teil geht zum Ausbesserungswerk, das Fahrzeug ist nach wenigen Stunden wieder einsatzbereit.

Zur Dampflokzeit hatten Ausrüstung und Arbeitsweise der Ausbesserungswerke und ihre Teilefertigung den in der Dienstvorschrift für die Unterhaltung der Dampflokomotiven gestellten technischen Forderungen in wirtschaftlicher Weise zu genügen.

Bei der Instandhaltung der Lokomotiven wurden vier Schadgruppen unterschieden: L0: Bedarfsausbesserungen, L1: Fristarbeiten im Betriebswerk, L2: Untersuchung im Ausbesserungswerk, spätestens nach der je Baureihe festgelegten Laufkilometergrenze, und L3: Untersuchung einschließlich Kessel, spätestens nach einer Zeitfrist von vier Jahren, die bei gutem Kesselzustand dreimal um je zwei Jahre verlängert werden durfte.

Die Dienstvorschrift legte für die planmäßige Instandhaltung den Arbeitsumfang und die Arbeitsgüte fest, darüber hinaus – soweit erforderlich – die Arbeitsverfahren in Arbeitsanweisungen nach dem jeweiligen Stand der Fertigungstechnik. Um eine klare und unmißverständliche Ausdrucksform sicherzustellen, gab es „Einheitliche Maß- und Begriffsbestimmungen".

Zu den Grundsätzen der Arbeitsdurchführung gehörte schon zur Zeit der Dampflokomotive in erster Linie die Beachtung der Regeln des Austauschbaus, um die aus den Teilwerkstätten kommenden, fertig bearbeiteten Teile ohne handwerkliche Nacharbeit zusammenbauen zu können.

Wirtschaftliche Aufarbeitung verlangt auch eine genau festgelegte Reihenfolge der einzelnen Fertigungsvorgänge, ohne daß zusammengehörende Teile immer in handwerklicher Arbeitsweise passend gemacht werden müssen.

Bei einer Untersuchung nach Schadgruppe L3 wurden die Arbeiten in der Lokomotivrichthalle in etwa zehn Takte unterteilt:

Takt 1: Lokomotive reinigen und abbauen,
Takt 2: Lokomotivrahmen aufmessen,
Takt 3: Rahmen wiederherstellen, Tauschkessel einbauen,
Takt 4: Achsgabelsteg-Sitzflächen am Rahmen fräsen,
Takt 5: Achslagerführungen schleifen und Rahmen voll vermessen,
Takt 6: Lokomotive aufbauen,
Takt 7: Aufachsen und Bremse anbringen,
Takt 8: Triebwerke anbringen und Endmontage,
Takt 9: Farbspritzen und Verwiegen,
Takt 10: Leer- und Lastprobefahrt, Abschlußarbeiten.

Die Lokomotivrichthalle war vielfach in zwei parallele Hallenschiffe geteilt, wobei im einen die Untersuchungen nach den Schadgruppen L2 und L3, im anderen – oft in einzelnen Querständen – die Bedarfsausbesserungen nach Schadgruppe L0 behandelt wurden.

Der Umfang dieser Arbeiten läßt sich am besten am Takt 1 ermessen: Zunächst mußte der Kessel vom Rahmen abgehoben und mit einem besonderen Transportwagen zur Kesselschmiede gebracht werden. Dann wurden die zahlreichen Einzelteile demontiert: Aschkasten, Lenkgestell, Bremsgestänge, Radsätze und Radsatzlager, Federung und Achsausgleich, Gleitbahnen, Kolben, Schieber und Kreuzköpfe, Steuerungsgestänge, Treib- und Kuppelstangen, Luft- und Dampfarmaturen, Pumpen, Rohre für Dampf, Wasser, Sand und Schmierung, Führerhaus, Laufbleche, Rauchkammerteile, Vorwärmer, Gestänge und Züge, Bahnräumer, Fußtritte, Windleitbleche; nach maschineller Reinigung wurden sie zur Aufarbeitung den verschiedenen Teilwerkstätten zugeführt.

Die Radsatzwerkstatt der Ausbesserungswerke für Lokomotiven ist auch heute noch im wesentlichen gleich ausgestattet: mit Radsatzdrehmaschinen zur Umriß- und Achsschenkelbearbeitung sowie zum Ausstechen der Sprengringe beim Aufziehen neuer Radreifen auf die Radkörper, zu deren Bearbeitung auch mit Felgendrehmaschinen, zum Ausbohren der Radreifenrohlinge mit Karusselldrehmaschinen, mit Ringfeuer zum Anwärmen und zum Aufziehen der neuen Radreifen sowie mit Maschinen zum Einwalzen der neuen Sprengringe.

Weitaus komplizierter lief die Instandhaltung der Dampflokomotiven ab. Erster Arbeitstakt: Abnehmen des Dampfkessels vom Rahmen und Überführung in die Kesselschmiede. Das Bild, kurz nach 1900 aufgenommen, entstand in der Zentralwerkstätte München der Bayerischen Staatseisenbahnen.

In der Kesselschmiede wurden die Lokomotivkessel nach Arbeitszeitplänen für den Tausch aufgearbeitet. Das Tauschverfahren brachte eine Verkürzung der Lokomotivdurchlaufzeit von früher etwa 25 Tagen auf nur noch elf Tage bei der Baureihe 50. Für einen Unterhaltungsbestand von tausend Lokomotiven dieser Reihe waren neun Tauschkessel erforderlich. Weitere Teilwerkstätten, jede in der Richthalle räumlich so günstig wie möglich auf den Arbeitsablauf ausgerichtet, hatten die Heizrohre, Rauchrohre und Überhitzereinheiten, die Treib- und Kuppelstangen, die Dampfkolben, Gleitbahnen und die Teile der Steuerung sowie die Tender aufzuarbeiten.
Ziel der Arbeit jedes Ausbesserungswerks sind niedrige Instandhaltungskosten je Fahrzeugkilometer. Dazu muß technisch beste Arbeitsgüte gewährleistet sein, muß so wirtschaftlich wie möglich gearbeitet werden, müssen Fahrzeuge und Großteile das Werk rasch durchlaufen. Voraussetzung dafür ist eine exakt arbeitende, erfahrene Arbeitsvorbereitung, da

Radsatzwerkstatt im Ausbesserungswerk München-Freimann: im Vordergrund Anwärmen der Radscheibe, in der Mitte Aufziehen eines neuen Radreifens, im Hintergrund Einwalzen des Sprengrings.

Plandrehen der Radscheibe auf der Radsatzbearbeitungsmaschine vor dem Aufziehen des neuen Radreifens.

Maschinelles Einwalzen des Sprengrings am unteren Rad.

Schon bei Entwicklung und Konstruktion neuer Fahrzeuge nehmen die Werkstätten Einfluß auf wartungsfreundliche Bauweise.
Das gilt auch für den Hochgeschwindigkeitszug ICE: Hier im Ausbesserungswerk München-Freimann wurden entscheidende Weichen für die Serienausführung gestellt.

der Arbeitsumfang stark schwankt. Werkstatttechnisch sind umfangreiche, schwierige Vorbereitungsarbeiten in kürzester Zeit zu leisten, da am gleichen Werkstück je nach Abnutzungsgrad und Art der Ausbesserung mit zahlreichen verschiedenen Fertigungsgängen gerechnet werden muß.
Ganz allgemein war rationelles Arbeiten schon immer oberstes Gebot und die wissenschaftliche Betriebsführung ein wesentliches Element im Werkstättendienst der Eisenbahnen. Die heute allgemein verbreitete industrielle Vollkostenrechnung stammt im wesentlichen aus den Eisenbahn-Ausbesserungswerken.
Die Ausbesserungswerke der Bundesbahn bedienen sich heute zur Planung, Steuerung und Kontrolle einer Betriebstechnischen Abteilung mit Werkwirtschaftsstelle, Arbeitsaufnahme, Arbeitsvorbereitung und Arbeitsforschung.
Diese Stellen haben im wesentlichen folgende Aufgaben:

Werkwirtschaftsstelle: Planung und Überwachung der Gesamtwirtschaftlichkeit, Personal- und Produktionsvorplanung, Verwaltung des Großteiletauschs, Vor- und Nachprüfung der Arbeitsaufträge für alle Kostenträgerbereiche;

Arbeitsaufnahme: Ermittlung des Arbeitsumfangs für Fahrzeuge, Hauptbauteile und Tauschteile, Mitwirkung bei Festlegung der Schadgruppe, Steuerung des Arbeitsumfangs und Anregungen für den Einsatz der Arbeitsforschung;

Arbeitsvorbereitung: Verbindungsstelle zwischen Ausbesserungswerk und Bahnbetrieb, Bewirtschaftung der Fahrzeuge und Hauptbauteile, Überwachung der Grenzwerte, Richtwerte und Zeitfristen, Verwaltung, Steuerung und Überwachung des Schadbestands und der Versorgungslage für Hauptbauteile, Auswertung des Betriebsbewährungsberichts, Einleitung von Ausmusterungen, werkinterne Termin- und Fristüberwachung, Festlegung der Schadgruppe, Auftragserteilung, Erstellung der Zuführungs- und Arbeitspläne sowie Fertigungssteuerung;

Arbeitsforschung: Einleitung, Durchführung und Auswertung von Arbeitsstudien, Aufstellen von Betriebsplänen, Bewertung der Arbeiten nach Lohntarifvertrag, Mitwirkung bei Fragen der Personalverwendung, Überprüfung von Verbesserungsvorschlägen und Erfindungen, Durchführung von Versuchen, Mitwirkung bei Planungsaufgaben, Erfahrungsaustausch.

Die Betriebstechnischen Abteilungen erzielen Jahr für Jahr beachtliche Rationalisierungserfolge.
Standardisierung schon bei Entwicklung und Konstruktion der Fahrzeuge unterstützt die Werke in ihren Rationalisierungsbemühungen.

Werkstätten – Gegenwart und Zukunft

Als die Badischen Staatsbahnen 1838 für die Strecke Mannheim–Basel die Instandhaltung der Fahrzeuge auf Werkstätten und Ausbesserungsstellen aufteilten, wurde „eine Hauptwerkstätte, worin alle großen Reparaturen an Lokomotiven und Wagen, selbst diejenigen, welche sich dem Neubau nähern, vorgenommen werden können", für notwendig gehalten. Ersetzt man hierin den Begriff Hauptwerkstätte durch Ausbesserungswerk, so wird damit im wesentlichen auch heute noch die Aufgabenstellung des Werkstättendienstes für die Fahrzeuge der Bundesbahn beschrieben.

Als Folge der langen Tradition des Werkstättendienstes hat sich im Lauf der Jahrzehnte ein großer Erfahrungsschatz für die Instandhaltung in den Werken angesammelt, der die Grundlage ihres hohen Qualitätsstandards bildet. Daneben hat die Einführung der Kostenrechnung in den zwanziger Jahren zu einem in Jahrzehnten geübten und geschärften selbstverständlichen wirtschaftlichen Denken und Handeln im Werkstättendienst geführt. Instandhaltungs-Know-how und wirtschaftliches Denken waren auch die Voraussetzungen für die großen Rationalisierungserfolge in der Fahrzeuginstandhaltung. Rationellere Instandhaltung, die Ablösung der instandhaltungsaufwendigen Dampflokomotiven durch elektrische und Diesel-Triebfahrzeuge sowie die Beschaffung wartungsarmer Reisezug- und Güterzugwagen führten seit 1950 zu einem drastischen Personalbedarfsrückgang im Werkstättendienst. Damals verfügte die Bundesbahn noch über sechzig Ausbesserungswerke, in denen mehr als 60 000 Mitarbeiter beschäftigt waren. Zu Beginn des Jahres 1988 gab es demgegenüber nur noch 28 Werke mit rund 19 000 Mitarbeitern, davon etwa 16 000 Werkstättenarbeiter. Trotz dieses starken Rückgangs bei den Fertigungsstellen ist die heutige Situation dadurch geprägt, daß im Werkstättendienst zu viele nicht ausgenutzte Anlagenkapazitäten vorgehalten werden. Dabei ist bereits erkennbar, daß der Instandhaltungsaufwand und damit auch der Personalbedarf in Zukunft noch weiter zurückgehen werden.

Darüber hinaus ist für den Werkstättendienst von Bedeutung, daß die Unternehmenskonzeption darauf abzielt, den Personalbestand, der für die Bundesbahn mittelfristig gesehen quasi Fixkostencharakter hat, auf das unumgänglich Notwendige zu reduzieren und das Unternehmen stärker auf die originäre Aufgabe des Transports von Reisenden und Gütern auszurichten. Dies bedeutet für den „Service-Bereich" Werkstättendienst nicht nur, daß die Rationalisierungsbemühungen verstärkt fortzusetzen sind, sondern daß auch im Gegensatz zum bisherigen Selbstverständnis generell geprüft werden muß, ob die Instandhaltungsarbeiten weiter in eigenen Werkstätten oder, sofern dies wirtschaftlicher ist, von Dritten auszuführen sind. Bei dieser Vorgehensweise ist zu berücksichtigen, daß der Personalbestand in den Ausbesserungswerken in den nächsten Jahren erheblich unter den Bedarf absinken wird. Neueinstellungen werden einem Service-Bereich jedoch nur dann zugestanden, wenn dies wegen fehlender wirtschaftlich vertretbarer Vergabemöglichkeiten unabdingbar ist.

Die Entwicklung hat zwangsläufig auch dazu geführt, daß die Mitarbeiterzahlen je Ausbesserungswerk gegenüber früheren Verhältnissen sehr stark gesunken sind. Es gibt zur Zeit nur noch ein Werk mit mehr als tausend Werkstättenarbeitern, dafür aber bereits eine größere Zahl von Werken, bei denen nur noch zwischen 400 und 750 Werkstättenarbeiter beschäftigt sind. Damit hat die Personalstärke dort bereits die Größenordnung der größeren Betriebswerke erreicht. Außerdem konnten als Folge verbesserter Fahrzeugkonstruktionen und Instandhaltungsmethoden die Arbeitsinhalte der traditionell in den Ausbesserungswerken ausgeführten, gesetzlich vorgeschriebenen Revisionsarbeiten so stark reduziert werden, daß sie in einigen Teilbereichen bereits vom Umfang her mit den üblichen Arbeiten in den Betriebswerken vergleichbar sind. Es wird deshalb einerseits zu prüfen sein, ob das Zuschneiden der Instandhaltungsarbeiten auf die Ausbesserungswerke und die Betriebswerke unter technisch-wirtschaftlichen Gesichtspunkten zu ändern ist, und

Entwicklung der Anlagenkapazität und des Personalbedarfs bei den Ausbesserungswerken der Bundesbahn.

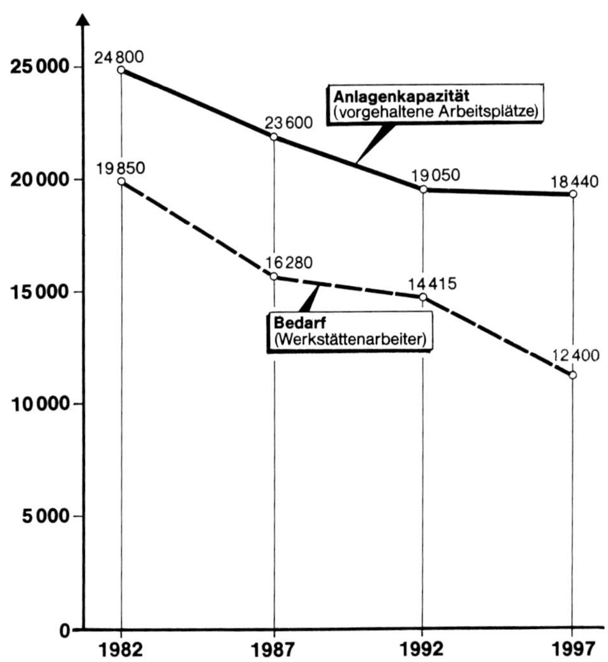

andererseits, ob die innere Organisation der Ausbesserungswerke den heutigen Verhältnissen noch gerecht wird.
All dies waren die Randbedingungen der 1987 beschlossenen Konzeption für die Ausbesserungswerke der Bundesbahn. Danach muß die Bundesbahn die Anlagenüberhänge bei den Ausbesserungswerken aufgrund der Entwicklung des Bedarfs verstärkt abbauen. Das trifft zunächst die Werke, deren Stillegung zum Teil bereits vor mehr als zehn Jahren genehmigt wurde. Es sind dies die Ausbesserungswerkstätten Frankfurt, Karlsruhe, Offenburg und Schwetzingen. Zusammen mit dem Ausbesserungswerk in Stuttgart-Bad Cannstatt, dessen Stillegung 1987 genehmigt, und den Ausbesserungswerken Hamburg-Harburg und Weiden, deren Stillegungsgenehmigung 1988 beantragt wurde, sollen diese Werke bis 1992, Karlsruhe bis spätestens 1997 endgültig geschlossen werden. Trotzdem wird 1992 noch immer ein großer Überhang an nicht genutzten Anlagen bestehen. Auch wegen des weiter rückläufigen Bedarfs müssen deshalb nach 1992 weitere Werke stillgelegt werden, um die Gemeinkostenbelastung der Instandhaltung bei der Bundesbahn nicht unzulässig ansteigen zu lassen.
Bei diesen künftigen Stillegungen werden entsprechend einer Auflage des Bundesverkehrsministers die strukturpolitischen Randbedingungen beachtet werden, zumal dies auch den wirtschaftlichen Interessen der Bundesbahn entgegenkommt. Im Gegensatz zu den strukturschwachen Gebieten sind nämlich die Mitarbeiter, die von den Ausbesserungswerken auf andere Stellen umgesetzt werden müssen, in den Ballungsräumen wesentlich schneller unterzubringen, so daß hier der wirtschaftliche Nutzen einer Stillegung auch schneller erreichbar ist. Damit kommen für künftige Stillegungen vorrangig Werke in Ballungsräumen oder in Gebieten mit einer Vielzahl anderer Bundesbahndienststellen, bei denen Personalbedarf besteht, in Betracht.
Parallel dazu muß mit der Industrie geprüft werden, welche Instandhaltungsarbeiten dorthin vergeben werden können, wobei für die Bundesbahn das entscheidende Kriterium die Wirtschaftlichkeit sein wird. Bevor es jedoch hier zu Vergaben in größerem Umfang kommt, bedarf es nach heutigem Erkenntnisstand sowohl auf seiten der Bahn als auch der Industrie noch großer Anstrengungen. Bei der Bahn müssen zunächst die Voraussetzungen für die Vergabe von Instandhaltungsarbeiten geschaffen werden. Aufgabe der Industrie muß es sein, Instandhaltungsarbeiten im Vergleich zu den Selbstkosten der Ausbesserungswerke wirtschaftlich anzubieten.
Sollte dies gelingen, bleibt für die Bundesbahn die Frage zu beantworten, ob und in welchem Umfang Mindestkapazitäten für die Instandhaltung von Fahrzeugen in eigenen Werken zur Vermeidung von Anbietermonopolen und zur Wahrung des eigenen Instandhaltungs-Know-how beizubehalten sind. Doch bis diese Fragen zur Diskussion stehen, bleibt noch ein weiter Weg.
Aus all dem folgt, daß sich der Werkstättendienst in einem weiter anhaltenden Konzentrationsprozeß befindet. Die Konzentration bei den DB-eigenen Werkstätten wird noch verschärft durch die aus wirtschaftlichen und unternehmenspolitischen Gründen angestrebte Vergabe von Instandhaltungsleistungen an die Industrie. Die Zahl der Ausbesserungswerke und Betriebswerke wird bei diesem Konzentrationsprozeß weiter abnehmen. Desgleichen wird die Zahl der Beschäftigten im Instandhaltungsbereich ebenfalls abnehmen. Dabei werden sich die Größenordnungen von Ausbesserungswerken und Betriebswerken stärker aufeinander zubewegen.
Daraus ergibt sich aber auch die Frage, ob es mittelfristig aus wirtschaftlichen Gründen sinnvoll oder sogar notwendig ist, die Instandhaltung der Fahrzeuge bei der Bundesbahn insgesamt von der Zentrale bis zum Betriebswerk straffer als bisher – vergleichbar der Organisation des heutigen Werkstättendienstes – zu organisieren. Der Werkstättendienst, der damit die Instandhaltung der Fahrzeuge sowohl in den Ausbesserungswerken als auch in den Betriebswerken umfassen würde, könnte dann als ein organisatorisch in sich geschlossener Service-Bereich in Konkurrenz zu den von der Industrie ausgeführten Instandhaltungsarbeiten auftreten.

Die leistungsstarke elektrische Lokomotive E 94 im schweren Güterzugdienst.

Schienenfahrzeugindustrie

Lokomotivindustrie

Von der „Saxonia", der ersten Lokomotive deutscher Fertigung, bis zum ICE mit der bisherigen Rekordgeschwindigkeit von nahezu 410 km/h spannt sich ein weiter Bogen, der Versuche und Erfolge, Irrwege und fortschrittliche Erkenntnisse der Schienenfahrzeugtechnik umfaßt und damit auch die Geschichte der Lokomotivindustrie. Vor 150 Jahren nahmen weitblickende deutsche Unternehmer den Bau von Lokomotiven auf, zunächst noch auf englischen Erfahrungen basierend, bald aber schon mit eigenen technischen Ideen und Erkenntnissen. Über 120 Jahre lang wurden Dampflokomotiven gebaut, bis sie auf dem Höhepunkt ihrer Leistungsfähigkeit endgültig von Diesel- und Elektrolokomotiven abgelöst wurden.
Auf all diesen Gebieten der Fahrzeugtechnik haben die deutschen Lokomotivhersteller Entscheidendes

Weitblickende Unternehmer richteten vor hundertfünfzig Jahren ihren Blick zunehmend auf den Lokomotivbau. So entstand mit der Eisenbahn ein neuer, rasch wachsender Industriezweig, der vielerorts „den Schornstein rauchen" ließ, wie hier bei Borsig in Berlin.

dazu beigetragen, die Zugkraft, Geschwindigkeit und Wirtschaftlichkeit der Lokomotiven zu erhöhen, ihre Wartung und Unterhaltung zu vereinfachen – kurz, den technischen Fortschritt voranzutreiben. Als Beispiel hierfür seien nur einige Glanzpunkte genannt, etwa die Entwicklung von Verbund- oder Heißdampflokomotiven, der Bau der ersten elektrischen Lokomotive der Welt durch Werner Siemens 1879, die Einführung der hydraulischen Leistungsübertragung bei Diesellokomotiven oder – als neueste zukunftweisende Lösung – die Entwicklung der Drehstromantriebstechnik für Diesel- wie für elektrische Lokomotiven.
Beruhten diese Erfolge in früherer Zeit vorwiegend auf Beobachtungen, pragmatischen Überlegungen und unzähligen Versuchen, so fließen heute bei Entwicklung, Konstruktion und Bau von Triebfahrzeugen die Erkenntnisse aus einer intensiven Forschungstätigkeit im gesamten Rad/Schiene-Bereich ein.

Zusammenarbeit mit den deutschen Eisenbahnen

Betrachtet man die Geschichte des Industriezweigs in den vergangenen 150 Jahren, so wird der enge Zusammenhang zwischen der Entwicklung der Bahnen und der Lokomotivindustrie deutlich, ein Zusammenhang, der auf technischen wie auf wirtschaftlichen Gegebenheiten beruht. Das Zusammenwirken von Rad und Schiene verlangt eine genaue Abstimmung des Triebfahrzeugs auf die Voraussetzungen des Schienennetzes und zwar nicht nur nach den grundsätzlichen Kriterien wie Spurweite oder Energieversorgung, sondern auch nach Einzelkriterien wie Gleislage, Schienenneigung, Signalgebung oder Streckenprofil. So kann zwar jedes Auto auf jeder Straße fahren, aber keineswegs jede Lokomotive bei jeder Bahn. Auch die Erprobung eines neuentwickelten Schienenfahrzeugs kann nicht beim Hersteller, sondern nur beim Betreiber, also bei der jeweiligen Bahn, durchgeführt werden, dessen Erfahrungen in Betrieb, Wartung und Unterhaltung wieder zum Hersteller zurückfließen müssen. Ein ständiger Dialog auf technischem Gebiet zwischen Bundesbahn und Industrie liegt daher im beiderseitigen Interesse, um zu technisch optimalen und wirtschaftlich rentablen Fahrzeugen zu kommen. Eine solche Kooperation wurde stets besonders gepflegt, denn auch bei Lieferungen an andere Abnehmer sind die Referenzen und Erfahrungen der heimischen Staatsbahn von eminenter Bedeutung.
Zu Beginn des Eisenbahnzeitalters, als der Streckenbau sprunghaft anstieg und überall in den deutschen Ländern neue Bahngesellschaften gegründet wur-

Früher Lokomotivbau: Auf dem Hof (um 1850) und in der Kesselschmiede (1892) der Lokomotivfabrik Maffei in München.

Selbst namhaften Fabriken fehlte, nachdem sie mit dem Lokomotivbau begonnen hatten, ein Anschluß an die Gleise der Eisenbahn. So mußten unzählige Lokomotiven ihre erste Fahrt auf einem vielspännigen Pferdefuhrwerk antreten.

den, wuchs auch die Zahl der Lokomotivfabriken rasch an. Jede Bahn hatte ihre eigenen technischen Vorstellungen und Anforderungen, die möglichst von einem Hersteller im eigenen Territorium verwirklicht werden sollten. Eine Übersicht weist aus, daß sich bis zum Ende des 19. Jahrhunderts nicht weniger als 42 Unternehmen mit dem Bau von Lokomotiven befaßten, teilweise mit großem Erfolg, teilweise wurde der Bau schon nach kurzer Zeit wieder aufgegeben. Zur Jahrhundertwende bestanden noch 21 Lokomotivhersteller, von denen einige – Krauss-Maffei, Henschel – seit den vierziger Jahren des vorigen Jahrhunderts bis heute auf diesem Gebiet tätig sind.
Die wirtschaftliche Abhängigkeit der Lokomotivhersteller vom Ergehen der Bahnen zeigte ihre negativen Auswirkungen erstmals Mitte der siebziger Jahre des vorigen Jahrhunderts. Als Folge einer überbordenden und dann rasch zusammenbrechenden Eisenbahnspekulation ging der Streckenneubau zurück, Ersatzbedarf an Lokomotiven war kaum gegeben, und die Lokomotivindustrie stand vor ihrer ersten Krise. Der erste „Verband der Deutschen Lokomotivfabriken" wurde 1877 gegründet, um im gemeinsamen Bemühen dieser negativen Entwicklung entgegenwirken zu können. Die Möglichkeiten hierzu aber waren und sind äußerst eingeengt, da Beschaffungskrisen, die durch finanzielle Schwierigkeiten der Bahnen ausgelöst werden, von den Fahrzeugherstellern nicht oder kaum abgemildert werden können.
Eine solche Situation wiederholte sich im Abstand weniger Jahrzehnte. So gingen Ende der zwanziger Jahre, als die Reichsbahn infolge der Reparationszahlungen und der Weltwirtschaftskrise in finanzielle Bedrängnis geriet, die Beschaffungen rapide zurück. Wurden 1920 noch 2143 Lokomotiven bestellt, so waren es 1929 gerade noch 26 Stück. Die Folgen für den Industriezweig waren gravierend. Zwölf Firmen gaben den Lokomotivbau auf und verkauften ihre Reichsbahn-Lieferquoten an andere Hersteller. Dieses Verfahren war damals möglich und wurde auch von der Reichsbahn anerkannt und berücksichtigt. Schließlich bauten 1931 nur noch neun Werke Dampflokomotiven.
Die letzte Krise dieser Art ist noch nicht bewältigt: In den Jahren 1985 und 1986 wurde nicht eine Lokomotive an die Bundesbahn geliefert – erstmals in der Geschichte der deutschen Lokomotivindustrie.
Dazwischen aber lagen Zeiten der Blüte und der hohen Leistungsfähigkeit der Lokomotivindustrie, die ihre Flexibilität in der Fertigung und ihre innovative Kraft in Entwicklung und Konstruktion immer wieder unter Beweis stellen konnte. Am 13. Januar 1987 wurde die erste Lokomotive der Baureihe 120 aus einem Auftrag über sechzig Stück in einer Feierstunde an die Bundesbahn übergeben – ein Zeichen, daß die technische Innovation auch in Zeiten extrem niedriger Beschaffungen vorangetrieben wurde und für die Zukunft ihre Früchte tragen wird.

Kooperation innerhalb des Industriezweigs

Herausragende Leistungen einzelner Konstrukteure und kontinuierliche Entwicklungsarbeit der einzelnen Unternehmen haben bis heute die Fahrzeugtechnik geprägt und vorwärts gebracht. Daneben wurden aber seit Beginn der zwanziger Jahre auch die Vorteile einer gemeinsamen Bearbeitung technischer Probleme erkannt. Diese Zusammenarbeit brachte immer dann besondere Erfolge, wenn der breite Erfahrungsschatz mehrerer Hersteller für die Lösung umfassender technischer Aufgaben eingesetzt werden konnte.
Als die Reichsbahn bei ihrer Gründung im Jahr 1920 den Fahrzeugbestand der Länderbahnen übernahm, verfügte sie – nach einer ersten Bereinigung – 1924 noch immer über 210 unterschiedliche Lokomotivbauarten. Die Vereinheitlichung des Lokomotivparks war daher eine dringende Aufgabe, zu deren Lösung die Lokomotivhersteller 1922 ein „Vereinheitlichungsbüro" gründeten, das in enger Verbindung mit der Reichsbahn neue Einheits-Baureihen konstruierte. Diese gemeinschaftliche Entwicklungsarbeit wurde bis zum Ende der Dampflok-Ära fortgesetzt. Nach 1945 nahm eine Abteilung der „Vereinigung Deutscher Lokomotivfabriken" diese Aufgabe wahr. Die Kosten wurden je zur Hälfte von der Bundesbahn und der Industrie getragen. Nach der Kündigung dieses Vertrags durch die Bundesbahn im Jahr 1959 blieb das „Technische Gemeinschaftsbüro" erhalten, nunmehr aber in der Form einer Gesellschaft mit beschränkter Haftung, die Konstruktionsarbeiten auch für andere Kunden aus dem Maschinenbau durchführt.

Die Bedeutung der Eisenbahn als Auftraggeber wird auch an den Ausmaßen der Fertigungsanlagen in den Lokomotivfabriken und ihrer Zulieferindustrie deutlich: hier die Radsatzdreherei der Kruppschen Gußstahlfabrik um 1890.

Als für zahlreiche deutsche Lokomotivfabriken das Ende nahte, erweiterte Krupp in Essen sein Fertigungsprogramm um diesen Zweig. Mit der Fabriknummer 1 entstand bei Krupp 1919 die preußische G 10 „Elberfeld 5495", – hier in der Endmontage.

Eine besondere Herausforderung bot die technische Umstellung von der Dampf- zur Diesel- und Elektrolokomotive. Diese Traktionsarten waren zwar seit langem bekannt und stets weiterentwickelt und verbessert worden. So befaßten sich 1931 bereits acht Fabriken ausschließlich mit dem Bau von Motorlokomotiven. Aber erst nach 1950 waren die Voraussetzungen gegeben, die einen Einsatz der neuen Traktionsarten im großen Stil erlaubten. In verschiedenen Zusammenschlüssen und Arbeitsgemeinschaften untersuchte die Industrie – gemeinsam mit der Bahn – die Möglichkeiten und Vorteile der neuen Traktionsmittel. Entsprechend den Vorgaben und Anforderungen der Bahn wurden neue Lokomotivbaureihen entwickelt. So wurde die von einer Arbeitsgemeinschaft aus acht Firmen entwickelte Dieselrangierlokomotive V 60 – heute Baureihe 360/361 – in großen Stückzahlen geliefert und im Rahmen eines Standardisierungsprogramms der europäischen Bahnen als Standardlokomotive vielfach in Lizenz nachgebaut. Andere Lokomotivtypen für die Bundesbahn wurden von nur einer Firma entwickelt und konstruiert; an ihrem Bau war aber jeweils der gesamte in Betracht kommende Firmenkreis beteiligt.
Dieser Firmenkreis hat sich als Folge der geänderten technischen Gegebenheiten seit den fünfziger Jahren erweitert. Bei Dampflokomotiven betrug die Fertigungstiefe bis zu neunzig Prozent, das heißt, fast die gesamte Fertigung und damit auch Wertschöpfung des Produkts lag bei nur einer Firma. Bei elektrischen

Nach dem Zweiten Weltkrieg sicherte der Strukturwandel im Zugförderungsdienst der Bahn – die Umstellung vom Dampfbetrieb auf elektrische und Diesel-Traktion – noch einmal die Fertigung größerer Serien; hier Einbau der elektrischen Ausrüstung in Lokomotiven der Baureihe E 03 (103).

und Diesellokomotiven sank dieser eigene Fertigungsanteil auf nur dreißig bis fünfzig Prozent, was bei den bisherigen Lokomotivherstellern – fünf Firmen waren nach dem Krieg auf dem Gebiet der Bundesrepublik Deutschland verblieben – erhebliche Anpassungsprobleme auslöste. Drei Firmen der Elektroindustrie sowie die Hersteller von Dieselmotoren und Getrieben kamen als wesentliche Partner hinzu. Das Beschaffungsverfahren der Bundesbahn wurde den technischen Gegebenheiten voll angepaßt: Seit dieser Zeit vergibt sie keine Aufträge mehr auf komplette Lokomotiven, sondern schließt Entwicklungs- und Lieferverträge jeweils direkt mit den Herstellern der wesentlichen Komponenten, – ein Verfahren, das übrigens nicht nur von der Technik, sondern auch von der damaligen Umsatzsteuer-Gesetzgebung nahegelegt wurde.
Dem „Verband der Deutschen Lokomotivindustrie" gehören heute an: AEG Aktiengesellschaft, ASEA Brown Boveri (ABB), Kaelble-Gmeinder GmbH & Co., Knorr-Bremse AG, Krauss-Maffei Verkehrstechnik GmbH, Krupp Industrietechnik GmbH, Krupp MaK Maschinenbau GmbH, MTU Motoren- und Turbinen-Union Friedrichshafen GmbH, Motoren-Werke Mannheim AG, Siemens AG, Thyssen Industrie AG Henschel, J. M. Voith GmbH.
Mit der Entwicklung der Hochgeschwindigkeitstechnik erreichte die industrielle Zusammenarbeit eine neue Dimension. Seit Anfang der siebziger Jahre hat sich die „Forschungsgemeinschaft Rad/Schiene" zum Ziel gesetzt, die technisch-wirtschaftlichen Grenzen des Eisenbahnverkehrs auszuloten und die vorhandenen Entwicklungspotentiale besser zu nutzen. Erstmals wurden nicht nur die Teilsysteme wie Fahrweg, Fahrzeug oder Energieversorgung, sondern auch deren Zusammenhänge und gegenseitigen Beeinflussungen systematisch mit wissenschaftlichen Methoden untersucht. Diese umfangreiche Aufgabenstellung setzt enge Zusammenarbeit zwischen Bundesbahn, Unternehmen der beteiligten Industriebereiche, wie Bauindustrie, Lokomotiv- und Waggonindustrie, Elektroindustrie oder Komponentenhersteller, und Hochschulinstituten voraus. So entstand auch der IC Experimental in konsortialer Zusammenarbeit und mit erheblicher finanzieller Beteiligung der Industrie. Die Arbeiten wurden – neben der Entwicklung der Magnetschwebetechnik – vom Bundesminister für Forschung und Technologie gefördert.
Die Zukunftsaspekte des grenzüberschreitenden europäischen Hochgeschwindigkeitsverkehrs werden neue Anforderungen bringen. Mit den verkehrspolitischen, wirtschaftlichen und technischen Fragen befassen sich Gremien der Verkehrsminister, der EG, der Bahnen und der UIC als deren internationaler Vereinigung. Angesichts der Unterschiede in der Eisenbahntechnik der verschiedenen Länder gilt es, kompatible Lösungen zu finden. Um für diese Aufgabe gerüstet zu sein, haben die deutschen Fahrzeughersteller eine „Arbeitsgemeinschaft IC-Euro-

Entwicklung und Bau der modernsten Bundesbahn-Lokomotive, der Baureihe 120 mit Drehstromantriebstechnik, gehen auf Initiative und Risikobereitschaft einiger Lokomotivfabriken zurück. Vom Kran wird hier eine der fünf Vorserien-Lokomotiven zum Einbau des Transformators auf Stützen abgesetzt.

pa" gebildet, die – insbesondere im Hinblick auf eine Hochgeschwindigkeitsverbindung Paris–Brüssel–Köln/Amsterdam – Gespräche mit den französischen und belgischen Partnern führt. Eingeschlossen sind dabei nicht nur Fragen der Fahrzeugtechnik sondern auch der übrigen Systemkomponenten.

Der Markt für Lokomotiven

Bei aller Bedeutung einer technischen Kooperation darf aber nicht übersehen werden, daß der Markt für Lokomotiven unter starkem Konkurrenzdruck steht. Das gilt sowohl für die Aufträge des Hauptkunden, der Bundesbahn, wie für die Marktsegmente der sonstigen Inlandskunden und vor allem für den Export. Dieser Konkurrenzdruck aber spornt auch im technischen Bereich immer wieder zu besonderen Leistungen an. So beruht die Entwicklung der Drehstromantriebstechnik auf der Initiative und der Risikobereitschaft einzelner Unternehmen.

Die starken Auftragsschwankungen der heimischen Staatsbahn ließen selbst in Zeiten hohen Lokomotivbedarfs keine gleichmäßige Auslastung der Fertigungskapazitäten über mehrere Jahre zu. Zwar gingen in den sechziger und siebziger Jahren durchschnittlich zwei Drittel der Produktion an die Bundesbahn, die jährlichen Lieferraten aber schwankten erheblich. Wurden 1963 insgesamt 527 Stück geliefert, so waren es 1969 nur noch 155 Diesel- und elektrische Lokomotiven, ohne Kleinlokomotiven, – eine Folge der jeweiligen finanziellen Situation der Bahn. Nachdem deren Beschaffungen ab 1979 auf achtzehn Stück pro Jahr und 1985/86 auf Null zurückgingen, bleibt für die Zukunft zu hoffen, daß bei dem künftigen Ersatzbedarf für den vorhandenen Lokomotivpark der Bundesbahn derartige Lieferschwankungen ausgeglichen werden können. Eine „Verstetigung" der jährlichen Lieferraten liegt im Interesse einer wirtschaftlichen Fertigung und somit im Interesse von Bahn und Lieferindustrie.

Durchschnittlich zehn Prozent der Produktion nimmt der sonstige Inlandsmarkt auf – Regionalbahnen, Industriebahnen, Hafenbahnen. Deren unterschiedliche Aufgabenstellung und ihre vereinfachten betrieblichen und technischen Voraussetzungen führten zu einer erheblichen Vielfalt an Lokomotivtypen. Überwiegend werden Diesellokomotiven benötigt, für die Mitte der siebziger Jahre von Betreibern und Herstellern gemeinsam eine Typen-

Diesellokomotiven für nichtbundeseigene Bahnen erwiesen sich als eine der Stützen für die deutsche Lokomotivindustrie, als die Aufträge der Bundesbahn mehr und mehr ausblieben.

empfehlung zur Standardisierung erarbeitet wurde. Heute werden Hersteller-Typenreihen im Baukastensystem angeboten, und zwar mit hydraulischer Leistungsübertragung wie mit elektrischer Leistungsübertragung in Drehstromtechnik. Auch die Triebfahrzeuge für den elektrischen Betrieb müssen den besonderen technischen Voraussetzungen, wie unterschiedlichen Stromsystemen, entsprechen. Mehrsystem- und Mehrkraftlokomotiven bieten spezielle Lösungen für diese Anforderungen.

Das dritte und überaus wichtige Aktionsfeld der deutschen Lokomotivindustrie liegt im Export, dessen Bedeutung für eine breitere Basis sowohl der technischen Lösungen wie der Beschäftigungsmöglichkeiten schon früh erkannt wurde. Bereits vor der Jahrhundertwende hatte der deutsche Lokomotivbau durch die Qualität und Leistungsfähigkeit seiner Produkte im Export Weltgeltung errungen. Bei der hohen Ausstrahlungskraft der Eisenbahn als Inbegriff des technischen Fortschritts trugen deutsche Lokomotiven Wesentliches zum guten Ruf deutscher Technik bei. Auch im weiteren Verlauf wurde die Leistungskraft immer wieder durch herausragende Lieferungen dokumentiert. Noch heute beeindruckt die Fertigung von siebenhundert schweren Güterzuglokomotiven für die sowjetischen Eisenbahnen in den Jahren 1922 bis 1924, an deren Bau 19 Fabriken beteiligt waren. Dabei wurde der Normungsgedanke im Lokomotivbau wegen der notwendigen Austauschbarkeit und Vereinheitlichung stark vorangetrieben.

Auch nach 1950 wurde der Export von Lokomotiven sehr bald wieder aufgenommen. Seit dieser Zeit sind in der Bundesrepublik Deutschland über zwanzigtausend Lokomotiven gebaut worden, von denen rund die Hälfte in mehr als sechzig Länder exportiert wurde. Die Palette der technischen Lösungen muß für den Export ein sehr viel breiteres Spektrum umfassen als für den heimischen Markt. Unterschiedliche Gegebenheiten hinsichtlich Spurweite, Radsatzlasten, klimatischer Bedingungen, Leistungsanforderungen und Wartungsmöglichkeiten bedingen ein hohes Maß an Anpassung. Die Stärke der deutschen Lokomotivindustrie liegt darin, „maßgeschneiderte" Lösungen in jeder Technik anbieten zu können.

Der Abnehmerkreis im weltweiten Lokomotivexport umfaßt im wesentlichen Entwicklungs- und Schwellenländer. Dominierend ist die Diesellokomotive, meist mit elektrischer Leistungsübertragung. Da

Traditionell liegt eines der wesentlichen Aktionsfelder der deutschen Lokomotivindustrie im Export. Wie schon im vorigen Jahrhundert haben Qualität und Leistungsfähigkeit ihrer Erzeugnisse auch heute Weltgeltung. Diese Zweifrequenzlokomotive geht nach Costa Rica.

diese Technik in ihrer konventionellen Form bei der Bundesbahn nicht eingeführt ist und eine breite Fertigungsbasis fehlt, kooperiert die deutsche Lokomotivindustrie auf diesem Gebiet meist mit amerikanischen Herstellern. Die elektrische Traktion wird vor allem für Schwellenländer immer interessanter, deren steigende Transportbedürfnisse die hohen Anfangsinvestitionen rechtfertigen. Seit Entwicklung der Halbleitertechnik werden neu begonnene Elektrifizierungen fast durchweg mit 50- oder 60-Hertz-Frequenz ausgelegt. Diesen Markt bearbeitet in europäischer Zusammenarbeit die 50-Hertz-Arbeitsgemeinschaft. Mit Einführung der Drehstromleistungsübertragung zeichnen sich neue Tendenzen ab. Bei Diesel- wie bei elektrischen Lokomotiven gelang den deutschen Herstellern eine Erweiterung ihres Abnehmerkreises auch auf europäische Industriestaaten wie Dänemark, Norwegen oder die Niederlande.

Der breite Erfahrungsschatz, der durch die unterschiedlichen technischen Anforderungen der ausländischen Bahnen erworben werden konnte, kommt auch den konstruktiven Lösungen für den Inlandsmarkt zugute. Aber auch im Export gilt die Notwendigkeit der Zusammenarbeit zwischen Bahn und Lieferindustrie. Der Export ist somit kein Markt, der nach Belieben – etwa je nach Auslastungsgrad für den Inlandsmarkt – bedient werden kann. Er bedarf vielmehr jahrelanger, intensiver Pflege und ständiger Präsenz. Bei der schwierigen Finanzlage der meisten Abnehmerländer kommt allerdings der Auftragsfinanzierung meist eine ausschlaggebende Bedeutung zu.

Angesichts der zunehmenden Umweltprobleme in den Industriestaaten, des Zwangs zur Schonung der Energieressourcen und angesichts der grundlegenden Bedeutung einer sinnvollen Verkehrsinfrastruktur für die Entwicklungsländer wird der Schienenverkehr einen wachsenden Anteil an Transportaufgaben übernehmen und bewältigen müssen. Es ist Sache der Verkehrspolitik, entsprechende Rahmenbedingungen zu schaffen, und es ist Sache der Bahnen, wirtschaftliche Beförderungskonzepte zu entwickeln und zu realisieren. Die deutsche Lokomotivindustrie ist für ihren Teil der Aufgabe gerüstet. Sie hat in 150 Jahren die Fähigkeit bewiesen, leistungsfähige und wirtschaftliche Triebfahrzeuge zu entwickeln und zu bauen, und sie wird auch in Zukunft mit innovativen technischen Lösungen zum Nutzen des Schienenverkehrs beitragen.

Waggonindustrie

Die Geburtsstunde des deutschen Waggonbaus schlug schon, als am 7. Dezember 1835 mit Eröffnung der Ludwigsbahn auf der Strecke Nürnberg – Fürth das Eisenbahnzeitalter in Deutschland begann. Einheimische Handwerker hatten Einzelteile angefertigt und damit neun zweiachsige Abteilwagen erster, zweiter und dritter Klasse zusammengebaut. Diese ersten Wagenbauer besaßen unternehmerischen Wagemut und Optimismus; der Eisenbahnbau war nämlich in Deutschland in seinen Anfängen keineswegs unumstritten, was heute vielfach übersehen wird. Die einen favorisierten den Kanalbau, die anderen meinten damals schon, die Zukunft gehöre der Straße.

Vom Handwerksbetrieb zur Fabrik

Doch der Bau von Eisenbahnstrecken kam rasch voran. Somit waren die Voraussetzungen für eine kontinuierliche Aufwärtsentwicklung des deutschen Waggonbaus gegeben. Im Lauf seiner Geschichte erlangte er durch Qualitätsarbeit und Innovationen Weltgeltung.
Mit zunehmender Nachfrage rüsteten die zunächst noch handwerklich ausgerichteten Wagenbauer ihre Werkstätten mit Maschinen, Drehbänken und anderen technischen Einrichtungen aus oder stellten sie selbst her. Aus den Wagenbauern wurden „Wagenbauanstalten". Sie entwickelten sich entweder aus bereits bestehenden, artverwandten Gewerbebetrieben oder waren Neugründungen zur Deckung des aufkommenden Eisenbahnbedarfs, wie etwa die Firma Pauwels & Talbot in Aachen, die noch im Jahre ihrer Gründung 1838 mit der Rheinischen Eisenbahngesellschaft einen Liefervertrag über „mindestens zweihundert Personen- und Güterwagen aller Art" abschloß. Gottfried Linke in Breslau hingegen hatte vorher schon Straßenkutschen und Fuhrwerke in seiner Werkstatt gebaut, als er 1839 von der Oberschlesischen Eisenbahngesellschaft einen Auftrag auf hundert offene Güterwagen übernahm.
Zunächst spielten günstige Einkaufspreise für Holz und Eisen, aber auch niedrige Löhne außerhalb der Industriezentren für die Standortwahl der in allen Teilen Deutschlands entstehenden Waggonfabriken eine Rolle. Später gaben die Länderbahnen, die ihre einheimischen Lieferanten bevorzugten, den Ausschlag für die Ansiedlung dieser „Wachstumsindustrie". Auch unmittelbare staatliche Tätigkeit war im Waggonbau anzutreffen. So errichtete der bayerische Staat 1843 in Nürnberg die Kgl. Wagenbau-Anstalt, löste sie aber schon 1849 wieder auf, weil er erkannt hatte, daß private Unternehmen Eisenbahnmaterialien billiger herstellen konnten.
Der Ausbau und das Zusammenwachsen des deutschen Schienennetzes von sechs Kilometer im Jahr 1835 auf fast 19 000 Kilometer im Jahr 1870 sowie

Der Wagenbau bedurfte – wie das Bild aus der Maschinenbau AG Nürnberg, 1890, eindrucksvoll vor Augen führt – einer Vielzahl von Kräften. Deren Arbeitsplätze hingen stets von der Auftragslage ab, sie wiederum von der Situation der Bahnen.

Der Waggonbau ist in Deutschland so alt wie die Eisenbahn. Die ersten Wagenbauer waren Handwerker mit Zukunftsglauben und Wagemut. Obwohl der Wagenbedarf von Jahr zu Jahr stieg, blieb die Fertigung jahrzehntelang Sache tüchtiger Handwerker wie hier bei Wegmann in Kassel, 1907.

die damit einhergehende Verbesserung der Rahmenbedingungen, etwa durch den zunehmenden Wegfall der Zollschranken und durch die vom Verein Deutscher Eisenbahnverwaltungen im Jahre 1847 erarbeiteten „Maßregeln für die direkte Expedition von Personen und Gütern auf mehreren Bahnen", bescherten dem Schienenverkehr und damit dem Waggonbau eine geradezu stürmische Aufwärtsentwicklung.

Einen ersten Einschnitt brachte die „Gründerkrise" von 1873, die den „Gründerboom" beendete. Der permanente Aufschwung hatte eine spekulativ übersteigerte Investitionstätigkeit ausgelöst. Auch im Waggonbau waren durch teilweise recht kurzlebige Neugründungen Überkapazitäten entstanden, die zu ruinösen Preiskämpfen führten. Um deren Folgen abzuschwächen, gründeten 18 Firmen am 21. September 1877 den Deutschen Wagenbau-Verein, dem bald weitere fünf Unternehmen beitraten.

Der Kartellvertrag, der dem Zusammenschluß zugrunde lag, sah die Meldung aller im Gebiet des Deutschen Reiches aufkommenden Aufträge vor, die dann in „Einigungsbesprechungen" aufgeteilt wurden. Dieses Vergabeverfahren funktionierte recht gut, weil die Mitglieder sowohl „Disziplin wie Einordnung" wahrten. Als die Regierung in Mün-

Gründungsmitglieder des Deutschen Wagenbau-Vereins, 1877.

1. Linke, Breslau
2. de Dietrich, Reichshofen i. E.
3. Gebr. Gastell, Mainz-Mombach
4. Waggonfabrik A.-G., Görlitz
5. Herbrand & Co., Köln-Ehrenfeld
6. Hofmann, Breslau
7. Steinfurt, Königsberg
8. Thielemann, Eggena & Co., Kassel
9. Karl Weyer & Co., Düsseldorf
10. van der Zypen & Charlier, Köln-Deutz
11. H. Fuchs, Heidelberg
12. Klett & Co., Nürnberg
13. J. Rathgeber, München
14. Lauenstein, Hamburg
15. Waggonfabrik Ludwigshafen
16. Noell, Würzburg
17. Saxonia, Radeberg
18. Schmieder & Meyer, Karlsruhe

Kurz nach der Gründung schlossen sich an: Maschinenfabrik Eßlingen, Gebr. Lüttgens (Saarbrücken-Burbach), Talbot & Co. (Aachen), I. Goossens (Eschweiler) sowie Killing & Sohn, (Hagen).

chen den Deutschen Wagenbau-Verein bei der Auftragsvergabe umging und nur noch bayerische Werke berücksichtigte, wurde der Ende 1889 ablaufende Kartellvertrag nicht mehr erneuert und der Deutsche Wagenbau-Verein aufgelöst.
An seine Stelle trat am 24. Juli 1890 die von fünfzehn norddeutschen Werken gegründete Norddeutsche Wagenbau-Vereinigung, die mit den Preußischen Staatseisenbahnen einen mehrfach verlängerten, bis 1920 bestehenden Syndikatsvertrag abschloß. Ihre Haupttätigkeit bestand in der Verteilung und Verrechnung von Lieferungen im Rahmen eines Quotenkartells. Die lange Vertragsdauer deutet darauf hin, daß die vom Syndikat geforderten Preise für den Abnehmer akzeptabel gewesen sein müssen. Hierfür sorgten schon die zahlreichen Außenseiter, die besonders in der zweiten Hälfte der neunziger Jahre aufgekommen waren und die Preußischen Staatseisenbahnen schließlich bewogen, nicht mehr als sechzig Prozent ihrer Waggonbauaufträge über das Syndikat abzuwickeln. Der schwächer werdende Syndikatseinfluß brachte die preußische Regierung auch von dem Gedanken ab, sich über eine staatseigene Waggonfabrik, die 1898 in Danzig gegründete Deutsche Wagenbau- und Leihgesellschaft, Fertigungsunterlagen zur Nachprüfung der Angemessenheit der geforderten Preise zu verschaffen.
Der Norddeutschen Wagenbau-Vereinigung blieb zunächst nichts anderes übrig, als sich mit den Außenseitern in allen Teilen des Deutschen Reiches „freundschaftlich" zu verständigen. Ihre weitergehenden Bemühungen um die „Herbeiführung und Aufrechterhaltung eines für Besteller wie für das Lieferwerk angemessenen Preises" brachten im

Verzeichnis der am 31. März 1921 bestehenden deutschen Waggonfabriken.

Lfd. Nr.	Name	Standort	Gründungsjahr	Zugehörigkeit zur N. W. V.	zum Verband deutscher Waggonfabrik.	zum E. W. A. V.	zum Verein deutscher Waggonfabrik.
	A. Aktiengesellschaften.						
1	A.-G. für Eisenindustrie und Brückenbau (Harkort)	Duisburg	1842	seit 1890	1914—1921	1916—1921	seit 1921
2	A.-G. für Eisenbahnbedarf	Weimar	1901	—	1914—1921	1916—1921	seit 1921
3	*Ludwig Alter A.-G.*	Darmstadt	1871	—	—	—	—
4	*Altonaer Waggonfabrik A.-G.*	Altona	1919	—	1919—1921	1919—1921	seit 1921
5	*Bahnbedarf A.-G.*	Darmstadt	1919	—	—	—	—
6	Bochumer Verein für Bergbau und Gußstahlfabrikation	Bochum	1854	—	1914—1921	1916—1921	seit 1921
7	*Christoph & Unmack A.-G.*	Neuhof b. Niesky O.-L.	1898	—	—	—	—
8	Dessauer Waggonfabrik A.-G.	Dessau	1895	—	1914—1921	1916—1921	seit 1921
9	*Deutsche Werke A.-G.*	Berlin, Werk: Kiel	1919	—	—	—	—
10	Deutsch-Luxemb. Bergwerks- u. Hütten A.-G. Abt.: Dortmunder Union	Dortmund	1901	—	—	—	—
11	R. Dolberg, Maschinen- u. Feldbahnfabrik A.-G.	Rostock i. M.	1878	—	—	—	—
12	Düsseldorfer Eisenbahnbedarf vorm. Carl Weger & Co.	Düsseldorf-Oberbilk	1861	seit 1890	1914—1921	1916—1921	seit 1921
13	Eisenbahn-Verkehrsmittel-A.-G.	Berlin, Werk: Wismar	1897	—	1918—1921	1918—1921	—
14	*Herrmann Franken A.-G.*	Neheim-Hüsten	1870	—	—	—	—
15	H. Fuchs, Waggonfabrik A.-G.	Heidelberg	1862	—	1914—1921	1916—1921	seit 1921
16	Gothaer Waggonfabrik A.-G.	Gotha	1898	—	1914—1916	1916—1921	seit 1921
17	Hannoversche Waggonfabrik A.-G.	Hannover-Linden	1870	—	1914—1915	1916—1921	seit 1921
18	*W. Krefft A.-G.*	Gevelsberg	1907	—	—	—	—
19	*Fried. Krupp A.-G.*	Essen	1811	—	—	—	—
20	Gottfried Lindner A.-G.	Ammendorf b. Halle	1823	—	1919—1921	1916—1921	seit 1921
21	Linke-Hofmann-Werke	Breslau u. Köln-Ehrenfeld	1839	1890—1920	1914—1921	1916—1921	—
22	*C. D. Magirus A.-G.*	Ulm a. d. Donau	1864	—	1919—1921	1919—1921	seit 1921
23	Maschinenbauanstalt Humboldt	Köln-Kalk	1856	—	—	1919—1921	seit 1921
24	Maschinenfabr. Augsburg-Nürnberg	Nürnberg, Werk: Gustavsburg b. Mainz	1837	—	1914—1921	1916—1921	seit 1921
25	Maschinenfabrik Eßlingen	Eßlingen a. N.	1846	—	1914—1921	1916—1921	seit 1921
26	*Maschinenfabrik Kulmbach A.-G.*	Kulmbach	1920	—	—	—	—
27	*Maschinen- und Fahrzeugfabriken Alfeld-Delligsen A.-G.*	Alfeld a. L.	1899	—	—	—	—
28	*Maschinen- u. Waggonfabrik A.-G.*	Berching (Oberpfalz)	1907	—	—	—	—
29	*Norddeutsche Union-Werke, Werft, Maschinen- u. Waggonbau A.-G.*	Hamburg	1921	—	—	—	—
30	Norddeutsche Waggonfabrik A.-G.	Bremen	1907	—	1917—1921	1916—1921	seit 1921
31	Oberschles. Eisenbahnbedarf A.-G.	Friedenshütte, Wk.: Gleiwitz	1840	—	—	—	—
32	Orenstein & Koppel A.-G.	Berlin, Werk: Spandau	1897	—	—	—	—
33	*Rheinische Metallwaren- u. Maschinenfabrik A.-G.*	Düsseldorf	1889	—	—	—	—
34	Sächsische Waggonfabrik A.-G.	Werdau	1898	—	1914—1921	1916—1921	seit 1921
35	*Gebr. Schöndorff A.-G.*	Düsseldorf	1910	—	—	—	—
36	Siegener Eisenbahnbedarf A.-G.	Siegen u. Elisenhütte	1908	—	1914—1921	1916—1921	seit 1921
37	*Tyssen & Co. A.-G.*	Mülheim (Ruhr)	1884	—	—	—	—
38	Ver. Königs- u. Laurahütte	Berlin, Werk: Königshütte	1802	—	—	—	—
39	*Wagenbauanstalt Oldenburg A.-G.*	Oldenburg	1916	—	1918—1921	1918—1921	seit 1921

Die Waggonfabriken, die nach Kriegsausbruch entstanden sind bzw. den

Februar 1914 den Zusammenschluß von zunächst 31 Wagenbauanstalten zum Verband Deutscher Waggonfabriken, der damals 95 Prozent der gesamten Waggonproduktion kontrollierte.
Die Einigung über die Aufteilung und die Konditionen des Staatsbahngeschäfts gelang, wenngleich manchmal mühsam und von Auseinandersetzungen über das „Privatgeschäft" begleitet, weil die rentabel arbeitenden Eisenbahnen bei jährlich steigenden Verkehrsleistungen auf einem inzwischen über 63 000 Kilometer umfassenden Streckennetz ihren Fahrzeugbestand ständig ausweiten konnten. Vor und noch während des Ersten Weltkriegs lieferten die Waggonfabriken allein an die Staatsbahnen jährlich im Durchschnitt fast 2 500 Personenwagen sowie über 38 000 Gepäck- und Güterwagen.
Der kriegsbedingt mangelhaft unterhaltene Wagenpark, die im Versailler Vertrag erzwungene Abgabe von 15 000 Personen- sowie 135 000 Gepäck- und Güterwagen, die Einführung eiserner Personenwagen, der Übergang zu Großgüterwagen und anderen neuartigen Bauformen sowie die Betrauung privater Betriebe mit der Reparatur der hohen Schadwagenbestände hatten den Glauben genährt, in der Waggonindustrie sei eine dauerhafte Auslastung alter und neuer Anlagen möglich. Der daraus resultierenden Inflation der Anbieter – zeitweise waren bis zu hundert Firmen tätig – stand jedoch eine Konzentration der Auftraggeber gegenüber:
Mit Wirkung vom 1. April 1920 wurden die acht Staatsbahnen in Preußen, Bayern, Sachsen, Württemberg, Baden, Hessen, Mecklenburg-Schwerin und Oldenburg vom Deutschen Reich übernommen. Nachdem das Eisenbahn-Zentralamt als zentrale

Lfd. Nr.	Name	Standort	Gründungsjahr	Zugehörigkeit zur N. W. V.	zum Verband deutscher Waggonfabrik.	zum E. W. A. V.	zum Verein deutscher Waggonfabrik.
40	Waggonfaorik A.-G. Rastatt	Rastatt	1897	—	1914—1921	1916—1921	seit 1921
41	Waggonfabrik A.-G. Uerdingen	Uerdingen	1898	—	1914—1921	1916—1921	seit 1921
42	*Waggonfabrik Memel A.-G.*	Memel	1918	—	—	—	—
43	Waggonfabrik Jos. Rathgeber A.-G.	München-Moosach	1911	—	1914 1921	1916—1921	seit 1921
44	Waggon- und Maschinenfabrik A.-G. vorm. Busch	Bautzen	1846	—	1914—1921	1916—1921	seit 1921
45	Waggon- und Maschinenfabrik A.-G. Görlitz	Görlitz	1851	seit 1890	1914—1921	1916—1921	seit 1921
46	*Zwickauer Fahrzeugfabrik A.-G.*	Zwickau	1917	—	1917—1921	1917—1921	seit 1921
	B. Gesellschaften mit beschränkter Haftung (G. m. b. H.)						
47	Both & Tilmann G. m. b. H.	Dortmund	1892	—	1914—1921	1916—1921	seit 1921
48	Deutsche Wagenbau- und Leihgesellschaft m. b. H.	Danzig	1898	Durch besond. Vertrag angeschloss. seit 1898	1914—1921	1916—1921	seit 1921
49	Eisenbahnfahrzeugfab. Sternberg & Co.	Frankfurt a. M.	1912	—	—	—	—
50	*Fenestra, Fabrik für Eisenhochbau G. m. b. H.*	Düsseldorf-Derendorf	1903	—	—	—	—
51	Gebr. Ermert G. m. b. H.	Betzdorf a. d. Sieg	1873	—	1914—1921	1916—1921	seit 1921
52	*Gnott & Köhler G. m. b. H.*	Neuß a. Rh.	1911	—	—	—	—
53	*Hessische Maschinen- u. Waggonfabriken G. m. b. H.*	Niederhone	1920	—	—	—	—
54	*Märk. Industrie-Werke G. m. b. H.*	Berlin. Werk: Golm i. M.	1913	—	—	—	seit 1921
55	*Maschinenfab. Frankonia G. m. b. H.*	Frankfurt a. M.	1920	—	—	—	—
56	*Rheinwerk G. m. b. H., Fabrik für Eisenbahnbedarf*	Köln-Poll	1919	—	—	—	—
57	*Süddeutsche Waggonfabrik G. m. b. H.*	München	1920	—	—	—	—
58	Van der Zypen & Charlier G. m. b. H.	Köln-Deutz	1845	seit 1890	1914—1921	1916—1921	seit 1921
59	Waggonfab. Gebr. Gastell G. m. b. H.	Mainz-Mombach	1820	seit 1890	1914—1921	1916—1921	seit 1921
60	Waggonfab. Gebr. Lüttgens G. m. b. H.	Saarbrücken-Burbach	1863	—	1914—1921	1916—1921	seit 1921
61	Waggonfabrik Heine & Holländer G. m. b. H.	Elze in Hannover	1914	—	—	—	—
62	Waggonfab. L. Steinfurt G. m. b. H.	Königsberg i. Pr.	1865	seit 1890	1914—1921	1916—1921	seit 1921
	C. Übrige Firmen.						
63	Bahnwagenwerk Kraus & Co.	Quedlinburg	1912	—	—	—	—
64	Beuchelt & Co.	Grünberg i. Schl.	1876	durch bes. Vertr. angeschl. s. 1893	1914—1921	1916—1921	seit 1921
65	Fritz Bothmann, Waggon- u. Maschinenfabrik	Gotha	1883	—	1918—1921	1918—1921	seit 1921
66	*Eisenw. Bremerhaven Kühne & Sanders*	Bremerhaven	1913	—	—	—	—
67	Gebr. Credé & Co.	Niederzwehren b. Cassel	1897	—	1918—1921	1916—1921	seit 1921
68	*Gebr. Eberhardt Maschinenfabrik*	Ulm a. d. Donau	1854	—	—	—	—
69	Gesellsch. f. Feldbahnindustrie Smoschewer & Co.	Breslau	1898	—	—	—	—
70	Gewerksch. August Tyssen-Hütte	Hamborn	1890	—	—	1916—1921	—
71	Gewerksch. Mechernischer Werke	Mechernisch	1861	—	1917—1921	1916—1921	seit 1921
72	*J. P. Goossens, Lochner & Co. Kom.-G.*	Brand b. Aachen	1913	—	—	—	—
73	Killing & Sohn	Hagen i. Westf.	1858	seit 1890	1914—1921	1916—1921	seit 1921
74	J. A. Maffai	München	1838	—	—	—	—
75	A. Renner. Fabr. f. Eisenbahnbedarf	Braunschweig	1882	—	—	—	—
76	*Ruhlandwerk*	Rathenow	1896	—	—	—	—
77	Talbot & Cie.	Aachen u. Eschweiler-Aue	1838	seit 1890	1914—1921	1916—1921	seit 1921
78	Gustav Trelenberg, Eisenwerk	Breslau		—	1917—1921	1918—1921	seit 1921
79	Wegmann & Co.	Cassel	1883	seit 1890	1914—1921	1916—1921	seit 1921

Wagenbau aufgenommen haben, sind durch *Kursivschrift* gekennzeichnet.

Lieferungen an die Staatsbahnen von 1911 bis 1920.

Jahr	Personenwagen	Güterwagen
1911	1 600	33 740
1912	2 010	36 230
1913	4 270	43 250
1914	2 710	30 250
1915	2 440	31 130
1916	2 510	34 330
1917	2 170	39 070
1918	2 010	43 570
1919	2 270	43 780
1920	2 770	47 780

Beschaffungsstelle unter Umgehung des Kartells mit den einzelnen Firmen verhandelt und damit eine Preisverständigung unter den mittlerweile vierzig Mitgliedern unmöglich gemacht hatte, löste sich der Verband Deutscher Waggonfabriken im März 1921 auf. Damit war der organisatorische Zusammenhalt der Waggonindustrie nach fast fünfzigjähriger Kartellerfahrung gerade in dem Moment am schwächsten, als sich eine Periode größter Not abzeichnete. Mehrfache Anläufe, über fachliche Vereinigungen, Liefergemeinschaften, Ringe, Gruppen und Blöcke ein Gegengewicht gegen das auf der Abnehmerseite entstandene monopolartige Gebilde zu erreichen, führten zu keinem greifbaren Erfolg.
Nach der Währungsstabilisierung im Jahre 1923 wurde die Situation der Waggonindustrie immer bedrohlicher. Ursache war, daß der Schienenverkehr auf einem durch Gebietsabtretungen nur noch 58 000 Kilometer umfassenden Netz die Konkurrenz des Straßenverkehrs, der Binnenschiffahrt, des Luftverkehrs und der Fernenergieleitungen immer stärker zu spüren bekam. Gleichzeitig hatte der Fahrzeugbestand der Eisenbahnen die Vorkriegshöhe mit rund 68 000 Personen- sowie fast 700 000 Gepäck- und Güterwagen wieder erreicht oder sogar überschritten. Da durch die Beschleunigung des Eisenbahnbetriebs und vor allem durch den Übergang zu höheren Nutzlastbauarten erheblich höhere Beförderungskapazität zur Verfügung stand, erklärte die Reichsbahn, sie sei auf Jahre hinaus mit Fahrzeugen eingedeckt und benötige nur noch ein Viertel der vorhandenen Waggonbaukapazität.

Reichsbahnvertrag

Doch die Anpassung der Branchenstruktur an die immer schlechtere Auftragslage kam nicht recht voran. Länder und Kommunen, aber auch die Banken der verschuldeten Firmen standen einer Stillegung zumeist ablehnend gegenüber. Daraufhin gründeten am 23. Oktober 1926 sieben Unternehmen, die etwa vierzig Prozent der damaligen Lieferkapazität auf sich vereinigten, eine Studiengesellschaft, um Möglichkeiten des finanziellen Zusammenschlusses zu einem Waggonbautrust zu untersuchen. Die Reichsbahn betrachtete deren Arbeiten mit Argwohn. Sie befürchtete, die mit der verbandlichen Desorganisation einhergehenden ruinösen Preiskämpfe könnten in der Waggonindustrie einen Lernprozeß ausgelöst

Mitglieder der Deutschen Wagenbau-Vereinigung und Unterzeichner des Reichsbahnvertrags, 1926.

1. Waggon- und Maschinenfabrik A.-G., vorm. Busch, Bautzen*
2. Fabrik für Brückenbau und Eisenkonstruktion Beuchelt & Co., Grünberg*
3. Norddeutsche Waggonfabrik A.-G., Bremen
4. Gebr. Credé & Co., Niederzwehren-Kassel*
5. Dessauer Waggonfabrik A.-G., Dessau
6. van der Zypen & Charlier G.m.b.H., Köln-Deutz*
7. Düsseldorfer Eisenbahnbedarf, vorm. Carl Weyer & Co., Düsseldorf
8. Maschinenfabrik Eßlingen, Eßlingen*
9. Eisenbahn-Verkehrsmittel A.-G., Berlin*
10. Waggonfabrik Gebr. Gastell G.m.b.H., Mainz-Mombach*
11. Waggon- und Maschinenbau A.G., Görlitz*
12. Gothaer Waggonfabrik A.-G., Gotha
13. Hannoversche Waggonfabrik A.-G., Hannover-Linden
14. H. Fuchs, Waggonfabrik A.-G., Heidelberg*
15. Killing & Sohn, Hagen i. W.
16. Gottfried Lindner A.-G., Ammendorf/Halle*
17. Linke-Hofmann Werke A.-G., Breslau-Berlin*
18. Christoph & Unmack A.-G., Niesky
19. Maschinenfabrik Augsburg-Nürnberg A.-G., Nürnberg*
20. Orenstein & Koppel A.-G., Berlin*
21. Waggonfabrik A.-G., Rastatt*
22. Waggonfabrik Jos. Rathgeber A.-G., Moosach-München*
23. Gebrüder Schöndorff A.-G., Düsseldorf
24. Siegener Eisenbahnbedarf A.-G., Siegen*
25. Waggonfabrik L. Steinfurt A.-G., Königsberg*
26. Gust. Talbot & Cie. G.m.b.H., Aachen*
27. Waggonfabrik A.-G., Uerdingen*
28. Wegmann & Co., Kassel*
29. Aktiengesellschaft für Eisenbahnbedarf, Weimar
30. Sächsische Waggonfabrik A.-G., Werdau

* Auch an der Vertragsverlängerung im Jahre 1937 beteiligt, wobei die unter Ziffer 6, 10 und 14 aufgeführten Firmen die Vereinigte Westdeutsche Waggonfabriken AG (Köln) bildeten und das unter Ziffer 9 aufgeführte Unternehmen als Triebwagen- und Waggonfabrik Wismar AG firmierte. Hinzu kam die Waggonfabrik Gebr. Lüttgens GmbH (Saarbrücken).

haben, an dessen Ende die Monopolisierung der Anbieterseite, ein Preisdiktat und eine Stagnation auf dem Gebiet der Schienenfahrzeugtechnik stehen würden. Sie nahm daher mit der Waggonindustrie Verhandlungen auf, die am 13. Dezember 1926 zur Unterzeichnung des sogenannten Reichsbahnvertrags, eines Liefer- und Rationalisierungsabkommens, führten. Mit dessen Durchführung wurde die gleichzeitig gegründete Deutsche Wagenbau-Vereinigung betraut.

Die Vertragspartner verfolgten das Ziel, „die Eisenbahnwagen gleichartiger und wirtschaftlicher herzustellen" sowie „zur Erhaltung der deutschen Waggonindustrie eine Beschränkung der Fabrikationsstätten und eine Rationalisierung der Fabrikationsmethoden" vorzunehmen. Die Reichsbahn nahm das Vertragsziel teilweise vorweg und begrenzte von sich aus die Zahl der Firmen auf dreißig von insgesamt 69, von denen 52 sie damals belieferten. Im Gegenzug verpflichtete sie sich, mindestens neunzig Prozent ihres Fahrzeugbedarfs über die Deutsche Wagenbau-Vereinigung nach von ihr für die einzelnen Werke vorgegebenen Quoten zu bestellen.

Der Vertrag sollte aus Gegnern Partner machen und Wegbereiter eines neuen Wirtschaftsethos werden. Seine Grundidee war, eine Herstellergemeinschaft zu bilden und die Kosten so zu senken, daß daraus, „als ob Wettbewerb bestünde", für beide Seiten akzeptable Preise bei guter Qualität resultierten.

Im Sinne einer Herstellergemeinschaft sollte jede Waggonfabrik nur noch den für sie jeweils günstigsten Wagentyp bauen. Weitere Rationalisierungserfolge versprachen unter anderem eine Aufteilung der Wagenaufträge auf in „Reihenfertigung" herstellbare Einzelteile, der Ausschluß von der weiteren Belieferung bei anhaltend unwirtschaftlicher Arbeitsweise, die Ermittlung der Selbstkosten nach einheitlichen Richtlinien und deren Offenlegung gegenüber dem Auftraggeber, die gemeinsame Materialbeschaffung und -verwertung sowie die Förderung des Austauschbaus. Zur Sicherstellung angemessener Preise gehörte auch die 1929 von der Reichsbahn verlangte Quotenregelung für das sonstige In- und Auslandsgeschäft. Dadurch sollte vermieden werden, daß durch ruinöse Konkurrenz auf diesen Märkten entstandene Verluste über Reichsbahnaufträge wieder hereingespielt werden.

Obwohl der Reichsbahn bewußt war, daß sie auf „längere Sicht im voraus und wesentlich gleichmäßiger als bisher die Waggonindustrie mit Arbeit versorgen" mußte, wenn ihr der Vertrag die größtmöglichen Vorteile bieten sollte, erfüllten sich die Hoffnungen der Waggonindustrie nicht. Sie rechnete bei

Lieferungen an die Deutsche Reichsbahn über die Deutsche Wagenbau-Vereinigung von 1927 bis 1941.

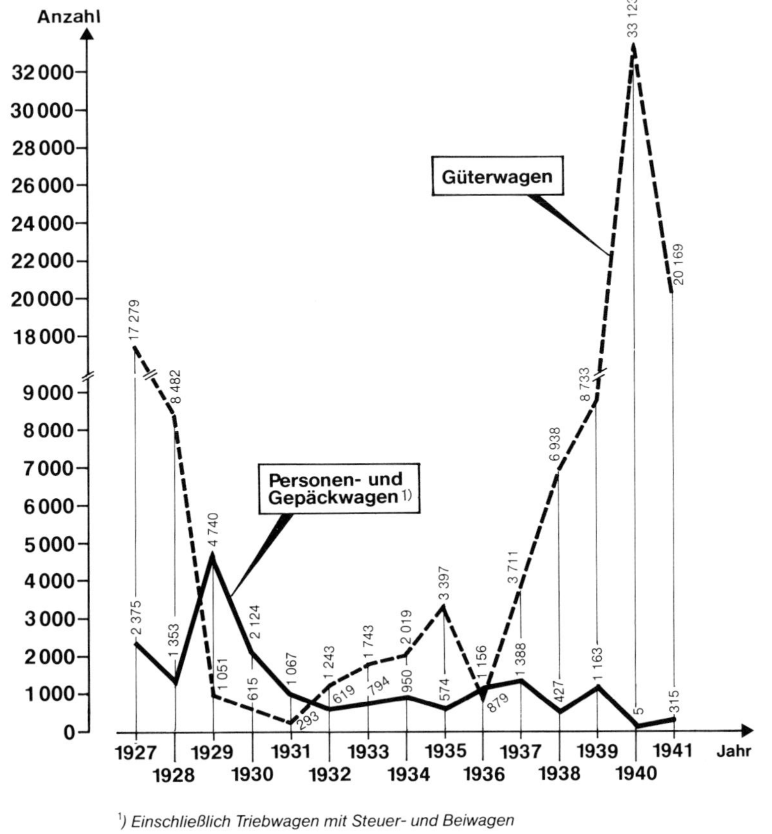

[1]) *Einschließlich Triebwagen mit Steuer- und Beiwagen*

dem damals vorhandenen Fahrzeugbestand unter Zugrundelegung einer mittleren Lebensdauer von dreißig Jahren mit einem durchschnittlichen jährlichen Beschaffungsvolumen von etwa zweitausend Personenwagen und zwanzigtausend Güterwagen. Tatsächlich sind jedoch im Durchschnitt der Jahre 1927 bis 1941 mit erheblichen Schwankungen nur rund 1270 Personenwagen und 7300 Güterwagen über die deutsche Wagenbau-Vereinigung geliefert worden.

Auch nach Abschluß des Reichsbahnvertrags sah sich die Waggonindustrie gezwungen, durch Vermittlung eines Investitionskredits – für den sie diesmal sogar einen Teil der Zinslast übernahm – sowie durch Eingaben an die Reichsbahn und die Reichsregierung auf eine Verbesserung der Auftragssituation hinzuwirken. Alle diese Bemühungen konnten jedoch nicht verhindern, daß eine Waggonfabrik nach der anderen ihre Produktion einstellen mußte und daß von den 26000 Beschäftigten Anfang 1930 schließlich Ende 1932 noch viertausend tätig waren.

In ihrer bis heute aktuellen Denkschrift von 1931 „Notlage der deutschen Waggonindustrie – Vorschläge zu ihrer Verbesserung" erinnerte die Branche daran, daß mit der Verstaatlichung der Eisenbahnen seinerzeit auch ein großer Auftraggeber geschaffen werden sollte, um das konjunkturelle Auf und Ab auszugleichen, daß aber die Reichsbahn zu ungewöhnlich großen Schwankungen ihrer Bestelltätigkeit übergegangen sei. Deshalb seien kurzfristig Entlassungen und Wiedereinstellungen unvermeidbar, wodurch Unruhe und Unzufriedenheit in die Belegschaft getragen würden. Da seit 1924 das Fahrzeug-Erneuerungssoll nur in einem einzigen Jahr erreicht worden sei, müsse das Versäumte später um so dringender nachgeholt werden.

Mit dieser Prognose sollte die Waggonindustrie bald recht bekommen. Nachdem sich nämlich die Fahrzeugbestellungen auch in den folgenden Jahren auf niedrigem Niveau bewegt hatten und 1937 infolge der Stahlkontingentierungen Lieferverzögerungen eingetreten waren, ließ die Reichsbahn Erhebungen darüber anstellen, ob die Waggonindustrie in der Lage ist, den Wagenpark in möglichst kurzer Zeit an die gestiegenen Verkehrsanforderungen anzupassen. Besonders erbost war die Industrie über die in diesem Zusammenhang aufkommenden Pläne zur Gründung einer reichsbahneigenen Waggonfabrik, weil wenige Jahre zuvor noch – der Zielsetzung des Reichsbahnvertrags entsprechend – Produktionsstätten stillgelegt worden waren.

Ihre Leistungsfähigkeit konnte die Waggonindustrie dann dadurch unter Beweis stellen, daß sie in den letzten Kriegsjahren „entfeinerte Typen" entwickelte und mit einem gerade noch vertretbaren Minimum an Material- und Lohnaufwand unter schwierigsten Bedingungen etwa 40000 Güterwagen jährlich herstellte.

Zunächst hatte der Reichsbahnvertrag bis zum 31. Dezember 1931 gegolten, dann wurde er immer wieder verlängert und bestand mit einigen Änderungen bis zum Ende des Zweiten Weltkriegs. Versuche in den Jahren 1948 und 1956, die Idee wieder aufleben zu lassen, scheiterten an ordnungspolitischen Bedenken, aber auch an Zweifeln innerhalb der Waggonindustrie hinsichtlich der Durchsetzbarkeit vertraglicher Bindungen.

Investitionsschwäche der Bahn

Ähnlich wie nach 1870/71 und nach dem Ersten Weltkrieg waren auch die Jahre nach 1945 durch eine erhebliche Diskrepanz zwischen der Angebotskapazität und der Nachfrage nach Eisenbahnwagen gekennzeichnet. Während die Zahl der Waggonfabriken im Bundesgebiet und im Westteil von Berlin durch Neugründungen, Betriebsumstellungen und Vertriebenenunternehmen zugenommen hatte – zu Beginn der fünfziger Jahre bestanden über zwei Dutzend Firmen mit rund 25000 Beschäftigten – war das Eisenbahnnetz nach der Teilung Deutschlands auf 37000 Kilometer geschrumpft und die Fahrzeugbeschaffung fast völlig ausgefallen. Auch diesmal stand – wie schon nach dem Ersten Weltkrieg – die Instandsetzung des Fahrzeugparks, der noch 25000 Personenwagen sowie 316000 Güter- und Gepäckwagen umfaßte, im Vordergrund. Der Wagenneubau setzte wegen Material- und später wegen Kapitalmangels in nennenswertem Umfang erst nach 1952 ein.

In ihrer Denkschrift „Zusammenbruch oder Rettung der deutschen Waggonindustrie" forderte daher die Branche bereits 1949 ein Beschaffungs-Notprogramm. Auch in den folgenden Jahren wies sie immer wieder auf den enormen Modernisierungsbedarf der Bahn sowie auf die auch dem Auftraggeber zustatten kommenden Vorteile eines sich über mehrere Jahre erstreckenden Großserien-Bauprogramms hin. Die Wünsche der Industrie blieben jedoch weitgehend unerfüllt, weil die Bundesbahn schon damals angesichts ihrer unsicheren Finanzlage keine längerfristigen Bindungen eingehen konnte.

Durch den aus eigener Kraft finanzierten Wiederaufbau der stark zerstörten Bahnanlagen, durch betriebsfremde Lasten und durch die Modernisierung des technisch-betrieblichen Systems – Elektrifizierung, Signaltechnik, Oberbau – fehlten der Bahn in den entscheidenden Nachkriegsjahren die Mittel, die zur Fahrzeugbeschaffung notwendig gewesen wären, um im Wettbewerb mit der zunächst im Güterverkehr, dann auch im Personenverkehr einsetzenden Motorisierungswelle bestehen zu können. Die Fahrgastzahlen gingen nach 1957 schlagartig zurück, der Schienengüterverkehr stagnierte. Der Weg der Bahn in steigende Defizite, wachsende Schulden und Zinsaufwendungen sowie in eine zunehmende Abhängigkeit von den – seit 1980 plafondierten – finanziellen Leistungen des Bundes

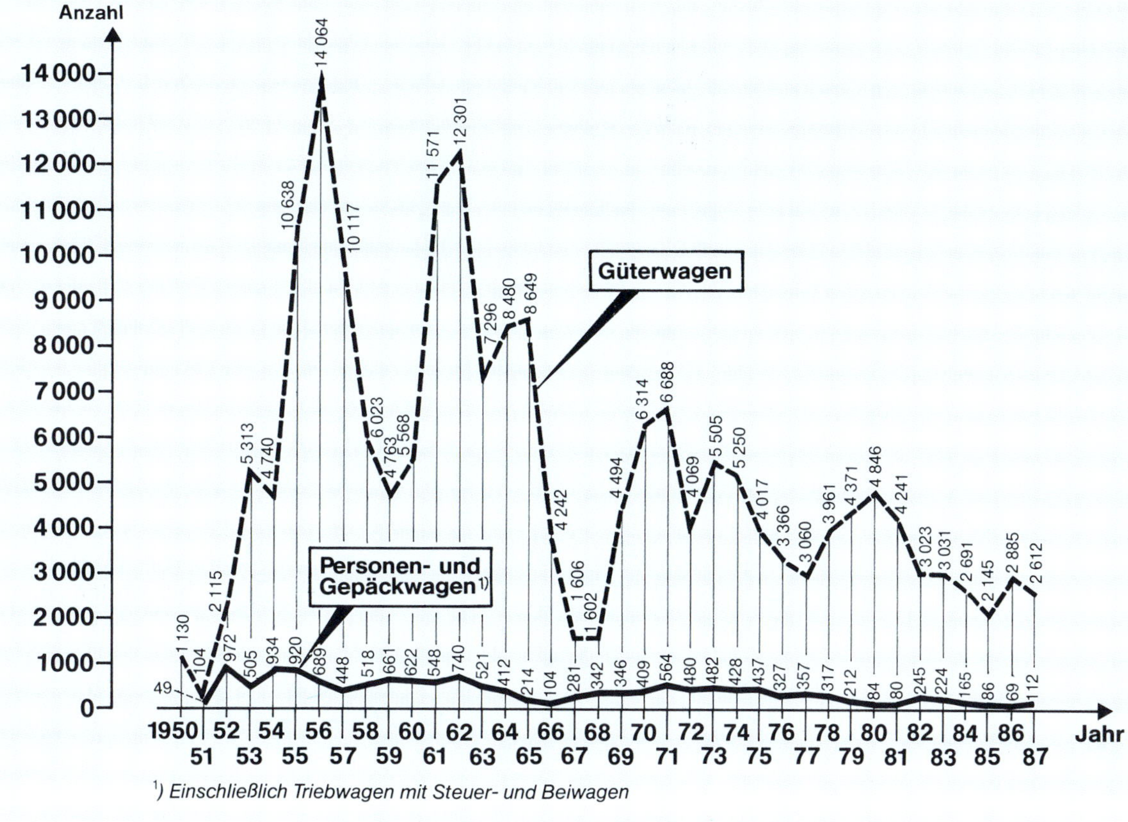

Lieferungen an die Deutsche Bundesbahn von 1950 bis 1987.

In Serienfertigung entstehen neue Güterwagen. Während die Wagenaufbauten – hier für vierachsige offene Wagen – hergestellt werden, stehen nebenan bereits die Drehgestelle für die Endmontage bereit.

Zur Untergestellfertigung von Güterwagen werden Schweißautomaten eingesetzt.

Die Seitenwände von Reisezugwagen werden aus einzelnen Blechen zusammengefügt; die maschinelle Punktschweißung hinterläßt auf nichtrostendem Edelstahl, der später nicht lackiert wird, keine erkennbaren Spuren.

war vorgezeichnet. Vor diesem Hintergrund vollzog sich in den vergangenen drei Jahrzehnten ein dramatischer Rückgang der Fahrzeuglieferungen, der nur durch kurze Erholungsphasen zu Beginn der sechziger und siebziger Jahre unterbrochen wurde.

Noch 1963 bezeichnete die Bundesbahn ein jährliches Beschaffungssoll von rund zwölftausend Güterwagen auf längere Sicht als erstrebenswert, eine Größenordnung, die dann in den folgenden beiden Jahrzehnten jeweils mehr als halbiert wurde. Zeitweise 50 000 bis 90 000 unbeschäftigte Güterwagen wurden nicht deutlich genug als Marktsignal für den strukturell rückläufigen eisenbahnaffinen Massengutverkehr erkannt und vielfach zum Anlaß genommen, die Notwendigkeit einer Beschaffung von Spezialgüterwagen zum Transport hochwertiger Halb- und Fertigfabrikate immer wieder in Frage zu stellen. Die Lieferung von Reisezugwagen und Triebwagen an die Bundesbahn, die 1954 noch einen Spitzenwert von über neunhundert Fahrzeugen erreichte, ist heute auf eine Größenordnung von hundert bis zweihundert Fahrzeugen jährlich zurückgegangen. Im wesentlichen werden nur noch Wagen zur Ergänzung des Fahrzeugparks für den S-Bahn- und den Intercity-Verkehr, nicht jedoch als Ersatz für die in den fünfziger und sechziger Jahren gebauten, heute veralteten Nahverkehrs-, Eilzug- und Schnellzugwagen gebaut.

Obwohl die Fertigungskapazitäten der Lieferindustrie unzureichend ausgelastet waren, wurde ein

Neuzeitliche Triebwagenfertigung

erheblicher Teil des Bedarfs an Personen- und Güterwagen durch Umbau und neubauähnliche Aktivitäten in den Ausbesserungswerken der Bundesbahn gedeckt. Allen Bestrebungen, diese nicht zum Kernbereich eines Verkehrsunternehmens gehörenden, rationalisierungshemmenden Tätigkeiten aufzugeben, waren wegen regionalpolitischer Widerstände nur Teilerfolge beschieden.

Die Zahlen über die Fahrzeuglieferungen an die Bundesbahn vermitteln nur andeutungsweise einen Eindruck von den vielfältigen Schwierigkeiten, mit denen die Waggonindustrie zu kämpfen hatte. Langwierige Entscheidungs- und Genehmigungsverfahren, Investitionsstops, Auftragsstornierungen und -streckungen beeinträchtigten eine rationale Planung und erforderten ständig neue Anstrengungen zur Abwendung der gravierendsten Auswirkungen. Standen dabei zunächst die klassischen Mittel des Lieferantenkredits und der Kreditvermittlung im Vordergrund, konzentrierten sich die Bemühungen zunehmend auf die Bereitstellung ausreichender Investitionszuschüsse in den Konjunktur- und Beschäftigungsprogrammen sowie in den Verkehrshaushalten des Bundes.

Da die Bereitschaft, zusätzliche Investitionshilfen zu gewähren, schon wegen der schwierigen Haushaltslage nicht im erforderlichen Maße bestand, sah sich der Verband der Waggonindustrie 1977 in seinem „Memorandum zu verkehrspolitischen Entscheidungen im Zusammenhang mit der Deutschen Bundesbahn" veranlaßt, den hohen Rang des umweltverträglichen Schienenverkehrs in der gesamtwirtschaftlichen Nutzenskala aufzuzeigen und angesichts der jahrzehntelagen Vernachlässigung eine stärkere Beteiligung der Bahn an den Ausgaben für die Verkehrsinfrastruktur zu fordern.

Feierlicher Augenblick: das erste Fahrzeug einer neuen Serie verläßt die Werkhalle, – hier bei der DUEWAG in Krefeld der erste Regionaltriebzug 628.2 für die Bundesbahn.

Fahrzeuge für den Export müssen heute in erheblichem Umfang die von Bundesbahn und nichtbundeseigenen Bahnen nicht beschäftigten Kapazitäten der Waggonindustrie auslasten. Hier geht einer der dreiteiligen Intercity-Triebzüge ICM 1 für die Niederländischen Eisenbahnen mit dem Unterbau der Drehgestelle seiner Fertigstellung entgegen.

Die immer noch rückläufige, auf ein Bestandsziel von nur noch 12000 Reisezug- und 200000 Güterwagen ausgerichtete Nachfrage der Bundesbahn und der damit verbundene harte Wettbewerb haben bei der Waggonindustrie deutliche Spuren hinterlassen. Heute werden noch in einem knappen Dutzend Unternehmen mit rund zehntausend Beschäftigten Wagen entwickelt, konstruiert, gefertigt und instandgesetzt.

Der bahnorientierte Verkehrsmarkt gehört längst der Vergangenheit an, die verkehrsmarktorientierte Bahn ist hingegen noch im Werden. Wenn es gelingt, die vielfältigen Innovationen auf dem Gebiet der Bahntechnik in Markterfolge umzusetzen, hat auch der Schienenverkehr wieder Zukunft. Die Hoffnungen richten sich hierbei auf den baldigen kommerziellen Einsatz der Hochgeschwindigkeitstechnik im Personen- und Güterverkehr sowie auf die Anwendung der Elektronik zur Automatisierung des Bahnbetriebs und damit zur Senkung des hohen Personalkostenanteils.

Mitglieder des Verbandes der Waggonindustrie 1960 und 1985 (ohne assoziierte Mitglieder).

1960

1. Deutsche Industrie-Werke AG, Berlin-Spandau
2. Deutsche Waggon- und Maschinenfabriken GmbH, Berlin-Borsigwalde
3. Düsseldorfer Waggonfabrik Aktiengesellschaft, Düsseldorf
4. Friedr. Krupp Maschinenfabriken, Essen
5. Gebrüder Credé & Co. GmbH, Kassel-Niederzwehren
6. Hansa-Waggonbau GmbH, Bremen
7. Linke-Hofmann-Busch GmbH, Salzgitter-Watenstedt
8. Maschinenfabrik Augsburg-Nürnberg AG, Nürnberg
9. Maschinenfabrik Eßlingen, Eßlingen/Neckar
10. Max Hensel Maschinenfabrik und Eisenbau, Berlin-Wittenau
11. Niedersächsische Waggonfabrik Joseph Graaff GmbH, Elze/Hann.
12. Orenstein-Koppel und Lübecker Maschinenbau AG, Dortmund-Dorstfeld, Berlin-Spandau
13. Rheinstahl Siegener Eisenbahnbedarf AG, Dreis-Tiefenbach
14. Waggonfabrik Aktiengesellschaft Rastatt, Rastatt/Baden
15. Waggonfabrik Gebrüder Lüttgens GmbH, Saarbrücken
16. Waggonfabrik Jos. Rathgeber AG, München
17. Waggonfabrik Talbot, Aachen
18. Waggonfabrik Uerdingen AG, Krefeld-Uerdingen
19. Wegmann & Co. Waggonfabrik und Fahrzeugbau, Kassel
20. Waggon- und Maschinenbau GmbH, Donauwörth

1985

1. Burbacher Stahl- und Waggonbau GmbH, Saarbrücken
2. DUEWAG Aktiengesellschaft, Krefeld, Düsseldorf
3. Graaff KG, Elze
4. Krupp Brüninghaus GmbH, Schwerte
5. Linke-Hofmann-Busch GmbH, Salzgitter
6. M.A.N. Maschinenfabrik Augsburg-Nürnberg AG, Nürnberg
7. Messerschmitt-Bölkow-Blohm GmbH, Donauwörth
8. O & K Orenstein & Koppel AG, Dortmund
9. Waggonfabrik Talbot KG, Aachen
10. Waggon Union GmbH, Netphen, Berlin
11. Wegmann & Co. GmbH Waggonfabrik und Fahrzeugbau, Kassel

Beschaffung, Gegenwart und Zukunft

Hätte es den Begriff „High-Tech" schon im 19. Jahrhundert gegeben – die Schienenfahrzeuge wären damals so qualifiziert worden.
Im ersten Jahrhundert der Eisenbahn war die Schienenfahrzeugtechnik Impulsgeber eines neuen industriellen Zeitalters und der stürmischen Entwicklung einzelner Wirtschaftsbereiche wie ganzer Regionen, die sich die Möglichkeiten des neuen Transportmittels exponentiell erschlossen, mit und von ihm lebten und profitierten.
Diese Impulsfunktion gilt prinzipiell auch nach 150 Jahren. Doch wirken infolge ihrer nicht mehr dominierenden Stellung im heutigen Verkehrsmarkt viele wirtschaftliche, regionale und sozioökonomische Entwicklungen auf die Bahn zurück. Möglichkeiten ihres Systems und ihrer Technik einerseits sowie der Wettbewerb im nationalen und internationalen Markt der Verkehrsträger bestimmen Situation, Chancen und Strategien der Bahnen – auch hinsichtlich Beschaffungsplanung und Einkaufspolitik.
Während das Bild und die Leistungsfähigkeit der Eisenbahn insbesondere in ihren Anfängen entscheidend von langlebiger Technik und den Ideen der Ingenieure geprägt wurden, werden die Anforderungen an die Bahn der Zukunft mehr und mehr von einem sich schnell verändernden Markt und den Strategien des Marketings bestimmt. Damit erfährt heute auch das Verhältnis zwischen der Bahn als Auftraggeber und der Industrie als Lieferant von Eisenbahnfahrzeugen entscheidende Veränderungen.
Die Eisenbahnen hatten zu allen Zeiten bedeutende Auftraggeberfunktionen für die Wirtschaft.
Bis in die siebziger Jahre war die Bundesbahn ein kontinuierlicher und in weiten Bereichen zahlenmäßig berechenbarer Auftraggeber. Das war einerseits der nach Marktanteilen noch starken Stellung am Verkehrsmarkt und den Einschätzungen der weiteren verkehrlichen Entwicklung zuzuschreiben, andererseits dem notwendigen technischen Erneuerungsbedarf sowie den strukturellen Umschichtungen im Lokomotiv- und Wagenpark: Ablösung der Dampflokomotiven durch neue Diesel- und insbesondere elektrische Lokomotiven, Ersatz zweiachsiger durch vierachsige Güterwagen, Beschaffung moderner Reisezugwagen in großen Stückzahlen für den Fernverkehr.
Infolgedessen verfügte die Bundesbahn Mitte der siebziger Jahre über einen Fahrzeugpark von hohem technischen Stand und vergleichbar niedrigem durchschnittlichem Lebensalter, der den Bedarf ausreichend abdeckte. In diesen Jahren zeichnete sich aber auch die Notwendigkeit ab, bis dahin geltende Prognosen zurückzunehmen und auf einem für die Bahn zunehmend schwierigeren Verkehrsmarkt – insbesondere im Wettbewerb zur Straße mit deren ausgezeichnet ausgebauter Infrastruktur – erfolgreich zu bestehen.
Mit der Unternehmensstrategie DB '90 und den Leitlinien des Bundesministers für Verkehr im Jahre 1983 mußten, um einen deutlichen Produktivitätsfortschritt bei der Bundesbahn zu erreichen, auch die Kapazitäten beim rollenden Material verringert und Investitionsschwerpunkte dort gesetzt werden, wo mittel- und langfristig geschäftlicher Erfolg zu erwarten ist.
Die Beschaffungsplanung kann damit das im Interesse von Bahn und Industrie liegende Ziel einer langfristigen Verstetigung der Aufträge und Lieferungen nicht in jedem Fall einhalten, in einzelnen Fällen müssen auch temporär Beschaffungen gedrosselt werden. Keinesfalls läßt sich das Beschaffungsvolumen allein aus Bestandszahlen und Lebensdauer errechnen.
In den Bereichen jedoch, in denen die Bahn auch in Zukunft gute Chancen hat, sich am Markt zu behaupten oder sogar Marktanteile hinzuzugewinnen, führt sie umfangreiche Investitionen durch und wird das auch in Zukunft tun. Dabei bildet der Fahrzeugpark, auch der Kauf neuer Fahrzeuge, gerade in den nächsten Jahren einen besonderen Schwerpunkt – nachdem 1986 und 1987 die Investitionen in Neu- und Ausbaustrecken ihren Zenit erreicht haben. Von den 6,5 Milliarden Mark, die von 1988 bis 1992 in Fahrzeuge investiert werden sollen, entfallen etwa 5 Milliarden auf den Einkauf neuer Fahrzeuge, also rund eine Milliarde Mark jährlich. Der Rest betrifft Instandhaltung und Modernisierung vorhandener Fahrzeuge.
Im Einzelfall müssen jeweils Wirtschaftlichkeitsuntersuchungen Notwendigkeit und Nutzen der Beschaffung neuer Fahrzeuge belegen.
Ob und wie beispielsweise die relativ jungen elektrischen Lokomotiven mit ihren auf vierzig bis fünfzig Jahre festgelegten wirtschaftlichen Nutzungszeiten bereits vor deren Ablauf mit eindeutigen, rechenbaren Vorteilen für die Bundesbahn nach und nach ersetzt werden können, hängt davon ab, ob die Betriebskostenvorteile der Drehstromlokomotive 120 die durch eine vorzeitige Ersatzinvestition entstehenden Kapitalkosten deutlich überkompensieren können. Zur Lösung dieser Aufgabe – die vor allem auch eine „Preisfrage" sein wird – sind Intelligenz und Kreativität auf beiden Seiten gefordert.
Im Regelfall kauft die Bundesbahn Fahrzeuge für das eigene Unternehmen ein, mehr und mehr aber auch für dessen Töchter und auf deren Rechnung, wie zum Beispiel Container und Spezialwagen für den kombinierten Verkehr. Bei der Neuordnung der Bundesbahn als Konzern wird diese „Dienstleistungsfähigkeit" von besonderer Bedeutung sein.
Betrachtet man die Fahrzeugbeschaffung im einzelnen, so wird deutlich, daß sich die Bundesbahn auch in ihrem Einkaufsverhalten in erster Linie an der Realisierung einzelner mittel- und langfristig erfolg-

versprechender Angebote und deren rechenbarem Nutzen orientiert und nur noch bedingt an einem aus Bestandszahlen und Nutzungszeiten abgeleiteten Ersatz alter Fahrzeuge durch neue. Daß sich dafür auch neue Wege anbieten, zeigt das Programm zur Modernisierung von Reisezugwagen für den Interregio-Verkehr, bei dem Fahrzeuge verwendet werden, die erst die Hälfte ihrer rechnerischen Nutzungszeit hinter sich haben. Es ist zu erwarten, daß Aufträge zur Modernisierung vorhandener Fahrzeuge in Zukunft eher noch zunehmen und dabei ein zur Zeit für die Bahn wie die Industrie noch neues Feld der Zusammenarbeit mehr und mehr erschlossen wird: die planmäßige Instandsetzung von Bundesbahn-Fahrzeugen durch die Industrie. In der Bedarfsausbesserung schwer beschädigter Lokomotiven liegen dort bereits Erfahrungen vor. Im Jahr 1987 wurden erstmals auch regelmäßige Instandhaltungsleistungen bedeutenden Umfangs an größeren Serien vorhandener Fahrzeuge einschließlich bestimmter Modernisierungsarbeiten ausgeschrieben und mit der Industrie verhandelt. Beispiel: druckdichte Wagen für den IC-Verkehr. Die Erwartungen der Bahn und die Angebote der Industrie lagen allerdings noch zu weit auseinander, um einen Auftrag vergeben zu können.

Hier werden an Einkaufspolitik, Beschaffungsplanung und interne Kalkulation der Bahn einerseits sowie an Verkaufspolitik, Fertigungs- und Kostenplanung der Industrie andererseits neue Anforderungen gestellt.

Wenn die Fahrzeugindustrie ernsthaft Interesse an Instandhaltungsaufträgen der Bahn zeigt, liegt der Gedanke nicht fern, bereits mit dem Auftrag zur Lieferung neuer Fahrzeuge über vertragliche Regelungen auch zur Instandhaltung dieser Fahrzeuge zu verhandeln. Beispiele hierfür – Liefer- plus Wartungsverträge – gibt es bereits seit langem für viele industrielle Produkte – auch bei der Bahn. Im Schienenfahrzeugbereich ist das weitgehend Neuland, auch wenn bei anderen Bahnen Ansätze dafür schon geschaffen wurden. Der Einkauf der Bundesbahn befaßt sich inzwischen intensiv mit diesem Thema und wird es abhängig vom rechenbaren Erfolg sowie in Abstimmung mit den korrespondierenden Entwicklungen im Unternehmen vorantreiben.

Einen wesentlichen Aspekt künftiger Einkaufspolitik der Bundesbahn, auch im Verhältnis zu den Schienenfahrzeugherstellern, wird der Wettbewerb auch über die Grenzen der Bundesrepublik hinaus bilden. Wer sich dem Prinzip der Marktwirtschaft verschrieben hat, darf es konsequenterweise nicht an den Landesgrenzen enden lassen. Bereits die Verdingungsordnung für Leistungen (VOL), auf deren Anwendung sich die Bundesbahn wie andere öffentliche Auftraggeber verpflichtet hat, stellt ausländische Bewerber um einen Auftrag den inländischen gleich. Bundesrechnungshof und Bundeskartellamt mahnen immer wieder die Anwendung eines möglichst breiten Wettbewerbs an. Auch die Initiativen der EG gehen eindeutig dahin, die öffentlichen Auftraggeber auf die Nutzung des europäischen Marktes hinzuweisen und mit entsprechenden Regelungen darauf zu verpflichten.

Unabhängig von diesen eher administrativen Aspekten ergibt sich aber auch aus Auftrag und Selbstverständnis der Unternehmensleitung, die Deutsche Bundesbahn wie ein oder besser als Wirtschaftsunternehmen zu führen, die Notwendigkeit, ständig nach der wirtschaftlichsten Alternative beim Einkauf von Lieferungen und Leistungen zu suchen. Daß sie dabei stets auch alle langfristig wirkenden Randbedingungen – von der Produktentwicklung bis zum Service nach dem Verkauf – im Auge behält, ist selbstverständlich und unterstreicht eine der wesentlichsten Maximen ihrer Einkaufspolitik, Wettbewerb und Partnerschaft in eine dem Unternehmen nützende Balance zu bringen und sie zu erhalten.

Schienenfahrzeugbau der DDR

Der Schienenfahrzeugbau der DDR konnte nach 1945 an reiche Traditionen und einen Standard anknüpfen, der früher für zahlreiche Fahrzeuge und Fahrzeuggruppen das technische Weltniveau bestimmt hatte.
Schon im Oktober 1945 wurden die zahlreichen Produktionsstätten zu einem selbständigen Industriezweig zusammengefaßt. In den ersten Nachkriegsjahren standen die Materialbereitstellung, die Ausbildung von Arbeitskräften und die Abstimmung der Arbeit zwischen den Betrieben, die unterschiedlicher Verwaltungshoheit unterstanden, im Vordergrund.
Von Anbeginn an fertigten die Betriebe des Zweiges sowohl Triebfahrzeuge als auch Eisenbahnwagen aller Art.
Lokomotivbau betrieben das ehemalige Werk von Orenstein & Koppel in Potsdam-Babelsberg und das frühere Borsigwerk der AEG in Hennigsdorf. Nachdem der Lokomotivbau „Karl Marx" in Babelsberg 1970 diesen Fertigungszweig aufgegeben hat, stellt heute nur noch der VEB Lokomotivbau Elektrotechnische Werke „Hans Beimler" in Hennigsdorf Lokomotiven und Triebwagen her. Im Frühjahr 1988 wurde dort die 1 000. für die Reichsbahn der DDR gebaute Lokomotive abgeliefert; insgesamt sind nach dem Krieg in Hennigsdorf bereits mehr als 11 000 Triebfahrzeuge gebaut worden.
Für den Waggonbau standen auf dem Gebiet der heutigen DDR sechs bedeutende Betriebe zur Verfügung: in Ammendorf die Gottfried Lindner AG, in Görlitz die Waggon- und Maschinenbau AG WUMAG, in Bautzen Linke-Hofmann-Busch, in Dessau ein Werk von Orenstein & Koppel, in Niesky die Christoph & Unmack AG und in Gotha ein weiteres Werk von Orenstein & Koppel.
Kleine Fertigungs- und Reparaturwerkstätten für Schienenfahrzeuge gab es in Weimar und in Werdau, ferner in Wismar, Altenburg, Vetschau, Staßfurt, Quedlinburg, Zörbig, Lößnitz und in Berlin-Johannisthal. Als hauptsächliche Zulieferbetriebe entstanden das Berliner Bremsenwerk aus der ehe-

Auf lange Tradition kann der VEB Waggonbau Görlitz zurückblicken. In den frühen dreißiger Jahren entstand hier unter anderem der „Fliegende Hamburger". Das Bild zeigt den Prototyp eines neuen Schlafwagens für die Reichsbahn während der Funktionsprüfung.

Hohe Stückzahlen und ständig voll ausgelastete Kapazitäten charakterisieren den Lokomotivbau in der DDR. Seit 1970 fertigt nur noch der VEB Lokomotivbau in Hennigsdorf Triebfahrzeuge für die Reichsbahn – im Bild die Baureihe 243 – und für den Export.

maligen Knorr-Bremse, Fahrzeugausrüstung Berlin aus der Pintsch KG, das Federnwerk Zittau aus der Firma Max Weber, die Radsatzfabrik Ilsenburg aus den Klöcknerwerken und das Achslagerwerk in Staßfurt aus den Devester-Werken.
Auch die zwölf in der DDR bestehenden Reichsbahnausbesserungswerke betreiben zum Teil Waggonbau, um den Bedarf der Reichsbahn decken zu helfen.
Die meisten Betriebe des Waggonbaus waren von unmittelbaren Kriegseinwirkungen kaum betroffen. Der allgemeine Mangel an Maschinen, an hochwertigem Material und an geeigneten Arbeitskräften sowie der große aus dem Krieg stammende Schadwagenbestand reduzierten die Tätigkeit der Waggonbaubetriebe zunächst jedoch auf Instandsetzungs- und Reparaturarbeiten. Bedeutend war indessen die umfangreiche Behelfsproduktion, zu der vorhandene Lagerbestände genutzt wurden, um die Not der Bevölkerung zu mildern. So produzierte zum Beispiel der Waggonbau Ammendorf von Juli 1945 bis März 1946 vierhundert Lastanhänger, 420 landwirtschaftliche Maschinen, 6 200 Handwagen, 7 000 Plattformwagen, 4 500 Behelfsherde, 2 350 Kleiderschränke, tausend Bettgestelle, 35 000 Einkaufstaschen und vieles andere mehr.
Die eigentliche Neuproduktion des Schienenfahrzeugbaus der DDR kam auf Initiative der sowjetischen Behörden in Gang. Aus der UdSSR trafen Großaufträge ein, die den Industriezweig und seine Mitarbeiter vor neue, anspruchsvolle Aufgaben stellten. Mit sowjetischer Hilfe wurde 1947 auf Anordnung des sowjetischen Generaldirektors des Ammendorfer Werkes ein Konstruktionsbüro eingerichtet und beauftragt, außer den Unterlagen zum Bau von Schmalspurgüterwagen und -personenwagen die Zeichnungen für einen vierachsigen Weitstrecken-Reisezugwagen zu erarbeiten. Bald darauf lief die Fertigung an, und bis November 1949 waren bereits 150 Weitstreckenwagen und 1 700 Schmalspurwagen hergestellt.
Nun galt es, mit den Besonderheiten des expandierenden sowjetischen Eisenbahnmarkts und seinen extremen Anforderungen an das rollende Material fertig zu werden. Es gelang dank der reichen Erfahrungen und des unermüdlichen Fleißes der Menschen. Den Erfolg lassen am deutlichsten Zahlen erkennen: Bis 1987 produzierte der Schienenfahrzeugbau der DDR rund 11 800 Lokomotiven und Triebwagen sowie 40 000 Reisezugwagen, 48 000 Kühlwagen unterschiedlicher Bauarten und 35 000 sonstige Güterwagen für Auftraggeber in vierzig Ländern. Für Reisezugwagen und Kühlwagen hat sich der DDR-Schienenfahrzeugbau zum größten Exporteur der Welt entwickelt.
Innerhalb der Industrie der DDR wandelte sich die Stellung des Schienenfahrzeugbaus: Im Jahr 1955 vereinte dieser Zweig 5,2 Prozent der Arbeiter und Angestellten des Maschinen- und Fahrzeugbaus, sie erzielten 7,4 Prozent der industriellen Produktion

Die einzelnen Hersteller von Schienenfahrzeugen und Zubehör wurden in der DDR zu einem selbständigen Industriezweig zusammengefaßt. Einige kleinere Fabriken entwickelten sich dabei zu zentralen Zulieferern für die gesamte Produktion, wie die VEB Radsatzfabrik Ilsenburg.

und 9,5 Prozent der Exportleistungen der Volkswirtschaft; dreißig Jahre später, 1985, waren nur noch 3,2 Prozent der Beschäftigten dieses Sektors im Schienenfahrzeugbau tätig, auf den 3,4 Prozent der industriellen Produktion und 2,0 Prozent des Exports entfielen.

Die Organisationsstruktur des Industriezweigs änderte sich von 1945 bis 1985 mehrfach. Dabei wurden die Beziehungen zwischen Zuliefer- und Endfertigungsbetrieben optimiert, während sich die Einzelbetriebe auf bestimmte Erzeugnisse spezialisierten. Bis in die erste Hälfte der fünfziger Jahre wurden die Waggonbaubetriebe in Sozialistischen Arbeitsgemeinschaften (SAG) oder als volkseigene Betriebe der 1948 gegründeten „Vereinigung Volkseigener Betriebe Lokomotiv- und Waggonbau" (VVB LOWA) geführt. Nach Gründung des Ministeriums für Maschinenbau 1950 wurde die Hauptverwaltung Fahrzeugbau mit der Leitung der seit dem gleichen Zeitpunkt juristisch selbständigen Großbetriebe des Schienenfahrzeugbaus beauftragt; die anderen leitete die VVB LOWA bis 1953. Zu diesem Zeitpunkt wurde die Hauptverwaltung Lokomotiv- und Waggonbau geschaffen; sie unterstand zunächst dem Ministerium für Transportmittel- und Landmaschinenbau, später dem Ministerium für Allgemeinen Maschinenbau, und vereinigte zwei Jahre später siebzehn Betriebe und das Institut für Schienenfahrzeuge. Am 1. Mai 1958 wurde die Hauptverwaltung Lokomotiv- und Waggonbau aufgelöst, die VVB Schienenfahrzeuge neu gebildet; sie war in erster Linie für die Waggonfertigung verantwortlich; acht Betriebe wurden dabei anderen Bereichen der Volkswirtschaft zugeordnet. Die Anleitung des Industriezweigs oblag dem Sektor Schwermaschinenbau der Staatlichen Plankommission.

In der zweiten Hälfte der sechziger Jahre erhielt das Ammendorfer Werk zur Erprobung kombinatsähnliche Planungs- und Leitungsstrukturen für den Waggonbau. Das erprobte Modell fand Aufnahme in

Mittlerweile wurde der Schienenfahrzeugbau der DDR zum größten Exporteur der Welt. In rationeller Fertigung werden Reise- und Güterwagen hergestellt. Der VEB Waggonbau Dessau ist auf Kühlwagen spezialisiert; die Untergestelle werden mit einer teilautomatischen Schweißanlage zusammengefügt.

die „Konzeption zur Leitung von Kombinatsprozessen im Schwermaschinen- und Anlagenbau", deren Realisierung im Bereich Waggonbau am 1. Januar 1979 mit Bildung des VEB Kombinat Schienenfahrzeugbau abgeschlossen war.

Der Bedarf der Reichsbahn an Waggons wurde bis in die erste Hälfte der fünfziger Jahre im wesentlichen durch Modernisierung und Instandsetzung vorhandener Wagen gedeckt. Den Güterwagenbestand erneuerte und ergänzte neben den Reichsbahnausbesserungswerken vor allem der VEB Waggonbau Niesky. Er war schon 1950 für die Hauptproduktion von Güterwagen bestimmt worden und lieferte bis 1970 über 17700 Güterwagen an die Reichsbahn.

Auf Schiffen um die Welt: Die Erzeugnisse der deutschen Schienenfahrzeugindustrie sind auch in Übersee hoch angesehen.

Bedeutende Konstrukteure

Johann Andreas Schubert,
Vater der Lokomotive „Saxonia"

Für die Ablösung der jungen deutschen Maschinenfabriken vom englischen Vorbild ab 1840 hat die Arbeit Johann Andreas Schuberts (1803–1870) eine wichtige Rolle gespielt. Schubert war Professor am Polytechnikum in Dresden und hatte 1836 den Bau der ersten Elbdampfschiffe maßgeblich bestimmt.
Als 1836 für die zweite deutsche Eisenbahn, die Fernbahn zwischen Leipzig und Dresden, wiederum sechs englische Dampflokomotiven bestellt worden waren, gründete er den „Dresdner Actien-Maschinenbau-Verein" und richtete in Übigau bei Dresden die Fabrik ein. Werkzeugmaschinen, Baustoffe und Konstruktionen lagen gegenüber England noch enorm im Rückstand, so daß die in Dresden durchgeführte Zerlegung der Maschine „Komet" von Rothwell 1838 wertvolle Erkenntnisse und endlich auch die nötigen Zeichnungen brachte. Zunächst wurde ein betriebsfähiges Modell nachgebaut, sodann die überarbeitete Maschine „Saxonia" als erste Dampflokomotive in Deutschland hergestellt. Nach all den vorangegangenen Fehlschlägen kann diese Anfertigung nicht hoch genug eingeschätzt werden. Zudem hatte Schubert bei seiner Lok folgende Verbesserungen eingeführt: Kipprost, Speisewasservorwärmung und Radreifen aus Schmiedeeisen, außenliegendes Reglerrohr und neue Schieberventile. Die Kropfachsen konnte man noch nicht schmieden, sondern mußte sie aus sechs Platten zusammenschweißen. Jedes Einzelteil war ein Muster in Konstruktion und Fertigung, trotzdem lief im Dezember 1838 Schuberts Dampflokomotive „Saxonia" zufriedenstellend.

Mit Rücksicht auf die englischen Lieferanten und Führer ihrer Lokomotiven ließ die Leipzig-Dresdner Eisenbahn-Compagnie bei Eröffnung der Bahn am 8. April 1839 die „Saxonia" mit Schubert erst nach den Festzügen auf die Strecke und kaufte sie Monate später als „gebraucht" zum halben Preis an. Bis 1845 stand die „Saxonia" im Streckendienst, 1850 wurde sie gemeinsam mit den englischen Loks ausgemustert.

August Borsig,
der preußische Lokomotivkönig

Eine Lehre als Zimmermann, dem väterlichen Beruf, stand am Beginn der Ausbildung August Borsigs (1804–1854) in Breslau. Nach dem Besuch der dortigen Handwerksschule bezog er 1823 das königliche Gewerbeinstitut in Berlin, das damals unter der Leitung von Peter Beuth stand. Wichtigste Aufgabe des Hauses war die Heranbildung von Technikern für die aufkommende Industrialisierung Preußens.
Ohne Abschlußprüfung verließ Borsig 1825 das Institut und trat als Praktikant bei der Maschinenbauanstalt von Egells in der Berliner Chausseestraße ein. In dieser ersten privaten Eisengießerei der Stadt

wurde er 1827 auf acht Jahre fest als „Faktor" – Werkmeister – angestellt. Mit den hier gesammelten Erfahrungen und achttausend inzwischen ersparten Talern machte sich August Borsig Anfang 1837 als Eisengießer ebenfalls in der Chausseestraße selbständig. Der erste größere Auftrag umfaßte 117 000 Schrauben für die neue Berlin-Potsdamer Eisenbahn sowie Schienenstühle. Der erste Guß wurde am 22. Juli 1837 ausgeführt. Ab 1840 stellte Borsig Dampfmaschinen her, darunter eine für die Fontänen in Sanssouci.

Nach Reparaturen an den amerikanischen Norris-Lokomotiven der Eisenbahn Berlin-Potsdam baute Borsig 1841 diesen Typ in verbesserter Form nach, doch der Durchbruch kam erst 1844 mit einer Neukonstruktion: Seine 24. Dampflokomotive mit dem beziehungsreichen Namen „Beuth" erhielt auf der Gewerbeausstellung eine Goldmedaille; 71 Stück wurden davon gebaut. Viele Details waren neu: Steuerung, Kesselbefestigung und wartungsfreundlicher Gesamtaufbau. Borsig beschäftigte 1844 bereits 550 Arbeiter. Als 1854 die 500. Lokomotive geliefert wurde, waren es 1 100. Vom Ingenieur, der die Maße in den Werkstätten unmittelbar auf die Bleche, Schmiedeblöcke und Modellhölzer zeichnete, war August Borsig zum Unternehmer mit einem Monopol auf Dampfwagen geworden: In seinem Todesjahr stammten von 68 neuen Dampfloks in Preußen 67 von Borsig.

Emil Kessler
und seine Lokomotivfabriken

Für den südwestdeutschen Maschinenbau hat Emil Kessler (1813–1867) eine bedeutsame Rolle als

Ingenieur und Fabrikant gespielt. Der Offizierssohn aus Baden-Baden lernte Geometrie und Mechanik am Polytechnikum in Karlsruhe. 1836 übernahm er mit einem Kollegen die Instrumentenbau-Werkstatt seines Lehrers Messmer. Zu den ersten Entwürfen gehörten Maschinen für die Verarbeitung von Baumwolle und Zucker.

Schon 1841, etwa gleichzeitig mit Borsig in Berlin und Maffei in München, baute die Fabrik vor dem Ettlinger Tor in Karlsruhe ihre erste Lokomotive „Badenia" für die Badischen Staatseisenbahnen, noch eng an englische Vorbilder angelehnt. Als Konstrukteure wirkten dort Josef Trick und Niklaus Riggenbach, auch der Engländer John Baillie.

Auch Württemberg wollte den Lokomotivbau im eigenen Land aufnehmen und berief dazu 1844 den erfolgreichen Kessler als Direktor und Aktionär der Maschinenfabrik Eßlingen, die als frühe Aktiengesellschaft gegründet worden war. Bis zur Liquidation seiner Karlsruher Fabrik nach einem Bankenzusammenbruch 1851 leitete Kessler beide Werke und zählte auch die Lokomotiven in einem Nummernverzeichnis gemeinsam. Dann siedelte er nach Eßlingen über. Nach dem Semmering-Wettbewerb von 1851 wurde die Eßlinger Fabrik mit dem Bau der ersten Stütztender-Gebirgslokomotiven System Engerth beauftragt; dieser Typ wurde von vielen Bahnen in Österreich, der Schweiz und Frankreich nachbestellt. Auch jeweils 32 schnelle Crampton-Lokomotiven wurden in Kesslers Werken Karlsruhe und Eßlingen gebaut. Rund achthundert Dampflokomotiven sind unter seiner Leitung hergestellt worden. Die Fabrik in Eßlingen wurde zum Hoflieferanten der Württembergischen Staatseisenbahnen. 1966 wurde dort die letzte Dampflok gebaut, eine Exportmaschine für Indonesien mit der Fabriknummer 5316.

Joseph Anton von Maffei,
Fabrikant in München

Ganz anders als bei Borsig und Kessler verliefen Jugend und Ausbildung des Ritters und Edlen von Maffei (1790–1870). Als Sohn eines Tabakfabrikanten wurde er kaufmännisch ausgebildet, übernahm den Betrieb und viele Ämter in Wirtschaft und Kommune, bevor er sich der zukunftsträchtigen Maschinentechnik zuwandte: Er zählte zu den Mitgründern der Maximilianshütte in der Oberpfalz und erwarb 1837 den Lindauerschen Dampfhammer in der Hirschau bei München. Als Vorstand der München-Augsburger Eisenbahn baute er dieses Werk zur Lokomotivfabrik aus; als technischer Leiter wurde der Engländer Joseph Hall eingestellt, der bei Maffei bis 1857 wirkte.

Schon 1841 baute das Werk die erste Lokomotive „Der Münchner" im englischen Stil, deren Verkauf an die Staatsbahn aber große Schwierigkeiten bereitete: Ihr fehlte nämlich die mittlerweile von Stephenson erdachte kontinuierlich verstellbare Expansionssteuerung. In den folgenden Jahren wurde dieser Rückstand aber rasch aufgeholt. Im Semmering-Wettbewerb gewann der Maffei-Entwurf den ersten Preis (1851), wurde allerdings nicht ausgeführt. Zugleich entstand in Regensburg eine eigene Werft, die aus München mit Dampfmaschinen beliefert wurde. Der zunehmende Bahnbau nahm fortan immer mehr Lokomotiven ab. Als J. A. Maffei starb, hatte das Werk über achthundert Dampfloks für die Ostbahn, für die Pfalzbahn und die Staatsbahnen in Bayern, Hannover, Württemberg, Thüringen, Österreich, Italien und Ägypten geliefert. Bis 1931 war die Fabrik selbständig. Nach der 5840. Maschine wurde sie von der Lokomotivfabrik Krauss & Co. übernommen, als in der Weltwirtschaftskrise die Reichsbahnaufträge ausgeblieben waren.

Carl Anton Henschel –
vom Bergrat zum Lokomotivbauer

Als Stückgießer für Glocken, Kanonen und Feuerspritzen war der Vater von Carl Anton Henschel (1780–1861) nach Kassel gekommen und hatte 1810, zur Zeit der französischen Besetzung, ein eigenes Gießhaus eröffnet, das fortan neben der von ihm geleiteten staatlichen Gießerei bestand. Carl Anton Henschel war aber schon 1797 in den technischen Staatsdienst eingetreten und hatte sich beim Bau der Saline in Sooden-Allendorf einen guten Namen gemacht. Bis 1817 arbeitete er nun bei den Salinen von Schmalkalden, Kösen und nochmals in Sooden. Viele der dort benötigten Maschinen waren

nach seinen Plänen in der Gießerei des Vaters entstanden.
Als Carl Anton Henschel 1817 vom kurhessischen Staatsdienst in die väterliche Gießerei übertreten wollte, gab man dem Gesuch nur teilweise statt: Um den unentbehrlichen Bergrat zu halten, erlaubte man ihm die Teilhaberschaft im – ab 1830 „Henschel & Sohn" genannten – Vaterhaus als Nebenamt. Der Betrieb entwickelte sich allmählich von der Gießerei zur Maschinenfabrik, in der Gebläse, Pumpen, Dampfmaschinen, Pressen, Öfen, Destillierapparate und Gasleitungen nach seinen Entwürfen hergestellt wurden.
Schon 1816 hatte er einen Dampfwagen projektiert. Nach einer Englandreise stellte er 1832 die Schrift „Neue Construction der Eisen-Bahnen und Anwendung comprimirter Luft zur Bewegung der Fuhrwerke" vor, welche seine Form der atmosphärischen Eisenbahn vorschlug. 1845 beschäftigte er sich eingehend mit den verheerenden Kesselexplosionen, verließ endgültig den Staatsdienst und nahm den Bau der ersten Henschel-Lokomotive „Drache" in Angriff, die 1848 an die Friedrich-Wilhelms-Nordbahn geliefert wurde. Sie stand fast zwei Jahrzehnte im Einsatz. Bis zu seinem Todesjahr baute Henschel in Kassel mit 350 Arbeitern fünfzig Lokomotiven. Nun gab das Unternehmen die Brücken, Mühlen, Glocken und Geschütze auf, um sich allein dem Lokomotivbau zu widmen: bis 1941 schon 25 000 Stück.

Alfred Krupp und der nahtlose Radreifen

Für die ersten in Deutschland gebauten Eisenbahnfahrzeuge kamen vor 150 Jahren nicht nur die Konstruktionen sondern auch Teile und Baustoffe aus England, weil die deutschen Eisensorten noch nicht an die Qualität der importierten Ware heranreichten. Alfred Krupp (1812–1887) kommt das Verdienst zu, diesen Rückstand aufgeholt zu haben. Erst der Aufbau einer eigenen Stahlindustrie erlaubte Eisenbahn- und Maschinenbau in den deutschen Ländern nach 1860 ihr enormes Wachstum.

Alfred Krupp hatte 1826 die von seinem Vater Friedrich 1811 gegründete Gußstahlfabrik übernommen. Allmählich gelang es ihm, einen Gußstahl zu erschmelzen, der den englischen Produkten ebenbürtig war. Beste Resultate mit diesem Stahl waren aber nur bei fachgerechter Bearbeitung im eigenen Werk zu erzielen. So nahm Krupp 1845 den Bau von Kolbenstangen aus Gußstahl, von Eisenbahnachsen und Tragfedern auf. Die Mittelrippe des Federblatts ist eine Erfindung Alfred Krupps. Seine Federn aus Tiegelgußstahl waren den üblichen Federn aus Puddelstahl weit überlegen. 1852 fertigte Krupp die ersten Kurbelachsen für Lokomotiven aus zähem Tiegelgußstahl; damit begann die Ablösung des gehärteten Stahls. Bis 1864 waren 12 000 Krupp-Achsen verkauft. Bereits 1849 hatten Krupps Versuche begonnen, den geschweißten Radreifen mit seiner Nahtstelle abzulösen. Sein nahtloser Reifen wurde aus einem durchbohrten Gußstück hergestellt, das in Form geschmiedet und anschließend ausgewalzt wurde. 1851 meldete er darauf das englische, 1852 das preußische Patent an. In wenigen Jahren setzte sich dieser Reifen durch, und ab 1865 wurden jährlich 30000 Stück geliefert. 1863 brachte Krupp auch Radkörper aus Stahlformguß heraus, lieferte zudem Bleche und Walzteile für den Lokomotivbau. 1861 hatte Krupp das erste Bessemerwerk auf dem Kontinent eingerichtet, 1871 den ersten Siemens-Martin-Ofen. Eigene Gruben für Kohle und Erz trugen dazu bei, daß sein Werk zu einem „Vertikalkonzern" wuchs. Komplette Lokomotiven baut Krupp erst seit 1919.

Edmund Heusinger von Waldegg
und der „Intercommunicationswagen"

Das Aufkommen der Eisenbahn hat den Lebensweg Heusingers (1817–1886) vollkommen verändert. Der Sohn eines nassauischen Pastors machte eine Buchhändlerlehre, begann zu schreiben und zu konstruieren: eine Druckpresse und ein Schreibgerät für Blinde beschäftigten ihn schon vor dem Studium der Mathematik und der Mechanik in Göttingen und Leipzig. Dort sah er 1839 die erste deutsche Fernbahn, ging bei einem Schlosser und bei der Gutehoffnungshütte abermals in die Lehre, um 1841 mit einer dort gebauten Lokomotive in die Dienste der Taunus-Eisenbahn zwischen Wiesbaden und Frankfurt (Main) zu treten. Von 1846 bis 1854 leitete er als Obermaschinenmeister deren Zentralwerkstätte in

Kastel und übernahm darauf die Vorarbeiten zum Bau der Frankfurt-Homburger Bahn, der Deisterbahn, der Südharzbahn und anderer.
Während seiner Zeit bei der Taunusbahn hatte Heusinger 1845 das Fachblatt „Organ für die Fortschritte des Eisenbahnwesens" ins Leben gerufen. 1849 entwickelte er eine eigene Steuerung für Lokomotiv-Dampfmaschinen, deren System unabhängig von Heusinger auch der belgische Ingenieur Egide Walschaert (1820–1901) erdacht hatte, und das sich nach 1875 weltweit durchsetzte. Es gilt als sicher, daß beide Ingenieure nichts von den Arbeiten des anderen wußten.
1858 gab Heusinger ein Musterbuch von Lokomotivkonstruktionen, 1861 ein Werk über die Ziegelbrennerei und 1863 eines über Gipsbau heraus. Im gleichen Jahre machte der Verein deutscher Eisenbahn-Verwaltungen das „Organ" zum offiziellen Vereinsblatt und übertrug Heusinger die Schriftleitung, um den Gedankenaustausch unter den vielen Fachkollegen zu fördern. Bis zu seinem Tod war Heusinger damit Anreger und Vermittler von Konstruktionen: der Abteilwagen mit Seitengang (Vorläufer des D-Zug-Wagens) und die Heeresfeldbahnen waren seine bedeutendsten Ideen. Sein „Handbuch der speciellen Eisenbahntechnik" in zehn Bänden wurde ab 1870 zum Lehrbuch für eine Generation von Maschinenbauern.

Ferdinand Schichau,
ein „Barbarossa der Eisenbahntechnik"

Im ostpreußischen Elbing hat Ferdinand Schichau (1814–1896), Sohn eines Gelbgießers, zeitlebens gewirkt. Seine Ausbildung vollzog sich in fast klassischer Weise: am Berliner Gewerbeinstitut, dort – wie August Borsig – von Beuth schlecht beurteilt, anschließend 1837 Studienreise nach England, endlich Gründung einer eigenen Werkstätte.
Schon um 1840 baute er die ersten Dampfmaschinen, 1852 die ersten Schiffsteile. 1859 nahm die eigene Werft den Betrieb auf. Die erste Lokomotive lieferte Schichau 1860 an die königliche Ostbahn Berlin–Königsberg, und zeitlebens ist seine Fabrik ein wichtiger Lieferant für Bahnen im deutschen Osten geblieben. 1877 lieferte Schichau das erste Kriegsschiff; er entwickelte auch das Torpedoboot. Von besonderer Bedeutung für den Dampflokomotivbau war sein Gedanke, die Zweifach-Expansion des Dampfes bei Schiffsmaschinen auf die Schiene zu übertragen. In Zusammenarbeit mit Mallet und v. Borries kam 1880 seine erste Verbundlokomotive heraus, die deutlich sparsamer war als bisherige Modelle. Zudem waren die ersten dieser Maschinen für Hannover als „Omnibuslokomotiven" mit Gepäckabteil ausgeführt, also auch Vorläufer des Triebwagengedankens. Im gleichen Jahr 1880 legte Schichau den Grundstein zur Entwicklung der Berliner Stadtbahnlokomotiven. 1891 hatte das Werk

schon fünfhundert Lokomotiven geliefert, bis 1945 sogar rund 3700 Maschinen. Fast alle Schichau-Loks waren für das Inland bestimmt.
Ferdinand Schichau war eine unverwechselbare Unternehmerfigur, ein früh weißhaariger und rotgesichtiger Patriarch, der die Umwandlung seiner Firma in eine Aktiengesellschaft entrüstet von ich wies. Nahezu sechzig Jahre lang stand der „alte Schichau" autokratisch dem Werk vor, mit dem er umsichtig den Weg des Fortschritts beging.

Louis Schwartzkopff,
ein Lokomotivbauer der Gründerzeit

Bereits als Schüler der Magdeburger Gewerbeschule war Louis Schwartzkopff (1825–1892), der Sohn eines Kaufmanns, mit Hermann Gruson und den Brüdern Wilhelm und Werner Siemens in Berührung gekommen. Von den neuen Eisenbahnen in ihren Bann gezogen, ging Schwartzkopff 1844 nach Berlin an das Gewerbeinstitut und von 1845 bis 1847 zu August Borsig in den Lokomotivbau. Bis 1851 war er Maschinenmeister bei der Magdeburg-Wittenbergischen Eisenbahn. 1852 gründete er in Berlin eine Maschinenfabrik und Eisengießerei an der Chausseestraße. Von Gußteilen wurde das Fabrikationsprogramm über Dampfhämmer, Krananlagen und Bergwerksmaschinen ausgedehnt bis zu Drehscheiben, Wasserstationen und Weichen eigener Konstruktion. Die eisernen Bahnsteighallen des Lehrter und des Schlesischen Bahnhofs in Berlin baute ebenfalls Schwartzkopff.
1867 lieferte das Unternehmen seine erste, 1869 seine hundertste Dampflokomotive. Im gleichen Jahr wurden bereits Dampflokomotiven nach Rußland exportiert, im deutsch-französischen Krieg auch Militärgüter hergestellt. 1870 wandelte Schwartzkopff sein Werk in die „Berliner Maschinenbau-Actien-Gesellschaft vormals L. Schwartzkopff" um, deren Generaldirektor er noch bis 1888 blieb. Zur Erleichterung der Fabrikation bemühte er sich um den Bau einer Schmiedepresse, die Lokomotivräder aus Nabe, Speichen und Reifen zusammenfügen sollte. 1870 waren in seinem Werk 1600 Menschen beschäftigt. Bis zu seinem Tod hatte das Werk rund zweitausend Dampflokomotiven gebaut und sich zu einem Hauptlieferanten der Preußischen Staatseisenbahnen entwickelt. Um die Jahrhundertwende wurde das neue Werk in Wildau errichtet, das bis 1945 Lokomotiven baute, insgesamt über 13250 Stück.

Die Bedeutung Louis Schwartzkopffs besteht weniger in genialen Erfindungen als in gediegenen Entwürfen und klug gerechneten Lieferungen, die ihm Erfolg sicherten.

Werner von Siemens
und die Elektrizität bei der Eisenbahn

Als Sohn eines Landwirts aus Lenthe bei Hannover durchlief Werner Siemens (1816–1892) zunächst die Ausbildung zum Artillerieoffizier. Damals standen zur Nachrichtenübermittlung nur Boten und der optische Telegraph zur Verfügung. Viele Werkstätten beschäftigten sich nach 1835 mit einer Nutzbarmachung der Entdeckungen Faradays.

1846 konnte Siemens den ersten brauchbaren elektrischen Zeigertelegraphen mit Selbstunterbrechung vorstellen, dessen Zuverlässigkeit durch die von ihm gleichfalls entwickelte Umkleidung der Erdleitungen mit Guttapercha erheblich größer war als bei allen anderen Versuchen. 1847 gründete er mit dem Mechaniker Halske in Berlin eine Telegraphenbauanstalt, die bis 1849 die erste große unterirdische Telegraphenlinie (nach Frankfurt am Main zu Berichten über die Nationalversammlung) einrichtete.

Kurbelinduktor und Läutewerk kamen gleichzeitig heraus. Mit Hilfe seiner Brüder Wilhelm und Karl gelang es ihm, nach 1850 mit seinen Telegraphen auch in England und Rußland Fuß zu fassen. Viele deutsche Bahnen führten den Zeigertelegraphen als Nachrichtenmittel ein, bis er vom Morsetelegraphen – gleichfalls von Siemens gebaut – abgelöst wurde. 1866 baute Siemens auf der Grundlage des elektrodynamischen Prinzips die erste Dynamomaschine, die viele Anwendungen fand. Auf der Berliner Gewerbeausstellung 1879 führte er die erste elektrische Eisenbahn der Welt vor, die zunächst für Bergwerke gedacht war. 1881 ging die erste elektrische Straßenbahn in Lichterfelde in Betrieb, der weitere Probestrecken und ein Hochbahnprojekt folgten. 1888 wurde Siemens geadelt. Während seine Fabrik mit zahlreichen Produkten weiter wuchs, kam der elektrische Bahnbetrieb vor seinem Tod nur in Amerika mit Rollenstromabnehmer und Tatzlagermotor von Sprague sichtbar voran. Mit diesen Neuerungen setzte sich ab 1891 der elektrische Strom auf den Pferdebahnen und ab 1909 auch bei den Eisenbahnen durch.

Georg Krauss,
ein Lokomotivmann der Praxis

Die Ausbildung des Ingenieurs Georg Krauss (1826–1906) begann an der Augsburger Gewerbeschule und in der Münchner Maschinenfabrik von J. A. Maffei. Von 1849 bis 1857 arbeitete der Sohn eines Webermeisters bei den Bayerischen Staatseisenbahnen, zuletzt als Obermaschinist. Sodann wurde er Maschinenmeister der Schweizerischen Nordost-Bahn in Zürich und erhielt bald den Auftrag, in der eigenen Werkstätte neue Lokomotiven herzustellen. Die typische „Krauss-Maschine" entstand: eine schlichte zweiachsige Lokomotive mit oder ohne Tender, deren Kastenrahmen neben der Funktion als Chassis auch den Wasservorrat aufnehmen mußte.

Nach neun Jahren in der Schweiz gründete Krauss 1866 in München die Lokfabrik Krauss & Co. Erstes Produkt war für die Oldenburgische Staatsbahn 1867 die Lokomotive „Landwührden", die heute im Verkehrsmuseum Nürnberg steht. Seine Erzeugnisse hatten Erfolg, so daß 1872 ein weiteres Werk am Südbahnhof von München nur für Schmalspurloks und 1880 eine Fabrik in Linz entstanden. 1887 wurde das Unternehmen zur Aktiengesellschaft umgewandelt. Zu einem wesentlichen Schwerpunkt der Fabrikation entwickelte sich die Erzeugung einfacher Lokomotiven für Lokal-, Privat- und Feldbahnen „nach Patent Krauss". Einige dieser Bahnen baute und betrieb er selbst. Als Georg Krauss am 5. November 1906 in München starb, hatten seine Fabriken etwa 5 590 Lokomotiven geliefert, davon 2 879 ins Ausland. Bis 1931, als Krauss & Co. die tradi-

tionsreiche Firma von Maffei übernahm, waren es rund 8 500 eigene Maschinen geworden.

Niklaus Riggenbach
und die Zahnrad-Bergbahn

Eine Zahnstange neben der Schiene hatte um 1800 bereits Blenkinsop in England für seine ersten Lokomotiven angebracht, weil er anfangs der Reibung zwischen den glatten Rädern und dem Gleis nicht traute. Dann verschwand das Zahnrad als Antrieb der Eisenbahn. Auf Steilstrecken wurden bis 1865 stationäre Dampfmaschinen mit Seil eingesetzt, so bei Erkrath im Bergischen Land und bei Aachen. Erst Niklaus Riggenbach (1817–1899) hat das Zahnrad für die Eisenbahn wiederentdeckt.

Der Sohn eines elsässischen Zuckersieders sollte Tuchkaufmann werden, wandte sich aber bald dem Bau mechanischer Webstühle zu. Nach Studien der Mechanik in Paris, wo er die Eröffnung der Eisenbahn nach St. Germain miterlebt hatte, ging er 1840 zu Kessler in die Maschinenfabrik Karlsruhe. Dort wurden 1847 die ersten Lokomotiven für die Schweiz gebaut. 1853 berief ihn die Schweizerische Centralbahn zum Werkstättenvorstand in Olten. Reisen nach England und zum Semmering ließen ihn für seine Bahn die Engerth-Stütztenderlokomotive wählen, die überwiegend in Eßlingen gebaut worden ist. Daneben entwickelte er für steilste Bergbahnen die Leiterzahnstange und eine Zahnradlokomotive, deren erste Ausführung 1871 von Vitznau auf die 1 750 Meter hohe Rigi den Betrieb aufnahm; größte Steigung war 1:4. Auch die Dampflok mit stehendem Kessel und Gegendruckbremse war sein Werk.

Da diese Bahn Erfolg hatte, gründete er 1873 in Aarau eine eigene Fabrik für Bergbahnen. Nach der Wirtschaftskrise 1880 arbeitete er als Zivilingenieur und Gutachter für Zahnrad- und Standseilbahnen in aller Welt, während Winterthur und Eßlingen die Maschinen bauten. Roman Abt entwickelte 1885 die Lokomotiven für gemischten Reibungs- und Zahnradbetrieb, die sich für längere Bergbahnen besser eigneten, und seine dreiteilige Lamellenzahnstange. Rund fünfzig Bahnen sind in Deutschland nach Ideen Riggenbachs gebaut worden. Ein wunderbares Buch sind seine „Erinnerungen eines alten Mechanikers", 1887 in St. Gallen erschienen.

Adolph Klose –
vom Bogenlauf zur Brennkrafttechnik auf Schienen

In Dresden und Leipzig machte der aus Bernstadt in Sachsen stammende Adolph Klose (1844–1923) erste Bekanntschaft mit dem Eisenbahnwesen. Zwischen 1870 und 1884 arbeitete er als Maschineninspektor der Vereinigten Schweizer Bahnen bereits an hervorragender Stelle, anschließend bei den Württembergischen Staatseisenbahnen. Dort war er von 1887 bis 1896 als Obermaschinenmeister tätig.
Der Bogenlauf größerer Lokomotiven, besonders in den engen Kurven der Bergstrecken, beschäftigte vor Gölsdorfs mutigem Schritt zur seitenverschieblichen Achse eine ganze Generation von Konstrukteuren. Der Antrieb von mehr als drei gekuppelten Achsen im Gleisbogen ließ sich kaum beherrschen. Kloses Patent von 1879 war ein System von zwei Doppel-Parallelogrammen und Lenkern, welche bei Bogen-

fahrt an der ersten und letzten Achse eine Verkürzung oder Verlängerung der Kuppelstangen ermöglichte, so daß sich die Radsätze radial einstellen konnten. Besonders in Bosnien und Württemberg wurde das Klose-Triebwerk angewandt, das zwar vielteilig und teuer, zunächst aber unersetzlich war. Auch an der Einführung der „Vereinslenkachsen" in längeren Eisenbahnwagen war Klose wesentlich beteiligt. Sein Geschwindigkeitsmesser wurde vom Verein deutscher Eisenbahnverwaltungen preisgekrönt.

1896 verließ Klose die Eisenbahn in Württemberg und zog nach Berlin, um sich gemeinsam mit Diesel, Sulzer und Borsig dem Bau der ersten Großmotorlokomotive „Diesel-Klose-Sulzer" zu widmen. Die 1 000-PS-Maschine machte 1912 ihre Probefahrten und hat wichtige Erkenntnisse zum Direktantrieb mit Verbrennungsmotoren erbracht. Intensiv befaßte sich Klose dann mit dem Automobilwesen.

Richard von Helmholtz,
Altmeister des Bogenlaufs

Der Sohn Richard (1851 – 1934) des berühmten Physikers Hermann von Helmholtz stammte aus Königsberg, wuchs in Bonn und Heidelberg auf, studierte sodann in Stuttgart und München Maschinenbau und trat 1876 bei der Lokomotivfabrik Krauss in München ein. Zunächst im Werk für Schmalspurlokomotiven tätig, wurde er 1881 zum Leiter des Konstruktionsbüros im Stammwerk am Marsfeld berufen. Diese Position hatte er bis zum Übertritt in den Ruhestand 1917 inne.

In den vier Jahrzehnten bei Krauss hat Richard von Helmholtz zahlreiche bahnbrechende Konstruktionen geschaffen. Intensiv befaßte er sich mit Spurführung und Bogenlauf, verbesserte zunächst das System Kloses und kam 1888 mit einer grundlegend neuen Theorie heraus: der Seitenverschieblichkeit von Kuppelachsen bei entsprechender Ausbildung von Kurbelzapfen und Stangen, um den Führungsdruck der Radsätze auf mehrere Spurkränze zu verteilen. Praktische Anwendung fanden diese Überlegungen tausendfach im „Krauss-Helmholtz-Gestell", der Verbindung aus radial einstellbarer Laufachse und seitenverschieblicher Kuppelachse. Erste große Erfolge hat Karl Gölsdorf in Österreich mit diesen Ideen gehabt, so daß auch sein Name dafür steht.

1896 baute von Helmholtz seine erste Lokomotive mit einer als Anfahrhilfe gedachten „Vorspannachse", die mit Dampfdruck auf die Schienen gepreßt werden konnte; sie setzte sich nicht durch. Konstruktive Verbesserungen der Verbundlok, des Stütztenders, der Heusinger-Steuerung für kleine Lokomotiven sowie seine Bevorzugung der breiten und tiefen Feuerbüchse machten hingegen bald Schule.

Sein Drehgestell wurde 1896 vom Verein deutscher Eisenbahn-Verwaltungen preisgekrönt. Im Ruhestand verfaßte er mit Wilhelm Staby den ersten Teil der „Vereinslokomotivgeschichte" und die Chronik der badischen Lokomotiven.

Robert Garbe,
ein „Vater der Heißdampflokomotive"

Unter den zur Jahrhundertwende wirkenden Eisenbahntechnikern ist Robert Garbe (1847 – 1932), Sohn eines Schlossermeisters aus Oppeln, eine die Gemüter bewegende Persönlichkeit. Das Geld für seine Ausbildung war knapp, er baute physikalische Instrumente als Broterwerb, machte in Breslau auch Lokomotivdienst und kam zur Gewerbeschule in Brieg. Ein ausgezeichnetes Examen brachte ihm ein Stipendium zum Besuch der Gewerbeakademie in Berlin ein. Von 1877 bis 1895 leitete er die Hauptwerkstätte Markgrafendamm der Niederschlesisch-Märkischen Bahn in Berlin und machte sich dort besonders um die Lehrlingsausbildung in eigenen Abteilungen verdient.

Mit diesen Erfahrungen wurde Garbe 1895 in der Eisenbahndirektion Berlin zum Dezernenten für Konstruktion und Beschaffung von Lokomotiven für fast alle preußischen Bahnen ernannt. Der einfache Aufbau der Lokomotiven war nun ebenso sein Ziel wie die Durchsetzung der Heißdampftechnik nach den Patenten des Kasseler Zivilingenieurs Wilhelm Schmidt. Obwohl deren thermodynamische Überlegenheit klar zu erkennen war, dauerte die praktische Durchsetzung der Idee mit Bewältigung der technischen Probleme bei Überhitzerbauart, Ölqualität

oder Abdichtung lange Jahre. Nach vielen Experimenten stand ab 1906 die Bauart der Heißdampflok fest: Rauchrohrüberhitzer und schmale Kolbenringe trugen dazu bei.
Zum Nervenkrieg mit von Borries wurde die Überzeugung Garbes, daß Verbundlokomotiven mit zweistufiger Dampfdehnung den Heißdampf verzichtbar werden lassen. Fanatisch war auch sein Motto: „Glaube an die Sache, der Du dienst". Den Bau von Heißdampf-Verbundlokomotiven hat Garbe verhindert, wo er konnte.
Tausende brauchbarer Lokomotiven der Preußischen Staatseisenbahnen wurden nach seinen Vorgaben gebaut. Von 1907 bis 1912 war er im Eisenbahn-Zentralamt Berlin für die Beschaffung von Heißdampflokomotiven zuständig. Noch 1924 griff er mit der Streitschrift „Die zeitgemäße Heißdampflokomotive" in die Fachdiskussion ein.

August von Borries
und die Verbundlokomotive

In der zweiten Hälfte des 19. Jahrhunderts, besonders nach Verstaatlichung der meisten Eisenbahnen, wuchs der Einfluß ihrer Maschinenmeister auf die Konstruktion der Fahrzeuge erheblich an. Unter den konkurrierenden Lokomotivfabriken suchten sie sich ein Unternehmen aus, das ihre Ideen im Entwurf und im Bau zu berücksichtigen bereit war. Das galt besonders in Preußen, wo durch „Normalien für Betriebsmittel" der Typenvielfalt ab 1875 entgegengewirkt werden sollte. Um den Fortschritt nicht zu hemmen, durften die Eisenbahndirektionen aber auch „Special-Betriebsmittel" bestellen.
Eine führende Kraft auf diesem Gebiet war August von Borries (1852–1906) aus Niederbecksen bei Minden: Schüler der Gewerbeakademie in Berlin, erste Praxis bei der Bergisch-Märkischen Bahn, ab 1875 bei der Eisenbahndirektion Hannover als Werkstättenvorstand und Chef des Maschinentechnischen Büros. Als 1876 die ersten brauchbaren Verbundlokomotiven nach Mallet entstanden, setzte sich von Borries für die Übernahme dieses Systems ein: Die zweistufige Dampfdehnung senkte den Kohleverbrauch. Zahlreiche Dampflokomotiven „hannoverscher Bauart" gehen auf seine Vorschläge zurück.

Für Schnellzugloks führten die Preußischen Staatseisenbahnen 1895 allein die Verbundmaschine ein. Mehrere Reisen nach Amerika brachten von Borries schließlich zum Entwurf einer eigenen Bauart von Vierzylinder-Verbundlokomotiven mit allen Zylindern in einer Querebene und Einachsantrieb. Mit dem Aufkommen der Heißdampflokomotive nach 1898 suchte aber Robert Garbe, der Lokomotivdezernent in Berlin, das Verbundsystem wieder abzuschaffen, und lehnte für Preußen die Heißdampf-Verbundlok kategorisch als „zu verwickelt" ab. Darauf übernahm von Borries 1902 den Lehrstuhl für Eisenbahnmaschinenwesen an der Technischen Hochschule Charlottenburg und bereitete den Bau eines „Lokomotivlaboratoriums" sowie ein Lokomotivbau-Lehrbuch vor.

Franz Kruckenberg, ein Wegbereiter des modernen Schnellverkehrs

Stellvertretend für viele innovative Männer im Eisenbahnwesen des 20. Jahrhunderts wird hier der Schöpfer des propellergetriebenen „Schienenzeppelins" und anderer revolutionärer Ideen, Franz Kruckenberg (1882–1965), erwähnt. Sein beruflicher Werdegang als Schiffbauer führte ihn im Ersten Weltkrieg an die Spitze des Luftschiffbaus von Schütte-Lanz in Mannheim. Ab 1924 wandte er sich dem „geführten Flug" zu und projektierte eine Hänge-Schnellbahn mit Propeller, die zwischen Berlin und dem Ruhrgebiet erbaut werden sollte, aus Geldmangel aber nicht realisiert werden konnte. 1928 begann Kruckenberg mit Unterstützung der Reichsbahn die Entwicklung eines leichten Schnellfahr-Versuchswagens für die Schiene, der ebenfalls von einem Propeller getrieben wurde. Das gesamte Experimentalfahrzeug wurde durch ein mit Blech und Leinwand bespanntes Stahlrohrgerippe gebildet. Am 21. Juni 1931 erreichte es zwischen Hamburg und Berlin 230 km/h Höchstgeschwindigkeit, wurde bald darauf aber zu einem Erprobungsträger für die hydrodynamische Kraftübertragung nach Föttinger umgebaut und erfolgreichen Tests unterzogen. Alle gewonnenen Erfahrungen versammelte Kruckenberg nun in dem von ihm entworfenen Reichsbahn-Schnelltriebwagen SVT 137 155 von 1938, dessen Probefahrten vor Kriegsbeginn allerdings nicht mehr abgeschlossen werden konnten. Nach Kriegstätigkeit im Flugzeugbau wandte sich Kruckenberg 1949 wieder der Eisenbahn zu und stellte 1953 in München die nach seinen Ideen gebauten Leichtmetall-Gliederzüge VT 10 („Komet" und „Senator") der Bundesbahn vor. Obwohl sie abermals keine lange Laufzeit erreichten, haben sie als Prototypen für den deutschen TEE-Triebwagen VT 11 eine große Bedeutung gehabt. Viele seiner einstigen Vorschläge sind heute Allgemeingut: Leichtbau, getrennte Schnellfahrgleise, Taktfahrplan hoher Frequenz, Entwicklung des Bahnhofs zum „Verkehrshaus" im Zentrum der Städte.

Nachwort

Die Geschichte der Eisenbahnfahrzeuge reicht gegenüber der hundertjährigen Automobilgeschichte bereits 150 Jahre zurück, außerdem umfaßt sie nicht nur *eine* Art von Fahrzeugen, eben Autos, sondern Dampflokomotiven, Diesellokomotiven und elektrische Lokomotiven samt den zugehörigen ortsfesten Anlagen, Triebwagen verschiedener Antriebsarten, Reisezugwagen und Güterwagen sowie Dienstfahrzeuge für die unterschiedlichsten Zwecke. Trotzdem sollte der Umfang des Buches über 150 Jahre Eisenbahnfahrzeugtechnik nach den Vorgaben des Verlags auf wenig mehr als die Hälfte gegenüber dem Buch über die Personenkraftwagen begrenzt bleiben. Damit war eine ähnlich eingehende Darstellung von Einzelheiten ausgeschlossen, die Beschränkung auf das Wesentliche vorgezeichnet. Deshalb spricht der Titel auch mit Bedacht von Eisenbahn- und nicht allgemein von Schienenfahrzeugen; Straßenbahnen und U-Bahnen mußten unberücksichtigt bleiben. Auch ließ sich nicht jede Entwicklung gleichermaßen eingehend behandeln, die Darstellung mußte sich an Schwerpunkten orientieren. Sie liegen bei jenen Fahrzeugen, die entweder in größerer Zahl gebaut wurden oder in der

Eisenbahngeschichte eine besondere Rolle gespielt haben.
Der Zeitrahmen geht vom Jahr 1838 aus, in dem die erste in Deutschland entwickelte und gebaute, funktionstüchtige Lokomotive fertiggestellt wurde: die „Saxonia" von Johann Andreas Schubert für die Leipzig-Dresdner Eisenbahn. Die beiden frühen, aber noch untauglichen Lokomotiven von Johann Friedrich Krigar und der Königlichen Eisengießerei zu Berlin bleiben damit ebenso wie die Fahrzeuge der schon im achtzehnten Jahrhundert betriebenen Kohlenbahnen an Ruhr und Saar unberücksichtigt. Die „Saxonia" darf jedoch mit Recht als Ausgangspunkt einer eigenständigen deutschen Entwicklung regelrechter Eisenbahntechnik gelten. Darin kommt auch keine Geringschätzung der Wagenbauer zum Ausdruck, die in Nürnberg um 1835 für die Eisenbahn zu arbeiten begannen; denn sie fügten damit zunächst nur dem Kutschenbau eine Variante hinzu.
In den Beiträgen zu diesem Buch tritt gegenüber den meisten Fahrzeugbeschreibungen die Technik stärker in den Vordergrund. Freilich zwang auch hier die gebotene Kürze zu Kompromissen; denn oft reichte der vorgegebene Raum nur zur allgemeinen, aber kaum zu einer vertieften Darstellung. Der Beitrag über die Diesellokomotiven bildet eine Ausnahme; seine einleitenden Ausführungen vermitteln damit Zusammenhänge, die zum Teil auch für die übrigen Triebfahrzeugarten gelten.
Als besonders kritisch erwies sich die Zusammensetzung des Mosaiks aus 27 einzelnen Beiträgen. Abgesehen davon, daß einige den vorgegebenen Rahmen bei weitem sprengten, bedurfte es mehr oder weniger starker Anpassungen, um Wiederholungen zu vermeiden, eine einheitliche Linie zu finden und schließlich eben jenes aus Mosaiksteinen zusammengesetzte Gesamtbild über „150 Jahre deutsche Eisenbahnfahrzeugtechnik" entstehen zu lassen. Außerdem hat sich der Verlag des Vereins Deutscher Ingenieure in seiner langen Tradition immer auch der deutschen Sprache verpflichtet gefühlt. Selbst wenn an technische Texte nicht die Maßstäbe literarischer Werke angelegt zu werden brauchen, so sollte auch in einem Technik-Sachbuch nicht jeder Satz – wie in Fachaufsätzen oft üblich – mit „wird", „ist" oder „hat" gebildet sein. Wenn sich das Buch trotz der Vielzahl seiner Verfasser und ihrer unterschiedlichen Diktion einigermaßen einheitlich liest, so ist dies nicht zuletzt der verständnisvollen Zustimmung der Autoren zur entsprechenden Bearbeitung ihrer Manuskripte zu verdanken. Der besseren Lesbarkeit wegen sind auch Einheiten und Zahlwörter mit bis zu zwei Silben in Buchstaben ausgeschrieben, Abkürzungen grundsätzlich vermieden.
Aber auch Begriffe, die sich aus neueren Normen ableiten, in der Umgangssprache aber – noch – nicht Eingang gefunden haben, blieben in ihrer altgewohnten Form erhalten, so die „vierachsige" statt der „vierradsätzigen" Lokomotive. Ähnlich die Einheiten: Zum Beispiel gehörten über Jahrzehnte hinweg zu Druckangaben bei Dampfkesseln oder Luftbremsen „atü", später „Kilogramm je Quadratzentimeter" oder „bar", während heute „Pascal" richtig wäre. Um den Bezug zur früheren Literatur nicht verloren gehen zu lassen, steht bei Druckwerten, von wenigen Ausnahmen abgesehen, noch kg/cm^2.
Aus der Reverenz an eine Reihe von Persönlichkeiten, die in der Entwicklung der Eisenbahnfahrzeugtechnik Herausragendes geleistet haben, spricht ebenfalls der Zwang zur Beschränkung. Zahlreiche weitere „Pioniere" hätten es gleichermaßen verdient, einbezogen zu werden. Selbst wenn die Entwicklung im zwanzigsten Jahrhundert nicht mehr so deutlich von Einzelpersönlichkeiten geprägt war, so genügen wenige Namen – Rudolf Diesel, Oskar von Miller, Hermann Föttinger oder Walter Reichel –, um bewußt zu machen, daß die Reihe der Biographien noch lange hätte fortgesetzt werden müssen.
Schließlich bleibt die geographische Beschränkung auf Deutschland. Entwicklungen im Ausland konnten, sofern zum Verständnis unverzichtbar, höchstens angedeutet werden. Andererseits hätte ein dazugehörender Teil gefehlt, wäre ab 1945 nur die Bundesrepublik Deutschland berücksichtigt worden. Wenngleich das Buch im wesentlichen für ihren Markt bestimmt ist, so mußte doch versucht werden, auch die bemerkenswerten Entwicklungen bei der Reichsbahn in der Deutschen Demokratischen Republik und deren Industrie wenigstens knapp zu umreißen. Zum Teil übernahmen die Autoren diese Aufgabe mit, zum Teil suchte ihr der Herausgeber gerecht zu werden, zum Teil trugen die betreffenden Stellen auch selbst dazu bei; dafür gebührt Dank insbesondere dem VEB Kombinat Schienenfahrzeugbau der DDR.
Die Illustrationen stammen zum Teil aus dem Fundus der Autoren, vom Herausgeber und aus dessen Sammlung, zum Teil aber auch von der Lokomotiv- und Waggonindustrie, von Energieversorgungsunternehmen sowie von der Bundesbahn. Der Verlag gibt im Einzelfall nähere Auskunft.
Im übrigen dankt der Herausgeber allen, die mit Informationen, Bildern oder Ratschlägen zu dem Buch beigetragen haben, nicht zuletzt der eigenen Familie für die erneut bewiesene Geduld.

Ralf Roman Rossberg

Anhang

Die Autoren dieses Buches

Benzenberg, Manfred,
geboren 1937 in Duisburg.

Studium der Elektrotechnik an der TH Aachen. Eisenbahnausbildung bei der Bundesbahndirektion Köln. Danach an verschiedenen Stellen bei der Bundesbahn tätig, unter anderem als Werkdirektor im Ausbesserungswerk München-Freimann und Dezernent für maschinentechnische Anlagen bei der Bundesbahndirektion München, seit 1987 Dezernent für die Beschaffung von Schienentriebfahrzeugen und Straßenfahrzeugen beim Bundesbahn-Zentralamt München. Chefredakteur der Zeitschrift für Eisenbahnwesen und Verkehrstechnik „Glasers Annalen". Dipl.-Ing. Manfred Benzenberg VDI beschreibt die Fahrzeugbehandlungsanlagen in Eisenbahn-Werkstätten.

Bethge, Wolfgang,
geboren 1939 in Berlin.

Studium der Elektrotechnik, Fachrichtung Energietechnik, an der TU Berlin. Eisenbahnausbildung bei der Bundesbahndirektion Hannover. Tätigkeiten im Betriebsmaschinendienst, Güteprüfdienst und Versuchswesen der Bundesbahn. Seit 1979 Dezernent für Einkauf und Konstruktion von Kraft- und Umformerwerksanlagen, Hochspannungsschaltanlagen, für elektromagnetische Beeinflussung und Verträglichkeit und für Erdungstechnik beim Bundesbahn-Zentralamt München. Dipl.-Ing. Wolfgang Bethge behandelt das Thema „Ortsfeste Anlagen der elektrischen Zugförderung".

Bunczeck, Hans Peter,
geboren 1947 in Papenburg (Ems).

Studium des Maschinenbaus, Fachrichtung Konstruktionstechnik, an der Staatlichen Ingenieurschule Burgsteinfurt. Eisenbahnausbildung bei der Bundesbahndirektion Münster (Westfalen). Meßingenieur in der Bundesbahn-Versuchsanstalt Minden, Abteilung für Lauf- und Schwingungstechnik, Sachbearbeiter im Bundesbahn-Zentralamt Minden mit Schwerpunkten auf der Weiterentwicklung der Güterwagentechnik und der Laufsicherheit der Güterwagen. Dipl.-Ing. (FH) Hans-Peter Bunczeck hat im Kapitel Güterwagen die neuzeitlichen Spezialwagen und im Kapitel Containerverkehr die Wagen für den kombinierten Verkehr bearbeitet.

Felsing, Adolf,
geboren 1933 in Harbin (China).

Studium des Maschinenbaus an der TH München, wissenschaftlicher Mitarbeiter bei der Bundesbahndirektion München. Tätigkeiten im Bundesbahn-Ausbesserungswerk Offenburg, Dienststellenleiter des Betriebswerks Freudenstadt, Gruppenleiter „Wärmetechnik" und „Güterwagen" bei der Bundesbahn-Versuchsanstalt Minden. Planung der Fahrzeuge für die Metro von São Paulo und Rio de Janeiro. Leiter der Abteilung für Lauf- und Schwingungstechnik der Versuchsanstalt Minden, Vorstand des Maschinenamts Dortmund. Dezernent für Reisezugwagen, Leiter der Abteilung Reisezugwagen und Wagentechnik, seit 1982 Vizepräsident des Bundesbahn-Zentralamts Minden. Dipl.-Ing. Adolf Felsing VDI stellt die Entwicklung der neuzeitlichen Reisezugwagen seit den späten vierziger Jahren dar.

Frerk, Hans-Wilhelm,
geboren 1926 in Hamburg.

Studium des allgemeinen Maschinenbaus an der TH Karlsruhe. Ingenieurtätigkeit bei Siemens & Halske in Speyer. Eisenbahnausbildung bei der Bundesbahndirektion Karlsruhe. Anschließend verschiedene Tätigkeiten vorwiegend im Werkstättendienst. Dezernent bei der Bundesbahndirektion Karlsruhe, Referent für Werkstättenwesen in der Hauptverwaltung der Bundesbahn in Frankfurt (Main). Seit 1985 Hauptabteilungsleiter für Reisezugwagen in der Zentrale der Bundesbahn. Von Dipl.-Ing. Hans-Wilhelm Frerk stammt der Überblick über Gegenwart und Zukunft der Reisezugwagen.

Friedrichs, Hans,
geboren 1936 in Lerbeck
(Porta Westfalica).

Studium der Elektrotechnik an der TH Aachen. Eisenbahnausbildung bei der Bundesbahndirektion Hannover. Wissenschaftlicher Mitarbeiter beim Bundesbahn-Zentralamt Minden, verschiedene Aufgaben im Betriebsmaschinendienst bei der Bundesbahndirektion Hannover, mehrjährige Tätigkeit beim ORE, dem Internationalen Forschungs- und Versuchsamt der UIC in Utrecht.

Vorstand des Maschinenamts Duisburg, Leiter der Abteilung Bremsen bei der Bundesbahn-Versuchsanstalt Minden, seit 1977 Dezernent für Zug- und Stoßeinrichtungen der Eisenbahnfahrzeuge sowie für Zugdynamik beim Bundesbahn-Zentralamt Minden. Dipl.-Ing. Hans Friedrichs behandelt das Thema „Zug- und Stoßeinrichtungen".

Gemeinhardt, Wolfgang,
geboren 1939 in Berlin.

Studium der Elektrotechnik an der TU Berlin und der TH Karlsruhe. Eisenbahnausbildung bei der Bundesbahndirektion Hamburg. Mehrere Tätigkeiten bei der Bundesbahn, darunter als wissenschaftlicher Mitarbeiter in den Referaten für maschinentechnische Anlagen, Forschung und Entwicklung sowie für den Werkstättendienst in der Bundesbahn-Hauptverwaltung. Werkdirektor des Bundesbahn-Ausbesserungswerks Frankfurt (Main), Vertreter des maschinentechnischen Dienstes im Team Planung des Vorstandsprojekts Resultatsverantwortung, Referent für Investitionsplanung im Ressort Steuerung und Planung, seit 1985 Leiter des Bereichs Einkauf in der Zentrale der Bundesbahn, Präsident der „Ständigen Konferenz der Beschaffungsdirektoren" der europäischen Bahnen. Dipl.-Ing. Wolfgang Gemeinhardt gibt den Überblick über „Beschaffung bei der Bundesbahn in Gegenwart und Zukunft".

Gottwaldt, Alfred,
geboren 1949 in Berlin.

Studium der Rechts- und Sozialwissenschaften sowie der Neueren Geschichte an der Universität Frankfurt (Main). Tätigkeit als Rechtsanwalt. Fachbuchautor mit zahlreichen Veröffentlichungen zur Geschichte der deutschen Eisenbahnen, besonders zum Lokomotivbau und zur Eisenbahn in Berlin; bis 1984 Herausgeber der Zeitschrift „Lok-Magazin". Seit 1983 Leiter der Abteilung Schienenverkehr im Museum für Verkehr und Technik in Berlin. Rechtsanwalt Alfred Gottwaldt portraitiert namhafte Ingenieure aus der Frühzeit der Eisenbahnfahrzeugtechnik.

Harprecht, Wolfgang,
geboren 1931 in Essen.

Studium der Elektrotechnik an der TH Braunschweig und der TU Berlin, Studium der Betriebswirtschaft an der TU München. Berechnungsingenieur für Bahnmotoren bei Siemens in Berlin. Eisenbahnausbildung bei der Bundesbahndirektion München. Verschiedene Tätigkeiten bei der Bundesbahn in Essen, beim Bundesbahn-Zentralamt München und der Zentralstelle für Betriebswirtschaft und Datenverarbeitung in Frankfurt (Main). Auslandstätigkeit für die Weltbank. Leiter der Abteilung Bahnstromversorgung in der Zentralen Transportleitung der Bundesbahn, Aufgaben des Rechts- und Finanzdienstes in der Bahnbauzentrale, Leitung des Fachbereichs Planung und der Projekte Resultatsverantwortung sowie Trennung von Fahrweg und Betrieb in der Hauptverwaltung der Bundesbahn, seit 1980 Leiter der Hauptabteilung Ortsfeste elektrische Anlagen. Dipl.-Ing., Dipl.-Wirtschafts-Ing. Wolfgang Harprecht umreißt den „Elektrischen Zugbetrieb in Gegenwart und Zukunft".

Heyneck, Martin,
geboren 1929 in Halle (Saale).

Studium des Maschinenbaus an der TH Darmstadt. Konstrukteur in den Abteilungen Lokomotivbau und Triebwagenbau der Maschinenfabrik Eßlingen. Eisenbahnausbildung bei der Bundesbahndirektion Frankfurt. Verschiedene Tätigkeiten bei der Bundesbahn, zuletzt Dezernent für den Technischen Wagendienst bei der Bundesbahndirektion Wuppertal. Heute Dezernent für Beladetechnik und wagentechnische Angelegenheiten der internationalen Güterwagenübereinkommen im Bundesbahn-Zentralamt Minden. Dipl.-Ing. Martin Heyneck behandelt insbesondere den umfangreichen historischen Teil des Kapitels über Güterwagen.

Herrmann, Erwin,
geboren 1925 in Windschläg,
Kreis Offenburg.

Maschinenschlosserlehre, Tätigkeit als Schlosser, Studium des Maschinenbau-Ingenieurwesens an der Fachhochschule Mannheim. Werkingenieur im Bundesbahn-Ausbesserungswerk Offenburg für maschinen- und elektrotechnische Anlagen, Leiter der Arbeitsforschung, Fertigungs- und Schweißfachingenieur, Leiter der Technischen Gruppe und Werkwirtschaftsingenieur, seit 1976 Leiter der Ausbesserungswerkstätte Offenburg. Seit 1988 im Ruhestand. Dipl.-Ing. (FH) Erwin Herrmann beschreibt die Bahndienstfahrzeuge.

Joachimsthaler, Anton,
geboren 1930 in Hohenelbe.

Studium der Elektrotechnik am Oskar-von-Miller-Polytechnikum in München. Seit 1956 bei der Bundesbahn im maschinen- und elektrotechnischen Dienst, zeitweise hauptamtlicher Lehrer an der Bundesbahnschule München. Prüffeldingenieur und seit 1972 im höheren Dienst Leiter einer Fertigungsabteilung im Ausbesserungswerk München-Freimann. Von Dipl.-Ing. (FH) Anton Joachimsthaler stammt der Beitrag über elektrische Lokomotiven und die Entwicklung des elektrischen Bahnbetriebs.

Kademann, Siegfried,
geboren 1924 in Leipzig.

Studium des Maschinenbaus an der TH Darmstadt, Gruppenleiter Lokomotivkonstruktion bei Henschel & Sohn in Kassel, Chefkonstrukteur für Schienenfahrzeuge bei der MaK in Kiel, seit 1962 Chefkonstrukteur für Lokomotiven, Dieselmotoren, Flughafentechnik und neue Technologien bei Thyssen-Henschel, seit 1969 Direktor, seit 1982 Chefingenieur. Lehrauftrag der TU München für Konstruktion von Schienenfahrzeugen, später auch für „Spurführungstechnik", 1985 als Honorar-Professor bestellt. Professor Dipl.-Ing. Siegfried Kademann schreibt über Motorlokomotiven.

Knau, Udo,
geboren 1931 in Bad König (Odenwald).

Studium der Elektrotechnik an der TH Darmstadt. Eisenbahnausbildung bei der Bundesbahndirektion Frankfurt. Verschiedene Tätigkeiten bei der Bundesbahn, zuletzt Vorstand des Maschinenamts Fulda, seit 1971 Dezernent für elektro- und klimatechnische Einrichtungen in Reisezugwagen beim Bundesbahn-Zentralamt Minden. Vorsitzender der UIC-Arbeitsgruppe 5R „Elektrotechnische Einrichtungen in Wagen", Mitarbeiter in den Normenausschüssen von DIN und DKE sowie im ORE. Dipl.-Ing. Udo Knau berichtet über elektro- und klimatechnische Einrichtungen in Reisezugwagen: Energieversorgung, Heizung, Lüftung, Kühlung und Beleuchtung.

Kottenhahn, Volker,
geboren 1939 in Berlin.

Studium des allgemeinen Maschinenbaus an der TH München mit Schwerpunkt Eisenbahn- und Kraftfahrzeugtechnik. Eisenbahnausbildung bei der Bundesbahndirektion München. Danach zunächst wissenschaftlicher Mitarbeiter beim Maschinenamt Rosenheim, dann im Dezernat für Brennkrafttriebwagen beim Bundesbahn-Zentralamt München. Zwischenzeitlich Vertreter des Amtsvorstands beim Maschinenamt München 2. Seit 1981 Projektleiter für den Dieseltriebzug 628/928, für Bahndiensttriebwagen und die gleisbogenabhängige Wagenkastensteuerung. Dipl.-Ing. Volker Kottenhahn behandelt das Thema „Dieseltriebwagen".

Kurz, Heinz,
geboren 1939 in Breslau.

Studium des allgemeinen Maschinenbaus an der TH Darmstadt. Eisenbahnausbildung bei der Bundesbahndirektion Frankfurt. Anschließend Tätigkeit im Betriebsmaschinen- und Werkstättendienst der Bundesbahn, anschließend als wissenschaftlicher Mitarbeiter beim Bundesbahn-Zentralamt mit systemtechnischen Planungen für den Schnellverkehr befaßt. Beurlaubt zur DE-Consult als Leiter der Projektbegleitung für das Rad/Schiene-Forschungsprogramm des Bundesministers für Forschung und Technologie. Seit 1978 wieder im Bundesbahn-Zentralamt München und dort seit 1980 Projektleiter für die Entwicklung des ICE (Intercity Experimental und Intercity Express). Fachbuchautor. Dipl.-Ing. Heinz Kurz beschreibt die Entwicklung der elektrischen Triebwagen.

Molle, Peter,
geboren 1933 in Berlin.

Studium des Maschinenbaus an der TH Aachen. Eisenbahnausbildung bei der Bundesbahndirektion Köln. Danach an verschiedenen Stellen bei der Bundesbahn tätig, unter anderem als Leiter des Betriebswerks Essen Hbf, als wissenschaftlicher Mitarbeiter in der Bundesbahn-Hauptverwaltung, als Vorstand des Bundesbahn-Maschinenamts Hamburg sowie als Dezernent und Abteilungsleiter für Güterwagen im Bundesbahn-Zentralamt Minden, anschließend Referent für Reisezug- und Güterwagentechnik sowie technischen Wagendienst in der Bundesbahn-Hauptverwaltung, seit 1987 Leiter des Bereichs Maschinentechnik in der Zentrale der Bundesbahn. Von Dipl.-Ing. Peter Molle stammen neben dem Überblick über „Güterwagen in Gegenwart und Zukunft" auch die Beiträge über Normung.

Freifrau von Morsey-Picard, Gabriele,
geboren 1931 in Leipzig.

Seit 1953 bei der „Vereinigung Deutscher Lokomotivfabriken", dem heutigen „Verband der Deutschen Lokomotivindustrie", ab 1961 als Stellvertreterin des Geschäftsführers, seit 1980 als Geschäftsführerin. Frau von Morsey umreißt Entwicklung und Lage der Lokomotivindustrie in der Bundesrepublik.

Ostendorf, Rolf,
geboren 1934 in Düsseldorf.

Lehre als technischer Zeichner, Praktikum im Lokomotivbau bei Krupp in Essen, Studium des Chemischen Apparatebaus und der Verfahrenstechnik an der Gesamthochschule Essen. Zwischenzeitlich Konstrukteur im Dampf- und Diesellokomotivbau bei Krupp. Konstrukteur im Bergwerksmaschinenbau und seit 1974 Leiter der Entwicklungsabteilung Bergwerks- und Eisenbahntechnik der Maschinenfabrik HAUHINCO in Essen. Maßgebende Beteiligung an den fördertechnischen Einrichtungen der weitgehend automatisierten Rangierbahnhöfe Seelze, Mannheim, Saarbrükken, Maschen und Bremerhaven-Speckenbüttel. Mitglied der VDMA-Fachausschüsse Forschung und Entwicklung für Bergbautechnik. Inhaber zahlreicher in- und ausländischer Patente. Fachbuchautor. Von Dipl.-Ing. Rolf Ostendorf stammen im vorliegenden Werk die Ausführungen über Sonderbauarten im Kapitel über die Dampflokomotive.

Sommer, Norbert,
geboren 1938 in Dobschan (Böhmen).

Studium der Kommunikationswissenschaften an der Ludwig-Maximilians-Universität in München. Redakteur bei der Augsburger Allgemeinen, Leiter der Öffentlichkeitsarbeit von Unternehmen im Finanzbereich. Seit 1971 zunächst Handlungsbevollmächtigter, später Prokurist und Marketingleiter bei der Transfracht Deutsche Transportgesellschaft mbH, der von der Deutschen Bundesbahn gegründeten Tochtergesellschaft für den Containerverkehr. Zahlreiche Beiträge zur Entwicklung des Container-Transportsystems durch Mitwirkung in Forschungsgremien und Fachvereinigungen sowie durch Veröffentlichungen und Vorträge. Norbert Sommer stellt den Verkehr mit Containern und seine Entwicklung dar.

Sonder, Egbert,
geboren 1939 in Kordeshagen (Hinterpommern).

Studium des Maschinenbaus an der TH Aachen. Eisenbahnausbildung bei der Bundesbahndirektion Köln. An verschiedenen Stellen im Bundesbahndienst tätig, unter anderem als Leiter des Betriebswerks Köln-Nippes und Abteilungsleiter im Ausbesserungswerk Duisburg-Wedau sowie bei der Bundesbahn-Versuchsanstalt Minden. Seit 1976 Dezernent für Konstruktion und Einbau der Bremsen in Eisenbahnfahrzeuge beim Bundesbahn-Zentralamt Minden. Präsident des Unterausschusses Bremswesen der UIC. Dipl.-Ing. Egbert Sonder beschreibt die Entwicklung der Bremsen.

Schroeter, Helmut,
geboren 1907 in Berlin.

Studium des Maschinenbaus an der TH Berlin. Eisenbahnausbildung bei den Reichsbahndirektionen Berlin und Breslau. Beurlaubt zur Wirtschaftlichen Forschungsgesellschaft. Anschließend bei der Reichsbahn überwiegend im Werkstättendienst tätig. Wehrdienst und Kriegsgefangenschaft. Ab 1948 bei der Bundesbahn, seit 1957 Dezernent beim Bundesbahn-Zentralamt Minden und in der Zentralstelle für den Werkstättendienst in Frankfurt, zwischendurch beurlaubt zur EG nach Brüssel. Seit 1972 im Ruhestand, bis 1980 für die Deutsche Eisenbahn Consulting tätig. Dipl.-Ing. Helmut Schroeter behandelt die historische Entwicklung der Reisezugwagen etwa bis 1945.

Stieler, Gerhard,
geboren 1930 in Bad Homburg.

Studium des Elektromaschinenbaus an der TH Darmstadt. Eisenbahnausbildung bei der Bundesbahndirektion Frankfurt (Main). Anschließend Tätigkeiten im Starkstrom-, Betriebsmaschinen- und Werkstättendienst. Rund drei Jahre im Bundesverkehrsministerium (Allgemeine Verkehrstechnik), danach Dezernent, später Abteilungsleiter im Bundesbahn-Zentralamt Minden. Seit 1988 Hauptabteilungsleiter für Güterwagen, kombinierten Ladungsverkehr und Transportkettentechnik in der Zentrale der Bundesbahn. Von Dipl.-Ing. Gerhard Stieler kommt ein Teil des Beitrags über neuzeitliche Güterwagen, aber auch die Betrachtung „Güterwagen als Antwort auf die Herausforderungen des Marktes".

Troche, Horst,
geboren 1931 in Diepholz.

Studium des Maschinenbaus an der Technischen Hochschule Darmstadt. Eisenbahnausbildung bei der Bundesbahndirektion Frankfurt. Seit 1959 Tätigkeit bei verschiedenen Stellen der Bundesbahn, überwiegend im Werkstättendienst. Seit 1985 Hauptabteilungsleiter für Produktion in den Werken bei der Zentrale der Bundesbahn. Vielseitige eisenbahnhistorische Nebentätigkeiten: Betreuung der Restaurierung zahlreicher Schienenfahrzeuge; bei den Veranstaltungen „150 Jahre Eisenbahn in Deutschland" Konzeption der Jubiläumsparaden in Nürnberg und der Fahrzeugschau in Bochum-Dahlhausen. Im vorliegenden Werk stammen von Dipl.-Ing. Horst Troche die Beiträge über die Dampflokomotiven der Regelbauart und über die Akkumulatortriebwagen, außerdem lag bei ihm die Koordinierung des Gesamtkapitels über die Dampflokomotive.

Voß, Martin,
geboren 1935 in Stuttgart.

Studium der Elektrotechnik an der Universität Stuttgart. Eisenbahnausbildung bei der Bundesbahndirektion Stuttgart. Danach Tätigkeiten in den Ausbesserungswerken Karlsruhe und Nürnberg, in der Versuchsanstalt München und als wissenschaftlicher Mitarbeiter in der Bundesbahn-Hauptverwaltung. Vorstand des Maschinenamts und der Bodensee-Schiffsbetriebe Konstanz, Werkdirektor des Ausbesserungswerks Nürnberg, Dezernent für Werkstatt- und Betriebswirtschaftsfragen bei der Bundesbahndirektion Nürnberg und gleichzeitig Direktor des Verkehrsmuseums Nürnberg. Seit 1977 Hauptabteilungsleiter Triebfahrzeuge in der Zentrale der Bundesbahn. Dipl.-Ing. Martin Voß behandelt entsprechend seinem Fachgebiet, das mehrere Kapitel des Buchs berührt, die elektrischen Triebfahrzeuge, die Dieseltriebfahrzeuge und den Zugförderungsdienst in Gegenwart und Zukunft.

Wolters, Hermann,
geboren 1934 in Rheinhausen. Studium der Elektrotechnik an der TH Aachen. Eisenbahnausbildung bei der Bundesbahndirektion Köln. Nach verschiedenen Tätigkeiten bei der Bundesbahn in Dortmund und Hamburg wissenschaftlicher Mitarbeiter in der Bundesbahn-Hauptverwaltung, Vorstand des Maschinenamts Aachen, Dezernent in der Abteilung Bahnstromversorgung der Zentralen Transportleitung, Leiter der Elektrotechnischen Abteilung des Bundesbahn-Zentralamts München, Vizepräsident und Leiter der Maschinentechnischen Abteilung der Bundesbahndirektion München. Seit 1985 Leiter des Bereichs Werke in der Zentrale der Bundesbahn. Dipl.-Ing. Hermann Wolters beleuchtet den Werkstättendienst in Gegenwart und Zukunft.

Wolz, Iwo,
geboren 1934 in Augsburg. Studium der Volks- und Betriebswirtschaft an den Universitäten München und Mainz, anschließend wissenschaftlicher Mitarbeiter in der Unternehmensberatung, Referent für Großzählungen in der amtlichen Statistik und Verbandsgeschäftsführer in der Markenartikelindustrie. Seit 1976 Geschäftsführer des Verbandes der Waggonindustrie in Frankfurt am Main. Dipl.-Volkswirt Iwo Wolz legt Entwicklung und Lage der Waggonindustrie in der Bundesrepublik dar.

Die Einzelbeiträge und ihre Verfasser

Hinweise auf weiterführende Literatur

Allgemeines

Ewald, Kurt: 20000 Schriftquellen zur Eisenbahnkunde. Kassel 1941. Nachdruck. Mainz: Dumjahn-Verl. 1978.

Das deutsche Eisenbahnwesen der Gegenwart, 2 Bände. Berlin: Verl. Reimar Hobbing, 1911.

Eisenbahnwesen – Die eisenbahntechnische Tagung und ihre Ausstellungen. Berlin: VDI-Verl. 1925.

Hundert Jahre deutsche Eisenbahnen. Leipzig: Verkehrswissenschaftliche Lehrmittelgesellschaft 1935 und 1938.

Uns gehören die Schienenwege. Berlin: VEB Verl. Transpress 1960.

Deutsche Eisenbahnen 1835–1985. Berlin: VEB Verl. Transpress 1985.

Zug der Zeit – Zeit der Züge. Deutsche Eisenbahn 1835–1985, 2 Bände. Berlin: Siedler Verl. 1985.

Krienitz, Gerhard: Daten – Bilder – Ereignisse aus der Geschichte der deutschen Eisenbahnen. Berlin: Georg Siemens Verlagsbuchhandlg. 1986.

Rossberg, Ralf Roman: Geschichte der Eisenbahn. Künzelsau: Sigloch Edition 1984.

Obermayer, Horst J.: Taschenbuch der Eisenbahn. Band 1: Fahrzeuge und Bahntechnik. Stuttgart: Franckh-Verl. 1975.

Dampflokomotiven

Blum, Alfred, August von Borries und *Karl Georg Barkhausen:* Die Eisenbahn-Technik der Gegenwart – Das Eisenbahn-Maschinenwesen der Gegenwart, 1. Abschn. Die Eisenbahn-Betriebsmittel, 1. Teil Die Lokomotiven. Wiesbaden: C. W. Kreidel's Verl. 1897.

Garbe, Robert: Die Dampflokomotiven der Gegenwart. Berlin: Springer-Verl. 1920.

Jahn, John: Die Dampflokomotive in entwicklungsgeschichtlicher Darstellung ihres Gesamtaufbaus. Berlin–Heidelberg–New York: Springer-Verl. 1924.

Helmholtz, Richard von und *Wilhelm Staby:* Die Entwicklung der Lokomotive, 1. Band 1835–1880. München und Berlin: R. Oldenbourg Verl. 1930.

Metzeltin, Erich: Die Entwicklung der Lokomotive, 2. Band 1880–1920. München und Berlin: R. Oldenbourg Verl. 1937.

Igel, Martin: Handbuch des Dampflokomotivbaues. Berlin: Verl. von M. Krayn 1923.

Meineke, Felix und *Friedrich Röhrs:* Die Dampflokomotive – Lehre und Gestaltung. Berlin–Göttingen–Heidelberg: Springer-Verl. 1949.

Henschel-Lokomotiv-Taschenbuch. Kassel: Henschel & Sohn 1952.

Born, Erhard: Die Regel-Dampflokomotiven der Deutschen Reichsbahn und der Deutschen Bundesbahn. Frankfurt am Main: Verkehrswissenschaftliche Lehrmittelgesellschaft 1953.

Niederstrasser, Leopold: Leitfaden für den Dampflokomotivdienst. Frankfurt am Main: Verkehrswissenschaftliche Lehrmittelgesellschaft 1957.

Maedel, Karl-Ernst: Deutschlands Dampflokomotiven gestern und heute. Berlin: VEB Verl. Technik 1957.

Dampflokomotivkunde. Eisenbahn-Lehrbücherei der Deutschen Bundesbahn, Band 134, 2. Aufl. Starnberg: Josef Keller Verl. 1959.

Obermayer, Horst J.: Taschenbuch Deutsche Dampflokomotiven. Band 1: Regelspur 1969; Band 2: Schmalspur 1971. Stuttgart: Franckh-Verl. 1969.

Ostendorf, Rolf: Ungewöhnliche Dampflokomotiven von 1803 bis heute. Stuttgart: Motorbuch-Verl. 1975.

Diesellokomotiven

Lomonossoff, Georg V.: Diesellokomotiven. Berlin: VDI-Verl. 1929; Nachdruck Düsseldorf: VDI-Verl. 1985.

Dieselfahrzeuge im Schienenverkehr. Vergleichende Betrachtung gegenüber Dampf- und elektrischer Zugförderung – Bericht der Arbeitsgemeinschaft Dieselschienenverkehr. Darmstadt–Köln: Carl Röhrig Verl. 1954.

Kunicki, Heinz: Deutsche Dieseltriebfahrzeuge gestern und heute. Berlin: VEB Verl. Transpress 1966.

Autorenkollektiv: Leitfaden der Dieseltriebfahrzeuge, 2 Bände. Berlin: VEB Verl. Transpress 1967.

Obermayer, Horst J.: Taschenbuch Deutsche Diesellokomotiven. Stuttgart: Franckh-Verl. 1972.

Heinz, Kurt: Brennkraft-Triebfahrzeuge – Fahrzeugbetrieb. Eisenbahn-Lehrbücherei der Deutschen Bundesbahn, Band 117. Starnberg: Josef Keller Verl. 1972.

Handbuch der Dieseltriebfahrzeuge der Deutschen Bundesbahn. 3. Aufl. Frankfurt am Main: Verl. der Gewerkschaft Deutscher Lokomotivbeamter 1975.

Glatte, Wolfgang: Diesellokomotiven deutscher Eisenbahnen. Düsseldorf: Alba-Buchverl. 1981.

Teich, Werner: Drehstromantriebstechnik für Schienenfahrzeuge. Mannheim: BBC 1986.

Maier, Matthias: Die Diesellokomotiven bei der DB. Stuttgart: Franckh-Verl. 1988.

Dieseltriebwagen

Zschech, Rainer: Triebwagenarchiv. Berlin: VEB Verl. Transpress 1966.

Zschech, Rainer: Triebwagen deutscher Eisenbahnen. Band 2: VT und DT. Düsseldorf: Alba-Buchverl. 1977.

Obermayer, Horst J.: Taschenbuch Deutsche Triebwagen. Stuttgart: Franckh-Verl. 1973.

Kurz, Heinz: Fliegende Züge. Freiburg: Eisenbahn-Kurier Verl. 1986.

Gottwaldt, Alfred: Schienenzeppelin. Augsburg: Rösler & Zimmer Verl. 1972.

Bohlmann, Dieter-Theodor: Die Wismarer Schienenomnibusse der Bauart Hannover. Gifhorn: Verl. Wolfgang Zeunert 1976.

Löttgers, Rolf: Der Uerdinger Schienenbus. Stuttgart: Franckh-Verl. 1985.

Elektrische Bahnen und Lokomotiven

Wechmann, Wilhelm: Der elektrische Zugbetrieb der Deutschen Reichsbahn. Berlin-Charlottenburg: R. Otto Mittelbach Verl. 1924.

Sachs, Karl: Elektrische Vollbahnlokomotiven. Berlin: Julius Springer Verl. 1928.

Elektrische Bahnen. Siemens-Handbuch, Band 15. Berlin und Leipzig: Verl. Walter de Gruyter 1930.

Grünholz, Hans: Elektrische Vollbahnlokomotiven. Berlin: AEG 1930.

Joachimsthaler, Anton: Die elektrischen Einheitslokomotiven der Deutschen Bundesbahn. Frankfurt am Main: Verl. der Gewerkschaft Deutscher Lokomotiv-Beamter 1965.

Obermayer, Horst J.: Taschenbuch Deutsche Elektrolokomotiven. Stuttgart: Franckh-Verl. 1970.

Joachim, Ernst: Elektrische Lokomotiven. Düsseldorf: Alba-Buchverl. 1973.

Mehrere Autoren: 100 Jahre elektrische Eisenbahn. Starnberg: Josef Keller Verl. 1979.

Schaefer, Heinz-Herbert: Elektrotechnische Anlagen für Bahnstrom. Heidelberg–Mainz: Eisenbahn-Fachverl. 1981.

Stockklausner, Johann: Wechselstromlokomotiven in Österreich und Deutschland. 2 Bände. Wien: Otto Slezak-Verl. 1983.

Bäzold, Dieter und *Günther Fiebig:* Ellok-Archiv. Berlin: VEB Verl. Transpress 1984.

120 – Elektrische Lokomotive in Drehstromantriebstechnik. München: Oldenbourg-Verl. 1984.

Krauss, Heinrich: Grundlagen elekrischer Bahnen. Düsseldorf: Werner-Verl. 1986.

Elektrische Triebwagen

Obermayer, Horst J.: Taschenbuch Deutsche Triebwagen. Stuttgart: Franckh-Verl. 1973.

Zschech, Rainer: Triebwagen deutscher Eisenbahnen. Band 1: ET und ETA. Düsseldorf: Alba-Buchverl. 1977.

Troche, Horst: Der elektrische Aussichtstriebwagen der Deutschen Bundesbahn. Lübbecke: Uhle & Kleimann 1980.

ICE Zug der Zukunft. Darmstadt: Hestra-Verl. 1985.

Akkumulatortriebwagen

Guillery, Carl: Handbuch über Triebwagen für Eisenbahnen. München–Berlin: Oldenbourg-Verl. 1908; Ergänzungsband 1919.

Troche, Horst: Die Akkumulator-Triebwagen Bauart Wittfeld der Preußischen Staatsbahn. Jahrbuch für Eisenbahn-Geschichte, Band 10. Augsburg: Rösler & Zimmer Verl. 1978.
Löttgers, Rolf: Die Akkutriebwagen der Deutschen Bundesbahn – ETA 150 und 176. Stuttgart: Franckh-Verl. 1985.

Reisezugwagen

Wagner, Peter und *Sigrid* sowie *Joachim Deppmeyer:* Reisezugwagen deutscher Eisenbahnen. Düsseldorf: Alba-Buchverl. 1979.
Diener, Wolfgang: Die Reisezugwagen und Triebwagen der Deutschen Reichsbahn 1930. Krefeld: Verl. Gustav Röhr 1983.
Wagenkunde. Eisenbahn-Lehrbücherei, Band 170. Starnberg: Josef Keller Verl. 1954.
Brandt, Walther: Schlaf- und Speisewagen der Eisenbahn. Stuttgart: Franckh-Verl. 1968.
Miosga, Harry: 125 Jahre Bahnpostwagen in Deutschland. Archiv für das Post- und Fernmeldewesen, 28 (1976) Nr. 7.
Obermayer, Horst J.: Taschenbuch Deutsche Reisezugwagen. Stuttgart: Franckh-Verl. 1978.
Eisenbahnwagen in Originaldokumenten 1847–1874, 1875–1909 und 1910–1943 (Ausgewählte Beiträge aus: „Organ für die Fortschritte des Eisenhahnwesens") 6 Bände. Moers: Steiger-Verl. 1986/87.
Deppmeyer, Joachim: Die Einheits-Personen- und Gepäckwagen der Deutschen Reichsbahn 1932–1937. Stuttgart: Verl. Dr. Bernhard Abend 1988.

Elektro- und Klimatechnik in Reisezugwagen

Büttner, Max: Die Beleuchtung von Eisenbahn-Personenwagen. Berlin: Julius Springer Verl. 1925.
Lehmann, Heinrich und *Wilhelm Kevepütz:* Heizbetrieb. Köln und Darmstadt: Carl Röhrig Verl. 1952.
Böhm, Friedrich: Heizung der Reisezugwagen der Deutschen Bundesbahn, 2 Bände. In: Elsners Taschenbuch für den maschinentechnischen Eisenbahndienst. Frankfurt am Main: Tetzlaff-Verl. 1956.
Knau, Udo, et al.: Elektrische Einrichtungen in Reisezugwagen. In: Elsners Taschenbuch der Eisenbahntechnik. Darmstadt: Tetzlaff-Verl. 1977, 1978, 1979, 1980, 1982 und 1983.

Güterwagen

Mayer, Max: Eßlinger Lokomotiven, Wagen und Bergbahnen. Berlin: VDI-Verl. 1924.
Wagenkunde. Lehrstoffheft der Deutschen Reichsbahn. Leipzig: Verkehrswissenschaftliche Lehrmittelgesellschaft 1943.
Wagenkunde. Eisenbahn-Lehrbücherei, Band 170. Starnberg: Josef Keller Verl. 1954.
Lehmann, Heinrich und *Erhard Pflug:* Der Fahrzeugpark der Deutschen Bundesbahn und neue, von der Industrie entwickelte Schienenfahrzeuge. Berlin: Georg Siemens Verlagsbuchhandlg. 1956 (Nachtrag 1960).
Schadendorf, Wulf: Von Europas Eisenbahnen. München: Prestel-Verl. 1963.
Mühl, Albert und *Kurt Seidel:* Die Württembergischen Staatseisenbahnen. Stuttgart: Konrad Theiss Verl. 1970.
Autorenkollektiv: Güterwagenhandbuch. Berlin: VEB Verl. Transpress 1974.
Maedel, Karl-Ernst: Die Königlich Sächsischen Staatseisenbahnen. Stuttgart: Franckh-Verl. 1977.
Obermayer, Horst J.: Taschenbuch Deutsche Güterwagen. Stuttgart: Franckh-Verl. 1980.
Mühl, Albert: Die Pfalzbahn. Stuttgart: Konrad Theiss Verl. 1982.
Jakobs, Manfred: Historische Güterwagen. Berlin: Georg Siemens Verlagsbuchhandlg. 1985.

Bahndienstwagen

Wagenpark-Verzeichnis der Kgl. Bayr. Staatseisenbahn. München: Hofbuchdruckerei Weiß u. Hameier 1913.
Verzeichnis der Dienstgüter- und Bahndienstwagen der Deutschen Reichsbahn. Wien 1939. Nachdruck Krefeld: Verl. Gustav Röhr 1980.

Zug- und Stoßeinrichtungen

Salin, Edgar: Die automatische Mittelpufferkupplung. Tübingen: Verl. J. C. B. Mohr (Paul Siebeck) 1966.
Verbindungen – 50 Jahre Scharfenbergkupplung. Wiesbaden: Optimum Verl. für Wirtschaftsschrifttum und Werbung 1971.

Bremsen

Bremsen. Eisenbahn-Lehrbücherei. Starnberg: Josef Keller Verl. 1962.
Der Bremsbeamte. Eisenbahn-Lehrbücherei. Heidelberg–Mainz: Eisenbahn-Fachverl. 1982.
Bremseinrichtungen. Ein Lernprogramm. Eisenbahn-Lehrbücherei. Starnberg: Josef Keller Verl. 1973.
Barthel, Manfred: Kraft und Sicherheit – 75 Jahre Knorr-Bremse. Düsseldorf: Econ-Verl. 1980.

Werkstättendienst

Radde, Rudolf: Technische Anlagen der Eisenbahn-Betriebswerke. Berlin: Fachverl. Schiele & Schön 1947.
Radde, Rudolf: Technische Berechnungen – Eisenbahnbetriebswerke und maschinenartige Anlagen. Berlin: Fachverl. Schiele & Schön 1948.
Dienstvorschrift der Deutschen Reichsbahn-Gesellschaft für die Behandlung der Dampflokomotiven und Tender in den Werkstätten. Dresden 1929.
Werkstättenbetriebsführung. Deutsche Reichsbahn-Gesellschaft. Berlin: Verl. der Verkehrswissenschaftlichen Lehrmittelgesellschaft 1929.
Betriebsmaschinentechnische Anlagen für Dampflokomotiven. Eisenbahn-Lehrbücherei. Starnberg: Josef Keller Verl. 1957.
Das Bahnbetriebswerk. Eisenbahn-Lehrbücherei. Starnberg: Josef Keller Verl. 1965.
Der Fahrzeug-Unterhaltungsdienst der Deutschen Bundesbahn. 3 Bände. Berlin: Georg Siemens Verlagsbuchhandlg. 1968.

Lokomotiv- und Waggonindustrie

Die Deutsche Bundesbahn und ihre Industrie. Darmstadt: Carl Röhrig Verl. 1953.
Wir und die Eisenbahn. Darmstadt: Carl Röhrig Verl. 1961.
Lokomotiven – Made in Germany. Frankfurt: Exportförderungsverband der Deutschen Lokomotivindustrie 1972.
Messerschmidt, Wolfgang: Taschenbuch Deutsche Lokomotivfabriken. Stuttgart: Franckh-Verl. 1977.
Wolz, Iwo: Die deutsche Schienenfahrzeugindustrie. Frankfurt: Verbände der Lokomotiv-, Waggon- und Elektroindustrie 1979.
Tiffe, Gerhard: Geschichte des deutschen Lokomotivbaus. Berlin: Georg Siemens Verlagsbuchhandlg. 1985.
Störiko, Adolf: 100 Jahre Verbände der deutschen Waggonindustrie 1877–1977. Herausgegeben vom Verband der Waggonindustrie. Frankfurt am Main 1977.
Putze, Oswald: 120 Jahre Linke–Hofmann–Busch. 3 Bände. Salzgitter 1959.

Vorkämpfer für die Eisenbahn

Mathys, Ernst: Männer der Schiene. Bern: Verl. von Kümmerly & Frey 1955.
Born, Erhard (Herausgeber): Pioniere des Eisenbahnwesens. Darmstadt: Carl Röhrig Verl. 1960.
Metzeltin, Günther: Die Lokomotive. Ein Lexikon ihrer Erfinder, Konstrukteure, Führer und Förderer. Karlsruhe: Selbstverl. Deutsche Gesellschaft für Eisenbahngeschichte 1971.

Sachwortverzeichnis

F

G

L

M

N

O

P

Q

R

S

T

U

Namensverzeichnis

1070